DAS GESETZ DES ERFOLGS

NAPOLEON HILL

DAS GESETZ DES ERFOLGS

Die vollständigen und grundlegenden
15 Erfolgsprinzipien zur Erfüllung Ihrer Träume

NAPOLEON HILL

FBV

Bibliografische Information der Deutschen Nationalbibliothek
Die Deutsche Nationalbibliothek verzeichnet diese Publikation in der Deutschen Nationalbibliografie.
Detaillierte bibliografische Daten sind im Internet über https://dnb.de/ abrufbar.

Für Fragen und Anregungen:
info@m-vg.de

3. Auflage 2026

Türkenstraße 89
80799 München
Tel.: 089 651285-0

Übersetzung: Philipp Seedorf
Redaktion: Anne Horsten
Korrektorat: Silvia Kinkel
Umschlaggestaltung: Sonja Vallant, München
Umschlagabbildung: Shutterstock.com/Vladyslav Starozhylov, Billon Photos
Satz: Daniel Förster, Belgern
Druck: GGP Media GmbH, Pößneck
Printed in Germany

ISBN Print 978-3-95972-359-6
ISBN E-Book (PDF) 978-3-96092-661-0
ISBN E-Book (EPUB, Mobi) 978-3-96092-662-7

Wir produzieren nachhaltig
www.m-vg.de

Weitere Informationen zum Verlag finden Sie unter
www.finanzbuchverlag.de
Beachten Sie auch unsere weiteren Verlage unter www.m-vg.de

INHALT

VORWORT ZUR ENGLISCHEN AUSGABE

Napoleon Hills Werke haben Millionen Menschen weltweit positiv beeinflusst. Seine Bücher, Vorträge, Artikel und Audio- sowie Videoprogramme vermitteln fundiertes Wissen, um sich persönlich und beruflich weiterzuentwickeln. Als Reaktion auf die große Nachfrage bringen die Napoleon Hill Foundation und ihr Stiftungsrat die fünfte Auflage von Dr. Hills klassischem Kurs heraus: *Das Gesetz des Erfolgs*.

Um die Integrität von Hills Ideen zu wahren, wurde der Text seiner ersten veröffentlichten Arbeit nur geringfügig überarbeitet. *Das Gesetz des Erfolgs* kam ursprünglich in acht Bänden auf den Markt. Beginnend mit der dritten Auflage wurden die acht Bände zu einer Faksimile-Ausgabe zusammengefasst. Zusätzlich wurden ein paar Seiten mit unleserlichem Text neu gesetzt.

Die universelle Botschaft von *Das Gesetz des Erfolgs* blieb unverändert. Aufgrund des Wandels und modernen Wortgebrauchs mag die Sprache manchmal veraltet erscheinen, aber die zugrunde liegenden Prinzipien sind heute noch so gültig wie zu der Zeit, als Hill sie das erste Mal in seinem dynamischen und kraftvollen Stil präsentierte. Besonders sollte die Verwendung des männlichen Geschlechts heute die gesamte »Menschheit« bezeichnen und nicht allein Männer. Niemand wäre stolzer und begeisterter über die Fortschritte der Frauenbewegung gewesen als Dr. Hill, der gleiche Rechte und Chancen für alle Menschen predigte, lange bevor diese Forderung generell zum Tragen kam.

Die Erfolgsphilosophie, die Hill in diesem Kurs und in seinen anderen Arbeiten präsentiert, hat den Test der Zeit bestanden. Seine Erfolgsprinzipien haben das Leben zahlloser Frauen und Männer aus allen erdenklichen Lebensbereichen und von allen Kontinenten verändert. Sie können auch Ihr Leben verändern, wenn Sie aktiv danach handeln.

Diese Macht, Ihr Leben zu verändern, ist das Vermächtnis von Napoleon Hill, und dies ist auch der Standard, an dem alle Werke der Motivationsliteratur und von Erfolgsprogrammen gemessen werden. Um Ihre Ziele zu erreichen und Erfüllung im Leben zu finden, sollten Sie die Prinzipien dieses Buches studieren, darüber nachdenken, danach planen und sie anwenden. Sie nur zu lesen und Dr. Hill zuzustimmen, bedeutet, den wichtigsten Punkt seiner Philosophie zu missachten: Der Erfolg stellt sich nur ein, wenn Sie das, was Sie wissen und woran Sie glauben, zur Grundlage Ihrer Handlungen machen.

Was Ihr Geist sich vorstellen und woran er glauben kann, das können Sie auch erreichen!

Die Napoleon Hill Foundation

VORBEMERKUNG

Die vorliegende Ausgabe von Napoleon Hills *Das Gesetz des Erfolgs* folgt der amerikanischen Erstveröffentlichung von 1928. Der FinanzBuch Verlag hat sich entschlossen, diesen historischen Text überwiegend nicht durch Modernisierungen zu verändern, ist sich aber bewusst, dass einige Bemerkungen und Bezugnahmen Hills sehr zeitbezogen sind. Aus diesem Grund wurden – gerade für Leser außerhalb der USA – einige erklärende Anmerkungen eingefügt.

POSITIVE STIMMEN ZU *DAS GESETZ DES ERFOLGS*

VON BEDEUTENDEN AMERIKANISCHEN FÜHRUNGSPERSONEN

Die Herausgeber sind der Meinung, dass Sie den enormen Wert dieser Lektionen noch besser erkennen, indem Sie einige positive Stimmen bedeutender Führungspersonen lesen, bekannt aus der Finanzwelt oder Wissenschaft, aus dem Bereich der Erfindungen oder der Politik.

Der Oberste Gerichtshof der Vereinigten Staaten Washington, D. C.

Mein lieber Mr. Hill: Ich hatte inzwischen die Gelegenheit, Ihre Lehrbücher zum Gesetz des Erfolgs *zu lesen und spreche Ihnen meine Anerkennung für diese hervorragende philosophische Arbeit aus. Es wäre hilfreich, wenn jeder Politiker im Land die 16 Prinzipien verinnerlichen und anwenden würde, auf denen* Das Gesetz des Erfolgs *basiert. Es enthält hervorragendes Material, das jede Führungsperson in jedem Bereich verstehen sollte.*

WILLIAM H. TAFT
(EHEMALIGER PRÄSIDENT DER VEREINIGTEN STAATEN UND BUNDESRICHTER)

Das Labor von Thomas A. Edison

Mein lieber Mr. Hill: Gestatten Sie mir, meine Wertschätzung dafür auszudrücken, welch Kompliment es war, das Originalmanuskript von Das Gesetz des Erfolgs *zu erhalten. Ich sehe, dass Sie eine Menge Zeit und Überlegung in dieses Werk gesteckt haben. Ihre Philosophie ist wohlfundiert, und man kann Ihnen nur gratulieren, dass Sie Ihrer Arbeit über so viele Jahre treu blieben. Ihre Schüler … werden für ihre Mühen reichlich belohnt werden.*

THOMAS A. EDISON

Public Ledger
Philadelphia

Lieber Mr. Hill: Danke für Ihr Gesetz des Erfolgs. *Es ist großartig, ich lese es auf jeden Fall zu Ende. Ich würde gerne die Geschichte »Was ich tun würde, wenn ich eine Million Dollar hätte« im Wirtschaftsteil des* Public Ledger *veröffentlichen.*

CYRUS H. K. CURTIS
(HERAUSGEBER DER *SATURDAY EVENING POST* UND DES *LADIES HOME JOURNAL*)

Der König der 5- und 10-Cent-Läden

Dank der Anwendung vieler der 16 grundlegenden Prinzipien von Das Gesetz des Erfolgs *haben wir eine große Kette erfolgreicher Geschäfte aufgebaut. Sicher ist es nicht übertrieben zu sagen, dass das Woolworth Building auch als Monument für die Fundiertheit dieser Prinzipien gelten kann.*

F. W. WOOLWORTH

Bedeutender amerikanischer Gewerkschaftsführer

Sich die Philosophie aus Gesetz des Erfolgs *anzueignen, wirkt wie eine Versicherungspolice gegen das Scheitern.*

SAMUEL GOMPERS

Ein ehemaliger Präsident

Darf ich Ihnen zu Ihrer Ausdauer gratulieren. Jeder Mensch, der so viel Zeit einer Sache widmet … muss notwendigerweise Entdeckungen machen, die für andere von großem Wert sind. Ich bin tief beeindruckt von Ihrer Interpretation der »Mastermind«-Prinzipien, die sie so deutlich beschrieben haben.

WOODROW WILSON

Ein Kaufhauskettengründer

Ich weiß, dass Ihre 16 Prinzipien des Erfolgs fundiert sind, denn ich habe sie in meinem Unternehmen mehr als 30 Jahre lang angewendet.

JOHN WANAMAKER

Vom Kodak-Gründer

Ich weiß, dass Sie unglaublich viel Gutes mit Ihrem Gesetz des Erfolgs *bewirken. Ich würde es nicht wagen, Ihren Lektionen einen Geldwert beimessen zu wollen, denn sie bringen demjenigen, der sie studiert, einen Wert, der sich nicht allein monetär beziffern lässt.*

GEORGE EASTMAN

Leiter eines Lebensmittel- und Süßwarenunternehmens

Welchen Erfolg ich auch immer erreicht haben mag, ich schulde ihn in seiner Gänze der Anwendung Ihrer 16 Grundprinzipien aus Gesetz des Erfolgs. *Ich glaube, ich habe die Ehre, Ihr erster wirklicher Schüler zu sein.*

WILLIAM WRIGLEY, JR.

Gewidmet
ANDREW CARNEGIE
der die Abfassung dieses Kurses anregte und

HENRY FORD
dessen außergewöhnliche Leistungen die Grundlage für fast alle 16 Lektionen des Kurses bilden sowie

EDWIN C. BARNES
ein Geschäftspartner von Thomas A. Edison, dessen enge persönliche Freundschaft über mehr als 15 Jahre dem Autor half, angesichts manch widriger Umstände und jeder Menge Rückschläge bei der Zusammenstellung des Kurses »durchzuhalten«.

Wer hat gesagt, es könne nicht getan werden? Und welche großen Siege hat er vorzuweisen, die ihm erlauben, andere angemessen zu beurteilen?

NAPOLEON HILL

EINE PERSÖNLICHE ANMERKUNG DES AUTORS

Vor etwa 30 Jahren kündigte ein junger Geistlicher namens Gunsaulus in der Presse von Chicago an, dass er am darauffolgenden Sonntag eine Predigt mit folgendem Titel halten werde:

»Was ich mit einer Million Dollar machen würde!«

Die Ankündigung stach dem reichen Verpackungsmogul Philip D. Armour ins Auge, und er beschloss, sich die Predigt anzuhören.

In seiner Predigt zeichnete Dr. Gunsaulus das Bild einer großartigen Schule für Technologie, an der junge Männer und Frauen sich auf ein erfolgreiches Leben vorbereiten sollten, indem sie lernten – praktisch anstatt nur theoretisch – zu DENKEN. Ein Institut, das »Lernen durch praktische Anwendung« lehren würde. »Wenn ich eine Million Dollar hätte«, sagte der junge Prediger, »würde ich eine solche Schule gründen.«

Nach der Predigt schritt Mr. Armour den Mittelgang entlang zur Kanzel, stellte sich vor und sagte: »Junger Mann, ich glaube, Sie könnten Ihren Plan realisieren, und wenn Sie morgen früh in mein Büro kommen, gebe ich Ihnen die benötigte eine Million Dollar.«

Es gibt immer genug Kapital für diejenigen, die wissen, wie sie es praktisch einsetzen können.

Das war der Startschuss für das Armour Institute of Technology, eine der praxisorientierten Bildungseinrichtungen des Landes. Es wurde in der »Vorstellung« eines jungen Mannes geboren, von dem man ohne die »Vorstellungskraft« und das Kapital von Philip D. Armour außerhalb seiner Gemeinde nie etwas gehört hätte.

Jedes große Eisenbahnunternehmen, jedes herausragende Finanzinstitut, jedes gigantische Unternehmen und jede große Erfindung nahmen ihren Anfang in der Vorstellung einer Person.

F. W. Woolworth ersann die 5-Cent- und 10-Cent-Läden in seiner »Vorstellung«, bevor sie Realität wurden und ihn zum Multimillionär machten.

Thomas A. Edison schuf die »Sprechmaschine«, die Maschine für bewegte Bilder, die elektrische Glühbirne und Unmengen anderer nützlicher Erfindungen in seinem Kopf, bevor sie real wurden.

Während des Brands in Chicago standen viele Händler, deren Läden in Rauch aufgingen, neben den Überresten und betrauerten ihren Verlust. Viele von ihnen beschlossen, in andere Städte zu ziehen, um neu anzufangen. Zu dieser Gruppe gehörte Marshall Field, der eine Idee für das größte Warenhaus der Welt auf dem Platz seines früheren Ladens hegte, von dem in jenem Moment nicht viel mehr als verkohlte Holzbalken übrig waren. Das Warenhaus entstand tatsächlich.

Glücklich können sich junge Männer oder Frauen schätzen, die früh im Leben lernen, ihre Fantasie einzusetzen – diese Kompetenz zählt in der heutigen Zeit großartiger Möglichkeiten in doppeltem Ausmaß.

Die Vorstellungskraft ist eine Fähigkeit, die man kultivieren, entwickeln und erweitern kann, indem man sie nutzt. Wenn dem nicht so wäre, wäre dieser Kurs über die 15 Gesetze des Erfolgs nie entstanden, denn er war zuerst nur ein Produkt der »Vorstellung« des Autors, geboren aus einer einfachen Idee, die eine beiläufige Bemerkung des verstorbenen Andrew Carnegie anregte.

Wo immer Sie sind, wer immer Sie sind, welchen Beruf auch immer Sie ausüben, Sie können immer noch mehr erreichen und produktiver werden, indem Sie Ihre »Vorstellungskraft« entwickeln und einsetzen.

Erfolg in dieser Welt verdankt sich stets der individuellen Anstrengung, jedoch täuschen Sie sich, wenn Sie glauben, ohne die Kooperation anderer Menschen erfolgreich sein zu können. Erfolg ergibt sich nur in dem Maß, wie jeder Mensch selbst entscheidet, was er will. Dafür muss man die eigene »Vorstellungskraft« nutzen. Von da an gilt es, um Erfolg zu haben, geschickt und taktvoll andere Menschen zur Zusammenarbeit zu bewegen.

Bevor man sich die Kooperation anderer sichert; nein, noch bevor man das Recht hat, darum zu bitten oder dies zu erwarten, heißt es, bereit zu sein, mit ihnen zu kooperieren. Aus diesem Grund ist es ratsam, dass Sie der achten Lektion dieses Kurses, MEHR TUN, ALS DIE BEZAHLUNG VORGIBT, ernsthaft Ihre Aufmerksamkeit widmen. Schon das Gesetz dieser Lektion vermag allen Menschen den Erfolg zu sichern, die es stets beherzigen.

Auf den letzten Seiten dieser Einführung finden Sie eine Tabelle für die persönliche Analyse, in der zehn wohlbekannte Männer analysiert wurden; diese sollten Sie studieren und für Vergleiche nutzen. Sehen Sie sich diese Tabelle genau an und legen Sie Ihr Augenmerk auf die »Gefahrenpunkte«, die zum Scheitern führen können. Von den zehn analysierten Männern sind acht erfolgreich, während zwei als gescheitert einzustufen sind. Betrachten Sie genau die Gründe, aus denen diese beiden versagt haben.

Prüfen Sie sich dann selbst. In den beiden frei gelassenen Spalten können Sie sich zu Beginn dieses Kurses in Bezug auf jedes der 15 Gesetze des Erfolgs bewerten. Am Ende des Kurses können Sie sich erneut einschätzen und erkennen dann, wie Sie sich verbessert haben.

Dieser Kurs über das Gesetz des Erfolgs hilft Ihnen herauszufinden, wie Sie in Ihrem Beruf erfolgreicher werden. Diesem Zweck dient eine persönliche Analyse und Einstufung Ihrer Fähigkeiten, damit Sie diese dem besten Nutzen zuführen können.

Möglicherweise mögen Sie Ihren Beruf gar nicht. Es gibt zwei Optionen, dem zu entfliehen. Eine besteht darin, nur wenig Interesse an Ihrer Tätigkeit zu zeigen und gerade genug Engagement an den Tag zu legen, um »über die Runden zu kommen«. Bald werden Sie dann einen Ausweg finden, weil man Ihre Dienste nicht mehr benötigen wird.

Die andere und bessere Methode besteht darin, sich in Ihrem Bereich so nützlich und effizient zu erweisen, dass Sie die wohlwollende Aufmerksamkeit derjenigen auf sich ziehen, die Sie auf eine angenehmere Position befördern können.

Es liegt bei Ihnen, Ihre Vorgehensweise zu wählen.

Wiederum weise ich Sie auf die Wichtigkeit von Lektion 9 dieses Kurses hin, die Sie mit der »besseren Methode« für Ihre Weiterentwicklung vertraut machen wird.

Tausende Menschen liefen über die große Calumet-Kupfermine, ohne sie zu entdecken. Nur ein Mann nutzte seine »Vorstellungskraft«, grub ein paar Meter, suchte und fand das reichste Kupfervorkommen der Welt.

Sie und jeder andere Mensch gehen zum einen oder anderen Zeitpunkt über Ihre »Calumet-Mine« hinweg. Etwas zu entdecken, ist eine Frage der Erkundung und des Einsatzes der »Vorstellungskraft«. Dieser Kurs über die 15 Gesetze des Erfolgs kann Sie zu ihrer »Calumet-Mine« führen. Möglicherweise wird es Sie überraschen, dass Sie bei Ihrer derzeitigen Tätigkeit die ganze Zeit auf dieser reichhaltigen Mine gestanden haben. In seinem Vortrag über die »Diamantenfelder« sagt uns Russell Conwell, dass wir Chancen nicht in der Ferne suchen müssen, sondern sie vielleicht genau da finden, wo wir stehen! AN DIESE WAHRHEIT SOLLTEN SIE IMMER DENKEN!

Napoleon Hill
Autor von *Das Gesetz des Erfolgs*

DANKSAGUNGEN FÜR DIE UNTERSTÜTZUNG, DIE DEM AUTOR BEIM SCHREIBEN DIESES KURSES ZUTEILWURDE

Dieser Kurs ist das Ergebnis einer sorgfältigen Analyse von über 100 Männern und Frauen, die in ihren Berufen außergewöhnlich erfolgreich waren.

Der Autor des Kurses hat mehr als 20 Jahre lang die 15 Gesetze des Erfolgs, auf denen dieser Kurs basiert, gesammelt, klassifiziert, getestet und organisiert. Bei dieser Arbeit unterstützten ihn die folgenden Personen, entweder direkt oder indem er ihr Lebenswerk studierte:

Henry Ford
Edward Bok
Thomas A. Edison
Cyrus H. K. Curtis
Harvey S. Firestone
George W. Perkins
John D. Rockefeller
Henry L. Doherty
Charles M. Schwab
George S. Parker
Woodrow Wilson
Dr. C. O. Henry
Darwin P. Kingsley
General Rufus A. Ayers
William Wrigley, Jr.
Judge Elbert H. Gary
A. D. Lasker
William Howard Taft
E. A. Filene

Dr. Elmer Gates
James J. Hill
John W. Davis
Samuel Gompers
F. W. Woolworth
Captain George M. Alexander (dessen Assistent der Autor einst war)
Judge Daniel T. Wright (einer der Juradozenten des Autors)
Hugh Chalmers
Dr. E. W. Strickler
Elbert Hubbard
Edwin C. Barnes
Luther Burbank
Robert L. Taylor (Fiddling Bob)
O. H. Harriman
John Burroughs
George Eastman
E. H. Harriman
E. M. Statler
Charles P. Steinmetz
Andrew Carnegie
Frank Vanderlip
John Wanamaker
Theodore Roosevelt
Marshall Field
William H. French
Dr. Alexander Graham Bell (dem der Autor einen Großteil von Lektion 1 verdankt)

Von den genannten Personen sollten Henry Ford und Andrew Carnegie hervorgehoben werden, da sie am meisten zu den Grundlagen dieses Kurses beigetragen haben. So war es Andrew Carnegie, der als Erster vorschlug, dieses Werk zu verfassen; zudem hat Henry Fords Lebenswerk viel Material dazu beigetragen.

Einige dieser Männer sind mittlerweile verstorben, aber den Lebenden dankt der Autor hier für die erwiesenen Dienste, ohne die dieser Kurs nie entstanden wäre.

Der Autor ist den meisten dieser Männer persönlich begegnet. Mit vielen von ihnen genießt oder genoss er vor ihrem Tod das Privileg einer engen persönlichen Freundschaft, die ihn aufgrund ihrer Lebensphilosophie Fakten sammeln ließ, die er anderweitig nicht erhalten hätte.

Der Autor dankt für das Privileg, dass die mächtigsten Männer dieser Welt ihn bei der Arbeit am Kurs über das Gesetz des Erfolgs unterstützt haben. Dies allein war Lohn genug, selbst wenn das Projekt keine weiteren Früchte getragen hätte.

Diese Männer bildeten das Rückgrat und das Fundament der amerikanischen Geschäftswelt, des Finanzwesens, der Industrie und der Staatskunst.

Der Kurs über das Gesetz des Erfolgs fasst die Philosophie und die Regeln zusammen, die jedem dieser Männer großen Einfluss auf sein Geschäftsfeld verliehen. Es war die Absicht des Autors, diesen Kurs in einfacher Sprache zu verfassen, sodass auch junge Männer und Frauen im Highschool-Alter ihn verstehen.

Abgesehen von dem psychologischen Gesetz, das in Lektion 1 als »Mastermind« beschrieben wird, behauptet der Autor nicht, etwas grundlegend Neues in diesem Kurs geschaffen zu haben. Er hat jedoch die alten Wahrheiten und bekannten Gesetze in eine PRAKTISCHE, NUTZBARE FORM gebracht, damit berufstätige Menschen, deren Bedürfnisse nach einer alltagstauglichen Philosophie verlangen, sie angemessen interpretieren und anwenden können.

Über das Gesetz des Erfolgs und seinen Nutzen sagte Richter Elbert H. Gary: »Zwei bemerkenswerte Eigenschaften beeindrucken mich in Verbindung mit der Philosophie am meisten. Zum einen ist es die Schlichtheit, mit der sie präsentiert wird, und zum anderen ist sie offensichtlich so fundiert, dass sie sofort akzeptiert werden wird.«

Der Schüler dieses Kurses sollte mit seinem Urteil warten, bis er die gesamten 16 Lektionen gelesen hat. Dies bezieht sich besonders auf diese Einleitung, in der es notwendig war, bestimmte Themen einer technischen oder wissenschaftlichen Natur nur kurz anzuschneiden. Der Grund dafür wird sich Ihnen offenbaren, nachdem Sie die gesamten 16 Lektionen gelesen haben.

Wer diesen Kurs bis zur letzten Lektion mit offenem Geist durcharbeitet, wird mit einer breiteren und präziseren Sicht auf das Leben reich belohnt werden.

INHALT DIESER EINFÜHRUNGSLEKTION

1. MACHT – was sie ist, wie man sie aufbaut und einsetzt.
2. KOOPERATION – die Psychologie einer kooperativen Leistung und wie man sie konstruktiv einsetzt.
3. DAS MASTERMIND – wie zwei oder mehr Menschen es durch die Harmonie von Zweck und Bemühen aufbauen.
4. HENRY FORD, THOMAS A. EDISON und HARVEY S. FIRESTONE – das Geheimnis ihrer Macht und ihres Reichtums.
5. DIE »GROSSEN SECHS« – wie sie mithilfe des »Masterminds« einen Profit von mehr als 25 Millionen Dollar im Jahr erzielen.
6. VORSTELLUNGSKRAFT – wie man sie so stimuliert, dass sie praktisch umsetzbare Pläne und neue Ideen generiert.
7. TELEPATHIE – wie Gedanken durch den Äther von einem auf den anderen Geist übertragen werden. Jedes Gehirn ist eine Sende- und Empfangsstation für Gedanken.
8. WIE VERKÄUFER und ÖFFENTLICHE REDNER die Gedanken ihres Publikums »spüren« oder sich »darauf einstellen«.
9. VIBRATION – beschrieben von Dr. Alexander Graham Bell, dem Erfinder des Telefons.
10. LUFT und ÄTHER – wie sie Vibrationen übertragen.
11. WIE und WARUM Ideen aus unbekannten Quellen uns als »Eingebung« treffen.
12. Die GESCHICHTE der Philosophie des Erfolgsgesetzes, die sich über 25 Jahre wissenschaftlicher Forschung und Experimente erstreckt.
13. RICHTER ELBERT H. GARY studiert diesen Kurs, heißt ihn gut und setzt ihn um.
14. ANDREW CARNEGIE gibt den Anstoß für den Kurs *Gesetz des Erfolgs*.
15. AUSBILDUNG DANK GESETZ DES ERFOLGS hilft einer Gruppe von Verkäufern, eine Million Dollar zu verdienen.
16. Erklärung des »SPIRITUALISMUS«.
17. ORGANISIERTE LEISTUNG – die Quelle jeder Macht.
18. WIE SIE SICH SELBST ANALYSIEREN.
19. WIE EIN KLEINES VERMÖGEN mit einer alten, heruntergekommenen Farm gemacht wurde.

20. ES STECKT EINE GOLDMINE in Ihrem gegenwärtigen Beruf, wenn Sie den Anweisungen folgen und den Schatz heben.
21. ES GIBT GENUG VERFÜGBARES KAPITAL, um jede Ihrer praktischen Ideen und jeden Ihrer Pläne umzusetzen.
22. EINIGE GRÜNDE, wieso Menschen versagen.
23. WIESO HENRY FORD der mächtigste Mann der Welt ist, und wie andere die Prinzipien seiner Macht anwenden können.
24. WIESO MANCHE MENSCHEN sich andere zum Feind machen, ohne es zu wissen.
25. DIE WIRKUNG der Sexualität als Stimulans des Geistes und Förderer der Gesundheit.
26. WAS passiert bei dem religiösen Brauch der »Erweckung«.
27. WAS wir aus der »Bibel der Natur« gelernt haben.
28. DIE CHEMIE des Geistes; wie Sie einen weiterbringt oder vernichtet.
29. WAS mit dem »psychologischen Moment« beim Verkauf gemeint ist.
30. DER GEIST ist erschöpft – wie man ihn »wieder auflädt«.
31. DER WERT und die Bedeutung der Harmonie bei einer kooperativen Leistung.
32. WORIN bestehen Henry Fords Errungenschaften? Die Antwort.
33. DIES IST DAS ZEITALTER der Fusionen und der organisierten kooperativen Bemühungen.
34. WOODROW WILSON plante den Völkerbund auf Basis eines »Masterminds«.
35. ERFOLG ist eine Frage der geschickten Zusammenarbeit mit anderen Menschen.
36. JEDER MENSCH besitzt zumindest zwei unterscheidbare Persönlichkeiten – eine destruktive und eine konstruktive.
37. BILDUNG wird im Allgemeinen als Anleitung oder Auswendiglernen von Regeln missverstanden. Es bedeutet aber in Wahrheit eine Weiterentwicklung des menschlichen Geistes durch Entfaltung und Gebrauch.
38. ZWEI METHODEN, um Wissen zu erlangen – durch persönliche Erfahrung und durch Studium des Wissens, das aus den Erfahrungen anderer stammt.
39. PERSÖNLICHE ANALYSE von Henry Ford, Benjamin Franklin, George Washington, Abraham Lincoln, Theodore Roosevelt, William Howard Taft, Woodrow Wilson, Napoleon Bonaparte, Calvin Coolidge und Jesse James.
40. NACHBEREITUNG DER LEKTION mit dem Autor.

> Die Zeit ist ein vortrefflicher Arbeiter, der die Wunden der vorübergehenden Niederlage heilt, Ungerechtigkeiten ausgleicht und das Unrecht der Welt zu Recht macht. Nichts ist »unmöglich« mithilfe der Zeit!

LEKTION 1

DAS MASTERMIND

»Du kannst es, wenn du glaubst, dass du es kannst!«

Dies ist ein Kurs über die Grundlagen des Erfolgs.

Erfolg ist in weiten Teilen eine Frage der harmonischen und ausgeglichenen Anpassung des eigenen Selbst an die stets variierenden und sich verändernden Bedingungen des Lebens. Harmonie basiert darauf, die Kräfte des eigenen Umfelds zu verstehen. Daher stellt dieser Kurs einen Leitfaden dar, dem Sie direkt zum Erfolg folgen können, denn er hilft Ihnen als Schüler, die Kräfte der Umgebung zu interpretieren, zu verstehen und bestmöglich zu nutzen.

Bevor Sie mit den Lektionen in *Gesetz des Erfolgs* starten, sollten sie etwas über dessen Geschichte erfahren. Sie sollten wissen, was der Kurs für seine Schüler bereithält, bis Sie seine Gesetze und Prinzipien verinnerlicht haben. Sie sollten seine Grenzen genauso kennen wie seine Möglichkeiten, damit Sie an Ihrem Platz in der Welt arbeiten können.

In puncto Unterhaltung wäre dieser Kurs sämtlichen monatlich erscheinenden Magazinen mit »spannenden Geschichten« unterlegen, die man heute an den Kiosken findet.

Der Kurs wurde für Menschen geschaffen, die sich ernsthaft bemühen und zumindest einen Teil ihrer Zeit dafür opfern, im Leben nach Erfolg zu streben. Der Autor dieses Kurses wetteifert nicht mit denen, die nur zu Unterhaltungszwecken schreiben. Sein Ziel bei der Vorbereitung dieses Kurses war von zweierlei Natur: zuerst demjenigen, der dieses Werk ernsthaft studiert, zu helfen, seine oder ihre Schwächen zu bestimmen, und zweitens ihn oder sie zu unterstützen, einen KLAREN PLAN zur Überwindung dieser Schwächen aufzustellen.

Die erfolgreichsten Männer und Frauen auf dieser Welt mussten bestimmte Unebenheiten in ihrer Persönlichkeit korrigieren, bevor sie erfolgreich wurden. Die zentralen Schwächen, die zwischen

Männern und Frauen und dem Erfolg stehen, sind INTOLERANZ, BEGIERDE, HABSUCHT, EIFERSUCHT, MISSTRAUEN, RACHE, EGOISMUS, ARROGANZ, DIE NEIGUNG, ZU ERNTEN, WO MAN NICHT GESÄT HAT, und die NEIGUNG, MEHR AUSZUGEBEN, ALS MAN VERDIENT.

All diese häufigen Feinde der Menschheit und viele weitere, die hier nicht erwähnt wurden, deckt dieser Kurs insofern ab, als jeder intelligente Mensch sie mit wenig Mühe meistern kann.

Wichtig für Sie ist bereits zu Beginn, dass dieser Kurs das experimentelle Stadium hinter sich gelassen und eine Reihe von Erfolgen bewirkt hat, die es wert sind, analysiert zu werden. Sie sollten zudem wissen, dass einige der praxisorientiertesten Geistesgrößen dieser Generation das *Gesetz des Erfolgs* studiert und empfohlen haben.

Dieser Kurs wurde zuerst als Vorlesung konzipiert, die der Autor über mehrere Jahre in vielen großen Städten und kleineren Orten quer durch die gesamten Vereinigten Staaten präsentiert hat. Vielleicht waren Sie einer der vielen Hunderttausend Menschen, die diesen Vortrag gehört haben.

Während dieser Vorlesungen saßen Assistenten des Autors im Publikum, um die Reaktion der Zuhörer zu beobachten. So erhielt er einen Eindruck, wie die Menschen seine Ausführungen aufnahmen.

Den ersten große Sieg errang die Philosophie des Erfolgsgesetzes, als der Autor sie das erste Mal bei einem Kurs mit mehr als 3000 Verkaufsauszubildenden verwendete. Die meisten von ihnen hatten vorher keinerlei Erfahrung im Vertrieb. Diese Ausbildung versetzte sie in die Lage, mehr als 1 Million Dollar zu verdienen, und der Autor nahm 30.000 Dollar an Kursgebühren in etwa sechs Monaten ein.

Die Vertriebler und kleinen Gruppen von Verkäufern, die diesem Kurs ihren Erfolg verdanken, sind zu zahlreich, um sie in dieser Einführung aufzuzählen. Ihre Anzahl ist riesig und der Nutzen, den sie aus den Lektionen zogen, ist unverkennbar.

Diese Philosophie des Erfolgs las auch der verstorbene Don. R. Mellett, ehemals Herausgeber der *Canton* (Ohio) *Daily News*, woraufhin er eine Partnerschaft mit dem Autor des Kurses einging. Er bereitete sich darauf vor, als Herausgeber der *Canton Daily News* zurückzutreten und der Manager des Autors zu werden, als er am 16. Juli 1926 einem Anschlag zum Opfer fiel.

Vor seinem Tod hatte Mr. Mellett mit Richter Elbert H. Gary, damals Vorstandsvorsitzender der United States Steel Corporation, vereinbart, den Kurs über das *Gesetz des Erfolgs* jedem Angestellten dieses Unternehmens zu präsentieren; die Kosten dafür hätten sich auf rund 150.000 Dollar belaufen. Dieser Plan wurde aufgrund des Todes von Richter Gary fallengelassen, aber er belegt, dass der Autor ein funktionierendes Bildungskonzept entworfen hatte. Denn Richter Gary war in der Lage, den Wert eines solchen Kurses einzuschätzen. Dass er nach seiner Analyse der Philosophie des Erfolgs bereit war, die riesige Summe von 150.000 Dollar zu investieren, beweist, wie fundiert sämtliche Meinungen zu diesem Kurs sind.

Sie werden in dieser Einleitung zum Kurs ein paar technische Begriffe bemerken, die vielleicht auf den ersten Blick nicht einleuchten. Doch das sollte Sie nicht stören. Die Begriffe werden Sie verstehen, nachdem Sie den restlichen Kurs gelesen haben. Diese Einleitung bietet Ihnen einen Hintergrund für die weiteren 15 Lektionen des Kurses, und in diesem Sinne sollte sie gelesen werden. Auch wenn keine Prüfung zum Inhalt dieser Einleitung erfolgt, sollten Sie sie mehrmals lesen, da bei jedem Durchgang Gedanken oder Ideen aufkommen werden, die Ihnen beim vorherigen Mal nicht eingefallen sind.

In dieser Einleitung wird ein neues Gesetz der Psychologie beschrieben, das der Grundstein jeder außergewöhnlichen persönlichen Leistung ist. Dieses bezeichnet der Autor als »Mastermind« und meint damit einen Geist, der durch die harmonische Kooperation von zwei oder mehr Personen entsteht, die gemeinsam auf ein bestimmtes Ziel hinarbeiten.

Wenn Sie im Verkaufsbereich tätig sind, können Sie bei Ihrer täglichen Arbeit auf profitable Weise mit diesem Prinzip des »Masterminds« experimentieren. Es hat sich gezeigt, dass eine Gruppe von sechs oder sieben Verkäufern es so effektiv einzusetzen vermag, dass sie ihre Absatzzahlen in unglaublicher Weise steigern.

Lebensversicherungen sind angeblich die am schwierigsten zu verkaufende Ware der Welt. Obwohl dies bei einer solch anerkannten Notwendigkeit wie einer Lebensversicherung nicht der Fall sein sollte, trifft es zu. Dennoch beschloss eine Gruppe von Männern, die für die auf Policen im kleinen Rahmen spezialisierte Prudential Life Insurance Company arbeitete, mit dem Gesetz des »Masterminds« zu experimentieren. Das Ergebnis war, dass jeder von ihnen in den ersten drei Monaten des Projekts mehr Versicherungen abschloss als im ganzen Jahr zuvor. Was eine beliebige Gruppe cleverer Lebensversicherungsverkäufer mithilfe dieses Prinzips erreichen kann, die das Gesetz des »Masterminds« anwendet, übersteigt die Vorstellungskraft der optimistischsten und fantasievollsten Personen.

Das Gleiche lässt sich auch für Verkäufer sagen, die andere Waren oder Dienstleistungen als Lebensversicherungen anbieten. Behalten Sie dies im Hinterkopf, während sie *Das Gesetz des Erfolgs* lesen. Es ist durchaus anzunehmen, dass allein diese Einleitung Ihnen das bezeichnete Gesetz bereits genügend nahebringt, um Ihre Lebensführung zu ändern.

> Niemand erreicht beständigen Erfolg, der nicht in den Spiegel blickt, um die wahre Ursache all seiner Fehler zu sehen.
>
> Napoleon Hill

In einem Unternehmen sind es die Persönlichkeiten, die dessen Erfolg bestimmen. Wenn sich die Menschen ändern, sodass sie angenehmer auf die Kunden wirken, wird das Unternehmen gedeihen. In jeder größeren Stadt in den Vereinigten Staaten kann man ähnliche Waren zu ähnlichen Preisen in unzähligen Geschäften kaufen, aber man wird immer einen herausragenden Laden finden, der mehr Umsatz macht als andere. Der Grund dafür ist, dass im Hintergrund dieses Geschäfts Menschen arbeiten, die ihre Kollegen mit Publikumskontakt unterstützen. Denn die Menschen »kaufen« eher die Persönlichkeiten als die Ware, und die Frage liegt nahe, ob es nicht eher die Verkäufer als die Ware sind, die die Kunden beeinflussen.

Lebensversicherungen basieren heute auf wissenschaftlichen Erkenntnissen, sodass ihre Kosten unabhängig von den Anbietern nicht groß variieren, aber von den Hunderten agierenden Lebensversicherungsgesellschaften teilen sich weniger als ein Dutzend den Großteil des Geschäfts in den Vereinigten Staaten.

Was ist der Grund? Persönlichkeiten! 99 von 100 Menschen, die eine Lebensversicherungspolice abschließen, wissen nicht, was in der Police steht und, noch erstaunlicher, es scheint ihnen egal zu sein. Was sie wirklich »kaufen«, ist die angenehme Art eines Verkäufers, der weiß, wie wichtig der Faktor Persönlichkeit ist.

Ihre Aufgabe im Leben, oder zumindest der wichtigste Teil davon, ist der Erfolg. Erfolg, so wie er in diesem Kurs über die 15 Gesetze des Erfolgs definiert wird, meint »das Erreichen Ihres konkreten Hauptziels, ohne dabei die Rechte anderer Menschen zu verletzen«. Unabhängig vom Inhalt Ihres Hauptziels im Leben werden Sie es weitaus eher erreichen, wenn Sie eine angenehme Persönlichkeit kultivieren und wenn Sie die Kunst erlernt haben, sich mit anderen zu verbünden, um ohne Reibereien und Eifersüchteleien an ein bestimmtes Ziel zu gelangen.

Eines der größten Probleme im Leben, wenn nicht vielleicht das größte, ist zu lernen, positiv mit anderen Menschen umzugehen. Dieser Kurs dient dazu, Menschen beizubringen, wie sie ihren Weg im Leben harmonisch und gelassen finden, frei von den destruktiven Auswirkungen der Uneinigkeit, die jedes Jahr Millionen Menschen in Elend, Not und Versagen stoßen.

Diese Worte zum Zweck dieses Kurses sollen Sie darauf einstimmen, die Lektionen mit dem Vorsatz anzugehen, Ihre Persönlichkeit komplett neu zu gestalten.

Sie können ohne Macht keinen herausragenden Erfolg im Leben genießen. Und Sie können die Macht nicht ohne eine entsprechende Persönlichkeit genießen, denn nur so bewegen Sie andere zu einer harmonischen Zusammenarbeit. Dieser Kurs zeigt Ihnen Schritt für Schritt, wie Sie eine solche Persönlichkeit entwickeln.

Was können Sie Lektion für Lektion von den 15 Gesetzen des Erfolgs erwarten?

I. EIN KONKRETES HAUPTZIEL wird Ihnen beibringen, Ihre Energie nicht, wie die Mehrzahl der Leute, mit dem Suchen nach einer Berufung zu verschwenden. Diese Lektion wird Ihnen zeigen, wie Sie künftig jede Ziellosigkeit vermeiden und Herz und Verstand auf ein definiertes, wohlüberlegtes Ziel ausrichten, das Sie zu Ihrer Lebensaufgabe machen.

II. SELBSTVERTRAUEN wird Ihnen helfen, die sechs grundlegenden Ängste zu meistern, unter denen jeder leidet – die Angst vor Armut, die Angst vor Krankheit, die Angst vor dem Alter, die Angst vor Kritik, die Angst vor Liebesverlust und die Angst vor dem Tod. Die Lektion wird Ihnen den Unterschied zwischen Egoismus und wahrem Selbstvertrauen aufzeigen, der auf präzisem, praxisnahem Wissen beruht.

III. DIE GEWOHNHEIT, ZU SPAREN, wird Ihnen zeigen, wie Sie Ihr Einkommen systematisch aufteilen, damit ein bestimmter Prozentsatz sich stetig steigern wird und damit eine wichtige Quelle persönlicher Macht bildet. Niemand kann im Leben erfolgreich sein, ohne zu sparen. Zu dieser Regel gibt es keine Ausnahme, und niemand kann ihr entkommen.

IV. INITIATIVE UND FÜHRUNGSSTÄRKE wird Ihnen vermitteln, wie Sie zu einer Führungspersönlichkeit werden, statt in Ihrem angestrebten Betätigungsfeld nur Befehle zu befolgen. Sie werden einen Instinkt für Führungsstärke entwickeln, der Sie in all Ihren Unternehmungen an die Spitze aufsteigen lässt.

V. VORSTELLUNGSKRAFT wird Ihren Geist zu neuen Ideen und Plänen stimulieren, die Ihnen helfen, Ihr konkretes Hauptziel zu erreichen. Diese Lektion wird Ihnen beibringen, wie man »neue Häuser aus alten Steinen baut«. Sie wird Ihnen zeigen, wie man neue Ideen aus wohlbekannten Konzepten entwickelt und alte Ideen auf neue Weise anwendet. Allein diese eine Lektion bietet ein praktisches Verkaufstraining und wird sich für alle als wahre Goldmine des Wissens erweisen, die sie sich zu Herzen nehmen.

VI. ENTHUSIASMUS wird Ihnen ermöglichen, allen, mit denen Sie in Kontakt kommen, Begeisterung für Sie und Ihre Ideen »einzuflößen«. Enthusiasmus ist die Grundlage einer angenehmen Persönlichkeit, die Sie benötigen, um andere zur Kooperation zu bewegen.

VII. SELBSTKONTROLLE ist der »Taktgeber«, mit dem Sie Ihren Enthusiasmus kontrollieren und ihn auf Ihr Ziel richten. Diese Lektion wird Ihnen auf praktische Weise vermitteln, zum »Meister Ihres eigenen Schicksals, zum Kapitän Ihrer Seele« zu werden.

VIII. DIE GEWOHNHEIT, MEHR ZU TUN, ALS VERLANGT (UND BEZAHLT) WIRD ist eine der wichtigsten Lektionen des Kurses über das Gesetz des Erfolgs. Sie wird Ihnen beibringen, wie man sich das Gesetz der steigenden Erträge zunutze macht, das Ihnen letztlich einen Gewinn sichern wird, der Ihre Arbeitsleistung weit überschreitet. Gleich in welchem Lebensbereich – niemand kann eine echte Führungsperson werden, der sich nicht angewöhnt, mehr und Besseres zu leisten, als seine Bezahlung vorgibt.

IX. EINE ANGENEHME PERSÖNLICHKEIT ist der »Angelpunkt«, an dem Sie den »Hebel« Ihrer Bemühungen ansetzen müssen, und richtig bedient, wird er Ihnen ermöglichen, einen ganzen Berg an Hindernissen aus dem Weg zu räumen. Diese Lektion allein hat schon Unmengen an Meisterverkäufern hervorgebracht. Sozusagen über Nacht sind wurden sie zu Führungspersonen. Diese Lektion wird Sie unterweisen, wie Sie Ihre Persönlichkeit so verändern, dass Sie sich an beliebige Umgebungen oder andere Menschen anpassen können. Dies alles auf eine Art und Weise, die es Ihnen leicht macht, zu dominieren.

X. EXAKTES DENKEN ist einer der wichtigsten Grundsteine von dauerhaftem Erfolg. Diese Lektion wird Ihnen beibringen, »Fakten« von reinen »Informationen« zu trennen. Sie lehrt Sie, bekannte Fakten in zwei Klassen zu organisieren: die »wichtigen« und die »unwichtigen«. Sie werden außerdem herausfinden, auf welche Fakten es ankommt. Und Sie lernen, bei jeder Tätigkeit präzise Arbeitskonzepte aus FAKTEN zu entwickeln.

XI. KONZENTRATION vermittelt Ihnen, wie Sie sich zu einer gegebenen Zeit auf ein Thema fokussieren, bis Sie einen praktischen Plan ausgearbeitet haben, um dieses Gebiet zu meistern. Diese Lektion zeigt auf, wie Sie sich mit anderen Menschen verbünden, um ihren Wissensschatz zu nutzen, sodass er Ihren eigenen Plänen und Zwecken dient. Sie vermittelt Ihnen praktisch anwendbares Wissen über die Kräfte in Ihrer Umgebung und weist Sie an, diese Kräfte in Ihrem Interesse zu nutzen.

> Wenn du jemanden beleidigen willst, sprich es nicht aus – sondern schreibe es auf – schreibe es in den Sand, nahe am Wasser!
>
> NAPOLEON HILL

XII. KOOPERATION wird Sie den Wert der Teamarbeit bei jeder Ihrer Aktivitäten lehren. Diese Lektion zeigt Ihnen auf, wie Sie das »Mastermind«-Prinzip anwenden, das in der Einleitung und in Lektion 2 erklärt wird. Diese Lektion erläutert, wie Sie Ihre eigenen Leistungen mit denen anderer koordinieren, ohne dass Reibungen, Eifersucht, Neid und Habgier entstehen. Sie werden lernen, all das zu nutzen, was andere Menschen bereits auf ihren Gebieten erreicht haben.

XIII. VOM SCHEITERN PROFITIEREN wird Ihnen zeigen, wie Sie aus all Ihren vergangenen und künftigen Fehlern und Fehlschlägen Sprungbretter machen. Sie erfahren den Unterschied zwischen »Fehlschlag« und »temporärem Rückschlag«, ein bedeutender Unterschied. Diese Lektion wird Ihnen beibringen, wie Sie von Ihrem eigenen Scheitern und dem anderer Menschen profitieren.

XIV. TOLERANZ wird Ihnen beibringen, wie Sie die desaströsen Auswirkungen rassistischer und religiöser Vorurteile vermeiden, die Millionen Menschen scheitern lassen, weil sie sich in törichte Auseinandersetzungen über diese Themen verwickeln lassen, so ihren eigenen Geist vergiften und Verstand und systematischer Erforschung die Tür vor der Nase zuschlagen. Diese Lektion ist eng mit EXAKTEM DENKEN verbunden, denn niemand vermag exakt zu denken, der sich nicht in Toleranz übt. Intoleranz schließt das Buch des Wissens und schreibt auf das Cover: »Schluss! Ich weiß schon alles!« Durch Intoleranz werden Menschen zu Feinden, die Freunde sein sollten. Sie zerstört Chancen und füllt den Geist mit Zweifel, Misstrauen und Vorurteilen.

XV. DIE GOLDENE REGEL PRAKTIZIEREN wird Ihnen vermitteln, dieses großartige Gesetz so zu nutzen, dass Sie mit beliebigen Individuen oder Gruppen von Menschen harmonisch kooperieren können. Ein mangelndes Verständnis des Gesetzes der Goldenen Regel lässt Millionen von Menschen scheitern, sodass sie ihr Leben lang in Elend, Armut und Bedürftigkeit verharren. Diese Lektion hat nichts mit Religion in irgendeiner Form zu tun, auch nicht mit Sektiererei, noch trifft das auf irgendeine der anderen Lektionen in diesem Kurs über das Gesetz des Erfolgs zu.

Wenn Sie diese 15 Gesetze gemeistert und für sich übernommen haben, wofür Sie etwa 15 bis 30 Wochen veranschlagen sollten, werden Sie in der Lage sein, Ihr konkretes Hauptziel zu erreichen.

Der Zweck dieser Gesetze besteht darin, sich Kenntnisse anzueignen oder vorhandenes beziehungsweise künftig zu erlangendes Wissen zu ordnen, sodass Sie dieses Wissen in persönliche Macht umsetzen können.

Es empfiehlt sich, bei der Lektüre dieses Buches einen Schreibblock bereitzuhalten, denn Sie werden auf Ideen kommen, um die Gesetze für sich zu nutzen.

Ein weiterer Tipp ist, diese Gesetze ihnen nahestehenden Menschen zu vermitteln, denn bekanntlich lernt man umso mehr über ein Thema, je mehr man es anderen nahezubringen versucht. Ein Leser mit Kindern kann ihnen gegenüber so eindrucksvoll von den 15 Gesetzen des Erfolgs sprechen, dass dieser »Unterricht« ihr weiteres Leben zu bestimmen vermag. Ehemänner sollten ihre Frauen dazu anregen, den Kurs mit ihnen gemeinsam zu studieren – weshalb, werden Sie am Ende verstehen.

MACHT ist eines der drei Ziele menschlichen Strebens.

MACHT unterteilt sich in zwei Kategorien – diejenige, die man sich aneignet, indem man die natürlichen Gesetze der Physik nutzt, und diejenige, die sich durch die Organisation und Klassifikation von WISSEN entwickelt.

MACHT, die aus organisiertem Wissen erwächst, ist wichtiger, denn sie gibt dem Menschen ein Werkzeug an die Hand, mit dem er die zweite Machtkategorie transformieren, umlenken und in gewissem Umfang nutzen kann.

Dieser Kurs dient dem interessierten Leser dazu, die Reiseroute festzulegen, auf der er Fakten sammeln und seinem WISSENSNETZ hinzufügen kann.

Zwei Hauptmethoden, Wissen zu erlangen, bieten sich an: das Studieren, Klassifizieren und Assimilieren von Fakten, die andere Menschen gesammelt haben, oder selbst Fakten zu sammeln, zu organisieren und zu klassifizieren, wobei man im Allgemeinen von »persönlicher Erfahrung« spricht.

Diese Lektion befasst sich mit Mitteln und Wegen, die Kenntnisse anderer Menschen zu studieren.

Der Stand des Fortschritts, die »Zivilisation«, ist nur unser angesammeltes Wissen. Dieses teilt sich in zwei Kategorien – mentales und physikalisches Wissen.

Zum nützlichen Wissen der Menschheit gehören die Entdeckung und Systematisierung der über 80 Elemente, aus denen alle materiellen Dinge im Universum bestehen.

Durch Studium, Analyse und exakte Messung hat der Mensch herausgefunden, wie »gewaltig« die materielle Seite des Universums mit ihren Planeten, Sonnen und Sternen ist, von denen einige über zehn Millionen Mal größer als unsere kleine Erde sind.

Auf der anderen Seite hat der Mensch die »Winzigkeit« der physischen Formen entdeckt, aus denen das Universum zusammengesetzt ist, indem er die über 80 chemischen Elemente in Moleküle, Atome und die kleinsten Partikel, die Elektronen zerlegte. Ein Elektron ist unsichtbar; es ist im Grunde ein Kraftzentrum aus einer positiven oder negativen Ladung. Das Elektron ist der Ursprung von allem, was eine körperliche Natur besitzt.

MOLEKÜLE, ATOME UND ELEKTRONEN: Um sowohl die Details als auch die Perspektive des Prozesses zu verstehen, durch den man sich Wissen aneignet, es organisiert und klassifiziert, scheint es essenziell, mit den kleinsten und einfachsten Teilen der physischen Materie zu beginnen.

Denn dies ist das ABC der Natur, mit dem sie das gesamte Rahmenwerk des physischen Teils des Universums geschaffen hat.

Das Molekül besteht aus Atomen, kleinen unsichtbaren Materiepartikeln, die beständig mit blitzartiger Geschwindigkeit demselben Prinzip gemäß rotieren, nach dem die Erde um die Sonne kreist.

Die als Atome bekannten kleinen Partikel, die in einem beständigen Kreislauf in einem Molekül rotieren, sind aus Elektronen zusammengesetzt, den kleinsten Bestandteilen der physischen Materie. Wie bereits gesagt, handelt es sich beim Elektron um nichts anderes als zwei verschiedene Kräfte. Das Elektron ist einheitlich, gehört einer Klasse an, hat dieselbe Größe und Natur; daher wird auch in einem Sandkorn oder einem Wassertropfen das gesamte Prinzip, nach dem das ganze Universum funktioniert, repliziert.

Wie wundersam! Wie erstaunlich! Sie können sich das gesamte Ausmaß vorstellen, wenn Sie das nächste Mal eine Mahlzeit einnehmen und sich daran erinnern, dass jedes Stück Nahrung, das Sie zu sich nehmen, der Teller, von dem Sie essen, das Besteck und der Tisch, in letzter Analyse aus einer Ansammlung von ELEKTRONEN bestehen.

In der Welt der physischen Materie, ob man nun auf den größten Stern am Himmel sieht oder auf das kleinste Sandkorn der Erde, ist das betrachtete Objekt nicht mehr als eine organisierte Ansammlung von Molekülen, Atomen und Elektronen, die unvorstellbar schnell umeinander kreisen.

Jeder Partikel physischer Materie befindet sich in einem anhaltenden Zustand schnellster Bewegung. Nichts steht je still, auch wenn fast alle physische Materie für den Betrachter bewegungslos scheinen mag. Es gibt keine »solide« physische Materie. Das härteste Stück Stahl ist eine organisierte Masse an wirbelnden Molekülen, Atomen und Elektronen. Darüber hinaus entstammen alle Elektronen in einem Stück Stahl derselben Natur und bewegen sich genauso schnell wie die Elektronen in Gold, Silber, Kupfer oder Zinn.

> Fürchte dich nicht vor ein wenig Opposition. Denke daran, der »Drache« des Erfolgs steigt normalerweise GEGEN den Wind des Widerspruchs – nicht mit ihm!

Die über 80 Arten physischer Materie scheinen sich voneinander zu unterscheiden, denn sie bestehen aus verschiedenen Kombinationen von Atomen (auch wenn die Elektronen in diesen Atomen immer dieselben sind, abgesehen davon, dass einige Elektronen positiv sind und andere negativ, was bedeutet, dass einige eine positive elektrische Ladung tragen und andere eine negative).

In der Chemie zerlegt man Materie in Atome, die selbst unveränderlich sind. Die über 80 Elemente werden erschaffen und bestehen dadurch, dass die Positionen der Atome kombiniert und verändert werden. Der Modus Operandi der Chemie, der die Veränderungen der Atompositionen herbeiführt, sei in den Worten der modernen Wissenschaft geschildert:

»Man füge vier Elektronen (zwei positive und zwei negative) dem Wasserstoffatom hinzu, dann erhält man das Element Lithium. Man entferne vom Lithiumatom (zusammengesetzt aus drei positiven und drei negativen Elektronen) ein positives und ein negatives Elektron, dann erhält man ein Atom Helium (zusammengesetzt aus zwei positiven und zwei negativen Elektronen).«

Daran lässt sich erkennen, dass die über 80 physikalischen Elemente des Universums sich voneinander nur durch die Anzahl der Elektronen unterscheiden, die ihre Atome bilden.

Zur Illustration: Ein Atom Quecksilber enthält 80 positive Ladungen (Elektronen) in seinem Kern und 80 negative umgebende Ladungen (Elektronen). Wenn ein Chemiker zwei der positiven Elektronen entfernen würde, würde es sich sofort in das bekannte Metall Platin verwandeln. Wenn dieser Chemiker dann noch einen Schritt weiterginge und ein negatives (»planetarisches«) Elektron entfernte, hätte das Quecksilberatom zwei positive Elektronen und ein negatives verloren, das heißt, eine positive Ladung insgesamt. Dadurch würde es 79 positive Ladungen im Kern und 79 umgebende negative behalten und würde zu GOLD!

Nach der Formel für diesen Wandel der Elektronen suchen Alchemisten aller Zeitalter und der modernen Chemie.

Es ist jedem Chemiker bekannt, dass buchstäblich Zehntausende synthetische Substanzen aus diesen vier Atomen zusammengesetzt werden können: Wasserstoff, Sauerstoff, Stickstoff und Kohlenstoff.

»Unterschiede bei der Elektronenanzahl in den Atomen verleihen ihnen qualitative (chemische) Unterschiede, auch wenn alle Atome eines Elements chemisch gleich sind. Unterschiede bei der Anzahl und der besonderen Anordnung dieser Atome (in Gruppen von Molekülen) konstituieren sowohl physikalische als auch chemische Unterschiede in Substanzen, das heißt Verbindungen. Sehr verschiedene Substanzen werden durch Kombinationen der genau gleichen Atome in unterschiedlichen Positionen hervorgebracht.

Nehmen Sie von einem Molekül bestimmter Substanzen nur ein Atom weg, und sie können sich von einer Verbindung, die nötig für Leben und Wachstum ist, in ein tödliches Gift verwandeln. Phosphor ist ein Element und enthält daher nur eine Sorte Atome, aber manch ein Phosphor ist gelb und ein anderer rot, was mit der speziellen Verteilung der Atome in den Molekülen des Phosphors zusammenhängt.«

Es gilt als erwiesen, dass das Atom das universelle Partikel ist, mit dem die Natur alle materiellen Formen gestaltet, vom Sandkorn bis zum größten Stern im All. Das Atom ist der »Baustein« der Natur, aus dem sie einen Eichenbaum oder eine Kiefer entstehen lässt, einen Felsen aus Sandstein oder Granit, eine Maus oder einen Elefanten.

Einige der großen Denker haben begründet dargelegt, dass unsere Welt und jeder Materiepartikel auf dieser Erde seinen Anfang auf Basis von zwei Atomen nahm, die sich vereinten und die über Hunderte Millionen Jahre des Flugs durchs All in Kontakt mit anderen Atomen kamen und sie einsammelten, bis Schritt für Schritt die Erde geformt wurde. Das, so betonen sie, erkläre die verschiedenen Erdschichten wie Kohleflöze, Eisenerzvorkommen, Gold- und Silberadern, Kupfervorkommen und so weiter.

Der Grund ist, dass die Erde sich auf ihrem Weg durchs All aufgrund des Gesetzes der magnetischen Anziehung verschiedene Arten von Nebeln oder Atomen einverleibte, mit denen sie in Kontakt kam. Man kann an ihrer Oberflächenzusammensetzung viel ablesen, um diese Theorie zu stützen, auch wenn es keine handfesten Beweise dafür geben mag.

Diese Fakten über die kleinsten analysierbaren Materiepartikel dienen hier als Startpunkt, von dem aus wir ermitteln, wie wir das Gesetz der MACHT entwickeln und anwenden können.

Wie gesagt befindet alle Materie sich in einem ständigen Zustand der Vibration oder Bewegung; und ein Molekül besteht aus sich schnell bewegenden Partikeln, den Atomen, die wiederum aus sich schnell bewegenden Partikeln zusammengesetzt sind, den Elektronen.

DAS VIBRIERENDE FLUIDUM DER MATERIE: In jedem Partikel der Materie befindet sich ein unsichtbares »Fluidum« oder eine Kraft, die dafür sorgt, dass die Atome in unvorstellbarer Geschwindigkeit umeinander kreisen.

Dieses »Fluidum« ist eine Form der Energie, die nie analysiert wurde. Daher hat es die wissenschaftliche Welt vor Rätsel gestellt. Viele Wissenschaftler glauben, dass es dieselbe Energie ist, die wir Elektrizität nennen. Andere bezeichnen es als Vibration. Einige Forscher nehmen an, dass die Geschwindigkeit, mit der diese Kraft sich bewegt (wie immer man sie nennt) zu einem Großteil die äußerlich sichtbare Erscheinung der physikalischen Objekte des Universums definiert.

Eine bestimmte Vibrationsrate dieser »flüssigen Energie« verursacht das, was wir als Schall wahrnehmen. Das menschliche Ohr kann nur einen Schall hören, der zwischen 20 und 20.000 Schwingungen pro Sekunde liegt.

Wenn sich die Vibrationsrate pro Sekunde über den Schall hinaus erhöht, beginnt sie sich als Hitze zu manifestieren. Heute nutzen wir dieses Phänomen in Form von Mikrowellenöfen.

Noch höher auf der Skala der Schwingungen nimmt man es als Licht wahr. Ultraviolette Strahlung ist normalerweise unsichtbar, und Energie mit einer Wellenlänge höher als ultraviolette Strahlung ist ebenfalls unsichtbar, kann jedoch einen enormen Effekt auf physische Objekte haben. Die Wissenschaft untersucht noch diese Grenzen und vielleicht werden künftige Entdeckungen die vielen verbleibenden Rätsel erklären.

Noch höher auf der Skala – wie hoch scheint im Moment niemand zu wissen – liegen die Schwingungen, die, wie ich annehme, die Kraft generieren, mit der der Mensch DENKT.

Nach Ansicht des Autors ist der »flüssige« Teil aller Vibration, aus dem alle bekannten Formen der Energie entstehen, seiner Natur nach universell; und der »flüssige« Teil des Schalls ist derselbe wie der »flüssige« Teil des Lichts. Und der Unterschied zwischen Schall und Licht ist nur eine Differenz in der Schwingungsrate. Außerdem entspricht der »flüssige« Teil der Gedanken dem von Schall, Hitze und Licht und variiert nur bezüglich der Zahl der Schwingungen pro Sekunde.

So wie es nur eine Form der physischen Materie gibt, aus der die Erde und all die anderen Planeten – und Sonnen und Sterne – zusammengesetzt sind – das Elektron –, gibt es nur eine Form der »flüssigen« Energie, die alle Materie in einem dauernden Zustand schneller Bewegung hält.

LUFT UND ÄTHER: Der gigantische Raum zwischen den Sonnen, Monden, Sternen und anderen Planeten des Universums ist mit Äther, einer Form von Energie, gefüllt. Der Autor nimmt an, dass die »flüssige« Energie, die alle Partikel der Materie in Bewegung hält, dem universellen »Fluidum« des Äthers gleicht. Innerhalb einer bestimmten Distanz oberhalb der Erdoberfläche, ungefähr 80 Kilometer, existiert die Luft, eine gasförmige Substanz aus Sauerstoff und Stickstoff. Luft überträgt den Schall, leitet jedoch nicht das Licht und höhere Vibrationen, die vom Äther übertragen werden. Der Äther übermittelt alle Vibrationen, vom Schall bis zu den Gedanken.

Luft ist eine örtlich gebundene Substanz, die hauptsächlich alles tierische und pflanzliche Leben mit Sauerstoff und Stickstoff versorgt, ohne die keines von beiden existieren könnte. Stickstoff ist wichtig für pflanzliches Leben und Sauerstoff für tierisches.

Nahe dem Gipfel hoher Berge wird die Luft dünn, denn sie enthält nur noch wenig Stickstoff, weshalb dort kein pflanzliches Leben existiert. Andererseits enthält die »leichtere« Luft in großen Höhen viel Sauerstoff. Deshalb empfiehlt es sich für Tuberkulosepatienten, sich in den Bergen aufzuhalten.

> Leiste mehr, als wofür du bezahlt wirst, und du wirst bald für mehr bezahlt, als du leistest. Dies ermöglicht das Gesetz des »steigenden Ertrags«.

Diese kurze Erklärung zu Molekülen, Atomen, Elektronen, Luft, Äther und dergleichen mag komplex erscheinen, aber, wie wir bald sehen werden, ist diese Einleitung eine wichtige Grundlage dieser Lektion.

Lassen Sie sich nicht entmutigen, falls sich diese Beschreibung nicht so spannend wie eine moderne fiktive Erzählung liest. Sie haben sich ernsthaft vorgenommen, herauszufinden, welche Kräfte Ihnen zur Verfügung stehen und wie Sie diese organisieren und anwenden können. Um erfolgreich auf Entdeckungsreise zu gehen, sollten Sie Entschlossenheit, Ausdauer und eine Leidenschaft für Wissen mitbringen.

Der verstorbene Dr. Alexander Graham Bell, Erfinder des Telefons und eine anerkannte Autorität auf dem Gebiet der Schwingungen, soll hier als Gewährsmann für die Theorien des Autors zum Thema Schwingungen herangezogen werden:

> »Angenommen, Sie haben die Möglichkeit, einen eisernen Stab mit einer angestrebten Frequenz in einem dunklen Raum vibrieren zu lassen. Zuerst, wenn er langsam vibriert, werden Sie die Bewegung nur mit dem Berührungssinn wahrnehmen. Sobald die Vibration zunimmt, wird sie einen tiefen Ton erzeugen, den Sie mit zwei Sinnen wahrnehmen können.
>
> Bei ungefähr 32.000 Schwingungen pro Sekunde wird der Ton laut und schrill, aber bei 40.000 Schwingungen wird er verstummen, und Sie können die Bewegungen des Stabs nicht mehr durch Berührung wahrnehmen. Seine Bewegungen werden nicht mehr von einem normalen menschlichen Sinn erfasst.
>
> Von diesem Punkt an bis zu etwa 1.500.000 Schwingungen pro Sekunde kann keiner unserer Sinne den Effekt der auftretenden Vibrationen wahrnehmen. Nachdem dieser Punkt erreicht ist, wird die Bewegung zuerst vom Temperatursinn und dann, wenn der Stab rot glühend wird, vom Gesichtssinn erfasst. Bei 3.000.000 strahlt er violettes Licht ab. Darüber liegen ultraviolettes Licht und andere unsichtbare Strahlung, von denen manche durch bestimmte Instrumente wahrgenommen werden können.

Meines Erachtens gibt es viel über den Effekt dieser Vibrationen innerhalb der großen Lücke zu lernen, in der normale menschliche Sinne die Bewegung weder hören, sehen noch fühlen können. Die Fähigkeit, drahtlose Nachrichten durch die Vibrationen des Äthers zu senden, liegt in dieser Lücke, aber diese ist so groß, dass da noch mehr zu sein scheint. Wir sollten Maschinen bauen, die praktisch wie neue Sinne funktionieren, ähnlich den drahtlosen Instrumenten.

Angesichts dieser großen Lücke existieren wohl kaum viele Formen von Vibrationen, die uns so erstaunen oder noch mehr beeindrucken als die drahtlosen Wellen. Es scheint mir, dass in dieser Lücke Vibrationen auftreten, die unsere Hirne und Nervenzellen beim Denken ausstrahlen. Jedoch liegen sie vielleicht weiter oben auf der Skala der Schwingungen, die ultraviolette Strahlung produzieren. (ANMERKUNG DES AUTORS: Der letzte Satz legt die Theorie des Autors nahe.)

Brauchen wir einen Draht, um diese Vibrationen zu übertragen? Werden sie nicht drahtlos durch den Äther getragen, gleich den drahtlosen Wellen? Wie werden sie vom Empfänger wahrgenommen? Wird er eine Reihe von Signalen hören oder feststellen, dass die Gedanken eines anderen Menschen in sein Gehirn eingedrungen sind?

Wir können hier nur spekulieren, basierend auf unserem Wissen über drahtlose Wellen, die, wie erwähnt, alles sind, was wir von vielen Schwingungen wahrnehmen, die theoretisch existieren müssen. Wenn die Gedankenwellen ähnlich den drahtlosen Wellen funktionieren, gibt sie das Gehirn ab, woraufhin sie endlos um die Welt und durch das Universum fließen. Der Körper, der Schädel und andere massive Hindernisse stoppen nicht ihre Verbreitung, während sie sich durch den Äther fortpflanzen, der die Moleküle jeder Substanz umgibt, egal wie solide und dicht sie sein mag.

Man könnte sich fragen, ob es nicht ständige Interferenzen und Verwirrungen geben müsste, wenn die Gedanken anderer Menschen durch unsere Gehirne fließen und Gedanken in sie pflanzen, die nicht unsere sind.

Woher wissen wir genau, dass die Gedanken anderer Menschen nicht mit unseren interferieren? Ich habe schon häufig mir unerklärliche Phänomene geistiger Turbulenzen wahrgenommen. Als Beispiel mag die Inspiration oder Entmutigung eines Redners dienen, wenn er sich an sein Publikum wendet. Ich habe dies viele Male in meinem Leben erfahren und war nie in der Lage, die physischen Ursachen genau zu definieren.

Viele wissenschaftlichen Entdeckungen deuten meiner Meinung nach auf eine Zeit, in der eines Tages, vielleicht in nicht allzu ferner Zukunft, Menschen die Gedanken anderer lesen und Gedanken direkt von Gehirn zu Gehirn übertragen werden, ohne die Intervention von Sprache, Schrift oder irgendeiner anderen heute bekannten Form der Kommunikation.

Es ist nicht unvernünftig, auf eine Zeit zu hoffen, in der wir ohne Augen sehen, ohne Ohren hören und ohne Zungen sprechen werden.

Kurz gesagt, die Hypothese, dass Geist direkt mit Geist kommunizieren kann, basiert auf der Theorie, dass Gedanken oder die Lebenskraft eine Form der elektrischen Turbulenz sind, die man durch Induktion aufnehmen und über Distanzen übertragen kann, entweder durch einen Draht oder durch den alles durchdringenden Äther, so wie es bei den drahtlosen Wellen des Telegrafen der Fall ist.

Viele Analogien legen nahe, dass Gedanken elektrische Turbulenzen sind. Ein Nerv, der aus der gleichen Substanz besteht wie das Gehirn, ist ein exzellenter Übertrager eines elektrischen Stroms. Als man das erste Mal elektrischen Strom durch die Nerven eines toten Mannes schickte, erstaunte es, dass er sich aufsetzte und bewegte. Die elektrifizierten Nerven produzierten Muskelkontraktionen, ähnlich wie bei Lebenden.

Die Nerven scheinen auf die Muskeln in vergleichbarer Weise zu wirken wie elektrischer Strom auf einen Elektromagneten. Der Strom magnetisiert einen Eisenstab, der im rechten Winkel dazu liegt, und die Nerven produzieren durch einen nicht messbaren Strom der Lebenskraft, der durch sie fließt, eine Kontraktion der Muskelfasern, die im rechten Winkel dazu liegen.

Vieles spricht dafür, dass Gedanken und Lebenskraft als der Elektrizität verwandt betrachtet werden können. Der elektrische Strom gilt als wellenförmige Bewegung des Äthers, die hypothetische Substanz, die allen Raum füllt und alle Materie durchdringt. Wir nehmen an, dass es einen Äther geben muss, denn ohne ihn könnte der elektrische Strom nicht durch ein Vakuum fließen oder Sonnenlicht durch das All. Es ist vernünftig, zu glauben, dass nur eine Wellenbewegung von ähnlicher Art das Phänomen des Gedankens und der Lebenskraft erzeugen kann. Wir denken, dass die Gehirnzellen wie eine Batterie funktionieren, und dass die erzeugte Spannung durch die Nerven fließt.

Aber endet es damit? Fließt sie nicht aus unserem Körper in Wellen, die von unseren Sinnen unbemerkt um die Welt strömen, genauso wie die drahtlosen Wellen, die man nicht wahrnahm, bevor Hertz und andere ihre Existenz entdeckten?«

JEDER GEIST IST SOWOHL EIN SENDER ALS AUCH EIN EMPFÄNGER: Der Autor hat unzählige Male, zumindest zu seiner eigenen Zufriedenheit, bewiesen, dass jedes menschliche Gehirn sowohl eine Sende- als auch eine Empfangsstation für Schwingungen ist, die die Frequenz von Gedanken aufweisen.

Wenn diese Theorie sich als wahr erweisen sollte, und Methoden entwickelt werden, sie kontrolliert einzusetzen, darf man sich einmal die Rolle vorstellen, die dies dabei spielen könnte, Wissen zu sammeln, zu klassifizieren und zu organisieren. Die Möglichkeit, ganz zu schweigen von der Wahrscheinlichkeit einer solchen Realität, muss den menschlichen Geist überwältigen!

Thomas Paine war einer der großen Denker der Ära der Amerikanischen Revolution. Ihm, vielleicht noch mehr als jedem anderen, verdanken wir sowohl den Beginn als auch das glückliche Ende der Revolution. Denn es war sein scharfer Geist, der sowohl dabei half, die Unabhängigkeitserklärung zu verfassen, als auch die Unterzeichner des Dokuments davon zu überzeugen, dieses in die Tat umzusetzen.

> Jeder Fehlschlag ist ein getarnter Segen, vorausgesetzt er lehrt uns eine nötige Lektion, die uns ohne ihn entgangen wäre. Die meisten sogenannten Fehlschläge sind nur temporäre Rückschläge.

In Bezug auf die Quelle seines reichen Wissensschatzes sagte Paine:

> »Jede Person, die sich schon einmal mit dem Fortschritt des menschlichen Geistes beschäftigt hat, indem sie ihren eigenen beobachtete, wird zwei bestimmte Klassen von Gedanken festgestellt haben: diejenigen, die wir in uns selbst durch Reflexion und den Akt des Denkens erschaffen, und diejenigen, die uns von selbst blitzartig in den Sinn kommen. Ich habe es mir stets zur Regel gemacht, diese freiwilligen Besucher höflich zu behandeln und so gut es mir möglich war zu prüfen, ob sie es wert waren, weiterverfolgt zu werden. Und von diesen habe ich fast mein gesamtes Wissen erlangt. Was das Wissen durch schulische Bildung betrifft, so kann es nur als Grundkapital angesehen werden, das einem den Anstoß gibt, später für sich selbst zu lernen. Jeder gebildete Mensch wird irgendwann zu seinem eigenen Lehrer, da Prinzipien nicht erinnert werden; sie sind im Verstand verortet und werden am dauerhaftesten durch das eigene Bewusstsein verankert.«

Mit diesen Worten beschrieb Paine, der große amerikanische Patriot und Philosoph, eine Erfahrung, die jeder Mensch irgendwann einmal macht. Wer hat so wenig Glück gehabt, um nicht positive Belege dafür erfahren zu haben, dass Gedanken und sogar Ideen einfach »blitzartig«, von äußeren Quellen, im Geist erscheinen?

Welches andere Medium der Übertragung sollte es für solche Besucher geben, wenn nicht den Äther? Der Äther füllt den unbegrenzten Raum des Universums. Er ist das Übertragungsmedium für alle bekannten Arten von Schwingungen wie Schall, Licht und Hitze. Wieso sollte er nicht auch das Übertragungsmedium für die Schwingungen der Gedanken sein?

Jeder Geist oder jedes Gehirn ist direkt mit jedem anderen Gehirn über den Äther verbunden. Jeder Gedanke, den irgendein Gehirn aussendet, kann von allen anderen sofort aufgenommen und interpretiert werden, die »im Kontakt« mit diesem Sender stehen. Der Autor ist so sicher davon überzeugt, wie davon, dass die chemische Formel H_2O Wasser produziert. Stellen Sie sich vor, welche Rolle dieses Prinzip in allen Lebensbereichen spielt.

Doch dass der Äther vermutlich das Übertragungsmedium für Gedanken von Geist zu Geist ist, ist noch nicht seine bemerkenswerteste Funktion. Der Autor ist der festen Überzeugung, dass jede Gedankenschwingung eines Gehirns vom Äther aufgenommen wird und als wandernde Wellen in Bewegung bleibt, die in ihrer Wellenlänge mit dem Energiepegel übereinstimmen, der bei ihrer Aussendung eingesetzt wurde; dass diese Schwingungen sich ewig weiter bewegen; dass sie eine von zwei Quellen der »blitzartig« aufkommenden Gedanken sind. Die andere Quelle ist der durch den Äther geleitete direkte Kontakt mit dem Gehirn, das die Gedankenschwingung aussendet.

Vorausgesetzt diese Theorie trifft zu, wird man zeigen können, dass der unbegrenzte Raum des gesamten Universums buchstäblich eine mentale Bibliothek ist und bleibt, in der alle Gedanken zu finden sind, die von der Menschheit je freigesetzt wurden.

Der Autor legt hiermit die Grundlage für eine der wichtigsten Hypothesen in der Lektion über das Selbstbewusstsein, daran sollte der Leser bei der Lektüre dieses Abschnitts denken.

Dies ist eine Lektion über das organisierte Wissen. Das meiste nützliche Wissen der Menschheit wurde in der Bibel der Natur konserviert und akkurat aufgezeichnet. Indem man die Seiten dieser unveränderlichen Bibel zurückblättert, kann man die Geschichte des grandiosen Kampfes lesen, aus dem die gegenwärtige Zivilisation entstanden ist. Die Seiten dieser Bibel bestehen aus denselben physikalischen Elementen wie die Erde und die anderen Planeten sowie aus dem raumfüllenden Äther.

Indem er diese Seiten zurückblätterte, die auf Stein geschrieben unter unserer Erde liegen, hat der Mensch die Knochen, Skelette, Fußabdrücke und andere unwiderlegbare Beweise der Geschichte des tierischen Lebens auf diesem Planeten aufgedeckt, die dort von Mutter Natur über unfassbar lange Zeitperioden zu seiner Erleuchtung und Führung hinterlassen wurden. Die Belege sind deutlich und unbezweifelbar. Die großen steinernen Seiten der Bibel der Natur, die man auf dieser Erde finden kann und die endlosen Seiten dieser Bibel, die der Äther repräsentiert, in dem alle vergangenen menschlichen Gedanken aufgezeichnet wurden, stellen eine authentische Quelle der Kommunikation zwischen dem Schöpfer und dem Menschen dar. Diese Bibel nahm ihren Anfang, lange bevor der Mensch denken konnte, sogar bevor die menschliche Entwicklung überhaupt über das Stadium der Amöbe (tierischer Einzeller) hinausging.

Diese Bibel können Menschen nicht verändern. Darüber hinaus erzählt sie ihre Geschichte nicht in den antiken toten Sprachen oder Hieroglyphen, sondern in der universellen Sprache, die alle lesen können, die Augen haben. Die Bibel der Natur, von der wir alles Wissen beziehen, das des Erfahrens wert ist, kann kein Mensch verändern oder auf irgendeine Weise verfälschen.

Die bisher wundersamste Entdeckung des Menschen sind die kürzlich entdeckten Prinzipien der Funkübertragung, die mithilfe des Äthers funktionieren, ein wichtiger Teil der Bibel der Natur. Stellen Sie sich vor, dass der Äther die normale Schwingung von Schallwellen aufnimmt und diese Schwingung von einer Audiofrequenz in eine Funkfrequenz umwandelt, sie zu einer entsprechend eingestellten Empfangsstation überträgt und dort wieder in die ursprüngliche Form einer Audiofrequenz überträgt, und zwar in Sekunden. Es sollte niemanden überraschen, dass eine solche Kraft Gedankenschwingungen aufnehmen und ewig in Bewegung halten könnte.

Dass Schall durch den modernen Funkapparat sofort durch das Medium des Äthers übertragen wird, verlagert die Theorie der Übertragung von Gedankenschwingungen von einem Geist auf den anderen aus dem Bereich des Möglichen in den Bereich des Wahrscheinlichen.

DAS MASTERMIND: Wir kommen nun zum nächsten Schritt in der Beschreibung der Möglichkeiten, nützliches Wissen zu sammeln, zu klassifizieren und zu organisieren: durch die harmonische Allianz von zwei oder mehr Köpfen, die ein Mastermind bilden. Der Begriff »Mastermind« ist abstrakt und findet keine Entsprechung im Bereich der bekannten Fakten, außer im Verständnis weniger Menschen, die sorgfältig die Auswirkungen eines Geistes auf andere studiert haben.

Der Autor hat vergeblich alle Lehrbücher und Essays zum Thema des menschlichen Geistes durchsucht, aber nirgends auch nur den kleinsten Hinweis darauf gefunden, was wir hier als »Mastermind« bezeichnen. Der Begriff kam dem Autor das erste Mal durch ein Interview mit Andrew Carnegie zum Bewusstsein, sehen Sie dazu Lektion 2.

DIE CHEMIE DES GEISTES: Nach Ansicht des Autors besteht der Geist aus derselben universellen »Fluidum«-Energie wie der Äther, der das Universum erfüllt. Es ist dem Laien genauso bekannt wie dem wissenschaftlichen Forscher, dass einige Geister in dem Moment in Konflikt geraten, in dem sie miteinander in Kontakt kommen, während andere Geister eine natürliche Anziehung zeigen. Zwischen den beiden Extremen des natürlichen Antagonismus und der natürlichen Anziehung, die bei Begegnungen entstehen, liegt ein breites Spektrum an individuell verschiedenen Reaktionen.

Das Bewusstsein mancher Menschen ist von Natur aus so aufeinander eingestimmt, dass sie sich schon beim ersten Kontakt verlieben. Wer hat nicht schon einmal diese Erfahrung gemacht? In anderen Fällen sind Individuen so gegensätzlich, dass sie sich schon beim ersten Treffen gegenseitig stark ablehnen. All dies geschieht, ohne dass ein Wort gesprochen wird, und ohne dass die gängigen Ursachen von Liebe und Hass irgendwie als Stimulus wirken.

Es ist durchaus wahrscheinlich, dass der »Geist« aus einem Fluidum, einer Substanz oder Energie, wie man es auch nennen will, wie der Äther besteht (wenn er nicht sogar über dieselbe Substanz verfügt). Wenn sich zwei Geister nahe genug kommen, um in Kontakt zu treten, löst die Vermischung der »geistigen Substanz« (nennen wir es die Elektronen des Äthers) eine chemische Reaktion und eine Schwingung aus, die beide Individuen auf angenehme oder unangenehme Weise beeinflusst.

Den Effekt einer solchen Begegnung bemerkt sogar ein beiläufiger Beobachter. Keine Wirkung ohne Ursache! Sollte man nicht annehmen, dass die Veränderung mentaler Einstellungen zweier Individuen, die aufeinandertreffen, daher rührt, dass die Elektronen oder Einheiten eines jeden von ihnen, angesichts des durch den Kontakt geschaffenen Felds bei der eigenen Neuordnung gestört werden?

> »An das Heldenhafte zu glauben, schafft den Helden.«
>
> DISRAELI

Um diese Lektion auf ein solides Fundament zu stellen: Wir kommen der Wahrheit mit der Aussage nahe, dass der enge Kontakt zweier Individuen einen beidseitig feststellbaren »Effekt« auslöst, der sich von ihrem Zustand kurz vor dem Treffen unterscheidet. Es ist wünschenswert, aber nicht essenziell zu wissen, worin die »Ursache« dieser Reaktion von Geist auf Geist liegt. Ohne Zweifel findet diese Reaktion jedes Mal statt. Davon ausgehend können wir den Begriff »Mastermind« definieren.

Ein Mastermind ist möglich, wenn zwei oder mehrere Individuen sich harmonisch begegnen beziehungsweise austauschen. Aus dieser ausgeglichenen Verbindung schafft die geistige Chemie einen dritten Geist, den ein oder alle beteiligten Individuen sich aneignen oder nutzen können. Dieses Mastermind bleibt bestehen, solange die freundliche, harmonische Allianz zwischen den individuellen Geistern existiert. Es löst sich auf, und alle Belege seiner Existenz verschwinden, sobald dieses Bündnis zerbrochen ist.

Aus dem Prinzip der zwischenmenschlichen Chemie entstehen alle Fälle von »Seelenverwandten« und »Dreiecksverhältnissen«, von denen so viele unglücklicherweise vor dem Scheidungsgericht landen und die von ignoranten Menschen öffentlich verspottet werden, die aus dem größten Naturgesetz etwas Vulgäres und Skandalöses konstruieren.

Zivilisierte Menschen wissen, dass die ersten zwei oder drei Jahre einer Ehe häufig von mehr oder weniger belanglosem Zwist begleitet sind, es sind die Jahre der »Anpassung«. Wenn die Ehe überlebt, vermag sie zu einer dauerhaften Allianz zu werden. Wieder sehen wir die »Wirkung«, ohne die »Ursache« zu kennen.

Während es andere Auslöser geben mag, rührt der Mangel an Harmonie während dieser frühen Ehejahre oft aus einer langsamen Anpassung der Chemie der Partner, während sie danach streben, sich harmonisch zu verbinden. Anders ausgedrückt: Die als Geist bezeichneten Elektronen oder Energieeinheiten sind beim ersten Kontakt weder besonders freundlich noch antagonistisch. Doch durch konstante Vereinigung passen sie sich einander nach und nach harmonisch an, abgesehen von seltenen Fällen, bei denen eine Verbindung den gegenteiligen Effekt hat und letztlich zu offener Feindschaft zwischen diesen Einheiten führt.

Bekanntlich werden ein Mann und eine Frau, die zehn oder 15 Jahre zusammengelebt haben, einander praktisch unersetzlich, auch wenn es nicht den kleinsten Hinweis auf Liebe gibt. Darüber hinaus sorgt diese Vereinigung und sexuelle Beziehung nicht nur zu einer natürlichen Anhänglichkeit zwischen den beiden, sondern auch dafür, dass sie tatsächlich ähnliche Gesichtsausdrücke entwickeln und sich einander auf manch andere markante Art angleichen. Jeder kompetente Analyst der menschlichen Natur ist in der Lage, in einer Gruppe fremder Menschen die Ehefrau herauszupicken, nachdem er ihrem Ehemann vorgestellt wurde. Der Ausdruck der Augen, die Kontur der Gesichter und der Tonfall der Stimmen von lang Verheirateten ähneln sich auffällig.

So ausgeprägt ist der Effekt auf die Chemie des menschlichen Geistes, dass jeder erfahrene Redner schnell interpretieren kann, wie sein Publikum seine Aussagen aufnimmt. Den antagonistisch gestimmten Geist nur einer Person unter Tausenden im Publikum kann ein Redner leicht bemerken, der gelernt hat, derartige Effekte zu »fühlen«. Darüber hinaus kann er dies sogar feststellen, ohne den Ausdruck auf den Gesichtern des Publikums zu beobachten oder auf irgendeine Weise davon beeinflusst zu werden. Daher vermag ein Publikum – ohne einen Laut zu geben oder einen einzigen Ausdruck der Zufriedenheit oder Unzufriedenheit zu zeigen – einen Vortragenden zu enormen Höhen seiner Rede zu führen oder versagen zu lassen.

Alle »Starverkäufer« erkennen den Moment des »psychologischen Zeitpunkts zum Verkaufsabschluss«; nicht durch das, was der potenzielle Käufer sagt, sondern durch die Chemie, die der Verkäufer interpretiert oder »empfindet«. Worte strafen die Absichten des Sprechers oft Lügen, aber eine korrekte Interpretation der zwischenmenschlichen Chemie lässt keine Schlupflöcher für eine solche Möglichkeit. Jeder fähige Verkäufer weiß, dass die meisten Kunden fast immer bis zum Abschluss des Geschäfts eine negative Einstellung beibehalten.

Jeder fähige Anwalt vermag dank eines erworbenen sechsten Sinns durch die sorgfältig gewählten Worte eines clever lügenden Zeugens hindurch zu »fühlen« und korrekt zu interpretieren, was derjenige denkt – auch dies vermittels der geistigen Chemie. Viele Anwälte haben diese Fähigkeit entwickelt, ohne die wahre Quelle dafür zu kennen. Sie verfügen darüber, ohne wissenschaftlich zu verstehen, worauf sie basiert. Viele Verkäufer sind ebenso damit vertraut.

Jemand, der die zwischenmenschliche Chemie korrekt interpretieren kann, vermag im übertragenen Sinn durch die Vordertür des Hauses eines jeglichen Menschen zu spazieren und gemütlich das gesamte Gebäude zu inspizieren, sich alle Details einzuprägen und mit einem umfassenden Bild wieder hinauszugehen, ohne dass der Besitzer des Hauses ahnt, dass er einen Besucher beherbergt hat. Die Lektion über exaktes Denken wird aufzeigen, dass sich dieses Prinzip praktisch anwenden lässt (es beruht auf dem Prinzip der geistigen Chemie). Dieser Grundsatz dient als Ausgangspunkt für die Hauptprinzipien in dieser Lektion.

Wir haben bis hierher also das Prinzip der geistigen Chemie eingeführt und mithilfe alltäglicher Erfahrungen und beiläufiger Beobachtungen belegt, dass bei der Begegnung zweier Geister ein bemerkbarer mentaler Wandel in beiden einsetzt. Dieser zeigt sich manchmal in Form eines Antagonismus und zu anderen Zeiten in Form einer freundlichen Annäherung. Jeder Geist verfügt über etwas, das wir als elektrisches Feld bezeichnen wollen. Die Natur dieses Felds variiert und hängt von der individuellen »Laune« und der Natur der mentalen Chemie desjenigen ab, der das »Feld« erschafft.

Nach Meinung des Autors ist der natürliche Zustand der Chemie eines jeden Geistes das Ergebnis seines physischen Erbes und der Natur der Gedanken, die seinen Verstand dominieren. Zudem ist er überzeugt, dass sich jeder Geist kontinuierlich insofern verändert, dass seine Philosophie und Denkgewohnheiten seine Chemie ändern. Der Autor GLAUBT an diese Prinzipien. Denn es ist bekannt, dass jeder Mensch willentlich die Chemie seines Geistes ändern kann, sodass er alle, mit denen er in Kontakt kommt, entweder anzieht oder abstößt! Anders ausgedrückt kann jede Person eine geistige Einstellung entwickeln, um andere anzuziehen und ihnen angenehm zu sein oder sie abzustoßen und ihnen zuwider zu sein. Dies vermag sie ohne die Hilfe von Worten oder Gesichtsausdrücken oder Körperhaltung beziehungsweise -bewegung.

Sehen Sie sich erneut die Definition des »Masterminds« an – das entsteht, indem sich zwei oder mehr Geister IN PERFEKTER HARMONIE verbinden oder koordinieren. Sie werden die volle Bedeutung des Worts »Harmonie« verstehen, so wie es hier verwendet wird. Ohne perfekte Harmonie werden zwei Geister weder verschmelzen noch sich koordinieren, und darin liegt das Geheimnis des Erfolgs oder Fehlschlags praktisch sämtlicher geschäftlicher und sozialer Partnerschaften.

Jeder Verkaufsmanager, jeder militärische Kommandant und jeder Verantwortliche in jedem erdenklichen Lebensbereich versteht die Notwendigkeit eines »Teamgeistes«, um erfolgreich zu sein – ein Geist des allgemeinen Verstehens und der Kooperation. Diesen Teamgeist der Harmonie eines gemeinsamen Ziels erreicht man durch freiwillige oder erzwungene Disziplin, die derart beschaffen sein muss, dass der individuelle Geist Teil des »Masterminds« wird. Die individuelle geistige Chemie wird so modifiziert, dass die Beteiligten verschmelzen und als ein einziger Geist funktionieren.

> Wenn du nicht an Kooperation glaubst, sieh dir an, was mit einem Wagen passiert, der ein Rad verliert.

Die Methoden dieses Verschmelzungsprozesses sind so vielfältig wie die Individuen, die in unterschiedlicher Form als Führungspersonen auftreten. Jeder Verantwortliche hat seine eigene Vorgehensweise, die ihm untergebenen Menschen zu harmonischer Kooperation zu bewegen. Der eine nutzt Gewalt, ein anderer Überzeugungskraft, einer setzt die Angst vor Strafe ein, ein anderer Belohnung, um die individuellen Geister einer Gruppe zu einem einzigen Geist zu verschmelzen. Als Teilnehmer dieses Kurses brauchen Sie nicht lange in der Geschichte der Staatskunst, Politik, Wirtschaft oder Finanzen nach den Techniken von Führungspersonen suchen, um Einzelpersonen zu einem Massenbewusstsein zu bewegen.

Die wirklich großen Führungsgestalten der Welt beschenkt die Natur mit einer Gehirnchemie, die sie zu einem Anzugspunkt für andere werden lässt. Napoleon war ein bemerkenswertes Beispiel für einen solch magnetisch wirkenden Geist, der in der Lage war, alle an sich zu ziehen, mit denen er in Kontakt kam. Soldaten folgten ihm, ohne mit der Wimper zu zucken, in den sicheren Tod, aufgrund der motivierenden Natur seiner Persönlichkeit. Letztere war nicht mehr oder weniger als die Chemie seines Geistes.

Eine Gruppe von Menschen kann nicht zu einem Mastermind verschmelzen, wenn ein Mitglied sich als extrem negativ und abstoßend erweist. Negative und positive Geister können sich dann nicht im Sinne des Masterminds verbinden. Dies zu missachten, hat schon manchen anderweitig fähigen Führer in den Untergang steuern lassen.

Jede kompetente Führungsperson, die das Prinzip der Bewusstseinschemie versteht, kann zeitweilig die Beteiligten praktisch jeder Gruppe von Menschen miteinander verbinden, sodass sie ein gemeinsames Bewusstsein bilden. Doch diese Struktur zerfällt in dem Moment, in dem der Anführer nicht mehr zur Gruppe gehört.

Die erfolgreichsten Lebensversicherungen und andere Vertriebsorganisationen halten wöchentliche Meetings ab, um …

SICH ZU EINEM MASTERMIND ZU VERBINDEN, SODASS SIE EIN PAAR TAGE DAVON PROFITIEREN!

Es mag durchaus sein, dass die beteiligten Teamleiter nicht verstehen, was tatsächlich bei diesen Treffen passiert, die sie »Motivationstreffen« nennen. Der Routineablauf solcher Meetings besteht aus Vorträgen des Gruppenleiters und anderer Mitglieder, und manchmal sprechen auch externe Personen. Währenddessen tritt das Bewusstsein eines jeden Teilnehmers mit den anderen in Kontakt, sodass sie sich alle gegenseitig aufladen.

Das Gehirn eines Menschen lässt sich mit einer Batterie vergleichen, die sich entleert oder erschöpft, sodass der Betreffende sich niedergeschlagen, entmutigt und »unmotiviert« fühlt. Wer hat das Glück, noch nie so empfunden zu haben? Das Gehirn muss sich in diesem erschöpften Zustand durch den Kontakt mit einem vitaleren Geist wieder aufladen. Bedeutende Führungspersonen wissen, wie wichtig dieser »Wiederauflade«-Prozess ist und wie man ihn erreicht. DIESES WISSEN IST DER WICHTIGSTE UNTERSCHIED ZWISCHEN EINER FÜHRUNGSPERSON UND EINEM GEFOLGSMANN!

Glücklich ist der Mensch, der dieses Prinzip genügend versteht, um sein Gehirn »aufgeladen« zu halten, indem er sich regelmäßig mit einem vitaleren Geist verbindet. Sexueller Kontakt ist einer der effektivsten Stimuli, den Geist zu regenerieren, sofern er zwischen zwei Menschen, die sich aufrichtig lieben, entsteht. Jede andere Art der sexuellen Beziehung entzieht dem Geist Energie. Zudem vermag jeder kompetente Psychotherapeut ein Gehirn in kurzer Zeit »wieder aufzuladen.«

Bevor ich das Thema des sexuellen Kontakts als ein Mittel der Revitalisierung hinter mir lasse, sei darauf hingewiesen, dass alle großen Führungspersönlichkeiten, egal in welchem Lebensbereich, stets Menschen mit hoch sexualisierter Natur waren. (Das Wort »Sex« ist übrigens kein unmoralischer Begriff. Sie finden es in sämtlichen Wörterbüchern.)

Immer mehr Ärzte und Experten des Gesundheitswesens erkennen an, dass eine Krankheit aufgrund eines erschöpften Gehirns entstehen kann. Anders ausgedrückt ist bekannt, dass eine Person, die über ein vitales Gehirn verfügt, völlig immun gegen alle möglichen Leiden sein kann.

Jeder intelligente Gesundheitspraktiker, egal welcher Schule oder welchen Typs, weiß, dass es die »Natur« oder der Geist ist, der eine Krankheit heilt, wenn eine Heilmethode angewendet wird. Medizin, Glaube, Handauflegen, Chiropraktik, Osteopathie und andere Formen der Stimulation von außen dienen allein als künstliche Unterstützung der NATUR. Oder, exakter formuliert, sind sie bloße Methoden, um die mentale Chemie in Bewegung zu setzen, damit diese die Zellen und das Gewebe des Körpers neu einstellt, das Gehirn revitalisiert und auf jegliche andere Weise die menschliche Maschine normal funktionieren lässt. Selbst die orthodoxesten Praktiker im Gesundheitsbereich werden zugeben, dass dies zutrifft.

Was könnten künftige Entwicklungen auf dem Gebiet der Bewusstseinschemie bewirken?

Das Prinzip der harmonischen Verschmelzung von Individuen ermöglicht eine stabile Gesundheit. Mithilfe dieser Prinzipien kann ein Mensch genügend Kraft entwickeln, um den Anforderungen des ökonomischen Drucks zu begegnen, den wir alle kennen.

Wir können die künftigen Möglichkeiten der geistigen Chemie einschätzen, indem wir ihre vergangenen Leistungen Revue passieren lassen und dabei im Hinterkopf behalten, dass sich diese Leistungen größtenteils aus zufälligen Entdeckungen und ebensolchen Zusammentreffen von Individuen ergeben haben. Wir nähern uns einer Zeit, in der Universitätsdozenten diese Form der Chemie ebenso lehren werden, wie sie derzeit andere Inhalte vermitteln. Unterdessen eröffnen das Studium und Experimente in Verbindung mit diesem Thema völlig neue Perspektiven für Studenten.

GEISTIGE CHEMIE UND ÖKONOMISCHE MACHT: Die geistige Chemie kann nachweislich auf die alltäglichen Vorgänge der Wirtschaft angewendet werden.

Indem sich Individuen in PERFEKTER HARMONIE verbinden, können die Prinzipien der geistigen Chemie genügend Macht entwickeln, um die Beteiligten übermenschliche Ziele erreichen zu lassen. Macht ist die Kraft, durch die der Mensch bei beliebigen Unterfangen zum Erfolg gelangt.

Eine Gruppe von Männern und Frauen kann es zu unbegrenzter Macht bringen, sofern sie klug genug sind, ihre eigenen Persönlichkeiten und Interessen durch die harmonische Verschmelzung ihrer Geister unterzuordnen.

Beachten Sie, wie oft das Wort »Harmonie« in dieser Einleitung erscheint! Ohne dieses Element der PERFEKTEN HARMONIE kann kein »Mastermind« entstehen. Die beteiligten Individuen können sich erst mit anderen individuellen Einheiten verbinden, WENN DIE PERFEKTE HARMONIE EINES GEMEINSAMEN ZIELS SIE STIMULIERT UND ANFEUERT. Sobald zwei Geister verschiedene Interessensrichtungen einschlagen, trennen sich die individuellen Einheiten und das dritte Element, bekannt als »MASTERMIND«, erwachsen aus der harmonischen Allianz, löst sich auf.

Lassen Sie uns nun einige bekannte Männer studieren, die durch die Anwendung der geistigen Chemie zu großer Macht (und beträchtlichem Vermögen) kamen.

Wir beginnen mit der Analyse dreier Personen, die Großes auf ihren Fachgebieten der Wirtschaft, der Geschäftswelt und des Unternehmertums erreicht haben. Ihre Namen sind Henry Ford, Thomas A. Edison und Harvey S. Firestone.

> »Mut ist das stehende Heer der Seele, das sie davor schützt, erobert, geplündert und in die Sklaverei verkauft zu werden.«
>
> HENRY VAN DYKE

Diese drei führt Henry Ford mit Abstand an, denn er verfügt über ökonomische und finanzielle Macht. Derzeit ist er der mächtigste Mann auf Erden. Viele, die sein Leben studiert haben, halten ihn für den mächtigsten Menschen, der überhaupt je gelebt hat. Soweit bekannt, ist Mr. Ford der einzige Lebende – vielleicht der Einzige, der jemals existiert hat – mit genügend Macht, um den Money Trust der Vereinigten Staaten zu übertreffen. Er nimmt Millionen von Dollar so einfach ein, wie ein Kind am Strand seinen Eimer mit Sand füllt. Eingeweihte behaupten, Mr. Ford könne bei Bedarf um Geld bitten und innerhalb einer Woche 1 Milliarde Dollar (1.000 Millionen Dollar) einsammeln. Niemand, der um Fords Leistungen weiß, bezweifelt dies. Diejenigen, die ihn gut kennen, wissen, dass er zu dem genannten Zweck nicht mehr Aufwand bräuchte als ein durchschnittlicher Mensch, der seine monatliche Miete aufbringen muss. Er würde dieses Kapital dank der intelligenten Anwendung der Prinzipien dieses Kurses erhalten.

Als Mr. Fords neues Automobil 1927 kurz vor der Vollendung stand, verbuchte er angeblich Vorausbestellungen mit Anzahlungen für mehr als 375.000 Autos. Bei einem geschätzten Preis von 600 Dollar pro Wagen hätte dies 225.000.000 Dollar entsprochen, die er erhielt, bevor ein einziges Auto ausgeliefert worden war. So immens war das Vertrauen in Fords Fähigkeiten.

Mr. Edison ist, wie jeder weiß, ein Philosoph, ein Wissenschaftler und ein Erfinder. Er kann als der weltweit scharfsinnigste Kenner der Bibel gelten, wobei er ein Student der Bibel der Natur und nicht der Myriaden von Menschenhand produzierter Bibeln ist. Mr. Edison verfügt über einen so tiefen Einblick in die Bibel der Natur, dass er zum Nutzen der Menschheit mehr Naturgesetze genutzt und kombiniert hat als jede andere Person, die aktuell lebt oder je existiert hat. Er fügte die Spitze einer Nadel und rotierendes Wachs so zusammen, dass die Schwingungen der menschlichen Stimme durch den Phonographen aufgezeichnet und reproduziert wurden.

(Möglichweise wird Edison eines Tages den Menschen ermöglichen, die Schwingungen der Gedanken, die im unbegrenzten Universum des Äthers aufgezeichnet werden, aufzufangen und korrekt zu interpretieren, so wie er es geschafft hat, das gesprochene Wort aufzuzeichnen und zu reproduzieren.)

Es war Edison, der als Erster den Blitz nutzte und ihn den Menschen als Licht zur Verfügung stellte, indem er die elektrische Glühbirne erfand.

Es war Edison, der der Welt die bewegten Bilder schenkte.

Dies sind nur einige seiner herausragenden Leistungen. Seine »Wunder« (die er nicht durch falsche Vorspiegelung übermenschlicher Kräfte, sondern durch Einsatz der Wissenschaft vollbrachte), transzendieren die »Wunder«, die in fiktionalen Werken beschrieben werden.

Mr. Firestone ist der führende Kopf hinter dem großen Reifenunternehmen Firestone in Akron, Ohio. Seine industriellen Leistungen in der Automobilindustrie sind weithin bekannt, sodass ein weiterer Kommentar sich erübrigt.

Diese drei Männer begannen ihre Karrieren, Unternehmen und beruflichen Wege ohne Kapital und mit nur wenig Bildung. Alle von ihnen sind heute hochgebildet. Alle drei sind reich und mächtig. Lassen Sie uns nun die Quelle ihres Reichtums und ihrer Macht ergründen. Bisher haben wir uns nur mit den Wirkungen auseinandergesetzt; der wahre Philosoph möchte jedoch die Ursachen einer Wirkung verstehen.

Bekanntlich sind Mr. Ford, Mr. Edison und Mr. Firestone seit vielen Jahren befreundet. In früheren Zeiten unternahmen sie regelmäßig einmal im Jahr einen Ausflug in die Wildnis, um sich der Ruhe, Meditation und Erholung zu widmen.

Es ist jedoch nicht allgemein bekannt – und höchst fraglich, ob diese drei Männer es selbst wissen –, dass eine derart harmonische Verbindung sie vereint, dass ihr jeweiliges Bewusstsein zu einem »Mastermind« wurde, aus dem sich die Macht jedes einzelnen speist. Dieses Gruppenbewusstsein, geboren aus der geistigen Koordination zwischen Ford, Edison und Firestone, hat ihnen ermöglicht, sich auf Kräfte (und Wissensquellen) »einzustellen«, die den meisten Menschen nicht ansatzweise vertraut sind.

Falls Sie die hier beschriebenen Prinzipien oder Effekte anzweifeln, denken Sie daran, dass über die Hälfte der hier geäußerten Theorien Tatsachen sind. So ist bekannt, dass diese drei Herren sehr mächtig sind. Ferner wissen wir, dass sie reich sind und ohne Kapital und mit geringer Schulbildung angefangen haben, ebenso, dass sie regelmäßig freundschaftlich gesonnen miteinander in Kontakt treten. Ihre Leistungen sind erwiesenermaßen so herausragend, dass es fast unmöglich ist, diese Erfolge mit denen anderer Menschen in ihren jeweiligen Betätigungsfeldern zu vergleichen.

Alle diese »Wirkungen« kennt praktisch jedes Schulkind in der zivilisierten Welt, daher ist ein Disput über ihre Effekte ausgeschlossen.

Wir können bezüglich der Leistungen von Edison, Ford und Firestone sicher ausschließen, dass sie auf Betrug, dem »Übernatürlichen«, der sogenannten »Offenbarung« oder irgendeinem anderen unnatürlichen Gesetz beruhen. Diese Männer wenden keinerlei Tricks an. Sie arbeiten innerhalb der Naturgesetze; Gesetze, die zum großen Teil allen Ökonomen und Führungspersonen der Wissenschaft bekannt sind, mit der möglichen Ausnahme des Gesetzes der geistigen Chemie. Letzteres wurde bisher nicht genügend entwickelt, um von den Wissenschaftlern in ihren Katalog der bekannten Fakten aufgenommen zu werden.

Jede Gruppe von Personen kann ein »Mastermind« bilden, sofern sie ihr Bewusstsein harmonisch koordinieren. Das Team kann aus einer beliebigen Anzahl bestehen, von zwei aufwärts. Die besten Ergebnisse scheinen aus dem Zusammenschluss von sechs oder sieben Menschen zu entstehen.

Es kursiert die Vermutung, Jesus Christus habe es verstanden, die Prinzipien der geistigen Chemie zu nutzen, sodass seine Wundertaten aus der Macht der geistigen Verschmelzung mit seinen zwölf Jüngern hervorgegangen sein sollen. Bekanntlich löste sich das »Mastermind« auf, als einer seiner Jünger (Judas Iskariot) den Glauben verlor, woraufhin Jesus die größte Katastrophe seines Lebens ereilte.

Wenn einige Personen harmonisch gestimmt ein »Mastermind« aufbauen, nutzt jedes Gruppenmitglied die Macht, mit dem »Unterbewusstsein« seiner Mitstreiter in Kontakt zu treten und dadurch Wissen zu erlangen. Diese Macht wirkt sich von Beginn an aus, sie kann den Geist zu einer höheren Schwingung anregen und offenbart sich ferner durch eine lebhaftere Fantasie sowie vermutlich auch durch einen sechsten Sinn. Durch diesen sechsten Sinn tauchen neue Ideen »blitzartig« im Geist auf, die wie Themen erscheinen, die die individuellen Gehirne dominieren. Wenn das Team zusammenkommt, um ein bestimmtes Thema zu diskutieren, gelangen die Ideen in das Bewusstsein aller Anwesenden, als würden sie durch einen äußeren Einfluss gesteuert. Jeder Beteiligte des »Masterminds« wirkt wie ein Magnet und zieht Einfälle und Gedankenstimulationen von höchst organisierter und praktischer Natur an, und niemand weiß woher!

Der Prozess der Bewusstseinsverschmelzung, der hier als »Mastermind« beschrieben wird, lässt sich mit der Verbindung vieler elektrischer Batterien mit einem einzigen Übertragungskabel vergleichen, was die erzeugte Energie »intensiviert«. Jede zusätzliche Batterie steigert die fließende Energie um ihren eigenen Betrag. Das Gleiche gilt für das Verschmelzen unterschiedlicher Geister beim »Mastermind«. Jedes Bewusstsein stimuliert durch die Prinzipien der geistigen Chemie alle anderen in der Gruppe, bis die Energie so stark anwächst, dass sie die universelle Energie, den Äther, der mit jedem einzelnen Atom des Universums verknüpft ist, durchdringt und verbindet.

Das moderne Funkgerät belegt diese Theorie. Leistungsstarke Sende- oder Übertragungsstationen müssen aufgestellt werden, die die Schwingungen des Schalls »intensivieren«, bevor Letztere von der viel höher vibrierenden Energie des Äthers aufgenommen und in alle Richtungen weitergetragen werden. Ein »Mastermind«, bestehend aus vielen verschiedenen Bewusstseinsanteilen, die zusammen eine starke Schwingungsenergie absondern, bildet im Grunde das Gegenstück zu einer Funkübertragungsstation.

> »Menschen interessieren uns nicht mehr, wenn wir ihre Beschränkungen erkennen. Die einzige Sünde ist Beschränktheit. Sobald man die Grenzen eines Menschen kennt, ist er uninteressant.«
>
> EMERSON

Jeder Redner kennt den Einfluss der geistigen Chemie, denn sobald die Personen in einem Publikum einen »Kontakt« zu ihm herstellen (sich auf die Schwingungsrate seines Bewusstseins einstimmen), wächst sein Enthusiasmus, und er kann zu verbalen Höhen aufsteigen, die alle überraschen, inklusive ihm selbst.

Die ersten fünf oder zehn Minuten eines durchschnittlichen Vortrags gelten als »Aufwärmphase«. Diese bezeichnet den Prozess, durch den das Bewusstsein des Redners und seines Publikums im Geist der PERFEKTEN HARMONIE verschmolzen werden. Jeder Sprecher weiß, was passiert, wenn sich dieser Zustand der »perfekten Harmonie« beim Publikum nicht einstellt.

Die scheinbar übernatürlichen Phänomene bei spiritistischen Sitzungen ergeben sich aus der wechselseitigen Bewusstseinsreaktion in der Gruppe. Diese Phänomene manifestieren sich selten vor einer Frist von zehn bis 20 Minuten, nachdem die Gruppe sich zusammengefunden hat, weil sich das Bewusstsein eines jeden Teilnehmers erst dann mit den anderen harmonisiert. Die »Botschaften«, die Mitglieder einer spiritistischen Gruppe empfangen, entstammen einer von zwei oder beider dieser Quellen:

Erstens: dem gewaltigen Reservoir des Unterbewusstseins eines Gruppenmitglieds; oder

zweitens: dem universellen Reservoir des Äthers, in dem vermutlich sämtliche Gedankenschwingungen aufbewahrt werden. Weder ein bekanntes Naturgesetz noch menschliche Erkenntnisse stützen die Theorie, man könne mit Verstorbenen kommunizieren.

Jedes Individuum vermag mithilfe dieses Prinzips der geistigen Chemie den Wissensvorrat eines anderen Menschen zu erforschen, und wir dürfen davon ausgehen, dass diese Macht auf den Kontakt zu beliebigen, im Äther befindlichen Vibrationen ausgedehnt werden kann.

Die Theorie, dass all diese höheren und feineren Vibrationen, so wie diejenigen, die aus Gedanken entstehen, im Äther vorhanden sind, verdankt sich der Tatsache, dass weder Masse noch Energie (die beiden bekannten Elemente des Universums) geschaffen oder zerstört werden können. Man darf davon ausgehen, dass alle Schwingungen, die ausreichend »intensiviert« wurden, um vom Äther aufgenommen und absorbiert zu werden, für immer fortbestehen. Die niedrigeren Schwingungen, die nicht mit dem Äther verschmelzen oder mit ihm anderweitig in Kontakt kommen, verfügen vermutlich über eine natürliche Lebensspanne und verenden schließlich.

Alle sogenannten Genies haben vermutlich ihren Ruf erlangt, weil sie, durch reines Glück oder auf andere Art, Allianzen mit anderen Geistern eingegangen sind, sodass sie ihre eigenen Bewusstseinsschwingungen »intensivieren« konnten, bis sie den riesigen Wissenstempel zu kontaktieren vermochten, der im Äther des Universums aufgezeichnet ist.

Darüber hinaus waren alle bedeutenden Genies, soweit der Autor weiß, sexuell besonders aktive Menschen. Dass Sexualität als das stärkste Stimulans für den Geist gilt, verleiht der hier beschriebenen Theorie mehr Substanz.

Wollen wir die Machtquelle von Wirtschaftsgrößen genauer ergründen, so lohnt es sich, die als »Große Sechs« bekannte Gruppe aus Chicago zu studieren. Sie bestand aus William Wrigley, Jr., Gründer des Kaugummiunternehmens, das seinen Namen trägt, der über ein persönliches Einkommen von mehr als 15 Millionen Dollar im Jahr verfügen soll; John R. Thompson, Besitzer einer Restaurantkette unter seinem Namen; Mr. Lasker, dem die Werbeagentur Lord & Thomas gehört; Mr. McCullough, Inhaber der Parmalee Express Company, dem größten Shuttleservice-Unternehmen in Amerika; und Mr. Ritchie sowie Mr. Hertz, Inhaber des Yellow-Taxicab-Unternehmens.

Ein verlässliches Finanzinstitut hat das jährliche Einkommen dieser sechs Männer auf insgesamt über 25 Millionen Dollar (25.000.000) geschätzt oder ein Durchschnittseinkommen von mehr als 4 Millionen Dollar pro Jahr und Person.

Eine Analyse dieser gesamten Gruppe deckt auf, dass nicht einer von ihnen einen besonderen Vorsprung in puncto Bildung hatte. Alle starteten ohne Kapital oder Kredit. Ihre finanziellen Leistungen beruhten auf ihren individuellen Plänen und nicht auf einer glücklichen Fügung des Schicksals.

Vor vielen Jahren gingen diese sechs Männer eine Allianz ein und trafen sich regelmäßig, um sich gegenseitig mit Ideen und Vorschlägen bei ihren unterschiedlichen Unternehmungen zu helfen.

Mit Ausnahme von Hertz und Ritchie unterhielt keiner dieser Männer eine rechtliche Partnerschaft zu irgendeinem anderen. Diese Treffen fanden statt, um sich gegenseitig weiterzuhelfen und gelegentlich mit Schuldscheinen und anderen Sicherheiten zu unterstützen, wenn ein Mitglied der Gruppe dies benötigte.

Man sagt, jeder in der Gruppe der Großen Sechs sei Multimillionär. Im Allgemeinen ist es nicht erwähnenswert, wenn jemand ein paar Millionen Dollar besitzt. Aber zum finanziellen Erfolg dieser bestimmten Gruppe von Männern trug etwas bei, das es wert ist, kommentiert, analysiert und sogar nachgeahmt zu werden: Sie waren in der Lage, ihr individuelles Bewusstsein harmonisch mit den anderen zu verbinden und so ein »Mastermind« zu bilden, das jedem Mitglied Türen öffnet, die einem Großteil der Menschen verschlossen bleiben.

Die United States Steel Corporation ist eine der mächtigsten Organisationen weltweit. Die Idee, aus der dieser Industriegigant geboren wurde, stammt von Elbert H. Gary, einem mehr oder weniger gewöhnlichen Anwalt, der in einer kleinen Stadt in Illinois in der Nähe von Chicago geboren wurde und aufwuchs. Mr. Gary umgab sich mit Männern, die er in harmonischen Kontakt miteinander brachte und dadurch ein »Mastermind« erschuf, das zur geistigen Basis der großen United States Steel Corporation wurde.

Suchen Sie, wo immer Sie wollen: Bei jedem herausragenden Erfolg in der Wirtschaft, im Finanzwesen, in der Industrie oder in jedem anderen Beruf können Sie sicher sein, dass dessen Rückgrat ein Individuum ist, das die Prinzipien mentaler Chemie anwandte, um ein »Mastermind« zu begründen. Diese herausragenden Erfolge wirken oft wie die Arbeit einer einzigen Person, aber sehen Sie genau hin, und Sie erkennen die anderen Individuen, deren Bewusstsein mit dem des ersten koordiniert wurde. Denken Sie daran, dass zwei oder mehr Personen diese Prinzipien anwenden können, um einen »Mastermind« zu erschaffen.

MACHT ist ORGANISIERTES WISSEN, DAS SICH ALS INTELLIGENTE LEISTUNG OFFENBART!

Keine Leistung kann als ORGANISIERT gelten, wenn die Beteiligten ihr Wissen und ihre Energie nicht harmonisch koordinieren. Ein Mangel an solch einer Koordination der Bemühungen ist die Hauptursache fast jedes geschäftlichen Misserfolgs.

Der Autor führte mit den Studenten eines bekannten Colleges ein interessantes Experiment durch: Jeder von ihnen erhielt die Aufgabe, einen Essay mit dem Titel »Wie und warum Henry Ford reich wurde« zu schreiben. Die Studenten sollten schildern, worin ihrer Meinung nach das wahre Kapital Fords bestand und woraus dieses im Einzelnen zusammengesetzt war.

Die meisten von ihnen trugen Bilanzen und Inventaraufstellungen von Ford zusammen und schätzten auf dieser Basis sein Vermögen ein. Diese »Quellen von Fords Reichtum« beinhalteten das Barvermögen, Rohmaterialien und bereits bearbeitete gelagerte Materialien, Immobilien und Gebäude und die Firmenreputation, die auf 10 bis 25 Prozent des Werts der materiellen Kapitalgegenstände geschätzt wurde.

> Man erreicht weder Macht in einer Gemeinde noch dauerhaften Erfolg in irgendeiner Unternehmung, wenn man nicht über die Größe verfügt, sich selbst für die eigenen Fehler und Schwachstellen verantwortlich zu machen.

Ein Student aus der Gruppe, zu der mehrere Hundert zählten, antwortete: »Henry Fords Kapital besteht aus diesen Hauptkomponenten: (1) Betriebskapital und Rohmaterialien sowie fertig bearbeitete Materialien; (2) seinem auf Erfahrung basierenden Wissen und seiner Kooperation mit einer kompetenten Belegschaft, die dieses Wissen zu Fords höchstem Vorteil einsetzt. Den monetären Wert dieser Hauptkomponenten exakt zu bestimmen, ist unmöglich, aber ich schätze ihren relativen Wert folgendermaßen ein:

- das organisierte Wissen des Unternehmens Ford: 75 Prozent,
- der finanzielle Wert und alle physischen Kapitalgegenstände, inklusive Rohmaterialien und fertig bearbeitete Materialien: 25 Prozent.«

Nach Meinung des Autors konnte diese Aussage des jungen Mannes, dessen Name darunter stand, nur einem besonders analytischen Geist entstammen.

Fraglos ist Henry Fords größtes Kapital sein Verstand. An zweiter Stelle folgt die geistige Kapazität seines engsten Teams, denn die Koordination dieser Mitarbeiter ermöglichte ihm, zu materiellem Reichtum zu gelangen.

Selbst wenn jedes Werk der Ford Motor Company, jede Maschine, jedes Atom an Rohmaterialien und bearbeiteten Rohstoffen, jedes fertige Automobil und jeder Dollar auf seinen Konten bei sämtlichen Banken vernichtet würde, wäre Ford immer noch der ökonomisch mächtigste Mann auf Erden. Die geistige Kapazität, die dieses Unternehmen aufgebaut hat, könnte es in kürzester Zeit duplizieren. Kapital ist für bedeutende Köpfe wie Ford immer in hohem Maße verfügbar.

Er kann als der (ökonomisch) mächtigste Mann der Welt gelten, weil er nach Recherchen des Autors im Vergleich zur übrigen Menschheit über die scharfsinnigste und praktischste Vorstellung der Prinzipien des ORGANISIERTEN WISSENS verfügt.

Trotz Fords großer Macht und finanziellem Erfolg sind auch ihm bei der Anwendung der Prinzipien, die ihm zu seiner hohen Position verholfen haben, Fehler unterlaufen. So mag es sein, dass seine Methoden der Mitarbeiterführung in den frühen Tagen seines Geschäfts ungeschickt waren, bevor er an Reife gewann.

Fords Anwendung der Prinzipien der geistigen Chemie mag sich zumindest zu Beginn eher aus der zufälligen Allianz mit anderen, insbesondere mit Edison, ergeben haben. Vermutlich begann seine bemerkenswerte Einsicht in die Naturgesetze mit der Beziehung zu seiner Frau, lange bevor er Mr. Edison oder Mr. Firestone begegnete. Viele Männer, denen die wahre Quelle ihres Erfolgs nicht bewusst ist, verdanken diesen der Anwendung des »Mastermind«-Prinzips durch die Verbindung mit ihren Gattinnen. Mrs. Ford ist eine bemerkenswert intelligente Frau, und nach Einschätzung des Autors war es ihr Verstand, vereint mit dem ihres Mannes, der seinen Weg zur Macht bereitete.

Keineswegs möchten wir Ford seiner Ehre oder seines Ruhms berauben, jedoch musste er in seinen frühen Tagen die mächtigen Feinde des Analphabetismus und der Unwissenheit weitaus mehr bekämpfen als Edison oder Firestone, die beide von Natur aus in der Lage waren, Wissen anzusammeln und anzuwenden. Ford musste sein Talent erst aus dem rohen Holz seiner Herkunft herausschnitzen. Innerhalb kürzester Zeit überwand er drei der hartnäckigsten Feinde der Menschheit und verwandelte sie in das Kapital, das die Grundlage seines Erfolgs wurde. Diese Feinde sind: Unwissenheit, Analphabetismus und Armut!

Jeder Mensch, der es schafft, sich gegen diese drei grausamen Kräfte zu wehren oder sie zu bezähmen und zu seinem Nutzen einzusetzen, ist es wert, dass weniger erfolgreiche Menschen ihn studieren.

Wir leben in einem Zeitalter der INDUSTRIELLEN MACHT!

Die Quelle aller MACHT ist ORGANISIERTE LEISTUNG. Zum einen organisiert das Management der Industrieunternehmen seine Belegschaft effizient, und zum anderen wird durch Fusionen (wie im Fall der United States Steel Corporation), nahezu unbegrenzte Macht angehäuft. Jeden Tag hört man in den Nachrichten von wirtschaftlichen, industriellen oder finanziellen Zusammenschlüssen, die enorme Ressourcen binden und immense Macht schaffen. Manchmal betrifft es eine Reihe von Banken, dann wieder Eisenbahnunternehmen; am nächsten Tag ist es eine Fusion von Stahlwerken, die allesamt durch hochorganisierte und koordinierte Leistung zu mehr Macht gelangen.

Im Allgemeinen stellt Wissen zunächst keine MACHT dar, sondern nur potenzielle Macht – das Material, aus dem sich wahre Macht entwickeln kann. Jede moderne Bibliothek enthält eine unorganisierte Sammlung von wertvollem Wissen, das die gegenwärtige Zivilisation geerbt hat, aber dieses ist keine Macht, da es nicht organisiert ist.

Jede Form der Energie und jede Spezies tierischen oder menschlichen Lebens muss, um zu überleben, organisiert sein. Die gigantischen ausgestorbenen Tiere, deren Knochen die Friedhöfe der Natur füllen, können zwar nicht zu uns sprechen, aber sie liefern sichere Belege, dass Nicht-Organisation zu Auslöschung führt.

Vom Elektron – dem kleinsten Materiepartikel – bis zum größten Stern im Universum: Alle materiellen Einheiten zwischen diesen beiden Extremen liefern positive Beweise, dass eines der wichtigsten Naturgesetze das der ORGANISATION ist. Glücklich ist das Individuum, das die Bedeutung dieser Regeln erkennt und es sich zur Aufgabe macht, sich mit den verschiedenen Arten vertraut zu machen, auf die das Gesetz vorteilhaft angewendet werden kann.

Der gewiefte Geschäftsmann erkennt nicht nur die Bedeutung des Gesetzes einer koordinierten Leistung, sondern nutzt es als Antrieb und Grundlage seiner MACHT.

Auch ohne näheres Wissen um die Prinzipien der geistigen Chemie oder ohne sich der Existenz eines solchen Prinzips überhaupt bewusst zu sein, gelangten viele Menschen zu großer Macht, indem sie einfach ihr Wissen organisierten. Die Mehrheit derjenigen, die dieses Prinzip entdeckt und es zum »Mastermind« weiterentwickelt haben, stolperten zufällig über dieses Wissen. Oft erkannten sie die wahre Natur ihrer Entdeckung nicht oder begriffen die Quelle ihrer Macht nicht.

Nach Meinung des Autors können alle lebenden Personen, die derzeit bewusst das Prinzip der geistigen Chemie einsetzen, um Macht durch die Verbindung mit anderen zu erlangen, an zwei Händen abgezählt werden, vermutlich sind es weniger.

Wenn diese Schätzung auch nur ansatzweise stimmt, wird dem Leser schnell klar sein, dass das Feld der Anwendung der geistigen Chemie kaum überlaufen sein dürfte.

Bekanntlich besteht eine der schwierigsten Aufgaben für jeden Unternehmer darin, seine beruflichen Mitstreiter zu motivieren, ihre Leistungen harmonisch zu koordinieren. Eine dauerhafte Zusammenarbeit innerhalb einer Belegschaft, egal bei welcher Unternehmung, zu bewirken, ist nahezu unmöglich. Nur die effizientesten Führungspersonen bewerkstelligen dieses erstrebenswerte Ziel. Aber manchmal sticht eine von ihnen in der Industrie, Wirtschaft oder Finanzwelt hervor, und dann erfahren wir von jemandem namens Henry Ford, Thomas A. Edison, John D. Rockefeller Senior, E. H. Harriman oder James J. Hill. Macht und Erfolg können wir als Synonyme verstehen!

Eines erwächst aus dem anderen. Daher vermag jede Person, die über das Wissen und die Fähigkeit verfügt, Macht durch das Prinzip der harmonischen Koordination der Leistungen von anderen oder anderweitig zu erlangen, bei jedem erdenklichen Vorhaben erfolgreich zu sein.

> Nie zuvor in der Weltgeschichte gab es für den Menschen, der bereit ist, zu säen, bevor er erntet, so umfangreiche Möglichkeiten wie heute.

Allerdings entsteht ein »Mastermind« nicht wie Pilze, die aus dem Boden schießen, bei jeder Ansammlung von Gleichgesinnten, die antreten, um sich HARMONISCH zu verbinden! Harmonie, in der wahren Bedeutung des Wortes, ist in Gruppen von Menschen so rar, wie echtes Christentum unter denen, die sich selbst Christen nennen.

Harmonie ist der Kern, um den herum sich der Geisteszustand, bekannt als »Mastermind«, entwickelt. Ohne dieses Element gibt es kein »Mastermind« – dies kann man nicht oft genug wiederholen.

Woodrow Wilson verfolgte mit seiner Vorstellung des Völkerbunds die Idee, ein »Mastermind« aus Massen von Menschen zu schaffen, die die zivilisierten Nationen der Welt repräsentieren sollten. Dies war die umfassendste humanitäre Idee, die jemals im Geist eines Einzelnen ihren Ausgang nahm, denn sie legte ein Prinzip ausreichender Macht zugrunde, um eine wahre Bruderschaft der Menschen auf Erden zu schaffen. Der Völkerbund oder eine ähnliche internationale Verschmelzung im Geiste der Harmonie wird sicher eines Tages Realität.

Der Zeitpunkt, zu dem eine solche Einheit möglich sein wird, hängt davon ab, wann es den großen Universitäten und NICHT SEKTIERERISCHEN Institutionen gelingen wird, Ignoranz und Aberglaube durch Verständnis und Weisheit zu ersetzen. Doch diese Zeit wird kommen.

DIE PSYCHOLOGIE DES RELIGIÖSEN ERWACHENS: Das alte religiöse Ritual der »Erweckung« bietet eine Gelegenheit, das Prinzip der geistigen Chemie, sprich des Masterminds, zu studieren.

Musik erzeugt die erforderliche Harmonie, durch die das Bewusstsein der Teilnehmer bei einem Erweckungstreffen verschmilzt. Ohne Musik wäre ein solcher Gottesdienst eine lahme Angelegenheit.

Während dieser Gottesdienste dürfte es dem Prediger leichtfallen, seine Gläubigen harmonisch einzustimmen, aber dieser Zustand hält nur so lange an, wie er anwesend ist. Danach zerfällt das temporär vorhandene »Mastermind.

Indem er die emotionale Natur seiner Anhänger inspiriert, kann der Erweckungsprediger mithilfe des richtigen Bühnenaufbaus und der passenden Musik das »Mastermind« schaffen, was alle Teilnehmer bestätigen würden. Sogar die Luft scheint durch eine positive Energie aufgeladen, die die Chemie aller anwesenden Geister beeinflusst. Der Erweckungsprediger nennt dies »den Geist des Herrn«.

Dem Autor gelang es durch Experimente mit einer Gruppe wissenschaftlicher Forscher und Laien (denen die Natur des Experiments nichts bewusst war), denselben Geisteszustand und die gleiche positive Atmosphäre aufzubauen, ohne sie »den Geist des Herrn« zu nennen.

Bei vielen Gelegenheiten konnte der Autor beobachten, wie die gleiche positive Atmosphäre in einem Team von Vertrieblern entstand, ohne dies als »Geist des Herrn« zu bezeichnen.

So unterstützte der Autor Harrison Parker, den Gründer der Co-operative Society in Chicago, bei einem Verkaufskurs. Indem er dieselben Prinzipien der mentalen Chemie anwandte, die der Erweckungsprediger den »Geist des Herrn« nennt, beeinflusste er 3.000 Männer und Frauen (alle ohne Verkaufserfahrung) derart, dass sie mehr als 10 Millionen Dollar an Wertpapieren verkauften und dabei mehr als 1 Million Dollar verdienten.

Es zeigte sich, dass der durchschnittliche Teilnehmer dieses Kurses innerhalb von einer Woche zum Höhepunkt seiner Verkaufsleistung auflief, woraufhin er durch ein Teammeeting aufs Neue motiviert wurde. Diese Verkaufstreffen liefen ähnlich ab wie religiöse Erweckungstreffen, mit einer vergleichbaren Bühnenausstattung, inklusive Musik und »energetischen« Rednern, die die Verkäufer auf ähnliche Weise anfeuerten wie der Prediger.

Nennen Sie es Religion, Psychologie, geistige Chemie oder wie Sie wollen (sie basieren alle auf dem gleichen Prinzip), aber eines ist sicher: Wenn eine Gruppe von Menschen harmonisch gestimmt in Kontakt kommt, wird jedes teilnehmende Bewusstsein durch eine spürbare Energie, die wir »Mastermind« nennen, genährt und gestärkt.

Nach Ansicht des Autors kann man diese unerforschte Energie den »Geist des Herrn« nennen, aber sie wirkt sich auch unter einem anderen Namen aus.

Sowohl unser Gehirn als auch unser Nervensystem stellen eine komplizierte Maschine dar, die wenige verstehen. Kontrolliert und gezielt eingesetzt, ist diese Maschine zu fantastischen Leistungen fähig, aber unkontrolliert kann sie bizarre Wunder vollbringen, wie bei Psychiatriepatienten festzustellen ist.

Das menschliche Gehirn steht in direkter Verbindung zu einem dauerhaften Energiefluss, aus dem der Mensch seine intellektuelle Kraft bezieht. Das Gehirn erhält diese Energie, vermischt sie mit der Energie aus der aufgenommenen Nahrung und verteilt sie mithilfe des Blutkreislaufs und Nervensystems in jede Faser des Körpers. So entsteht das, was wir Leben nennen.

Aus welcher äußeren Quelle diese Energie stammt, ist unbekannt; wir wissen nur, dass sie lebensnotwendig ist. Diese Energie scheint nichts anderes als der Äther zu sein. Wir nehmen sie beim Einatmen des Sauerstoffs aus der Luft auf.

Jeder menschliche Körper verfügt über ein erstklassiges Chemielabor und eine Reihe von Chemikalien, die die aufgenommene Nahrung in ihre Bestandteile zerlegen, aufnehmen und angemessen zusammensetzen, bevor sie zum Erhalt des Körpers an den erforderlichen Stellen verteilt werden.

Umfangreiche Tests mit Menschen und Tieren haben gezeigt, dass die geistige Energie essenziell für die chemische Funktion ist, Nahrung für die notwendigen Substanzen zusammenzusetzen und umzuwandeln, um so den Körper zu erhalten.

Bekanntlich beeinträchtigen Sorge, Aufregung oder Angst die Verdauung und verhindern sie in extremen Fällen völlig, was sogar zu Krankheit und Tod führen kann. Offensichtlich spielt der Geist bei der Verdauung und Verteilung der Nährstoffe eine Rolle.

Auch wenn es bisher nicht wissenschaftlich bewiesen wurde, sind anerkannte Autoritäten der Ansicht, dass die gedankliche oder geistige Energie durch negative oder »unsoziale« Einheiten kontaminiert wird, sodass das gesamte Nervensystem eingeschränkt und die Verdauung beeinflusst wird, sowie allerlei verschiedene Krankheiten sich manifestieren. Finanzielle Schwierigkeiten und unerwiderte Liebe führen die Liste an Ursachen bei solcherlei mentalen Beeinträchtigungen an.

Wenn zum Beispiel ein Mitglied einer Familie beständig »nörgelt«, kann es die geistige Chemie eines anderen so sehr beeinträchtigen, dass dieses Mitglied allen Antrieb verliert und stark leidet. Die alte Weisheit, dass eine Ehefrau ihren Mann entweder voranbringen oder ausbremsen kann, bewahrheitet sich immer wieder. In einer späteren Lektion widmen wir den Ehefrauen ein ganzes Kapitel.

Jeder Oberstufenschüler weiß, dass der Verzehr einer bestimmten Nahrungskombination zu Verdauungsstörungen, Schmerzen und gar zum Tod führen kann. Die Gesundheit hängt zumindest teilweise von einer guten Ernährung ab. Aber ausgewogen zu essen reicht nicht, um die Gesundheit zu sichern. Es muss sich auch Harmonie zwischen den Energieeinheiten des Geistes einstellen.

> Der Mensch, der sich selbst bemitleidet oder Ausreden für seine Fehler findet, ist bereits halb geschlagen.

»Harmonie« scheint eines der Naturgesetze zu sein, ohne die es ORGANISIERTE ENERGIE oder Leben in irgendeiner Form nicht geben kann.

Die Gesundheit von Körper und Geist basiert buchstäblich auf dem Prinzip der HARMONIE, sie entsteht aus ihr und erhält sich durch sie! Die Lebensenergie beginnt sich aufzulösen und zu sterben, wenn die Organe des Körpers nicht mehr harmonisch funktionieren.

Sobald die Harmonie an der Quelle einer jeden Form organisierter Energie (Macht) versiegt, geraten die Energieeinheiten in einen chaotischen Zustand der Unordnung und die Macht wird neutralisiert oder passiv.

Harmonie ist auch der Kern, um den herum das Prinzip der geistigen Chemie, das »Mastermind«, seine Macht entwickelt. Zerstört man diese Harmonie, vernichtet man auch die Macht, die aus der koordinierten Leistung einer Gruppe von Menschen entsteht.

Der Autor hat diese Wahrheit unterschiedlich formuliert, präsentiert und wiederholt, denn wenn der Schüler dieses Kurses dieses Prinzip nicht anzuwenden lernt, ist diese Lektion nutzlos.

Erfolg im Leben, wie auch immer man ihn definiert, ist größtenteils eine Frage der Anpassung an eine Umgebung, durch die eine Harmonie zwischen dem Individuum und seiner Umgebung entsteht. Der Palast eines Königs wird zu einer Kaschemme für Bauern, wenn in seinen Mauern keine Harmonie herrscht. Gegenteilig ausgedrückt, bringt die Hütte eines Bauern mehr Glück hervor als die Villa eines reichen Mannes, wenn dort die Harmonie herrscht, die dem Reichen fehlt.

Ohne perfekte Harmonie wäre die Wissenschaft der Astronomie absolut nutzlos, denn die Sterne und Planeten würden kollidieren und alles würde im Zustand von Chaos und Unordnung enden.

Ohne das Gesetz der Harmonie würde eine Eichel zu einem heterogenen Baum heranwachsen, der aus dem Holz von Eiche, Pappel, Ahorn und anderem bestehen würde.

Ohne das Gesetz der Harmonie könnte das Blut die Nahrungsbestandteile, aus denen eigentlich Fingernägel wachsen, auf dem Kopf ablagern, wo Haare wachsen sollen. Damit könnte das Wachstum von Horn angeregt werden, was der Aberglaube leicht mit einem Fantasiewesen mit Hörnern in Verbindung bringen könnte, auf das Unwissende sich gern beziehen.

Ohne das Gesetz der Harmonie gibt es keinerlei organisiertes Wissen, denn was ist organisiertes Wissen anderes als die Harmonie von Fakten, Wahrheit und Naturgesetzen?

Sobald Uneinigkeit durch die Vordertür schleicht, wird die Harmonie zur Hintertür herausgedrängt, gleich ob es sich um eine Geschäftspartnerschaft oder die ordnungsgemäße Bewegung der Planeten am Himmel handelt.

Falls der eifrige Schüler meint, der Autor lege einen unangebrachten Schwerpunkt auf die Bedeutung der HARMONIE, möge er bedenken, dass ein Mangel daran der wichtigste und häufig der einzige Grund für einen FEHLSCHLAG ist!

Es gibt weder Poesie noch Musik oder Rede, die der Erinnerung wert ist, falls Harmonie fehlt.

Gute Architektur ist größtenteils eine Frage der Harmonie. Ohne diese wird ein Haus nicht mehr sein als ein Haufen Baumaterial, mehr oder weniger eine Monstrosität.

Ein effizientes Geschäftsmanagement baut von Anfang an auf Harmonie.

Jede gut gekleidete Person ist ein lebendes Gemälde und ein Beispiel für Harmonie.

Mit all diesen alltäglichen Illustrationen dessen, welch wichtigen Teil die Harmonie in der Welt innehat – nein, für das Funktionieren des gesamten Universums: Wie könnte da ein intelligenter Mensch die Harmonie bei seinem »konkreten Ziel« im Leben außer Acht lassen? Ohne Harmonie als Basis kann man es ebenso unterlassen, ein »konkretes Ziel« zu verfolgen.

Der menschliche Körper ist ein komplexes Zusammenspiel von Organen, Drüsen, Blutgefäßen, Nerven, Hirnzellen, Muskeln und so weiter. Die mentale Energie, die uns zum Handeln treibt und die einzelnen Körperteile koordiniert, ist also eine Pluralität variierender und sich stets ändernder Energien. Von der Geburt bis zum Tod herrscht ein anhaltender Konflikt zwischen den Kräften des Geistes, der oft zum offenen Kampf eskaliert. So kennen alle Menschen den lebenslangen Kampf zwischen den motivierenden Kräften und dem Verlangen des Geistes, der sich zwischen den Impulsen von Falsch und Richtig entscheiden muss.

Jeder Mensch besitzt mindestens zwei unterscheidbare Geisteskräfte oder Persönlichkeiten, und es wurden in einem bestimmten Individuum mindestens sechs verschiedene Persönlichkeiten festgestellt. Eine der schwierigsten Aufgaben des Menschen ist es, diese Geistkräfte zu harmonisieren, um sie auf das Erreichen eines gegebenen Ziels hin zu organisieren. Ohne dieses harmonische Element wird kein Individuum zum exakten Denker.

Nicht von ungefähr fällt es Führungspersonen in Unternehmen, genauso wie in der Politik und in anderen Betätigungsfeldern, schwer, Gruppen von Menschen zu organisieren, sodass sie funktionieren und reibungslos auf ein bestimmtes Ziel hinarbeiten.

Jeder Mensch verspürt in sich Kräfte, die schwer in den Griff zu bekommen sind, sogar in einer ausgeglichenen Umgebung. Wenn die Gehirnchemie eines Individuums die Einheiten seines Geistes nicht so einfach ausbalancieren kann, dann stellen Sie sich vor, wie viel schwieriger es sein mag, eine Gruppe von Menschen so in Einklang zu bringen, dass sie durch ein »Mastermind« als Einheit funktionieren.

Eine Führungsperson, die erfolgreich ein »Mastermind« gründen und steuern möchte, sollte über Taktgefühl, Geduld, Ausdauer, Selbstvertrauen, Menschenkenntnis und Anpassungsfähigkeit verfügen (und ausgeglichen sein) und sich nicht aus der Ruhe bringen lassen. Wie viele Menschen werden solchen Anforderungen gerecht?

Zudem sollte eine Führungsperson in der Lage sein, ihre Stimmung anzupassen, ähnlich wie ein Chamäleon die Farbe wechselt, und sich in alle Umstände Ihres Umfelds einzufügen. Darüber hinaus muss sie auf die allgemeine Stimmung einwirken, ohne verärgert zu sein oder die Selbstbeherrschung zu verlieren. Des Weiteren empfiehlt es sich für einen Menschen in leitender Funktion, die 15 Gesetze des Erfolgs zu verinnerlichen und in jeder Kombination praktisch anzuwenden, wann immer es die Situation erfordert.

Ohne diese Fähigkeiten wird keine Führungskraft eine Machtposition aufbauen können, und ohne Macht wird sie sich nicht lange halten.

DIE BEDEUTUNG DER BILDUNG: Es hat sich ein falsches Verständnis des Worts »bilden« eingebürgert. Die Wörterbücher dienen nicht dazu, dieses Missverständnis aufzuklären, denn sie haben »bilden« als die Weitergabe von Wissen definiert. Das englische Wort »educate« (bilden) hat seine Wurzeln im lateinischen Wort *educo*, und dies bedeutet: VON INNEN heraus entwickeln, entlocken, herausbringen, durch das Gesetz der ANWENDUNG wachsen.

Die Natur verabscheut Untätigkeit in allen Formen. Sie schenkt nur nützlichen Elementen beständiges Leben. Binden Sie einen Arm fest oder jeden anderen Teil des Körpers, verwenden Sie ihn nicht, und der unbenutzte Teil wird bald verkümmern und leblos werden. Nutzt man einen Arm hingegen mehr als üblich – so wie ein Schmied, der den ganzen Tag einen schweren Hammer schwingt – wird dieses Körperglied (von innen heraus) immer stärker. Stärke erwächst aus ORGANISIERTEM WISSEN, aber bedenken Sie, sie »erwächst« durch Anwendung und Gebrauch!

Ein Mensch mag eine wandelnde Enzyklopädie des Wissens sein, ohne dass es ihn zu Macht führt oder Wert hat. Dieses Wissen wird nur in dem Ausmaß zu Macht, in dem es organisiert, klassifiziert und in Handlung umgesetzt wird. Einige der gebildetsten Menschen der Welt verfügten über weniger Allgemeinbildung als manche andere, die als Narren verschrien waren. Der Unterschied zwischen beiden besteht darin, dass Erstere ihr Wissen nutzen, während Letztere es nicht praktisch umsetzen.

> Suche den Rat von Menschen, die die Wahrheit über dich sagen, selbst wenn es schmerzt, sie zu hören. Lob allein wird nicht zu den Verbesserungen führen, die du brauchst.

Eine »gebildete« Person weiß, was sie zu tun hat, um ihr Hauptziel im Leben zu erreichen, ohne dabei die Rechte ihrer Mitmenschen zu verletzen. Es mag überraschend für viele sein, die etwas »gelernt« haben, wenn sie feststellen, dass sie es nicht zur Qualifikation eines »gebildeten« Menschen bringen. Ferner mag es viele erstaunen, die glauben, ihnen fehle etwas, weil sie nicht genug »gelernt« haben, wenn sie erfahren, dennoch gut »gebildet« zu sein.

Ein erfolgreicher Anwalt ist nicht unbedingt derjenige, der die meisten Rechtsprinzipien auswendig lernt. Im Gegenteil, der erfolgreiche Anwalt weiß, wo er diese Prinzipien und verschiedene Meinungen, die dieses Prinzip stützen, nachschlagen kann, soweit es zum jeweiligen Fall passt. Mit anderen Worten: Der erfolgreiche Anwalt weiß, wo er das jeweils erforderliche Gesetz findet.

Dieses Prinzip lässt sich in gleichem Ausmaß auf die Wirtschaft beziehen. Mit wenig mehr als einer Grundschulausbildung ist Henry Ford einer der »gebildetsten« Menschen der Welt, denn er versteht es, die Natur- und Wirtschaftsgesetze, ganz zu schweigen von Menschen, so einzusetzen, dass er all seine materiellen Ziele erreicht.

Vor einigen Jahren, während des Weltkriegs, strengte er einen Prozess gegen die *Chicago Tribune* an. Er warf der Zeitung vor, sie habe verleumderische Aussagen gegen ihn publiziert, wovon eine lautete, Ford sei ein »Ignoramus«, ein ungebildeter Pazifist und so weiter. Als die Klage zum Prozess führte, unternahmen die Anwälte der *Tribune* den Versuch, zu beweisen, dass er tatsächlich ungebildet sei. Mit diesem Ziel vor Augen nahmen sie ihn zu allen möglichen Themen ins Kreuzverhör.

Eine ihrer Fragen lautete: »Wie viele Soldaten schickten die Briten aus, um die Rebellion in den Kolonien 1776 niederzuschlagen?«

Mit einem trockenen Grinsen im Gesicht antwortete Ford nonchalant: »Ich weiß nicht genau wie viele, aber ich habe gehört, dass es sehr viel mehr waren, als je wieder nach Hause zurückkehrten.« Lautes Gelächter des Gerichts, der Jury, der Zuschauer im Gerichtssaal und sogar des frustrierten Anwalts, der die Frage gestellt hatte.

Diese Art des Verhörs wurde eine Stunde oder mehr fortgeführt, und Ford bewahrte unterdessen eine perfekte Ruhe. Schließlich jedoch hatten die »klugschwätzenden« Anwälte so lange mit ihm gespielt, dass er es leid war. Als Antwort auf eine besonders dreiste und beleidigende Frage stand er auf, zeigte mit dem Finger auf den Anwalt, der die Frage gestellt hatte, und erwiderte: »Wenn ich wirklich die törichte Frage beantworten wollte, die Sie gerade gestellt haben, oder irgendeine andere von denen, die sie gestellt haben, möchte ich Sie daran erinnern, dass sich über meinem Schreibtisch mehrere elektrische Knöpfe befinden. Ich muss nur meinen Finger auf den richtigen Knopf legen, um jemanden herbeizurufen, der mir die richtige Antwort auf alle Ihre Fragen gibt und auch auf viele, für die Ihnen die Intelligenz fehlt, sie zu stellen oder zu beantworten. Nun, sagen Sie mir bitte netterweise, wieso ich meinen Geist mit einer Menge nutzloser Details füllen sollte, um jede erdenkliche närrische Frage zu beantworten, wenn ich fähige Mitarbeiter habe, die mir auf Wunsch alle Fakten liefern?« Diese Antwort ist aus dem Gedächtnis wiedergegeben, aber sie enthält das Wesentliche von Fords Erwiderung.

Es herrschte Stille im Gerichtssaal. Dem Anwalt, der die Fragen stellte, blieb der Mund offen stehen, er riss die Augen auf. Der Richter beugte sich vor und sah zu Mr. Ford. Die meisten Mitglieder der Jury erwachten aus ihrem Schlummer und sahen sich um, als hätten sie eine Explosion gehört (was im Grunde der Fall war). Ein im Gerichtssaal anwesender prominenter Geistlicher sagte später, dass die Szene jener glich, die geherrscht haben mochte, als Jesus Christus von Pontius Pilatus angeklagt worden war und seine berühmte Antwort auf die Frage von Pilatus, »Was ist Wahrheit?«, gegeben hatte.

Mit anderen Worten: Ford hatte die Anwälte kaltgestellt.

Bis zu dieser Antwort hatte der Anwalt sich des vermeintlichen Vergnügens erfreut, wie er glaubte auf Fords Kosten, indem er geschickt seinen Musterkoffer an Allgemeinwissen präsentierte und ihn mit dem verglich, was er für die Unwissenheit des Befragten bezüglich vieler Ereignisse und Themen hielt.

Aber diese Antwort verdarb dem Anwalt den Spaß! Zudem bewies sie erneut (allen, die intelligent genug waren, den Beweis zu akzeptieren), was wahre Bildung bedeutet: den Geist zu entwickeln, und nicht nur Wissen zu sammeln und zu klassifizieren.

Ford kannte, aller Wahrscheinlichkeit nach, nicht alle Hauptstädte der Bundesstaaten der Vereinigten Staaten auswendig, aber er war imstande, das nötige Kapital aufzubringen, um innerhalb jedes Staates der Union »viele Hebel in Bewegung zu setzen«.

Bildung – das sollten wir nicht vergessen – besteht aus der Kompetenz, sich bei Bedarf alles Nötige heranzuziehen, ohne die Rechte anderer zu verletzen. Aufgrund des geschilderten Vorfalls, der Fords einfache Philosophie darlegt, passt diese Definition in Bezug auf ihn.

Viele Menschen haben etwas »gelernt« und wären in der Lage gewesen, Ford leicht mit einem Labyrinth an Fragen zu verwirren, von denen er keine hätte beantworten können. Aber er hätte einfach einen Wirtschaftskrieg vom Zaun brechen können, der dieselben Männer mit all ihrem Wissen und ihrer Weisheit vernichtet hätte.

Ford könnte nicht in sein Labor gehen und Wasser in seine Komponenten Wasserstoff und Sauerstoff zerlegen, um diese Atome dann wieder in ihrer vorherigen Ordnung zusammenzusetzen. Aber er ist imstande, sich mit Chemikern zu umgeben, die dies auf Wunsch für ihn erledigen. Der Mensch, der das Wissen eines anderen intelligent einsetzen kann, verfügt genauso, wenn nicht in größerem Ausmaß, über Bildung, wie die Person, die nur das Wissen besitzt, aber nichts damit anzufangen weiß.

Der Präsident eines wohlbekannten Colleges erbte ein großes Stück kargen Landes. Das Land hatte keinen Waldbestand oder kommerziellen Wert, keine Erze oder andere wertvolle Bodenschätze, daher war es nicht mehr als eine Ausgabenquelle, denn er musste dafür Steuern bezahlen. Der Staat hatte einen Highway über das Land gebaut. Ein »ungebildeter« Mann, der mit seinem Auto über diese Straße gefahren war, hatte gesehen, dass dieses unwirtliche Stück Land auf einer Bergspitze lag, die einen wunderbaren meilenweiten Ausblick in alle Richtungen bot. Er (der Ungebildete) beobachtete auch, dass das Land mit einem Bestand kleiner Pinien und anderen Setzlingen bewachsen war. Er kaufte 20 Hektar des Landes für 25 Dollar pro Hektar. In der Nähe des öffentlichen Highways baute er ein einzigartiges Blockhaus mit einem großen Speisesaal daneben. In der Nähe des Hauses errichtete er eine Tankstelle und ein Dutzend Einzimmerblockhütten entlang der Straße, die er jeweils für 3 Dollar pro Nacht an Touristen vermietete. Der Speisesaal, die Tankstelle und die Blockhütten brachten ihm im ersten Jahr ein Nettoeinkommen von 15.000 Dollar. Im nächsten Jahr erweiterte er seinen Plan und fügte 50 weitere Blockhütten mit jeweils drei Zimmern hinzu, die er nun zu 150 Dollar Miete pro Saison als Sommerhäuser für Menschen in der nahegelegenen Stadt vermietet.

Das Baumaterial kostete ihn nichts, denn es wuchs im Übermaß auf dem Land (dasselbe Land, das der College-Präsident für wertlos hielt). Darüber hinaus diente die einzigartige und ungewöhnliche Anmutung der Holzbungalows als Werbung für seinen Geschäftsplan, während viele es als großen Nachteil abgelehnt hätten, aus solch grobem Material zu bauen.

Weniger als zehn Kilometer von dem Ort mit den Blockhäusern entfernt erwarb derselbe Mann eine alte, heruntergewirtschaftete Farm mit 60 Hektar für 62,50 Dollar pro Hektar, ein Preis, den der Verkäufer für extrem hoch hielt.

Indem er einen Damm von 100 Meter Länge errichtete, verwandelte der Käufer der alten Farm einen Wasserstrom in einen See, der sechs Hektar des Landes bedeckte, setzte Fische in den Teich und verkaufte dann die Farm in Parzellen an Menschen, die Sommerhäuser um den See errichten wollten. Der Gesamtprofit dieser einfachen Transaktion betrug mehr als 25.000 Dollar, und es dauerte einen Sommer, das Geschäft abzuwickeln. Dieser Mann mit Vision und Vorstellungskraft war im herkömmlichen Sinn dieses Wortes nicht »gebildet«.

> Wenn du deinen Sinn für Humor verlierst, suche dir einen Job als Aufzugpage, denn in deinem Leben wird es sowieso ständig AUF und AB gehen.

Beachten Sie, wie dieses einfache Beispiel, organisiertes Wissen zu nutzen, zu Bildung und Macht verhalf.

Der College-Präsident, der die 20 Hektar wertloses (!) Land für 500 Dollar verkaufte, sagte über die Transaktion, von der ich hier berichte: »Das muss man sich mal vorstellen! Dieser Mann, den die meisten von uns als ungebildet bezeichnen würden, hat diese Unwissenheit mit 20 Hektar wertlosem Land garniert und dafür gesorgt, dass dieses Geschäft in einem Jahr mehr abwirft, als ich in fünf Jahren verdiene, indem ich meine sogenannte Bildung einsetze.«

Es gibt in jedem Staat in Amerika eine Gelegenheit, wenn nicht ganze Wagenladungen davon, sich die hier umrissene Idee zunutze zu machen. Von heute an sollten Sie sich angewöhnen, das Land, das Sie betrachten und das dem hier beschriebenen gleichen könnte, genauer unter die Lupe zu nehmen. Sie finden vielleicht einen geeigneten Ort für ein Bauprojekt, das sich zu einem ähnlich lukrativen Unternehmen entwickeln kann. Die Idee ist besonders in Gegenden mit wenigen Badegelegenheiten anwendbar, denn Menschen schätzen solche Annehmlichkeiten.

Das Automobil hat ein weitläufiges Netz öffentlicher Highways quer durch die Vereinigten Staaten entstehen lassen. An praktisch jedem dieser Highways gibt es einen geeigneten Ort für eine »Blockhüttensiedlung« für Touristen, die sich als eine Gelddruckmaschine entpuppen kann. Sie müssen nur IMAGINATION und SELBSTVERTRAUEN mitbringen.

Es gibt überall um uns herum Möglichkeiten, Geld zu verdienen. Dieser Kurs soll Ihnen helfen, diese Chancen zu »sehen« und Ihnen das Wissen an die Hand geben, das Beste aus den entdeckten Gelegenheiten zu machen.

WER PROFITIERT AM MEISTEN VON DER PHILOSOPHIE DES ERFOLGSGESETZES?

EISENBAHNMANAGER, die mehr Kooperation zwischen den Eisenbahnmitarbeitern und der Öffentlichkeit erreichen wollen.

ANGESTELLTE, die mehr verdienen und ihre Arbeit zum größeren Vorteil vermarkten wollen.

VERKÄUFER, die Meister in ihrem jeweiligen Feld werden wollen. Die Philosophie des Erfolgsgesetzes behandelt jede bekannte Verkaufsregel und zudem vieles, was kein anderer Kurs lehrt.

WERKSLEITER IN DER INDUSTRIE, die sich um mehr Harmonie unter den Angestellten bemühen.

EISENBAHNANGESTELLTE, die effizienter arbeiten wollen und Positionen mit mehr Verantwortung und besserer Bezahlung anstreben.

HÄNDLER, die ihr Geschäft ausweiten wollen, indem sie neue Kunden gewinnen. Die Philosophie des Erfolgsgesetzes unterstützt jeden Händler, sein Geschäft auszuweiten, da er lernt, aus jedem seiner Kunden eine laufende Werbefläche zu machen.

LEITER VON AUTOHÄUSERN, die ihre Händler zu besseren Verkäufern machen wollen. Ein großer Teil dieses Kurses basiert auf dem Lebenswerk und der Erfahrung bedeutender Autoverkäufer und ist daher eine große Hilfe für Verkaufsmanager, die Automobilverkäufer anleiten.

LEBENSVERSICHERUNGSAGENTEN, die mehr Policen verkaufen und die Versicherungen der gegenwärtigen Policenkunden erhöhen wollen. Ein Lebensversicherungsagent in Ohio verkaufte zum Beispiel eine 50.000-Dollar-Police an einen hochrangigen Mitarbeiter der Central Steel Company – als Ergebnis der einmaligen Lektüre der Lektion »Vom Scheitern profitieren«. Derselbe Verkäufer wurde zu einem der Stars in der Belegschaft der New York Life Insurance Company, indem er die 15 Gesetze des Erfolgs studierte.

LEHRER, die sich weiterentwickeln wollen oder nach einer Möglichkeit suchen, in ein profitableres Feld der freien Wirtschaft zu wechseln.

STUDENTEN/SCHÜLER, sowohl aus dem College als auch der Highschool, die noch nicht wissen, in welchen Bereich sie in ihrem Leben arbeiten wollen. Der Kurs über das Gesetz des Erfolgs bietet eine persönliche Analyse, die dem Studenten dieser Philosophie bei der Berufswahl hilft.

BANKER, die ihr Geschäft durch besseren Kundenservice ausbauen wollen.

BANKANGESTELLTE, die sich hoch motiviert auf Führungspositionen im Finanzwesen oder in einem anderen Bereich der Wirtschaft vorbereiten.

ÄRZTE und ZAHNÄRZTE, die ihre Praxis ausweiten wollen, ohne ihre Berufsethik durch direkte Werbung zu verletzen. Nach Aussage eines prominenten Arztes ist dieser Kurs für jeden, der aufgrund der Berufsethik nicht direkt werben kann, 1.000 Dollar wert.

WERBETREIBENDE, die neue und bisher noch nicht erprobte Werbekampagnen in Wirtschaft und Industrie ausprobieren wollen. So soll das Prinzip dieser Einführungslektion einem Mann, der seine Immobilienwerbung danach ausrichtete, ein kleines Vermögen eingebracht haben.

IMMOBILIENMAKLER, die sich neue Verkaufsmethoden aneignen wollen. Diese Einführungslektion umfasst einen völlig neuen Ansatz für Immobilienwerbung, die ein Vermögen erwirtschaften kann. Dieses Konzept kann praktisch in jedem Staat zum Einsatz kommen. Darüber hinaus können Personen es anwenden, die bisher nicht unternehmerisch tätig waren.

FARMER, die ihre Produkte auf neue Weise bewerben wollen, um größere Erträge zu erwirtschaften. Zudem Besitzer von Land, das sich mittels Marketing verkaufen ließe – dazu dient das Beispiel am Ende dieser Einführungslektion. Tausende Farmer besitzen Land, das nicht kultiviert werden kann, aber dennoch eine »Goldmine« ist, weil es stattdessen profitabel für die Touristik verwendet werden könnte.

STENOGRAFEN und BUCHHALTER, die nach einem praktischen Leitfaden suchen, um auf höhere und besser bezahlte Positionen zu gelangen. Dieser Kurs über das Gesetz des Erfolgs gilt als die beste Anleitung, die jemals zum Thema Marketing für persönliche Dienstleistungen geschrieben wurde.

DRUCKER, die ihr Geschäft vergrößern wollen und eine effizientere Produktion durch bessere Zusammenarbeit im eigenen Team anstreben.

ARBEITER, die in eine verantwortungsvollere Position aufsteigen und so mehr verdienen möchten.

ANWÄLTE, die mittels ethischer Methoden neue Kunden mit dem Bedarf an Rechtsbeistand gewinnen wollen.

FÜHRUNGSKRÄFTE, die ihr gegenwärtiges Geschäft ausdehnen oder das aktuelle Auftragsvolumen kostensparend bewältigen wollen, indem sie ein besseres Arbeitsklima schaffen.

INHABER VON WÄSCHEREIEN, die ihr Geschäft erweitern wollen, indem sie ihre Fahrer zu mehr Kundenservice anleiten.

GENERALVERTRETER VON LEBENSVERSICHERUNGEN, die ihre Verkaufsorganisation vergrößern und effizienter gestalten wollen.

MANAGER VON LADENKETTEN, die den Umsatz steigern wollen, indem sie den Vertrieb effizienter gestalten.

EHELEUTE, die unglücklich sind, weil es bei ihnen zu Hause an Harmonie und Kooperation mangelt.

Allen hier aufgeführten Personengruppen bietet die Philosophie des Erfolgsgesetzes sowohl KONKRETE als auch SCHNELLE Hilfe.

> »Ein Ziel im Leben ist der einzige Reichtum, der erstrebenswert ist. Dieses findet man nicht in fremden Ländern, sondern im eigenen Herzen.«
>
> Robert Louis Stevenson

Zusammenfassung der Einführungslektion

Diese Zusammenfassung soll Ihnen helfen, die zentrale Idee dieser Lektion, das »Mastermind«, zu verstehen.

Alle neuen Konzepte, besonders wenn sie abstrakter Natur sind, verankern sich bekanntlich erst nach häufiger Wiederholung im menschlichen Geist, daher wird das Prinzip des »Masterminds« in dieser Zusammenfassung erneut betont.

Ein »Mastermind« kann durch eine freundliche Zusammenarbeit entstehen, in einem Geist der Harmonie, der sich auf ein gemeinsames Ziel von zwei oder mehr Menschen richtet.

An dieser Stelle sei nochmals erklärt, dass sich aus jeder Allianz zwischen zwei Menschen, egal ob sie harmonisch ist oder nicht, ein weiterer Geist entwickelt, der alle Teammitglieder beeinflusst.

Noch nie haben sich zwei oder mehr Personen getroffen, ohne durch diesen Kontakt einen weiteren Geist zu schaffen, aber nicht immer ist diese unsichtbare Schöpfung ein »Mastermind«.

Häufig entwickelt sich aus der Begegnung von zwei oder mehr Menschen eine negative Kraft, die das Gegenteil eines »Masterminds« ist.

Das Bewusstsein mancher Menschen, lässt sich, wie bereits erwähnt, nicht mit anderen in Einklang bringen. Diesem Prinzip entspricht eine Analogie in der Chemie – ein Vergleich, der dem Leser helfen kann, das erwähnte Prinzip deutlicher zu begreifen.

Zum Beispiel macht die chemische Formel H_2O (die Kombination zweier Atome Wasserstoff mit einem Atom Sauerstoff) die beiden Elemente zu Wasser. Ein Atom Wasserstoff und ein Atom Sauerstoff wird kein Wasser produzieren, darüber hinaus können sie sich nicht harmonisch verbinden!

Es gibt viele bekannte Elemente, die, wenn man sie kombiniert, sofort von einer harmlosen Substanz zu einem tödlichen Gift werden. Und auch das Gegenteil trifft zu: Viele bekannte giftige Elemente werden neutralisiert und harmlos, wenn man sie mit bestimmten anderen Elementen verbindet.

So wie die Verbindung von bestimmten Elementen ihre gesamte Natur verändert, kann die Kombination bestimmter Geister deren Natur verändern und entweder zu einem gewissen Grad das hervorbringen, was man »Mastermind« nennt, oder sein destruktives Gegenteil.

Jeder Mann, der feststellt, dass er mit seiner Schwiegermutter inkompatibel ist, hat die negative Anwendung des Prinzips des »Masterminds« erfahren. Aus einem Grund, der den Forschern auf dem Gebiet der Psychologie bisher unbekannt ist, scheinen die meisten Schwiegermütter die Ehemänner ihrer Töchter negativ zu beeinflussen, sodass der beidseitige Kontakt einen antagonistischen Einfluss ausübt, statt ein »Mastermind« zu bilden. Da dies bekannt ist, enthalten wir uns hier eines Kommentars.

Einige Geister lassen sich nicht harmonisieren und können nicht zu einem »Mastermind« verschmolzen werden, eine wichtige Tatsache für alle Führungspersonen der Welt. Es liegt in der Verantwortung eines Vorgesetzten, seine Mitarbeiter so einzusetzen, dass an den strategisch wichtigsten Stellen in seinem Unternehmen Individuen sitzen, die harmonisch mit anderen kooperieren.

Diese Fähigkeit des Teambuildings ist eine der herausragenden Qualitäten von Personen mit Führungskompetenz. In Lektion 2 dieses Kurses werden Sie lesen, dass diese Fähigkeit die Hauptquelle der Macht und des Reichtums des verstorbenen Andrew Carnegie war. Ohne über technische Kenntnisse des Stahlgeschäfts zu verfügen, setze Carnegie die Mitglieder seines »Masterminds« so ein, dass er das erfolgreichste Stahlunternehmen der Welt etablieren konnte.

Henry Fords gigantischer Erfolg kann auf eine erfolgreiche Anwendung desselben Prinzips zurückgeführt werden. Auch wenn er in hohem Maße eigenverantwortlich handelte, verließ er sich in puncto Wissenserwerb nicht nur auf sich selbst, um sein Unternehmen aufzubauen. Wie Carnegie umgab er sich mit Männern, die das fehlende Wissen bereitstellten. Darüber hinaus wählte Ford Mitarbeiter, die in einer Gruppe miteinander harmonierten.

Die effektivsten Allianzen, die das Prinzip »Mastermind« fördern, entstehen aus der Verschmelzung des Geistes von Männern und Frauen. Denn Mann und Frau verbinden sich leichter in Harmonie, als wenn nur Männer beteiligt sind. Außerdem führt der zusätzliche erotische Stimulus oft zur Entwicklung des »Masterminds« zwischen einem Mann und einer Frau. Bekanntlich gehen die Männer einer Spezies kühner und besser vorbereitet auf »die Jagd«, egal um was es dabei geht, wenn eine Frau sie inspiriert.

Diese Eigenschaft entwickelt sich bei Männern während der Pubertät und hält das ganze Leben an. Der deutlichste Beweis dafür lässt sich im Sport beobachten, wenn Jungen vor einem Publikum von Mädchen spielen.

Entfernt man die Frauen aus dem Publikum, wird zum Beispiel Football zu einer eher lahmen Angelegenheit. Ein Junge wird sich mit fast übermenschlicher Anstrengung in ein Footballspiel stürzen, wenn er weiß, dass das Mädchen seiner Wahl ihn von den Rängen aus beobachtet.

Derselbe Junge wird sich auch mit demselben Enthusiasmus in das Spiel des Geldverdienens werfen, wenn ihn die Frau seiner Wahl anfeuert. Besonders, wenn diese Frau weiß, wie sie durch das Gesetz des »Masterminds« seinen Geist mit ihrem eigenen stimuliert.

Andererseits kann dieselbe Frau durch eine negative Anwendung des Gesetzes des »Masterminds« (Nörgeln, Eifersucht, Selbstsucht, Gier, Eitelkeit) diesen Mann zur sicheren Niederlage führen!

Der verstorbene Elbert Hubbard verstand das hier beschriebene Prinzip gut. Als er feststellte, dass die Inkompatibilität zwischen ihm und seiner ersten Frau ihn scheitern ließ, riskierte er die volle Breitseite der öffentlichen Meinung, indem er sich scheiden ließ und eine Dame heiratete, die die Hauptquelle seiner Inspiration gewesen sein soll.

Nicht jeder Mann hätte den Mut, der öffentlichen Meinung so wie Hubbard zu widerstehen, aber wer kann behaupten, dass diese Entscheidung nicht im besten Interesse aller Beteiligten lag?

Die Hauptaufgabe im Leben eines Menschen ist der Erfolg!

Die Straße zum Erfolg können viele Einflüsse verstellen, die entfernt werden müssen, bevor man das Ziel erreicht. Eines der schädlichsten dieser Hindernisse ist die unglückliche Verbindung mit den falschen Menschen. In einem solchen Fall muss die Allianz beendet werden oder sie führt sicher zur Niederlage.

Jemand, der die sechs grundlegenden Ängste gemeistert hat – eine davon ist die Angst vor Kritik –, wird das unternehmen, was ein konservativerer Geist als drastisch erachten mag, wenn er sich von antagonistischen Allianzen, egal welcher Natur, niedergehalten und gebunden fühlt.

Es ist eine Million Mal besser, sich der Kritik zu stellen, als Niederlage und Bedeutungslosigkeit aufgrund von unharmonischen Verbindungen hinzunehmen, egal, ob diese geschäftlicher oder sozialer Natur sind.

Um ehrlich zu sein, rechtfertigt der Autor die Scheidung, wenn die Bedingungen in einer Ehe alles andere als harmonisch sind. Das heißt nicht, der Mangel an Harmonie könne nicht durch andere Methoden beseitigt werden als durch Scheidung. Denn es ist möglich, die Ursache eines Konflikts zu beseitigen und die Balance wiederherzustellen, ohne sich scheiden lassen zu müssen.

> Wenn du selbst keine großartigen Dinge tun kannst, denke daran, dass du kleine Dinge auf großartige Weise tun kannst.

Auch wenn manche Menschen sich nicht in einem ausgewogenen Geist miteinander verbinden beziehungsweise aufgrund ihrer geistigen Chemie nicht dazu gebracht werden können: MACHEN SIE DIE ANDERE PARTEI IHRER ALLIANZ NICHT VORSCHNELL FÜR DEN MANGEL AN HARMONIE VERANTWORTLICH – DENKEN SIE DARAN, DER KONFLIKT KÖNNTE IN IHREM EIGENEN GEHIRN BEGRÜNDET SEIN!

Bedenken Sie auch, dass ein Geist, der nicht mit einer bestimmten Person oder Personen zu harmonieren vermag, vielleicht perfekt mit anderen verschmelzen kann. Diese Erkenntnis hat zu radikalen Veränderungen beim Einstellungsverfahren von Mitarbeitern geführt. Es ist nicht länger üblich, jemanden zu entlassen, nur weil er nicht in die ursprünglich ihm zugedachte Position passt. Die kluge Führungsperson wird versuchen, einen solchen Menschen in einer anderen Stellung zu platzieren, wo, wie sich mehr als einmal gezeigt hat, auch die Unangepassten zu wertvollen Mitarbeitern werden können.

Als Schüler dieses Kurses sollten Sie das »Mastermind«-Prinzip gründlich verinnerlichen, bevor Sie mit den verbleibenden Lektionen fortfahren. Denn der gesamte Kurs baut auf diesem Gesetz der Funktionsweise des Geistes auf.

Wenn Sie nicht sicher sind, ob Sie dieses Gesetz verstehen, analysieren Sie das Leben eines jeden Menschen, der es zu einem großen Vermögen gebracht hat. Dann werden Sie feststellen, dass diese Personen entweder bewusst oder unbewusst das »Mastermind«-Prinzip angewendet haben.

Sie können gar nicht zu viel Zeit damit verbringen, ernsthaft über das Gesetz des »Masterminds« nachzudenken und es von allen Seiten zu beleuchten, denn wenn Sie wissen, wie man es anwendet, werden sich ganz neue Möglichkeiten für Sie eröffnen.

Diese Einführungslektion ist zwar nicht als separate Einheit dieses Kurses gedacht, aber sie enthält ausreichende Informationen für einen Schüler mit Verkaufstalent, um sich zu einem Meisterverkäufer zu entwickeln. Jede Verkaufsorganisation kann das Gesetz des »Masterminds« effektiv einsetzen, indem sie Gruppen von zwei oder mehr Vertrieblern bildet, sodass eine harmonisch gestimmte Allianz entsteht. So kann sie das Gesetz wie in dieser Lektion dargelegt anwenden.

Ein Vertreter eines bekannten Automobilherstellers, der zwölf Verkäufer beschäftigt, teilte seine Belegschaft in sechs Gruppen zu je zwei Männern ein, um das Prinzip des »Masterminds« anzuwenden. Das Ergebnis war, dass alle beteiligten Mitarbeiter neue Verkaufsrekorde aufstellten.

Dasselbe Unternehmen kreierte den »Einer-pro-Woche«-Klub: Seit Gründung des Klubs verkaufte jeder Mitarbeiter der Gruppe durchschnittlich ein Auto pro Woche. Diese Ergebnisse waren für alle überraschend!

Jedes Mitglied des Klubs erhielt eine Liste mit 100 potenziellen Autokäufern. Jeder Verkäufer schickt einmal die Woche eine Postkarte an jeden seiner 100 potenziellen Käufer und ruft mindestens zehn davon an einem Tag an.

Jede Postkarte beschreibt nur einen Vorteil des Wagens, den der Verkäufer verkaufen will, und bittet um ein persönliches Gespräch.

Die Anzahl der Gespräche stieg genauso schnell wie die Verkäufe!

Der Generalvertreter, der diese Verkäufer anstellt, bot jedem Mitarbeiter, der sich den Zutritt zum »Einer-pro-Woche-Klub« verdient, einen extra Bargeldbonus an.

Dieser Plan flößte dem gesamten Unternehmen neue Lebenskraft ein. Darüber hinaus zeigen sich dessen Ergebnisse in den wöchentlichen Absatzzahlen jedes Verkäufers.

Lebensversicherungsagenturen können sich effektiv eines ähnlichen Plans bedienen. Jeder Inhaber einer Generalvertretung kann mit der gleichen Anzahl an Verkäufern leicht sein Geschäftsvolumen verdoppeln oder verdreifachen, indem er dieses Konzept anwendet.

Dabei bedarf dieser Plan keiner Veränderungen. Der Klub könnte als »Eine-Police-pro-Woche-Klub« betitelt werden. Und jedes Mitglied verpflichtet sich, mindestens eine Police pro Woche zu verkaufen, mit einem gewissen Mindestwert, auf den es sich zu einigen gilt.

Wer diesen Kurs liest, die erste Lektion gemeistert hat und deren Grundlagen anzuwenden versteht (ein konkretes Hauptziel), wird imstande sein, den hier geschilderten Plan noch effektiver einzusetzen.

Doch es wird weder empfohlen noch ist es beabsichtigt, dass der Lernende die Prinzipien dieser Einführungslektion anwenden sollte, bevor er nicht mindestens fünf Lektionen des Kurses über das Gesetz des Erfolgs durchgearbeitet hat.

Der Hauptzweck dieser Einführungslektion ist, einige Prinzipien dieses Kurses vorzustellen. Diese Prinzipien werden im Weiteren genauer beschrieben, und Sie lernen in den einzelnen Lektionen konkret, diese anzuwenden.

Das in dieser Zusammenfassung erwähnte Autohandelshaus veranstaltet einmal pro Woche ein Essen. Eineinhalb Stunden gelten dem Essen und der Diskussion darüber, wie man die Prinzipien dieses Kurses anwenden kann. Das erlaubt jedem Mitarbeiter, von den Ideen seiner Kollegen zu lernen.

Zwei Tische werden für dieses Mittagessen reserviert. An einem Tisch sitzen diejenigen, die sich das Recht auf eine Mitgliedschaft im »Einer-pro-Woche-Klub« verdient haben. Am anderen Tisch, der anstatt mit Porzellan mit Blechgeschirr gedeckt wird, sitzen diejenigen, die dieses Recht noch nicht erworben haben. Fast unnötig zu erwähnen, dass diese das Ziel mancher Spötteleien vonseiten der erfolgreicheren Kollegen am anderen Tisch sind.

Es ist möglich, diesen Plan mit unzähligen Varianten umzusetzen, sowohl in der Autohandelsbranche als auch in anderen Vertriebsbereichen. Seine Anwendung rechtfertigt sich ganz einfach, indem er sich bezahlt macht! Er rentiert sich nicht nur für den Leiter oder Manager eines Unternehmens, sondern für jedes Mitglied eines Verkaufsteams. Dieser Plan soll Ihnen zeigen, wie man die hier geschilderten Prinzipien praktisch anwendet.

Die abschließende Bewährungsprobe einer Theorie, einer Regel oder eines Prinzips ist, dass sie TATSÄCHLICH FUNKTIONIEREN! Das Gesetz des »Masterminds« hat sich als fundiert erwiesen, weil es FUNKTIONIERT.

Wenn Sie dieses Gesetz verstehen, sind Sie nun bereit, zu Lektion 2 fortzuschreiten, in der Sie tiefer in das Wissen aus dieser Einführung eintauchen.

> Ein Gewinner gibt nie auf – jemand der aufgibt, gewinnt nie!

Anmerkung

Studieren Sie diese Tabelle sorgfältig und vergleichen Sie die Werte der genannten zehn Männer in den zwei Spalten zur Rechten, bevor Sie sich selbst bewerten.

Studieren Sie diese Tabelle sorgfältig und vergleichen Sie die Werte der genannten zehn Männer in den Spalten zur Rechten, bevor Sie sich selbst bewerten.	Henry Ford	Benjamin Franklin	George Washington	Theodore Roosevelt	Abraham Lincoln	Woodrow Wilson	William H. Taft	Napoleon Bonaparte	Calvin Coolidge	Jesse James	Bewerten Sie sich selbst in diesen zwei Spalten, bevor und nachdem Sie den Kurs über das Gesetz des Erfolgs durchgeführt haben.	
											vorher	nachher
DIE 15 GESETZE DES ERFOLGS												
I. Konkretes Hauptziel	100	100	100	100	100	100	100	100	100	0		
II. Selbstvertrauen	100	80	90	100	75	60	50	100	60	75		
III. Die Gewohnheit zu sparen	100	100	75	50	20	40	30	40	100	0		
IV. Initiative und Führungsstärke	100	60	100	100	60	90	20	100	25	90		
V. Imagination	90	90	80	80	70	80	65	90	50	60		
VI. Enthusiasmus	75	80	90	100	60	90	50	80	50	80		
VII. Selbstkontrolle	100	90	50	75	95	75	80	40	100	50		
VIII. Die Gewohnheit, mehr als verlangt zu tun	100	100	100	100	100	100	100	100	100	0		
IX. Angenehme Persönlichkeit	50	90	80	80	60	75	90	100	40	50		
X. Exaktes Denken	90	80	75	60	90	80	80	90	70	20		
XI. Konzentration	100	100	100	100	100	100	100	100	100	75		
XII. Kooperation	75	100	100	50	90	40	100	50	60	50		
XIII. Vom Scheitern profitieren	100	90	75	60	60	60	60	40	40	0		
XIV. Toleranz	90	100	80	75	100	70	100	10	75	0		
XV. Die Goldene Regel praktizieren	100	100	100	100	100	100	100	0	100	0		
Allgemeiner Durchschnitt	91	90	86	82	61	79	75	70	71	37		

Die zehn Männer, die in der obenstehenden Grafik analysiert wurden, sind in der ganzen Welt bekannt. Acht davon gelten als erfolgreich, zwei als gescheitert. Die Gescheiterten sind Jesse James und Napoleon Bonaparte. Sie wurden zu Vergleichszwecken analysiert. Betrachten Sie genau, wo diese beiden Männer einen Wert von null aufweisen, und Sie werden erkennen, wieso sie gescheitert sind. Eine Einschätzung von null bei einem der 15 Gesetze des Erfolgs reicht bereits aus, um eine Niederlage zu bewirken, auch wenn alle anderen Bewertungen hoch sind.

Es sollte Ihnen auffallen, dass alle erfolgreichen Männer bei »konkretes Hauptziel« 100 Prozent erreichen. Dies ist in jedem Fall eine Voraussetzung für den Erfolg. Wenn Sie ein interessantes Experiment durchführen wollen, ersetzen Sie die obenstehenden zehn Namen durch die von zehn Menschen, die Sie kennen, von denen fünf erfolgreich und fünf im Leben gescheitert sind, und bewerten Sie jeden davon. Daraufhin BEWERTEN SIE SICH SELBST und legen Sie ein besonderes Augenmerk darauf, wirklich Ihre Schwächen zu ergründen.

EINE NACHBEREITUNG DER LEKTION

Die sechs Gespenster sind: Angst vor Armut, Angst vor dem Tod, Angst vor Krankheit, Angst vor dem Verlust der Liebe, Angst vor dem Alter, Angst vor Kritik.

Jeder Mensch auf der Welt fürchtet sich vor irgendetwas. Die meisten Ängste sind vererbt. In diesem Essay können Sie die sechs grundlegenden Ängste studieren, die den meisten Schaden anrichten. Sie müssen lernen, Ihre Ängste zu beherrschen, bevor Sie bei irgendeiner lohnenden Unternehmung in Ihrem Leben erfolgreich sein können. Finden Sie heraus, wie viele dieser sechs Ängste Ihnen Probleme bereiten, aber noch wichtiger: Stellen Sie fest, wie Sie diese Ängste in den Griff bekommen können.

Hier können Sie unsere sechs schlimmsten Feinde studieren. Diese Feinde sind garstig. Während Sie etwas über diese hässlichen Gestalten lesen, analysieren Sie sich selbst und finden Sie heraus, welche davon IHNEN am meisten schadet!

Dieser Essay soll Ihnen helfen, sich dieser tödlichen Feinde zu entledigen. Beobachten Sie, dass diese sechs Charaktere in Ihrem Rücken lauern, sodass Sie sie nicht einfach vor Augen haben.

Jeder Mensch ist in einem bestimmten Ausmaß durch eine oder mehrere dieser unsichtbaren ÄNGSTE gefesselt. Der erste Schritt, diese Feinde zu töten, besteht darin, herauszufinden, wo und wie man sie sich angeeignet hat.

In den meisten Fällen haben sie ihren Einfluss auf eine Person durch zwei Formen der Vererbung erlangt. Eine ist die körperliche Vererbung, deren Studium Darwin so viel Aufmerksamkeit gewidmet hat. Die andere ist die soziale Vererbung, entsprungen aus Ängsten, Aberglauben und Glaubenssätzen der Menschen im finsteren Mittelalter, die von einer Generation auf die nächste weitergegeben wurden.

Lassen Sie uns zuerst betrachten, welchen Anteil die körperliche Vererbung daran hat, diese sechs GRUNDÄNGSTE hervorzurufen. Die Natur war stets ein grausamer Schöpfer. Von den niedrigsten bis zu den höchsten Lebensformen hat die Natur es den stärkeren tierischen Lebensformen erlaubt, sich von den schwächeren zu nähren.

Fische fressen Würmer und Insekten. Manche Vögel ernähren sich von Fischen, die höheren tierischen Lebensformen von Vögeln und voneinander, die ganze Reihe hinauf bis zum Menschen. Und der Mensch nutzt alle anderen tierischen Lebensformen und seinesgleichen als Beute!

Die gesamte Geschichte der Evolution ist eine ungebrochene Kette an Beweisen für Grausamkeit und Zerstörung der Schwachen durch die Starken. Kein Wunder, dass die schwächeren tierischen Lebensformen gelernt haben, die stärkeren zu FÜRCHTEN. Das Bewusstsein der Angst ist jedem lebenden Tier angeboren.

So viel zum Instinkt der ANGST, den wir körperlich geerbt haben. Lassen Sie uns nun die soziale Vererbung betrachten und herausfinden, welche Rolle sie bei der Entstehung unserer psychischen Natur spielte. Der Begriff »soziale Vererbung« bezieht sich auf alles, was uns gelehrt wird, alles, was wir durch Beobachtung oder Erfahrung mit anderen lebenden Wesen erlernen oder an Erfahrung sammeln.

Legen Sie all Ihre Vorurteile und vorgefertigten Meinungen ab, zumindest zeitweise, und Sie erkennen die Wahrheit über die sechs schlimmsten Feinde:

DIE ANGST VOR ARMUT! Es erfordert einigen Mut, die Wahrheit über die gemeinsame Geschichte der Menschheit mit diesem Feind zu erzählen und noch größeren Mut, die Wahrheit zu hören, nachdem sie geschildert wurde. Die Angst vor der Armut erwächst aus der Gewohnheit des Menschen, andere in wirtschaftlicher Hinsicht auszubeuten und zum Opfer zu machen. Die Tiere, die über Instinkte, aber nicht über die Fähigkeit zu DENKEN verfügen, machen sich in körperlichem Sinn gegenseitig zur Beute. Der Mensch, mit seiner weit überlegenen Intuition und der mächtigen Waffe des VERSTANDS, frisst seinen Mitmenschen nicht körperlich; er zieht mehr Vergnügen daraus, ihn FINANZIELL zu verspeisen.

In dieser Hinsicht ist der Mensch ein so großer Übeltäter, dass fast jeder Staat und jede Nation sich gezwungen sah, Gesetze – Unmengen an Gesetzen – zu erlassen, um die Schwachen vor den Starken zu beschützen. Jedes Gesetz gegen Anlagebetrug (»blue sky law«) ist ein unwiderlegbarer Beweis für die Neigung des Menschen, seinen schwächeren Bruder ökonomisch auszubeuten.

Die zweite der sechs Grundängste, durch die der Mensch eingeschränkt ist: DIE ANGST VOR DEM ALTER! Diese Angst erwächst aus zwei Hauptursachen – zuerst, dass das Alter ARMUT mit sich bringen kann. Zweitens durch die falschen und sektiererischen Lehren, die so passend mit der Predigt von »Feuer und Schwefel« gemischt wurden, dass jeder Mensch gelernt hat, das Alter zu fürchten, denn es bedeutet das Herannahen einer weiteren und vielleicht schrecklicheren Welt als dieser.

Die dritte der sechs Grundängste ist: DIE ANGST VOR KRANKHEIT. Diese Furcht ist sowohl körperlich als auch sozial vererbt. Von der Geburt bis zum Tod herrscht in jedem physischen Leib ein ewiger Kampf. Kampf zwischen verschiedenen Zellen, von denen eine Gruppe die gutmütigen Erbauer des Körpers sind und die anderen die Zerstörer oder »Krankheitskeime«. Die Angst sitzt tief im Körper, weil die Natur nach ihrem grausamen Plan den stärkeren Körperzellen erlaubt, die schwächeren zu verspeisen. Und im Zuge der sozialen Vererbung wirkte sich auch das fehlende Wissen in puncto Hygiene aus. Außerdem spielt hier das Gesetz der Suggestion hinein, das diejenigen geschickt einsetzen, die von KRANKHEIT profitieren.

Die vierte der sechs Grundängste ist: DIE ANGST VOR DEM VERLUST DER LIEBE. Diese Furcht füllt die psychiatrischen Kliniken mit den krankhaft Eifersüchtigen, denn Eifersucht ist nichts anderes als eine Form des Wahnsinns. Sie füllt außerdem die Scheidungsgerichte und führt zu Morden und anderen Formen der grausamen Bestrafung. Sie ist ein Überbleibsel, seit der Steinzeit durch soziale Vererbung weitergegeben, als der Mann noch seinen Mitmenschen zum Opfer machte, indem er seine Partnerin mit physischer Gewalt raubte. Die Methode, aber nicht die Praxis an sich, hat sich in gewissem Ausmaß geändert. Statt mit physischer Gewalt stiehlt nun der Mann einem anderen die Partnerin durch schönen Schmuck, schnelle Autos, schwarzgebrannten Whiskey, glitzernde Steinchen und prächtige Villen.

Der Mensch entwickelt sich weiter. Heute »verführt« er, wo er einst »raubte«.

Die fünfte der sechs Grundängste ist: DIE ANGST VOR KRITIK. Wie und wo der Mensch diese Angst erwarb, ist nicht leicht festzustellen, aber sie ist sicher vorhanden. Gäbe es nicht diese Angst, würde der Mann nicht seine Haare verlieren. Kahlheit kommt von eng sitzenden Hutbändern, die die Blutzufuhr zu den Haarwurzeln einschränken. Frauen werden selten kahl, weil sie locker sitzende Hüte tragen. Wäre da nicht die Angst vor Kritik, würde der Mann seinen Hut ablegen und seine Haare behalten.

Die Kleidungsfabrikanten nutzen diese Grundangst der Menschheit aus. Jede Saison wechselt der Stil, denn die Modehersteller wissen, dass wenige Menschen den Mut haben, Kleidung aus der letzten Saison zu tragen. Wenn Sie (Gentlemen) das bezweifeln, laufen Sie einmal mit dem schmalkrempigen Strohhut der letzten Saison die Straße entlang, wenn heute ein breitkrempiger modern ist. Oder (meine Damen) gehen Sie einmal am Ostermorgen mit dem Hut vom letzten Jahr die Straße entlang. Beobachten Sie dabei, wie unwohl Sie sich fühlen, dank ihres unsichtbaren Feindes, der ANGST VOR KRITIK.

Die sechste und letzte der Grundängste ist die am meisten gefürchtete von allen. Sie heißt: DIE ANGST VOR DEM TOD! Seit Zehntausenden Jahren stellt der Menschen die immer noch unbeantwortete Fragen: »WOHER?« und »WOHIN?« Die Raffinierteren waren nicht faul darin, eine Antwort darauf zu geben: »Woher komme ich, und wohin gehe ich nach dem Tod?« »Tritt in meine Hütte«, sagt der eine religiöse Führer, »und du gehst nach dem Tod in den Himmel.« Den Himmel stellte man sich damals als eine wunderschöne Stadt vor, deren Straßen mit Gold ausgelegt und mit Edelsteinen besetzt waren. »Bleibe meiner Hütte fern und du kannst direkt zur Hölle fahren.« Die Hölle malte man sich als einen lodernden Hochofen aus, wo die armen Opfer das Leid ereilte, auf ewig in Feuer und Schwefel zu brennen.

Kein Wunder, dass die Menschheit den TOD FÜRCHTET!

Rufen Sie sich noch einmal die eben genannten Ängste in Erinnerung und entscheiden Sie, welche der sechs grundlegenden Ängste Ihnen den größten Schaden zufügt. Ein Feind, den man kennt, ist einer, der schon halb besiegt ist.

Dank Schulen und Universitäten entdeckte der Mensch mittlerweile diese sechs Feinde. Das effektivste Werkzeug, sie zu bekämpfen, ist ORGANISIERTES WISSEN: Unwissenheit und Angst sind Zwillingsschwestern. Meistens gehen sie Hand in Hand.

Gäbe es nicht IGNORANZ und ABERGLAUBEN, dann würden die sechs grundlegenden Ängste in einer Generation aus unserem Wesen verschwinden. In jeder öffentlichen Bücherei kann man Heilmittel für diese sechs Feinde der Menschheit finden, vorausgesetzt, man weiß, welche Bücher man lesen muss.

Lesen Sie zuerst *The Science of Power* von Benjamin Kidd, und Sie werden den Würgegriff der meisten Ihrer sechs Grundängste durchbrochen haben. Lesen Sie dann Emersons Essay über Kompensation [Anm. d. Übers.: Enthalten zum Beispiel in *Emerson – Essays*, Diogenes Verlag]. Dann wählen Sie ein gutes Buch über Autosuggestion (Selbstsuggestion) aus und informieren sich über die Prinzipien, durch die Ihre Glaubenssätze von heute zu den Realitäten von Morgen werden können. *Mind in the Making* von Robinson wird Ihnen eine gute Basis geben, um Ihren eigenen Geist zu verstehen.

Durch das Prinzip der sozialen Vererbung wurden die UNWISSENHEIT und der ABERGLAUBE des finsteren Mittelalters bis zu Ihnen weitergegeben. Aber Sie leben in einem modernen Zeitalter. Überall sieht man Belege, dass jede WIRKUNG eine natürliche URSACHE hat. Fangen Sie damit an, die WIRKUNGEN nach ihren URSACHEN zu studieren, und Sie werden sich bald von der Last der sechs grundlegenden Ängste befreien.

Beginnen Sie damit, indem Sie das Leben von Menschen studieren, die es zu großem Reichtum brachten, und ergründen Sie die URSACHE ihrer Errungenschaften. Henry Ford bietet sich für den Anfang an. Innerhalb der kurzen Periode von 25 Jahren hat er die ARMUT besiegt und sich selbst zum mächtigsten Mann der Welt aufgeschwungen. Seine Errungenschaften beruhen nicht auf Glück, Zufall oder einem Unfall. Sie erwuchsen aus seiner sorgfältigen Beobachtung bestimmter Prinzipien, die Ihnen genauso zugänglich sind wie ihm.

Henry Ford schränken die sechs Grundängste nicht ein, darüber sollte man sich klar sein. Wenn Sie das Gefühl haben, Sie seien zu weit von Ford entfernt, um sein Leben genauer zu studieren, beginnen Sie mit zwei Menschen, die Sie in Ihrem Umfeld kennen. Einer davon sollte Ihre Vorstellung von einem FEHLSCHLAG repräsentieren und der andere Ihre Vorstellung von ERFOLG. Finden Sie heraus, was eine Person scheitern ließ und die andere zum Erfolg führte. Ermitteln Sie die FAKTEN. Indem Sie diese Fakten sammeln, lehren Sie sich selbst eine großartige Lektion über URSACHE und WIRKUNG.

Nichts »passiert« einfach nur so. Alles, von den niedrigsten tierischen Lebensformen, die auf der Erde herumkriechen oder in den Meeren schwimmen, bis zum Menschen, ist die WIRKUNG des evolutionären Prozesses der Natur. Evolution ist »geordnete Veränderung«. »Wunder« haben mit dieser geordneten Veränderung nichts gemein.

Nicht nur die physischen Formen und Farben der Tiere verändern sich langsam und geordnet von einer Generation zur nächsten, sondern auch der Geist des Menschen unterliegt einem konstanten Wandel. Darin liegt die Hoffnung auf Verbesserung. Sie haben die Macht, Ihren Geist durch einen Prozess des zügigen Wandels zu zwingen. In einem einzigen Monat richtig angewandter Autosuggestion können Sie jeder Ihrer sechs Grundängste den Fuß auf die Kehle stellen. In zwölf Monaten anhaltender Bemühungen können Sie die gesamte Herde in eine Ecke treiben, wo sie Ihnen nie wieder ernsthaft schaden kann.

Sie werden selbst morgen den DOMINIERENDEN GEDANKEN entsprechen, die Sie heute in Ihrem Bewusstsein nähren! Pflanzen Sie in Ihren Geist die Saat der ENTSCHLOSSENHEIT, Ihre sechs Grundängste zu besiegen, und der Kampf wird direkt an Ort und Stelle schon halb gewonnen sein. Behalten Sie diese Absicht im Kopf, und sie wird langsam Ihre sechs schlimmsten Feinde aus Ihren Augen verbannen, denn sie existieren nirgends, außer in Ihrem eigenen Geist.

Ein mächtiger Mensch FÜRCHTET niemanden, nicht einmal Gott. Der MÄCHTIGE Mensch liebt Gott, aber FÜRCHTET ihn niemals! Anhaltende Macht entsteht niemals aus ANGST. Jede auf ANGST gründende Macht ist dazu verdammt, zu zerfallen und sich aufzulösen. Wenn Sie diese bedeutende Wahrheit verstehen, werden Sie nie versucht sein, sich durch die FURCHT anderer Menschen, die Ihnen vorübergehend Treue schulden, Macht anzueignen.

Der Mensch ist nach Leib und Seele zur Tat geschaffen
Zum höchsten Ziel auf des Schicksals mutigstem Flügel,
Um ungehindert sich aufzuschwingen, furchtlos zu greifen
Mit kühnsten Klauen nach dem Frieden und zu schmecken
Die Freuden, die Sinn und Geist vermischen;

Oder er ist gebildet für Erbärmlichkeit und Elend,
Zu kriechen auf dem Misthaufen seiner Ängste,
Bei jedem Lärm zu zucken, die Flamme zu ersticken
Der natürlichen Liebe in Wollust, zu halten
Die Stunde für gesegnet, wenn seine nutzlosen Tage
Durch die eisige Hand des Todes versiegelt,
Die Heilung zu fürchten, aber die Krankheit zu hassen.

Der eine ist der Mensch, wie er einmal sein soll,
Das andere der heutige Mensch, wie das Laster ihn gemacht hat.

SHELLEY

LEKTION 2

EIN KONKRETES HAUPTZIEL

»Du kannst es, wenn du daran glaubst!«

Sie stehen am Anfang eines Kurses über eine Philosophie, die sich als erste in der Weltgeschichte aus den Kenntnissen, die erfolgreiche Menschen angewendet haben und nach wie vor nutzen, zusammensetzt.

Der literarische Stil wurde hier dem Zweck untergeordnet, die Prinzipien und Gesetze dieses Kurses so auszudrücken, dass Menschen sie in allen Lebensbereichen verinnerlichen können.

> Der schönste Rosenstrauch ist schließlich nicht der mit den wenigsten Dornen, sondern der mit den feinsten Rosen.
>
> HENRY VAN DYKE

Einige der Prinzipien dieses Kurses sind den Lesern vertraut. Andere werden hier zum ersten Mal dargelegt. Denken Sie während aller Lektionen daran, dass der Wert dieser Philosophie sich daran bemisst, inwiefern sie Ihre Gedanken stimuliert – er liegt nicht nur in den Lektionen selbst.

Anders ausgedrückt: Dieser Kurs soll Ihre Gedanken anregen und Sie motivieren, Ihre Geisteskräfte auf ein KONKRETES Ziel auszurichten und damit die große Macht zu nutzen, welche die meisten Menschen an nutzlose Gedanken verschwenden.

Ein fokussierter Zweck ist wesentlich für den Erfolg, egal wie man diesen definiert. Zudem erfordert es ein Nachdenken über verschiedene Themen, sich ein einziges Ziel zu schaffen.

Der Autor reiste weit, um Jack Dempsey beim Training für einen Kampf zu beobachten. Dabei konnte er feststellen, dass der Boxer sich nicht gänzlich auf eine Übung, sondern viele verschiedene verließ. Der Boxsack half ihm, eine bestimmte Muskelgruppe zu trainieren und seine Reflexe zu schulen. Die Hanteln trainierten wieder eine andere Muskelgruppe. Laufen entwickelte die Muskeln von Beinen und Hüften. Eine ausgewogene Ernährung lieferte die Nährstoffe, um Muskeln ohne Fett aufzubauen. Ausreichender Schlaf, Entspannung und Ruhe schufen die erforderlichen Siegesqualitäten.

Als Leser dieses Kurses trainieren Sie für Ihren Erfolg im Kampf des Lebens. Dabei gilt es, viele Faktoren zu beachten. Einem gut organisierten, wachen und energiegeladenen Geist dienen vielfältige Stimuli, die in diesen Lektionen beschrieben werden.

Bedenken Sie, dass es systematische Übung erfordert, Ihren Geist zu entwickeln, genauso wie bei Ihrem physischen Körper.

Trainer üben mit Pferden verschiedene Gangarten und erzielen durch Gewöhnung und Wiederholung die angestrebten Ergebnisse. Der menschliche Geist muss auf ähnliche Weise, durch eine Reihe von gedankenanregenden Stimuli, geschult werden.

Sie werden sehen: Noch bevor Sie in dieser Philosophie weiter fortgeschritten sind, wird Ihre Lektüre Sie zu Gedanken über viele Themen anregen. Aus diesem Grund empfiehlt es sich, beim Lesen ein Notizbuch und einen Stift bereitzuhalten und sich Ihre aufkommenden Gedanken oder Ideen aufzuschreiben.

Wenn Sie so vorgehen, können Sie nach zwei- oder dreimaliger Lektüre ein Konzept erarbeiten, mit dem Sie Ihren gesamten Lebensplan verändern. Auf diese Weise werden Sie schnell feststellen, dass Ihr Geist einem Magneten gleicht, der nützliche Ideen einfach aus dem »blauen Himmel« anzieht, um die Worte eines bekannten Wissenschaftlers zu zitieren, der seit Langem mit diesem Prinzip experimentiert.

Allerdings bringen Sie sich selbst um eine große Chance, wenn Sie diesen Kurs mit der Einstellung beginnen, schon genug zu wissen. Denn niemand weiß genug über irgendein lohnendes Thema, als dass er meinen könnte, das letzte Wort in der Sache zu haben.

Während meiner langwierigen und komplexen Arbeit, gegen meine eigene Unwissenheit anzugehen und mir nützliche Lebenswahrheiten anzueignen, habe ich mir oft vorgestellt, wie der Schöpfer am Eingangstor des Lebens steht und »armer Narr« auf die Stirn desjenigen schreibt, der glaubt, weise zu sein, und »armer Sünder« auf die Stirn desjenigen, der meint, ein Heiliger zu sein.

Im Klartext heißt das, dass kein Mensch genug weiß und allein durch die Natur des Seins nie so viel zu wissen vermag, wie es erforderlich ist, um sein Leben in geistiger Gesundheit zu verbringen und zu genießen, egal wie lange es dauert.

Bescheidenheit ist der Vorbote des Erfolgs! Solange wir in unseren Herzen nicht bescheiden sind, können wir nicht in hohem Maße von den Erfahrungen und Gedanken anderer profitieren.

Hört sich wie eine Moralpredigt an? Wo ist das Problem?

Selbst »Predigten«, so trocken und uninteressant sie im Allgemeinen sind, können nützlich sein, wenn sie den Schatten unseres wahren Selbst auf uns zurückzuwerfen, sodass wir eine ungefähre Idee von unserer Kleinheit und Oberflächlichkeit erhalten.

Im Leben hängt der Erfolg größtenteils davon ab, wie gut wir Menschen kennen! Der beste Ausgangspunkt, um Menschen zu studieren, ist unser Geist, indem wir ein möglichst präzises Inventar von UNS SELBST vornehmen. Wenn Sie sich selbst gründlich kennen (falls das je möglich ist), werden Sie auch eine Menge über andere wissen.

Um andere zu kennen, nicht so wie sie zu sein scheinen, sondern so, wie sie wirklich sind, studieren Sie Menschen anhand:

1. Der Haltung ihres Körpers und ihres Gangs.
2. Des Tonfalls ihrer Stimme, ihrer Qualität, Höhe, Lautstärke.
3. Der Augen, ob sie umherschweifen oder einen festen Blick haben.
4. Des Gebrauchs der Worte, ihrer Tendenz, Natur und Qualität.

Durch diese offenen Fenster kann man buchstäblich in »die Seele eines Menschen blicken« und den WAHREN MENSCHEN betrachten!

Wenn Sie noch einen Schritt weitergehen, werden Sie den Menschen noch besser kennenlernen – dazu studieren Sie ihn:

Wenn er wütend ist.
Wenn er verliebt ist.
Wenn Geld eine Rolle spielt.
Wenn er isst (allein und sich unbeobachtet glaubt).
Wenn er schreibt.
Wenn er sich ärgert.
Wenn er fröhlich ist und triumphiert.
Wenn er bedrückt und niedergeschlagen ist.
Wenn er mit einer Gefahr konfrontiert wird.
Wenn er versucht, auf andere einen »guten Eindruck« zu machen.
Wenn er vom Unglück eines anderen hört.
Wenn er vom Glück eines anderen hört.
Wenn er bei irgendeinem Sport verliert.
Wenn er bei irgendeinem Sport gewinnt.
Wenn er allein und in meditativer Stimmung ist.

Bevor man jemanden tatsächlich kennengelernt hat, muss man ihn in all den genannten Stimmungen, vielleicht noch mehr, beobachten. Man kann auch sagen, dass man niemanden auf den ersten Eindruck hin beurteilen darf. Der Eindruck zählt zweifellos, aber er kann trügerisch sein.

Dieser Kurs soll Ihnen als Schüler, der die Lektionen meistert, erlauben, ein Inventar von sich selbst und von anderen anzufertigen, indem Sie sich nicht bloß auf Methoden verlassen, die zu einem »Blitzurteil« führen. Als erfolgreicher Schüler dieser Philosophie werden Sie durch die äußere Kruste an persönlichem Zierrat, Kleidung, sogenannter Kultur und Ähnlichem tief in das Herz der Menschen in Ihrem Umfeld schauen. Dies ist ein ambitioniertes Versprechen! Der Autor würde es nicht äußern, wenn er nicht aufgrund jahrelanger Experimente sicher wäre, das Versprechen erfüllen zu können.

> Keine Person ist »gebildet«, die nicht wenigstens vage mit dem Emersonschen Gesetz der Kompensation vertraut ist.

Leser, die das Manuskript dieses Kurses studiert haben, stellten die Frage, wieso es nicht »Kurs für Starverkäufer« heiße. Da es üblich ist, »Verkäufer« mit dem Vermarkten von Gütern und Dienstleistungen zu assoziieren, würde dies die wahre Natur dieses Kurses einschränken. Es ist in dem Sinne ein Kurs, der zur Meisterschaft im Verkaufsbereich führen kann, als dass man einen tieferen Einblick als der Durchschnittsmensch in die Bedeutung des »Verkaufens« erhält.

Diese Philosophie soll Sie befähigen, Ihren Weg durchs Leben mit so geringen Mühen wie möglich erfolgreich zu »verkaufen«. Daher hilft dieser Kurs Ihnen, die große Wahrheit zu durchdringen und zu nutzen, die die meisten Menschen übersehen, die in ihrem Leben nicht über das Mittelmaß hinauswachsen.

Nicht jeder möchte die Wahrheit über alle wesentlichen Dinge des Lebens wissen. Der Autor war während seiner Forschung überrascht, dass so wenige Menschen die Wahrheit hören wollen, wenn sie ihnen ihre eigenen Schwächen vor Augen führt. Wir ziehen Illusionen der Realität vor!

Neuen Wahrheiten, falls sie überhaupt akzeptiert werden, wird immer mit einer gewissen Skepsis begegnet. Einige von uns streben nach mehr als Skepsis; sie verlangen so große Zweifel, dass neue Ideen nutzlos werden.

Aus diesen Gründen behandeln die Einführung und diese Lektion Themen, die den Weg für neue Ideen ebnen sollen, damit Sie als Schüler gut auf diese Ideen vorbereitet sind.

Den Gedankengang, den der Autor vermitteln möchte, formulierte kürzlich der Herausgeber des *American Magazine* in einem Leitartikel: »Neulich, an einem regnerischen Abend, erzählte mir Carl Lomen, der Rentierkönig von Alaska, eine wahre Geschichte. Sie blieb mir seitdem im Gedächtnis haften, und nun will ich sie weitergeben:

›Ein Eskimo aus Grönland‹, sagte Lomen, ›ging vor einigen Jahren als Begleiter mit auf eine amerikanische Nordpolarexpedition. Später, als Belohnung für seine treuen Dienste, wurde er zu einem kurzen Besuch nach New York City eingeladen. Bei all den Wundern für Auge und Ohr erfüllte ihn großes Erstaunen. Als er in sein Eingeborenendorf zurückkehrte, erzählte er Geschichten von Gebäuden, die bis in den Himmel wuchsen; von Straßenbahnen, die er als Häuser beschrieb, die auf Schienen fuhren, mit Menschen, die darin wohnten, während sie sich bewegten; von riesigen Brücken, künstlichem Licht und all den anderen überwältigenden Merkmalen der Metropole.

Seine Leute sahen ihn eisig an und gingen. Von diesem Zeitpunkt an wurde er im ganzen Dorf *Sagdluk* genannt, was *der Lügner* bedeutet, und diesen Namen trug er mit Schande bis zu seinem Tod. Lange vor seinem Tod konnte sich niemand mehr an seinen echten Namen erinnern.

Als Knud Rasmussen seine Reise von Grönland nach Alaska unternahm, wurde er von einem grönländischen Eskimo namens Mitek (Eiderente) begleitet. Mitek besuchte Kopenhagen und New York, wo er vieles zum ersten Mal sah und sehr beeindruckt war. Später, als er nach Grönland zurückkehrte, erinnerte er sich an die Tragödie von Sagdluk und entschied, es sei nicht weise, die Wahrheit zu sagen. Stattdessen erzählte er Geschichten, die sein Volk verstand, und bewahrte sich dadurch seinen Ruf.

Also erzählte er ihnen, dass er und Doktor Rasmussen ein Kajak am Ufer des großen Flusses, des Hudson, zur Verfügung hatten und wie sie jeden Morgen zum Jagen hinauspaddelten. Enten, Gänse und Robben waren im Überfluss vorhanden, und sie genossen den Besuch sehr.

Mitek ist in den Augen seiner Landsleute ein ehrlicher Mann. Seine Nachbarn behandeln ihn mit ausgesuchtem Respekt.‹

Der Weg desjenigen, der die Wahrheit sagt, war schon immer steinig. Sokrates leerte den Schierlingsbecher, Christus wurde gekreuzigt, Stefanos gesteinigt, Bruno auf dem Scheiterhaufen verbrannt, Galileo eingeschüchtert, sodass er seine Wahrheiten über die Sterne zurückzog – auf ewig könnte man diese blutige Spur durch die Seiten der Geschichte nachverfolgen. Etwas in der menschlichen Natur lehnt den Einfluss neuer Ideen ab.«

Wir hassen es, in unserem Glauben und unseren Vorurteilen, die wir mit den Familienmöbelstücken geerbt haben, gestört zu werden. Werden wir erwachsen, verfallen viele von uns in einen Winterschlaf und leben vom Fett uralter Fetische. Wenn eine neue Idee sich in unsere Höhle wagt, erheben wir uns knurrend aus unserem Winterschlaf.

Die Eskimos hatten zumindest eine Entschuldigung. Sie waren nicht in der Lage, sich die verblüffenden Bilder vorzustellen, die Sagdluk ihnen vor Augen stellte. Ihr einfaches Leben war zu lange von der arktischen Nacht beschränkt worden.

Allerdings gibt es keinen adäquaten Grund, wieso der durchschnittliche Mensch seinen Verstand vor einem neuen »Blickwinkel« verschließen sollte. Dennoch handelt er so. Nichts ist tragischer – oder gewöhnlicher – als mentale Unbeweglichkeit. Auf zehn Menschen, die körperlich faul sind, kommen zehntausend, deren Geist träge ist. Und ein träger Geist ist ein Brutplatz für die Angst.

Ein alter Farmer oben in Vermont begann seine Gebete stets mit dieser Bitte: »Oh, Gott, schenk mir einen offenen Geist!« Wenn mehr Menschen seinem Beispiel folgten, könnten sie die Fesseln der Vorurteile ablegen. Welch ein angenehmer Ort würde die Welt sein.

Jeder sollte sich vornehmen, möglichst viele neue Ideen aus anderen Quellen als nur seiner alltäglichen Umgebung zu sammeln.

Der Geist verwelkt, wird träge und verschlossen, wenn er nicht nach neuen Anregungen sucht. Der Farmer sollte öfter in die Stadt fahren und unter den fremden Gesichtern und hohen Gebäuden herumlaufen. Er wird geistig erfrischt wieder zu seiner Farm zurückgehen, mit neuem Mut und größerem Enthusiasmus.

Der Mensch aus der Stadt sollte ab und zu eine Reise aufs Land machen und seinen Geist erfrischen, indem er neue und andere Eindrücke sieht als die seiner täglichen Arbeit.

Jeder braucht regelmäßig eine Veränderung der mentalen Umgebung, genauso wie eine abwechslungsreiche Ernährung notwendig ist. Der Geist wird wacher, flexibler und effektiv dafür trainiert, schnell und akkurat zu arbeiten, nachdem er neue Ideen außerhalb seiner täglichen Arbeit gesammelt hat.

Als Schüler dieses Kurses werden Sie zeitweilig die geistige Welt Ihrer täglichen Arbeit hinter sich lassen und völlig neue (und in manchen Fällen noch nie gehörte) Ideen erfahren.

Hervorragend! Sie werden diesen Kurs mit neuen Vorstellungen absolvieren, die Sie effizienter, enthusiastischer und mutiger machen, egal, in welchem Arbeitsfeld Sie tätig sind. Fürchten Sie sich nicht vor neuen Ideen! Sie können für Sie den Unterschied zwischen Erfolg und Fehlschlag bedeuten.

Einige der Anregungen dieses Kurses erfordern keine weitere Erklärung oder Beweise für ihre Zuverlässigkeit, denn sie sind praktisch jedem vertraut. Andere Kursinhalte wiederum sind neu. Daher wird manch ein Leser dieser Philosophie zögern, sie zu akzeptieren.

Jedes der vorgestellten Prinzipien hat der Autor gründlich getestet. Die meisten von ihnen haben Wissenschaftler und andere Personen geprüft, die in der Lage sind, zwischen reiner Theorie und Praxistauglichkeit zu unterscheiden.

Aus diesem Grund dürfen Sie bezüglich aller behandelten Prinzipien sicher sein, dass sie so wie erläutert funktionieren. Das bedeutet jedoch nicht, dass Sie als Schüler dieses Kurses die Aussagen in den Lektionen anerkennen sollen, ohne sich durch Tests, Experimente und Analysen von ihrer Zuverlässigkeit überzeugt zu haben.

Vermeiden Sie den Fehler, sich ohne die Basis konkreter FAKTEN eine Meinung zu bilden, wie Herbert Spencer ausgeführt hat: »Es gibt ein Prinzip, das alle Informationen aussperrt; das gegen jedes Argument immun ist und ohne Fehl einen Menschen in immerwährender Unwissenheit hält. Dieses Prinzip ist Ablehnung ohne Prüfung.«

> Im Großen und Ganzen gibt es nichts »umsonst«. Auf lange Sicht bekommst du genau das, wofür du bezahlt hast, ob du ein Automobil kaufst oder einen Laib Brot.

Es empfiehlt sich, dieses Prinzip beim Studium des Mastermind-Gesetzes in dieser Lektion im Hinterkopf zu behalten. Dieses verkörpert ein völlig neues Prinzip der Funktionsweise unseres Geistes, und schon deshalb mag es manchem schwerfallen, es zu akzeptieren, bevor er es ausprobiert hat.

Wenn Sie jedoch beherzigen, dass das Gesetz des Masterminds als Basis der meisten genialen Leistungen gilt, kommt ein Aspekt hinzu, der nach mehr verlangt als einem »Schnellurteil«. Viele Wissenschaftler, deren Meinungen der Autor bei diesem Thema einbezogen hat, werten das Gesetz des Masterminds als die Basis praktisch aller wichtigeren Leistungen, die eine Gruppe oder Kooperation hervorgebracht hat.

Der verstorbene Dr. Alexander Graham Bell meinte, das hier beschriebene Gesetz des Masterminds sei nicht nur fundiert, sondern alle höheren Bildungsinstitutionen würden es in naher Zukunft als Teil ihrer Psychologiekurse unterrichten.

Charles P. Steinmetz sagte, er habe mit dem Gesetz experimentiert und sei auch zu den in diesen Lektionen beschriebenen Schlussfolgerungen gelangt, lange bevor er mit dem Autor der Erfolgsphilosophie darüber geredet hatte.

Luther Burbank und John Burroughs äußerten sich ähnlich!

Edison wurde nie zu dem Thema befragt, aber manche seiner Aussagen lassen vermuten, dass er das Gesetz als Möglichkeit, wenn nicht sogar als Realität eingeschätzt hat.

Vor mehr als 15 Jahren vertrat Dr. Elmer Gates dieses Gesetz in einer Unterhaltung mit dem Autor. Dr. Gates ist ein hoch angesehener Wissenschaftler, gleichrangig mit Steinmetz, Edison und Bell.

Aus Gesprächen mit vielen Geschäftsleuten weiß der Autor, dass sie, ohne Wissenschaftler zu sein, die Zuverlässigkeit des Mastermind-Gesetzes anerkennen. Daher sollten weniger befähigte Personen sich diesbezüglich keine Meinung bilden, ohne das Prinzip ernsthaft und systematisch erforscht zu haben.

Wenden wir uns nun dem Inhalt und Zweck dieser Lektion zu! Da ich mich mit der Rechtswissenschaft befasst habe, präsentiere ich Ihnen diese Einführung als eine »Darstellung meines Falls«. Die Beweise für meinen Fall schildere ich in den 16 Lektionen dieses Kurses.

Dieser Kurs basiert auf Fakten, die ich in mehr als 25 Jahren wirtschaftlicher und beruflicher Erfahrung zusammengestellt habe. Dass ich häufig die persönlichen Pronomen verwende, verdankt sich der Schilderung von Erfahrungen aus erster Hand.

Bevor der schriftliche Kurs über das Gesetz des Erfolgs veröffentlicht wurde, reichte ich das Manuskript bei zwei bekannten Universitäten ein, mit der Bitte, es zur Prüfung an Professoren weiterzuleiten, damit diese alle ökonomisch unfundierten Aussagen eliminieren oder korrigieren konnten.

Dieser Anfrage wurde entsprochen und die Manuskripte wurden sorgfältig studiert, mit dem Ergebnis, dass – mit Ausnahme von wenigen Formulierungsänderungen – nicht eine einzige Veränderung vonnöten war.

Einer der Professoren, die das Manuskript untersuchten, kommentierte: »Es ist bedauerlich, dass Highschool-Schülerinnen und -Schüler nicht in den 15 Hauptteilen Ihres Lesekurses über das Gesetz des Erfolgs unterrichtet werden, und dass weder die angesehene Universität, an der ich lehre, noch eine andere Hochschule Ihren Kurs als Lehrstoff anbietet.«

Da dieser Lesekurs Ihnen als eine Art Muster dienen soll, Ihr »Erfolgsziel« zu erreichen, wäre es da nicht angebracht, den Begriff Erfolg zu definieren?

Erfolg bedeutet, die nötige Macht zu entwickeln, um seine Wünsche zu realisieren, ohne die Rechte anderer zu beeinträchtigen. Betont sei das Wort »Macht«, denn es ist untrennbar verbunden mit Erfolg. Wir leben in einer Welt und einer Zeit des intensiven Wettbewerbs, und das Gesetz des Überlebens des Stärkeren tritt überall zutage. Daher ist jeder, der sich dauerhaften Erfolg erhofft, gut beraten, ihn mithilfe von Macht zu erreichen.

Und was ist Macht? Macht ist organisierte Energie oder Leistung. Dieser Kurs wird zu Recht als das Gesetz des Erfolgs bezeichnet, da er lehrt, Fakten, Wissen und geistige Fähigkeiten zu einer mächtigen Einheit zu verdichten.

Dieser Kurs liefert Ihnen dieses konkrete Versprechen: Indem Sie ihn meistern und anwenden, können Sie erlangen, was immer Sie wollen, mit der entscheidenden Einschränkung »innerhalb vernünftiger Grenzen«.

Diese Einschränkung berücksichtigt Ihre Bildung, Ihre Weisheit oder den Mangel daran, Ihre physische Ausdauer, Ihr Temperament und alle anderen Qualitäten, die in den 16 Lektionen dieses Kurses als die essenziellen Faktoren des Erfolgs erwähnt werden.

Ohne Ausnahme nutzten diejenigen, die ungewöhnliche Erfolge erzielten, bewusst oder unbewusst die 15 wichtigsten Aspekte dieses Kurses. Falls Ihnen Zweifel kommen, studieren Sie diese 16 Lektionen und analysieren Sie Männer wie Carnegie, Rockefeller, Hill, Harriman, Ford und andere hochrangige Persönlichkeiten, die es zu materiellem Reichtum brachten. Dann werden Sie sehen, dass diese die Prinzipien organisierter Leistung, die sich wie ein roter Faden als unwiderlegbarer Beweis durch diesen Kurs ziehen, verstanden und angewendet haben.

Vor fast 20 Jahren interviewte ich Mr. Carnegie, um eine Story über ihn zu schreiben. Dabei fragte ich ihn nach den Ursachen seines Erfolgs. Mit einem fröhlichen Funkeln in den Augen sagte er: »Junger Mann, bevor ich Ihre Frage beantworte, würden Sie bitte den Begriff ›Erfolg‹ definieren?«

Nachdem er bemerkt hatte, dass ich durch seine Frage etwas in Verlegenheit geriet, fuhr er fort: »Mit Erfolg haben Sie auf mein Geld angespielt, oder nicht?« Ich versicherte ihm, dass Geld der Begriff war, an dem die meisten Menschen Erfolg maßen, und dann sagte er: »Oh, gut – wenn Sie wissen wollen, wie ich mein Geld gemacht habe – wenn Sie das unter Erfolg verstehen –, werde ich Ihre Frage beantworten: In unserem Unternehmen unterhalten wir ein Mastermind aus mehr als 20 Männern, die meinen persönlichen Stab an Leitern, Managern, Buchhaltern, Chemikern und anderen notwendigen Berufstypen bilden. Nicht eine einzelne Person in dieser Gruppe ist das erwähnte Mastermind, sondern die Gesamtsumme der geistigen Kompetenz in dieser Gruppe, die sich harmonisch koordiniert, organisiert und auf ein konkretes Ziel ausrichtet, schafft die Macht, durch die ich mein Geld erhalte. Keine zwei Menschen im Team sind genau gleich, sondern jeder von ihnen erledigt seine Aufgaben besser, als jeder andere auf der Welt es könnte.«

In diesem Moment pflanzte sich der Samen in meinen Geist, aus dem dieser Kurs sich entwickelte, aber damals keimte er noch nicht oder schlug Wurzeln. Das kam erst später. Dieses Interview markierte den Beginn jahrelanger Forschung, die schließlich zur Entdeckung des psychologischen Prinzips führte, das ich in der einführenden Lektion als »Mastermind« beschrieben habe.

Ich hörte mir alles an, was Mr. Carnegie zu sagen hatte, aber es erforderte das Wissen aus den vielen folgenden Jahren in der Geschäftswelt, um seine Aussagen einzuordnen und das dahinterstehende Prinzip zu erfassen – das Prinzip der organisierten Leistung, auf dem dieser Kurs über das Gesetz des Erfolgs basiert.

Carnegies Team von Mitarbeitern schuf ein »Mastermind«, das so gut organisiert, koordiniert und mächtig war, dass es ihm bei praktisch jedem kommerziellen oder industriellen Vorhaben Millionen von Dollar hätte einbringen können. Das Stahlgeschäft, dem sich die Gruppe widmete, war nur eine Komponente, die zu Mr. Carnegies Vermögen beitrug. Ebensolchen Reichtum hätte das »Mastermind« im Kohlegeschäft, in der Bankenbranche oder dem Einzelhandel generieren können, denn hier war Macht im Spiel – die Macht, die daher rührt, die eigenen geistigen Fähigkeiten zu bündeln und sich mit anderen gut organisierten Menschen zu verbünden, um ein konkretes Ziel zu erreichen.

> Wenn du ein Rennen verlieren kannst, ohne die Schuld auf jemand anderen zu schieben, hast du gute Aussichten, später im Leben erfolgreich zu sein.

Zu Beginn meiner Arbeit an diesem Kurs forschte ich bei einigen von Mr. Carnegies ehemaligen Geschäftspartnern nach, und sie bestätigten, mit dem »Mastermind«-Gesetz nicht nur vertraut zu sein, sondern dass es das Hauptelement von Mr. Carnegies Erfolg war.

Kaum jemand hatte mehr Umgang mit Mr. Carnegie als Mr. C. M. Schwab, der das »gewisse Etwas« von Mr. Carnegies Persönlichkeit, das ihn kometenhaft aufsteigen ließ, hier schildert: »Ich kannte nie einen Mann mit so viel Fantasie, lebhafter Intelligenz und instinktivem Verstand. Sie konnten spüren, dass er Ihre Gedanken erforschte und all Ihre bisherigen Handlungen und Zukunftsideen inventarisierte. Er schien Ihr nächstes Wort erraten zu können, bevor es gesprochen wurde. Seine Geisteskraft war erstaunlich und seine genaue Beobachtungsgabe verlieh ihm einen Wissensvorrat an unzähligen Themen.

Er zeichnete sich vor allem durch die große Gabe aus, andere zu inspirieren. Zudem strahlte er Selbstbewusstsein aus. Falls Sie Zweifel wegen etwas hegten und die Angelegenheit mit Mr. Carnegie besprachen, konnte er Sie schnell bewegen, es für richtig anzuerkennen und unverrückbar daran zu glauben. Oder er beendete Ihre Zweifel, indem er auf die Schwachpunkte hinwies. Diese Kompetenz, andere anzuziehen und zu Höchstleistungen zu bringen, erwuchs aus seiner eigenen Stärke.«

»Die Ergebnisse seiner Führungsstärke waren erstaunlich. Meines Wissens gab es nie zuvor in der Geschichte der Industrie einen Mann, der ohne Detailwissen seines eigenen Geschäfts, ohne technisches Wissen vorzuspielen, ein solches Unternehmen aufzubauen vermochte.

Mr. Carnegies Fähigkeit, Menschen zu inspirieren, basierte auf etwas Tieferem als bloßem Urteilsvermögen.«

Im letzten Satz äußerte Mr. Schwab einen Gedanken, der die »Mastermind«-Theorie bekräftigt, die nach Ansicht des Autors die Hauptquelle von Mr. Carnegies Macht darstellt.

Mr. Schwab bestätigte auch die Aussage, Mr. Carnegie hätte in einer anderen Branche als dem Stahlgeschäft ebenso erfolgreich sein können. Offensichtlich ging dieser Erfolg mit seinem Verständnis des eigenen Verstands und dem anderer Menschen einher und verdankte sich nicht bloßen Kenntnissen im Stahlgeschäft.

Dieser Gedanke mag vor allem Menschen trösten, die noch keinen herausragenden Erfolg erlangt haben, denn er zeigt, dass es beim Erfolg vor allem darum geht, die uns allen zur Verfügung stehenden Gesetze und Prinzipien zu nutzen. Denken Sie daran, dass diese Gesetze vollständig in den 16 Lektionen dieses Kurses beschrieben sind.

Mr. Carnegie eignete sich das Gesetz des »Masterminds« an. Auf diese Weise organisierte er die Fähigkeiten seines eigenen Verstands und dem anderer Männer und fokussierte sie auf ein KONKRETES HAUPTZIEL.

Jeder Stratege, ob in der Wirtschaft, beim Militär, in der Industrie oder anderen Bereichen, versteht den Wert einer organisierten, koordinierten Leistung. Jeder Militärstratege weiß, wie wertvoll es ist, in den Rängen des Gegners Zwietracht zu säen, denn dies zerstört die Macht der Koordination der gegnerischen Kräfte. Während des Ersten Weltkriegs (und des Zweiten) hörte man viel von den Auswirkungen der Propaganda, und vermutlich waren die zersetzenden Kräfte der Propaganda noch weitaus zerstörerischer als Waffen.

Einer der wichtigsten Wendepunkte des Ersten Weltkriegs kam, als die alliierten Kräfte unter die Leitung des französischen Generals Ferdinand Foch gestellt wurden. Laut gut informierten Militärhistorikern war dies der Zug, der den gegnerischen Armeen den Untergang brachte.

Jede moderne Eisenbahnbrücke ist ein exzellentes Beispiel für den Wert organisierter Leistung, denn sie demonstriert einfach und eindrucksvoll, wie einige Stahlpfosten und Stahlträger, deren Gewicht sich auf die ganze Gruppe verteilt, Tausende Tonnen stützen.

Ein Mann hatte sieben Söhne, die sich gegenseitig bekämpften. Eines Tages rief er sie zusammen und demonstrierte ihnen, was ihre Uneinigkeit bewirkte. Er hatte ein Bündel von sieben Stöcken vorbereitet. Einen nach dem anderen bat er seine Söhne, das Bündel zu nehmen und zu zerbrechen. Jeder von ihnen mühte sich vergeblich. Dann zerschnitt er die Schnüre und gab jedem Sohn einen einzelnen Stock und bat ihn, diesen übers Knie zu brechen. Nachdem alle Stöcke mit Leichtigkeit zerbrochen waren, sagte er:

»Wenn ihr Jungs harmonisch zusammenarbeitet, gleicht ihr dem Bündel an Stöcken und niemand kann euch besiegen. Aber wenn ihr streitet, kann jeder euch einen nach dem anderen besiegen.«

Es steckt eine wertvolle Lektion in dieser Geschichte des Mannes und seiner sieben streitlustigen Söhne, die man auf eine Gemeinde, die Angestellten und Arbeitgeber in einem Betrieb oder auf Staaten und Nationen beziehen kann.

Organisierte Leistung kann zu einer Macht werden, aber auch eine gefährliche Macht sein, falls sie nicht intelligent eingesetzt wird. Deshalb vermitteln die 16 Lektionen dieses Kurses Ihnen detailliert, die Macht der organisierten Leistung zu nutzen, um im Sinne von Wahrheit, Gerechtigkeit und Fairness erfolgreich zu werden – allesamt Werte, die zu ultimativem Glück führen.

Die Tragödie unseres Zeitalters des Kampfes und der Geldgier ist, dass so wenige Menschen ihre Arbeit mögen. Dieser Kurs soll seinen Schülern helfen, ihre Nische in der Arbeitswelt zu finden, um sowohl materiellen Wohlstand als auch Zufriedenheit zu erreichen. Aus diesem Grund ergänzt eine Tabelle zur Charakteranalyse diese 16 Lektionen. Diese ermöglicht Ihnen, die eigene Persönlichkeit zu überprüfen und herauszufinden, welche Fertigkeiten und Kräfte in Ihnen schlummern.

Der gesamte Kurs soll Sie anregen, sich selbst und Ihre versteckten Kompetenzen realistisch einzuschätzen und in Ihnen den Ehrgeiz, die Vision und die Entschlossenheit zu wecken, damit Sie hoch motiviert in die Welt hinausgehen und das beanspruchen, worauf Sie ein Anrecht haben.

Vor weniger als 30 Jahren arbeitete ein Mann in derselben Werkstatt wie Henry Ford und verrichtete in etwa dieselbe Arbeit. Man sagt, er sei in diesem Bereich kompetenter als Ford gewesen. Heute ist er immer noch dort tätig, für weniger als 100 Dollar in der Woche, während Mr. Ford einer der reichsten Männer der Welt ist.

Welcher herausragende Unterschied hat diese beiden Männer in puncto Wohlstand so weit voneinander getrennt? Nur so viel – Ford versteht die Prinzipien der organisierten Leistung und wendet sie an, während der andere Mann es unterlässt.

Während ich diese Zeilen schreibe, wird in der Kleinstadt Shelby in Ohio erstmals in der Geschichte das Prinzip der organisierten Leistung angewendet, um die Allianz zwischen den Kirchen und den ortsansässigen Geschäften zu optimieren. Die Kleriker und Geschäftsleute haben sich zusammengeschlossen, sodass praktisch jede Kirche in der Stadt jeden Geschäftsinhaber fördert und jeder Geschäftsinhaber jede Kirche unterstützt. Aus diesem Bund gehen die Kirchen und die Unternehmen so gestärkt hervor, dass im Grunde kein Akteur aus diesen beiden Gruppen mehr scheitern dürfte, denn die Allianz wird es verhindern.

> Eine gute Enzyklopädie enthält einen Großteil des Wissens der Welt, aber dieses ist so nutzlos wie Sanddünen, wenn es nicht organisiert und aktiv umgesetzt wird.

Dieses Beispiel zeigt, was Menschen in einer Allianz bewirken können, um die vereinten Kräfte verschiedener Gruppen jedem Einzelnen zur Verfügung zu stellen. Der Bund hat der Stadt Shelby sowohl materielle als auch moralische Vorteile gebracht, wie sie nur wenige andere Städte dieser Größe in Amerika genießen. Der dort ausgeführte Plan hat sich als so effizient erwiesen, dass eine Initiative ihn für andere Städte in Amerika adaptieren will.

Damit Sie sich noch besser vorstellen können, wie dieses Prinzip der organisierten Leistung zu Macht führt, halten Sie einen Moment inne und gestatten Sie Ihrer Fantasie, folgendes Bild zu zeichnen: Wie wäre es, wenn jede Kirche, jede Zeitung, jeder Rotary Club oder Kiwanis Club, jeder Werbeklub, jede Frauenvereinigung und jede andere zivile Organisation in einer Stadt der Vereinigten Staaten eine Allianz bildeten, um ihre Macht zu konzentrieren und sie zum Nutzen der Mitglieder dieser Organisationen einzusetzen? Die Resultate, die eine solche Allianz zu erreichen vermag, übersteigen die Vorstellungskraft!

Drei herausragende Mächte stehen in dieser Welt für organisierte Leistung: die Kirchen, die Schulen und die Medien. Bedenken Sie, was alles leicht zu bewerkstelligen wäre, wenn diese drei großen Säulen der öffentlichen Meinung sich zusammenschlössen, um einen Wandel im menschlichen Verhalten zu bewirken. Sie wären imstande, innerhalb einer einzigen Generation die gegenwärtige Geschäftsmoral so zu verändern, dass es für jeden Akteur wirtschaftlicher Selbstmord wäre, sein Unternehmen nach einem anderen Standard als der Goldenen Regel zu betreiben. Eine solche Allianz könnte in einer einzigen Generation die Tendenzen in der Wirtschaft, der sozialen Welt und der Moral der zivilisierten Welt enorm beeinflussen. Eine solche Allianz wäre mächtig genug, den kommenden Generationen jedes erdenkliche Ideal aufzuprägen.

Macht ist in der Tat eine organisierte Leistung!

Erfolg basiert auf Macht!

Diese Beispiele habe ich angeführt, damit Sie den Begriff »organisierte Leistung« angemessen verstehen. Um es noch einmal zu betonen: Die Voraussetzung, zu Reichtum und einem hohen Lebensstandard zu gelangen, besteht in der Vorstellungskraft und der Fähigkeit, die Hauptprinzipien der 16 Lektionen dieses Kurses zu begreifen und anzuwenden.

Dieser Kurs harmoniert mit wirtschaftlichen und psychologischen Prinzipien. Wie Sie sehen werden, beinhalten die Lektionen, deren praktische Anwendung auf psychologischem Wissen basiert, entsprechend ausreichende und leicht zu verstehende Erklärungen.

Bevor der Verleger dieses Manuskript erhielt, wurde es profilierten Geschäftsleuten aus Amerika vorgelegt, damit Menschen, die an Praxistauglichkeit interessiert sind, es studieren, analysieren und kritisieren konnten. Ein renommierter Banker in New York City sandte das Manuskript mit folgendem Kommentar zurück: »Ich habe einen Master der Universität Yale, aber ich würde das Wissen, das mit diesem Abschluss einherging, bereitwillig gegen das aus Ihrem Kurs über das Gesetz des Erfolgs eintauschen, hätte ich das Privileg gehabt, ihn als Teil meiner Ausbildung in Yale durchzuarbeiten.

Meine Frau und meine Tochter haben das Manuskript ebenfalls gelesen, und meine Frau hat ihren Kurs ›die Meisterklaviatur des Lebens‹ genannt. Ihrer Meinung nach kann jeder, der versteht, ihn anzuwenden, in seinem Beruf eine perfekte Symphonie erschaffen, genauso wie ein Pianist jede Melodie spielen kann, sobald er die Tastatur des Klaviers und die Grundlagen der Musik beherrscht.«

Keine zwei Menschen auf der Welt gleichen sich vollkommen. Daher ist es auszuschließen, dass zwei Personen dieselbe Erfahrung mit diesem Kurs machen. Jeder Schüler sollte die Inhalte lesen, verstehen und dann das entnehmen, was er braucht, um eine abgerundete Persönlichkeit zu entwickeln.

Schätzen Sie sich selbst ein; analysieren Sie sich. Lesen Sie dazu in meinem Buch *Denke nach und werde reich* nach. Nachdem Sie alle Fragen wahrheitsgemäß beantwortet haben, werden Sie mehr über sich wissen, als es die meisten Menschen vermögen. Studieren Sie die Fragen sorgfältig und sehen Sie sich diese über einen längeren Zeitraum einmal die Woche an. Dann werden Sie staunen, welches Maß an zusätzlichem, wertvollen Wissen Sie sich angeeignet haben, indem Sie die Fragen wahrheitsgemäß beantworten. Wenn Sie sich bezüglich der Antworten auf diese Fragen unsicher sind, suchen Sie den Rat von Bekannten, besonders von Leuten, die Ihnen nicht schmeicheln wollen, und betrachten Sie sich aus deren Perspektive.

Mit diesem Kurs können Sie Ihre natürlichen Talente herausfinden und Erfahrungswissen koordinieren und nutzen. Mehr als 20 Jahre habe ich das Material für diesen Kurs gesammelt, klassifiziert und strukturiert. Während der letzten 14 Jahre habe ich mehr als 16.000 Männer und Frauen analysiert, und alle wichtigen Fakten aus diesen Analysen sind in diesen Kurs eingeflossen. Auf diesem Wege habe ich zahlreiche interessante Fakten zutage gefördert, die diesen Kurs praxisnah und umsetzbar gestalten. So hat sich gezeigt, dass 95 Prozent der analysierten Personen als gescheitert und nur 5 Prozent gemeinhin als erfolgreich gelten können. (Der Begriff »gescheitert« meint, dass sie weder Glück hatten noch die Grundbedürfnisse des Lebens ohne einen äußerst mühevollen Kampf abdecken konnten.) Dieses Resultat könnte in etwa dem Verhältnis von Erfolgen und Fehlschlägen entsprechen, das sich bei einer exakten Analyse sämtlicher Menschen auf der Welt ergeben würde. Der Kampf um die bloße Existenz laugt diejenigen aus, die nicht imstande sind, ihre natürlichen

Talente zu organisieren und zielgerichtet einzusetzen, während es denjenigen, die das Prinzip der organisierten Leistung begriffen haben, vergleichsweise leichtfällt, ihren Alltag zu meistern sowie manche Annehmlichkeiten zu erreichen.

Des Weiteren ist das Ergebnis dieser 16.000 Analysen erstaunlich, dass die 95 Prozent Gescheiterten kein konkretes Lebensziel verfolgen, während die 5 Prozent Erfolgreichen nicht nur präzise Zielvorstellungen hegten, sondern auch Pläne zum Erreichen ihrer Ziele erarbeitet hatten.

Darüber hinaus haben diese Analysen aufgedeckt, dass die 95 Prozent Gescheiterten in ungeliebten Berufen tätig waren, während die 5 Prozent Erfolgreichen das taten, was ihnen am meisten Spaß machte. Jemand, der seine Arbeit mag, wird eher selten scheitern. Zudem ergaben die Analysen, dass die erfolgreichen 5 Prozent systematisch Geld sparen, während die gescheiterten 95 Prozent nichts sparten. Auch dies gilt es zu bedenken.

Dieser Kurs zielt insbesondere auch darauf ab, dass Sie als Schüler letztendlich aus Ihrem Beruf die größten Erträge ziehen, sowohl in puncto Bezahlung als auch bezüglich Ihrer Zufriedenheit.

> Keine Position im Leben ist dauerhaft und nichts Erreichtes hat Bestand, wenn es nicht auf Wahrheit und Gerechtigkeit gegründet ist.

Ein konkretes Hauptziel

Der Fokus dieser Lektion liegt auf dem Wort »konkret«.

Es ist bedauerlich, dass 95 Prozent der Menschen auf der Welt ziellos durchs Leben driften, ohne zu wissen, welche Arbeit zu ihnen passt, oder ohne zu ahnen, wie wichtig ein persönliches konkretes Ziel ist.

Ein konkretes Lebensziel ist sowohl aus psychologischen als auch ökonomischen Gründen bedeutsam. Wenden wir uns zuerst der psychologischen Seite zu. Es ist ein fundiertes psychologisches Prinzip, dass ein Mensch stets im Einklang mit seinen dominierenden Gedanken handelt.

Jedes im Geist verankerte konkrete Hauptziel wird mit der Entschlossenheit, es zu erreichen, irgendwann das gesamte Unterbewusstsein durchdringen, bis es die Handlungen automatisch auf das Erreichen dieses Ziels ausrichtet.

Ihr konkretes Hauptziel im Leben sollten Sie sorgfältig wählen. Wenn Sie es benannt haben, schreiben Sie es auf und platzieren Sie diesen Text so, dass Sie ihn mindestens einmal am Tag sehen. Denn der psychologische Effekt besteht darin, dieses Ziel Ihrem Unterbewusstsein so fest einzuprägen, dass es als Muster akzeptiert wird, das irgendwann all Ihre Aktivitäten im Leben beeinflusst und Sie Schritt für Schritt zu diesem Ziel führt.

Das geschilderte psychologische Prinzip ist die Autosuggestion, die man sich wiederholt selbst vorgibt. Es ist eine Form der Selbsthypnose, doch das sollte Sie nicht beunruhigen, denn dasselbe

Prinzip verhalf Napoleon dazu, sich aus dem niedrigen Stand eines armen Korsen zum Diktator von Frankreich aufzuschwingen. Mithilfe ebendieses Prinzips brachte es Thomas A. Edison von den bescheidenen Anfängen als Zeitungsverkäufer zum führenden Erfinder der Welt. Dank desselben Prinzips überbrückte Lincoln den trostlosen Graben zwischen seiner armen Herkunft – einer Holzhütte in den Bergen von Kentucky – und der Präsidentschaft der bedeutendsten Nation auf Erden. Mittels desselben Prinzips wurde Theodore Roosevelt zu einer der mächtigsten Führungspersönlichkeiten, die je die Präsidentschaft der Vereinigten Staaten innehatten.

Es ist unnötig, sich wegen der Autosuggestion zu sorgen, solange Ihr Ziel darauf gemünzt ist, Ihnen dauerhaftes Glück zu verschaffen. Stellen Sie sicher, dass es konstruktiv ist; dass Sie niemandem durch Ihr Ziel schaden; dass es Ihnen Frieden und Wohlstand bringt. Wenden Sie, soweit Sie es für sinnvoll erachten, Autosuggestion an, um Ihr Ziel zügig zu erreichen.

An der Straßenecke direkt gegenüber meinem Büro steht ein Mann, der den ganzen Tag Erdnüsse verkauft. Er hat jede Minute zu tun. Wenn er nicht gerade die Nüsse verkauft, röstet er sie und verpackt sie in kleine Tüten. Er gehört zur großen Armee der 95 Prozent von Leuten ohne ein konkretes Ziel im Leben. Er verkauft Erdnüsse, nicht weil er diese Arbeit lieber mag als jeden anderen Job, sondern, weil er sich nie hingesetzt und ein konkretes Ziel ausgedacht hat, das seine Mühen wert wäre. Er verkauft Erdnüsse, weil er wie viele andere auf dem Meer des Lebens treibt, und seine Arbeit ist deshalb eine Tragödie, weil er viel mehr Erträge einnehmen könnte, wenn er denselben Aufwand in eine andere Tätigkeit stecken würde.

Ebenso bedauerlich ist, dass dieser Mann bei seiner Arbeit unbewusst das Prinzip der Autosuggestion zu seinem Nachteil verwendet. Könnte man seine Gedanken illustrieren, fände man zweifellos nichts in diesem Bild, außer seinem Erdnussgrill, kleinen Papiertüten und einer Menge Erdnusskäufer. Der Mann könnte aus diesem Geschäft aussteigen, sofern er die Vision und den Ehrgeiz aufbrächte, einen profitableren Beruf anzustreben und sich diesen beständig vorzustellen, bis es ihn die notwendigen Schritte hin zu der profitableren Tätigkeit gehen lassen würde.

Einer meiner engsten Freunde ist einer der bekanntesten Schriftsteller und öffentlichen Redner in unserem Land. Etwa vor zehn Jahren erfuhr er von den Möglichkeiten der Autosuggestion und begann sofort, sie zu nutzen. Er erarbeitete einen effektiven Plan für die Anwendung dieser Methode. Damals war er weder Autor noch Redner.

Jeden Abend, bevor er zu Bett ging, schloss er die Augen und stellte sich einen langen Tisch mit bekannten Männern daran vor, deren Charakteristika er sich aneignen wollte. Ans Ende des Tisches setzte er Lincoln und an die Seiten Napoleon, Washington, Emerson und Elbert Hubbard. Dann unterhielt er sich etwa so mit diesen vorgestellten Figuren, die er an seinen imaginären Beratungstisch gesetzt hatte: Mr. Lincoln, ich strebe danach, in meinem Charakter Geduld und Fairness gegenüber allen Menschen und den aufgeweckten Sinn für Humor zu entwickeln, die zu Ihren herausragenden Eigenschaften zählten. Ich benötige diese Qualitäten und werde mich erst zufriedengeben, wenn ich über sie verfüge.

Mr. Washington, ich möchte in meinem Charakter Patriotismus, Selbstaufopferung und Führungsstärke entwickeln, die zu Ihren herausragenden Wesensmerkmalen gehörten.

Mr. Emerson, ich strebe danach, in meinem Charakter die Stärken zu entwickeln, die zu Ihren herausragenden Eigenschaften gehörten: die Vorstellungskraft und die Fähigkeit, die Naturgesetze zu interpretieren, die sich in den Ziegeln von Gefängnismauern, sprießenden Bäumen, fließenden Bächen, blühenden Blumen und den Gesichtern kleiner Kinder zeigen.

Napoleon, ich möchte in meinem Charakter Eigenständigkeit und die strategische Fähigkeit hervorbringen, Widerstände zu überwinden, aus Fehlern zu lernen und Kraft aus Niederlagen zu ziehen, allesamt Merkmale, die zu ihren herausragenden Qualitäten gehörten.

Mr. Hubbard, ich strebe nach der Kompetenz, mich in klarer und prägnanter Sprache auszudrücken und würde Sie darin gern noch übertreffen.

Jeden Abend und viele Monate lang stellte er sich diese Männer um seinen imaginären Beratungstisch herum vor, bis er ihre herausragenden Eigenschaften seinem eigenen Unterbewusstsein so klar eingeprägt hatte, dass er ein Wesen formte, das sich aus ihren Persönlichkeiten zusammensetzte.

Das Unterbewusstsein gleicht einem Magneten. Wenn man es anregt und mit einem konkreten Zweck füllt, zieht es alles Erforderliche an, um diesen Zweck zu erfüllen. Ähnliches zieht Ähnliches an, und Sie finden Beweise für dieses Gesetz in jedem Grashalm und jedem lebenden Baum. Die Eichel schöpft aus dem Boden und der Luft die Materialien, aus denen eine Eiche wächst. Sie wird nie einen Baum wachsen lassen, der zum Teil Eiche und zum Teil Pappel ist. Jedes Weizenkorn, das in den Boden gepflanzt wird, zieht die Materialien an, aus denen es einen Weizenhalm wachsen lassen kann. Fehler, sodass Hafer und Weizen am selben Halm wachsen würden, sind ausgeschlossen.

Menschen unterliegen ebenso diesem Gesetz der Anziehung. Gehen Sie in ein Viertel mit billigen Unterkünften in irgendeiner Stadt und Sie werden Menschen finden, die im Großen und Ganzen dort hinpassen. Gehen Sie andererseits in eine reiche Gemeinde und Sie werden bezüglich der Menschen dort Vergleichbares feststellen. Erfolgreiche Personen suchen immer die Gesellschaft von anderen Erfolgsverwöhnten, während Leute, die es eher schwer im Leben haben, sich stets mit anderen in ähnlichen Umständen zusammentun. »Die Not liebt Gesellschaft.«

»Sage« der Welt nicht, wozu du fähig bist – »zeige« es!

Wasser strebt so sicher immer auf ein gleiches Niveau, wie der Mensch die Gesellschaft derjenigen sucht, die seinem eigenen finanziellen und mentalen Status entsprechen. Öl und Wasser vermischen sich genauso schwer wie Männer, die nichts miteinander verbindet.

Diese Erkenntnis führt zu folgender Aussage: Sie werden die Menschen anziehen, die mit Ihrer eigenen Lebensphilosophie übereinstimmen, ob Sie es wollen oder nicht. Sofern dies zutrifft, sollte Ihnen klar sein, wie wichtig es ist, sich ein konkretes Ziel vorzunehmen, das Sie zu förderlichen Menschen zieht. Nehmen wir an, Ihr Hauptziel liegt weit über Ihrer gegenwärtigen Lebenssituation. Was tun Sie dann? Es ist Ihr Privileg – nein, Ihre PFLICHT, sich im Leben nach etwas zu strecken.

Sie schulden es sich selbst und der Gesellschaft, in der Sie leben, sich einen hohen Lebensstandard zu setzen.

Viele Belege untermauern die Annahme, dass derjenige, der ein konkretes Ziel wohl durchdacht verfolgt, im Leben so gut wie alles erreichen kann. Vor einigen Jahren wurde Louis Victor Eytinge zu einer lebenslangen Strafe in einem Gefängnis in Arizona verurteilt. Zu der Zeit seiner Inhaftierung gestand er, »ein Verbrecher, wie er im Buche steht« zu sein. Außerdem schien es, als würde er innerhalb eines Jahres an Tuberkulose versterben.

Wenn jemals jemand allen Grund gehabt hat, entmutigt zu sein, dann Eytinge. Die Öffentlichkeit verabscheute ihn, und er hatte keinen einzigen Freund auf der Welt, der sich äußerte oder ihm Zuspruch und Hilfe angedeihen ließ. Dann passierte etwas in seinem eigenen Geist, das ihm seine Gesundheit zurückschenkte, die gefürchtete »weiße Pest« verschwinden ließ und schließlich die Gefängnistore aufstieß und ihm seine Freiheit gab.

Was war dieses »Etwas«? Nur Folgendes: Er beschloss, die weiße Pest zu besiegen und seine Gesundheit wiederzuerlangen. Dies war ein konkretes Hauptziel. Weniger als ein Jahr, nachdem er diese Entscheidung getroffen hatte, hatte er gewonnen. Dann weitete er sein konkretes Hauptziel darauf aus, seine Freiheit wiederzuerlangen. Bald schmolzen die Gefängnismauern um ihn, wie Butter in der Sonne.

Egal wie wenig erstrebenswert die Umgebung ist, sie kann nicht stark genug sein, den Mann oder die Frau aufzuhalten, der oder die die Prinzipien der Autosuggestion für das Aufstellen eines konkreten Hauptziels anwendet. Eine solche Person ist imstande, die Fesseln der Armut abzuwerfen, die tödlichsten Krankheitskeime zu besiegen, von einer niedrigen Stellung zu Macht und Überfluss aufzusteigen.

Alle großen Leitfiguren gründen ihre Führungsstärke auf ein konkretes Hauptziel. Gefolgsleute sind dann willige Gefolgsleute, wenn sie ihren Anführer als eine Person mit einem konkreten Hauptziel kennen, die den Mut hat, diese Zielsetzung durch entsprechende Handlungen zu stützen. Selbst ein störrisches Pferd merkt, wenn ein Kutscher mit einem konkreten Hauptziel die Zügel ergreift; und es beugt sich diesem Kutscher. Wenn ein Mensch mit einem konkreten Hauptziel sich den Weg durch eine Menge bahnt, werden alle zur Seite treten und ihm Platz machen. Aber wenn ein Mensch zögert und durch seine Handlungen zeigt, dass er unsicher ist, wohin er gehen soll, wird die Menge ihm auf die Zehen treten und sich weigern, auch nur einen Zentimeter aus seinem Weg zu weichen.

Nirgends ist der Mangel eines konkreten Hauptziels leichter zu bemerken oder nachteiliger als in der Beziehung zwischen Eltern und Kind. Kinder merken schnell, wenn die Eltern eine wankelmütige Einstellung an den Tag legen und nutzen dies freimütig aus. Es ist das Gleiche überall im Leben – Menschen mit einem konkreten Hauptziel erhalten stets Respekt und Aufmerksamkeit.

Soweit die psychologische Sichtweise auf ein konkretes Ziel. Lassen Sie uns nun die ökonomische Seite der Frage betrachten. Wenn ein Dampfer sein Ruder mitten auf dem Ozean verlöre und sich im Kreis drehte, würde er bald seinen Treibstoff verbrauchen, ohne die Küste zu erreichen, obwohl er genug Energie gehabt hätte, um mehrmals an die Küste zu gelangen und wieder zurückzufahren.

Derjenige, der sich ohne konkretes Ziel im Leben abmüht, dem ein genauer Plan fehlt, dies zu erreichen, gleicht einem Schiff ohne Ruder. Harte Arbeit und gute Absichten reichen nicht, um einen Menschen bis zum Erfolg zu tragen, denn wer kann sich seines Erfolgs sicher sein, der sich kein konkretes, angestrebtes Objekt vorgestellt hat?

Jedes gut gebaute Haus begann als konkretes Ziel, plus eines konkreten Plans in Form einer Reihe von Blaupausen. Stellen Sie sich die Folgen vor, falls jemand ein Haus errichten wollte, indem er ohne Pläne wahllos drauflosbaut. Arbeiter würden sich gegenseitig im Weg stehen, Baumaterial würde überall auf dem Grund aufgestapelt sein, noch bevor das Fundament vollendet ist. Und jeder Arbeiter hätte eine andere Vorstellung davon, wie man das Haus bauen sollte. Das Ergebnis wären Chaos und Missverständnisse sowie Kosten, die jedes vernünftige Maß übersteigen.

Haben Sie je einen Moment darüber nachgedacht, dass die meisten Menschen die Schule beenden, dann eine Arbeitsstelle antreten, ein Gewerbe oder einen Beruf wählen, ohne nur das leiseste Konzept von etwas, das annähernd einem konkreten Ziel oder konkreten Plan entspräche? Da die Wissenschaft ausreichend Mittel und Wege bietet, den Charakter zu analysieren und festzustellen, für welche Arbeit Menschen am besten geeignet sind: Wirkt es da nicht wie eine moderne Tragödie, dass 95 Prozent der erwachsenen Bevölkerung der Welt sich aus Männern und Frauen zusammensetzt, die im Leben gescheitert sind, weil sie nicht die geeignete Nische in der Arbeitswelt gefunden haben?

Wenn Erfolg von Macht abhängt und Macht organisierte Leistung ist, und wenn der erste Schritt zu dieser Organisation ein konkretes Ziel ist, ist die Notwendigkeit eines solchen Ziels offensichtlich.

Bis jemand einen konkreten Zweck im Leben gefunden hat, zerstreut er seine Energien und Gedanken über so viele Themen und in so viele verschiedene Richtungen, dass sie nicht zu Macht führen, sondern zu Unentschlossenheit und Schwäche.

Mithilfe einer Leselupe können Sie sich eine großartige Lektion über den Wert der organisierten Leistung selbst lehren. Mit einem solchen Glas können Sie die Sonnenstrahlen so stark auf einen bestimmten Punkt konzentrieren, dass sie ein Loch durch eine Holzplanke brennen. Entfernen Sie das Glas (das den konkreten Zweck repräsentiert), und die gleichen Sonnenstrahlen können Millionen Jahre auf dieselbe Planke strahlen, ohne sie zu verbrennen.

Wenn man 1.000 elektrische Trockenbatterien richtig anordnet und mit Drähten verbindet, werden sie genug Strom produzieren, um eine beträchtliche Anzahl an Maschinen mehrere Stunden anzutreiben. Aber nehmen Sie dieselben Zellen einzeln, unverbunden, und nicht eine von ihnen wird genug Energie erzeugen, um auch nur eine Maschine zu betreiben. Ihre geistigen Fähigkeiten können Sie mit diesen Trockenbatterien vergleichen. Wenn Sie Ihre Fähigkeiten organisieren, gemäß der 16 Lektionen dieses Kurses über das Gesetz des Erfolgs, und sie auf einen konkreten Zweck im Leben richten, nutzen Sie das Prinzip der Kooperation oder der Akkumulation, aus dem die Macht der organisierten Leistung entsteht.

Andrew Carnegies Ratschlag lautete: »Legen Sie alle Ihre Eier in einen Korb, und achten Sie dann darauf, dass ihn niemand umstößt.« Mit diesem Tipp meinte er natürlich, dass wir unsere Energien nicht zerstreuen sollten, indem wir uns auf Nebenwege konzentrieren. Carnegie war bewandert in der Ökonomie, und er wusste, den meisten Menschen käme es zugute, ihre Energien ausreichend zu nutzen und steuern, um eine bestimmte Tätigkeit effizient zu erledigen.

Als ich begann, diesen Kurs zu entwickeln, legte ich das erste Manuskript einem Professor an der University of Texas vor und erklärte enthusiastisch, ein Prinzip entdeckt zu haben, das mir künftig bei jeder öffentlichen Rede helfen könne. Denn nun sei ich besser gerüstet, meine Gedanken zu organisieren.

Er sah sich ein paar Minuten lang die skizzierten 15 Punkte an, wandte sich dann an mich und sagte: »Ja, Ihre Entdeckung wird Ihnen ermöglichen, bessere Vorträge zu halten, aber das ist nicht alles, was sie vermag. Ich werde Ihnen helfen, ein effizienterer Schriftsteller zu werden, denn ich habe in Ihren bisherigen Werken bemerkt, dass Sie Ihre Gedanken wandern lassen. Wenn Sie zum Beispiel einen wunderschönen Berg in der Ferne beschreiben, führen Sie Ihre Schilderung auf Nebengleise und richten die Aufmerksamkeit auf ein paar hübsche Wildblumen oder einen plätschernden Gebirgsbach oder einen singenden Vogel, schweifen hier und dort ab, bevor Sie schließlich zum eigentlichen Punkt kommen, von dem aus man den Berg betrachten kann. Künftig wird es Ihnen viel leichter fallen, ein Objekt zu beschreiben, ob in Rede oder Schrift, denn Ihre 15 Punkte repräsentieren die Grundlage jeglicher Organisation.«

> Die beste Kompensation dafür, etwas zu tun, besteht darin, noch mehr ausrichten zu können.

Ein Mann ohne Beine traf einen Blinden. Um schlüssig zu beweisen, dass er ein Mann mit Visionen sei, schlug der Beinlose dem Blinden vor, eine Allianz zu bilden, von der sie beide profitieren konnten. »Lass mich auf deinen Rücken steigen«, sagte er zu dem Blinden, »dann werde ich deine Beine nutzen und du meine Augen. Zusammen werden wir schneller vorankommen.«

Aus einer gemeinsamen Leistung entsteht größere Macht. Dies ist ein Punkt, den es zu wiederholen lohnt, denn er ist eine der wichtigsten Säulen dieses Lesekurses. Die größten Vermögen der Welt verdanken sich der Anwendung des Prinzips der gemeinsamen Leistung. Was ein Mensch allein während seines gesamten Lebens erreichen kann, ist bestenfalls mager, egal wie gut organisiert derjenige sein mag, aber was jemand durch das Prinzip der Allianz mit anderen erzielen kann, ist nahezu unbegrenzt.

Das »Mastermind«, auf das Carnegie während unseres Gesprächs anspielte, bestand aus mehr als nur ein paar Gleichgesinnten. Diese Gruppe umfasste Menschen nahezu jeden Temperaments und jeder Neigung. Jeder von ihnen trug einen bestimmten Teil dazu bei, und er tat nichts anderes. Es bestand reibungslose Verständigung und effizientes Teamwork zwischen diesen Personen. Carnegies Aufgabe war, diese Harmonie zu erhalten. Und dies schaffte er ausgezeichnet.

Wenn Sie mit Football vertraut sind, wissen Sie natürlich, dass das Gewinnerteam in der Lage ist, die Leistungen seiner Spieler am besten zu koordinieren. Teamwork bringt den Sieg, im großen Spiel des Lebens ist es genauso.

In Ihrem Streben nach Erfolg ist es essenziell für Sie, stets zu wissen, was Sie wollen –Ihr konkretes Ziel zu kennen – und sich des Werts des Prinzips der organisierten Leistung beim Erreichen Ihres konkreten Ziels bewusst zu sein.

Auf unbestimmte Weise hat fast jeder ein konkretes Ziel – es ist das Streben nach Geld! Aber dies ist kein konkretes Ziel im Rahmen dessen, wie der Begriff in dieser Lektion verwendet wird. Bevor Ihr Ziel als konkret gelten kann, auch wenn es auf die Finanzen gerichtet ist, müssen Sie entschieden haben, mit welcher Methode Sie zu Geld kommen wollen. Es wäre ungenügend, falls Sie behaupteten, Geld in der Wirtschaft machen zu wollen. Sie müssten Ihren Geschäftszweig benennen und auch entscheiden, wo genau Sie arbeiten wollen. Und Sie müssten festlegen, unter welchen Bedingungen Sie Ihr Geschäft betreiben wollen.

Als Antwort auf die Frage, »Was ist Ihr konkretes Ziel im Leben?«, die in meinem Fragebogen zur Analyse von mehr als 16.000 Personen vorkam, antworteten viele: »Mein konkretes Ziel im Leben ist, der Welt so viel wie möglich zu nützen und ein gutes Auskommen zu verdienen.« Diese Antwort ist etwa so konkret wie die Vorstellung eines Frosches von der Größe des Universums!

Diese Lektion soll Ihnen nicht Ihre Lebensaufgabe mitteilen, denn dies wäre nur nach einer eingehenden Analyse Ihrer Person möglich, sondern sie soll Ihnen vermitteln, wie wertvoll ein konkretes Ziel ist, und wie wichtig es ist, das Prinzip der organisierten Leistung zu verstehen, durch das Sie Ihr konkretes Ziel umsetzen.

Die sorgfältige Beschäftigung mit der Geschäftsphilosophie von mehr als 100 Männern und Frauen, die Herausragendes in ihren jeweiligen Berufen erreichten, ließ mich erkennen, dass alle von ihnen prompt und definitiv Entscheidungen trafen. Die Gewohnheit, mit einem konkreten Hauptziel zu arbeiten, wird auch Sie in die Lage versetzen, prompte Entscheidungen zu fällen, und diese Fähigkeit wird Ihnen auf allen Gebieten helfen.

Darüber hinaus wird Ihnen die Kompetenz, mit einem konkreten Hauptziel zu arbeiten, helfen, sich vollkommen auf eine bestimmte Aufgabe zu konzentrieren, bis Sie diese gemeistert haben.

Konzentration der Leistung und die Gewohnheit, mit einem konkreten Hauptziel zu arbeiten, sind zwei der essenziellen Erfolgsfaktoren, die man stets gemeinsam antrifft. Das eine führt zum anderen.

Die bekanntesten erfolgreichen Geschäftsleute waren Personen von prompter Entschlusskraft, die immer mit einem hauptsächlichen Zweck als ihrem wichtigsten Ziel arbeiteten. Einige bemerkenswerte Beispiele im Folgenden:

Woolworth nahm sich als konkretes Hauptziel vor, überall in Amerika Ketten von 5- und 10-Cent-Läden zu eröffnen, und er konzentrierte sich auf diese eine Aufgabe, bis sie »vollbracht und er ein gemachter Mann war«.

Wrigley fokussierte seinen Verstand auf die Produktion und den Verkauf einer 5-Cent-Packung Kaugummi, und er verwandelte diese Idee in ein Millionenvermögen.

Edison konzentrierte sich auf die Aufgabe, Naturgesetze harmonisch zusammenwirken zu lassen, und er brachte es durch seine Bemühungen auf mehr nützliche Erfindungen als jeder andere Mensch.

Henry L. Doherty setzte alles daran, Versorgungsunternehmen aufzubauen und zu betreiben, und wurde dadurch zum Multimillionär.

Ingersoll fokussierte sich darauf, eine Uhr für einen Dollar zu produzieren, und überschwemmte die Welt mit »Tickern«. Diese eine Idee brachte ihm ein Vermögen.

Statler machte sich daran, einen »Hotelservice, wie zu Hause« zu bieten, und wurde nicht nur reich, sondern bot Millionen Kunden einen Mehrwert.

Edwin C. Barnes widmete sich ganz dem Verkauf von Edison Diktiermaschinen und setzte sich noch als junger Mann zur Ruhe, mit mehr Geld, als er brauchte.

Woodrow Wilson konzentrierte seinen Verstand mehr als 25 Jahre darauf, ins Weiße Haus zu gelangen, und er schaffte es letztlich dank seines Wissens, wie wertvoll ein konkretes Hauptziel im Leben ist.

Lincoln trat an, um die Sklaven zu befreien, und wurde so der großartigste amerikanische Präsident.

Martin W. Littleton hörte eine Rede, die ihn inspirierte, ein großartiger Anwalt zu werden, und konzentrierte sich auf dieses eine Ziel. Heute gilt er als der erfolgreichste Anwalt in Amerika, dessen Gebühren für einen einzigen Fall selten unter 50.000 Dollar liegen.

Rockefeller fokussierte sich auf Öl und wurde der reichste Mann seiner Generation.

Ford widmete sich ganz den »Blechkisten« und wurde aus eigenem Antrieb zum reichsten und mächtigsten Mann, der je lebte.

Carnegie konzentrierte sich auf Stahl, seine Leistungen brachten ihm ein großes Vermögen ein, und sein Name steht auf öffentlichen Bibliotheken in ganz Amerika.

Gillette entwickelte einen sicheren Rasierer, schenkte der ganzen Welt eine »gründliche Rasur« und wurde Multimillionär.

George Eastman schuf Kodak, und diese Geschäftsidee brachte ihm ein Vermögen ein, während sie Millionen von Menschen viel Freude schenkte.

Russell Conwell fokussierte sich auf eine simple Predigt mit dem Titel »Ein Feld voller Diamanten«, und diese brachte ihm mehr als 6.000.000 Dollar ein.

Hearst gab Boulevardzeitungen heraus und verdiente mit diesem Geschäft Millionen.

Helen Keller wollte unbedingt sprechen lernen, und obwohl sie taub, stumm und blind war, verwirklichte sie ihr konkretes Hauptziel.

John H. Patterson setzte geschäftlich auf Registrierkassen, er wurde dadurch reich und andere »vorsichtig«.

Der verstorbene deutsche Kaiser konzentrierte sich auf den Krieg und bekam mehr davon, als ihm lieb war, auch das sollten wir nicht vergessen!

Fleischmann fokussierte sich auf bescheidene kleine Hefekuchen, und auf der ganzen Welt ging der Teig auf.

Marshall Fields Idee war die größte Warenhauskette der Welt, und man höre und staune, sie wurde vor seinen Augen zur Realität.

Philip Armour konzentrierte sich auf das Schlachtgeschäft und baute eine große Industrie sowie ein enormes Vermögen auf.

> Jeder kann »starten«, aber nur die Vollblüter schaffen es ins »ZIEL!«

Millionen von Menschen konzentrieren sich jeden Tag auf ARMUT und SCHEITERN und erhalten beides im Überfluss.

Die Wright-Brüder konzentrierten sich auf das Flugzeug und wurden zu Herren der Lüfte.

Pullman fokussierte sich auf Schlafwagen, und diese Idee machte ihn reich und verschaffte Millionen von Menschen eine angenehme Reise.

Die Anti-Saloon-Liga widmete sich der Prohibition und (ob zum Guten oder Schlechten) machte sie zur Realität.

Diese Beispiele offenbaren, dass alle Erfolgreichen mit einem konkreten Ziel arbeiten, das der Gegenstand all ihrer Mühen ist.

Auch Sie können sicher mindestens eine Sache besser als jeder andere auf der Welt. Machen Sie sich auf die Suche, bis Sie diese Beschäftigung herausfinden, ernennen Sie sie zum Gegenstand Ihres Hauptziels, organisieren Sie alle Ihre Kräfte, und gehen Sie davon aus, es zu schaffen. Während Sie nach der Arbeit suchen, die Ihnen am meisten liegt, sollten Sie im Kopf behalten, dass Ihr Erfolg umso größer ausfallen wird, je mehr Sie diese Arbeit mögen. Denn bekanntlich sind wir am erfolgreichsten, wenn wir uns einer Tätigkeit mit ganzem Herz widmen.

Um dies zu verdeutlichen, lassen Sie uns einen Schritt zurückgehen und auf die psychologischen Prinzipien dieser Lektion zu sprechen kommen. Denn es ist essenziell, den wahren Grund zu erfassen, weshalb Sie ein konkretes Ziel vor Augen haben sollten. Diese Prinzipien lauten:

Erstens: Jede willentliche Bewegung des menschlichen Körpers verursachen, kontrollieren und steuern Gedanken, ausgelöst durch das Wirken Ihres Geistes.

Zweitens: Ein Gedanke oder eine Idee in Ihrem Bewusstsein vermag ein bestimmtes Gefühl auszulösen und lässt Sie dieses Gefühl in eine entsprechende Muskelaktion umsetzen, die mit dem Gedanken im Einklang ist. Wenn Sie zum Beispiel daran denken, zu blinzeln und es keinen gegenteiligen Einfluss oder Gedanken in Ihrem Geist gibt, werden die motorischen Nerven Ihren Gedanken von der Schaltzentrale im Gehirn aussenden, und die entsprechende Aktion der Muskulatur findet sofort statt.

Oder von einer anderen Warte aus gesagt: Sie wählen zum Beispiel eine konkrete Bestimmung als Ihre Lebensaufgabe und nehmen sich fest vor, diese zu erfüllen. Von dem Moment an, in dem Sie dies entscheiden, dominiert dieses Vorhaben Ihr Bewusstsein, und Sie bleiben bezüglich aller Fakten, Informationen und Kenntnisse wachsam, um diese Bestimmung zu erreichen. Sobald Sie eine konkrete Bestimmung in Ihrem Bewusstsein verankern, beginnt Ihr Verstand bewusst und unbewusst, das für dieses Vorhaben benötigte Material zu sammeln und abzuspeichern.

Leidenschaft bestimmt, was Ihr konkretes Ziel im Leben sein soll. Niemand kann Ihre dominierende Leidenschaft für Sie bestimmen, aber sobald Sie sie definiert haben, wird sie zu Ihrem konkreten Hauptziel und steht im Rampenlicht Ihres Geistes, bis sie sich erfüllt. Es sei denn, Sie lassen sie durch widerstreitende Kräfte verdrängen.

Um das hier zugrunde liegende Prinzip zu betonen: Es empfiehlt sich, das konkrete Hauptziel im Leben leidenschaftlich anzustreben, um es zum Erfolg zu führen. Ich habe festgestellt, dass junge Männer und Frauen, die ihre Collegezeit selbst durch Arbeit finanzieren müssen, ihre Ausbildung besser zu absolvieren scheinen als diejenigen, denen alles bezahlt wird. Denn diejenigen, die bereit sind, ihren Weg mit Arbeit zu finanzieren, treibt die Leidenschaft nach Bildung an, und eine solche Leidenschaft wird sich sicher erfüllen, wenn ihr Objekt innerhalb vernünftiger Grenzen liegt.

Die Wissenschaft hat nachgewiesen, dass mithilfe der Autosuggestion jedes zutiefst verwurzelte Verlangen den gesamten Körper und Geist durchtränken und ihn buchstäblich in einen starken Magneten verwandeln kann, der das Objekt des Verlangens, sofern es in vernünftigen Grenzen angesiedelt ist, anzieht. Anders formuliert: Der Wunsch nach einem Automobil wird zum Beispiel nicht dazu führen, dass es von selbst angerollt kommt, aber ein brennendes Verlangen nach einem Fahrzeug wird zu den angemessenen Handlungen führen, um den Wagen bezahlen zu können.

Die Freiheit nur zu begehren, wird einem Gefängnisinsassen nie die Entlassung bringen, sofern sein Verlangen ihn nicht zu Handlungen zu motivieren vermag, die ihn zur Freiheit berechtigen.

Dies sind die Schritte, die vom Verlangen zur Erfüllung führen: zuerst die Leidenschaft, dann ihre Kristallisation zu einem konkreten Ziel, dann die geeigneten Handlungen, die zum Ziel führen. Denken Sie daran, dass diese drei Schritte immer die Voraussetzung für den Erfolg sind.

Ich kannte einmal eine arme junge Frau, die sich nach einem reichen Ehemann sehnte, und dieser starke Wunsch erfüllte sich schließlich, aber nur weil sie diesen Wunsch in die Entwicklung einer attraktiven Persönlichkeit übertragen hatte, die den begehrten Ehemann anzog.

Mich trieb einst das brennende Verlangen an, einen Charakter akkurat analysieren zu können. Und diese Motivation war so anhaltend und tief, dass sie mich zu jahrelanger Forschung und dem Studium von Männern und Frauen veranlasste.

George S. Parker stellt einen der besten Füller der Welt her, und obwohl er sein Geschäft von der Kleinstadt Janesville in Wisconsin aus betreibt, verkauft er sein Produkt auf der ganzen Welt, und sein Stift ist in jedem zivilisierten Land zu kaufen. Vor mehr als 20 Jahren hatte Mr. Parker sich das konkrete Ziel gesetzt, den besten Füller zu produzieren, den man für Geld kaufen könne. Er verfolgte dieses Ziel mit dem brennenden Verlangen, es umzusetzen. Wenn Sie einen Füller besitzen, halten Sie möglicherweise den Beweis in der Hand, dass es ihm einen überragenden Erfolg beschert hat.

Sie sind sozusagen ein Bauunternehmer und Handwerker, und wie Menschen, die Häuser aus Holz, Ziegeln und Stahl bauen, müssen Sie einen Plan für Ihr Erfolgsgebäude erstellen. Sie leben in einem wundervollen Zeitalter, in dem die erfolgsentscheidenden Materialien im Überfluss und preiswert zu haben sind. Sie finden in öffentlichen Büchereien die sorgfältig zusammengestellten Ergebnisse von Tausenden Jahren der Forschung, die praktisch jedes erdenkliche Vorhaben abdeckt. Wenn Sie Prediger werden wollen, steht Ihnen das gesamte Wissen der Menschen zur Verfügung, die Ihnen auf diesem Gebiet vorausgegangen sind. Wenn Sie ein Mechaniker werden wollen, steht für Sie die gesamte Geschichte der Erfindung von Maschinen bereit sowie die Entdeckung und Nutzung von Metallen und metallischen Erzeugnissen. Wenn Sie Anwalt werden wollen, finden Sie die gesamte Geschichte der Rechtsprechung vor. Über das Landwirtschaftsministerium in Washington können Sie alle Kenntnisse über Ackerbau und Landwirtschaft erhalten sowie alles Nützliche, wenn man seine Berufung in diesem Bereich finden will.

Die Welt quoll nie so über vor Möglichkeiten wie heute. Überall gibt es einen steigenden Bedarf an den Diensten von Experten, die eine bessere Mausefalle bauen oder besser stenografieren, eine bessere Predigt halten, eine bessere Grube graben oder eine kundenfreundlichere Bank betreiben.

Diese Lektion wird nicht abgeschlossen sein, wenn Sie Ihr konkretes Hauptziel im Leben noch nicht bestimmt und dieses schriftlich niedergelegt und so platziert haben, dass Sie es jeden Morgen beim Aufstehen und jeden Abend, wenn Sie zu Bett gehen, sehen.

Prokrastination ist weit verbreitet, aber wieso sollte ich darüber predigen? Sie wissen, dass Sie Ihr Holz selbst schlagen, Ihr Wasser selbst vom Brunnen holen und der Architekt Ihres eigenen konkreten Hauptziels im Leben sein müssen. Wieso sollte ich davon sprechen, was Sie bereits wissen?

> Jede Zeile, die ein Mensch schreibt, jede Tat, die er vollbringt, und jedes Wort, das er äußert, beweist unwiderlegbar die Natur dessen, was er tief in seinem Herzen trägt, das Bekenntnis, das er nicht abstreiten kann.

Sie müssen Ihr konkretes Ziel selbst schaffen. Niemand sonst wird es für Sie erledigen, und es wird sich nicht selbst aufstellen. Was werden Sie deswegen unternehmen? Und wann? Und wie?

Machen Sie sich nun daran, Ihre Leidenschaft zu analysieren und herauszufinden, was Sie sich wünschen, und nehmen Sie sich dann vor, es zu realisieren. Lektion 3 wird Ihnen die nächsten Schritte dahin aufzeigen. Nichts wird dem Zufall überlassen in diesem Kurs. Jeder Schritt ist deutlich markiert. Ihre Aufgabe ist, den Richtungsangaben zu folgen, bis Sie die Endstation erreichen, die Ihr konkretes Hauptziel repräsentiert. Machen Sie dieses Ziel klar, und verfolgen Sie es mit einer Hartnäckigkeit, für die das Wort »unmöglich« ein Fremdwort ist.

Wenn Sie Ihr konkretes Hauptziel wählen, behalten Sie im Hinterkopf, dass es gar nicht zu hoch angesetzt sein kann. Denken Sie auch an die ewig gültige Wahrheit, dass Sie nirgends ankommen werden, wenn Sie im Nirgendwo starten. Wenn Ihr Ziel im Leben vage ist, werden Ihre Erfolge ebenso vage sein und – das darf man wohl hinzufügen – mager. Sie sollten wissen, was Sie wollen, wann Sie es wollen, wieso Sie es wollen und WIE Sie beabsichtigen, es zu bekommen. Dies kennen Lehrer und Studenten der Psychologie als die 4-W-Formel – »Was, wann, warum und wie«.

Lesen Sie diese Lektion viermal, in Intervallen von einer Woche Abstand. Sie werden beim vierten Lesen vieles bemerken, das Sie bei der ersten Lektüre nicht gesehen haben.

Ihre Fähigkeit, diesen Kurs zu meistern und so umzusetzen, dass er Ihnen Erfolg bringt, wird zum großen Teil, wenn nicht völlig, davon abhängen, wie präzise Sie ALLEN enthaltenen Anweisungen folgen.

Stellen Sie nicht Ihre eigenen Regeln für das Studium dieses Kurses auf. Folgen Sie den hier genannten, denn sie sind das Ergebnis von Jahren des Studiums und der Experimente. Wenn Sie experimentieren wollen, warten Sie, bis Sie diesen Kurs absolviert haben, und folgen Sie dann den Vorschlägen des Autors. Dann werden Sie imstande sein, sicher zu experimentieren. Momentan sind Sie noch der Schüler. Doch nachdem Sie den Kurs gemeistert haben, werden Sie sicher beides sein: Schüler und Lehrer.

Wenn Sie den Anweisungen dieses Kurses folgen, können Sie dabei genauso wenig Schiffbruch erleiden, wie Wasser den Berg hinauffließen kann.

WIE SIE DIE PRINZIPIEN DIESER LEKTION NUTZEN

Die Einführungslektion dieses Kurses hat Sie mit dem psychologischen Prinzip des »Masterminds« vertraut gemacht. Sie können nun beginnen, dieses Prinzip anzuwenden, um Ihr konkretes Hauptziel in die Realität umzusetzen. Sicher kam Ihnen schon der Gedanke, dass jemand genauso gut kein konkretes Hauptziel haben kann, der nicht auch einen praktisch umsetzbaren Plan verfolgt, um dieses Ziel umzusetzen.

Im ersten Schritt müssen Sie entscheiden, was Ihr Hauptziel im Leben sein soll. Der nächste Schritt ist, dieses Ziel klar und prägnant aufzuschreiben. Danach sollten Sie schriftlich den Plan oder die Pläne festhalten, durch die Sie Ihr Ziel erreichen wollen.

Ihr nächster und letzter Schritt wird sein, sich mit einer Person oder Personen zusammenzutun, um diese Pläne umzusetzen und Ihr konkretes Hauptziel in die Realität umzusetzen. Der Zweck dieser Allianz ist, das Gesetz des »Masterminds« anzuwenden, um Ihr Vorhaben voranzubringen. Das Bündnis sollte aus Ihnen und anderen Menschen bestehen, denen Ihre Interessen am Herzen liegen. Wenn Sie ein verheirateter Mann sind, sollte Ihre Frau dieser Allianz angehören, vorausgesetzt zwischen Ihnen herrschen Vertrauen und Sympathie. Andere Mitglieder könnten Ihre Mutter sein, Ihr Vater, Ihre Brüder oder Schwestern oder ein enger Freund beziehungsweise Freunde.

Wenn Sie ledig sind, gehen Sie eine Allianz mit Ihrem Lebenspartner ein. Das ist mein voller Ernst – Sie studieren nun eins der mächtigsten Gesetze des menschlichen Geistes, und es dient Ihren eigenen Interessen, ernsthaft und sorgsam den Regeln dieser Lektion zu folgen, auch wenn Sie nicht sicher sind, wohin sie Sie führen.

Diejenigen, die Ihnen freundschaftlich zur Seite stehen, um mit Ihnen ein »Mastermind« zu bilden, sollten gemeinsam mit Ihnen die schriftliche Form Ihres konkreten Hauptziels unterschreiben. Jedes Mitglied Ihrer Gruppe muss mit der Natur dieses Ziels vertraut sein. Darüber hinaus muss jede beteiligte Person mit dem Herzen dabei sein, mit Ihrer Zielsetzung übereinstimmen und sie gutheißen. Jedes Mitglied muss eine Kopie Ihres schriftlich festgehaltenen Hauptziels erhalten. Doch bedenken Sie: Sie müssen das Objekt Ihres Hauptziels unbedingt für sich behalten. Die Welt ist voller »Zweifler«, und es bringt Ihnen nichts, wenn diese engstirnigen

Menschen über Sie und Ihre Ambitionen lachen. Sie brauchen freundliche Unterstützung und Hilfe, nicht Herablassung und Zweifel.

Sofern Sie an die Kraft des Gebets glauben, sollten Sie Ihr konkretes Ziel mindestens einmal täglich beim Beten einbeziehen. Wenn Sie an einen Gott glauben, der denjenigen hilft, die ernsthaft einen konstruktiven Dienst in der Welt leisten, werden Sie ihn sicher für Ihr Hauptanliegen im Leben um Beistand bitten wollen. Wenn auch Ihre Mitstreiter gläubige Menschen sind, bitten Sie sie ebenfalls, Ihre gemeinsame Allianz in ihr tägliches Gebet einzubeziehen.

Nun zu einer der vorrangigsten Regeln, die es zu befolgen gilt: Verabreden Sie mit einem oder allen Mitgliedern Ihrer Allianz, Ihnen gegenüber positiv und entschieden ihre Überzeugung auszudrücken, dass Sie Ihr Hauptziel erreichen können und werden. Diese Bestätigung sollten sie Ihnen mindestens einmal am Tag, wenn möglich öfter, übermitteln.

Es empfiehlt sich, diese Schritte ausdauernd zu befolgen, voller Überzeugung, dass sie Sie zum Ziel führen werden! Es wird nicht reichen, sich für ein paar Tage oder Wochen an diese Pläne zu halten und sie dann beiseitezuschieben. SIE SOLLTEN WIE BESCHRIEBEN VORGEHEN, BIS SIE IHR KONKRETES HAUPTZIEL ERREICHEN, EGAL WIE VIEL ZEIT ES ERFORDERT.

Ab und zu mag es notwendig sein, Ihre Aktionspläne zu ändern, um Ihr Hauptziel zu erfüllen. Führen Sie diese Änderungen zügig durch. Kein Mensch verfügt über ausreichende Voraussicht, um felsenfeste Pläne zu machen, die nie abgewandelt werden müssen.

Falls ein Mitglied Ihrer Allianz den Glauben an das »Mastermind« verliert, sollten Sie sich von ihm trennen und ihn oder sie durch eine andere Person ersetzen.

»Ja, er hatte Erfolg – aber – er wäre fast gescheitert!« Ebenso erging es Robert Fulton und Abraham Lincoln und so gut wie allen anderen, die wir erfolgreich nennen. Kein Mensch ist jemals zu einem lohnenden Erfolg gelangt, ohne sich bei der einen oder anderen Gelegenheit selbst mit einem Fuß über dem Abgrund des Scheiterns hängen zu sehen.

Andrew Carnegie verriet dem Autor dieses Kurses, dass er einige Mitglieder seines »Masterminds« austauschen musste. Tatsächlich sagte er, dass fast jeder Beteiligte seiner ursprünglichen Allianz diese mit der Zeit verließ und durch jemand ersetzt wurde, der imstande war, sich loyaler und enthusiastischer dem Geist und dem Ziel dieser Gruppe zu verschreiben.

Sie können nicht erfolgreich sein, sofern Sie von illoyalen und gegnerischen Verbündeten umgeben sind, egal worum es bei Ihrem konkreten Hauptziel gehen mag. Erfolg baut auf Loyalität, Glauben, Ernsthaftigkeit, Kooperation und den anderen positiven Kräften auf, mit denen Sie Ihre Umgebung beeinflussen sollten.

Es empfiehlt sich für Schüler dieses Kurses, mit Menschen aus ihrem beruflichen oder geschäftlichen Umfeld freundliche Allianzen zu bilden, mit dem Ziel, in ihrem professionellen

Bereich erfolgreich zu sein. In einem solchen Fall sollten Sie ebenfalls den hier beschriebenen Regeln folgen. Das Objekt Ihres Hauptziels kann sich für Sie so auswirken, dass Sie individuell profitieren, oder es kann Ihrem Unternehmen oder Beruf nützen. Das »Mastermind«-Prinzip funktioniert in beiden Fällen. Falls Sie entweder temporär oder dauerhaft bei der Umsetzung dieses Gesetzes scheitern, könnte es sein, dass ein Mitglied Ihrer Allianz den Geist der Verbundenheit nicht mit Glauben, Loyalität und ernsthafter Zielsicherheit unterstützt hat. Diesen letzten Satz sollten Sie zweimal lesen!

Im besten Fall wird das Objekt ihres konkreten Hauptziels zu Ihrem »Hobby«. Reiten Sie dieses »Steckenpferd« permanent. Sie sollten mit ihm gemeinsam schlafen, essen, spielen, arbeiten, leben und DENKEN.

Was immer Sie wollen, können Sie erreichen, sofern Sie es tatsächlich intensiv vorhaben und diese Leidenschaft anhält. Stets vorausgesetzt, Ihr Objekt bewegt sich in einem vernünftigen Rahmen und Sie glauben daran, es zu erreichen! Allerdings ist es ein Unterschied, sich nur etwas zu »wünschen« oder tatsächlich zu glauben, dass Sie es erhalten werden. Diesen Gegensatz nicht zu verstehen, hat Millionen von Menschen scheitern lassen. Die »Macher« sind die »Gläubigen« in allen Lebensbereichen. Diejenigen, die glauben, das Objekt ihres konkreten Hauptziels erreichen zu können, kennen das Wort ›unmöglich‹ nicht. Sie wissen, dass sie erfolgreich sein werden, und falls ein Plan scheitert, ersetzen sie ihn schnell durch einen anderen.

Jede bedeutende Leistung muss irgendeinen zeitweiligen Rückschlag überwinden, bevor sich der Erfolg einstellt. Edison versuchte es mit mehr als zehntausend Experimenten, bevor er den ersten Phonographen die Worte »Mary had a little lamb« aufzeichnen ließ. Wenn es ein Wort gibt, das Ihnen in Verbindung mit dieser Lektion vor Augen stehen sollte, ist es das Wort AUSDAUER!

Sie besitzen den Generalschlüssel, um etwas zu erreichen. Sie müssen nur die Tür zum Tempel des Wissens aufschließen und eintreten. Aber Sie müssen erst zu diesem Tempel gehen, er wird Ihnen nicht entgegengebracht. Wenn diese Gesetze Ihnen neu sind, wird das »Eintreten« zuerst nicht leicht sein. Sie werden viele Male straucheln, aber gehen Sie einfach weiter! Bald werden Sie den Gipfel des Bergs erreichen, auf den Sie klettern, und Sie werden in den Tälern darunter das reiche Land des WISSENS sehen, das Sie für Ihren Glauben und Ihre Anstrengungen belohnt.

Alles hat seinen Preis. Nichts ist umsonst. In Ihren Experimenten mit dem Prinzip des Masterminds werden Sie sich die Natur in ihrer höchsten und edelsten Form zunutze machen. Die Natur kann man nicht austricksen oder betrügen. Sie wird Ihnen das Objekt Ihrer Bemühungen nur schenken, nachdem Sie ihren Preis bezahlt haben, und der lautet: anhaltende, nie nachlassende Anstrengung.

Was gibt es noch zu diesem Thema zu sagen?

Sie haben gelernt, was zu tun ist, und wann und wie und warum Sie es tun sollen. Wenn Sie die nächste Lektion, zum Thema Selbstvertrauen, meistern, werden Sie den Glauben an sich selbst erworben haben, der Ihnen ermöglicht, die Anweisungen dieser Lektion umzusetzen.

Meister des menschlichen Schicksals bin ich!
Ruhm, Liebe und Reichtum warten auf meine Schritte.
Städte und Felder laufe ich entlang; ich durchdringe
Wüsten und Meere der Ferne und gehe vorbei an
Hütte und Markt und Palast – früh oder spät
Klopfe ich, ungebeten, einmal an jedes Tor!
Ob schlafend, ob wachend – ob schmausend, erheb dich bevor
Ich mich abwende. Es ist die Stunde des Schicksals
Und diejenigen, die mir folgen, erreichen jedes Los,
Nach dem Sterbliche sich sehnen, und besiegen jeden Feind,
Abgesehen vom Tod; aber diejenigen, die zweifeln und zögern,
Verdammt zu scheitern, zu Elend und Leid,
Suchen mich vergeblich und forschen mir sinnlos nach.
Ich antworte nicht und kehre nicht wieder!

INGALLS

Ihren Horizont nicht erweitern zu wollen, lässt Menschen ihr Leben lang dasselbe tun.

LEKTION 3

SELBSTVERTRAUEN

»Du kannst es, wenn du glaubst, dass du es kannst!«

Bevor Sie sich den grundlegenden Prinzipien dieser Lektion nähern, bedenken Sie, dass es eine praxisbezogene Einheit ist, die Ihnen die Entdeckungen von mehr als 25 Jahren Forschung vermittelt. Führende Männer und Frauen der Wissenschaft aus aller Welt, die jedes der enthaltenen Prinzipien erprobt haben, stützen die folgenden Erkenntnisse.

> Unter allen Mysterien, die uns umgeben, ist nichts sicherer, als dass wir uns in der Gegenwart einer Unendlichen und Ewigen Energie befinden, aus der alle Dinge hervorgehen.
>
> HERBERT SPENCER

Skepsis ist der tödliche Feind des Fortschritts und der Selbstentwicklung. Sie können genauso gut dieses Buch beiseitelegen und gleich aufhören, statt diese Lektion mit der Haltung anzugehen, sie sei von irgendeinem langhaarigen Theoretiker geschrieben worden, der nie die folgenden Prinzipien erprobt hat.

Wir leben nicht in einem Zeitalter der Skepsis, denn es ist eine Ära, in der wir mehr Naturgesetze entdeckt und genutzt haben, als in der gesamten Menschheitsgeschichte zuvor entdeckt worden sind. Innerhalb von drei Jahrzehnten haben wir gesehen, wie wir uns zu Herren der Lüfte aufgeschwungen haben; wir erforschten die Ozeane; wir haben jegliche Entfernung auf der Erde nahezu bedeutungslos gemacht; wir haben Blitze nutzbar gemacht, um die Räder der Industrie anzutreiben; wir lassen sieben Grashalme treiben, wo vorher einer wuchs; wir genießen eine direkte Kommunikation zwischen den Nationen der Welt. Ohne Zweifel ist dies ein Zeitalter der Erleuchtung und Entfaltung, wobei wir bisher kaum die Oberfläche des Wissens angekratzt haben. Jedoch, wenn wir das Tor überwunden haben, das uns zu unserer geheimen inneren Macht führt, werden wir zu einem Wissen vorstoßen, gegen das alle früheren Entdeckungen zu Nichts verblassen.

Gedanken sind die am höchsten entwickelte Energie des Menschen. Wir leben in einem Zeitalter der Experimente und der Forschung, die uns sicher zu einem besseren Verständnis dieser mysteriösen Kraft der Gedanken führen wird, die in uns schlummert. Wir haben bereits genug über den menschlichen Geist herausgefunden, um zu wissen, dass ein Mensch mithilfe der Autosuggestion die Auswirkungen von tausend Generationen der Angst abzuschütteln vermag. Ferner haben wir festgehalten, dass Angst der Hauptgrund für Armut, Fehlschläge und Elend ist, die in mannigfaltigen Formen auftreten. Wir haben bereits entdeckt, dass derjenige, der die Angst überwindet, trotz aller Widerstände nahezu jedes Vorhaben meistern wird.

Die Entwicklung von Selbstvertrauen beginnt damit, diesen Dämon namens Angst auszumerzen, der auf der Schulter eines jeden Menschen sitzt und ihm ins Ohr flüstert: »Du kannst es nicht – du hast Angst, es zu versuchen – du hast Angst vor der öffentlichen Meinung – du hast Angst, zu scheitern – du hast Angst, dass dir die Fähigkeiten fehlen.« Dieser Angstdämon wird in die Enge gedrängt. Die Wissenschaft hält eine tödliche Waffe bereit, um ihn zu vertreiben. Diese Lektion zum Thema Selbstvertrauen gibt Ihnen die Waffe an die Hand, um sie in Ihrem Kampf mit dem uralten Feind des Fortschritts, der Angst, einzusetzen.

DIE SECHS GRUNDLEGENDEN ÄNGSTE DER MENSCHHEIT: Jeder Mensch unterliegt dem Einfluss der sechs Grundängste, unter den sich untergeordnete Ängste zusammenfassen lassen. Im Folgenden lesen Sie die sechs Grund- oder Hauptängste und ihre Quellen:

a. Die Angst vor Armut.
b. Die Angst vor dem Alter.
c. Die Angst vor Kritik.
d. Die Angst davor, die Liebe eines anderen Menschen zu verlieren.
e. Die Angst vor Krankheit.
f. Die Angst vor dem Tod.

Studieren Sie diese Liste, erstellen Sie dann ein Inventar Ihrer eigenen Ängste und ordnen Sie diese unter den sechs Überschriften ein. Jeden Menschen schränkt ab einem bestimmten Alter eine oder mehrere dieser sechs Grundängste in gewissem Umfang ein. Als ersten Schritt bei der Eliminierung dieser sechs Übel lassen Sie uns die Quellen betrachten, durch die sie uns als Erbe weitergegeben wurden.

Körperliche und soziale Vererbung

Alles, was der Mensch ist, sowohl körperlich als auch mental, hat er durch zwei Formen der Vererbung erhalten. Die eine ist bekannt als die körperliche Vererbung und die andere als soziale Vererbung.

Durch das Gesetz der körperlichen Vererbung hat sich der Mensch aus den Amöben (eine einzellige Lebensform) über verschiedene Evolutionsstufen entwickelt, die mit allen bekannten Tierformen auf dieser Erde korrespondieren, inklusive den ausgestorbenen. Jede Menschengeneration hat zu dieser Natur einen Teil ihrer Eigenschaften, Gewohnheiten und physischen Erscheinungsmerkmale beigesteuert. Unser körperliches Erbe ist daher eine heterogene Sammlung vieler Gewohnheiten und physischer Formen.

Zweifellos wurden diese sechs Ängste des Menschen nicht allein durch physische Vererbung weitergegeben (es handelt sich um mentale Zustände, die nicht durch körperliche Vererbung weitergegeben werden können), aber offensichtlich haben diese sechs Ängste sich durch körperliche Vererbung bei uns »häuslich eingerichtet«. Bekanntlich basiert der Prozess der physischen Evolution auf Tod, Zerstörung, Schmerz und Grausamkeit, und die Evolution der Elemente der Erde stützt sich auf den Tod einer Lebensform, damit die andere und höhere Form bestehen kann. Alle Vegetation lebt, indem sie die Elemente des Erdreichs und die Elemente der Luft »verzehrt«. Alle tierischen Existenzformen leben, indem sie andere und schwächere Formen oder eine Vegetationsart »verspeisen«.

Die Zellen aller Vegetation verfügen über hochentwickelte Intelligenz, ebenso die Zellen aller tierischen Lebensformen.

Zweifellos haben die tierischen Zellen eines Fischs aus bitterer Erfahrung gelernt, dass die als Fischadler bekannten Zellansammlungen zu fürchten sind.

Da viele tierische Lebensformen (inklusive der meisten Menschen) existieren, indem sie die kleineren und schwächeren Tiere essen, bringt die »Zellintelligenz« dieser Kreaturen, die in den Menschen übergehen und Teil von ihm werden, die aus Erfahrung erwachsene ANGST, lebendig gefressen worden zu sein, mit sich. Diese Theorie mag weit hergeholt erscheinen, und vielleicht stimmt sie auch nicht, aber es ist zumindest eine logische Theorie. Der Autor legt weder einen besonderen Schwerpunkt auf diesen Ansatz noch besteht er darauf, dass er die sechs Grundängste erklärt. Es gibt eine andere und weit bessere Erklärung der Quelle dieser sechs Ängste, die wir im Weiteren betrachten werden, beginnend mit einer Beschreibung der sozialen Vererbung.

Bei Weitem der wichtigste Teil des menschlichen Charakters entstammt den Gesetzen der sozialen Vererbung. Dieser Begriff bezeichnet die Methoden, durch die eine Generation dem Geist der nächsten Generation, die sie direkt kontrolliert, den Aberglauben, die religiösen Überzeugungen, die Legenden und Ideen weitergibt, die sie wiederum von der vorherigen Generation erhalten hat.

Der Begriff »soziale Vererbung« meint unserem Verständnis nach sämtliche Quellen, durch die eine Person sich Wissen aneignet, wie Unterricht religiöser und anderer Natur, Lesen, mündliche Überlieferung, Erzählungen und jedwede gedankliche Inspiration, die auf »persönlicher Erfahrung«

basiert. Durch die Wirkung der Gesetze der sozialen Vererbung kann jeder, der den Geist eines Kindes beeinflusst, dessen Verstand durch intensiven Unterricht jede Idee, ob falsch oder wahr, derart einpflanzen, dass es sie akzeptiert und diese Idee so ein Teil seiner Persönlichkeit wird wie jede Zelle seiner Organe oder seines physischen Körpers (und genauso schwer zu verändern ist).

> Denken Sie daran, wenn Sie sich mit einer anderen Person verabreden, übernehmen Sie die Verantwortung, pünktlich zu sein, und Sie haben kein Recht, auch nur eine Minute zu spät zu kommen.

Durch das Gesetz der sozialen Vererbung pflanzt der Religiöse im Geist des Kindes Dogmen, Glaubenssätze und religiöse Zeremonien, zu zahlreich, um sie zu beschreiben. Und er predigt diese Ideen dem kindlichen Verstand, bis dieser sie akzeptiert und für immer als Teil seiner unumstößlichen Überzeugungen versiegelt.

Der Geist des Kindes, das noch nicht genug von der Welt versteht, ist etwa während der ersten beiden Jahre seines Lebens formbar, offen, rein und frei. Jegliche Idee, die jemand, dem das Kind vertraut, in einen solchen Geist pflanzt, wurzelt und wächst derart, dass sie niemals ausgerissen oder ausgelöscht werden kann, egal wie stark die Idee der Logik oder Vernunft widersprechen mag.

Viele Religiöse behaupten, sie könnten die Gebote ihrer Religion dem Geist eines Kindes so tief einpflanzen, dass dort niemals Platz für eine andere Glaubensrichtung sein würde, womit sie wohl nicht allzu sehr übertreiben.

Mit dieser Erklärung des Gesetzes der sozialen Vererbung können Sie als Schüler dieses Kurses die Quellen, aus denen Sie die sechs Grundängste übernommen haben, analysieren. Darüber hinaus können Sie (sofern Sie nicht außerstande sind, Wahrheiten zu begegnen, die Ihrem Aberglauben widersprechen) überprüfen, ob das Prinzip der sozialen Vererbung fundiert ist, so wie es hier auf die sechs Grundängste angewendet wird, ohne dazu über die persönliche Erfahrung hinausgehen zu müssen.

Von Vorteil ist, dass nahezu alle Belege in dieser Lektion so beschaffen sind, dass alle Wahrheitssuchenden sie selbst überprüfen können.

Zumindest für den Moment ist es wichtig, Ihre Vorurteile und vorgefertigten Ideen beiseitezulegen (die Sie jederzeit wieder anwenden können), während wir den Ursprung der sechs schlimmsten Feinde des Menschen, der sechs Grundängste, untersuchen:

DIE ANGST VOR ARMUT: Es erfordert Mut, dem tatsächlichen Ursprung dieser Furcht ins Auge zu blicken und vielleicht noch größeren Mut, diese Wahrheit dann auch zu akzeptieren. Die Angst vor der Armut entsteht aus der vererbten Neigung des Menschen, seinen Mitmenschen ökonomisch auszunutzen. Fast alle niederen tierischen Lebensformen haben Instinkte, aber scheinen nicht in der Lage zu sein, Schlussfolgerungen zu ziehen oder zu denken. Daher fallen sie körperlich übereinander her. Der Mensch mit seiner überlegenen Intuition, mit Gedanken und Verstand, muss seinen Mitmenschen nicht körperlich verzehren; er zieht größere Befriedigung daraus, ihn FINANZIELL zu »verspeisen«!

Von allen erforschten Zeitaltern der Welt scheint unsere Ära die der Geldverehrung zu sein. Ein Mensch gilt weniger als Staub, wenn ihm ein fettes Bankkonto fehlt. Nichts bringt dem Menschen so viel Leid und Erniedrigung wie die ARMUT. Kein Wunder, dass er die Armut FÜRCHTET. Durch eine lange Reihe vererbter Erfahrungen des Tieres Mensch hat dieses unumstößlich gelernt, dass seiner Gattung in puncto Geld und anderer Beweise irdischer Reichtümer niemals zu trauen ist.

Viele Ehen kommen allein deshalb zustande (und enden wieder), weil ein Partner reich ist oder beide es sind. Es ist kein Wunder, dass die Scheidungsgerichte so beschäftigt sind!

»Gesellschaft« könnte man auch »G€sellschaft« buchstabieren, denn sie ist untrennbar mit dem Geld verbunden. So stark giert der Mensch nach Reichtum, dass er ihn auf jede mögliche Art anstrebt – durch legale Methoden, wenn möglich, durch andere, wenn nötig.

Die Angst vor der Armut ist das nackte Grauen! Ein Mensch begeht vielleicht einen Mord, Raub, eine Vergewaltigung oder verletzt auf alle möglichen Arten die Rechte anderer und behält dennoch in der Vorstellung seiner Mitmenschen einen hohen Rang, VORAUSGESETZT, er bleibt reich. Die Armut ist daher ein Verbrechen – eine unverzeihliche Sünde. Kein Wunder, dass der Mensch sie fürchtet!

Jedes Gesetzbuch der Welt belegt, dass die Furcht vor der Armut eine der sechs Grundängste der Menschheit ist, denn in jedem dieser Werke finden wir verschiedene Gesetze, die die Starken vor den Schwachen beschützen. Wollte man beweisen, die Angst vor Armut sei dem Menschen vererbt worden, oder rühre daher, dass Menschen einander betrügen, könnte man ebenso versuchen zu beweisen, dass dreimal zwei sechs ist. Offensichtlich würde niemand, der anderen zu trauen vermag, jemals die Armut fürchten, denn es gibt Nahrung, Behausung, Kleidung und allerlei Luxus genug auf der Welt, um menschliche Bedürfnisse zu befriedigen. Und all diese Güter könnte jeder genießen, würden Menschen nicht versuchen, alle anderen »Schweine« vom Futtertrog zu verdrängen, auch wenn sie alles und mehr als nötig haben.

Die zweite der sechs Grundängste, unter denen der Mensch leidet, ist:

DIE ANGST VOR DEM ALTER: Hauptsächlich erwächst diese Angst aus zwei Quellen: erstens aus dem Gedanken, dass das Alter auch die ARMUT mit sich bringt. Zweitens entsteht die wohl häufigste Quelle aus den falschen und grausamen sektiererischen Lehren, die mit »Feuer und Schwefel«, »Fegefeuern« und anderem Unsinn vermischt wurden. Daher fürchten die Menschen das Alter, das suggeriert, es warte eine andere und vielleicht viel SCHLIMMERE Welt auf sie als die bekannte, die ihnen schon bedrückend genug erscheint.

Zwei vernünftige Gründe erzeugen die Grundangst vor dem Alter: Der eine erwächst aus dem Misstrauen gegenüber den Mitmenschen, die nach dem eigenen Hab und Gut greifen wollen. Den anderen zeichnet das furchtbare Bild der kommenden Welt, das lange vor der eigenen Zeit durch das Gesetz der sozialen Vererbung tief in unseren Geist gepflanzt wurde. Wundert es da noch, dass der Mensch das Nahen des Alters fürchtet?

Die dritte der Grundängste ist:

DIE ANGST VOR KRITIK: Wie der Mensch sich diese Grundangst angeeignet hat, ist schwer, wenn nicht unmöglich, zu ergründen, aber sie ist äußerst ausgeprägt.

Einige meinen, diese Furcht hätten Menschen erworben, als die Politik entstand. Andere glauben, ihre Quelle kann nicht weiter zurückverfolgt werden als zum ersten Treffen der Frauenorganisation »Woman's Club«. Eine weitere Schule von Komikern führt den Ursprung bis auf den Inhalt der Heiligen Schrift zurück, deren Seiten von einigen der giftigsten und brutalsten Formen der Kritik triefen. Falls letztere Behauptung stimmt, und diejenigen recht haben, die buchstäblich alles aus der Bibel glauben, dann verantwortet Gott die dem Menschen innewohnende Angst vor der Kritik, denn Gott ist der Ursprung der Bibel.

Dieser Autor, der weder ein Komiker noch ein »Prophet«, sondern nur ein normaler, arbeitender Mensch ist, führt die Grundangst vor Kritik eher auf den Teil der geerbten menschlichen Natur zurück, der ihn nicht nur seinen Mitmenschen Hab und Gut stehlen lässt, sondern seine Taten mit der KRITIK am Charakter anderer rechtfertigt.

Die Angst vor KRITIK tritt in vielen verschiedenen Formen auf, die meisten sind trivial, in extremen Fällen sogar kindisch. So sind kahle Männer zum Beispiel nur wegen ihrer Angst vor Kritik glatzköpfig. Denn sie verlieren aufgrund der Kopfbedeckung durch Hüte mit engen Hutbändern ihre Haare, da diese die Zirkulation an den Haarwurzeln abschneiden. Männer tragen Hüte, nicht weil diese ihrem Wohlbefinden dienen, sondern weil »alle es machen« und das Individuum sich in diese Mode einreiht, um der allgemeinen KRITIK zu entgehen.

Frauen leiden selten unter Glatzen oder dünnem Haar, denn sie tragen locker sitzende Hüte, um Eindruck zu machen. Frauen sind bezüglich ihrer Hüte ebenfalls nicht frei von der Angst vor Kritik. Wenn eine Dame meint, in dieser Hinsicht dem Mann überlegen zu sein, bitten Sie sie, die Straße mit einem Hut entlangzugehen, der eine oder zwei Saisons aus der Mode ist!

> In jeder Seele liegt der Same einer großartigen Zukunft, aber dieser Same wird niemals in demjenigen keimen, erst recht nicht voll erblühen, der nicht anderen Nutzen bringt.

Die Kleidungshersteller schlagen Profit aus der Angst der Menschen vor Kritik. Jede Saison, so lässt sich beobachten, verändert sich der »Stil« der Mode. Wer definiert diesen »Stil«? Sicher nicht die Käufer, sondern die Produzenten. Wieso verändern sie den Stil regelmäßig? Offensichtlich, damit sie mehr Kleidung verkaufen. Aus dem gleichen Grund verändern die Hersteller von Automobilen (mit wenigen rühmlichen Ausnahmen) das Fahrzeugdesign in jeder Saison.

Die Modehersteller wissen, dass Menschen äußerst ungern Kleidungsstücke tragen, die eine Saison hinterherhinken. Und stimmt dies etwa nicht, Ihrer Erfahrung nach?

So viel dazu, wie Menschen sich aufgrund ihrer Angst vor Kritik verhalten, wenn es um belanglose Dinge geht. Lassen Sie uns nun das menschliche Verhalten unter Einfluss dieser Furcht betrachten, wenn es sich um wichtigere Zusammenhänge im zwischenmenschlichen Zusammenleben handelt. Werfen Sie zum Beispiel einen Blick auf eine beliebige Person, die das Alter der »geistigen Reife« (etwa zwischen 35 und 45) erreicht hat. Wenn Sie ihre Gedanken lesen könnten, würden Sie einen konsequenten Unglauben und eine Rebellion gegen die meisten religiösen Lehren vorfinden. Mächtig und einflussreich ist die Angst vor KRITIK! Vor nicht allzu langer Zeit bedeutete das Wort »Ungläubiger« für jeden, auf den es angewandt wurde, den Ruin. Dies belegt, dass die Angst des Menschen vor KRITIK nicht grundlos existiert.

Die vierte Grundangst ist:

DIE ANGST VOR DEM VERLUST DER LIEBE EINER BESTIMMTEN PERSON: Die Quelle, aus der diese Furcht stammt, bedarf keiner großen Erläuterung. Denn sie rührt offensichtlich daher, dass ein Mensch einem anderen den Partner wegnimmt oder sich ihm gegenüber zumindest unangebrachte Freiheiten herausnimmt. Der Natur nach sind alle Männer polygam. Diese Wahrheit bestreiten natürlich diejenigen, die entweder zu alt für sexuelle Aktivitäten sind oder durch eine andere Ursache die Fähigkeit verloren haben, die Männer veranlasst, sich mehreren Frauen zuzuwenden.

Zweifellos entwickelten sich Eifersucht und andere Formen der mehr oder weniger milden Dementia praecox (Wahnsinn) aus der vererbten Angst des Menschen, die Liebe eines anderen zu verlieren.

Unter allen »geistig gesunden Narren«, die der Autor studiert hat, ist der Mann, der auf eine Frau eifersüchtig oder die Frau, die auf einen Mann eifersüchtig ist, der merkwürdigste und seltsamste Fall. Der Autor schätzt sich glücklich, nur einmal selbst diese Art des Wahnsinns erlitten zu haben. Aber aufgrund dieser Erfahrung kann er mit Fug und Recht sagen, dass die Angst vor Liebesverlust eine der schmerzlichsten, wenn nicht die schmerzlichste der sechs grundlegenden Ängste ist. Zudem fügt diese Furcht dem menschlichen Geist mehr Schaden zu als eine andere der sechs Grundängste und führt oft zu heftigeren Formen des Wahnsinns.

Die fünfte Grundangst ist:

DIE ANGST VOR KRANKHEIT: Diese Angst ergibt sich zum großen Teil aus denselben Quellen wie die Angst vor Armut und Alter. Die Angst vor Krankheit ist eng verbunden mit Armut und Alter, denn sie führt in den Grenzbereich von »furchtbaren Welten«, die uns unbekannt sind, über die wir jedoch unangenehme Geschichten gehört haben.

Der Autor vermutet, dass die Anbieter auf dem Markt der Gesundheitsprodukte und Medizin die Angst vor Krankheit schüren.

Schon vor Anbeginn der menschlichen Geschichtsschreibung gab es vielfältige Formen der Heilung und Menschen mit Wissen über Heilkraft. Wenn ein Mensch seinen Lebensunterhalt damit verdient, andere bei guter Gesundheit zu erhalten, wird er jedes verfügbare Mittel einsetzen, um die Leute von der Notwendigkeit seiner Dienste zu überzeugen. Aufgrund dessen entwickeln Menschen mit der Zeit die Angst vor Krankheit.

Die sechste und letzte der Grundängste ist:

DIE ANGST VOR DEM TOD: Für viele ist sie die bedrückendste der sechs Grundängste, und der Grund dafür wird jedem klar, der etwas Ahnung von Psychologie hat.

Die panische Angst vor dem TOD kann direkt auf die religiösen Fanatiker zurückgeführt werden, eine Quelle, die mehr für diese Furcht verantwortlich ist als alle anderen Quellen zusammen. Sogenannte »Heiden« fürchten den TOD nicht so stark wie der Teil der zivilisierten Bevölkerung, der unter den Einfluss der Theologie gerät. Seit Hunderten Millionen Jahren stellt der Mensch die noch immer unbeantworteten Fragen (die vielleicht nicht generell unbeantwortbar sind) »WOHER?« und »WOHIN?«. »Woher bin ich gekommen, und wohin gehe ich nach dem Tod?«

Die durchtriebeneren sowie die ehrlichen, aber leichtgläubigen Vertreter der Menschheit waren nicht verlegen, die Antwort auf diese Fragen zu liefern. Tatsächlich ist das Beantworten dieser Fragen zu einem »gelernten« Beruf geworden, der wenig Bildung erfordert.

Sehen wir uns also die Quelle der Angst vor dem TOD an: »Tritt in meine Hütte, heiße meinen Glauben willkommen, akzeptiere meine Dogmen (und zahle mein Gehalt), und ich werde dir deine Eintrittskarte geben, mit der du bei deinem Tod direkt in den Himmel kommst«, sagt der Führer jeder religiösen Gruppierung. »Tritt nicht in meine Hütte«, sagt derselbe Führer, »und du wirst direkt in die Hölle fahren, wo du für ewig im Feuer brennen wirst.«

Auch wenn in Wahrheit der selbst ernannte Führer nicht in der Lage ist, sicheres Geleit in den Himmel anzubieten oder durch den Mangel dieses Geleits den unglücklichen nach Wahrheit suchenden in die Hölle fahren zu lassen, erscheint allein letztere Option so furchtbar, dass sie den Geist erfasst und die Angst der Ängste erschafft, die Angst vor dem TOD!

In Wahrheit weiß niemand – und es hat auch nie jemand gewusst – wie Himmel oder Hölle beschaffen sind oder ob solche Orte existieren, und dieser Mangel an Wissen öffnet die Türen des menschlichen Geistes für Scharlatane, die dort eindringen und ihn mit ihren Legenden und verschiedenen Tricks, Täuschung und Betrug kontrollieren.

Die Wahrheit ist – nicht mehr und nicht weniger –, dass KEIN MENSCH WEISS, NOCH JEMALS GEWUSST HAT, WOHER WIR BEI DER GEBURT KOMMEN ODER WOHIN WIR NACH DEM TOD GEHEN. Jede Person, die etwas anderes behauptet, belügt sich entweder selbst oder ist ein Hochstapler, der die Leichtgläubigkeit der Menschheit geschäftlich ausnutzt.

Aber zugunsten dieser Menschen sei festgehalten, dass die meisten, die »Eintrittskarten in den Himmel verkaufen«, tatsächlich nicht nur an den Himmel glauben, sondern auch, dass Glaubenssätze und Formeln all denjenigen sicheres Geleit gewähren, die sie bereitwillig annehmen. Dieser Glaube ist, in einem Wort zusammengefasst, LEICHTGLÄUBIGKEIT! Religiöse Oberhäupter beanspruchen gerne, dass die gegenwärtige Zivilisation ihre Existenz der Arbeit der Kirchen verdankt. Auch wenn der Autor zugesteht, dass ihre Behauptungen korrekt sind, so möchte er doch hinzufügen: Dennoch haben die Theologen nicht viele Gründe, sich zu brüsten.

Aber es trifft nicht zu, dass die Zivilisation aus den Bemühungen der organisierten Kirchen und Glaubensrichtungen entstanden ist, sofern man unter »Zivilisation« die Entdeckung der Naturgesetze und die wichtigsten Erfindungen der Welt versteht. Nach Ansicht des Autors können die Theologen den Teil der Zivilisation für sich beanspruchen, der das Verhalten der Menschen untereinander betrifft. Falls sie jedoch den Dank für die wissenschaftlichen Entdeckungen der Menschheit für sich beanspruchen, meldet der Autor energischen Protest an.

> Derjenige kann sich glücklich schätzen, der den Unterschied zwischen zeitweiligen Rückschlägen und dem Scheitern gelernt hat, und noch glücklicher, der gelernt hat, dass der Same des Erfolgs in jedem erlittenen Rückschlag schlummert.

Es ist unzureichend, zu behaupten, dass das Wissen, das einen Menschen durch seine fünf Sinne erreicht, allein auf der sozialen Vererbung beruht. Es ist präziser zu erklären, WIE die soziale Vererbung in ausreichend vielen verschiedenen Bereichen funktioniert, um dem Schüler ein umfassendes Verständnis dieses Gesetzes zu vermitteln.

Lassen Sie uns mit einigen niedrigen Formen des tierischen Lebens beginnen und betrachten, auf welche Weise das Gesetz der sozialen Vererbung diese betrifft: Kurz nachdem der Autor vor etwa 30 Jahren begann, die Hauptquellen des menschlichen Wissens zu untersuchen, das ihn zu dem macht, was er ist, entdeckte er ein Moorhuhnnest. Es war ihm möglich, den Muttervogel aus einiger Entfernung zu sehen, wenn er auf dem Nest saß. Mithilfe eines Feldstechers beobachtete er den Vogel genau, bis die Jungvögel schlüpften. So sah er die Kleinen wenige Stunden, nachdem sie aus der Schale gebrochen waren. Der Autor wollte wissen, was als Nächstes passiert, und näherte sich dem Nest. Der Muttervogel blieb in der Nähe, bis der Eindringling auf drei oder vier Meter nahegekommen war, dann brachte sie ihr Federkleid in Unordnung, streckte einen Flügel über ihr Bein und hüpfte davon, als sei sie verletzt. Da er ein wenig mit den Tricks von Muttervögeln vertraut war, folgte ihr der Autor nicht, sondern ging stattdessen zum Nest, um sich die Kleinen anzusehen. Ohne das geringste Anzeichen von Angst sahen sie ihn an, bewegten die Köpfe hin und her. Er griff nach unten und hob eines auf. Furchtlos lag es in seiner Hand. Er legte den Vogel wieder ins Nest und ging in sichere Entfernung, um dem Muttervogel die Rückkehr zu ermöglichen.

Es dauerte nicht lange. Bald näherte sie sich vorsichtig bis auf wenige Meter dem Nest. Dann spreizte sie die Flügel und rannte, so schnell sie konnte, wobei sie Geräusche wie eine Henne machte, die ein paar Bröckchen zu fressen gefunden hat und ihre Brut rufen will. Sie versammelte die kleinen Vögel um sich und bebte weiter vor Aufregung. Sie schüttelte die Flügel und plusterte die Federn auf. Man konnte fast die Worte verstehen, als sie die Kleinen die erste Lektion der Selbstverteidigung durch das Gesetz der SOZIALEN VERERBUNG lehrte: »Ihr törichten kleinen Kreaturen! Wisst ihr nicht, dass Menschen unsere Feinde sind? Schämt euch, weil ihr gestattet habt, dass dieser Mann euch in die Hand nimmt. Es ist ein Wunder, dass er euch nicht mitgenommen und lebendig gefressen hat! Das nächste Mal, wenn ihr einen Menschen seht, der sich nähert, dann versteckt euch. Legt euch auf den Boden, rennt unter ein paar Blätter, geht irgendwo in Deckung und bleibt außer Sichtweite, bis der Feind verschwunden ist.«

Die kleinen Vögel standen herum und hörten sich die Lektion mit großem Interesse an. Nachdem der Muttervogel verstummt war, näherte sich der Autor erneut dem Nest. Als er auf etwa zehn Meter an den bewachten Haushalt herangekommen war, lockte ihn die Mutter wieder in die andere Richtung, indem sie einen Flügel ausstreckte und davon hoppelte, als sei dieser verkrüppelt. Der

Autor betrachtete das Nest vergeblich. Die kleinen Vögel waren nirgends zu sehen! Sie hatten dank ihres Instinkts schnell gelernt, ihren natürlichen Feind zu meiden.

Wieder zog sich der Autor zurück, wartete, bis der Muttervogel seinen Haushalt versammelt hatte und suchte sie dann erneut auf, aber mit ähnlichem Ergebnis. Als er sich der Stelle näherte, wo er zuletzt den Muttervogel gesehen hatte, war nicht die leiseste Spur der kleinen Kerlchen zu entdecken.

Als kleiner Junge fing der Autor eine junge Krähe und machte sie zu seinem Haustier. Der Vogel war durchaus zufrieden mit seiner häuslichen Umgebung und lernte viele Tricks, die beträchtliche Intelligenz erforderten. Nachdem er groß genug zum Fliegen war, wurde ihm gestattet, sich frei zu bewegen. Manchmal war er für viele Stunden verschwunden, aber er kehrte immer wieder nach Hause zurück, bevor es dunkel wurde. Eines Tages kämpften ein paar wilde Krähen mit einer Eule in einem Feld nahe dem Haus, wo die Haustierkrähe lebte. Sobald sie das »kräh, kräh, kräh« ihrer wilden Verwandten hörte, flog sie auf das Dach des Hauses und lief aufgeregt von einer Seite zur anderen. Schließlich flog die Krähe in Richtung des »Kampfes«. Der Autor folgte, um zu sehen, was passieren würde. Ein paar Minuten später hatte er das Haustier eingeholt. Es saß auf den unteren Zweigen eines Baumes, und zwei wilde Krähen befanden sich auf einem Ast direkt darüber, schnatterten und liefen hin und her, benahmen sich ähnlich wie erboste Eltern gegenüber ihrem Nachwuchs, den sie ermahnen.

Als sich der Autor näherte, flogen die wilden Krähen davon, eine umkreiste den Baum ein paar Mal und ließ dabei einen furchtbaren Schwall von Ausdrücken vernehmen, die zweifellos an den törichten Verwandten gerichtet waren, der nicht genug Verstand hatte, rechtzeitig loszufliegen.

Der Autor rief das Haustier, aber es reagierte nicht. An diesem Abend kam es nach Hause, aber näherte sich nicht dem Haus. Es saß auf einem hohen Ast eines Apfelbaumes und redete etwa zehn Minuten in Krähensprache, verkündete zweifellos, dass es beschlossen habe, zum wilden Leben seiner Artverwandten zurückzukehren. Dann flog es weg, kehrte erst zwei Tage später zurück und redete erneut in der Krähensprache, hielt aber dabei einen sicheren Abstand. Daraufhin verschwand es und kehrte nie wieder. So hatte der Autor aufgrund der sozialen Vererbung ein wunderbares Haustier verloren! Der einzige Trost für den Verlust seiner Krähe war der Gedanke, dass sie feine Manieren gezeigt hatte, indem sie zurückgekommen war und ihren Fortgang ankündigte. Viele Farmhelfer hatten den Hof verlassen, ohne sich mit dieser Formalität abzumühen.

Bekanntlich frisst ein Fuchs allerlei Vögel und kleine Tiere, mit Ausnahme des Stinktiers. Es bedarf keiner Erklärung, wieso Mr. Skunk Immunität genießt. Ein Fuchs greift vielleicht einmal ein Stinktier an, aber niemals ein zweites Mal! Aus diesem Grund hält ein an den Hühnerstall genagelter Stinktierpelz alle bis auf junge und unerfahrene Füchse in sicherer Entfernung. Den Geruch des Stinktiers vergisst man nie. Kein anderer Geruch kommt ihm nahe. Es gibt keine Geschichte dazu, wie eine Mutterfüchsin ihre Jungen gelehrt hätte, den Stinktiergeruch zu erkennen und sich von ihm fernzuhalten, aber aus »Fuchsgeschichten« ist allgemein bekannt, dass Füchse und Stinktiere sich nie in derselben Behausung aufhalten. Dennoch reicht eine Lektion für den Fuchs, um ihn alles zu lehren, was er über Stinktiere wissen muss. Dank des Gesetzes der sozialen Vererbung und des Geruchssinns genügt eine Lektion für ein ganzes Leben.

Man fängt einen Ochsenfrosch mit einer Angel, indem man ein kleines Stück roten Stoff oder ein anderes kleines rotes Objekt an den Haken hängt und vor seiner Nase baumeln lässt. So ist Herr Frosch einzufangen, vorausgesetzt, er erwischt den Haken direkt, wenn er nach der Beute schnappt. Aber falls nicht, sodass er flüchtet oder die Hakenspitze spürt, sobald er nach der Beute schnappt, und nicht gefangen wird, macht er denselben Fehler nie wieder. Der Autor verbrachte viele Stunden auf der Lauer, um ein besonders begehrenswertes Exemplar an den Haken zu bekommen, das nach dem Köder schnappte und ihn verfehlte, bevor er verstand, dass sogar der bescheidene »Quakfrosch« nach einer Lektion in sozialer Vererbung rote Stoffstücke lieber meidet.

Einst besaß der Autor einen männlichen Airedale Terrier, der ihm viel Ärger machte, weil er häufig mit einem jungen Huhn im Maul nach Hause kam.

> Ist es nicht seltsam, dass wir das am meisten fürchten, was nie eintritt? Dass wir unseren Antrieb durch die Angst vor einer Niederlage zerstören, wobei diese tatsächlich ein nützliches Hilfsmittel ist, das wir akzeptieren sollten.

Jedes Mal wurde dem Terrier das Hühnchen weggenommen und er wurde bestraft, aber es half nichts. Er behielt seine Vorliebe für Geflügel. Als Experiment in sozialer Vererbung wurde das Tier auf die Farm eines Nachbarn, der eine Henne und ein paar frisch geschlüpfte Küken besaß, gebracht. Hund und Henne wurden in einem Schuppen eingesperrt. Sobald alle außer Sichtweite waren, näherte sich der Terrier dem Huhn, schnüffelte es ein paarmal an (um sicherzugehen, dass es ein leckerer Happen war) und sprang dann darauf los. Unterdessen hatte Frau Henne sich auch ein wenig »vorbereitet«, denn sie kam dem Hund auf halben Weg entgegen. Nicht nur das, sie attackierte ihn mit wildem Geflatter und Krallen, wie er es noch nie erlebt hatte. Die erste Runde ging eindeutig an die Henne. Aber so ein schöner fetter Vogel, dachte sich der Hund, sollte ihm nicht so leicht durch die Pfoten schlüpfen. Also wich er ein wenig zurück und griff dann wieder an. Dieses Mal landete Frau Henne auf seinem Rücken, bohrte die Krallen in sein Fell und setzte ihren spitzen Schnabel ein! Herr Hund zog sich in seine Ecke zurück und schien um alles in der Welt zu hoffen, dass jemand die Glocke läutete und den Kampf stoppte, bis er seine fünf Sinne wieder beisammenhatte. Aber Frau Henne ließ ihm keine Zeit, zu überlegen. Sie hatte ihren Gegner in die Flucht geschlagen und kannte den Wert einer guten Offensive, indem sie ihn weiter herumscheuchte.

Man meinte fast ihre Worte zu hören, während sie den armen Airedale von einer Ecke in die andere jagte und dabei wie ein Maschinengewehr gackerte, was sich wie das Schimpfen einer wütenden Mutter anhörte, die ihren Nachwuchs vor einem Angriff durch ältere Jungs verteidigt.

Der Airedale war kein guter Soldat! Nachdem er etwa zwei Minuten lang von einer Ecke des Schuppens zur anderen gerannt war, legte er sich so flach wie möglich auf den Boden und bemühte sich, seine Augen mit den Pfoten zu schützen. Frau Henne schien darauf aus zu sein, seine Augen auszuhacken. Der Farmer ging dazwischen und rettete das Huhn – oder, genauer gesagt, er rettete den Hund –, was diesem nur recht zu sein schien.

Am nächsten Tag wurde ein Huhn in den Keller gesteckt, in dem der Terrier schlief. Als er den Vogel sah, klemmte er den Schwanz zwischen die Beine und rannte in die Ecke! Er versuchte nie wieder, ein Huhn zu fangen. Eine Lektion in sozialer Vererbung über den »Tastsinn« war genug, um ihm beizubringen, dass Hühnchenjagen vielleicht Spaß macht, aber auch gefährlich sein kann.

All diese Beispiele, mit Ausnahme des ersten, beschreiben, wie Lebewesen durch direkte Erfahrung lernen. Beachten Sie die markanten Unterschiede zwischen Wissen, das man durch eigene Erfahrung erhält, und Kenntnissen, die die Alten den Jungen vermitteln, wie bei der aufgebrachten Moorhenne und ihren Küken.

Die beeindruckendsten Lektionen sind solche, die die Alten den Jungen mittels farbenfroher und emotional geprägter Lehrmethoden erteilen. Als das Moorhuhn die Flügel spreizte, die Federn sträubte und sich schüttelte, wie ein am Tremor leidender Mensch, und aufgeregt auf ihre Jungen einschnatterte, lehrte sie sie die Angst vor Menschen, und auch wir können davon lernen.

Der Begriff »soziale Vererbung bezieht sich hier auf alle Methoden, durch die ein Kind eine Idee, ein Dogma, einen Glauben, eine Religion oder ein System des ethischen Verhaltens durch seine Eltern oder andere Autoritätspersonen erlernt, bevor es das Alter erreicht, in dem es reflektieren kann. Dieses Alter setzen wir bei sieben bis zwölf Jahren an.

Es gibt Myriaden verschiedener Ängste, aber keine ist tödlicher als die Furcht vor Armut und Alter. Wir treiben unsere Körper an, als wären sie Sklaven, denn wir fürchten die Armut derart, dass wir Geld anhäufen wollen – für was – für das Alter! Diese verbreitete Form der Angst treibt uns so hart an, dass wir unsere Körper verschleißen und genau das herbeiführen, was wir vermeiden sollten.

Welche Tragödie, einem Menschen zuzusehen, wie er sich selbst antreibt, wenn er um die 45 Jahre alt ist – das Alter, in dem er die mentale Reife erreicht hat. Mit 40 Jahren ist ein Mensch gerade erst alt genug, um die Handschrift der Natur zu verstehen, die sich in den Wäldern, Flüssen und den Gesichtern der Menschen zeigt. Aber der Teufel Angst treibt ihn an, bis er blind wird und sich in einem Irrgarten widerstreitender Begierden verliert. Das Prinzip der organisierten Leistung lässt er außer Acht. Und statt die Kräfte der Natur zu nutzen, die überall um ihn herum am Werk sind, und sich von ihnen zu großen Leistungen motivieren zu lassen, widerstrebt er ihnen, sodass sie destruktiv auf ihn einwirken.

Die Autosuggestion ist vielleicht die geeignetste Naturkraft, um sich weiterzuentwickeln, aber da die meisten Menschen sie nicht zu nutzen verstehen, wenden sie sie so an, dass sie sie eher behindert als ihnen zu helfen.

Nun zur Fehlanwendung der großartigen Naturkräfte. Stellen wir uns einen Mann vor, der eine Enttäuschung erlebt; ein Freund, der ihn hintergeht oder ein Nachbar, der ihm gleichgültig begegnet. Von nun an redet er sich ein (mittels Autosuggestion), dass alle Menschen unzuverlässig und die Nachbarn undankbar sind. Diese Gedanken verankern sich tief in seinem Unterbewusstsein, bis sie seine gesamte Einstellung gegenüber anderen beeinflussen.

Werfen wir einen Blick zurück auf Lektion 2: Die dominierenden Gedanken eines Menschen ziehen diejenigen an, die ähnlich denken. Wenden wir nun das Gesetz der Anziehung an, und wir verstehen bald, wieso ein Ungläubiger andere Ungläubige anzieht.

Kehren wir das Prinzip um. Stellen wir uns einen Mann vor, der in allen, die er trifft, nur das Beste sieht. Wenn seine Nachbarn gleichgültig wirken, fällt es ihm nicht auf, denn er denkt stets optimistisch und behält die gute Laune und den Glauben an andere. Wenn Personen harsch mit ihm reden, reagiert er mit Sanftmut. Durch dasselbe ewige Gesetz der Anziehung lenkt er die Aufmerksamkeit von Menschen auf sich, deren Lebenseinstellung und dominierende Gedanken mit seiner Haltung harmonieren.

Verfolgen wir das Prinzip weiter: Nehmen wir einen gut ausgebildeten Mann, der anderen eine Dienstleistung anbietet. Irgendwo, irgendwann hat er gehört, Bescheidenheit sei ein hoher Wert, und sich auf der Bühne des Lebens in den Vordergrund zu drängen, zeuge von Egoismus. Er schlüpft leise zur Hintertür herein, nimmt sich einen Sitz ganz hinten, während die anderen im Spiel des Lebens mutig nach vorne treten. Er bleibt in der hinteren Reihe, weil er fürchtet, »was die anderen sagen werden«. Die öffentliche Meinung oder das, was er dafür hält, hat ihn nach hinten gedrängt, und die Welt hört nur wenig von ihm. Seine Ausbildung bringt ihm nichts, denn er hat Angst, sich in seiner Umgebung bekannt zu machen. Er suggeriert sich ständig (und die große Kraft der Autosuggestion wirkt sich zu seinem Nachteil aus), im Hintergrund zu bleiben, damit er nicht kritisiert wird, als könnte Kritik ihm schaden oder seinen Lebenssinn negieren.

Nehmen wir einen anderen Mann, dessen Eltern arm waren. Soweit er zurückdenken kann, hat er nur Armut gesehen. Er hat gehört, wie über Armut geredet wurde. Er hat die eisige Hand der Armut auf seiner Schulter gespürt, und sie hat ihn derart niedergedrückt, dass er sie als überwältigenden Fluch wahrnimmt. Unbewusst fällt er dem Glauben anheim, »einmal arm, immer arm«, bis diese Annahme zum bestimmenden Gedanken in seinem Kopf wird. Er gleicht einem Pferd, dem man das Geschirr angelegt und das man gebrochen hat, bis es vergisst, dass es sein Geschirr potenziell einfach abwerfen kann. Autosuggestion drängt ihn schnell in den hinteren Teil der Bühne des Lebens. Schließlich gibt er auf. Der Ehrgeiz ist verschwunden. Chancen bieten sich ihm nicht mehr oder er ist nicht mehr imstande, sie zu sehen. Er hat sein SCHICKSAL akzeptiert! Bekanntlich verkümmern geistige Fähigkeiten wie die Glieder des Leibes, und sterben ab, wenn man sie nicht einsetzt. Selbstvertrauen bildet da keine Ausnahme. Es entwickelt sich, wenn es genutzt wird, und es verschwindet, wenn man sich seiner nicht bedient.

> Ihre Arbeit und meine gleichen einander auf bemerkenswerte Weise. Ich verhelfe den Naturgesetzen dazu, eine noch perfektere Vegetation hervorzubringen, während Sie durch die Philosophie des Erfolgs dieselben Prinzipien anwenden, um perfekteren Denkern den Weg zu bereiten.
>
> LUTHER BURBANK

Ererbter Reichtum wirkt sich unter anderem nachteilig aus, weil er in vielen Fällen zu Untätigkeit und zum Verlust des Selbstvertrauens führt. Vor einigen Jahren brachte Mrs. E. B. McLean aus Washington einen Jungen zur Welt. Sein Erbe belief sich angeblich auf etwa 100 Millionen Dollar. Wenn dieses Kind für einen Ausflug in seinem Wagen lag, war es umgeben von Ammen, Leibwächtern und anderen Bediensteten, die für seinen Schutz zu sorgen hatten. Während die Jahre vergingen, blieb es bei dieser Betreuung. Das Kind musste sich nicht selbst anziehen, dafür hatte es Diener. Personal wachte über ihn, wenn er schlief und während er spielte. Er durfte nichts tun, was nicht ein Diener für ihn erledigen konnte. Das ging so, bis er zehn Jahre alt war. Eines Tages spielte er auf dem Hof und bemerkte, dass das hintere Tor offen stand. In seinem ganzen Leben war er noch nie allein außerhalb dieses Tors gewesen, und es reizte ihn natürlich. Als die Diener gerade nicht hinsahen, rannte er aus dem Tor, wurde von einem Auto überfahren und getötet, noch bevor er die Mitte der Straße erreicht hatte. Er hatte so lange nur durch die Augen seines Personals geschaut, bis seine eigenen ihm nicht mehr so dienten, wie es normalerweise der Fall ist.

Vor 20 Jahren schickte mein damaliger Chef, für den ich als Sekretär arbeitete, seine beiden Söhne auf die Universität. Einer von ihnen ging auf die Universität von Virginia und der andere auf ein College in New York. Jeden Monat war es Teil meiner Aufgaben, einen Scheck über 100 Dollar für jeden der Jungen auszustellen. Das war ihr »Taschengeld«, über das sie nach eigenem Ermessen verfügen konnten. Wie nützlich ist mir die Erinnerung, wie sehr ich diese Jungen beneidet habe, wenn ich ihnen jeden Monat ihren Scheck ausstellte. Ich fragte mich oft, wieso die Hand des Schicksals mich in die Armut verbannt hatte. Ich stellte mir die Zukunft vor und sah diese beiden in hohe Positionen aufsteigen, während ich der bescheidene Buchhalter bleiben würde.

Es dauerte nicht lange, bis die Jungs mit ihren Diplomen nach Hause zurückkehrten. Ihr Vater war ein reicher Mann, dem Banken, Eisenbahnen, Kohleminen und andere Besitztümer gehörten. Gute Positionen warteten auf die Söhne im Dienst ihres Vaters.

Aber 20 Jahre können einem Menschen übel mitspielen, der nie um etwas kämpfen musste. Folgendes präzisiert diese These: Die Zeit bietet denjenigen, die nie um etwas kämpfen mussten, genug Möglichkeiten, sich selbst einen bösen Streich zu spielen! Wie dem auch sei, diese beiden Jungs brachten nicht nur Diplome von der Universität mit. Sie kamen auch mit der ausgeprägten Fähigkeit zurück, viel zu trinken – das gewöhnten sie sich an, weil die monatlich gewährten 100 Dollar ihnen alle Mühen ersparten.

Ihre Geschichte ist lang und traurig, und die Details werden Sie nicht interessieren, aber Sie möchten vielleicht ihr »Ende« erfahren. Während ich diese Lektion schreibe, habe ich auf meinem Schreibtisch eine Ausgabe der Zeitung aus der Heimatstadt der beiden Jungen. Ihr Vater ging bankrott, und seine teure Villa, in der seine Söhne zur Welt kamen, wurde zwangsversteigert. Einer der Jungen starb an Delirium tremens und der andere befindet sich in einer psychiatrischen Klinik.

Nicht alle Söhne reicher Männer erleiden ein so unglückliches Schicksal, aber Untätigkeit kann einen Menschen durchaus verkümmern lassen. Dadurch verliert der Betreffende Ehrgeiz und Selbstvertrauen – essenzielle Eigenschaften, ohne die man auf den Flügeln der Unsicherheit durchs Leben getragen wird, wie ein Blatt, das hierhin und dorthin geweht wird.

Kämpfen zu müssen, ist also alles andere als ein Nachteil, sondern ein entschiedener Vorteil, denn so entwickelt man die Qualitäten, die ansonsten brachlägen. Viele Menschen haben ihren Platz in der Welt gefunden, weil sie gezwungen waren, früh in ihrem Leben um ihre Existenz zu kämpfen. Sich der Vorteile, die mit diesem Kampf einhergehen, nicht bewusst zu sein, lässt so manche Eltern sagen: »Ich musste hart arbeiten, als ich jung war, aber ich will dafür sorgen, dass es meine Kinder leichter haben!« Das ist töricht. Eine »leichte« Zeit erweist sich normalerweise als ein größeres Hindernis, als der durchschnittliche junge Mann oder die junge Frau überwinden kann. Es gibt Schlimmeres auf dieser Welt, als früh im Leben zur Arbeit gezwungen zu sein. Erzwungener Müßiggang ist weit schädlicher als erzwungene Arbeit. Unter Druck zu stehen, um zu arbeiten und Ihr Bestes zu geben, wird in Ihnen die Besonnenheit, Selbstkontrolle, Willensstärke, Zufriedenheit und viele andere positive Eigenschaften hervorbringen, die Müßiggänger niemals entwickeln.

Nicht nur schwächt es Ehrgeiz und Willenskraft, wenn man nicht kämpfen muss, sondern, und das ist weitaus schädlicher, es führt auch zu einem Zustand der mentalen Lethargie, sodass man Selbstvertrauen einbüßt. Wer aufgehört hat zu kämpfen, weil er es nicht muss, wendet buchstäblich Autosuggestion an und untergräbt so die Stärke des eigenen Selbstvertrauens. So gerät der Betroffene schließlich in einen Geisteszustand, in dem er auf alle herabschaut, die zu kämpfen haben.

Auch wenn ich mich wiederhole: Der menschliche Geist ist mit einer elektrischen Batterie vergleichbar. Er kann positiv oder negativ sein. Selbstvertrauen ist die Qualität, mit der er aufgeladen und dadurch positiv wird.

Lassen Sie uns diesen Gedankengang auf den Verkauf anwenden und sehen, welche Rolle das Selbstvertrauen in diesem großartigen Tätigkeitsbereich spielt: Einer der größten Verkäufer, den dieses Land je gesehen hat, arbeitete einst im Büro einer Zeitung. Die Methode zu analysieren, durch die er den Titel »bester Verkäufer der Welt« erhielt, wird Ihnen nutzen. Er war ein schüchterner, zurückhaltender junger Mann. Einer derjenigen, die glauben, es sei besser, durch die Hintertür einzutreten und einen der Stühle im hinteren Teil der Bühne des Lebens zu besetzen. Eines Abends hörte er eine Vorlesung über das Thema dieser Lektion, Selbstvertrauen, und war dermaßen beeindruckt, dass er den Hörsaal mit dem festen Entschluss verließ, sich selbst aus seinem bisherigen Trott herauszuziehen.

Er ging zum Geschäftsführer einer Zeitung und bat um eine Anstellung als Anzeigenverkäufer, woraufhin er auf Kommissionsbasis eingestellt wurde. Jeder im Büro rechnete mit seinem Scheitern, da dieser Verkaufsbereich eine große Herausforderung darstellt. Er ging in sein Zimmer und schrieb eine Liste bestimmter Händler, die er anrufen wollte. Man sollte meinen, er hätte die Namen derjenigen zusammengestellt, an die er leicht etwas zu verkaufen glaubte, aber er tat nichts dergleichen. Er setzte nur die Namen der Händler auf die Liste, bei denen andere Anzeigenverkäufer ohne Ergebnis angerufen hatten. Es waren nur zwölf Namen. Bevor er einen einzigen Anruf machte, ging er in den Stadtpark, holte seine Liste heraus und las sie über 100-mal, wobei er sich sagte: »Du wirst noch vor Ende des Monats eine Werbeanzeige von mir kaufen.«

Dann begann er mit seinen Anrufen. Am ersten Tag brachte er bei drei von den zwölf »unmöglichen Fällen« ein Geschäft zum Abschluss. Während der restlichen Woche verkaufte er noch an zwei weitere. Zum Ende des Monats hatte er Werbekonten für alle bis auf einen der gelisteten Händler angelegt. Im folgenden Monat erzielte er keine Verkäufe, da er außer einem störrischen Händler niemanden anrief. Jeden Morgen, wenn das Geschäft öffnete, war er zur Stelle, um den Händler zu fragen, und jeden Morgen sagte dieser »Nein«. Der Händler wusste, dass er keine Werbeanzeige kaufen wollte, aber dieser junge Mann ignorierte es. Wenn dieser Kunde »Nein« sagte, hörte es der Verkäufer nicht, sondern kam immer wieder. Am letzten Tag des Monats, nachdem er sich diesem hartnäckigen jungen Mann gegenüber 50-mal ablehnend geäußert hatte, meinte der Händler: »Hören Sie, junger Mann, Sie haben einen ganzen Monat verschwendet, um mir etwas zu verkaufen. Was ich daher gerne wissen möchte, ist: Wieso haben Sie Ihre Zeit vergeudet?«

> Niemand kann eine großartige Führungspersönlichkeit werden, der nicht menschenfreundlich gesonnen ist und mit Einfluss und Güte führt statt mit Gewalt.

»Ich habe nicht meine Zeit verschwendet«, erwiderte der andere. »Ich bin in die Schule gegangen, und Sie waren mein Lehrer. Nun kenne ich alle Argumente, die ein Händler vorbringt, der nichts kaufen will, und außerdem habe ich mir Selbstvertrauen antrainiert.«

Dann sagte der Händler: »Ich gestehe auch etwas. Ich bin ebenfalls in die Schule gegangen, und Sie waren mein Lehrer. Sie haben mir eine Lektion in Beharrlichkeit erteilt, die für mich bares Geld wert ist. Und um meine Dankbarkeit zu zeigen, werde ich meine Unterrichtsgebühr bezahlen, indem ich bei Ihnen eine Anzeige bestelle.« So kam das beste Werbekonto des *North American* in Philadelphia zustande. Ebenso begründete es einen Ruf, der den jungen Mann zum Millionär machte.

Er hatte Erfolg, weil er sich mit genug Selbstbewusstsein auflud, um sich so zu stärken, dass jeder Widerstand zwecklos war. Als er die Liste mit den zwölf Namen zusammenstellte, tat er, was 99 von 100 Leuten unterlassen hätten – er wählte die Namen, die ihm als besonders schwierige Kunden erschienen. Denn er wusste, dass der Widerstand, auf den er bei seinen Verkaufsanfragen treffen würde, ihn stärker und selbstbewusster machen würde. Er war einer der wenigen Menschen, die wissen, dass alle Flüsse und manche Menschen nicht den geraden Weg nehmen, denn sie folgen dem Pfad des geringsten Widerstands.

Ich werde ein wenig abschweifen, indem ich um die Aufmerksamkeit der Partner bitte. Denken Sie daran, diese Zeilen sind nur für Ihren Partner gedacht. Sie selbst dürfen sie überspringen.

Aus der Analyse von mehr als 16.000 Menschen, die meisten davon verheiratete Männer, habe ich etwas gelernt, das Partnern nutzen mag. Lassen Sie mich meine Gedanken in folgenden Worten ausdrücken: Es liegt bei Ihnen, Ihren Partner jeden Tag zur Arbeit, ins Geschäft, in seinen Beruf mit einem Gefühl des Selbstvertrauens zu verabschieden, sodass er erfolgreich durch den oft harten Tag und abends lächelnd und glücklich wieder nach Hause kommt.

Die Frau eines mir nahestehenden Mannes hatte einen Zahnersatz. Eines Tages ließ sie die Zähne fallen, und das Gebiss zerbrach. Der Ehemann hob die Stücke auf und betrachtete sie genau.

Er zeigte so viel Interesse daran, dass seine Frau sagte: »Du könntest ein Gebiss wie dieses anfertigen, wenn du es ernsthaft versuchen würdest.« Der Mann war ein Farmer, dessen Ehrgeiz ihn nie über die Grenzen seines kleinen Hofs hinausgetragen hatte, bis seine Frau das zu ihm sagte. Sie ging zu ihm, legte ihm eine Hand auf die Schulter und ermutigte ihn, sich an der Zahntechnik zu versuchen. Sie überredete ihn schließlich, und heute ist er einer der bekanntesten und erfolgreichsten Zahntechniker im Bundesstaat Virginia. Ich kenne ihn gut, denn er ist mein Vater!

Niemand kann ermessen, welche großartigen Möglichkeiten sich dem Mann bieten, dessen Partnerin hinter ihm steht und ihn zu größeren Vorhaben antreibt. Bekanntlich vermag eine Frau einen Mann zu motivieren, nahezu Übermenschliches zu leisten. Sie sind gut beraten, Ihren Partner bei sinnvollen Vorhaben zu ermutigen und zu motivieren, bis er sich beruflich etabliert hat. Sie als Partnerin eignen sich besser dazu als jede andere Person auf der Welt. Bestärken Sie ihn in dem Glauben, innerhalb vernünftiger Grenzen sei nichts für ihn unerreichbar, und Sie werden ihm entscheidend dabei helfen, sich im Leben zu behaupten.

Einer der erfolgreichsten Amerikaner auf seinem Gebiet schreibt den Erfolg in seinem Leben seiner Frau zu. Als sie frisch verheiratet waren, schrieb sie dieses Credo auf, das er unterschrieb und über seinen Schreibtisch hängte:

> Ich glaube an mich selbst. Ich glaube an diejenigen, mit denen ich arbeite. Ich glaube an meinen Arbeitgeber. Ich glaube an meine Freunde. Ich glaube an meine Familie. Ich glaube, dass Gott mir alles Nötige geben wird, um erfolgreich zu sein, solange ich mein Bestes gebe, um es durch vertrauensvolle und ehrliche Arbeit zu verdienen. Ich glaube an das Gebet, und ich werde niemals einschlafen, ohne vorher um göttliche Führung zu bitten, um geduldig mit anderen Leuten und tolerant gegenüber denjenigen zu sein, die nicht so glauben wie ich. Ich glaube, dass der Erfolg das Ergebnis einer intelligenten Leistung ist und nicht von Glück oder dem Ausnutzen aller Möglichkeiten oder von verräterischen Freunden, von Kollegen oder Vorgesetzten abhängt. Ich vertraue darauf, vom Leben genau das zu erhalten, was ich investiere. Daher werde ich mich anderen gegenüber stets so benehmen, wie ich es mir auch von ihnen wünsche. Ich werde nicht diejenigen beleidigen, die ich nicht mag. Ich werde nicht meine Arbeit vernachlässigen, egal was ich vielleicht bei anderen beobachte. Ich werde den besten Dienst leisten, den ich leisten kann, denn ich habe mir vorgenommen, im Leben erfolgreich zu sein. Und ich weiß, dass der Erfolg immer das Resultat einer gewissenhaften und effizienten Leistung ist. Schließlich will ich denjenigen vergeben, die mich beleidigen, denn ich weiß, dass ich manchmal jemanden beleidigen und dessen Vergebung brauchen werde.
>
> Unterzeichnet ……………….

Die Frau, die dieses Credo schrieb, war eine erstklassige praktische Psychologin. Unter dem Einfluss und der Begleitung einer solchen Frau könnte jeder Mann bemerkenswerten Erfolg erreichen.

Analysieren Sie dieses Bekenntnis und Ihnen wird auffallen, wie großzügig das Personalpronomen verwendet wird. Es beginnt völlig angemessen mit der Bekräftigung des Selbstvertrauens. Niemand wird diese Glaubenssätze befolgen, ohne dadurch eine positive Einstellung zu entwickeln, was wiederum andere veranlassen wird, ihn zu unterstützen.

Dies wäre ein hervorragendes Credo für Verkäufer. Es untermauert mit Sicherheit Ihre Erfolgschancen. Aber reine Anwendung ist nicht genug. Sie müssen es praktizieren! Lesen Sie es wieder und wieder, bis Sie es auswendig gelernt haben. Dann wiederholen Sie es mindestens einmal am Tag, bis es buchstäblich Teil Ihres mentalen Rüstzeugs wird. Sie sollten eine Kopie davon irgendwo vor sich haben, als tägliche Erinnerung an Ihren Entschluss, sich daran zu halten. So nutzen Sie effektiv das Prinzip der Autosuggestion, um Selbstvertrauen zu gewinnen. Stören Sie sich nicht daran, was irgendwer zu dieser Prozedur meinen könnte. Bedenken Sie, dass der Erfolg Ihre Aufgabe ist, und dieses Credo zu meistern und anzuwenden, kann Ihnen dabei überaus hilfreich sein.

Aus Lektion 2 wissen Sie, dass jede im Unterbewusstsein verankerte Idee durch wiederholte Bekräftigung automatisch wie ein Plan oder ein Muster einer unsichtbaren Macht wirkt, um Ihre Bemühungen darauf zu lenken, die – im Plan – benannten Ziele zu erreichen.

Sie haben ebenso erfahren, dass dieses Prinzip der Verankerung einer beliebigen Idee Autosuggestion genannt wird, also eine Suggestion, die Sie Ihrem Verstand eingeben. Dieses Prinzip der Autosuggestion meinte Emerson, als er schrieb: »Nichts kann Ihnen Frieden bringen außer Ihnen selbst!« Genauso sollten Sie bedenken, dass nichts Ihnen Erfolg bringen kann, außer Ihnen selbst. Natürlich brauchen Sie die Zusammenarbeit mit anderen, um erfolgreich zu sein. Aber man wird Ihnen diese Kooperation nicht gewähren, wenn Sie Ihren Geist nicht mit der positiven Einstellung des Selbstvertrauens beleben.

Vielleicht fragen Sie sich, wieso einige Menschen auf hoch bezahlte Posten gelangen, während andere um sie herum mit ebensolcher Ausbildung, die anscheinend genauso viel leisten, nicht vorankommen. Betrachten Sie zwei beliebige Menschen aus diesen beiden Gruppen genau, und der Grund, wieso einer vorankommt und der andere stillsteht, wird schnell offensichtlich. Sie werden feststellen, dass diejenigen, die weiterkommen, an sich selbst glauben. Sie werden bemerken, dass ein solcher Mensch seinen Glauben mit dynamischen, starken Handlungen untermauert, sodass andere seinen Glauben an sich selbst erkennen. Sie werden außerdem beobachten, wie ansteckend dieses Selbstvertrauen ist. Es ist motivierend. Es ist überzeugend. Es zieht andere Menschen an.

> Wenn Sie etwas gut erledigt haben wollen, fragen Sie jemanden, der viel zu tun hat. Leute, die viel zu tun haben, sind meist die gewissenhaftesten und gründlichsten bei allem, was sie tun.

Ferner werden Sie bemerken, dass jemand, der im Leben nicht vorankommt, es eindeutig zeigt – durch seinen Gesichtsausdruck, seine Körperhaltung, die fehlende Sprungkraft seines Schritts, seine unsichere Sprache –, dass es ihm an Selbstvertrauen mangelt. Niemand wird einer Person ohne Selbstvertrauen viel Aufmerksamkeit schenken. Ein solcher Mensch kann niemanden anziehen, denn sein Geist ist eine negative Kraft, die eher abstößt.

In keinem anderen Bereich spielt das Selbstvertrauen oder der Mangel daran eine derart wichtige Rolle wie beim Verkauf. Man muss kein Psychoanalytiker sein, um bei einer Begegnung mit einem Verkäufer zu wissen, ob er über Selbstvertrauen verfügt. Wenn dem so ist, weist er viele Anzeichen auf. Sobald er den Mund aufmacht, flößt er Ihnen Vertrauen zu ihm und seinen Produkten ein.

Nun sollten Sie bereit sein, die Autosuggestion zu nutzen, um sich selbst zu einer positiven, dynamischen und selbstsicheren Person zu entwickeln. Kopieren und unterzeichnen Sie die folgende Formel, um sie sich daraufhin einzuprägen:

Formel für Selbstbewusstsein

Erstens: Ich weiß, dass ich in der Lage bin, mein konkretes Ziel zu erreichen, daher verlange ich von mir selbst entschiedenes und anhaltendes Handeln, um es zu schaffen.

Zweitens: Mir ist klar, dass meine dominierenden Gedanken sich irgendwann in Handlungen wandeln und sich stufenweise in die physische Realität transformieren. Daher werde ich 30 Minuten täglich an die Person denken, zu der ich werden will, indem ich mir ein entsprechendes mentales Bild vorstelle und dieses durch praktische Arbeit in die Realität umsetze.

Drittens: Ich weiß, dass jedes ständig durch Autosuggestion vorgestellte Anliegen sich irgendwann durch Handlungen in der Realität Ausdruck verschafft. Daher werde ich zehn Minuten täglich der Aufgabe widmen, die Faktoren aus den 16 Lektionen dieses Kurses über das Gesetz des Erfolgs für mich umzusetzen.

Viertens: Ich habe mein konkretes Hauptziel für die kommenden fünf Jahre entworfen und aufgeschrieben. Ich habe für jedes dieser fünf Jahre einen Preis für meine Leistungen festgelegt; einen Preis, den ich zu verdienen und zu erhalten beabsichtige, indem ich stets die Prinzipien effizienter, zufriedenstellender Arbeit anwende, die ich im Voraus leiste.

Fünftens: Ich bin mir bewusst, dass weder Reichtum noch hohe Positionen von langer Dauer sind, es sei denn, ich setze auf Wahrheit und Gerechtigkeit. Daher beteilige ich mich nicht an Aktivitäten, die nicht allen Beteiligten nützen. Ich werde Erfolg haben, indem ich die für mich richtigen Kräfte anziehe und andere Menschen zur Kooperation bewege. Ich werde andere veranlassen, mich zu unterstützen, indem ich zuerst ihnen helfe. Ich werde Hass, Neid, Eifersucht, Selbstsucht und Zynismus aus dem Weg gehen, indem ich Liebe für die gesamte Menschheit entwickle, denn ich weiß, dass eine negative Einstellung gegenüber anderen mir nie Erfolg bescheren wird. Ich werde andere veranlassen, an mich zu glauben, denn ich werde an sie und an mich selbst glauben.

Ich werde meinen Namen unter diese Formel setzen, sie mir einprägen und sie einmal am Tag wiederholen. Dabei werde ich mit ganzem Herzen daran glauben, dass diese Worte mein Leben immer mehr beeinflussen, sodass ich imstande bin, meine Arbeit erfolgreich und froh zu leisten.

Unterzeichnet ....

Bevor Sie Ihren Namen unter diese Formel setzen, garantieren Sie sich selbst, die Anleitungen befolgen zu wollen. Durch diese Worte wirkt ein unergründliches Gesetz. Die Psychologen nennen es das Gesetz der Autosuggestion und belassen es dabei. Behalten Sie eines im Hinterkopf: Was immer dieses Gesetz ist, es funktioniert wirklich!

Ein weiterer, zu bedenkender Punkt ist: Genauso, wie die Elektrizität die Räder der Industrie antreibt und der Menschheit millionenfach dient, oder bei falscher Nutzung Leben auslöschen kann, so wird auch das Prinzip der Autosuggestion Sie entweder den Gipfel von Frieden und Reichtum erklimmen oder in ein Tal des Elends und der Armut hinabsteigen lassen – je nachdem, wie Sie es anwenden. Wenn Sie voller Selbstzweifel sind und nicht daran glauben, ans Ziel zu gelangen, wird die Autosuggestion diesen Unglauben in Ihrem Unterbewusstsein als dominierenden Gedanken verankern und Sie in den Strudel des Versagens hineinziehen. Aber, wenn Sie Ihren Geist mit einem strahlenden Selbstbewusstsein füllen, wird die Autosuggestion diesen Glauben als Ihren dominierenden Gedanken verankern und Ihnen helfen, die Hindernisse auf Ihrem Lebensweg zu meistern, bis Sie den Gipfel des Erfolgs erklimmen.

Die Macht der Gewohnheit

Da ich aus eigener Erfahrung all die Schwierigkeiten derjenigen kenne, die sich schwertun, die Autosuggestion praktisch anzuwenden, will ich Sie kurz mit dem Prinzip der Gewohnheit vertraut machen. Es wird Ihnen helfen, die Autosuggestion einfacher für jeglichen Zweck einzusetzen.

Gewohnheit ergibt sich, wenn man eine Handlung nochmals ausführt oder denselben Gedanken folgt oder dieselben Worte wiederholt. Gewohnheit kann mit der Rille auf einer Phonographenwalze verglichen werden, während der menschliche Geist die Nadel ist, die in diese Rille passt. Sobald sich eine Gewohnheit durch Wiederholung von Gedanken oder Taten verfestigt hat, neigt der Geist dazu, sich an diese zu binden und ihr zu folgen, so wie die Phonographennadel der Rille in der Wachsrolle folgt.

Man baut Gewohnheit auf, indem man wiederholt einen oder mehrere seiner fünf Sinne – Sehen, Hören, Riechen, Tasten und Fühlen – in eine bestimmte Richtung lenkt. Dieses Prinzip der Wiederholung kann eine Sucht hervorrufen. Durch dieses Prinzip wird auch das Verlangen nach einem berauschenden Getränk zur Gewohnheit.

Nachdem die Gewohnheit etabliert wurde, kontrolliert und steuert sie automatisch unsere körperliche Aktivität. Die dahinterstehende Idee kann zu einem mächtigen Faktor bei der Entwicklung von Selbstvertrauen werden. Diese Idee lautet: Aus freien Stücken und wenn nötig mit Nachdruck sollten Sie Ihr Streben und Ihre Gedanken auf eine bestimmte Linie bringen, solange bis Sie eine Gewohnheit entwickelt haben, die Sie erfasst und Ihre Bemühungen weiter auf der einen Linie hält.

Wenn Sie die Formel für Selbstbewusstsein niederschreiben und wiederholen, lautet das Ziel, den Glauben an sich selbst gewohnheitsmäßig zum dominierenden Gedanken in Ihrem Geist zu machen, bis dieser Gedanke durch das Prinzip der Gewohnheit gründlich in Ihrem Unterbewusstsein verankert ist.

Sie haben gelernt zu schreiben, indem Sie wiederholt die Muskeln Ihres Armes und Ihrer Hand entlang gewisser Linien – der Buchstaben – lenkten, bis Sie sich angewöhnten, diesen Linien zu folgen. Nun schreiben Sie leicht und schnell, ohne dabei jeden Buchstaben langsam nachzufahren. Schreiben wurde zu einer Ihrer Gewohnheiten.

Das Prinzip der Gewohnheit wird genauso die Fähigkeiten Ihres Geistes erfassen, wie es die physischen Muskeln Ihres Körpers beeinflussen wird. Dies werden Sie erfahren, indem Sie diese Lektion über Selbstvertrauen anwenden. Jede Aussage, die Sie sich wiederholt vorsagen, oder jedes Bedürfnis, das Sie durch wiederholte Äußerung tief in Ihren Geist einpflanzen, wird letztlich durch Ihre physischen Handlungen einen Ausdruck suchen. Das Prinzip der Gewohnheit ist das Fundament, auf dem diese Lektion über das Selbstvertrauen aufbaut. Wenn Sie diese Anleitungen verstehen und befolgen, werden Sie bald mehr über das Gesetz der Gewohnheit aus eigener Erfahrung wissen, als Ihnen Tausende solcher Lektionen vermitteln könnten.

Ein Zuhause kann man nicht kaufen. Sie können ein Haus kaufen, aber nur ein Lebenspartner kann es zu einem Zuhause machen.

Bisher haben Sie nur eine vage Idee der Möglichkeiten, die in Ihnen schlummern und nur auf die weckende Hand der Vision warten, um Sie aufzurütteln. Sie werden sich diese Möglichkeiten nie besser vorstellen können, sofern Sie nicht genügend Selbstbewusstsein entwickeln, um sie über die alltäglichen Einflüsse Ihrer Umgebung hinauszuheben.

Der menschliche Geist ist eine wundersame, mysteriöse Maschine. Daran wurde ich vor ein paar Monaten erinnert, als ich Emersons Essays in die Hand nahm und seinen Text über die spirituellen Gesetze erneut las. Etwas Seltsames passierte: Ich entdeckte in diesem Essay, den ich schon unzählige Male gelesen hatte, vieles, was mir noch nie vorher aufgefallen war. Ich sah mehr in diesem Essay, als ich während der vorherigen Lektüre bemerkt hatte, denn die Entfaltung meines Geistes seit der letzten Lesung hatte mich auf diese Erkenntnis vorbereitet.

Der menschliche Geist entfaltet sich ständig, wie die Blütenblätter einer Blume, solange bis er sein Maximum erreicht. Worin dieses besteht, wo es aufhört oder ob es überhaupt aufhört, sind unbeantwortbare Fragen, aber der Grad der Entfaltung scheint je nach Individuum und abhängig davon zu variieren, inwieweit es seinen Geist beschäftigt hält. Ein Kopf, der jeden Tag analytisch denkt, scheint sich weiter zu entfalten und größere Kräfte der Interpretation zu gewinnen.

In Louisville, Kentucky, lebt Mr. Lee Cook, ein Mann, dem beide Beine fehlen und der sich auf einem kleinen Wagen herumschieben muss. Trotz der Tatsache, dass Mr. Cook seit der Geburt keine Beine hat, ist er Besitzer eines großen Unternehmens und aus eigenem Antrieb Millionär geworden. Er hat bewiesen, dass ein Mann ohne Beine gut zurechtzukommen vermag, wenn er selbstbewusst ist.

In New York kann man einen starken jungen Mann im Vollbesitz seiner körperlichen und geistigen Kräfte, aber ohne Beine, dabei beobachten, wie er jeden Nachmittag die Fifth Avenue hinabrollt, eine Mütze in der Hand, und sich seinen Lebensunterhalt erbettelt. Geistig ist er vermutlich genauso gesund und denkfähig wie der Durchschnitt. Dieser junge Mann könnte alles so schaffen wie Mr. Cook aus Louisville, wenn er von sich selbst so dächte wie jener.

Henry Ford besitzt Millionen Dollar mehr, als er jemals brauchen wird oder ausgeben kann. Vor nicht allzu vielen Jahren arbeitete er als Arbeiter in einer Werkstatt, mit nur wenig Ausbildung und ohne Kapital. Viele andere Männer, einige cleverer als er, arbeiteten neben ihm. Ford schüttelte die Denkweise der Armut ab, entwickelte Selbstvertrauen, stimmte sich auf den Erfolg ein und erreichte ihn. Seine Kollegen hätte dasselbe tun können, hätten sie so gedacht wie er.

Milo C. Jones aus Wisconsin wurde vor einigen Jahren von einer Lähmung erfasst. So schlimm war dieser Schlaganfall, dass er sich nicht im Bett umdrehen oder einen Muskel in seinem Körper bewegen konnte. Sein physischer Körper war nutzlos, aber mit seinem Gehirn war alles in Ordnung, also machte es sich mit vollem Einsatz an die Arbeit, vermutlich das erste Mal in seinem Leben. Flach auf dem Rücken im Bett liegend, ließ Mr. Jones sein Gehirn ein konkretes Ziel schaffen. Dieses war prosaisch und bescheiden, jedoch konkret und etwas, das er vorher nie verfolgt hatte.

Sein konkretes Ziel bestand darin, Fleischwurst herzustellen. Er rief seine Familie zu sich, erzählte ihr von seinen Plänen und leitete sie an, diese umzusetzen. Ohne weitere Hilfe, abgesehen von einem gesunden Geist und genug Selbstvertrauen, verbreitete Milo C. Jones den Namen und den Ruf von »Little Pig Sausage« über die gesamten Vereinigten Staaten und erwirtschaftete dabei ein Vermögen. All das erreichte er, nachdem es ihm eine Lähmung unmöglich gemacht hatte, mit den Händen zu arbeiten.

Wo der Gedanke herrscht, findet sich auch Macht!

Henry Ford hat Millionen von Dollar verdient und macht weiter jedes Jahr Millionen, denn er glaubte an sich selbst, entwickelte diesen Glauben zu einem konkreten Ziel weiter und untermauerte es mit einem konkreten Plan. Die anderen Mechaniker, die mit ihm während der frühen Tage seiner Karriere zusammengearbeitet haben, folgten keinerlei Visionen, außer der wöchentlichen Lohntüte. Und das war alles, was sie je erhielten. Sie verlangten nichts Außergewöhnliches von sich selbst. Wenn Sie mehr erreichen wollen, stellen Sie sicher, dass Sie mehr von sich verlangen. Bedenken Sie, dass Sie diese Forderung an sich selbst richten!

Dabei fällt mir ein bekanntes Gedicht ein, dessen Autor eine bedeutende psychologische Wahrheit aussprach:

Wenn du denkst, du bist geschlagen, bist du es;
Wenn du denkst, du traust dich nicht, traust du dich nicht;
Wenn du gern gewinnst, aber du glaubst, du kannst es nicht,
Ist es fast sicher, du wirst es nicht.
Wenn du denkst, du wirst verlieren, hast du verloren.
Denn in der Welt sehen wir,
Erfolg beginnt mit dem Willen –
Es ist alles der Zustand des Geistes.

Wenn du glaubst, du bist deklassiert, bist du es –
Du musst hoch von dir denken, um aufzusteigen.
Du musst dir deiner sicher sein, bevor
Du je einen Preis gewinnen kannst.
Die Kämpfe des Lebens werden nicht immer
Vom stärkeren oder schnelleren Menschen entschieden;
Aber früher oder später wird der Gewinner
Derjenige sein, der glaubt, er kann es.

Ein guter Tipp lautet, dieses Gedicht auswendig zu lernen und es als weiteres Werkzeug für Ihr Selbstvertrauen zu nutzen.

Auch in Ihrer mentalen Ausstattung verbirgt sich das »gewisse Etwas«, das Sie, motiviert durch die richtigen Einflüsse, zu außergewöhnlichen Leistungen befähigt. So wie nur ein Meisterspieler einer Geige die zauberhaftesten Melodien entlocken kann, kann auch ein äußerer Einfluss den Geist bewegen, sich dem selbst gewählten Arbeitsbereich zu widmen und darin eine glorreiche Symphonie des Erfolgs zu spielen. Niemand kennt Ihre versteckten Kräfte. Sie selbst ahnen nicht, zu welchen Leistungen Sie fähig sind und werden es nie wissen, bis Sie mit diesem besonderen Stimulus in Berührung kommen, der Sie entschlossener handeln lässt und Ihre Vision verbreitert, Ihr Selbstvertrauen fördert und Sie mit einem tieferen Bedürfnis ausstattet, etwas zu erreichen.

Sie dürfen durchaus erwarten, dass eine Aussage, Idee oder ein stimulierendes Wort dieses Kurses über das Erfolgsgesetz den Anreiz liefert, um Ihr Schicksal neu zu formen und Ihre Gedanken und Energien neu auf einen Pfad auszurichten, der Sie schließlich zu Ihrem angestrebten Lebensziel führt. Es ist seltsam, aber wahr, dass die wichtigsten Wendepunkte des Lebens oft auftreten, wenn man es am wenigsten erwartet. Und dies geschieht auf eine Weise, die man sich kaum hätte vorstellen können.

Ich denke an ein typisches Beispiel, wie die anscheinend unwichtigen Erfahrungen des Lebens sich oft als die wichtigsten von allen erweisen. Dieser Fall, von dem ich berichten werde, zeigt auch, was ein Mensch zu erreichen vermag, der aufwacht und begreift, wie wichtig Selbstvertrauen ist. Der Vorfall, auf den ich mich beziehe, passierte in Chicago, während ich mit der Charakteranalyse beschäftigt war. Eines Tages stand ein Obdachloser in meinem Büro und bat um ein Vorstellungsgespräch. Als ich von meiner Arbeit aufsah und ihn begrüßte, sagte er: »Ich wollte den Mann sehen, der dieses kleine Buch geschrieben hat«, während er aus seiner Tasche mein viele Jahre zuvor geschriebenes Buch mit dem Titel *Selbstvertrauen* holte. »Es muss die Hand des Schicksals gewesen sein«, fuhr er fort, »die dieses Buch gestern Nachmittag in meine Tasche rutschen ließ, denn ich war kurz davor, da rauszugehen und ein Loch in den Lake Michigan zu schlagen. Ich war zu dem Schluss gekommen, dass alles und jeder, inklusive Gott, mir eins auswischen wollte, bis ich dieses Werk las, und es gab mir eine neue Perspektive, den Mut und die Hoffnung, die mich durch die Nacht brachten. Ich setzte mir in den Kopf, wenn ich den Mann treffen würde, der dieses Buch geschrieben hat, könnte er mir helfen, wieder auf die Beine zu kommen. Nun, hier bin ich, und ich würde gerne wissen, was Sie für einen Mann wie mich tun können.«

> Der einzige Mensch, der keine Fehler macht, ist derjenige, der niemals etwas tut. Habe keine Angst vor Fehlern, vorausgesetzt, du machst nicht denselben zweimal.
>
> ROOSEVELT

Während er redete, hatte ich ihn von Kopf bis Fuß betrachtet, und ich gebe offen zu, dass ich tief in meinem Herzen bezweifelte, etwas für ihn tun zu können. Aber ich wollte es ihm nicht sagen. Das glasige Starren seiner Augen, die Falten der Entmutigung in seinem Gesicht, seine Körperhaltung, der Zehntagebart und seine nervöse Art überzeugten mich, dass er hoffnungslos war. Doch ich hatte nicht den Mut, es ihm zu sagen, daher bat ich ihn, sich zu setzen und mir seine ganze Geschichte zu erzählen. Ich forderte ihn auf, absolut offen zu sein, und mir so genau wie möglich zu schildern, wie er so tief sinken konnte. Ich versprach, ihm zu sagen, ob ich ihm irgendwie helfen könnte.

Er erzählte seine Geschichte in allen Details, und die Zusammenfassung lautet etwa: Er hatte sein gesamtes Vermögen in ein kleines Herstellungsunternehmen gesteckt. Als der Krieg 1914 begann, war es unmöglich für ihn, die benötigten Rohmaterialien zu bekommen, um seine Fabrik zu betreiben, und so scheiterte er. Der Verlust seines Geldes brach ihm das Herz und verstörte ihn geistig so stark, dass er seine Frau und Kinder verließ und ein Landstreicher wurde. Er hatte tatsächlich so lange über seinen Verlust nachgebrütet, bis er an Selbstmord dachte.

Nachdem er seine Geschichte beendet hatte, sagte ich zu ihm: »Ich habe Ihnen mit großem Interesse zugehört und wünschte, ich könnte Ihnen irgendwie helfen, aber da gibt es absolut nichts.« Er wurde so blass, wie er eines Tages im Sarg liegen würde, lehnte sich in seinem Stuhl zurück und ließ das Kinn auf die Brust sacken, als wolle er sagen: »Das war's dann wohl.« Ich wartete ein paar Sekunden, dann meinte ich: »Ich kann vielleicht nichts für Sie tun, aber es gibt einen Mann in diesem Gebäude, den ich Ihnen vorstellen werde, wenn Sie wollen, der Ihnen helfen kann, Ihr verlorenes Vermögen zurückzugewinnen und wieder auf die Beine zu kommen.« Diese Worte waren kaum von meinen Lippen gepurzelt, als er aufsprang, mich bei den Händen fasste und sagte: »Um Gottes willen, führen Sie mich zu diesem Mann.«

Ich fand es ermutigend, dass er ein »um Gottes willen« eingefügt hatte. Dies deutete darauf hin, dass es immer noch ein Fünkchen Hoffnung in seiner Brust gab. Also nahm ich ihn am Arm und führte ihn ins Labor, wo meine psychologischen Tests für die Charakteranalyse stattfanden, und stellte ihn vor eine Art Vorhang vor einer Tür. Ich zog den Vorhang zur Seite und enthüllte einen großen Spiegel, in dem er sich selbst von Kopf bis Fuß sah. Ich zeigte mit dem Finger auf das Spiegelglas und sagte: »Dort steht der Mann, den ich Ihnen vorstellen möchte. Dort ist der einzige Mann in dieser Welt, der Ihnen wieder auf die Beine helfen kann. Und wenn Sie sich nicht setzen und sich mit diesem Mann vertraut machen, so wie Sie ihn noch nie kennengelernt haben, können Sie auch hingehen und ein Loch in den Lake Michigan schlagen. Denn Sie werden weder einen Wert für sich selbst noch für die Welt haben, bevor Sie diesen Mann besser kennen.«

Er trat ans Glas, rieb die Hände über das bärtige Gesicht, studierte sich selbst einen Moment von Kopf bis Fuß, dann trat er zurück, ließ den Kopf hängen und weinte. Ich wusste, die Lektion war angekommen, also führte ich ihn zum Aufzug und verabschiedete mich von ihm. Ich rechnete nicht damit, ihn wiederzusehen, und bezweifelte, dass diese Lektion ausreichte, damit er seinen Platz in der Welt zurückerobern konnte. Denn er schien zu tief gestürzt, um noch der Erlösung fähig zu sein. Er war offensichtlich nicht nur ganz unten, sondern schon außerhalb der Gesellschaft.

Ein paar Tage später traf ich diesen Mann auf der Straße. Seine Verwandlung war so komplett, dass ich ihn fast nicht erkannte. Er ging flotten Schrittes, den Kopf hoch erhoben. Die frühere unruhige, nervöse Haltung seines Körpers war verflogen. Von Kopf bis Fuß war er neu eingekleidet. Er sah wohlhabend aus und benahm sich auch so. Er hielt mich an und erzählte mir, was passiert war, um diese schnelle Verwandlung zu bewirken, von einem Zustand des totalen Versagens zu Hoffnung und Verheißung: »Ich war gerade auf meinem Weg zu Ihrem Büro«, erklärte er, »um Ihnen die guten Neuigkeiten zu bringen. Ich ging am selben Tag, als ich in Ihrem Büro war, auf die Suche, ein heruntergekommener Obdachloser. Trotz meines Aussehens schaffte ich es, ergatterte einen Job mit einem Gehalt von 3.000 Dollar im Jahr. Stellen Sie sich das vor, Mann, 3.000 Dollar im Jahr! Und mein Arbeitgeber schoss mir genug Geld vor, um neue Kleidung zu kaufen, wie Sie sehen. Er hat mir auch Geld vorgestreckt, um welches an meine Familie nach Hause zu schicken, und so bin ich wieder zurück auf der Straße zum Erfolg. Es scheint wie ein Traum, wenn ich bedenke, dass ich nur vor ein paar Tagen alle Hoffnung, den Glauben und den Mut verloren hatte und tatsächlich über Selbstmord nachdachte.

Ich wollte kommen und Ihnen sagen, dass ich Sie eines Tages, wenn Sie mich am wenigsten erwarten, nochmals besuchen werde. Und dann werde ich ein erfolgreicher Mann sein. Ich werde einen Scheck mitbringen, blanko unterschrieben und an Sie auszahlbar, und Sie können den Betrag einsetzen. Denn Sie haben mich vor mir selbst gerettet, indem Sie mich mir selbst vorgestellt haben – dem Selbst, das ich nie kannte, bis Sie mich vor den Spiegel stellten und mir mein wirkliches Ich zeigten.«

Als der Mann sich umdrehte und durch die belebten Straßen Chicagos davonging, sah ich zum ersten Mal in meinem Leben, welche Stärke, Kraft und Möglichkeiten sich im Geist eines Menschen verbergen, der nie den Wert der Eigenständigkeit entdeckt hat. In diesem Moment wurde mir klar, dass ich auch vor demselben Spiegel stehen und anklagend mit dem Finger auf mich selbst zeigen würde, weil ich nicht die Lektion gelernt hatte, die ich einen anderen gelehrt hatte. Ich stand vor demselben Spiegel und nahm mir fest vor, als meinen konkreten Zweck im Leben Männern und Frauen zu helfen, die in ihnen schlummernden Kräfte zu wecken. Das Buch, das Sie in Händen halten, beweist, dass mein konkreter Zweck sich erfüllt.

Der Mann, dessen Geschichte ich weitergegeben habe, ist heute der Präsident eines der größten und erfolgreichsten Konzerne seiner Branche in Amerika, mit einem Geschäftsbereich, der sich von Küste zu Küste und von Kanada bis nach Mexiko erstreckt.

Kurze Zeit nach dem eben geschilderten Vorfall kam eine Frau zur persönlichen Analyse in mein Büro. Sie war damals Lehrerin an einer öffentlichen Schule in Chicago. Ich gab ihr einen Analysefragebogen und bat sie, ihn auszufüllen. Sie bearbeitete diesen eine Zeit lang, aber als sie ein paar

Minuten später an meinen Tisch trat, gab sie mir den Fragebogen zurück und sagte: »Ich glaube nicht, dass ich das ausfüllen werde.« Ich fragte sie, wieso sie dies beschlossen hatte, und sie erwiderte: »Um ganz ehrlich zu sein, eine Ihrer Fragen bringt mich zum Nachdenken, und ich weiß jetzt, was mit mir nicht stimmt. Daher finde ich es unnötig, Ihnen eine Gebühr dafür zu zahlen, dass Sie mich analysieren.« Damit ging die Frau, und ich hörte zwei Jahre lang nicht mehr von ihr. Sie ging nach New York City, wurde Werbetexterin für eine der größten Agenturen im Land, und als sie mir schrieb, betrug ihr Einkommen 10.000 Dollar im Jahr.

Diese Frau schickte mir einen Scheck, um meine Analysekosten zu bezahlen, denn sie hatte das Gefühl, diese Gebühr stünde mir zu, auch wenn ich ihr nicht den üblichen Service für meine Klienten geboten hatte. Niemand kann vorhersagen, welcher anscheinend unbedeutende Vorfall zu einem wichtigen Wendepunkt in der eigenen Laufbahn führen kann, aber mit Sicherheit erkennen Menschen mit Selbstvertrauen diese »Wendepunkte« leichter.

Die Menschheit erleidet unwiederbringliche Verluste, weil vielen nicht die konkrete Methode bekannt ist, wie sie als Person von durchschnittlicher Intelligenz Selbstvertrauen entwickeln können. Was für ein unermesslicher Verlust für die Zivilisation, dass junge Männer und Frauen nicht lernen, Selbstvertrauen zu entwickeln, bevor sie ihre Schulausbildung beenden. Denn niemand, dem der Glauben an sich selbst fehlt, ist im vollen Wortsinn gebildet.

Welche Ehre und Befriedigung wäre das Erbe desjenigen, der den Vorhang der Angst, der die Menschen einhüllt und das Sonnenlicht des Verstehens und des Selbstvertrauens aussperrt, beiseiteschiebt.

Wo die Angst herrscht, wird jede bedeutende Leistung verhindert. Diese Erkenntnis ruft die Definition eines großen Philosophen von Angst in Erinnerung: »Angst ist der Kerker des Geistes, in den er rennt und sich versteckt und Abgeschiedenheit sucht. Angst fördert Aberglauben, und Aberglauben ist der Dolch, mit dem die Heuchelei die Seele tötet.«

> Liebe, Schönheit, Freude und Anbetung werden auf immer die Fundamente der Seele jedes Menschen aufbauen, einreißen und neu bauen.

Vor der Schreibmaschine, auf der ich das Manuskript für diesen Kurs schreibe, hängt ein Schild mit den folgenden Worten in großen Buchstaben: »Tag für Tag werde ich in jeder Hinsicht erfolgreicher.« Ein Skeptiker, der dies las, fragte, ob ich »das Zeug« glaube, und ich erwiderte: »Natürlich nicht. Alles, was es je für mich tat, war, mir zu helfen, aus der Kohlemine zu kommen, wo ich als Arbeiter anfing, und einen Platz in der Welt zu finden, wo ich mehr als 100.000 Menschen dienen kann, in deren Geist ich die positiven Gedanken pflanze, die dieses Schild betont. Wieso sollte ich also daran glauben?«

Als dieser Mann sich anschickte, zu gehen, sagte er: »Nun, vielleicht ist doch etwas an dieser Philosophie dran, denn ich hatte immer Angst davor, ein Versager zu sein, und bisher haben sich alle meine Ängste vollständig realisiert.«

Sie verdammen sich zu Armut, Elend und Fehlschlag oder Sie treiben sich zu den Gipfeln großer Leistungen, allein durch Ihre Gedanken. Wenn Sie Erfolg von sich verlangen und dieses Verlangen untermauern, indem Sie überlegt zur Tat schreiten, werden Sie sicher gewinnen. Bedenken Sie aber, dass es ein Unterschied ist, ob man Erfolg einfordert oder sich nur wünscht. Sie sollten herausfinden, was der Unterschied ist und ihn sich zunutze machen.

Erinnern Sie sich daran, was die Bibel (im Evangelium nach Matthäus) über diejenigen sagt, deren Glauben so groß wie ein Senfkorn ist? Beginnen Sie, Selbstvertrauen mit mindestens einem ebensolchen Glauben, wenn nicht mehr, zu entwickeln. Es sollte Ihnen egal sein, »was die anderen sagen«, denn Sie sollten wissen, dass »die anderen« Ihnen wenig helfen werden, wenn Sie auf dem Weg zu Ihrem konkreten Ziel den Berg des Lebens erklimmen. Sie finden in sich alle nötige Kraft, um zu erreichen, was immer Sie in der Welt wollen oder brauchen. Und die beste Art, diese Kraft zu nutzen, ist, an sich selbst zu glauben.

»Kenne dich selbst, Mensch. Kenne dich selbst.« Das war der Ratschlag der Philosophen durch die Zeitalter hinweg. Wenn man sich wirklich selbst kennt, weiß man, dass es nicht töricht ist, ein Schild vor sich zu hängen, auf dem steht: »Tag für Tag werde ich in jeder Hinsicht erfolgreicher«, mit einer Entschuldigung in Richtung des Franzosen, der dieses Motto populär machte. Ich habe keine Hemmungen, diese Art der Suggestion vor meinen Schreibtisch zu hängen, und präziser ausgedrückt, bezweifle ich nicht, dass es mir hilft, positiver und durchsetzungsfähiger zu werden.

Vor über 25 Jahren lernte ich meine erste Lektion darüber, Selbstbewusstsein aufzubauen. Eines Nachts saß ich vor einem offenen Kamin und hörte mir eine Unterhaltung zwischen einigen älteren Männern über das Thema Kapital und Arbeit an. Ohne Einladung brachte ich mich in ihr Gespräch ein und sagte etwas darüber, dass Arbeitgeber und Angestellte ihre Differenzen auf Basis der Goldenen Regel beilegen sollten. Meine Bemerkung erregte die Aufmerksamkeit eines der Männer, der sich mir überrascht zuwandte und meinte: »Nicht schlecht, Sie sind ein kluger junger Mann, und wenn Sie eine ordentliche Ausbildung genießen, werden Sie Eindruck in der Welt machen.«

Diese Bemerkung fiel auf »hellhörige« Ohren, auch wenn es das erste Mal war, dass irgendwer mich je als schlau bezeichnet oder geäußert hatte, ich könne irgendetwas Wertvolles im Leben leisten. Die Bemerkung brachte mich zum Nachdenken, und je mehr ich mir erlaubte, darüber nachzusinnen, desto sicherer wurde ich mir der Verheißung in dieser Aussage. Eines steht fest: Welchen Dienst auch immer ich der Welt erweise und wie viel Gutes ich vollbringe – es kann dieser beiläufigen Bemerkung zugeschrieben werden.

Suggestionen wie diese sind oft mächtig, und das umso mehr, wenn sie absichtlich erfolgen oder von einem selbst ausgehen. Gehen Sie nun zurück zur Formel für Selbstbewusstsein und verinnerlichen Sie diese, denn sie wird Sie in das »Kraftwerk« Ihres eigenen Geistes führen, wo Sie eine Energie anzapfen können, die Sie die Leiter bis zum Erfolg hinaufzutragen vermag.

Andere werden nur an Sie glauben, wenn Sie selbst an sich glauben. Sie werden sich auf Ihre Gedanken »einstellen« und Ihnen gegenüber so empfinden, wie Sie gegenüber sich selbst empfinden. Das Gesetz der mentalen Telepathie sorgt dafür. Sie senden ständig aus, was Sie von sich denken, und wenn Sie nicht an sich selbst glauben, werden andere die Vibrationen Ihrer Gedanken aufnehmen und sie für ihre eigenen halten. Wenn Sie einmal das Gesetz der mentalen Telepathie verstehen, werden Sie wissen, wieso Selbstvertrauen das zweite der 15 Gesetze des Erfolgs ist.

Ein Wort der Warnung: Sie sollten den Unterschied kennen zwischen Selbstvertrauen, das auf gründlicher Kenntnis darüber basiert, was Sie wissen und wozu Sie imstande sind, und Selbstgefälligkeit, die nur daher rührt, was Sie sich zu wissen oder zu können wünschen. Lernen Sie den Unterschied zwischen diesen beiden Begriffen oder Sie werden langweilig, lächerlich und nervig für Menschen, die über Kultur und Bildung verfügen. Selbstvertrauen ist etwas, das Sie nie verkünden oder hinausposaunen, sondern nur verbreiten sollten, indem Sie auf intelligente Weise konstruktive Arbeit leisten.

Ihr Selbstvertrauen werden alle um Sie herum bemerken. Lassen Sie sie es selbst entdecken. Sie werden stolz auf ihr Feingefühl sein, weil sie es beobachtet haben, und Sie werden nicht als selbstgefällig gelten. Einer egoistischen Person bieten sich selten Gelegenheiten, stattdessen erntet sie Spott und hässliche Bemerkungen. Chancen zieht eher das Selbstvertrauen und nicht die Selbstgefälligkeit an. Eigenlob ist nie ein angemessener Maßstab für Selbstvertrauen. Das sollten Sie im Gedächtnis behalten und Ihr Selbstvertrauen nur durch die Sprache Ihrer konstruktiven Leistungen sprechen lassen, ohne viel Getöse oder Protzerei.

Selbstvertrauen ist das Produkt von Wissen. Sie sollten sich selbst kennen und einschätzen können, wie viel (oder wenig) Sie wissen, wieso Sie es wissen und wie Sie es einsetzen werden. »Angeber« bekommen die Rechnung dafür, also tun Sie nicht so, als wüssten Sie mehr, als es tatsächlich der Fall ist. Sie müssen nichts vorspielen, denn jede gebildete Person wird Sie genau einschätzen können, wenn Sie sie drei Minuten reden gehört hat. Wer Sie wirklich sind, wird so laut vernehmlich sein, dass Ihre »Behauptungen« übergangen werden.

Sofern Sie diese Warnung beachten, könnten die letzten Seiten dieser Lektion zu einem der wichtigsten Wendepunkte in Ihrem Leben werden.

Glauben Sie an sich selbst, aber sagen Sie der Welt nicht, was Sie zu tun imstande sind – ZEIGEN SIE ES!

Sie sind nun bereit für Lektion 4, die Sie die nächste Stufe der Erfolgsleiter hinaufführen wird.

UNZUFRIEDENHEIT

EINE NACHBEREITUNG DER LEKTION

> Der Schöpfer steht am Eingangstor des Lebens und schreibt »Armer Narr« auf die Stirn des Weisen und »Armer Sünder« auf die Stirn des Heiligen.

Das größte Mysterium des Universums ist das Leben! Wir kommen ohne unsere Zustimmung hierher und wissen nicht woher! Wir gehen ohne unsere Zustimmung und wissen nicht wohin! Wir versuchen ewig, dieses große Rätsel des »LEBENS« zu lösen, doch zu welchem Zweck und Ziel?

Dass wir aus einem bestimmten Grund auf dieser Erde sind, wird niemand anzweifeln. Ist es nicht möglich, dass die Macht, die uns hierherbringt, auch für uns sorgt, wenn wir die Grenze zum Jenseits überschreiten?

Sollten wir es nicht der Weisheit des Schöpfers, der uns auf die Erde gesetzt hat, überlassen, was mit uns nach dem Tod zu geschehen hat? Oder sollten wir uns die Intelligenz und die Fähigkeiten aneignen, unser künftiges Leben selbst zu kontrollieren? Wäre es nicht denkbar, mit dem Schöpfer klug zu kooperieren, indem wir auf dieser Erde anständig miteinander umgehen und während dieses Lebens alles nur erdenklich Gute tun, und das Jenseits demjenigen überlassen, der vermutlich weiß – besser als wir –, was für uns das Beste ist?

Von der Geburt bis zum Tod streckt sich der Geist immer nach dem, was er nicht besitzt.

Das kleine Kind, das auf dem Boden mit seinen Spielsachen spielt, sieht ein anderes Kind mit einem anderen Spielzeug und will es sofort in die Finger kriegen.

Das weibliche (erwachsene) Kind glaubt, dass die Kleidung einer anderen Frau ihr besser steht als ihre eigene und versucht, den Stil nachzuahmen.

Das männliche (erwachsene) Kind sieht einen anderen Mann mit einer größeren Sammlung an Eisenbahnen oder Banken oder Hab und Gut und sagt sich: »Welch Glück! Welch Glück! Wie kann ich an seinen Besitz kommen?«

F. W. Woolworth, der König der 5- und 10-Cent-Läden, stand in der Fifth Avenue in New York City, blickte das große Metropolitan-Gebäude hinauf und sagte: »Wie wunderbar! Ich werde eines bauen, das viel größer ist.« Die krönende Leistung seines Lebens wurde am Woolworth-Gebäude gemessen. Dieses dient als vergängliches Symbol der Natur des Menschen, die Leistung anderer übertreffen zu wollen. EIN MONUMENT DER EITELKEIT DES MENSCHEN, MIT KAUM EINER ANDEREN DASEINSBERECHTIGUNG!

Der kleine zerlumpte Zeitungsjunge steht mit offenem Mund an einem Straßenstand und beneidet den Geschäftsmann, während der seinen Wagen am Randstein startet. Dann rennt er ins Büro. »Wie glücklich wäre ich«, sagt sich der Zeitungsjunge, »wenn ich eine ›Lizzie‹ hätte.«

Und der Geschäftsmann, der an seinem Schreibtisch sitzt, denkt sich, wie glücklich er wäre, wenn er seinem bereits dicken Bankkonto eine weitere Million Dollar hinzufügen könnte.

Das Gras auf der anderen Seite des Zauns ist immer saftiger, sagt der Esel, während er den Hals reckt, um heranzukommen.

Schicken Sie eine Gruppe Jungen auf eine Apfelplantage, und sie werden die guten, reifen Äpfel auf dem Boden übersehen. Die roten, saftigen, die gefährlich weit oben in den Bäumen hängen, sehen viel verlockender aus, und rauf geht es auf den Baum.

Der verheiratete Mann wirft den geschmackvoll gekleideten Damen auf der Straße einen verstohlenen Blick hinterher und denkt sich, wie glücklich er wäre, wenn seine Frau genauso hübsch wäre wie sie. Vielleicht ist sie viel attraktiver, aber er übersieht es, denn »das Gras ist immer saftiger auf der anderen Seite des Zauns«. Die meisten Scheidungen ergeben sich aus der Neigung des Mannes, über den Zaun auf die Weide des Nachbarn zu klettern.

Das Glück scheint immer hinter der nächsten Kurve zu sein, stets in Sicht, aber beständig außer Reichweite. Das Leben ist nie vollständig, egal was oder wie viel wir besitzen. Ein Ding verlangt allzeit nach etwas anderem, das dazu passt. Die Dame des Hauses kauft einen hübschen Hut. Sie braucht noch ein passendes Kleid. Das erfordert auch neue Schuhe, Strümpfe, Handschuhe und andere Accessoires, die zu einer hohen Rechnung führen, welche die Mittel ihres Ehemanns übersteigt.

Der Mann verlangt nach einem Zuhause – bloß ein einfaches kleines Haus am Rand des Waldes. Er baut es, aber es ist nicht vollständig; er braucht noch Büsche und Blumen und Gartengestaltung. Aber noch immer ist es nicht komplett; er braucht einen schönen Zaun außenherum, mit einer Kiesauffahrt. Dies erfordert dann ein Automobil und eine Garage, um alles abzustellen. All diese kleinen Details wurden hinzugefügt, aber es hilft nichts! Nun ist das Haus zu klein. Er begehrt eines mit mehr Zimmern. Das Ford Coupé muss durch eine Cadillac-Limousine ersetzt werden, damit genug Platz vorhanden ist, um mit Gesellschaft aufs Land zu fahren.

Und diese Geschichte geht ewig so weiter!

Das Gehalt eines jungen Mannes reicht aus, um ihm und seiner Familie ein angenehmes Leben zu sichern. Dann kommen eine Beförderung und eine Gehaltserhöhung um ein paar tausend Dollar im Jahr. Nimmt er die zusätzlichen tausend Dollar, um sie auf ein Sparbuch zu legen und weiter so zu leben wie bisher? Nichts dergleichen. Sofort muss er das alte Auto gegen ein neues tauschen. Eine Veranda muss an das Haus angebaut werden. Die Frau braucht neue Garderobe. Der Tisch muss mit besseren und mehr Speisen bestückt werden. (Eine Runde Mitleid mit seinem armen, grummelnden Magen.) Ist er am Ende des Jahres zufrieden mit seiner Gehaltserhöhung? Nichts dergleichen! Je mehr er bekommt, desto mehr will er haben, und die Regel gilt genauso für den Millionär wie für den, der ein paar Tausender besitzt.

Ein junger Mann sucht sich ein Mädchen und glaubt, ohne sie nicht leben zu können. Als er dann mit ihr zusammen ist, ist er nicht sicher, ob er mit ihr leben kann. Wenn ein Mann ein Junggeselle bleibt, fragt er sich, wieso er so dumm ist, sich die Freuden der Ehe zu versagen. Wenn er heiratet, grübelt er, wie sie es geschafft hat, ihn in einem Moment der Unachtsamkeit zu erwischen und »einzufangen«. Und die Götter des Schicksals rufen: »Oh, Narr! Du bist verdammt, wenn du es TUST, und du bist verdammt, wenn du es NICHT TUST.«

An jeder Kreuzung des Lebens stehen die Gnome der Unzufriedenheit in den Schatten mit einem spöttischen Grinsen auf dem Gesicht und rufen: »Geh deinen eigenen Weg! Wir kriegen dich am Ende doch!«

Irgendwann ist der Mensch desillusioniert und lernt, dass Glück und Zufriedenheit nicht von dieser Welt sind. Dann beginnt er die Suche nach dem Passwort, das ihm die Tür zu einer fremden Welt öffnet. Sicher wartet auf der anderen Seite der Tür zum Jenseits das Glück auf ihn. In Verzweiflung wendet sich sein ermattetes, sorgenzerfressenes Herz der Religion zu, um Hoffnung und Ermunterung zu erhalten. Aber sein Ärger beginnt erst! »Komm in unser Zelt und akzeptiere unseren Glauben«, wirbt die eine Sekte, »und du wirst nach dem Tod direkt in den Himmel fahren.« Der Arme zögert, sieht sich um und hört zu. Dann vernimmt er den Ruf einer anderen Religion, deren Anführer verkündet: »Bleib dem anderen Lager fern oder du wirst direkt zur Hölle fahren! Sie spritzen dir nur Wasser auf den Kopf, aber wir tauchen dich ganz unter und sichern dir damit freies Geleit in das gelobte Land.« Inmitten dieser sektiererischen Behauptungen und Gegenbehauptungen bleibt der arme Mensch unentschlossen. Er weiß nicht, ob er sich hierhin oder dorthin wenden soll, er fragt sich, welche Religion ihm das sicherste Geleit gibt, so lange, bis die Hoffnung schwindet.

> *»Als ich jünger war, frequentierte ich begeistert*
> *Ärzte und Heilige und hörte großartige Argumente*
> *Für dies und das; aber jedes Mal*
> *Kam ich durch dieselbe Tür wieder heraus, durch die ich hineinging.«*

Immer suchend, aber nie findend – so verläuft der Kampf des Menschen um Glück und Zufriedenheit. Er versucht es mit einer Religion nach der anderen, um sich schließlich der »Großen Kirche« anzuschließen, welche die Welt die »Verdammten« nennt. Sein Geist wird zum ewigen Fragezeichen, er sucht hier und dort nach einer Antwort auf die Fragen »Woher und wohin?«

»Die weltliche Hoffnung, auf die Männer ihre Herzen gründen,
Wird zu Asche – oder sie gedeiht; und ist sogleich,
Wie Schnee auf dem staubigen Angesicht der Wüste,
Erhellt eine Stunde, bevor sie vergeht.«

Das Leben ist ein ewiges Fragezeichen! Was wir am meisten wünschen, ist Gegenstand der fernen Zukunft. Unsere Macht, es zu erhalten, hinkt unserer Macht zu BEGEHREN immer ein Jahrzehnt hinterher. Und wenn wir das Ersehnte erreichen, wollen wir es nicht mehr!

Klug ist die junge Frau, die diese große Wahrheit lernt und ihren Liebhaber immer im Unklaren und in der Defensive lässt, damit er fürchtet, sie zu verlieren.

Unser Lieblingsschriftsteller ist ein Held und ein Genie, bis wir ihn persönlich kennenlernen und die traurige Wahrheit erfahren: Er ist nur ein Mensch. »Wie oft müssen wir diese Lektion lernen? Menschen interessieren uns nicht mehr, wenn wir ihre Einschränkungen kennen. Die einzige Sünde ist die Beschränkung. Sobald man die Grenzen eines Menschen kennt, ist es aus mit ihm.« – Emerson

Wie wunderschön ist der Berg dort in der Ferne, aber sobald wir näher kommen, stellen wir fest, dass er nicht mehr ist als eine erbärmliche Ansammlung von Steinen, Dreck und Bäumen. Auf dieser Wahrheit basiert das bekannte Sprichwort: »Aus Vertrautheit erwächst Ablehnung.«

Schönheit, Glück und Zufriedenheit sind Geisteszustände. Wir können sie nur aus der Ferne genießen. Das schönste Gemälde von Rembrandt wird zu einem bloßen Schmierfleck an Farbe, wenn wir ihm zu nahe kommen.

Zerstören Sie die Hoffnung der unvollendeten Träume im Herzen eines Menschen und er ist am Ende. In dem Moment, in dem jemand seine Vision künftiger Leistungen nicht mehr wertschätzt, ist er erledigt. Die Natur hat den Menschen so angelegt, dass er das größte und einzige andauernde Glück empfindet, wenn er einem Objekt nachjagt. Vorfreude ist süßer als die Verwirklichung. Das, was direkt vor uns liegt, befriedigt uns nicht. Die einzige dauerhafte Zufriedenheit erlangt die Person, die in ihrem Herzen die HOFFNUNG auf eine künftige Leistung am Leben erhält. Wenn diese Hoffnung stirbt, ist dies das ENDE des menschlichen Herzens.

Der größte Widerspruch des Lebens besteht darin, dass das meiste, was wir glauben, nicht wahr ist. Russel Conwell verfasste die bekannteste Vorlesung in englischer Sprache darüber. Er nannte sie »Felder voller Diamanten«. Die Kernidee des Vortrags lautete, dass man nicht in der Ferne nach Chancen suchen muss. Diese Möglichkeiten können uns so nahe sein wie die eigene Geburt. Vielleicht! Aber, wie viele Menschen glauben daran?

Chancen können wir dort finden, wo wir wirklich danach suchen - und nirgendwo sonst! Für die meisten Menschen wirkt das Gras auf der anderen Seite des Zauns grüner. Wie vergeblich, jemanden zu drängen, in der kleinen Heimatstadt sein Glück zu machen, wenn es in der Natur des Menschen liegt, woanders nach Chancen zu suchen.

Machen Sie sich keine Gedanken, weil das Gras auf der anderen Seite das Zauns saftiger aussieht. Die Natur hat es so gewollt. Somit lockt sie uns und treibt uns zu WACHSTUM DURCH KAMPF als lebenslange Aufgabe.

Einige moderne »Wunder«

Manche Menschen bezweifeln die Authentizität der Bibel, denn sie glauben, wenn man vor über 2.000 Jahren Wunder vollbringen konnte, vor dem Aufkommen der Wissenschaft, als die Welt noch in Unwissenheit und Aberglauben gefangen war, sollten sie heute genauso leicht zu vollbringen sein. Ich habe die Bibel sorgfältig gelesen, einige Teile davon mehrmals, und ich bin überzeugt, dass sie keinen Bericht über irgendein angebliches Wunder enthält, das in den letzten 70 Jahren im offenen Lichtschein der Wissenschaft nicht mehr als übertroffen wurde. Darüber hinaus sind die heutigen modernen »Wunder« zu analysieren und zu beweisen. Jedes über zwölf Jahre alte Kind von durchschnittlicher Intelligenz versteht die heutigen »Wunder«. Daher beschäftige ich mich hier mit diesen modernen »Offenbarungen« durch den Glauben.

DAS GRÖSSTE ALLER WUNDER IST GLAUBEN.

Dies ist ein wunderbares Zeitalter! Es ist ein Zeitalter der beweisbaren Wunder. Im Folgenden seien die modernen »Wunder« aufgezählt, die mich am meisten beeindruckt haben:

Das Wunder, das Edison vollbrachte, als er nach Tausenden Fehlschlägen der Natur das Geheimnis abtrotzte, mit dem die menschliche Stimme auf einer Wachsrolle aufgezeichnet und perfekt wiedergegeben wurde. Das Wunder wurde durch Edisons GLAUBEN bewirkt! Er hatte kein Vorbild. Keine andere Person hatte je ein solches »Wunder« vollbracht, soweit es der Zivilisation bekannt ist.

Erstaunlich bei diesem »Wunder« ist, dass Edison von Beginn an mit dem rudimentären Prinzip und dem mechanischen Apparat experimentierte, der das Geheimnis der Sprechmaschine später enthüllte. Das Prinzip war Vibration, und der Apparat war eine auf einem Zylinder rotierende Röhre aus Wachs, wobei der Zylinder mit einer Nadelspitze verbunden war. Nichts als der Glaube konnte dem Erfinder ermöglicht haben, so nahe an der Quelle des gesuchten Geheimnisses zu beginnen, und nichts als der Glaube vermochte ihm die Ausdauer zu schenken, mit seinen Experimenten über mehr als 10.000 »Fehlschläge« lang fortzufahren.

Der Glaube ermöglichte Edison, sich auf die Aufgabe zu konzentrieren, die ihn durch viele Tausend Fehlschläge führte, bevor er die Glühbirne schuf, mit der er die als Elektrizität bezeichnete Energie nutzbar machte, um die Welt zu erleuchten.

Zudem war es der Glaube, der Edison befähigte, seine Experimente mit dem Kinematografen fortzusetzen, bis sich das »Wunder« ereignete, das er sich zu Beginn seiner Arbeit sicher vorgestellt hatte.

Ferner war es der Glaube, der die Wright-Brüder jahrelang gefährliche Experimente durchführen ließ, bevor sie die Lüfte eroberten und eine Maschine schufen, die schneller und ausdauernder als der flinkste Vogel war.

Auch war es der Glaube, der Lee DeForest durch Jahre des anscheinend fruchtlosen Kampfes antrieb, bevor er den Apparat perfektionierte, mit dem der Mensch sich heute »einschaltet« und eine Stimme im Sekundenbruchteil um die Welt schickt. Dieses Gerät nutzt eine Energie, die zu der Zeit, als die Bibel geschrieben und »Wunder« erzählt wurden, unbekannt war.

Darüber hinaus war es der Glaube, der Christoph Kolumbus bewog, ein nicht kartografiertes Meer auf der Suche nach einem unbekannten Land zu befahren, das nur in seiner eigenen Vorstellung existierte. Angesichts der zerbrechlichen kleinen Segelschiffe, in denen er auf die gewaltige Reise ging, muss sein Glaube ihm ermöglicht haben, das angesteuerte Objekt bereits vor dem Start als erfüllt zu sehen.

Es war der Glaube, der Kopernikus dazu brachte, den Teil des Universums zu »sehen«, den das menschliche Auge bis dahin nie erfasst hatte. Zu seiner Zeit konnten solche Offenbarungen, die er durch seinen Glauben und seine primitive mechanische Ausrüstung demonstrierte, seine Hinrichtung bedeuten. Schließlich verneinten seine Zeitgenossen die Existenz von Sternen, abgesehen von denen, die sie mit bloßem Auge sahen.

Ferner motivierte der Glaube Joseph Smith, Bruchstücke einer Zivilisation zu präsentieren, die den amerikanischen Indianern mindestens hundert Jahre vorausging, bevor Belege für eine solche Zivilisation auf dem nord- und südamerikanischen Kontinent ausgegraben wurden. Aufgrund seiner Offenbarungen ermordete ihn ein Mob, dessen Anführer die Darstellung moderner »Wunder« durch den Glauben verabscheuten und wieder einmal zeigten, wie verbissen die Menschheit alle bekämpft, die es wagen, das Prinzip des Glaubens offenzulegen.

Durch den Glauben verwandelte der Anhänger der »Goldenen Regel« Nash das Scheitern eines modernen Unternehmens in leuchtenden Erfolg, indem er mit seinen Geschäftspartnern und der Öffentlichkeit nach der Goldenen Regel vorging, die Christus vor fast 2.000 Jahren gepredigt hat. Arthur Nash wandte sich dem Glauben zu, nachdem jedes andere ökonomische Prinzip bei ihm versagt hatte. Indem er sein restliches Leben diesem Prinzip folgte, brachte er es zu großem Wohlstand, ganz zu schweigen von den geistigen Reichtümern, die er seinem Umfeld durch sein Beispiel hinterließ.

Des Weiteren inspirierte der Glaube Mahatma Gandhi aus Indien, mehr als 200 Millionen seiner Landsleute zu einen, von denen jeder dem Willen dieses Mannes bis in den Tod gefolgt wäre. Kein anderer Einfluss außer dem Glauben hätte ein solches »Wunder« vollbracht. Weil sein Geist fest im Glauben verwurzelt ist, nutzt Gandhi seine Macht passiv. Er hat bewiesen, dass der Glaube das erreichen kann, was ausgebildete Soldaten, Geld und Waffen nicht auszurichten vermögen.

Dem Glauben ist zu verdanken, dass Professor Einstein die einengenden Fesseln seines Geistes überwand und der Welt völlig neue mathematische Prinzipien enthüllte. Kein von Angst gebundener Verstand hätte ein solches »Wunder« schaffen können.

Und es war der Glaube, der unserem geliebten Washington Kraft verlieh und ihn zum Sieg über überlegene physische Kräfte antrieb; ein aus seiner Liebe zur Freiheit für die gesamte Menschheit geborener Glaube.

Sie sind imstande, das grundlegende Prinzip des Glaubens genauso zu nutzen wie jeder andere, der diesen Weg beschritten hat. Wenn Ihre Welt eingeschränkt, elend und voller Not ist, haben Sie nicht realisiert, dass Ihr Geist über ein Laboratorium verfügt, das die Macht des Glaubens freizusetzen vermag.

Wenn wir die Möglichkeiten der Zukunft durch die Leistungen der Vergangenheit bewerten, werden noch weitaus mehr und größere »Wunder« geschehen als diejenigen, die sich bereits ereignet haben. Unser Schicksal ist noch nicht enthüllt. Dies ist ein Zeitalter der Offenbarung!

Menschen, die meinen, die Macht der Offenbarung sei mit dem Aberglauben und der Unwissenheit von vor einigen Hundert Jahren abgetan, haben unsere moderne Geschichte kaum verstanden.

Männer wie Watt, Whitney, Bell, Howe, Steinmetz, Morse, Edison, die Gebrüder Wright, Lee DeForest, Henry Ford, Simon Lake, Arthur Nash, Einstein und Gandhi sind Wundertäter. Sie haben den beschränkten Horizont des Verstands der Menschen entfernt und neue Welten für uns entdeckt. Wir leben in den Tagen von Wundern und in einem Zeitalter des Glaubens.

Die Welt durchlebt Zeiten, die Veränderungen in menschlichen Beziehungen erfordern. Die echte Führungsstärke dieser Zeit werden Personen aufweisen, die zu großem Glauben fähig sind. Es gibt künftig keinen Platz mehr für Leute, für die »Wunder« in ein Zeitalter der toten Vergangenheit gehören oder in ein unergründliches Mysterium gehüllt sind. DIE WUNDER DER ZUKUNFT WIRD DIE WISSENSCHAFT ENTHÜLLEN. Die wissenschaftliche Forschung hat im Vergleich zur Vergangenheit unvergleichlich größere Offenbarungen hervorgebracht. Die »veränderte Welt«, entstanden aus dem wirtschaftlichen Kollaps 1929, hat allen, die bereit sind, jede Menge CHANCEN eröffnet, um diese neuentdeckten »Wunder« zu nutzen.

LEKTION 4

DIE GEWOHNHEIT, ZU SPAREN

»Der Mensch besteht aus Fleisch, Knochen, Blut, Haaren und Hirnzellen. Das sind die Materialien, aus denen er seine Persönlichkeit mittels des Gesetzes der Gewohnheit formt.«

> Der einzige nachhaltige Gefallen, den Eltern ihrem Kind tun können, ist, dem Kind zur Selbsthilfe zu verhelfen.

Jemandem das Sparen zu empfehlen, ohne ihn dabei konkret anzuleiten, ist, als würde man ein Pferd zeichnen und darunterschreiben: »Das ist ein Pferd.« Bekanntlich fördert es den Erfolg, Geld zu sparen, aber die große Frage von Menschen, die es nicht tun, lautet: »Wie schaffe ich das?«

Geld zu sparen, ist einzig eine Sache der Gewohnheit. Aus diesem Grund beginnt diese Lektion mit einer kurzen Analyse des Gesetzes der Gewohnheit. Tatsächlich formt der Mensch seine Persönlichkeit durch dieses Gesetz. Durch Wiederholung wird jede Handlung zu einer Gewohnheit. Der Geist scheint nicht mehr zu sein als ein Bündel motivierender Kräfte, die aus unseren täglichen Gewohnheiten entstehen.

Eine fest im Geist verankerte Gewohnheit treibt den Menschen zum Handeln an. Folgen Sie zum Beispiel einer bestimmten Strecke auf Ihrem Weg zur Arbeit oder zu einem anderen oft besuchten Ort, hat sich bald eine Gewohnheit gebildet, und Ihr Geist wird Sie, ohne weiter nachzudenken, auf diese Route führen. Wenn Sie starten und eine andere Richtung einschlagen, ohne die Veränderung des Wegs ständig im Kopf zu behalten, werden Sie bemerken, wie Sie wieder der alten Route folgen.

Öffentliche Redner haben festgestellt, dass das wiederholte Erzählen derselben Geschichte, auch wenn sie auf reiner Fiktion beruht, das Gesetz der Gewohnheit zum Tragen bringt. Bald vergisst man, ob diese Erzählung wahr ist oder nicht.

Wie wir uns durch Gewohnheit selbst Grenzen setzen

Millionen von Menschen leben in Armut und Not, denn sie haben das Gesetz der Gewohnheit auf destruktive Weise angewendet. Menschen, die arm bleiben, haben weder das Gesetz der Gewohnheit noch das Gesetz der Anziehung verstanden, die besagen: »Gleiches zieht Gleiches an«, und ihnen ist selten klar, dass sie infolge ihrer eigenen Handlungen in dieser Lage sind.

Wenn Sie in Ihrem Verstand den Gedanken verankern, dass Ihre Fähigkeiten Ihnen nur einen bestimmten Verdienst einbringen, werden Sie auch nie mehr verdienen als diesen Betrag. Denn das Gesetz der Gewohnheit wird eine strikte Grenze für die Summe ziehen, die sie einnehmen können, ihr Unterbewusstsein wird dies akzeptieren, und bald werden Sie das Gefühl haben, »abzurutschen«, bis Ihre ANGST VOR DER ARMUT (eine der sechs Grundängste) Sie so einschränkt, dass die Chancen nicht mehr an Ihre Tür klopfen. Ihr Schicksal wird besiegelt sein, Ihr Weg vorgezeichnet.

Sich das Sparen anzugewöhnen, bedeutet nicht, Ihre Verdienstmöglichkeiten einschränken zu müssen, sondern das Gegenteil. Sie sollen dieses Gesetz anwenden, damit es nicht nur systematisch das bewahrt, was Sie verdienen, sondern Ihnen auch größere Chancen, eine Vision, das Selbstvertrauen, die Vorstellungskraft, den Enthusiasmus, die Initiative und die Führungskraft ermöglicht, die Ihre Verdienstmöglichkeiten vermehren.

Um dieses großartige Gesetz auf andere Weise auszudrücken: Wenn Sie das Gesetz der Gewohnheit verstehen, sind Sie in der Lage, Ihren Erfolg im großen Spiel des Geldverdienens zu sichern, indem Sie »das Problem von beiden Seiten angehen«.

So schaffen Sie es:

Erstens erstellen Sie durch das Gesetz des konkreten Hauptziels gedanklich eine präzise, konkrete Beschreibung dessen, was Sie wollen, inklusive des Einkommens, das Ihnen vorschwebt. Ihr Unterbewusstsein übernimmt Ihre Vorstellung und nutzt sie als Vorlage oder Karte, um Ihre Gedanken und Handlungen zu praktischen Plänen zu formen, damit Sie Ihr Hauptziel oder Ihren Hauptzweck erreichen. Wie in Lektion 2 beschrieben, halten Sie sich durch das Gesetz der Gewohnheit das Objekt ihres Hauptziels stets vor Augen, bis es fest und dauerhaft in Ihrem Geist verankert ist. Diese Übung wird Ihr Armutsbewusstsein zerstören und stattdessen ein Wohlstandsbewusstsein etablieren. Sie werden Reichtum VERLANGEN, ihn erwarten und sich darauf vorbereiten, ihn zu erhalten und weise zu nutzen. Somit ebnen Sie den Weg oder bereiten die Bühne, um sich das Sparen anzugewöhnen.

Zweitens werden Sie, nachdem Sie Ihre Verdienstmöglichkeiten erhöht haben, das Gesetz der Gewohnheit weiter nutzen und eine Klausel in Ihre Niederschrift Ihres konkreten Hauptziels einfügen. Dieser zufolge werden Sie einen bestimmten Prozentsatz Ihres verdienten Geldes sparen. Ergo werden Ihre Ersparnisse steigen, wenn Ihr Verdienst wächst.

Indem Sie sich einerseits weiter vorantreiben und von sich mehr Verdienstkraft fordern und andererseits systematisch einen bestimmten Betrag Ihres Einkommens zur Seite legen, werden Sie bald alle vermeintlichen Grenzen aus Ihrem Geist entfernt haben. Dann hält Sie auf dem Weg in die finanzielle Unabhängigkeit nichts mehr auf. Nichts könnte nützlicher und leichter zu erreichen sein als das!

Wenn man die Funktionsweise des Gesetzes der Gewohnheit umkehrt und sich die Angst vor der Armut eingibt, wird diese Furcht bald die eigenen Einkommenschancen begrenzen, bis man kaum noch in der Lage ist, das Geld für seinen täglichen Bedarf zu verdienen.

Zeitungsherausgeber würden innerhalb einer Woche eine Panik auslösen, wenn sie ihre Kolumnen mit Nachrichten über die Geschäftspleiten des Landes füllen würden, wobei verglichen mit der Gesamtzahl der Firmen tatsächlich nur wenige von ihnen in Konkurs gehen.

Die sogenannten »Verbrechenswellen« sind größtenteils ein Produkt des Sensationsjournalismus. Ein einzelner Mordfall, aufgebläht durch schockierende Schlagzeilen der Zeitungen, genügt, um eine regelrechte »Welle« ähnlicher Verbrechen an verschiedenen Orten auszulösen. Auf die wiederholten Berichte des Hickman-Mordes in den Tagesmedien hin wurden ähnliche Fälle aus anderen Teilen des Landes berichtet.

Wir sind die Opfer unserer Gewohnheiten, egal wer wir sind oder was unsere Berufung im Leben ist. Jede im Geist fixierte Idee oder Vorstellung, der man gestattet, sich im eigenen Kopf festzusetzen – etwa als Ergebnis von Suggestion, der Umwelt, des Einflusses von Partnern – führt zu Handlungen, die der Natur dieser Idee entsprechen.

Gewöhnen Sie sich an, von Reichtum und Überfluss zu reden, und bald werden sich diese in Form größerer Möglichkeiten und unerwarteter Chancen manifestieren.

Gleiches zieht Gleiches an! Wenn Sie in der Geschäftswelt aktiv sind und Sie stets so reden und denken, als würde »das Geschäft schlecht laufen«, dann wird es verkümmern. Ein Pessimist, sofern man ihn seinen destruktiven Einfluss lange genug ausüben lässt, kann die Arbeit eines halben Dutzends kompetenter Menschen zunichtemachen. Und so wird er handeln, indem er im Bewusstsein seiner Mitarbeiter den Gedanken an Armut und Versagen verankert. Sie sollten nicht dieser Mann oder diese Frau sein.

> Du bist ein menschlicher Magnet und ziehst konstant Personen an, deren Charakter mit deinem harmoniert.

Am Büro eines der erfolgreichsten Bankiers im Staat Illinois hängt dieses Schild:

»ÜBERFLUSS IST ALLES, WOVON WIR HIER REDEN UND WONACH WIR STREBEN. HAST DU EINE LEIDVOLLE GESCHICHTE, BEHALTE SIE FÜR DICH, DENN WIR WOLLEN SIE NICHT HÖREN.«

Kein Unternehmen benötigt die Dienste eines Pessimisten. Und wer das Gesetz der Anziehung und das Gesetz der Gewohnheit versteht, wird einen Pessimisten genauso wenig tolerieren, wie er zulassen würde, dass ein Dieb in seinem Unternehmen herumläuft. Denn eine solche Person wird die Leistungsfähigkeit der Menschen in ihrem Umfeld zerstören.

In Zehntausenden Familien ist das allgemeine Gesprächsthema Armut und Not, und diese Zustände manifestieren sich dann auch. Die Leute glauben an Armut, sie reden von Armut, sie akzeptieren Armut als ihr Schicksal im Leben. Sie ziehen den Schluss, weil ihre Vorfahren arm waren, müssen auch sie arm bleiben.

Das Armutsbewusstsein ist das Resultat der Gewohnheit, an Armut zu denken und sie zu fürchten. »Siehe! Das, was ich fürchtete, hat mich heimgesucht.«

Die Schuldsklaverei

Schulden sind ein unbarmherziger Sklaventreiber, ein tödlicher Feind der Gewohnheit, zu sparen. Armut allein kann den Ehrgeiz töten, das Selbstvertrauen und die Hoffnung zerstören, aber lädt man darauf noch die Last der Schulden, sind alle, die Opfer dieser beiden Zuchtmeister werden, zum Scheitern verurteilt. Niemand vermag wirklich etwas zu leisten, sich auf respektgebietende Weise auszudrücken oder einen konkreten Zweck im Leben zu schaffen oder zu erfüllen, über dessen Kopf hohe Schulden hängen. Ein durch Schulden versklavter Mensch ist genauso hilflos wie derjenige, der durch Unwissenheit oder durch Ketten gebunden ist.

Die Frau eines engen Freundes des Autors, dessen Gehalt 1.000 Dollar im Monat beträgt, liebt die »Gesellschaft« und versucht mit einem Jahreseinkommen von 12.000 Dollar einen Eindruck zu machen, als wären es 20.000. Also ist der arme Kerl stets mit 8.000 Dollar verschuldet. Jedes Mitglied seiner Familie »neigt dazu, Geld auszugeben«, weil es der Mutter nacheifert. Die Kinder, zwei Mädchen und ein Junge, sind alt genug, um aufs College zu gehen, aber aufgrund der Schulden des Vaters ist dies unmöglich. Demzufolge herrscht Streit zwischen dem Vater und den Kindern, was die gesamte Familie unglücklich macht.

Es ist eine schreckliche Vorstellung, wie ein Gefangener in Ketten aufzuwachsen, niedergebunden und in Knechtschaft eines anderen, weil man Schulden hat. Das Anhäufen von Schulden ist eine Gewohnheit. Es fängt klein an und wächst langsam zu enormen Ausmaßen, Schritt um Schritt, bis es schließlich die Seele gefangen nimmt.

Tausende junger Männer beginnen ihr Eheleben mit unnötigen finanziellen Verpflichtungen, die ihnen über den Köpfen baumeln, und sie schaffen es nie, diese Last abzuschütteln. Wenn die Flitterwochen vorbei sind und der Ehealltag wie üblich Einzug hält, beginnt das Ehepaar, den Stachel der Not zu fühlen. Und dieses Gefühl wächst, bis es oft zum offenen Streit zwischen den beiden und schließlich zum Scheidungsgericht führt.

Ein von der Schuldknechtschaft gefesselter Mensch hat keine Zeit oder Neigung, sich etwas vorzunehmen oder seine Ideale auszubauen, sodass er nach und nach auf dem absteigenden Ast landet, bis er sich selbst Grenzen setzt und sich hinter die Gefängnismauer der ANGST und des Zweifels zurückzieht, woraus er nie wieder entkommen kann.

Kein Opfer ist zu groß, um das Schuldenelend zu vermeiden! »Denken Sie darüber nach, wozu Sie sich selbst und denjenigen, die von Ihnen abhängen, verpflichtet sind, und entscheiden Sie, bei niemandem in der Schuld zu stehen«, ist die Anweisung eines erfolgreichen Mannes, dessen Chancen zu Beginn durch Schulden zerstört wurden. Er überwand die Gewohnheit, unnötige Güter zu kaufen, noch rechtzeitig und arbeitete sich letztlich aus der Schuldenfalle heraus.

Die meisten Menschen, die sich gewohnheitsmäßig verschulden, werden nicht so viel Glück haben, beizeiten wieder zu Verstand zu kommen, denn Schulden sind wie Treibsand und ziehen ihr Opfer tiefer und tiefer in den Schlamm.

Die Angst vor Armut ist eine der destruktivsten der in Lektion 3 beschriebenen sechs Grundängste. Der hoffnungslos in Schulden versinkende Mensch wird von dieser Furcht erfasst, sein Ehrgeiz und sein Selbstvertrauen werden gelähmt, und er verschwindet in der Versenkung.

Wir unterscheiden zwei Klassen von Schulden:

1. Schulden, die für Luxusgüter gemacht werden und die einen kompletten Verlust darstellen.
2. Schulden, die im Zuge eines beruflichen oder geschäftlichen Handels für Dienstleistungen oder Produkte aufgenommen werden und wieder in Vermögenswerte getauscht werden können.

Die erste Klasse von Schulden gilt es zu vermeiden. Die zweite Klasse kann aufgenommen werden, sofern der Schuldner gesunden Menschenverstand walten lässt und vernünftige Grenzen nicht überschreitet. Sobald man über die eigenen Grenzen hinaus Güter erwirbt, bewegt man sich im Bereich der Spekulation, und Spekulation verschluckt eher ihre Opfer, als sie zu bereichern.

Nahezu alle Menschen, die über ihre Verhältnisse leben, spekulieren darauf, mit einem einzigen Dreh des Schicksalsrads ihre gesamten Schulden bezahlen zu können. Das Rad bleibt jedoch im Allgemeinen an der falschen Stelle stehen. Statt schuldenfrei zu werden, verstricken sich die Betroffenen noch tiefer in ihre Verbindlichkeiten.

Die Angst vor der Armut zerbricht die Willenskraft ihrer Opfer, sodass sie ihr verlorenes Geld nicht wiedergewinnen können. Darüber hinaus und noch bedauerlicher verlieren sie alle Ambitionen, sich selbst aus der Schuldensklaverei zu lösen.

Kaum ein Tag vergeht, an dem man nicht in den Zeitungen über mindestens einen Selbstmord infolge von Schuldensorgen liest. Die Schuldenfalle verursacht jedes Jahr mehr Suizide als alle anderen Ursachen zusammen, was die Grausamkeit der Angst vor der Armut erahnen lässt.

Während des Kriegs lagen Millionen Männer in den Schützengräben und wussten stets, wie nahe sie dem Tod waren. Einige von ihnen werden aus lähmender Verzweiflung und Angst vor Armut zu einem Häufchen Elend oder bringen sich um.

Die von Schulden erlöste Person kann die Armut besiegen und finanziellen Erfolg erreichen, aber für denjenigen, den Verbindlichkeiten drücken, ist eine solche Leistung nur eine entfernte Möglichkeit.

Die Angst vor der Armut ist ein negativer, destruktiver Zustand. Darüber hinaus neigt ein negativ gestimmter Geist dazu, weitere ähnliche Sorgen zu entwickeln. Zum Beispiel kann die Angst vor Armut die Angst vor Krankheit nach sich ziehen. Diese wiederum rufen die Angst vor dem Alter hervor, sodass der Betroffene sich in der Armut wiederfindet, bei schlechter Gesundheit und tatsächlich lange vor der Zeit altert, in der man die ersten Anzeichen hohen Alters aufweisen sollte. Millionen vorzeitiger, namenloser Gräber wurden vom grausamen Geisteszustand der Angst vor der Armut gefüllt!

Vor weniger als einem Dutzend Jahren arbeitete ein junger Mann in einer verantwortungsvollen Position bei der City National Bank in New York City. Da er über seine Verhältnisse lebte, häufte er einen großen Schuldenberg an. Deswegen sorgte er sich, bis seine destruktive Gewohnheit sich bei der Arbeit bemerkbar machte und er entlassen wurde. Er nahm einen anderen Job für weniger Bezahlung an. Aber seine Gläubiger waren ihm so unangenehm, dass er beschloss, zu kündigen und in eine andere Stadt umzuziehen, wo er ihnen zu entkommen hoffte, bis er genug Geld angesammelt hätte, um seine Schulden zu begleichen. Gläubiger haben Mittel und Wege, Schuldner aufzuspüren, also waren sie ihm schnell auf den Fersen. Sein Arbeitgeber fand heraus, dass er verschuldet war und entließ ihn. Danach suchte der junge Mann zwei Monate vergeblich nach Arbeit. In einer kalten Nacht stieg er auf die Spitze eines hohen Gebäudes am Broadway und sprang hinab. Die Schulden hatten ein weiteres Opfer gefordert.

> Wer hat dir gesagt, es sei unmöglich? Und welche große Leistung hat er vollbracht, um das Wort »unmöglich« so ungehemmt benutzen zu dürfen?

Wie man die Angst vor der Armut überwindet

Falls Sie Schulden haben, helfen zwei Tipps, die Angst vor der Armut zu überwinden: Hören Sie zuerst auf, auf Kredit zu kaufen, und zahlen Sie anschließend nach und nach Ihre bestehenden Schulden zurück. Sobald Sie diese Last los sind, können Sie beginnen, Ihr Verhalten zu ändern und den Kurs Richtung Wohlstand einzuschlagen. Gewöhnen Sie sich im Rahmen Ihres konkreten Hauptziels an, regelmäßig einen Anteil Ihres Einkommens zu sparen, selbst wenn es nicht mehr als ein Penny am Tag ist. Bald wird sich diese Gewohnheit verfestigt haben, und Sie werden Freude am Sparen gewinnen.

Sie sind imstande, jede Gewohnheit zu durchbrechen, wenn Sie sich stattdessen ein anderes und erstrebenswerteres Verhalten aneignen. Die Gewohnheit, »Geld auszugeben« muss durch die Gewohnheit, »Geld zu sparen« ersetzt werden, wenn es Ihnen um finanzielle Unabhängigkeit geht.

Aber eine unerwünschte Gewohnheit bloß abzulegen reicht nicht, da diese häufig wiederkehrt – es sei denn, der Platz, den sie bisher beim Betreffenden einnahm, ist nun von einem anderen Verhalten erfüllt. Sich etwas abzugewöhnen, hinterlässt eine »Lücke« im Bewusstsein, und diese muss mit einer anderen Gewohnheit besetzt werden, oder die alte wird zurückkehren und ihren Platz wiederfordern.

Im Verlauf dieses Kurses werden viele psychologische Formeln beschrieben, die es auswendig zu lernen und einzuüben gilt. Lektion 3 beinhaltet Formeln, mit denen Sie Selbstvertrauen entwickeln. Es empfiehlt sich, sich diese Formeln anzueignen, sodass sie, gemäß den Anleitungen durch das Gesetz der Gewohnheit Teil Ihres mentalen Rüstzeugs werden.

Vorausgesetzt, dass Sie finanziell unabhängig werden möchten, ist es nicht schwer, Ihre Lage zu verbessern – sofern Sie die Angst vor der Armut überwunden und stattdessen die Gewohnheit des Sparens entwickelt haben.

Allerdings würde es den Autor dieses Kurses betrüben, falls ein Schüler aufgrund einer der Lektionen den Eindruck gewinnen sollte, Erfolg wäre allein mit Geld gleichzusetzen. Dennoch ist es zweifelsohne ein wichtiger Faktor des Erfolgs und sollte einen angemessenen Platz in jeder Philosophie einnehmen, die Menschen zu Glück und Wohlstand verhelfen will.

Die kalte, unnachgiebige Wahrheit ist, dass in diesem Zeitalter des Materialismus ein Mensch nicht mehr darstellt als ein Staubkorn im Wind, wenn er nicht der Macht des Geldes folgt! Ein Genie zu sein, ist ehrenvoll. Aber es ist nur eine leere Ehre, ohne Fleisch auf den Knochen, ein Genie ohne genügend Geld zu sein, um seine Genialität auszudrücken. Ein Mensch ohne Geld ist der Gnade des Menschen mit Geld ausgeliefert! Dies gilt unabhängig von den individuellen Fertigkeiten, der Ausbildung oder dem natürlichen Genie.

Tatsache ist, dass Personen andere zum großen Teil nach dem Kontostand beurteilen, egal wer sie sind ist oder was sie können. Die erste Frage, die sich die meisten Menschen stellen, wenn sie einen Fremden treffen, lautet: »Wie viel Geld hat er?« Wenn er Geld hat, wird er überall willkommen geheißen und Geschäftsgelegenheiten werden ihm nachgeschmissen. Aufmerksamkeit in jeglicher Form wird ihm zuteil. Er ist ein Prinz, und als solcher hat er ein Anrecht auf die besten Früchte des Landes.

Aber wenn seine Schuhe an den Fersen abgelaufen sind, seine Kleidung nicht gebügelt, sein Kragen schmutzig und er deutliche Zeichen ärmlicher Finanzen zeigt, droht ihm die vorbeigehende Menge auf seine Zehen zu treten und ihm den Rauch der Respektlosigkeit ins Gesicht zu blasen. Diese Feststellungen sind nicht angenehm, aber WAHR! Die Tendenz, Personen anhand ihres Geldes oder ihrer Macht über Geld zu beurteilen, ist nicht auf irgendeine Gruppe von Menschen beschränkt. Wir alle handeln so, ob wir es anerkennen oder nicht.

Thomas A. Edison ist einer der bekanntesten und angesehensten Erfinder der Welt, aber zweifellos wäre er unbekannt und im Dunkeln geblieben, hätte er nicht seine Ressourcen und seine Finanzen stets im Auge behalten.

Henry Ford wäre mit seiner »pferdelosen Kutsche« nie weit gekommen, hätte er nicht früh im Leben die Gewohnheit, zu sparen, ausgebildet. Hätte er außerdem seine Ressourcen nicht beisammengehalten und sich somit geschützt, hätten die Konkurrenz oder Neider ihn vor vielen Jahren »geschluckt«.

Viele Menschen mussten einen langen Weg zum Erfolg beschreiten, nur um dann zu stolpern und zu fallen und sich nie wieder zu erheben, da ihnen in Notzeiten das Geld fehlte. Die jährliche Konkursrate für Unternehmen aufgrund von fehlendem Reservekapital für Notfälle ist enorm. Diese eine Ursache sorgt für mehr Geschäftspleiten als alle anderen Auslöser zusammen! Reserven sind essenziell für das erfolgreiche Betreiben eines Unternehmens!

Ebenso sind Sparkonten essenziell für den Erfolg eines Individuums. Ohne ein solches Konto leidet der Betreffende in zweifacher Hinsicht: Erstens aufgrund der Unfähigkeit, eine Gelegenheit zu ergreifen, die sich nur bei stabilen Finanzen bietet, und zweitens durch die Verlegenheit, im Notfall um Geld betteln zu müssen. Im Grunde leidet ein Mensch, der nicht spart, noch auf eine dritte Weise: indem ihm bestimmte andere erfolgsentscheidende Qualitäten fehlen, die aus der Gewohnheit, zu sparen, entstehen.

> Jeder Fehlschlag, jeder Widerstand, jeder Herzschmerz kann ein versteckter Segen sein, sofern er den animalischen Anteil unserer Natur mindert.

Die Cents und Dollars, Fünfer und Zehner, die dem Durchschnittsmenschen durch die Finger gleiten, könnten ihm, sofern er sie systematisch spart und für sich arbeiten lässt, irgendwann die finanzielle Unabhängigkeit bringen.

Durch die freundliche Mithilfe der Building and Loan Association wurde die folgende Tabelle zusammengestellt. Sie zeigt, was ein monatlicher Sparbetrag von 5, 10, 25 oder 50 Dollar nach zehn Jahren einbringt. Diese Zahlen sind erstaunlich, wenn man bedenkt, dass man durchschnittlich zwischen 5 und 50 Dollar im Monat für sinnlose Anschaffungen oder sogenannte »Unterhaltung« ausgibt.

So erstaunlich kann Ihr Kapital anwachsen

Sparen Sie 5 Dollar im Monat (nur 17 Cents am Tag)

	Gesparter Betrag	Zinsen	Ersparnis plus Zinsen	Auszahlungswert
1. Jahr	60,00 Dollar	4,30 Dollar	64,30 Dollar	61,30 Dollar
2. Jahr	120,00 Dollar	16,55 Dollar	136,00 Dollar	125,00 Dollar
3. Jahr	180,00 Dollar	36,30 Dollar	216,30 Dollar	191,55 Dollar
4. Jahr	240,00 Dollar	64,00 Dollar	304,00 Dollar	260,20 Dollar
5. Jahr	300,00 Dollar	101,00 Dollar	401,00 Dollar	338,13 Dollar
6. Jahr	360,00 Dollar	140,00 Dollar*	500,00 Dollar*	414,75 Dollar*
7. Jahr	420,00 Dollar	197,10 Dollar	617,10 Dollar	495,43 Dollar
8. Jahr	480,00 Dollar	257,05 Dollar	737,05 Dollar	578,32 Dollar
9. Jahr	540,00 Dollar	324,95 Dollar	864,95 Dollar	687,15 Dollar
10. Jahr	600,00 Dollar	400,00 Dollar	1000,00 Dollar	1000,00 Dollar

Sparen Sie 10 Dollar im Monat (nur 33 Cents am Tag)

	Gesparter Betrag	Zinsen	Ersparnis plus Zinsen	Auszahlungswert
1. Jahr	120,00 Dollar	8,60 Dollar	128,60 Dollar	122,60 Dollar
2. Jahr	240,00 Dollar	33,11 Dollar	273,11 Dollar	250,00 Dollar
3. Jahr	360,00 Dollar	72,60 Dollar	432,60 Dollar	383,10 Dollar
4. Jahr	480,00 Dollar	128,00 Dollar	608,00 Dollar	520,40 Dollar
5. Jahr	600,00 Dollar	202,00 Dollar	802,00 Dollar	676,25 Dollar
6. Jahr	720,00 Dollar	280,00 Dollar	1000,00 Dollar*	829,50 Dollar*
7. Jahr	840,00 Dollar	394,20 Dollar	1234,20 Dollar	990,85 Dollar
8. Jahr	960,00 Dollar	514,10 Dollar	1474, 10 Dollar	1156,64 Dollar
9. Jahr	1080,00 Dollar	649,90 Dollar	1729,90 Dollar	1374,30 Dollar
10. Jahr	1200,00 Dollar	800,00 Dollar	2000,00 Dollar	2000,00 Dollar

Sparen Sie 25 Dollar im Monat (nur 83 Cents am Tag)

	Gesparter Betrag	Zinsen	Ersparnis plus Zinsen	Auszahlungswert
1. Jahr	300,00 Dollar	21,50 Dollar	321,50 Dollar	306,50 Dollar
2. Jahr	600,00 Dollar	82,75 Dollar	682,75 Dollar	625,00 Dollar
3. Jahr	900,00 Dollar	181,50 Dollar	1081,50 Dollar	957,75 Dollar
4. Jahr	1200,00 Dollar	320,00 Dollar	1520,00 Dollar	1301,00 Dollar
5. Jahr	1500,00 Dollar	505,00 Dollar	2005,00 Dollar	1690,63 Dollar
6. Jahr	1800,00 Dollar	700,00 Dollar	2500,00 Dollar*	2073,75 Dollar*
7. Jahr	2100,00 Dollar	985,50 Dollar	3085,50 Dollar	2477,13 Dollar
8. Jahr	2400,00 Dollar	1285,25 Dollar	3685,25 Dollar	2891,60 Dollar
9. Jahr	2700,00 Dollar	1624,75	4324,75 Dollar	3435,75 Dollar
10. Jahr	300,00 Dollar	2000,00 Dollar	5000,00 Dollar	5000,00 Dollar

Sparen Sie 50 Dollar im Monat (nur 1,66 Dollar am Tag)

	Gesparter Betrag	Zinsen	Ersparnis plus Zinsen	Auszahlungswert
1. Jahr	600,00 Dollar	43,00 Dollar	643,00 Dollar	613,00 Dollar
2. Jahr	1200,00 Dollar	165,50 Dollar	1365,50 Dollar	1250,00 Dollar
3. Jahr	1800,00 Dollar	363,00 Dollar	2163,00 Dollar	1915,50 Dollar
4. Jahr	2400,00 Dollar	640,00 Dollar	3040,00 Dollar	2602,00 Dollar
5. Jahr	3000,00 Dollar	1010,00 Dollar	4010,00 Dollar	3381,25 Dollar
6. Jahr	3600,00 Dollar	1400,00 Dollar	5000,00 Dollar*	4147,50 Dollar*
7. Jahr	4200,00 Dollar	1971,00 Dollar	6171,00 Dollar	4954,25 Dollar
8. Jahr	4800,00 Dollar	2570,50 Dollar	7370,50 Dollar	5783,20 Dollar
9. Jahr	5400,00 Dollar	3249,50 Dollar	8649,50 Dollar	6871,50 Dollar
10. Jahr	6000,00 Dollar	4000,00 Dollar	10.000,00 Dollar	10.000,00 Dollar

Zu Geld zu kommen und zu sparen ist eine Wissenschaft, aber die Regeln, nach denen Kapital sich vermehrt, sind einfach und allgemein verständlich. Die wichtigste Voraussetzung ist die Bereitschaft, die Gegenwart zugunsten der Zukunft hintanzustellen, indem man unnötige Ausgaben für Luxusartikel eliminiert.

Ein junger Mann, der 20 Dollar die Woche als Chauffeur bei einem bekannten New Yorker Banker verdiente, wurde von seinem Arbeitgeber angeregt, eine genaue Liste über jeden Cent seiner Ausgaben in einer Woche aufzustellen. Im Folgenden eine Liste seiner Ausgaben für verschiedene Posten:

Zigaretten	0,75 Dollar
Kaugummi	0,30 Dollar
Sprudelgetränke	1,80 Dollar
Zigarren für Freunde	1,50 Dollar
Kino	1,00 Dollar
Rasuren, inklusive Trinkgeld	1,60 Dollar
Zeitungen, Tageszeitung und Sonntagszeitung	0,22 Dollar
Schuhe putzen lassen	0,30 Dollar
Insgesamt	7,47 Dollar
Frühstück und Zimmer	12,00 Dollar
Geld übrig	0,53 Dollar
Insgesamt	20,00 Dollar

Diese Zahlen erzählen eine tragische Geschichte, die genauso gut auf Tausende anderer Menschen passt wie auf den jungen Mann, der hier Buch führte. Tatsächlich konnte er von den 20 Dollar nur 53 Cents sparen. Er gab 7,47 Dollar für Dinge aus, die alle enorm reduziert werden konnten. Tatsächlich hätte er, indem er sich selbst rasierte und seine Schuhe selbst putzte, jeden Cent der 7,47 Dollar beiseitelegen können.

Verwenden Sie nun die Tabelle der Building and Loan Association und betrachten Sie, wie viel es einbringen würde, 7,47 Dollar die Woche zu sparen. Angenommen, der Betrag, den dieser junge Mann tatsächlich sparte, wäre nur 25 Dollar im Monat, dann hätten sich seine Ersparnisse nach zehn Jahren auf ein nettes Sümmchen von 5.000 Dollar belaufen.

Dieser junge Mann war 21 Jahre alt, als er seine Ausgaben aufstellte. Bis zum Alter von 31 Jahren hätte er einen beträchtlichen Betrag auf der Bank verbuchen können, sofern er nur 25 Dollar im Monat gespart hätte. Diese Ersparnisse hätten ihn zu finanzieller Unabhängigkeit führen können.

Manche kurzsichtigen Pseudophilosophen verweisen gerne darauf, dass niemand reich werden kann, indem er nur ein paar Dollar die Woche beiseitelegt. Das mag stimmen, soweit es der gesunde

Menschenverstand beurteilt (mit dem man nicht weit kommt). Aber die andere Seite der Medaille zeigt, dass das Sparen sogar nur einer kleinen Summe einen jeden in eine Lage versetzen kann, die Geschäftschancen eröffnet, die recht schnell zu finanzieller Unabhängigkeit führen können.

Die Tabelle auf Seite 151, die das Ergebnis nach zehn Jahren aufzeigt, wenn man 5 Dollar im Monat spart, sollten Sie kopieren und an den Spiegel kleben, um sie jeden Morgen nach dem Aufstehen zu sehen, sowie jeden Abend, bevor Sie zu Bett gehen. Vorausgesetzt, Sie haben sich nicht bereits angewöhnt, systematisch Geld beiseitezulegen. Diese Tabelle sollte reproduziert und in 2 Zentimeter hohen Buchstaben und Zahlen an die Wand jeder öffentlichen Schule im ganzen Land geheftet werden, um als ständige Erinnerung an den Wert des Sparens für die Schulkinder zu dienen.

Vor einigen Jahren, bevor er sich ernsthaft Gedanken über den Wert des Sparens machte, listete der Autor seine finanziellen Verluste auf. Der Betrag war so alarmierend, dass er diese Lektion verfasste und die Gewohnheit, zu sparen, zu einem der 15 Erfolgsgesetze machte.

Im Folgenden eine stichwortartige Zusammenfassung dieser Aufstellung:

- 4.000 Dollar: geerbt, in ein Autozuliefferergeschäft eines Freundes investiert, der den gesamten Betrag in einem Jahr verlor.
- 3.600 Dollar: überzähliges Geld, verdient mit verschiedenen Autorenaufträgen für Magazine und Zeitungen, alles sinnlos ausgegeben.
- 30.000 Dollar: verdient durch die Ausbildung von 3.000 Verkäufern zum Thema Philosophie des Erfolgsgesetzes, investiert in ein Magazin, das sich als Flop entpuppte, da es nicht über Reservekapital verfügte.
- 3.400 Dollar: überzähliges Geld durch öffentliche Reden, Vorlesungen, et cetera. Alles sofort wieder ausgegeben.
- 6.000 Dollar: geschätzter Betrag, der während einer Periode von zehn Jahren durch Ersparnisse aus den regelmäßigen Einkünften mit nur 50 Dollar im Monat hätte aufgebracht werden können.
- Summe: 47.000 Dollar

Wäre dieser Betrag zu dem Zeitpunkt, als diese Lektion verfasst wurde, gespart und investiert worden, hätte er gemäß der Building and Loan Association auf diese oder eine andere Weise dank der Zinsen zu einer Summe von 94.000 Dollar anwachsen können.

Der Autor gibt sich nicht üblichen Lastern, wie Spielen, Trinken oder übermäßigen Vergnügungen hin. Es ist fast unglaublich, dass ein Mann mit bescheidenen Lebensgewohnheiten 47.000 Dollar in knapp über zehn Jahren ausgeben konnte, ohne etwas von dem Geld übrig zu behalten, aber es ist möglich!

Eine Kapitalreserve von 94.000 Dollar, die mit Zinseszins für einen arbeitet, ist genug, um jedem die nötige finanzielle Freiheit zu geben.

Ich erinnere mich an eine Gelegenheit, als der Präsident eines großen Unternehmens mir einen Scheck über 500 Dollar für eine Rede schickte, die ich bei einem Bankett der Angestellten hielt. Ich weiß noch genau, was durch meinen Kopf ging, als ich den Brief öffnete und den Scheck sah. Ich wünschte mir ein neues Automobil, und dieser Scheck war genau der Betrag für die erste Ratenzahlung. Bevor er 30 Sekunden in meinen Händen war, hatte ich ihn schon ausgegeben.

Vielleicht machen die meisten Menschen solche Erfahrungen. Sie denken mehr darüber nach, AUSZUGEBEN, was sie haben, als über Mittel und Wege, es zu SPAREN. Die Idee des Sparens, die Selbstkontrolle und die erforderlichen Opfer werden immer von unangenehmen Gedanken begleitet, wie begeisternd es ist, ans AUSGEBEN zu denken.

Es gibt einen Grund dafür: Die meisten von uns haben sich angewöhnt, Geld auszugeben, aber die Gewohnheit des Sparens vernachlässigt. Und jede Idee, die den menschlichen Verstand nur selten beschäftigt, ist nicht so willkommen, wie diejenige, die ihn häufig frequentiert.

In Wahrheit kann die Gewohnheit des Sparens genauso faszinierend gestaltet werden wie die Gewohnheit des Ausgebens, aber nur als ein regelmäßiges, fundiertes, systematisches Verhalten. Wir mögen, was wir häufig tun. Im Grunde drückt man damit nur auf andere Weise aus, was die Wissenschaftler herausgefunden haben – dass wir Opfer unserer Gewohnheiten sind.

Die Gewohnheit des Sparens erfordert mehr Charakterstärke, als die meisten Menschen entwickelt haben, aus dem Grund, weil Sparen Selbstverleugnung erfordert und den Verzicht auf Vergnügen und Annehmlichkeiten in vielerlei Hinsicht. Daher benötigt jemand, der mit dem Sparen beginnen will, gleichzeitig einige der anderen erfolgsentscheidenden Gewohnheiten: Selbstkontrolle, Selbstvertrauen, Mut, Selbstsicherheit und Furchtlosigkeit.

Wie viel sollte man sparen?

Zuerst stellt sich die Frage: »Wie viel sollte man sparen?« Die Antwort kann nicht in ein paar Sekunden gegeben werden, denn der zu sparende Betrag hängt von vielen verschiedenen Bedingungen ab, von denen einige der eigenen Kontrolle unterliegen und andere eher nicht. Im Allgemeinen sollte ein Berufstätiger sein Einkommen wie folgt aufteilen:

- Sparkonto: 20 Prozent
- Leben – Kleidung, Essen und Unterkunft: 50 Prozent
- Bildung: 10 Prozent
- Erholung: 10 Prozent
- Lebensversicherung: 10 Prozent
- Summe: 100 Prozent

> Eine Analyse von 178 erfolgreichen Personen enthüllte, dass sie alle mehrfach scheiterten, bevor sie an ihr Ziel kamen.

Im Folgenden die ungefähre Verteilung des Einkommens auf verschiedene Güter in der Durchschnittsbevölkerung.

- Sparkonto: NICHTS
- Leben – Kleidung, Nahrung und Unterkunft: 60 Prozent
- Bildung: 0 Prozent
- Erholung: 35 Prozent
- Lebensversicherung: 5 Prozent
- Summe: 100 Prozent

Unter dem Begriff »Erholung« ist auch vieles zusammengefasst, das nicht der »Erholung« dient, wie Geld für Alkohol, Dinnerpartys und andere Dinge, die in Wahrheit die Gesundheit und den Charakter untergraben.

Ein erfahrener Menschenkenner sagte einmal, er könne anhand des monatlichen Budgets einer Person erkennen, wie diese lebt. Außerdem könne er die meisten Informationen aus dem Punkt »Erholung« ziehen. Dieser Punkt ist daher genauso penibel im Auge zu behalten, wie der Gärtner die Temperatur im Gewächshaus kontrolliert, die über Leben und Tod seiner Pflanzen entscheidet.

Menschen, die Ausgabenkonten führen, listen häufig den Punkt »Unterhaltung« auf, der sich überwiegend als ein Übel erweist, denn er reduziert das Einkommen beträchtlich und, zum Exzess getrieben, ebenso die Gesundheit. Wir leben in einem Zeitalter, in dem »Unterhaltung« in den meisten Budgets viel zu hoch angesetzt wird. Zig Tausende Menschen, die nicht mehr als 50 Dollar die Woche verdienen, geben bis zu einem Drittel ihres Einkommens für das aus, was sie »Unterhaltung« nennen, die in Form einer Flasche daherkommt, mit einem fragwürdigen Etikett darauf, und einem Preis zwischen 6 und 12 Dollar pro Liter. Nicht nur verschwenden diese törichten Leute das Geld, das auf ein Sparkonto gehen sollte, sondern ruinieren darüber hinaus ihren Charakter und ihre Gesundheit.

Nichts in dieser Lektion ist als eine Moralpredigt oder eine Belehrung zu irgendeinem anderen Thema gedacht. Wir beschäftigen uns nur mit den nackten Fakten, von denen viele das Baumaterial des ERFOLGS bilden.

Jedoch sollten hier einige FAKTEN zur Sprache kommen, die den persönlichen Erfolg derart unmittelbar beeinflussen, dass sie nicht übergangen werden können, ohne den gesamten Kurs und diese Lektion im Besonderen zu schwächen.

Der Autor dieses Kurses ist weder ein Reformer noch ein Moralprediger, denn diese Betätigungsfelder sind schon von anderen fähigen Personen gut besetzt. Was er hier aussagt, ist als notwendiger Teil einer Philosophie zu betrachten, die einen sicheren Weg zu ehrenhaften Leistungen aufzeigen soll.

Im Jahr 1926 unterhielt der Autor eine Geschäftspartnerschaft mit dem mittlerweile verstorbenen Don R. Mellett, damals Herausgeber der *Canton* (Ohio) *Daily News*. Mr. Mellett interessierte sich für die Philosophie des Erfolgs, da sie seines Erachtens jungen Männern und Frauen, die im Leben vorankommen wollten, fundierten Rat bot. Auf den Seiten der *Daily News* focht Mr. Mellett einen heftigen Kampf mit den Kräften der Unterwelt in Canton aus. Mithilfe der Polizisten und Ermittler, die unter anderem der Gouverneur von Ohio zur Verfügung stellte, sammelten Mr. Mellett und der Autor exakte Daten über die Lebensweise der meisten Menschen in Canton. Im Juli 1926 wurde Mr. Mellett aus dem Hinterhalt ermordet, und vier Männer, darunter ein ehemaliger Polizist aus Canton, sitzen lebenslange Haftstrafen im Staatsgefängnis von Ohio für das Verbrechen ab.

Während der Ermittlungen über die Verbrechen in Canton erhielt das Büro des Autors alle Berichte. Die hier aufgeführten Daten sind daher absolut akkurat. Ein Geschäftsführer eines großen Unternehmens, mit einem Gehalt von 6.000 Dollar im Jahr, zahlte einem Schwarzbrenner aus Canton durchschnittlich 300 Dollar im Monat für Schnaps (sofern man das »Zeug« Schnaps nennen kann), den er zur »Unterhaltung« trank. Seine Frau nahm im gemeinsamen Heim daran teil.

Ein Schalterangestellter einer Bank, mit einem Lohn von 150 Dollar im Monat, gab durchschnittlich 75 Dollar im Monat für Schnaps aus. Zusätzlich zu dieser hohen Geldverschwendung, die seinem bescheidenen Gehalt entsprang, pflegte er einen riskanten Lebensstil und umgab sich mit den falschen Leuten, was später zu seinem Ruin führte.

Der Leiter eines großen Werks, mit einem Gehalt von 5.000 Dollar im Jahr, der besser 125 Dollar im Monat hätte sparen sollen, sparte tatsächlich überhaupt nichts. Die Rechnung seines Schwarzhändlers betrug durchschnittlich 150 Dollar im Monat.

Ein Polizist, mit einem Monatseinkommen von 160 Dollar, gab über 400 Dollar im Monat für Dinnerpartys in einem Lokal aus. Woher er die Differenz zwischen seinem regulären Einkommen und seinen tatsächlichen Ausgaben erhielt, warf kein gutes Licht auf diesen Polizisten.

Ein Bankangestellter, mit einem Einkommen, das gemäß seiner vorjährigen Steuererklärung etwa 8.000 Dollar im Jahr betrug, kam auf eine monatliche Rechnung bei den Schwarzhändlern, die sich während der drei Monate der Ermittlung durch die Fachleute von Mellett auf 500 Dollar belief.

Ein junger Angestellter aus einem Kaufhaus, mit einem Gehalt von 20 Dollar die Woche, gab durchschnittlich 35 Dollar die Woche bei einem Alkoholschmuggler aus. Man nahm an, dass er die Differenz von seinem Arbeitgeber stahl. Der Ärger wartet um die nächste Ecke auf diesen jungen Mann, wobei der Autor nicht weiß, ob es schon so weit ist.

Ein Lebensversicherungsverkäufer mit unbekanntem Einkommen, da er auf Kommissionsbasis arbeitete, gab durchschnittlich 200 Dollar bei einem Schwarzhändler aus. Es wurden keine Aufzeichnungen über ein Sparkonto gefunden, und vermutlich besaß er keines. Diese Annahme wurde später bestätigt, als das Unternehmen, bei dem der junge Mann arbeitete, ihn wegen Unterschlagung verhaften ließ. Zweifellos veruntreute er das Geld der Firma. Er sitzt derzeit eine lange Strafe im Staatsgefängnis von Ohio ab.

Ein junger Kerl, der noch auf die Highschool ging, gab große Summen für Alkohol aus. Der tatsächliche Betrag ist nicht zu ermitteln, weil er immer bar bezahlte und die Aufzeichnungen des Schwarzhändlers die genaue Summe nicht auswiesen. Später ließen die Eltern des jungen Mannes ihn einsperren, um »ihn vor sich selbst zu schützen«. Es stellte sich heraus, dass er Geld aus einem Sparstrumpf seiner Mutter stahl. Er hatte auf diese Weise mehr als 300 Dollar gestohlen und ausgegeben, bevor man ihm auf die Schliche kam.

Der Autor lehrte an 41 Highschools, indem er einmal im Monat während des gesamten Schuljahrs Vorträge hielt. Laut Aussage der Rektoren dieser Highschools neigten weniger als 2 Prozent der Schüler dazu, Geld zu sparen. Mithilfe eines Fragebogens fand man heraus, dass nur 5 Prozent der Schüler von insgesamt 11.000 im Highschoolalter glaubten, Sparen gehöre zu den wesentlichen Grundlagen des Erfolgs.

Es ist kein Wunder, dass die Reichen reicher werden und die Armen ärmer! Dies mag wie eine sozialistische Aussage klingen, aber die Tatsachen sprechen dafür. Menschen können in einem Land von Verschwendern wie diesem, wo Millionen Bürger jeden Cent aus ihren Taschen verschleudern, leicht zu Geld kommen.

Vor vielen Jahren, bevor diese Verschwendungssucht das Land ergriff, kam F. W. Woolworth auf eine einfache Methode, um die Cents und Zehner, die Millionen von Menschen wie Müll wegwarfen, aufzufangen. Dieses System brachte ihm über 100 MILLIONEN DOLLAR in wenigen Jahren ein. Woolworth ist verstorben, aber sein System, Centbeträge zu sparen, und sein Nachlass wachsen weiter.

> Verkäufer sollten nie vergessen, dass niemand etwas haben will, das jemand anders »loswerden« möchte.

Die 5- und 10-Cent-Läden sind knallrot gestrichen – eine angemessene Farbe, denn Rot bedeutet Gefahr. Jeder 5- und 10-Cent-Laden ist ein beachtliches Monument und steht dafür, dass es eine der kapitalen Schwächen dieser Generation ist, GELD AUSZUGEBEN.

Wir sind alle Opfer der GEWOHNHEIT! Die meisten von uns werden leider von Eltern aufgezogen, denen die Psychologie der Gewohnheit unbekannt ist. Ohne sich dieses Fehlers bewusst zu sein, helfen die meisten Eltern ihrem Nachwuchs, gewohnheitsmäßig Geld auszugeben, indem sie selbst prassen, anstatt Sparsamkeit zu lehren.

Die Gewohnheiten der frühen Kindheit bleiben uns das ganze Leben erhalten.

Glücklich ist das Kind, dessen Eltern vorausschauend genug sind, zu wissen, wie wertvoll das Sparen ist, um den Charakter zu formen, und die ihm diese Gewohnheit mitgeben. Es ist eine Erziehungsmaßnahme, die reich belohnt wird.

Geben Sie dem durchschnittlichen Menschen 100 Dollar, mit denen er nicht gerechnet hat. Was wird er damit anstellen? Nun, er wird natürlich darüber nachdenken, wie er das Geld AUSGEBEN kann. Dutzende Güter, die er zu brauchen glaubt, werden ihm durch den Kopf gehen, aber vermutlich kommt es ihm nie in den Sinn, mit diesen 100 Dollar ein Sparkonto zu eröffnen (es sein denn, er hat sich angewöhnt, zu sparen).

Bevor der Abend naht, wird er die 100 Dollar ausgegeben haben oder zumindest wird er sich überlegt haben, wie er sie AUSGIBT. So wird er die Gewohnheit, Geld zu verschwenden, weiter verfestigen. Unsere Gewohnheiten steuern uns!

Es erfordert Charakterstärke, Entschlossenheit und die Macht einer felsenfesten ENTSCHEIDUNG, ein Sparkonto zu eröffnen und darauf einen regelmäßigen, wenn auch nur kleinen Betrag des Einkommens einzuzahlen.

Mit einer Regel kann jeder ermitteln, ob er jemals finanzielle Freiheit und Unabhängigkeit erreichen wird, wie sie alle Menschen anstreben, und diese Regel hat nichts mit der Höhe des eigenen Einkommens zu tun. Die Regel lautet: Wenn ein Mensch systematisch der Gewohnheit folgt, einen bestimmten Betrag seines verdienten Geldes beiseitezulegen, wird er voraussichtlich zu einem gegebenen Zeitpunkt finanzielle Unabhängigkeit erreichen. Falls er nichts spart, wird er MIT ABSOLUTER SICHERHEIT NIEMALS FINANZIELL UNABHÄNGIG, egal wie hoch sein Einkommen sein mag.

Es sei denn, dass jemand, der nicht spart, eine große Summe erbt, die er nicht ausgeben kann, oder er erbt das Geld in Form eines Treuhandkontos, das es für ihn absichert. Aber das geschieht eher selten, so selten, dass SIE sich nicht auf ein solches Wunder verlassen dürfen.

Der Autor kennt Hunderte Menschen überall in den Vereinigten Staaten und einigen anderen Ländern. Fast 25 Jahre hat er viele dieser Bekannten beobachtet und weiß daher aus eigener Erfahrung, wie sie leben, wieso manche von ihnen scheiterten und andere Erfolg hatten, und er ist über die GRÜNDE FÜR FEHLSCHLAG UND ERFOLG im Bilde.

Zu seinen Bekannten zählen Menschen, die Hunderte Millionen Dollar kontrollieren und viele Millionen Dollar verdient haben. Ebenso Personen, die einst Millionen von Dollar besaßen, die durch ihre Finger glitten, sodass sie heute mittellos sind. Um Ihnen als Schüler dieser Philosophie zu zeigen, wie essenziell das Gesetz der Gewohnheit für Erfolg oder Fehlschlag ist, und um darzulegen, wieso niemand finanziell unabhängig zu werden vermag, der nicht SYSTEMATISCH SPART, seien hier die Gewohnheiten vieler dieser Bekannten beschrieben:

Wir beginnen mit dem selbst erzählten Lebensbericht eines Mannes, der Millionen Dollar in der Werbung verdiente, aber heute nichts mehr von diesen Erträgen besitzt. Diese Geschichte erschien zuerst im *American Magazine* und wird hier mit freundlicher Genehmigung der Herausgeber veröffentlicht. Der Bericht ist in jeder Hinsicht wahr und wurde dieser Lektion hinzugefügt, weil der Autor, Mr. W. C. Freeman, bereit ist, seine Fehler als abschreckendes Beispiel bekannt zu machen:

»Ich habe eine Million Dollar gemacht, aber ich besitze heute keinen Cent.«

Auch wenn es peinlich, ja demütigend ist, öffentlich einen kapitalen Fehler zu gestehen, der mein heutiges Leben weitgehend ruiniert hat, habe ich mich dennoch zu diesem Geständnis entschieden, in der Hoffnung, etwas Gutes zu bewirken.

Ich werde umfassend darlegen, wie ich mein gesamtes verdientes Geld durch meine Finger rinnen ließ. Es handelte sich um etwa 1 Million Dollar. Diesen Betrag habe ich durch meine Arbeit in der Werbung eingenommen, abgesehen von einigen Tausend Dollar, die ich durch 25 Jahre als Lehrer in Dorfschulen verdiente und indem ich Artikel für ein paar Wochen- und Tageszeitungen schrieb.

Vielleicht erscheint eine einzige Million heutzutage im Zeitalter der Millionäre und sogar Milliardäre nicht wie viel Kapital, aber es ist dennoch eine große Summe. Sollte jemand etwas anderes denken, möge er einmal bis zu einer Million zählen. Ich habe eines Abends versucht, herauszufinden, wie lange man dazu bräuchte, und stellte fest, dass ich etwa in einer Minute bis 100 zählen konnte. Auf dieser Grundlage würde es 20 Tage dauern, mit 8 Stunden am Tag plus 6 Stunden und 40 Minuten am 21. Tag, um diese Aufgabe zu vollbringen. Ich bezweifle stark, dass Sie oder ich eine Million 1-Dollar-Scheine zählen könnten, unter der Voraussetzung, dass sie alle uns gehörten, sobald wir fertig sind. Es würde uns vermutlich in den Wahnsinn treiben – und dann würde uns das Geld nicht viel nützen, oder?

Lassen Sie mich zu Beginn meiner Geschichte anmerken, dass ich nicht eine Minute bereue, mein verdientes Geld zu 90 Prozent ausgegeben zu haben. Mir heute auch nur einen Teil dieser 90 Prozent zurückzuwünschen, gäbe mir das Gefühl, meiner Familie und vielen anderen Menschen viel Freude verweigert zu haben.

Ich bedaure nur, dass ich mein gesamtes Vermögen und noch mehr ausgegeben habe. Wenn ich heute nur die 10 Prozent hätte, die ich leicht hätte sparen können, hätte ich 100.000 Dollar sicher investiert und keine Schulden. Mit diesem Betrag würde ich mir sicher reich vorkommen. So denke ich tatsächlich, denn ich hatte nie den Wunsch, Geld nur um des Geldes willen anzusammeln.

Die Zeiten, zu denen ich an Schulen unterrichtete und für Zeitungen schrieb, brachten einige Sorgen und Verantwortung mit sich, aber grundsätzlich war ich ein Optimist.

Ich heiratete im Alter von 21 Jahren mit der vollen Zustimmung der Eltern auf beiden Seiten, die fest an die Doktrin Henry Ward Beechers glaubten: »Eine frühe Ehe ist eine tugendhafte Ehe.«

Nur einen Monat und einen Tag, nachdem ich geheiratet hatte, starb mein Vater auf tragische Weise. Er erstickte an Kohleabgasen. Als Lehrer, der er sein ganzes Leben war – und er war einer der besten –, hatte er kein Geld gespart. Als er aus unserem Familienkreis verschwand, schafften wir es, zusammenzustehen und irgendwie weiterzumachen.

Abgesehen von der Lücke, die in unserem Haus durch den Tod meines Vaters entstand (meine Frau und ich lebten mit meiner Mutter und meiner einzigen Schwester zusammen), führten wir ein freudvolles Leben, auch wenn es finanziell oft hart war.

Meine Mutter, die außergewöhnlich talentiert und gebildet war (sie hatte bis zu meiner Geburt zusammen mit meinem Vater unterrichtet), ließ ein Ehepaar, alte Freunde der Familie, ins Haus einziehen. Sie lebten also mit uns zusammen, und ihre Miete half, unsere Ausgaben zu decken. Meine Mutter war weit und breit für ihre wunderbare Kochkunst bekannt. Später zogen noch zwei wohlhabende Freundinnen der Familie ein, die unser Einkommen weiter steigerten.

Meine Schwester half beträchtlich, indem sie eine Vorschulklasse unterrichtete, die sich im großen Wohnzimmer unseres Hauses einfand. Meine Frau trug ihren Teil bei, indem sie sich um die Näharbeiten und Reparaturen kümmerte.

> Denke nach, bevor du sprichst, denn deine Worte können im Geist eines anderen den Samen für Erfolg oder Niederlage säen.

Es war eine glückliche Zeit. Niemand im Haushalt war extravagant oder hatte besondere Neigungen, außer mir, denn ich ging von jeher etwas freigiebiger mit Geld um. Ich machte der Familie gerne Geschenke oder unterhielt Freunde.

Als das erste Baby unser Heim beglückte – ein Junge –, glaubten wir alle, der Himmel hätte seine Pforten geöffnet. Die Eltern meiner Frau, die das innigste und tiefste Interesse an uns zeigten und immer bereit waren, zu helfen, waren genauso glücklich über die Ankunft ihres ersten Enkelkindes. Mein Schwager, der viel älter war als meine Frau und zudem Junggeselle, konnte unsere Freude nicht verstehen, aber er stolzierte nach einer Weile ebenfalls wie ein stolzer Gockel umher. Welch eine große Veränderung ein Baby in einem Zuhause doch bringen kann!

Ich erwähne dieses Details, um aufzuzeigen, wie die frühen Tage meines Lebens vergingen. Ich hatte kein Geld, um es auszugeben, und doch war es meine glücklichste Zeit.

Seltsam ist, dass diese Erfahrungen mich nicht den Wert des Geldes gelehrt haben. Wobei ich sicher eine praktische Lektion lernte.

Aber lassen Sie mich Ihnen schildern, wie diese frühen Erfahrungen mich prägten. Die Geburt meines Sohnes motivierte mich, für mehr Gehalt tätig zu werden, als in Schulen zu unterrichten und für Zeitungen zu schreiben. Ich wollte nicht, dass meine Frau, meine Mutter und meine Schwester ewig ihren Beitrag zum Haushalt leisten sollten. Wieso sollte ein stattlicher Kerl, groß, stark und gesund, wie ich es immer war, und mit einigen Fähigkeiten ausgestattet, sich damit zufriedengeben, nur ein weiteres Rädchen im Getriebe zu bleiben? Wieso sollte ich nicht das ganze Getriebe und somit der Versorger der Familie sein?

Um mehr Geld zu verdienen, verkaufte ich auch noch Bücher, zusätzlich zum Unterricht und den Zeitungsartikeln. Das brachte mir ein ordentliches Zusatzeinkommen. Schließlich gab ich das Unterrichten auf und konzentrierte mich auf das Verkaufen von Büchern und die Autorentätigkeit für Zeitungen.

Meine Tätigkeit als Buchverkäufer brachte mich nach Bridgeton, New Jersey. Dort machte ich das erste Mal richtig Geld. Ich musste für diese Arbeit viel Zeit weit von zu Hause verbringen, aber es war das Opfer wert. Ich verdiente in wenigen Wochen genug, um mehr Geld heimzuschicken, als ich in irgendeinem Jahr als Lehrer oder Zeitungskorrespondent zum Haushalt beigetragen hatte. Nachdem ich die Gegend um Bridgeton abgegrast hatte, weckte eine Zeitung in der Stadt mein Interesse, der *Morning Star*. Der Chefredakteur und Herausgeber der Zeitung schien Hilfe zu brauchen, also rief ich ihn an, um nachzufragen. Er meinte: »Um Himmels willen, junger Mann, wie kann ich Sie einstellen? Ich verdiene nicht genug, um meinen eigenen Lebensunterhalt zu finanzieren!« »Das ist es ja«, sagte ich. »Ich glaube, zusammen können wir den *Star* zum Erfolg führen. Ich sage Ihnen, was ich mache: Ich arbeite eine Woche für 1 Dollar am Tag für Sie. Am Ende dieser Woche, wenn ich mich gut angestellt habe, rechne ich damit, dass Sie mir in der zweiten Woche 3 Dollar am Tag zahlen. Und wenn ich weiter gute Arbeit leiste, rechne ich damit, dass ich in der dritten Woche 6 Dollar am Tag erhalte, und dann mache ich so weiter, bis die Zeitung genug Geld verdient, um mir 50 Dollar pro Woche zu zahlen.«

Der Besitzer stimmte meinem Vorschlag zu. Nach zwei Monaten zahlte man mir 50 Dollar die Woche, was zur damaligen Zeit als hohes Gehalt galt. Ich hatte das Gefühl, auf dem richtigen Weg zu einem Einkommen zu sein – ich wollte meiner Familie ein angenehmes Leben ermöglichen. 50 Dollar pro Woche war nur viermal so viel, wie ich als Lehrer verdient hatte.

Mein Job beim *Star* umfasste es, Leitartikel zu schreiben (nicht wirklich brillant), Reportagen (gewöhnliche), das Schreiben und Verkaufen von Werbeanzeigen (relativ erfolgreich), Korrekturlesen, Rechnungen eintreiben und so weiter. Damit war ich sechs Tage die Woche beschäftigt; aber ich konnte es aushalten, denn ich war stark und gesund, und davon abgesehen war die Arbeit interessant. Ich arbeitete auch als Korrespondent für die *New York Sun*, den *Philadelphia Record* und die *Trenton* (N. J.) *Times*, was mir durchschnittlich 150 Dollar die Woche einbrachte, denn der Markt für Zeitungen war gut.

Ich lernte eine Lektion beim *Star*, die letztlich mein ganzes Leben beeinflusste: So fand ich heraus, dass man weit mehr Geld verdienen konnte, indem man Anzeigen für Zeitungen verkaufte, statt für sie zu schreiben. Die Werbung bringt den eigentlichen Gewinn.

Ich landete eine besonders gute Werbegeschichte beim *Star* – ein Artikel über die Austernindustrie von Süd-Jersey, bezahlt von den Mitarbeitern dieser Branche –, der 3.000 Dollar einbrachte, die der Herausgeber mit mir zur Hälfte teilte. Ich hatte in meinem Leben noch nie so viel Geld auf einmal gesehen. Überlegen Sie mal! 1.500 Dollar – 25 Prozent mehr, als ich in zwei Jahren als Lehrer und durch andere Arbeit verdiente.

Sparte ich das Geld oder einen Teil davon? Nein. Wieso sollte ich? Ich konnte damit meine Frau, meinen Jungen, meine Mutter und Schwester glücklich machen, sodass es noch schneller ausgegeben war, als ich es verdient hatte.

Aber hätte ich das Geld nicht besser für schlechte Tage sparen sollen?

Meine Arbeit in Bridegton erregte die Aufmerksamkeit von Sam Hudson, Korrespondent des *Philadelphia Record* für New Jersey, ein leuchtendes Beispiel für einen Zeitungsmenschen, dessen größte Freude im Leben die Wohltätigkeit war. Laut Sam war es für mich an der Zeit, in einer größeren Stadt zu arbeiten. Er glaubte, in mir würde mehr stecken, und wollte mir eine Stelle in Philadelphia besorgen. Das tat er, und ich zog mit Frau und Baby nach Germantown. Ich übernahm die Leitung der Anzeigenabteilung der *Germantown* (Philadelphia) *Gazette*, einer Wochenzeitung.

Zu Beginn verdiente ich nicht so viel Geld wie in Bridegton, denn ich musste meine Arbeit als Zeitungskorrespondent aufgeben. Die Nachrichten für diesen Bereich wurden von anderen Redakteuren übernommen. Aber bald machte ich 25 Prozent mehr Geld. Die Gazette erhöhte dreimal ihren Umfang, um all die Werbung unterzubringen, und jedes Mal erhielt ich eine beträchtliche Gehaltserhöhung.

Zusätzlich erhielt ich die Aufgabe, Gesellschaftsnachrichten für die Sonntagsausgabe der *Philadelphia Press* zu sammeln. Bradford Merrill, Redaktionsleiter dieser Zeitung und heute ein wichtiger Zeitungsherausgeber in New York, wies mir ein recht großes Territorium zu. Das hielt mich jeden Abend beschäftigt, abgesehen von Samstag. Ich erhielt 5 Dollar pro Kolumne; aber ich hatte durchschnittlich sieben Kolumnen jeden Sonntag; wodurch ich weitere 35 Dollar pro Woche dazuverdiente.

Es war also mehr Geld zum Ausgeben vorhanden, und das tat ich auch. Ich dachte nicht daran, meine Kosten zu budgetieren. Ich ließ das Geld einfach durch die Finger rinnen, so schnell, wie es hereinkam. Ich hatte keine Zeit, so dachte ich, darauf zu achten, wie viel ich ausgab.

Ein Jahr später wurde ich eingeladen, mich dem Werbeteam bei der *Philadelphia Press* anzuschließen, eine große Chance für einen jungen Mann, denn ich erhielt eine wunderbare Ausbildung unter der Leitung von William L. McLean, mittlerweile der Besitzer des *Philadelphia Evening Bulletin*. Ich hatte immer noch meinen Job als Gesellschaftsreporter – also war mein Einkommen etwa genauso hoch wie in Germantown.

Aber es dauerte nicht lange, und meine Arbeit erregte die Aufmerksamkeit von James Elverson Senior, Herausgeber der alten *Saturday Night* und von *Golden Days*, der gerade den *Philadelphia Inquirer* gekauft hatte. Mir wurde angeboten, die Werbeabteilung der Zeitung zu leiten, was ich akzeptierte.

Dieser Schritt bedeutete eine große Steigerung meines Einkommens. Und bald danach freute sich meine Familie über weiteren Zuwachs, meine Tochter wurde geboren. Dann konnte ich das tun, was ich schon seit der Geburt meines Sohnes vorgehabt hatte. Ich brachte die Familie wieder unter einem Dach zusammen – meine Frau und zwei Kinder, meine Mutter und meine Schwester. Endlich war ich in der Lage, meine Mutter von jeglicher Sorge und Verantwortung zu befreien, und das gelang bis zu ihrem Tod. Sie wurde 81 und starb 25 Jahre nach dem Tod meines Vaters. Ich werde nie ihre letzten Worte an mich vergessen: »Will, du hast mir nie auch nur einen Moment Sorgen bereitet, seitdem du geboren wurdest, und ich hätte nicht mehr haben können, als du mir gabst, selbst wenn ich die Queen von England gewesen wäre.«

Ich verdiente viermal so viel, wie mein Vater als Leiter öffentlicher Schulen in meiner Heimatstadt Phillipsburg, New Jersey, eingenommen hatte.

> Ich bin dankbar für die Widerstände, die meinen Weg gekreuzt haben, denn sie lehrten mich Toleranz, Mitgefühl, Selbstkontrolle, Durchhaltevermögen und einige andere Tugenden, die ich vielleicht nie gekannt hätte.

All das Geld verschwand jedoch so schnell aus meinen Taschen, wie Wasser durch ein Sieb fließt. Die Ausgaben stiegen mit jedem Anstieg meines Einkommens, was wohl auf die meisten Leute zutrifft. Es gab keinen vernünftigen Grund, meine Ausgaben über mein Einkommen ansteigen zu lassen, doch ich machte diesen Fehler. Ich häufte Schulden an, und von dieser Zeit an war ich nie wieder frei von Schulden. Ich machte mir jedoch keine Sorgen deswegen, denn ich dachte, sie jederzeit abbezahlen zu können. Mir war jedoch nicht klar – nicht, bevor 25 Jahre ins Land gegangen waren –, dass Schulden mir nicht nur große Sorgen und Unglück bringen würden, sondern, dass ich auch Freunde und Kreditwürdigkeit verlieren würde.

Aber ich muss mir wenigstens in einer Hinsicht auf die Schulter klopfen: Ich ließ mich zwar durch meine größte Schwäche beherrschen – das Geld so schnell auszugeben, wie ich es verdiente und oft noch schneller; aber ich vernachlässigte nie meine Arbeit. Ich versuchte immer, noch mehr Tätigkeitsbereiche aufzuspüren und fand sie immer. Ich verbrachte wenig Zeit mit meiner Familie. Ich kam jeden Abend zum Essen heim und spielte mit den Kindern, bis sie ins Bett mussten, dann kehrte ich oft ins Büro und zu meiner Arbeit zurück.

So vergingen die Jahre. Eine weitere Tochter wurde geboren. Ich wollte meinen Töchtern ein Pony mit einer Kutsche und meinem Sohn ein Reitpferd kaufen. Dann dachte ich, ich bräuchte ein Pferdegespann, um mit der Familie in einer geschlossenen oder offenen Kutsche herumzufahren. Ich erwarb all dies. Statt einem Pferd mit einem Wagen oder vielleicht einem Gespann, was für uns völlig ausreichend gewesen wäre und wir uns leisten konnten, musste ich einen Stall haben, mit allem, was dazugehört. Das alles kostete mich fast ein Viertel meines Jahreseinkommens.

Dann begann ich mit dem Golfspiel. Damals war ich 41 Jahre. Ich widmete mich diesem Sport genauso wie meiner Arbeit – mit ganzem Herzen. Ich lernte, recht gut zu spielen. Mein Sohn und meine ältere Tochter spielten mit mir, und sie machten sich ebenfalls gut dabei.

Es schien notwendig, dass meine jüngere Tochter die Winter im Süden und die Sommer in den Adirondacks verbrachte, aber statt sie allein mit ihrer Mutter reisen zu lassen, fand ich, dass es besser sei, dies auch meinen Sohn und meiner anderen Tochter zu ermöglichen. Dieses Arrangement wurde dauerhaft. Sie fuhren jeden Winter nach Pinehurst, North Carolina, und in teure Ferienorte in den Adirondacks oder im Sommer nach New Hampshire.

All dies kostete große Summen. Mein Sohn und meine ältere Tochter spielten gerne Golf und verwendeten eine Menge Geld darauf. Ich gab ebenfalls Geld auf den verschiedenen Golfplätzen rund um New York aus. Gemeinsam gewannen wir drei Preise, die wir alle eingelagert haben. Ich habe einmal ausgerechnet, was mich diese Preise gekostet haben, und stellte fest, dass für jede Trophäe 250 Dollar anfielen oder insgesamt 45.000 Dollar über einen Zeitraum von 15 Jahren, durchschnittlich 3.000 Dollar pro Jahr. Lächerlich, oder?

Ich unterhielt die Leute großzügig bei mir zu Hause. Die Menschen in Montclair hielten mich für einen Millionär. Ich lud häufig Gruppen von Geschäftsleuten ein, einen Tag mit mir im Klub Golf zu spielen und abends mit mir zu essen. Sie wären sicher mit einem einfachen zu Hause gekochten Mahl zufrieden gewesen, aber nein, ich musste ihnen etwas Extravagantes bieten, von einem berühmten Caterer-Service.

Diese Dinner kosteten nie weniger als 10 Dollar pro Portion, ohne die Aufwendungen für die Musik zum Essen. Ich ließ ein Quartett nach Hause kommen. Unser Esszimmer bot bequem 20 Leuten Platz, und es war häufig voll besetzt.

Ich genoss alles und spielte gerne den Gastgeber. Es machte mich richtiggehend glücklich. Nie dachte ich darüber nach, wie schnell ich Schulden anhäufte. Doch es kam der Tag, an dem sie mir große Sorgen bereiteten. Ich hatte so viele Gäste im Golfklub in einem Monat unterhalten, für Essen, Zigarren und Golfgebühren bezahlt, dass meine Rechnung 450 Dollar betrug. Dies erregte die Aufmerksamkeit der Klubdirektoren, die alle meine Freunde waren und an meinem Wohlergehen interessiert. Sie sagten mir, ich gäbe zu viel Geld aus und wünschten sich um meinetwillen, dass ich meine Ausgaben im Auge behielt.

Das schreckte mich auf. Ich grübelte lange darüber, meine Pferde und Kutschen loszuwerden – natürlich ein großes Opfer. Ich gab unser Haus auf und zog wieder in die Stadt, aber ich ließ keine offenen Rechnungen in Montclair zurück. Ich borgte mir die Mittel, um sie zu bezahlen. Es war stets leicht, all das benötigte Geld zu bekommen, trotz meiner bekannten finanziellen Misere.

Nun zu zwei Erfahrungen in meinen »ruhmreichen Vierzigern«: Abgesehen davon, dass ich auf närrische, wenn nicht waghalsige Weise Geld ausgab, lieh ich es mir gleicherweise. Als ich meinen Schreibtisch ausräumte, bevor wir in die Stadt zogen, sah ich mir einen Stapel Rechnungen an, die insgesamt über 40.000 Dollar betrugen. Es war Geld, das ich einfach fast jedem in die Hand gedrückt hatte, der vorbeikam. Ich zerriss sie alle, aber mir wurde klar, wenn ich dieses Geld noch hätte, würde ich niemandem auch nur einen Dollar schulden.

Einer der wohlhabenden Geschäftsmänner, den ich viele Male eingeladen hatte, sagte zu mir: »Billy, ich muss aufhören, mit dir auszugehen. Du gibst viel zu viel Geld für mich aus. Ich kann mit dir nicht mithalten.« Das kam von einem Mann, der mehr Geld verdiente als ich! Daraufhin hätte ich umdenken sollen, aber ich unterließ es. Ich war weiterhin spendabel und empfand es törichterweise als eine wunderbare Zeit. Ich machte mir keine Gedanken über die Zukunft. Dieser Mann ist heute einer der Vizepräsidenten von New Yorks größter Finanzinstitution und soll mehrere Millionen Dollar schwer sein. Ich hätte auf seinen Rat hören sollen.

Im Herbst 1908, nach sechs Monaten einer desaströsen Erfahrung in einem anderen Geschäftszweig, nachdem ich beim Unternehmen Hearst gekündigt hatte, ging ich wieder zu einer Zeitung, als Leiter der Werbeabteilung der *New York Evening Mail*. Ich kannte Henry L. Stoddard, den Herausgeber und Besitzer noch aus meinen Tagen in Philadelphia, als er politischer Korrespondent bei der *Press* war.

Obwohl mir meine Schulden Sorgen bereiteten, leistete ich gute Arbeit bei der *Evening Mail* und verdiente in den fünf Jahren dort mehr als je zuvor. Darüber hinaus erlaubte mir Mr. Stoddard, Werbegespräche mit mehreren Kunden zu syndizieren. Sie wurden in seiner Zeitung an 1.000 aufeinanderfolgenden Tage abgedruckt, was mir mehr als 55.000 Dollar einbrachte.

Mr. Stoddard war in mancherlei Hinsicht äußerst großzügig und zahlte mir häufig Boni für besondere Aktivitäten, um das Geschäft auszuweiten. Während dieser Zeit steckte ich so tief in den Schulden, dass ich, um alles am Laufen zu halten und ohne auch nur das Geringste an meinen Ausgaben zu ändern, Geld von Hinz lieh, um Kunz zu bezahlen und von Kunz, um Hinz zu bezahlen. Die 55.000 Dollar durch die Werbegespräche hätten meine Schulden mehr als abgedeckt und noch ein nettes Sümmchen übrig gelassen. Aber alles verschwendete ich so leichtfertig, als hätte ich keine Sorge in der Welt.

1915 machte ich mich mit dem Werbegeschäft selbstständig. Von dieser Zeit an bis zum Frühjahr 1922 beliefen sich meine Gebühren auf einen hohen Betrag. Ich machte immer noch mehr Geld als je zuvor und gab es genauso schnell aus, wie ich es einnahm, bis meine Freunde schließlich die Nase voll hatten, mir Kredite zu geben.

Wenn ich mich nur etwas bemüht hätte, meine Ausgaben um 10 Prozent einzuschränken, wären diese wunderbaren Männer bereit gewesen, mit mir zu teilen. Das heißt, ich hätte nur

5 Prozent abbezahlen müssen und hätte 5 Prozent sparen können. Es war ihnen nicht so wichtig, das geliehene Kapital wiederzubekommen. Sie hätten lieber gesehen, dass ich mich zusammenriss.

> Glücklich ist derjenige, der weiß, dass er stets etwas »bekommt«, wenn er selbst etwas »gibt«.

Der Zusammenbruch meines Geschäfts kam vor fünf Jahren. Zwei Freunde, die immer loyal gewesen waren, wurden ungeduldig und sagten mir offen, dass ich eine drastische Lektion brauchte. Die erhielt ich auch. Ich wurde in den Bankrott gezwungen, was mir fast das Herz brach. Ich hatte das Gefühl, dass jeder, den ich kannte, verächtlich mit dem Finger auf mich zeigte. Das war äußerst töricht. Es wurden zwar Kommentare laut, aber sie waren nicht alle unfreundlich. Es war eher der Ausdruck eines tiefen Bedauerns, dass ein Mann Prestige in seinem Beruf erlangte und so viel Geld verdiente und es dennoch zuließ, in solche finanziellen Schwierigkeiten zu geraten.

Ich war stolz und sensibel, also empfand ich die Entehrung durch den Bankrott so stark, dass ich beschloss, nach Florida zu gehen, wo ich einmal einen speziellen Auftrag für einen Klienten erledigt hatte. Diese Region empfand ich als Gelobtes Land. Ich stellte mir vor, in ein paar Jahren genug Geld zu machen, um nach New York zurückzukehren, nicht nur mit neuer Kompetenz, sondern auch mit genug Mitteln, um alle meine Schulden zu bezahlen. Eine Zeit lang schien ich es zu schaffen, aber ich wurde in den gewaltigen Zusammenbruch des Immobilienmarkts verwickelt. Also bin ich heute wieder hier in der alten Stadt, in der ich einst viel Geld verdiente und Hunderte Freunde hatte sowie Menschen, die mir nur das Beste wünschten.

Es war eine denkwürdige Erfahrung.

Eines ist sicher: Ich habe endlich meine Lektion gelernt. Ich bin sicher, dass ich die Chance erhalte, mich zu rehabilitieren und wieder viel Geld zu verdienen. Wenn diese Zeit kommt, weiß ich, dass ich mit 40 Prozent meines Einkommens so gut leben werde wie früher. Dann werde ich die verbleibenden 60 Prozent in zwei Teile aufteilen, 30 Prozent verwenden, um meine Gläubiger zu bezahlen, und 30 Prozent für Versicherungen und Ersparnisse zurücklegen.

Wenn ich aufgrund meiner Vergangenheit depressiv oder meinen Geist mit Sorgen belasten würde, wäre ich nicht in der Lage, den Kampf fortzuführen, um mich zu rehabilitieren. Außerdem wäre es undankbar gegen meinen Schöpfer, der mich mein ganzes Leben mit bester Gesundheit gesegnet hat. Gibt es einen größeren Segen?

Ich würde das Andenken meiner Eltern entehren, deren hervorragende Erziehung mir feste moralische Standards eingab. Diese Prinzipien fahren zu lassen, ist letzten Endes unendlich schwerwiegender, als die Grundsätze der Wirtschaftlichkeit zu missachten.

Ich würde die Dankbarkeit für die Ermutigung und Unterstützung von Hunderten Geschäftsleuten und vielen guten Freunde vermissen lassen, die mir halfen, meinen guten geschäftlichen Ruf aufzubauen.

Diese Erinnerungen sind der Sonnenschein meines Lebens. Und ich werde sie nutzen, um meinen Weg zu künftigen Leistungen zu ebnen.

Kerngesund, mit unerschütterlichem Glauben, nie nachlassender Energie, endlosem Optimismus und grenzenlosem Vertrauen, dass ein Mann seinen Kampf gewinnen kann, auch wenn er erst spät im Leben erkennt, wofür er kämpfen muss – was soll ihn da stoppen, außer der Tod?

Mr. Freemans Geschichte könnten auch Tausende andere Menschen erzählen, die nicht sparen, wobei ihr Einkommen variiert. Die Lebensweise, die Art, Geld auszugeben und die Gründe dafür, so wie Mr. Freeman es in seiner Erzählung berichtet, offenbart den Geist des Verschwenders.

Statistiken zu den Einkommen und Ausgaben von über 16.000 Familien, die der Autor analysiert hat, liefern hilfreiche Hinweise, wie Sie Ihr Einkommen und Ihre Ausgaben praktikabel und ökonomisch budgetieren können.

Das durchschnittliche Einkommen in den Statistiken reichte von 100 bis 300 Dollar pro Monat. Zwischen diesen beiden Beträgen sollte die Budgetierung des Einkommens etwa folgendermaßen aussehen:

Ein Haushalt mit zwei Personen und einem Einkommen von 100 Dollar im Monat sollte in der Lage sein, mindestens 10 oder 12 Dollar im Monat für ein Sparkonto zu erübrigen. Die Kosten für Unterkunft oder Miete sollten 25 oder 30 Dollar im Monat nicht übersteigen. Die Lebensmittelkosten sollten durchschnittlich etwa 25 bis 30 Dollar betragen. Kleidung sollte innerhalb eines Rahmens von 15 bis 20 Dollar pro Monat kosten. Erholung und nicht Lebensnotwendiges sollte mit etwa 8 bis 10 Dollar monatlich niedrig gehalten werden.

Ein Haushalt mit einem Einkommen von 100 Dollar im Monat ist gut beraten, mindestens 20 Dollar von diesem Betrag zu sparen, wenn das Einkommen auf 125 Dollar steigt.

Ein Haushalt mit zwei Personen und einem Einkommen von 150 Dollar im Monat sollte seine Einkünfte etwa wie folgt budgetieren: 25 Dollar sparen, 35 bis 40 Dollar für Unterkunft oder Miete, 35 bis 40 Dollar für Essen,20 bis 30 Dollar für Kleidung, 10 bis 15 Dollar für Freizeit.

Bei einem Einkommen von 200 Dollar monatlich sollte das Budget folgendermaßen aussehen: 50 Dollar sparen, Unterkunft oder Miete: 40 bis 50 Dollar, 35 bis 45 Dollar für Lebensmittel, Kleidung: 30 bis 35 Dollar, Freizeit: 15 bis 20 Dollar.

Für einen Zweierhaushalt mit einem Gehalt oder Einkommen von 300 Dollar im Monat gilt diese Aufteilung: 55 bis 65 Dollar sparen, Unterkunft oder Miete: 45 bis 60 Dollar, 45 bis 60 Dollar für Lebensmittel, 35 bis 45 Dollar für Kleidung, Freizeit und Bildung: 50 bis 75 Dollar.

Manch einer mag einwenden, dass ein zweiköpfiger Haushalt mit 300 Dollar monatlich genauso sparsam leben kann wie einer, der 100 oder 125 Dollar verdient. Hier ist jedoch einzuwenden, dass jemand mit einem Gehalt von 300 Dollar im Monat meist mit Menschen verkehrt, bei denen er einen guten Eindruck machen möchte, sodass er eine gewisse Freizeitgestaltung einrechnen sollte.

Ein alleinstehender Mann, der 100, 150 oder 300 Dollar im Monat einnimmt, sollte beträchtlich mehr sparen als ein Familienvater bei denselben Beträgen. Als Faustregel sollte ein Alleinstehender, von dem niemand abhängig ist und der keine Schulden hat, von einem Budget von 50 Dollar im Monat für Unterkunft und Nahrung leben und nicht mehr als 30 Dollar im Monat für Kleidung sowie vielleicht 10 Dollar für Freizeit ansetzen. Diese Beträge können leicht erhöht werden, wenn man 150 bis 300 Dollar im Monat verdient.

Ein junger Mann, der nicht mehr bei den Eltern wohnt und ein wöchentliches Einkommen von nur 20 Dollar hat, sollte 5 Dollar davon sparen. Was übrig bleibt, reicht in der Regel für Nahrung, Zimmer und Kleidung.

Eine junge Frau, die nicht mehr bei den Eltern wohnt und das gleiche Einkommen hat, sollte etwas mehr Budget für Kleidung einkalkulieren, denn Kleidung für Frauen kostet mehr als für Männer. Zudem achten Frauen in den meisten Fällen mehr auf ihre persönliche Erscheinung als Männer.

Eine dreiköpfige Familie wird beträchtlich weniger sparen können als eine zweiköpfige. Mit seltenen Ausnahmen: Falls eine Familie Schulden hat, die aus dem monatlichen Einkommen getilgt werden müssen, kann sie mindestens 5 Prozent ihres Bruttoeinkommens sparen.

Heute erwerben die meisten Familien ein Auto und zahlen es auf Raten, die verglichen mit dem Einkommen eine zu große Ausgabe darstellen. Ein Angestellter bei Ford sollte sich keinen Studebaker kaufen, sondern sich mit einem Ford zufriedengeben. Viele alleinstehende Männer geben ihr gesamtes Einkommen aus und verschulden sich für zu teure Autos. Dieser Fehler hat sich in Tausenden Fällen als tödlich für den Erfolg erwiesen, für den finanzielle Unabhängigkeit unabdingbar ist.

Auf Raten zu zahlen, ist allgemein üblich, und es ist so einfach, sich alles Erdenkliche zu kaufen, dass bedenkenlose Ausgaben, die über den eigenen Verhältnissen liegen, rasant zunehmen. Diese Schwäche gilt es in Zaum zu halten, wenn man finanzielle Unabhängigkeit erreichen möchte. Jeder mit genug Disziplin ist dazu imstande.

Ein weiteres Übel, das zugleich ein Segen ist, besteht darin, dass man in diesem reichen Land leicht Geld verdienen kann. Und wer nicht aufpasst, gibt es noch schneller wieder aus. Seit dem Beginn des Weltkriegs gab es eine ständige Nachfrage nach fast allem, was in den Vereinigten Staaten produziert wird, und dieser Wohlstand veranlasst die Leute, nachlässig und unangebracht Geld auszugeben.

Es ist nicht erstrebenswert, »mit den Nachbarn mitzuhalten«, und dafür mit dem Sparen aufzuhören. Langfristig ist es besser, nicht immer mit der Zeit zu gehen, als seine Jugend, das Erwachsenenalter und schließlich das hohe Alter ohne finanzielle Rücklagen zu verleben.

Eher sollte man in der Jugend Opfer bringen, als im Erwachsenenalter dazu gezwungen zu sein, so wie es Menschen passieren kann, die nie etwas beiseitelegen.

> Ich bin dankbar, arm geboren worden zu sein – und nicht belastet von den Launen reicher Eltern, ausgestattet mit einem Sack Gold.

Es ist nichts beschämender, und nichts bringt mehr Leid und Not als Altersarmut, wenn man nicht mehr arbeiten kann und sich an Verwandte oder Wohltätigkeitsorganisationen wenden muss, um seine Existenz zu bestreiten.

Jeder sollte mit einem Budgetsystem arbeiten, egal ob verheiratet oder alleinstehend. Jedoch wird kein Budgetsystem funktionieren, wenn Sie nicht bereit sind, Ausgaben etwa für Unterhaltung und Freizeit zu kürzen. Wenn Ihnen die Willenskraft fehlt, und Sie meinen, »mit den Nachbarn mithalten zu müssen«, also mit Bekannten, die mehr verdienen als Sie oder all ihr Einkommen vergeuden, wird Ihnen keine Art von Budgetsystem helfen.

Sich das Sparen anzugewöhnen, bedeutet, sich zumindest in gewissem Maße von allen Menschen zu lösen, außer von klug gewählten Freunden, die sich gerne mit Ihnen abgeben, ohne anspruchsvoll unterhalten zu werden.

Falls Sie zugeben müssen, dass Ihnen der Mut fehlt, Ihr Budget fürs Sparen auch nur eines kleinen Betrags zu kürzen, könnten Sie gleich zugeben, dass Ihnen die Charakterstärke fehlt, um erfolgreich zu sein.

Häufig hat sich gezeigt, dass Menschen, die sparen, bei der Besetzung von hohen Positionen bevorzugt werden. Daher profitieren Sie nicht nur von Ihren Rücklagen, wenn Sie einen bestimmten Job anstreben und Ihr Bankkonto polstern, sondern Sie steigern auch Ihre Einkommensmöglichkeiten. Jeder Unternehmer wird lieber jemanden anstellen, der sparsam ist – nicht nur deswegen, sondern aufgrund der Charaktereigenschaften einer solchen Person, die im Beruf essenziell sind.

Viele Unternehmen erteilen verschwenderischen Personen eher Absagen.

Alle Arbeitgeber sind gut beraten, ihre Angestellten zum Geldsparen anzuhalten. Daraus würden Tausende Menschen Nutzen ziehen, die von selbst nicht die Willensstärke zum Sparen mitbringen.

Henry Ford blickt auf einen langen Karriereweg zurück, und vermutlich hat er seine Angestellten angeregt, Geld zurückzulegen und ihre Ausgaben vernünftig einzuteilen. Der Arbeitgeber, der seine Angestellten zum Sparen motiviert, ist ein pragmatischer Philanthrop.

Chancen, die sich sparsamen Menschen bieten

Vor ein paar Jahren kam ein junger Mann nach Philadelphia. Er stammte aus dem Landwirtschaftsgürtel in Pennsylvania und begann seine Arbeit in einer Druckerei. Einer seiner Kollegen hielt einige Anteile bei einer Baugenossenschaft und legte auf diese Weise 5 Dollar pro Woche zurück. Der junge Mann erhielt von seinem Kollegen den Tipp, ebenfalls ein Konto bei der Baugenossenschaft zu eröffnen. Nach drei Jahren hatte er 900 Dollar gespart. Die Druckerei, für die er arbeitete, geriet in finanzielle Schwierigkeiten und stand kurz vor der Pleite. Er kam mit den 900 Dollar, die er in kleinen Beträgen angesammelt hatte, der Druckerei zur Hilfe, und im Gegenzug wurde ihm ein Anteil von 50 Prozent am Unternehmen gewährt. Durch strenge Sparmaßnahmen half er dem Geschäft, seine Schulden abzubezahlen, und heute wird ihm – als seine Hälfte des Profits – ein Gewinn in Höhe von 25.000 Dollar pro Jahr ausgezahlt. Diese Möglichkeit hätte sich ihm nie eröffnet, oder falls doch, wäre er nicht bereit dafür gewesen, hätte er sich nicht angewöhnt, Geld zu sparen.

Als Ford zu Beginn seines Unternehmertums das Auto perfektionierte, brauchte er Kapital, um Herstellung und Verkauf voranzutreiben. Er wandte sich an ein paar Freunde, die ein paar Tausend Dollar gespart hatten, einer davon war Senator Couzens. Diese Bekannten retteten ihn, denn sie investierten ein paar Tausend Dollar in seine Firma und erhielten später Millionen an Profit.

Als Woolworth seine 5- und 10-Cent-Läden eröffnete, hatte er kein Kapital, aber er wandte sich an ein paar Freunde, die durch extreme Sparsamkeit und große Opfer ein paar Tausend Dollar zurückgelegt hatten. Sie halfen ihm, und später zahlte er ihnen Hunderttausende Dollar an Profiten zurück.

Van Heusen (berühmt für Hemden mit weichen Kragen) hatte die Idee, ein Herrenhemd mit einem weicheren Kragen zu produzieren. Seine Idee war fundiert, aber er hatte keinen Cent, um sie voranzutreiben. Er wandte sich an ein paar Freunde, die nur ein paar Hundert Dollar besaßen. Sie gaben ihm einen finanziellen Anschub, und der Kragen machte jeden von ihnen reich.

Die Gründer des El-Producto-Zigarrenunternehmens besaßen nur wenig Kapital. Ihr gesamtes Geld hatten sie von ihrem niedrigen Gehalt als Zigarrenmacher gespart. Sie hatten eine gute Idee und verstanden etwas von der Zigarrenherstellung, aber die Idee hätte ohne Rücklagen nicht gezündet. Mit ihren mageren Ersparnissen brachten sie eine Zigarre auf den Markt, und ein paar Jahre später verkauften sie ihr Unternehmen an die American Tobacco Company für 8.000.000 Dollar.

Als Basis fast jedes großen Vermögens dient die ausgeprägte Gewohnheit, zu sparen.

John D. Rockefeller war ein normaler Buchhalter. Er wollte ins Ölgeschäft einsteigen, was man damals nicht einmal als Geschäft ansah. Er brauchte Kapital. Und weil er stets sparte und so bewies, mit dem Geld anderer Leute angemessen umgehen zu können, konnte er sich die benötigten Mittel leihen. Tatsächlich erwies sich Rockefellers Gewohnheit, zu sparen, während er als Buchhalter für 40 Dollar im Monat arbeitete, als Grundlage seines Vermögens.

James J. Hill war ein armer junger Telegraf mit einem Gehalt von 30 Dollar im Monat. Er entwickelte das Great Northern Railway System, aber seine Idee lag außerhalb seiner finanziellen Möglichkeiten. Jedoch legte er stets etwas zurück, und von seinem mageren Lohn hatte er genug gespart, um sich eine Reise nach Chicago zu leisten, wo er Kapitalgeber für das Finanzieren seines Plans interessieren konnte. Da er trotz seines kleinen Gehalts sparsam war, wurde er als vertrauenswürdig erachtet, ihm das Kapital anderer Menschen anvertrauen zu können.

Die meisten Geschäftsleute zögern, einem anderen Menschen Geld in die Hand zu geben, es sei denn, er geht mit den eigenen Finanzen angemessen um und setzt sie weise ein. Diese Prüfung ist nützlich, allerdings peinlich für Leute, die vom Sparen nichts halten.

Ein junger Angestellter einer Druckerei in Chicago wollte selbst eine kleine Druckerei eröffnen. Dies teilte er einem Zulieferer mit und bat ihn um einen Kredit für eine Druckerpresse, einige Typen und anderes Material. Die erste Frage dieses Managers war: »Haben Sie Geld gespart?« Das hatte er! Von seinem Gehalt von 30 Dollar pro Woche hatte er seit fast vier Jahren regelmäßig 15 Dollar wöchentlich gespart. Er bekam den gewünschten Kredit. Später nahm er noch einen weiteren Kredit auf, und heute führt er eine der erfolgreichsten Druckereien in Chicago.

Diesem Mann namens George B. Williams begegnete der Autor viele Jahre nach der erzählten Begebenheit. Nach dem Kriegsende 1918 bat der Autor Mr. Williams um einen Kredit über mehrere Tausend Dollar, um das *Golden Rule Magazine* herauszubringen. Die erste Frage des Unternehmers lautete: »Gehört es zu Ihren Gewohnheiten, Geld zu sparen?« Obwohl ich all meine Ersparnisse im Krieg verloren hatte, gewährte er mir allein aufgrund der Tatsache, dass ich stets etwas Geld zurücklegte, einen Kredit von über 30.000 Dollar.

Gelegenheiten finden sich an jeder Ecke, aber nur für den, der aufgrund von Ersparnissen über Geld und entsprechend über einen einwandfreien »Charakter« verfügt.

> Liebe und Gerechtigkeit sind die wahren Friedensrichter in allen Streitigkeiten. Gib ihnen eine Chance, und sicher wirst du keinen Mitreisenden im Staub neben der Straße des Lebens mehr zurücklassen wollen.

Der verstorbene J. P. Morgan sagte einmal, er liehe lieber einem sparsamen Mann von untadeligem Charakter 1 Million Dollar als einem charakterlosen, verschwenderischen Mann nur 1.000 Dollar. Diese Einstellung gegenüber sparsamen Menschen ist allgemeingültig.

In vielen Fällen genügt ein kleines Sparbuch mit nicht mehr als 200 oder 300 Dollar, um den Highway zur finanziellen Unabhängigkeit zu befahren. Vor ein paar Jahren kam ein junger Erfinder auf die Idee für einen einzigartigen und praktischen Haushaltsartikel. Jedoch hemmte ihn die finanzielle Not, unter der Erfinder häufig leiden, daran, sein Produkt zu vermarkten. Darüber hinaus hatte er sich nicht angewöhnt, Beträge zurückzulegen, und so war es äußerst schwer für ihn, Kapital bei der Bank zu leihen.

Sein Mitbewohner war ein junger Maschinist, der über 200 Dollar verfügte. Er kam dem Erfinder mit dieser kleinen Summe zur Hilfe und ließ genügend Artikel fertigen, um das Geschäft anzustoßen. Sie zogen los und verkauften die erste Charge von Tür zu Tür. Dann kamen sie zurück und ließen eine weitere Charge produzieren und so weiter, bis sie (dank der Sparsamkeit des Mitbewohners) ein Kapital von 1.000 Dollar aufgebracht hatten. Damit sowie mit einem Kredit, den sie schließlich erhielten, kauften sie die Werkzeuge für die Herstellung ihres Produkts.

Der junge Maschinist verkaufte seinen Anteil an dem Unternehmen sechs Jahre später für 250.000 Dollar. Er wäre nie in seinem Leben zu so viel Geld gekommen, wenn er sich nicht angewöhnt hätte, zu sparen. So konnte er seinen Erfinderfreund unterstützen.

Dieser Fall kann sich mit Variationen noch Tausende Male ereignen, denn er ist beispielhaft dafür, wie viele große Vermögen in den Vereinigten Staaten ihren Anfang nahmen oder derzeit entstehen.

Sicher ist es bedauernswert, aber dennoch eine TATSACHE: Wer kein Geld hat und sich nicht angewöhnt hat, zu sparen, wird sich umsonst bemühen, viel Geld zu verdienen. Man kann es nicht oft genug betonen: Sparsamkeit ist die Grundlage fast aller Vermögen, ob groß oder klein! Wenn Sie dieses Grundprinzip verinnerlichen, sind Sie ein gutes Stück auf dem Weg zur finanziellen Unabhängigkeit weitergekommen!

Einen traurigen Anblick bietet ein älterer Mensch, der sich selbst verurteilt hat, jeden Tag seines Lebens im Hamsterrad harter Arbeit zu verharren, weil er nicht zu sparen gelernt hat. Und doch gibt es heute allein in den Vereinigten Staaten Millionen solcher Menschen.

Das Großartigste im Leben ist die FREIHEIT! Allerdings basiert wirkliche Freiheit zu einem gewissen Grad auf finanzieller Unabhängigkeit. Hingegen ist es furchtbar, sein ganzes Leben, Arbeitstag für Arbeitstag, an einen Ort und eine freudlos verrichtete Aufgabe gebunden zu sein. Dieser Zustand ist einer Gefängnisstrafe vergleichbar, denn die persönlichen Handlungsmöglichkeiten sind begrenzt. Es ist wirklich nicht viel besser, als mit den Privilegien eines »Freigängers« inhaftiert zu sein, und in mancher Hinsicht sogar schlechter, denn im Gefängnis ist man der Verantwortung entledigt, einen Schlafplatz, etwas zu essen und Kleidung zu bezahlen. Die einzige Hoffnung, aus diesem lebenslangen Frondienst in die Freiheit zu entkommen, ist, sich beständige Sparsamkeit anzugewöhnen, egal wie viel Opfer es erfordern mag. Für Millionen von Menschen gibt es keinen anderen Ausweg, und sofern Sie nicht eine der seltenen Ausnahmen sind, richtet sich diese Lektion auch an SIE!

Sei kein Schuldner und kein Gläubiger:
Denn Kredit verliert oft sich selbst und den Freund,
Und Leihen stumpft die scharfe Schneide der Sparsamkeit.
Doch vor allem: Dir selbst sei treu,
Und folgen muss, wie Nacht auf Tag,
Dass du nicht falsch bist gegen andere.

SHAKESPEARE

Alles vergeht, ist nicht von Dauer; die Wahrheit allein besteht ewig.

LEKTION 5

INITIATIVE UND FÜHRUNGSSTÄRKE

»Du kannst es, wenn du glaubst, dass du es kannst!«

BEVOR Sie mit dieser Lektion starten, beachten Sie, dass dieser Kurs gründlich durchdacht ist. Sie werden feststellen, dass alle 16 Lektionen miteinander harmonieren, sodass sie – Glied um Glied – eine schlüssige Kette der Faktoren bilden, mit denen Sie Macht durch organisierte Leistung entwickeln können.

> Wenn du nicht weißt, was du tun oder wohin du dich wenden sollst, lächle. So entspannt sich dein Geist, und der Sonnenschein des Glücks strahlt in deine Seele.

Sie werden außerdem bemerken, dass dieselben fundamentalen Prinzipien der angewandten Psychologie die Basis jeder dieser 16 Lektionen bilden, wobei jede Einheit diese Grundsätze unterschiedlich anwendet.

Diese Lektion über Initiative und Führungsstärke folgt der Einheit über Selbstvertrauen, weil jemand, der nicht an sich selbst glaubt, weder eine effiziente Führungsperson werden noch die Initiative bei einem großen Vorhaben ergreifen kann.

Diese Lektion verbindet die Begriffe Initiative und Führungsstärke, denn Führungsstärke ist essenziell für den Erfolg, und Initiative ist die Basis, auf der die notwendige Qualität der Führungsstärke aufbaut. Initiative ist so wesentlich für den Erfolg wie eine Achse für ein Wagenrad.

Und was ist Initiative? Es ist die seltene Eigenschaft, die eine Person veranlasst – nein, drängt –, das Nötige unaufgefordert zu tun. Elbert Hubbard hat sich mit folgenden Worten zum Thema der Initiative geäußert: »Die Welt verleiht ihre größten Preise, sowohl in Form von Geld als auch von Ehre, für eine Tugend: Initiative.

Was ist Initiative? Ich sage es Ihnen: Das Richtige ohne Anweisung eines anderen zu tun.

Das Nächstbeste zu diesem Verhalten besteht darin, etwas zu tun, zu dem man nur einmal aufgefordert wird. Dem, der eine Botschaft überbringt, gebührt Ehre, aber seine Bezahlung ist nicht immer angemessen.

Ferner tun manche Menschen das Richtige, wenn sie müssen, und ernten Gleichgültigkeit statt Ehre und ein Almosen als Bezahlung. Dies sind die Leute, die allen erzählen, wie schwer sie es haben.

Noch weiter unten auf der Skala haben wir denjenigen, der nicht einmal das Richtige tut, wenn jemand ihn anleitet und danebensteht, um ihn zu kontrollieren. Er wird schnell arbeitslos und hat keinen guten Ruf. Es sei denn, er hat einen reichen Vater, dann wartet das Schicksal mit einem Weckruf um die nächste Ecke.

Zu welcher Gruppe gehören Sie?«

Bestimmen Sie selbst, welchen der 15 Faktoren dieses Kurses Sie am meisten brauchen, nachdem Sie die 16 Lektionen absolviert haben. Darauf können Sie sich schon jetzt vorbereiten, indem Sie die Frage von Elbert Hubbard beantworten: Zu welcher Gruppe gehören Sie?

Führungsstärke findet sich nie bei Menschen, die niemals die Initiative ergreifen. Diese Kompetenz müssen Sie sich aktiv aneignen; sie wird sich Ihnen nie aufdrängen. Wenn Sie alle Ihnen bekannten Führungspersonen analysieren, werden Sie sehen, dass sie nicht nur die Initiative ergreifen, sondern auch ihre Arbeit mit einem konkreten Ziel im Kopf erledigen. Sie werden außerdem sehen, dass sie die Qualität besitzen, die in der dritten Lektion dieses Kurses beschrieben ist: Selbstvertrauen.

Dieses Wissen liefert diese Lektion, und Sie werden von der Einsicht profitieren, dass erfolgreiche Menschen alle Faktoren der 16 Lektionen dieses Kurses nutzen. Darüber hinaus werden Sie davon profitieren, die Prinzipien der organisierten Leistung, die Ihnen hier vermittelt werden, zu verinnerlichen.

An dieser Stelle sei erwähnt, dass dieser Kurs weder als Abkürzung zum Erfolg gedacht ist noch als mechanische Formel, um mühelos Bemerkenswertes zu vollbringen. Der wahre Wert dieses Kurses liegt darin, wie Sie ihn nutzen und nicht in diesen Lektionen selbst. Vor allem erfahren Sie, wie Sie die 15 Qualitäten aus den 16 Lektionen dieses Kurses entwickeln, eine der wichtigsten davon ist Initiative.

Beginnen wir nun damit, das Prinzip dieser Lektion anzuwenden, indem wir beschreiben, wie es erfolgreich den Abschluss eines komplizierten Geschäfts herbeiführte: 1960 brauchte ich 25.000 Dollar, um ein Bildungsinstitut zu gründen, aber ich hatte weder diese Summe noch genug Sicherheiten, um das Geld von der Bank zu erhalten. Habe ich mein Schicksal bedauert oder darüber nachgedacht, was ich erreichen könnte, wenn irgendein reicher Verwandter oder ein barmherziger Samariter mir zur Rettung eilte, indem er mir das notwendige Kapital lieh? Nichts dergleichen!

Ich handelte so, wie ich es Ihnen rate: Erstens ernannte ich es zu meinem Hauptziel, an das nötige Kapital zu kommen. Zweitens entwarf ich einen Plan, um dieses Ziel zu realisieren. Mit Selbstvertrauen und durch Initiative motiviert machte ich mich daran, mein Konzept umzusetzen. Aber vor dem »Aktions«-Teil des Plans kommen mehr als sechs Wochen hartnäckiger Studien, Aufwand und Nachdenken. Soll ein Plan fundiert sein, muss er auf sorgfältig ausgewählten Daten beruhen.

Sie erfahren hier von der Anwendung des Prinzips der organisierten Leistung, mit dem Sie mehrere Interessen verbinden, sodass jedes davon verstärkt wird und alle anderen unterstützt, wie ein Kettenglied alle anderen Glieder hält.

Mit den 25.000 Dollar Kapital wollte ich eine Schule für Werbung und Verkauf gründen. Ich benötigte zweierlei dafür: zum einen die 25.000 Dollar, die ich nicht hatte, und zum anderen einen fundierten Lehrplan, den ich bereits erstellt hatte. Ich war auf der Suche nach Personen, die meiner Kompetenz bedurften, und die mir die 25.000 Dollar zur Verfügung stellen würden. Diese Allianz sollte einen für alle Beteiligten nützlichen Plan verfolgen.

Nachdem mein Plan wohldurchdacht und abgeschlossen war, präsentierte ich ihn dem Leiter eines bekannten und angesehenen Business-College, das mit Konkurrenz zu kämpfen hatte und nach einem Konzept für diese Situation suchte.

Meinen Plan stellte ich etwa wie folgt vor: Da Sie eines der angesehensten Wirtschaftsinstitute der Stadt führen, und da Sie einen Plan brauchen, mit der harten Konkurrenz in Ihrem Geschäftsbereich fertig zu werden, und da Sie dank Ihres guten Rufs die nötigen finanziellen Mittel erhalten werden, und weil ich Ihnen den Plan biete, mit dem Sie sich dieser Konkurrenz erfolgreich stellen können: Mein Vorschlag lautet, dass wir auf Basis eines Konzepts, das uns beiden dient, zusammenarbeiten sollten.

Dann fuhr ich fort, meinen Plan darzulegen: einen praxisnahen Kurs über Werbung und Verkauf. Da dieser auf meinen praktischen Erfahrungen sowohl in der Ausbildung und Anleitung von Verkäufern als auch bei der Planung und Durchführung vieler erfolgreicher Werbekampagnen basiert, bin ich imstande, seine Praxistauglichkeit zu belegen.

> Der Raum, den Sie einnehmen, und Ihre Autorität können mit mathematischer Genauigkeit anhand Ihrer Leistungen gemessen werden.

Wenn Sie Ihre Mittel beisteuern, um mein Kurskonzept zu vermarkten, werde ich ihn gerne als Abteilung in Ihrem Business-College integrieren und mich mit ganzer Kraft dieser neu geschaffenen Fakultät widmen. Kein anderes Business-College in dieser Stadt bietet einen solchen Kurs an, und daher wird kein hiesiges Institut mit Ihnen konkurrieren können. Außerdem werden Sie durch Werbung für dieses Lehrangebot gleichzeitig auch die Nachfrage nach Ihren regulären Wirtschaftskursen erhöhen. Sie können den gesamten Betrag für diese Werbekampagne meiner Fakultät in Rechnung stellen, so generieren Sie ohne große Investition Vorteile auch für Ihre anderen Lehrbereiche.

Sicher möchten Sie wissen, wie ich durch diese Transaktion profitiere. Ich schlage einen Vertrag vor, in dem wir Folgendes vereinbaren: Sobald die Erträge aus meiner Fakultät den Betrag übersteigen, den Sie eingebracht oder für Werbung ausgegeben haben, wird mein Lehrangebot für Werbung und Verkauf in meinen Besitz übergehen. Dann wird mir das Privileg zufallen, diese Fakultät von Ihrer Universität abzutrennen und unter meinem eigenen Namen zu betreiben.

Dieser Plan fand Zustimmung, sodass der Vertrag zum Abschluss kam.

(Bedenken Sie, dass mein konkretes Ziel darin bestand, die 25.000 Dollar zu bekommen, für die ich keine Sicherheiten bieten konnte.)

Nach rund einem Jahr hatte das Business-College etwas mehr als 25.000 Dollar für die Vermarktung meines Kurses ausgegeben und für den Betrieb meiner Fakultät weitere Ausgaben aufgebracht. Währenddessen hatte meine Fakultät Studiengebühren eingenommen, die in Höhe der getätigten Ausgaben des Colleges an dieses zurückflossen. Daher übernahm ich gemäß den Bedingungen meines Vertrags die Fakultät als sich selbst finanzierendes Unternehmen. Tatsächlich hatte diese neu gegründete Fakultät nicht nur weitere Studenten für die anderen Bereiche des Colleges angezogen, sondern die eingenommenen Studiengebühren meiner Abteilung reichten aus, um sie vor Ende des ersten Jahres selbst zu finanzieren. So hatte das College mir zwar keinen Penny tatsächliches Kapital geliehen, mir jedoch die Geldmittel zur Verfügung gestellt, die denselben Zweck erfüllten.

Mein Plan war auf Gleichberechtigung gegründet, da er eine Win-win-Situation herbeiführte. Meine Wertschöpfung bestand in der Verwendung der 25.000 Dollar, was bis Ende des ersten Jahres zu einem etablierten und sich selbst finanzierenden Geschäft führte. Der Nutzen für das College waren die neuen zusätzlichen Studenten, die für die regelmäßigen Wirtschafts- und Businesskurse zahlten. Dies ergab sich aus der Investition in die Werbung für meine Fakultät, denn alle Werbung wurde im Namen des Colleges lanciert.

Heute ist dieses Business-College eine der erfolgreichsten Universitäten seiner Art, und es steht beispielhaft für den Nutzen einer gemeinsamen Leistung.

Ich berichte hier nicht allein deswegen davon, weil es den Wert von Initiative und Führungsstärke aufzeigt, sondern auch, weil dieser Fall zu einem Thema führt, das die nächste Lektion dieses Kurses über das Gesetz des Erfolges behandelt: die Vorstellungskraft.

Es gibt im Allgemeinen zahlreiche Pläne, durch deren Umsetzung man ein bestimmtes, angestrebtes Ziel erreicht. Wobei sich oft zeigt, dass die offensichtlichen und üblichen Methoden nicht die besten sind. Nach der allgemeinen Vorgehensweise in dem berichteten Fall hätte ich mir von einer Bank Geld geliehen. Doch wie Sie gesehen haben, war diese Methode in dem speziellen Beispiel nicht praktikabel, da keine Sicherheiten vorhanden waren.

Ein großer Philosoph hat einmal gesagt: »Initiative ist der Schlüssel, der das Tor zur Chance öffnet.« Ich erinnere mich nicht, wer der Philosoph war, aber ich weiß, es muss ein bedeutender gewesen sein, weil diese Aussage ins Schwarze trifft.

Wir werden Ihnen nun erläutern, wie Sie sich Initiative und Führungsstärke aneignen:

Erstens: Sie müssen die Prokrastination in den Griff bekommen und aus Ihrem Arsenal an Verhaltensweisen entfernen. Die Gewohnheit, Vorhaben auf morgen zu verschieben, die Sie letzte Woche, letztes Jahr oder seit mehreren Jahren hätten angehen sollen, nagt an Ihrer Lebensader. Und Sie können nichts erreichen, bevor Sie nicht damit aufräumen.

Die Methode, nichts mehr aufzuschieben, basiert auf einem erprobten psychologischen Prinzip, auf das wir in den vorhergehenden zwei Lektionen bereits mit dem Begriff Autosuggestion Bezug genommen haben.

Kopieren Sie die folgende Formel und platzieren Sie diese gut sichtbar in Ihrem Zimmer, um sie im Auge zu haben, wenn Sie abends ins Bett gehen und wenn Sie morgens aufstehen.

Initiative und Führungsstärke

Da ich ein konkretes Hauptziel als meine Lebensaufgabe gewählt habe, weiß ich, dass es meine Aufgabe ist, dieses Ziel Realität werden zu lassen. Daher werde ich mir angewöhnen, jeden Tag so zu handeln, dass es mich einen Schritt näher zu meinem konkreten Hauptziel bringt.

Ich weiß, dass Prokrastination ein tödlicher Feind ist, wenn man bei einem Vorhaben Verantwortung übernehmen will. Ich werde diese Gewohnheit aus meinem mentalen Arsenal streichen, indem ich:

a. Jeden Tag unaufgefordert etwas Notwendiges tue.
b. Eine neue Handlung entdecke und durchführe, die ich täglich einbauen kann. Diese soll anderen nützen, ohne dass ich dafür eine Gegenleistung erwarte.
c. Mindestens einer anderen Person täglich mitteilen, wie wichtig es ist, etwas Notwendiges unaufgefordert zu erledigen.

Ich weiß, dass man die Muskeln des Körpers zunehmend stärkt, je mehr man sie einsetzt. Ebenso verfestigt sich die Gewohnheit, die Initiative zu ergreifen, je mehr man sie praktiziert.

Mir ist klar, dass man sich in seinem alltäglichen Arbeitsbereich Initiative angewöhnen sollte. Daher werde ich jeden Tag an die Arbeit gehen, als würde ich sie nur tun, um die Gewohnheit der Initiative zu entwickeln.

Indem ich mir angewöhne, bei meiner täglichen Arbeit die Initiative zu ergreifen, stärke ich nicht nur diese Gewohnheit, sondern mache auch Menschen auf mich aufmerksam, die mich deshalb mehr zu schätzen wissen.

Unterzeichnet ....

Egal was Sie aktuell tun: Jeder Tag bietet Ihnen eine Chance, jemandem außerhalb Ihrer normalen Tätigkeit einen Dienst zu erweisen. Dies aus eigenem Antrieb zu leisten, geschieht nicht wegen finanzieller Interessen. Sie werden aktiv, weil es Ihnen ermöglicht, Ihre Initiative zu entwickeln und zu stärken. So müssen Sie vorgehen, wenn Sie in Ihrem zentralen Tätigkeitsbereich jemals hervorstechen wollen.

Menschen, die bloß für Geld arbeiten und als Bezahlung nichts als Geld erhalten, sind immer unterbezahlt, egal wie viel sie verdienen. Geld ist notwendig, aber die großen Belohnungen im Leben messen sich nicht in Dollars und Cents.

Kein Betrag könnte das Glück, die Freude und den Stolz einer Person aufwiegen, die eine bessere Grube ausgehoben, einen besseren Hühnerstall gebaut, den Boden glänzender geputzt oder ein schmackhafteres Essen gezaubert hat. Jeder normale Mensch liebt es, etwas zu leisten, das besser ist als der Durchschnitt. Das Vergnügen, ein Kunstwerk zu schaffen, ist eine Freude, die nicht durch Geld oder eine andere Form des materiellen Besitzes ersetzt werden kann.

»Was hat Ihnen geholfen, die großen Hindernisse des Lebens zu überwinden?«, fragte man einen äußerst erfolgreichen Mann. »Die anderen Hindernisse«, antwortete er.

Bei mir arbeitet seit über drei Jahren eine junge Frau, die meine persönliche Post öffnet, ordnet und beantwortet. Zuerst nahm sie hauptsächlich Diktate auf, und ihr Gehalt lag in dem üblichen Bereich für diesen Job. Eines Tages diktierte ich ihr folgendes Motto und bat sie, es für mich zu tippen:

Denke daran: Deine einzige Grenze die ist, die du dir selbst setzt. Als sie mir die handgetippte Seite zurückgab, sagte sie: »Ihr Motto hat mich zu einer Idee inspiriert, die für Sie und mich von Nutzen sein kann.« Ich erwiderte, dass ich mich freue, ihr einen Dienst erwiesen zu haben. Diese Begebenheit hinterließ keinen besonderen Eindruck bei mir, aber von diesem Tag an sah ich, dass sie einen beträchtlichen Eindruck bei ihr hinterließ. Von dieser Zeit an kam sie nach der Mittagspause ins Büro zurück und verrichtete Aufgaben, für die sie nicht bezahlt wurde und die auch nicht von ihr erwartet wurden. Unaufgefordert brachte sie mir Briefe an meinen Schreibtisch, die sie für mich beantwortet hatte. Sie hatte meinen Schreibstil studiert, und diese Briefe waren so gut verfasst, als hätte ich sie selbst geschrieben, manchmal sogar besser. Sie arbeitete so weiter, bis meine persönliche Sekretärin kündigte. Als ich nach jemandem für diese Position suchte, lag es nahe, die freie Stelle mit dieser jungen Frau zu besetzen. Bevor ich ihr diesen Job gab, hatte sie ihn bereits aus eigener Initiative übernommen. Meine persönliche Post wurde mit dem Namen einer neuen Sekretärin an meinem Schreibtisch gebracht, und diese Sekretärin war sie. In ihrer Freizeit hatte sie sich bereits, ohne zusätzliche Bezahlung, auf die beste Stelle meiner Belegschaft vorbereitet.

Aber damit nicht genug. Diese junge Dame arbeitete so effizient, dass sie die Aufmerksamkeit anderer erregte, die ihr attraktive Positionen anboten. Ich habe mehrere Male ihr Gehalt erhöht, und sie verdient nun viermal so viel wie zu Beginn als normale Stenografin. Tatsächlich bin ich in dieser Angelegenheit völlig hilflos, denn sie hat sich so unersetzlich gemacht, dass ich ohne sie nicht mehr zurechtkomme.

Das ist Initiative, umgesetzt in praktische, verständliche Begriffe. Ich würde meine Aufgabe vernachlässigen, wenn ich Sie nicht auf einen weiteren Vorteil aufmerksam machen würde, abgesehen vom steigenden Gehalt dieser jungen Dame, das sie ihrer Initiative verdankt. Sie hat eine positive

Einstellung, die sie weitaus zufriedener macht, als es Stenografen und Stenografinnen im Allgemeinen sind. Ihre Arbeit ist keine Mühe, sondern ein interessantes Spiel für sie. Obwohl sie vor den normalen Stenografinnen im Büro ankommt und viel länger bleibt als die anderen, die um 17 Uhr Schluss machen, arbeitet sie doch weniger Stunden als ihre Kollegen. Arbeitsstunden vergehen viel schneller für Menschen, die ihre Tätigkeit mögen.

Das bringt uns zum nächsten Schritt, wie Sie Initiative und Führungsstärke entwickeln.

Zweitens: Sie verstehen sicher, dass der einzige Weg zum Glück darin besteht, es anderen zu bereiten. Dasselbe gilt für die Entwicklung von Initiative. Sie können sich diese Qualität am besten aneignen, wenn Sie andere in Ihrem Umfeld animieren, es Ihnen gleichzutun. Bekanntlich lernt man das am besten, was man anderen beibringen will. Wenn ein Mensch eine bestimmte Philosophie oder einen religiösen Glauben annimmt, dann wird er als Erstes versuchen, andere auch dafür zu gewinnen. Im selben Ausmaß, in dem er andere überzeugt, überzeugt er sich selbst.

Auf dem Gebiet des Vertriebs ist es von jeher bekannt, dass kein Verkäufer erfolgreich etwas an den Mann oder die Frau bringen kann, wenn er es nicht zuerst sich selbst verkauft. Anders ausgedrückt: Kein Verkäufer erbringt seine Bestleistung, der nicht sich selbst das verkauft, was er anderen anbieten will.

Jede Aussage, die eine Person häufig wiederholt, damit andere sie glauben, wird sie selbst auch irgendwann glauben, und zwar unabhängig davon, ob die ursprüngliche Aussage richtig oder falsch ist.

Sie erkennen nun sicher, wie sinnvoll es ist, von Initiative zu reden, an Initiative zu denken und sie mit ganzer Kraft einzuüben. So vorzugehen, macht Sie zu einer Person mit Initiative und Führungsstärke, und Menschen folgen im Allgemeinen bereitwillig jemandem, der etwas anpackt.

An Ihrem Arbeitsplatz oder in Ihrer Gemeinde kommen Sie in Kontakt mit anderen Menschen. Nehmen Sie sich vor, jeden Gesprächspartner dafür zu interessieren, selbst Initiative zu entwickeln. Es ist weder nötig, dafür irgendwelche Gründe zu nennen, noch überhaupt darauf hinzuweisen, was sie tun. Tun Sie es einfach. Sie selbst wissen natürlich, dass Sie es tun, weil diese Übung Ihnen helfen wird und Ihrem Gegenüber nicht schadet.

Wenn Sie ein interessantes und profitables Experiment ausprobieren wollen, suchen Sie dafür einen Bekannten aus, der stets so handelt, wie man es von ihm erwartet. Versuchen Sie, ihn für Ihre Idee von Initiative zu gewinnen. Belassen Sie es nicht bei einer einmaligen Debatte über das Thema; bringen Sie es bei jeder günstigen Gelegenheit zur Sprache. Gehen Sie das Thema jedes Mal aus einem anderen Blickwinkel an. Wenn Sie taktvoll und mit Nachdruck »experimentieren«, werden Sie bald eine Veränderung bei der betreffenden Person feststellen. Darüber hinaus werden Sie noch mehr bemerken: eine Veränderung bei sich selbst! Lassen Sie sich auf dieses Experiment ein.

Sie können nicht mit anderen über Initiative reden, wenn Sie nicht bereit sind, sie sich anzueignen. Durch die Anwendung der Autosuggestion hinterlässt alles, was Sie anderen gegenüber äußern, einen Eindruck auf Ihr Unterbewusstsein, egal ob Ihre Aussagen nun falsch sind oder wahr.

Sie haben sicher schon den Spruch gehört: »Wer mit dem Schwert lebt, wird durch das Schwert sterben.« Richtig interpretiert, bedeutet dies, dass wir die Eigenschaften anziehen und zum Teil unseres eigenen Charakters und unserer Persönlichkeit machen, die wir bei anderen hervorrufen. Wenn wir anderen helfen, Initiative zu entwickeln, bilden wir im Gegenzug ebenfalls diese Eigenschaft aus. Wenn wir die Saat des Hasses, des Neids und der Entmutigung in anderen säen, werden wir diese Qualitäten in uns selbst entwickeln. Dieses Prinzip, durch das ein Mensch sein eigenes Wesen denen angleicht, die er am meisten bewundert, drückt Hawthornes Geschichte *Das große Steingesicht* gut aus. Es ist eine Erzählung, die jeder seinen Kindern vorlesen sollte.

Kommen wir nun zum nächsten Schritt, wie Sie Initiative und Führungsstärke entwickeln.

Drittens: Bevor wir fortfahren, ist es wichtig, dass Sie den Begriff »Führungsstärke« im Kontext dieses Kurses verstehen. Es gibt zwei Arten von Führungsstärke, und eine davon ist so tödlich und destruktiv, wie die andere hilfreich und konstruktiv ist. Die tödliche Sorte, die nicht zum Erfolg, sondern zum Versagen führt, wenden Pseudoführungspersonen an, die ihre Dominanz unwilligen Anhängern aufzwingen. Auf diese Verhaltensweise gehen wir hier nicht ein und lassen auch die Bereiche außen vor, in denen sie praktiziert wird, mit Ausnahme des Krieges. Diesbezüglich erwähnen wir nur ein herausragendes Beispiel – Napoleon.

Napoleon war ein Führer, daran besteht kein Zweifel, aber er führte seine Anhänger und sich selbst in den Untergang. Sie können alles darüber in der Nationalgeschichte Frankreichs und des französischen Volkes studieren. Wir empfehlen Napoleons Art der Führungsstärke nicht in diesem Kurs, wobei er zugegebenermaßen alle notwendigen Grundlagen einer großartigen Führungsperson mitbrachte. Allerdings fehlte es ihm am Geist der Hilfsbereitschaft, der zur Führungsstärke gehört. Seine Machtgier basierte allein auf Selbstübersteigerung. Sein Führungswille baute auf persönlichem Ehrgeiz auf und nicht auf dem Verlangen, die Franzosen allgemein auf eine edlere Position unter den Völkern zu heben.

> Bewahre deine Visionen und Träume, denn sie sind die Kinder deiner Seele; die Abbilder deiner ultimativen Ziele.

Die beständige Führungsstärke, die wir hier empfehlen, führt zu Selbstbestimmung, Freiheit, Entwicklung des eigenen Selbst, Erleuchtung und Gerechtigkeit. Als Beispiel und als Kontrast zu der Führungsstärke, die Napoleon berühmt machte, betrachten wir einmal den einfachen amerikanischen Bürger Lincoln. Das Ziel seiner Führungsstärke war es, dem Volk der Vereinigten Staaten Wahrheit, Gerechtigkeit und Verständnis zu bringen. Auch wenn er als Märtyrer für seinen Glauben an diese Führungsstärke starb, steht sein Name in aller Welt für liebende Güte, die nichts anderes als Gutes hervorgebracht hat.

Sowohl Lincoln als auch Napoleon haben Heere in die Schlacht geführt, aber die Ziele ihrer Führungsstärke waren so unterschiedlich wie Nacht und Tag. Wenn es Ihnen hilft, die Prinzipien dieses Kurses besser zu verstehen, könnten Sie auch leicht Beispiele von heute für Führungsstärke finden, die den Typ von Napoleon oder den von Lincoln repräsentiert, aber dies ist kein Muss. Konzentrieren Sie sich eher auf Ihre Fähigkeit, Menschen zu analysieren, die in allen möglichen Bereichen Verantwortung innehaben, um den Lincoln-Typ und den Napoleon-Typ herauszufiltern. Mithilfe Ihres Urteilsvermögens entscheiden Sie dann, welchem Typ Sie lieber nacheifern wollen.

Zweifellos erkennen Sie die hier empfohlene Führungsstärke. Und so sollte es keine Frage sein, welche der beiden Verhaltensweisen Sie zu Ihrem Markenzeichen machen wollen. Wir sprechen jedoch keine Empfehlung aus, da dieser Kurs seinen Schülern die Grundprinzipien der Macht darlegen und nicht als Predigt über moralisches Verhalten erscheinen möchte. Wir präsentieren sowohl die konstruktiven als auch die destruktiven Möglichkeiten der Prinzipien, die in diesem Kurs skizziert werden, sodass Sie sich mit beiden vertraut machen können. Aber wir überlassen es Ihnen, welche Prinzipien Sie auswählen und anwenden, und wir glauben, dass Ihre Intelligenz Sie zu einer weisen Wahl führen wird.

Die Nachteile der Führungsstärke (1)

(1) Mit freundlicher Genehmigung der Cadillac Motor Car Company.

Auf jedem Gebiet menschlicher Leistungen müssen sich die an der Spitze stets im grellen Licht der Öffentlichkeit bewähren. Ob es nun eine führungsstarke Person oder ein hervorragendes Produkt ist: Nachahmung und Neid sind die ständigen Begleiter.

Egal ob in der Kunst, Literatur, Musik oder in der Industrie, die Belohnungen und Strafen gleichen sich. Als Belohnung winken Ruhm und Ehre; bei den Strafen kann es sich um Verleugnung und Herabsetzung handeln.

Wenn ein Mensch aufgrund seiner Leistung einen weltweiten Standard setzt, macht er sich auch zur Zielscheibe der Neider. Ist seine Arbeit mittelmäßig, lässt man ihn in Ruhe – doch schafft er ein Meisterwerk, werden ihm eine Million Zungen Böses nachsagen. Neid steckt nicht demjenigen die gespaltene Zunge heraus, der ein mittelmäßiges Gemälde präsentiert. Was immer Sie schreiben, malen, spielen, singen oder bauen – niemand wird versuchen, Sie zu übertreffen oder herabzusetzen, es sein denn, Ihre Arbeit trägt das Siegel des Genies. Lange nachdem eine große oder gute Leistung vollbracht wurde, jammern die Enttäuschten oder Neider weiter, dass sie ein Ding der Unmöglichkeit war.

Böse Stimmen wurden auch gegen den Autor des Erfolgsgesetzes laut, noch bevor die Tinte der ersten Bücher getrocknet war. Der Verfasser wurde mit spitzer Feder attackiert und seine Philosophie in dem Moment angegriffen, als die erste Auflage des Kurses gedruckt wurde. Hämische kleine Stimmen im Bereich der Kunst wurden gegen James McNeill Whistler laut und verspotteten ihn als Scharlatan noch lange, nachdem die Welt ihm das größte künstlerische Genie bescheinigte.

Die Massen strömten nach Bayreuth, um am musikalischen Schrein Wagners zu huldigen, während die kleine Gruppe derjenigen, die er entthront und verdrängt hatte, immer noch wütend behaupteten, er sei gar kein Musiker.

Die kleine Welt protestierte anhaltend, Fulton könne nie ein Dampfboot bauen, während die große Welt bereits an die Flussufer strömte, um es vorbeidampfen zu sehen.

Niedere Stimmen mit begrenztem Horizont schrien, dass Henry Ford kein Jahr durchhalten werde, aber trotz des Getöses ihres kindischen Geschwätzes betrieb er ungestört sein Unternehmen und wurde zum reichsten und mächtigsten Mann der Welt.

Eine Führungsperson wird angegriffen, weil sie es ist, und der Versuch, es ihr gleichzutun, beweist nur ihre Führungsstärke. Da er nicht mit dieser Person gleichziehen oder sie überragen kann, versucht ein anderer, sie herabzusetzen und zu zerstören – und bestätigt so letztendlich nur ihre Überlegenheit. Das ist so alt wie die Welt und menschliche Leidenschaften – Neid, Angst, Gier, Ehrgeiz und das Verlangen, andere zu übertreffen. Und all dies führt zu nichts.

Wer wahrlich führt, bleibt, was er ist! Meisterpoet, -maler, -handwerker, jeder wird auf seine Weise angegriffen, und jeder bewahrt sich seinen Ruhm durch die Zeitalter.

Gutes oder Großartiges setzt sich durch, egal wie laut das Getöse der Verleugnung ist. Eine wahre Führungsperson vermögen die Lügen der Neider nicht zu verunglimpfen oder zu beschädigen, denn all diese Versuche lenken nur das Scheinwerferlicht auf ihre Fähigkeiten. Jemand mit echter Kompetenz wird immer seine Anhänger finden. Versuche, wahre Führungsstärke zu zerstören, sind verschwendete Mühe, denn was zu überleben verdient, wird überleben!

Kommen wir nun zurück zum dritten Schritt hin zu Initiative und Führungsstärke. Dieser Schritt führt uns erneut zum Prinzip der organisierten Leistung, wie es in den vorhergehenden Lektionen dieses Kurses beschrieben wurde.

Sie haben bereits gelernt, dass niemand ohne die Hilfe und Kooperation anderer dauerhafte und weitreichende Resultate zu erzielen vermag. Sie haben zudem erfahren: Wenn zwei oder mehr Personen sich harmonisch gestimmt zu einer beliebigen Aufgabe zusammentun, multipliziert jeder Beteiligte dieser Allianz seine Leistungsfähigkeit. Nirgends wird dieses Prinzip deutlicher als in einer Branche oder einer Firma, in der perfektes Teamwork zwischen dem Arbeitgeber und den Angestellten herrscht. Wo immer dieses Teamwork besteht, finden sich auch Wohlstand und Wohlwollen auf beiden Seiten. Wo es fehlt, leidet der Wohlstand.

Kooperation gilt als das wichtigste Wort in der englischen Sprache. Es spielt eine wichtige Rolle in allen familiären Angelegenheiten, in der Beziehung zwischen Mann und Frau, den Eltern und den Kindern. Es ist essenziell für die Angelegenheiten des Staates. Dieses Prinzip der Kooperation ist so wichtig, dass kein Anführer, der dies nicht versteht und bei seinen Führungsaufgaben anwendet, zu Macht gelangt oder lange in seiner Position bleibt.

Sie bezahlen, und Ihre Kinder und Enkel werden weiter für die teuersten und zerstörerischsten Kriege, die die Welt je gesehen hat, zahlen, weil die Länder immer noch nicht begreifen, dass Schaden und Leid über die ganze Erde kommen, wenn einer ihrer Teile leidet.

> Leistung, Opfer und Selbstkontrolle sind drei Worte, die eine Person, die der Welt dient, verinnerlichen muss.

Dieselbe Regel gilt bezeichnenderweise in der modernen Wirtschaft und Industrie. Wenn ein Industriezweig durch Streiks oder andere Formen von Zwist zerrissen wird, erleiden die Arbeitgeber und Angestellten unersetzliche Verluste. Aber der Schaden geht noch darüber hinaus. Er belastet die Öffentlichkeit und führt zu höheren Preisen und Mangel an notwendigen Gütern des täglichen Lebens.

Mieter von Häusern in den Vereinigten Staaten leiden derzeit unter der Last der fehlenden Kooperation zwischen Bauunternehmern, Bauherren und Bauarbeitern. So unsicher ist die Beziehung zwischen Baufirmen und ihren Angestellten mittlerweile, dass die Unternehmer kein Bauvorhaben beginnen, ohne die Kosten noch willkürlich aufzustocken. So schützen sie sich, falls es Ärger mit der Belegschaft gibt. Diese zusätzlichen Ausgaben treiben die Mieten in die Höhe und legen eine unnötige Last auf die Schultern von Millionen Menschen. In diesem Fall führt der Mangel an Kooperation zwischen ein paar Leuten zu einer schweren und fast untragbaren Last für Millionen von Menschen.

Das gleiche Übel betrifft den Betrieb unserer Eisenbahnen. Ein Mangel an Harmonie und Kooperation zwischen dem Eisenbahnmanagement und den Arbeitern hat zu höheren Fracht- und Passagierkosten bei der Eisenbahn geführt. Dadurch stiegen die Kosten der Güter des täglichen Bedarfs nahezu unakzeptabel. Auch hier mangelt es an Kooperation zwischen einigen wenigen, was zu Nachteilen für Millionen Bürger führt.

Wir wollen hier niemandem die Schuld für diese fehlende Kooperation zuweisen, sondern die Schüler unseres Kurses nur mit Fakten versorgen.

Zweifellos finden sich die Gründe für die heute weitverbreiteten hohen Lebenshaltungskosten im Mangel der Anwendung kooperativer Führungsstärke. Diejenigen, die dafür die Regierung und das Management von Industriezweigen beschuldigen wollen, mögen das tun, aber letztlich sind die Probleme der Regierung und der Industrie offensichtlich der fehlenden Kooperation entsprungen.

Nicht alle Übel der Welt beschränken sich auf die Bereiche von Staat und Industrie. Sehen Sie sich die Kirchen an, und Sie werden den schädlichen Effekt eines Mangels an Kooperation erkennen. Wir nennen hier keine bestimmte Kirche, aber analysieren Sie irgendeine Kirche oder kirchliche Vereinigung, denen es an koordinierten Leistungen fehlt, und Sie werden Zeichen der Auflösung bemerken, die diese Institutionen daran hindern, den Menschen voll und ganz zu dienen. Nehmen Sie zum Beispiel ein durchschnittliches Dorf oder eine kleine Stadt, in der die Kirchen miteinander konkurrieren, und Sie werden die Auswirkungen sehen. Besonders in den Kleinstädten, in denen es im Verhältnis zur Bevölkerung überproportional viele Kirchen gibt, finden sich solche Probleme.

Wenn sie an einem Strang zögen, könnten die Kirchen der Welt genug Einfluss gewinnen, um Kriege zu verhindern. Durch dasselbe Prinzip der Zusammenarbeit könnten die Kirchen und die Führungspersonen in Wirtschaft und Industrie Verbrechen und schädliche Geschäftspraktiken eliminieren, und all dies könnten sie in kurzer Zeit erreichen.

Wir wollen hier niemanden kritisieren, sondern nur ein Beispiel für die Macht der Kooperation anbringen. Außerdem möchte ich meinen Glauben an die potenzielle Macht der Kirchen dieser Welt betonen. Damit meine Aussagen in Bezug auf die Kirchen nicht fehlinterpretiert werden, wiederhole ich, was ich schon oft persönlich gesagt habe: Niemand könnte sicher eine Straße entlanggehen, wenn die Kirchen nicht existierten. Menschen würden sich an die Gurgel gehen wie Wölfe, und die Zivilisation wäre immer noch im prähistorischen Zeitalter gefangen. Meine kritischen Hinweise richten sich nicht gegen die Leistungen der Kirchen, sondern meiner Meinung nach hätten sie durch eine Führung, die auf dem Prinzip der koordinierten, kooperativen Leistung basiert, noch mehr erreichen können, sodass die Zivilisation heute mindestens 1.000 Jahre weiter wäre, als es der Fall ist. Es ist noch nicht zu spät für eine solche Führung.

Damit Sie das fundamentale Prinzip der kooperativen Leistung noch besser verstehen, gebe ich Ihnen den Tipp, sich in einer öffentliche Bücherei *The Science of Power* von Benjamin Kidd auszuleihen. Unter den vielen Büchern von einigen der besten Denker der Welt, die ich in den letzten 15 Jahren gelesen habe, hat mir keines ein umfassenderes Verständnis der Möglichkeiten einer kooperativen Leistung vermittelt als dieses Buch. Ich kann Ihnen dieses Buch nicht unbedingt im Ganzen empfehlen, denn es enthält einige Theorien, mit denen ich nicht übereinstimme. Lesen Sie es jedoch mit einem offenen Geist und entnehmen Sie daraus nur das, was Ihnen zum Vorteil für Ihr konkretes Hauptziel dienen kann. Das Buch wird Ihre Gedanken anregen, und das ist der größte Dienst, den uns irgendein Buch erweisen kann. Tatsächlich ist es eines der Hauptanliegen dieses Kurses über das Gesetz des Erfolgs, zielgerichtetes Nachdenken anzuregen: besonders solche Überlegungen, die frei von Tendenz und Vorurteil sind und die Wahrheit suchen, egal welchen Ursprungs sie ist.

Während des Ersten Weltkriegs hörte ich eine großartige Analyse eines Soldaten zum Thema Führungspositionen. Major C. A. Bach trug sie den Offiziersanwärtern des zweiten Trainingscamps in Fort Sheridan vor, er war ein ruhiger, bescheidener Armeeoffizier und Ausbilder. Ich habe eine Kopie dieser Rede aufgehoben, denn ich halte sie für eine der besten Lektionen über Führungsstärke aller Zeiten.

Die Weisheit von Major Bachs Rede ist so entscheidend für Geschäftsleute, die Führungspositionen anstreben, für Abteilungsleiter, Stenografen, Fabrikvorarbeiter oder Direktoren, dass ich sie in diesen Kurs eingebaut habe. Ich hoffe aufrichtig, dass diese bemerkenswerte Abhandlung über Führungsstärke durch diesen Kurs in die Hände jedes Arbeitgebers und jedes Angestellten und jeder ehrgeizigen Person gelangt, die Verantwortung in einem beliebigen Lebensbereich anstrebt. Die dargelegten Prinzipien lassen sich ebenso auf Führungsaufgaben in Wirtschaft, Industrie und Finanzen wie für das Militär anwenden.

Die Rede von Major Bach lautete:

> In Kürze wird jeder von Ihnen über das Leben anderer Männer bestimmen. Sie werden unter sich loyale, aber noch nicht ausgebildete Bürger finden, die zu Ihnen aufsehen, um Anleitung und Führung zu erhalten. Ihr Wort wird ihnen Gesetz sein. An jede beiläufige Bemerkung wird man sich erinnern. Ihr Verhalten wird nachgeahmt werden. Ihre Kleidung, Ihre Haltung, Ihr Vokabular, Ihre Art des Kommandos wird imitiert werden.
>
> In Ihrer Organisation werden Sie willigen Männern begegnen, die von Ihnen nicht mehr verlangen als Qualitäten, die ihren Respekt, ihre Loyalität und ihren Gehorsam ernten.

Sie sind absolut bereit, Ihnen zu folgen, solange Sie diese Kompetenz überzeugend aufzeigen. Wenn Sie meinen, dass sie diese Fähigkeiten nicht ganz und gar aufbringen, können Sie sich im Grunde verabschieden. Ihr Nutzen für diese Organisation ist dann nicht vorhanden.

[Wie bemerkenswert dies auf alle Formen der Führung zutrifft.]

Vom gesellschaftlichen Standpunkt aus teilt sich die Welt in Anführer und Gefolgsleute. Verschiedene Berufsfelder haben ihre Anführer, die Finanzwelt hat ihre Verantwortlichen. In allen Bereichen mit Leitungsaufgaben ist es schwierig, wenn nicht unmöglich, von der Führungsstärke das selbstsüchtige Element des persönlichen Nutzens oder des individuellen Vorteils zu trennen, ohne dass jede Führung ihren Wert verliert.

Allein im Militärdienst, in dem Männer freiwillig ihr Leben für einen Glauben opfern und entweder für das Recht oder um ein Übel zu verhindern, bereit sind zu leiden und sterben, können wir hoffen, Führung in ihrer reinsten und interesselosesten Form zu realisieren. Daher meine ich militärische Führung, wenn ich von Führung spreche.

In wenigen Tagen werden die meisten von Ihnen ihre Ernennung zum Offizier erhalten. Diese Beförderung wird Sie nicht zu Anführern, sondern nur zu Offizieren machen. Sie wird Sie in eine Position versetzen, in der Sie mit den richtigen Eigenschaften zu Anführern werden können. Aber Sie müssen sich bewähren, weniger bei den Männern über Ihnen als bei den Männern unter Ihnen.

> Finde Ausreden für die Schwächen anderer, wenn du willst, aber messe dich selbst an den höchsten Maßstäben der Verantwortlichkeit, wenn du dich bei einem Vorhaben als starke Führungsperson erweisen willst.

Männer sind häufig in der Situation, Offizieren in den Kampf zu folgen, die keine Anführer sind, aber diese Männer treibt nicht Enthusiasmus, sondern Disziplin an. Sie gehen mit Zweifel und Zittern und stellen sich die unausgesprochene Frage: »Was wird er als Nächstes tun?« Solche Personen gehorchen Befehlen nur dem Buchstaben nach, aber nicht darüber hinaus. Sie wissen nichts von Hingabe an ihren Kommandanten, von überschwänglichem Enthusiasmus, der persönliche Risikobereitschaft nach sich zieht, von Selbstopfer, um seine persönliche Sicherheit zu garantieren. Ihre Beine tragen sie voran, weil ihr Gehirn und ihre Ausbildung ihnen dies befehlen. Ihr Geist folgt ihnen aber nicht.

Passive, unwillige Soldaten bringen es nicht zu großartigen Ergebnissen. Sie gehen nicht weit und hören auf, sich zu bemühen, sobald es geht. Führungsstärke verlangt nicht nur, sondern bringt den willigen, felsenfesten Gehorsam sowie die Loyalität anderer Männer und ihre Hingabe hervor, sodass die Untergebenen ihrem ungekrönten König – wenn nötig – in die Hölle und wieder zurück folgen.

Sie mögen sich fragen: »Woraus besteht dann Führungsstärke? Was muss ich tun, um ein Anführer zu werden? Was sind die Attribute von Führungsstärke, und wie kann ich sie kultivieren?«

Führungsstärke besteht aus einer Reihe von Qualitäten. [Genauso wie Erfolg auf den 15 Faktoren dieses Kurses beruht.] Zu den wichtigsten würde ich Selbstvertrauen, moralische Stärke, Opferbereitschaft, Fürsorge, Fairness, Initiative, Entschlusskraft, Ehre und Mut zählen.

Selbstvertrauen verdankt sich erstens exaktem Wissen und zweitens der Fähigkeit, dieses Wissen weiterzugeben, sowie drittens dem Gefühl der Überlegenheit, das sich daraus ergibt. All dies verleiht dem Offizier Haltung. Um zu führen, muss man Ahnung haben! Sie können einige Ihrer Männer eine Zeit lang hinters Licht führen, aber nicht ständig. Männer vertrauen einem Offizier nicht, der sein Geschäft nicht genau kennt. Er muss es von Grund auf beherrschen.

Der Offizier sollte mehr über den Papierkram wissen als sein erster Sergeant und der Kompanieschreiber zusammen. Er sollte mehr über die Messe wissen als sein Messe-Sergeant; mehr über Pferdekrankheiten als der Truppenhufschmied. Er sollte mindestens ein so guter Schütze sein wie alle Männer in seiner Kompanie.

Wenn ein Offizier etwas nicht weiß und dies nicht verschweigt, ist es völlig menschlich, wenn Soldaten denken: »Zur Hölle mit ihm. Er weiß nicht so viel darüber wie ich«, um dann einfach heimlich, still und leise die erhaltenen Befehle zu missachten.

Exaktes Wissen ist ein Muss!

Sie müssen so gut informiert sein, dass Männer Ihnen nachlaufen, um Sie etwas zu fragen; so sehr, dass Ihre Mitoffiziere einander raten: »Fragt Smith – der weiß es.«

Nicht nur sollte jeder Offizier genau über die Pflichten seines eigenen Dienstgrads Bescheid wissen, sondern auch über die der Männer zwei Dienstgrade über ihm. So profitiert er zweifach: Er bereitet sich auf Aufgaben vor, die ihm jederzeit während der Schlacht zufallen könnten; des Weiteren erhält er eine breitere Perspektive, durch die er die Notwendigkeit für Befehle begreift und intelligenter an deren Umsetzung mitwirken kann.

Nicht nur muss der Offizier etwas wissen, er muss auch das, was er weiß, in grammatikalisch richtiges, kraftvolles Englisch umsetzen. Er muss lernen, auf den Beinen zu stehen und zu reden, ohne dass es ihm peinlich ist.

Ich habe gehört, dass die Offiziersanwärter in britischen Ausbildungslagern zehn Minuten lange Reden über ein selbst gewähltes Thema halten müssen – eine exzellente Übung. Denn um klar zu sprechen, muss man klar denken, und klares, logisches Denken drückt sich in konkreten, positiv formulierten Befehlen aus.

Während Selbstvertrauen sich daraus ergibt, mehr zu wissen als Ihre Männer, basiert Ihre moralische Überlegenheit darauf, sich als den besseren Mann zu betrachten. Um diese Überlegenheit zu erlangen und erhalten, müssen Sie über Selbstkontrolle, physische Stärke und Ausdauer und moralische Kraft verfügen. Sie müssen sich selbst so gut im Griff haben, dass Sie nie Angst zeigen, auch wenn Sie im Kampf vor Furcht wie gelähmt sind. Denn wenn Sie durch eine überhastete Bewegung, ein Zittern der Hände oder eine Veränderung des Ausdrucks oder den Widerruf eines hastigen Befehls Ihren mentalen Zustand verraten, werden Ihre Männer das gleiche Verhalten verstärkt zeigen.

In einer Garnison oder einem Wehrlager ereignet sich vieles, was Ihr Temperament in Versuchung bringt oder Ihre gute Laune verdirbt. Wenn Sie in solchen Fällen »durchdrehen«, sind Sie nicht der Richtige, um anderen Befehle zu erteilen. Denn Männer sagen und tun Dinge im Ärger, die sie fast unweigerlich hinterher bereuen.

Ein Offizier sollte sich nie bei seinen Leuten entschuldigen; auch sollte er nie eine Handlung zu verschulden haben, für die er sich entschuldigen muss.

Ebenso brauchen Sie, um moralische Überlegenheit zu erlangen, physische Stärke und Ausdauer, um die Entbehrungen auszuhalten, denen Sie und Ihre Männer ausgesetzt werden. Hinzu kommt ein furchtloser Geist, um diese Mängel nicht nur freudig zu akzeptieren, sondern auch zu bekämpfen.

Nehmen Sie Ihren Ärger leicht und erachten Sie Ihre Prüfungen für gering. Dann werden Sie innerhalb Ihres Verbands einen Geist unterstützen, der in Stresszeiten von unschätzbarem Wert sein wird.

Moralische Kraft ist das dritte Element beim Entwickeln von moralischer Überlegenheit. Um moralischen Einfluss auszuüben, müssen Sie vorbildlich leben und intelligent genug sein, um das Richtige zu sehen und stets korrekt vorgehen zu wollen.

Seien Sie ein Beispiel für Ihre Männer!

Ein Offizier kann seine Macht zum Guten oder Schlechten einsetzen. Predigen Sie ihnen nicht – das wird sich als überaus nutzlos erweisen. Leben Sie als Vorbild für Ihre Männer. Sie werden überrascht sein, zu sehen, wie viele Ihrer Leute Sie imitieren.

Ein lauter, profaner Captain, der sich nicht um seine persönliche Erscheinung sorgt, wird es mit einer vorlauten, gottlosen, schmutzigen Kompanie zu tun bekommen. Vergessen Sie nicht meine Worte. Ihre Kompanie wird Sie spiegeln! Wenn Sie eine minderwertige Kompanie haben, dann weil Sie ein ebensolcher Captain sind.

Selbstaufopferung ist essenziell für Führungsstärke. Sie werden stets nur geben. Sie werden sich selbst physisch hingeben, denn die meisten Stunden, die härteste Arbeit und die größte Verantwortung sind das Los des Captains. Er ist der erste Mann, der morgens aufsteht, und der letzte, der abends ins Bett geht. Er arbeitet, während andere schlafen.

Sie werden die Mühen Ihrer Leute mit Sympathie und Anerkennung belohnen. Denn es kann vorkommen, dass die Mutter des einen verstirbt, und der andere hat all seine Ersparnisse bei einer Bankpleite verloren. Sie brauchen oft Hilfe, aber mehr als alles andere brauchen sie Sympathie. Machen Sie nicht den Fehler, solche Männer mit dem Hinweis abzuwimmeln, dass Sie selbst Probleme haben. Denn wenn Sie sich so verhalten, schlagen Sie jedes Mal einen Stein aus dem Fundament Ihres Hauses.

Ihre Männer sind Ihre Basis, und das Haus Ihrer Führungsstärke wird um Sie herum zusammenfallen, wenn es nicht sicher darauf ruht. Schließlich werden Sie auch von Ihren eigenen schmalen finanziellen Mitteln etwas geben müssen. Sie werden häufig Ihr eigenes Geld für die Gesundheit und das Wohlergehen Ihrer Männer aufwenden oder um ihnen zu helfen, wenn sie in Schwierigkeiten stecken. Im Allgemeinen kriegen Sie Ihr Geld zurück. Oft müssen Sie es aber auch als Verlust verbuchen. Selbst dann ist es die Kosten wert.

Wenn ich sage, Paternalismus sei essenziell für Führungsstärke, meine ich es positiv. Ich meine nicht die Form des Paternalismus, die Männern ihre Initiative, ihre Eigenständigkeit und ihren Selbstrespekt raubt. Ich beziehe mich auf den Paternalismus, der sich in einer aufmerksamen Fürsorge für das Wohlergehen Ihrer Untergebenen äußert.

Soldaten sind in vielerlei Hinsicht wie Kinder. Sie müssen sie mit Unterkunft und Nahrung versorgen, mit dem Besten, das Sie beschaffen können. Sie müssen für ihr leibliches Wohl sorgen, bevor Sie selbst essen; und für ein bequemes Bett für jeden, bevor Sie selbst wissen, wo Sie schlafen. Sie müssen sich weit sorgsamer um ihren Komfort bemühen als um Ihren eigenen. Sie müssen sich um die Gesundheit Ihrer Männer kümmern und ihre Kräfte schonen, indem Sie keine sinnlose Anstrengung oder nutzlose Arbeit verlangen.

Indem Sie all dies leisten, füllen Sie all das mit Leben, was sonst eine bloße Maschine wäre. Sie schaffen eine Seele in Ihrem Verband, die dafür sorgt, dass alle zusammen auf Sie reagieren wie ein Mann. Und das ist Korpsgeist.

> Niemand, der präzise zu denken vermag, wird eine andere Person danach beurteilen, was deren Feinde über sie sagen.

Wenn Ihr Verband diesen Korpsgeist aufweist, werden Sie eines Morgens aufwachen und feststellen, dass sich die Verhältnisse umgekehrt haben. Statt sich ständig um Ihre Männer kümmern zu müssen, kümmern sie sich, auch ohne irgendeinen Hinweis von Ihnen, um Sie. Sie werden bemerken, dass immer jemand darauf achtet, dass Ihr Zelt, so vorhanden, gerade steht; dass Ihr Bett komfortabel und sauber ist; dass aus einer mysteriösen Quelle zwei Eier Ihrem Abendbrot zugefügt wurden, obwohl niemand sonst welche hat; dass ein weiterer Mann bei der Pferdepflege hilft; dass Ihre Wünsche vorausgesehen werden; dass jeder Mann immer zur Stelle ist, wenn man ihn braucht. Und dann sind Sie am Ziel!

Sie können nicht alle Männer gleich behandeln! Eine Strafe, die ein Mann mit einem Schulterzucken abtun mag, ist eine mentale Qual für einen anderen. Ein Kompaniekommandant, der einen bestimmten Verstoß mit einer Standardstrafe ahndet, ist entweder zu faul oder zu dumm, um die Persönlichkeit seiner Männer zu studieren. In seinem Fall ist Justitia tatsächlich blind.

Lernen Sie Ihre Männer so gut wie möglich kennen, ähnlich wie ein Chirurg einen schwierigen Fall studiert. Wenn Sie Ihrer Diagnose sicher sind, wenden Sie das Heilmittel an. Und denken Sie daran, dass Sie eine Medizin einsetzen, um etwas zu kurieren, nicht nur, um das Opfer leiden zu sehen. Es kann notwendig sein, das Übel mit der Wurzel auszureißen, aber wenn Sie mit Ihrer Diagnose zufrieden sind, lassen Sie sich aus falschem Mitleid für den Patienten nicht von Ihrem Ziel abbringen.

Hand in Hand mit der Fairness, die bei Bestrafungen anzuwenden ist, geht die Fairness bei Belohnungen. Jeder hasst Leute, die alles Lob an sich ziehen. Wenn einer Ihrer Männer etwas besonders Verdienstvolles erreicht hat, belohnen Sie ihn angemessen. Setzen Sie dafür Himmel und Hölle in Bewegung. Versuchten Sie nicht, ihm die Belohnung zu verweigern und selbst einzustreichen. Sie könnten damit durchkommen, aber Sie verlieren damit den Respekt und die Loyalität Ihrer Männer. Früher oder später werden Ihre Offizierskameraden davon erfahren und Sie meiden wie einen Aussätzigen. Im Krieg gibt es genug Ehre für alle. Gewähren Sie dem Mann unter sich die verdiente Anerkennung. Wer immer nimmt und niemals gibt, ist kein Anführer. Er ist ein Parasit.

Es gibt noch eine andere Form der Fairness – diejenige, die einen Offizier davon abhält, die Privilegien seines Rangs zu missbrauchen. Wenn Ihnen die Soldaten Respekt erweisen, sollten Sie sie ebenso behandeln. Fördern Sie ihre Männlichkeit und ihre Selbstachtung. Versuchen Sie nicht, diese zu mindern.

Der Offizier, der seine Leute herrisch und beleidigend behandelt, ist feige. Er bindet den Mann mit den Seilen der Disziplin an einen Baum und schlägt ihn dann ins Gesicht, obwohl er weiß, dass derjenige nicht zurückschlagen kann.

Rücksichtnahme, Höflichkeit und Respekt von Offiziersseite gegenüber den Männern vertragen sich durchaus mit Disziplin. Sie sind Teil unserer Disziplin. Ohne Initiative und Entschlusskraft kann niemand andere anführen.

Bei Manövern werden Sie – in einem Notfall – häufig beobachten, dass bestimmte Männer ruhig sofort Befehle erteilen, die sich bei einer späteren Analyse nicht als das absolut Richtige erweisen mögen, aber dem nahekommen. Sie werden andere Männer in Notfallsituationen erleben, die völlig verwirrt sind. Ihr Verstand weigert sich, zu arbeiten, oder sie geben einen hastigen Befehl, widerrufen ihn, geben einen anderen und widerrufen diesen; kurz gesagt, sie zeigen jedes Anzeichen von Panik.

Zu dem ersten Mann aus diesem Beispiel sagen Sie vielleicht: »Der Mann ist ein Genie. Er hat keine Zeit gehabt, sich alles genau zu überlegen. Er hat intuitiv gehandelt.« Vergessen Sie es! Genie ist bloß die Kapazität, unendliche Entbehrungen auf sich zu nehmen. Der Mann, der bereit ist, ist derjenige, der sich vorbereitet hat. Er hat die mögliche Situation vorher genau durchdacht und provisorische Pläne geschmiedet, um damit fertigzuwerden. Im Notfall konfrontiert ist er bereit. Er muss ausreichende mentale Wachsamkeit mitbringen, um das aktuelle Problem zu erfassen, und einen schnellen Verstand, um zu bestimmen, welche Veränderungen in seinem bereits formulierten Plan notwendig sind. Er bedarf außerdem der Entscheidungskraft, die Durchführung des Plans anzuordnen und sich an seine Befehle zu halten.

Jeder vernünftige Befehl ist in einem Notfall besser als keiner. Stellen Sie sich jeder Situation. Es ist besser, falsch zu handeln als gar nicht zu tun und nach dem Richtigen zu suchen, um letzten Endes gar nichts zu tun. Wenn man sich eine bestimmte Handlung überlegt hat, bleibt man dabei. Seien Sie nicht wankelmütig. Männer haben kein Vertrauen in einen Offizier, der sich selbst nicht klar über eine Situation ist.

Gelegentlich werden Sie mit einer Lage konfrontiert, die kein vernünftiger Mensch vorhersehen konnte. Wenn Sie sich bereits mit anderen Notfällen befasst haben, die Sie vorhersehen konnten, wird dieses mentale Training Ihnen helfen, rasch und ruhig zu handeln.

Sie müssen häufig ohne Befehle von einer übergeordneten Autorität handeln. Sie werden keine Zeit haben, darauf zu warten. Hier zeigt sich wieder, wie wichtig es ist, die Arbeit von hochrangigeren

Offizieren zu betrachten. Wenn Sie die Situation durchschauen, können Sie eine allgemeine Vorstellung des Plans Ihrer Vorgesetzten entwickeln. Das wird Ihnen zusammen mit Ihrer bisherigen Ausbildung im Notfall erlauben, festzustellen, ob die Verantwortung bei Ihnen liegt, sodass Sie die nötigen Befehle unverzüglich erteilen.

Das Element der persönlichen Ehre ist wichtig bei militärischen Führungsaufgaben. Seien Sie der Freund Ihrer Leute, aber nicht ihr Vertrauter. Ihre Männer sollten respektvoll vor Ihnen stehen – nicht in Angst! Wenn Ihre Männer zu vertraut mit Ihnen umgehen, ist es Ihr Fehler und nicht der Ihrer Untergebenen. Ihre Handlungen haben sie dazu ermutigt. Darüber hinaus sollten Sie sich nicht gemeinmachen, indem Sie um ihre Freundschaft buhlen oder ihr Wohlgefallen wecken wollen. Sie werden Sie dafür verachten. Wenn Sie ihre Loyalität, Respekt und Ergebenheit verdient haben, werden sie Ihnen sicher all dies ungebeten erweisen. Falls nicht, können Sie sie nicht dazu bewegen.

Es ist außergewöhnlich schwierig für einen Offizier, würdevoll zu sein, der eine verschmutzte Uniform und einen Dreitagebart trägt. Einem solchen Mann fehlt es an Selbstrespekt, und Selbstrespekt ist wesentlich für Ihre Würde.

Manchmal machen Sie sich bei Ihrer Arbeit schmutzig und sehen unrasiert aus. Ihre Männer sehen alle so aus. Dann gibt es einen vernünftigen Grund für Ihre Erscheinung. Es wäre sogar ein Fehler, zu sauber auszusehen – die anderen würden denken, Sie leisten nicht Ihren Teil. Aber sobald diese Situation vorbei ist, sollten Sie mit Ihrer gepflegten Erscheinung wieder ein Beispiel setzen.

Des Weiteren möchte ich noch den Mut erwähnen. Moralischen Mut brauchen Sie genauso wie mentalen Mut – moralischem Mut, der Ihnen ermöglicht, einen einmal beschlossenen Kurs fest beizubehalten, den Sie durch Ihr Urteil als den besten für die gewünschten Resultate ermittelt haben.

Sie werden oft feststellen, besonders wenn etwas gemäß Ihren Befehlen ausgeführt wird, dass Zweifel Sie plagen. Sie werden andere und bessere Mittel sehen – manchmal vermeintlich bessere –, um das angestrebte Ziel zu erreichen. Sie werden beträchtlich in Versuchung geraten, Ihre Befehle zu ändern. Tun Sie es nicht, solange Ihre ersten Anweisungen sich nicht als völlig falsch erwiesen haben. Falls Sie sie doch ändern, werden Sie erneut von Zweifeln befallen werden, ob Ihre zweiten Befehle durchgreifen.

Jedes Mal, wenn Sie Ihre Befehle ohne einen offensichtlichen Grund ändern, schwächen Sie Ihre Autorität und damit das Vertrauen Ihrer Männer. Sie müssen den moralischen Mut besitzen, für Ihre Anweisungen einzustehen und diese ausführen zu lassen.

Moralischer Mut erfordert darüber hinaus, dass Sie Verantwortung für Ihre Handlungen übernehmen. Wenn Ihre Untergebenen loyal Ihre Befehle ausgeführt haben und der jeweilige Einsatz ein Fehlschlag war, ist es Ihr Scheitern und nicht das Ihrer Leute. Auch der Erfolg gehört Ihnen. Nehmen Sie die Schuld auf sich, falls das Ergebnis ein Desaster ist. Versuchen Sie nicht, die Schuld auf einen Untergebenen abzuschieben und ihn zum Sündenbock zu machen. Das ist feige. Darüber hinaus brauchen Sie moralischen Mut, um das Schicksal derjenigen unter sich zu bestimmen. Sie werden häufig gebeten werden, Empfehlungen zu Beförderungen oder Degradierungen von Offizieren und Unteroffizieren in Ihrem direkten Kommando auszusprechen.

> Der Mann, dessen Frau und Kinder ihn nicht liebevoll begrüßen, wenn er nach Hause kommt, macht etwas falsch.

Behalten Sie Ihre persönliche Integrität im Auge und die Pflicht, die Sie Ihrem Land schulden. Lassen Sie sich nicht durch persönliche Freundschaft von Ihrem Gerechtigkeitsempfinden abbringen. Wenn Ihr Bruder Ihr zweiter Leutnant ist und Sie ihn für nicht geeignet in seiner Position halten, entlassen Sie ihn. Andernfalls kann Ihr Mangel an moralischem Mut zu einem Verlust von Menschenleben führen.

Wenn Sie andererseits um eine Empfehlung gebeten werden, bei der es um einen Mann geht, den Sie nicht leiden können, sollten Sie ihn dennoch gerecht behandeln. Denken Sie daran, dass Ihr Ziel das Allgemeinwohl ist, nicht die Befriedigung eines persönlichen Grolls.

Ich gehe davon aus, dass Sie über physischen Mut verfügen, und muss nicht erwähnen, wie wichtig das ist. Mut ist mehr als Furchtlosigkeit, die nur die Abwesenheit von Angst ist. Der größte Tölpel kann furchtlos sein, denn ihm fehlen die geistigen Fähigkeiten, die Gefahr einzuschätzen. Er weiß nicht genug, um Angst zu haben.

Hingegen ist Mut eine mentale Entschlossenheit, das moralische Rückgrat, um weiterzumachen – obwohl man die Gefahr völlig erkannt hat. Furchtlosigkeit ist körperlich; Mut ist geistig und moralisch. Ihnen ist vielleicht überall kalt; Ihre Hände zittern; Ihre Beine schlottern; Ihre Knie werden weich – das ist Angst. Wenn Sie dennoch weitermachen; wenn Sie trotz dieses Versagens des Körpers Ihre Männer weiter gegen den Feind führen, dann sind Sie mutig. Die physischen Manifestationen der Angst werden verschwinden. Vielleicht empfinden Sie diese nur einmal. Das ist das »Lampenfieber« des Jägers, der sein erstes Wild schießt. Dem sollte man keinen Raum geben.

Vor einigen Jahren, während ich einen Sprengstoffkurs absolvierte, mussten wir mit Dynamit hantieren. Der Ausbilder sagte dazu: »Ich muss Sie warnen, Gentlemen, bei der Verwendung dieser Sprengstoffe vorsichtig zu sein. Dabei macht man nur einmal einen Fehler.« Und diese Warnung gebe ich an Sie weiter. Wenn Sie der Angst nachgeben, die Sie zweifellos bei Ihrem ersten Einsatz ergreift; wenn Sie den Schwanz einziehen; wenn Sie Ihre Männer vorangehen lassen, während Sie sich in einem Bombenkrater verstecken, werden Sie nie wieder die Chance erhalten, diesen Trupp anzuführen.

Benutzen Sie Ihr Urteilsvermögen, um Ihre Männer zu Leistungen von physischem Mut oder Furchtlosigkeit zu motivieren. Verlangen Sie nicht von ihnen, an Orte zu gehen, wo Sie selbst sich nicht hin trauen. Wenn Ihr gesunder Menschenverstand Sie vor dem Ort warnt, ist er auch zu gefährlich für Ihre Männer. Sie wissen, dass Ihren Leuten ihr Leben genauso teuer ist wie das Ihre Ihnen.

Gelegentlich befinden sich manche Ihrer Männer ohne Ihre Begleitung in einer Gefahr. Zum Beispiel muss eine Botschaft durch eine Zone unter Beschuss überbracht werden. Sie bitten um Freiwillige. Wenn Ihre Männer Sie kennen und wissen, dass Sie »das Richtige« tun, wird es Ihnen nie an Freiwilligen mangeln. Denn sie wissen, dass Sie mit ganzem Herzen bei der Sache sind, dass Sie Ihrem Land Ihr Bestes geben, dass Sie, wenn möglich, freiwillig selbst die Nachricht übermitteln würden. Ihr Vorbild und Ihr Enthusiasmus werden Ihre Männer inspirieren.

Und, zu guter Letzt, wenn Sie nach Führerschaft streben, rate ich Ihnen, die Menschen zu studieren.

Blicken Sie hinter die Fassade und finden Sie heraus, was im Inneren ist. Einige Männer unterscheiden sich von ihrer äußeren Erscheinung. Ergründen Sie ihren Geist.

Robert E. Lees Erfolg verdankt sich vor allem seinen psychologischen Fähigkeiten. Er kannte die meisten seiner Gegner aus seiner Zeit in West Point und wusste, wie sie tickten. Daher vermochte er ihr Verhalten unter bestimmten Umständen vorherzusehen. In fast jedem Fall trafen seine Prognosen zu, und so konnte er die Gegner an der Ausführung hindern.

Sie können Ihren Feind in diesem Krieg nicht in diesem Ausmaß kennen. Jedoch können Sie Ihre Untergebenen kennen. Sie können bei jedem von ihnen Stärken und Schwächen bestimmen und herausfinden, auf welchen Mann man sich bis zum letzten Atemzug verlassen kann und auf welchen nicht. Kennen Sie Ihre Männer, dann kennen Sie Ihre Aufgabe und sich selbst!

In der gesamten Literatur werden Sie keinen besseren Text über Führungsstärke finden als diesen. Wenden Sie diesen nützlichen Leitfaden auf sich selbst, Ihr Geschäft oder Ihren Beruf an.

Major Bachs Rede könnte sich auch an Highschool-Abgänger oder College-Absolventen richten. Sie eignet sich zudem als Leitfaden für jeden Menschen in einer führenden Position, egal um welchen Beruf oder welches Geschäft es sich handelt.

In Lektion 2 haben Sie den Wert eines konkreten Hauptziels kennengelernt. Nun sei betont, dass Ihr Ziel aktiv sein muss und nicht passiv sein darf. Ein konkretes Ziel wird nie etwas anderes sein als ein bloßer Wunsch, wenn Sie es nicht mit Initiative, tatkräftig und ausdauernd verfolgen, bis es erreicht ist. Ohne Ausdauer sind Sie nicht imstande, etwas auszurichten – das kann nicht oft genug betont werden.

Der Unterschied zwischen Ausdauer und dem Mangel daran ist das Gleiche wie der Gegensatz zwischen einem bloßen Wunsch und der Entschlossenheit, etwas Bestimmtes zu erreichen.

Um eine Person mit Initiative zu werden, müssen Sie stets tatkräftig und ausdauernd das Objekt Ihres konkreten Hauptziels anstreben, bis Sie dorthin gelangen, gleich ob dies nun ein Jahr oder 20 Jahre dauert. Sie könnten genauso gut gar kein konkretes Hauptziel verfolgen; falls Sie Ihr Ziel nicht beständig anpeilen, können Sie dieses Vorhaben im Grunde bleiben lassen.

Sie werden nicht das Maximum aus diesem Kurs ziehen, wenn Sie nicht jeden Tag einen Schritt unternehmen, um Ihrem konkreten Hauptziel näher zu kommen. Verfallen Sie nicht dem Irrglauben, das Objekt Ihres konkreten Hauptziels wird sich von selbst materialisieren, wenn Sie nur warten. Die Umsetzung erreichen Sie durch Ihre Entschlossenheit, unterstützt von sorgfältig ausgearbeiteten Plänen und Eigeninitiative – andernfalls ist sie unmöglich.

Eine der wichtigsten Voraussetzungen für Führungsstärke ist die Kraft, schnell und entschlossen ENTSCHEIDUNGEN zu treffen!

Eine Analyse von mehr als 16.000 Personen enthüllte, dass Führungspersonen immer zügig Entscheidungen treffen, selbst bei geringeren Sachverhalten, während ein Untergebener NIE schnell entscheidet. Denken Sie daran!

Eine untergeordnete Person, egal in welchem Lebensbereich, weiß selten, was sie will. Sie ist wankelmütig und zögerlich und weigert sich selbst bei banalen Angelegenheiten, eine Entscheidung zu treffen, solange sie kein Verantwortlicher anweist.

Zu begreifen, dass die meisten Menschen sich nicht schnell oder überhaupt zu etwas entschließen können, stärkt jede Führungsperson, die weiß, was sie will und einen Plan hat.

In diesem Kontext lässt sich beobachten, wie eng die beiden Gesetze aus Lektion 2 und dieser Lektion miteinander verbunden sind. Eine Führungsperson arbeitet nicht nur mit einem KONKRETEN HAUPTZIEL, sondern auch nach einem ausgefeilten Plan, um ihr Ziel zu erreichen. Darüber hinaus ist Selbstvertrauen ein maßgebliches Rüstzeug einer Führungsperson.

Eine untergeordnete Person findet vor allem deshalb nicht zu Entscheidungen, weil es ihr an Selbstvertrauen mangelt. Jeder Mensch in verantwortungsvoller Position nutzt das Gesetz des konkreten Ziels, das Gesetz des Selbstvertrauens und das Gesetz von Initiative und Führungsstärke. Und sofern er herausragend und erfolgreich ist, macht er sich auch die Gesetze der Vorstellungskraft, des Enthusiasmus, der Selbstkontrolle, der angenehmen Persönlichkeit, des exakten Denkens, der Konzentration und der Toleranz zunutze. Ohne die kombinierte Anwendung all dieser Prinzipien wird niemand ein wirklich großartiger Anführer. Bleibt auch nur eines davon unbeachtet, mindert dies die Macht des Betreffenden in proportionalem Maßstab.

Ein Verkäufer der LaSalle Extension University kontaktierte einen Immobilienmakler in einer kleinen Stadt im Westen und versuchte, ihm einen Kurs über Verkauf und Business Management anzubieten. Als der Vertriebler im Büro des vermeintlichen neuen Studenten ankam, fand er den Gentleman an seiner antiken Schreibmaschine sitzend vor, während er einen Brief mit der Zweifingermethode tippte. Der Verkäufer stellte sich vor, nannte den Grund seines Besuchs und beschrieb den Kurs. Der Immobilienmakler hörte mit offensichtlichem Interesse zu. Nach dem Verkaufsgespräch zögerte der Vertriebler und wartete auf ein Zeichen von Zustimmung oder Ablehnung seines Gegenübers. Es schien ihm, als habe er sein Verkaufsgespräch nicht kraftvoll genug gestaltet. Daher ging er kurz die Vorteile des Kurses ein zweites Mal durch. Noch immer keine Reaktion seitens des vermeintlichen Studenten.

> Niemand vermag präzise zu denken, der bloße Gerüchte und Informationen nicht von Fakten zu trennen versteht.

Der Verkäufer stellte dann die direkte Frage: »Wollen Sie diesen Kurs besuchen oder nicht?«

In langsamem Singsang erwiderte der Immobilienmakler: »Nun, ich weiß nicht wirklich, ob ich es will oder nicht.«

Zweifellos sagte er die Wahrheit, denn er war einer von Millionen von Menschen, die es schwierig finden, zu einer Entscheidung zu kommen. Als erfahrener Kenner der menschlichen Natur stand der Verkäufer auf, setzte seinen Hut auf, steckte seine Unterlagen wieder in die Aktentasche und schickte sich an, zu gehen. Dann verlegte er sich auf eine durchaus drastische Taktik und überraschte den Immobilienmakler mit folgender erstaunlicher Aussage: »Ich werde Ihnen etwas sagen, dass Ihnen nicht gefallen wird, aber Ihnen helfen könnte. Sehen Sie sich dieses Büro an, in dem Sie arbeiten! Der Boden ist schmutzig; die Wände sind staubig; Ihre Schreibmaschine sieht aus, als hätte Noah in der Arche während der Sintflut darauf geschrieben. Ihre Hosen sind an den Knien ausgebeult; Ihr Kragen ist speckig; Sie sind unrasiert, und Ihr Blick sagt mir, dass Sie am Boden sind. Bitte, werden Sie ruhig wütend – das ist genau, was ich von Ihnen will, denn der Schock könnte Sie bewegen, sich ein paar Gedanken zu machen, die Ihnen und denjenigen, die von Ihnen abhängig sind, helfen.

Ich stelle mir Ihr Zuhause vor. Mehrere kleine Kinder, alle weder gut gekleidet noch besonders gut ernährt; eine Mutter, deren Kleid schon lange aus der Mode ist, die genauso betrübt wirkt wie Sie. Ihre Ehefrau steht immer zu Ihnen, aber Sie haben sich nicht so entwickelt, wie sie bei Ihrer Heirat gehofft hat.

Ich spreche Sie jetzt nicht als einen potenziellen Studenten an, denn ich möchte Ihnen diesen Kurs AKTUELL nicht verkaufen, selbst wenn Sie im Voraus bezahlen wollen. Voraussichtlich hätten Sie nicht das Durchhaltevermögen, ihn zu beenden, und wir wollen nicht, dass einer unserer Studenten scheitert.

Vermutlich werde ich Ihnen aufgrund meiner ehrlichen Worte niemals etwas verkaufen können, aber sie werden Sie mehr beeinflussen als jeder andere Rat zuvor, vorausgesetzt Sie denken einmal darüber nach.

Ich möchte kurz erläutern, wieso Sie versagt haben; wieso Sie Ihre Briefe auf einer alten Schreibmaschine schreiben, in einem alten, schmuddeligen Büro in einer kleinen Stadt: ES LIEGT DARAN, DASS IHNEN DIE KRAFT FEHLT, SICH ZU ENTSCHEIDEN! Schon Ihr ganzes Leben weichen Sie der Verantwortung aus, zu Entscheidungen zu kommen, sodass Sie nun an einem Punkt sind, wo es Ihnen fast unmöglich ist.

Wenn Sie zugestimmt hätten, den Kurs zu besuchen, oder auch wenn Sie abgelehnt hätten, würde ich das verstehen, denn mir wäre klar, dass Sie aus Geldnot zögern. Aber wie haben Sie reagiert? Sie haben zugegeben, dass Sie nicht wissen, ob Sie wollen oder nicht.

Wenn Sie meine Worte noch einmal überdenken, wird Ihnen sicher klar, dass Sie aus Gewohnheit immer die Verantwortung einer eindeutigen Entscheidung vermeiden.«

Der Immobilienmakler saß wie angewurzelt auf seinem Stuhl, sein Unterkiefer hing herab, die Augen traten ihm vor Erstaunen aus dem Kopf, aber er versuchte nicht, sich gegen diese beißende Anklage zu wehren.

Der Verkäufer verabschiedete sich und ging zur Tür. Nachdem er diese hinter sich geschlossen hatte, machte er sie wieder auf, trat erneut ein mit einem Lächeln auf dem Gesicht, nahm vor dem erstaunten Immobilienmakler Platz und erklärte, wieso er sich so verhalten hatte: »Ich kann Ihnen keinen Vorwurf machen, wenn Sie meine Anmerkungen verletzt haben. Ich hoffe sogar ein wenig, dass Sie beleidigt sind, aber lassen Sie mich Ihnen von Mann zu Mann sagen: Ich halte Sie für intelligent, und sicher verfügen Sie über einige Fähigkeiten. Aber Sie sind einer Gewohnheit verfallen, die

Sie geschwächt hat. Kein Mann ist je ganz am Ende, solange er nicht unter der Erde liegt. Sie sind vielleicht im Moment am Boden, aber Sie können wieder aufstehen. Und ich habe genug Sportsgeist, um Ihnen die Hand zu reichen und meine Hilfe anzubieten, wenn Sie meine Entschuldigung für meine Kritik annehmen.

Sie gehören nicht in diese Stadt. Sie würden im Immobiliengeschäft verhungern, selbst wenn Sie führend auf Ihrem Gebiet sind. Besorgen Sie sich neue Kleidung, auch wenn Sie das Geld dafür borgen müssen. Dann kommen Sie mit mir nach St. Louis, und ich werde Ihnen einen Immobilienmanager vorstellen, der Ihnen eine Verdienstmöglichkeit geben und nützliche Informationen über diese Branche vermitteln kann.

Wenn Sie kein Geld für Kleidung haben, dann werde ich in einem Laden in St. Louis für Sie bürgen und die Ware auf meine Rechnung setzen lassen. Ich meine es ernst, und mein Angebot basiert auf den edelsten Motiven, die einen Menschen motivieren können. Ich bin auf meinem Gebiet erfolgreich, aber das war ich nicht immer. Ich musste genau dasselbe durchmachen wie Sie, aber das Wichtige ist: ICH HABE ES DURCHGESTANDEN und bin darüber hinweg, GENAUSO, WIE ES IHNEN ERGEHEN WIRD, WENN SIE MEINEM RAT FOLGEN. Kommen Sie mit mir?«

Der Immobilienmakler wollte aufstehen, aber seine Beine wurden schwach, und er sank wieder auf seinen Stuhl, obwohl er ein großer, stämmiger Mann war, ein »ganzer Kerl«. Er machte einen zweiten Versuch und schaffte es auf die Beine, schüttelte dem Verkäufer die Hand, dankte ihm für seine Freundlichkeit und sagte, er würde seinem Ratschlag folgen, jedoch auf seine Weise. Er bat um einen Anmeldebogen und schrieb sich für den Kurs über Verkauf und Business Management ein, beglich die erste Zahlung in bar und sagte dem Verkäufer, er würde wieder von ihm hören.

Drei Jahre später führte dieser Immobilienmakler ein Unternehmen mit 60 Verkäufern – eine der erfolgreichsten Immobilienfirmen in St. Louis. Der Autor dieses Kurses (damals Werbemanager der LaSalle Extension University) war oft im Büro dieses Immobilienmaklers und beobachtete ihn über 15 Jahre lang. Heute ist er ein völlig anderer Mann als vor 15 Jahren, als er von LaSalle befragt wurde. Und der Grund seines Wandels wird auch SIE verändern: Es ist die Macht der ENTSCHEIDUNG, die so essenziell für Führungsstärke ist.

Dieser Immobilienmakler agiert nun an der Spitze seiner Branche. Er leitet andere Verkäufer an und hilft ihnen, effizienter zu arbeiten. Diese eine Veränderung seiner Philosophie hat eine temporäre Niederlage in einen Erfolg verwandelt. Jedem neuen Vertriebler erzählt er in seinem Privatbüro die Geschichte seiner Verwandlung, Wort für Wort, so wie sie passiert ist, als der LaSalle-Verkäufer ihn das erste Mal in seinem schäbigen kleinen Immobilienbüro traf.

Vor etwa 18 Jahren kam der Autor dieses Kurses erstmals in die Kleinstadt Lumberport, West Virginia. Damals waren die einzigen Transportmittel dort die Baltimore & Ohio Railroad, die von Clarksburg, der größten Stadt in der Nähe, nach Lumberport fuhr, und eine elektrische Eisenbahn zwischen beiden Orten, die bis auf drei Meilen an die Kleinstadt heranreichte. Von dort aus musste man weiterlaufen.

Als ich in Clarksburg ankam, war der einzige Vormittagszug nach Lumberport schon abgefahren, und ich wollte nicht bis zum späten Nachmittag warten, also fuhr ich mit der elektrischen Verbindung, um die letzten drei Meilen zu gehen. Auf dem Weg dorthin begann es heftig zu regnen, und diese drei Meilen musste ich durch tiefen Schlamm zurücklegen. In Lumberport waren meine Schuhe und Hose schlammig, und meine Laune war nicht die beste.

> Die 15 Gesetze des Erfolgs gemeistert zu haben, wirkt sich wie eine Versicherung gegen das Versagen aus.
>
> SAMUEL GOMPERS

Die erste Person, die ich traf, war V. L. Hornor, damals Schalterangestellter der Lumberport Bank. Mit lauter Stimme fragte ich ihn: »Wieso sorgen Sie nicht dafür, dass diese elektrische Verbindung von der Endstation bis nach Lumberport verlängert wird, damit Ihre Freunde in und aus der Stadt kommen, ohne im Schlamm zu ertrinken?«

»Haben Sie auf Ihrem Weg den Fluss mit dem steilen Ufer am Stadtrand gesehen?«, fragte er. Ich bejahte. »Nun«, fuhr er fort, »das ist der Grund, wieso unsere Straßenbahn nicht in den Ort führt. Die Kosten einer Brücke wären 100.000 Dollar, und das ist mehr, als der Betreiber der elektrifizierten Bahnlinie investieren will. Wir versuchen seit zehn Jahren, die Firma zu bewegen, die Linie bis in die Stadt zu bauen.«

»Versuchen!«, explodierte ich. »Wie sehr haben Sie es versucht?«

»Wir haben ihnen jeden erdenklichen Anreiz geboten, wie freies Wegerecht von der Endstation in die Stadt, kostenlose Benutzung der Straßen, aber diese Brücke ist der Stolperstein. Sie scheuen einfach die Kosten. Behaupten, eine solche Ausgabe rentiere sich nicht bei dem kleinen Ertrag, den sie durch die Verlängerung von drei Meilen einnehmen würden.«

Da kam mir die Erfolgsphilosophie zur Hilfe! Ich bat Mr. Hornor, mich zum Fluss zu begleiten, um uns die fragliche Stelle anzusehen. Er willigte ein. Als wir an den Fluss kamen, nahm ich alles genau in Augenschein. Ich sah, dass die Schienen der Baltimore & Ohio Railroad an beiden Seiten des Flusses am Ufer entlang verliefen. Die Landstraße überquerte den Fluss auf einer wackeligen Holzbrücke, die Zufahrten dorthin führten über mehrere Gleise, denn das Eisenbahnunternehmen hatte dort seine Rangiergleise verlegt.

Während wir dort standen, blockierte ein Güterzug den Bahnübergang, und mehrere Pferdegespanne warteten auf beiden Seiten des Zugs darauf, ihn zu überqueren. Der Zug blockierte die Straße für etwa 25 Minuten.

Angesichts dieser Situation erkannte ich leicht, dass DREI VERSCHIEDENE PARTEIEN am Bau einer Brücke interessiert sein könnten, die stark genug war, das Gewicht einer Straßenbahn zu tragen. Offensichtlich hatte die Baltimore & Ohio Railroad Interesse an einer solchen Brücke, denn dies würde die Landstraße von ihren Rangiergleisen entfernen und mögliche Unfälle am Bahnübergang verhindern, gar nicht zu reden vom großen Zeitverlust und den Kosten, die Züge zu teilen, um die Pferdegespanne passieren zu lassen.

Ebenso war klar, dass der Landrat Interesse an einer Brücke hätte, denn diese würde die Landstraße deutlich verbessern und der Öffentlichkeit einen höheren Nutzen bringen. Und natürlich wollte das Straßenbahnunternehmen die Brücke, aber ES WOLLTE NICHT DIE GESAMTEN KOSTEN SELBST TRAGEN. All dies ging mir durch den Kopf, als wir dort standen und den Güterzug betrachteten, der geteilt werden musste, um den Verkehr durchzulassen.

Ein KONKRETES HAUPTZIEL stand mir vor Augen, außerdem ein Plan, um dieses zu erreichen. Am nächsten Tag stellte ich ein Komitee aus dem Bürgermeister, den Stadträten und einigen namhaften Bürgern der Stadt zusammen, und wir kontaktieren den Abteilungsleiter der Baltimore & Ohio Railroad in Grafton. Wir überzeugten ihn, dass es ein Drittel der Kosten wert war, die Landstraße von den Schienen des Unternehmens wegzurücken. Als Nächstes gingen wir zum Landrat, dessen Mitglieder die Idee einer neuen Brücke, für die sie nur ein Drittel bezahlen sollten, begeistert aufnahmen. Sie versprachen, ihr Drittel zu übernehmen, wenn wir die anderen zwei Drittel auftreiben konnten.

Dann wandten wir uns an den Präsidenten der Traction Company in Fairmont, der die Straßenbahnlinie gehörte, und legten ihm unsere Offerte vor, alle Wegerechte kostenlos anzubieten und für zwei Drittel der Kosten der Brücke aufzukommen. Vorausgesetzt, er würde prompt den Baubeginn der Brücke in die Stadt veranlassen. Wir stießen auch bei ihm auf Interesse.

Drei Wochen später stand der Vertrag zwischen der Baltimore & Ohio Railroad Company, der Monongahela Valley Traction Company und dem Landrat von Harrison County über den Brückenbau, für den jede Partei ein Drittel der Kosten tragen sollte. Zwei Monate später wurde das Wegerecht erteilt, und die Brücke befand sich im Bau. Und weitere drei Monate danach fuhren die Straßenbahnwagen nach einem regelmäßigen Fahrplan nach Lumberport.

Dieses Ereignis brachte die Stadt Lumberport entscheidend voran, denn nun ermöglichte das Transportsystem den Menschen, leicht in die Stadt und wieder herauszukommen. Auch für mich war das Ereignis wichtig, denn fortan galt ich als jemand »der die Dinge anpackt«. Zwei konkrete Vorteile resultierten aus dieser Transaktion: Der Chefjustiziar der Traction Company ernannte mich zu seinem Assistenten, und spätere Kontakte führten mich zu meiner Position als Werbemanager der LaSalle Extension University.

Lumberport in West Virginia ist nach wie vor eine Kleinstadt, und Chicago ist eine Großstadt in beträchtlicher Entfernung, aber Neuigkeiten über Initiative und Führungsstärke können Flügel bekommen und sprechen sich herum.

Vier der 15 Erfolgsgesetze kommen in diesem Beispiel zum Tragen: EIN KONKRETES HAUPTZIEL, SELBSTVERTRAUEN, VORSTELLUNGSKRAFT und INITIATIVE sowie FÜHRUNGSSTÄRKE. Das Gesetz, MEHR ZU TUN, ALS DIE BEZAHLUNG VORGIBT, spielte ebenfalls eine Rolle dabei, denn mir wurde nichts angeboten, und ich erwartete tatsächlich keine Vergütung für meine Mühen.

Um ehrlich zu sein, gab ich mir selbst den Job, die Brücke bauen zu lassen. Ich wollte eher die Bedenkenträger herausfordern, als dass ich erwartete, bezahlt zu werden. Ich machte Mr. Hornor klar, dass ich den Job erledigen konnte, und er zögerte nicht, mich beim Wort zu nehmen und auf die Probe zu stellen.

Hier sollten Sie beachten, welche Rolle die VORSTELLUNGSKRAFT bei dieser Transaktion gespielt hat. Zehn Jahre lang hatten die Stadtbewohner von Lumberport versucht, den Bau einer Straßenbahnlinie bis in die Stadt zu veranlassen. Das bedeutet nicht, dass es keine fähigen Leute in der Stadt gab. Es waren sogar mehrere fähige Personen vor Ort, aber sie hatten den häufigen Fehler gemacht, ihr Problem auf eine einzige Art zu lösen, wohingegen es tatsächlich DREI LÖSUNGSWEGE gab.

100.000 Dollar konnte ein Unternehmen für den Bau einer Brücke nicht aufbringen, aber als die Kosten zwischen drei interessierten Parteien aufgeteilt wurden, war die Summe für jede von ihnen viel tragbarer.

Man könnte fragen: »Wieso haben die Stadtbewohner nicht an diese dreiseitige Lösung gedacht?« Zuerst einmal waren sie zu nahe an ihrem Problem dran, um eine andere Perspektive einzunehmen, gewissermaßen die Vogelperspektive, die eine Lösung nahegelegt hätte. Dies ist ebenfalls ein häufiger Fehler, doch bedeutende Führungspersönlichkeiten vermeiden ihn. Zweitens hatten diese Bürger noch nie zuvor ihre Bemühungen koordiniert oder als eine organisierte Gruppe daran gearbeitet, die Straßenbahnlinie bis in die Stadt bauen zu lassen. Auch dies ist ein oft begangener Fehler von Menschen in allen Lebensbereichen – sie scheitern daran, effizient zu kooperieren.

Mir als Außenstehendem fiel es leichter als einem aus ihren Reihen, eine Zusammenarbeit zu bewirken. Allzu oft herrscht in kleinen Gemeinden Egoismus, sodass jeder meint, seine Ideen sollten Vorrang haben. Eine Führungsperson muss Menschen dazu bringen können, ihre eigenen Ideen und Interessen für das Gute der Gemeinschaft hintanzustellen. Dies gilt für Angelegenheiten des Zivillebens oder geschäftlicher, sozialer, politischer, finanzieller oder industrieller Natur.

So gut wie jeder Erfolg verdankt sich der eigenen Fähigkeit, andere zu veranlassen, ihr Ego zurückzustellen und einer verantwortlichen Person zu folgen. Die Führungsperson mit ausreichender Persönlichkeit und Vorstellungskraft, die andere bewegt, ihre Pläne zu akzeptieren und sie gewissenhaft auszuführen, ist immer ein fähiger Anführer.

> Die Zeit ist die mächtige Hand, die die ewige Wiege des Fortschritts schaukelt und die kämpfende Menschheit durch jene Periode führt, in der der Mensch Schutz gegen seine eigene Unwissenheit braucht.

Die nächste Lektion befasst sich mit der VORSTELLUNGSKRAFT, und sie wird Sie noch weiter in die Kunst der geschickten Führungsstärke einführen. Tatsächlich sind Führungs- und Vorstellungskraft so eng verbunden und essenziell für den Erfolg, dass das eine nicht erfolgreich ohne das andere angewendet werden kann. Initiative ist der Antrieb, der den Verantwortlichen vorantreibt, aber Vorstellungskraft ist der leitende Geist, der ihm den Weg weist.

Vorstellungskraft ermöglichte dem Autor dieses Kurses, das Problem der Brücke in Lumberport zu analysieren, es in seine drei Bestandteile zu zerlegen und diese Teile zu einem praktisch funktionierenden Plan zusammenzufügen. Fast jedes Problem kann auf diese Weise aufgesplittet werden, die sich einzeln leichter als in ihrer Gesamtheit handhaben lassen. Vorstellungskraft erlaubt uns vor allem, Probleme aufzuteilen und in vorteilhafteren Kombinationen wieder zusammenzusetzen.

Es heißt, die Schlachten eines Kriegs werden nicht an der Front entschieden, sondern die Generäle hinter den Linien gewinnen oder verlieren diese aufgrund einer fundierten Strategie oder den Mangel daran.

Was beim Militär gilt, trifft auch in der Wirtschaft und bei den meisten anderen Problemen im Leben zu. Wir gewinnen oder verlieren gemäß einem Plan, den wir entwerfen und umsetzen – dies zeigt den Wert von Initiative und Führungskraft, Vorstellungskraft, Selbstvertrauen sowie des konkreten Hauptziels. Wenn wir diese vier Gesetze klug einsetzen, können wir Pläne für jeglichen Zweck gestalten, die niemand zu vereiteln vermag, der diese Gesetze nicht anwendet.

Diese Wahrheit gilt immer!

Eine ORGANISIERTE LEISTUNG basiert auf einem Plan, hervorgegangen aus der Vorstellungskraft, geleitet von einem konkreten Hauptziel und bestärkt durch Initiative und Selbstvertrauen. Diese vier Gesetze verschmelzen zu einem und werden in den Händen einer Führungsperson zu Macht. Sie außer Acht zu lassen, verhindert effektive Führungsstärke.

Sie sind nun bereit für die Lektion über Vorstellungskraft. Denken Sie dabei an alle bisherigen Lektionen, sodass sie ihre tiefere Bedeutung erfassen.

> Das Leben ist kein Kelch, der geleert werden will, und kein Maß, das gefüllt werden soll.
>
> HADLEY

EINE NACHBEREITUNG DER LEKTION

> Wenn Sie Vorurteile, Hass und Intoleranz ausdrücken wollen, sprechen Sie es nicht aus, sondern schreiben Sie es auf; schreiben Sie es in den Sand, direkt am Wasser.

Wenn das Morgenrot der Intelligenz sich über den östlichen Horizont des menschlichen Fortschritts ausbreitet und Unwissenheit und Aberglaube ihre letzten Fußabdrücke im Sand der Zeit hinterlassen haben, wird im letzten Kapitel des Buches der Verbrechen der Menschheit stehen, dass ihre schwerwiegendste Sünde die Intoleranz war.

Die bitterste Intoleranz erwächst aus religiösen, rassistischen und ökonomischen Vorurteilen und Meinungsverschiedenheiten. Wie lange, o Gott, bis wir armen Sterblichen verstehen, wie töricht die gegenseitige Zerstörung aufgrund unterschiedlicher religiöser Glaubensansichten und rassistischer Neigungen ist?

Unsere Zeit auf dieser Erde ist nicht mehr als ein flüchtiger Moment. Wie eine Kerze werden wir entzündet, leuchten einen Moment lang und verlöschen dann flackernd. Wieso können wir nicht lernen, während dieses kurzen Besuchs auf dieser Welt so zu leben, dass wir, wenn die große Karawane des Todes heranzieht und das Ende unseres Besuchs ankündigt, furchtlos bereit sind, unsere Zelte abzubauen und leise in das große Unbekannte zu folgen?

Ich hoffe, dort nur auf menschliche Seelen zu treffen, Brüder und Schwestern, die frei von ethnischer Abstammung, Glauben oder Hautfarbe sind, denn ich will der Intoleranz entsagen, damit ich in alle Ewigkeit in Frieden ruhen kann.

Ein Hirschkampf ist ein Phänomen, das die Sinnlosigkeit des Kampfes darstellt. Zwei männliche Hirsche, die sich bis zum bitteren Ende bekämpfen, von denen jeder sich für den Sieger hält. Daneben wartet die Hirschkuh auf den Gewinner und ahnt nicht, dass morgen die Knochen beider Kämpfer in der Sonne bleichen werden.

»Arme törichte Tiere«, wird man sagen, doch sie unterscheiden sich nicht so sehr von der menschlichen Gattung. Der Mensch befindet sich im tödlichen Kampf mit seinem Bruder, weil er mit ihm konkurriert. Die drei wichtigsten Inhalte des Wettstreits sind Sex, Wirtschaft und Religion.

Vor 20 Jahren betrieb eine große Bildungsinstitution ein florierendes Geschäft und erwies Tausenden Studenten einen wertvollen Dienst. Die beiden Inhaber der Schule heirateten zwei wunderschöne und talentierte junge Frauen, die es besonders in der Kunst des Klavierspiels zu einiger Meisterschaft gebracht hatten. Die beiden Damen stritten darüber, welche von ihnen besser Klavier spielen konnte. Den Zwist führten die beiden Ehemänner weiter, und sie wurden zu bitteren Feinden. Nun liegen die Knochen dieser einst florierenden Schule »bleichend in der Sonne«.

Die beiden Hirsche haben die Geweihe aufgrund desselben Impulses gekreuzt. Die beiden »männlichen Tiere« bekämpfen sich aus demselben Motiv.

In einem großen Industriewerk stritten sich zwei junge Vorarbeiter, weil der eine die Beförderung erhielt, für die der andere sich geeigneter wähnte. Mehr als fünf Jahre lang wirkte der Sog von Hass und Intoleranz. Die Mitarbeiter, die jedem der Vorarbeiter unterstellt waren, wurden mit dem Geist der Abneigung zwischen ihren Vorgesetzten infiziert. Langsam breitete sich das Gefühl, es dem anderen heimzahlen zu müssen, auf den gesamten Betrieb aus. Die Leute teilten sich in kleine Cliquen. Die Produktion sank. Dann kamen finanzielle Schwierigkeiten dazu und schließlich der Bankrott des Unternehmens. Nun liegen die Knochen einer einst blühenden Firma »bleichend in der Sonne«, und die beiden Vorarbeiter sowie mehrere Tausend andere waren gezwungen, auf einem anderen Gebiet ganz von vorn anzufangen.

Unten in den Bergen von West Virginia lebten zwei friedliche Familien von Bergbewohnern – die Hatfields und die McCoys. Sie waren seit drei Generationen freundliche Nachbarn gewesen. Ein Wildschwein, das der Familie McCoy gehörte, kroch unter dem Zaun in das Maisfeld der Familie Hatfield. Die Hatfields ließen ihren Hund auf das Schwein los. Die McCoys rächten sich, indem sie den Hund töteten. Dann begann eine Familienfehde, die drei Generationen andauerte und viele Leben unter den Hatfields und McCoys kostete.

In einem schicken Vorort von Philadelphia errichteten einige reiche Gentlemen ihre Häuser. Vor jedem davon steht das Wort »INTOLERANZ«. Ein Mann baut einen hohen Gitterzaun um sein Haus. Der Nachbar neben ihm, der sich nicht überbieten lassen will, baut einen doppelt so hohen Zaun. Ein weiterer kauft ein neues Automobil, und der Mann daneben muss ihn übertreffen, indem er zwei neue Autos erwirbt. Einer renoviert sein Haus und baut eine Veranda im Kolonialstil. Sein Nachbar daneben muss zum Ausgleich auch eine neue Veranda errichten und zudem eine Garage im spanischen Stil.

Die große Villa oben auf dem Hügel veranstaltet einen Empfang, der eine lange Reihe von Autos vorfahren lässt, gefüllt mit Menschen, die nicht wirklich etwas mit dem Gastgeber zu tun haben. Dann folgt eine Reihe von »Empfängen« im gesamten »Nobelviertel«, und jeder versucht, den anderen zu überbieten.

Der »Mister« (in den schicken Vierteln nennt man ihn nicht so) fährt hinten in einem Rolls Royce zur Arbeit, besetzt mit einem Chauffeur und einem Diener. Wieso fährt er zur Arbeit? Natürlich, um Geld zu verdienen!

Wieso will er noch mehr Geld, wenn er bereits Millionen von Dollar hat? Damit er weiterhin seine reichen Nachbarn überbieten kann.

Die Armut hat einige Vorteile – arme Leute messen sich nicht mit ihren Nachbarn, um diese in ihrer Armut zu überbieten.

Wann immer Sie Menschen sehen, die im Streit »ihr Geweih gekreuzt haben«, können Sie die Ursache des Zwists auf eine der drei Gründe von Intoleranz zurückführen – religiöse Meinungsverschiedenheiten, wirtschaftlicher Wettbewerb oder Konkurrenz bei der Partnersuche.

Das nächste Mal, wenn sie zwei verfeindete Männer beobachten, schließen Sie einfach die Augen, DENKEN Sie einen Moment nach, und Sie werden erkennen, dass sie mit etwas Fantasie den Hirschen in der obigen Abbildung gleichen. Zu einer Seite sehen Sie vielleicht das Zankobjekt – einen Haufen Gold, ein religiöses Emblem oder eine Frau (oder mehrere Frauen).

Dieser Essay möchte Ihnen eine WAHRHEIT über die menschliche Natur vermitteln und Sie zum NACHDENKEN anregen. Der Autor sucht weder Ehre noch Lob und wird bei diesem Thema vermutlich keins von beidem erhalten.

Niemand hat so viel wie Andrew Carnegie und Henry C. Frick geleistet, um die Stahlindustrie voranzubringen. Beide haben Millionen Dollar verdient. Es kam der Tag, an dem die wirtschaftliche Intoleranz zwischen den beiden hervortrat. Um seine Verachtung auf Frick zu zeigen, baute Carnegie einen großen Wolkenkratzer und nannte ihn das »Carnegie Building«. Frick reagierte, indem er ein noch viel größeres Gebäude daneben errichten ließ und als das »Frick Building« betitelte. Diese beiden Gentlemen »kreuzten die Geweihe« bis zum bitteren Ende, Carnegie verlor seinen Verstand und vermutlich noch mehr. Fricks Verluste kennt nur er selbst und der »große Buchhalter im Himmel«. Geschichtlich betrachtet »liegen ihre Knochen bleichend in der Sonne« des Wohlstands.

Die Stahlmagnaten von heute managen die Dinge ein wenig anders. Statt die Geweihe zu kreuzen, lassen sie ihre Firmenleitungen »sich kreuzen«, mit dem Ergebnis, dass jedes Unternehmen zu einer starken Einheit des gesamten Industriezweigs wird. Die Stahlmagnaten von heute verstehen den Unterschied zwischen den Worten KONKURRENZ und KOOPERATION. Ein Unterschied, den der Rest von uns auch begreifen sollte.

In England haben einst die Inhaber der Minen und die Gewerkschaftsführer »die Geweihe gekreuzt«. Hätten nicht die besonneneren Geister diese Hörner wieder getrennt, dann hätten die Knochen des britischen Imperiums (inklusive der leitenden Köpfe der Industrie und der Gewerkschaften) bald »bleichend in der Sonne« gelegen. Ein Jahr des offenen Kampfes zwischen den Gewerkschaften und den Industriellen in Großbritannien hätte das Ende des britischen Imperiums bedeutet. Dann hätten die anderen Nationen der Welt die zuvor von Britannien kontrollierte ökonomische Maschinerie übernommen. Dies sollten die Verantwortlichen der amerikanischen Industrie und der Gewerkschaften nicht vergessen!

15 Faktoren wirken zusammen, um ERFOLG zu ermöglichen. Einer davon ist die TOLERANZ. Die anderen 14 werden mehrfach in diesen Lektionen erwähnt.

Intoleranz bindet die Beine des Menschen mit den Fesseln der IGNORANZ und bedeckt seine Augen mit den Schuppen von ANGST UND ABERGLAUBE. Intoleranz schließt das Buch des Wissens und schreibt auf das Cover: »Öffnet dieses Buch nicht mehr. Das letzte Wort darin ist geschrieben.«

Es ist nicht Ihre Pflicht, tolerant zu sein; es ist Ihr PRIVILEG! Denken Sie daran, während Sie diesen Artikel lesen, dass manchen Menschen nur darauf aus sind, INTOLERANZ zu säen. Alle Kriege und Streiks und andere Formen des menschlichen Leidens bringen EIN HOHES MAß an Profit ein. Andernfalls gäbe es keine Kriege, Streiks oder andere Feindseligkeiten.

In den heutigen Vereinigten Staaten greift eine gut organisierte Propaganda um sich, deren einziges Ziel es ist, Aufruhr und Feindseligkeit zwischen den Industriellen und den Arbeitnehmern zu säen. Denken Sie erneut an den Hirschkampf zu Beginn dieses Artikels, um zu erkennen, wie es jenen ergehen mag, die im Arbeitskampf die Geweihe kreuzen. Und denken Sie daran, dass es immer die Knochen der Arbeiter sind (nicht die der Manager der Gewerkschaften oder der Industrie), die nach dem Kampf »bleichend in der Sonne liegen«.

Wenn Sie selbst mit jemandem die »Geweihe kreuzen« wollen, bedenken Sie, dass es sich mehr auszahlt, stattdessen die HÄNDE ZU KREUZEN! Ein warmer, herzlicher Händedruck hinterlässt keine bleichenden Knochen in der Sonne.

> *»LIEBE ist der einzige Lichtblick in der Dunkelheit des Lebens. Sie ist der Morgenstern und der Abendstern. Sie leuchtet auf die Wiege der Babys und schenkt ihren Schein dem stillen Grab. Sie ist die Mutter der Kunst, Inspiration des Poeten, Patrioten und Philosophen. Sie ist die Luft und das Licht eines jeden Herzens, der Erbauer eines jeden Heims, der Hauch, der das Feuer in jedem Herzen entfacht. Sie war die Erste, die von der Unsterblichkeit träumte. Sie füllt die Welt mit Melodie, denn die Musik ist die Stimme der Liebe. Die Liebe ist die Magierin, die Zauberin, die Wertloses in Freude verwandelt und aus gewöhnlichem Ton Könige und Königinnen formt. Sie ist der Duft dieser wundersamen Blume – des Herzens – und ohne diese heilige Leidenschaft, diese göttliche Ohnmacht, sind wir wenig mehr als Tiere, aber mit ihr ist die Erde der Himmel und wir sind Götter.«*
>
> INGERSOLL

Kultivieren Sie die LIEBE für Ihre Mitmenschen, und Sie werden nicht länger die Hörner in sinnlosem Kampf mit ihnen kreuzen. Die Liebe macht jeden Menschen zum Hüter seines Bruders oder seiner Schwester.

Die Liebe ist in der Tat das Licht vom Himmel;
Ein Funke dieses unsterblichen Feuers
Geteilt mit Engeln, gegeben von Allah,
Um von der Erde unsere niedrigen Begierden zu nehmen.
Anbetung erhebt den Geist,
Aber der Himmel steigt selbst in der Liebe hernieder;
Ein Gefühl des höchsten Gottes,
Um das Selbst von schmutzigen Gedanken zu befreien;
Ein Strahl dessen, der das Ganze bildete;
Ein Heiligenschein, der die Seele umgibt.

BYRON

Der Ruf nach neuen Führungspersonen und einer neuen Führungsstärke

Die lange Wirtschaftsdepression, die 1929 begann, befreite Amerika wie eine moralische Arznei von vielen Übeln und ebnete den Weg für eine neue Gruppe von Führungspersönlichkeiten und eine neue Führungsstärke.

Die Führungsstärke, mit der sich Amerika vor der Weltwirtschaftskrise brüstete, hat den Menschen gegenüber in ihrer größten Not versagt. In praktisch keinem Gesellschaftsbereich hat diese Krise einen wahren Anführer ins Rampenlicht gebracht, einen Menschen mit echten Führungsqualitäten. Dieser Mangel verlangt nach einer Auflistung der für Führungsstärke wichtigen Eigenschaften. Diese Qualitäten führen wir hier als Richtlinie für Menschen auf, die nach Verantwortung streben.

20 Qualitäten künftiger Führungspersonen

Menschen ohne Rückgrat werden nicht zu den Führungspersonen der Zukunft gehören. Sie werden ersetzt werden, denn ihnen fehlen die essenziellen Qualitäten in einer Zeit, da das ganze Land aufgrund von Führungsschwäche praktisch ausblutet. Die Führungspersonen der Zukunft müssen über folgende Eigenschaften verfügen:

1. SIE MÜSSEN DIE SECHS GRUNDÄNGSTE BEZWINGEN.
2. Ferner müssen sie bereit sein, persönliche Interessen dem Wohl ihrer Untergebenen unterzuordnen, und sie müssen Habsucht und GIER komplett unter Kontrolle haben.

3. Es gilt, ein einziges Ziel auf Basis eines konkreten Programms für Führungskräfte zu verfolgen, das mit den Bedürfnissen der Zeit harmoniert.
4. Zudem muss, wer zu Macht kommen will, das Mastermind-Prinzip anwenden, demzufolge man harmonisch mit anderen zusammenarbeitet.
5. Ausgeprägtes Selbstvertrauen ist erforderlich.
6. Und ebenso die Fähigkeit, schnelle und beständige ENTSCHEIDUNGEN zu treffen.
7. Eine reiche VORSTELLUNGSKRAFT ist ebenfalls notwendig, um zu wissen, was in Zukunft erforderlich sein wird, und entsprechend zu planen.
8. Eine starke INITIATIVE ist vonnöten.
9. Ebenso Enthusiasmus und die Fähigkeit, andere zu begeistern.
10. Hohe Selbstkontrolle sollte die Führungsperson auch auszeichnen.
11. Zudem sollte sie bereit sein, mehr zu leisten, als die Bezahlung vorgibt.
12. Eine angenehme Persönlichkeit ist auch entscheidend.
13. Ferner muss diese Person PRÄZISE DENKEN können.
14. Und die Fähigkeit mitbringen, mit anderen harmonisch zu kooperieren.
15. Auch bedarf es des Durchhaltevermögens, die eigenen Gedanken und Leistungen auf eine gegebene Aufgabe bis zum Schluss zu konzentrieren.
16. Die Fähigkeit der »Reflexion«, von Fehlern und Fehlschlägen zu profitieren, ist erforderlich.
17. Ebenso ausgeprägte Toleranz.
18. Sowie Mäßigung in jeder Hinsicht.
19. Es gilt, stets ehrlich in Ziel und Tat zu sein.
20. Zu guter Letzt muss die Führungsperson die Goldene Regel bei allen zwischenmenschlichen Beziehungen walten lassen.

Dies mag eine beachtliche Liste an Qualitäten für die Führungsperson der Zukunft sein, doch wie sich immer wieder zeigen wird, benötigen wahre Führungspersonen jede dieser Eigenschaften. Ferner besagt diese Aufstellung, dass die zukünftigen Führungspersonen die Fehler ihrer Vorgänger vermeiden müssen, wobei Gefolgsleute auszunutzen die ärgste Schandtat war. Über große Vermögen auf Kosten vieler wird eine Führungsperson künftig nicht verfügen können.

Weise ist die aufstrebende Leitfigur, die weiß, dass niemand ein Geschäft oder einen Beruf erfolgreich betreiben kann, der ignoriert, dass Kunden PARTNER SIND und als solche am geschäftlichen Nutzen teilhaben müssen.

Erfolgreiche Unternehmen und Berufe der Zukunft werden nach Kooperation verlangen, und die Führungspersonen werden sich selbst als Diener der Allgemeinheit sehen und nicht als privilegierte Individuen, die die Öffentlichkeit für ihren persönlichen Profit ausbeuten dürfen.

Die Politiker der Zukunft werden nicht nur theoretisch, sondern FAKTISCH zu Dienern ihrer Wahlkreise werden! Der Staatsdiener, der dies nicht anerkennt, wird SOFORT aus seinem Amt entfernt. Besondere Privilegien in der Politik gilt es abzuschaffen. In Zukunft werden die Menschen diese nicht mehr akzeptieren. Regierungen werden auf einer geschäftlichen Basis geleitet, und Regierungsangestellte werden ihrer Bezahlung entsprechend arbeiten, wie in einem gut geleiteten Unternehmen. Darüber hinaus werden Angestellte aufgrund ihrer Verdienste ausgewählt und nicht mittels Empfehlung von Politikern, die Schulden zu begleichen haben.

Bevor wir uns an die nächste Lektion machen, empfiehlt es sich, sich selbst einer Inventur unterziehen, wie man bei den 20 Punkten auf der Liste der Führungsqualitäten abschneidet. Eine Selbstanalyse ist immer nützlich, vorausgesetzt, sie ist ehrlich. Jeder Mensch, der sich bemüht, die Philosophie der Erfolgsgesetze anzuwenden, ist imstande, jede essenzielle Eigenschaft einer Führungsperson zu kultivieren.

Wenn es Ihnen auf eine aussagekräftige Selbstanalyse ankommt, bewerten Sie sich selbst in Bezug auf die 20 Führungsqualitäten und lassen Sie das Ergebnis von zwei oder drei Personen aus Ihrem näheren Umfeld überprüfen.

So können Sie sich leicht selbst bewerten: Schreiben Sie die 20 Eigenschaften einer Führungsperson auf ein Blatt Papier. Neben jedem Merkmal notieren Sie »perfekt«, »durchschnittlich« oder »gering«, je nachdem, wie Sie sich einschätzen. »Perfekt« bringt Ihnen 5 Prozent ein, »durchschnittlich« nur 2,5 Prozent und »gering« sollte als null gewertet werden. Schreiben Sie diese Zahlen auf und addieren Sie sie. Wenn die Gesamtzahl weniger als 75 Prozent beträgt, wissen Sie, dass Sie sich noch nicht als Führungsperson in Ihrem Tätigkeitsbereich eignen. Die Tabelle wird Ihnen Ihre Schwächen aufzeigen. Diese Philosophie durchzuarbeiten, wird Ihnen alle erforderlichen Kenntnisse vermitteln, um Ihre Schwächen zu eliminieren oder zu überbrücken.

Diese Selbstanalyse sollten Sie durchführen, bevor Sie zur nächsten Lektion weitergehen, denn so profitieren Sie mehr von allen Lektionen. Bedenken Sie während der Analyse, dass Sie sich selbst durch vertrauenswürdige und freundliche Augen so sehen sollen, wie Sie sind.

LEKTION 6

VORSTELLUNGSKRAFT

»Du kannst es, wenn du glaubst, dass du es kannst!«

Die VORSTELLUNGSKRAFT ist die Werkstatt des menschlichen Geistes, in der alte Ideen und etablierte Fakten neu kombiniert und frisch angewendet werden. So definiert das moderne Wörterbuch Vorstellungskraft: »Der Akt eines konstruktiven Intellekts, die Komponenten des Wissens oder eigener Gedanken zu einem neuen, originellen und rationalen System zu gruppieren; die geistige Fähigkeit, konstruktiv oder kreativ zu sein; die poetische, künstlerische, philosophische, wissenschaftliche oder ethische Vorstellungskraft nutzen.

> Ich nenne den Menschen untätig, der etwas Besseres tun könnte.
>
> SOKRATES

Die geistige Kraft, etwas zu verbildlichen; das Formen mentaler Vorstellungen, Bilder oder mentaler Repräsentationen von Objekten oder Ideen, besonders von Objekten der Sinneswahrnehmung und der mathematischen Überlegung! Außerdem die Reproduktion und Kombination, mit mehr oder weniger irrationaler oder abnormaler Modifikation der Bilder oder Ideen aus der Erinnerung oder von erinnerten Fakten aus direkter Erfahrung.«

Die Vorstellungskraft wurde die kreative Macht der Seele genannt, aber diese Auslegung ist für den Schüler dieses Kurses, der nach materiellen oder monetären Vorteilen im Leben strebt, etwas zu abstrakt und tiefgreifend.

Sofern Sie die vorherigen Lektionen gemeistert und gründlich verstanden haben, wissen Sie, dass Sie die Elemente für Ihr konkretes Hauptziel in Ihrer Vorstellungskraft zusammengesetzt und kombiniert haben. Sie wissen auch, dass Sie sich Selbstvertrauen, Initiative und Führungsstärke zuerst vorstellen müssen, bevor sie tatsächlich entstehen, denn in Ihrer geistigen Werkstatt werden Sie sich der Autosuggestion bedienen, um diese notwendigen Qualitäten zu erschaffen.

Diese Lektion über Vorstellungskraft können wir als »Angelpunkt« dieses Lesekurses sehen, denn jede Lektion führt zu ihr hin und nutzt ihr grundlegendes Prinzip, so wie Telefondrähte zur Schaltzentrale führen. Sie werden nie ein konkretes Ziel im Leben, nie Selbstvertrauen oder Initiative und Führungsstärke aufbauen, wenn Sie nicht zuerst diese Qualitäten in Ihrer Vorstellungskraft schaffen und sich selbst so sehen, als wären diese bereits vorhanden.

So wie die Eiche sich aus dem Sämling entwickelt, der in der Eichel liegt, und sich der Vogel aus dem Sämling entwickelt, der im Ei schläft, so entstehen Ihre materiellen Leistungen aus den organisierten Plänen in Ihrer Vorstellungskraft. Zuerst kommt der Gedanke, dann die Organisation des Gedankens in Ideen und Plänen, dann die Umsetzung dieser Pläne. Der Startpunkt liegt in Ihrer Vorstellung.

Die Vorstellungskraft ist sowohl interpretativ als auch kreativ. Sie kann Fakten, Konzepte und Ideen untersuchen und so neue Kombinationen und Pläne schaffen.

Durch ihre interpretative Macht vermag die Vorstellungskraft, was ihr im Allgemeinen nicht zugeschrieben wird, Vibrationen und Gedankenwellen externer Quellen zu registrieren, so wie ein Funkgerät Schallwellen empfängt. Das Prinzip der interpretativen Seite der Vorstellungskraft gilt als Telepathie. Die Kommunikation der Gedanken von einem Geist zum anderen, über lange oder kurze Distanzen, ohne die Hilfe von physischen oder mechanischen Geräten, so wie es in der Einführungslektion dieses Kurses erklärt wurde.

Die Telepathie ist wichtig für einen Schüler, der seine Vorstellungskraft effektiv nutzen möchte, da die telepathische Fähigkeit der Vorstellungskraft konstant Gedankenwellen und Schwingungen jeglicher Art empfängt. Sogenannte »Blitzurteile« und »Ahnungen«, durch die wir Meinungen bilden oder uns für Handlungen entscheiden, die weder logisch noch vernünftig sind, ergeben sich meist aus Gedankenwellen, die die Vorstellungskraft registriert hat.

Radio und Fernsehen beweisen, wie lebendig die Elemente des Äthers sind, da elektromagnetische Wellen ständig blitzartig umherfliegen. Man muss nur das Radio verstehen, um das Prinzip der Telepathie zu begreifen. Für Letzteres hält die psychologische Forschung zahlreiche Beweise bereit, dass zwei aufeinander eingestimmte Gehirne, ohne einen Apparat zu nutzen, Gedanken auf lange Entfernung senden und empfangen können. Zwar gelang es zwei Gehirnen bisher selten, sich gut genug abzustimmen, um eine lückenlose Gedankenkette zu registrieren, aber dennoch kann der Empfang von Gedanken ausreichend belegt werden.

Um zu verstehen, wie eng die 15 Faktoren dieses Kurses miteinander verwoben sind, müssen Sie nur einmal beobachten, wie ein Verkäufer, dem es an Vertrauen in sich selbst und seine Ware mangelt, einen Raum betritt, um einen potenziellen Kunden zu bedienen. Ob es diesem Kunden bewusst ist oder nicht, seine Vorstellungskraft »spürt« sofort, dass es dem Verkäufer an Vertrauen fehlt.

Die Gedanken des Verkäufers untergraben seine Bemühungen. Dies erklärt wiederum, wieso Selbstvertrauen einer der wichtigsten Erfolgsfaktoren ist.

Die Prinzipien der Telepathie und der Anziehung (Gleich und Gleich zieht sich an), erklären viele Fehler.

Wenn ein Geist die dominierenden Gedanken eines anderen Geistes heranzieht, kann man leicht verstehen, wieso ein negativer Geist, der sich an Fehlern festbeißt und dem die vitalisierende Kraft des Selbstvertrauens fehlt, keinen positiven Geist mit Erfolgsgedanken anzieht.

Vielleicht wirken diese Erklärungen etwas abstrakt auf Sie, wenn Sie die mentalen Prozesse noch nicht eingehend studiert haben. Dennoch gehören sie hierher, damit Sie das Thema dieser Lektion verstehen und praktisch anwenden können. Die Vorstellungskraft wird zu oft als ein undefinierbares Etwas beschrieben, das nur dazu da ist, Fiktives zu kreieren. Da also die Macht der Vorstellungskraft missachtet wird, halten wir es für notwendig, diese mehr oder weniger abstrakten Bezüge auf eines der wichtigsten Themen dieses Kurses auszuführen. Nicht nur ist das Thema der Vorstellungskraft wichtig für diesen Kurs, sondern bestimmt von großem Interesse für Sie, wenn Sie begreifen, dass sie Ihr gesamtes Streben nach einem konkreten Hauptziel beeinflusst.

Sie erkennen, wie wichtig das Thema Vorstellungskraft ist, indem Sie kurz innehalten und sich klarmachen, dass es die einzige Instanz in der Welt ist, die Sie völlig kontrollieren können. Andere mögen Ihnen materielle Güter stehlen und Sie tausendfach betrügen, aber niemand kann Ihnen die Kontrolle und den Gebrauch Ihrer Vorstellungskraft nehmen. Menschen mögen unfair mit Ihnen umgehen, so wie es oft vorkommt. Sie mögen Sie Ihrer Freiheit berauben, aber Sie können Ihnen nicht das Privileg nehmen, Ihre Vorstellungskraft nach freiem Willen einzusetzen.

> Wer seinen Mitmenschen beleidigt, enthüllt ungewollt seine wahre Natur.

Das inspirierendste Gedicht der Literatur verfasste Leigh Hunt, während er in Armut und zu Unrecht wegen seiner fortschrittlichen politischen Ansichten in einem englischen Gefängnis saß. Es trägt den Titel »Abou Ben Adhem« und zeigt, dass ein Mensch Großes mit seiner Vorstellungskraft bewerkstelligt, der jenen vergibt, die ihn unfair behandeln:

Abou Ben Adhem (möge sein Stamm wachsen)
Erwachte eines Nachts aus einem tiefen friedlichen Traum,
Und sah im Mondlicht in seinem Zimmer,
Das es wie eine blühende Lilie erstrahlen ließ,
Einen Engel, der in ein goldenes Buch schrieb.
Ein großer Friede erfasste und ermutigte Ben Adhem,
Und zur Präsenz im Raum sagte er:
»Was schreibst du da?« – Die Erscheinung hob den Kopf

Und antwortete mit liebevollem Blick:
»Die Namen derjenigen, die den Herrn lieben.«
»Und ist meiner dabei?«, fragte Abou. »Nein, ist er nicht«,
Erwiderte der Engel – Abou redete leiser,
Aber immer noch fröhlich, und sagte: »Ich bitte dich dann,
Schreibe mich auf, als einen, der seine Mitmenschen liebt.«
Der Engel schrieb und verschwand. Am nächsten Abend
Kam er erneut, mit einem großen Licht,
Und zeigte die Namen derjenigen, die von der Liebe Gottes gesegnet waren,
Und siehe da! Ben Adhems Name stand vor allen anderen!

Die Zivilisation verdankt sich solchen Männern wie Leigh Hunt, deren fruchtbare Vorstellungskraft menschliche Beziehungen verbessert. »Abou Ben Adhem« ist ein Gedicht, das immer gelten wird, dank des Mannes, der sich die Hoffnung eines konstruktiven Ideals vorstellte.

Das Hauptproblem dieser Welt ist unser mangelndes Verständnis der Macht der Vorstellungskraft, denn andernfalls könnten wir sie innerhalb einer Generation als Waffe gegen Armut, Elend, Ungerechtigkeit und Verfolgung richten. Diese Aussage greift äußerst weit, und niemand weiß besser als der Autor dieses Kurses, wie nutzlos sie wäre, wenn das grundlegende Prinzip nicht praktisch zu erklären wäre. Daher sei seine Bedeutung nun beschrieben.

Für ein besseres Verständnis müssen wir das Prinzip der Telepathie als eine Realität akzeptieren, durch die jeder ausgesandte Gedanke im Verstand anderer Menschen registriert wird. Es wäre Zeitverschwendung, die Realität der Telepathie beweisen zu wollen, denn diese Lektion über Vorstellungskraft hat nicht den kleinsten Wert für den Schüler, der Telepathie trotz ausreichender Informationen nicht als ein fundiertes Prinzip akzeptiert. Wir gehen davon aus, dass Sie dieses Prinzip anerkennen.

Sie haben sicher schon oft den Begriff »Psychologie der Massen« gehört, womit eine dominierende Idee gemeint ist, die im Geist einer oder mehrerer Personen Gestalt angenommen hat und von anderen Menschen durch das Prinzip der Telepathie aufgenommen wird. So stark ist die Macht der Massenpsychologie, dass zwei auf der Straße kämpfende Männer eine Massenschlägerei auslösen können, bei der Umstehende mitmachen, ohne überhaupt zu wissen, wieso oder mit wem sie kämpfen.

Der Tag des Waffenstillstands 1918 brachte uns genügend Belege, um das Prinzip der Telepathie zu beweisen, und zwar in einem bisher ungekannten Maßstab. Ich erinnere mich genau an meinen Eindruck von diesem ereignisreichen Tag. Dieser war so stark, dass ich gegen drei Uhr früh aufwachte, als hätte mich jemand wachgerüttelt. Als ich mich im Bett aufsetzte, wusste ich, dass etwas Außergewöhnliches passiert war, und der Effekt dieser Erfahrung war so seltsam und aufputschend, dass ich aufstand, mich anzog und auf die Straßen von Chicago ging, wo ich Tausende andere antraf, die denselben Einfluss verspürt hatten. Jeder fragte: »Was ist passiert?«

Das Folgende war geschehen: Millionen Männer hatten Anweisung erhalten, die Kämpfe einzustellen, und ihre gemeinsame Freude hatte eine Gedankenwelle in Bewegung gesetzt, die die gesamte Welt erfasste und in jedem Geist spürbar war, der dies zu registrieren vermochte. Vielleicht hatten noch nie in der Geschichte der Welt so viele Millionen Menschen dasselbe gedacht, auf dieselbe Weise, zur selben Zeit. Das erste Mal in der Geschichte verspürten alle dasselbe, und der Effekt dieses harmonisierten Gedankens war die weltweite »Massenpsychologie«, deren Zeuge wir am Tag des Waffenstillstands wurden. Hier sollten Sie sich an die Einführungslektion erinnern, in der davon die Rede ist, wie man mit einer oder mehreren Gleichgesinnten ein harmonisches »Mastermind« aufbaut.

Wir verdeutlichen die Anwendung dieses Prinzips, indem wir zeigen, wie es eine harmonische Arbeitsbeziehung zu erschaffen oder zerstören vermag. Sie sind vielleicht noch nicht ausreichend überzeugt, dass es die Harmonie der Gedanken von Millionen von Soldaten war, die im Bewusstsein der Weltbevölkerung registriert wurde und den »massenpsychologischen« Zustand kreierte, der am Tag des Waffenstillstands überall zu spüren war. Aber Sie brauchen keinen Beweis dafür, dass eine verärgerte Person jeden aufregt, mit dem sie in Kontakt kommt. Bekanntlich stört ein solcher Mensch von seinem Arbeitsplatz aus das gesamte Unternehmen. Es wird der Tag kommen, da Kollegen einen »Unruhestifter« am Arbeitsplatz genauso wenig tolerieren werden, wie sie eine Giftschlange in der Firma akzeptieren würden.

Wenden Sie das Prinzip anders an: Platzieren Sie in einem Team jemanden mit einer positiv gestimmten, optimistischen Persönlichkeit, der es sich zur Aufgabe gemacht hat, in der Firma Harmonie zu säen. Sein Einfluss wird sich bei jedem Kollegen zeigen.

Wenn jedes Unternehmen »der verlängerte Schatten eines Menschen« ist, wie es Emerson ausdrückte, steht es diesem einen gut zu Gesicht, einen Schatten des Selbstvertrauens und des guten Willens, des Optimismus und der Harmonie zu werfen, damit diese Qualitäten auf alle anderen im Unternehmen ausstrahlen.

In unserem nächsten Schritt zur Auswirkung der Vorstellungskraft auf den Erfolg führen wir einige der jüngsten Beispiele an, diese für materiellen Reichtum und im Bereich weltweit bedeutender Erfindungen einzusetzen.

Zunächst sollten wir bedenken, dass es »nichts Neues unter der Sonne« gibt. Das Leben auf dieser Erde gleicht einem großen Kaleidoskop, vor dem sich Szenen, Fakten und materielle Substanzen stets verschieben und verändern. Und der Mensch kann nicht mehr tun, als diese Fakten und Substanzen in neuen Kombinationen zu arrangieren. Der dazu nötige Prozess bedient sich der Vorstellungskraft.

Wir haben gesagt, die Vorstellungskraft ist ihrer Natur nach sowohl interpretativ als auch kreativ. Sie kann Eindrücke oder Ideen empfangen und neu kombinieren.

Als erstes Beispiel für die Macht der Vorstellungskraft bezüglich unternehmerischer Leistungen nehmen wir Clarence Saunders, der das Piggly-Wiggly-System der Selbstbedienungsläden aufgebaut hat. Saunders war ein Lebensmittelhändler in einem kleinen Geschäft im Süden. Eines Tages stand er in der Cafeteria mit seinem Tablett in einer Schlange und wartete darauf, sein Essen zu bekommen. Er hatte bis zu diesem Zeitpunkt noch nie mehr als 20 Dollar die Woche verdient, und niemand hatte jemals besondere Fähigkeiten bei ihm bemerkt, aber etwas schlug Wurzeln in seinem

Geist, als er in dieser Reihe der wartenden Leute stand, und ließ seine Vorstellungskraft arbeiten. Mithilfe seiner Imagination übertrug er diese »Selbstbedienungs«-Idee der Cafeteria in einen Lebensmittelladen (er schuf nichts Neues, sondern verlagerte nur eine alte Idee auf einen neuen Anwendungsbereich). In einer Sekunde war der Plan für die Lebensmittelkette Piggly Wiggly geschaffen, und Clarence Saunders, der Händler, der 20 Dollar die Woche verdiente, wurde der Lebensmitteltycoon einer Millionen Dollar schweren Einzelhandelskette in Amerika.

Was in diesem Beispiel veranlasst Sie zu denken, dass Sie das nicht selbst schaffen könnten?

> Es macht einen großen Unterschied, ob du jemand mit einer Botschaft oder jemand mit einer Beschwerde bist.

Analysieren Sie diese Transaktion und bewerten Sie diese anhand der vorherigen Lektion dieses Kurses. Sie werden sehen, dass Clarence Saunders einen konkreten Zweck vor Augen hatte. Er verfolgte diesen mit genügend Selbstvertrauen, um die Initiative zu ergreifen und ihn in die Realität umzusetzen. Seine Vorstellungskraft war die Werkstatt, in der diese drei Faktoren, ein konkretes Ziel, Selbstvertrauen und Initiative, zusammengebracht wurden und den Schwung lieferten für den ersten Schritt bei der Formulierung des Piggly-Wiggly-Plans. So werden großartige Ideen in die Realität umgesetzt.

Als Thomas A. Edison die elektrische Glühbirne erfand, fügte er nur zwei alte, wohlbekannte Prinzipien zusammen und schuf etwas Neues daraus. Mr. Edison und praktisch alle anderen, die eine Ahnung vom Thema Elektrizität hatten, wussten, dass man Licht produzieren konnte, indem man einen kleinen Draht durch Elektrizität erhitzt. Aber das Problem bestand darin, den Draht nicht in zwei Teile zerschmelzen zu lassen. Bei seiner experimentellen Forschung probierte Mr. Edison es mit jedem erdenklichen Draht und hoffte, eine Substanz zu finden, die der enormen Hitze widerstand, bevor Licht entstehen konnte.

Seine Erfindung war beinahe vollendet, hatte aber noch keinen praktischen Wert, bis er das fehlende Bindeglied zur Fertigstellung fand. Nach Tausenden Tests und dem gedanklichen Kombinieren alter Ideen fand Edison schließlich das fehlende Glied. In seinem Physikstudium hatte er, wie alle anderen Studenten dieses Fachs, gelernt, dass es keine Verbrennung ohne Sauerstoff gibt. Er wusste natürlich, dass ihm bei seinem Apparat zur Erzeugung von elektrischem Licht die Methode fehlte, um Hitze zu kontrollieren. Eingedenk des Fakts, dass eine Verbrennung ohne Sauerstoff unmöglich ist, platzierte er den kleinen Draht seines Apparats zur Erzeugung von elektrischem Licht in eine Glaskugel, entfernte den Sauerstoff und voilà! Die Glühbirne war erfunden.

Wenn die Sonne heute Abend untergeht, treten Sie an die Wand, betätigen einen Schalter und bringen ihren Schein zurück, ein Vorgang, der die Menschen noch vor wenigen Generationen verblüfft hätte. Und doch hat dieser Akt nichts Mysteriöses. Dank des Einsatzes von Edisons Vorstellungskraft haben Sie einfach zwei Prinzipien zusammengebracht, die beide schon seit Anbeginn der Zeit existieren.

Niemand, der ihn gut kannte, bescheinigte Andrew Carnegie ungewöhnliche Fähigkeiten oder Genie, abgesehen von seiner Fähigkeit, Männer auszuwählen, die harmonisch kooperierten und so seine Anweisungen ausführten. Aber welche zusätzliche Fähigkeit brauchte er, um seine Millionen von Dollar anzuhäufen?

Jeder, der das Prinzip der organisierten Leistung so wie Carnegie versteht und genug über Menschen weiß, um die richtigen für bestimmte Aufgaben auszuwählen, vermag Carnegies Erfolg nachzuahmen.

Carnegie war ein Mann der Vorstellungskraft. Er dachte sich zuerst ein konkretes Ziel aus und umgab sich dann mit Männern, die über die Ausbildung, die Vision und die Möglichkeiten verfügten, um dieses Ziel umzusetzen. Carnegie arbeitete also nicht immer eigene Pläne aus, um sein konkretes Ziel zu erreichen. Sein Geschäft bestand darin, zu wissen, was er wollte, um dann die Mitarbeiter für die Planung zu finden. Dabei kam nicht nur Vorstellungskraft zum Tragen, sondern ein Genie höchsten Ranges.

Hier sei klargestellt, dass Personen vom Schlag eines Mr. Carnegie nicht die einzigen sind, die ihre Imagination profitabel einsetzen können. Diese beträchtliche Macht steht sowohl dem beruflichen Anfänger als auch dem »gemachten« Menschen zur Verfügung.

Eines Morgens parkte der Privatwagen von Charles M. Schwab neben seinem Stahlwerk in Bethlehem. Als er aus dem Wagen stieg, kam ihm ein junger Stenograf mit den Worten entgegen, er wolle sicherstellen, dass sich sofort jemand um alle Briefe und Telegramme von Mr. Schwab kümmere. Niemand hatte diesem jungen Mann befohlen, sich hervorzutun, aber seine Vorstellungskraft ließ ihn erkennen, dass es ihn weiterbrächte, wenn er sich dafür bereit erklärte. Von diesem Tag an war er für eine Beförderung »vorgemerkt«. Mr. Schwab wählte ihn dafür aus, denn er hatte so gehandelt, wie es ein Dutzend anderer Stenografen der Bethlehem Steel Company hätten tun können, es aber unterlassen hatten. Heute ist dieser Mann der Präsident eines der größten Pharmaunternehmen der Welt und kann sich alles leisten, was er will und hat weit mehr, als er braucht.

Vor ein paar Jahren erhielt ich einen Brief von einem jungen Mann, der gerade das Business College abgeschlossen hatte und sich eine Anstellung in meinem Büro sichern wollte. Mit seinem Brief schickte er eine druckfrische, noch ungefaltete Zehn-Dollar-Note. So lautete sein Brief: »Ich habe gerade einen Wirtschaftskurs an einem erstklassigen Business College absolviert und wünsche mir eine Position in Ihrem Büro. Denn mir ist klar, was das Privileg einer Mitarbeit bei Ihnen für einen jungen Mann, der seine Karriere in der Wirtschaft beginnt, wert wäre.

Wenn die beigelegte Zehndollarnote für Ihren zeitlichen Aufwand ausreicht, um mich in der ersten Woche anzuleiten, hoffe ich, dass Sie diese annehmen. Ich werde den ersten Monat unvergütet arbeiten, und Sie können danach mein Gehalt nach dem Wert meiner Arbeit für Sie bemessen.

Ich wünsche mir diese Stelle mehr, als ich mir jemals etwas in meinem Leben gewünscht habe und bin bereit, jedes vertretbare Opfer dafür zu erbringen. Sehr herzlich, …«

Dieser junge Mann bekam seine Chance in meinem Büro. Seine Vorstellungskraft sicherte ihm den Job. Und bevor sein erster Monat vorüber war, bot der Präsident einer Lebensversicherungsgesellschaft, der von diesem Vorfall gehört hatte, dem jungen Mann einen Posten als Privatsekretär für ein beträchtliches Gehalt an. Er ist heute ein offizieller Vertreter einer der größten Lebensversicherungsgesellschaften der Welt.

Vor einigen Jahren schrieb ein junger Mann Thomas A. Edison und bat um eine Stelle. Aus irgendeinem Grund antwortete der Erfinder nicht. Keineswegs entmutigt durch diesen Vorfall, beschloss der junge Mann, nicht nur eine Antwort von Mr. Edison zu erhalten, sondern, wichtiger noch, sich auch die ersehnte Stelle zu sichern. Er wohnte weit entfernt von West Orange, New Jersey, wo Edisons Unternehmen angesiedelt ist, und er hatte nicht das Geld für ein Bahnticket. Aber er besaß Vorstellungskraft. Er fuhr mit einem Güterzug nach West Orange, bekam sein Vorstellungsgespräch, erzählte persönlich seine Geschichte und erhielte die Arbeitsstelle, die er wollte.

Heute lebt dieser Mann in Bradentown, Florida. Er hat sich aus dem aktiven Geschäft zurückgezogen, weil er all das Geld verdient hat, das er jemals brauchen wird. Falls Sie sich meine Aussagen bestätigen lassen wollen: Er heißt Edwin C. Barnes.

Indem er seine Vorstellungskraft nutzte, sah Mr. Barnes den Vorteil einer Zusammenarbeit mit Thomas A. Edison. Er wusste, dass es ihm ermöglichen würde, den Erfinder zu studieren und gleichzeitig mit dessen persönlichem Umfeld in Kontakt zu kommen, zu dem die einflussreichsten Menschen der Welt gehören.

Dies sind nur einige Beispiele für meine persönlichen Beobachtungen von Leuten in hochrangigen Stellungen, die es zu Reichtum im Überfluss gebracht haben, indem sie ihre Vorstellungskraft praktisch einsetzten.

Theodore Roosevelt schrieb seinen Namen durch einen einzigen Akt als Präsident der Vereinigten Staaten in die Geschichtsbücher. Und auch wenn alle anderen seiner Amtshandlungen vergessen werden, wird dennoch dieser eine Akt ihn als Mann der Vorstellungskraft in die Historie eingehen lassen. Er ließ die Dampfbagger ihre Arbeit aufnehmen, um den Panamakanal auszuheben.

Jeder Präsident, von Washington bis hin zu Roosevelt, hätte den Kanalbau beginnen können, und das Projekt wäre zum Abschluss gebracht worden. Jedoch schien es ein so gewaltiges Unterfangen, dass es nicht nur Vorstellungskraft erforderte, sondern auch enormen Mut. Roosevelt brachte beides mit, und die Menschen der Vereinigten Staaten haben nun den Kanal.

Im Alter von 40 Jahren – dem Alter, in dem der Durchschnittsbürger sich zu alt wähnt, um etwas Neues zu beginnen – saß James J. Hill immer noch an der Telegrafentaste und verdiente 30 Dollar im Monat. Ihm fehlte es an Kapital.

> Der Grund, wieso die meisten Menschen nichts über deine Probleme hören wollen, ist, dass sie selbst einen großen Haufen davon haben.

Er hatte keine einflussreichen, reichen Freunde, aber er besaß etwas, das mächtiger ist als beides – Vorstellungskraft. Vor seinem geistigen Auge sah er ein großes Eisenbahnnetz, das den unerschlossenen Nordwesten durchdringen und den Atlantischen mit dem Pazifischen Ozean verbinden würde.

So lebhaft war seine Fantasie, dass er anderen die Vorteile eines solchen Eisenbahnnetzes detailliert schildern konnte. Ab diesem Punkt ist die Geschichte jedem Schulkind bekannt. Ich möchte den Teil der Geschichte betonen, den die meisten Menschen nie erwähnen – dass das Great Northern Railway System von Hill zuerst in seiner eigenen Vorstellungskraft Gestalt annahm. Die Eisenbahn wurde mit stählernen Schienen und hölzernen Schwellen erbaut, so wie andere Eisenbahnnetze geschaffen wurden, und sie wurde mit Kapital realisiert, das wie bei allen anderen Eisenbahnprojekten aufgebracht wurde. Aber um die ganze Geschichte von James J. Hills Erfolg zu erfahren, muss man zurückgehen bis zu dem kleinen Dorfbahnhof, wo er für 30 Dollar im Monat arbeitete, und die kleinen Fäden verbinden, die er zu einem mächtigen Eisenbahnunternehmen verwob. Wobei er ein Material nutzte, das nicht deutlicher sichtbar war als die Gedanken, die er in seiner Vorstellung ausformte.

Welch große Macht bietet die Vorstellungskraft, die Werkstatt der Seele, in der Gedanken zu Eisenbahnen und Wolkenkratzern und Werken und Fabriken sowie jedem erdenklichen materiellen Reichtum verwoben werden.

»Ich halte es für wahr, dass Gedanken Dinge sind;
Sie haben Körper und Atem und Flügel;
Und wir senden sie aus, zu füllen
Die Erde mit guten Resultaten oder bösem Willen.
Was wir unsere geheimen Gedanken nennen,
Wird an die fernsten Enden der Erde rennen,
Seinen Segen oder Fluch hinterlassen,
Als blieben hinter ihm Eisenbahntrassen.
Wir bauen unsere Zukunft, Idee um Idee,
Wir wissen nicht wie, zu Gut und Weh.
Gedanke ist ein anderer Name für Bestimmung;
So wähle dein Schicksal und warte,
Denn Liebe bringt Liebe, und Hass bringt Hass.«

Wenn Ihre Vorstellung der Spiegel Ihrer Seele ist, dann haben Sie jedes Recht, vor diesem Spiegel zu stehen und sich selbst als das zu sehen, was Sie sein wollen. Sie haben das Recht, in diesem magischen Spiegel die Villa zu erblicken, die Sie besitzen wollen, die Fabrik, die Sie leiten wollen, die Bank, deren Präsident Sie werden wollen, die Stellung im Leben, die Sie bekleiden wollen. Ihre Vorstellungskraft gehört Ihnen! Nutzen Sie sie. Je mehr Sie sie anwenden, desto effizienter wird sie Ihnen dienen.

Am östlichen Ende der Brooklyn Bridge in New York City betreibt ein alter Mann eine Schusterei. Als die Ingenieure damit begannen, Pfosten in die Erde zu treiben, und das Fundament für diese große Stahlstruktur abzustecken, schüttelte dieser Mann seinen Kopf und sagte: »Das ist unmöglich!« Nun blickt er aus seinem schäbigen kleinen Schuhreparaturladen, schüttelt den Kopf und fragt sich: »Wie haben die das gemacht?«

Er sah die Brücke vor seinen eigenen Augen wachsen, und ihm fehlte dennoch die Vorstellungskraft, das Geschehen zu analysieren. Der Ingenieur, der die Brücke plante, sah sie als Realität, lange bevor eine einzige Schaufel Erde für das Fundament ausgehoben worden war. Die Brücke nahm in seiner Vorstellung Gestalt an, denn er hatte seine Imagination geschult, um neue Kombinationen aus alten Ideen zu erschaffen.

Kürzlich durchgeführte Experimente der Fakultät für Elektrizität in einer der großen Bildungsinstitutionen Amerikas wiesen nach, wie man Blumen mit elektrischem »Sonnenlicht« schlafen lassen und wieder aufwecken kann. Diese Entdeckung macht es möglich, Gemüse und Blumen ohne die Hilfe von Sonnenlicht wachsen zu lassen. In ein paar Jahren wird der Stadtbewohner seine Gemüseernte auf der Veranda des Hinterhofs wachsen lassen, nur mithilfe von ein paar Kisten voller Erde und ein paar elektrischen Lichtern, und Gemüse wird in jedem Monat des Jahres reifen.

Diese neue Entdeckung in Kombination mit Fantasie sowie die Entdeckungen von Luther Burbank auf dem Gebiet des Gartenbaus, und siehe da: Der Stadtbewohner wird nicht nur das ganze Jahr in seinem Hinterhof Gemüse anbauen, sondern auch größere Nutzpflanzen ziehen, als ein Gärtner heute unter freiem Himmel anzubauen vermag.

In einer der Städte an der Küste Kaliforniens wurde jedes verfügbare Stück Land bebaut und genutzt. Auf einer Seite der Stadt waren einige steile Hügel, die nicht bebaut werden konnten, und auf der anderen Seite war das Land nicht für eine Bebauung geeignet, weil es so niedrig lag, dass es einmal am Tag von Stauwasser überschwemmt wurde.

Ein Mann mit Vorstellungskraft besuchte diese Stadt. Solche Menschen verfügen über einen scharfen Verstand, und dieser Mann war keine Ausnahme. Als er dort ankam, sah er die Chance, im Immobiliengeschäft Geld zu verdienen. Er sicherte sich eine Kaufoption auf die nicht nutzbaren steilen Hügel und ebenso eine Kaufoption auf das Land, das aufgrund des Stauwassers nicht brauchbar war. Er sicherte sich diese Optionen zu einem sehr niedrigen Preis, denn das Land schien keinen wirklichen Wert zu haben.

Mithilfe von ein paar Tonnen Sprengstoff verwandelte er die steilen Hügel in loses Erdreich. Und mit ein paar Traktoren und ein paar Planiermaschinen ebnete er den Boden ein und verwandelte ihn in ertragreiche Baugrundstücke. Zudem schnappte er sich ein paar Esel und Wagen und schüttete die überflüssige Erde auf die tiefliegenden Grundstücke, um sie damit über den Meeresspiegel zu heben, womit er sie in prächtigen Baugrund verwandelte.

Er verdiente ein Vermögen und wie? Indem er Erde entfernte, wo sie keiner brauchte und sie dahin brachte, wo Bedarf daran bestand! Indem er nutzlose Erde mit Vorstellungskraft mischte!

Die Menschen in dieser kleinen Stadt priesen den Mann als Genie; doch dieses Genie hätte jeder von ihnen sein können, wenn er seine Vorstellungskraft so wie dieser Unternehmer genutzt hätte.

In der Chemie kann man zwei oder mehr chemische Zutaten in einem solchen Verhältnis mischen, dass dieser Vorgang jeder der Zutaten einen beträchtlichen neuen Energieschub verleiht. Es ist auch möglich, chemische Zutaten so zu vermengen, dass alle davon sich vollkommen verändern, wie im Fall von HO, das eine Mischung aus zwei Teilen Wasserstoff und einem Teil Sauerstoff ist, wodurch Wasser entsteht.

Chemie ist nicht das einzige Gebiet, auf dem eine Kombination verschiedener physikalischer Materialien so zusammengesetzt werden kann, dass beide einen höheren Wert gewinnen oder das Ergebnis ein Produkt ist, welches im Vergleich zu den Ausgangsstoffen völlig fremd erscheint. Der Mann, der diese nutzlosen Hügel aus Erde und Steinen in die Luft jagte und den Überschuss dort entfernte, wo er nicht gebraucht wurde, und auf das tiefer gelegene Land brachte, wo Bedarf daran bestand, verlieh der Erde und den Steinen einen vollkommen neuen Wert.

Eine Tonne Roheisen ist nicht viel wert. Fügen Sie diesem Roheisen Kohlenstoff, Silizium, Mangan, Schwefel und Phosphor im richtigen Mengenverhältnis hinzu und Sie haben Stahl geschaffen, der einen viel größeren Wert hat. Fügen Sie noch weitere Substanzen im richtigen Verhältnis hinzu, inklusive der Arbeitsleistung von geschultem Personal, und dieselbe Tonne Stahl kann in Uhrfedern verwandelt werden, die ein kleines Vermögen wert sind. Aber bei all diesen Umwandlungsprozessen ist die wertvollste Zutat diejenige ohne materielle Form – die Vorstellungskraft!

Hier ist ein Haufen loser Ziegel, Holz, Nägel und Glas. In seiner gegenwärtigen Form ist er nicht nur nutzlos, sondern störend und ein übler Anblick. Aber mischen Sie ihn mit der Vorstellungskraft des Architekten und fügen Sie die Arbeitskraft geschulter Leute hinzu, und siehe da! Daraus wird eine wunderbare, enorm teure Villa.

An einem der großen Highways zwischen New York und Philadelphia stand eine baufällige Scheune, an der der Zahn der Zeit genagt hatte, die weniger als 50 Dollar wert war. Mithilfe von ein wenig Holz und etwas Zement plus Vorstellungskraft wurde diese alte Scheune in eine wunderbare Servicestation für Automobile verwandelt, die dem fantasiereichen Erbauer ein kleines Vermögen einbringt.

Gegenüber von meinem Büro befindet sich eine kleine Druckerei, die ihrem Besitzer und seinem Angestellten gerade mal das tägliche Brot einbringt, aber nicht mehr. Weniger als ein Dutzend Blocks entfernt steht eine der modernsten Druckereien der Welt, deren Inhaber seine Zeit größtenteils mit Reisen verbringt und mehr Vermögen hat, als er jemals nutzen wird. Vor 22 Jahren betrieben diese beiden Drucker ihr Geschäft gemeinsam.

> Ich weiß, ich bin hier. Ich weiß, ich bin ohne mein Zutun hierhergekommen. Und ich werde wenig, wenn überhaupt etwas, damit zu tun haben, wenn ich gehe. Deswegen mache ich mir keine Sorgen, denn sich sorgen bringt nichts.

Der Inhaber der großen Druckerei war clever genug, um sich mit einem Mann zusammenzutun, der seine Vorstellungskraft für diese Firma nutzte. Dieser Mann ist ein Werbetexter und bringt der Druckerei mehr Aufträge ein, als sie bewältigen kann, indem er das Geschäft seiner Kunden analysiert, attraktive Werbung für sie gestaltet und die Drucksachen liefert. Diese Druckerei erzielt die besten Preise für ihre Erzeugnisse, weil die Vorstellungskraft, die dort am Werk ist, ein konkurrenzloses Produkt hervorbringt.

In Chicago wurde ein Boulevard zum Schaden einer Reihe wunderbarer Häuser angehoben, denn der Gehsteig lag nun auf der Höhe der Fenster des Erdgeschosses. Während die Grundstücksbesitzer ihr Unglück bejammerten, kam ein Mann mit Vorstellungskraft daher, kaufte die Grundstücke für »einen Appel und ein Ei«, verwandelte das Erdgeschoss der Gebäude in Ladenflächen und erfreut sich nun an einem hübschen Einkommen durch Vermietung.

Während Sie diese Zeilen lesen, sollten Sie alles im Hinterkopf behalten, was zu Beginn dieser Lektion erwähnt wurde, besonders Folgendes: Das großartigste und profitabelste, das Sie mit Ihrer Fantasie ausrichten können, ist, alte Ideen neu zu arrangieren.

Wenn Sie Ihre Vorstellungskraft richtig einsetzen, wird Sie Ihre Niederlagen und Fehlschläge in unbezahlbare Vorteile verwandeln; sie wird Sie zur Entdeckung einer Wahrheit führen, die nur die Fantasievollen kennen: Dass die größten Rückschläge und Unglücke des Lebens oft die Tür zu goldenen Möglichkeiten öffnen.

Einer der besten und bestbezahlten Graveure in den Vereinigten Staaten war vorher Postbote. Eines Tages hatte er das »Glück«, während eines Unfalls in einer Straßenbahn zu sitzen, wobei eins seiner Beine abgetrennt wurde. Das Straßenbahnunternehmen zahlte ihm 5.000 Dollar für sein Bein. Mit diesem Geld bezahlte er die Ausbildung und wurde Graveur. Das Produkt seiner Hände zusammen mit seiner Vorstellungskraft ist mehr wert, als er mit seinen Beinen als Postbote verdienen könnte. Er entdeckte seine Imagination, als der Unfall sein Umdenken erforderte.

Sie werden nie wissen, was Sie alles erreichen können, solange Sie nicht lernen, Ihre Bemühungen mit Vorstellungskraft zu mischen. Die Produkte Ihrer Hände werden Ihnen ohne Imagination nur einen kleinen Ertrag bringen, aber dieselben Hände können, von der Vorstellungskraft geleitet, Ihnen all den materiellen Reichtum einbringen, den Sie je brauchen werden.

Vorstellungskraft zahlt sich auf zwei Arten für Sie aus. Sie können diesen Teil Ihres Geistes entwickeln oder sich mit fantasiebegabten Menschen zusammentun. Andrew Carnegie hat beides getan. Er nutzte nicht nur seine eigene fruchtbare Vorstellungskraft, sondern scharte auch eine Gruppe von Männern um sich, die ebenfalls über Imagination verfügten. Denn sein konkretes Lebensziel verlangte Spezialisten, deren Vorstellungskraft in mehrere Richtungen arbeitete. In diesem »Mastermind« um Mr. Carnegie waren Männer mit Vorstellungskraft auf dem Gebiet der Chemie. Andere waren Experten für Finanzen. Wieder andere hatten Verkaufstalent, darunter Charles M. Schwab, von dem es heißt, dass er der fähigste Verkäufer in Mr. Carnegies Belegschaft war.

Wenn Sie meinen, dass Ihre Vorstellungskraft nicht ausreicht, sollten Sie sich mit jemandem zusammentun, der fantasiebegabt genug ist, um Ihr Defizit auszugleichen. Es gibt verschiedene Formen von Allianzen: zum Beispiel die der Ehe, die der Geschäftspartnerschaft und die der Freundschaft, sowie die Allianz zwischen Arbeitgeber und Angestelltem. Nicht alle Menschen verfügen über die Fähigkeiten, die ein Arbeitgeber mitbringen muss. Sie können davon profitieren, sich mit fantasiebegabten und kompetenten Mitarbeitern zu umgeben.

Es heißt, dass unter Mr. Carnegies Führung mehr Mitarbeiter zu Millionären wurden als bei irgendeinem anderen Arbeitgeber in der Stahlindustrie. Unter ihnen war Charles M. Schwab, der seine Vorstellungskraft in seiner Tätigkeit für den Stahlmagnaten unter Beweis stellte. Es ist niemals unehrenhaft, als Angestellter zu arbeiten. Im Gegenteil, es erweist sich oft als die profitabelste Seite einer Allianz, da nicht alle Männer geeignet sind, die Verantwortung dafür zu übernehmen, andere Männer anzuleiten.

Der Verkauf gehört sicher zu den Branchen, in denen die Imagination eine enorm wichtige Rolle spielt. Ein Meister dieses Bereich führt sich die Vorteile seiner Produkte oder Dienstleistungen genau vor Augen. Andernfalls wird er kaum Erfolg auf diesem Gebiet haben.

Vor ein paar Jahren wurde ein bahnbrechender Verkauf getätigt. Jedoch war das Objekt keine Ware, sondern die Freiheit eines Inhaftierten in der Strafanstalt in Ohio sowie eine Gefängnisreform, die den Umgang mit straffällig gewordenen Personen radikal umzuwälzen versprach. Um zu verdeutlichen, dass die Vorstellungskraft die wichtigste Rolle beim Verkauf spielt, werde ich diesen Fall für Sie analysieren. Dabei entschuldige ich mich im Voraus für persönliche Anspielungen, die unvermeidlich sind, um dieses Beispiel zu schildern.

Vor ein paar Jahren wurde ich eingeladen, vor den Insassen des Bundesgefängnisses von Ohio zu reden. Als ich auf die Bühne trat, sah ich im Publikum vor mir einen Mann, den ich vor über zehn Jahren als erfolgreichen Geschäftsmann gekannt hatte. Dieser Mann war B., dessen Begnadigung ich später sicherte, und die Geschichte dieser Freilassung hat es auf die Titelseite fast jeder Zeitung in Amerika geschafft. Vielleicht erinnern Sie sich daran.

Nachdem ich meine Rede beendet hatte, interviewte ich Mr. B. und fand heraus, dass er für Urkundenfälschung zu 20 Jahren verurteilt worden war. Nachdem er mir seine Geschichte erzählt hatte, sagte ich: »Ich werde Sie in weniger als 60 Tagen hier herausbekommen!«

Mit einem gezwungenen Lächeln erwiderte er: »Ich bewundere Ihren Enthusiasmus, aber ich stelle Ihr Urteil infrage. Wissen Sie, dass mindestens 20 einflussreiche Männer alle Hebel in Bewegung gesetzt haben, um mich freizubekommen, und das ohne Erfolg? Es ist unmöglich!«

Ich nehme an, es war seine letzte Bemerkung – es ist unmöglich –, die mich herausforderte, ihm das Gegenteil zu beweisen. Ich kehrte nach New York City zurück und bat meine Frau, die Koffer zu packen und sich auf einen unbegrenzten Aufenthalt in Columbus einzustellen, denn dort befindet sich das Bundesgefängnis von Ohio.

Mir schwebte ein konkretes Ziel vor: Bs Entlassung aus dem Bundesgefängnis von Ohio. Nicht nur wollte ich seine Freilassung sicherstellen, er sollte auch vom Makel des »Knastinsassen« reingewaschen werden. Zudem plante ich, dass alle in ein gutes Licht gerückt würden, die sich für ihn einsetzten.

Nicht ein einziges Mal zweifelte ich daran, seine Freilassung bewirken zu können, denn ein unsicherer Verkäufer kann kein Geschäft abschließen. Meine Frau und ich kehrten nach Columbus zurück, um dort unser dauerhaftes Hauptquartier aufzuschlagen.

Am nächsten Tag rief ich beim Gouverneur von Ohio an und benannte den Zweck meines Besuchs: »Herr Gouverneur: Ich bin gekommen, um Sie zu bitten, B. aus dem Ohio-Bundesgefängnis zu entlassen. Dafür habe ich gute Gründe, und ich hoffe, Sie werden ihm unverzüglich seine Freiheit wiedergeben. Aber ich bleibe gern so lange hier, bis es so weit ist, egal wie lange es dauert.

Während seiner Inhaftierung hat B. die Möglichkeit zum Fernstudium im Bundesgefängnis in Ohio eingeführt, wie Sie natürlich wissen. Er hat 1.729 Gefangene der 2.518 Insassen veranlasst, eine Ausbildung zu beginnen. Und er hat genügend Lehrbücher und Unterrichtsmaterial für die Männer organisiert, und zwar ohne einen Penny Ausgaben für den Staat Ohio. Der Aufseher und der Kaplan des Bundesgefängnisses versichern mir, er habe sich gewissenhaft an die Gefängnisregeln gehalten. Sicher kann ein Mann, der es schafft, 1.729 Männer so zu beeinflussen, dass sie sich bessern, kein ausnehmend böser Mensch sein.

> Wenn du klug und erfolgreich warst, gratuliere ich dir; aber wenn du unfähig bist, zu vergessen, wie erfolgreich du warst, bedauere ich dich.

Ich möchte Sie bitten, B. freizulassen, da ich ihn gerne als Leiter einer Gefängnisschule einsetzen würde, damit die 160.000 Insassen der anderen Bundesgefängnisse der Vereinigten Staaten von seinem Einfluss profitieren. Ich bin bereit, die volle Verantwortung für sein Verhalten nach seiner Freilassung zu übernehmen.

So lautet mein Anliegen, aber bevor Sie mir eine Antwort geben, sollen Sie Folgendes wissen: Mir ist bewusst, dass Sie vermutlich Kritik von Ihren Gegnern ernten werden, wenn Sie ihn freilassen. Es kann Sie sogar viele Stimmen kosten, wenn Sie sich erneut für Ihr Amt bewerben.«

Mit geballter Faust und vorgerecktem Kinn erwiderte der Gouverneur von Ohio, Vic Donahey: »Wenn Sie das für B. erreichen wollen, werde ich ihn freilassen, und wenn es mich 5.000 Stimmen kostet. Aber bevor ich die Entlassung unterschreibe, möchte ich Sie auffordern, sich mit dem Begnadigungsausschuss zu treffen und sich dessen Fürsprache zu sichern. Außerdem bitte ich Sie, eine Empfehlung des Gefängnisleiters und des Kaplans des Ohio-Bundesgefängnisses einzuholen. Sie wissen, ein Gouverneur ist dem Gerichtshof der öffentlichen Meinung Rechenschaft schuldig, und diese Gentlemen sind die Repräsentanten dieses Gerichtes.«

Der Verkauf war unter Dach und Fach! Die gesamte Transaktion hatte weniger als fünf Minuten gedauert.

Am nächsten Tag kehrte ich in Begleitung des Kaplans des Bundesgefängnisses von Ohio in das Büro des Gouverneurs zurück und teilte Letzterem mit, dass der Begnadigungsausschuss, der Gefängnisleiter und der Kaplan die Freilassung empfahlen. Drei Tage später war die Entlassung unterzeichnet, und B. ging als freier Mann durch die großen eisernen Tore.

Ich habe all dies geschildert, um Ihnen aufzuzeigen, dass es keine komplizierte Transaktion war. Der Boden für die Freilassung war bereitet, bevor ich mich an den Ort des Geschehens begab. Das hatte B. durch seine gute Führung und den Dienst, den er diesen 1729 Häftlingen erwiesen hatte, geschafft. Als er die weltweit erste Fernschule in einem Gefängnis schuf, schuf er auch den Schlüssel, der für ihn selbst die Gefängnistore aufsperrte.

Wieso hatten dann die anderen Personen, die um seine Freilassung gebeten hatten, nichts ausrichten können? Weil sie ihre Vorstellungskraft nicht eingesetzt hatten! Vielleicht hatten sie den Gouverneur um Bs Entlassung gebeten, weil seine Eltern bekannt waren oder weil er einen Collegeabschluss hatte und kein schlechter Kerl war. Sie hatten dem Gouverneur von Ohio kein ausreichendes Motiv geliefert, ihn gehen zu lassen. Andernfalls hätte er B. sicher begnadigt, lange bevor ich ins Spiel kam und um seine Freilassung bat.

Bevor ich mich mit dem Gouverneur traf, ging ich alle Fakten durch und versetzte mich in meiner Vorstellung in die Lage des Gouverneurs. Ich überlegte, welche Art Anfrage mich am meisten beeindrucken würde, wenn ich an seiner Stelle wäre.

Ich bat im Namen der 160.000 unglücklichen männlichen und weiblichen Insassen der Gefängnisse der Vereinigten Staaten um die Freilassung von B., damit sie künftig die Vorteile seines Fernunterrichtssystems nutzen konnten.

Ich erzählte nicht von seinen prominenten Eltern. Ich sagte nichts über unsere frühere Freundschaft oder darüber, dass er es verdient hätte, frei zu sein. All dies wären gute Gründe für seine Freilassung gewesen, aber sie schienen verglichen damit unbedeutend, dass seine Freilassung 160.000 anderen Menschen helfen würde, die nach seiner Begnadigung den Fernunterricht nutzen könnten.

Ich bezweifle nicht, dass B. von nachrangiger Bedeutung bei der Entscheidung des Gouverneurs von Ohio war. Dieser sah sicher den möglichen Nutzen, nicht nur allein für B., sondern für die 160.000 anderen Männer und Frauen, die Bs positiven Einfluss benötigten.

So erwies die Vorstellungskraft ihren Nutzen! Und es war ebenso Verkaufskunst! Als ich später von dem Vorfall sprach, fragte einer der Männer, der sich mehr als ein Jahr gewissenhaft um Bs Begnadigung bemüht hatte: »Wie haben Sie das gemacht?«

Ich erwiderte: »Es war die einfachste Aufgabe, vor der ich je stand, denn die meiste Arbeit war schon getan, bevor ich mich daran begab. Tatsächlich habe ich eigentlich gar nichts gemacht – B. hat es selbst geschafft.«

Der Mann sah mich irritiert an. Er erkannte nicht, was ich hier versuche, klarzumachen: dass praktisch alle schwierigen Aufgaben einfach sind, sofern man sich ihnen vom richtigen Winkel aus nähert. Zwei wichtige Faktoren führten zu Bs Freilassung: Erstens hatte er das Material geliefert, um seinen Fall fundiert vorzutragen, bevor ich ins Spiel kam. Und zweitens überzeugte ich mich vor meiner Bitte an den Gouverneur davon, das Recht zu haben, um Bs Begnadigung zu bitten, sodass ich meinen Fall effektiv vorbringen konnte.

Lassen Sie Revue passieren, was zu Beginn dieser Lektion über das Thema der Telepathie gesagt wurde, und wenden Sie es auf diesen Fall an. Der Gouverneur konnte schon lange, bevor er von meiner Mission erfuhr, wissen, dass ich überzeugende Argumente hatte. Falls mein Gehirn ihm diesen Gedanken nicht »telegrafiert« hat, verdeutlichten mein selbstbewusster Blick und mein positiver Tonfall meine Überzeugung, ein berechtigtes Anliegen zu äußern.

Ich entschuldige mich nochmals für diese persönliche Geschichte, aber tatsächlich ist ganz Amerika mit Bs Fall vertraut. Ich weise jede Anerkennung von mir für den kleinen Teil, den ich dabei spielte, denn ich tat nichts weiter, als meine Vorstellungskraft als Werkstatt zu nutzen, in der ich die nötigen Faktoren zusammensetzte, um meinen Fall zu verkaufen. Ich tat nicht mehr, als jeder fantasiebegabte Verkäufer geschafft hätte.

Man muss schon mutig sein, um so freizügig wie ich in diesem Beispiel von sich selbst zu erzählen, aber ich rechtfertige es damit, dass dem Prinzip der Vorstellungskraft bei diesem weithin bekannten Fall ein hoher Wert zukommt.

Ich kann mich an keinen Vorfall in meinem Leben erinnern, der so deutlich machte, wie fundiert die 15 Faktoren dieses Kurses sind, wie Bs Freilassung. Es ist ein weiteres Glied in einer langen Kette, die überzeugend beweist, wie mächtig sich die Vorstellungskraft auf den Verkauf auswirkt. Es gibt Millionen Lösungsansätze für jedes Problem, aber nur ein Ansatz ist der beste. Finden Sie diesen einen Ansatz, und Ihr gesamtes Problem lässt sich einfach lösen. Egal wie viel Nutzen Ihre Güter liefern, es gibt Millionen falsche Wege, sie anzubieten. Ihre Vorstellungskraft wird Ihnen helfen, die richtigen zu finden.

Um die richtige Möglichkeit zu finden, Ihre Waren oder Dienstleistungen anzubieten, sollten Sie diese merkwürdige Eigenschaft der Menschheit bedenken: Menschen werden Ihnen einen Gefallen erweisen, um den Sie zum Nutzen einer dritten Person bitten, selbst wenn sie es bei einem Anliegen zu Ihrem eigenen Vorteil nicht gewährt hätten.

Denken Sie daran, dass ich den Gouverneur von Ohio nicht um meinetwillen bat, B. freizulassen, und ich bat auch nicht um einen Gefallen für B., sondern es ging um Vorteile für 160.000 Insassen der Gefängnisse Amerikas.

Verkäufer mit Vorstellungskraft beschreiben ihre Waren immer so, dass der potenzielle Käufer deren Vorteile klar vor sich hat. Selten kauft jemand ein Produkt oder tut einem anderen einen Gefallen, nur weil er es dem Verkäufer recht machen will. Es ist eine bekannte Eigenschaft der menschlichen Natur, dass wir alle aus unseren eigenen Interessen handeln. Dies ist eine nüchterne, unbestreitbare Tatsache, auch wenn Idealisten vielleicht anderes behaupten mögen. Um ganz deutlich zu werden: Menschen sind selbstsüchtig!

Um dies zu verstehen, müssen Sie begreifen, wie Sie Ihr Anliegen vorbringen müssen, egal ob Sie um die Freilassung eines Gefangenen aus dem Gefängnis bitten oder irgendein Gut anbieten. In Ihrer eigenen Vorstellung sollten Sie die Präsentation Ihres Anliegens so planen, dass die stärksten und überzeugendsten Vorteile für den Käufer deutlich werden. Das ist Vorstellungskraft!

> Jedes Mal, wenn ich sehe, dass jemand den Schandfleck eines anderen aufdecken will, frage ich mich, ob er selbst nicht einen Makel in sich trägt, der ihn ruiniert hätte, wenn die Gerechtigkeit ihn in die Finger bekommen hätte.

Ein Farmer zog in die Stadt und nahm seinen ausgebildeten Hütehund mit. Er stellte bald fest, dass das Tier dort nicht gut aufgehoben war, also versuchte er »es loszuwerden«. Er nahm den Hund mit aufs Land und klopfte an die Tür eines Farmhauses. Ein Mann humpelte mit Krücken an die Tür. Der Hundebesitzer begrüßte ihn: »Sie würden nicht zufällig einen feinen Hütehund kaufen wollen, den ich loswerden will, oder?«

Der Mann auf Krücken verneinte und machte die Tür zu.

Der Mann mit dem Hund fragte noch bei einem halben Dutzend weiterer Farmhäuser an, stellte dieselbe Frage und erhielt dieselbe Antwort. So kam er zu dem Schluss, dass niemand den Hund wollte und kehrte in die Stadt zurück. An diesem Abend erzählte er einem Mann mit Vorstellungskraft von seinem Unglück. Dieser hörte sich an, wie der Besitzer des Hundes vergeblich versucht hatte, »ihn loszuwerden«.

»Lass mich das für dich machen«, sagte der fantasiebegabte Mann. Der Besitzer war einverstanden. Am nächsten Morgen nahm der andere Mann den Hund mit hinaus aufs Land und machte beim ersten Farmhaus halt, bei dem sein Bekannter am Tag vorher angefragt hatte. Derselbe Mann humpelte auf Krücken an die Tür, als geklopft wurde.

Der Mann mit Vorstellungskraft begrüßte ihn: »Ich sehe, dass das Rheuma Ihnen arg zu schaffen macht. Was Sie brauchen, ist ein guter Hund, der Aufgaben für Sie übernehmen kann. Ich habe hier einen, der darauf abgerichtet ist, die Kühe nach Hause zu treiben, wilde Tiere abzuhalten, Schafe zu hüten und anderes zu verrichten. Sie können den Hund für 100 Dollar haben.«

»In Ordnung«, sagte der verkrüppelte Mann. »Ich nehme ihn!«

Auch hier zeigte sich die Wirkung der Vorstellungskraft!

Niemand will einen Hund, den jemand anderes »loswerden« will, aber fast jeder würde einen wollen, der ihm beim Schafe hüten hilft, die Kühe nach Hause bringt und anderweitig von Nutzen ist.

Der Hund war derselbe, den der verkrüppelte Käufer am Tag vorher abgelehnt hatte, aber der Mann, der den Hund verkaufte, handelte nicht wie derjenige, der, »ihn loswerden« wollte. Wenn Sie Ihre Vorstellungskraft nutzen, werden Sie begreifen, dass niemand etwas will, das jemand anderes »loswerden« will.

Denken Sie daran, was Sie über das Gesetz der Anziehung erfahren haben, durch das »Gleich und Gleich sich anziehen«. Wenn Sie wie ein Versager wirken, werden Sie nichts anderes anziehen als das Versagen.

Worin immer Sie Ihre Lebensaufgabe sehen, sie schreit nach dem Einsatz von Vorstellungskraft.

Die Niagarafälle waren nicht mehr als eine gewaltige Masse herabdonnernden Wassers, bis ein Mann mit Vorstellungskraft sie zähmte und die verschwendete Energie in elektrischen Strom verwandelte, der nun die Räder der Industrie antreibt. Bevor dieser fantasiebegabte Mann auf den Plan trat, hatten Millionen von Menschen diese donnernden Wasserfälle gehört und gesehen, aber keinem von ihnen fiel es ein, sie nutzbar zu machen.

Der erste Rotary Club der Welt verdankte sich der fruchtbaren Vorstellung von Paul Harris aus Chicago, der in diesem geistigen Kind eine effektive Methode sah, potenzielle Kunden zu gewinnen und seine Anwaltspraxis breiter aufzustellen. Die Ethik des Rechtsberufs verbat es, auf übliche Weise Werbung zu betreiben, aber Paul Harris' Imagination fand einen Weg, seine Anwaltspraxis auszuweiten, ohne einfach zu werben.

Falls der Wind der Vorsehung Ihnen zeitweilig entgegenweht, bedenken Sie, dass Sie ihn mittels Ihrer Vorstellungskraft nutzen können, sodass er Sie an Ihr konkretes Ziel bringt. Ein Drachen steigt gegen den Wind auf, nicht mit ihm.

Dr. Frank Crane war ein sich abmühender »drittklassiger« Prediger, bis die Hungerlöhne der geistlichen Berufe ihn zwangen, seine Imagination einzusetzen. Nun verdient er mehr als 100.000 Dollar im Jahr mit einer Stunde Arbeit am Tag, indem er Essays schreibt.

Bud Fisher arbeitete einst für ein bloßes Almosen, aber nun verdient er 75.000 Dollar im Jahr, indem er die Menschen mit seinem Comicstrip »Mutt and Jeff« zum Grinsen bringt. In seine Zeichnungen fließt wenig Kunstfertigkeit ein, daher muss er seine Vorstellungskraft verkaufen.

Woolworth war ein schlecht bezahlter Kassierer in einem Einzelhandelsgeschäft – vielleicht deswegen, weil er seine Vorstellungskraft noch nicht entdeckt hatte. Bevor er starb, baute er das höchste Bürogebäude der Welt und überzog die Vereinigten Staaten mit 5- und 10-Cent-Läden, indem er seine Imagination einsetzte.

Bei diesen Beispielen erkennen Sie, dass eine genaue Kenntnis der menschlichen Natur eine wichtige Rolle bei den erwähnten Leistungen spielte. Um Ihre Vorstellungskraft profitabel einzusetzen, muss diese Ihnen präzise die Motive von Menschen aufdecken, aus denen sie auf eine bestimmte Weise handeln oder nicht. Wenn Sie verstehen, wie schnell Menschen Ihren Bitten entsprechen, sofern sie Nutzen daraus ziehen können, können Sie praktisch alles erreichen.

Ich habe gesehen, wie meine Frau vor nicht allzu langer Zeit unserem Baby auf clevere Weise etwas verkauft hat. Es hämmerte mit einem Löffel auf die Platte unseres Mahagonitisches in der Bibliothek. Als meine Frau nach dem Löffel griff, weigerte sich das Kind, ihn herzugeben, aber, da sie Vorstellungskraft besitzt, bot sie dem Kleinen eine schöne rote Zuckerstange an. Es ließ sofort den Löffel fallen und konzentrierte sich auf das begehrte Objekt. Das war Vorstellungskraft und zudem Verkaufskunst. Sie trug den Sieg davon, ohne streng zu werden.

Ich war in einem Auto mit einem Freund unterwegs, der sich nicht an die Höchstgeschwindigkeit hielt. Ein Polizist fuhr auf einem Motorrad neben uns, hielt uns an und wollte meinen Freund wegen Schnellfahrens verhaften.

Doch dieser lächelte den Polizisten freundlich an und sagte: »Es tut mir leid, dass ich Sie in diesem Regen hier zu einem Einsatz nötige, aber ich wollte mit meinem Freund hier den Zug um zehn Uhr erwischen, und ich hatte etwa 90 km/h drauf.«

»Nein, Sie sind nur 70 km/h gefahren«, erwiderte der Polizist, »und weil Sie so nett reagiert haben, werde ich Sie dieses Mal davonkommen lassen, solange Sie ab jetzt aufpassen.«

Wiederum war dies Vorstellungskraft! Selbst ein Verkehrspolizist wird auf die Vernunft hören, wenn man ihn richtig anspricht, aber wehe dem Fahrer, der versucht, dem Beamten mit Nachdruck zu erzählen, sein Tacho funktioniere nicht korrekt.

Es gibt eine Vorstellungskraft, vor der ich Sie warnen möchte. Diese lässt manche Menschen denken, sie könnten etwas umsonst erhalten, oder sie könnten mit Gewalt in der Welt vorankommen, ohne auf die Rechte anderer zu achten. Es gibt mehr als 160.000 Gefangene in den Strafanstalten der Vereinigten Staaten, von denen praktisch jeder einsitzt, weil er meinte, das Spiel des Lebens spielen und dabei die Rechte seiner Mitmenschen verletzen zu können.

Ein Mann im Bundesgefängnis in Ohio hat mehr als 35 Jahre wegen Urkundenfälschung abgesessen, wobei der größte Betrag, den er je durch eine Straftat verdient hat, 12 Dollar waren.

Es gibt noch eine andere falsch angewendete Vorstellungskraft: die des Jungen oder Mädchens, das mehr über das Leben wissen will als sein »Papa«. Aber diese Imagination wandelt sich mit der Zeit. Meine eigenen Jungs haben mir viele Dinge beigebracht, die mein Vater mich vergeblich lehren wollte, als ich in ihrem Alter war.

Zeit und Vorstellungskraft (die oft das Produkt der Zeit ist) bringen uns vieles bei, aber nichts ist wichtiger als dieses: dass alle Menschen sich in manch einer Hinsicht ähnlich sind.

Lieber Verkäufer, wenn Sie wissen wollen, was Ihrem Kunden im Kopf herumgeht, finden Sie heraus, was Sie an seiner Stelle denken würden. Ergründen Sie dieses Verhalten, und Sie werden es mit Ihrer Vorstellungskraft weit bringen.

Das wichtigste Kapital des Polizisten ist die Imagination. Seine erste Frage bei einer Ermittlung ist: »Was war das Motiv?« Wenn er es herauskristallisieren kann, findet er normalerweise denjenigen, der das Verbrechen begangen hat.

> Wir können nicht Disteln säen und Klee ernten. So funktioniert die Natur nicht. Sie arbeitet mit Ursache und Wirkung.

Ein Mann, der ein Pferd verloren hatte, versprach dem eine Belohnung von 5 Dollar, der es ihm zurückbrächte. Mehrere Tage später kam ein angeblich »dummer« Junge mit dem Pferd an und verlangte das versprochene Geld. Der Besitzer war neugierig und wollte wissen, wie der Junge das Pferd gefunden hatte. »Wie bist du darauf gekommen, wo du nach dem Pferd suchen musst?«, fragte er, und der Junge erwiderte: »Nun, ich habe mir einfach überlegt, wo ich hinlaufen würde, wenn ich ein Pferd wäre, also ging ich dorthin, und da war es.« Nicht schlecht für einen »dummen« Jungen. Einige, denen man Dummheit nicht vorhält, gehen durchs Leben, ohne jemals derart ihre Vorstellungskraft zu beweisen wie dieser Junge.

Wenn Sie wissen wollen, wie sich Ihr Gegenüber verhalten wird, nutzen Sie Ihre Vorstellungskraft, versetzen Sie sich in seine Lage und finden Sie heraus, was Sie getan hätten. Das ist Vorstellungskraft.

Jeder Mensch sollte in gewissem Maß ein Träumer sein. Jedes Unternehmen braucht einen Träumer. Jede Industrie und jeder Beruf benötigen ihn. Aber der Träumer muss auch ein Macher sein. Falls nicht, muss er sich mit jemandem zusammentun, der in der Lage ist, Träume wahr werden zu lassen.

Die größte Nation dieser Welt wurde von Männern, die Träume in die Tat umsetzten, ersonnen, geboren und durch ihre frühen Tage gebracht!

Ihr Geist ist imstande, viele neue und nützliche Kombinationen alter Ideen zu erschaffen, aber vor allem kann er ein konkretes Hauptziel aufstellen, das Ihre Herzenswünsche erfüllen wird.

Ihr konkretes Hauptziel können Sie zügig in die Wirklichkeit übertragen, nachdem Sie es in der Wiege Ihrer Vorstellungskraft geschaffen haben. Wenn Sie den Anweisungen aus Lektion 2 gewissenhaft gefolgt sind, befinden Sie sich schon auf dem besten Weg zum Erfolg, denn Sie wissen, was Sie wollen und Sie folgen einem Plan, der Sie dorthin führt.

Den Kampf um den Erfolg hat derjenige schon halb gewonnen, der weiß, was er wirklich will. Der Kampf ist vorbei, abgesehen vom »Geschrei«, wenn man weiß, was man will und sich entschlossen hat, es um jeden Preis zu schaffen.

Ein konkretes Hauptziel zu bestimmen, erfordert sowohl Vorstellungskraft als auch Entschlussfreudigkeit! Die Entschlusskraft wächst, wenn man sie nutzt. Schnelle Entscheidungen, bei denen man die Vorstellungskraft zwingt, ein konkretes Hauptziel zu bilden, stärken die Entschlusskraft in anderen Angelegenheiten.

Hindernisse und zeitweilige Rückschläge sind im Allgemeinen ein versteckter Segen, weil sie einen zwingen, Vorstellungs- und Entschlusskraft einzusetzen. Deswegen wird derjenige entschlossener kämpfen, der mit dem Rücken zur Wand steht und keine Rückzugsmöglichkeit sieht. Dann wird er sich entscheiden, zu kämpfen, statt wegzurennen.

Die Vorstellungskraft ist besonders in einem Notfall aktiv, der nach schneller und konkreter Entscheidung und Aktivität verlangt. In solchen Notlagen haben Menschen Entscheidungen gefällt, Pläne entworfen und ihre Imagination so eingesetzt, dass sie fortan als Genies galten. Viele Genies sind aus der Notwendigkeit geboren, ihre Vorstellungskraft außergewöhnlich fordern zu müssen, weil ein bestimmtes Erlebnis sie auf die Probe stellte und sie schnell denken und entscheiden mussten.

Bekanntlich können ein verhätschelter Junge oder ein verwöhntes Mädchen nur dann zu einer nützlichen Person werden, wenn sie lernen, selbstständig zu handeln. Dazu brauchen sie Vorstellungs- und Entscheidungskraft, die beide nur aufgrund von Notwendigkeit zum Tragen kommen.

Reverend P. W. Welshimer ist Pastor in einer Kirche in Canton, Ohio, wo er seit fast einem Vierteljahrhundert lebt. Normalerweise bleiben Pastoren nicht so lange Leiter einer bestimmten Gemeinde, und Reverend Welshimer wäre da keine Ausnahme, hätte er seine pastoralen Pflichten weniger fantasievoll versehen. Meist bleibt ein Pastor nur drei Jahre in einer bestimmten Gemeinde.

Zur Gemeinde von Reverend Welshimer gehört eine Sonntagsschule mit über 5.000 Mitgliedern – die höchste Zahl einer Kirche in den Vereinigten Staaten. Kein Pastor bliebe ein Vierteljahrhundert mit voller Unterstützung aller Beteiligten der Kopf einer Gemeinde, wobei er auch noch eine Sonntagsschule dieser Größe aufgebaut hat, der nicht die Gesetze von Initiative und Führungsstärke in Verbindung mit einem konkreten Hauptziel, Selbstvertrauen und Vorstellungskraft nutzen würde.

Der Autor dieses Kurses hat Reverend Welshimers Vorgehensweise studiert und schildert sie nun zum Nutzen der Schüler dieser Philosophie:

Bekanntlich führen Grüppchenbildung, Eifersucht und Ähnliches innerhalb einer Gemeinde oft zu Meinungsverschiedenheiten, die ein Eingreifen der Gemeindeleitung erfordern. Reverend Welshimer umschifft dieses Hindernis, indem er das Gesetz der Vorstellungskraft auf einzigartige Weise nutzt. Wenn ein neues Mitglied in seine Gemeinde kommt, gibt er ihm sofort eine KONKRETE Aufgabe, die dem Temperament, der Ausbildung und der Berufserfahrung des Betreffenden weitestgehend entspricht. Um die Worte des Pfarrers zu gebrauchen: Er »hält jedes Mitglied so beschäftigt, für die Gemeinde zu arbeiten, dass keine Zeit übrig bleibt, sich mit anderen Mitgliedern in die Wolle zu bekommen«.

Eine Taktik, die man auch in der Wirtschaft oder auf jedem anderen Gebiet anwenden kann. Der alte Spruch »Müßiggang ist aller Laster Anfang« stimmt einfach.

Geben Sie einem Menschen etwas zu tun, das er mag, und halten Sie ihn damit beschäftigt. Dann wird er nicht zu einer zerstörerischen Kraft. Wenn ein Teilnehmer der Sonntagsschule zweimal nacheinander fehlt, ruft ein Komitee der Kirche bei ihm zu Hause an, um den Grund herauszufinden. Praktisch jedes Gemeindemitglied hat seine eigene Aufgabe in einem »Komitee«. So überträgt Reverend Welshimer den Leuten selbst die Verantwortung dafür, die Betreffenden zu motivieren und so weiterhin für das Gemeindeleben zu gewinnen. Er ist ein Organisationstalent. Unternehmer im ganzen Land sind auf ihn aufmerksam geworden, und ihm wurden schon unzählige Male hochdotierte Positionen von Banken, Stahlunternehmen, Handelsfirmen und so weiter angeboten, die seine Führungspersönlichkeit erkannt haben.

Im Keller seiner Kirche betreibt Reverend Welshimer eine Druckerei, über die er eine wöchentliche, beliebte Kirchenzeitung für alle Gemeindemitglieder herausgibt. Auch die Herstellung und Verteilung dieser Zeitung hält die Gemeindemitglieder von Unsinn ab, da praktisch alle von ihnen daran aktiv mitwirken. Die Zeitung befasst sich nur mit der Kirche und den Menschen der Gemeinde. Jeder von ihnen liest sie aufmerksam, denn häufig steht der Name von jemandem aus der Gemeinde in den Lokalnachrichten.

Darüber hinaus verfügt die Kirche über einen gut ausgebildeten Chor und ein Orchester, das einigen der größten Theater Ehre machen würde. Hier erfüllt Reverend Welshimer die doppelte Aufgabe, sowohl Unterhaltung zu bieten als auch die »temperamentvolleren« künstlerisch tätigen Mitglieder beschäftigt zu halten, sodass auch sie keine Unruhe auslösen und gleichzeitig ihren Interessen nachgehen können.

Der verstorbene Dr. Harper, ehemals Präsident der Universität von Chicago, war einer der tatkräftigsten Collegeleiter seiner Zeit. Er hatte ein Händchen dafür, große Geldmengen aufzubringen. Er bewegte John D. Rockefeller dazu, die Universität von Chicago mit mehreren Millionen Dollar zu unterstützen. Die Schüler dieser Philosophie können davon profitieren, Dr. Harpers Methoden zu studieren, denn er war eine Führungspersönlichkeit höchsten Ranges. Darüber hinaus weiß ich von ihm persönlich, dass seine Führungsstärke nie Sache des Zufalls war, sondern immer das Ergebnis eines sorgfältig geplanten Vorgehens.

Der folgende Vorfall zeigt auf, wie Dr. Harper seine Vorstellungskraft einsetzte, um große Summen aufzubringen: Er brauchte eine zusätzliche Million Dollar für den Bau eines neuen Gebäudes. Als er unter den reichen Männern von Chicago nach potenziellen Geldgebern suchte, wählte er zwei Millionäre aus, die erbitterte Feinde waren.

> Wir alle mögen Lob, und viele von uns lieben Schmeichelei, aber es ist fraglich, ob wir so unseren Charakter verbessern oder unsere Kraft oder Individualität mehren.

Einer dieser Männer war damals der Vorsitzende der Straßenbahn von Chicago. Dr. Harper wählte die Mittagszeit, als die Bürobelegschaft und vor allem die Sekretärin des Betreffenden Essen gingen, um wie beiläufig in die Firma zu schlendern. Und da vor der Tür niemand aufpasste, spazierte er einfach in das Büro seines potenziellen »Opfers«, das er durch sein unangekündigtes Auftauchen überraschte.

»Mein Name ist Harper«, sagte der Doktor, »und ich bin der Präsident der Universität von Chicago. Entschuldigen Sie mein Eindringen, aber ich habe niemanden im Vorzimmer angetroffen (was kein bloßer Zufall war), also bin ich einfach hineingegangen. Ich habe schon oft über Sie und Ihr Straßenbahnnetz nachgedacht. Sie haben da ein wunderbares Verkehrssystem aufgebaut, und wie ich gehört habe, haben Sie mit Ihren Mühen eine Menge Geld verdient. Immer, wenn Sie mir in den Sinn kommen, muss ich aber daran denken, dass Sie eines Tages ins Jenseits eingehen werden. Und nachdem Sie von uns gegangen sein werden, wird kein Monument an Ihren Namen erinnern, denn andere werden sich rasch Ihr Geld aneignen, und Geld verliert sehr schnell seine Identität, sobald es die Hände wechselt.

Ich habe mir überlegt, Ihnen anzubieten, Ihren Namen zu verewigen, indem ich Ihnen gestatte, einen neuen Saal auf dem Gelände der Universität zu errichten und ihn nach Ihnen zu benennen. Ich hätte Ihnen diese Ehre schon längst angeboten, wenn nicht eines der Mitglieder unseres Leitungsgremiums gewollt hätte, dass diese Ehre an Mr. X (der Gegenspieler des Leiters des Straßenbahnunternehmens) geht. Ich persönlich favorisiere jedoch nach wie vor Sie, und wenn Sie es mir erlauben, werde ich versuchen, die Opposition zu Ihren Gunsten zu beeinflussen.

Ich bin nicht gekommen, um Ihnen heute eine Entscheidung abzuringen, aber, da ich gerade vorbeikam, dachte ich, es wäre eine gute Gelegenheit, bei Ihnen hereinzuschauen. Denken Sie darüber nach, und wenn Sie wieder mit mir darüber reden wollen, rufen Sie mich bei Gelegenheit an. Einen guten Tag, Sir. Ich freue mich, Sie angetroffen zu haben.«

Damit verbeugte er sich und ging, ohne dem Leiter der Straßenbahn die Gelegenheit zu geben, entweder Ja oder Nein zu sagen. Tatsächlich hatte der Chef dieser Firma kaum eine Chance, überhaupt etwas zu sagen. Dr. Harper redete. So hatte er es geplant. Er ging nur deswegen in das Büro, um einen bestimmten Samen zu legen, und war zuversichtlich, dass er in absehbarer Zeit keimen und Früchte tragen würde.

Sein Glaube war nicht unbegründet. Er war kaum in sein Büro in der Universität zurückgekehrt, als das Telefon läutete. Der Straßenbahnunternehmer war am anderen Ende. Er bat um einen Termin bei Dr. Harper, der gewährt wurde. Die beiden trafen sich am nächsten Morgen in Dr. Harpers Büro, und eine Stunde später hielt der Hochschulpräsident einen Scheck über eine Million Dollar in Händen.

Obwohl Dr. Harper ein kleiner, eher unbedeutend aussehender Mann war, sagte man ihm nach, dass »er es stets irgendwie schaffte, alles zu bekommen, wonach er strebte«.

Wie machte er das? Es war nicht mehr und nicht weniger als sein Verständnis der Macht der Vorstellungskraft. Angenommen, er wäre zum Büro des Straßenbahnchefs gegangen und hätte um einen Termin gebeten. Es wäre genug Zeit zwischen dem Anruf und dem Treffen mit diesem Mann verstrichen, sodass der Unternehmer sich den Grund für den Anruf hätte denken und auch eine logische Entschuldigung hätte formulieren können, um »Nein!« zu sagen.

Und wiederum angenommen, Dr. Harper hätte das Gespräch mit dem Straßenbahner etwa so begonnen: »Die Universität braucht dringend Kapital, und ich bin gekommen, um Sie um Hilfe zu bitten. Sie haben eine Menge Geld verdient und schulden der Gemeinde, in der Sie es verdient haben, etwas. (Was vielleicht stimmte.) Wenn Sie uns eine Million Dollar geben, werden wir einen neu zu errichtenden Vorlesungssaal nach Ihnen benennen.«

Was wäre wohl das Ergebnis gegeben?

Zuerst einmal hätte es kein ausreichend attraktives Motiv gegeben, um den Straßenbahner zu überzeugen. Während es vielleicht stimmte, dass er »der Gemeinde etwas schuldete, in der er ein Vermögen gemacht hatte«, so hätte er dieses vermutlich nicht zugegeben. Zweitens hätte er es mehr genossen, auf der offensiven statt der defensiven Seite dieses Vorschlags zu stehen.

Aber Dr. Harper, der nun einmal eine gewitzte Vorstellungskraft mitbrachte, sorgte vor, indem er sein Ansinnen auf bestimmte Weise formulierte. Zuerst einmal drängte er den Straßenbahnunternehmer in die Offensive, indem er anzweifelte, dass er (Dr. Harper) die Genehmigung der Universitätsleitung erhalten konnte, das Geld anzunehmen und den Saal nach dem Leiter der Straßenbahn zu benennen. Zweitens steigerte er das Verlangen des Mannes, seinen Namen auf dem Gebäude zu sehen, indem er den Gedanken anstieß, sein Gegenspieler und Konkurrent könne diese Ehre erhalten, falls er nicht einwilligte. Darüber hinaus (und ebenfalls nicht zufällig) hatte Dr. Harper an eine weitverbreitete menschliche Schwäche appelliert, indem er diesen Straßenbahner damit lockte, seinen Namen fortbestehen zu lassen. Dazu bedurfte es der Vorstellungskraft.

Dr. Harper war ein Meisterverkäufer. Wenn er Männer um Geld bat, ebnete er immer den Weg zum Erfolg, indem er dem Verstand seines Gegenübers einen vernünftigen Grund lieferte, spendabel zu sein. Dieser Grund war stets mit einem Vorteil verbunden, der dem Mann infolge der Spende zuteilwerden sollte. Oft war es ein geschäftlicher Vorteil. Wieder erfolgte ein Appell an die Natur des Menschen, die ihn veranlasst, seinen Namen zu verewigen. Aber immer folgte die Bitte um Geld einem Plan, den er sich sorgfältig zurechtgelegt hatte, ausgeschmückt und perfektioniert mithilfe seiner Vorstellungskraft.

Während die Philosophie des Gesetzes des Erfolgs noch im Embryonalstadium war, lange bevor sie zu einem systematischen Kurs ausgearbeitet und als Buch eingedampft wurde, hielt der Autor dazu einen Vortrag in einer Kleinstadt in Illinois.

Einer der Zuhörer war ein junger Verkäufer von Lebensversicherungen, der erst vor Kurzem diese Arbeit aufgenommen hatte. Nachdem er einiges über das Thema Vorstellungskraft gehört hatte, probierte er sie aus, um Hürden beim Verkauf von Lebensversicherungen zu überwinden. Während des Vortrags vernahm er etwas über den Wert einer gemeinsamen Leistung – dass die Partner dank ihrer Zusammenarbeit, bei der jeder den anderen unterstützt, ihren Erfolg steigern können.

Mit dieser Anregung im Kopf formulierte der junge Mann sofort einen Plan, um die Kooperation von Geschäftsleuten außerhalb der Versicherungsbranche zu gewinnen. Er ging zum führenden Einzelhändler in seiner Stadt und vereinbarte mit ihm, jedem Kunden eine Versicherungspolice über 1.000 Dollar zu geben, der in seinem Laden monatlich mehr als 50 Dollar für Lebensmittel ausgab. Dann warb er für dieses Angebot und schaffte eine Menge neuer Kunden heran. Der Einzelhändler hatte ein großes Schild in seinem Laden angebracht, das seine Kunden über diese kostenlose Versicherung informierte. Und so half er sich selbst, weil er den Leuten einen Anreiz gab, ihre sämtlichen Einkäufe bei ihm zu tätigen.

Der junge Lebensversicherungsverkäufer marschierte dann zum führenden Tankstellenbetreiber in der Stadt und traf eine Vereinbarung mit ihm, alle Kunden zu versichern, die ihr gesamtes Benzin, Öl und anderen Autobedarfsgüter bei ihm kauften.

> Charles Chaplin verdient eine Million Dollar im Jahr mit seinem lustigen Watschelgang und einem Paar Schlabberhosen, denn er macht »etwas anders« als alle anderen. Lass dich inspirieren und »fördere deine Individualität« mit einer besonderen Idee.

Als Nächstes ging er zum führenden Restaurant der Stadt und stimmte sich mit dem Besitzer ähnlich ab. Diese Allianz erwies sich nebenbei als äußerst profitabel für den Gastronomen, der seine Speisen mit einer Kampagne bewarb, sein Essen sei so rein, vollwertig und gut, dass alle seine Gäste viel länger leben würden. Daher würde er das Leben seiner Stammkunden mit 1.000 Dollar versichern.

Dann traf der Lebensversicherungsverkäufer Vereinbarungen mit einem örtlichen Bau- und Immobilienunternehmer, um das Leben eines jeden Immobilienkunden zu versichern, und zwar bis zu einem Betrag, der den Wert der Immobilie absicherte, falls der Käufer vor Abzahlen der Raten verstarb.

Dieser junge Mann ist nun der Generalagent einer der größten Lebensversicherungsgesellschaften in den Vereinigten Staaten, mit einer Zentrale in einer der größten Städte in Ohio. Sein Einkommen beträgt weit über 25.000 Dollar pro Jahr.

Der Wendepunkt in seinem Leben kam, als er entdeckte, wie er das Gesetz der Vorstellungskraft praktisch anwenden konnte.

Es gibt kein Patent auf seinen Plan. Andere Lebensversicherungsagenten, die den Wert der Vorstellungskraft kennen, können ihn nachahmen. Wäre ich ein Verkäufer von Lebensversicherungen, würde ich diesen Plan nutzen, indem ich mich mit Autoverkäufern in mehreren Städten zusammentun und ihnen ermöglichen würde, ihren Automobilabsatz zu steigern und gleichzeitig Lebensversicherungen an den Kunden zu bringen.

Der finanzielle Erfolg ist für denjenigen nicht schwer zu erreichen, der gelernt hat, seine kreative Vorstellungskraft praktisch anzuwenden. Jemand mit genug Initiative, Führungsstärke und der notwendigen Imagination wird ebenso ein Vermögen machen können, wie die Besitzer der 5- und 10-Cent-Läden, indem er ein System entwickelt, Güter mithilfe von Verkaufsautomaten zu vertreiben. So spart er ein Vermögen an Gehältern für Verkäufer, sichert die Waren gegen Diebstahl ab und senkt die Kosten der Läden. Ein solches System könnte genauso erfolgreich betrieben werden, wie man Nahrungsmittel mithilfe von Verkaufsautomaten an die Kundschaft bringen kann.

Die Idee ist da. Ergreifen Sie die Gelegenheit!

Jemand mit Erfindergeist wird ein Vermögen machen und gleichzeitig Tausende von Leben jedes Jahr retten, indem er die »Steuerung« automatischer Bahnübergänge perfektioniert, was die Anzahl an Automobilunfällen an diesen Übergängen verhindert.

Das System, einmal perfektioniert, kann folgendermaßen funktionieren: Etwa 100 Meter vor einem Eisenbahnübergang wird das Automobil eine Plattform überqueren, die wie eine große Waage für schwere Objekte beschaffen ist. Das Gewicht des Automobils wird eine Schranke senken und ein Signal ertönen lassen. Dadurch wird das Fahrzeug gezwungen, abzubremsen. Nachdem eine Minute vergangen ist, wird die Schranke sich wieder heben und der Wagen die Fahrt fortsetzen. Unterdessen wird genug Zeit sein, die Schienen in beide Richtungen zu beobachten, um sicherzugehen, dass sich keine Züge nähern.

Vorstellungskraft und ein paar handwerkliche Fähigkeiten werden diese dringend benötigte Sicherheitseinrichtung realisieren und den klugen Kopf hinter dem System reich machen.

Ein fantasievoller Erfinder, der sich mit der Übertragung von Funkwellen auskennt, kann ein Vermögen machen, indem er mithilfe von Funkgeräten eine Alarmanlage perfektioniert, die bei einem Einbruch die Polizei verständigt, die Beleuchtung einschaltet und einen Alarm auslöst.

Jeder Farmer mit genug Vorstellungskraft, der über eine Liste aller Zulassungen für Automobile in seinem Bundesstaat verfügt, kann leicht Autofahrer als Kunden gewinnen, die sein Gemüse und seine Hähnchen kaufen werden, und ihm so die Kosten einsparen, um seine Produkte in der Stadt anzupreisen. Indem er mit jedem Autofahrer einen Vertrag über eine Saison schließt, kann der Farmer sein Ertragssoll genau abschätzen. Der Vorteil für den Autofahrer als Kunden: Er kann sicher sein, seine Waren günstiger als bei sich vor Ort direkt vom Bauernhof zu erhalten.

Ein Tankstellenbesitzer kann seine Fantasie spielen lassen, indem er einen Imbiss neben seinem Betrieb platziert und entlang der Straße Werbung für sein »Barbecue«, seine »hausgemachten Sandwiches« oder anderen Angebote präsentiert. Der Imbiss wird Autofahrer zum Anhalten anlocken, und viele von ihnen werden zudem tanken, bevor sie sich wieder auf den Weg machen.

All dies sind einfache Vorschläge, die keinen besonderen Aufwand erfordern. Es geht hier um den Einsatz der Vorstellungskraft, der sich sicherlich auszahlen wird.

Die Piggly-Wiggly-Selbstbedienungsläden, die ihrem Gründer Millionen Dollar einbrachten, basierten auf einer simplen Idee, auf die jeder kommen könnte. Jedoch bedurfte es einer beträchtlichen Fantasieleistung, um dieses Konzept zu realisieren.

Je einfacher eine Idee einem Nutzen zuzuordnen ist, desto größer ist ihr Wert, denn es besteht kein Bedarf an komplizierten Vorhaben.

Im Verkauf steht die Vorstellungskraft an erster Stelle. Der Meisterverkäufer muss seine Imagination systematisch einsetzen. Dank dieser Kompetenz erarbeitet er Konzepte, die sein Geschäft florieren lassen.

Auch für den Verkauf von kleineren Artikeln wie Krawatten, Hemden, Strumpfwaren und so weiter ist es wichtig, die Vorstellungskraft walten zu lassen.

Wie nutzt man diese also effektiv?

Einmal besuchte ich ein führendes Herrenbekleidungsgeschäft in Philadelphia, um Hemden und Krawatten zu kaufen. Als ich mich der Ladentheke im Bereich Krawatten näherte, kam ein junger Mann dahinter hervor und fragte: »Wollen Sie etwas?«

Nun, an seiner Stelle hätte ich nicht diese Frage gestellt. Schon weil ich mich in der Krawattenabteilung befand, hätte er wissen müssen, dass ich mir Krawatten ansehen wollte. Ich nahm zwei oder drei Krawatten vom Tresen, sah sie mir kurz an und behielt eine hellblaue, die mir gefiel, zurück. Schließlich legte ich auch diese wieder hin und betrachtete das restliche Sortiment.

Der junge Mann hinter dem Tresen kam daraufhin auf eine tolle Idee. Er nahm eine knallgelbe Krawatte, wickelte sie um seine Finger, um zu zeigen, wie sie gebunden aussah, und fragte: »Ist das nicht eine Schönheit?«

Ich hasse gelbe Krawatten, und der Verkäufer machte mit dem farbenfrohen Stück nicht gerade großen Eindruck auf mich. An seiner Stelle hätte ich die blaue Krawatte genommen, an der ich Interesse gezeigt hatte, und hätte sie dem Kunden auf der Hand präsentiert. Ich hätte ihn beim Aussuchen einer Krawatte beobachtet und somit seinen Wunsch geahnt. In dem Moment, als er das Teil seiner Wahl in Händen hielt, hätte ich gewusst, welches er offensichtlich haben wollte. Ein Verkäufer an der Ladentheke befasst sich nicht mit Waren, die ihm nicht gefallen. Sofern man ihn lässt, wird jeder Kunde einem Verkäufer Hinweise geben, welche Ware sich gut absetzen ließe.

Ich ging weiter an die Ladentheke für Hemden. Dort begrüßte mich ein älterer Gentleman: »Kann ich heute etwas für Sie tun?«

Nun, dachte ich, wenn er etwas für mich tun könnte, müsste es wohl heute sein, da ich vielleicht nie mehr in diesen Laden zurückkäme. Ich meinte, ich wolle mir Hemden ansehen und beschrieb den Stil und die Farbe meiner Wahl.

> Wer diejenigen nicht anerkennt, die ihm bei einer anerkennenswerten Arbeit helfen, ist so klein, dass die Chance ihn eines Tages übergeht.

Der alte Gentleman landete einen Treffer, als er erwiderte: »Es tut mir leid, Sir, aber man trägt diesen Stil diese Saison nicht, also haben wir nichts davon ausgestellt.«

Ich sagte, ich wisse, dass »man« diesen Stil nicht trägt, und unter anderem aus diesem Grund würde ich ihn bevorzugen, vorausgesetzt es gäbe ihn in diesem Geschäft.

Wenn etwas ärgerlich ist – besonders wenn man genau weiß, was man will und es in einem Laden beschreibt –, dann ist es die Aussage, »dass man das diese Saison nicht trägt«. Diese Worte beleidigen die Intelligenz oder zumindest das, was man für seine Intelligenz hält, und meist ist es tödlich für einen Verkauf. Wenn ich etwas anbiete, kann ich über den Geschmack eines Kunden denken, was ich will. Aber es sollte mir nicht so an Takt und Diplomatie fehlen, dass ich ihm das Gefühl gebe, keine Ahnung zu haben. Stattdessen würde ich versuchen, ihn taktvoll auf etwas hinzulenken, das ich angemessener finde, wenn die gewünschte Ware nicht auf Lager ist.

Einer der berühmtesten und bestbezahlten Schriftsteller der Welt begründete seinen Ruhm und sein Vermögen einzig auf der profitablen Erkenntnis, dass er über etwas schreiben sollte, was den Menschen schon vertraut ist und dem sie zustimmen. Dieselbe Regel greift genauso beim Verkauf von Gütern.

Im Geschäft holte der ältere Gentleman schließlich ein paar Hemdenverpackungen und begann mir Teile vorzulegen, die dem Hemd, nach dem ich verlangt hatte, nicht einmal ähnelten. Ich sagte ihm, dass mir keines davon gefiel, und als ich mich anschickte zu gehen, fragte er mich, ob ich mir ein paar schöne Hosenträger ansehen wolle. Das muss man sich einmal vorstellen! Ich trage gar keine Hosenträger, und darüber hinaus hatte ich mit nichts darauf hingewiesen, dass ich mir diese Artikel ansehen wollte.

Sicher darf ein Verkäufer versuchen, einen Kunden für Waren zu interessieren, nach denen er nicht gefragt hat. Dabei sollte er jedoch Urteilsvermögen und Vorsicht walten lassen und nur etwas anbieten, von dem er meint, dass der Kunde es eventuell haben will.

Ich verließ den Laden, ohne Hemd oder Krawatte gekauft zu haben, und war leicht gekränkt, weil man meinen Geschmack so völlig falsch beurteilt hatte.

Ein wenig weiter die Straße entlang betrat ich einen kleinen Laden mit Hemden und Krawatten im Schaufenster. Dort wurde ich ganz anders behandelt! Der Mann hinter dem Tresen stellte keine unnötigen oder stereotypen Fragen. Er warf einen Blick auf mich, als ich durch die Tür trat, schätzte mich akkurat ein und begrüßte mich mit einem höflichen »Guten Morgen, Sir«.

Dann fragte er: »Was soll ich Ihnen zuerst zeigen, Hemden oder Krawatten?« Ich sagte, ich wolle mir zuerst Hemden ansehen. Er warf einen Blick auf den Stil meines Hemdes und fragte, welche Größe ich trug. Dann legte er Teile, wie ich sie suchte und in meiner favorisierten Farbe vor mich hin, ohne dass ich ein weiteres Wort sagen musste. Er präsentierte mir sechs verschiedene Schnitte, um zu sehen, welchen ich zuerst in die Hand nähme. Ich sah mir wiederum jedes Hemd an und legte alle zurück auf den Tresen, aber der Verkäufer beobachtete, dass ich eins davon genauer betrachtete als die anderen. Ich hatte kaum das Hemd hingelegt, als der Verkäufer es nahm und mir erklärte, wie es hergestellt wurde. Dann ging er an den Krawattentresen und kam mit drei wunderschönen blauen Stücken wieder, genau des Typs, nach dem ich gesucht hatte. Er band alle und hielt sie vor das Hemd und wies auf die perfekte Harmonie der Farben beider Teile hin.

Nach kaum fünf Minuten in dem Geschäft hatte ich drei Hemden und drei Krawatten gekauft, und schon war ich mit meinem Paket unter dem Arm wieder auf der Straße. Und mit dem Gefühl, dass es hier einen Laden gab, in den ich zurückkehren konnte, wenn ich weitere Hemden und Krawatten brauchte.

Ich erfuhr hinterher, dass der Händler, dem dieser kleine Laden gehört, monatlich 500 Dollar Miete für sein Geschäft zahlte und gut am Verkauf von Hemden, Krawatten und Kragen verdiente. Ohne sein Wissen um die menschliche Natur, durch das er viele Kunden gewinnt, würde er aufgrund der Miete pleitegehen.

Ich habe oft gesehen, wie Frauen Hüte anprobieren, und mich gewundert, wieso die Verkäufer nicht durch Beobachten der potenziellen Käuferin auf deren Gedanken schließen können. Eine

Frau geht in einen Laden und bittet, ein paar Hüte gezeigt zu bekommen. Das Verkaufspersonal bringt einige Stücke, und die potenzielle Kundin probiert sie an. Wenn ihr ein Hut auch nur im Geringsten steht, wird sie ihn kurz aufbehalten. Aber wenn sie ihn nicht mag, wird sie ihn sofort wieder ablegen, sobald der Verkäufer die Hand vom Hut nimmt.

Wenn der Kundin ein Stück zusagt, wird sie es auf eine Weise zeigen, die keinem Händler mit etwas Erfahrung entgeht: indem sie ihre Haare unter dem Hut richtet oder ihn auf dem Kopf in einem Winkel herabzieht, der ihr am besten gefällt, und indem sie den Hut mithilfe eines Handspiegels von hinten betrachtet. Die Anzeichen der Bewunderung sind unübersehbar. Schließlich wird die Kundin den Hut vom Kopf nehmen und ihn eingehend betrachten. Dann legt sie ihn vielleicht zur Seite und lässt sich etwas anderes zeigen, und in diesem Fall wird ein geschickter Verkäufer das gerade abgelegte Stück zur Seite legen, zu passender Gelegenheit wieder hervorholen und die Kundin fragen, ob sie es ein zweites Mal anprobieren will.

Durch sorgfältiges Beobachten der Vorlieben und Abneigungen einer Kundin kann ein cleverer Händler ihr bei einem Besuch gleich drei oder vier Hüte verkaufen, indem er sich darauf konzentriert, ihr die begehrten Objekte anzubieten.

Die gleichen Regeln gelten beim Verkauf anderer Artikel. Ein Kunde wird bei genauer Beobachtung deutlich zeigen, was er sich vorstellt, und wenn man seinen Hinweisen folgt, wird derjenige selten ohne einen Kauf den Laden verlassen.

Es ist eher konservativ geschätzt, dass 75 Prozent der »walk-outs« (Kunden, die nichts kaufen) sich so verhalten, weil man ihnen die Ware nicht taktvoll genug präsentiert hat.

Letzten Herbst besuchte ich einen Hutladen, um einen Filzhut zu kaufen. Es war ein geschäftiger Samstagnachmittag, und ich wurde von einem jungen Verkäufer angesprochen, der als »Verstärkung« während der Rushhour tätig war. Er hatte noch nicht gelernt, Menschen auf einen Blick einzuschätzen. Aus keinem besonderen Grund holte der junge Mann eine braune Melone aus dem Regal und gab sie mir oder versuchte es zumindest. Ich dachte, er wollte lustig sein, und weigerte mich, den Hut in die Hand zu nehmen. Als ich ebenfalls versuchte, einen Scherz zu machen, und ihn fragte: »Erzählen Sie auch Gutenachtgeschichten?«, da sah er mich überrascht an, denn er schien meinen Hinweis nicht zu verstehen.

Wenn ich den jungen Mann nicht genauer dabei beobachtet hätte, wie er mich und sich selbst als aufrichtige, aber unerfahrene »Aushilfskraft« eingeschätzt hätte, wäre ich beleidigt gewesen. Denn wenn es etwas gibt, das ich hasse, dann sind es Melonen jeglicher Form, erst recht in Braun.

Einer der Stammverkäufer sah, was passierte, kam herüber, schnappte die braune Melone aus den Händen des jungen Mannes, lächelte mich besänftigend an und fragte den Kollegen: »Was zur Hölle zeigst du da eigentlich diesem Gentleman?«

Das nahm mir den Wind aus den Segeln, und der Verkäufer, der mich sofort als Gentleman wahrgenommen hatte, verkaufte mir den ersten Hut, den er mir brachte.

Der Kunde fühlt sich im Allgemeinen geschmeichelt, wenn der Verkäufer sich die Zeit nimmt, seine Persönlichkeit zu studieren und ihm entsprechende Waren vorzulegen.

»Hitzköpfe haben häufig ›kalte Füße‹.«

> Wer in Zorn gerät, blufft normalerweise und zieht den Schwanz ein, sobald der Bluff aufgedeckt wird.

Ich ging vor ein paar Jahren in eines der größten Bekleidungsgeschäfte in New York City und fragte nach einem Anzug. Ich beschrieb genau, was ich wollte, aber erwähnte keinen Preis. Der junge Mann, der wohl der Verkäufer war, sagte, er glaube nicht, dass sie einen solchen Anzug führten. Aber ich hatte zufälligerweise genau das, was ich wollte, an einer Schaufensterpuppe gesehen und wies ihn auf den Anzug hin. Er machte sich nicht gerade beliebt bei mir, als er sagte: »Oh, der da drüben? Das ist ein teurer Anzug!«

Seine Antwort belustigte mich, aber sie ärgerte mich auch, also fragte ich den jungen Mann, was ihn an meinem Auftreten vermuten ließe, dass ich keinen teuren Anzug kaufen wolle. Peinlich berührt, versuchte er es zu erklären, aber seine Erklärungen waren genauso schlecht wie die ursprüngliche Beleidigung, und ich wollte gerade zur Tür gehen und murmelte dabei etwas von »Idiot«. Bevor ich an der Tür war, kam mir ein anderer Verkäufer entgegen, der an meinem Schritt und Gesichtsausdruck gemerkt hatte, dass ich alles andere als erfreut war.

Mit einem ausgeprägten Taktgefühl unterhielt sich dieser Verkäufer mit mir, während ich meinem Ärger Luft machte, und überzeugte mich, mit ihm zurückzugehen und mir den Anzug anzusehen. Bevor ich den Laden verließ, hatte ich den fraglichen Anzug gekauft und noch zwei andere, die ich vorher gar nicht kaufen wollte.

Das war der Unterschied zwischen einem Verkäufer und einer Person, die Kunden vertreibt. Darüber hinaus stellte ich später zwei meiner Freunde demselben Verkäufer vor, und er verkaufte ihnen Waren in beträchtlichem Wert.

Ich ging einmal den Michigan Boulevard in Chicago entlang, als mein Blick auf einen wunderschönen grauen Anzug im Schaufenster eines Herrenbekleidungsgeschäfts fiel. Ich hatte nicht vor, ihn zu kaufen, war aber neugierig auf den Preis. Also machte ich die Tür auf und fragte, ohne einzutreten, einen Mann in der Nähe, wie viel der Anzug im Schaufenster kostete.

Dann folgte eines der cleversten Verkaufsmanöver, das ich je beobachtet habe. Der Verkäufer wusste, er konnte mir den Anzug nicht verkaufen, wenn ich nicht in den Laden kam, also sagte er: »Wollen Sie nicht eintreten, Sir, während ich den Preis des Anzugs in Erfahrung bringe?«

Natürlich wusste er den Preis die ganze Zeit, aber so trieb er mir den Gedanken aus, er wolle mir den Anzug andrehen. Natürlich musste ich genauso höflich sein wie er, also sagte ich: »Sicher« und trat ein.

Der Verkäufer sagte: »Treten Sie bitte näher, Sir, und ich werde die Information für Sie besorgen.«

Weniger als zwei Minuten später fand ich mich vor einem Regal wieder und hatte die Anzugjacke ausgezogen, bereit, das Stück anzuprobieren, das ich im Schaufenster gesehen hatte.

Nachdem ich in der Jacke steckte, die nahezu perfekt passte (was dank der aufmerksamen Beobachtungsgabe des Verkäufers kein Zufall war), bemerkte ich, wie angenehm weich das Material war.

Ich fuhr mit der Hand den Ärmel der Anzugjacke hinauf und hinab, so wie ich es beim Verkäufer beobachtet hatte, als er das Material beschrieb, und tatsächlich war es ein sehr schöner Stoff. Bis dahin hatte ich erneut nach dem Preis gefragt, und als ich erfuhr, dass der Anzug nur 35 Dollar kostete, war ich angenehm überrascht. Denn ich hatte geglaubt, dass er viel teurer sein würde. Als ich den Anzug im Schaufenster erblickt hatte, schätzte ich ihn auf etwa 50 Dollar. Und ich bezweifle, dass ich so viel dafür gezahlt hätte, wäre ich nicht in die Hände eines Mannes gefallen, der wusste, wie man den Anzug vorteilhaft präsentiert. Wäre die erste Jacke, die ich anprobiert hatte, etwa zwei Nummern zu groß gewesen oder eine Nummer zu klein, wäre es vermutlich nicht zum Verkauf gekommen, trotz der Tatsache, dass in den besseren Läden stets Änderungen an Anzügen angeboten werden.

Ich erwarb den Anzug aus einem »momentanen Impuls« heraus, wie der Psychologe sagen würde, und natürlich bin ich nicht der einzige Impulskäufer. Ein einziger Fehler des Verkäufers hätte das Geschäft verhindert. Wenn er »50 Dollar« gesagt hätte, als ich nach dem Preis fragte, hätte ich mich bedankt und wäre weitergegangen, ohne mir den Anzug anzusehen.

Später in derselben Saison kaufte ich zwei weitere Anzüge von demselben Verkäufer. Und wenn ich jetzt in Chicago wohnen würde, würde ich vermutlich noch weitere Anzüge von ihm kaufen, denn er hat mir immer die für mich geeigneten Anzüge gezeigt.

Der Marshall Field Store in Chicago erzielt höhere Preise für seine Waren als jeder vergleichbare Laden im Land. Darüber hinaus zahlen die Kunden wissentlich mehr in diesem Geschäft und sind zufriedener als bei einem preiswerteren Kauf in einem anderen Laden. Wie kann das sein?

Nun, es gibt viele Gründe, zum Beispiel dass man alles, was man im Field Store gekauft hat, wieder zurückbringen kann, wenn man nicht absolut zufrieden ist. Man kann die Artikel gegen andere Waren eintauschen oder den Preis erstattet bekommen, ganz wie man möchte. Eine implizite Garantie gehört zu jedem Artikel, der im Field Store verkauft wird.

Ein weiterer Grund, wieso die Leute bereit sind, im Field Store mehr zu bezahlen, ist die ansprechendere Präsentation der Waren, verglichen mit den meisten anderen Geschäften. Die Schaufenster sind wahre Kunstwerke und wirken, als sollten sie tatsächlich Kunst anpreisen, und nicht nur normale Waren. Das Gleiche gilt für die Produkte, die im Laden präsentiert werden. Alles wirkt harmonisch, und die Handelsartikel sind überall im Store passend gruppiert. So entsteht eine »Atmosphäre«, die mehr ist – viel mehr –, als nur ein schöner Schein.

Noch ein weiterer Grund, wieso der Field Store mehr für seine Waren verlangen kann als die meisten anderen Händler, besteht darin, dass er seine Verkäufer sorgfältig aussucht und anleitet. Man findet kaum eine Person, die im Field Store angestellt ist, die man nicht als sozial gleichgestellt oder als Nachbarn akzeptieren würde. Nicht wenige Männer haben im Field Store ihre späteren Ehefrauen kennengelernt.

Waren aus dem Field Store sind kunstvoller verpackt als in anderen Läden, und das ist noch ein weiterer Grund, wieso Menschen dorthin gehen und höhere Preise bezahlen.

Während wir beim Thema der kunstvollen Verpackung von Waren sind, sei hier die Erfahrung eines Freundes wiedergegeben, die sicher bei Verkäufern auf offene Ohren treffen wird, denn sie zeigt, wie man die Fantasie bei der Verpackung einsetzen kann.

Dieser Freund trug seit Jahren ein edles silbernes Zigarettenetui bei sich, auf das er sehr stolz war, denn es war ein Geschenk seines Vaters. Ständiger Gebrauch hatte das Etui ziemlich zerbeult. Es war verbogen, eingedellt, die Scharniere krumm et cetera, bis er beschloss, es zu Juwelier Caldwell in Philadelphia zu bringen, um es reparieren zu lassen. Er ließ das Etui dort und bat darum, es in sein Büro zu schicken, wenn es fertig war.

Etwa zwei Wochen später fuhr ein schicker Lieferwagen mit dem Namen Caldwell darauf bei seinem Büro vor, ein gut aussehender junger Mann in einer gepflegten Uniform stieg aus und trug ein kunstvoll eingepacktes Paket. Dieses wurde meinem Freund zufällig an seinem Geburtstag geliefert und da er den Reparaturauftrag vergessen hatte, nahm er natürlich an, dass das schöne und große Paket ein Geburtstagsgeschenk von jemandem war.

Seine Sekretärin und andere Leute in seinem Büro versammelten sich um seinen Schreibtisch, um zu sehen, wie er sein »Geschenk« auspackte. Er schnitt das Band durch und entfernte die äußere Verpackung. Darunter war noch eine Lage Seidenpapier, das mit einem schönen goldenen Siegel verschlossen war, auf dem die Initialen von Caldwell und das Firmenlogo prangten. Das Papier wurde entfernt und siehe da! Eine prächtige mit Samt ausgeschlagene Schachtel kam zum Vorschein. Sie wurde geöffnet, und nachdem er das Seidenpapier entfernt hatte, sah man das Zigarettenetui, das er nach sorgfältiger Betrachtung als das reparierte Stück wiedererkannte. Es sah aber nicht aus wie dasselbe Etui, dank der Fantasie des Chefs von Caldwell.

> E. M. Statler wurde der erfolgreichste Hotelmanager der Welt, indem er mehr leistete und besseren Service bot, als seine Gäste bezahlten.

Jede Delle war sorgfältig begradigt worden. Die Scharniere waren gerichtet worden und das Etui so poliert und gereinigt, dass es glänzte wie neu. Gleichzeitig war ein lang gezogenes »Ooooooh!« der Bewunderung von den Zuschauern sowie vom Besitzer des Etuis zu vernehmen.

Und die Rechnung! Sie war beträchtlich, und doch schien der Preis für die Reparatur nicht zu hoch. Tatsächlich basierte jeder Teil der Transaktion, von der Verpackung des Etuis mit dem feinen Seidenpapier, dem goldenen Siegel, dem Verpackungsband, der Lieferung des Pakets durch einen uniformierten Lieferanten aus einem gepflegten neuen Lieferwagen, auf sorgfältig kalkulierter Psychologie, aus der der hohe Reparaturpreis sich ergab.

Menschen beschweren sich im Allgemeinen nicht über hohe Preise, vorausgesetzt der »Service« oder die Gestaltung der Ware rechtfertigt ihn. Worüber die Menschen sich zu Recht aufregen, sind hohe Preise für »schlampigen« Service. Mich lehrte dieser Vorfall mit dem Zigarettenetui einiges, und ich glaube, es steckt eine Lektion für jeden Menschen darin, der Waren verkauft.

Die Güter, die Sie verkaufen, mögen so viel wert sein, wie Sie dafür verlangen, aber wenn Sie die Produkte nicht sorgfältig präsentieren und verpacken, könnte Sie der Vorwurf treffen, Ihre Kunden zu übervorteilen.

In der Broad Street in Philadelphia gibt es einen Obstladen, wo Kunden an der Tür von einem Mann in Uniform begrüßt werden, der ihnen die Tür aufmacht. Er tut nichts weiter als das, aber er lächelt dabei (auch wenn es vielleicht ein sorgfältig einstudiertes Lächeln ist), was dem Kunden schon vor seinem Eintritt das Gefühl gibt, willkommen zu sein. Dieser Obsthändler spezialisiert sich auf exklusive Fruchtkörbe. Direkt vor dem Laden steht eine große Tafel mit den Abreisedaten der Ozeandampfer, die New York City verlassen. Dieser Händler verkauft vor allem an Leute, die Fruchtkörbe an Freunde an Bord der ablegenden Schiffe liefern lassen. Wenn die Geliebte eines Mannes, seine Frau oder eine gute Freundin zu einem bestimmten Datum in See stechen, beauftragt er den Laden, die Früchte, die er für sie kauft, mit Rüschen und »Schnickschnack« zu verzieren. Darüber hinaus sucht er nicht unbedingt nach etwas Preiswertem.

Und diesen Wunsch nutzt der Obsthändler! Er verdient zwischen 10 und 25 Dollar an einem Früchtekorb, den man auch beim Laden an der Ecke, nicht weiter als einen Block entfernt, für einen Preis zwischen 3 und 7,50 Dollar bekommen könnte, mit dem Unterschied, dass dieser nicht mit Rüschen für 75 Cent verziert ist.

Der Laden dieses Händlers ist nicht größer als ein durchschnittlicher kleiner Obststand, aber er bezahlt eine Miete von mindestens 15.000 Dollar pro Jahr und verdient mehr Geld als 100 gängige Obststände zusammen, und das nur, weil er weiß, wie man die Waren präsentiert und liefert, damit sie der Eitelkeit der Käufer schmeicheln. Das ist nur ein weiterer Beweis für den Wert der Vorstellungskraft.

Das amerikanische Volk – und das bezieht alle Bürger ein, nicht nur die sogenannten Reichen – gehört zu den ausgabefreudigsten der Erde, wobei die Amerikaner bei Äußerlichkeiten auf »Klasse« bestehen, wie Verpackung, Lieferung und anderer Dekoration, die der gekauften Ware keinen echten Mehrwert zufügen. Der Händler, der das versteht und der gelernt hat, seine Waren auf clevere Weise mit VORSTELLUNGSKRAFT zu kombinieren, kann für sein Wissen eine reiche Ernte einfahren.

Und das nutzen viele Geschäftsleute.

Der Händler, der die Psychologie der Warenpräsentation versteht – der die Artikel angemessen präsentiert, verpackt und liefert – und der weiß, wie er diese Präsentation den Launen und Charakteristiken seiner Kunden anpassen kann, vermag für gewöhnliche Ware außergewöhnliche Preise zu erzielen. Und dabei kann er sich dennoch die Treue seiner Kunden sichern, und zwar einfacher, als wenn er ohne den ganzen Aufwand verkaufen würde.

In einem »billigen« Restaurant, in dem der Kaffee in schweren, dicken Tassen serviert wird und das Besteck angelaufen oder dreckig ist, ist ein Schinkensandwich nicht mehr als eben das, und wenn der Restaurantbesitzer 15 Cent dafür bekommt, ist es viel. Aber auf der anderen Straßenseite, wo der Kaffee in schicken dünnwandigen Tassen serviert wird, auf schön gedeckten Tischen, von ordentlich gekleideten jungen Frauen, bringt ein viel kleineres Schinkensandwich einen Vierteldollar ein, ganz zu schweigen von dem Trinkgeld für die Kellnerin. Der einzige Unterschied ist hier äußerlich. Der Schinken kommt vom selben Metzger und das Brot vom selben Bäcker, ob man es nun beim einen oder anderen Restaurant kauft. Der Preis weicht beträchtlich ab, aber der Unterschied bei der

Ware betrifft weniger Qualität oder Quantität, sondern vielmehr die »Atmosphäre« oder den äußeren Schein.

Menschen lieben es, Schein oder Atmosphäre zu kaufen! Und das drückt nur etwas dezenter aus, was P. T. Barnum über den Menschenschlag gesagt hat, von dem angeblich »jede Minute einer geboren wird«.

Es trifft sicher zu, dass ein Meister der Verkaufspsychologie in einen durchschnittlichen Laden gehen könnte, in dem der Warenbestand insgesamt, sagen wir mal, 50.000 Dollar wert ist, und mit geringen zusätzlichen Ausgaben dafür sorgen könnte, dass die Produkte zusammen 60.000 bis 75.000 Dollar einbringen. Er würde einfach nur das Verkaufspersonal unterweisen, die Ware anständig zu präsentieren, indem ein paar vernünftigere Einrichtungsgegenstände angeschafft würden und die Ware in passendere Verpackungen und Schachteln gehüllt würde.

Ein Herrenhemd, einzeln abgepackt, in der richtigen Schachtel mit einem Band und einer Schicht Seidenpapier, kann einen oder eineinhalb Dollar mehr einbringen als dasselbe Hemd ohne diesen Aufwand. Das habe ich öfter bewiesen, als ich mich erinnern kann, um einen skeptischen Händler zu überzeugen, dem die Wirkung einer »angemessenen Präsentation« nicht bekannt war.

Um es umgekehrt auszudrücken, habe ich viele Male bewiesen, dass das feinste Hemd nicht einmal für die Hälfte seines Werts verkauft werden kann, wenn man es aus der Schachtel entfernt und auf den Tresen zu heruntergesetzter und billiger aussehender Ware legt. Beide Beispiele belegen, dass die Leute nicht wissen, was sie kaufen – dass sie sich mehr vom äußeren Anschein leiten lassen als von einer tatsächlichen Analyse der Ware.

Dies zeigt sich besonders beim Kauf von Automobilen. Die amerikanischen Bürger VERLANGEN ein gewisses Erscheinungsbild bei Fahrzeugen. Was sich unter der Motorhaube oder in der Hinterachse verbirgt, wissen sie nicht, und es ist ihnen egal, solange das Auto optisch etwas hermacht.

Henry Ford brauchte fast 20 Jahre Erfahrung für diese Erkenntnis. Trotz seiner analytischen Fähigkeiten maß er dieser Wahrheit erst einen Wert bei, als seine Konkurrenz ihn dazu zwang. Wenn Menschen nicht lieber »Schein« als »Sein« kaufen würden, hätte Ford nie sein neues Automobil kreiert. Dieses Fahrzeug ist das beste Beispiel für psychologisches Geschick, das die Vorliebe der Menschen für den »Schein« adressiert, wobei Fords Auto tatsächlich realen Wert hat.

> Große Leistungen entstehen meist durch große Opfer und sind nie das Ergebnis von Selbstsüchtigkeit.

LEKTION 7

ENTHUSIASMUS

»Du kannst es, wenn du glaubst, dass du es kannst!«

Enthusiasmus ist ein Geisteszustand, der uns inspiriert und motiviert, eine gegebene Aufgabe zu erledigen. Darüber hinaus ist es ansteckend, sich zu begeistern, denn es beeinflusst nicht nur den Enthusiasten, sondern alle in seinem Umfeld.

> Ich gab einem Bettler einen Vierteldollar mit dem Vorschlag, er solle ihn für ein Exemplar von Elbert Hubbards Nachricht an Garcia ausgeben.

Enthusiasmus wirkt sich auf den Menschen ähnlich wie Dampf auf eine Lokomotive aus – er ist die wesentliche Antriebskraft einer Handlung. Die bedeutenden Führungspersönlichkeiten wissen, wie sie Begeisterung bei ihren Mitstreitern hervorrufen. Enthusiasmus ist der wichtigste Faktor beim Verkauf und bei Weitem der wichtigste Faktor der öffentlichen Rede.

Wenn Sie den Unterschied zwischen einem Menschen, der enthusiastisch ist, und einem, der es nicht ist, verstehen wollen, vergleichen Sie Billy Sunday mit einem durchschnittlichen Vertreter seiner Profession. Die beste Predigt aller Zeiten fiele auf taube Ohren, wenn sie nicht von einem begeisterten Redner käme.

Wie Enthusiasmus Sie beeinflusst

Bringen Sie Enthusiasmus in Ihre Arbeit ein, dann wird sie Ihnen nicht hart oder monoton vorkommen. Begeisterung wird Ihren gesamten Körper energetisieren, sodass Sie mit weniger als der Hälfte des üblichen Schlafs auskommen. Gleichzeitig werden Sie in der Lage sein, ohne zu ermüden zwei- bis dreimal so viel zu erledigen, wie Sie normalerweise in einer bestimmten Zeitperiode schaffen.

Viele Jahre lang habe ich den Großteil meiner Schreibarbeit nachts erledigt. Eines Nachts, während ich enthusiastisch an meiner Schreibmaschine saß, sah ich aus dem Fenster meines Arbeitszimmers, direkt gegenüber dem Platz vor dem Metropolitan Tower in New York City, und erblickte etwas, das wie eine seltsame Reflexion des Mondes auf dem Tower schien. Es war von silbergrauer Farbe, wie ich sie noch nie vorher gesehen hatte. Bei genauerem Hinsehen stellte ich fest, dass die Reflexion von der aufgehenden Sonne stammte und nicht vom Mond. Es war Tag! Ich hatte die ganze Nacht durchgearbeitet, aber ich war so in meine Arbeit versunken, dass die Nacht vergangen war, als hätte sie nur eine Stunde gedauert. Ich arbeitete den ganzen folgenden Tag und die folgende Nacht ohne Pause weiter, abgesehen von einer kleinen Mahlzeit.

Zwei Nächte und ein Tag ohne Schlaf und mit nur wenig Essen, ohne das kleinste Anzeichen von Müdigkeit wären nicht möglich gewesen, wenn ich meinen Körper nicht mit Enthusiasmus bezüglich meiner Arbeit aufgeladen hätte.

Begeisterung ist nicht nur eine leere Phrase, sie ist eine Lebenskraft, die Sie nutzen und mit Gewinn einsetzen können. Ohne diese Kraft gleichen Sie einer elektrischen Batterie ohne Strom.

Enthusiasmus ist die Lebenskraft, mit der Sie Ihren Körper aufladen und eine dynamische Persönlichkeit entwickeln. Einige Menschen sind von Natur aus damit gesegnet, während andere sich Begeisterung aneignen müssen. Doch das ist einfach. Es beginnt damit, eine Arbeit oder Dienstleistung auszuführen, die Sie wirklich mögen. Falls Sie derzeit nicht einfach einer bevorzugten Tätigkeit nachgehen können, orientieren Sie sich anderweitig, indem Sie ein konkretes Hauptziel bezüglich einer zukünftigen Arbeit anstreben.

Ein Mangel an Kapital und viele andere Umstände, die Sie nicht unmittelbar kontrollieren können, zwingen Sie vielleicht, eine ungeliebte Arbeit zu tun. Aber man kann Sie weder stoppen, Ihr konkretes Hauptziel im Leben zu bestimmen, noch Sie davon abhalten, Mittel und Wege zwecks Zielerreichung zu planen. Zudem kann Sie niemand daran hindern, diese Pläne mit Enthusiasmus zu unterfüttern.

Glück, das schlussendliche Objekt aller menschlichen Mühen, kann nur durch die Hoffnung auf das künftige Erreichen eines Ziels aufrechterhalten werden. Glück liegt immer in der Zukunft und niemals in der Vergangenheit. Glücklich ist derjenige, der davon träumt, neue Gipfel künftiger Errungenschaften zu erklimmen. Das Haus, das man einst haben will, das Geld, das man verdienen und zur Bank tragen will, die Reise, die man unternehmen will, sofern man sie sich leisten kann, die Position im Leben, die man einnehmen will, wenn man sich darauf vorbereitet hat und die Vorbereitung selbst – all dies führt zu Glück. Und gleicherweise sind dies die Materialien, aus denen Sie Ihr konkretes Hauptziel formen. Mit diesen Zutaten können Sie Enthusiasmus erzeugen, egal wie Ihre momentane Lebenssituation aussieht.

Vor mehr als 20 Jahren weckte eine Idee meinen Enthusiasmus. Als sie das erste Mal in meinen Gedanken Gestalt annahm, war ich nicht darauf vorbereitet, auch nur den ersten Schritt zur Realisierung zu machen. Aber ich nährte sie in meinem Geist – ich wurde enthusiastisch, als ich in meiner Vorstellung nach vorne blickte und die Zeit sah, in der ich bereit wäre, sie umzusetzen.

Die Idee war folgende: Ich wollte der Herausgeber eines Magazins werden, das auf der Goldenen Regel basierte, um Menschen zu mehr Mut und fairem Umgang mit anderen zu inspirieren.

Schließlich kam meine Chance! Am Tag des Waffenstillstands 1918 schrieb ich den ersten Leitartikel für das, was meine Hoffnung, die fast 20 Jahre lang in meinem Geist geschlummert hatte, in die Tat umsetzen sollte.

Begeistert ließ ich in diesen Leitartikel die Emotionen einfließen, die sich über einen Zeitraum von über 20 Jahren in meinem Herzen angestaut hatten. Mein Traum war Realität geworden, ich war der Herausgeber eines landesweiten Magazins.

Wie ich bereits sagte, schrieb ich diesen Leitartikel mit Enthusiasmus. Ich brachte ihn zu einem Bekannten und las ihm diesen begeistert vor. Der Leitartikel endete mit den Worten: »Endlich steht mein 20 Jahre alter Traum kurz vor der Verwirklichung. Man braucht viel Kapital, um ein landesweites Magazin herauszubringen, und ich habe nicht die leiseste Idee, wie ich diesen essenziellen Faktor bewerkstelligen soll. Aber das bereitet mir nicht die geringsten Sorgen, denn ich weiß, dass ich die Mittel von irgendwoher bekommen werde!« In diese Zeilen ließ ich Enthusiasmus und Glauben einfließen.

Ich hatte kaum zu Ende gelesen, als der Mann, dem ich den Leitartikel vorlas – die erste und einzige Person, die davon wusste – sagte: »Ich kann dir sagen, woher du das Geld bekommen wirst, denn ich werde es zur Verfügung stellen.« Und das tat er!

Enthusiasmus ist in der Tat eine so energiespendende Lebenskraft, dass der Mensch, der im hohen Maße darüber verfügt, nicht ansatzweise einschätzen kann, was er im Leben alles zu erreichen vermag.

Bevor ich zum nächsten Schritt dieser Lektion komme, will ich wiederholen und betonen, dass Sie Enthusiasmus in Bezug auf Ihr konkretes Hauptziel im Leben entwickeln können, egal ob Sie im Moment in der Lage sind, es zu erreichen oder nicht. Sie sind vielleicht noch weit davon entfernt, aber wenn Sie das Feuer des Enthusiasmus in Ihrem Herzen entfachen und es brennen lassen, werden die Hindernisse, die Ihnen im Moment noch den Weg zu diesem Ziel verstellen, bald wie durch Magie hinwegschmelzen. Und Sie werden sich mit einer Macht ausgestattet sehen, die Sie bei sich noch nicht entdeckt hatten.

Wie Ihr Enthusiasmus andere beeinflussen wird

Kommen wir nun zu einem der wichtigsten Themen dieses Kurses – der Suggestion. In den vorhergehenden Lektionen haben wir über Autosuggestion, also Selbstsuggestion, gesprochen. In Lektion 3 haben Sie gesehen, was für eine wichtige Rolle die Autosuggestion spielt.

> Zu den wertvollsten Erkenntnissen eines Menschen zählt die Kunst, das Wissen und die Erfahrung anderer zu nutzen.

Suggestion ist das Prinzip, durch das Ihre Worte, Handlungen und selbst Ihr Geisteszustand andere beeinflussen. Damit Sie die weitreichende Macht der Suggestion verstehen, lassen Sie mich auf die Einführungslektion Bezug nehmen, in der das Prinzip der Telepathie beschrieben wurde. Wenn Sie nun das Prinzip der Telepathie (der Kommunikation von Gedanken von einem Geist zu einem anderen ohne die Hilfe von Zeichen, Symbolen oder Tönen) verstehen und akzeptieren, begreifen Sie auch, wieso Enthusiasmus anstrengend ist, und wieso er alle innerhalb seines Wirkungskreises beeinflusst.

Wenn Ihr Geist eine hohe Schwingungsrate aufweist, weil er durch Enthusiasmus stimuliert wurde, registriert das Bewusstsein anderer Menschen innerhalb seines Radius diese Schwingungen, und das betrifft besonders diejenigen, mit denen Sie engen Kontakt pflegen. Wenn ein öffentlicher Redner »spürt«, dass sein Publikum einen »Kontakt« zu ihm entwickelt, erkennt er einfach an, dass sein eigener Enthusiasmus den Geist seiner Zuhörer beeinflusst hat, bis diese in Harmonie mit seinem Bewusstsein schwingen.

Wenn der Verkäufer »spürt«, dass der »psychologische« Moment für einen Kaufabschluss gekommen ist, empfindet er nur seinen eigenen Enthusiasmus, der den Geist seines potenziellen Käufers beeinflusst, und tritt mit Letzterem in »Kontakt« (und erzeugt somit Harmonie).

Das Thema Suggestion stellt einen so wesentlichen Teil dieser Lektion und dieses gesamten Kurses dar, dass ich nun die drei Medien beschreiben möchte, durch die sie meist operiert: was Sie sagen, was Sie tun und was Sie denken!

Wenn die Waren, die Sie verkaufen, Ihre Dienstleistungen oder die Rede, die Sie halten, Sie begeistern, wird Ihr Geisteszustand durch den Ton Ihrer Stimme für alle in Ihrer Umgebung offensichtlich. Ob Sie sich das je auf diese Weise vorgestellt haben oder nicht: Es ist der Tonfall, in dem Sie etwas äußern, mehr als die Aussage selbst, der überzeugt oder nicht. Keine bloße Kombination von Worten kann jemals den tiefen Glauben an eine Aussage ersetzen, die mit brennendem Eifer vorgetragen wird. Worte sind nur leblose Töne, wenn sie nicht mit dem Gefühl angereichert werden, das aus der Begeisterung geboren ist.

Hier versagt mir das gedruckte Wort. Denn ich vermag mit Buchstaben und Papier allein nicht den Unterschied zwischen Worten auszudrücken, die ohne das Feuer des Enthusiasmus von gefühllosen Lippen fallen, und solchen, die aus einem Herz hervorströmen, das sie unbedingt ausdrücken will. Der Gegensatz tritt jedoch klar hervor.

Daher vermitteln Ihre Worte und Ausdrucksweise eine Bedeutung, die das genaue Gegenteil von Ihrer Intention sein kann. Dies ist der Grund für so manchen Fehlschlag eines Verkäufers, der seine Argumente mit Worten vorbringt, die logisch klingen mögen, denen aber die Farbe fehlt, die er nur aufbringt, wenn sein Angebot ihn aufrichtig begeistert. Seine Worte sagten das eine, aber der Ton seiner Stimme legt etwas ganz anderes nahe; und so kommt es nicht zum Geschäft.

Was Sie sagen, ist eine wichtige Voraussetzung für Suggestion, aber nicht annähernd so wichtig wie Ihr Tun. Ihre Handlungen zählen mehr als Worte, und wehe Ihnen, wenn die beiden nicht harmonieren.

Wenn jemand die Goldene Regel als eine vernünftige Verhaltensregel predigt, fallen seine Worte auf taube Ohren, falls er nicht das praktiziert, was er predigt. Die effektivste Predigt über die Berechtigung der Goldenen Regel wird durch Suggestion untermauert, indem der Redner nach diesem Prinzip lebt.

Wenn ein Verkäufer von Ford-Automobilen bei einem potenziellen Kunden in einem Buick vorfährt oder einer anderen Automarke, werden all seine Argumente zugunsten eines Fords ohne Wirkung, bleiben. Ich besuchte einmal eine der Zweigstellen der Dictaphone Company, um mir ein Diktaphon (ein Diktiergerät) anzusehen. Der Verkäufer im Laden brachte logische Argumente über die Vorzüge des Geräts vor, während der Stenograf neben ihm Briefe aus einem Notizbuch transkribierte. Seine Argumente zugunsten eines Diktiergeräts beeindruckten mich nicht, da sein Verhalten nicht mit seinen Worten übereinstimmte.

Ihre Gedanken stellen den wichtigsten der drei Wege dar, die Prinzipien der Suggestion anzuwenden, da sie den Tonfall Ihrer Worte bestimmen und in gewissem Umfang auch Ihre Handlungen. Wenn Ihre Gedanken, Taten und Worte miteinander in Einklang sind, werden Sie vermutlich die Menschen in Ihrem Umfeld mehr oder weniger veranlassen, so zu denken wie Sie.

Wir gehen nun dazu über, das Thema Suggestion zu analysieren und zu zeigen, wie Sie das zugrunde liegende Prinzip anwenden können. Wie wir bereits gesehen haben, unterscheidet sich Suggestion von Autosuggestion nur auf eine Art – wir verwenden sie, bewusst oder unbewusst, wenn wir andere beeinflussen, während wir Autosuggestion nutzen, um uns selbst zu beeinflussen.

Bevor Sie einer anderen Person etwas suggerieren können, muss ihr Geisteszustand neutral sein; er muss also offen und empfänglich für Ihre Methode der Suggestion sein. Exakt an diesem Punkt scheitern die meisten Verkäufer – sie versuchen, etwas abzusetzen, bevor der Geist des potenziellen Käufers empfänglich oder neutral ist. Dies ist ein so zentraler Punkt in dieser Lektion, dass ich mich damit etwas länger beschäftigen möchte, bis Sie das Prinzip mit Sicherheit verstehen.

Wenn ich sage, dass ein Verkäufer den Geist seines potenziellen Käufers neutralisieren muss, bevor es zum Abschluss kommen kann, meine ich, dass der Geist des potenziellen Käufers vertrauensvoll gestimmt sein muss. Es muss Vertrauen vorhanden sein, und offensichtlich besteht keine feste Regel, Vertrauen hervorzurufen oder den Geist so weit zu neutralisieren, dass er offen ist. Hier muss der Erfindungsreichtum des Verkäufers das leisten, was man nicht als einfache und rasch anwendbare Regel festschreiben kann.

Ich kenne einen Lebensversicherungsagenten, der nur große Policen von 100.000 Dollar und mehr abschließt. Bevor dieser Mann sich überhaupt daran begibt, bei einem potenziellen Kunden das Thema Versicherung anzusprechen, hat er sich mit dessen Vergangenheit vertraut gemacht, inklusive seines Bildungsniveaus, seines finanziellen Status, eventuell auch seiner exzentrischen Eigenheiten, seiner religiösen Präferenzen und anderer Daten, die zu zahlreich sind, um sie hier aufzuzählen. Gewappnet mit diesen Informationen schafft er es, einen Kontakt herzustellen, bei dem er den potenziellen Kunden sowohl in sozialer als auch geschäftlicher Hinsicht kennt. Während des ersten Besuchs redet er noch nicht über den Verkauf einer Lebensversicherung, auch nicht während des zweiten. Und manchmal spricht er das Thema Versicherung erst an, wenn er den potenziellen Kunden sehr gut kennt.

Die ganze Zeit über sind seine Bemühungen jedoch nicht verschwendet. Er nutzt diese freundschaftlichen Besuche, um den Geist des potenziellen Käufers in einen neutralen Zustand zu versetzen. Er baut also eine Vertrauensbeziehung auf, damit ihm zur gegebenen Zeit beim Thema Lebensversicherungen bereitwillig zugehört wird.

Vor einigen Jahren schrieb ich ein Buch mit dem Titel *How to Sell Your Services*. Kurz bevor das Manuskript an den Verleger ging, bat ich einige gut bekannte Herren in den Vereinigten Staaten um lobende Worte, die im Buch abgedruckt werden sollten. Der Drucker wartete auf das Manuskript, daher schrieb ich schnell an etwa acht oder zehn Männer und schilderte genau, was ich wollte, aber die Briefe wurden nicht beantwortet. Ich hatte zwei wichtige Erfolgskriterien vergessen: Ich hatte den Brief so überhastet geschrieben, dass ich es an Enthusiasmus mangeln ließ, und ebenso hatte ich nicht auf Formulierungen geachtet, um das Bewusstsein der Empfänger in einen neutralen Zustand zu versetzen. Somit hatte ich den Boden nicht bereitet, um das Prinzip der Suggestion anwenden zu können.

Nachdem ich meinen Fehler entdeckt hatte, schrieb ich einen Brief, der strikt auf dem Prinzip der Suggestion beruhte. Und dieses Schreiben beantworteten nicht nur alle Adressaten, sondern viele der Antworten waren wahre Meisterwerke und dienten, weit über meine größten Hoffnungen hinaus, als wertvolle Ergänzungen des Buches. Zum Vergleich, wie Suggestion beim Verfassen eines Briefes angewendet werden kann, und welche wichtige Rolle Begeisterung spielt, damit das geschriebene Wort »Fleisch auf den Knochen« erhält, gebe ich die beiden Briefe hier wieder. Es ist unnötig anzumerken, welcher davon ein Fehlschlag war, denn es ist offensichtlich:

> Eine sorgfältige Bestandsaufnahme aller deiner vergangenen Erfahrungen kann aufzeigen, dass alles aus einem guten Grund geschehen ist.

Mein lieber Mr. Ford,

ich vollende gerade ein Manuskript für ein neues Buch mit dem Titel *How to Sell Your Services*. Ich gehe von mehreren Hunderttausend verkauften Exemplaren aus, und ich glaube, die Käufer des Buches würden gerne von Ihnen erfahren, wie man seine Arbeitsleistung am effektivsten anbietet.

Würden Sie daher so nett sein, mir ein paar Minuten Ihrer Zeit zu widmen und mir eine kurze Nachricht schreiben, die in meinem Buch abgedruckt werden kann? Das wäre ein großer persönlicher Gefallen für mich, den die Leser meines Buches sicher zu schätzen wissen.

Ich danke Ihnen im Voraus für jeden Gefallen, den Sie mir vielleicht erweisen und verbleibe mit freundlichen Grüßen,

An den hochverehrten Thomas R. Marshall,
Vizepräsident der Vereinigten Staaten,
Washington, D. C.

Mein lieber Mr. Marshall,

würde Ihnen die Gelegenheit zusagen, ein paar Hunderttausend Ihrer Mitbürger, die nicht so erfolgreich wie Sie waren, der Welt ihren Stempel aufzudrücken, eine ermutigende Botschaft und vielleicht einen Rat zukommen zu lassen?

Ich habe ein Manuskript für ein Buch mit dem Titel *How to Sell Your Services* beinahe vollendet. Das Hauptargument meines Buches besagt, dass die Arbeit die Ursache und die Bezahlung die Wirkung darstellt, wobei die Vergütung von der Effizienz der Leistung abhängt.

Das Buch wäre unvollständig ohne Ratschläge von einigen Persönlichkeiten, die wie Sie von ganz unten bis auf beneidenswerte Positionen in der Welt aufgestiegen sind. Wenn Sie mir daher Ihre Ansichten mitteilen würden, welche essenziellen Punkte beim Anbieten der eigenen Arbeitsleistung man beherzigen sollte, werde ich Ihre Botschaft in meinem Buch weitergeben. So ist sichergestellt, dass Ihre Aussage dort ankommt, wo sie eine Menge Gutes für ehrlich bemühte Leute, die hart an ihrem Platz im Getriebe der Welt arbeiten, bewirken kann.

Ich weiß, Sie sind ein beschäftigter Mann, Mr. Marshall. Doch bedenken Sie bitte, dass Sie einfach, indem Sie Ihrer Sekretärin einen kurzen Brief diktieren, potenziell eine wichtige Botschaft an eine halbe Million Menschen senden können. In Geld ausgedrückt wird das für Sie nicht einmal die 2-Cent-Briefmarke wert sein, die Sie auf den Brief kleben. Aber wenn man davon ausgeht, wie viel Gutes es für weniger vom Leben Begünstigte bewirken kann, als Sie selbst es sind, mag es den Unterschied zwischen Erfolg und Fehlschlag für viele anständige Menschen bedeuten, die Ihre Botschaft lesen, daran glauben und sich von ihr leiten lassen.

Sehr herzlich,
Ihr

Lassen Sie uns nun die beiden Briefe analysieren und herausfinden, wieso der eine seinen Zweck verfehlte und der andere erfolgreich war. Diese Analyse sollte mit einer der wichtigsten Grundlagen des Verkaufs beginnen – dem Motiv. Im ersten Brief ist das Motiv offensichtlich Eigeninteresse. Der Brief drückt genau aus, was gesagt werden soll, aber die Formulierung lässt keinen Zweifel daran, wieso die Bitte gestellt wird oder wem sie nützen soll. Betrachten Sie den Satz im zweiten Absatz: »Das wäre ein großer persönlicher Gefallen für mich et cetera.« Es mag merkwürdig anmuten, aber die meisten Menschen gewähren keine Gefallen, um andere zu erfreuen. Wenn ich Sie bitte, einen Dienst zu leisten, der mir nützt, ohne Ihnen im Gegenzug einen entsprechenden Vorteil zu bieten, werden Sie keinen großen Antrieb zeigen, dem Folge zu leisten. Sie werden sich vielleicht weigern, sofern Sie eine plausible Entschuldigung finden. Aber wenn ich Sie bitte, einer dritten Person einen Dienst zu erweisen, auch wenn ich diesen ausführe und er zudem vermutlich ein positives Licht auf Sie wirft, werden Sie diesen Gefallen wahrscheinlich gerne tun.

Diese Psychologie beweist das Beispiel eines Mannes, der einem Bettler auf der Straße einen Vierteldollar hinwirft oder sich vielleicht weigert, diesen Vierteldollar zu geben, aber gerne 100 oder 1.000 Dollar der Hilfsorganisation gibt, die im Namen anderer um Spenden bittet.

Doch die schädlichste Suggestion ist im letzten und wichtigsten Absatz des Briefes enthalten: »Ich danke Ihnen im Voraus für jeden Gefallen, den Sie mir vielleicht erweisen.« Dieser Satz legt nahe, dass der Verfasser des Briefes mit einer Ablehnung rechnet. Er weist eindeutig auf fehlenden Enthusiasmus hin. Er ebnet den Weg für eine Zurückweisung der Bitte. Nicht ein einziges Wort im gesamten Brief motiviert den Empfänger, der Bitte zu entsprechen. Andererseits kann er eindeutig erkennen, dass der Brief ein für den Verkauf des Buches zielführendes Empfehlungsschreiben erreichen soll. Das wichtigste Verkaufsargument – tatsächlich das einzige Verkaufsargument in Verbindung mit dieser Anfrage – geht unter, denn es wird nicht betont und als das wahre Motiv für meine Anfrage dargestellt. Dieses Argument wird hier nur gestreift: »Und ich glaube, die Käufer des Buches würden gerne von Ihnen erfahren, wie man seine Arbeitsleistung am effektivsten anbietet.«

Der erste Absatz des Briefes verletzt einen wichtigen Verkaufsgrundsatz, denn er legt eindeutig nahe, dass dieser seinem Verfasser einen Vorteil verschaffen soll, und weist auf keinen entsprechenden Mehrwert für den Adressaten hin. Statt den Geist des Empfängers in einen neutralen Zustand zu versetzen, so wie es sein sollte, zeitigt er genau den gegenteiligen Effekt. Er bringt ihn dazu, sich gegenüber allen folgenden Argumenten zu verschließen; er versetzt ihn in einen Geisteszustand, der es ihm leicht macht, Nein zu sagen. Das erinnert mich an einen Verkäufer – oder vielleicht sollte ich sagen, an einen Mann, der Verkäufer sein wollte –, der mich einmal ansprach, um mir ein Abonnement der *Saturday Evening Post* zu verkaufen. Während er mir ein Exemplar der Zeitung vor die Nase hielt, legte er eine Antwort nahe, indem er fragte: »Würden Sie vielleicht ein Abonnement der *Post* abschließen, um mir zu helfen?«

Natürlich sagte ich Nein! Diese Antwort hatte er mir leicht gemacht. Seine Worte ließen keinen Enthusiasmus erkennen, und Schwermut und Entmutigung standen ihm ins Gesicht geschrieben. Er brauchte die Provision des Abos, daran bestand kein Zweifel – aber er appellierte nicht an mein Eigeninteresse, daher entging ihm das Geschäft. Aber der Verlust eines Abos war nicht das Traurige daran. Bedauerlich war, dass dieselbe Einstellung ihm alle anderen Verkäufe entgehen ließ, die er mit einem anderen Ansatz hätte erzielen können.

Ein paar Wochen später trat eine weitere Aboverkäuferin an mich heran. Sie verkaufte ein Paket von sechs Zeitungen, darunter die *Saturday Evening Post*, aber ihr Ansatz war völlig anders. Sie warf einen Blick auf den Tisch in meiner Bibliothek, auf dem sie mehrere Zeitungen sah und dann auf meine Bücherregale und rief enthusiastisch aus: »Oh! Ich sehe, Sie mögen Bücher und Zeitungen.«

Ich bekannte mich stolz schuldig. Achten Sie auf das Wort »stolz«, denn es hat großen Einfluss auf diesen Vorfall. Ich legte das Manuskript hin, das ich gerade las, als die Verkäuferin hereingekommen war, denn ich sah, dass sie eine intelligente Frau war. Woran ich das erkannte, überlasse ich Ihrer Fantasie. Der wichtige Punkt ist, dass ich das Manuskript weglegte und tatsächlich hören wollte, was sie zu sagen hatte.

Mithilfe von acht Worten plus eines netten Lächelns und einem Tonfall, aus dem echter Enthusiasmus sprach, hatte sie meinen Geist ausreichend in einen neutralen Zustand versetzt, sodass ich ihr zuhörte. Sie hatte ihre schwierigste Aufgabe mit diesen wenigen Worten bewältigt, denn ich hatte, als ihr Besuch angekündigt worden war, beschlossen, mein Manuskript in Händen zu halten, um ihr so höflich wie möglich zu verstehen zu geben, dass ich beschäftigt war und nicht abgelenkt werden wollte.

Als Student der Verkaufskunst und der Suggestion beobachtete ich genau, was ihr nächster Zug sein würde. Sie hatte ein Bündel Zeitungen unter dem Arm, und ich rechnete damit, dass sie es entfalten und mir welche zum Verkauf anbieten würde, aber das tat sie nicht. Sie erinnern sich bestimmt, dass ich sagte, sie verkaufte ein Paket von sechs Magazinen und nicht nur, dass sie versuchte, sie zu verkaufen.

> Erste Eindrücke zählen tatsächlich. Kleide dich der Rolle entsprechend, die du im Leben spielen willst, aber achte darauf, es nicht zu übertreiben.

Sie trat an meine Bücherregale, nahm ein Exemplar von Emersons Essays heraus, und die nächsten zehn Minuten redete sie so interessant über Emersons Essay über Kompensation, dass ich das Bündel Zeitungen, das sie trug, aus den Augen verlor. (Sie neutralisierte meinen Geist noch ein wenig mehr.)

Nebenbei lieferte sie mir genügend neue Ideen über Emersons Arbeit, um Material für einen exzellenten Leitartikel zu haben.

Dann fragte sie mich, welche Zeitungen ich regelmäßig erhielt, und nachdem ich es ihr gesagt hatte, lächelte sie, während sie ihr Bündel Zeitungen entfaltete und sie vor mir auf den Tisch legte. Sie analysierte die Blätter eins nach dem anderen und begründete, wieso ich jedes davon lesen sollte. Die *Saturday Evening Post* würde mir die reinste Fiktion liefern und der *Literary Digest* die Neuigkeiten aus aller Welt in konzentrierter Form, so wie es ein beschäftigter Mann wie ich verlangte. Das *American Magazine* würde mir die neuesten Biografien von führenden Personen in Wirtschaft und Industrie vermitteln und so weiter, bis sie die ganze Liste abgedeckt hatte.

Aber ich reagierte auf ihre Argumente nicht so entgegenkommend, wie sie es erwartet hatte, also ließ sie noch folgende dezente Suggestion einfließen: »Ein Mann Ihrer Position sollte wohlinformiert sein, denn wenn er es nicht ist, wird man es an seiner Arbeit merken.«

Sie sagte die Wahrheit! Ihre Bemerkung war sowohl ein Kompliment als auch eine sanfte Ermahnung. Sie sorgte dafür, dass ich ein wenig kleinlaut war, denn sie hatte sich mein Lesematerial genau angeschaut – und sechs der führenden Zeitungen standen nicht auf meiner Liste. (Die sechs, die sie verkaufte.)

Dann begann ich »nachzugeben«, indem ich sie fragte, wie viel die sechs Zeitungen kosten würden. Sie verpasste ihrem gut präsentierten Verkaufsgespräch den letzten Feinschliff durch diese taktvolle Antwort: »Der Preis? Nun, alle zusammen kosten weniger, als Sie für eine einzige Seite des getippten Manuskripts erhalten, das Sie in der Hand hatten, als ich hereinkam.«

Wieder stimmte, was sie sagte. Und wie konnte sie so genau einschätzen, was ich für mein Manuskript bekam? Die Antwort ist, sie schätzte nicht – sie wusste es! Sie hatte es zum Teil ihres Geschäftsgesprächs gemacht, mich taktvoll über die Natur meiner Arbeit aus der Reserve zu locken (was mich keineswegs verärgerte). Sie war so interessiert an dem Manuskript, das ich hingelegt hatte, als sie hereinkam, dass ich tatsächlich begann, darüber zu reden. (Ich will damit natürlich nicht sagen, dass es besonders viel Fingerfertigkeit erforderte, mich dazu zu verleiten, denn ich hatte ja schon gesagt, dass es mein Manuskript war, oder?) Als ich über das Manuskript sprach, hatte ich vermutlich zugegeben, dass ich 250 Dollar für die 15 Seiten erhielt. Ja, ich war sicher sorglos genug zuzugeben, dass ich für meine Arbeit gut bezahlt wurde.

Vielleicht hatte sie mich dazu gebracht, diese Information preiszugeben. Auf jeden Fall war sie wertvoll für sie, und sie setzte sie im psychologisch richtigen Moment effektiv ein. Soweit es mich angeht, war es Teil ihres Plans, alles genau zu beobachten, was sie sah und hörte, mit dem Ziel, meine Schwächen und Lieblingsthemen herauszufinden. Einige Verkäufer nehmen sich dafür die Zeit, einige nicht. Sie gehörte zu der ersten Gruppe.

Als sie wieder ging, hatte sie nicht nur meine Zusage für Abos aller sechs Zeitungen; sie hatte auch meine 12 Dollar. Aber das war nicht der einzige Nutzen, den sie durch taktvolle Suggestion, gepaart mit Enthusiasmus, erhielt. Sie sicherte sich auch meine Zustimmung, in meinem Büro zu werben, und bevor sie ging, hatte sie fünf weitere Bestellungen von meinen Angestellten erhalten.

Zu keinem Zeitpunkt während ihres Besuchs suggerierte sie mir, ich täte ihr einen Gefallen, indem ich ihre Zeitungen kaufte. Ganz im Gegenteil, sie vermittelte mir den Eindruck, dass sie mir etwas Gutes tat. Das war geschickte Suggestion.

Bevor wir dieses Beispiel hinter uns lassen, möchte ich noch etwas zugeben: Sie verwickelte mich derart in ein Gespräch, dass ich selbst begeistert dabei war. Dafür gab es zwei Gründe: Sie war einer davon, und der andere war die Tatsache, dass sie mich dazu brachte, über meine Arbeit zu sprechen! Natürlich wünsche ich mir nicht, dass Sie nun vorwitzig über meine Achtlosigkeit schmunzeln. Oder dass Sie aus diesem Vorfall den Eindruck gewinnen, diese taktvolle Verkäuferin wollte mich in Wahrheit bewegen, über meine Arbeit zu reden, um meinen Geist in einen neutralen Zustand zu versetzen, damit ich ihr ebenso geduldig zuhörte, als sie an der Reihe war, über ihre Zeitungen zu reden. Wenn Sie jedoch so clever sind, aus ihrer Methode eine Lektion zu ziehen, kann ich Sie natürlich nicht davon abhalten.

Wie ich bereits sagte, habe ich in meine Unterhaltung Enthusiasmus einfließen lassen. Vielleicht hat mich diese clevere Verkäuferin mit ihrer Begeisterung angesteckt, als sie beim Betreten meines Arbeitszimmers ihre erste Bemerkung machte. Ja, sicher ließ ich mich mitreißen, und ich bin genauso sicher, dass ihr Enthusiasmus kein reiner Zufall war. Sie hatte sich angewöhnt, im Büro, bei der Arbeit oder in der Unterhaltung mit ihren potenziellen Kunden nach etwas zu suchen, das sie enthusiastisch kommentieren konnte.

Denken Sie daran, Suggestion und Enthusiasmus gehen Hand in Hand!

Als wäre es erst gestern gewesen, kann ich mich noch an das Gefühl erinnern, das mich überkam, als dieser Möchtegernverkäufer mir seine *Saturday Evening Post* hinhielt und dabei anmerkte: »Würden Sie vielleicht ein Abonnement der *Post* abschließen, um mir zu helfen?«

Seine Worte waren kalt, leblos, ihnen fehlte Enthusiasmus; sie hinterließen einen Eindruck bei mir, aber dieser war eben leer. Ich wollte den Mann wieder durch die Tür verschwinden sehen, durch die er eingetreten war. Halten Sie mich nicht für mitleidlos, aber der Ton seiner Stimme, der Ausdruck auf seinem Gesicht, seine generelle Körperhaltung legten nahe, dass er hier war, weil er um einen Gefallen bitten und nicht mir einen anbieten wollte.

Suggestion ist eines der subtilsten und mächtigsten Prinzipien der Psychologie. Sie nutzen es bei allem, was Sie tun, sagen oder denken, aber, wenn Sie den Unterschied zwischen negativer und positiver Suggestion nicht verstehen, werden Sie vielleicht scheitern, statt Erfolg zu haben.

In der Kleinstadt, in der ich aufgewachsen bin, lebte eine alte Frau, die ständig klagte, sie befürchte, an Krebs zu sterben. Während ihrer Kindheit hatte sie eine Frau gesehen, die Krebs hatte, und der Anblick hatte sich ihrem Geist eingeprägt, sodass sie bei sich selbst nach Symptomen von Krebs suchte. Sie war sicher, dass jedes kleine Wehwehchen und jeder Schmerz die ersten Krebssymptome waren, nach denen sie so lange Ausschau gehalten hatte. Ich habe gesehen, wie sie ihre Hand auf die Brust legt und ausrief: »Oh, ich bin mir sicher, dass dort der Krebs wächst. Ich kann es spüren.« Wenn sie sich wegen ihrer imaginären Krankheit beklagte, legte sie stets die Hand auf die linke Brust, weil sie glaubte, dass der Krebs sie dort attackierte. Das tat sie über 20 Jahre lang.

Vor ein paar Wochen ist sie gestorben – an Brustkrebs in der linken Brust! Wenn Suggestion ein Brett in eine Guillotinenklinge und gesunde Körperzellen in Krebs verwandeln kann, mögen Sie sich vielleicht vorstellen können, was sie bei der Krankheitsbekämpfung zu erreichen vermag. Suggestion ist das Gesetz, durch das Geistheiler quasi Wunder bewirken. Ich war selbst Zeuge, wie mithilfe der Suggestion Warzen innerhalb von 48 Stunden entfernt wurden.

> Die Hälfte der Wracks im Ozean des Lebens
> Hätte ein Stern sie geleitet,
> Könnten noch sicher das Meer befahren,
> Doch sie trieben dahin mit Ebbe und Flut.

Sie – der Leser dieser Lektion – sehen sich vielleicht in zwei Stunden oder weniger gezwungen, sich mit einer eingebildeten Krankheit der schlimmsten Sorte ins Bett zu legen, allein aufgrund der Suggestion. Wenn Sie die Straße entlanggehen, und drei oder vier Personen, die Sie treffen und denen Sie vertrauen, meinen, wie krank Sie aussehen, sind Sie reif für einen Besuch beim Arzt.

Dabei muss ich an ein Erlebnis mit einem Verkäufer von Lebensversicherungen denken. Ich hatte einen Antrag für eine Police gestellt, aber ich war unsicher, ob ich eine über 10.000 oder 20.000 Dollar abschließen sollte. In der Zwischenzeit hatte mich der Versicherungsvertreter bereits zum Arzt der Lebensversicherung geschickt, um mich untersuchen zu lassen. Am nächsten Tag wurde ich zu einer weiteren Untersuchung einbestellt. Beim zweiten Mal war diese gründlicher, und der Doktor machte ein besorgtes Gesicht. Am dritten Tag wurde ich noch einmal einbestellt, und dieses Mal waren zwei Ärzte da, um mich unter die Lupe zu nehmen. Sie ließen mir die gründlichste Untersuchung angedeihen, die ich jemals erhielt oder von der ich auch nur gehört hatte.

Am nächsten Tag rief mich der Vertreter an und eröffnete das Gespräch folgendermaßen: »Ich will Sie nicht beunruhigen! Aber die Ärzte, die Sie untersucht haben, stimmen in ihrer Analyse nicht überein. Sie haben noch nicht entschieden, ob Sie eine Versicherung im Wert von 10.000 oder 20.000 Dollar abschließen wollen, und ich glaube, es ist nicht fair, wenn ich Ihnen einen Bericht über Ihre medizinische Untersuchung liefere, bis Sie Ihre Entscheidung getroffen haben. Denn andernfalls kämen Sie vielleicht zu dem Schluss, ich wolle Sie zum höheren Betrag drängen.«

Ich erwiderte: »Nun, ich habe mich bereits für den vollen Betrag entschieden.« Das stimmte, ich hatte beschlossen, die volle Police von 20.000 Dollar abzuschließen. Die Entscheidung hatte ich in dem Moment getroffen, als der Vertreter mir suggerierte, dass ich vielleicht eine angeborene körperliche Schwäche hätte, die es mir erschweren würde, die erwünschte hohe Versicherung zu erhalten.

»Sehr gut«, sagte der Vertreter, »nun, wo Sie entschieden haben, fühle ich mich verpflichtet, Ihnen zu sagen, dass zwei der Ärzte der Meinung sind, Sie trügen den Tuberkuloseerreger in sich, während die anderen beiden dem widersprechen.« Der Trick war vollbracht. Clevere Suggestion hatte mich meine Unentschlossenheit überwinden lassen, und wir waren alle zufrieden.

An welcher Stelle spielt da der Enthusiasmus eine Rolle, fragen Sie vielleicht? Das ist eigentlich nicht so wichtig, aber er »wirkte sich aus«. Wenn Sie wissen wollen, wer ihn ins Spiel brachte, müssen Sie den Lebensversicherungsvertreter und seine vier medizinischen Komplizen frage, denn ich bin mir sicher, sie haben auf meine Kosten herzlich gelacht. Aber der Trick war nicht so schlimm. Ich hätte die Versicherung sowieso gebraucht.

Wenn Sie zufällig Lebensversicherungsvertreter sind, werden Sie diese Idee wohl nicht beim nächsten potenziellen Klienten einsetzen, der etwas länger braucht, sich für eine Police zu entscheiden. Nein, Sie tun so etwas natürlich nicht!

Vor ein paar Monaten sah ich mich mit der effektivsten Werbung konfrontiert, die ich je gesehen habe. Es war ein geschickt hergestelltes Büchlein, in dem ein cleverer Fahrzeugversicherungsvertreter ein paar Pressemeldungen aus dem ganzen Land abgedruckt hatte. Es besagte, dass 65 Automobile an einem einzigen Tag gestohlen worden waren. Auf der letzten Seite der Broschüre stand die hoch suggestive Aussage: »Ihr Auto könnte das nächste sein. Ist es versichert?« Unten auf der Seite folgten der Name und die Adresse des Vertreters sowie seine Telefonnummer. Bevor ich die ersten beiden Seiten gelesen hatte, rief ich den Verkäufer an und erkundigte mich nach den Versicherungsprämien. Er besuchte mich sogleich, und Sie können sich den Rest der Geschichte denken.

Blättern Sie nun zurück zu den beiden Briefen, und lassen Sie uns den zweiten gemeinsam analysieren, der die erhofften Antworten von allen Empfängern erhielt. Studieren Sie sorgfältig den ersten Absatz, und Sie werden darin eine Frage finden, die nur auf eine Art beantwortet werden kann.

Vergleichen Sie diesen Eröffnungsabsatz mit dem des ersten Briefes, und fragen Sie sich selbst, welcher der beiden einen besseren Eindruck auf Sie gemacht hätte. Dieser Absatz ist aus zwei Gründen so formuliert: Erstens soll er den Geist des Lesers in einen neutralen Zustand versetzen, damit er den Rest des Briefes mit einer offenen Einstellung lesen wird. Zweitens stellt er eine Frage, die nur auf eine Weise beantwortet werden kann, um den Leser so einzustellen, dass er positiv auf die Bitte reagiert, die in den folgenden Absätzen erfolgt.

In der zweiten Lektion dieses Kurses haben Sie gesehen, dass Andrew Carnegie sich weigerte, zu antworten, als ich ihn fragte, was zu seinem Erfolg beigetragen hatte, bis er mich bat, das Wort Erfolg zu definieren. So wollte er ein Missverständnis vermeiden. Der erste Abschnitt des zu analysierenden Briefes formuliert dessen Ziel und zwingt den Leser quasi dazu, dieses als durchdacht und vernünftig zu akzeptieren.

Jeder, der die Frage in diesem Absatz des Briefes negativ beantwortet, würde sich aufgrund dieser Antwort selbst als Egoist entlarven – eine Anschuldigung, der sich niemand aussetzen will. So wie ein Farmer den Boden beackert, dann düngt, vielleicht harkt und vorbereitet, um das Saatgut aufzunehmen, damit er sich seine Ernte sichert, so düngt dieser Absatz den Geist des Lesers und bereitet ihn vor, den dort suggerierten Samen aufzunehmen.

Studieren Sie sorgfältig den zweiten Absatz des Briefes, und Sie werden eine faktische Aussage bemerken, die der Leser weder infrage stellen noch verleugnen kann! Sie bietet ihm keinen Grund zum Widerspruch, denn sie ist offensichtlich fundiert. Sie bringt ihn zum zweiten Schritt der psychologischen Reise, die direkt dazu führt, der Bitte nachzukommen, die sorgfältig verpackt und verschleiert im dritten Absatz enthalten ist. Aber Sie werden feststellen, dass der dritte Absatz mit einem Kompliment an den Leser beginnt, das ihn keinesfalls erzürnen sollte: »Wenn Sie mir daher Ihre Ansichten mitteilen würden, welche essenziellen Punkte beim Anbieten der eigenen Arbeitsleistung man beherzigen sollte« und so weiter. Sehen Sie genau hin, wie dieser Satz in seinem Kontext formuliert ist, und Sie werden bemerken, dass er kaum wie eine Bitte wirkt und sicher nichts darin einen Gefallen zugunsten des Verfassers andeutet. Man könnte ihn höchstens als ein Anliegen werten, anderen etwas Gutes zu tun.

Betrachten Sie nun den letzten Absatz, und erkennen Sie, wie dem Leser taktvoll suggeriert wird, dass er, falls er der Bitte nicht folgt, jemand zu sein scheint, dem weniger Begünstigte kaum am Herz liegen, um die 2 Cent für die Briefmarke auszugeben und ein paar Minuten zu opfern.

Von Anfang bis Ende beeindruckt der Brief am meisten durch reine Suggestion, die jedoch sorgfältig verhüllt ist und nur zutage tritt, wenn man den gesamten Text gründlich analysiert.

Der gesamte Brief ist so gestaltet, dass der Leser, der ihn zur Seite legt, ohne der geäußerten Bitte nachzukommen, sich seinem eigenen Gewissen stellen muss! Diese Wirkung wird durch den letzten Satz intensiviert und besonders durch die letzten elf Worte: »die Ihre Botschaft lesen, daran glauben und sich von ihr leiten lassen.«

Dieses Schreiben rüttelt den Leser auf und macht sein Gewissen zu einem Verbündeten des Autors. Es treibt ihn in eine Ecke, wie der Jäger ein Kaninchen, indem er es in ein sorgfältig vorbereitetes Netz jagt.

Dass der Brief von jedem der viel beschäftigten Adressaten beantwortet wurde, belegt, dass diese Analyse zutrifft – es waren Personen, die normalerweise keine Zeit haben, eine solche Antwort zu verfassen. Nicht nur erhielt das Schreiben die erwünschte Resonanz, sondern die Empfänger antworteten persönlich, mit Ausnahme des mittlerweile verstorbenen Theodore Roosevelt, dessen Brief die Unterschrift einer Assistenzkraft trug.

> Arroganz ist ein Nebel, der den wahren Charakter eines Menschen verhüllt, bis er ihn selbst nicht mehr erkennt. Er schwächt seine angeborenen Fähigkeiten und stärkt all seine Fehler.

John Wanamaker und Frank A. Vanderlip schrieben zwei der besten Briefe, die ich je gelesen habe, jeder ein Meisterwerk, das gut und gerne auch die Seiten eines weit würdigeren Werkes hätte zieren können als das, wofür die Briefe gedacht waren. Andrew Carnegie schrieb ebenfalls eine Antwort, die es wert ist, dass alle Berufstätigen sie lesen. William Jennings Bryan verfasste einen äußerst lesenswerten Brief, genauso wie der verstorbene Lord Northcliffe. Keiner dieser Männer schrieb nur, um mir einen Gefallen zu tun, denn abgesehen von vier Personen kannten sie mich gar nicht. Sie schrieben nicht mir zuliebe, sondern um sich selbst zu gefallen und einen wertvollen Dienst zu erweisen. Vielleicht hatte der Wortlaut des Briefes etwas damit zu tun, aber ich will nur so viel dazu sagen: Alle erwähnten Herren und die meisten anderen ihres Typs sind im Allgemeinen gerne bereit, etwas für andere zu tun, wenn man sie angemessen darum bittet.

Ich würde gerne hier festhalten, dass die wirklich großen Persönlichkeiten, die ich kennenlernen durfte, auch die großzügigsten mir bekannten Menschen waren, wenn es um einen Gefallen für andere ging. Vielleicht waren sie deshalb wirklich bedeutend.

Der menschliche Geist ist eine wundersame Maschine! Eine seiner herausragenden Eigenschaften lässt sich daran ersehen, dass alle Eindrücke, die ihn erreichen, entweder durch Suggestion von außen oder durch Autosuggestion, in dafür vorgesehenen Bereichen gespeichert werden. Die negativen Eindrücke werden in einem Teil des Gehirns verzeichnet, während die positiven in einem anderen Bereich erfasst werden. Wird einer dieser Eindrücke (oder eine vergangene Erfahrung) durch Erinnerung wieder ins Bewusstsein gerufen, neigt der Mensch dazu, sich an andere, ähnliche ebenfalls zu erinnern, so wie das Anheben eines Kettenglieds die anderen Glieder mit sich zieht. So reicht alles, was einen Menschen zweifeln lässt, um all seine Erfahrungen aufzurufen, die ihn ebenfalls an sich zweifeln lassen. Wenn ein Fremder jemanden bittet, einen Scheck einzulösen, erinnert der Gefragte sich sofort daran, wie er Schecks einlösen wollte, die geplatzt sind, oder wie er von anderen von solchen Vorfällen gehört hat. Durch das Gesetz der Assoziation werden alle ähnlichen Emotionen, Erfahrungen und Sinneseindrücke, die den Geist erreichen, gemeinsam abgespeichert, sodass die Erinnerung an eines oft die Erinnerung an alle anderen zurückbringt.

Misstrauen bei jemandem zu erregen, kann bei diesem jede erdenkliche Erfahrung, die Zweifel erzeugt hat, an die Oberfläche zerren. Aus diesem Grund versuchen erfolgreiche Verkäufer, sich Diskussionen über Themen zu enthalten, die eine »Kette des Zweifels« aufgrund früherer Erfahrungen im Geist des Käufers hervorrufen. Der erfolgreiche Verkäufer lernt schnell, dass es aufgrund früherer Erfahrungen zu einer negativen Haltung des Kunden führen kann, einen Konkurrenten oder dessen Produkt »schlechtzumachen«. In einem solchen Fall wird es für den Verkäufer unmöglich sein, den Geist des Käufers zu »neutralisieren«.

Dieses Prinzip trifft auf jede Sinneserfahrung im menschlichen Geist zu und steuert diese. Nehmen Sie zum Beispiel die Angst. In dem Moment, in dem wir einem einzigen Angstgefühl gestatten, unser Bewusstsein zu erreichen, hat es seine gesamte widerliche Verwandtschaft im Schlepptau. Mut vermag nicht unsere Aufmerksamkeit zu gewinnen, solange noch die Furcht dort herrscht. Das eine oder das andere muss dominieren. Sie geben keine guten Zimmergenossen ab, denn sie harmonieren nicht in der Natur. Ähnliches zieht Ähnliches an. Jeder Gedanke hat die Tendenz, andere Gedanken einer ähnlichen Natur mit sich zu bringen. Man sieht daher, dass diese Gefühle, Gedanken und Emotionen aus vergangenen Erfahrungen, die die Aufmerksamkeit des Bewusstseins beanspruchen, von einer ganzen Armee an Soldaten einer ähnlichen Natur unterstützt werden, die ihnen bei ihrer Aufgabe helfen.

Verankern Sie durch Autosuggestion in Ihrem eigenen Geist den Ehrgeiz, mithilfe eines konkreten Hauptziels erfolgreich zu sein, und stellen Sie fest, wie schnell all Ihre latenten oder unentwickelten Fertigkeiten in vergangenen Erfahrungen stimuliert und zu Ihren Gunsten aktiv werden. Pflanzen Sie mittels Suggestion einem Jungen den Ehrgeiz ein, ein erfolgreicher Anwalt, Doktor, Ingenieur, Geschäftsmann oder Finanzier zu werden. Sofern Sie diese Suggestion tief genug verankern und durch Wiederholung aufrechterhalten, wird sie ihn motivieren, das Ziel seines Ehrgeizes zu erreichen.

Wenn Sie eine Suggestion »tief« anbringen wollen, vermischen Sie diese großzügig mit Enthusiasmus, denn dieser ist der Dünger, der die Suggestion schnell wachsen lässt und manifestiert.

Als dieser gutmütige alte Gentleman mir suggerierte, ich sei ein »aufgeweckter Junge« und könne der Welt meinen Stempel aufdrücken, wenn ich mich ausreichend bildete, beeindruckten mich weniger seine Worte. Es war seine Art, meine Schultern zu packen und der zuversichtliche Blick in seinen Augen, die die Suggestion so tief in meinem Unterbewusstsein verankerten, dass sie mir keinen Frieden ließ, bis ich sie umzusetzen begann.

Das ist ein Punkt, den ich stark betonen will. Es ist nicht so sehr, was Sie sagen, sondern der TON und die ART, es zu sagen, die einen bleibenden Eindruck hinterlassen. Daraus folgt, dass hinter all Ihren Worten eine aufrichtige Zielstrebigkeit, Ehrlichkeit und Ernsthaftigkeit stehen muss, wenn Sie einen bleibenden und positiven Eindruck machen möchten. Was immer Sie anderen verkaufen wollen, müssen Sie zuerst sich selbst verkaufen!

Vor nicht allzu langer Zeit sprach mich ein Vertreter der Regierung Mexikos an, der meine Dienste als Propagandaschreiber für das damalige Regime in Anspruch nehmen wollte. Seine Anfrage lautete: »Weil Señor als ein Anhänger der Philosophie der Goldenen Regel gilt; und weil Señor in den Vereinigten Staaten als unabhängig und keiner politischen Fraktion zugehörig bekannt ist: Wäre daher Señor so großzügig, nach Mexiko zu reisen und die wirtschaftlichen und politischen Verhältnisse des Landes zu studieren, um dann in die Vereinigten Staaten zurückzukehren und einige

Zeitungsartikel zu schreiben, die dem amerikanischen Volk vonseiten der US-Regierung empfehlen, Mexiko anzuerkennen et cetera.«

Für diese Dienstleistung sollte ich mehr Geld erhalten, als ich vielleicht jemals in meinem Leben besitzen werde, aber ich lehnte den Auftrag aus einem Grund ab, der wohl niemanden beeindruckt. Es sei denn, er versteht das Prinzip, dass alle, die andere beeinflussen wollen, sich selbst gegenüber ein reines Gewissen haben müssen.

Ich konnte nicht überzeugend über Mexikos Anliegen schreiben, weil ich nicht daran glaubte. Daher hätte ich nicht genug Enthusiasmus in meine Texte einfließen lassen können, um sie effektiv zu gestalten, auch wenn ich bereit gewesen wäre, mein Talent sozusagen zu prostituieren und meine Feder in »trübe« Tinte zu tauchen.

Ich werde meine Einstellung zu diesem Vorfall nicht weiter erläutern, da diejenigen, die im Studium der Autosuggestion weit genug fortgeschritten sind, keine weitere Erklärung brauchen, während andere, die noch nicht so weit sind, es nicht verstehen werden oder können.

Niemand kann sich leisten, durch Worte oder Taten etwas auszudrücken, was nicht mit seinen eigenen Überzeugungen im Einklang ist, und falls doch, muss er dafür mit dem Verlust seines Einflusses auf andere bezahlen.

Bitte lesen Sie diesen vorhergehenden Absatz noch einmal laut! Es sei nochmals betont, dass eine mangelnde Beachtung des Prinzips, auf dem er basiert, die Felsen und Riffe darstellt, auf denen die konkreten Hauptziele vieler Menschen zerschellt sind.

Ich kann mir meines Erachtens den Versuch nicht leisten, jemanden irgendwie zu betrügen, aber ich weiß, dass ich es mir nicht leisten kann, mich selbst zu betrügen. Andernfalls würde ich die Macht meiner Feder zerstören und meine Worte wirkungslos machen. Nur wenn ich mit dem Feuer des Enthusiasmus schreibe, das in meinem Herzen brennt, wird es andere positiv beeinflussen. Und nur wenn ich aus einem Herzen spreche, das der Glaube an meine Botschaft fast zum Bersten bringt, kann ich mein Publikum bewegen, meine Botschaft zu akzeptieren.

> Ist es nicht bedenkenswert, dass keine Zeitung jemals über »wilde Trinkgelage« oder andere Skandale in Verbindung mit den Namen Edison, Ford, Rockefeller und den meisten anderen wirklich großen Persönlichkeiten berichtet hat?

Sie sollten den vorherigen Absatz ebenfalls laut lesen. Ich würde sogar empfehlen, dass Sie ihn sich gut einprägen. Darüber hinaus sollten Sie ihn aufschreiben und an einer Stelle platzieren, wo er täglich an ein Prinzip, nein, ein Gesetz gemahnt, das so unveränderlich ist wie die Gravitation und ohne das Sie es in Ihrem Bereich nie zu Macht bringen können.

Es gab Zeiten, da es schien, dass das Beharren auf diesem Gesetz den Hungertod bedeuten würde!

Es gab Zeiten, in denen meine engsten Freunde und Berater mich drängten, meine Philosophie zu vernachlässigen, um hier und da einen Vorteil zu ergattern. Aber irgendwie habe ich es geschafft, daran festzuhalten, hauptsächlich, weil ich stets Frieden und Harmonie gegenüber dem materiellen Gewinn bevorzugte, den ein erzwungener Kompromiss mit meinem Gewissen hätte bringen können.

So seltsam es klingen mag: Ich weigerte mich selten aufgrund von »Ehrlichkeit«, mein eigenes Gewissen zu ersticken. Mich hielt einfach eine Frage der Ehre zwischen meinem Gewissen und mir selbst davon ab, etwas zu schreiben oder zu sagen, woran ich nicht glaubte. Ich wollte ausdrücken, was mir am Herzen liegt, denn ich wollte meinen Worten »Fleisch« verleihen. Mein Motiv beruhte mehr auf Eigeninteresse als auf dem Verlangen, anderen gegenüber fair zu sein, auch wenn ich, soweit ich weiß, Menschen nie unfair behandeln wollte.

Niemand wird ein Meisterverkäufer, der Kompromisse mit der Lüge schließt. Verfehlungen kommen ans Licht. Und auch wenn jemand nicht in flagranti dabei erwischt wird, mit seinen Worten zu täuschen, werden sie nicht ihren Zweck erreichen. Denn er kann ihnen kein »Fleisch« auf die Rippen geben, sofern sie nicht aus dem Herzen kommen und nicht mit wahrem Enthusiasmus gemischt sind.

Sie sollten den vorangegangenen Absatz ebenfalls laut lesen, denn er enthält ein wichtiges Gesetz, das Sie verstehen und anwenden müssen, um zu einer einflussreichen Person zu werden.

Ich nehme mir hier keine unerlaubten Freiheiten Ihnen gegenüber heraus. Ich gestehe völlig zu, dass Sie erwachsen und ein Denker sind, eine intelligente Person, aber ich weiß, wie leicht Sie diese wichtigen Gesetze übergehen und in Ihrem täglichen Leben nicht ausreichend anerkennen könnten. Ich kenne Ihre Schwäche, denn ich keine meine eigene. Es hat gut und gerne 25 Jahre voller Hochs und Tiefs erfordert – meistens Tiefs –, um diese grundlegenden Wahrheiten mir selbst einzuprägen, bis sie mich leiteten. Ich habe es sowohl mit diesen Grundsätzen als auch mit ihrem Gegenteil ausprobiert, daher spreche ich als jemand, der nicht nur glaubt, dass sie fundiert sind, sondern es weiß.

Was meine ich nun mit »diesen Wahrheiten«? Damit Sie mich nicht missverstehen, und damit diese warnenden Worte nicht nur abstrakt bei Ihnen ankommen, werde ich mich klar ausdrücken: Sie können es sich nicht leisten, jemand anderem durch Ihre Worte oder Handlungen etwas nahezulegen, hinter dem Sie selbst nicht stehen. Sicher ist das deutlich genug.

Und der Grund dafür ist: Wenn Sie Kompromisse mit Ihrem eigenen Gewissen schließen, wird es nicht lange dauern, bis Sie keines mehr haben, denn Ihr Gewissen wird Sie nicht mehr anleiten, so wie ein Wecker Sie nicht weckt, wenn Sie ihn nicht aufziehen. Das ist sicher ebenfalls deutlich genug.

Was macht mich zu einer Autorität für dieses wichtige Thema, fragen Sie vielleicht. Ich bin eine Autorität, weil ich mit dem Prinzip experimentiert habe, bis ich wusste, wie es funktioniert!

»Aber«, fragen Sie vielleicht, »wie weiß ich, dass Sie mir die Wahrheit sagen?«

Die Antwort ist, dass Sie es nur erfahren, wenn Sie selbst experimentieren und indem Sie andere beobachten, die dieses Prinzip gewissenhaft anwenden, sowie diejenigen, die es unterlassen.

Wenn meine Worte noch weiterer Untermauerung bedürfen, fragen Sie jemanden in Ihrem Bekanntenkreis, der »versucht, über die Runden zu kommen«, ohne dieses Prinzip zu beachten. Auch wenn er Ihnen die Wahrheit nicht sagen kann oder will, können Sie diese dennoch herausbekommen, indem Sie ihn genau betrachten.

Nur ein Wesenszug schenkt einem Menschen echte und dauerhafte Macht, und das ist Charakter! Beachten Sie, dass ein Ruf nicht dasselbe wie Charakter ist. Ein Ruf ist das, was man einem Menschen nachsagt, ein Charakter bezeichnet, wer jemand wirklich ist! Wenn Sie eine Person mit großem Einfluss werden wollen, legen Sie sich einen authentischen Charakter zu.

Charakter ist der Stein der Weisen, sodass alle Charakterfesten die unedlen Metalle ihres Lebens in reines Gold verwandeln können. Ohne Charakter haben Sie nichts; Sie sind nichts, und Sie können nichts sein, außer Fleisch, Knochen und Haaren im Wert von 25 Dollar. Charakter ist etwas, das Sie nicht erbetteln, stehlen oder kaufen können. Sie können ihn nur erlangen, indem Sie ihn aufbauen; und Sie können ihn nur durch Ihre Gedanken und Taten und auf keine andere Weise bilden.

Mithilfe der Autosuggestion kann jede Person einen soliden Charakter aufbauen, egal wie ihre Vergangenheit aussieht. Als passenden Abschluss dieser Lektion möchte ich betonen, dass alle Menschen mit Charakter auch genug Enthusiasmus und Persönlichkeit vorweisen können, um andere anzuziehen, die ebenfalls Charakter haben.

Sie werden nun erfahren, wie Sie Enthusiasmus entwickeln, falls Sie noch nicht über diese seltene Qualität verfügen. Es handelt sich um eine einfache Anleitung, wobei es Ihr Nachteil ist, falls Ihnen aufgrund dessen ihr Wert entgeht.

Erstens: Beenden Sie die verbleibenden Lektionen dieses Kurses, denn in diesen finden Sie weitere wichtige Anleitungen, die eng mit dieser zu verbinden sind.

Zweitens: Falls noch nicht geschehen, notieren Sie Ihr konkretes Hauptziel in klarer, einfacher Sprache, und schreiben Sie danach den Plan auf, um Ihr Ziel umzusetzen.

Drittens: Lesen Sie jeden Abend den Text zu Ihrem konkreten Hauptziel, bevor Sie ins Bett gehen. Stellen Sie sich währenddessen vor, dass Sie das Objekt Ihres Ziels schon erreicht haben. Glauben Sie dabei ganz und gar an Ihre Fähigkeit, Ihr Hauptziel umsetzen zu können. Lesen Sie laut, mit all Ihrem Enthusiasmus, betonen Sie jedes Wort. Lesen Sie den Text nochmals, bis die leise Stimme in Ihnen sagt, dass Ihr Ziel realisiert werden wird. Manchmal werden Sie die Wirkung dieser Stimme schon beim ersten Mal spüren, wenn Sie Ihr konkretes Hauptziel lesen, während Sie es zu anderen Gelegenheiten ein Dutzend oder 50-mal lesen müssen, bevor sich die Überzeugung einstellt. Aber hören Sie nicht auf, bevor Sie diese verspüren. Wenn Sie möchten, lesen Sie Ihr konkretes Hauptziel als Gebet.

Der Rest dieser Lektion richtet sich an Leser, die noch nicht die Kraft des Glaubens erfahren haben und kaum etwas über Autosuggestion wissen. Diesen Personen empfehle ich, den siebten und achten Vers des siebten Kapitels und den 20. Vers des 17. Kapitels des Matthäusevangeliums zu lesen.

Eine der größten positiven Kräfte auf dieser Erde ist der Glaube. Dieser enormen Macht können Wunder der erstaunlichsten Natur zugeschrieben werden. Sie bietet all denjenigen Frieden, die sie bereitwillig willkommen heißen.

Der Glaube beinhaltet ein Prinzip, das sich so weitreichend auswirkt, dass niemand seine Grenzen kennt. Halten Sie in Ihrem Text zu Ihrem konkreten Hauptziel die Qualitäten fest, die Sie entwickeln, und die Position, die Sie erreichen wollen, und glauben Sie während der abendlichen Lektüre daran, dass Sie dieses Ziel in die Realität umsetzen können. Sicher entgeht Ihnen die Suggestion in dieser Lektion nicht.

Um erfolgreich zu werden, müssen Sie eine Person der Tat sein. Nur zu »wissen« reicht nicht aus. Sie müssen sowohl wissen als auch handeln.

Enthusiasmus ist der Antrieb des Geistes, der einen drängt, Wissen in die Tat umzusetzen.

> Wenn du glaubst, ein hartes Los in diesem Leben zu haben, lies *Up from Slavery* von Booker T. Washington. Dann erkennst du vielleicht, wie gut es dir geht.

Billy Sunday ist der erfolgreichste Prediger, den dieses Land je gesehen hat. Um seine Technik und seine psychologischen Methoden zu studieren, begleitete der Autor dieses Kurses drei seiner Vortragsreisen.

Sein Erfolg basiert größtenteils auf einem Wort – ENTHUSIASMUS! Indem er das Gesetz der Suggestion effektiv einsetzt, überträgt Billy Sunday seine eigene Begeisterung auf seine Anhänger und beeinflusst sie. Er »verkauft« seine Predigten mit einer Strategie, die auch viele Starverkäufer einsetzen.

Enthusiasmus ist so wesentlich für einen Verkäufer wie Wasser für eine Ente!

Alle erfolgreichen Verkaufsmanager verstehen die Psychologie des Enthusiasmus und wenden sie unterschiedlich an, damit ihre Angestellten mehr absetzen.

Viele Verkaufsorganisationen veranstalten regelmäßige Treffen für ihre Teammitglieder, damit jedes von ihnen mit neuer Energie versorgt und mit Enthusiasmus angesteckt wird. Die Gruppenpsychologie kann ein solches Ergebnis liefern.

Verkaufsmeetings könnte man auch »Erweckungstreffen« nennen, denn sie dienen dazu, das Interesse wiederzubeleben und Begeisterung zu schüren, um Verkäufer zu befähigen, den Kampf mit neuem Ehrgeiz und frischer Energie wiederaufzunehmen.

Während seiner Amtszeit als Leiter der Verkaufsabteilung der National Cash Register Company wurde Hugh Chalmers (der später in der Autoindustrie zu Ruhm gelangte) mit einer peinlichen Lage konfrontiert, die seine Position so wie die von Tausenden Verkäufern unter seiner Leitung auszulöschen drohte.

Das Unternehmen steckte in finanziellen Schwierigkeiten. Dies war zu den Verkäufern im Kundeneinsatz durchgedrungen, sodass sie ihren Enthusiasmus verloren. Die Verkäufe ließen nach, bis die Bedingungen schließlich so alarmierend wurden, dass ein Generaltreffen der Verkaufsabteilung im Werk des Unternehmens in Dayton, Ohio, einberufen wurde. Es nahmen Verkäufer aus dem gesamten Land teil.

Mr. Chalmers leitete das Meeting. Er begann, indem er mehrere seiner besten Verkäufer bat, vorzutreten und zu erzählen, was im Einsatz bei der Kundschaft so falsch lief, dass die Bestellungen derart gefallen waren. Einer nach dem anderen wurde aufgerufen und stand auf, und jeder von ihnen hatte eine leidvolle Geschichte zu erzählen: Die Geschäftsbedingungen waren schlecht, Geld war knapp, die Menschen wollten bis nach der Präsidentschaftswahl nichts kaufen et cetera. Als der fünfte Mitarbeiter vortrug, weshalb er nicht seine übliche Verkaufsquote erzielt hatte, sprang Mr. Chalmers auf den Tisch, hielt die Hände hoch, bat um Ruhe und sagte: »STOP! Ich ordne eine zehnminütige Pause der Versammlung an, während ich mir die Schuhe putzen lasse.«

Dann wandte er sich an einen kleinen schwarzen Jungen in der Nähe und bat ihn, seine Schuhputzutensilien zu holen und ihm die Schuhe gleich dort, mitten auf dem Tisch, zu putzen.

Die Verkäufer im Publikum waren verblüfft! Einige dachten, Mr. Chalmers habe plötzlich den Verstand verloren. Sie begannen zu tuscheln. Unterdessen polierte der Junge zuerst den einen, dann den anderen Schuh und nahm sich Zeit, seine Arbeit so gut wie möglich zu machen.

Nachdem das erledigt war, gab Mr. Chalmers dem Jungen einen Vierteldollar und fuhr dann mit seiner Rede fort: »Ich will, dass sich jeder von ihnen«, sagte er, »diesen kleinen Jungen ganz genau ansieht. Er hat eine Genehmigung, um im gesamten Unternehmen Schuhe zu putzen. Sein Vorgänger war ein weißer Junge, um einiges älter als er, und trotz der Tatsache, dass das Unternehmen ihn mit einem Gehalt von 5 Dollar die Woche unterstützte, konnte er in diesem Werk, in dem Tausende Menschen arbeiten, nicht genug für seinen Lebensunterhalt verdienen.

Dieser schwarze Junge verdient nicht nur genug, um davon zu leben, und das ohne Zuschuss der Firma, sondern er spart sogar Geld von seinem wöchentlichen Verdienst und arbeitet unter denselben Bedingungen, im selben Werk, für dieselben Leute.

Ich würde Ihnen gerne eine Frage stellen: Wessen Fehler war es, dass der weiße Junge nicht mehr Geschäft gemacht hat? War es seine Schuld oder die seiner Kunden?«

Dröhnend laut kam die Antwort aus der Menge: »ES WAR NATÜRLICH DIE SCHULD DES JUNGEN!«

»Genau«, erwiderte Chalmers, »und nun will ich Ihnen etwas sagen: Sie verkaufen Registrierkassen im selben Gebiet, an dieselben Leute, unter genau denselben Geschäftsbedingungen, die vor einem Jahr herrschten, aber Sie schaffen es nicht, die Umsätze zu machen, die Sie damals erzielten. Nun, wessen Schuld ist das? Ihre oder die der Kunden?«

Und wieder kam die Antwort dröhnend laut: »ES IST NATÜRLICH UNSERE SCHULD!«

»Ich bin froh, dass Sie so ehrlich sind, Ihre Fehler zuzugeben«, fuhr Chalmers fort, »und nun würde ich Ihnen gerne sagen, was Ihr Problem ist: Sie haben Gerüchte gehört, dass dieses Unternehmen in finanziellen Schwierigkeiten steckt, und das hat Ihren Enthusiasmus erlahmen lassen, sodass Sie sich nicht mehr so anstrengen wie früher. Wenn Sie mit einem konkreten Versprechen wieder in Ihre Bezirke gehen, dass Sie jeder in den nächsten 30 Tagen fünf Bestellungen reinholen, wird dieses Unternehmen nicht mehr in finanziellen Schwierigkeiten stecken, denn dieses zusätzliche Geschäft wird uns aus den roten Zahlen holen. Machen Sie mit?«

Sie bejahten, und so handelten sie dann auch!

Dieser Vorfall ist in die Geschichte der National Cash Register Company als die »Hugh Chalmers' Millionen-Dollar-Schuhpolitur« eingegangen, denn es hieß, er habe für die Firma das Ruder herumgerissen, was Millionen von Dollar einfuhr.

Enthusiasmus ist unbesiegbar! Der Verkaufsmanager, der es versteht, eine Armee enthusiastischer Verkäufer auszusenden, kann sein Gehalt selbst bestimmen. Darüber hinaus vermag er die Verdienstmöglichkeiten jedes Mitarbeiters zu verbessern; daher nützt dieser Enthusiasmus nicht nur ihm selbst, sondern vielleicht auch Hunderten anderen.

Enthusiasmus ist niemals Zufall. Vor allem diese Stimuli lösen Begeisterung aus:

1. Einer Arbeit nachzugehen, die man mag.
2. Eine Umgebung, in der man mit anderen enthusiastischen und optimistischen Leuten in Kontakt kommt.
3. Finanzieller Erfolg.
4. Die 15 Gesetze des Erfolgs völlig zu meistern und bei der täglichen Arbeit anzuwenden.
5. Gute Gesundheit.
6. Zu wissen, dass man anderen geholfen hat.
7. Dem eigenen Beruf angemessene Kleidung.

Diese sieben Stimuli sind selbsterklärend, abgesehen vom letzten. Die Psychologie der Kleidung begreifen nur wenige Menschen, und daher thematisieren wir sie hier. Kleidung ist der wichtigste Teil des schönen Beiwerks eines jeden Menschen, damit er sich selbstsicher und hoffnungsvoll fühlt und Begeisterung aufbringt.

Die Psychologie guter Kleidung

Als am 11. November 1918 die guten Kriegsnachrichten hereinkamen, umfasste mein weltlicher Besitz wenig mehr als das, womit ich auf die Welt gekommen war. Der Krieg hatte mein Unternehmen zerstört, und ich musste neu anfangen! Meine Garderobe bestand aus drei abgetragenen Anzügen und zwei Uniformen, die ich nicht mehr brauchte.

Ich wusste nur zu gut, dass die eigene Kleidung der Welt den ersten und bleibenden Eindruck vermittelt, also verschwendete ich keine Zeit und suchte meinen Schneider auf. Zum Glück beurteilte er, der mich seit vielen Jahren kannte, mich nicht nur nach meiner Kleidung. Andernfalls wäre ich dumm dagestanden. Mit weniger als einem Dollar Kleingeld in der Tasche suchte ich mir den Stoff für drei der teuersten Anzüge aus, die ich je besessen hatte, und bestellte sie sofort. Die drei Anzüge kosteten 375 Dollar!

> Das erforderliche Kapital, um eine erfolgreiche Karriere zu starten, ist ein gesunder Körper und ehrliche Leidenschaft, vielen Leuten möglichst großen Nutzen zu bringen.

Ich werde nie die Bemerkung meines Schneiders vergessen, als er mich vermaß. Er sah zuerst die drei Rollen mit dem teuren Stoff, die ich ausgesucht hatte, dann mich an und fragte: »›Ein-Dollar-pro-Jahr‹-Freiwilliger für die Regierung, oder?«

»Nein«, sagte ich, »wenn ich einen Job für einen Dollar im Jahr gekriegt hätte, hätte ich vielleicht genug Geld, um diese Anzüge zu bezahlen.«

Der Schneider sah mich überrascht an. Ich glaube nicht, dass er den Witz verstanden hat.

Einer der Anzüge war in wunderschönem Grau gehalten; einer war dunkelblau, der andere war hellblau mit Nadelstreifen. Zum Glück mochte mein Schneider mich und fragte daher nicht, wann ich für diese teuren Anzüge bezahlen wollte.

Ich wusste, dass ich bald das Geld für sie aufbringen würde, aber hätte ich ihn davon überzeugen können? So dachte ich und hoffte gegen alle Wahrscheinlichkeit, dass die Frage nicht gestellt werden würde.

Dann besuchte ich meinen Herrenausstatter, von dem ich drei weniger teure Anzüge und eine komplette Garderobe der besten Hemden, Kragen, Krawatten, Strümpfe und Unterwäsche erwarb. Diese Rechnung belief sich auf knapp über 300 Dollar.

Ich unterschrieb die Rechnung nonchalant, als hätte ich alles Geld der Welt, und warf sie dem Verkäufer hin, verbunden mit der Anweisung, meinen Einkauf am nächsten Morgen zu liefern. Das Gefühl der gestärkten Selbstsicherheit und des Erfolgs hatte mich überkommen, obwohl ich mich noch nicht in mein neu gekauftes Outfit kleiden konnte.

Ich hatte den Krieg hinter mir und 675 Dollar Schulden gemacht und das alles in weniger als 24 Stunden.

Am folgenden Tag kam der erste der drei Anzüge, die ich beim Herrenausstatter bestellt hatte. Ich zog ihn sofort an, steckte ein neue Seidentaschentuch in die Außentasche der Jacke, schob die 50 Dollar, die ich als Pfand für einen Ring bekommen hatte, in die Hosentasche und ging den Michigan Boulevard entlang, wobei ich mir so reich vorkam wie Rockefeller.

Bis zur Unterwäsche war jeder Kleidungsartikel, den ich trug, vom Allerfeinsten. Dass all das nicht bezahlt war, ging nur mich, meinen Schneider und meinen Herrenausstatter etwas an.

Jeden Morgen kleidete ich mich in ein völlig neues Outfit und ging dieselbe Straße zur genau gleichen Uhrzeit entlang. Das war »zufällig« die Zeit, in der ein bestimmter reicher Verleger auf dem Weg zum Mittagessen ebenfalls dort war.

Ich nahm mir vor, jeden Tag mit ihm zu reden, und gelegentlich blieben wir stehen und plauderten eine Minute. Nachdem diese täglichen Treffen eine Woche lang stattgefunden hatten, traf ich den Verleger wieder, aber dieses Mal wollte ich warten, ob er an mir vorbeigehen würde, ohne mich anzusprechen.

Ich sah geradeaus, warf ihm aber einen verstohlenen Blick zu und wollte an ihm vorbeigehen, als er mich aufhielt, mich zur Seite des Gehsteigs lotste, mir die Hand auf die Schulter legte, mich von Kopf bis Fuß musterte und sagte: »Sie sehen sehr wohlhabend aus für einen Mann, der gerade die Uniform abgelegt hat. Wer macht Ihre Kleidung?«

»Nun«, sagte ich, »Wilkie & Sellery haben diesen Anzug geschneidert.«

Dann wollte er wissen, in welcher Branche ich arbeitete. Diese »abgehobene« Aura des Wohlstands, die ich zur Schau trug, zusammen mit einem neuen Anzug jeden Tag, hatten seine Neugier geweckt. (Das hatte ich gehofft.)

Ich schnippte die Asche von meiner »Perfecto« aus Havanna und sagte: »Ich bereite die Auflage einer neuen Zeitschrift vor, die ich herausbringen werde.«

»Eine neue Zeitschrift also?«, fragte er, »Und wie werden Sie sie nennen?«

»Sie soll *Hill's Golden Rule* heißen.«

»Vergessen Sie nicht«, sagte mein Freund, der Verleger, »dass ich im Druck- und Verlagsgeschäft bin. Vielleicht kann ich Ihnen auch helfen.«

Das war der Moment, auf den ich gewartet hatte. Ich hatte diese Gelegenheit und fast genau die Stelle, an der wir standen, vor Augen gehabt, als ich die neuen Anzüge gekauft hatte.

Aber ich sollte Sie vielleicht daran erinnern, dass diese Unterhaltung niemals stattgefunden hätte, wenn dieser Verleger mich jeden Tag mit einem Gesicht wie ein »geprügelter Hund«, einem knittrigen Anzug und Armutsblick in den Augen auf der Straße gesehen hätte.

Der Eindruck von Wohlstand ruft immer und ohne Ausnahme Aufmerksamkeit hervor. Darüber hinaus erregt es immer »wohlwollende Aufmerksamkeit«, wohlhabend auszusehen, denn schließlich ist das vorherrschende Bedürfnis eines jeden Menschen, reich zu sein.

Mein Verlegerfreund lud mich zum Mittagessen in seinen Klub ein. Bevor der Kaffee und die Zigarren serviert wurden, hatte er mich »überzeugt«, ihm den Vertrag für den Druck und den Vertrieb meiner Zeitschrift zu übertragen. Ich hatte sogar »zugestimmt«, dass er mir das Kapital ohne Zinsen zur Verfügung stellte.

Für diejenigen, die nicht mit dem Verlagsgeschäft vertraut sind, möchte ich darauf hinweisen, dass beträchtliches Kapital nötig ist, um eine neue, landesweite Zeitschrift herauszubringen.

Finanzielle Mittel sind in solcher Höhe schwer zu ergattern, selbst mit den besten Sicherheiten. Das erforderliche Kapital, um *Hill's Golden Rule Magazine* herauszubringen – vielleicht haben Sie es gelesen –, betrug 30.000 Dollar, und jeden Cent brachte ich aufgrund des »Eindrucks« meiner guten Kleidung auf. Es stimmt wohl, dass hinter dieser Kleidung auch einiges an Fähigkeiten steckte, wobei viele Millionen Menschen über Kompetenz, aber nicht viel mehr, verfügen, und außerhalb ihres Wohnorts hört man nie von ihnen. Das ist bedauerlich!

Einigen mag es wie eine unverzeihliche Extravaganz erscheinen, dass jemand, der »pleite« ist, sich mit 675 Dollar für Kleidung verschuldet, aber diese Investition war durch die zugrunde liegende Psychologie mehr als gerechtfertigt.

Der Anschein von Wohlstand machte nicht nur einen positiven Eindruck auf diejenigen, von denen ich mir einen Gefallen erhoffte, sondern wichtiger noch war der Effekt der angemessenen Kleidung auf MICH SELBST. Ich wusste nicht nur, dass korrekte Kleidung andere vorteilhaft beeindrucken würde, sondern auch, dass sie mir eine Aura der Selbstsicherheit verlieh, ohne die ich nicht darauf hoffen konnte, mein verlorenes Vermögen wiederzuerlangen.

Ich erhielt meine erste Lektion der Psychologie der guten Kleidung von meinem Freund Edwin C. Barnes, ein enger Geschäftspartner von Thomas A. Edison. Barnes sorgte bei der Belegschaft von

Edison für Belustigung, als er vor etwa 20 Jahren mit einem Güterzug in West Orange einfuhr (da er sich keine Fahrkarte leisten konnte) und in Edisons Büro verkündete, er sei gekommen, um eine Partnerschaft mit dem Erfinder einzugehen.

Fast jeder im Werk lachte über Barnes, außer Edison. Er erkannte etwas an dem kantigen Kiefer und dem entschlossenen Gesicht des jungen Barnes, was die meisten anderen nicht sahen, obwohl der junge Mann eher wie ein Landstreicher aussah als wie der künftige Partner des größten Erfinders der Welt. Barnes erhielt seine Startchance und durfte in den Büroräumen von Edison die Böden wischen!

Das war alles, was er wollte – nur eine Chance, einen Fuß in die Tür dieses Unternehmens zu bekommen. Von dort aus schrieb er eine Geschichte, die es wert ist, dass andere junge Menschen, die es im Leben zu etwas bringen wollen, sie nachahmen.

Barnes hat sich mittlerweile aus dem aktiven Geschäft zurückgezogen, auch wenn er immer noch relativ jung ist, und verbringt den Großteil seiner Zeit in einem seiner beiden wunderschönen Häuser in Brandentown, Florida, oder Damariscotta, Maine. Er ist ein glücklicher Multimillionär.

Ich traf Barnes das erste Mal in den frühen Tagen seiner Zusammenarbeit mit Edison, bevor er wirklich »angekommen« war. In diesen Tagen besaß er die teuerste Kleidung und so viel davon, wie ich es je bei einem einzelnen Mann gesehen oder auch nur gehört hatte. Seine Garderobe bestand aus 31 Anzügen, einer für jeden Tag des Monats. Er trug nie denselben Anzug zweimal hintereinander. Darüber hinaus waren alle seine Anzüge kostspielig. (Zu Beginn wurde seine Kleidung von denselben Schneidern angefertigt, die die drei Anzüge für mich gemacht hatten.) Seine Socken kosteten 6 Dollar pro Paar.

> Es gibt eine angemessene Belohnung für jede Tugend und eine angemessene Strafe für jede Sünde. Sowohl auf die Belohnung als auch auf die Strafe hat ein Mensch keinen Einfluss, denn sie treffen ihn willkürlich.

Seine Hemden und übrige Kleidung kosteten ähnlich viel. Seine Krawatten waren Maßanfertigungen, jede für 5 bis 7,50 Dollar.

Eines Tages fragte ich ihn spaßhalber, ob ich einige seiner alten Anzüge haben könnte, die er nicht mehr brauchte. Er ließ mich wissen, dass er keinen einzigen Anzug nicht mehr brauche!

Dann erteilte er mir eine Lektion über die Psychologie der Kleidung, die sich einzuprägen lohnt. »Ich trage nicht 31 verschiedene Anzüge«, sagte er, »um bei anderen Eindruck zu machen. Ich verhalte mich vor allem so, weil es auf mich selbst Eindruck macht.«

Barnes erzählte mir dann von dem Tag, als er sich beim Edison-Werk vorstellte und um eine Stelle bewarb. Er sagte, er musste ein Dutzend Mal um das Werk herumlaufen, bevor er genug Mut aufbrachte, sich bemerkbar zu machen, denn er wusste, dass er eher wie ein Landstreicher als wie ein begehrter Angestellter aussah.

Von Barnes heißt es, er sei einer der fähigsten Verkäufer, der je mit dem großen Erfinder aus West Orange zusammenarbeitete. Sein gesamtes Vermögen hat er aufgrund seiner Verkaufskompetenz gemacht, wobei er oft äußerte, er hätte niemals diese Ergebnisse erzielt, die ihn reich und berühmt machten, wenn er nicht etwas von der Psychologie der Kleidung verstanden hätte.

Ich habe schon viele Verkäufer in meinem Leben getroffen. Während der letzten zehn Jahre habe ich mehr als 3.000 Leute aus dem Vertrieb, sowohl Männer als auch Frauen, ausgebildet und ihre Bemühungen in die richtigen Bahnen gelenkt. Ich habe dabei beobachtet, dass ohne Ausnahme die Starverkäufer alle Menschen waren, die die Psychologie der Kleidung verstanden und zu ihrem Nutzen einsetzten.

Ich habe gut gekleidete Personen gesehen, die keine herausragende Bilanz als Verkäufer aufweisen konnten, aber ich habe noch nie einen schlecht gekleideten Menschen gesehen, der ein Star auf dem Gebiet des Verkaufs geworden ist.

Ich habe die Psychologie der Kleidung lange genug studiert und ihre Auswirkungen auf Menschen in ausreichend vielen verschiedenen Bereichen gesehen, um absolut überzeugt zu sein, dass es eine enge Verbindung zwischen Kleidung und Erfolg gibt.

Persönlich habe ich kein Bedürfnis, mir 31 Anzüge zu kaufen, aber wenn meine Persönlichkeit eine Garderobe dieser Größe verlangte, würde ich sie anschaffen, egal wie viel es kostet.

Um gut angezogen zu sein, sollte ein Mann mindestens zehn Anzüge haben. Er sollte für sieben Tage die Woche einen anderen Anzug besitzen, einen für förmliche Anlässe und einen Smoking sowie einen Cutaway für formelle Nachmittagsveranstaltungen.

Für den Sommer sollte er mindestens vier angemessene dünne Anzüge haben, mit blauer Jacke und weißen Flanellhosen für informelle Gelegenheiten am Nachmittag und Abend. Wenn er Golf spielt, sollte er mindestens einen Golfanzug besitzen.

Diese Anforderung gilt natürlich für den Mann, der eine Stufe oder zwei über dem »Durchschnitt« steht. Wer sich mit Mittelmäßigkeit zufrieden gibt, braucht nur wenig Kleidung.

Es mag stimmen, was ein bekannter Dichter gesagt hat, dass »Kleider nicht Leute machen«, aber niemand kann abstreiten, dass gute Kleidung einiges zu einem guten Start beiträgt.

Eine Bank wird einem Kunden im Allgemeinem das gewünschte Geld leihen, wenn er es nicht braucht – sofern er reich ist. Aber gehen Sie niemals in schäbig aussehender Kleidung und mit Armutsblick in den Augen zur Bank, um einen Kredit zu bekommen, denn andernfalls wird man Ihnen die Tür weisen.

Erfolg zieht Erfolg an! Es gibt kein Entkommen vor diesem universellen Gesetz. Wenn Sie erfolgreich sein wollen, stellen Sie sicher, dass Sie nach Erfolg aussehen, egal ob Ihr Beruf Tagelöhner oder Handelskönig ist. Den »ehrenhaften« Schülern dieser Philosophie, die etwas dagegen haben, »gewagte« Stimuli oder »Verkleidungen« als ein Mittel zum Erfolg anzusehen, sei zu ihrem Nutzen erklärt, dass praktisch jeder erfolgreiche Mensch auf Erden irgendeinen Stimulus anwendet, um sich zu größeren Leistungen anzutreiben.

Es mag schockierend für die Mitglieder der Anti-Saloon-Liga sein: Es ist traurig, aber wahr, dass James Whitcomb Riley seine besten Gedichte unter dem Einfluss von Alkohol schrieb. Sein Stimulus war der Schnaps. (Der Autor möchte betonen, dass er die Nutzung alkoholischer oder narkotischer Stimuli zu egal welchem Zweck nicht empfiehlt, da beides letztlich Körper und Geist zerstört.) Unter dem Einfluss von Alkohol wurde Riley laut einem seiner engen persönlichen Freunde fantasievoll, enthusiastisch und eine völlig andere Person.

Edwin Barnes trieb sich selbst mithilfe von guter Kleidung zu den notwendigen Leistungen an, um herausragende Resultate zu erzielen.

Einige Männer erklimmen die Leiter des Erfolgs aufgrund der Liebe zu einer Frau. Verbinden Sie dies mit dem kurzen Hinweis auf das Thema in der Einführungslektion, und Sie werden – sofern Sie ein Menschenkenner sind – sich ihren Teil zu dieser Art Stimulus ohne den Kommentar des Autors zusammenreimen können, was unangemessen für die jüngeren Schüler dieser Philosophie sein mag.

Kriminelle, die dem gefährlichen Geschäft von Überfällen auf Highways, Einbruch et cetera nachgehen, »dopen« sich häufig mit Kokain, Morphium und anderen Narkotika. Selbst darin liegt eine Lektion verborgen, die zeigt, dass praktisch alle Menschen andere temporäre oder künstliche Stimuli brauchen als diejenigen, die sie im gewöhnlichen Alltag einsetzen, um sich zu größeren Anstrengungen anzutreiben.

ERFOLGREICHE LEUTE HABEN IHRE BEVORZUGTEN STIMULI, DIE SIE ZU LEISTUNGEN ANTREIBEN, DIE DAS NORMALMASS ÜBERTREFFEN.

Einer der erfolgreichsten Schriftsteller der Welt beschäftigt ein Orchester wunderschön gekleideter junger Frauen, die für ihn spielen, während er schreibt. In einem nach seinem Geschmack künstlerisch gestalteten Zimmer, unter getöntem und gedämpftem Licht sitzen diese attraktiven Frauen, gekleidet in hübsche Abendkleider, und spielen seine Lieblingsmusik. Um seine eigenen Worte zu benutzen: »Ich werde trunken vor Enthusiasmus unter dem Einfluss dieser Umgebung, und steige zu Höhen auf, die ich zu anderen Gelegenheiten niemals erlebe oder verspüre. Dann leiste ich meine Arbeit. Die Gedanken strömen auf mich ein, als würden sie von einer unsichtbaren und unbekannten Macht diktiert.«

Diesen Autor inspirieren Musik und Kunst. Einmal die Woche verbringt er mindestens eine Stunde in einem Kunstmuseum und schaut sich die Werke der Meister an. »Ich tanke genug Enthusiasmus für zwei Tage bei einer Stunde im Kunstmuseum«, so beschreibt er diese Gelegenheiten in seinen eigenen Worten.

Edgar Allan Poe soll *Der Rabe* geschrieben haben, als er mehr als nur etwas berauscht war. Oscar Wilde verfasste seine Gedichte unter dem Einfluss eines Stimulus, der aus moralischen Gründen nicht in einem Kurs dieser Art erwähnt werden kann.

Henry Ford (so glaubt zumindest der Autor) zog seinen Antrieb zu Beginn aus der Liebe zu seiner bezaubernden Lebensgefährtin. Sie war es, die ihn inspirierte und ihm den Glauben an sich selbst und genug Energie gab, dass er trotz Widrigkeiten weitermachte, die ein Dutzend andere Männer zu Fall gebracht hätten.

Diese Vorfälle belegen, dass Schöpfer von herausragenden Leistungen durch Zufall oder Absicht Mittel und Wege entdeckten, sich in einen Zustand des gesteigerten Enthusiasmus zu versetzen.

Verbinden Sie diese Erkenntnisse mit dem, was über das »Mastermind« in der Einführungslektion gesagt worden ist, und Sie werden über ein völlig neues Konzept des Modus Operandi verfügen, um dieses Gesetz anzuwenden. Sie werden auch den wahren Zweck einer »gemeinsamen Leistung im Geiste perfekter Harmonie« etwas anders begreifen, der besten Methode, das Gesetz des Masterminds anzuwenden.

> Dein Arbeitgeber kontrolliert nicht deine Leistung. Du entscheidest selbst darüber und somit über Erfolg oder Scheitern.

An diesem Punkt erscheint es angemessen, hervorzuheben, inwiefern die Lektionen dieses Kurses miteinander verschmelzen. Sie werden feststellen, dass jede Lektion ihr eigenes Thema behandelt und sich zudem mit anderen überschneidet und Ihnen ein besseres Verständnis einiger anderer Einheiten dieses Kurses vermittelt.

Durch den Inhalt dieser Lektion werden Sie den wahren Zweck des Gesetzes des Masterminds besser verstehen. Dieser besteht vor allem darin, eine praktische Methode zu finden, um alle Beteiligten eines Mastermind-Teams geistig anzuregen.

Allzu oft hat der Autor bei Konferenzen Teilnehmer erlebt, deren Gesichter von Sorge gezeichnet waren, nur um dann wiederum dieselben Personen zu sehen, wie sie die Schultern strafften, das Kinn erhoben, ein zuversichtliches Lächeln zeigten und sich mit einem ENTHUSIASMUS an die Arbeit machten, der ein Scheitern ausschloss. Diese Veränderung fand statt, sobald im Hinblick auf das Ziel Harmonie herrschte.

Wenn sich jemand tagein, tagaus auf die gleiche prosaische, halbherzige Art, ohne jede Begeisterung seinen Angelegenheiten widmet, verdammt er sich zum Scheitern. Nichts kann ihn retten, bis er seine Einstellung ändert und lernt, Geist und Körper zu außergewöhnlichem Enthusiasmus anzuregen!

Der Autor möchte es nicht versäumen, das hier zugrunde liegende Prinzip in Worte zu fassen, damit die Schüler dieses Kurses es respektieren, die Männer und Frauen mit verschiedensten Charakteren, Erfahrungen und von unterschiedlicher Intelligenz sind. Aus diesem Grund ist die Wiederholung essenziell.

Ihre Aufgabe im Leben, um Sie erneut daran zu erinnern, besteht darin, erfolgreich zu sein! Motiviert durch das Studium dieser Philosophie und mithilfe der daraus gewonnenen Ideen, ergänzt durch die Unterstützung des Autors, der Ihnen ein präzises Inventar Ihrer herausragenden Qualitäten ermöglicht, sollten Sie in der Lage sein, einen KONKRETEN PLAN zu verfolgen, der Sie zu großem Erfolg führt. Jedoch gibt es keinen Plan, dieses erwünschte Resultat ohne Hilfe eines Einflusses zu erreichen, der Ihnen zu enthusiastischer Begeisterung verhilft, und das in einem Ausmaß, das Sie veranlasst, mehr als den normalen Aufwand zu betreiben, den Sie in Ihre Alltagsbeschäftigung einfließen lassen.

Sie sind nun bereit für die Lektion über Selbstkontrolle! Auf den nächsten Seiten werden Sie einen wesentlichen Beitrag zur vorliegenden Lektion bemerken, so wie diese Lektion mit den vorhergehenden über das konkrete Hauptziel, Selbstvertrauen, Initiative und Führungsstärke sowie Vorstellungskraft verbunden ist.

Die nächste Lektion beschreibt das Gesetz, das diese Philosophie zu regulieren vermag.

DIE SIEBEN REITER DES TODES

EINE NACHBEREITUNG DER LEKTION

Der schlimmste Feind eines jeden Menschen lauert in seinem eigenen Kopf. Wenn Sie sich selbst so sehen könnten wie andere, würden Sie die Widersacher, die in Ihrer Persönlichkeit stecken, entdecken und austreiben. Die Sieben Feinde, die in diesem Essay benannt werden, sind enorm weitverbreitet und lassen Millionen von Männern und Frauen scheitern, ohne dass sie je erkannt werden. Schätzen Sie sich selbst sorgfältig ein und finden Sie heraus, wie viele der Sieben Sie beherbergen.

Sie sehen in diesem Essay sieben tödliche Krieger! Von der Geburt bis zum Tod muss jeder Mensch gegen diese Feinde kämpfen. Ihr Erfolg hängt größtenteils davon ab, wie Sie sich im Kampf gegen diese flinken Reiter bewähren.

Wenn Sie sich das Essay ansehen, werden Sie natürlich sagen, dass es ein Fantasiegebilde ist. Sicher, es ist ausgedacht, aber die flinken Reiter der Zerstörung sind REAL.

Würden diese Feinde auf echten Pferden sichtbar dahinreiten, wären sie nicht gefährlich, denn man könnte sie zusammentreiben und außer Gefecht setzen. Aber sie reiten unsichtbar, im Geist der Menschen. Sie wirken so lautlos und subtil, dass die meisten ihre Gegenwart nicht einmal bemerken.

Analysieren Sie sich selbst und finden Sie heraus, wie viele der sieben Reiter in Ihnen wohnen. Im Vordergrund werden Sie die gefährlichsten und am meisten verbreiteten der Reiter finden. Wenn Sie sie aufspüren und sich dagegen schützen, können Sie sich glücklich schätzen. Der grausame Krieger INTOLERANZ hat mehr Menschen getötet, mehr Freundschaften zerstört, mehr Elend und Leid in die Welt gebracht und mehr Kriege ausgelöst als all die anderen sechs Reiter in diesem Essay.

Solange Sie der INTOLERANZ nicht Herr werden, können Sie niemals ein präziser Denker werden. Dieser Feind der Menschheit verschließt den Geist und schiebt Vernunft, Logik und FAKTEN in den Hintergrund. Wenn Sie feststellen, dass Sie Menschen mit einer anderen Religion als Ihrer ablehnen, können Sie sicher sein, dass der gefährlichste der sieben Reiter des Todes immer noch durch Ihren Geist galoppiert.

Als Nächstes behandelt das Essay RACHE und GIER! Diese Reiter reisen Seite an Seite. Wo der eine aufgefunden wird, ist der andere stets in der Nähe.

Die GIER verzerrt und verdreht den Verstand des Menschen, sodass er einen Zaun um die Erde bauen und jeden anderen draußen halten will. Das ist der Feind, der Menschen dazu bringt, Millionen und Abermillionen Dollar anzuhäufen, die sie niemals brauchen. Das ist der Feind, der einen Menschen veranlasst, die Daumenschrauben anzuziehen, bis er den letzten Tropfen Blut aus seinen Mitmenschen gepresst hat.

Und aufgrund der RACHE, die gemeinsam mit der GIER reitet, ist die unglückliche Person, die diesen grausamen Zwillingen Raum in ihrem Verstand gibt, nicht damit zufrieden, dem Mitmenschen den irdischen Besitz zu nehmen. Sie will dabei auch seinen Ruf ruinieren.

»Rache ist ein nacktes Schwert –
Sie hat weder Griff noch Parierstange.
Willst du diese Waffe des Herrn schwingen:
Ist dein Griff fest und hart?
Aber je näher dein Griff an der Klinge,
Desto tödlicher die Hiebe,
Tiefer die Wunden in deiner eigenen Hand –
Es ist dein Blut, das den Stahl rötet.
Und wenn du den Schlag geführt hast –
Wenn die Klinge aus deiner Hand schnellte –
Statt im Herzen des Feindes
Findest du sie vielleicht in deinem eigenen.«

Wenn Sie ermessen wollen, wie tödlich EIFERSUCHT und GIER sind, dann studieren Sie die Geschichte eines jeden Menschen, der sich anschickte, HERRSCHER DIESER WELT ZU WERDEN!

Falls Sie kein so ehrgeiziges Forschungsprojekt unternehmen wollen, studieren Sie die Menschen um sich herum: Diejenigen, die es versucht haben, und diejenigen, die aktuell versuchen, »ihr Nest mit fremden Federn« auf Kosten anderer zu schmücken. GIER und RACHE stehen an den Kreuzungen des Lebens, wo sie jeden Menschen zum Scheitern und zum Elend leiten wollen, der die Straße zum Erfolg einschlagen will. Gewähren Sie ihnen keinen Einfluss auf Ihr Leben, wenn Sie sich einer dieser Kreuzungen nähern.

Sowohl Individuen als auch Nationen sind dem Untergang geweiht, wenn GIER und EIFERSUCHT durch den Geist der führenden Klasse galoppieren. Sehen Sie sich Mexiko und Spanien an, wenn Sie wissen wollen, was den Eifersüchtigen und Gierigen passiert. Und werfen Sie vor allem einen genauen Blick auf SICH SELBST und stellen Sie sicher, dass diese beiden todbringenden Feinde nicht durch Ihren Geist reiten!

Wenden Sie Ihre Aufmerksamkeit nun zwei weiteren Zwillingen der Zerstörung zu – EGOISMUS und MISSTRAUEN. Beobachten Sie, dass diese ebenfalls Seite an Seite reiten. Es besteht keine Hoffnung auf Erfolg für denjenigen, der entweder an zu viel Eigenliebe oder an einem Vertrauensmangel gegenüber anderen leidet.

Ein Zahlenexperte hat geschätzt, dass die größte Vereinigung der Welt der »DAS-IST-UNMÖGLICH-KLUB« ist. Allein in den Vereinigten Staaten von Amerika soll es ungefähr 99 Millionen Mitglieder dieses Klubs geben.

Falls Ihnen der GLAUBE an andere Menschen fehlt, tragen Sie nicht den Keim des Erfolgs in sich. MISSTRAUEN ist eine Saat, die besonders leicht aufgeht. Wenn man zulässt, dass sie Wurzeln schlägt, wird sie sich schnell vermehren, bis sie keinen Raum für GLAUBEN mehr übrig lässt. Ohne Glauben kann niemand dauerhaft erfolgreich sein.

Wie ein goldener Faden der Erleuchtung zieht sich die Mahnung, zu GLAUBEN, durch die gesamte Bibel. Bevor die Zivilisation sich in der wilden Jagd nach dem Dollar verlor, haben die Menschen noch die Macht des GLAUBENS verstanden.

»Denn wahrlich ich sage euch: So ihr Glauben habt wie ein Senfkorn, so mögt ihr sagen zu diesem Berge: Hebe dich von hinnen dorthin! So wird er sich heben; und euch wird nichts unmöglich sein.« Der Autor dieser Passage aus der Bibel verstand ein wichtiges Gesetz, das wenige heute begreifen. Glauben Sie an Menschen, wenn Sie wollen, dass diese auch an Sie glauben. Töten Sie das MISSTRAUEN. Andernfalls wird es sie töten. Wenn Sie Macht erlangen wollen, kultivieren Sie den GLAUBEN an die Menschheit!

EGOISMUS gedeiht, wo MISSTRAUEN besteht. Interessieren Sie sich für andere, und Sie werden zu beschäftigt sein, um sich der Selbstliebe hinzugeben. Beobachten Sie Menschen um sich herum, die jeden Satz mit dem Personalpronomen »Ich« beginnen, und Sie werden feststellen, dass sie anderen misstrauen. Wer sich selbst vergessen kann, während er anderen Menschen einen nützlichen Dienst erweist, ist niemals mit MISSTRAUEN gestraft. Studieren Sie diejenigen um Sie herum, die sowohl MISSTRAUISCH als auch EGOISTISCH sind. Prüfen Sie, wie viele erfolgreiche Menschen dieses Typs Sie benennen können, egal in welchem Bereich sie arbeiten. Während Sie diese ANDEREN studieren, betrachten Sie sich selbst ebenfalls genau! Stellen Sie sicher, dass Sie nicht von EGOISMUS und MISSTRAUEN ausgebremst werden.

Hinten in dieser tödlichen Gruppe von Reitern sehen Sie zwei Reiter: Einer ist EIFERSUCHT und der Name des anderen wurde absichtlich weggelassen.

Jeder Leser dieses Kapitels sollte für sich selbst ein Inventar erstellen und dem siebten Reiter einen passenden Namen geben, je nachdem, was er bei sich vorfindet. Einige werden diesen Reiter UNEHRLICHKEIT nennen. Andere nennen ihn PROKRASTINATION. Ein paar haben vielleicht den Mut, ihn UNKONTROLLIERTEN SEXUALTRIEB zu nennen. Nennen Sie ihn, wie Sie wollen, aber stellen Sie sicher, dass Sie einen Namen vergeben. Vielleicht finden Sie einen angemessenen Namen für einen Reiter, der gemeinsam mit der EIFERSUCHT reist.

Sie werden besser gerüstet sein, dem namenlosen Reiter einen Namen zu geben, wenn Sie wissen, dass EIFERSUCHT eine Art geistige Störung ist! Fakten sind gelegentlich grausam, wenn man ihnen ins Angesicht blicken muss. Es ist eine Tatsache, dass EIFERSUCHT eine Art geistige Störung ist, den Medizinern unter uns als »Dementia praecox« bekannt.

»Oh Eifersucht,
Du hässlichster Feind aus der Hölle! Dein tödliches Gift
Nährt sich von meinem Leben, macht den lebensvollen Glanz
Meiner frischen Wange zu abgezehrter Fahlheit,
Und verschlingst meinen Geist!«

Sie werden feststellen, dass EIFERSUCHT direkt hinter MISSTRAUEN reitet. Einige Leser werden sagen, dass EIFERSUCHT und MISSTRAUEN Seite an Seite reiten sollten, da das eine im menschlichen Geist oft zum anderen führt.

EIFERSUCHT ist die am weitesten verbreitete Form des Wahnsinns. Sie reitet durch den Geist von Männern und Frauen, manchmal aufgrund einer realen Ursache, aber häufiger ohne jeden Grund. Dieser tödliche Reiter ist der beste Freund der Scheidungsanwälte! Er hält auch die Detektivagenturen Tag und Nacht beschäftigt. Er forderte seinen regelmäßigen Tribut an Morden. Er zerstört Familien und macht Witwen aus den Müttern und aus unschuldigen kleinen Kindern Waisen. Friede und Glück werden sich bei IHNEN niemals einstellen, solange dieser Reiter ungezügelt durch Ihren Verstand galoppiert.

Mann und Frau können in Armut gemeinsam durch das Leben gehen und dennoch sehr glücklich sein, wenn beide frei von diesem Wahnsinn namens EIFERSUCHT sind. Betrachten Sie sich genau, und falls Sie irgendeinen Hinweis auf EIFERSUCHT bei sich finden, machen Sie sich sofort daran, sie zu beherrschen.

Die EIFERSUCHT reitet in vielen Formen. Wenn sie das erste Mal in den Verstand schleicht, manifestiert sie sich etwa so: »Ich frage mich, wo sie ist und was sie tut, während ich weg bin?« Oder: »Ich frage mich, ob er nicht eine andere Frau trifft, wenn er nicht bei mir ist?«

Wenn diese Fragen in Ihrem Geist auftauchen, rufen Sie keinen Detektiv an. Suchen Sie sich besser einen Psychologen und lassen Sie sich therapieren, denn eventuell liegt ein psychisches Leiden vor. Stellen Sie der EIFERSUCHT den Fuß ins Genick, bevor Sie Ihre Klauen um Ihre Kehle legt.

Nachdem Sie diesen Essay gelesen haben, legen Sie das Buch weg und DENKEN Sie darüber nach. Zuerst mögen Sie sagen: »Das trifft nicht auf mich zu. Ich habe keine eingebildeten Reiter in meinem Kopf.« Und vielleicht haben Sie recht – EINER VON ZEHN MILLIONEN KÖNNTE ES SAGEN UND DAMIT RECHT HABEN! Die anderen 9.999.999 Menschen lägen damit falsch.

Machen Sie sich nichts vor! Sie könnten zur größeren Gruppe gehören. Dieses Kapitel möchte Sie motivieren, sich zu sehen, wie SIE SIND! Falls Sie Fehlschläge, Armut und Elend in irgendeiner Form erleiden, werden Sie sicher einen oder mehrere dieser tödlichen Reiter in Ihrem Verstand vorfinden.

Geben Sie sich keinen Illusionen hin – diejenigen, die alles haben, was sie wollen, inklusive Glück und Gesundheit, haben die sieben Reiter aus ihrem Verstand vertrieben.

Sehen Sie sich diesen Essay in einem Monat wieder an, nachdem Sie Zeit hatten, sich selbst sorgfältig zu analysieren. Lesen Sie ihn erneut, denn vielleicht vermittelt er Ihnen FAKTEN, die Ihnen helfen, sich von einer Horde grausamer Feinde zu lösen, die derzeit ohne Ihr Wissen durch Ihren Verstand reiten.

LEKTION 8

SELBSTKONTROLLE

»Du kannst es, wenn du glaubst, dass du es kannst.«

In der vorhergehenden Lektion haben Sie den Wert des Enthusiasmus kennengelernt. Sie haben außerdem erfahren, wie man Begeisterung hervorruft und mittels Suggestion auf andere überträgt.

Beschäftigen wir uns nun mit der Selbstkontrolle, durch die Sie Ihren Enthusiasmus konstruktiv einsetzen können. Ohne Selbstkontrolle gleicht Begeisterung der ungezügelten Energie eines Gewitters – der Blitz kann überall einschlagen, Leben und Besitz zerstören.

> Wer tatsächlich weiß, was er vom Leben will, hat schon eine große Strecke zu seinem Ziel zurückgelegt.

Enthusiasmus ist die lebenswichtige Qualität, die Sie zum Handeln antreibt, während Selbstkontrolle Ihre Handlungen reguliert, sodass sie schöpferisch und nicht zerstörerisch wirken.

Um »ausgeglichen« zu leben, müssen sich Enthusiasmus und Selbstkontrolle bei Ihnen die Waage halten. Eine kürzlich von mir durchgeführte Umfrage unter 160.000 erwachsenen Insassen von Gefängnissen in den Vereinigten Staaten enthüllt die erstaunliche Tatsache, dass 92 Prozent dieser unglücklichen Männer und Frauen dort sitzen, weil ihnen die notwendige Selbstkontrolle fehlte, um ihre Energien konstruktiv einzusetzen.

Lesen Sie den vorhergehenden Absatz erneut, denn das ist eine verblüffende Wahrheit!

Tatsächlich entspringt menschliches Leiden größtenteils aus einem Mangel an Selbstkontrolle. Die heiligen Schriften sind voller Ermahnungen, die Selbstkontrolle fordern. Sie drängen uns sogar, unsere Feinde zu lieben und denen zu vergeben, die uns verletzen. Das Gesetz der Widerstandslosigkeit zieht sich wie ein roter Faden durch die Bibel.

Lesen Sie die Berichte über die großen Menschen der Welt, und Sie werden bemerken, dass jeder davon diese Qualität der Selbstkontrolle besitzt! So können Sie die Eigenschaften unseres unsterblichen Lincoln studieren. In den Stunden, in denen er am meisten gefordert war, übte er Geduld, Gelassenheit und Selbstkontrolle. Das waren einige der Qualitäten, die ihn zu einem großartigen Mann machten. Er erfuhr von einigen Mitgliedern des Kabinetts Illoyalität. Aber da diese Illoyalität gegen ihn persönlich gerichtet war und weil die betreffenden Personen Qualitäten mitbrachten, die sie wertvoll für dieses Land machten, übte Lincoln sich in Selbstkontrolle und beachtete ihre fragwürdigen Eigenschaften nicht.

Wie viele Menschen kennen Sie, die über eine ähnliche Selbstkontrolle verfügen?

In einer eher kraftvollen und weniger polierten Sprache rief Billy Sunday von der Kanzel: »Es ist etwas zutiefst und höllisch Verderbtes an einem Menschen, der immer versucht, andere bloßzustellen!« Ich frage mich, ob der »Teufel« diese Aussage Billys mit »Amen, Bruder!« kommentiert hat.

Doch Selbstkontrolle ist nicht deshalb so wichtig in diesem Kurs über das Gesetz des Erfolgs, weil ein Mangel daran den Opfern schadet, sondern weil Menschen ohne sie enorm an Macht verlieren, die sie für ihren Kampf um ihr konkretes Hauptziel benötigen.

Falls Ihnen Selbstkontrolle fehlt, werden Sie vermutlich nicht nur andere verletzen, sondern Sie werden sich mit Sicherheit selbst schaden!

Zu Beginn meiner öffentlichen Karriere entdeckte ich, was für ein Unheil der Mangel an Selbstkontrolle in meinem Leben anrichtete, und dies ergab sich aus einem alltäglichen Vorfall. (Sicher ist es nicht unangebracht, ein wenig abzuschweifen und zu behaupten, dass die großartigsten Wahrheiten sich oft in den banalen Ereignissen des Alltagslebens verbergen.)

So lernte ich eine der wichtigsten Lektionen meines Lebens: Eines Tages kam es zu einem Missverständnis mit dem Hausmeister des Gebäudes, in dem mein Büro war. Dies führte zu einer heftigen gegenseitigen Abneigung zwischen uns. Um seine Verachtung für mich zu demonstrieren, schaltete der Hausmeister die elektrische Beleuchtung im Gebäude aus, wenn er wusste, dass ich allein dort war und in meinem Büro arbeitete. Das passierte öfter, bevor ich beschloss »zurückzuschlagen«. Meine Gelegenheit kam eines Sonntags, als ich in mein Büro kam, um eine Rede vorzubereiten, die ich am folgenden Abend halten sollte. Ich hatte mich kaum hingesetzt, als die Lichter ausgingen.

Ich sprang auf, rannte in den Keller des Gebäudes, wo ich den Hausmeister vermutete. Als ich ankam, fand ich ihn fleißig beschäftigt vor. Er schaufelte Kohle in den Heizkessel und pfiff, als wäre nichts Ungewöhnliches passiert.

Ohne weitere Einführung ging ich auf ihn los und schmiss ihm fünf Minuten lang Adjektive an den Kopf, die heißer waren als das Feuer, das er schürte. Schließlich gingen mir die Worte aus, und ich kam ins Stocken. Er richtete sich auf, sah über die Schulter und sagte mit ruhiger, sanfter Stimme, voller Gelassenheit und Selbstkontrolle und mit einem Lächeln von einem Ohr zum anderen: »Na, Sie sind aber ein wenig aufgeregt heute Morgen, oder?«

Diese Bemerkung war schneidend wie ein scharfer Dolch! Stellen Sie sich meine Gefühle vor, als ich vor diesem ungebildeten Mann stand, der weder lesen noch schreiben konnte, aber trotz seines Handicaps mich bei einem Duell geschlagen hatte, das auf dem Schlachtfeld – und mit der Waffe – ausgefochten wurde, die ich selbst gewählt hatte.

Mein Gewissen zeigte anklagend mit dem Finger auf mich. Ich wusste, dass ich nicht nur besiegt worden war, sondern was noch schlimmer war, ich wusste, dass ich der Aggressor war und unrecht hatte, was meine Demütigung noch schlimmer machte.

Nicht nur klagte mein Gewissen mich selbst an, sondern es brachte mich auch auf demütigende Gedanken; es machte sich über mich lustig und provozierte mich. Da stand ich nun, ein herausragender Schüler einer fortgeschrittenen Psychologie, der Vertreter der Philosophie der Goldenen Regel, der mindestens die Werke von Shakespeare, Sokrates, Plato, Emerson und der Bibel kannte; während mir gegenüber ein Mann stand, der nichts über Literatur oder Philosophie wusste, aber der mich dennoch in einem Kampf der Worte geschlagen hatte.

Ich drehte mich um und ging so schnell ich konnte wieder in mein Büro. Ich konnte nichts weiter tun. Als ich über die Sache nachdachte, erkannte ich meinen Fehler, aber, ganz der niederen Natur gemäß, zögerte ich, das Nötige zu tun, um den Fehler wiedergutzumachen. Ich wusste, dass ich mich bei diesem Mann entschuldigen musste, um in meinem Herzen wieder Frieden zu finden, und erst recht den Frieden zwischen uns beiden. Schließlich beschloss ich, wieder in den Keller zu gehen und die Demütigung zu ertragen, der ich mich unterwerfen musste. Weder war die Entscheidung leicht noch fasste ich sie schnell.

Ich machte mich auf den Weg nach unten, aber ich ging langsamer als das erste Mal. Ich überlegte, wie ich beim zweiten Mal vorgehen sollte, um die Demütigung so gering wie möglich ausfallen zu lassen.

Als ich in den Keller kam, rief ich den Hausmeister zur Tür. Mit ruhigem, freundlichem Ton fragte er: »Was wollen Sie dieses Mal?«

Ich sagte ihm, dass ich zurückgekommen war, um mich für das Unrecht zu entschuldigen, das ich ihm angetan hatte, falls er mir das gestatten würde. Wieder breitete sich das Lächeln auf seinem ganzen Gesicht aus, als er sagte: »Um Himmels willen, Sie müssen sich nicht entschuldigen. Niemand hat Sie gehört, außer diesen vier Wänden und uns beiden. Ich werde niemandem etwas sagen, und ich weiß, dass Sie niemandem etwas erzählen werden, also vergessen Sie es einfach.«

Diese Bemerkung schmerzte noch mehr als die erste, denn er hatte sich nicht nur bereit erklärt, mir zu vergeben, sondern sogar geäußert, dass er mir helfen würde, den Vorfall unter den Teppich zu kehren, damit er nicht bekannt und mir schaden würde.

> So ihr Glauben habt wie ein Senfkorn, so mögt ihr sagen zu diesem Berge: Hebe dich von hinnen dorthin! So wird er sich heben; und euch wird nichts unmöglich sein.

Aber ich trat an ihn heran und schüttelte ihm die Hand. Diese Geste geschah mit mehr als nur der Hand – sie kam von ganzem Herzen. Und als ich wieder in mein Büro ging, fühlte ich mich gut, weil ich Mut bewiesen und das Unrecht wiedergutmacht hatte, das ich ihm getan hatte.

Das ist nicht das Ende der Geschichte. Es ist erst der Anfang. Infolge dieses Vorfalls beschloss ich, nie wieder erleben zu müssen, dass jemand, gleich ob ein ungebildeter Hausmeister oder ein belesener Mensch, mich demütigen konnte, weil ich die Selbstkontrolle verloren hatte.

Daraufhin veränderte ich mich merklich. Was ich schrieb, brachte mir größere Macht. Meine gesprochenen Worte erhielten mehr Gewicht. Ich gewann mehr Freunde und machte mir weniger Feinde unter meinen Bekannten. Der Vorfall markierte einen der wichtigsten Wendepunkte in meinem Leben. Er lehrte mich, dass niemand andere kontrollieren kann, der sich nicht selbst zu kontrollieren vermag. Das verdeutlichte mir die Philosophie hinter diesen Worten: »Wen die Götter zerstören wollen, den erzürnen sie zuerst.« Das gab mir auch eine klare Vorstellung über das Gesetz der Widerstandslosigkeit und half mir, viele Passagen zu diesem Gesetz in den heiligen Schriften zu interpretieren, so wie ich sie vorher noch nie gedeutet hatte.

Dieser Vorfall verlieh mir einen Schlüssel zu einem Wissensschatz, der erhellend und hilfreich bei all meinen Aktivitäten ist. Später im Leben, als Feinde versuchten, mich zu vernichten, gab er mir eine mächtige Waffe zur Verteidigung, die mich noch nie im Stich gelassen hat.

Ein Mangel an Selbstkontrolle ist die schädlichste Schwäche des durchschnittlichen Verkäufers. Der potenzielle Käufer sagt etwas, das der Verkäufer nicht hören will, und falls er nicht über Selbstkontrolle verfügt, erwidert er eine gegensätzliche Bemerkung, die für das Geschäft tödlich ist.

In einem der größten Kaufhäuser in Chicago wurde ich Zeuge eines Vorfalls, der zeigte, wie essenziell Selbstkontrolle ist. Eine lange Reihe Frauen wartete vor dem »Beschwerde«-Tresen, und sie klagten der jungen Angestellten ihre Sorgen und listeten die Fehler des Ladens auf. Einige der Frauen waren wütend und keinen vernünftigen Argumenten zugänglich, manche machten hässliche Bemerkungen. Die junge Frau am Tresen empfing die verärgerten Damen ohne das kleinste Anzeichen von Verärgerung. Mit einem Lächeln auf dem Gesicht wies sie ihnen den Weg zur richtigen Abteilung mit einer solch charmanten Haltung, dass ich erstaunt über ihre Selbstkontrolle war.

Direkt hinter ihr war eine weitere junge Frau, die sich auf Zetteln Notizen machte und sie nach vorne reichte, während die Kundinnen in der Schlange ihrem Ärger Luft machten. Diese Notizen fassten zusammen, was diese Frauen sagten, abzüglich der »bösartigen Ausschmückungen« und der Wut.

Die lächelnde junge Angestellte am Tresen, die sich die Beschwerden »anhörte«, war stocktaub! Ihre Assistentin versorgte sie auf diesen Zetteln mit allen notwendigen Fakten.

Ich war so beeindruckt von diesem Vorgehen, dass ich den Geschäftsführer des Ladens aufsuchte. Er sagte mir, dass er eine taube Frau für eine der anstrengendsten und wichtigsten Positionen im Laden aus dem Grund ausgesucht hatte, weil er keine andere Person mit ausreichender Selbstkontrolle gefunden hatte, um die Stelle zu besetzen.

Während ich dort stand und die Reihe verärgerter Frauen ansah, beobachtete ich den angenehmen Effekt, den das Lächeln der jungen Dame am Tresen auf sie hatte. Sie traten vor sie, knurrend wie Wölfe, und gingen wieder, sanft und leise wie Schafe. Tatsächlich hatten einige von ihnen ein »Schafsgesicht«, als sie gingen, denn die Selbstkontrolle der jungen Frau hatte sie beschämt.

Seitdem ich Zeuge dieser Szene wurde, habe ich jedes Mal über die Gelassenheit und Selbstkontrolle dieser jungen Dame am Tresen nachgedacht, wenn ich merkte, wie ich über ärgerliche Bemerkungen wütend wurde. Oft habe ich gedacht, dass jeder so etwas wie einen »mentalen Gehörschutz« haben sollte, den er zu bestimmten Gelegenheiten über die Ohren ziehen könnte. Persönlich habe ich mir angewöhnt, bei dem sinnlosen Geschwätz, das ich über die Jahre zu verachten gelernt habe, meine Ohren zu »verschließen«. Das Leben ist zu kurz und es gibt zu viel konstruktive Arbeit zu erledigen, um gegen jeden »zurückzuschlagen«, der etwas sagt, das uns stört.

In der Gerichtspraxis habe ich einen cleveren Trick von Prozessanwälten beobachtet, den sie nutzen, um eine faktische Aussage von unwilligen Zeugen zu bekommen, die Fragen mit dem sprichwörtlichen »ich kann mich nicht erinnern« oder »ich weiß nicht« beantworten. Wenn alles andere scheitert, schaffen sie es, einen solchen Zeugen zu erzürnen. In diesem Geisteszustand verliert der Betreffende seine Selbstkontrolle und äußert etwas, was er mit einem »kühlen« Kopf für sich bewahrt hätte.

Die meisten von uns gehen durchs Leben mit einem »Blick aufs Wetter«, der himmelwärts gerichtet ist, um nach Ärger Ausschau zu halten. Wir finden normalerweise, wonach wir suchen. Auf meinen Reisen haben ich gerne Menschen studiert, die das typische »Eisenbahngeplauder« anstimmen. Dabei habe ich beobachtet, dass praktisch neun von zehn so wenig Selbstkontrolle haben, dass sie sich selbst zu einer Diskussion über praktisch jedes angeschnittene Thema »einladen«. Wenige geben sich damit zufrieden, in ihrem Raucherabteil zu sitzen und einer Unterhaltung zuzuhören, ohne sich zu beteiligen und ihren Ansichten »Luft zu machen«.

Einmal reiste ich von Albany nach New York City. Auf dem Weg dorthin begann der »Raucherabteilklub« eine Unterhaltung über den mittlerweile verstorbenen Richard Croker, der damals Chef der Tammany Hall war. Die Diskussion wurde laut und verbittert. Jeder wurde wütend, abgesehen von einem alten Gentleman, der begeistert mitdiskutierte und reges Interesse zeigte. Er blieb ruhig und schien all die Gemeinheiten zu genießen, die die anderen über den »Tiger« von Tammany Hall verbreiteten. Natürlich nahm ich an, dass er ein Gegner dieses Mannes war, aber das war nicht der Fall! Er war Richard Croker selbst!

Das war einer der cleveren Tricks, um herauszufinden, was die Menschen von ihm dachten und was seine Gegner planten.

Was immer Richard Croker auch gewesen sein mag, er war ein Mann mit Selbstkontrolle. Vielleicht ist das einer der Gründe, wieso er so lange der unangefochtene Chef der Tammany Hall war. Menschen, die sich selbst im Griff haben, beherrschen meist ihren Job, egal was sie tun.

Bitte lesen Sie den letzten Satz erneut, denn er enthält eine subtile, für Sie nutzenstiftende Suggestion. Alltägliche Vorfälle wie der beschriebene bergen die großen Wahrheiten des Lebens – diese verstecken sich sozusagen in den gewöhnlichen Begebenheiten.

Vor Kurzem habe ich meine Frau auf einer »Schnäppchenjagd« begleitet. Uns fielen einige Frauen auf, die sich mit dem Ellbogen vor einem Schnäppchentisch mit Unterröcken gegenseitig aus dem Weg stießen. Eine Dame von etwa 45 Jahren krabbelte auf Händen und Knien durch die Menge, um vor einer Kundin »aufzutauchen«, die die Aufmerksamkeit einer Verkäuferin mit lauter Stimme beanspruchte. Die Angestellte war eine Diplomatin und Kennerin der menschlichen Natur. Auch besaß sie Selbstkontrolle, denn sie lächelte den Eindringling freundlich an und sagte: »Ja, Miss. Ich bin in einem Augenblick für Sie da!« Die aufdringliche Kundin beruhigte sich.

Ich weiß nicht, ob es das »Ja, Miss« oder ihr netter Ton war, der die Einstellung der Dame änderte, vielleicht war es beides. Ich weiß jedoch, dass die Verkäuferin für ihre Selbstkontrolle belohnt wurde, indem sie drei Unterröcke verkaufte. Die glückliche »Miss« ging davon und fühlte sich durch diese Bemerkung verjüngt.

Gebratener Truthahn ist ein beliebtes Gericht, aber zu viel davon zu essen, kostete einen Freund von mir aus der Druckereibranche eine Bestellung von 50.000 Dollar. Am Tag nach Thanksgiving rief ich in seinem Büro an, um ihm einen prominenten Russen vorzustellen, der in die Vereinigten Staaten gekommen war, um ein Buch zu veröffentlichen. Der Russe sprach gebrochenes Englisch, und daher war es schwer für ihn, sich verständlich zu machen. Während des Interviews stellte er meinem Freund aus dem Druckereigewerbe eine Frage, die dieser als eine Bewertung seiner beruflichen Fähigkeiten missverstand. In einem unachtsamen Moment konterte er mit folgender Bemerkung:

> Ich würde lieber unten anfangen und zur Spitze aufsteigen, als oben anzufangen und dort bleiben zu müssen.

»Das Problem mit euch Bolschewiken ist, dass ihr die restliche Welt argwöhnisch beäugt, aufgrund eurer eigenen Kurzsichtigkeit.«

Mein »bolschewistischer« Freund stieß mich mit dem Ellbogen an und flüsterte: »Dem Gentleman scheint schlecht zu sein. Wir sollten wieder anrufen, wenn er sich besser fühlt.«

Aber, er rief nie wieder an. Er platzierte seine Bestellung bei einer anderen Druckerei, und ich erfuhr hinterher, dass der Profit dieses Auftrags bei mehr als 10.000 Dollar lag!

10.000 Dollar erscheint wie ein hoher Preis für einen Truthahn, aber das ist der Preis, den er meinen Druckerfreund kostete. Denn er entschuldigte sich später für sein Verhalten damit, dass der Truthahn vom Abendessen ihm Verdauungsprobleme bereitet hatte und er deswegen die Selbstbeherrschung verloren hatte.

Eine der größten Ladenketten der Welt bedient sich einer einzigartigen und effektiven Methode, Verkäufer anzuwerben, die die essenzielle Eigenschaft der Selbstkontrolle mitbringen, die wichtig für den erfolgreichen Vertrieb ist. Bei diesem Konzern arbeitet eine clevere Frau, die Geschäfte und andere Firmen besucht, die Verkäufer beschäftigen. Unter diesen sucht sie Kandidaten aus, denen sie Taktgefühl und Selbstkontrolle zutraut. Um ihres Urteils sicher zu sein, spricht sie diese Verkäufer und Verkäuferinnen an und lässt sich die Waren zeigen. Sie stellt alle möglichen Fragen, um die Geduld der Verkäufer zu strapazieren. Sofern sie diesen Test bestehen, werden ihnen bessere Positionen angeboten; falls nicht, haben sie nur eine gute Gelegenheit verpasst, ohne es überhaupt mitbekommen zu haben.

Zweifellos lassen alle Menschen, die gar keine oder kaum Selbstkontrolle mitbringen, unwissentlich buchstäblich Chance um Chance an sich vorbeigehen. Eines Tages stand ich am Verkaufstresen für Handschuhe eines großen Kaufhauses und redete mit einem jungen Angestellten. Er sagte mir, dass er schon seit vier Jahren in dem Geschäft arbeitete, aber aufgrund der »Kurzsichtigkeit« des Unternehmens wurden seine Dienste nicht wertgeschätzt, und er suchte nach einer anderen Position. Während dieser Unterhaltung kam ein Kunde zu ihm und bat darum, ein paar Hüte zu sehen. Der Angestellte schenkte der Bitte des Kunden keine Aufmerksamkeit, bis er fertig war, mir von seinem Ärger zu erzählen, obwohl der Kunde offensichtlich ungeduldig wurde. Schließlich wandte der Angestellte sich an den Kunden und sagte: »Das ist nicht die Hutabteilung.« Als der andere nachfragte, wo er diese Abteilung finden könnte, erwiderte der junge Mann: »Fragen Sie den Kundenberater dort drüben, er wird Ihnen sagen, wo sie ist.«

Vier Jahre lang hatte sich diesem jungen Mann eine gute Gelegenheit geboten, aber er hatte es nicht bemerkt. Er hätte sich jede Person zum Freund machen können, die er in diesem Laden bediente, und diese Freunde hätten ihn zu einem der wertvollsten Mitarbeiter in diesem Laden machen können, denn sie hätten immer wieder bei ihm gekauft. »Schnippische« Antworten, die man nachfragenden Kunden gibt, werden diese nicht zurückbringen.

Eines regnerischen Nachmittags lief eine alte Dame in ein Kaufhaus in Pittsburgh und wanderte ziellos umher, so wie es Menschen oft tun, die nicht vorhaben, etwas zu kaufen. Die meisten Verkäufer warfen ihr nur »einen Blick zu« und beschäftigten sich damit, ihre Waren auf den Regalen zu ordnen, damit sie nicht von ihr belästigt wurden. Einer der jungen Männer sah sie und fragte sie höflich, ob er ihr helfen könnte. Sie sagte ihm, sie warte nur darauf, dass es aufhörte, zu regnen. Sie wolle nichts kaufen. Der junge Mann versicherte ihr, dass sie willkommen sei, und indem er sie in ein Gespräch verwickelte, gab er ihr das Gefühl, es ernst zu meinen. Als sie bereit war, zu gehen, begleitete er sie auf die Straße und hielt ihr den Regenschirm. Sie bat um seine Visitenkarte und machte sich auf den Weg.

Den Vorfall hatte der junge Mann schon wieder vergessen, als er eines Tages ins Büro seines Chefs gebeten wurde und man ihm einen Brief von einer Dame zeigte, die einen Verkäufer brauchte, der nach Schottland kam, um eine Bestellung für die Möblierung einer Villa entgegenzunehmen.

Diese Dame war die Mutter von Andrew Carnegie; sie war außerdem dieselbe Frau, die der junge Mann viele Monate zuvor so höflich zur Straße eskortiert hatte. In dem Brief spezifizierte Mrs. Carnegie, dass dieser junge Mann geschickt werden sollte, um ihre Bestellung aufzunehmen. Diese belief sich auf eine beträchtliche Summe. So erhielt der junge Mann eine Beförderungschance, die er vielleicht nie gehabt hätte, wenn er nicht zu einer alten Dame höflich gewesen wäre, die »kein leichter Kunde zu sein schien«.

Genauso wie die großen grundlegenden Gesetze des Lebens oft in den gewöhnlichsten Alltagserfahrungen verpackt sind, die die meisten von uns nie bemerken, so sind die wirklichen Chancen oft in scheinbar unwichtigen Transaktionen versteckt.

Fragen Sie die nächsten zehn Personen, die Sie treffen, wieso sie in ihrem jeweiligen Berufsgebiet nicht mehr erreicht haben, und mindestens neun von zehn werden Ihnen sagen, dass sich ihnen keine Chancen geboten haben. Gehen Sie einen Schritt weiter und analysieren Sie die Handlungen dieser neun Menschen einen einzigen Tag lang genau. Wahrscheinlich werden Sie feststellen, dass jeder von ihnen jeden Tag die besten Gelegenheiten vorbeiziehen lässt.

Eines Tages besuchte ich einen Freund, der als Vertreter für eine Wirtschaftsschule arbeitete. Als ich ihn fragte, wie er zurechtkäme, erwiderte er: »Schlecht! Ich treffe eine Menge Leute, aber ich verkaufe nicht genug, um ein anständiges Einkommen zu erzielen. Tatsächlich ist mein Konto bei der Schule überzogen, und ich denke darüber nach, meine Stelle zu wechseln, denn es gibt dort einfach keine Chancen.«

Ich hatte gerade zufällig zehn Tage Urlaub. Also stellte ich seine Bemerkung infrage, dass sich ihm keine Chancen böten, und sagte ihm, ich könne auf seiner Position 250 Dollar pro Woche verdienen und ihm zeigen, wie er von jetzt an jede Woche so viel einnehmen könnte. Er sah mich erstaunt an und bat mich, bei diesem wichtigen Thema keine Scherze mit ihm zu treiben. Als er schließlich überzeugt war, dass ich es ernst meinte, fragte er mich, wie ich dieses »Wunder« vollbringen wolle.

Dann fragte ich ihn, ob er je von organisierter Leistung gehört habe, worauf er erwiderte: »Was meinst du mit organisierter Leistung?« Ich ließ ihn wissen, dass er fünf bis zehn Studenten mit demselben Aufwand gewinnen könnte, den er in die Anwerbung von einem gesteckt hatte. Das wollte er sehen. Also wies ich ihn an, für mich einen Vortrag vor den Angestellten eines örtlichen Kaufhauses zu arrangieren.

Er machte einen Termin aus, und ich hielt meine Rede. Darin erläuterte ich den Angestellten, wie sie nicht nur ihre Verdienstmöglichkeiten steigern, sondern sich auch auf mehr Verantwortung und höhere Stellungen vorbereiten könnten. Infolge meiner Rede, die ich natürlich auf diesen Zweck ausgerichtet hatte, konnte mein Freund acht dieser Angestellten für Abendkurse an seiner Handelsschule einschreiben.

Am folgenden Abend verabredete er einen ähnlichen Vortrag für mich vor den Angestellten einer Wäscherei, und auf diese Rede hin schrieben sich drei weitere Studenten ein, zwei davon junge Frauen, die härteste Arbeit an den Waschmaschinen verrichteten.

Zwei Tage später buchte er mich für eine Ansprache vor den Angestellten einer der örtlichen Banken, und danach konnte er vier weitere Studenten gewinnen, die sich für Kurse einschrieben. So ergab sich eine Gesamtzahl von 15 Studenten, und der gesamte Zeitaufwand betrug nicht mehr als sechs Stunden, inklusive der Vorträge und der Anmeldung der Studenten.

Die Kommission meines Freundes für diese Transaktionen betrug etwas mehr als 400 Dollar!

Diese Firmen waren nicht weiter als 15 Minuten Fußmarsch vom Arbeitsplatz dieses Mannes entfernt, aber er hatte nie daran gedacht, dort Geschäft zu generieren. Genauso wenig kam er je auf die Idee, sich mit einem Redner zusammenzutun, der ihm bei einem »Gruppenverkauf« half. Dieser Mann führt nun selbst eine hervorragende Handelsschule, und ich habe gehört, dass sein Gesamtverdienst im letzten Jahr über 10.000 Dollar lag.

> Es ist besser, du bist zu gut für deinen Job als der Job für dich.

Ihnen bieten sich »keine Chancen«? Vielleicht bieten sie sich doch, aber Sie bemerken sie nicht. Vielleicht ändert sich das künftig, während Sie diesen Kurs über das Gesetz des Erfolgs studieren, um Gelegenheiten auch zu erkennen. Die sechste Lektion dieses Kurses behandelt das Thema Vorstellungskraft – ein Hauptfaktor des Beispiels, das ich eben beschrieben habe. Vorstellungskraft plus eines konkreten Plans, plus Selbstvertrauen, plus Handeln waren die Hauptfaktoren, die in diese Transaktion eingeflossen sind. Sie wissen nun, wie Sie alle diese einsetzen, und bevor Sie mit dieser Lektion fertig sind, werden Sie diese Faktoren durch Selbstkontrolle steuern können.

Lassen Sie uns nun den Begriff Selbstkontrolle näher erörtern und aufzeigen, wie er in diesem Kurs verwendet wird, indem wir das Verhalten einer Person mit dieser Kompetenz beschreiben. Jemand mit gut entwickelter Selbstkontrolle gibt sich nicht dem Hass hin oder dem Neid, der Eifersucht, der Angst, Rache oder irgendeiner ähnlichen zerstörerischen Emotion. Eine Person mit gut entwickelter Selbstbeherrschung erlebt keine Ekstase oder reagiert unkontrolliert enthusiastisch auf irgendetwas und irgendwen.

Gier, Selbstsucht und Selbstgerechtigkeit über den Punkt einer akkuraten Selbstanalyse und Einschätzung der eigenen Vorzüge hinaus deutet auf einen gefährlichen Mangel an Selbstkontrolle hin. Selbstvertrauen ist einer der wichtigen essenziellen Faktoren des Erfolgs, aber wenn diese Eigenschaft über einen vernünftigen Punkt hinaus entwickelt ist, wird sie bedrohlich.

Selbstaufopferung ist eine lobenswerte Eigenschaft, aber ins Extrem getrieben wird sie ebenso zu einer gefährlichen Form der mangelnden Selbstkontrolle.

Sie schulden sich selbst, Ihren Emotionen nicht zu gestatten, Ihr Glück von einer anderen Person abhängig zu machen. Liebe ist essenziell für Glück, aber die Person, die so tief liebt, dass ihr Glück völlig in den Händen anderer liegt, entspricht dem kleinen Lamm, das in die Höhle des »netten, lieben kleinen Wolfs« kroch und darum bat, sich hinzulegen und zu schlafen, oder dem Kanarienvogel, der mit den Schnurrhaaren der Katze spielt.

Eine Person mit gut entwickelter Selbstkontrolle wird sich weder von Zynikern oder Pessimisten beeinflussen lassen noch wird sie sich das Denken von anderen Menschen abnehmen lassen.

Jemand mit gut entwickelter Selbstkontrolle wird mittels Vorstellungskraft und Enthusiasmus aktiv werden, diese Aktion jedoch kontrollieren und nicht zulassen, davon kontrolliert zu werden.

Eine Person mit gut entwickelter Selbstkontrolle wird nie, unter keinen Umständen, jemand anderen verunglimpfen oder aus irgendeinem Grund nach Rache streben.

Jemand mit Selbstkontrolle wird andersdenkende Menschen nicht hassen, sondern versuchen, den Grund für die Meinungsverschiedenheit zu ergründen und davon profitieren.

Kommen wir nun zu einer Form der mangelnden Selbstbeherrschung, die mehr Leid verursacht als alle andere zusammengenommen: die Gewohnheit, Meinungen zu bilden, bevor man die Fakten studiert hat. Wir werden diese besondere Form in dieser Lektion nicht im Detail studieren, weil sie in Lektion 11 über präzises Denken umfassend behandelt wird. Aber wir können uns dem Thema Selbstkontrolle nicht widmen, ohne dieses verbreitete Übel am Rande zu erwähnen, von dem wir alle mehr oder weniger befallen sind.

Niemand hat das Recht, sich eine Meinung zu bilden, die nicht entweder auf dem basiert, was er für die Fakten hält oder auf einer vernünftigen Hypothese. Aber wenn Sie sich selbst sorgfältig beobachten, werden Sie sich ertappen, wie Sie zu einer Ansicht kommen, die nicht auf etwas Substantiellem beruht, sondern nur auf Ihrem Wunsch, wie etwas sein sollte oder nicht.

Eine weitere schwerwiegende Form der fehlenden Selbstkontrolle ist die Gewohnheit, Geld auszugeben. Ich beziehe mich natürlich darauf, dass man mehr ausgibt als nötig. Diese Marotte hat sich seit Ende des Weltkriegs alarmierend verbreitet. Ein weithin bekannter Ökonom hat prophezeit, dass die Vereinigten Staaten sich in drei weiteren Generationen vom reichsten Land der Welt in das ärmste verwandeln werden, wenn man den Kindern nicht als Teil der Erziehung in den Schulen und zu Hause das Sparen beibringt. Überall sehen wir Menschen, die Automobile, statt Häuser, auf Kredit kaufen. Innerhalb der letzten 15 Jahre hat die »Gier nach dem Auto« so um sich gegriffen, dass buchstäblich zig Tausende Menschen ihre Zukunft verpfänden, um Fahrzeuge zu besitzen.

Ein prominenter Wissenschaftler mit einem scharfen Sinn für Humor prophezeite, dass diese Gewohnheit nicht nur die Bankkonten plündert, sondern, sofern sie anhält, auch irgendwann zu Babys führen wird, die anstatt Beinen Räder haben werden.

Wir leben in einem geschwindigkeitsbesessenen, verschwenderischen Zeitalter, und der beherrschende Gedanke der meisten Menschen ist, schneller zu leben als die Nachbarn. Vor nicht langer Zeit erschrak der Geschäftsführer eines Konzerns, der 600 Männer und Frauen beschäftigt, über die große Zahl seiner Angestellten, die mit »Kredithaien« zu tun hatten und beschloss, diesem Übel ein Ende zu machen. Als er seine Untersuchung abgeschlossen hatte, stellte er fest, dass nur 9 Prozent seiner Angestellten ein Sparkonto führten. Von den anderen 91 Prozent, die kein Geld gespart hatten, waren 75 Prozent in der ein oder anderen Form verschuldet, manche hoffnungslos finanziell ruiniert. Von denen, die Schulden hatten, besaßen 210 Personen Automobile.

> Es ist besser und einfacher, ein großer Mensch in einer kleinen Stadt zu sein, als ein kleiner Mensch in einer großen Stadt.

Wir imitieren gerne. Wir stellen fest, wie schwer es uns fällt, nicht das zu tun, was wir bei anderen beobachten. Wenn unser Nachbar einen Buick kauft, müssen wir ihn imitieren, und falls wir nicht genug zusammenkratzen können, um die erste Anzahlung für den Buick zu leisten, müssen wir mindestens einen Ford haben. Unterdessen denken wir nicht an morgen. Das altmodische »etwas für schlechte Tage weglegen« ist heute obsolet. Wir leben von Tag zu Tag. Wir kaufen unsere Kohle in Pfund und Mehl in 5-Pfund-Säcken und zahlen deshalb ein Drittel mehr, als es kosten sollte, denn die Ware wird in kleinen Mengen verkauft.

Natürlich trifft diese Warnung nicht auf Sie zu! Sie richtet sich nur an die, die sich selbst in die Ketten der Armut legen, indem sie mehr ausgeben, als sie verdienen und die noch nicht davon gehört haben, dass sie wie alle anderen konkrete Gesetze beachten müssen, um Erfolg zu haben.

Das Auto ist eines der modernen Wunder der Welt, aber es ist oft mehr ein Luxus als eine Notwendigkeit. Zig Tausende Menschen, die »aufs Gas treten« und das Tempo erhöhen, werden gefährlich ins Rutschen geraten, sobald die »Regentage« kommen.

Es erfordert beträchtliche Selbstkontrolle, um die Straßenbahn als Transportmittel zu nutzen, wenn alle anderen Menschen um Sie herum mit dem Auto fahren. Aber alle, die so selbstbeherrscht sind, werden sicher den Tag erleben, an dem viele heutige Autobesitzer entweder mit der Straßenbahn fahren oder laufen müssen.

Die moderne Neigung, das gesamte Einkommen auszugeben, veranlasste Henry Ford, seine Angestellten mittels Einschränkungen davor zu bewahren, als er seine berühmte 5-Dollar-am-Tag-Lohneinteilung einführte.

Wenn vor 20 Jahren ein Junge einen Wagen haben wollte, zimmerte er die Räder aus Holz und hatte das Vergnügen, das gesamte Gefährt selbst zu bauen. Wenn ein Junge heute einen Wagen will, schreit er danach – und bekommt ihn!

Mangelnde Selbstkontrolle werden die kommenden Generationen aufgrund des Einflusses verschwenderischer Eltern entwickeln. Vor drei Generationen konnte quasi jeder Junge mit dem Schusterwerkzeug der Familie seine Schuhe selbst flicken. Heute bringt ein Junge seine Schuhe zum Schuster an der Ecke und bezahlt 1,75 Dollar für Absätze und halbe Sohlen, und so verhalten sich durchaus nicht nur die Reichen und besser gestellten Klassen.

Ich wiederhole es – die Neigung, Geld auszugeben, verwandelt Amerika in eine Nation von Armen!

Ich bin mir sicher, dass Sie nach Erfolg streben, denn andernfalls würden Sie nicht diesen Kurs studieren. Ich möchte Sie daher erinnern, dass ein kleines Sparbuch Ihnen so manche Chance bieten wird, die Ihnen sonst entginge. Wie viel Sie sparen, ist nicht so wichtig wie die Tatsache, dass Sie sparen, denn so beweisen Sie, ein selbstbeherrschter Mensch zu sein.

Es ist unter Berufstätigen modern, das gesamte Gehalt auszugeben. Wenn jemand, der 15.000 Dollar im Jahr verdient und damit gut auskommt, eine Gehaltserhöhung von 1.000 Dollar jährlich erhält, lebt er dann weiter von 15.000 Dollar und zahlt das zusätzliche Einkommen auf ein Sparkonto ein? Nein, es sei denn, er ist einer der wenigen, die Geld zurücklegen. Und was tut er mit den zusätzlichen 1.000 Dollar? Er gibt das alte Automobil in Zahlung und kauft ein teureres, und am Ende des Jahres ist er ärmer mit einem Einkommen von 16.000 Dollar, als er es im vorherigen Jahr mit 15.000 Dollar Einkommen war.

Das ist das »moderne Modell des 20. Jahrhunderts« für Amerika, und Sie können sich glücklich schätzen, wenn Sie sich nach genauerer Analyse nicht in dieser Klasse wiederfinden.

Irgendwo zwischen dem alten Griesgram, der jeden Penny, den er in die Finger kriegt, in einen alten Socken steckt, und dem Mann, der jeden Cent, den er verdienen oder leihen kann, ausgibt, gibt es eine »goldene Mitte«. Wenn Sie das Leben genießen und Ihre Freiheit und Zufriedenheit ausreichend gesichert ist, müssen Sie diesen goldenen Mittelweg finden und ihn zum Teil Ihres Programms der Selbstkontrolle machen.

Selbstdisziplin ist der wichtigste Faktor, um persönliche Macht zu entwickeln, denn durch sie kontrollieren Sie Ihren Drang, mehr auszugeben, als Sie verdienen. Ebenso bekommen Sie somit Ihre Gewohnheit, bei Beleidigungen »zurückzuschlagen«, und andere zerstörerische und energieraubende Marotten in den Griff, die so mannigfaltig sind, dass man sie hier nicht aufzählen kann.

> Frage einen weisen Menschen, was er sich am meisten wünscht, und er wird vermutlich sagen: »Mehr Weisheit.«

Schon früh in meiner öffentlichen Karriere schockierte es mich, dass viele Menschen den Großteil ihrer Energien einsetzen, um das niederzureißen, was ein anderer aufgebaut hat. Durch eine seltsame Wendung des Schicksals kreuzte einer dieser Übeltäter meinen Pfad, der meinen Ruf ruinieren wollte.

Zuerst war ich geneigt »zurückzuschlagen«, aber als ich mich eines Abends an die Schreibmaschine setzte, kam mir ein Gedanke, der meine Einstellung gegenüber diesem Mann änderte. Ich entfernte das Blatt Papier, das ich in der Schreibmaschine hatte, und legte ein anderes ein, auf dem ich diesen Gedanken mit folgenden Worten ausdrückte: Du hast einen gewaltigen Vorteil gegenüber dem Mann, der dich verletzt: Es steht in deiner Macht, ihm zu vergeben, während er keinen solchen Vorteil dir gegenüber hat.

Während ich diese Zeilen schrieb, wurde mir klar, dass ich mich für eine künftige Vorgehensweise gegenüber Menschen entscheiden musste, die meine Arbeit kritisieren oder meinen Ruf zerstören wollten. Ich kam mit den folgenden Gedanken zu dieser Entscheidung: Zwei verschiedene Handlungsoptionen standen mir offen. Ich konnte einen Großteil meiner Zeit und Energie auf die Vergeltung an denen verschwenden, die versuchten, mich zu zerstören, oder ich konnte mit dieser Energie mein Lebenswerk vorantreiben und die Ergebnisse dieser Arbeit als Antwort auf meine Kritiker wirken lassen. Ich entschied, dass Letzteres die bessere Vorgehensweise war, und übernahm sie.

»An ihren Taten sollt ihr sie erkennen!« Wenn Ihre Taten konstruktiv sind und Sie mit sich in Ihrem Herzen im Reinen, werden Sie es nicht für nötig halten, Ihre Motive zu erklären, denn diese sind selbsterklärend.

Die Welt vergisst Zerstörer schnell. Nur für die Erbauer baut sie Monumente und verleiht Ehren. Das sollten Sie im Hinterkopf behalten. So gewöhnen Sie sich eher an, Ihre Energie nicht darauf zu verschwenden, gegen Verleumder »zurückschlagen«.

Jede Person, die es in dieser Welt zu etwas gebracht hat, sah sich früher oder später gezwungen, diese Haltung gegenüber ihren Feinden einzunehmen. Falls Sie Beweise wollen, inwiefern sich Selbstkontrolle auszahlt, statt seine Lebensenergie für Vergeltung zu verschwenden, studieren Sie die

Biografien von erfolgreichen Menschen mit Augenmerk darauf, wie sie dieses destruktive Verhalten gezähmt haben.

Bekanntlich hat es noch nie jemand zu einer hohen Position gebracht, ohne dass eifersüchtige und neidische Gegner sich ihm in den Weg stellten. Der verstorbene Präsident Waffen G. Harding, der ehemalige Präsident Wilson, John H. Patterson der National Cash Register Company und unzählige andere, wurden Opfer der grausamen Neigung niederträchtiger Leute, den Ruf eines anderen zu zerstören. Aber diese Männer verschwendeten keine Zeit, sich ihren Gegnern zu erklären oder »zurückzuschlagen«. Sie hatten sich im Griff.

Es sei dahingestellt, ob Attacken auf Personen des öffentlichen Lebens, so grausam, ungerecht und unwahr sie oft sind, nicht doch einem guten Zweck dienen. Ich jedenfalls habe etwas Wichtiges aus den Angriffen eines Journalisten auf mich gelernt. Ich schenkte ihnen vier oder fünf Jahre lang keine Aufmerksamkeit, bis sie so dreist wurden, dass ich schließlich meine Regeln missachtete und »zurückschlug«. Ich setzte mich an meine Schreibmaschine und begann zu tippen. In meiner ganzen Zeit als Schriftsteller habe ich sicher nie wieder so viele beißende Adjektive zusammengetragen wie bei dieser Gelegenheit. Je mehr ich schrieb, desto wütender wurde ich, bis ich alles zu diesem Thema hervorgebracht hatte. Am Ende der letzten Zeile überkam mich ein seltsames Gefühl – es war keine Bitterkeit gegen den Mann, den ich zu verletzen versucht hatte, sondern Mitleid, Sympathie, Vergebung.

Ich hatte mich unbewusst selbst therapiert, indem ich durch die Tasten meiner Schreibmaschine die unterdrückten Emotionen von Hass und Verachtung herausließ, die ich in meinem Unterbewusstsein über lange Jahre angestaut hatte.

Wenn ich richtig wütend werde, setzte ich mich daher an meine Schreibmaschine und »schreibe es mir von der Seele«. Dann werfe ich das Manuskript weg oder hefte es in meinem Notizbuch ab, um es in den kommenden Jahren nochmals lesen zu können – nachdem meine Entwicklung mich zu einem besseren Verständnis gebracht hat.

Unterdrückte Emotionen, besonders Hass, sind wie eine Bombe aus hochexplosivem Sprengstoff, und sofern sie nicht mit genauso viel Sachverstand gehandhabt werden, die ein Experte bei einer Bombe walten lässt, sind sie genauso gefährlich. Eine Bombe kann entschärft werden, indem man sie auf freier Fläche explodieren lässt oder in einer speziellen Mixtur auseinandernimmt. Ebenso kann das Gefühl von Ärger oder Hass entschärft werden, indem man ihm mit den Prinzipien der Psychoanalyse entgegentritt.

Bevor Sie die Erfolgsleiter emporsteigen können, müssen Sie genug Selbstdisziplin ausbilden, um zu einer gelassenen Person zu werden.

> Andere können Ihre Ambitionen auf Nebengleise führen, aber bedenken Sie, dass Entmutigung am häufigsten von innen kommt.

Sie sind das Produkt von mindestens einer Million Jahre evolutionären Wandels. Bei zahllosen Generationen vor Ihnen hat die Natur die Materialen verändert und verfeinert, aus denen Sie bestehen. Schritt für Schritt hat sie die animalischen Instinkte und niedrigen Leidenschaften der Generationen vor Ihnen entfernt, bis sie mit Ihnen das am höchsten entwickelte Tier geschaffen hat, das je gelebt hat. Sie hat sie durch diesen langsamen evolutionären Prozess mit Vernunft, Gelassenheit und »Ausgeglichenheit« ausgestattet, damit Sie selbst die Kontrolle übernehmen und mit Ihrem Leben anstellen, was Sie wollen.

Kein anderes Tier hat jemals über solche Selbstdisziplin verfügt wie Sie. Sie wurden mit der Macht ausgestattet, die höchste Energieform des Menschen zu nutzen: die Gedanken. Nicht auszuschließen ist, dass Gedanken das Bindeglied zwischen der Materie, den physischen Dingen dieser Welt und der Welt des Göttlichen sind.

Sie sind nicht nur imstande, zu denken, sondern, was noch tausendmal wichtiger ist, Sie haben die Macht, Ihre Gedanken zu kontrollieren und zu Ihrem Vorteil zu lenken!

Wir kommen nun zum wirklich wichtigen Teil dieser Lektion. Lesen Sie langsam und meditativ! Nähern Sie sich diesem Teil mit Ehrfurcht, denn er konfrontiert uns direkt mit einem Thema, über das nur wenige Menschen mit dem nötigen Verständnis reden können.

Ich wiederhole es, Sie haben die Macht, Ihre Gedanken zu Ihrem Vorteil zu kontrollieren!

Ihr Gehirn gleicht in dieser Hinsicht einem Dynamo, weil es die mysteriöse Energie produziert oder in Bewegung setzt, die wir Gedanke nennen. Zwei Stimuli lassen Ihr Gehirn agieren: Autosuggestion und Suggestion. Sie können das Material für Ihre Gedanken auswählen, und das ist Autosuggestion (oder Selbstsuggestion). Sie können zulassen, dass andere die Grundlage Ihres Denkens bestimmen, und das ist Suggestion.

Es ist demütigend, dass die meisten Gedanken aufgrund von externen Suggestionen anderer Menschen entstehen. Noch demütigender ist es, zuzugeben, dass die meisten von uns diese Suggestion akzeptieren, ohne genauer zu hinterfragen, ob sie vernünftig ist. Wir lesen die Tageszeitung, als würde jedes Wort auf Tatsachen basieren. Wir werden von Gerüchten und eitlem Geschwätz anderer beeinflusst, als wäre jedes Wort davon wahr.

Der Gedanke ist das einzige, das Sie absolut kontrollieren können. Doch Sie lassen zu, dass andere Menschen das geheiligte Haus Ihres Geistes betreten und durch Suggestion ihre Ängste und Sorgen, Feindseligkeiten und Unwahrheiten abladen, gerade so, als hätten Sie nicht die Macht, die Tür zu schließen und sie draußen zu halten (außer Sie sind die sprichwörtliche Ausnahme, was etwa auf einen von Zehntausend zutrifft).

Es liegt bei Ihnen, Ihre dominierenden Gedanken auszuwählen, und so sicher, wie Sie diese Zeilen lesen, werden Ihnen diese Gedanken gemäß ihrer Natur Erfolg oder Niederlage einbringen.

Dass Gedanken das Einzige sind, das Sie absolut kontrollieren können, ist an sich schon bedeutsam, denn es legt nahe, dass der Gedanke auf dieser irdischen Ebene dem Göttlichen am nächsten kommt. Außerdem kann man daraus etwas Beeindruckendes folgern: dass der Gedanke Ihr wichtigstes Werkzeug ist, mit dem Sie Ihr irdisches Schicksal gemäß Ihren eigenen Vorlieben bestimmen. Sicher hat die göttliche Vorsehung den Gedanken nicht zur einzigen Macht bestimmt, die Sie kontrollieren können, ohne damit Möglichkeiten zu verbinden, die, sofern sie verstanden und entwickelt werden, die Vorstellungskraft übersteigen.

Selbstkontrolle ist einzig eine Frage der Gedankenkontrolle! Bitte lesen Sie diesen Satz laut. Lesen Sie ihn mit Bedacht, und meditieren Sie darüber, bevor Sie weiterlesen, denn er ist zweifellos der wichtigste Satz dieses gesamten Kurses.

Sie studieren diesen Kurs vermutlich, weil Sie ernsthaft nach Wahrheit und Wissen suchen, um im Leben viel zu erreichen.

Sie suchen nach dem magischen Schlüssel, der das Tor zur Macht aufschließt. Und doch halten Sie ihn bereits in den eigenen Händen und können ihn nutzen, sobald Sie lernen, Ihre Gedanken zu kontrollieren.

In Ihren eigenen Geist sollten Sie durch Autosuggestion die positiven, konstruktiven Gedanken pflanzen, die mit Ihrem konkreten Hauptziel im Leben harmonieren. Ihr Geist wird die Gedanken in physische Realitäten umwandeln und Sie Ihnen als fertiges Produkt liefern. Das ist Gedankenkontrolle!

Wenn Sie bewusst denken und sich standhaft Suggestionen von außen verweigern, üben Sie sich effektiv in Selbstkontrolle. Der Mensch ist das einzige Tier auf dieser Erde mit dieser Fähigkeit.

Wie viele Millionen von Jahren die Natur gebraucht hat, um dieses Tier hervorzubringen, weiß niemand, aber jedem intelligenten Psychologiestudenten ist klar, dass die dominierenden Gedanken unsere Handlungen und unser Wesen bestimmen.

Der Prozess des präzisen Denkens ist ein Thema der Lektion 11 dieses Kurses. In dieser Lektion möchte ich klarstellen, dass Gedanken, ob präzise oder unpräzise, die am höchsten organisierte funktionelle Macht des Geistes sind, und dass Sie selbst nichts weiter sind als die Gesamtsumme Ihrer dominierenden oder deutlichsten Gedanken.

Wenn Sie ein Meisterverkäufer werden wollen, gleich ob von Gütern oder Dienstleistungen, müssen Sie die nötige Selbstdisziplin aufbringen, um alle hinderlichen Argumente und Suggestionen auszuschalten. Die meisten Verkäufer verfügen über so wenig Selbstkontrolle, dass sie den potenziellen Käufer schon »Nein« sagen hören, bevor er es sagt. Nicht wenige Vertriebler hören dieses fatale Wort »Nein«, bevor sie überhaupt ihrem potenziellen Käufer gegenüberstehen. Sie haben so wenig Selbstbeherrschung, dass sie sich suggerieren, der potenzielle Kunde werde das Angebot ablehnen.

Ganz anders tickt der Mensch mit Selbstkontrolle! Er suggeriert sich selbst nicht nur, dass sein potenzieller Käufer »Ja« sagen wird, sondern falls das angestrebte »Ja« nicht kommt, bleibt er am Ball, bis er den Widerstand bricht und ein »Ja« herbeiführt. Wenn sein potenzieller Kunde »Nein« sagt, hört er es nicht. Wenn sein potenzieller Kunde – ein zweites, drittes und viertes Mal – »Nein« sagt, übergeht er es, denn er ist ein selbstbeherrschter Mensch und gestattet nur förderlichen Suggestionen, seinen Geist zu erreichen.

Der Starverkäufer, gleich ob er Güter, Dienstleistungen, Predigten oder Vorträge verkauft, versteht es, seine eigenen Gedanken zu kontrollieren. Statt mit Demut die Einflussnahme anderer zu akzeptieren, überzeugt er sie, seine Suggestionen zu akzeptieren. Indem er sich selbst kontrolliert und stets positiv denkt, wird er zu einer dominierenden Persönlichkeit, zu einem Meisterverkäufer. Das ist ebenfalls Selbstkontrolle!

Ein Meisterverkäufer geht in einer Diskussion immer in die Offensive und niemals in die Defensive. Bitte lesen Sie diesen Satz erneut!

Als Meisterverkäufer wissen Sie, dass Sie Ihren potenziellen Käufer in der Defensive halten müssen, und Sie wissen außerdem, wie fatal es für Ihren Verkauf ist, sich in die Defensive drängen zu lassen und dort zu verbleiben. Sie werden sicher gelegentlich eine Zeit lang die defensive Seite einer Unterhaltung einnehmen, aber Sie sollten eine solche Gelassenheit und Selbstkontrolle aufbringen, um mit Ihrem potenziellen Käufer von diesem unbemerkt die Plätze tauschen zu können, indem Sie ihn wieder in die Defensive treiben. Das erfordert Kompetenz und Selbstdisziplin!

Die meisten Verkäufer wischen diesen entscheidenden Punkt zur Seite, indem sie wütend werden und versuchen, den potenziellen Käufer durch Angst zum Nachgeben zu bewegen, aber der Meisterverkäufer bleibt ruhig und gelassen und ist am Ende meistens der Gewinner.

> Menschen verschwenden gerne ihre überschüssige Energie, indem sie Gerüchte und Geschwätz »wiederkäuen«. William Wrigley, Jr., machte sich diese menschliche Neigung zunutze, indem er den Leuten einen Streifen Pfefferminzkaugummi gab.

Das Wort »Verkäufer« bezieht sich auf alle Menschen, die andere durch logische Argumente oder Appelle an ihr Eigeninteresse zu überreden oder überzeugen versuchen. Wir sind alle Verkäufer oder sollten es zumindest sein, egal welche Dienstleistung oder Güter wir anbieten.

Die Fähigkeit, mit anderen Menschen ohne Reibungen und Streit zu verhandeln, ist eine herausragende Eigenschaft aller erfolgreichen Leute. Beobachten Sie diejenigen in Ihrer Nähe, und Sie werden feststellen, dass nur wenige diese Kunst des taktvollen Verhandelns verstehen. Beobachten Sie ebenso, wie erfolgreich diejenigen sind, die diese Kunst beherrschen, obwohl sie vielleicht weniger gebildet als ihre Gesprächspartner sind. Das ist eine Eigenschaft, die Sie kultivieren können.

Die Kunst des erfolgreichen Verhandelns erwächst aus geduldiger und peinlich genauer Selbstkontrolle. Beobachten Sie, wie einfach der erfolgreiche Verkäufer sich selbst im Griff hat, wenn er mit einem ungeduldigen Kunden umgeht. Im Herzen mag der Betreffende kochen, aber Sie werden keinen Hinweis darauf in seinem Gesicht oder seiner Wortwahl bemerken. Er beherrscht die Kunst der taktvollen Verhandlung!

Ein einziges missbilligendes Stirnrunzeln oder ein einziges Wort der Ungeduld vereitelt oft einen Kauf, und niemand weiß das besser als der erfolgreiche Verkäufer. Er sieht es als seine Aufgabe, seine Gefühle zu kontrollieren, und als Belohnung bestimmt er sein Gehalt und wählt seine Position selbst.

Einem erfolgreichen Verhandlungskünstler zuzusehen, ist an sich schon eine kostenlose Ausbildung. Beobachten Sie den öffentlichen Redner, der diese Kompetenz erlernt hat. Sehen Sie seinen entschlossenen Schritt, wenn er auf das Podium geht; studieren Sie den Ausdruck auf seinem Gesicht, wenn er das Publikum mit seiner meisterlichen Überzeugungskraft mitreißt. Er versteht es, ohne Reibung zu verhandeln.

Beobachten Sie den Arzt, der diese Kunst erlernt hat, wie er in den Behandlungsraum geht und seinen Patienten mit einem Lächeln begrüßt. Seine Haltung, der Ton seiner Stimme, der beruhigende Blick zeigen, dass er die erfolgreiche Verhandlung beherrscht. Der Patient fühlt sich schon in dem Moment besser, in dem er das Behandlungszimmer betritt.

Betrachten Sie den Vorarbeiter in einem Betrieb, der sich diese Kompetenz angeeignet hat, wie seine bloße Anwesenheit seine Männer zu größeren Leistungen treibt und ihnen Selbstvertrauen und Enthusiasmus einflößt.

Beobachten Sie den Anwalt, der diese Kunst entwickelt hat, wie er den Respekt und die Aufmerksamkeit des Gerichts, der Jury und seiner Anwaltskollegen erntet. Da ist etwas im Tonfall seiner Stimme, der Haltung seines Körpers und im Ausdruck seines Gesichts, das seinen Gegner schon durch den Vergleich schlecht aussehen lässt.

Nicht nur kennt er seinen Fall, sondern er überzeugt das Gericht und die Jury davon, und als Belohnung gewinnt er seine Fälle und nimmt hohe Gebühren ein. Und all das basiert auf Selbstkontrolle!

Selbstkontrolle ist das Ergebnis von Gedankenkontrolle!

Platzieren Sie in Ihrem Geist bewusst wünschenswerte Gedanken, und halten Sie ihn frei von geistigen Inhalten, die andere Ihnen suggerieren, und Sie werden über Selbstdisziplin verfügen.

Dieses Privileg, Ihren Geist mit selbst gewählten Suggestionen und Gedanken zu stimulieren, ist Ihr Vorrecht und die Macht, die Ihnen die göttliche Vorsehung verliehen hat. Wenn Sie dieses Recht ausüben, gibt es nichts in den Grenzen der Vernunft, das Sie nicht erreichen können.

»Die Geduld verlieren« und damit Ihren Fall, Ihre Debatte oder Ihren Verkauf, stellt Sie als jemanden dar, der sich noch nicht mit den Grundlagen der Selbstkontrolle vertraut gemacht hat, und die wichtigste ist das Privileg, die eigenen vorherrschenden Gedanken selbst zu wählen.

Ein Schüler einer meiner Kurse fragte mich neulich, wie man seine Gedanken bei großer Wut kontrollieren sollte, und ich erwiderte: »Auf die gleiche Weise, wie Sie Ihr Benehmen und den Ton Ihrer Stimme ändern würden, wenn Sie sich in einer hitzigen Auseinandersetzung mit einem Familienmitglied befinden und die Türklingel hören, die Sie warnt, dass Sie Gesellschaft bekommen. Sie würden sich kontrollieren, weil Sie es wollen.«

Falls Sie je in einer ähnlichen Klemme saßen, in der Sie es für notwendig erachteten, Ihre wahren Gefühle zu verbergen und den Ausdruck auf Ihrem Gesicht schnell zu ändern, wissen Sie, wie einfach es ist, und Sie wissen auch, dass man es kann, weil man es will!

Hinter jeder Leistung, hinter aller Selbstdisziplin, hinter jeglicher Gedankenkontrolle steht dieses magische Etwas, das man LEIDENSCHAFT nennt!

Es ist nicht übertrieben, zu sagen, dass Ihnen nur die Tiefe Ihrer Leidenschaft Grenzen setzt! Sofern Ihre Leidenschaft stark genug ist, werden Sie übermenschliche Kräfte entwickeln, um alles zu erreichen. Niemand hat jemals dieses merkwürdige mentale Phänomen erklären können, und vielleicht wird es auch niemand je erklären. Aber falls Ihnen Zweifel kommen, müssen Sie nur damit experimentieren, um sich zu überzeugen.

Wenn Sie sich in einem brennenden Gebäude befänden, und alle Türen und Fenster wären verschlossen, stünden die Chancen gut, dass Sie genügend Kraft entwickeln, um eine normale Tür aufzubrechen, weil Sie sich unbedingt befreien wollen.

Sofern Sie die Kunst der erfolgreichen Verhandlung erlernen wollen, was sicher ist, wenn Sie ihre Bedeutung für Ihr konkretes Hauptziel erfassen, werden Sie es dank intensiver Leidenschaft schaffen.

Napoleon wollte Herrscher von Frankreich werden, und er herrschte. Lincolns Anliegen war, die Sklaven zu befreien, und er erreichte es. Edison wollte Licht mit Elektrizität erzeugen, und er schaffte es – auch wenn es viele Jahre dauerte. Roosevelt trat an, den Atlantischen und Pazifischen Ozean mithilfe des Panamakanals zu verbinden, und es gelang. Demosthenes strebte danach, ein großer öffentlicher Redner zu werden, und trotz des Handicaps einer Sprachstörung erfüllte er sich diesen Wunsch. Helen Keller träumte davon, zu reden, und obwohl sie taub, stumm und blind war, spricht sie heute. John H. Patterson wollte bei seiner Produktion von Registrierkassen an die Spitze, und das erreichte er. Marshall Field strebte danach, der führende Händler seiner Zeit zu werden, und es gelang. Shakespeare wünschte sich, ein großartiger Stückeschreiber zu werden, und obwohl er nur ein armer, umherziehender Schauspieler war, machte er seine Leidenschaft zur Wirklichkeit. Billy Sunday wollte mit dem Baseballspielen aufhören und ein meisterhafter Prediger werden, und er schaffte es. James J. Hill setzte alles daran, ein Imperium aufzubauen, und obwohl er nur ein armer Mitarbeiter im Telegrafenamt war, ließ er diesen Wunsch zur Realität werden.

Sagen Sie nicht: »Das ist unmöglich« oder dass Sie anders sind als diese Leute und Tausende andere, die bemerkenswerte Erfolge in jedem ehrenwerten Beruf erzielten. Falls Sie »anders« sind, dann nur in dieser Hinsicht: Diese Menschen haben ihr Anliegen mit größerer Tiefe und Intensität verfolgt als Sie das Ihre.

Legen Sie in Ihrem Geist den Samen eines konstruktiven Begehrens, indem Sie dieses Credo zu Ihrer ethischen Leitschnur machen: »Ich möchte meinen Mitmenschen auf meiner Lebensreise einen Dienst erweisen. Dazu nehme ich diesen Glaubenssatz als Leitschnur an und will ihm im Umgang mit meinen Mitmenschen folgen: Ich will mir angewöhnen, niemals und unter keinen Umständen jemanden zu kritisieren, egal wie wenig ich mit ihm übereinstimme oder wie minderwertig seine Arbeit sein mag, solange ich weiß, dass er ernsthaft bemüht ist, sein Bestes zu tun.

Ich will mein Land respektieren, meinen Beruf und mich selbst. Ich will ehrlich und fair zu meinen Mitmenschen sein, so wie ich es von ihnen erwarte. Ich will ein loyaler Bürger meines Landes sein und will es loben und immer seinen guten Namen in Schutz nehmen. Ich will eine Person sein, deren Namen Gewicht hat, egal wem er zu Ohren kommt.

Ich will meine zu erwartende Belohnung an meinen geleisteten Diensten messen. Ich will den Preis des Erfolgs in ehrlichem Bemühen zahlen. Ich will meine Arbeit als eine Chance sehen, die ich freudig ergreife und aus der ich das meiste mache, und nicht als schmerzliche Quälerei, die ich widerstrebend erdulde.

Es ist bemerkenswert, dass die erfolgreichsten Menschen nur, um anderen zu dienen, härter arbeiten, als sie es für Geld allein tun würden.

Ich will daran denken, dass der Erfolg in mir selbst liegt – in meinem eigenen Gehirn. Ich rechne mit Schwierigkeiten und werde mich durchbeißen.

Ich werde jede Prokrastination vermeiden und niemals, unter keinen Umständen, irgendeine Aufgabe auf morgen verschieben, die heute erledigt werden sollte.

Schließlich will ich mich auch bei den schönen Dingen des Lebens im Griff haben, sodass ich höflich zu anderen Menschen, vertrauenswürdig gegenüber meinen Freunden und treu gegenüber Gott bin – ein Wohlgeruch, auf dem Pfad, den ich beschreite.«

Die Energie, die die meisten Menschen durch mangelnde Selbstkontrolle verschwenden, könnte, konstruktiv eingesetzt, all die Güter und allen Luxus einbringen, nach denen sie streben.

Die Zeit, die Menschen mit »Klatsch und Tratsch« verschwenden, könnte, kontrolliert und konstruktiv eingesetzt, ausreichen, um das Objekt ihres konkreten Hauptziels zu erreichen (sofern sie ein solches Ziel hätten).

Alle erfolgreichen Menschen verfügen über ein hohes Maß an Selbstdisziplin. Alle »Gescheiterten« zeigen wenige oder keine Anteile dieser wichtigen menschlichen Eigenschaft.

Betrachten Sie die vergleichende Tabelle in der Einführungslektion, insbesondere bezüglich der Selbstkontrolle, die Jesse James und Napoleon zeigten.

Studieren Sie die Menschen um sich herum. Sie werden erkennen, dass alle Erfolgreichen selbstbeherrscht vorgehen, während die »Gescheiterten« ihren GEDANKEN, WORTEN und TATEN völlig freien Lauf lassen!

Eine häufige und destruktive Form des Mangels an Selbstkontrolle zeigt sich, wenn man zu viel redet. Kluge Menschen, die wissen, was sie wollen, und auf dieses Ziel hinarbeiten, achten sorgfältig auf ihre Gesprächsthemen. Man gewinnt nichts mit einem unkontrollierten und dahingesagten Wortschwall.

Es ist fast immer besser, zuzuhören, statt zu reden. Ein guter Zuhörer vernimmt ab und an etwas, das seinen Wissensschatz erweitert. Es erfordert Selbstkontrolle, ein guter Zuhörer zu werden, aber der so gewonnene Nutzen übersteigt den Aufwand bei Weitem.

»Die Unterhaltung an sich reißen« ist ein weiterer verbreiteter Mangel an Selbstdisziplin, der nicht nur unhöflich ist, sondern auch denjenigen, die sich so verhalten, wertvolle Chancen raubt, etwas von anderen zu lernen.

Nachdem Sie diese Lektion beendet haben, sollten Sie sich noch einmal die Selbstanalysetabelle in der Einführungslektion ansehen und sich in puncto Selbstkontrolle erneut bewerten. Vielleicht möchten Sie dann Ihre vorherige Wertung ein wenig ändern.

Selbstdisziplin ist ein hervorstechendes Merkmal aller erfolgreichen Führungspersonen, die ich analysiert habe, als ich das Material für diesen Kurs zusammenstellte. Luther Burbank sagte, seiner

Meinung nach sei Selbstkontrolle das wichtigste der 15 Gesetze des Erfolgs. Während all der Jahre geduldigen Studiums und der Beobachtung des Evolutionsprozesses des pflanzlichen Lebens war es essenziell für ihn, sich in Selbstkontrolle zu üben, obwohl er es mit niederen Lebensformen zu tun hatte.

John Burroughs, der Naturalist, sagte praktisch das Gleiche: dass Selbstkontrolle oben auf der Liste der 15 Erfolgsgesetze steht.

Ein Mensch mit vollkommener Selbstdisziplin kann nicht permanent Niederlagen erleiden, wie Emerson so schön in seinem Essay über Kompensation gesagt hat. Der Grund dafür ist, dass Hindernisse und Widerstände sich auflösen, wenn sie mit einem entschlossenen Geist konfrontiert werden, der ein konkretes Ziel unter absoluter Selbstkontrolle anstrebt.

Jede reiche Person, die ich analysiert habe (ich beziehe mich auf diejenigen, die dank eigener Leistungen reich wurden), hat bewiesen, dass Selbstkontrolle zu ihren Stärken gehörte. So kam ich zu dem Schluss, kein Mensch könnte großen Reichtum aufbauen und behalten, der nicht über diese notwendige Qualität verfügt.

Geld zu sparen, erfordert ein hohes Maß an Selbstdisziplin, wie die vierte Lektion dieses Kurses hoffentlich verdeutlicht hat.

Mein Dank gilt Edward W. Bok für die folgende anregende Erläuterung, wie wichtig Selbstkontrolle für seinen Erfolg war, der ihn zu einem der größten Journalisten Amerikas machte:

Wieso ich glaube, dass Armut die wichtigste Erfahrung für einen Jungen sein kann.

Ich verdiene meinen Lebensunterhalt als Herausgeber des *Ladies' Home Journal*. Da die Öffentlichkeit diese Wochenzeitung mit großer Resonanz aufnimmt, habe ich einigen Erfolg zu verzeichnen. Einige meiner treuen Leser vertreten eine Meinung, die ich schon oft korrigieren wollte, und einige Verfasser von Leserbriefen haben eine bestimmte Überzeugung geäußert. Dieser Auszug aus einem Brief ist ein passendes Beispiel:

»Es ist sehr einfach für Sie, Sparsamkeit zu predigen, wenn Sie selbst nie die Notwendigkeit erfahren haben: Uns zu sagen, wie zum Beispiel in meinem Fall, dass wir vom Einkommen meines Mannes von 800 Dollar im Jahr leben sollen, wenn Sie noch nie erlebt haben, wie es ist, mit weniger als Tausenden Dollar auszukommen. Ist es Ihnen schon in den Sinn gekommen, da Sie mit dem sprichwörtlichen Silberlöffel im Mund geboren wurden, dass Schreiben aus der Theorie kalt und nutzlos ist, verglichen mit dem Kampf, von der Hand in den Mund zu leben, den viele von uns Tag für Tag und Jahr um Jahr erleben – eine Erfahrung, von der Sie keine Ahnung haben?«

»Eine Erfahrung, von der Sie keine Ahnung haben?« Nun, inwiefern stimmen die Tatsachen mit dieser Aussage überein?

Ob ich mit dem sprichwörtlichen Silberlöffel im Mund geboren wurde oder nicht, kann ich nicht sagen. Es stimmt, dass ich das Kind gut situierter Eltern war. Aber als ich sechs Jahre alt war, hat mein Vater all sein Hab und Gut verloren und musste sich mit 45 Jahren, ohne den nötigsten Besitz, dem

Leben in einem fremden Land stellen. Manche Ehepaare wissen, was es heißt, wenn ein Mann mit 45 Jahren im Ausland ein »Comeback« versuchen muss!

Mein Nachteil war, kein Wort Englisch zu sprechen. Ich ging auf eine öffentliche Schule und lernte, so gut ich konnte. Und das war ein hartes Brot! Die Jungs waren grausam, wie es Jungs eben sind. Die Lehrer waren ungeduldig, wie es erschöpfte Lehrer nun mal sind.

Mein Vater vermochte seinen Platz in der Welt nicht zu finden. Meine Mutter, die früher stets Personal hatte, das ihr jeden Wunsch erfüllte, sah sich mit dem Problem konfrontiert, einen Haushalt zu führen. Das hatte sie weder gelernt noch wurde es ihr jemals beigebracht. Und wir hatten kein Geld.

Nach der Schule gingen ich und mein Bruder nach Hause, aber nicht, um zu spielen. Wir mussten unserer Mutter helfen, die jeden Tag unter einer unerträglichen Last schwächer wurde. Nicht tagelang, sondern jahrelang standen wir zwei Jungs in der kalten grauen Winterdämmerung aus den Betten auf, die Kindern im Wachstum so warm vorkommen. Wir siebten die Kohleasche vom Vortag auf der Suche nach einem oder zwei verirrten Kohlestücken, um damit das Feuer zu schüren und das Zimmer zu heizen. Dann deckten wir den Tisch für das spärliche Frühstück, gingen in die Schule, und direkt nach der Schule erledigten wir den Abwasch und schrubbten die Fußböden. In einem Dreifamilienhaus zu wohnen, bedeutete, dass wir jede dritte Woche die gesamten Treppen vom Erdgeschoss bis in den zweiten Stock putzen mussten, sowie die Eingangsstufen und den Gehsteig vor der Tür. Letzteres war die schwerste Arbeit, denn die verrichteten wir samstags, während die Jungen aus der Nachbarschaft uns nicht allzu freundliche Blicke zuwarfen. Also arbeiteten wir zum Klang des Schlägers, der den Ball auf dem Hof nebenan traf!

Am Abend, wenn andere Jungen neben der Lampe saßen oder ihre Hausaufgaben machten, gingen wir beide mit einem Korb hinaus und sammelten auf den Nachbargrundstücken Holz und Kohle. Oder wir suchten nach den Kohleresten von der Tonne, die am Nachmittag einem Nachbarn geliefert worden war, wie sich einer von uns schon voller Gier am Tag gemerkt hatte, in der Hoffnung, dass der Kohlelieferant die verloren gegangenen Stückchen nicht aufgehoben hatte!

»Eine Erfahrung, von der Sie keine Ahnung haben!« Wirklich nicht?

Mit zehn Jahren hatte ich meine erste Arbeitsstelle und wusch die Scheiben einer Bäckerei für 50 Cent die Woche. Ein oder zwei Wochen später erlaubte man mir, nach der Schule für 1 Dollar die Woche hinter dem Tresen Brot und Kuchen zu verkaufen – ich verkaufte frisch gebackene Kuchen und warmes, köstlich riechendes Brot, selbst wenn an diesem Tag kaum ein Krümel über meine Lippen gekommen war!

> Unsere Zweifel sind Verräter und sorgen dafür, dass wir unsere potenziellen Gewinne verlieren, weil wir Angst haben, es zu versuchen.
>
> Shakespeare

An jedem Samstagmorgen trug ich Zeitungen aus und verkaufte die restlichen auf der Straße. Das brachte mir zwischen 60 und 70 Cent für einen Tag Arbeit ein.

Ich wohnte in Brooklyn, New York, und das Haupttransportmittel nach Coney Island war damals eine Pferdekutsche. In der Nähe unseres Wohnorts hielten die Kutschen an, um die Pferde trinken zu lassen. Die Männer sprangen aus der Kutsche und tranken ebenfalls etwas, aber für Frauen gab es keine Gelegenheit, ihren Durst zu löschen. Als ich das sah, füllte ich einen Eimer, tat etwas Eis hinein und sprang jeden Sonntagnachmittag mit einem Glas auf die Kutschen, um meine Ware für 1 Cent pro Glas zu verkaufen. Und als die Konkurrenz kam, was nicht lange auf sich warten ließ, als andere Jungen sahen, dass die Arbeit für einen Sonntag 2 oder 3 Dollar einbrachte, quetschte ich eine Limone oder zwei in meinen Eimer, machte mein Getränk zu »Limonade« und verkaufte es für 2 Cents pro Glas. So lieferte mir der Sonntag 5 Dollar an Einnahmen.

Danach arbeitete ich abends als Reporter, als Bürojunge am Tag und als gelernter Stenograf um Mitternacht.

Meine Leserbriefschreiberin sagt, sie ernährt ihre Familie von 800 Dollar im Jahr und meint, ich wüsste nicht, was das bedeutet. Ich habe eine dreiköpfige Familie mit 6,25 Dollar in der Woche ernährt – weniger als die Hälfte ihres jährlichen Einkommens. Als mein Bruder und ich zusammen 800 Dollar pro Jahr verdienten, fühlten wir uns reich!

Ich schreibe zum ersten Mal über meine Jugend, damit Sie aus erster Hand erfahren, dass der Herausgeber des *Ladies' Home Journal* kein Theoretiker ist, der Artikel über Sparsamkeit oder den täglichen Kampf ums Geld bei einem kleinen Einkommen schreibt oder abdruckt. Es gibt keinen einzelnen Schritt, nicht einen Zentimeter, auf dieser Straße der Armut, den ich nicht selbst erlebt habe. Und da ich jeden einzelnen Gedanken, jedes Gefühl und jede Härte erfahren habe, die Menschen auf dieser Straße ereilen, sage ich heute, dass ich mich mit jedem Jungen freue, der dieselben Erfahrungen macht.

Und doch werde ich nicht einen einzigen Schmerz der Härten vergessen, die ein solcher Kampf mit sich bringt. Ich würde heute gegen keine andere potenzielle Erfahrung diese Jahre des größten Elends eintauschen, die man als Junge erleben oder überstehen kann. Ich weiß, was es bedeutet, etwas zu verdienen – nicht 1 Dollar, sondern 2 Cents. Ich kenne den Wert des Geldes, so wie ich ihn auf keine andere Weise hätte lernen oder erfahren können. Ich hätte keine bessere Schule für meine Lebensaufgabe durchlaufen können. Ich hätte nicht zu einem besseren Verständnis kommen können, was es bedeutet, einen Tag ohne einen Penny in der Hand, einen Laib Brot im Schrank oder ein Stück Holz für das Feuer zu überstehen – mit nichts zu essen und dem Hunger eines neun- oder zehnjährigen Jungen, mit einer Mutter, die geschwächt und entmutigt war!

»Eine Erfahrung, von der Sie keine Ahnung haben?« Habe ich das nicht?

Und doch freue ich mich über diese Erfahrung, und ich wiederhole: Ich beneide jeden Jungen, der in dieser Lage ist. Aber – und das ist der Angelpunkt meines starken Glaubens an die Armut als versteckten Segen für einen Jungen – ich glaube an die Armut als einen Lebensumstand, den man erfahren muss, den man durchleben muss, und aus dem man sich dann erheben muss, nicht als dauerhaften Lebensumstand. »Das ist alles gut und schön«, werden einige sagen, »das sagt sich leicht, aber wie kommt man dort heraus?« Niemand kann das einem anderen definitiv raten. Niemand hat es mir gesagt. Keine zwei Menschen finden denselben Weg hinaus. Jeder muss ihn selbst aufspüren. Das hängt von dem Betreffenden ab. Ich war entschlossen, mich aus der Armut zu erheben, denn meine Mutter war nicht in sie hineingeboren, sie konnte sie nicht aushalten, und diese Situation passte nicht zu ihr. Das gab mir das Erste, was essenziell war: ein Ziel. Dann verfolgte ich dieses Ziel, indem ich mich anstrengte und arbeitete und mich durch alles hindurch mühte, was sich mir in den Weg stellte, egal was es war, solange es einen »Ausweg« bedeutete. Ich pickte nicht die Rosinen aus dem Kuchen, ich nahm hin, was kam, und tat es, so gut ich konnte. Wenn mir eine Arbeit nicht gefiel, machte ich sie dennoch gut, aber sorgte dafür, dass ich sie nicht länger als unbedingt nötig tun musste. Ich benutzte jede Sprosse der Leiter dafür, die nächste zu erreichen. Das bedeutete Mühe, aber aus dieser Mühe und der Arbeit erwuchsen Erfahrung, Entwicklung und die Fähigkeit der Empathie. All das ist das Wichtigste, was ein Junge lernen kann. Nichts auf der Welt kann einen Jungen so lehren, dass es sich ihm dauerhaft einprägt, wie es die Armut vermag.

Deswegen glaube ich so sehr an die Armut als größten Segen für einen Jungen, die tiefste und umfassendste Erfahrung zu machen. Aber, um es zu wiederholen, immer als einen Umstand, aus dem man sich herausarbeitet, nicht als einen, in dem man verharrt.

Bevor Sie sich perfekte Selbstkontrolle angewöhnen können, müssen Sie verstehen, dass Sie diese tatsächlich benötigen. Außerdem müssen Sie begreifen, inwiefern Selbstkontrolle Ihnen Vorteile liefert.

Indem Sie Selbstdisziplin entwickeln, bringen Sie auch andere Qualitäten hervor, die zu Ihrer persönlichen Stärke beitragen. Zu den anderen Gesetzen, die einer Person mit Selbstkontrolle zur Verfügung stehen, gehört das der Vergeltung.

Sie wissen, was »vergelten« bedeutet! In dem Sinne, in dem wir es hier verwenden, bedeutet es, »Gleiches mit Gleichem erwidern« und nicht nur, es jemandem heimzuzahlen oder Rache zu suchen, wie das Wort im Allgemeinen gebraucht wird.

Wenn ich Sie verletze, rächen Sie sich bei der ersten Gelegenheit. Wenn ich etwas Unfaires über Sie sage, werden Sie es mir auf gleiche Weise heimzahlen, vielleicht schlimmer!

Andererseits, wenn ich Ihnen einen Gefallen tue, werden Sie es mir, wenn möglich, in größerem Maß vergelten.

Durch die angemessene Anwendung dieses Gesetzes kann ich Sie zu dem bewegen, was immer ich von Ihnen will. Wenn mir daran liegt, dass Sie mich nicht mögen und Ihren Einfluss geltend machen, um mir zu schaden, behandle ich Sie so, wie ich es von Ihnen als Vergeltung an mir erwarte.

Wenn ich mir Ihren Respekt, Ihre Freundschaft und Ihre Kooperation wünsche, kann ich all dies erreichen, indem ich Ihnen meine Freundschaft und Kooperation anbiete.

Ich bin mir sicher, dass wir uns hier verstehen. Sie können diese Aussagen mit Ihrer Erfahrung vergleichen, und Sie werden sehen, wie wunderbar sie übereinstimmen.

Wie oft haben Sie die Bemerkung gehört: »Was für eine tolle Persönlichkeit dieser Mensch hat«? Wie oft haben Sie Leute getroffen, die Sie um ihre Persönlichkeit beneideten?

Der Mensch, der Sie aufgrund seiner angenehmen Persönlichkeit anzieht, nutzt das Gesetz der harmonischen Anziehung oder das der Vergeltung, die beide darauf hinauslaufen: »Gleiches zieht Gleiches an«.

Sofern Sie das Gesetz der Vergeltung studieren, verstehen und intelligent anwenden, werden Sie ein effizienter und erfolgreicher Verkäufer. Wenn Sie dieses einfache Gesetz gemeistert und zu nutzen gelernt haben, werden Sie alles über Verkaufskunst wissen.

Der erste und vermutlich wichtigste Schritt, um dieses Gesetz zu meistern, erfordert, absolute Selbstkontrolle zu kultivieren. Sie müssen lernen, jedwede Ablehnung und Beleidigung hinzunehmen, ohne an Rache zu denken. Diese Selbstdisziplin ist ein Teil des Preises, den Sie zahlen müssen, um das Gesetz der Vergeltung zu meistern.

Wenn eine wütende Person Sie beschimpft und beleidigt, gleich ob gerechtfertigt oder nicht, denken Sie einfach daran: Falls Sie es ihr auf gleiche Weise vergelten, lassen Sie sich auf ihre mentale Ebene hinabziehen, und dann dominiert diese Person Sie!

Andererseits, wenn Sie sich weigern, wütend zu werden, und Ihre Selbstbeherrschung bewahren und ruhig und friedlich bleiben, sind Sie immer noch im Vollbesitz all Ihrer geistigen Kräfte, mit denen Sie argumentieren können. Sie überraschen Ihr Gegenüber. Sie vergelten es ihm mit einer Waffe, die er nicht kennt, und dominieren ihn infolgedessen.

Gleiches zieht Gleiches an! Das lässt sich nicht leugnen! Buchstäblich ausgedrückt ist jede Person, mit der Sie in Kontakt kommen, ein mentaler Spiegel, durch den Sie eine perfekte Reflexion Ihrer eigenen geistigen Haltung sehen.

Als Beispiel für das Gesetz der Vergeltung möchte ich eine Erfahrung schildern, die ich neulich mit ein paar kleinen Jungen gemacht habe, Napoleon Junior und James:

> Man sollte sich immer daran erinnern, dass der Kunde der wichtigste Faktor bei jedem Geschäft ist. Wenn Sie es nicht glauben, versuchen Sie einmal, eine Weile ohne ihn auszukommen.

Wir waren auf unserem Weg zum Park, um Vögel und Eichhörnchen zu füttern. Napoleon Junior hatte eine Tüte Erdnüsse dabei und James eine Schachtel »Crackerjack« (Popcorn mit Karamellüberzug). James wollte sich die Erdnüsse mal näher ansehen. Ohne um Erlaubnis zu bitten, griff er nach der Tüte. Er verfehlte sie, und Napoleon Junior »vergalt« es ihm, indem er seine linke Faust schwungvoll auf James' Kiefer krachen ließ.

Ich sagte zu James: »Guck mal, mein Sohn, du hast es falsch gemacht, als du die Erdnüsse haben wolltest. Lass mich dir zeigen, wie man sie bekommt.« Es passierte alles so schnell, dass ich nicht die leiseste Ahnung hatte, was ich James vorschlagen sollte, aber ich schindete Zeit, um den Vorfall zu analysieren und mir eine bessere Methode als seine zu überlegen.

Dann dachte ich daran, was wir in Verbindung mit dem Gesetz der Vergeltung ausprobiert hatten, also sagte ich zu James: »Mach die Schachtel ›Crackerjack‹ auf und biete deinem kleinen Bruder ein paar an und schau, was passiert.« Nach einiger Überredung überzeugte ich ihn dazu. Daraufhin passierte etwas Bemerkenswertes – ein Vorfall, durch den ich meine größte Verkaufslektion lernte! Bevor Napoleon die »Crackerjack« anrührte, bestand er darauf, ein paar seiner Erdnüsse in James' Jackentasche zu schütten. Er »vergalt es ihm in gleicher Weise«! Aus diesem einfachen Experiment mit zwei kleinen Jungen erfuhr ich mehr über die Kunst des Managements, als auf andere Weise möglich gewesen wäre. Übrigens lernten meine Jungs dadurch, wie man das Gesetz der Vergeltung wirkungsvoll einsetzt, was ihnen so manchen Kampf ersparte.

Keiner von uns kann das Gesetz der Vergeltung viel besser anwenden als Napoleon Junior und James. Wir sind alle nur erwachsene Kinder und werden leicht durch dieses Prinzip beeinflusst. Die Gewohnheit, »es mit gleicher Münze zu vergelten«, ist zwischenmenschlich so üblich, dass wir sie mit Recht das Gesetz der Vergeltung nennen können. Wenn uns eine Person ein Geschenk gibt, sind wir nicht zufrieden, bis wir es ihr mit etwas Gutem oder Besseren »vergolten« haben. Wenn jemand gut über uns spricht, bewundern wir ihn und »vergelten« es ihm!

Durch das Prinzip der Vergeltung können wir tatsächlich unsere Feinde zu loyalen Freunden machen. Falls Sie einen Gegner haben, den Sie in einen Freund verwandeln wollen, können Sie die Wahrheit dieser Aussage bestätigen, sofern Sie vergessen, dass der gefährliche Mühlstein des »Stolzes« um Ihren Hals hängt.

Gewöhnen Sie sich an, mit diesem Feind ausnehmend herzlich zu reden. Verbiegen Sie sich förmlich, um ihm auf jede erdenkliche Weise Gefallen zu tun. Zuerst mag er unbeeindruckt erscheinen, aber nach und nach wird er Ihrem Einfluss nachgeben und es »mit gleicher Münze vergelten«! Die heißesten Kohlen, die je auf den Kopf eines Menschen geschüttet wurden, der Ihnen Unrecht getan hat, sind die der menschlichen Güte.

Eines Morgens im August 1863 wurde ein junger Geistlicher in einem Hotel in Lawrence, Kansas, aus dem Bett geholt. Der dafür Verantwortliche war einer von Quantrills Guerillakämpfern, und er rief den Geistlichen nach unten, um ihn zu erschießen. Entlang der ganzen Grenze wurden an diesem Morgen Menschen ermordet. Eine Bande Guerillakämpfer war früh eingeritten, um das Lawrence-Massaker zu verüben.

Der Guerillakämpfer, der den Geistlichen gerufen hatte, war ungeduldig. Letzterer war entsetzt, als er durch sein Fenster sah. Als er nach unten kam, verlangte der Guerillakämpfer seine Uhr und Geld und wollte dann wissen, ob er ein Gegner der Sklaverei sei. Der Geistliche zitterte. Aber er beschloss, falls er an Ort und Stelle sterben sollte, dann nicht mit einer Lüge auf den Lippen. Also gab er zu, es zu sein und ließ auf dieses Geständnis eine Bemerkung folgen, die die Situation sofort änderte.

Er und der Guerillakämpfer setzten sich auf die Veranda, während in der ganzen Stadt Menschen ermordet wurden, und redeten lange miteinander. Das Gespräch dauerte so lange, bis die Guerillakämpfer bereit zum Abzug waren. Als der Guerillero, der mit dem Geistlichen geredet hatte, auf sein Pferd stieg, um sich den Konföderierten anzuschließen, war er in der Defensive. Er gab dem Mann aus Neuengland seine Wertsachen zurück, entschuldigte sich, dass er ihn gestört hatte, und bat ihn, nicht schlecht von ihm zu denken.

Dieser Geistliche lebte noch viele Jahre nach dem Lawrence-Massaker. Was hatte er zu dem Guerillero gesagt? Und was an seiner Persönlichkeit hatte Letzteren veranlasst, sich hinzusetzen und zu reden? Worüber haben sie gesprochen?

»Sind Sie ein Yankee-Abolitionist?«, hatte der Guerillakämpfer gefragt. »Ja, bin ich«, war die Antwort, »und Sie wissen ganz genau, dass Sie sich für das schämen sollten, was Sie tun.« Das hatte die Angelegenheit auf eine moralische Ebene gehoben. Es hatte dem Guerillero den Wind aus den Segeln genommen. Der Geistliche war nur ein Grünschnabel, verglichen mit diesem erfahrenen Grenzkämpfer. Aber er legte dem Guerillakämpfer die moralische Beweislast auf, und in diesem Moment versuchte dieser zu beweisen, dass er ein besserer Kerl war, als es die Umstände nahelegten.

Nachdem er den Mann aus Neuengland geweckt hatte, um ihn aufgrund seiner politischen Überzeugungen zu töten, verbrachte er 20 Minuten im Zeugenstand und versuchte, ein Alibi beizubringen. Er redete lange über seine persönliche Vergangenheit. Er schilderte Dinge aus der Zeit, als er ein trotziges kleines Kind war, das seine Gebete nicht sprechen wollte, und wurde recht sentimental, als er sich daran erinnerte, wie eines zum anderen führte und das wieder zu etwas Schlimmeren, bis – nun, hier war er und das war »ein verdammt übles Geschäft, um darin verwickelt zu sein, Kumpel«. Seine letzte Bitte, als er davonritt, war: »Nun, Kumpel, denke nicht zu schlecht von mir, ja?«

Der Geistliche aus Neuengland nutzte das Gesetz der Vergeltung, ob es ihm damals klar war oder nicht. Stellen Sie sich vor, was passiert wäre, wenn er mit einem Revolver in der Hand die Treppe hinabgekommen wäre und ebenso Gewalt angewendet hätte!

Aber er unterließ es! Er dominierte diesen Guerillakämpfer, weil er mit einer Macht kämpfte, die dem Banditen unbekannt war.

Woran liegt es, dass die ganze Welt, sobald ein Mensch Geld verdient, einen Trampelpfad zu seiner Tür anlegt? Nehmen Sie irgendeine finanziell erfolgreiche Person, die Sie kennen, und sie wird Ihnen sagen, dass man sie ständig aufsucht und sich ihr andauernd Verdienstmöglichkeiten aufdrängen!

»Denn wer da hat, dem wird gegeben werden, und er wird die Fülle haben; wer aber nicht hat, dem wird auch, was er hat, genommen werden.« Dieses Zitat aus der Bibel erschien mir früher lächerlich, aber wie wahr ist es doch, wenn man es auf seine konkrete Bedeutung reduziert.

Tatsächlich: »Wer da hat, dem wird gegeben werden!« Wenn er Scheitern, Mangel an Selbstvertrauen, Hass oder keine Selbstkontrolle »hat«, sollen ihm diese Eigenschaften in noch größerer Fülle gegeben werden! Aber wenn er Erfolg, Selbstvertrauen, Selbstkontrolle, Geduld, Hartnäckigkeit und Entschlossenheit »hat«, sollen diese Eigenschaften weiterwachsen!

Manchmal mag es notwendig sein, Gewalt mit Gewalt zu begegnen, bis wir unseren Gegner überwältigen. Aber sobald er am Boden liegt, sollten wir »Vergeltung« üben, indem wir ihn bei der Hand nehmen und ihn lehren, wie man Dispute beilegt.

Gleiches zieht Gleiches an! Deutschland wollte sein Schwert während eines skrupellosen Eroberungsfeldzugs in Blut baden. Als Ergebnis erntete es »Vergeltung mit gleicher Münze« von einem Großteil der zivilisierten Welt.

Sie entscheiden, wie Ihre Mitmenschen Sie behandeln sollen, und Sie bewegen sie durch das Gesetz der Vergeltung dazu!

»Die göttliche Ökonomie funktioniert automatisch und einfach: Wir erhalten nur das, was wir geben.« Wie wahr dieser Satz doch ist! Nicht was wir wünschen, wird uns zuteil, sondern was wir geben. Ich ermutige Sie, dieses Gesetz anzuwenden, nicht nur für materiellen Gewinn, sondern besser noch, um Ihr Glück zu finden, und guten Willen gegenüber anderen Menschen zu demonstrieren. Das ist schließlich der einzig wahre Erfolg, nach dem man streben sollte.

> Ein herzliches Lachen ist auf jedem Markt der Welt zehntausend »Stöhnen« und eine Million »Seufzen« wert.

Zusammenfassung

In dieser Lektion haben wir ein großartiges Prinzip gelernt – vermutlich das wichtigste Hauptprinzip der Psychologie! Wir haben gelernt, dass unsere Gedanken und Handlungen gegenüber anderen einem Magneten entsprechen, der für uns die gleiche Art von Gedanken und die gleiche Art von Handlungen anzieht, die wir selbst zeigen.

Wir haben gelernt, dass »Gleiches Gleiches anzieht«, ob in Gedanken oder durch Handlungen. Wir haben gelernt, dass der menschliche Geist empfangene mentale Eindrücke entsprechend erwidert. Wir haben erfahren, dass der menschliche Geist Mutter Erde entspricht, da er muskuläre Aktionen erntet, die der ihm eingegebenen »Saat« an Sinneseindrücken entspringen. Wir haben gelernt: Freundlichkeit erntet Freundlichkeit, und Unfreundlichkeit und Ungerechtigkeit ernten Unfreundlichkeit und Ungerechtigkeit.

Wir haben gesehen, dass unsere Handlungen gegenüber anderen, ob freundlich oder unfreundlich, gerecht oder ungerecht, zu uns zurückkommen, sogar in größerem Ausmaß! Wir wissen nun, dass der menschliche Geist in gleicher Weise auf alle empfangenen Sinneseindrücke reagiert. Daher wissen wir, wie wir jede gewünschte Handlung bei anderen auslösen. Wir haben gelernt, dass »Stolz« und »Sturheit« zu überwinden sind, bevor wir das Gesetz der Vergeltung konstruktiv einsetzen können. Wir haben nicht gelernt, was das Gesetz der Vergeltung ist, aber wir wissen nun, wie es funktioniert und was es bewirken wird. Daher bleibt uns nur, dieses großartige Prinzip intelligent einzusetzen.

Sie sind nun bereit, mit Lektion 9 fortzufahren, die Sie über andere Gesetze informiert, die mit dem in dieser Lektion beschriebenen Gesetz der Selbstkontrolle harmonieren.

Es wird dem Anfänger einiges an Selbstdisziplin abfordern, das Gesetz der nächsten Lektion anzuwenden: mehr zu leisten, als die Bezahlung vorgibt. Aber er wird durch Erfahrung lernen, dass diese Disziplin sich mehr als auszahlt.

Wenn du erfolgreich bist, denke daran, dass irgendwo, zu irgendeiner Zeit, irgendjemand dir einen Anschub gab oder eine Idee, die dich in die richtige Richtung lenkte. Denke auch daran, dass du dem Leben etwas schuldig bist, bis du selbst einer weniger begünstigten Person hilfst, genauso, wie du es erfahren hast.

DIE ENTWICKLUNG DES TRANSPORTWESENS

EINE NACHBEREITUNG DER LEKTION

Nichts ist so dauerhaft wie der Wandel. Das Leben entspricht einem großen Kaleidoskop, vor dem die Zeit sowohl das Bühnenbild als auch die Darsteller verschiebt, verändert und neu arrangiert. Neue Freunde ersetzen die alten. Alles ist im Fluss. In jedem Herzen liegt der Samen für Gaunerei und Gerechtigkeit. Jeder Mensch ist sowohl ein Krimineller als auch ein Heiliger, abhängig davon, was in diesem Moment zweckdienlich ist. Ehrlichkeit und Unehrlichkeit sind größtenteils Angelegenheiten des individuellen Standpunkts. Die Schwachen und die Starken, die Reichen und die Armen, die Ungebildeten und die Gebildeten tauschen ständig die Plätze.

Erkennen Sie SICH SELBST, und Sie kennen die gesamte Menschheit. Es gibt nur eine wirkliche Leistung, und das ist die Fähigkeit, PRÄZISE ZU DENKEN. Wir bewegen uns mit der Prozession vorwärts oder laufen hinterher, aber wir können nicht stillstehen.

Nichts ist dauerhaft, außer der Wandel! Das Gesetz der Evolution hat die Transportmethoden verbessert. Bedenken Sie, dass all diese Veränderungen ihren Ursprung im menschlichen Verstand haben.

Zu Beginn stand die erste primitive Methode des Transports: Der Mensch zog die Lasten. Der Mensch war nicht zufrieden mit diesem langsamen Fortschritt. Diese beiden kleinen Worte, »nicht zufrieden«, waren der Beginn jeder Verbesserung. Denken Sie darüber nach, während Sie diesen Artikel lesen.

Die Geschichte des Transports entwickelte sich Schritt für Schritt, während sich das Gehirn des Menschen vergrößerte. Es war ein großer Sprung vorwärts, als der Mensch herausfand, wie man einen Ochsen vor den Karren spannt, um nicht mehr selbst die Last ziehen zu müssen. Das war vor allem praktisch. Aber als die Kutsche eingeführt wurde, ging es neben praktischen Überlegungen um Stilfragen. Doch der Mensch war immer noch »nicht zufrieden«, und so entstand die primitive Lokomotive.

Mittlerweile sind all diese Transportmethoden verschwunden, außer in bestimmten unzivilisierten (oder wirtschaftlich unerschlossenen) Gebieten der Welt. Der Mann, der den Wagen zieht, der Ochse, der vor den Wagen gespannt ist, die Pferdekutsche und die primitive Lokomotive gehören alle zu vergangenen Zeitaltern.

Es folgten die Transportmethoden der Gegenwart. Vergleichen Sie diese mit der Vergangenheit, um sich die enorme Expansion des Gehirns und des menschlichen Verstands vorzustellen. Der Mensch bewegt sich heute viel schneller fort als früher. Von der ersten Form der Lokomotive ausgehend, wurde eine kraftvolle Maschine entwickelt, die Hunderte Güterwaggons zieht, verglichen mit dem einzelnen leichten Waggon, den das Original zu ziehen vermochte. Autos, die mit bis zu 120 km/h fahren, sind heute genauso üblich wie die zweirädrigen Karren in der Vergangenheit. Darüber hinaus sind sie für alle erschwinglich geworden, die sie kaufen wollen.

Und doch war der Geist des Menschen noch »nicht zufrieden«. Das Reisen auf der Erde war zu langsam. Er hob den Blick nach oben, beobachtete die Vögel, die hoch am Himmel flogen und war »ENTSCHLOSSEN«, sie zu übertreffen. Beachten Sie auch das Wort »entschlossen«, denn wann immer der Mensch beschließt, etwas zu tun, tut er es! Innerhalb der kurzen Zeitspanne von 15 Jahren wurde der Mensch zum Herrscher der Lüfte und reist nun in Flugzeugen mit Geschwindigkeiten von bis zu 240 km/h.

Nicht nur hat der Mensch dafür gesorgt, dass ihn die Luft mit erstaunlich hoher Geschwindigkeit voranträgt, sondern er hat auch den Äther nutzbar gemacht und ermöglicht, dass dieser seine Worte in Sekundenbruchteilen um die ganze Welt trägt.

Wir haben die VERGANGENHEIT und die GEGENWART beschrieben!

Überlegen Sie, was vielleicht der nächste Schritt bei der Fortbewegung sein wird: eine Maschine, die in der Luft fliegt, auf dem Boden fährt und im Wasser schwimmt, je nachdem, wie es dem Menschen beliebt.

Dieser Essay soll Sie zum NACHDENKEN anregen!

Jede geistige Anregung sorgt dafür, dass wir mental stärker werden, sie ist essenziell für Wachstum. Von den Tagen des von Menschen gezogenen Karrens bis zum heutigen Tag der Herrschaft über die Lüfte gründete jeglicher Erfolg auf einem Einfluss, der den menschlichen Geist über das Normalmaß hinaus stimulierte.

Die beiden größten Einflüsse, die den Geist des Menschen wachsen ließen, waren die Notwendigkeit und der Wunsch, etwas zu schaffen. Einige Individuen entwickeln sich nur, nachdem sie Niederlage, Versagen und andere Bestrafungen erlitten haben, die sie zu größerer Aktivität anregen. Andere verkümmern und sterben durch Bestrafung, aber wachsen zu unglaublichen Höhen, wenn sie ihre Fantasie kreativ einsetzen können.

Studieren Sie die Geschichte der Transportevolution, und Sie werden etwas Erinnerungswertes bemerken: dass die gesamte Geschichte eine der Entwicklung und des Fortschritts war, die aus der

Notwendigkeit erwuchsen. Die gesamte Periode, die hier als »DIE VERGANGENHEIT« beschrieben ist, war eine treibende Kraft der Notwendigkeit.

In der Periode, die als »DIE GEGENWART« betitelt ist, war eine Kombination aus Notwendigkeit und Schaffensdrang die treibende Kraft.

In der Periode, die »DIE ZUKUNFT« heißt, wird die Motivation, etwas zu erschaffen, die einzige treibende Kraft für den Geist des Menschen sein und ihn zu Höhen tragen, die er sich bisher nicht erträumt hat.

Es ist ein langer Weg von den Tagen des von Menschen gezogenen Karrens bis zur Gegenwart, in der ein Mann den Blitz der Gewitterwolken bezähmt hat und ihn Maschinen antreiben lässt, die so viel Arbeit in einer Minute leisten wie 10.000 Männer an einem Tag. Aber, wenn die Entfernung groß war, war die Entwicklung des menschlichen Geistes ebenso groß. Und diese Entwicklung führte dazu, die Arbeit mithilfe von per Naturkräften angetriebenen Maschinen zu verrichten, und nicht mehr von den Muskeln der Menschen.

Die evolutionären Veränderungen des Transports haben andere Probleme geschaffen, die der menschliche Geist lösen muss. Das Auto hat dazu geführt, mehr und bessere Straßen zu bauen. Das Auto und die schnelle Lokomotive haben zusammen gefährliche Kreuzungen geschaffen, die jedes Jahr Tausende Menschenleben fordern. Der menschliche Geist muss nun der treibenden Kraft der Notwendigkeit folgen und dieser Notlage begegnen.

Behalten Sie diesen Essay und die folgende Prognose im Hinterkopf: Innerhalb von fünf Jahren wird jeder Bahnübergang im Land ausreichend gegen Unfälle mit Autos geschützt sein, und das Fahrzeug wird selbst dieses Sicherheitssystem steuern. Ein System, das narrensicher und effektiv sein und funktionieren wird, egal ob der Fahrer des Autos schläft oder wach ist, betrunken oder nüchtern.

Werfen wir nun einen kurzen Blick auf die Maschinerie der menschlichen Imagination und wie sie unter dem Stimulans des Schaffensdrangs funktioniert: Ein Mensch mit Vorstellungskraft – vielleicht jemand, der nie zuvor etwas anderes Bedeutendes geleistet hat oder jemals wieder leisten wird – wird ein Sicherheitssystem für Bahnübergänge entwickeln, das vom Gewicht darüberfahrender Wagen aktiviert wird. Innerhalb der erforderlichen Entfernung zum Übergang wird eine Plattform, ähnlich wie die einer großen Frachtwaage, eine Sektion der Straße bedecken. Sobald ein Auto auf diese Plattform fährt, wird das Gewicht der Maschine eine Schranke absenken, eine Klingel ertönen und ein rotes Licht vor dem Fahrer blinken lassen. Die Schranke wird nach einer Minute wieder gehoben, woraufhin der Fahrer die Schiene überqueren kann, aber zum »Anhalten, Schauen und Hören« bewogen wird.

Dank der entsprechenden Vorstellungskraft sind SIE vielleicht derjenige, der dieses System erschaffen und an dessen Vertrieb verdienen wird.

Um praxisbezogen zu arbeiten, sollte der fantasievolle Geist immer Mittel und Wege finden, verschwendete Energie in nützliche Kanäle zu lenken. Die meisten Autos sind viel zu schwer im Vergleich zur transportierten Last. Dieses Gewicht kann für den Schutz an Bahnübergängen genutzt werden.

Bedenken Sie, dass dieser Essay Ihnen nur einen Vorschlag wie einen Samen einpflanzen und nicht das fertige Produkt einer Erfindung vorlegen soll, das man nur noch installieren und nutzen muss. Der Wert dieses Vorschlags besteht für Sie in der Möglichkeit, darüber NACHZUDENKEN und damit Ihren Geist zu erweitern.

Finden Sie für sich selbst heraus, auf welche der beiden wichtigsten treibenden Kräfte Ihr Geist am natürlichsten reagiert – die treibende Kraft der Notwendigkeit oder den Schaffensdrang. Wenn Sie Kinder haben, beobachten Sie sie, und stellen Sie fest, auf welches dieser beiden Motive sie am natürlichsten reagieren. Die Fantasie von Millionen von Kindern wird von Eltern verkrüppelt und verkleinert, da sie die treibende Kraft der Notwendigkeit weitestgehend erstickt haben. Indem Sie es dem Kind »leicht machen«, enthalten Sie der Welt vielleicht ein Genie vor. Behalten Sie im Hinterkopf, dass ein Großteil des Fortschritts der Menschheit das Ergebnis bitterer, beißender NOTWENDIGKEIT war!

Sie brauchen keinen Beweis, dass die Transportmethoden einen kontinuierlichen Prozess der Evolution durchlaufen haben. So nachdrücklich war dieser Wandel, dass wir heute über den alten Fahrzeugtyp, der von nur einer »Lunge« angetrieben wurde, lachen, wenn wir ihn auf der Straße sehen.

Das Gesetz der Evolution ist immer und überall am Werk, verändert jedes materielle Element auf der Erde und im gesamten Universum, reißt ab und baut auf. Dörfer, Städte und Gemeinden sind einem konstanten Wandel unterworfen. Gehen Sie zurück an den Ort, an dem Sie vor 20 Jahren gelebt haben, und Sie werden weder den Ort noch die Menschen wiedererkennen. Neue Gesichter werden zu sehen sein. Die alten Gesichter werden sich verändert haben. Neue Gebäude werden die alten ersetzt haben. Alles wird anders erscheinen, denn alles ist anders.

Der menschliche Geist unterliegt ebenso einem konstanten Wandel. Wenn das nicht zuträfe, würden wir nie dem Geist unserer Kindheit entwachsen. Alle sieben Jahre entwickelt und erweitert sich der Geist einer normalen Person auf signifikante Weise. Während dieser periodischen Veränderungen des Geistes kann man schlechte Gewohnheiten ablegen und bessere kultivieren. Zum Glück für den Menschen durchlebt sein Geist einen andauernden Prozess des geordneten Wandels.

Die menschliche Vorstellungskraft ist die großartigste Maschine, die je geschaffen wurde. Ihr entspringt jede menschengemachte Maschine und jedes menschengemachte Objekt. Hinter den großen Industrien, Eisenbahngesellschaften, Bankhäusern und kommerziellen Unternehmen steht die allmächtige Kraft der IMAGINATION!

Zwingen Sie sich, NACHZUDENKEN! Kombinieren Sie dabei alte Ideen zu neuen Entwürfen. Jede große Erfindung und jedes herausragende Unternehmen und industrielle Leistung, die Ihnen einfallen, können letztendlich auf eine Kombination aus Plänen und Ideen zurückgeführt werden, die auf die ein oder andere Weise zuvor verwendet worden sind.

»Hinter dem schlagenden Hammer,
Der den Stahl verbiegt,
Hinter dem Lärm der Werkstatt
Der Suchende den Gedanken sieht;
Den Gedanken, der stets Meister ist
Von Eisen, Dampf und Stahl,
Der über das Unheil sich erhebt
Und es unter dem Absatz zermalmt.

Der Arbeiter mag sich mühen und plagen,
Oder mit lustvollen Schlägen hämmern,
Aber hinter ihm steht der Denker;
Der scharfsinnige Mann, der weiß,
Denn in jeden Pflug oder Säbel,
Jedes Teil, und Stück und Ganzes,
Muss der fleißige Verstand fließen,
Der der Arbeit Seele verleiht.

Hinter dem Brummen des Motors,
Hinter den Glocken, die klingen,
Hinter den Schlägen des Hammers,
Hinter den Kränen, die schwingen,
Ist das Auge, das sie fixiert,
Beobachtet durch Mühe und Plage,
Der Geist, der plant –
Hinter den Muskeln der Geist.

Die Macht des röhrenden Kessels,
Die Kraft der Maschine,
Die Stärke des schwitzenden Arbeiters,
Auf sie vertrauen wir;
Aber dahinter steht der Planer,
Der Denker, der Dinge voranbringt,
Hinter der Arbeit – der Träumer,
Der den Traum wahr werden lässt.«

In sechs Monaten oder einem Jahr sollten Sie diesen Essay noch einmal lesen, und Sie werden feststellen, wie viel mehr Sie daraus mitnehmen als beim ersten Lesen. Die ZEIT gibt dem Gesetz der Evolution die Chance, Ihren Geist zu erweitern, damit er mehr sehen und verstehen kann.

> Ich habe noch niemanden gefunden, der es zu etwas gebracht hat, der nicht so mutig war, Verantwortung für seine Fehler zu übernehmen, ohne dafür angeklagt zu sein.

LEKTION 9

MEHR ALS VERLANGT TUN

»Du kannst es, wenn du glaubst, dass du es kannst!«

Es mag vom Thema dieser Lektion abzuweichen scheinen, sie mit einer Diskussion über die Liebe zu beginnen. Aber wenn Sie sich Ihr Urteil bis zum Ende dieser Einheit aufsparen, werden Sie vielleicht zustimmen, dass man das Thema Liebe hier nicht ohne Weiteres hätte weglassen können.

Das Wort »Liebe« wird hier in einem allumfassenden Sinn verwendet!

Es mag Ziele, Motive und Personen geben, die in einem Menschen Liebe wecken. Es gibt Arbeiten, die wir nicht mögen, einige, die wir halbwegs mögen und, unter bestimmten Bedingungen, mag es eine Arbeit geben, die wir tatsächlich LIEBEN!

Zum Beispiel lieben große Künstler im Allgemeinen ihre Arbeit. Der Arbeiter hingegen kann seine Tätigkeit oft nicht leiden oder sie gefällt ihm vielleicht überhaupt nicht.

Arbeit, die man nur verrichtet, um seinen Lebensunterhalt zu verdienen, ist selten beliebt. Häufiger ist sie unbeliebt oder gar verhasst.

Wer seine Arbeit liebt, kann unglaublich lange Zeit tätig sein, ohne zu ermüden. Arbeit, die man nicht mag oder hasst, lässt einen schnell ermüden. Die Ausdauer eines Menschen hängt daher zu einem Großteil von dem Ausmaß ab, in dem er das, was er tut, mag, nicht mag oder liebt.

> Es gibt zehn Schwächen, gegen die die meisten von uns sich wappnen müssen. Eine davon ist, ernten zu wollen, bevor man gesät hat, und die anderen neun verbergen sich alle in der Gewohnheit, Ausreden für jeden unserer Fehler zu erfinden.

Wir legen hier das Fundament, wie Sie sicher bemerkt haben, um eines der wichtigsten Gesetze dieser Philosophie zum Ausdruck zu bringen:

Ein Mensch agiert am effektivsten und wird schneller und leichter Erfolg haben, wenn er eine Arbeit tut, die er liebt, oder eine Arbeit, die er für eine geliebte Person verrichtet.

Wann immer das Element der Liebe in eine Aufgabe einfließt, verbessert dies die Qualität der Arbeit und steigert die Quantität, ohne dass man erschöpfter ist.

Vor einigen Jahren gründete eine Gruppe von Sozialisten, oder vielleicht nannten sie sich »Genossenschaftler«, eine Kolonie in Louisiana, kaufte mehrere Hektar Land und begann, ein Ideal zu verwirklichen. Denn sie glaubten, dass es ihnen mehr Glück im Leben bringen und ihre Sorgen schmälern würde, ein System zu etablierten, in dem jeder der Arbeit nachging, die er am liebsten machte.

Die Idee war, niemandem Löhne zu zahlen. Jeder tat die Arbeit, die er am meisten mochte oder für die er am besten geeignet war, und das Produkt der gemeinsamen Mühen wurde zum Besitz aller. Sie hatten ihre eigenen Milchprodukte, ihre eigene Ziegelherstellung, ihre eigenen Kühe und Hühner und so weiter. Sie besaßen ihre eigenen Schulen und eine Druckerei, mit der sie eine Zeitung herausbrachten.

Ein schwedischer Gentleman aus Minnesota schloss sich der Kolonie an und wurde auf seine Bitte hin in der Druckerei beschäftigt. Schon bald beschwerte er sich, dass ihm die Arbeit nicht gefiel, also wurde er ersetzt und arbeitete auf der Farm, wo er einen Traktor fuhr. Er hielt nicht mehr als zwei Tage aus, also bewarb er sich erneut um eine Versetzung und wurde in der Molkerei eingesetzt. Er kam nicht mit den Kühen klar, also wurde er wieder versetzt, dieses Mal in die Wäscherei, wo er nicht länger als einen Tag durchhielt. Einer nach der anderen probierte er jede Arbeitsstelle aus, aber ihm gefiel keine davon. Langsam schien es, als würde er nicht in das genossenschaftliche Leben passen, und er wollte gerade fortziehen, als jemand an eine Arbeit dachte, die er noch nicht ausprobiert hatte – im Ziegelwerk, also gab man ihm eine Schubkarre und die Aufgabe, die Ziegel aus dem Brennofen zu holen und sie auf dem Ziegelhof zu stapeln. Eine Woche verging ohne Beschwerde von ihm. Als man ihn fragte, ob er die Arbeit mochte, sagte er: »Das is' genau der Job, den ich mag.«

Stellen Sie sich jemanden vor, der gerne Ziegel durch die Gegend fährt! Aber dieser Job entsprach der Natur des Schweden, er arbeitete allein, erledigte eine Aufgabe, die kein Nachdenken erforderte und ihm keine Verantwortung auferlegte, und das war genau das, was er wollte.

Er blieb bei dieser Arbeit, bis alle Ziegel hinausgefahren und aufgestapelt worden waren, dann verließ er die Kolonie, denn es gab keine weitere Arbeit mit Ziegeln mehr zu erledigen. »Der nette ruhige Job is' erledigt, also denk' ich mal, ich geh' zurück nach Minney-so-tie«, und er ging zurück nach »Minney-so-tie«!

Wenn jemand eine bevorzugte Arbeit macht, ist es keine Mühsal für ihn, mehr und Besseres zu leisten, als seine Bezahlung vorgibt. Deshalb schuldet es sich jeder Mensch, sich um die Arbeit zu bemühen, die er favorisiert.

Es ist daher völlig gerechtfertigt, Ihnen dies als Schüler meiner Philosophie zu raten, weil ich es selbst ohne Bedauern befolgt habe.

Es scheint mir angebracht, ein wenig aus meiner persönlichen Geschichte und der Philosophie des Gesetzes des Erfolgs einfließen zu lassen, um zu zeigen, dass eine geliebte Arbeit niemals umsonst ist.

Die gesamte Lektion soll erläutern, dass es sich wirklich auszahlt, mehr und Besseres zu leisten, als die Bezahlung vorgibt. Welch leere und nutzlose Mühe wäre es, wenn der Autor nicht selbst diese Regel praktiziert hätte, um das Ergebnis zu beschreiben.

Über ein Vierteljahrhundert lang war ich mit meiner geliebten Arbeit an dieser Philosophie beschäftigt. Und ich meine es ernst, wenn ich wiederhole, was ich schon an anderer Stelle in diesem Kurs gesagt habe: dass mich das Vergnügen an dieser Tätigkeit, selbst wenn ich sonst keinen Lohn empfing, ausreichend für meine Mühen entlohnt hat.

Meine Arbeit an dieser Philosophie erforderte vor vielen Jahren, dass ich zwischen dem direkten monetären Gewinn, der mir zugefallen wäre, falls ich meine Tätigkeit nur kommerziell ausgerichtet hätte, und einem später zu erhaltenen Lohn zu wählen hatte, der sich sowohl anhand der üblichen finanziellen Standards als auch an anderen Formen der Vergütung bemisst, die nur durch das Wissen erreicht werden kann, das einen die Welt um sich herum intensiver genießen lässt.

Wer eine Arbeit verrichtet, die ihm am Herzen liegt, genießt bei seiner Wahl nicht immer die Unterstützung seiner engsten Freunde und Verwandten. Negative Kommentare von Freunden und Verwandten abzuwehren, hat mich einen alarmierenden Teil meiner Energien gekostet, während ich mit meiner Forschungsarbeit für das Material dieses Kurses beschäftigt war.

Diese persönlichen Anmerkungen sollen Ihnen als Schüler dieser Philosophie aufzeigen, dass man selten darauf hoffen kann, eine favorisierte Arbeit zu tun, ohne gleichzeitig irgendwelche Hindernisse überwinden zu müssen. Im Allgemeinen besteht die größte Hürde bei einer solchen Tätigkeit darin, dass sie zu Beginn nicht unbedingt den größten Lohn abwirft.

Um diesen Nachteil auszugleichen, erhält derjenige, der einer geliebten Arbeit nachgeht, meist zwei entscheidende Formen der Vergütung: Erstens findet er dabei die größte Entlohnung, unbezahlbares GLÜCK. Und zweitens wird seine tatsächliche monetäre Vergütung, über ein ganzes Arbeitsleben betrachtet, generell viel größer ausfallen, weil die geliebte Arbeit meist auch eine höhere Quantität und bessere Qualität aufweisen, als ein nur um des Geldes willen verrichteter Job.

> Es gibt keine gefährlichere Person – gefährlich für sich selbst und andere – als den Menschen, der ein Urteil fällt, ohne auch nur so zu tun, als würde er die Fakten kennen.

Der peinlichste und – das kann ich hinzufügen, ohne respektlos zu erscheinen – katastrophalste Widerstand bei der Wahl meiner Lebensaufgabe kam von meiner Frau. Das wird vielleicht erklären, wieso ich in vielen Lektionen dieses Kurses darauf hingewiesen habe, dass eine Ehefrau dafür sorgen kann, dass ein Mann es entweder schafft oder versagt, insofern als sie ihm Unterstützung und Ermutigung bei seiner Tätigkeit zukommen lässt oder nicht.

Meine Frau wollte, dass ich eine bezahlte Stelle annahm, die mir ein regelmäßiges monatliches Einkommen sichern würde. Denn ich hatte in meinen wenigen beruflichen Positionen bewiesen, dass ich vermarktbare Qualitäten besaß, die mir ein Einkommen von 6.000 bis 10.000 Dollar im Jahr ohne großen Aufwand sichern konnten.

In gewisser Weise verstand ich den Standpunkt meiner Frau und stimmte ihm zu, denn wir hatten kleine Kinder, die Kleidung und Bildung brauchten. Und ein regelmäßiges Einkommen, auch wenn es nicht groß war, schien einfach notwendig zu sein.

Trotz dieses logischen Arguments entschied ich mich jedoch, den Rat meiner Frau nicht zu befolgen. Dann kamen ihr die vereinten Kräfte ihrer und meiner Familie zu Hilfe, und kollektiv gingen sie auf mich los, wollten mir den Kopf geraderücken und mich überzeugen, dass ich mich für ein festes Gehalt entscheiden sollte.

Andere Leute zu analysieren, war vielleicht in Ordnung für einen Mann, der die Zeit hatte, um sie so »unprofitabel« zu verbringen, so argumentierten sie, aber für einen jungen verheirateten Mann mit einer wachsenden Familie war das kaum das Richtige.

Aber ich blieb eisern! Ich hatte meine Wahl getroffen und war entschlossen dazu zu stehen. Die Opposition wollte meinem Standpunkt nicht nachgeben, aber nach und nach schmolz sie natürlich dahin. Unterdessen erschwerten das Bewusstsein, dass meine Wahl zumindest eine temporäre Härte für meine Familie bedeutete, zusammen mit dem Gedanken, dass meine liebsten Freunde und Verwandten nicht mit mir harmonierten, meine Bemühungen enorm.

Zum Glück hielten nicht alle meine Freunde meine Wahl für unklug! Nicht nur glaubten ein paar von ihnen, dass ich einem Kurs folgte, der mich letztlich in die Nähe des Gipfels einer nützlichen Leistung bringen würde. Darüber hinaus legten sie sich ins Zeug, mich zu ermutigen, mich nicht durch Hindernisse oder den Widerstand von Verwandten unterkriegen zu lassen.

Aus dieser kleinen Gruppe an Freunden, die mich ermutigten, als ich es dringend brauchte, sollte ein Mann besonders lobend erwähnt werden: Edwin C. Barnes, ein Geschäftspartner von Thomas A. Edison.

Mr. Barnes begann sich vor fast 20 Jahren für meine Arbeit zu interessieren, und ich schulde ihm, an dieser Stelle zu sagen: Wenn er nicht unerschütterlich daran geglaubt hätte, dass die Philosophie des Erfolgsgesetzes fundiert sei, wäre ich der Überzeugungskraft meiner Freunde erlegen, hätte den Weg des geringsten Widerstandes gewählt und mich zu einem festen Gehalt anstellen lassen.

Das hätte mir viel Ärger und jede Menge an Kritik erspart, aber es hätte auch die Hoffnungen eines ganzen Lebens zerstört, und am Ende hätte ich vermutlich auch das edelste und begehrenswerteste aller Besitztümer verloren – das GLÜCK! Denn ich war sehr glücklich bei meiner Arbeit, selbst als der Lohn in wenig mehr als einem Schuldenberg bestand, den ich zeitweise nicht abzahlen konnte.

Das erklärt vielleicht zu einem gewissen Grad, wieso das Thema Schuldensklaverei in Lektion 4 über die Gewohnheit, zu sparen, so betont wurde. Diese Lektion sollte man »verinnerlichen«.

Edwin Barnes glaubte nicht nur daran, dass die Philosophie des Erfolgsgesetzes fundiert sei. Sondern wie sein finanzieller Erfolg und seine enge Geschäftsbeziehung mit dem größten Erfinder auf Erden bewies, hatte er mit einiger Autorität etwas zum Erfolgsgesetz beizusteuern.

Zu Beginn meiner Forschungsarbeit stand der Glaube, dass jeder intelligente Mensch, der es wirklich will, erfolgreich sein kann, indem er bestimmten (mir damals unbekannten) Regeln folgt. Ich wollte wissen, worin diese Grundsätze bestehen, und wie man sie anwenden könnte.

Mr. Barnes war derselben Ansicht. Darüber hinaus wusste er aufgrund seiner Position, dass die erstaunlichen Leistungen seines Geschäftspartners Mr. Edison auf einigen Prinzipien beruhten. Prinzipien, die später getestet und Teil dieser Philosophie wurden. Er war der Ansicht, dass eben diese Grundsätze es einem jeden Menschen erlauben, vermögend zu werden sowie inneren Frieden und Glück zu finden.

Das ist auch meine Überzeugung. Diese Einschätzung ist mittlerweile nicht nur zu einer beweisbaren, sondern zu einer BEWIESENEN Realität geworden. Und ich hoffe, Sie werden mir am Ende dieses Kurses zustimmen.

Bitte behalten Sie im Hinterkopf, dass ich während all dieser Jahre der Forschung nicht nur das Gesetz dieser Lektion befolgte, indem ich MEHR TAT, ALS MEINE BEZAHLUNG VORGAB. Ich ging noch weit darüber hinaus, indem ich einer Arbeit nachging, für die ich währenddessen nicht einmal auf Vergütung hoffen konnte.

So vollendete ich in Jahren des Chaos, des Widerstands und der Opposition diese Philosophie und erstellte veröffentlichungsreife Manuskripte.

Dann folgte eine Pause! Ich ruhte mich sozusagen auf meinen Lorbeeren aus, bevor ich den nächsten Schritt unternahm, um diese Philosophie in die Hände entsprechend interessierter Menschen zu legen.

»Gott wirkt seine Wunder auf mysteriöse Weise!« Während der frühen Jahre meiner Laufbahn dachte ich, diese Worte seien leer und bedeutungslos, aber ich habe seitdem meine Meinung beträchtlich geändert.

Ich wurde eingeladen, eine Rede in Canton, Ohio, zu halten. Dieser Vortrag wurde umfassend beworben, und ich erwartete ein großes Publikum. Das Gegenteil passierte, denn gleichzeitig fanden zwei große geschäftliche Versammlungen statt, die mein Publikum auf die glückliche Zahl »13« reduzierten.

Es war schon immer meine Überzeugung, dass man sein Bestes geben sollte, egal wie viel man für seine Arbeit erhält oder wie vielen beziehungsweise welchen Menschen man dient. Ich widmete mich meiner Aufgabe, als wäre die Halle gut gefüllt. Irgendwie hegte ich einen Groll, weil sich das »Rad des Schicksals« gegen mich gewendet hatte, und wenn ich jemals eine überzeugende Rede gehalten habe, dann an diesem Abend.

Tief in meinem Herzen jedoch, glaubte ich, versagt zu haben! Erst am nächsten Tag erfuhr ich, dass ich am Abend vorher Geschichte geschrieben und dass die Philosophie des Gesetzes des Erfolgs ihren ersten wirklichen Anschub bekommen hatte. Einer der Männer, der in meinem Publikum als einer der »13« saß, war der mittlerweile verstorbene Don R. Mellett, damals Herausgeber der *Canton Daily News*, den ich kurz in der Einführungslektion erwähnt habe.

Nachdem ich meine Rede beendet hatte, schlüpfte ich durch die Hintertür und kehrte in mein Hotel zurück, ich wollte keinem meiner »13« Opfer auf dem Weg nach draußen begegnen.

Am nächsten Tag wurde ich in Mr. Melletts Büro eingeladen. Da er die Initiative ergriffen hatte, indem er mich einlud, überließ ich ihm größtenteils das Reden. Er eröffnete das Gespräch etwa so: »Würden Sie mir Ihre gesamte Lebensgeschichte erzählen, von den Tagen Ihrer frühen Kindheit bis zur Gegenwart?«

Ich sagte ihm, ich sei bereit, wenn er es ertragen könne, sich eine so lange Erzählung anzuhören. Er bejahte, aber bevor ich begann, wies er mich an, nicht die unangenehmen Aspekte auszulassen. »Was ich von Ihnen will«, sagte er, »ist, das Fett mit dem mageren Fleisch zu mischen und mich einen Blick in Ihre Seele werfen zu lassen, nicht von der Schokoladenseite, sondern von allen Seiten.«

Drei Stunden lang redete ich, während Mellett zuhörte!

> Zu den Denk- und Verhaltensweisen, denen Sie zum neuen Jahr »abschwören«, sollte das Wort »unmöglich« gehören!

Ich ließ nichts aus. Ich erzählte ihm von meinen Kämpfen, meinen Fehlern, meinen Impulsen, unehrlich zu sein, wenn das Schicksal mir übel mitspielte, und wie ich mich am Ende nach langem Ringen mit meinem Gewissen doch eines Besseren besann. Ich berichtete ihm, wie ich auf die Idee für die Philosophie des Gesetzes des Erfolgs kam, wie ich mich daran gemacht hatte, die Daten dafür zu sammeln, von den durchgeführten Tests, die dazu führten, dass ich einige Daten löschte und andere verwendete.

Nachdem ich fertig war, sagte Mellett: »Ich würde Ihnen gerne eine persönliche Frage stellen und hoffe, dass Sie sie so ehrlich beantworten, wie Sie mir auch den Rest Ihrer Geschichte erzählt haben. Haben Sie Geld mit Ihren Mühen verdient, und falls nicht, wieso nicht?«

»Nein!«, erwiderte ich. »Ich habe nur Erfahrung, Wissen und Schulden angesammelt, und der vielleicht nicht ganz so vernünftige Grund dafür ist leicht erklärt. Die Wahrheit ist, dass ich all die Jahre so damit beschäftigt war, meine eigene Ignoranz zu überwinden, damit ich effizient Daten für die Philosophie des Erfolgsgesetzes sammeln und organisieren konnte, dass es mir gar nicht in den Sinn kam, Geld zu verdienen.«

Der ernsthafte Ausdruck auf Don Melletts Gesicht milderte sich, sehr zu meiner Überraschung, zu einem Lächeln, während er mir die Hand auf die Schulter legte und sagte: »Ich kannte Ihre Antwort, bevor Sie sie äußerten, aber ich fragte mich, ob Sie sie wussten. Vermutlich ist Ihnen klar, dass Sie nicht der einzige Mensch sind, der seinen unmittelbaren finanziellen Lohn geopfert hat, um sich Wissen anzueignen. Denn tatsächlich ist Ihre Erfahrung die eines jeden Philosophen von der Zeit des Sokrates bis zur Gegenwart.«

Diese Worte hörten sich für mich wie Musik an! Ich hatte eines der peinlichsten Eingeständnisse meines Lebens gemacht; ich hatte meine Seele offengelegt, temporäre Niederlagen an nahezu jeder Weggabelung, die ich bei meinen Kämpfen passierte, zugegeben. Und ich hatte all das gekrönt, indem ich zugegeben hatte, dass ein Vertreter des Gesetzes des Erfolgs selbst zeitweilig Niederlagen einstecken musste! Wie unpassend das erschien! Ich fühlte mich dumm, gedemütigt und bloßgestellt, während ich vor dem durchdringendsten Augenpaar und dem neugierigsten Mann saß, den ich je getroffen hatte.

Es überkam mich wie ein Blitz, wie absurd das Ganze war – DIE ERFOLGSPHILOSOPHIE, GESCHAFFEN UND VERBREITET VON EINEM MANN, DER OFFENSICHTLICH EIN VERSAGER WAR! Dieser Gedanke traf mich so heftig, dass ich ihn äußerte.

»Was?«, rief Mellett aus, »ein Versager?«

»Sicher kennen Sie den Unterschied zwischen Versagen und zeitweiliger Niederlage«, fuhr er fort. »Niemand ist ein Versager, der eine einzige Idee schafft, geschweige denn eine ganze Philosophie, die künftigen Generationen helfen kann, Enttäuschungen zu überwinden und Entbehrungen zu minimieren.«

Ich fragte mich, was das Ziel dieser Befragung war. Meine erste Vermutung bestand darin, dass Mellett auf Fakten aus war, um die Philosophie des Erfolgsgesetzes in seiner Zeitung angreifen zu können.

Vielleicht erwuchs dieser Gedanke aus einigen meiner früheren Erfahrungen mit Zeitungsleuten, von denen mir ein paar feindlich gesinnt gewesen waren. Auf jeden Fall entschied ich zu Beginn des Interviews, ihm die Fakten zu nennen, ohne sie irgendwie auszuschmücken.

Ich verließ Melletts Büro als sein Geschäftspartner, mit einer Vereinbarung, dass er als Herausgeber der *Canton Daily News* kündigen und meine Projekte managen würde, sobald er es arrangieren konnte.

In der Zwischenzeit schrieb ich eine Reihe von Leitartikeln für die Titelseite der Sonntagsausgabe der *Canton Daily News*, die auf der Philosophie des Erfolgsgesetzes basierten.

Einer dieser Leitartikel (der den Titel »Versagen« trug und am Ende einer dieser Lektionen abgedruckt ist) erregte die Aufmerksamkeit des Richters Elbert H. Gary, der damals der Vorstandsvorsitzende der United States Steel Corporation war. So ergab sich ein Austausch zwischen Mellett und Richter Gary, der wiederum dazu führte, dass Richter Gary anbot, den Kurs des Erfolgsgesetzes zu erwerben, um ihn für die Angestellten der Steel Corporation zu nutzen, so wie es in der Einführungslektion beschrieben ist.

Das Glück hatte sich zu meinen Gunsten gewendet!

Die Saat meiner langjährigen Arbeit, bei der ich MEHR TAT, ALS MEINE BEZAHLUNG VORGAB, war endlich aufgegangen!

Obwohl mein Partner Opfer eines Mordanschlags wurde, bevor unsere Pläne über das Anfangsstadium hinaus waren, und Richter Gary verstarb, bevor die Erfolgsgesetz-Philosophie angemessen überarbeitet werden konnte, setzte meine »verlorene Liebesmüh« an diesem schicksalsträchtigen Abend, als ich in Canton, Ohio, vor einem Publikum von 13 Leuten sprach, Ereignisse in Gang, die sich ohne mein Zutun schnell fortsetzten.

Es ist kein Vertrauensbruch, hier einige der Ereignisse zu berichten, die zeigen, dass keine »Liebesmüh« jemals ganz verloren ist, und dass diejenigen, die mehr und Besseres leisten, als ihre Bezahlung vorgibt, früher oder später für mehr als ihre Mühen vergütet werden.

Der Wert dieser Arbeit wurde nicht nur von Tausenden Lesern anerkannt, sondern auch von vielen großen Unternehmen. Die Baltimore & Ohio Railroad, Standard Oil, N. Y. Life Insurance Co. und Hunderte anderer Firmen haben diesen Kurs zum Nutzen ihrer Angestellten – und letztlich zu ihrem eigenen – angewandt.

Es ist keine Übertreibung, zu sagen, dass nicht nur das Leben einzelner Menschen durch das Gesetz des Erfolgs verbessert wurde, sondern ganze Unternehmen dank dieser Prinzipien aus den roten in die schwarzen Zahlen rutschten.

Dies brachte mir natürlich auch finanzielle Gewinne ein; das Verlagswesen ließ mich sogar außerordentlich profitieren.

Darüber hinaus hat ein neugegründeter Klub für Jungen, dem CVJM vergleichbar, einen Vertrag mit mir abgeschlossen, um den Kurs über das Gesetz des Erfolgs in sein Bildungsprogramm einzubauen. Dieser Klub geht davon aus, dass er diesen Kurs innerhalb der nächsten zwei Jahre über 100.000-mal einsetzen wird.

Unabhängig von diesen Verbreitungswegen hat die Ralston University Press aus Meriden, Connecticut, mit mir vereinbart, den Kurs für Kunden in den gesamten Vereinigten Staaten und eventuell auch im Ausland zu veröffentlichen.

Wie viele Exemplare des Kurses sie an den Mann und die Frau bringen werden, sei dahingestellt. Aber da ihr Verteiler etwa 800.000 Adressen von Stammkunden umfasst, kann man davon ausgehen, dass der Kurs zig Tausenden Menschen zugutekommen wird, die die Philosophie des Erfolgsgesetzes benötigen.

Hier sei betont, dass ich Ihnen nur aufzeigen möchte, dass das Gesetz dieser Lektion im praktischen Leben tatsächlich funktioniert. Ich hätte in dieser Analyse gern das Wort »ich« ausgelassen.

Dieser Hintergrundbericht zur Philosophie des Erfolgsgesetzes beziehungsweise zu dieser Lektion untermauert die Wirkung des hier behandelten Gesetzes auf Sie.

Aus zahlreichen fundierten Gründen empfiehlt es sich, mehr und Besseres zu leisten, als Ihre Bezahlung vorgibt, auch wenn die meisten Menschen sich nicht so verhalten.

Zwei Gründe dafür übertreffen alle anderen:

Erstens: Wenn Sie als jemand gelten, der immer mehr und Besseres leistet, als die Bezahlung vorgibt, werden Sie im Vergleich mit anderen, die weniger schaffen, glänzend dastehen. Sie werden sich so stark hervorheben, dass Ihre Dienste von mehreren Unternehmen gefragt sein werden, egal welchen Beruf Sie wählen.

> Wenn Sie es versucht haben und gescheitert sind; wenn Sie etwas geplant haben und erleben mussten, wie Ihre Pläne vor Ihren Augen zerschmettert wurden: Denken Sie nur daran, dass die größten Menschen der Geschichte stets ihrem Mut gefolgt sind. Und Mut entsteht bekanntlich durch Widerstand.

Angesichts Ihrer Intelligenz erübrigt es sich, Beweise für diese Aussage zu liefern, denn sie ist offensichtlich fundiert. Ob Sie Predigten halten, als Anwalt arbeiten, Bücher schreiben, an einer Schule lehren oder Gruben ausheben: Sie werden wertvoller werden und imstande sein, eine bessere Bezahlung zu verlangen, sobald Sie als jemand gelten, der mehr tut, als seine Bezahlung vorgibt.

Zweitens: Bei Weitem der wichtigste Grund, mehr als verlangt zu tun – ein wesentlicher Grund –, lautet: Angenommen, Sie wollten einen starken rechten Arm entwickeln, und Sie versuchten es, indem Sie diesen mit einem Seil seitlich festbinden, ihn damit unbrauchbar machen und ihm eine lange Pause verordnen. Würde Ihnen dies Stärke einbringen oder würde es zu Verkümmerung und Schwäche führen, bis Sie gezwungen sind, sich den Arm abnehmen zu lassen?

Wenn Sie Ihren rechten Arm stärken wollen, müssen Sie ihn beständig einsetzen. Sehen Sie sich den Arm eines Schmieds an, wenn Sie wissen wollen, wie man einen Arm stärkt. Aus dem Widerstand erwächst die Kraft. Der stärkste Eichenbaum im Wald ist nicht vor Sturm und Sonne geschützt, sondern steht im offenen Gelände, wo er gezwungen ist, gegen die Winde, den Regen und die sengende Sonne um seine Existenz zu kämpfen.

Durch das Wirken eines der unveränderlichen Naturgesetze fördern Kampf und Widerstand Stärke, und diese Lektion will Ihnen zeigen, wie Sie dieses Gesetz beherrschen und so einsetzen, dass es Ihnen bei Ihrem Kampf um den Erfolg hilft. Indem Sie mehr und bessere Arbeit leisten, als wofür Sie bezahlt werden, stärken Sie nicht nur Ihre Qualitäten bei Ihrer Leistung für andere, sondern Sie bauen auch einen wertvollen Ruf auf. Wenn Sie sich stets derart engagieren, werden Sie so viel Erfahrung sammeln, dass Sie eine höhere Entlohnung fordern können als Menschen, die sich nicht so anstrengen. Sie werden schließlich so weit sein, jede unerwünschte Stelle hinter sich zu lassen, und niemand kann Sie aufhalten oder wird es auch nur versuchen.

Als Angestellter können Sie Ihren Wert steigern, indem Sie mehr Leistung erbringen, als Ihr Gehalt vorgibt, sodass Sie praktisch Ihren Lohn selbst bestimmen können, und jeder vernünftige Arbeitgeber wird Sie unterstützen. Falls Ihr Chef Ihnen die angemessene Vergütung verwehren sollte, wird Sie das nicht lange aufhalten, denn andere Firmen werden Ihre herausragenden Qualitäten bemerken und Ihnen eine Stelle anbieten.

Dass die meisten Menschen nur das Nötigste leisten, entpuppt sich für alle, die mehr tun, als Ihr Gehalt vorgibt, als Vorteil, denn die »Mehrleister« profitieren im Vergleich zu den anderen. Sie können damit »durchkommen«, so wenig Leistung zu erbringen wie möglich. Doch in einem solchen Fall beziehungsweise falls Einsparmaßnahmen nötig sind, werden Sie einer der Ersten sein, der entlassen wird.

Mehr als 25 Jahre habe ich sorgfältig Menschen analysiert, um festzustellen, wieso einige bemerkenswert erfolgreich sind, während andere mit vergleichbaren Fertigkeiten nicht vorankommen. Es scheint signifikant, dass jeder unter diesen Personen, der stets mehr als verlangt leistete, eine bessere Position innehatte und mehr Gehalt erhielt als diejenigen, die sich eher durchmogelten.

Meine Beförderungen waren immer auf die Anerkennung dafür zurückzuführen, dass ich mehr und bessere Leistungen erbracht hatte, als meine Bezahlung vorgab.

Mir erscheint es so wichtig, sich dieses Prinzip zu eigen zu machen, um sich als Angestellter auf eine höhere Position mit besserer Bezahlung zu befördern, weil Tausende berufstätige junge Männer und Frauen diesen Kurs anwenden. Das Prinzip trifft jedoch auf Arbeitgeber oder Selbstständige genauso zu wie auf Angestellte.

Die Einhaltung dieses Prinzips wird doppelt belohnt. Erstens erhält man eine höhere Vergütung als diejenigen, die sich nicht daran halten; und zweitens gelangt man in dem hohen Maße zu Glück und Befriedigung, wie es nur eine solche Leistung ermöglicht. Wenn Sie nur den Inhalt Ihrer Lohntüte als Bezahlung erhalten, sind Sie unterbezahlt, egal wie viel Geld darin ist.

Meine Frau ist soeben aus der öffentlichen Bücherei mit einem Buch für mich zurückgekehrt. Der Titel ist *Observation; Every Man His Own University*, von Russell H. Conwell. Zufällig schlug ich das Buch zu Beginn des Kapitels mit dem Titel »Die Universität jedes Menschen« auf. Als ich es durchlas, war mein erster Impuls, Ihnen zu empfehlen, sich ein Exemplar davon aus der öffentlichen Bücherei zu holen, und das gesamte Buch zu lesen. Aber ich rate Ihnen lieber, es zu kaufen und nicht einmal, sondern hundertmal zu lesen, denn es behandelt das Thema dieser Lektion, als wäre es extra für diesen Zweck geschrieben worden, und zwar beeindruckender, als ich es vermag.

Das folgende Zitat aus dem Kapitel »Die Universität jedes Menschen« vermittelt Ihnen eine Vorstellung von der Weisheit, die man im gesamten Buch finden kann:

»Der Intellekt kann so entwickelt werden, dass er weit über das hinausblickt, was Männer und Frauen normalerweise sehen, aber alle Colleges der Welt zusammen können diese Macht nicht verleihen. Das ist der Lohn einer Kultur, die jeder sich selbst aneignen muss. Und das mag begründen, wieso die Fähigkeit, tief und weitgehend zu beobachten, so viel häufiger bei Männern und Frauen zu finden ist, die nie die Schwelle irgendeines Colleges überschritten, sondern die harte Schule des Lebens besucht haben.«

Lesen Sie das Buch als Teil dieser Lektion, denn dadurch werden Sie von der Philosophie und Psychologie dieser Einheit profitieren.

Wir werden nun das Gesetz analysieren, auf dem diese gesamte Lektion basiert …

Das Gesetz der steigenden Erträge!

Lassen Sie uns zunächst beleuchten, wie die Natur dieses Gesetz Farmern zugutekommen lässt. Der Farmer bereitet sorgfältig den Boden vor, sät dann seinen Weizen und wartet, während das Gesetz der steigenden Erträge den Samen zurückbringt, den er gesät hat, und noch ein Vielfaches mehr.

Gäbe es nicht dieses Prinzip der steigenden Erträge, würde der Mensch untergehen, denn er könnte nicht dafür sorgen, dass der Boden genügend Nahrung hervorbringt, um seine Existenz zu sichern. Es brächte keinen Vorteil, ein Weizenfeld auszusäen, wenn die Ernte nicht mehr einbringen würde, als man gesät hat.

Mit diesem lebenswichtigen »Trinkgeld« der Natur, das wir von den Weizenfeldern sammeln, können wir dazu übergehen, dieses Gesetz der steigenden Erträge zu übernehmen und zu lernen, wie man es auf unsere Leistungen anwendet, damit sie Erträge liefern, die den investierten Aufwand überproportional übersteigen.

Zuerst sollten wir betonen, dass im Zusammenhang mit diesem Gesetz keinerlei Tricks greifen, auch wenn einige Menschen dies nicht gelernt haben, wie man anhand der vielen Leute sieht, die meinen, sie könnten ohne Gegenleistung oder für weit weniger als seinen wahren Wert etwas bekommen. Wir raten davon ab, das Gesetz der steigenden Erträge zu diesem Zweck anzuwenden, denn damit erreicht man innerhalb der breiter gefassten Bedeutung des Wortes »Erfolg« nichts.

Ferner ist das Gesetz der steigenden Erträge deshalb bemerkenswert, weil es sowohl Menschen anwenden können, die Dienste in Anspruch nehmen, als auch Menschen, die sie leisten. Dafür sei auf die Auswirkungen von Henry Fords berühmter 5-Dollar-pro-Tag Lohnpolitik verwiesen, die er vor einigen Jahren einführte.

> Letztlich zählt nichts wirklich viel. Die Niederlage, die dir heute das Herz zu brechen scheint, wird auf den Wellen anderer Erfahrungen in deinem künftigen Leben nur ein Kräuseln sein.

Wer mit den Fakten vertraut ist, sagt, dass Mr. Ford nicht als Philanthrop gehandelt hat, als er diesen Mindestlohn einführte, sondern im Gegenteil nur Nutzen aus einem fundierten Geschäftsprinzip zog, das ihm vermutlich in Dollar und gutem Willen mehr Ertrag brachte als jedes andere Prozedere, das je im Ford-Werk eingeführt wurde. Indem er mehr Lohn zahlte als der Durchschnitt, erntete er mehr und bessere Leistungen als andere Unternehmen! Durch die Einführung dieser Mindestlohnregel zog Ford auf einen Streich die besten Arbeitskräfte des Marktes an sich und machte das Privileg, in diesem Werk arbeiten zu können, besonders wertvoll.

Ich habe keine authentischen Zahlen zu diesem Thema, jedoch gute Gründe zu schätzen, dass Ford für jede 5 Dollar, die er unter dieser Betriebspolitik ausgab, mindestens 7,50 Dollar an geleisteter Arbeit erhielt. Es ist außerdem wahrscheinlich, dass diese Politik auch die Kosten der Beaufsichtigung der Arbeiter gesenkt hat, denn die Jobs in seinem Werk wurden so begehrt, dass keiner der Arbeiter seine Stellung riskieren wollte, indem er sich »durchwurschtelte« oder schlechte Leistungen ablieferte.

Wo andere Arbeitgeber gezwungen waren, sich auf teure Supervision zu verlassen, um die angemessene Leistung zu erhalten, für die sie bezahlten, erhielt Ford die gleiche oder bessere Leistung durch eine kostensparende Methode, indem er die Jobs in seinem Werk begehrt machte.

Marshall Field war vermutlich der führende Handelsunternehmer seiner Zeit. Der große Field Store in Chicago steht heute als ein Monument seiner Kompetenz, das Gesetz der steigenden Erträge anzuwenden. Eine Kundin kaufte eine teure Seidenkorsage im Field Store, trug sie aber nicht. Zwei Jahre später schenkte sie sie ihrer Nichte zur Hochzeit. Die Nichte brachte sie heimlich, still und leise in den Field Store und tauschte sie gegen etwas anderes um, obwohl sie schon mehr als zwei Jahre alt und bis dahin aus der Mode war. Nicht nur nahm der Field Store die Korsage zurück, sondern auch ohne irgendeinen Einwand!

Natürlich gab es keine moralische oder rechtliche Verpflichtung aufseiten des Ladens, die Rücknahme der Korsage nach so langer Zeit zu akzeptieren, was die Transaktion umso bedeutender macht.

Die Korsage hatte ursprünglich einen Preis von 50 Dollar, und natürlich musste sie auf den Schnäppchentisch geworfen und für den Preis verkauft werden, den sie eben einbringen würde. Aber der scharfsinnige Student der menschlichen Natur wird verstehen, dass der Field Store nicht nur keinen Verlust mit der Korsage machte, sondern derart von der Transaktion profitierte, dass es sich nicht in Dollar allein bemessen lässt.

Die Frau, die die Korsage zurückbrachte, wusste, dass sie kein Recht auf einen Umtausch hatte. Als daher der Laden ihr einen Bonus gewährte, auf den sie kein Recht hatte, gewann er mit ihr eine neue Stammkundin. Aber der Effekt der Transaktion begann damit gerade erst, denn diese Frau verbreitete die Nachricht von der »fairen Behandlung« im Field Store nah und fern. Ihr Freundeskreis redete einige Tage darüber, und der Field Store erhielt mehr Werbung durch dieses Ereignis, als er anderweitig mit zehnmal so viel Geld, als die Korsage wert war, hätte schalten können.

Der Erfolg des Field Stores beruhte größtenteils auf Marshall Fields Wissen um das Gesetz des steigenden Ertrags, weswegen er den Slogan »Der Kunde hat immer recht« in seine Geschäftspolitik übernahm.

Wenn Sie nur das tun, wofür Sie bezahlt werden, dann gibt es nichts Außergewöhnliches zu erwähnen. Wenn Sie jedoch stets mehr tun, als Ihr Gehalt vorgibt, wird dies die wohlwollende Aufmerksamkeit der Nutznießer Ihrer Arbeit hervorrufen. Und so erwerben Sie sich einen Ruf, der irgendwann das Gesetz der steigenden Erträge zu Ihren Gunsten arbeiten lässt, und die Nachfrage nach Ihren Diensten wird sich ausbreiten.

Carol Downes begann auf einer niedrigen Position für den Automobilhersteller W. C. Durant zu arbeiten. Heute ist er Mr. Durants rechte Hand und der Präsident einer seiner Vertriebsfirmen. Er beförderte sich selbst auf diese einträgliche Position mithilfe des Gesetzes der steigenden Erträge, da er mehr und Besseres leistete, als seine Bezahlung vorgab.

Kürzlich besuchte ich Mr. Downes, um ihn zu fragen, wie er es geschafft hatte, so schnell befördert zu werden. In einigen kurzen Sätzen erzählte er mir die gesamte Geschichte: »Als ich anfing, für Mr. Durant zu arbeiten«, sagte er, »stellte ich fest, dass er immer im Büro blieb, lang, nachdem alle anderen an diesem Tag Feierabend gemacht hatten. Und ich gewöhnte mir an, ebenfalls länger zu bleiben. Niemand bat mich darum, aber ich dachte, irgendjemand sollte da sein, um Mr. Durant, wenn erforderlich, zu assistieren. Oft sah er sich um, ob jemand ihm einen Briefordner bringen oder etwas anderes Triviales erledigen konnte. Und stets war ich da, um ihm zu helfen. Er gewöhnte sich an, mich um Hilfe zu bitten, und das ist eigentlich schon alles.«

> Das Lob zu lieben, aber es nicht abgöttisch zu verehren, und den Tadel zu fürchten, aber sich nicht davon unterkriegen zu lassen, zeichnet die ausgeglichene Persönlichkeit aus.

»Er gewöhnte sich an, mich um Hilfe zu bitten!« Lesen Sie diesen Satz erneut, denn er ist essenziell. Wieso hat sich Mr. Durant angewöhnt, Mr. Downes um Hilfe zu bitten? Mr. Downes machte es sich zur Aufgabe, sichtbar zu sein. Er platzierte sich bewusst in Mr. Durants Weg, damit er ihm einen Dienst erweisen konnte, der das Gesetz der steigenden Erträge für ihn wirksam werden ließ.

Sagte man ihm, er solle das tun? Nein! Wurde er dafür bezahlt! Ja! Die Vergütung bestand in der Möglichkeit, die Aufmerksamkeit des Mannes zu erregen, der ihn befördern konnte.

Wir nähern uns nun dem wichtigsten Teil dieser Lektion, denn hier sollte darauf hingewiesen werden, dass Sie dieselbe Möglichkeit wie Mr. Downes haben, das Gesetz der steigenden Erträge zu nutzen. Sie können das Gesetz ebenso anwenden wie er, indem Sie zur Verfügung stehen und bereit sind, sich freiwillig für Arbeit anzubieten, die andere scheuen, weil sie nicht dafür bezahlt werden.

Stopp! Sagen Sie es nicht – denken Sie es nicht einmal, wenn Sie auch nur die leiseste Absicht haben, diese alte abgedroschene Phrase vorzubringen: »Aber mein Arbeitgeber ist anders.« Natürlich ist er anders. Die Menschen unterscheiden sich in vielerlei Hinsicht, aber sie gleichen sich in einem solchen Fall: Sie sind tatsächlich selbstsüchtig genug, um nicht zu wollen, dass ein Mann wie Carol Downes für die Konkurrenz arbeitet, und dieser Egoismus kann Ihnen zum Nutzen und nicht zum Schaden gereichen, wenn … Sie so clever sind, sich so nützlich zu machen, dass Ihr Arbeitgeber ohne Sie nicht auskommt.

Eine der vorteilhaftesten Beförderungen, die ich je erhielt, ergab sich durch einen scheinbar bedeutungslosen Vorfall. Eines Samstagnachmittags kam ein Anwalt herein, dessen Büro im selben Stockwerk wie das meines Chefs war, und wollte wissen, ob ich einen Stenografen organisieren könne, der am selben Tag noch einige Arbeiten für ihn erledigen würde.

Ich sagte ihm, dass alle unsere Stenografen zu einem Baseballspiel gegangen waren und ich ebenfalls weg gewesen wäre, wenn er fünf Minuten später gekommen wäre, aber dass ich gerne bliebe und seine Arbeit erledigte. Denn ich konnte jeden Tag zu einem Baseballspiel gehen, und seine Angelegenheiten waren dringend. Ich erledigte die Arbeit für ihn, und als er mich fragte, wie viel er mir schulde, erwiderte ich: »Oh, etwa 1.000 Dollar, weil Sie es sind; wenn es jemand anderes wäre, würde ich nichts verlangen.« Er lächelte und bedankte sich.

(Bei dieser Bemerkung ging ich nicht davon aus, dass er mir 1.000 Dollar für die Arbeit dieses Nachmittags zahlen würde, aber er tat genau das.) Sechs Monate später, nachdem ich den Vorfall schon vergessen hatte, wandte er sich wieder an mich und fragte, wie viel Gehalt ich verdiente. Auf meine Antwort hin informierte er mich, dass er bereit sei, mir die 1.000 Dollar zu zahlen, die ich im Scherz für die getane Arbeit verlangt hatte. Und er entlohnte mich, indem er mir eine Stelle gab, bei der ich 1.000 Dollar mehr pro Jahr verdiente.

Unbewusst hatte ich an diesem Nachmittag das Gesetz der steigenden Erträge für mich arbeiten lassen, indem ich das Baseballspiel ausfallen ließ und eine Dienstleistung anbot, die offensichtlich auf Hilfsbereitschaft und nicht auf monetären Erwägungen basierte. Ich war nicht dazu verpflichtet gewesen, meinen Samstagnachmittag zu opfern, aber … Es war mein Privileg!

Darüber hinaus war es ein profitables Privileg, denn es brachte mir 1.000 Dollar in bar ein und eine Position mit weit mehr Verantwortung als diejenige, die ich vorher bekleidet hatte.

Es war die Pflicht von Carol Downes, bis zum normalen Büroschluss zur Verfügung zu stehen, aber es war sein Privileg, noch auf seinem Posten zu bleiben, nachdem die anderen Kollegen gegangen waren. Indem er dieses Privileg geschickt nutzte, brachte es ihm mehr Verantwortung und ein höheres jährliches Gehalt ein, als er in einem ganzen Leben verdient hätte, falls er in seinem ursprünglichen Job geblieben wäre.

Ich habe mehr als 25 Jahre lang über dieses Privileg nachgedacht, mehr und Besseres zu leisten, als die Bezahlung vorgibt. Und ich bin zu dem Schluss gekommen, dass eine einzige Stunde, die man jeden Tag der Aufgabe widmet, auf diese Weise mehr zu leisten, größere Erträge einbringen kann als der restliche Tag, an dem wir einfach nur unsere Pflicht tun.

> Der gebildete Mensch hat gelernt, alles, was er braucht, zu erhalten, ohne die Rechte seiner Mitmenschen zu verletzen. Bildung kommt von innen, man baut sie durch Kampf, Mühe und Nachdenken auf.

(Wir nähern uns immer noch dem wichtigsten Teil der Lektion an, daher sollten Sie beim Lesen dieser Seiten bewusst nachdenken und den Inhalt in sich aufnehmen.)

Das Gesetz der steigenden Erträge habe ich weder erfunden noch behaupte ich, darauf gekommen zu sein, mehr und Besseres zu leisten, als verlangt (und bezahlt) wird, um dieses Gesetz zu nutzen. Ich habe es nur übernommen, nachdem ich viele Jahre sorgfältig die erfolgskritischen Kräfte studiert habe, genauso, wie Sie es anwenden werden, nachdem Sie es begriffen haben.

Sie können nun beginnen, sich diese Erkenntnisse anzueignen, indem Sie ein Experiment durchführen, das Ihnen leicht die Augen öffnet und ungeahnte Kräfte in Ihnen stärkt.

Ich möchte Sie jedoch kurz warnen, diesen Versuch nicht im gleichen Geist zu starten wie eine Frau, die mit dieser Bibelpassage experimentierte: »So ihr Glauben habt wie ein Senfkorn, möget ihr sagen zu diesem Berge: Hebe dich von hinnen! So wird er sich heben.«

Diese Frau wohnte in der Nähe eines hohen Bergs, den sie von ihrer Vordertür aus sehen konnte; daher befahl sie diesem eines Abends, als sie zu Bett ging, dass er sich an einen anderen Ort heben sollte. Am nächsten Morgen sprang sie aus dem Bett, rannte an die Tür und sah hinaus, aber ach! Der Berg war immer noch da. Dann sagte sie: »Genau, wie ich erwartet hatte! Ich wusste, dass er noch da sein würde.«

Ich werde Sie bitten, bei diesem Experiment überzeugt zu sein, dass es einer der wichtigsten Wendepunkte Ihres gesamten Lebens sein wird. Ich werde Sie bitten, als Ziel des Experiments den Berg von dort fortzuschaffen, wo Ihr Tempel des Erfolgs stehen soll, nachdem Sie den Berg entfernt haben.

Sie haben den Berg, auf den ich mich beziehe, vielleicht nie bemerkt, aber er steht Ihnen dennoch im Weg, es sei denn, Sie haben ihn schon entdeckt und entfernt.

»Und was ist dieser Berg?«, fragen Sie vielleicht!

Es ist das Gefühl, betrogen worden zu sein, solange Sie nicht für all Ihre Dienste vergütet worden sind. Es kann ein unbewusst empfundenes Gefühl sein, das das Fundament, auf dem Ihr Tempel des Erfolgs stehen sollte, auf verschiedene ebenfalls unbewusste Arten zerstören kann.

Bei weniger gebildeten Menschen drückt sich dieses Gefühl normalerweise so aus: »Dafür werde ich nicht bezahlt, und ich will (hier Schimpfwort einfügen) sein, wenn ich es tue!«

Sie kennen diesen Typ Mensch, auf den sich das bezieht. Sie haben solche Leute schon viele Male getroffen, aber Sie haben noch nie eine einzige Person dieses Schlags getroffen, die erfolgreich war, und werden ihr nie begegnen.

Man zieht den Erfolg an, indem man Gesetze versteht und anwendet, die so feststehen wie das Gesetz der Gravitation. Er kann nicht in die Ecke getrieben und eingefangen werden, wie man einen wilden Stier fangen würde. Aus diesem Grund bitte ich Sie, das folgende Experiment mit der Absicht durchzuführen, eines der wichtigsten dieser Gesetze zu verinnerlichen: das der steigenden Erträge.

Das Experiment: Während der nächsten sechs Monate sollten Sie es sich zur Aufgabe machen, mindestens einer Person am Tag einen Dienst zu erweisen, für den Sie weder eine Bezahlung erwarten noch entgegennehmen.

Gehen Sie bei diesem Versuch davon aus, dass Sie bald eines der mächtigsten erfolgskritischen Gesetze nutzen können, und Sie werden nicht enttäuscht werden.

Sie können sich auf verschiedene Weise nützlich machen. So können Sie für eine oder mehrere Personen etwas leisten oder für Ihren Arbeitgeber nach Feierabend etwas erledigen.

Des Weiteren können Sie auch etwas für Fremde tun, die Sie vielleicht nicht mehr wiedersehen. Es ist egal, wem Sie Ihren Dienst erweisen, solange Sie ihn bereitwillig leisten und nur, um anderen zu nützen.

Wenn Sie dieses Experiment richtig anstellen, werden Sie das herausfinden, was allen anderen klargeworden ist, die sich mit dem zugrunde liegenden Gesetz vertraut gemacht haben, dass … Sie genauso wenig einen Dienst erbringen können, ohne dafür vergütet zu werden, wie Sie diesen Dienst verweigern können, ohne dass Ihnen die Belohnung entgeht.

»Ursache und Wirkung, Mittel und Zweck, Saat und Frucht können nicht getrennt werden«, sagte Emerson, »denn die Wirkung erblüht bereits in der Ursache, der Zweck existiert im Mittel und die Frucht im Samen.

Wenn Sie einen undankbaren Chef haben, strengen Sie sich umso mehr an. Lassen Sie Gott in Ihrer Schuld stehen. Jeder Schlag soll vergolten werden. Je länger die Bezahlung auf sich warten lässt, desto besser für Sie; denn Zins und Zinseszins sind Ertrag und Nutzen dieses Schatzamtes.«

> Wer einen einzigen schönen Gedanken im Geist eines anderen Menschen sät, erweist der Welt einen größeren Dienst, als ihn alle, die nur nach Fehlern suchen, zusammen erweisen.

»Das Naturgesetz ist: Tu dies, und du wirst die Macht erlangen; aber diejenigen, die es nicht tun, werden keine Macht erlangen.

Menschen leiden ihr ganzes Leben lang unter dem törichten Aberglauben, dass man sie austricksen kann. Aber es ist genauso unmöglich für einen Menschen, dass ihn irgendjemand außer er selbst austrickst, wie es unmöglich ist, dass ein Ding gleichzeitig sein kann und nicht sein kann.

Es gibt einen lautlosen Dritten bei all unseren Handlungen. Die Natur und Seele der Dinge garantieren die Erfüllung eines jeden Kontrakts, sodass ein aufrichtig geleisteter Dienst niemandem schaden kann.«

Bevor Sie mit dem Experiment beginnen, um das ich Sie gebeten habe, lesen Sie Emersons Essay über Kompensation, denn dadurch werden Sie den Sinn dieses Versuchs verstehen.

Vielleicht haben Sie »Kompensation« schon gelesen. Lesen Sie es erneut! Es ist merkwürdig, aber wahr, dass Sie jedes Mal, wenn Sie es lesen, neue Wahrheiten entdecken, die Sie bei der vorherigen Lektüre nicht bemerkt haben.

Vor einigen Jahren wurde ich eingeladen, eine Abschlussrede vor den Studenten eines Colleges an der Ostküste zu halten. Während meines Vortrags redete ich lange und mit allem Nachdruck darüber, wie wichtig es ist, mehr und Besseres zu leisten, als das Gehalt vorgibt.

Nach meiner Rede luden mich der Präsident und der Geschäftsführer des Colleges zum Essen ein. Während wir aßen, wandte sich der Geschäftsführer an den Präsidenten und sagte: »Ich habe gerade herausgefunden, was dieser Mann tut. Er kommt voran in der Welt, indem er anderen hilft, voranzukommen.« Mit dieser knappen Aussage hatte er den wichtigsten Teil meiner Erfolgsphilosophie zusammengefasst.

Es stimmt tatsächlich, dass man am besten und schnellsten Erfolg hat, indem man anderen hilft, erfolgreich zu sein.

Vor etwa zehn Jahren, als ich noch in der Werbebranche war, baute ich meinen gesamten Kundenstamm mithilfe der Grundlagen dieser Lektion auf. Indem ich meinen Namen auf die Postverteilerliste verschiedener Versandhäuser setzen ließ, erhielt ich deren Verkaufsliteratur. Wenn ich einen Verkaufsbrief, ein Büchlein oder eine Broschüre erhielt, die sich meines Erachtens verbessern ließen, machte ich mich sofort an die Arbeit, verbesserte sie und schickte sie zurück an die Firma, die sie mir geschickt hatte. Dazu schrieb ich einen Brief, dies sei nur ein kleines Beispiel meines Könnens – dass es an dieser Quelle noch weitere gute Ideen gab –, und dass ich mich freuen würde, ihnen gegen ein monatliches Honorar meine Dienste anzubieten.

Diese Aktion brachte mir auf direktem Wege mehr Kunden für meine Dienstleistungen ein.

Ich erinnere mich, dass einmal eine Firma so unehrlich war, meine Ideen unvergütet zu verwenden, aber das erwies sich in gewisser Weise als Vorteil für mich: Ein Mitarbeiter dieses Unternehmens, der mit der Transaktion vertraut war, gründete eine eigene Firma und stellte mich aufgrund der unbezahlten Arbeit ein, die ich für seinen früheren Arbeitgeber erledigt hatte. Er zahlte mir mehr als den doppelten Betrag, denn ich von seinem alten Chef bekommen hätte.

So entlohnte mich das Gesetz der Kompensation mit Zins und Zinseszins und glich meinen Verlust aus, einer unehrlichen Firma Dienste erwiesen zu haben.

Würde ich heute nach einem profitablen Betätigungsfeld suchen, würde ich es wieder anbieten, Verkaufsliteratur umzuschreiben, um einen Markt für meine Dienstleistung zu schaffen. Vielleicht würde ich wieder an Kunden geraten, die meine Ideen unbezahlt übernehmen. Doch im Großen und Ganzen verhalten Menschen sich nicht so, weil es profitabler ist, fair mit mir umzugehen und sich meine Leistungen langfristig zu sichern.

Vor einigen Jahren wurde ich eingeladen, eine Vorlesung vor den Studenten der Palmer School in Davenport, Iowa, zu halten. Mein Agent traf die Arrangements, die Einladung unter den damals gültigen Bedingungen anzunehmen, und das bedeutete 100 Dollar für den Vortrag plus Reiseausgaben.

Als ich in Davenport ankam, wartete ein Komitee am Bahnhof auf mich, und an diesem Abend erlebte ich einen der wärmsten Empfänge meiner öffentlichen Karriere. Ich traf viele angenehme Leute, die mir wertvolles und nützliches Wissen vermittelten. Als ich gebeten wurde, meine Ausgaben in Rechnung stellen, damit die Schule mir einen Scheck ausstellen konnte, erwiderte ich, schon mehr als genug Bezahlung durch all das Gelernte erhalten zu haben. Ich berechnete meine übliche Gebühr nicht und kehrte in mein Büro in Chicago zurück, mit dem Gefühl, gut für die Reise vergütet worden zu sein.

Am folgenden Morgen trat Dr. Palmer vor die 2.000 Studenten seiner Schule und verkündete meine Worte, dass ich mich genug entlohnt fühlte, weil ich einiges gelernt hatte. Er fügte hinzu: »In den 20 Jahren, die ich diese Schule leite, hatten wir hier eine Reihe von Rednern, die vor der Schülerschaft sprachen. Aber das ist das erste Mal, dass ich einen Mann getroffen habe, der seine Bezahlung nicht annehmen wollte, weil er meinte, er sei für seine Dienste schon anderweitig entlohnt worden. Dieser Mann ist der Herausgeber eines landesweit erscheinenden Magazins und ich rate jedem von Ihnen, dieses Magazin zu abonnieren. Denn dieser Mann verkörpert die Einstellung, die Sie alle brauchen, wenn Sie Ihre Arbeitsleistung auf dem freien Markt anbieten.«

Bis Mitte dieser Woche hatte ich mehr als 6.000 Dollar Abonnements für mein Magazin gewonnen, und während der folgenden zwei Jahre gaben dieselben 2.000 Studenten und ihre Freunde mehr als 50.000 Dollar für Abonnements aus.

Falls möglich, verraten Sie mir, wie oder wo ich 100 Dollar so profitabel hätte investieren können, indem ich meine 100 Dollar Gebühr ablehnte und damit das Gesetz der steigenden Erträge zu meinen Gunsten arbeiten ließ?

Wir durchleben zwei wichtige Perioden in diesem Leben: Eine ist die Periode, in der wir Wissen sammeln, klassifizieren und organisieren, und die andere ist die Periode, in der wir uns um Anerkennung bemühen. Zuerst müssen wir etwas lernen, was mehr Aufwand erfordert, als die meisten von uns in ihren Job investieren wollen. Aber nachdem wir einiges an Bildung genossen haben, was wir in unsere Arbeitsleistung für andere einfließen lassen können, stehen wir immer noch vor der Aufgabe, diese anderen zu überzeugen, dass wir imstande sind, das Nötige zu leisten.

Einer der wichtigsten Gründe, nicht nur immer bereit, sondern auch willens zu sein, für andere etwas zu tun, besteht darin, dass wir bei jeder Leistung eine weitere Chance erhalten, jemandem unser Können zu beweisen. Damit kommen wir einen Schritt weiter auf dem Weg, Anerkennung zu erhalten.

Statt der Welt zu sagen: »Zeige mir dein Geld, und ich zeige dir, was ich tun kann«, kehren wir die Regel um und sagen: »Ich zeige dir, was ich tun kann, und dann lass mich dein Geld sehen, wenn dir meine Dienstleistung zusagt.«

1917 arbeitete eine Frau von etwa 50 Jahren als Stenografin für 15 Dollar pro Woche. Gemessen an diesem Gehalt war sie offensichtlich nicht besonders fähig in ihrem Job. Nun sehen Sie sich das an: Letztes Jahr verdiente dieselbe Frau knapp über 100.000 Dollar mit Vorlesungen. Wie hat Sie diesen gewaltigen Sprung zwischen den beiden Einkommensklassen geschafft?, fragen Sie vielleicht, und ich antworte: Sie hat mehr und Besseres geleistet, als Ihre Bezahlung vorgibt, wodurch sie das Gesetz der steigenden Erträge nutzte.

Diese Frau ist im ganzen Land bekannt, da sie nun eine prominente Rednerin zum Thema Angewandte Psychologie ist.

Lassen Sie mich schildern, wie sie das Gesetz der steigenden Erträge nutzte: Zuerst geht sie in eine Stadt und hält eine Reihe von 15 kostenlosen Vorlesungen. Es können alle zuhören, die wollen, ohne Eintritt zu zahlen. Während der 15 Vorlesungen hat sie die Gelegenheit, sich an ihr Publikum »zu verkaufen«, und am Ende der Reihe verkündet sie, dass sie einen Kurs zusammenstellt, für den sie 25 Dollar pro Schüler verlangt.

> Niemand kann zu Ruhm und Reichtum aufsteigen, ohne andere mitzuziehen. Es ist einfach unmöglich.

Das ist ihr ganzer Plan! Während sie ein kleines Vermögen für ein Jahr Arbeit verdient, gibt es unzählige, viel profiliertere Redner, die ihre Leistungen kaum kostendeckend erbringen. Denn sie haben sich – so wie die Frau in unserem Beispiel – nicht mit den Grundlagen vertraut gemacht, auf denen diese Lektion basiert.

Nun, ich würde Sie bitten, hier innezuhalten und folgende Frage zu beantworten: Wenn eine 50-jährige Frau ohne besondere Qualifikationen das Gesetz der steigenden Erträge nutzen kann, das sie von einer Stenografin, die 15 Dollar die Woche verdient, zu einer Rednerin mit einem Einkommen über 100.000 Dollar im Jahr macht: Wieso können Sie dann nicht dasselbe Gesetz anwenden, damit es Ihnen bisher ungeahnte Vorteile verschafft?

Lassen Sie außer Acht, was noch im Rest dieser Lektion auf Sie zukommt, bis Sie diese eine Frage so beantwortet haben, WIE SIE BEANTWORTET WERDEN SOLLTE!

Sie kämpfen, entweder halbherzig oder mit vollem Ernst, um Ihren Platz in der Welt. Möglicherweise kommen Sie dem Erfolg näher, wenn Sie nach dem Gesetz der steigenden Erträge handeln. Aus diesem Grund schulden Sie es sich, herauszufinden, wie Sie dieses Gesetz zu Ihrem größten Nutzen einsetzen können.

Nun kommen Sie zu dieser Frage zurück, denn ich möchte, dass Sie diese nicht leichtfertig übergehen, ohne wenigstens zu versuchen, sie zum eigenen Vorteil zu beantworten.

Mit anderen Worten, Sie stehen zweifelsohne einer Frage gegenüber, die Ihre Zukunft wesentlich beeinflussen kann, und wenn Sie dieser ausweichen, haben Sie es sich selbst zuzuschreiben.

Sie können diese Lektion nach der Lektüre beiseitelegen, ohne davon profitieren zu wollen. Aber in diesem Fall werden Sie nie wieder in einen Spiegel sehen können, ohne von dem Gefühl verfolgt zu werden, dass … SIE SICH SELBST BETROGEN HABEN!

Vielleicht ist das undiplomatisch ausgedrückt, aber Sie haben diesen Kurs über das Gesetz des Erfolgs begonnen, um an Fakten zu kommen, und diese erhalten Sie ohne beschönigende Entschuldigungen.

Wenn Sie diese Lektion beendet haben und sich erneut die Lektionen über Initiative, Führungsstärke und Enthusiasmus ansehen, werden Sie diese Einheit besser verstehen. Die erwähnten Lektionen belegen eindeutig, wie wichtig es ist, die Initiative zu ergreifen, daraufhin entschlossen zu handeln, und mehr zu tun, als Ihre Bezahlung vorgibt. Wenn Sie die grundlegenden Fakten dieser drei Lektionen Ihrem Unterbewusstsein einprägen, werden Sie sich verändern, und das sage ich unabhängig von Ihrer Person oder Ihrem Beruf.

Falls meine offenen Worte Sie verärgern, freut es mich, denn das zeigt, dass man Sie zu etwas bewegen kann! Nun, wenn Sie vom Rat eines Menschen profitieren wollen, der viel mehr Fehler begangen hat, als Sie je gemacht haben, und daher ein paar fundamentale Wahrheiten über das Leben gelernt hat, bändigen Sie diesen Zorn, und richten Sie ihn auf sich selbst, bis er Sie zu den Leistungen antreibt, zu denen Sie fähig sind. Wenn Sie diesen Weg beschreiten, können Sie sich über eine fürstliche Bezahlung freuen.

Wenden wir uns nun einem anderen wichtigen Aspekt der Gewohnheit zu, mehr und Besseres als verlangt zu leisten: dass wir so handeln können, ohne um Erlaubnis zu fragen.

Sie können sich aufgrund Ihrer eigenen Initiative so verhalten, ohne dass irgendjemand zustimmen muss. Sie müssen nicht die Personen fragen, für die Sie etwas tun, denn es ist allein Ihr Privileg.

Sie können vieles tun, um Ihre Interessen voranzubringen, aber meistens erfordert es die Kooperation oder Zustimmung anderer. Wenn Sie weniger leisten, als Ihre Bezahlung vorgibt, benötigen Sie dafür die Zustimmung Ihres Kunden oder Arbeitgebers oder Ihre Dienste werden bald nicht mehr gebraucht werden.

Mir liegt daran, dass Sie die volle Bedeutung Ihres Vorrechts verstehen, mehr und Besseres zu leisten, als Ihre Bezahlung vorgibt, denn so obliegt Ihnen die Verantwortung, solche Dienste zu erbringen. Falls Sie es unterlassen, haben Sie keine plausible Entschuldigung oder ein »Alibi« dafür, Ihr Hauptziel im Leben zu verfehlen.

Eine der essenziellsten, aber auch härtesten Wahrheiten ist, dass jeder Mensch sein eigener, strengster Lehrmeister sein sollte.

Wir sind alle gut darin, »Alibis« oder Ausreden für unsere Fehler zu erfinden.

Wir suchen nicht nach Fakten oder Wahrheiten, so wie sie sind, sondern so, wie wir sie wünschen. Wir hören gern, dass uns jemand Honig ums Maul schmiert, statt uns die kalte, vorbehaltlose Wahrheit zu sagen – der größte Schwachpunkt des Tieres Mensch.

Darüber hinaus wehren wir uns nach Kräften gegen diejenigen, die diese Wahrheit zu unserem Nutzen enthüllen.

Einer der schwersten Schocks zu Beginn meiner öffentlichen Karriere war, zu begreifen, dass Menschen immer noch für das schwere Verbrechen gekreuzigt werden, die Wahrheit zu sagen. Ich erinnere mich an ein Erlebnis vor etwa zehn Jahren, mit einem Mann, der ein Buch geschrieben hatte, in dem er für seine Wirtschaftsschule warb. Er schickte mir das Buch und bezahlte mich dafür, es zu rezensieren und ihm meine ehrliche Meinung mitzuteilen. Ich rezensierte das Buch peinlich genau und zeigte ihm, an welchen Stellen ich es für schwach hielt.

Dabei lernte ich eine wichtige Lektion, denn dieser Mann wurde so wütend, dass er mir nie vergab, ihm einen Einblick in sein Buch durch meine Augen gegeben zu haben. Als er mich bat, ihm meine »Kritik« offen zu sagen, meinte er tatsächlich, dass ich ihm mein Lob mitteilen sollte. Dies ist ein kleiner Einblick in die menschliche Natur für Sie!

Wir sind mehr um Schmeichelei bemüht als um die Wahrheit. Ich weiß es, denn ich bin ein Mensch. Dies soll als Vorbereitung auf die »unangenehme Kritik« dienen, zu der ich mich verpflichtet fühle, indem ich Ihnen sage, nicht alles in Ihrer Macht Stehende geleistet zu haben. Das behaupte ich aus dem Grund, dass Sie nicht ausreichend die in Lektion 8 geforderten Erkenntnisse zur Selbstkontrolle angewendet haben, um sich selbst Ihre Fehler und Schwächen vorzuwerfen. Dies zu tun, erfordert ein hohes Maß an Selbstkontrolle.

Wenn Sie jemandem, der in der Lage ist und den Mut dazu hat, 100 Dollar zahlen würden, um Sie von Ihrer Eitelkeit, Arroganz und Liebe für Schmeicheleien zu befreien, damit Sie den schwächsten Punkt Ihres mentalen Rüstzeugs finden, wäre der Preis mehr als angebracht.

Während wir durchs Leben gehen, straucheln und fallen wir, kämpfen uns wieder auf die Beine und straucheln und fallen dann noch ein wenig mehr, machen uns zu Idioten und gehen letztlich geschlagen unter, weil wir es entweder versäumen oder uns einfach weigern, die Wahrheit über uns selbst zu erkennen.

Da ich einige meiner eigenen Schwächen entdeckt habe, indem ich anderen half, ihre zu überwinden, werde ich beim Rückblick auf mein Leben vor Scham rot, wenn ich daran denke, wie lächerlich ich in den Augen derjenigen gewirkt haben muss, die mich so sehen konnten, wie ich mich selbst nicht sah.

Wir stolzieren vor den vergrößerten Schatten unserer eigenen Eitelkeit auf und ab und stellen uns vor, dass diese Schatten unser wahres Selbst sind, während die wenigen wissenden Seelen, die wir treffen, im Hintergrund stehen und uns mit Mitleid oder Verachtung betrachten.

Aber warten Sie noch eine Minute! Ich bin noch nicht mit Ihnen fertig. Sie haben mich dafür bezahlt, dass ich in die Tiefen Ihres wahren Selbst eintauche und Ihnen durch diese Innenschau ein Inventar Ihres Wesens liefere, und ich werde diesen Job bestmöglich erledigen.

> Verkäufer profitieren davon, zu begreifen, dass kein Mensch etwas haben will, das jemand anderes loswerden will.

Nicht nur haben Sie sich selbst bisher über die wahren Ursachen Ihres Versagens getäuscht, sondern auch versucht, diese Ursachen jemand anderem unterzuschieben.

Wenn die Dinge nicht in Ihrem Sinn gelaufen sind, haben Sie nicht die volle Verantwortung dafür übernommen, sondern gemeint: »Oh, vergiss diesen Job! – Ich mag nicht, wie ›sie‹ mich behandeln, also kündige ich!« Leugnen Sie es nicht!

Lassen Sie mich Ihnen nun ein kleines Geheimnis ins Ohr flüstern – ein Geheimnis, das ich durch Leid, Kummer und schwere Bestrafungen erlernen musste … Statt den Job zu »kündigen«, weil es Hindernisse zu meistern und Schwierigkeiten zu überwinden gab, sollten Sie lieber den Tatsachen ins Auge gesehen haben. Dann hätten Sie begriffen, dass das Leben nur eine lange Reihe der Überwindung von Schwierigkeiten und Hindernissen ist.

Man kann einen Menschen genau einschätzen, indem man beobachtet, in welchem Ausmaß er sich an seine Umgebung anpasst und Verantwortung für jedes Missgeschick übernimmt, dem er begegnet, egal ob es im Bereich seiner Kontrolle liegt oder nicht.

Nun, wenn Sie das Gefühl haben, dass ich Sie recht heftig »kritisiert« habe, sehen Sie es mir nach, mein lieber Mitreisender, denn Sie wissen sicher, dass ich mich selbst strenger züchtigen musste als Sie, bevor ich auf die Wahrheit stieß, die ich hier zu Ihrem Nutzen weitergebe.

Ich habe ein paar Feinde – und ich danke Gott dafür! Denn sie waren vulgär und gnadenlos genug, mir Dinge zu sagen, die mich zwangen, einige meiner ernstesten Schwächen zu überwinden. Es waren hauptsächlich Schwächen, die ich nicht kannte. Ich habe von der Kritik dieser Feinde profitiert, ohne sie in Dollar bezahlt zu haben, auch wenn ich auf andere Weise gezahlt habe.

Jedoch bin ich mir erst vor einigen Jahren über einige meiner gravierendsten Fehler bewusst geworden, als ich Emersons Essay über Kompensation studierte, besonders den folgenden Teil: »Unsere Stärke erwächst aus unserer Schwäche. Erst wenn wir gestichelt, verletzt und schmerzhaft aufs Korn genommen worden sind, erwacht die Empörung, die sich selbst mit geheimen Kräften stärkt. Ein großer Mensch ist immer bereit, klein zu sein. Während er auf dem Kissen des Vorteils ruht, schläft er ein. Wenn man ihn schubst, quält, besiegt, hat er die Gelegenheit, etwas zu lernen: Er musste seinen Verstand einsetzen, seine Größe; er hat Fakten gelernt; von seiner Unwissenheit erfahren; ist von dem Wahnsinn der Arroganz geheilt; hat Mäßigkeit und echte Fähigkeiten erlernt. Der weise Mensch ist immer auf der Seite seiner Angreifer. Es liegt eher in seinem Interesse als in dem der anderen, seinen Schwachpunkt zu finden. Anschuldigungen sind sicherer als Lob. Ich lehne es ab, in einer Zeitung verteidigt zu werden. Solange das Gesagte gegen mich gerichtet ist, bin ich mir des Erfolgs sicher. Aber wenn schöne Lobesworte über mich gesprochen werden, komme ich mir vor wie jemand, der ungeschützt seinen Feinden gegenübersteht.«

Studieren Sie die Philosophie des unsterblichen Emerson, denn sie kann als ein modifizierender Einfluss dienen, der sie mental stärkt und auf die Kämpfe des Lebens vorbereitet, so wie der Kohlenstoff den Stahl härtet. Wenn Sie noch jung sind, müssen Sie es umso mehr studieren, denn es bedarf oft der harten Realität, damit ein Mensch diese Philosophie verinnerlichen und anwenden kann.

Es wäre besser für Sie, diese große Wahrheit infolge meiner undiplomatischen Präsentation zu verstehen, als gezwungen zu sein, sie aus den weniger mitfühlenden Quellen der kalten Erfahrung zu lernen. Erfahrung ist ein Lehrmeister, der keine Lieblingsschüler hat. Wenn ich Ihnen gestatte, von den Wahrheiten zu profitieren, die ich durch die Lehren des kalten und mitleidlosen Lehrers »Erfahrung« gelernt habe, behandle ich Sie wie einen Lieblingsschüler, was mich an die Zeiten erinnert, als mein Vater »seine Pflicht« mir gegenüber tat. Das geschah im Holzschuppen und begann immer mit diesem Häppchen ermutigender Philosophie: »Sohn, das tut mir mehr weh als dir.«

So nähern wir uns dem Ende dieser Lektion, ohne dass wir die Möglichkeiten des Themas voll ausgeschöpft haben; nein, wir haben wenig mehr getan, als an der Oberfläche zu kratzen.

Mir fällt die Geschichte einer uralten Romanze ein, durch die ich in Ihrem Geist das Wichtigste in dieser Lektion verankern kann. Diese Geschichte fand in der Stadt Antioch statt, im alten Rom vor 2.000 Jahren, als die große Stadt Jerusalem und das gesamte Land Judäa unter der tyrannischen Herrschaft von Rom standen. Der Star in dieser Geschichte ist ein junger Jude namens Ben Hur, der fälschlich dafür angeklagt wurde, ein Verbrechen begangen zu haben und zur Strafe zur harten Arbeit als Galeerensklave verurteilt worden war. An eine Bank gefesselt und gezwungen zu sein, erschöpft an den Rudern zu ziehen, hatte Ben Hur stark werden lassen. Seine Peiniger hatten keine Ahnung, dass aus dieser Strafe die Kraft erwuchs, mit der er eines Tages seine Freiheit erlangen sollte. Vielleicht hegte Ben Hur selbst nicht diese Hoffnung.

Dann kam der Tag der Wagenrennen: Der Tag, der die Ketten brechen sollte, die Ben Hur an die Ruder der Galeere fesselten, und ihm seine Freiheit schenkte.

Einem Pferdegespann fehlte der Wagenlenker. Verzweifelt bat der Besitzer den jungen Sklaven, mit seinen starken Armen zu helfen und den Platz des fehlenden Wagenlenkers einzunehmen.

Als Ben Hur die Zügel in die Hand nahm, erhob sich ein Aufschrei unter den Zuschauern. »Seht! Seht! Diese Arme! Wo hast du die her?«, jubelten Sie, und Ben Hur antwortete: »Vom Ruder einer Galeere!«

Das Rennen begann. Mit seinen mächtigen Armen lenkte Ben Hur in aller Ruhe zum Sieg; ein Sieg, der ihm seine Freiheit einbrachte.

Das Leben selbst ist ein großes Wagenrennen, und der Sieg ist nur denjenigen sicher, die die Charakterstärke, Entschlossenheit und Willenskraft, zu siegen, entwickelt haben. Der Punkt ist, dass wir diese Stärke durch die grausame Strafe am Ruder der Galeere erlangen, und sie dann nutzen, damit sie uns schließlich den Sieg und die Freiheit schenkt.

Es ist erwiesen, dass unsere Stärke aus Widerstand erwächst. Wenn wir den armen Schmied bedauern, der den ganzen Tag einen 3 Kilo schweren Hammer schwingt, müssen wir auch seine wunderbaren Arme bewundern.

»... Aufgrund der doppelten Natur aller Dinge, bei der Arbeit wie im Leben, gibt es keinen Betrug«, sagte Emerson. »Der Dieb stiehlt von sich selbst. Der Schwindler beschwindelt sich selbst. Denn der wahre Preis der Arbeit ist das Wissen und die Tugend, deren Zeichen der Reichtum und die Anerkennung sind. Die Zeichen, so wie Papiergeld, können gefälscht oder gestohlen werden, aber das, was sie repräsentieren, nämlich Wissen und Tugend, können nicht gefälscht oder gestohlen werden.«

Henry Ford erhält 15.000 Briefe in der Woche von Menschen, die um einen Anteil an seinem Reichtum betteln. Aber wie wenige dieser armen ignoranten Seelen verstehen, dass Fords wahrer

Wohlstand sich weder an seinem Bankkonto bemisst noch an seinen Fabriken, sondern am Ruf, den er sich erarbeitet hat, indem er seine nützlichen Dienstleistungen zu einem vernünftigen Preis erbringt.

Wie hat er diesen Ruf erlangt? Sicher nicht, indem er so wenig wie möglich geleistet und dafür so viel, wie er konnte, aus seinen Kunden herausgepresst hat.

Der wahre Kern und die Essenz von Fords Geschäftsphilosophie lauten wie folgt: »Gib den Menschen das beste Produkt zu einem möglichst niedrigen Preis.«

Wenn andere Automobilhersteller ihre Preise anheben, senkt Ford seine. Wenn andere Arbeitgeber die Löhne senken, erhöht Ford sie. Was ist passiert? Durch diese Vorgehensweise hat Ford so effektiv das Gesetz der steigenden Erträge eingesetzt, dass er zum reichsten und mächtigsten Mann der Welt wurde.

Oh, ihr törichten und kurzsichtigen Jäger des Reichtums, die ihr mit leeren Händen von der täglichen Jagd zurückkehrt – wieso lernt ihr nicht eure Lektion von Männern wie Ford? Wieso kehrt ihr nicht eure Philosophie um und gebt, damit ihr auch empfangt?

Ich beende diese Lektion am Weihnachtsabend!

> Es gibt keine faulen Menschen. Was wie ein fauler Mensch erscheint, ist nur eine unglückliche Person, die noch nicht die Arbeit gefunden hat, für die sie am besten geeignet ist.

Im Raum neben meinem Arbeitszimmer sind unsere Kinder dabei, den Weihnachtsbaum zu schmücken, und der Klang ihrer Stimmen ist wie Musik für meine Ohren. Sie sind glücklich, nicht nur, weil sie sich auf die Geschenke freuen, sondern aus dem tieferen Grund, dass sie Geschenke für andere versteckt haben.

Aus dem Fenster meines Arbeitszimmers kann ich die Kinder der Nachbarn sehen, die ebenfalls begeistert damit beschäftigt sind, sich auf dieses wunderbare Fest vorzubereiten.

In der gesamten zivilisierten Welt bereiten sich Millionen von Menschen auf die Geburt dieses Friedensprinzen vor, der mehr als jeder andere Mann bewiesen hat, wieso es gesegneter ist, zu geben als zu nehmen, und wieso beständiges Glück nicht aus materiellem Reichtum erwächst, sondern indem man der Menschheit nützt.

Es scheint ein merkwürdiger Zufall zu sein, dass ich diese spezielle Lektion am Weihnachtsabend vollende, aber ich bin froh darüber. Denn in diesem Kontext darf ich Ihnen mitteilen, dass ich nirgendwo in der gesamten Geschichte der Zivilisation eine stärkere Stütze für die Grundlagen dieser Lektion gefunden habe als in der Bergpredigt im Evangelium nach Matthäus.

Das Christentum ist einer der größten und weitreichendsten Einflüsse in der heutigen Welt, und ich muss mich wohl nicht entschuldigen, wenn ich Sie daran erinnere, dass die Eckpunkte der christlichen Philosophie absolut mit den Grundlagen dieser Lektion harmonieren.

Und während ich die glücklichen Gesichter der Kinder sehe und die hastende Menge der verspäteten Weihnachtseinkäufer, die mit dem Geist der Weihnacht, der Freude am Schenken um die Wette strahlen, so kann ich mir nur wünschen, dass jeden Abend Weihnachten wäre. Denn dann wäre dies eine bessere Welt, in der der Kampf um die Existenz auf ein Minimum reduziert ist und Hass und Streit gegen das Gesetz verstoßen.

Das Leben ist nur eine kurze Spanne an Jahren. Wie eine Kerze werden wir entzündet, flackern einen Moment und verlöschen dann! Wenn wir auf diese Welt gesetzt wären, um Reichtümer anzuhäufen, die wir in einem Leben nach dem Todes nutzen können, sollten wir diese Schätze dann nicht am besten verdienen, indem wir alles Erdenkliche leisten und unsere Dienste allen möglichen Leuten in einem Geist der Freundlichkeit und des Mitgefühls anbieten? Ich hoffe, Sie stimmen dieser Philosophie zu.

Hier muss diese Lektion enden, aber sie ist keinesfalls abgeschlossen. Wo ich diesen Gedankengang begonnen habe, ist es nun Ihre Pflicht, ihn individuell und zu Ihrem Nutzen weiterzudenken.

Aufgrund ihres Themas kann diese Lektion niemals als abgeschlossen gelten, denn sie führt ins Herz aller menschlichen Aktivität. Sie soll Sie bewegen, die hier geschilderten Grundlagen anzunehmen und als einen Stimulus für Ihren Geist zu nutzen und damit Ihre latenten Kräfte freizusetzen.

Diese Lektion soll Sie nicht belehren, sondern dazu führen, dass Sie eine der großen Wahrheiten des Lebens verstehen. Sie dient als eine Quelle der Bildung, im wahren Sinne von Bildung: Ihre mentalen Kräfte hervorzulocken und von inneren heraus zu entwickeln.

Wenn Sie das Beste geben, zu dem Sie in der Lage sind, und jedes Mal danach streben, all Ihre bisherigen Bemühungen zu übertreffen, nutzen Sie diese höchste Form der Bildung. Daher, wenn Sie mehr und Besseres leisten als verlangt, profitieren Sie wie kein anderer von dieser Mühe.

Nur so werden Sie zum Meister Ihres Fachs. Aus diesem Grund sollten Sie auf dem Weg zu Ihrem konkreten Hauptziel versuchen, alle vorherigen Rekorde bei Ihren Aktivitäten zu übertreffen. Lassen Sie diese Motivation in Ihren Berufsalltag einfließen und folgen Sie ihr so regelmäßig, wie Sie essen.

Werden Sie zu einem »Mehrleister«, und Sie werden sehen: Schon bald werden Sie feststellen, dass DIE WELT BEREIT IST, SIE ÜBER IHRE ARBEIT HINAUS ZU BEZAHLEN!

Sie werden Zins und Zinseszins für Ihre Mühen erhalten. Wie hoch Sie diese Pyramide des Gewinns bauen, liegt allein an Ihnen.

Wie werden Sie diese Lektion für sich umsetzen? Und wann? Und wie? Und wieso? Diese Lektion kann Ihnen nur nützen, wenn Sie nun motiviert sind, das enthaltene Wissen zu verinnerlichen und einzusetzen.

Wissen wird nur dann zu MACHT, wenn es organisiert und GENUTZT wird! Denken Sie daran.

Sie können nicht in eine Führungsposition aufsteigen, falls Sie nicht mehr tun, als Ihr Gehalt vorgibt, und Sie können nicht erfolgreich werden, wenn Sie nicht in Ihrem Tätigkeitsfeld Führungsqualitäten entwickeln.

> Es ist immer Platz für einen Menschen, der zuverlässig liefert, was er verspricht.

DAS MASTERMIND

EINE NACHBEREITUNG DER LEKTION

> Diese Macht kann Ihnen einbringen, was immer Sie sich auf dieser Welt wünschen.

ERFOLG entsteht, indem man Macht ausübt.

Ich möchte Ihnen zwei Formen der MACHT näherbringen! Auf der einen Seite existiert die physische Macht der Natur, in Form des Regens, der auf die Niagarafälle fällt. Der Mensch hat diese Kraft nutzbar gemacht.

Daneben gibt es eine andere und weit intensivere Macht, hervorgerufen durch harmonisch koordinierte Gedanken von Menschen. Beachten Sie, dass das Wort »harmonisch« hervorgehoben ist. Stellen Sie sich eine Gruppe von Männern vor, die am Tisch des Direktors in einem modernen Büro sitzen. Die mächtige Gestalt, die sich über die Gruppe erhebt, repräsentiert das »Mastermind«, das entsteht, wenn Menschen harmonisch zusammenarbeiten und dabei ein KONKRETES Ziel vor Augen haben. Imaginieren Sie dieses Bild! Es interpretiert die größte MACHT, die uns bekannt ist.

Mithilfe seines VERSTANDS hat der Mensch viele interessante Fakten über die Erde herausgefunden, auf der er lebt, die Luft und den Äther, die den endlosen Raum über ihm erfüllen, und die Millionen anderer Planeten und himmlischen Körper im All.

Mithilfe einer kleinen mechanischen Apparatur (die der menschliche GEIST erfunden hat), des »Spektroskops«, hat der Mensch aus einer Entfernung von 150 Millionen Kilometern die Substanz ergründet, aus der die Sonne besteht.

Wir haben die Steinzeit durchlebt, die Eisenzeit, die Kupferzeit, die Zeit der religiösen Fanatiker, das Zeitalter der wissenschaftlichen Forschung, die industrielle Ära, und wir treten nun ins Zeitalter des GEDANKENS ein.

Aus der Dunkelheit des Mittelalters, die der Mensch durchschritten hat, hat er jede Menge GEDANKENFUTTER hinübergerettet. Während mehr als 10.000 Jahre der Kampf zwischen IGNORANZ, ABERGLAUBE und ANGST auf der einen Seite und INTELLIGENZ auf der anderen getobt hat, hat er nützliches Wissen erworben.

Im Rahmen dieses Wissens hat er die 83 Elemente entdeckt und klassifiziert, aus denen die gesamte physische Materie besteht. Durch Studium, Analyse und Vergleich hat der Mensch die »Größe« der materiellen Elemente im Universum entdeckt, darunter die Sonne und die Sterne, von denen einige zehn Millionen Mal größer als die Erde sind. Andererseits hat der Mensch die »Kleinheit« von Dingen entdeckt, indem er die Materie auf Moleküle, Atome und schließlich auf das kleinste bekannte Partikel, das Elektron reduzierte. Ein Atom ist so unvorstellbar klein, dass sich Millionen davon in einem Sandkorn finden.

Das Molekül ist aus Atomen zusammengesetzt, kleinen Materiepartikeln, die beständig mit blitzartiger Geschwindigkeit umeinander kreisen, ähnlich wie die Erde und die anderen Planeten in einem endlosen Zirkel um die Sonne rotieren.

Das Atom wiederum besteht aus Elektronen, die sich ständig schnell bewegen. Daher gilt, dass in jedem Wassertropfen und in jedem Sandkorn das gesamte Prinzip des Universums dupliziert ist.

Wie wundersam! Wie erstaunlich! Woher wissen wir, dass all dies zutrifft? Mithilfe unseres GEISTES.

Vielleicht erhalten Sie eine Idee vom enormen Ausmaß des Ganzen, wenn Sie das nächste Mal ein Steak essen und daran denken, dass das Stück Fleisch auf Ihrem Teller, der Teller und der Tisch, an dem Sie essen, sowie das Besteck in letzter Analyse aus demselben Material bestehen, aus Elektronen.

In der physischen oder materiellen Welt, ob man nun auf die größten Sterne blickt, die durch den Himmel schweben oder das kleinste Sandkorn, das man auf der Erde findet, sind die wahrgenommenen Objekte nur eine organisierte Ansammlung an Molekülen, Atomen und Elektronen. (Ein Elektron ist eine unteilbare Form der Energie, die aus einem positiven und negativen Pol besteht.)

Der Mensch weiß viel über die physischen Fakten des Universums!

Die nächste große wissenschaftliche Entdeckung wird die bereits etablierte Erkenntnis sein, dass jedes menschliche Gehirn sowohl eine Sende- als auch Empfangsstation ist, sodass jede Gedankenschwingung, die ein Gehirn aufnimmt, von allen anderen Gehirnen, die in »Einklang« mit der Vibrationsrate des Senders sind, interpretiert werden kann.

Wie hat der Mensch das Wissen über die physischen Gesetze dieser Erde erlangt? Wie hat er erfahren, was vor der heutigen Zeit und während seiner unzivilisierten Vergangenheit geschah? Er erfasste dieses Wissen, indem er die Seiten der Bibel der Natur zurückblätterte und dort die unwiderleglichen Beweise für einen Millionen Jahre dauernden Kampf zwischen Tieren einer niedrigeren Intelligenz enthüllte. Indem er die großen steinernen Seiten studierte, entdeckte er die Knochen, Skelette, Fußabdrücke und anderen eindeutigen Beweise, die Mutter Natur über unfassbar lange Zeitperioden bewahrte, damit der Mensch sie einst inspizieren kann.

Nun richtet der Mensch seine Aufmerksamkeit auf einen anderen Abschnitt der Bibel der Natur, der die Geschichte des großen geistigen Kampfes im Bereich der GEDANKEN enthält. Diese Seite repräsentiert der endlose Äther, der alle Gedankenvibrationen umfasst, die jemals ein menschlicher Geist ausgesendet hat.

Diese großartige Seite der Bibel der Natur vermag kein menschliches Wesen je zu verfälschen. Ihre Aufzeichnungen sind positiv und werden vielleicht bald eindeutig interpretierbar sein. Eine Interpretation von menschlicher Seite ist ausgeschlossen. Die Geschichte, die auf dieser Seite niedergeschrieben ist, ist eindeutig authentisch.

Dank unserer BILDUNG (das heißt, aus dem Inneren des menschlichen Geistes etwas zu entfalten, herauszubilden, herauszuziehen und zu entwickeln) ergründen wir die Bibel der Natur heutzutage. Die Geschichte des langen, gefährlichen Kampfes an die Spitze wurde auf den Seiten dieser größten aller Bibeln festgehalten.

Alle Menschen, die die sechs Grundängste, die in einer anderen »Nachbesprechung mit dem Autor« in diesem Buch aufgeführt werden, teilweise überwunden haben, und die dem ABERGLAUBEN und der UNWISSENHEIT abgeschworen haben, können die Bibel der Natur erfassen. Allen anderen ist dieses Privileg verwehrt. Aus diesem Grund gibt es vermutlich weniger als 1.000 Menschen auf der Welt, die diese Bibel zu studieren beginnen.

In der ganzen Welt gibt es heute vermutlich weniger als 100 Menschen, die sich der Chemie des Geistes bewusst sind oder davon gehört haben, durch die zwei oder mehr Individuen …

… HARMONISCH MITEINANDER VERBUNDEN WERDEN KÖNNEN, SODASS EIN DRITTER GEIST ENTSTEHT, DER DIE ÜBERMENSCHLICHE MACHT BESITZT, DIE NIEDERGESCHRIEBENE GESCHICHTE DER GEDANKENSCHWINGUNGEN ZU LESEN, DIE IN DEN EWIGEN AUFZEICHNUNGEN DES ÄTHERS EXISTIERT.

Das neuentdeckte Prinzip der Funkwellen hat jedem ungläubigen Thomas den Mund gestopft und die Wissenschaftler eilig neue Gebiete erforschen lassen. Aufgrund dieser Forschungen werden sie uns zeigen, dass der Geist, so wie wir ihn heute verstehen, verglichen mit dem Geist von Morgen, in etwa so dasteht, wie die Intelligenz einer Kaulquappe im Vergleich mit der eines Professors der Biologie, der die gesamte Entwicklung des tierischen Lebens, von der Amöbe bis hinauf zum Menschen, erfasst hat.

Lassen Sie uns einigen MÄCHTIGEN Herren einen kurzen Besuch abstatten, die heute leben und eine Macht nutzen, die aus der harmonischen Verbindung von einem oder mehreren Individuen entspringt. Wir werden mit drei Männern beginnen, die für große Leistungen in ihrem jeweiligen Tätigkeitsfeld bekannt sind. Ihre Namen sind Henry Ford, Thomas A. Edison und Harvey Firestone.

Der wirtschaftlich MÄCHTIGSTE von ihnen ist Henry Ford. Er ist der mächtigste Mann, der derzeit lebt, und viele halten ihn für den mächtigsten Mann aller Zeiten. So groß ist seine Macht, dass er sich jeden erdenklichen Wunsch der Welt erfüllen oder zumindest etwas Gleichwertiges erhalten kann. Millionen von Dollar sind für ihn nur Spielzeug, für ihn so zugänglich wie der Sand, mit dem Kinder Tunnel bauen.

Mr. Edisons Einblick in die Bibel der Natur ist so tiefgründig, dass er mehr Naturgesetze zum Nutzen der Menschheit durchschaut und kombiniert hat als jeder andere Mensch. Er fügte die Spitze einer Nadel mit einem Stück Wachs so zusammen, dass sie die menschliche Stimme aufzeichnete. Er erfand die Glühbirne, die die Kraft des Blitzes für die Erleuchtung unserer Häuser und Straßen nutzt. Ihm verdanken wir den Kinematografen, der Bewegungen aufzeichnet und wiedergibt.

Mr. Firestones industrielle Leistungen sind so gut bekannt, dass sie keines Kommentars bedürfen. Er hat dafür gesorgt, dass sich die Dollars so schnell vermehren, dass sein Name zu einem feststehenden Begriff rund um das Autofahren wurde.

Alle drei Männer starteten ihre Unternehmen und Karrieren ohne Kapital und mit nur wenig »Bildung«. Mr. Fords Karrierestart war im Vergleich dieser drei Personen mit Abstand der bescheidenste. Obwohl er arm war, nur geringe Schulbildung erhielt und Unwissen ihn ausbremste, überwand er all diese Hürden in der unglaublich kurzen Zeitspanne von 25 Jahren.

Wir wollen kurz die Leistungen dieser drei bekannten, erfolgreichen MACHTMENSCHEN beschreiben!

Bisher haben wir uns nur mit den EFFEKTEN beschäftigt! Der wahre Philosoph möchte jedoch ergründen, was diese EFFEKTE hervorbrachte.

Bekanntlich sind Mr. Ford, Mr. Edison und Mr. Firestone Freunde, die einmal im Jahr gemeinsam Urlaub in den Wäldern machen, um sich zu erholen und zu entspannen.

Weniger bekannt ist – und es ist fraglich, ob diese drei Herren selbst es wissen –

–, DASS ZWISCHEN IHNEN EINE HARMONISCHE VERBINDUNG BESTEHT, DIE EIN MASTERMIND HERVORGEBRACHT HAT, DAS JEDEM DER DREI DIENT. EIN GEIST MIT ÜBERMENSCHLICHEN FÄHIGKEITEN, DER IN DER LAGE IST, SICH AUF KRÄFTE »EINZUSTIMMEN«, DIE DEN MEISTEN MENSCHEN VERBORGEN BLEIBEN.

Lassen Sie uns wiederholen, dass die harmonische Verbindung von zwei oder mehr Individuen (12 oder 13 scheint die gängigste Anzahl zu sein) einen Geist mit der Fähigkeit zu schaffen vermag, sich auf Schwingungen des Äthers »einzustimmen«, und aus dieser Quelle Gedanken zu jedem Thema aufzunehmen.

Durch das Prinzip der harmonischen mentalen Verbindung haben Ford, Edison und Firestone ein Mastermind geschaffen, das ihre Leistungen unterstützt. Und aus DIESEM »MASTERMIND« ERWÄCHST - BEWUSST ODER UNBEWUSST - DER ERFOLG ALLER BETEILIGTEN.

Es gibt keine andere Erklärung, wie sie zu ihrer großen Macht und ihrem weitreichenden Erfolg in ihren Bereichen gekommen sind. Dies trifft zu, obwohl sie sich vermutlich weder ihrer gemeinsam erzeugten Macht bewusst sind noch wissen, auf welchem Wege sie entstanden ist.

In Chicago wohnen sechs mächtige Herren, die als die Big Six bekannt sind, angeblich die mächtigste Vereinigung im Mittleren Westen. Man sagt, dass ihr gemeinsames Einkommen mehr als 25 Millionen Dollar im Jahr beträgt. Jeder von ihnen hat in einfachsten Verhältnissen angefangen. Ihre Namen sind: William Wrigley, Jr., dem die Firma Wrigley Chewing Gum gehört, und dessen Einkommen angeblich über 15 Millionen Dollar im Jahr beträgt. John R. Thompson, Inhaber der landesweiten Kette der Thompson-Selbstbedienungsrestaurants. Mr. Lasker, dem die Werbeagentur Lord & Thomas gehört. Mr. McCullough, Besitzer des größten Expressgeschäfts der Welt, sowie Mr. Richie und Mr. Hertz, Gründer des Yellow-Taxicab-Unternehmens, das im ganzen Land tätig ist.

Dass jemand zum Millionär wird, ist nicht ungewöhnlich. Aber mit dem finanziellen Erfolg dieser Millionäre hat es etwas Erstaunliches auf sich, denn sie verbindet eine harmonische Freundschaft, die ein Mastermind hervorgebracht hat.

Diese sechs Männer haben sich – ob zufällig oder absichtlich – derart miteinander verbunden, dass der Geist jedes einzelnen durch die übermenschliche Kraft eines »Masterminds« ersetzt worden ist, das jedem Beteiligten mehr Reichtum eingebracht hat, als irgendwer jemals zu seinem Vorteil einsetzen kann.

Das Prinzip des Masterminds entdeckte Jesus Christus, als er sich mit zwölf Jüngern umgab und damit den ersten »13er-Klub« der Welt schuf. Obwohl einer der 13 (Judas) den Einklang zerstörte, brachten diese 13 dank ihrer ursprünglichen Harmonie einen ertragreichen Samen aus, sodass er zur GROSSARTIGSTEN UND WEITREICHENDSTEN PHILOSOPHIE WURDE, DIE DEN BEWOHNERN DIESER ERDE BEKANNT IST.

Viele Millionen Menschen glauben, WEISE zu sein, wobei viele von ihnen es zumindest in Grundzügen sind, aber niemand verfügt ohne die Hilfe eines Masterminds über wahre Weisheit. Ein solcher Geist entsteht nur durch das Prinzip der harmonischen Verbindung von zwei oder mehr Individuen.

Viele Jahre des Experimentierens haben bewiesen, dass 13 Individuen, vereint im Geist perfekter Harmonie, die besten Resultate hervorbringen. Auf diesem Prinzip basiert, bewusst oder unbewusst, der gesamte industrielle und kommerzielle Erfolg unseres Zeitalters.

Das Wort »Merger« ist mittlerweile einer der beliebtesten Begriffe der Medien, denn es vergeht kaum ein Tag, an dem man nicht von einem großen Merger in der Industrie, dem Handel, dem Finanzwesen oder bei der Eisenbahn liest. Langsam lernt die Welt (wenn auch nur einige Menschen), dass große MACHT auf Allianzen und Kooperation basiert.

Die erfolgreichen Unternehmen im Bereich Wirtschaft, Industrie und Finanzwesen werden von Führungspersonen gemanagt, die entweder bewusst oder unbewusst das Prinzip der koordinierten Leistung anwenden, das hier erläutert wird. Wenn Sie eine Führungskraft, egal auf welchem Gebiet, werden wollen, umgeben Sie sich mit anderen Personen, um sich mit ihnen im Geist der Kooperation zusammenzutun, damit sie wie eine Person handeln können.

Wenn Sie gelernt haben, dieses Prinzip zu begreifen und anzuwenden, können Sie alles auf dieser Welt erreichen!

LEKTION 10

EINE ANGENEHME PERSÖNLICHKEIT

»Du kannst es, wenn du glaubst, dass du es kannst!«

Was ist eine ANZIEHENDE Persönlichkeit? Natürlich lautet die Antwort: eine Persönlichkeit, die andere anzieht. Aber was sorgt dafür, dass eine Persönlichkeit anziehend ist? Machen wir uns daran, es herauszufinden. Ihre Persönlichkeit ist die Gesamtsumme Ihrer Charaktereigenschaften und Eigenheiten, die Sie von allen anderen unterscheiden. Die Kleidung, die Sie tragen, die Falten in Ihrem Gesicht, der Ton Ihrer Stimme, Ihre Gedanken, der Charakter, den Sie durch diese Gedanken entwickelt haben – das alles bildet Ihre Persönlichkeit.

Ob Ihre Persönlichkeit anziehend ist oder nicht, ist eine andere Frage.

Bei Weitem den wichtigsten Teil Ihrer Persönlichkeit repräsentiert Ihr Charakter und damit der unsichtbare Teil. Wie Sie sich kleiden und ob dies angemessen ist, stellt zweifellos einen wichtigen Teil Ihrer Persönlichkeit dar, denn Ihre äußere Erscheinung begründet den ersten Eindruck, den andere von Ihnen erhalten.

Selbst die Art, wie Sie jemandem die Hand schütteln, stellt einen bedeutenden Teil Ihrer Persönlichkeit dar und beeinflusst, ob Sie Ihr Gegenüber anziehen oder abstoßen. Diese Kunst können Sie sich aneignen.

Der Ausdruck Ihrer Augen bildet ebenfalls einen wichtigen Teil Ihrer Persönlichkeit, denn es gibt viele Menschen, die Ihnen durch die Augen mitten ins Herz blicken und erkennen, was dort aufgrund Ihrer geheimsten Gedanken eingeschrieben ist.

Die Vitalität Ihres Körpers – was auch als persönlicher Magnetismus gilt – stellt ebenfalls einen bedeutenden Teil Ihrer Persönlichkeit dar.

Arbeitgeber sind immer auf der Suche nach Menschen, die ihren Job besser machen als der Durchschnitt, egal ob es darum geht, Pakete zu packen, Briefe zu schreiben oder zu verkaufen.

Lassen Sie uns nun diese äußeren Eigenschaften einordnen, die unsere Persönlichkeit formen, sodass sie anziehend und nicht abweisend wirkt.

Es gibt einen Weg, Ihre Persönlichkeit so auszudrücken, dass sie immer angenehm wirkt, auch wenn Sie vielleicht so reizlos sind wie die »dicke Frau« im Zirkus, und zwar indem Sie ... sich für die Leistungen anderer im »Spiel« des Lebens interessieren.

Lassen Sie mich illustrieren, was ich damit meine, indem ich einen Vorfall beschreibe, der vor einigen Jahren passierte und mich eine Lektion über meisterhafte Verkaufskunst lehrte:

Eines Tages rief eine alte Dame in meinem Büro an und schickte mir ihre Visitenkarte mit der Nachricht, sie müsse mich persönlich treffen. Auch auf das intensive Nachfragen meiner Sekretärinnen hin verriet sie nicht die Natur ihres Besuchs. Daher hielt ich sie für eine arme alte Seele, die mir ein Buch verkaufen wollte. Und indem ich mich daran erinnerte, dass meine Mutter auch so eine ältere Dame war, beschloss ich, zum Empfang zu gehen und ihr Buch zu kaufen, was auch immer es sein mochte.

Bitte beachten Sie jedes Detail, denn Sie können ebenfalls etwas über meisterhaften Verkauf aus diesem Beispiel lernen.

Als ich den Flur von meinem Privatbüro aus entlangging, lächelte mir die alte Dame zu, die unweit der Tür stand, die in den Hauptempfangsraum führte. Ich hatte viele Menschen lächeln sehen, aber nie vorher hatte ich jemanden so bezaubernd lächeln sehen wie diese alte Dame. Es war ein ansteckendes Lächeln, das sofort auf mich übersprang, und ich lächelte ebenfalls.

Als ich bei ihr ankam, streckte die alte Dame die Hand aus, um mich zu begrüßen. Normalerweise bin ich beim ersten Treffen nicht zu freundlich, wenn eine Person in meinem Büro anruft, da es mir schwerfällt, »Nein« zu sagen, wenn der Anrufer mich um etwas Konkretes bittet, das ich nicht tun will.

Jedoch sah diese alte Dame so bezaubernd unschuldig und harmlos aus, dass ich meine Hand ausstreckte und sie schüttelte! Woraufhin ich feststellte, dass sie nicht nur ein attraktives Lächeln hatte, sondern auch einen magnetischen Händedruck. Sie nahm meine Hand fest in die ihre, aber nicht zu fest, und so wie sie es machte, ließ sie mich denken, dass sie es war, die mir die Ehre erwies. Sie gab mir das Gefühl, aufrichtig froh zu sein, mir die Hand zu schütteln, und ich denke, das war sie auch. Ich glaube, ihr Handschlag kam aus dem Herzen.

Ich habe vielen Tausenden Menschen während meiner öffentlichen Karriere die Hände geschüttelt, aber ich kann mich nicht erinnern, dass jemand diese Kunst so beherrschte wie diese alte Dame. In dem Moment, in dem sie meine Hand berührte, konnte ich schon spüren, wie ich »nachgab«, und ich wusste, was immer sie haben wollte, sie würde damit von mir fortgehen. Und ich würde ihr nach Kräften helfen, dieses Ziel zu erreichen.

Mit anderen Worten, das durchdringende Lächeln und der warme Händedruck hatten mich entwaffnet und zu einem »willigen Opfer« gemacht. Mit einem einzigen Streich hatte diese alte Dame mir die falsche Hülle abgestreift, in die ich krieche, wenn Händler vorbeikommen, um mir etwas anzudrehen oder Waren verkaufen wollen, die ich nicht will. Um auf einen Begriff zurückzukommen, den Sie in den vorherigen Lektionen dieses Kurses schon gelesen haben, hatte dieser nette Besuch meinen Geist »neutralisiert« und mich zum Zuhören bewogen.

Hier zeigt sich der Stolperstein, an dem die meisten Verkäufer scheitern und sich im übertragenen Sinn den Hals brechen, denn es ist sinnlos, einem Menschen etwas verkaufen zu wollen, den man nicht zuerst zum Zuhören bewegt. Genauso gut könnte man der Erde befehlen, sich nicht mehr zu drehen.

Beachten Sie, dass diese alte Dame nur ein Lächeln und einen Händedruck als Werkzeuge verwendete, um das Fenster zu meinem Herzen zu öffnen, aber der wichtigste Teil dieser Transaktion wurde noch nicht erwähnt.

Langsam und bedacht, als hätte sie alle Zeit des Universums (die sie auch hatte, soweit es mich in dem Moment betraf), machte sich die alte Dame daran, den ersten Schritt zu ihrem Sieg zu tun, indem sie sagte: »Ich bin nur hergekommen, um Ihnen zu sagen (an dieser Stelle schien sie eine lange Pause zu machen), dass ich der Meinung bin, Sie tun die wunderbarste Arbeit, die jemand in der heutigen Welt erledigen kann.«

Jedes Wort wurde von einem sanften, aber festen Drücken meiner Hand begleitet, und sie sah durch meine Augen in mein Herz, während sie redete.

Nachdem ich das Bewusstsein wiedererlangte (denn es wurde ein Treppenwitz unter meinen Mitarbeitern im Büro, dass ich einfach in Ohnmacht gefallen wäre), griff ich zu meinem Schlüssel, öffnete die Tür und sagte: »Kommen Sie nur herein, meine Dame – begleiten Sie mich in mein Privatbüro.« Und mit einer galanten Verbeugung, die jedem Kavalier früherer Zeiten zur Ehre gereicht hätte, bat ich sie hereinzukommen und sich eine »Weile zu setzen«.

Als sie in mein Privatbüro trat, deutete ich auf den großen Lehnsessel hinter meinem Schreibtisch, während ich mich auf den kleinen Stuhl mit der harten Sitzfläche setzte, den ich normalerweise eingesetzt hätte, damit sie meine Zeit nicht zu lange in Anspruch nehmen würde.

Eine Dreiviertelstunde saß ich und lauschte einer der brillantesten und unterhaltsamsten Ansprachen, die ich je erleben durfte, wobei meine Besucherin das Gespräch allein bestritt. Von Beginn an hatte sie die Initiative ergriffen und die Führung übernommen, und bis zum Ende dieser Dreiviertelstunde bemerkte sie bei mir keine Neigung, ihr dieses Recht abzusprechen.

> Um klar denken zu können, muss ein Mensch regelmäßig allein sein, um sich konzentrieren zu können und seine Vorstellungskraft ohne Ablenkung zu nutzen.
>
> THOMAS A. EDISON

Und nur, um es noch einmal zu betonen, ich war ein williger Zuhörer!

Nun kommt der Teil der Geschichte, bei dem ich peinlich berührt rot werden würde, wenn Sie mir gegenüber sitzen würden, aber ich muss es Ihnen berichten. Andernfalls würde der gesamte Vorfall an Bedeutung verlieren.
Wie schon gesagt, bezauberte mich meine Besucherin eine Dreiviertelstunde lang mit einer brillanten und fesselnden Unterhaltung. Nun, worüber hat sie wohl die ganze Zeit geredet? Nein! Sie liegen falsch.

Sie versuchte weder, mir ein Buch zu verkaufen, noch benutzte sie auch nur einmal das Personalpronomen »ich«. Jedoch versuchte sie es nicht nur, sondern verkaufte mir tatsächlich etwas, und dieses Etwas war ich selbst.

Kaum saß sie in diesem großen gepolsterten Stuhl, öffnete sie ein großes Paket, das ich für ein Buch gehalten hatte, das sie anpreisen wollte. Und es war tatsächlich ein Buch im Paket – sogar mehrere, denn sie hatte die komplette Jahresausgabe des Magazins dabei, dessen Herausgeber ich damals war (*Hill's Golden Rule*). Sie blätterte die Seiten dieser Zeitschriften durch und las mir Stellen vor, die sie hier und da markiert hatte, und versicherte mir unterdessen, dass sie schon immer an meine Philosophie geglaubt hatte.

Dann, nachdem ich völlig gebannt und aufnahmebereit war, verlagerte meine Besucherin die Unterhaltung taktvoll zu einem Thema, das sie vermutlich schon lange, bevor sie in meinem Büro auftauchte, mit mir diskutieren wollte. Aber – und das ist ein weiterer Punkt, bei dem die meisten Verkäufer scheitern – hätte sie die Reihenfolge der Unterhaltung umgedreht und begonnen, wo sie endete, hätte sie vielleicht nie die Gelegenheit bekommen, in dem großen Lehnsessel zu sitzen.

Während der letzten drei Minuten ihres Besuchs legte sie mir geschickt die Vorteile der angebotenen Wertpapiere dar. Sie bat mich nicht direkt, einige zu kaufen, aber ihre Art, mir die Vorteile der Wertpapiere zu erläutern (und dass sie so beeindruckend von den Vorteilen meines eigenen »Spezialgebiets« sprach), hatte den psychologischen Effekt, dass ich zum Kauf bereit war. Und obwohl ich schließlich keine Wertpapiere von ihr kaufte, hatte sie einen Abschluss gemacht – denn ich nahm das Telefon und machte sie mit einem Mann bekannt, der ihr mehr als das Fünffache abkaufte, was sie mir angeboten hatte.

Wenn dieselbe Frau, eine andere Dame oder ein Herr mit vergleichbarem Takt und ähnlicher Persönlichkeit mich anrufen würden, würde ich mich erneut hinsetzen und eine Dreiviertelstunde zuhören.

Wir sind alle Menschen, und wir sind mehr oder weniger eitel! In dieser Hinsicht sind wir alle gleich – wir werden mit intensivem Interesse denen zuhören, die so einfühlsam sind, mit uns über das zu reden, was uns am meisten am Herzen liegt. Und aus dem Gefühl heraus, es vergelten zu müssen, werden wir auch mit Interesse zuhören, wenn der Redner die Unterhaltung plötzlich auf das Thema bringt, was ihm oder ihr am meisten am Herzen liegt. Schließlich werden wir nicht nur »auf der gestrichelten Linie unterschreiben«, sondern wir werden sagen: »Was für eine wunderbare Persönlichkeit!«

In Chicago leitete ich vor einigen Jahren eine Handelsschule für ein Wertpapierhaus, das mehr als 1.500 Verkäufer beschäftigte. Um die Ränge des Unternehmens gefüllt zu halten, mussten wir jede Woche 600 neue Verkäufer ausbilden und einstellen. Von all den Tausenden Männern und Frauen, die diese Ausbildung durchliefen, begriff nur ein Mann die Bedeutung des hier beschriebenen Prinzips, und zwar gleich beim ersten Mal, als er davon erfuhr.

Dieser Mann hatte niemals versucht, Wertpapiere zu verkaufen, und gab in dem Verkaufskurs offen zu, kein Vertriebler zu sein. Sehen wir uns genauer an, ob er das war oder nicht:

Nachdem er seine Ausbildung beendet hatte, kam es einem der »Starverkäufer« in den Sinn, ihm einen Streich zu spielen, da er ihn für eine leichtgläubige Person hielt, die alles glaubt, was sie hört. Also gab ihm dieser »Star« einen »Insidertipp«, wo er einige Wertpapiere ohne großen Aufwand verkaufen konnte. Er hätte selbst verkauft, sagte er, aber der Mann, den er als potenziellen Kunden benannte, sei ein Künstler, der so lange für eine Kaufentscheidung brauchte, dass er, der »Star«, seine Zeit nicht mit ihm verschwenden wollte.

Der frischgebackene Verkäufer war erfreut über diesen »Tipp« und ging sogleich los, um den Abschluss zu machen. Sobald er aus dem Büro fort war, versammelte der »Star« all die anderen »Stars« um sich und erzählte ihnen von dem Streich, den er dem anderen gespielt hatte. In Wahrheit war der Künstler ein reicher Mann, und der »Star« hatte beinahe einen Monat erfolglos versucht, ihm etwas zu verkaufen. Es zeigte sich dann, dass all die anderen aus diesem Team auch versucht hatten, dem Künstler etwas anzudrehen, jedoch erfolglos.

Der frischgebackene Verkäufer war etwa eineinhalb Stunden weg. Als er wiederkam, fand er die anderen »Stars« vor, die grinsend auf ihn warteten. Zu ihrer Überraschung hatte der frischgebackene Verkäufer ebenfalls ein breites Grinsen im Gesicht. Die »Stars« sahen ihn fragend an, denn sie hatten diesen Mann, der noch »grün« hinter den Ohren war, nicht in guter Stimmung zurückerwartet.

»Nun, hast du dem Mann etwas verkauft?«, fragte der Urheber des »Scherzes«.

»Sicher«, antwortete der frischgebackene Verkäufer ahnungslos, »und ich habe den Künstler genauso angetroffen, wie du gesagt hast – ein absoluter Gentleman und ein sehr interessanter Mann.«

Er griff in seine Tasche und holte eine Bestellung und einen Scheck über 2.000 Dollar heraus. Die »Stars« wollten wissen, wie er das gemacht hatte.

»Oh, das war nicht schwierig«, antwortete der frischgebackene Verkäufer, »ich ging einfach hinein und redete ein paar Minuten mit ihm. Er sprach das Thema Wertpapiere selbst an und meinte, er wolle etwas kaufen; daher bin ich eigentlich gar nichts bei ihm losgeworden – er hat mir von selbst etwas abgekauft.«

Als ich von diesem Vorfall hörte, rief ich den betreffenden Verkäufer an und bat ihn, im Detail zu beschreiben, wie er den Abschluss zustande gebracht hatte. Ich gebe seinen Bericht hier wieder:

Als er das Atelier des Künstlers erreichte, fand er ihn an einem Bild arbeitend vor. Der Künstler war so versunken in seine Arbeit, dass er den Verkäufer nicht bemerkte; also ging dieser an eine Stelle, von wo er das Bild sehen konnte, und betrachtete es wortlos.

Schließlich sah ihn der Künstler. Dann entschuldige sich der Verkäufer für sein Eindringen und eröffnete das Gespräch – über das Bild, das der Künstler malte! Er wusste gerade genug über Kunst, um mit einigem Sachverstand über die Vorzüge des Bildes zu reden, und er war wirklich interessiert an dem Thema. Er mochte das Bild und sagte es dem Künstler frei heraus, was den Starverkäufer natürlich sehr verärgerte!

Beinahe eine Stunde redeten die beiden Männer über nichts anderes als Kunst, besonders über das Bild auf der Staffelei. Schließlich fragte der Künstler den Verkäufer nach seinem Namen und dem Grund seines Besuchs. Und der Verkäufer (ja, der frischgebackene Verkäufer) erwiderte: »Oh, wie ich heiße, und wieso ich hier bin, ist unwichtig; ich bin mehr an Ihnen und Ihrer Kunst interessiert!«

Das Gesicht des Künstlers erhellte ein freudiges Lächeln. Diese Worte waren Musik für seine Ohren. Aber, um nicht von seinem höflichen Besucher in den Schatten gestellt zu werden, bestand er darauf, zu erfahren, welche Mission ihn in sein Studio geführt hatte.

Dann, mit ehrlichem Zögern stellte sich dieser Verkäufer – der wahre »Starverkäufer« – vor und erzählte von seinem Anliegen. Kurz beschrieb er, welche Wertpapiere er verkaufte, und der Künstler hörte zu, als würde er jedes Wort genießen. Nachdem der Verkäufer fertig war, sagte der Künstler: »Nun, nun! Ich war sehr töricht. Andere Händler aus Ihrer Firma haben versucht, mir einige dieser Wertpapiere zu verkaufen, aber sie haben nur übers Geschäft geredet. Sie nervten mich tatsächlich so sehr, dass ich einen davon sogar fast hinausgeworfen habe. Nun, lassen Sie mich mal sehen – wie hieß der Mann noch gleich – oh ja, es war Mr. Perkins.« (Perkins war der »Starverkäufer«, der sich diesen cleveren Streich für den neuen Kollegen ausgedacht hatte.) »Aber Sie präsentieren die Sache ganz anders, und ich sehe nun, wie dumm ich war, und möchte Wertpapiere für 2.000 Dollar von Ihnen kaufen.«

Merken Sie sich den Satz: »Sie präsentieren die Sache ganz anders!« Inwiefern präsentierte dieser Verkäufer, der ein blutiger Anfänger war, diese Sache so anders? Oder um es anders zu formulieren, was verkaufte dieser Meisterverkäufer dem Künstler wirklich? Verkaufte er ihm Wertpapiere? Nein! Er verkaufte dem Künstler sein eigenes Bild, das dieser gerade auf der Leinwand malte. Die Wertpapiere waren nur ein Nebengeschäft.

> Niemand kann erfolgreich sein, der nicht bereit ist, persönliche Opfer zu bringen.

Diesen Punkt sollten Sie nicht übersehen. Dieser Meisterverkäufer hatte sich an die Geschichte der alten Dame erinnert, die mich eine Dreiviertelstunde lang unterhielt, indem sie über das redete, was mir am wichtigsten war. Und das hatte ihn so beeindruckt, dass er sich vorgenommen hatte, seine potenziellen Käufer zu studieren und herauszufinden, was sie am meisten interessierte, damit er davon sprechen konnte.

Dieser frischgebackene Verkäufer, der noch »grün« hinter den Ohren war, verdiente im ersten Monat 7.900 Dollar an Provisionen und damit mehr als doppelt so viel wie der Zweitplatzierte. Bedauernswert war, dass nicht ein Mitarbeiter des gesamten Unternehmens mit 1.500 Verkäufern herausfinden wollte, wie und warum er der wahre »Star« der Firma wurde.

Und das rechtfertigt meiner Meinung nach die eher strenge Ermahnung, an der Sie in Lektion 9 vielleicht Anstoß genommen haben.

Ein Carnegie, ein Rockefeller, ein James J. Hill oder ein Marshall Field machen ein Vermögen, indem sie dieselben Prinzipien anwenden, die uns zur Verfügung stehen. Aber wir beneiden sie um ihren Reichtum, ohne dass wir jemals darüber nachdenken, ihre Philosophie zu studieren und sie zu unserem Nutzen zu übernehmen.

Wir betrachten einen erfolgreichen Menschen in der Stunde seines Triumphs und fragen uns, wie er das gemacht hat, aber wir übersehen, wie wichtig es ist, seine Methoden zu analysieren. Zudem vergessen wir den Preis, den er für seine sorgfältige, gut organisierte Vorbereitung gezahlt hat, bevor er die Früchte seiner Mühen ernten konnte.

In diesem Kurs über das Gesetz des Erfolgs werden Sie nicht ein einziges neues Prinzip entdecken; jedes davon ist so alt wie die Zivilisation selbst, aber Sie werden nur wenige Menschen finden, die verstehen, wie man diese Prinzipien anwendet.

Der Verkäufer, der die Wertpapiere an den Künstler verkaufte, war nicht nur ein Meisterverkäufer, sondern ein Mann mit einer anziehenden Persönlichkeit. Er sah nach nichts Besonderem aus; vielleicht spielte der »Star« ihm deshalb diesen grausamen(?) Streich. Aber selbst eine hässliche Person kann zu einer anziehenden Persönlichkeit für jemanden werden, dessen Arbeit sie lobt.

Manche Menschen mögen sich dieses hier erläuterte Prinzip falsch vorstellen, indem sie folgern, dass jede billige Schmeichelei den Platz eines echten, von Herzen kommenden Interesses einnehmen kann. Ich hoffe, dass Sie nicht so denken. Ich hoffe, dass Sie die wahre Psychologie dieser Lektion verstehen und sich vornehmen, andere Menschen ausreichend zu studieren, um etwas Bewundernswertes über sie oder ihre Arbeit herauszufinden. Nur auf diese Weise können Sie eine Persönlichkeit entwickeln, die unwiderstehlich anziehend wirkt.

Billige Schmeichelei baut keine angenehme Persönlichkeit auf, sondern hat genau den gegenteiligen Effekt. Sie stößt ab, statt anzuziehen, und ist so oberflächlich, dass selbst ein Ignorant es leicht bemerkt.

Vielleicht haben Sie bemerkt – und falls nicht, sollten Sie es nachholen –, dass diese Lektion betont, wie essenziell es ist, ein reges Interesse an anderen Menschen und ihrer Arbeit, ihrem Geschäft oder ihrem Beruf zu entwickeln. Dies zu betonen, ist keineswegs Zufall.

Sie werden schnell feststellen, dass die Prinzipien, auf denen diese Lektion basiert, in Zusammenhang mit denen von Lektion 6 über die Vorstellungskraft stehen.

Außerdem werden Sie bemerken, dass diese Lektion überwiegend auf denselben allgemeinen Prinzipien beruht wie der wichtigste Teil von Lektion 13.

Es folgen ein paar praktische Vorschläge, wie Sie die Gesetze der Vorstellungskraft, Kooperation und der angenehmen Persönlichkeit zu Ihrem Nutzen bündeln oder koordinieren können, indem Sie umsetzbare Ideen entwickeln.

Jeder denkende Mensch weiß, dass »Ideen« der Anfang jeder erfolgreichen Leistung sind. Die Frage, die jedoch am häufigsten gestellt wird, lautet: »Wie kann ich lernen, kreative Ideen zu schaffen, die Geld einbringen?« Zum Teil werden wir diese Frage in dieser Lektion beantworten, indem wir ein paar neue und originelle Ideen aufzeigen, die jeder weiterentwickeln und profitabel nutzen kann, egal wo er sich befindet.

Idee Nummer 1

Deutschland war jahrelang einer der größten Exporteure von Spielsachen. Aber steigende Kosten und der Wettbewerb durch asiatische Hersteller haben dazu beigetragen, den Umfang der deutschen Exporte in die Vereinigten Staaten zu reduzieren. Japan war eine Zeit lang auf dem Spielzeugmarkt aktiv (und hält immer noch einen großen Anteil daran), aber heute kommt ein Großteil der Konkurrenz aus anderen asiatischen Ländern. Doch Schwierigkeiten bei Versand und Bestellung lassen immer noch einen breiten Marktanteil offen für hiesige Hersteller – in Amerika –, um nicht nur auf dem lokalen, sondern auch dem Weltmarkt mitzumischen. Das Problem besteht darin, zu entscheiden, was man herstellen soll und wie man dabei vorgeht – Hürden, die in allen Industrien global weitverbreitet sind.

Aber welche Art von Spielsachen soll ich produzieren, und woher bekomme ich das Kapital, um mein Unternehmen zu finanzieren?, fragen Sie vielleicht.

Zuerst gehen Sie zu einem örtlichen Spielzeugladen und finden heraus, welche Waren sich am besten verkaufen. Falls Sie sich nicht kompetent genug vorkommen, um einige der Spielzeuge, die aktuell auf dem Markt sind, zu verbessern, suchen Sie mit einer Anzeige nach einem Erfinder »mit einer Idee für ein marktfähiges Spielzeug«. Sie werden bald das handwerkliche Genie finden, das Ihnen das fehlende Glied in der Kette Ihres Unternehmens liefert. Lassen Sie sich ein funktionierendes Modell des Produkts Ihrer Vorstellung anfertigen, gehen Sie dann zu einem kleinen Hersteller, Holzbearbeiter, einer Werkstatt oder Ähnlichem, und lassen Sie sich Ihr Spielzeug anfertigen.

Sie wissen nun, was Ihr Artikel kosten wird, also sind Sie bereit, zu einem großen Laden, einem Großhändler oder Zwischenhändler zu gehen und den Verkauf Ihres fertigen Produkts zu arrangieren.

Sofern Sie ein fähiger Verkäufer sind, können Sie das gesamte Projekt mit dem Betrag für die Anzeige finanzieren, mit der Sie einen Erfinder suchen. Haben Sie denjenigen gefunden, können Sie vermutlich mit ihm regeln, dass er in seiner Freizeit ein Modell für sie baut. Dabei können Sie ihm eine bessere Stelle für später in Aussicht stellen, wenn sie Ihre eigenen Spielzeuge herstellen. Er wird Ihnen vermutlich alle Zeit der Welt lassen, bis Sie ihn für seine Arbeit bezahlen, oder er erledigt den Job vielleicht im Gegenzug für einen Anteil am Unternehmen.

Sie können den Hersteller Ihrer Spielzeuge dazu bringen, auf sein Geld zu warten, bis der Kunde zahlt, an den Sie sie verkaufen. Oder übertragen Sie die Rechnungen für die verkauften Spielzeuge auf den Hersteller, sodass das Geld ihm direkt zufließt.

Sofern Sie eine außergewöhnlich angenehme und überzeugende Persönlichkeit sind und beträchtliches Organisationstalent mitbringen, werden Sie vermutlich in der Lage sein, das Modell

Ihres Spielzeugs einer Person mit ausreichenden Mitteln vorzustellen, und sich im Gegenzug für einen Anteil an Ihrem Unternehmen das Kapital für Ihre Produktion zu sichern.

Wenn Sie wissen wollen, was sich verkauft, beobachten Sie spielende Kinder, studieren Sie ihre Vorlieben und Abneigungen, finden Sie heraus, was sie amüsiert. Dann werden Sie vermutlich eine Vorstellung davon bekommen, wie Sie Ihr Produkt gestalten sollen. Es braucht kein Genie, um etwas zu erfinden! Gesunder Menschenverstand reicht vollkommen. Finden Sie einfach heraus, was die Leute wollen, und produzieren Sie es dann. Fertigen Sie es in guter Qualität – besser als alle anderen. Geben Sie ihm einen individuellen Touch. Machen Sie es unverwechselbar.

Wir geben jährlich Millionen von Dollar für Spielwaren zur Unterhaltung unserer Kinder aus. Gestalten Sie Ihr Spielzeug sowohl nützlich als auch interessant. Stellen Sie soweit möglich sicher, dass es pädagogisch wertvoll ist. Wenn es unterhält und gleichzeitig etwas lehrt, wird es sich leicht verkaufen und sich am Markt etablieren. Sofern es sich um ein Brett- oder Gesellschaftsspiel handelt, sollte es Kindern etwas über die Welt beibringen – Geografie, Arithmetik, Englisch, Physiologie oder Ähnliches. Oder noch besser, stellen Sie ein Spielzeug her, mit dem ein Kind rennen, springen oder sich anderweitig bewegen kann. Kinder lieben es, herumzutollen, und daher ist ein Spiel, das dies fördert, von Nutzen.

Ein Baseballspiel für drinnen wäre ein Verkaufsschlager, besonders in Städten. Lassen Sie sich etwas einfallen, wie man den Ball an einer Schnur an der Decke befestigen kann, sodass ein Kind den Ball gegen die Wand werfen und ihn wieder zurückschlagen kann. Ein Baseballspiel, das ein Kind allein spielen kann.

> Fürchten Sie niemanden, hassen Sie niemanden, wünschen Sie niemandem Übel, dann werden Sie wahrscheinlich viele Freunde haben.

Plan Nummer 2

Dies wird nur Menschen mit genügend Selbstvertrauen und Ehrgeiz interessieren, um das »Risiko einzugehen«, auf ein großes Einkommen hinzuarbeiten. Den meisten Leuten mangelt es an diesen Eigenschaften, wie man hinzufügen könnte.

Es ist ein Vorschlag, den in jeder großen Stadt in den Vereinigten Staaten mindestens 40 bis 50 Menschen umsetzen könnten und eine kleinere Anzahl in Kleinstädten.

Er richtet sich an den Mann oder die Frau, die gut schreiben können oder lernen, Werbebroschüren, Verkaufsliteratur, Mailings und Ähnliches zu verfassen und so ihr Schreibtalent einsetzen.

Um diesen Vorschlag praktisch und profitabel umzusetzen, sollten Sie mit einer guten Werbeagentur zusammenarbeiten sowie mit einer bis zu fünf Firmen oder Personen, die genügend Werbung schalten, um als Kunden der Agentur infrage zu kommen.

Sie sollten zuerst eine Agentur kontaktieren und sie zur Kooperation bewegen, sodass sie Ihnen 7 Prozent der Gesamtausgaben aller Kundenkonten, die Sie der Firma liefern, bezahlt. Diese 7 Prozent vergüten Sie dafür, dass Sie die Kunden akquirieren, die Werbung entwerfen und den Kunden allgemein in puncto Werbung behilflich sind. Jede verlässliche Agentur wird Ihnen gerne den Betrag für das akquirierte Geschäft zahlen.

Dann gehen Sie zu einem Unternehmen oder einer Person, deren Werbekonto Sie gerne managen würden und schlagen vor, sich ohne Vergütung an die Arbeit zu machen. Erläutern Sie den Betreffenden, was Sie für sie tun wollen, um die Absatzzahlen zu steigern. Wenn das Unternehmen einen Werbemanager beschäftigt, agieren Sie als sein unbezahlter Assistent, unter der Bedingung, dass die Agentur, mit der Sie kooperieren, die Werbeakquise übernimmt. Durch dieses Arrangement wird die Firma oder die Person, deren Konto Sie sich damit sichern, kostenlos von Ihren Dienstleistungen profitieren. Zudem wird sie nicht mehr für die Werbung zahlen, die Ihre Agentur platziert, wie es der Fall wäre, wenn Sie eine andere dafür beauftragen würde. Sofern Ihre Werbung überzeugend ist und Sie Ihre Argumente sorgfältig vorbereiten, werden Sie das Konto ohne große Probleme generieren.

Sie können diese Transaktion wiederholen, bis Sie über so viele Konten verfügen, wie Sie managen können, was sich auf zehn oder zwölf belaufen dürfte, vermutlich weniger, wenn einer oder mehrere Ihrer Klienten mehr als 25.000 Dollar pro Jahr für Werbung ausgeben.

Wenn Sie ein kompetenter Werbetexter und in der Lage sind, neue und profitable Ideen für Ihre Klienten zu kreieren, werden Sie Jahr für Jahr ein gutes Geschäft machen. Selbstverständlich sollten Sie nicht mehr Konten annehmen, als Sie betreuen können.

Ferner empfiehlt es sich, etwas Zeit am Geschäftsstandort jedes Ihrer Kunden zu verbringen. Sie sollten einen Schreibtisch und Arbeitsmaterial vor Ort haben, um aus erster Hand Zugriff auf Informationen zu den Verkaufsthemen Ihrer Klienten sowie auf Informationen ihrer Güter und Waren zu haben.

Durch diesen Aufwand werden Sie der Werbeagentur den Ruf vermitteln, einen effektiven Service zu bieten, den man woanders nicht erhalten kann. Sie werden Ihre Klienten zufriedenstellen, da sie ihnen durch Ihre Leistungen mehr Gewinn generieren. Solange die Agentur und Ihre Klienten zufrieden sind, sind Ihre Position und Ihr Einkommen gesichert. Nach diesem Plan können Sie somit ein Gesamtgeschäft von 250.000 Dollar im Jahr erwirtschaften, wobei 7 Prozent einem Betrag von 17.500 Dollar entsprechen.

Ein Mann oder eine Frau mit ungewöhnlichen Fähigkeiten könnte weitaus höhere Erträge erzielen, bis schätzungsweise 25.000 Dollar im Jahr, wobei Personen ohne ungewöhnliche Fähigkeiten hier durchschnittlich auf 5.000 bis 7.500 Verdienst kommen.

Sie sehen, dass dieses Modell mehrere Optionen eröffnet. Es verschafft Ihnen eine selbstständige Arbeit und hundertprozentige Kontrolle über Ihr eigenes Verdienstpotenzial. Dies bietet Ihnen eine bessere Perspektive als eine Stelle als Werbemanager, selbst wenn die Position dasselbe Geld einbringen sollte. Denn so bauen Sie im Grunde Ihr eigenes Unternehmen auf, das Ihnen zunehmend eine »Überlebensgarantie« sichert.

Plan Nummer 3

Diesen Plan kann nahezu jeder Mann und jede Frau von durchschnittlicher Intelligenz mit wenig Vorbereitung umsetzen. Gehen Sie auf einen beliebigen kompetenten Drucker zu, und vereinbaren Sie, für ihn das Geschäft zu managen, das Sie ihm einbringen, und verlangen Sie dafür etwa 10 Prozent des Gesamtbetrags als Kommission. Kontaktieren Sie dann den größten Abnehmer von gedrucktem Material und besorgen Sie sich Muster von allem, was dieser Kunde drucken lässt.

Starten Sie eine Partnerschaft oder ein Arrangement mit einem kommerziellen Künstler, der sich das gedruckte Material ansieht und, wo es angemessen ist, Illustrationen verbessert oder zeichnet, indem er Skizzen anfertigt, die in die vorhandenen Drucksachen eingefügt werden können.

Falls Sie kein Werbetexter sind, sollten Sie auch mit jemandem aus diesem Bereich zusammenarbeiten und ihn bitten, sich das gedruckte Material anzusehen und auf jede erdenkliche Weise zu verbessern.

Wenn die Arbeit getan ist, gehen Sie wieder zur ersten Firma, von der Sie das Druckmaterial erhalten haben, bringen Preislisten mit und zeigen Sie ihnen, was man verbessern kann. Erwähnen Sie die Preise aber nicht, bevor Sie die potenziellen Verbesserungen demonstriert haben. Diese Firma wird Ihnen voraussichtlich das gesamte Geschäft übertragen, wenn Sie diese Dienstleistung bei jedem ihrer Druckaufträge liefern.

Sofern Sie es geschickt anstellen, werden Sie bald genug Aufträge hereinbekommen, die Ihr kommerzieller Zeichner, Ihr Werbetexter und Sie bearbeiten können. Das sollte für jeden 5.000 Dollar im Jahr abwerfen.

Sämtliche Profite, die Sie durch die Arbeit anderer in Verbindung mit jedem dieser Pläne verdienen, sind legitim – ein Profit, auf den Sie ein Anrecht haben, weil Sie Ihr Organisationsvermögen einbringen und das notwendige Talent und die Kompetenz für eine erfolgreiche Dienstleistung liefern.

Wenn Sie ins Spielzeuggeschäft einsteigen, steht Ihnen der Profit aus der Arbeit der Leute zu, die das Spielzeug herstellen, denn ihr Job verdankt sich Ihrer Kompetenz.

Es ist anzunehmen, dass Ihre Intelligenz und Ihre Fähigkeiten, in Zusammenarbeit mit Ihren Partnern oder Mitarbeitern, Ihre Verdienstkapazitäten steigert – sodass diese Menschen es tolerieren, wenn Sie einen bestimmten Betrag einnehmen, denn sie werden immer noch mehr verdienen als ohne Ihre Anleitung!

Sind Sie bereit, einen dieser Pläne anzugehen und davon zu profitieren? Sie erkennen nichts Falsches daran? Wenn Sie Angestellter sind und für eine andere Person oder Firma arbeiten, kann es dann nicht sein, dass der Kopf dieser Firma oder dieses Individuum mit seiner Fähigkeit, zu organisieren und zu finanzieren, Ihre eigenen Verdienstmöglichkeiten in diesem Moment steigert?

Sie wollen aus der Menge der Angestellten hervortreten und selbst Arbeitgeber werden. Diesen normalen Wunsch kann man Ihnen nicht vorwerfen. Ein guter erster Schritt besteht darin, für das Unternehmen oder den Auftraggeber eine Arbeit so zu erledigen, wie Sie es sich an seiner Stelle selbst wünschen würden.

Wer sind die Arbeitgeber, die heute die meisten Leute beschäftigen? Sind es die Söhne reicher Männer, deren Erbe darin besteht, nun selbst Arbeitgeber zu sein? Nein! Es sind die Männer und Frauen, die aus den unteren Rängen von Arbeitskräften hervorgehen. Männer und Frauen, die keine größeren Chancen hatten, als Sie sie haben. Sie erreichen höhere Positionen, weil sie aufgrund ihrer überzeugenden Fähigkeiten in der Lage sind, andere anzuleiten. Auch Sie können sich diese Kompetenz aneignen.

> Nach etwas zu streben, ist besser, als es zu erreichen, denn es lässt uns weitermachen und auf ein noch nicht erreichtes Ziel hinarbeiten.

In der Stadt oder Großstadt, in der Sie wohnen, gibt es vermutlich Menschen, die vom Kontakt mit Ihnen profitieren könnten, und die im Gegenzug Ihnen nützen könnten. In einem Viertel der Stadt lebt John Smith, der seinen Gemischtwarenladen verkaufen und ein Kino eröffnen will. In einem anderen Viertel gibt es einen Kinobesitzer, der seinen Betrieb gegen einen Lebensmittelladen eintauschen würde. Können Sie die beiden zusammenbringen? Wenn ja, erweisen Sie beiden einen Dienst und Sie werden einen stattlichen Profit erzielen.

In Ihrem Wohnort wollen viele Leute landwirtschaftliche Erzeugnisse von den Bauernhöfen in den umgebenden Gemeinden kaufen. Auf diesen Höfen erzeugen Farmer Waren, um sie an Kunden in der Stadt zu liefern. Wenn Sie einen Weg finden, die Felderzeugnisse direkt vom Hof zu den Konsumenten in der nächsten Stadt zu liefern, ermöglichen Sie dem Bauern, mehr für seine Produkte zu erzielen, und dem Konsumenten, günstiger einzukaufen. Und auch dann bleibt eine Marge für Sie, die Sie für Ihren Erfindungsreichtum im Direktvertrieb entlohnt.

In der Wirtschaft agieren, grob gesagt, zwei Gruppen von Menschen: die Produzenten und die Konsumenten. Aktuell geht der Trend darin, die beiden mit weniger Zwischenstationen zusammenzubringen. Finden Sie einen Weg, die Strecke zwischen Produzenten und Konsumenten zu verkürzen, Ihr Modell wird diesen beiden Gruppen helfen und Ihnen einen hohen Profit einbringen.

Der Arbeiter ist seinen Lohn wert. Wenn Sie ein solches Konzept entwerfen können, erwerben Sie ein Anrecht auf einen fairen Anteil an dem, was Sie dem Konsumenten einsparen, und ebenso an dem, was Sie dem Produzenten an Verdienst einbringen.

Sorgen Sie bei allen Geschäftsmodellen dafür, die Kosten für die Verbraucher zu senken, statt zu erhöhen.

Produzenten und Konsumenten zusammenzubringen, ist ein profitabler Wirtschaftszweig, wenn man es beiden Parteien gegenüber fair angeht und ohne die Gier, jedes Geschäft nur zum eigenen Nutzen zu betreiben! In den USA übt man sich meist in Geduld mit Profiteuren, die es übertreiben, aber es gibt einen Punkt, den auch die durchtriebensten von ihnen nicht zu überschreiten wagen.

Es mag akzeptiert werden, den Diamantenmarkt zu beherrschen und die Preise der Steine in die Höhe zu treiben, die man in Afrika ohne Weiteres aus dem Boden gräbt, aber wenn die Preise von Nahrung und anderen Notwendigkeiten explodieren, macht man sich bei der amerikanischen Öffentlichkeit schnell unbeliebt.

Wenn Sie nach Reichtum streben und mutig genug sind, die damit einhergehenden Bürden zu stemmen, kehren Sie die übliche Methode, reich zu werden, um, indem Sie der Welt Güter und Waren zu einem möglichst niedrigen Profit anbieten, statt alles einzustreichen, was auf sicherem Wege machbar ist. Ford hat festgestellt, dass es sich rentiert, den Mitarbeitern nicht den niedrigsten Lohn zu zahlen, sondern so viel, wie seine Profite erlauben. Ebenso stellte er fest, dass es sich auszahlte, den Preis seiner Autos zu senken, während andere Hersteller (von denen viele schon gescheitert sind) die Preise nach oben trieben.

Sie mögen wissen, wie Sie Kunden ausnehmen können, und trotzdem einer Strafe entgehen, doch um inneren Frieden zu finden und vermutlich auf lange Sicht auch mehr Profite einzustreichen, sollte Ihr Konzept sich mehr an Ford orientieren.

Vermutlich haben Sie gehört, dass John D. Rockefeller häufig beleidigt wurde, aber die meisten Beleidigungen kamen von Neidern, die nach seinem Geld gierten, jedoch nicht selbst in der Lage waren, es zu verdienen. Unabhängig von Ihrer Meinung zu Rockefeller sollten Sie nicht vergessen, dass er als bescheidener Buchhalter anfing und stufenweise zu Reichtum aufstieg, weil er über Organisationstalent verfügte und andere, weniger fähige Menschen, anzuleiten vermochte. Der Autor kann sich erinnern, dass er 25 Cent für eine Gallone Lampenöl zahlte und als Teil dieses Handels zwei Meilen durch die heiße Sonne laufen und es in einer Blechdose nach Hause tragen musste. Heute liefert Rockefellers Tankwagen das Öl für wenig mehr als die Hälfte in jeder Klein- oder Großstadt an die Hintertüren.

Wer maßt sich an, Rockefeller für seine Millionen zu grollen, obwohl er den Preis eines wichtigen Gutes gesenkt hat? Er hätte einfach den Preis für Lampenöl auf einen halben Dollar anheben können, aber wir bezweifeln ernsthaft, dass er dann heute Multimillionär wäre.

Viele von uns wollen Geld, aber 99 von 100 Leuten, die es angehen, denken nur über eine Möglichkeit nach, es zu bekommen, und verschwenden keinen Gedanken an ihre eigene Leistung.

Eine angenehme Persönlichkeit nutzt sowohl Vorstellungskraft als auch Kooperation. Unsere Erläuterungen dazu, wie man zu Ideen kommt, sollen Ihnen zeigen, wie man das Gesetz der Vorstellungskraft, der Kooperation und der angenehmen Persönlichkeit verbindet.

Analysieren Sie einen beliebigen Menschen, dem es an solch einer Persönlichkeit mangelt, und Sie werden bei ihm auch einen Mangel an Vorstellungskraft und Kooperation feststellen.

> Gratulieren Sie sich selbst, wenn Sie so weise sind, weniger von den Schwächen anderer und mehr von Ihren eigenen zu erkennen, denn dann sind Sie in Gesellschaft der wirklich Großen dieser Welt.

Das bringt uns zur passenden Gelegenheit, eine der bedeutendsten Verkaufslektionen zu Papier zu bringen, die je geschrieben wurden, denn eine anziehende Persönlichkeit und die Verkaufskunst gehen immer Hand in Hand, sie sind unzertrennlich.

Ich beziehe mich auf Shakespeares Meisterwerk, die Rede von Marcus Antonius beim Begräbnis von Cäsar. Vielleicht haben Sie sie gelesen; wir präsentieren sie mit Anmerkungen, um Ihnen neue Erkenntnisse zu ermöglichen. Dies war in etwa die Situation, in der diese Rede gehalten wurde:

Cäsar ist tot, und Brutus, sein Mörder, wird aufgefordert, dem versammelten römischen Mob zu verkünden, weshalb er Cäsar aus dem Weg geräumt hat. Stellen Sie sich eine kreischende Menge vor, die nicht besonders freundlich gegenüber Cäsar gesonnen war und meinte, Brutus habe mit dem Mord eine noble Tat begangen.

Brutus betritt die Bühne und gibt kurz seine Gründe an, wieso er Cäsar umgebracht hat. Zuversichtlich, dass er der Held des Tages ist, nimmt er seinen Platz ein. Sein ganzes Benehmen entspricht jemandem, der glaubt, dass sein Wort ohne Zweifel akzeptiert wird; er ist arrogant.

Marcus Antonius betritt die Bühne und weiß, dass der Mob ihm feindlich gesonnen ist, denn er war ein Freund Cäsars. Mit leiser, bescheidener Stimme ergreift er das Wort:

Antonius: »Um Brutus willen bin ich euch verpflichtet.«
Vierter Bürger: »Was sagt er von Brutus?«
Dritter Bürger: »Er sagt, um Brutus willen ist er uns allen verpflichtet.«
Vierter Bürger: »Er redet hier besser nicht schlecht von Brutus.«
Erster Bürger: »Dieser Cäsar war ein Tyrann.«
Dritter Bürger: »Ja, das ist sicher; wir sind gesegnet, dass Rom ihn losgeworden ist.«
Zweiter Bürger: »Ruhe! Last uns hören, was Antonius zu sagen hat.«
(An Antonius' erstem Satz können Sie erkennen, wie er den Verstand seiner Zuhörer clever »neutralisiert«.)
Antonius: »Ihr edlen Römer, …«
(Etwa so »edel« wie eine Bande Bolschewiken bei einem Treffen der Arbeiter vor der Revolution.)
Alle: »Ruhe nun! Lasst uns ihn hören.«
(Hätte Antonius seine Rede damit begonnen, dass er Brutus »tadelt«, wäre die Geschichte von Rom anders verlaufen.)
Antonius: »Freunde, Römer, Landsleute, leiht mir euer Ohr. Ich komme, um Cäsar zu begraben, nicht, um ihn zu preisen.«
(Er weiß um den Geisteszustand seiner Zuhörer und macht sich damit gemein.)
»Das Böse, das Menschen tun, lebt nach ihnen weiter;
Das Gute wird oft mit ihren Knochen begraben;
So soll es mit Cäsar sein. Der edle Brutus
Hat euch gesagt, dass Cäsar herrschsüchtig war;
Wenn es so war, so war es ein schwerer Fehler;

Und schwer hat Cäsar dafür gebüßt.
Hier, mit Brutus' Willen und dem der anderen –
Denn Brutus ist ein ehrenhafter Mann;
So sind sie alle ehrenhafte Männer –
Komme ich, um bei Cäsars Begräbnis zu sprechen.
Er war mein Freund – treu und gerecht zu mir;
Aber Brutus sagt, er war herrschsüchtig;
Und Brutus ist ein ehrenwerter Mann;
Er hat viele Gefangene nach Rom gebracht;
Deren Lösegeld die Staatskasse füllte;
Schien das an Cäsar herrschsüchtig?
Wenn die Armen weinten, weinte auch Cäsar;
Herrschsucht sollte gröber geschnitzt sein;
Doch Brutus sagt, er war herrschsüchtig;
Und Brutus ist ein ehrenwerter Mann.
Ihr habe alle gesehen, dass bei den Lupercalien;
Ich dreimal ihm die Königskrone präsentierte,
Die dreimal er verweigerte. War das Herrschsucht?
Doch Brutus sagt, er war herrschsüchtig;
Und sicherlich ist er ein ehrenwerter Mann.
Ich rede nicht, um zu widerlegen, was Brutus sprach,
Sondern ich bin hier, um zu sagen, was ich weiß.
Ihr alle liebtet ihn einst, nicht ohne Grund;
Welcher Grund hält euch ab, um ihn zu trauern?
Oh, Verstand! Du bist geflohen zu den wilden Tieren,
Und Männer verloren die Vernunft. Hört mich an,
Mein Herz ist im Sarg hier bei Cäsar,
Und ich muss schweigen, bis es wiederkehrt.«
(An diesem Punkt macht Antonius eine Pause, um seinem Publikum die Chance zu geben, seine Eröffnungsworte zu besprechen. Er will beobachten, welche Wirkung seine Worte hatten, so wie ein Starverkäufer einen potenziellen Kunden stets ermutigt, sich zu äußern, um seine Meinung zu erfahren.)
Erster Bürger: »Mir scheint, da ist was Wahres dran.«
Zweiter Bürger: »Wenn du die Sache recht bedenkst, so hat Cäsar großes Unrecht erlitten.«
Dritter Bürger: »Hat er, meine Herren? Ich fürchte, Schlimmeres wird seinen Platz einnehmen.«
Vierter Bürger: »Habt ihr es vernommen? Er wollte die Krone nicht nehmen? Also war er nicht herrschsüchtig.«

Erster Bürger: »Wenn das wahr ist, wird es jemanden teuer zu stehen kommen.«
Zweiter Bürger: »Arme Seele! Seine Augen sind rot wie Feuer vom Weinen.«
Dritter Bürger: »Es gibt keinen edleren Mann in Rom als Antonius.«
Vierter Bürger: »Nun hört ihm zu, er erhebt erneut das Wort.«
Antonius: »Aber gestern hat das Wort von Cäsar
Noch der ganzen Welt geboten; nun liegt er hier;
Und keiner ist gering genug, ihm die Ehre zu erweisen.
Oh, Herren (er appelliert an ihre Eitelkeit), wenn ich
Eure Herzen und Geister zu Aufruhr und Wut entfachen wollte,
So würde ich Brutus und Cassius Unrecht tun,
Die, wie ihr alle wisst, ehrenwerte Männer sind.«

(Achten Sie darauf, wie oft Antonius das Wort »ehrenwert« wiederholt, und außerdem, wie geschickt er suggeriert, dass Brutus und Cassius nicht so ehrenwert sein könnten, wie der römische Mob glaubt. Diese Suggestion klingt in den Worten »Aufruhr« und »Wut« an, die er hier zum ersten Mal verwendet, nachdem er während der Unterbrechung seines Vortrags beobachtet hat, dass der Mob auf seine Linie der Argumentation einschwenkt. Beobachten Sie, wie behutsam er sich »vorantastet« und seine Worte so wählt, dass sie zu dem passen, was er über die Geistesverfassung seiner Zuhörer weiß.)

Antonius: »Ich will ihnen nicht Unrecht tun; ich beschließe lieber,
Den Toten Unrecht zu tun, mir selbst und euch Unrecht zu tun,
Als solchen ehrenwerten Männern Unrecht zu tun.«

(Er kristallisiert seine Suggestion zu Hass auf Brutus und Cassius, ruft dann die Neugier der Zuhörer hervor und legt das Fundament für den Höhepunkt seiner Rede – einen Höhepunkt, von dem er weiß, dass er den Mob überzeugen wird, denn er erreicht diesen so geschickt, dass er es für seine eigene Schlussfolgerung hält.)

Antonius: »Aber hier ist ein Pergament mit dem Siegel Cäsars;
Ich fand es in seinem Schrank; es ist sein Testament;
Würde das Volk sein Testament vernehmen,
Welches, seht's mir nach, ich nicht verlesen werde …«

(Er verstärkt seinen Appell an ihre Neugier, indem er sie glauben lässt, dass er das Testament nicht verlesen will.)

»Und sie würden hingehen und des toten Cäsars Wunden küssen
Und ihre Taschentücher in sein heiliges Blut tunken,
Ja, ein Haar von ihm erbeten zur Erinnerung,

Und es, wenn sie im Sterben liegen, in ihrem Testament erwähnen,
Es als reiches Erbe
Ihren Nachkommen hinterlassen.«

(Die menschliche Natur strebt immer nach einem schwer zu erlangenden oder knappen Gut. Beachten Sie, wie geschickt Antonius das Interesse des Mobs geweckt hat und dafür sorgt, dass alle die Verlesung des Testaments verlangen, womit er sie darauf vorbereitet, es mit offenem Geist zu hören. So führt er den zweiten Schritt aus, um ihren Verstand zu »neutralisieren«.)

Alle: »Das Testament, das Testament! Wir wollen Cäsars Testament hören.«
Antonius: »Habt Geduld, edle Freunde, ich darf es nicht lesen;
Es ist nicht angebracht, dass ihr wisst, wie sehr Cäsar euch liebte.
Ihr seid nicht Holz, ihr seid nicht Steine, sondern Männer;
Und als Männer das Testament Cäsars zu hören,
Wird euch entflammen; (genau das, was er will.)
Es wird euch rasend machen;
Es ist besser, wenn ihr nicht wisst, dass ihr seine Erben seid,
Denn wenn ihr es wisst, was würde daraus folgen!«
Vierter Bürger: »Lies das Testament; wir wollen es hören, Antonius, du sollst uns das Testament verlesen, Cäsars letzten Willen.«
Antonius: »Werdet ihr geduldig sein? Werdet ihr ein Stück verweilen?
Ich überstürzte es, euch davon zu erzählen;
Ich fürchte, ich tue den ehrenwerten Männern Unrecht,
Deren Dolche Cäsar erstachen, so fürchte ich.«

(Die Worte »Dolche« und »erstachen« legen einen grausamen Mord nahe. Sehen Sie, wie clever Antonius diese Suggestion in seine Rede einfließen lässt, und außerdem, wie schnell der Mob die Bedeutung erfasst, denn von den Leuten unbemerkt, hat er ihren Verstand sorgfältig auf seine Suggestion vorbereitet.)

Vierter Bürger: »Sie waren Verräter, die ehrenwerten Männer!«
Alle: »Der letzte Wille! Das Testament!«
Zweiter Bürger: »Sie waren Bösewichte, Mörder; das Testament!«

(Genau das, was Antonius zu Beginn gesagt hätte, aber er wusste, es würde eher den erwünschten Effekt haben, wenn er dem Mob den Gedanken einpflanzte und den Leuten gestattete, ihn selbst auszusprechen.)

Antonius: »Ihr zwingt mich also, das Testament zu lesen?

Dann bildet einen Kreis um Cäsars Leiche,
Und ich zeige euch denjenigen, der das Testament verfasste.
Soll ich hinabsteigen, mit eurer Erlaubnis?«
(Nun hätte Brutus langsam nach einem Fluchtweg suchen sollen.)
Alle: »Komm herunter.«
Zweiter Bürger: »Steig hinab.«
Dritter Bürger: »Macht Platz für Antonius, den edlen Antonius.«
Antonius: »Bedrängt mich nicht, bleibt ein Stück zurück.«

(Er wusste, dieser Befehl würde sie näher heranlocken, und genau das wollte er.)

Alle: »Bleibt zurück. Macht Platz.«
Antonius: »Wenn ihr Tränen habt, macht euch bereit, sie zu vergießen.
Ihr alle kennt diesen Mantel; ich erinnere mich
An das erste Mal, als Cäsar ihn trug;
Es war ein Sommerabend in seinem Zelt,
An diesem Tag überwand er die Nervier;
Seht, hier drang der Dolch von Cassius ein;
Seht, welch Schlitz der eifersüchtige Casca machte;
Hier stach der hochgeliebte Brutus hindurch;
Und als er seinen verfluchten Stahl herauszog,
Bemerket, wie das Blut des Cäsars folgte;
Als stürzte es aus der Tür, um zu sehen,
Ob Brutus so feindlich angeklopft oder nicht;
Denn Brutus, wie ihr wisst, war Cäsars Engel;
Richter, oh, ihr Götter, wie liebte Cäsar ihn!
Es war der feindlichste Stich von allen;
Denn als der edle Cäsar sah, wie er zustach,
Die Undankbarkeit, stärker als der Arm des Verräters,
Verzehrte ihn; dann brach sein mächtiges Herz;
Und in seinen Mantel hüllte er sein Gesicht,
Direkt hier am Fuß der Statue von Pompeius,
Während das Blut floss, fiel der große Cäsar.
Oh, was für ein Sturz war das, meine Landsleute!
Dann fielen ich und ihr und alle,
Während der blutige Verrat über uns frohlockte.
Oh, nun weint ihr, und ich sehe, ihr fühlt
Den Stachel des Mitleids; das sind barmherzige Tropfen.
Milde Seele, wieso weinst du, wenn du nur siehst

Unseres Cäsars Kleidung verwundet? Sieh hier;
Hier ist er selbst, entstellt, wie du siehst, durch die Verräter.«

(Sehen Sie, wie Antonius das Wort »Verräter« offen verwendet, denn er weiß, dass es mit der Meinung des Mobs übereinstimmt.)

Erster Bürger: »Oh, klägliches Spektakel!«
Zweiter Bürger: »Oh, elender Tag!«
Dritter Bürger: »Oh, elender Tag!«
Erster Bürger: »Oh, blutiger Anblick!«
Zweiter Bürger: »Wir werden Rache nehmen.«

(Wäre Brutus ein weiser Mann, statt ein Angeber, wäre er zu diesem Zeitpunkt schon viele Meilen vom Geschehen fort gewesen.)

»Das Wort »educate« (bilden) hat seine Wurzeln in dem lateinischen Wort »educo«, das »hervorrufen, herausziehen, von innen heraus entwickeln« bedeutet. Der gebildetste Mensch ist derjenige, dessen Geist am höchsten entwickelt ist.«

Alle: »Rache! Auf! Sucht! Verbrennt! Feuer! Mord! Totschlag! Lasst keinen Verräter am Leben!«

(Hier unternimmt Antonius den nächsten Schritt, die Raserei des Mobs in Aktion umzusetzen; aber, ganz der geschickte Verkäufer, der er ist, versucht er nicht, diese Handlung zu erzwingen.)

Antonius: »Haltet inne, Landsleute.«
Erster Bürger: »Stille! Hört den edlen Antonius.«
Zweiter Bürger: »Wir hören ihn, wir folgen ihm, wir sterben mit ihm.«

(Durch diese Worte weiß Antonius, dass er den Mob hinter sich hat. Achten Sie darauf, wie er diesen psychologischen Moment nutzt – der Moment, auf den alle Starverkäufer warten.)

Antonius: »Gute Freunde, liebe Freunde, lasst mich euch nicht zu einer solchen Flut an Hass aufstacheln.
Diejenigen, die diese Tat begingen, sind ehrenwert.
Welch privates Leid sie empfinden, ach, das weiß ich nicht,

Das sie dazu veranlasste; sie waren weise und ehrenwert,
Und werden zweifellos mit Gründen euch antworten.
Ich bin nicht gekommen, Freunde, eure Herzen zu stehlen:
Ich bin kein Redner, wie Brutus es ist;
Aber, ihr kennt mich, einen einfachen, ehrlichen Mann,
Der seinen Freund liebt; und das wissen diejenigen genau,
Die mir gestatteten, hier von ihm zu sprechen;
Denn ich habe weder Witz noch Wort noch Würde,
Handlung oder Äußerung noch die Macht der Rede,
Das Blut der Menschen zur Wallung zu bringen; ich rede nur frei heraus;
Erzähle auch, was ihr selbst wisst;
Zeige euch des geliebten Cäsars Wunden, arme, arme, stumme Münder.
Und lasse sie für mich reden; aber wäre ich Brutus,
Und Brutus Antonius, dann gäbe es einen Antonius,
Der euren Geist erweckt, und jeder Wunde Cäsars eine Zunge gibt,
Die selbst die Steine Roms dazu bringt, sich zu erheben und aufzubegehren.«
Alle: »Wir werden aufbegehren.«
Erster Bürger: »Wir werden das Haus von Brutus niederbrennen.«
Dritter Bürger: »Dann los! Lasst uns die Verschwörer suchen.«
Antonius: »Hört mich an, Landsmänner, hört mich noch einmal an!«
Alle: »Ja, Stille! Hört Antonius. Den edlen Antonius!«
Antonius: »Wieso, Freunde, wollt ihr tun, was ihr selbst nicht genau wisst;
Wodurch hat Cäsar eure Liebe verdient?
Aber ach, ihr wisst es nicht. Also muss ich es euch sagen;
Ihr habt das Testament vergessen, von dem ich euch erzählte.«

(Antonius ist nun bereit, seinen Trumpf auszuspielen. Er ist bereit für den Höhepunkt. Achten Sie darauf, wie gut er seine Suggestionen platziert hat, Schritt für Schritt. Wie er sich bis zum Schluss die wichtigste Aussage aufsparte, auf die er sich verließ, um eine Aktion auszulösen. Im weiten Feld des Verkaufens und der öffentlichen Rede versucht mancher, diesen Punkt zu früh zu erreichen; versucht, sein Publikum oder seinen potenziellen Kunden zu »drängen«, und verspielt damit seine Chance.)

Alle: »Wohl wahr; das Testament! Bleibt und hört das Testament.«
Antonius: »Hier ist das Testament und unter Cäsars Siegel.
Jedem römischen Bürger gibt er,
Jedem einzelnen Mann 75 Drachmen.«
Zweiter Bürger: »Der edelste Cäsar! Wir werden seinen Tod rächen.«
Dritter Bürger: »Oh königlicher Cäsar!«
Antonius: »Hört mich mit Geduld.«

Alle: »Ruhe nun!«
Antonius: »Darüber hinaus hat er euch alle seine Wandelgärten,
Seine privaten Bäume und gepflanzten Obstgärten,
Auf dieser Seite des Tibers hinterlassen. Euch hat er sie vermacht,
Und euren Erben immerdar; zum allgemeinen Vergnügen,
Um dort zu spazieren und sich zu erholen.
Das war ein Cäsar! Wann kommt einer ihm gleich?«
Erster Bürger: »Niemals, niemals. Kommt, hinweg, hinweg!
Wir verbrennen seine Leiche an heiligem Ort,
Und mit dem Feuer auch gleich die Häuser der Verräter.
Hebt die Leiche auf.«
Zweiter Bürger: »Holt Feuer.«
Dritter Bürger: »Reißt Bänke um.«
Vierter Bürger: »Reißt Bänke, Fenster, alles ein.«

Und das war das Ende des Brutus!

Er hatte seinen Fall verloren, denn es fehlte ihm an der Persönlichkeit und dem Urteilsvermögen, um seinen Standpunkt aus Sichtweise des römischen Mobs darzustellen, so wie es Marcus Antonius tat. Seine gesamte Haltung deutete eindeutig auf seine hohe Meinung von sich selbst; dass er stolz auf seine Tat war. Wir alle kennen Zeitgenossen, die Brutus in dieser Hinsicht gleichen, aber, wenn wir genauer hinsehen, stellen wir fest, dass sie nicht besonders viel ausrichten können.

Nehmen wir an, Marcus Antonius hätte die Rednerbühne in »zuversichtlicher« Haltung betreten und seine Rede so begonnen:

»Nun lasst mich euch Römern mal etwas über diesen Mann Brutus sagen – er ist im Herzen ein Mörder und …«, weiter wäre er nicht gekommen, denn der Mob hätte ihn niedergebrüllt.

Als cleverer Verkäufer und praktischer Psychologe präsentierte Marcus Antonius seinen Fall so, dass er gar nicht als seine eigene Idee erschien, sondern als die des römischen Mobs.

Sehen Sie sich erneut die Lektion über Initiative und Führungsstärke an, und lesen Sie sie nochmals, und vergleichen Sie die Psychologie mit der von Marcus Antonius' Rede. Beachten Sie, wie das »du« und nicht das »ich« als Haltung anderen gegenüber betont wird. Beachten Sie auch, wie derselbe Punkt im Verlauf dieses gesamten Kurses hervorgehoben wird, besonders in Lektion 7 über den Enthusiasmus.

Shakespeare war bei Weitem der fähigste Psychologe und Autor, den die moderne Welt kennt; aus diesem Grund basieren all seine Schriften auf einer unfehlbaren Kenntnis des menschlichen Geistes. Anhand dieser Rede, die er Marcus Antonius in den Mund gelegt hat, erkennen Sie, wie sorgfältig er die »Du«-Haltung gebraucht; so sorgfältig, dass der römische Mob sicher ist, die Entscheidung sei seine eigene gewesen.

Ich möchte darauf hinweisen, dass Marcus Antonius' Appell an das Eigeninteresse des römischen Mobs äußerst geschickt war und so heimlich vorging, wie unehrliche Menschen häufig dieses Prinzip nutzen, um an die Gier und Habsucht ihrer Opfer zu appellieren. Während Marcus Antonius Anzeichen großer Selbstkontrolle zeigte, indem er zu Beginn seiner Rede eine ihm fremde Haltung gegenüber Brutus vorspielte, wusste er gleichzeitig offenbar, wie er den römischen Mob durch Schmeichelei beeinflussen konnte.

> Ich verfüge über großen Reichtum, der mir nie genommen werden kann, den ich nicht verprassen kann, der durch fallende Aktien oder schlechte Investments nicht verloren gehen kann. Es ist der Reichtum, mit meinem Los im Leben zufrieden zu sein.

Die beiden Briefe in Lektion 7 illustrieren konkret den Wert des »Du« und wie »tödlich« das »Ich« ist, wenn Sie auf jemanden einwirken wollen. Blättern Sie zurück, und lesen Sie diese Briefe erneut, um festzustellen, wie der erfolgreichere der beiden eng dem Appell von Marcus Antonius folgt, während der andere entgegengesetzter Natur ist.

Ob Sie einen Verkaufsbrief schreiben, eine Predigt halten, eine Werbung texten oder ein Buch schreiben: Es empfiehlt sich, denselben Prinzipien zu folgen, die Marcus Antonius in seiner berühmten Rede anwendet.

Widmen wir uns nun der genaueren Betrachtung von Mitteln und Wegen, eine angenehme Persönlichkeit zu entwickeln.

Lassen Sie uns mit dem ersten essenziellen Faktor anfangen, dem Charakter. Denn niemand vermag eine angenehme Persönlichkeit aufzubauen, ohne das Fundament eines soliden, positiven Charakters. Durch das Prinzip der Telepathie »telegrafieren« Sie die Natur Ihres Wesens an Menschen, mit denen Sie in Kontakt kommen. Daher rührt das bekannte »intuitive« Gefühl, dass eine Person, die Sie eben erst getroffen haben und kaum kennen, nicht vertrauenswürdig ist.

Sie können sich mit hübschen Kleidern nach der neuesten Mode schmücken und sich vorbildlich verhalten. Aber wenn in Ihrem Herzen Gier, Eifersucht, Hass, Neid, Geiz und Selbstsucht wohnen, werden Sie nie jemanden für sich gewinnen, abgesehen von Charakteren, die mit Ihrem Wesen harmonieren. Gleiches zieht Gleiches an, und daher locken Sie stets Menschen an, die Ihnen charakterlich ähneln.

Sie können sich mit einem künstlichen Lächeln schmücken, das Ihre Gefühle Lügen straft, und Sie können das Händeschütteln so einüben, dass es wie bei einer Person wirkt, die diese Kunst beherrscht. Aber wenn sich hinter Ihrem Äußeren einer anziehenden Persönlichkeit nicht ernsthafte Zielstrebigkeit verbirgt, werden Sie Menschen abstoßen statt anziehen.

Und wie entwickelt man Charakter? Der erste Schritt, um den Charakter zu festigen, ist eine strenge Selbstdisziplin.

In der zweiten und achten Lektion dieses Kurses finden Sie eine Formel, um Ihren Charakter nach jedem gewünschten Vorbild zu bilden, aber ich wiederhole die Erläuterungen hier, da sie es wert sind:

Erstens: Wählen Sie jemanden aus, dessen Wesen die Qualitäten aufzeigt, die Sie sich auch aneignen möchten, und fahren Sie fort wie in Lektion 2 beschrieben, um dies mithilfe der Autosuggestion zu schaffen. Stellen Sie sich eine Art Beratungstisch vor, um den Sie Ihre Charaktere jeden Abend versammeln, indem Sie zuerst die angestrebten Qualitäten dieser Kandidaten aufschreiben. Fahren Sie dann fort, in laut ausgesprochenen Worten zu bekräftigen, dass Sie diese Merkmale entwickeln werden. Währenddessen schließen Sie die Augen und stellen sich die Gestalten um Ihren imaginären Tisch vor, so wie in Lektion 2 beschrieben.

Zweitens: Mithilfe des Prinzips der Selbstkontrolle aus Lektion 8 steuern Sie Ihre Gedanken und beleben Ihren Geist mit positiven Gedanken. Ihr dominierender Gedanke sollte das Bild der Person sein, die Sie sein wollen: die Person, die Sie bewusst durch diese Prozedur aufbauen. Mindestens ein Dutzend Mal am Tag, wenn Sie ein paar Minuten für sich selbst haben, schließen Sie die Augen und lenken Ihre Gedanken auf die ausgewählten Gestalten an Ihrem imaginären Beratungstisch. Halten Sie mittels eines GRENZENLOS starken Glaubens daran fest, dass Sie tatsächlich nach und nach den Charakter der imaginierten Personen entwickeln.

Drittens: Halten Sie täglich Ausschau nach einer Person (oder mehreren), die eine vorbildliche Qualität aufweist, und loben Sie sie dafür. Denken Sie jedoch daran, sie nicht mit einer unaufrichtigen Schmeichelei zu umgarnen; das Lob muss aufrichtig sein. Sprechen Sie Ihre Anerkennung ernsthaft aus, sodass Ihr Gegenüber beeindruckt ist. Warten Sie ab, was passiert. Sie erweisen den so bedachten Menschen einen großen Nutzen. Und Sie gewöhnen sich immer mehr an, positive Qualitäten bei anderen zu entdecken. Ich kann nicht genug betonen, wie effektiv es ist, die guten Eigenschaften anderer offen und enthusiastisch zu loben, denn diese Gewohnheit wird Sie bald sowohl mit Selbstrespekt als auch mit der Dankbarkeit anderer belohnen und Ihre Persönlichkeit verändern. Hier kommt wieder das Gesetz der Anziehung ins Spiel: Diejenigen, die Sie loben, werden in Ihnen die Qualitäten entdecken, die Sie ihnen zuschreiben. Beim Anwenden dieser Formel werden Sie umso erfolgreicher sein, je mehr Sie ihre Fundiertheit anerkennen.

Ich glaube nicht nur, dass sie fundiert ist – ich weiß es, weil ich sie erfolgreich eingesetzt habe und auch andere gelehrt habe, sie ebenso zu nutzen; daher kann ich Ihnen guten Gewissens versprechen, dass Ihnen der Erfolg hier sicher ist.

Darüber hinaus können Sie mithilfe dieser Formel so schnell zu einer anziehenden Persönlichkeit werden, dass es alle überraschen wird, die Sie kennen. Dieser Entwicklungsprozess liegt ganz in Ihrer Macht. So gewinnen Sie einen enormen Vorteil, stehen aber auch gleichzeitig in der Verantwortung, falls Sie Ihrem Privileg nicht folgen.

Erfahren Sie nun, wieso Sie die Bekräftigung laut aussprechen sollten, die gewünschten Qualitäten zu entwickeln, die Sie als die Materialien ausgewählt haben, aus denen Sie eine attraktive Persönlichkeit hervorbringen wollen.

Diese Prozedur hat zwei gewünschte Effekte …

Erstens: Setzt Sie die Schwingungen in Gang, durch die der Gedanke hinter Ihren Worten Ihr Unterbewusstsein erreicht, sich darin einprägt und wächst, bis er zu einer starken, bewegenden Kraft ihrer Aktivitäten wird, wodurch der Gedanke Realität wird.

Zweitens: Sie entwickelt Ihre Fähigkeit, mit Kraft und Überzeugung zu sprechen, sodass Sie schließlich als öffentlicher Redner agieren können. Wie auch immer Ihre Berufung im Leben aussehen mag, Sie sollten in der Lage sein, überzeugend zu reden, denn das ist einer der effektivsten Wege, eine anziehende Persönlichkeit zu entwickeln.

Legen Sie Gefühl in Ihre Sprache, und entwickeln Sie einen tiefen, vollen Tonfall. Wenn Ihre Stimme eher hoch ist, dämpfen Sie sie, bis sie weich und angenehm ist. Mit einer harschen und schrillen Stimme können Sie keine attraktive Persönlichkeit ausdrücken. Sie müssen Ihre Stimme kultivieren, bis sie melodisch und angenehm fürs Ohr wird.

Denken Sie daran, dass die Sprache Ihr wichtigstes Werkzeug ist, um Ihre Persönlichkeit zum Ausdruck zu bringen. Daher empfiehlt es sich, einen kraftvollen und angenehmen Stil zu entwickeln.

Ich erinnere mich an keine besonders attraktive Persönlichkeit, die nicht mit Kraft und Überzeugung sprach.

Studieren Sie die prominenten Männer und Frauen von Heute, wo immer Sie diese finden, und Sie werden erkennen, dass jemand umso kraftvoller zu reden vermag, je bekannter er ist.

Studieren Sie die herausragenden politischen Akteure der Vergangenheit, und beobachten Sie, dass die erfolgreichsten unter ihnen bekannt dafür waren, mit Kraft und Überzeugung zu sprechen.

In der Wirtschaft, der Industrie und der Finanzwelt fällt es auf, dass die bekanntesten Führungspersonen auch fähige öffentliche Redner sind.

Es ist sinnlos zu hoffen, in irgendeinem Bereich zu einer bekannten Führungsperson aufzusteigen, wenn man nicht beeindruckend zu reden vermag. Obwohl ein Verkäufer vielleicht niemals einen Vortrag halten muss, wird er dennoch von dieser Kompetenz profitieren, denn somit kann er sich überzeugend an einem Gespräch beteiligen.

> Enthusiasmus ist die Antriebsfeder der Seele. Sorgen Sie dafür, dass sie aufgezogen bleibt, und Sie werden nie zu wenig Kraft haben, Ihre Wünsche zu erfüllen.

Lassen Sie uns die Hauptfaktoren zusammenfassen, die bei der Entwicklung einer attraktiven Persönlichkeit eine Rolle spielen:

Erstens: Gewöhnen Sie sich an, sich für andere Menschen zu interessieren, und suchen Sie nach ihren positiven Eigenschaften, um diese zu loben.

Zweitens: Üben Sie, mit Kraft und Überzeugung zu sprechen, sowohl in normalen Gesprächen als auch bei öffentlichen Anlässen, bei denen Sie lauter reden müssen.

Drittens: Kleiden Sie sich in einem Stil, der Ihrem Körper und Beruf entspricht.

Viertens: Entwickeln Sie einen positiven Charakter mithilfe der Formel in dieser Lektion.

Fünftens: Lernen Sie, wie man Hände schüttelt und dabei Wärme und Enthusiasmus zum Ausdruck bringt.

Sechstens: Gewinnen Sie andere Menschen für sich, indem Sie sich erst von diesen »anziehen lassen«.

Siebtens: Denken Sie daran, dass in einem vernünftigen Rahmen die einzige Grenze diejenige ist, die SIE SICH SELBST setzen.

Diese sieben Punkte decken die wichtigsten Faktoren für die Entwicklung einer angenehmen Persönlichkeit ab, wobei es klar ist, dass dies nicht von allein funktioniert. Sie können es schaffen, wenn Sie entschlossen mit der hier aufgeführten Disziplin vorgehen, um so zu werden, wie Sie sein wollen.

Angesichts der sieben wichtigen Faktoren für eine attraktive Persönlichkeit fühle ich mich gedrängt, Ihre Aufmerksamkeit auf den zweiten und vierten Punkt zu richten, da sie essenziell sind.

Wenn Sie die edleren Gedanken, Gefühle und Handlungen eines positiven Charakters kultivieren und lernen, sich selbst mit Kraft und Überzeugung auszudrücken, werden Sie eine angenehme Persönlichkeit entwickeln. Denn Sie werden bemerken, dass aus dem Erlangen dieser die anderen Qualitäten entstehen, die hier skizziert sind.

Eine positiv eingestellte Person übt große Anziehungskraft aus, durch sichtbare wie unsichtbare Quellen. Wenn Sie jemandem so nahekommen, dass Sie sich auch wortlos unterhalten könnten, wird der Einfluss einer »unsichtbaren inneren Kraft« spürbar.

Jede »zwielichtige« Transaktion, an der Sie beteiligt sind, jeder negative Gedanke und jeder zerstörerische Akt, an dem Sie teilhaben, zerstört im selben Ausmaß dieses »subtile Etwas« in Ihnen, das wir Charakter nennen.

»Es liegt eine umfassende Beichte im Blick unserer Augen, in unserem Lächeln, im Gruß, im Griff der Hände. Seine Sünde beschmutzt ihn, befleckt seinen guten Eindruck. Menschen wissen nicht, wieso sie ihm nicht trauen, aber so ist es. Sein Laster trübt seine Augen, lässt die Wangen einsinken, die Nase ist verkniffen, die Spuren des Biests prägen sich dem Hinterkopf ein und schreiben: ›Oh, Narr! Narr!‹ auf die Stirn eines Königs.« (Emerson)

Beachten Sie nun den ersten der sieben Faktoren einer anziehenden Persönlichkeit. In dieser Lektion habe ich detailliert die materiellen Vorteile beschrieben, liebenswürdig zu anderen Menschen zu sein.

Jedoch liegt der größte Vorteil nicht in der Möglichkeit monetären oder materiellen Gewinns, sondern in dem erhebenden Effekt, den Liebenswürdigkeit auf einen Charakter hat, der sie ausstrahlt.

Gewöhnen Sie sich an, liebenswürdig zu sein, und Sie werden materiell und mental profitieren, denn Sie können nur wahrhaft glücklich sein, wenn Sie andere glücklich machen.

Seien Sie nicht beleidigt, und hören Sie auf, Menschen zu sinnlosem Streit herauszufordern! Nehmen Sie die dunkle Brille ab, durch die Sie das »Leid« der Welt sehen, und sehen Sie stattdessen das helle Sonnenlicht der Freundlichkeit. Werfen Sie den Hammer weg, und hören Sie auf, damit zu schlagen, denn Sie müssen wissen, dass Menschen, die aufbauen, am meisten belohnt werden, und nicht Leute, die zerstören.

Wer ein Haus baut, ist ein Künstler; wer es abreißt, ist vom Entsorgungsunternehmen. Wenn Sie eine Person sind, die der Welt zürnt, wird sie sich Ihre giftigen »Ausfälle« anhören, vorausgesetzt, dass man Sie »nicht kommen sieht«. Aber, wenn Sie eine freundliche und optimistische Botschaft verbreiten, wird sie Ihnen gerne zuhören.

Eine wütende Person kann keine attraktive Persönlichkeit sein!

Die Kunst der Liebenswürdigkeit – nur diese eine einfache Eigenschaft – ist das Fundament des erfolgreichen Verkaufs.

Ich fahre mit meinem Auto fünf Meilen in die Außenbezirke der Stadt, um Benzin zu tanken, das ich auch zwei Blocks von meiner eigenen Garage entfernt bekommen könnte – weil der Inhaber der Tankstelle ein Künstler ist. Er ist immer liebenswürdig. Ich fahre nicht dorthin, weil er billigeres Benzin hat, sondern weil ich die belebende Wirkung seiner angenehmen Persönlichkeit genieße!

Ich kaufe meine Schuhe im Regal Shoe Store an der Ecke 50. Straße und Broadway in New York, nicht weil ich keine anderen guten Schuhe zum selben Preis finde, sondern weil Mr. Cobb, der Manager dieses speziellen Geschäfts, eine anziehende Persönlichkeit hat. Während er mich mit Schuhen ausstattet, redet er mit mir über Themen, von denen er weiß, dass sie mir am Herzen liegen.

Ich erledige meine Geldgeschäfte bei der Harriman National Bank an der Ecke 44. Straße und Fifth Avenue, nicht weil es näher an meinem Arbeitsplatz keine anderen guten Banken gibt, sondern weil die Schalterangestellten, Kassierer, der Wachmann und Mr. Harriman, sowie alle anderen, mit denen ich in Kontakt komme, stets liebenswürdig sind. Mein Konto dort ist klein, aber sie empfangen mich, als wäre es bedeutend.

Ich bin ein großer Bewunderer von John D. Rockefeller, Jr., nicht weil er der Sohn eines der reichsten Männer der Welt ist, sondern aus dem überzeugenderen Grund, dass er ebenfalls die Kunst beherrscht, liebenswert zu sein.

In der kleinen Stadt Lancaster in Pennsylvania lebt M. T. Garvin, ein erfolgreicher Kaufmann, für den ich auch Hunderte Meilen zurücklegen würde, nicht weil er so reich ist, sondern weil er sich immer liebenswürdig verhält. Ich habe jedoch keinen Zweifel, dass sein materieller Erfolg eng mit dieser edlen Kunst der Freundlichkeit zusammenhängt.

Ich habe in meiner Westentasche einen Füller von Parker, und meine Frau und Kinder haben Füller derselben Marke, nicht weil es nicht andere gute Schreibwerkzeuge gibt, sondern weil George S. Parker mich mit seiner liebenswürdigen Art beeindruckt hat.

Meine Frau liest das *Ladies' Home Journal*, nicht weil es keine anderen guten Magazine ähnlicher Art gibt, sondern weil das Journal vor mehreren Jahren unsere Aufmerksamkeit erregte, da der Herausgeber Edward Bok uns liebenswürdig begegnet ist.

Oh, ihr mühseligen Pilger, die ihr nach dem Ende des Regenbogens sucht, ihr Wasserträger und Holzfäller, verweilt einen Moment am Weg und lernt eine Lektion von Männern und Frauen, die erfolgreich sind, weil sie es verstehen, liebenswert zu sein!

Sie können eine Zeit lang durch Skrupellosigkeit und Heimlichtuerei gewinnen. Sie können durch bloße Macht und verschlagene Strategie mehr Güter dieser Welt anhäufen, als Sie brauchen, ohne sich die Mühe zu machen, liebenswert zu sein. Aber früher oder später werden Sie an den Punkt in Ihrem Leben kommen, an dem Sie die Stiche des Bedauerns verspüren und die Leere Ihrer gut gefüllten Geldbörse.

> Niemand hat das Recht, eine Freundschaft bis zur Zerreißprobe auszutesten, indem er von seinem Freund etwas verlangt, das ihn belastet.

Ich denke nie an Macht, Position und Reichtum, die mit Gewalt erworben wurden, ohne zutiefst nachzuempfinden, was ein Mann, dessen Namen ich nicht zu nennen wage, am Grab von Napoleon sagte:

»Vor einer kleinen Weile stand ich am Grab des alten Napoleon – ein herrliches Grabmal, mit Gold verziert, beinahe angemessen für einen toten Gott – und betrachtete den Sarkophag aus seltenem und namenlosem Marmor, in dem die Asche dieses rastlosen Mannes ruht. Ich lehnte mich über die Balustrade und dachte über die Karriere dieses größten Soldaten der modernen Welt nach. Ich sah ihn bei Toulon. Ich stellte ihn mir vor, wie er das Ufer der Seine entlang ging und an Selbstmord dachte. Ich beobachtete ihn, wie er den Mob in den Straßen von Paris niederschlug. Ich sah ihn an der Spitze einer Armee in Italien und wie er mit der Trikolore in der Hand die Brücke bei Lodi überquerte.

Ich stellte ihn mir in Ägypten, im Schatten der Pyramiden, vor. Ich imaginierte, wie er die Alpen eroberte und die Adler seiner Standarten den Klippenadlern beigesellte. Ich sah ihn in Marengo, in Ulm und in Austerlitz sowie in Russland, als die Infanterie aus Schnee und die Kavallerie des eisigen Windes seine Legionen wie verdorrtes Winterlaub zerstreute. Ich beobachtete ihn bei Leipzig in Niederlage und Katastrophe – von einer Million Bajonette zurück nach Paris getrieben – gepackt wie ein wildes Tier –, verbannt nach Elba. Ich sah ihn entkommen und ein Imperium durch die Macht seines Genies zurückerobern. Ich imaginierte ihn auf dem furchterregenden Schlachtfeld von Waterloo, wo Zufall und Schicksal sich vereinten, um das glückliche Geschick des ehemaligen Königs zu zerstören. Und ich sah ihn auf St. Helena, mit den Händen hinter dem Rücken verschränkt, wie er auf die traurige und stille See hinausblickt.

Ich dachte an die Witwen und Waisen, die er hinterlassen hat, an die Tränen, die für seinen Ruhm vergossen wurden, und an die einzige Frau, die ihn je liebte, die von der kalten Hand des Ehrgeizes aus seinem Herzen gestoßen wurde. Und ich sagte, ich wäre lieber ein französischer Bauer gewesen und hätte Holzschuhe getragen; ich hätte lieber in einer Hütte gelebt, mit Wein über der Tür und den Trauben, die unter den liebevollen Küssen der Herbstsonne lila werden; ich wäre lieber dieser arme Bauer gewesen, mit meiner Frau an meiner Seite, die strickt, während der Tag vergeht, mit meinen Kindern auf den Knien und ihren Armen um mich; ich wäre lieber dieser Mann gewesen und in die lautlose Stille des traumlosen Staubs versunken, als diese kaiserliche Personifizierung von Gewalt und Mord zu sein, die als Napoleon der Große bekannt ist.«

Ich überlasse Ihnen, als passenden Höhepunkt dieser Lektion, den Gedanken an diese unsterbliche Abhandlung über einen Mann, der durch das Schwert der Gewalt lebte und einen schmachvollen Tod starb, einen Ausgestoßenen in den Augen seiner Mitmenschen, ein Schandfleck auf der Erinnerung der Zivilisation, ein Fehlschlag, denn …

Er eignete sich nie die Kunst an, liebenswert zu sein! Weil er nicht sein »Selbst« dem Wohl derjenigen, die ihm folgten, unterordnen konnte oder wollte.

LEKTION 11

PRÄZISES DENKEN

»Du kannst es, wenn du glaubst, dass du es kannst!«

Das ist gleichzeitig die wichtigste, die interessanteste und die am schwierigsten zu präsentierende Lektion dieses Kurses über das Gesetz des Erfolgs. Sie ist essenziell, weil sie sich mit einem Prinzip befasst, das sich durch alle Lektionen zieht. Aus dem gleichen Grund ist sie interessant. Sie ist schwierig zu präsentieren, weil sie den Schüler dieses Kurses weit über die Grenze seiner allgemeinen Erfahrung bringt und zu Gedanken veranlasst, mit denen er sich normalerweise nicht beschäftigt.

Wenn Sie diese Lektion nicht mit einem offenen Geist studieren, werden Sie den Schlüsselstein des Bogens dieses Kurses übersehen, und ohne diesen Stein können Sie Ihren Tempel des Erfolgs nicht vollenden.

> Es ist verzeihlich, seinen Freunden die eigenen Bedürfnisse zu suggerieren, aber bitten Sie sie nicht direkt um Hilfe, wenn Sie ihre Freundschaft erhalten wollen.

Diese Lektion wird Sie auf Gedanken bringen, die Sie weit über die Ebene hinaustragen können, zu der Sie der evolutionäre Prozess geführt hat, dem Sie in der Vergangenheit unterworfen waren. Aus diesem Grund sollten Sie nicht enttäuscht sein, wenn Sie beim ersten Lesen nicht alles verstehen. Die meisten von uns glauben nicht an das, was sie nicht verstehen, und deshalb warne ich Sie davor, Ihren Geist zu verschließen, falls Sie nicht alle Inhalte dieser Lektion beim ersten Lesen begreifen.

Tausende Jahre haben die Menschen Schiffe nur aus Holz gebaut. Sie benutzten dieses Material, weil sie es für die einzige schwimmende Substanz hielten. Aber damals dachten sie noch nicht weit genug, um zu erfassen, dass auch Stahl schwimmt und beim Schiffsbau dem Holz weit überlegen ist. Sie wussten nicht, dass alles schwimmt, das leichter ist als die verdrängte Menge an Wasser, und bis sie es erkannten, fertigten sie weiterhin Schiffe aus Holz.

Vor etwa 25 Jahren glaubten die meisten Leute noch, dass nur Vögel fliegen können, aber nun wissen wir, dass der Mensch nicht nur genauso gut, sondern besser fliegen kann als Vögel.

Menschen wussten bis vor Kurzem nicht, dass die große offene Leere, die man als Luft kennt, belebter und empfindsamer als alles auf der Erde ist. Sie ahnten nicht, dass das gesprochene Wort kabellos mit der Geschwindigkeit eines Lichtblitzes durch den Äther reisen kann. Wie konnten sie es wissen, wenn ihr Geist nicht ausreichend entfaltet war? Diese Lektion soll Ihnen helfen, Ihren Geist so zu entwickeln, dass Sie präzise denken können, denn diese Entfaltung wird Ihnen eine Tür zu der erforderlichen Macht öffnen, um Ihren Tempel des Erfolgs zu vollenden.

Im Verlauf der vorhergehenden Lektionen dieses Kurses haben wir uns mit Prinzipien befasst, die jeder einfach verstehen und anwenden kann. Wie Sie sehen, werden diese Prinzipien so präsentiert, dass sie zu materiell wahrnehmbarem Erfolg führen. Das erscheint deshalb notwendig, weil für die meisten Menschen das Wort Erfolg und das Wort Geld synonyme Begriffe sind. Offensichtlich richten sich die vorhergehenden Lektionen dieses Kurses an diejenigen, die weltliche Errungenschaften und materiellen Reichtum als Hauptkomponenten des Erfolgs werten.

Würde ich die Inhalte anders präsentieren, wären die meisten Schüler dieses Kurses enttäuscht darüber, dass dieser Weg zum Erfolg durch andere Türen führt als Wirtschaft, Finanzwesen und Industrie. Denn bekanntlich wünschen die meisten Menschen sich einen Erfolg, den man so buchstabiert: €rfolg!

Das ist schön und gut – lasst diejenigen, die mit diesem Erfolgsstandard zufrieden sind, danach streben; aber viele Menschen ersehnen einen Erfolg, der nicht durch materielle Standards gemessen wird. Insbesondere an sie richten sich diese und die folgenden Lektionen.

Präzises Denken erfordert zwei grundlegende Faktoren, die alle beachten sollten, die sich damit beschäftigen. Erstens muss man, um präzise zu denken, Fakten von bloßen Informationen trennen. Ihnen stehen massenhaft »Informationen« zur Verfügung, die nicht auf Fakten beruhen. Zweitens sollten Sie die Fakten in zwei Klassen einteilen: das Wichtige und das Unwichtige oder das Relevante und das Irrelevante. Nur so lernen Sie, klar zu denken.

Alle Fakten, die Sie nutzen können, um Ihr konkretes Ziel zu erreichen, sind wichtig und relevant; alle, die Sie nicht verwenden können, sind unwichtig und irrelevant. Einige Menschen unterscheiden diese Gruppen nicht, sodass ein tiefer Graben die Menschen trennt, die zunächst die gleichen Fähigkeiten besitzen und dieselben Chancen haben. Innerhalb Ihres Bekanntenkreises können Sie vermutlich auf eine oder mehrere Personen verweisen, die keine größeren Chancen hatten als Sie, und die anscheinend nicht mehr oder vielleicht sogar weniger Fertigkeiten als Sie mitbringen, und doch weit größere Erfolge erzielen. Und Sie fragen sich wieso!

Forschen Sie gewissenhaft nach, und Sie werden feststellen, dass solche Menschen in ihrem Arbeitsbereich stets die wichtigen Fakten kombinieren und nutzen. Sie sind weit davon entfernt, härter zu arbeiten als Sie, vielleicht bemühen Sie sich sogar weniger. Indem sie begriffen haben, die wichtigen Fakten von den unwichtigen zu trennen, haben sie einen Hebel erworben, um mit dem kleinen Finger Lasten zu bewegen, die Sie nicht einmal mit dem Gewicht Ihres gesamten Körpers vom Fleck bekommen.

Wer sich angewöhnt, sich auf die wichtigen Fakten zu konzentrieren, um seinen Tempel des Erfolgs zu errichten, verleiht sich eine Macht, die mit einem Eisenhammer vergleichbar ist, der einen Schlag von 10 Tonnen leistet, im Vergleich zu einem Zweckenhammer, der nur einen Schlag von 1 Pfund schafft!

Wenn diese Bilder simpel erscheinen, sollten Sie bedenken, dass einige der Schüler dieses Kurses nicht in komplizierteren Begriffen denken. Zu versuchen, sie dazu zu zwingen, wäre, als würde man sie hilflos zurücklassen.

Damit Sie verstehen, wie wichtig es ist, zwischen Fakten und bloßen Informationen zu unterscheiden, studieren Sie den Typ Mensch, der sich nur von dem leiten lässt, was er hört. Das sind Leute, die von allen möglichen »Gerüchten« beeinflusst werden; die ohne Weiteres alles akzeptieren, was sie in den Medien lesen, und andere danach beurteilen, was ihre Feinde, Konkurrenten und Zeitgenossen über sie sagen.

Durchforsten Sie Ihren Bekanntenkreis nach einem solchen Menschen, an den Sie denken können, während wir dieses Thema behandeln. Beobachten Sie, dass diese Art Mensch häufig Unterhaltungen mit einem Satz wie diesem beginnt: »Ich habe in der Zeitung gelesen«, oder, »man sagt«. Der präzise Denker weiß, dass die Medien nicht immer präzise berichten, und er weiß auch, dass das, was »man sagt«, normalerweise mehr Falsches als Wahres enthält. Wenn Sie sich nicht über die Klasse des »ich habe in der Zeitung gelesen« oder »man sagt« erheben, haben Sie noch ein weites Stück vor sich auf dem Weg zum exakten Denker. Natürlich verkleiden sich viele Wahrheiten und Fakten im Gewand nutzloser Gerüchte und Zeitungsberichte, aber wer präzise denkt, wird nicht alles, was er sieht oder hört, auch so hinnehmen. Ich möchte dies betonen, weil es einen Großteil der Felsen und Riffe darstellt, an dem so viele Menschen Schiffbruch erleiden und in einem bodenlosen Ozean falscher Schlussfolgerungen untergehen.

> Der große Edison ist 10.000 Mal gescheitert, bevor er eine funktionierende Glühbirne schuf. Lassen Sie sich nicht entmutigen und geben Sie nicht auf, weil Sie ein- oder zweimal dabei scheitern, Ihren Plan umzusetzen.

Im juristischen Bereich gibt es das Beweisrecht, um die Fakten zu ermitteln. Ein Richter kann Menschen Recht zuteilwerden lassen, sofern er über alle Fakten verfügt, auf denen er sein Urteil gründen kann. Aber ebenso kann er unschuldige Menschen ins Unglück stürzen, wenn er das Beweisrecht umgeht und nur durch Informationen auf Hörensagen zu einer Schlussfolgerung oder einem Urteil gelangt.

Das Beweisrecht variiert je nach Verdächtigem und Umständen. Aber Sie liegen nicht ganz falsch, wenn Sie in Unkenntnis der Fakten nach der Hypothese urteilen, dass nur die Beweise, die Ihren Interessen dienen, ohne anderen zu schaden, auf Fakten basieren.

Dies ist ein zentraler Punkt dieser Lektion; daher will ich sicherstellen, dass Sie ihn nicht übergehen. So manch einer verwechselt, wissentlich oder nicht, Zweckdienlichkeit mit Fakten und tut etwas oder unterlässt es, nur weil seine Handlungen seine eigenen Interessen voranbringen, ohne zu bedenken, ob sie mit den Rechten anderer kollidieren.

Es ist bedauerlich, aber wahr, dass heute nur wenig präzise gedacht wird, sondern eher zweckorientiert. Es ist für den fortgeschrittenen Schüler des exakten Denkens erstaunlich, wie viele Menschen »ehrlich« sind, solange es ihnen nützt, aber zahlreiche Fakten (?) finden, um Unehrlichkeit vor sich selbst zu rechtfertigen, wenn es profitabler oder vorteilhafter erscheint. Zweifellos kennen Sie solche Menschen.

Der präzise Denker richtet sich nach einem Standard und folgt ihm jederzeit, egal ob es immer zu seinem unmittelbaren Vorteil gereicht oder ihn gelegentlich durch die Felder des Nachteils führt (was zweifellos vorkommt).

Der präzise Denker befasst sich mit den Fakten, egal welche Auswirkungen sie auf seine eigenen Interessen haben, denn er weiß, dass er letztlich immer obenauf bleibt, stets das Objekt seines konkreten Hauptziels im Blick. Er versteht die Philosophie, die der alte Philosoph Krösus vor Augen hatte, als er sagte: »Es gibt ein Rad, auf dem sich die Angelegenheiten der Menschen drehen, und sein Mechanismus funktioniert so, dass niemand immer Glück haben kann.«

Der präzise Denker verhält sich nur nach einem Standard, und diesen verfolgt er so getreu wie möglich, egal ob er ihm zeitweilig Nachteile bringt oder herausragende Vorteile. Denn da er ein präziser Denker ist, weiß er aufgrund des Gesetzes des Mittelwerts, dass er seine Verluste, indem er seinen Standard zu seinem eigenen temporären Nachteil anwendet, in der Zukunft mehr als nur ausgleichen wird.

Sie sollten sich klarmachen, dass es den standhaftesten Charakter benötigt, um ein präziser Denker zu werden, denn Sie erkennen sicher, dass die Argumentationslinie dieser Lektion darauf hinausläuft.

Es bereitet einen gewissen zeitlichen Nachteil, exakt zu denken, das lässt sich nicht leugnen. Doch auch wenn das stimmt, ist es ebenso wahr, dass die ausgleichende Belohnung insgesamt umso größer ausfällt, sodass man diesen Nachteil gerne in Kauf nimmt.

Fakten erlangt man oft nur durch das Wissen und die Erfahrung anderer. Dann ist es ratsam, sorgfältig sowohl die vorliegenden Belege zu untersuchen als auch die Person unter die Lupe zu nehmen, die diese Belege bereitstellt. Falls die Belege dem Interesse desjenigen dienen, der sie vorbringt, muss man sie erst recht genau untersuchen, da Menschen, die ein Interesse an den vorgelegten Beweisen haben, diese gern einfärben und verdrehen, um ihr Interesse zu schützen.

Wenn ein Mensch einen anderen verleumdet, sind seine Bemerkungen nur akzeptabel, sofern sie überhaupt Gewicht haben, indem man Vorsicht walten lässt. Denn es ist menschlich, nur Übles an Leuten zu finden, die man nicht mag. Wer präzise genug denkt, um von seinem Feind zu sprechen, ohne dessen Fehler zu übertreiben, und seine Tugenden zu minimieren, ist die Ausnahme und nicht die Regel.

Einige fähige Menschen haben sich noch nicht über diese vulgäre und selbstzerstörerische Untugend erhoben, ihre Gegner, Konkurrenten und Zeitgenossen herabzusetzen. Ich möchte Ihre Aufmerksamkeit mit allem gebotenen Nachdruck auf diese allgemeine Neigung richten, denn sie ist tödlich für präzises Denken.

Um ein präziser Denker werden zu können, müssen Sie verstehen, dass sobald ein Mann oder eine Frau eine Führungsrolle in irgendeinem Bereich annimmt, der Verleumder sich »Gerüchten« und seine subtilen Einflüsterungen hingibt, die ein Licht auf seinen Charakter werfen.

Egal wie edel der eigene Charakter ist oder welchen Dienst jemand der Welt erweist, er kann nicht der Aufmerksamkeit irregeleiteter Menschen entgehen, die sich daran erfreuen, zu zerstören, statt aufzubauen. Lincolns politische Gegner streuten die Behauptung, dass er mit einer schwarzen Frau zusammenlebte. Washingtons politische Gegner behaupteten das Gleiche über ihn. Da sowohl Lincoln als auch Washington aus dem Süden stammten, erschienen diese Gerüchte den Verleumdern zweifellos überaus passend und beleidigend.

Aber wir müssen nicht bis zu unserem ersten Präsidenten zurückgehen, um Belege für üble Nachrede zu finden, denn die Verleumder gingen noch einen Schritt weiter, indem sie den verstorbenen Präsidenten Harding verleumdeten.

Als Woodrow Wilson mit einem soliden Plan aus Paris zurückkam, um den Krieg zu beenden und internationale Auseinandersetzungen beizulegen, konnten alle, abgesehen von den präzisen Denkern, sich von der Nachrede des »Man-sagt«-Chors irreführen lassen, er sei eine Kombination aus Nero und Judas Iskariot. Die kleinen, die billigen und die »bezahlten« Politiker sowie die Ignoranten, die nicht zu denken vermochten, stimmten alle mit in den lauten Chor ein, um den einzigen Mann in der Weltgeschichte zu zerstören, der einen Plan anbot, um dem Krieg ein Ende zu bereiten.

Die Verleumder töteten sowohl Harding als auch Wilson – ermordeten sie mit ihren boshaften Lügen. Dasselbe machten sie mit Lincoln, nur spektakulärer, indem sie einen Fanatiker dazu aufhetzten, ihn mit einer Kugel zu töten.

Staatskunst und Politik sind nicht die einzigen Gebiete, auf denen präzise Denker sich vor dem »Man-sagt«-Chor in Acht nehmen müssen. In dem Moment, in dem jemand Einfluss in der Industrie oder Wirtschaft gewinnt, wird dieser Chor aktiv. Wenn jemand eine bessere Mausefalle baut als sein Nachbar, wird die Welt einen Trampelpfad zu seiner Tür anlegen, daran besteht kein Zweifel; und es marschieren auch diejenigen mit, die ihn nicht loben, sondern verdammen und seinen Ruf zerstören. Der verstorbene John H. Patterson, Präsident der National Cash Register Company, ist ein Beispiel für das, was einem Mann passiert, der eine bessere Registrierkasse baut als sein Nachbar. Aber im Geist des präzisen Denkers gibt es kein Fitzelchen an Belegen, die die bösartigen Behauptungen stützen, die Mr. Pattersons Konkurrenten über ihn verbreiteten.

Bezüglich Wilson und Harding können wir nur darüber urteilen, wie die Nachwelt sie sieht, indem wir uns anschauen, wie sie die Namen von Lincoln und Washington unsterblich gemacht hat. Allein die Wahrheit hat Bestand. Alles andere muss mit der Zeit vergehen.

Diese Beispiele sollen nicht diejenigen ehren, die keines Lobes bedürfen, sondern Sie anleiten, Nachrede immer genau unter die Lupe zu nehmen, umso mehr, wenn ein Beweis negativer oder destruktiver Natur ist. Es schadet nicht, konstruktive Belege vom Hörensagen her zu akzeptieren, aber destruktive Beweise sollten Sie, sofern Sie diese überhaupt annehmen wollen, mit allen zur Verfügung stehenden Mitteln prüfen, indem Sie das Beweisrecht anwenden.

> Sie sind ein gutes Stück auf dem Weg zum Erfolg weitergekommen, wenn Sie das Leben so weit verstehen, nie einen Plan zu entwerfen, bei dem Sie jemand um etwas bitten müssen, das ihm keinen Vorteil liefert, wenn er Ihrer Bitte entspricht.

Als präziser Denker ist es Ihr Privileg und Ihre Pflicht, sich an die Fakten zu halten, auch wenn Sie sich dafür anstrengen müssen. Wenn Sie sich selbst gestatten, von allen möglichen Informationen, die Ihnen unterkommen, mal hierhin und mal dorthin gedrängt zu werden, werden Sie nie exakt denken. Wenn Sie nicht exakt denken, können Sie nicht sicher sein, Ihr konkretes Hauptziel im Leben zu erreichen.

So mancher musste schon eine Niederlage erleiden, weil er aufgrund von Vorurteil und Hass die Tugenden seiner Gegner oder Konkurrenten unterschätzt hat. Das Auge des präzisen Denkers sieht Fakten – nicht die Wahnvorstellungen von Vorurteilen, Hass und Neid.

Ein exakter Denker muss fair sein – fair genug (zumindest sich selbst gegenüber), dass er bei anderen Menschen sowohl nach Tugenden als auch Mängeln sucht, denn man kann nicht ganz grundlos annehmen, dass alle Menschen über jede dieser Qualitäten verfügen.

»Ich glaube nicht, dass ich es mir leisten kann, andere zu täuschen – ich weiß, dass ich es mir nicht leisten kann, mich selbst zu täuschen!« Das muss das Motto des exakten Denkers sein.

Unter der Annahme, dass diese »Hinweise« ausreichen, um Ihnen klarzumachen, wie wichtig es ist, nach Fakten zu suchen, bis Sie sie garantiert gefunden haben, werden wir nun zur Frage kommen, wie man diese Fakten organisiert, klassifiziert und nutzt.

Durchforsten Sie einmal mehr Ihren Bekanntenkreis nach einer Person, die den Eindruck macht, mehr mit weniger Aufwand zu erreichen als ihre Geschäftspartner. Studieren Sie sie, und Sie werden sie als einen Strategen erkennen, der gelernt hat, Fakten zu arrangieren, um das Gesetz der steigenden Erträge zu nutzen, das wir aus der vorhergehenden Lektion kennen.

Wer weiß, dass er mit Fakten arbeitet, geht seine Aufgaben selbstsicher an, sodass er sein Gebiet ohne Zögern abstecken kann. Er kennt das Ergebnis seiner Bemühungen im Voraus, daher bewegt er sich schneller und erreicht mehr als derjenige, der »sich vorantasten« muss, weil er nicht sicher ist, mit Fakten zu arbeiten.

Wer um die Vorteile der Faktenrecherche als Grundlage seines Denkens weiß, hat schon einen Großteil des Wegs zum präzisen Denker zurückgelegt, aber wer Fakten in Wichtiges und Unwichtiges aufzuteilen vermag, ist noch ein Stück weiter. Letzterer gleicht dem Menschen, der einen Eisenhammer verwendet und mit einem Schlag mehr erreicht als der Erstgenannte mit einem Zweckenhammer und 10.000 Schlägen.

Lassen Sie uns kurz einige Männer analysieren, die auf ihrem jeweiligen Gebiet stets mit den wichtigen oder relevanten Fakten arbeiten.

Würde sich dieser Kurs nicht auf die praktischen Bedürfnisse von Männern und Frauen in der heutigen Arbeitswelt fokussieren, würden wir zu den großen Männern der Vergangenheit gehen – Plato, Aristoteles, Epiktet, Sokrates, Salomon, Moses und Jesus Christus – und uns anschauen, wie sie mit Tatsachen umgegangen sind. Jedoch können wir Beispiele finden, die näher an unserer Generation sind, die unserem Zweck zu diesem Zeitpunkt besser dienen.

Da wir in einem Zeitalter leben, in dem finanzieller Wohlstand als der konkreteste Beweis für Erfolg gilt, lassen Sie uns einen Mann beleuchten, der so viel davon angesammelt hat wie nahezu niemand sonst in der Geschichte der Menschheit – John D. Rockefeller.

Mr. Rockefeller hat eine Eigenschaft, die wie ein leuchtender Stern über alle seine anderen Qualitäten hinausragt: seine Gewohnheit, sich bei seiner Arbeit nur mit den relevanten Fakten zu befassen. Als junger (und armer, was das angeht) Mann nahm Mr. Rockefeller sich als konkretes Hauptziel vor, wirklich reich zu werden. Es ist weder meine Absicht noch wäre es von besonderem Vorteil, auf Mr. Rockefellers Methode, reich zu werden, einzugehen, abgesehen davon, dass seine herausragendste Eigenschaft darin bestand, auf Fakten als Grundlage seiner Geschäftsphilosophie zu bestehen. Manche Leute meinen, dass Mr. Rockefeller nicht immer fair zu seiner Konkurrenz war. Das mag stimmen oder auch nicht (als präziser Denker werden wir diesen Punkt übergehen), aber niemand (nicht einmal seine Konkurrenten) haben Mr. Rockefeller je beschuldigt, »Blitzurteile« zu fällen oder die Stärke seiner Konkurrenten zu unterschätzen. Er hat nicht nur die Fakten wahrgenommen, die auf sein Geschäft Einfluss nahmen, wo immer und wann immer er sie vorfand, sondern er suchte so lange nach ihnen, bis er sicher war, sie gefunden zu haben.

Thomas A. Edison ist ein weiteres Beispiel eines Mannes, der es durch die Organisation, Klassifizierung und Nutzung relevanter Fakten zu Größe gebracht hat. Ihm dienen die Naturgesetze als wichtigstes Hilfsmittel; daher muss er seiner Fakten sicher sein, bevor er diese Gesetze anwenden kann. Jedes Mal, wenn Sie einen Knopf drücken und elektrisches Licht anschalten, denken Sie daran, dass es Mr. Edisons Fähigkeit war, relevante Fakten zu organisieren, die dies bewirkten.

Jedes Mal, wenn Sie eine Phonografenaufnahme hören, denken Sie daran, dass Mr. Edison dies durch seine stete Gewohnheit, sich mit den relevanten Fakten zu beschäftigen, ermöglicht hat.

Jedes Mal, wenn Sie einen Film sehen, denken Sie daran, dass er aus Mr. Edisons Gewohnheit hervorgegangen ist, sich mit wichtigen und relevanten Fakten zu beschäftigen.

Auf dem Feld der Wissenschaft sind relevante Fakten die Werkzeuge, mit denen Männer und Frauen arbeiten. Bloße Information oder Hörensagen haben für Mr. Edison keinen Wert; aber er hätte sein Leben ebenso damit verschwenden können, wie es Millionen anderer Menschen tun.

Reines Hörensagen hätte niemals die elektrische Glühbirne erschaffen können, den Phonografen oder den Film, und falls doch, wäre dieses Phänomen ein »Unfall« gewesen. Diese Lektion soll Ihnen helfen, »Unfälle« zu vermeiden.

Die Frage stellt sich nun, was wichtige und relevante Fakten definiert. Die Antwort hängt völlig davon ab, was Ihr konkretes Hauptziel im Leben ist, denn eine wichtige und relevante Tatsache können Sie nutzen, ohne auf dem Weg zum Ziel mit den Rechten anderer zu kollidieren. Alle anderen Fakten, soweit es Sie angeht, sind überflüssig und höchstens von geringer Bedeutung.

Jedoch können Sie genauso hart arbeiten, wenn Sie unwichtige und irrelevante Fakten organisieren, klassifizieren und nutzen, als wenn Sie sich mit ihrem Gegenteil befassen. Doch dann werden Sie nicht so viel erreichen.

Bis zu diesem Punkt haben wir nur über den Faktor des präzisen Denkens geredet, der auf deduktiver Überlegung basiert. Vielleicht ist das der Punkt, an dem einige der Schüler dieses Kurses neuen Denklinien folgen müssen, denn wir wollen nun über ein Denken reden, das weit mehr vermag, als Fakten zu sammeln, zu organisieren und zu kombinieren. Wir wollen es das kreative Denken nennen!

Damit Sie verstehen, wieso man es kreatives Denken nennt, müssen wir kurz den Prozess der Evolution studieren, der den denkenden Menschen geschaffen hat. Der denkende Mensch war eine lange Zeit auf der Straße der Evolution unterwegs, und er hat einen langen Weg zurückgelegt. Mit den Worten des Richters T. Troward (in *Bible Mystery and Bible Meaning*): »Der perfektionierte Mensch ist der Höhepunkt der Evolutionspyramide, und zwar durch eine notwendige Abfolge.«

Lassen Sie uns den denkenden Menschen durch fünf evolutionäre Stufen verfolgen, die er offenbar zurückgelegt hat, beginnend mit der niedrigsten …

1. Die mineralische Periode: Hier finden wir das Leben in seiner niedrigsten Form, es liegt bewegungslos und ohne Antrieb; eine Masse mineralischer Substanzen, ohne die Fähigkeit, sich zu bewegen.
2. Dann kommt die pflanzliche Periode: Hier finden wir das Leben in einer aktiveren Form, mit genug Intelligenz, um Nahrung zu sammeln, zu wachsen und sich zu reproduzieren, aber immer noch nicht in der Lage, sich von seinem festen Standort fortzubewegen.
3. Dann kommt die tierische Periode: Hier finden wir Leben in noch höherer und intelligenterer Form, mit der Fähigkeit, sich von Ort zu Ort zu bewegen.

> VERKAUFSKUNST besteht größtenteils darin, die wahren Vorzüge der Güter oder Dienstleistungen, die man verkaufen möchte, zu KENNEN und AUFZUZEIGEN.

4. Dann kommt die menschliche Periode oder die des denkenden Menschen, in der wir das Leben in seiner höchsten bekannten Form finden. Die höchste Form, denn der Mensch kann denken, und der Gedanke ist die höchste bekannte Form organisierter Energie. Im Reich der Gedanken kennt der Mensch keine Grenzen. Er kann seine Gedanken mit der Geschwindigkeit eines Blitzes zu den Sternen schicken. Er kann Fakten sammeln und sie

in neuen und unterschiedlichen Kombinationen verdichten. Er kann Hypothesen schaffen und sie in die physische Wirklichkeit übersetzen, indem er denkt. Er kann induktiv und deduktiv denken.

5. Dann folgt die spirituelle Periode: Auf dieser Ebene kommen die niedrigeren Formen des Lebens, die in den vorher erwähnten vier Perioden auftraten, zusammen und werden ihrer Natur nach unendlich. An diesem Punkt hat sich der denkende Mensch entfaltet, erweitert und ist gewachsen, bis er seine Fähigkeit, zu denken, auf eine Unendliche Intelligenz projiziert hat. Bisher ist der denkende Mensch nur ein Baby in dieser fünften Periode, denn er hat noch nicht gelernt, wie er sich dieser unendlichen Intelligenz, des Geistes, bedienen soll. Darüber hinaus hat der Mensch, von wenigen Ausnahmen abgesehen, noch nicht den Gedanken als das Bindeglied erkannt, das ihm Zugang zur Macht der unendlichen Intelligenz gibt. Diese Ausnahmen waren Männer wie Moses, Salomon, Christus, Plato, Aristoteles, Sokrates, Konfuzius und eine relativ kleine Anzahl von vergleichbaren Personen. Seit ihrer Zeit gab es viele Menschen, die diese Wahrheit teilweise enthüllt haben, aber die Wahrheit selbst ist heute genauso verfügbar wie damals.

Um kreativ zu denken, muss man größtenteils aufgrund seines Glaubens handeln, daher denken nicht mehr Menschen auf diese Weise. Der Unwissendste der Menschheit kann in Begriffen des deduktiven Räsonierens denken, in Verbindung mit Angelegenheiten einer rein physikalischen und materiellen Natur, aber einen Schritt höher zu gehen und in Begriffen einer unendlichen Intelligenz zu denken, ist eine andere Frage. Der durchschnittliche Mensch begibt sich in dem Moment in unbekannte Gewässer, in dem er über das hinausgeht, was er mithilfe der fünf physischen Sinne Sehen, Hören, Tasten, Riechen und Schmecken erfassen kann. Unendliche Intelligenz funktioniert durch keines dieser Mittel, und wir können ihre Hilfe auch nicht durch eines dieser Mittel herbeiführen.

Wie kann man dann die Macht der unendlichen Intelligenz nutzen? Die Frage ist nur natürlich. Und die Antwort lautet: durch kreatives Denken!

Um zu verdeutlichen, auf welche Weise wir dies erreichen können, werde ich nun Ihre Aufmerksamkeit auf einige vorhergehende Lektionen lenken, die Sie vorbereitet haben, um die Bedeutung des kreativen Denkens zu verstehen.

In der zweiten Lektion, und zu einem gewissen Grad in jeder anderen nachfolgenden Lektion bis zu dieser, haben Sie häufig den Begriff »Autosuggestion« lesen können (eine Suggestion, die Sie an sich selbst richten). Wir kommen nun auf diesen Begriff zurück, denn Autosuggestion ist sozusagen die Telegrafenlinie, über die Sie in Ihrem unterbewussten Geist eine Beschreibung oder einen Plan dessen verankern können, was Sie gestalten oder materiell erwerben wollen. Diesen Prozess können Sie leicht erlernen.

Der unterbewusste Geist ist ein Vermittler zwischen dem bewusst denkenden Verstand und der unendlichen Intelligenz. Sie können die Hilfe dieser unendlichen Intelligenz nur durch das Medium des unterbewussten Geistes erfahren, indem Sie ihm klare Anweisungen darüber geben, was Sie wollen. Hier wird der psychologische Grund deutlich, ein konkretes Hauptziel zu verfolgen.

Falls Sie bisher nicht bemerkt haben, wie wichtig es ist, sich ein konkretes Hauptziel als Objekt Ihrer Lebensaufgabe zu setzen, werden Sie es sicherlich nachholen, nachdem Sie diese Lektion erarbeitet haben.

Da ich aus meiner eigenen Erfahrung als Studienanfänger dieses und ähnlicher Themen weiß, wie wenig ich von solchen Begriffen wie »unterbewusster Geist«, »Autosuggestion« und »kreatives Denken« verstehe, habe ich mir im Verlauf dieses Kurses die Freiheit genommen, diese Begriffe durch alle möglichen Gleichnisse und Illustrationen zu verdeutlichen. Auf diese Weise möchte ich die Bedeutung und die Methode, wie man sie zur Anwendung bringt, allgemein verständlich machen. Daher wiederhole ich Begriffe, wie Sie während dieses Kurses feststellen können, und dies dient gleichzeitig als Entschuldigung an fortgeschrittene Schüler, um die Bedeutung eines Großteils von Inhalten zu erfassen, die der Anfänger beim ersten Lesen nicht versteht.

Betrachten wir nun das herausragende Merkmal des unterbewussten Geistes: dass er die Suggestionen aufzeichnet, die Sie ihm durch Autosuggestion senden, und die Hilfe der unendlichen Intelligenz beschwört, um diese Suggestionen durch natürliche und keinesfalls ungewöhnliche Mittel in eine physische Form zu übertragen. Es ist wichtig, den vorangegangenen Satz zu verstehen, denn andernfalls werden Sie vermutlich nicht das Fundament erfassen, auf dem dieser gesamte Kurs aufgebaut ist – das Fundament ist das Prinzip der unendlichen Intelligenz, die mithilfe des Gesetzes des »Masterminds« genutzt werden kann, das in der Einführungslektion beschrieben wird.

Studieren Sie sorgfältig den gesamten vorangehenden Paragrafen.

Der unterbewusste Geist verfügt über eine andere herausragende Eigenschaft – er akzeptiert und handelt aufgrund all der Suggestionen, die ihn erreichen, ob sie nun konstruktiv oder destruktiv sind und ob sie von außen oder durch Ihr eigenes Bewusstsein kommen.

Sie sehen, wie essenziell es für Sie ist, das Gesetz des Beweises zu beachten und sorgfältig den Prinzipien zu folgen, die zu Beginn dieser Lektion dargelegt werden, wenn Sie etwas auswählen, um es Ihrem Unterbewusstsein durch Autosuggestion weiterzuleiten. Das sollte Ihnen klarmachen, wieso Sie gewissenhaft nach Fakten suchen sollten und es sich nicht leisten können, dem Verleumder und Lästermaul ein offenes Ohr zu leihen – denn andernfalls würden Sie den unterbewussten Geist mit giftiger Nahrung füttern, die die Kreativität erstickt.

Der unterbewusste Geist gleicht einer fotoempfindlichen Platte in einer Kamera, auf der das Bild eines jeden Objekts aufgezeichnet wird. Die Platte in der Kamera wählt nicht, welches Bild sie aufnimmt, sie zeichnet alles auf, was durch die Linse auf sie fällt. Der bewusste Geist kann mit dem Verschluss verglichen werden, der das Licht von der empfindlichen Platte abhält und nur hindurchgelangen lässt, was der Fotograf aufzeichnen will. Die Linse der Kamera gleicht der Autosuggestion, denn sie ist das Medium, welches das Bild des Objekts transportiert, das auf der fotosensitiven Platte aufgezeichnet werden soll. Und die unendliche Intelligenz ist mit dem Menschen gleichzusetzen, der nach der Aufnahme die fotoempfindliche Platte entwickelt und damit das Bild in die physische Realität überführt.

Die gewöhnliche Kamera ist ein wunderbares Instrument, mit dem sich der gesamte Prozess des kreativen Denkens vergleichen lässt. Zuerst kommt die Auswahl des Objekts, das vor dem Gerät platziert wird. Es repräsentiert das konkrete Hauptziel im Leben. Dann folgt der Vorgang, einen deutlichen Umriss dieses Lebenszwecks durch die Linse der Autosuggestion auf der fotosensitiven Platte des unterbewussten Geistes aufzuzeichnen. Hier kommt die unendliche Intelligenz ins Spiel und entwickelt den Umriss in einer physikalischen Form, die der Natur des Ziels angemessen ist. Die Rolle, die Sie dabei spielen, ist klar!

Sie wählen das aufzunehmende Bild aus (das konkrete Hauptziel). Dann konzentrieren Sie Ihren unterbewussten Geist so intensiv auf dieses Ziel, dass er mittels Autosuggestion mit dem unterbewussten Geist kommuniziert und dieses Bild registriert. Dann beginnen Sie, Ausschau nach Manifestationen der physischen Realisierung des Subjekts dieses Bildes zu halten beziehungsweise darauf zu warten.

Behalten Sie im Hinterkopf, dass Sie sich nicht hinsetzen und warten oder ins Bett gehen und schlafen und damit rechnen, dass die unendliche Intelligenz sie nach dem Aufwachen mit dem Objekt Ihres konkreten Hauptziels überschüttet hat. Machen Sie einfach mit Ihrer täglichen Arbeit weiter, in Übereinstimmung mit den Anweisungen in Lektion 9 dieses Kurses, im Vertrauen darauf, dass die natürlichen Mittel, das Objekt Ihres konkreten Ziels zu erreichen, sich zur gegebenen Zeit angemessen auftun.

> Jeder kann Größe erreichen, indem er gewöhnliche Dinge des Lebens im Geist der Größe mit einem aufrichtigen Verlangen, anderen zu helfen, erledigt, egal worin seine Berufung besteht.

Der Weg öffnet sich vielleicht nicht plötzlich vom ersten Schritt bis zum letzten, aber er ergibt sich möglicherweise von Schritt zu Schritt. Daher, wenn Ihnen eine Möglichkeit bewusst wird, den ersten Schritt zu machen, gehen Sie ihn ohne Zögern und verfahren Sie ebenso, wenn der zweite und der dritte und all die folgenden essenziellen Schritte sich zeigen, um das Objekt Ihres konkreten Hauptziels zu erreichen.

Die unendliche Intelligenz wird Ihnen nicht ein Haus bauen und es Ihnen bezugsfertig liefern, aber sie wird Ihnen einen Weg eröffnen und die nötigen Mittel geben, um Ihr eigenes Haus bauen zu können. Die unendliche Intelligenz wird nicht den Schalterangestellten Ihrer Bank dazu bringen, Ihnen eine bestimmte Summe als Kredit auszuhändigen, nur weil Sie das Ihrem unterbewussten Geist suggeriert haben. Aber sie wird Ihnen den Weg aufzeigen, mit dem Sie dieses Geld verdienen oder leihen können, damit es Ihnen als Kredit zur Verfügung steht.

Die unendliche Intelligenz wird nicht den aktuellen Einwohner des Weißen Hauses vertreiben und Sie stattdessen zum Präsidenten machen, aber sie würde vermutlich unter den richtigen Umständen dafür sorgen, dass Sie sich darauf vorbereiten, diese Position glaubwürdig auszufüllen und Ihnen dann helfen, sie auf dem üblichen Weg zu erreichen.

Verlassen Sie sich nicht auf Wunder, um das Objekt Ihres konkreten Hauptziels zu erreichen, verlassen Sie sich auf die Macht der unendlichen Intelligenz, um Sie auf natürlichem Wege zu leiten und mithilfe der Naturgesetze, um es zu erreichen. Erwarten Sie nicht, dass die unendliche Intelligenz Ihnen das Objekt Ihres konkreten Hauptziels in den Schoß legt; rechnen Sie stattdessen damit, dass sie Sie auf dieses Objekt hinlenkt.

Als Anfänger dürfen Sie nicht erwarten, dass die unendliche Intelligenz sich schnell zu Ihren Gunsten in Bewegung setzt. Aber während Sie das Prinzip der Autosuggestion einüben, und während Sie den Glauben und das Verständnis entwickeln, die eine schnelle Realisierung ermöglichen, können Sie ein konkretes Hauptziel entwerfen und zusehen, wie es unmittelbar in eine physische Realität überführt wird. Sie konnten nicht beim ersten Mal laufen, als Sie es versucht haben, aber nun, als Erwachsener (der laufen kann), gehen Sie ohne Mühe. Sie sehen außerdem hinab auf das Kleinkind, das herumstolpert, während es zu laufen versucht, und lachen über seine Mühen. Als Anfänger des kreativen Denkens gleichen Sie dem Kleinkind, das lernt, seinen ersten Schritt zu machen.

Ich habe vernünftige Gründe, diesen Vergleich für angebracht zu erachten, aber ich werde sie nicht darlegen. Ich werde Ihnen gestatten, Ihre eigenen Gründe auf Ihre Weise zu finden.

Behalten Sie immer das Prinzip der Evolution im Hinterkopf, durch dessen Wirken alles Physische ewig aufwärts strebt und versucht, den Kreis zwischen endlichen und unendlichen Intelligenzen zu schließen.

Der Mensch ist das höchste und bemerkenswerteste Beispiel dafür, dass das Prinzip der Evolution funktioniert. Zuerst entdecken wir ihn unten in den Mineralien der Erde, wo es Leben gibt, aber keine Intelligenz. Als Nächstes finden wir ihn erhoben, durch das Wachstum der Vegetation (Evolution) zu einer viel höheren Lebensform mit genug Intelligenz, um sich zu ernähren. Als Nächstes sehen wir ihn in der tierischen Zeitperiode, wo er einen relativ hohen Grad an Intelligenz hat und sich von Ort zu Ort bewegen kann. Zuletzt finden wir ihn erhoben über die niedrigeren Spezies des Tierreichs, als denkendes Wesen mit der Fähigkeit, sich die unendliche Intelligenz anzueignen und zu nutzen. Beachten Sie, dass er diese Höhe nicht mit einem Sprung erreicht hat. Er ist Stufe um Stufe aufgestiegen, möglicherweise durch mehrere Reinkarnationen.

Behalten Sie dies im Hinterkopf, um zu verstehen, weshalb die unendliche Intelligenz nicht die Naturgesetze umgeht und den Menschen in ein Lager allen Wissens und aller Macht verwandelt, bis er imstande ist, dieses Wissen und diese Macht mit einer höheren als der endlichen Intelligenz einzusetzen.

Wenn Sie nach einem Beispiel suchen, was passieren kann, wenn ein Mensch plötzlich zu Macht kommt, blicken Sie auf die Neureichen oder jemanden, der ein Vermögen geerbt hat. Finanzielle Macht ist bei John D. Rockefeller nicht nur in sicheren Händen, sondern dient durch ihn der Menschheit auf der ganzen Welt, da sie Unwissenheit beseitigt, ansteckende Krankheiten ausradiert und tausendfach auf andere Weise hilft, was dem durchschnittlichen Bürger nicht bewusst ist.

Aber legen Sie das Vermögen von John D. Rockefeller in die Hände eines jungen Kerls, der noch nicht die Highschool abgeschlossen hat, und die Geschichte mag anders verlaufen; es sei Ihrer Fantasie und Menschenkenntnis überlassen.

In Lektion 14 werde ich noch mehr zu diesem Thema schreiben.

Wenn Sie jemals auf einer Farm gearbeitet haben, wissen Sie, dass bestimmte Vorbereitungen nötig sind, bevor eine Feldfrucht aus dem Boden wachsen kann. Ihnen ist klar, dass Getreide nicht in den Wäldern wächst, sondern Sonnenschein und Regen für sein Wachstum braucht. Ebenso verstehen Sie, dass der Farmer den Boden bestellen und die Saat ordentlich ausbringen muss. Nachdem er das erledigt hat, wartet er, dass die Natur ihren Teil der Arbeit übernimmt; und das tut sie zur rechten Zeit ohne Hilfe von außen.

Dieser Vergleich veranschaulicht, wie jemand das Objekt seines konkreten Hauptziels erreichen kann. Zuerst wird die Erde vorbereitet, damit sie die verteilte Saat aufnehmen kann. Diese Stufe repräsentieren Glauben und unendliche Intelligenz sowie ein Verständnis der Autosuggestion und des unterbewussten Geistes, wodurch die Saat eines konkreten Ziels ausgebracht werden kann. Dann folgt eine Periode des Wartens und der Arbeit, um das Objekt dieses Ziels zu realisieren. Währenddessen muss ein intensivierter Glauben wirken, der als Sonnenschein und Regen dient und ohne den die Saat verwelken und im Boden sterben wird. Dann kommt die Verwirklichung, die Erntezeit. Und so kann eine wunderbare Ernte eingebracht werden.

Mir ist bewusst, dass die neuen Schüler dieses Kurses manche Inhalte nicht gleich beim ersten Lesen verstehen werden, denn ich erinnere mich gut an meine ersten Erfahrungen. Während der evolutionäre Prozess vonstattengeht (und das wird er zweifellos) werden Ihnen jedoch alle Prinzipien dieser und der anderen Lektionen so vertraut werden wie einst das Einmaleins. Und was noch wichtiger ist, diese Prinzipien werden ebenso sicher arbeiten wie das Prinzip der Multiplikation.

Jede Lektion dieses Kurses gibt Ihnen einen konkreten Leitfaden an die Hand, dem Sie folgen können. Die Anleitungen erfolgen so einfach wie möglich, damit jeder sie verstehen kann. Sie als Schüler müssen ihnen nur folgen und glauben, dass sie fundiert sind, sonst wären sie nutzlos.

In dieser Lektion werden Ihnen vier Hauptfaktoren vorgestellt, auf die ich gerne erneut Ihre Aufmerksamkeit lenken und Sie bitten will, sich damit vertraut zu machen. Diese sind:

Autosuggestion, der unterbewusste Geist, kreatives Denken und unendliche Intelligenz.

Das sind die vier Wege, die Sie auf Ihrem aufwärtsgerichteten Pfad auf der Suche nach Wissen beschreiten müssen. Beachten Sie, dass Sie drei davon kontrollieren. Außerdem – und darauf liegt ein besonderer Schwerpunkt –, wird es davon abhängen, wie Sie über diese drei Wege schreiten, zu welcher Zeit und an welchem Ort Sie in den vierten oder die unendliche Intelligenz münden.

Sie verstehen, was die Begriffe Autosuggestion und Unterbewusstsein meinen. Lassen Sie uns sichergehen, dass Sie ebenfalls erfassen, was kreatives Denken ist. Es bedeutet, positiv, nicht destruktiv, kreativ zu denken. Als Ziel von Lektion 8 über die Selbstkontrolle sollten Sie das Prinzip des kreativen Denkens verstehen und erfolgreich anwenden. Wenn Sie diese Lektion nicht durchgearbeitet haben, sind Sie nicht bereit, kreatives Denken für Ihr konkretes Hauptziel zu nutzen.

> Denken Sie daran, dass Ihr wahrer Reichtum nicht an dem gemessen wird, was Sie haben, sondern an dem, was Sie sind.

Lassen Sie mich wiederholen, dass Ihr unterbewusster Geist das Feld oder die Erde ist, in die Sie die Saat Ihres konkreten Hauptziels einbringen. Kreatives Denken ist das Instrument, mit dem Sie diese Erde düngen, und durch das die Saat wächst und reift. Ihr Unterbewusstsein wird nicht den Samen Ihres konkreten Hauptziels hervorbringen, und die unendliche Intelligenz wird dieses Ziel nicht in die physische Realität übersetzen, solange Hass, Neid, Eifersucht, Selbstsucht und Gier Ihren Geist beherrschen. Diese negativen oder destruktiven Gedanken sind das Unkraut, das die Saat Ihres konkreten Ziels erstickt.

Kreatives Denken setzt voraus, dass Sie Ihren Geist in einem Zustand halten, in dem er bereit für das Objekt Ihres konkreten Hauptziels ist; und dass Sie darauf vertrauen, dieses angemessen zu erreichen.

Richtig angewendet, wird diese Lektion Sie zu einer umfassenderen Realisierung der dritten Lektion dieses Kurses, die das Selbstvertrauen behandelt, führen. Indem Sie lernen, den Samen Ihrer Begierden in den fruchtbaren Boden Ihres Unterbewusstseins zu säen und diese Saat zu düngen, damit sie auflebt und zu Aktivität führt, werden Sie allen Grund haben, an sich selbst zu glauben.

Nachdem Sie diesen Punkt im Prozess Ihrer eigenen Evolution erreicht haben, werden Sie genug über die wahre Quelle der Macht wissen und der unendlichen Intelligenz das zuschreiben, was Sie bisher Ihrem Selbstvertrauen beigemessen haben.

Autosuggestion ist ein mächtiges Instrument, mit dem man, sofern man es konstruktiv einsetzt, viel erreichen kann. Negativ genutzt, kann es jeden Erfolg vereiteln. Und falls man es ständig zum Schlechten nutzt, kann es auch die Gesundheit zerstören.

Ein sorgfältiger Vergleich der Erfahrung von führenden Ärzten und Psychiatern offenbart erstaunlicherweise, dass ungefähr 75 Prozent aller kranken Menschen an Hypochondrie leiden, sprich an unnötigen Sorgen über die eigene Gesundheit. Einfacher formuliert, glaubt der Hypochonder, dass er an irgendeiner Krankheit leidet, die er sich jedoch nur einbildet. Oft glauben diese unglücklichen Personen, jede Krankheit zu haben, von der sie je gehört haben.

Hypochondrische Zustände werden häufig durch Autointoxikation oder Vergiftung verursacht – wenn das Verdauungssystem versagt, bestimmte Abfallprodukte abzutransportieren. Die Person, die an einem solch toxischen Zustand leidet, ist nicht nur unfähig, präzise zu denken, sondern gibt sich auch allerlei verdrehten, destruktiven und illusorischen Gedanken hin. Vielen Kranken werden die Mandeln entfernt, Zähne gezogen oder der Blinddarm entfernt, wobei man ihre Probleme mit einem Einlauf und einer Flasche Magnesiumhydrogencitrat hätte beheben können (ich entschuldige mich bei meinen befreundeten Ärzten, von denen ein führender mir diese Information gab). Hypochondrie soll in manchen Fällen sogar zu Geisteskrankheit geführt haben.

Dr. Henry R. Rose ist eine Autorität für Fälle wie den folgenden, bei dem es um die Macht der Autosuggestion geht: »Wenn meine Frau stirbt, dann glaube ich nicht, dass es einen Gott gibt. Die Frau dieses Mannes hatte Lungenentzündung, und damit begrüßte er mich, als ich in sein Haus kam. Sie hatte nach mir schicken lassen, denn der Arzt hatte ihr mitgeteilt, sie würde es nicht überstehen. (Die meisten Mediziner wissen es besser, als einem Patienten so etwas zu sagen.) Sie hatte ihren Ehemann und die zwei Söhne an ihr Bett gerufen und sich von ihnen verabschiedet. Dann bat sie darum, nach mir, ihrem Pfarrer, zu rufen. Ich fand den weinenden Ehemann im vorderen Raum, und die Söhne taten ihr Bestes, ihn zu trösten. Als ich ins Zimmer der Frau kam, atmete sie schwer, und die anwesende Krankenschwester sagte mir, dass es schlecht um sie stünde.

Ich erfuhr bald, dass Mrs. N. nach mir geschickt hatte, damit ich mich nach ihrem Tod um ihre Söhne kümmerte. Dann sagte ich zu ihr: »Sie dürfen nicht aufgeben. SIE WERDEN NICHT STERBEN! Sie waren immer eine starke und gesunde Frau, und ich glaube nicht, dass Gott will, dass Sie sterben und Ihre Söhne mir oder irgendjemand anderem überlassen.«

Ich redete weiter so auf sie ein, las Psalm 103 und sprach ein Gebet, in dem ich auf sie einwirkte, gesund zu werden und nicht in die Ewigkeit einzugehen. Ich riet ihr, Gott zu vertrauen und sich mit ihrem Verstand und ganzen Willen gegen jeden Gedanken ans Sterben zu wehren. Dann verließ ich sie und sagte: »Ich komme nach dem Gottesdienst wieder vorbei, und es wird Ihnen dann viel besser gehen.«

Das war am Sonntagmorgen. Als ich am Nachmittag nachfragte, begrüßte ihr Ehemann mich mit einem Lächeln. Er sagte, als ich gerade gegangen war, rief seine Frau ihn und die Jungen ins Zimmer und sagte: »Dr. Rose sagt, dass ich nicht sterben werde; dass ich gesund werde, und so wird es sein.«

Sie wurde gesund. Wie hatte sie das geschafft? Durch Autosuggestion, ausgelöst durch meine Suggestion und ihren Glauben. Ich kam gerade noch rechtzeitig, und sie vertraute mir so sehr, dass ich ihren Glauben stärken konnte. Es war dieser Glaube, der den Ausschlag gab und sie die Lungenentzündung überstehen ließ. Keine Medizin vermag Lungenentzündung zu heilen, das geben die Ärzte zu. Es mag Fälle von Lungenentzündung geben, die durch nichts geheilt werden können. Dem stimmen wir alle bedauerlicherweise zu, aber manchmal, wie in diesem Fall, kann der Verstand, richtig beeinflusst, das Ruder herumreißen. Solange es Leben gibt, solange besteht Hoffnung; aber die Hoffnung muss herrschen und Gutes bewirken, so wie es ihre Aufgabe ist.

Hier noch ein weiterer bemerkenswerter Fall, der die Macht des menschlichen Geistes zeigt, sofern er konstruktiv eingesetzt wird: Ein Arzt bat mich, nach Mrs. H. zu sehen. Er sagte, organisch sei alles mit ihr in Ordnung, aber sie wollte einfach nicht essen. Sie hatte sich in den Kopf gesetzt, dass sie nichts im Magen behalten konnte, also hatte sie aufgehört zu essen und hungerte sich langsam zu Tode. Ich besuchte sie und stellte zuerst fest, dass sie keiner Religion anhing. Sie hatte ihren Glauben an Gott verloren. Außerdem bemerkte ich, dass sie nicht darauf vertraute, die Nahrung bei sich behalten zu können. Zuerst bemühte ich mich, ihren Glauben an den Allmächtigen wiederherzustellen, damit sie versichert wäre, Er sei mit ihr und gäbe ihr Kraft. Dann sagte ich ihr, dass sie alles essen konnte, was sie wollte. Sie vertraute mir, und meine Worte beeindruckten sie. Ab diesem Tage begann sie wieder zu essen! Nach drei Tagen konnte sie zum ersten Mal seit Wochen wieder aufstehen. Heute ist sie eine normale, gesunde und glückliche Frau.

Was hat diesen Wandel ausgelöst? Dieselben Kräfte wie diejenigen des vorhergehenden Falls; Suggestion von außerhalb (die sie vertrauensvoll annahm und durch Selbstsuggestion anwandte) und Vertrauen.

Manchmal ist der Geist krank und macht auch den Körper krank. In solchen Zeiten braucht man einen stärkeren Geist, der ihn heilt, indem er ihn leitet und besonders Vertrauen und Glauben an sich selbst vermittelt. So arbeitet Suggestion, durch die man sein Vertrauen und seine Macht auf jemand anderen überträgt, sodass der andere das glaubt, was man ihm suggeriert, und danach handelt. Das muss nichts mit Hypnose zu tun haben. Man kann wunderbare Ergebnisse bei Patienten erzielen, die hellwach und absolut rational sind. Der Betreffende muss an Sie glauben, und Sie müssen den menschlichen Geist begreifen, um mit den Argumenten und Fragen des Patienten umzugehen. Jeder von uns kann zu solch einem Heiler werden und damit seinen Mitmenschen helfen.

Jeder tut gut daran, empfehlenswerte Bücher über die Kräfte des menschlichen Geistes zu lesen und zu lernen, wie erstaunlich er uns helfen kann, wohlauf und glücklich zu leben. Falsch zu denken, kann uns großem Leid aussetzen, sogar wahnsinnig machen. Es ist dringend erforderlich, dass wir mehr über die positive Kraft des Geistes erfahren, nicht nur bezüglich der Heilung von mentalen, sondern auch von physischen Krankheiten.« Sie sollten sich mit diesem Thema näher beschäftigen.

Ich sage nicht, dass der Geist alles zu heilen vermag. Es gibt keinen verlässlichen Beweis, dass bestimmte Formen von Krebs durch Denken oder Glaube oder irgendeinen mentalen oder religiösen Prozess beseitigt wurden. Um Krebs zu heilen, sollte man ihn an der Wurzel ausrotten und chirurgisch entfernen. Es gibt keine andere Möglichkeit, und es wäre falsch, etwas anderes nahezulegen. Aber der Geist kann viele menschliche Unpässlichkeiten und Erkrankungen beeinflussen, sodass wir uns im Allgemeinen auf ihn verlassen dürfen.

> Wir steigen in den Himmel auf den Überresten unserer einst geschätzten Pläne und stellen fest, dass unsere Fehlschläge nichts anderes waren als wohlmeinende Wegmarken, die uns weiter zum Erfolg geleitet haben.

Napoleon besuchte während seines Feldzugs in Ägypten seine Soldaten, die zu Hunderten an der Pest starben. Er berührte einen von ihnen und hob einen zweiten hoch, um die Angst der anderen zu vertreiben. Denn die schreckliche Krankheit schien sich genauso mithilfe der Vorstellungskraft zu verbreiten wie anderweitig. Goethe berichtet, dass er Orte aufsuchte, an denen das Gelbfieber ausgebrochen war und dank seines Willens nie daran erkrankte. Diese großen Menschen wussten über etwas Bescheid, DAS WIR LANGSAM ERST ENTDECKEN – die Macht der Autosuggestion! Es ist der Einfluss, den wir auf uns selbst ausüben, indem wir glauben, dass wir nicht erkranken werden. Das Unterbewusstsein wirkt offenbar, indem es sich über die Krankheitskeime erhebt und ihnen widersteht, wenn wir beschließen, uns von dem Gedanken daran nicht ängstigen zu lassen, oder wenn wir uns unter Kranken bewegen, sogar wenn sie infektiös sind, ohne zu viel darüber nachzudenken.

»Die Vorstellungskraft tötet die Katze«, lautet ein Sprichwort. Sie kann auch einen Menschen töten, ihn jedoch andererseits Erstaunliches erreichen lassen, wenn er sie seinem Selbstvertrauen zugrunde legt. Authentische Fälle besagen, dass Menschen gestorben sind, weil sie sich vorstellten, ihre Halsvene sei von einem Messer durchschnitten worden, wobei es sich tatsächlich um ein Stück

Eis und tropfendes Wasser gehandelt hatte, dass sie meinen ließ, ihr Blut fließe zu Boden. Man hatte ihnen vor diesem Experiment die Augen verbunden.

Egal wie gut es Ihnen geht – wenn morgens auf Ihrer Arbeitsstelle jeder sagt: »Du siehst so krank aus, du solltest mal zum Arzt gehen«, wird es nicht lange dauern, bis Sie sich tatsächlich krank fühlen. Falls dies ein paar Stunden so weitergeht, werden Sie am Abend völlig schlapp und bereit für einen Arzt zu Hause ankommen. Das ist die Macht der Imagination oder Autosuggestion.

Die Vorstellungskraft ist eine wunderbare mentale Maschinerie, aber sie kann – und wird – uns merkwürdige Streiche spielen, wenn wir nicht ständig auf der Hut sind und sie kontrollieren.

Wenn Sie Ihrer Vorstellungskraft erlauben, »das Schlimmste anzunehmen«, wird Sie Chaos in Ihnen anrichten. Junge Medizinstudenten bekommen nicht selten Angst und glauben, dass sie jede Krankheit haben, die in ihren Büchern steht, als Folge der medizinischen Vorlesungen und der Diskussionen über verschiedene Krankheiten.

Wie erwähnt, kann Hypochondrie durch eine Vergiftung ausgelöst werden, wenn die Abfallstoffe des Körpers nicht ausreichend ausgeschieden werden; sie kann außerdem durch falschen Alarm ausgelöst werden, wenn man seine Fantasie falsch einsetzt. Mit anderen Worten, der hypochondrische Zustand kann eine reale physische Ursache haben oder darauf beruhen, dass man seine Vorstellungskraft Amok laufen lässt. Die Medizin stimmt darin weitgehend überein!

Dr. Schofield beschreibt den Fall einer Frau mit einem Tumor. Sie wurde auf den Operationstisch gelegt und bekam ein Narkosemittel, als die Wucherung wundersamerweise augenblicklich verschwand und keine Operation nötig war. Aber als sie wieder zu sich kam, war der Tumor zurückgekehrt. Der Arzt erfuhr, dass sie mit einem Verwandten zusammenwohnte, der tatsächlich an einem Geschwür erkrankt war, und so hatte ihre Vorstellungskraft ihr suggeriert, ebenfalls daran zu leiden. Sie wurde wieder auf den Operationstisch gelegt, narkotisiert und um die Leibesmitte verbunden, sodass der Tumor nicht künstlich hervorgerufen zurückkehren konnte. Als sie wieder zu sich kam, sagte man ihr, man habe sie erfolgreich operiert, und sie müsse den Verband noch mehrere Tage tragen. Sie glaubte dem Arzt, und als die Bandage entfernt wurde, kehrte der Tumor nicht zurück. Die Operation war gar nicht durchgeführt worden. Ihr Unterbewusstsein war einfach von der Wahnvorstellung des Tumors befreit worden, und ihre Fantasie konnte nur noch auf Basis ihrer Gesundheit arbeiten. Und da sie nie wirklich krank gewesen war, blieb sie mental gesund.

Der Geist kann eingebildete Erkrankungen ebenso wieder loswerden, wie man sie sich zugezogen hat: durch Autosuggestion. Am besten kann man nachts, kurz vorm Einschlafen, einer schädlichen Vorstellung entgegenwirken, denn dann ist der automatische oder unterbewusste Geist aktiv. Und was man ihm suggeriert, wenn das Wachbewusstsein in die Pause geht, wird aufgenommen und während der Nacht bearbeitet.

Das mag unmöglich erscheinen, aber Sie können dieses Prinzip leicht auf diese Weise testen: Sie wollen vielleicht morgen früh um sieben Uhr aufstehen oder zu einer Zeit, die von Ihrem normalen Tagesablauf abweicht. Sagen Sie sich selbst kurz vor dem Einschlafen: »Ich muss morgen verlässlich um sieben Uhr aufstehen.« Wiederholen Sie das mehrere Male, und prägen Sie sich gleichzeitig ein, dass Sie genau zu diesem erwähnten Moment aufstehen müssen. Übergeben Sie diesen Gedanken an Ihr Unterbewusstsein, und vertrauen Sie völlig darauf, um sieben Uhr aufzuwachen, und wenn diese Stunde kommt, wird Ihr unterbewusster Geist Sie aufwecken. Dieser Test wurde schon Hunderte Male erfolgreich durchgeführt. Das Unterbewusstsein wird Sie zu jeder verlangten Stunde wecken, als würde jemand an Ihr Bett kommen und Ihnen auf die Schulter tippen. Aber Sie dürfen das Kommando nicht ungenau formulieren.

Ebenso können Sie dem Unterbewusstsein alle möglichen anderen Befehle erteilen, und es wird sie genauso bereitwillig ausführen, wie es Sie zu einer bestimmten Stunde wecken wird. Geben Sie Ihrem Unterbewusstsein kurz vor dem Einschlafen jeden Abend zum Beispiel ein, Selbstvertrauen, Mut, Antriebskraft oder jede andere Qualität zu entwickeln, und es wird entsprechend handeln.

Wenn die Vorstellungskraft eines Menschen eingebildete Krankheiten erschaffen und ihn zur Bettlägerigkeit verdammen kann, vermag es genauso leicht die Ursache dieser Leiden zu beseitigen.

Der Mensch besteht aus chemischen Komponenten, die angeblich zusammen nicht mehr als 26 Dollar wert sein sollen, mit Ausnahme der gewaltigen Macht seines Geistes.

Insgesamt scheint der Geist eine komplizierte Maschine zu sein, aber in Wahrheit, soweit es seine Nutzung betrifft, gleicht er gewissermaßen einem Perpetuum mobile. Er funktioniert automatisch, wenn wir schlafen; er arbeitet sowohl automatisch als auch im Einklang mit dem Willen oder dem Bewusstsein, wenn wir wach sind.

Der Geist verdient es, in dieser Lektion eingehend untersucht zu werden, denn er ist die Energie, die alles Denken antreibt. Um PRÄZISE zu DENKEN – und das zu lehren, ist der Zweck dieser Lektion –, müssen Sie Folgendes gründlich verstehen:

Erstens: Dass der Geist kontrolliert, geführt und gesteuert werden kann, um kreative und konstruktive Ziele zu erreichen.

Zweitens: Dass der Geist zu destruktiven Zwecken gelenkt werden kann und willentlich einreißen und zerstören kann, sofern er nicht mit Plan und Bedacht kontrolliert und konstruktiv gesteuert wird.

Drittens: Dass der Geist Macht über jede einzelne Zelle des Körpers hat und jede Zelle ihre Arbeit perfekt verrichten lassen kann. Ebenso kann er durch Vernachlässigung und falsche Zielsetzung die normalen Funktionen und den Zweck jeder beliebigen oder aller Zellen zerstören.

Viertens: Dass alles, was der Mensch leistet, aus Gedanken hervorgeht. Die Rolle, die sein physischer Körper dabei spielt, ist nachrangig, und in vielen Fällen hat er nur die Bedeutung, das Vehikel des Geistes zu sein.

Fünftens: Dass die größten Leistungen, sei es in Literatur, Kunst, Finanzen, Industrie, Handel, Transport, Religion, Politik oder Wissenschaft, sich meist den Ideen von Menschen verdanken, aber LETZTLICH VON ANDEREN IN DIE REALITÄT UMGESETZT WERDEN, die Verstand und Körper vereint dazu nutzen. (Daher ist die Entwicklung einer Idee wichtiger als ihre Umsetzung in eine materielle Form, denn relativ wenige Menschen kommen auf nützliche Einfälle, während es Hundert Millionen gibt, die die Ideen anderer entwickeln und ihnen materielle Form verleihen.)

Sechstens: Menschen denken meist nicht EXAKT, sondern ihre Gedanken sind eher »Meinungen« oder »Blitzurteile«.

> Wenn ein Mensch sich auf der obersten Sprosse der Erfolgsleiter wiederfindet, ist er nie allein, denn niemand steigt allein zum Erfolg auf und nimmt keinen anderen mit sich.

Als Alexander der Große litt, weil er (vermeintlich) keine weiteren Reiche erobern konnte, war er in einem ähnlichen Geisteszustand wie die heutigen »Alexander« der Wissenschaft, Industrie oder im Bereich Erfindungen und so weiter, deren »exakte Gedanken« die Luft und das Meer erobert haben, praktisch jeden Quadratkilometer der kleinen Erde, auf der wir leben, erforscht haben und der Natur Tausende »Geheimnisse« abgetrotzt haben, die vor wenigen Generationen noch als erstaunlichste und unergründlichste »Wunder« gegolten hätten.

Bei all diesen Entdeckungen und der Beherrschung der bloßen physikalischen Substanzen verwundert es nicht, dass wir die großartigste aller Kräfte, den menschlichen Geist, praktisch vernachlässigt und übersehen haben!

Alle Wissenschaftler, die sich mit dem menschlichen Geist befassen, sind sich einig, dass sie beim Studium dieser wundersamen mentalen Kraft, die in jedem Menschen verborgen liegt, und die wie die Eiche in der Eichel schlummert, und darauf wartet, sich zu entfalten, nicht einmal die Oberfläche angekratzt haben. Experten zu diesem Thema sind der Meinung, dass der nächste große Zyklus den Entdeckungen im Bereich des menschlichen Geistes gilt.

Diese potenziellen Entdeckungen haben wir unterschiedlich in praktisch jeder Lektion dieses Kurses angedeutet, besonders in dieser und den folgenden Einheiten des Kurses.

Wenn diese Anregungen Sie als Schüler dieser Philosophie in ein ungewohnt tiefes Wasser führen, bedenken Sie, dass Sie nach Belieben auf jeder Ebene innehalten können, bis Sie Ihr Studium fortsetzen möchten.

Der Autor dieses Kurses erachtet es für nötig, die Führung zu übernehmen und weit genug voranzugehen, um den Schüler ein paar Schritte über den durchschnittlichen Bereich des menschlichen Denkens hinauszugeleiten. Es wird nicht erwartet, dass Anfänger schon zu Beginn alle Inhalte dieser Philosophie aufnehmen und nutzen. Aber, wenn das Endergebnis dieses Kurses in nicht mehr besteht, als den Samen des konstruktiven Denkens im Geist des Schülers zu säen, ist die Arbeit des Autors vollendet. Die Zeit und die Leidenschaft des Schülers für Wissen werden ein Übriges tun.

Hier scheint die Bemerkung angebracht, dass viele der Vorschläge in diesem Kurs, sofern Sie ihnen folgen, Sie weit über die erforderlichen Schritte und gegenwärtigen Bedürfnisse der Wirtschaftsphilosophie hinausführen. Anders ausgedrückt: Dieser Kurs geht tiefer auf die funktionierenden Prozesse des menschlichen Geistes ein, als Sie benötigen, falls Sie diese Philosophie nur für Ihren wirtschaftlichen oder finanziellen Erfolg einsetzen.

Wir nehmen an, dass viele Schüler dieses Kurses tiefer in das Studium der Macht des menschlichen Geistes eindringen wollen, als für rein materiellen Gewinn nötig ist, und der Autor hat beim Verfassen dieser Philosophie an diese Personen gedacht.

Zusammenfassung der Prinzipien des präzisen Denkens

Wir haben festgestellt, dass der Körper des Menschen nicht singulär ist, sondern pluralistisch – da er aus Milliarden von lebenden, intelligenten Zellen besteht, die bestimmte, gut organisierte Aufgaben vollbringen, um den Körper aufzubauen, zu entwickeln und zu erhalten.

Wir haben entdeckt, dass unterbewusste oder automatische Aktionen des Geistes die Zellen bei ihren jeweiligen Aufgaben steuern; und dass der unterbewusste Teil des Geistes überwiegend vom bewussten Teil des Geistes kontrolliert wird.

Wir haben herausgefunden, dass jede Idee oder jeder Gedanke, im Geist durch Wiederholung fixiert, den physischen Körper bewegen kann, diese in ihre materielle Form zu übertragen. Wir haben festgestellt, dass jeder Befehl, der dem unterbewussten Teil des Geistes RICHTIG erteilt wird (durch Autosuggestion), ausgeführt werden wird, es sei denn, er wird durch einen anderen stärkeren Befehl verdrängt. Wir haben erfahren, dass der unterbewusste Geist weder die Quelle, die ihm befiehlt, noch den Sinn dieser Befehle infrage stellt, sondern immer weiter das Muskelsystem des Körpers veranlasst, wie aufgefordert zu handeln.

Deshalb sollten wir genau prüfen, woher wir Suggestionen erhalten, die uns gelegentlich subtil beeinflussen, sodass wir es nicht bewusst wahrnehmen.

Wir haben gesehen, dass der bewusste oder unterbewusste Teil des Geistes jede Bewegung des Körpers kontrolliert, und dass kein Muskel sich zu bewegen vermag, wenn der Geist ihn nicht dazu auffordert.

Wenn Sie dieses Prinzip verinnerlicht haben, verstehen Sie auch die großen Auswirkungen jeder Idee oder jedes Gedankens, die wir durch die VORSTELLUNGSKRAFT ins Leben rufen und im bewussten Geist bewahren, bis das Unterbewusstsein diesen Gedanken übernimmt und in seine materielle Form gießt. Wenn Sie das Prinzip verstehen, durch das eine beliebige Idee das erste Mal im bewussten Geist platziert und dort fixiert wird, bis das Unterbewusstsein sie aufnimmt und sich aneignet, verfügen Sie über das praktisch nutzbare Wissen des Gesetzes der Konzentration, das in der nächsten Lektion behandelt wird (ferner haben Sie begriffen, wieso das Gesetz der Konzentration zu dieser Philosophie gehören muss).

Wenn Sie die funktionierende Beziehung zwischen der Vorstellungskraft, dem bewussten Geist und dem unterbewussten Teil des Geistes verstehen, wird Ihnen klar, dass der allererste Schritt, um Ihr konkretes Hauptziel im Leben zu erreichen, darin besteht, ein konkretes Bild Ihres Wunsches zu schaffen. Dieses Bild platzieren Sie durch das Gesetz der Konzentration im bewussten Geist, wo es fixiert wird (durch die Formeln, die in der nächsten Lektion beschrieben werden), bis der unterbewusste Teil des Geistes es aufnimmt und in seine schlussendliche und angestrebte Form überführt.

Bestimmt haben Sie dieses Prinzip verstanden. Wir haben es wiederholt formuliert, nicht nur, um es gründlich zu beschreiben, sondern, um Ihnen als SCHÜLER EINZUPRÄGEN, WELCHEN ANTEIL ES AN ALLEN MENSCHLICHEN LEISTUNGEN HAT.

Wie wichtig es ist, ein Hauptziel zu verfolgen

Diese Lektion über präzises Denken beschreibt nicht nur den wahren Zweck eines konkreten Hauptziels, sondern erklärt auch in einfachen Begriffen die Grundsätze, um ein solches Ziel oder einen solchen Zweck umsetzen zu können. Wir haben uns zuerst ein bestimmtes Ziel vorgestellt und dann einen Entwurf dieses Ziels zu Papier gebracht, indem wir die Idee oder das Objekt unserer Wahl als konkretes Hauptziel beschrieben haben. Indem wir uns täglich diesem Text widmen, wird die Idee oder das Objekt vom bewussten Geist aufgenommen und an den unterbewussten Geist weitergeleitet, der die Energien des Körpers steuert, um dieses Anliegen zu realisieren.

Verlangen

Ein starkes, tief verwurzeltes Verlangen ist der Ausgangspunkt jeder Leistung. Genauso wie das Elektron die kleinste Einheit der Materie ist, die der Wissenschaftler unterscheidet, ist das VERLANGEN der Samen jeder Leistung, der Ursprung, vor dem nichts anderes steht, oder zumindest ist dazu nichts bekannt.

Ein konkretes Hauptziel, nur ein anderer Name für ein VERLANGEN, das nicht auf einem tief sitzenden, starken Begehren nach einem bestimmten Objekt beruhte, wäre bedeutungslos. Viele Menschen »wünschen« sich viele Dinge, aber ein Wunsch ist nicht das gleiche wie ein starkes VERLANGEN, und daher haben Wünsche wenig oder keinen Wert, die sich nicht zu einem konkreten VERLANGEN steigern.

> William Wrigley Jr. brachte es zu einem beträchtlichen Vermögen, indem er seine Kräfte darauf konzentrierte, die »beste« Packung Kaugummi zu produzieren und zu verkaufen, und bewies damit einmal mehr, dass der Same des Erfolgs auch in den kleinen Schachteln des Lebens stecken kann.

Forscher, die sich jahrelang mit diesem Thema befasst haben, glauben, dass alle Energien und Materie im Universum auf das Gesetz der Anziehung reagieren und dadurch kontrolliert werden, wodurch ähnliche Elemente und Kräfte sich um bestimmte Zentren der Anziehung versammeln. Durch die Wirkung desselben universellen Gesetzes der Anziehung zieht ein tief sitzendes, starkes VERLANGEN das physische Äquivalent oder das Gegenstück dessen an, was ersehnt wird, oder die Mittel, um es zu erhalten.

Wir sehen somit die Hypothese als korrekt an, dass alle Zyklen der menschlichen Leistung in gewissem Umfang auf diese Art funktionieren: Zuerst setzen wir uns in unserem bewussten Geist durch ein konkretes Hauptziel (basierend auf einem starken Verlangen), eine bestimmte Zielvorgabe. Dann konzentrieren wir unseren bewussten Geist auf dieses Ziel, indem wir konstant daran denken und glauben, dass wir es erreichen können, bis der unterbewusste Teil des Geistes das Bild oder die Beschreibung dieses Ziels übernimmt und uns antreibt, aktiv zu werden, um dieses Bild in die Realität zu überführen.

Suggestion und Autosuggestion

Diese und andere Lektionen des Kurses über das Gesetz des Erfolgs haben Ihnen aufgezeigt, dass Sinneseindrücke aus der Umgebung oder Aussagen oder Handlungen anderer Menschen als Suggestionen gelten, während Sinneseindrücke, die wir unserem Verstand eingeben, Selbstsuggestionen oder Autosuggestionen sind.

Jede Suggestion von anderen oder aus dem Umfeld beeinflusst uns nur, sofern wir sie akzeptieren und durch das Prinzip der Autosuggestion an das Unterbewusstsein weitergeben, und so wird Suggestion zu Autosuggestion, bevor sie unseren Geist beeinflusst.

Anders formuliert, kann niemand jemand anderen beeinflussen, der dem nicht zustimmt, denn diese Wirkung wird durch die eigene Autosuggestion erreicht.

Der bewusste Geist ist im Wachzustand aktiv, er schützt das Unterbewusstsein und wehrt alle Suggestionen ab, die von außen einzudringen versuchen, solange, bis diese Suggestionen vom bewussten Geist inspiziert und akzeptiert wurden. So bewahrt die Natur den menschlichen Geist vor Eindringlingen, die sonst beliebig die Kontrolle über jeden Geist übernehmen könnten. Das ist ein kluges Arrangement.

Wie wichtig Autosuggestion ist, um das Objekt seines konkreten Hauptziels zu erreichen

Besonders wichtig ist die Autosuggestion dafür, das Objekt des eigenen Hauptziels zu erreichen. Die Prozedur ist einfach nachvollziehbar. Während die Formel in Lektion 2 und mehrfach in anderen Lektionen des Kurses erwähnt wurde, wird das zugrunde liegende Prinzip hier erneut beschrieben:

Beschreiben Sie Ihr konkretes Hauptziel klar und knapp. Sinnvoll ist, sich dafür auf die nächsten fünf Jahre auszurichten. Erstellen Sie mindestens zwei Kopien dieses Statements, eine platzieren Sie an Ihrem Arbeitsplatz, um sie mehrmals am Tag zu lesen. Die andere bringen Sie in Ihrem Schlafzimmer unter, um sie jeden Abend vor dem Schlafen und morgens nach dem Aufstehen mehrmals zu lesen.

Auf diese suggestive Weise (die unpraktisch erscheinen mag) prägen Sie Ihrem Unterbewusstsein das Objekt Ihres konkreten Hauptziels ein, woraufhin Sie wie durch Magie nach und nach Ereignisse beobachten, die Sie Ihrem Objekt immer näher bringen.

Von dem Tag an, an dem Sie einen konkreten Entschluss bezüglich des Objekts, Zustands oder der Position, die Sie anstreben, treffen, werden Sie beim Lesen von Büchern oder Medien bemerken, dass wichtige Nachrichtenthemen und andere Fakten, die mit Ihrem Hauptziel zusammenhängen, sich Ihrer Aufmerksamkeit aufdrängen. Sie werden außerdem auf Gelegenheiten treffen, die Sie, sofern Sie diese ergreifen, Sie Ihrem angestrebten Ziel immer näher bringen. Der Autor dieses Kurses weiß sehr wohl, wie unmöglich dieser Vorgang einer Person erscheint, die die Funktionsweise des Geistes nicht kennt. Wir leben jedoch nicht in einem Zeitalter, das den Zweifler oder Skeptiker begünstigt, und das Beste, was jeder tun kann, ist, mit diesem Prinzip zu experimentieren, bis seine praktische Anwendbarkeit belegt ist.

Der gegenwärtigen Generation mag es so vorkommen, als wären keine weiteren mechanischen Erfindungen mehr möglich, aber jeder Denker (selbst diejenigen, die nicht präzise denken) wird zustimmen, dass wir gerade erst in einen neuen Evolutionsabschnitt der Experimente und Analysen bezüglich der menschlichen Geisteskraft eintreten.

Das Wort »unmöglich« bedeutet heute weniger als jemals zuvor in der Geschichte der Menschheit. Manche Menschen haben dieses Wort aus ihrem Vokabular entfernt und glauben, dass der Mensch alles zu leisten vermag, was er sich vorstellen kann und was er GLAUBT, TUN ZU KÖNNEN!

Das Universum besteht nachweislich aus zwei Substanzen: Materie und Energie. Durch geduldige wissenschaftliche Forschung haben wir entdeckt und verlässlich belegt, dass jede Materie, die existiert oder jemals existiert hat, in letzter Analyse bis zum kleinsten Teil auf das Elektron zurückgeführt werden kann, was nur eine Form von Energie darstellt. Auf der anderen Seite entspringt jedes materielle Ding, das der Mensch gestaltet, in Form von Energie aus dem Samen einer Idee, geboren aus der Vorstellungskraft des menschlichen Geistes. Mit anderen Worten, der Beginn eines jeden materiellen Dings ist Energie, und das Ende besteht aus Energie.

Alle Materie gehorcht dem Kommando der einen oder anderen Form von Energie. Die höchste bekannte Form der Energie ist die des menschlichen Geistes. Dieser steht daher als einzige lenkende Kraft hinter allem, was der Mensch erschafft und womit er etwas erschafft: Diese Kraft wird in der Zukunft seine vergangenen Leistungen als unbedeutend und klein erscheinen lassen.

Doch wir müssen nicht auf künftige Entdeckungen in Verbindung mit den Kräften des menschlichen Geistes warten, um zu beweisen, dass der Geist die größte dem Menschen bekannte Kraft ist. Wir wissen heute, dass jede Idee, jedes Ziel oder jeder Zweck, der im Geist festgehalten wird, mit dem Willen, sein physisches oder materielles Äquivalent zu schaffen, unbezwingbare Kräfte auslöst.

Buxton sagte: »Je länger ich lebe, desto sicherer bin ich, dass der große Unterschied zwischen den Menschen, zwischen den schwachen und den mächtigen, den großen und den unbedeutenden, die Energie ist – und überwindliche Entschlossenheit –, ein Ziel, das einmal festgelegt wird, und dann heißt es: Tod oder Sieg. Diese Qualität wird alles Erdenkliche auf der Welt erreichen – und keine Talente, keine Umstände, keine Chancen können eine zweibeinige Kreatur ohne diese zum Menschen machen.«

Donald G. Mitchell hat treffenderweise gesagt: »Entschlusskraft macht den Menschen aus. Nicht schwache Entschlossenheit, nicht grobe Bestimmung, nicht schwankendes Ziel – sondern dieser starke und unermüdliche Wille, der alle Schwierigkeiten und Gefahren überwindet, während ein Junge durch die wogende Frostlandschaft des Winters läuft, der sein Auge und sein Gehirn mit stolzem Rhythmus auf das Unerreichbare richtet. DER WILLE MACHT MÄNNER ZU GIGANTEN!«

Der große Disraeli sagte: »Ich bin durch langes Nachdenken zu der Überzeugung gelangt, dass ein menschliches Wesen mit einem festgelegten Ziel dieses auch erreicht, und dass nichts dem Willen widerstehen kann, der selbst die eigene Existenz riskiert, um etwas zu erreichen.«

Sir John Simpson sagte: »Ein leidenschaftliches VERLANGEN und ein unerschütterlicher Wille können Unmögliches erreichen oder was den Kalten, Zögerlichen und Schwachen als solches erscheint.«

Und John Foster bekräftigt diese Aussage, wenn er sagt: »Es ist wunderbar, wie selbst die Opfer des Lebens sich einem Geist zu beugen scheinen, der sich ihnen nicht beugt, und sich einem Muster unterwerfen, dem sie der ersten offensichtlichen Neigung nach nicht gerecht werden können. Wenn ein gefestigter, entschlossener Geist sich zeigt, ist es interessant, zu sehen, wie der Platz um einen Menschen sich klärt und ihm Raum und Freiheit gibt.«

> Die erfolgreichsten Ärzte sind diejenigen, die Hoffnung und Glauben unter die verschriebene Medizin mischen.

Abraham Lincoln äußerte über General Grant: »Das Großartige an Grant ist sein kühles Beharren auf einem Ziel. Er ist nicht leicht in Aufregung zu versetzen, und er packt zu wie eine Bulldogge. Wo er einmal seine Zähne hineinschlägt, kann nichts ihn wieder abschütteln.«

Hier sei hinzugefügt, dass an einem starken Verlangen, das es umzusetzen gilt, hartnäckig festgehalten werden muss, bis das Unterbewusstsein es übernommen hat. Es reicht nicht, eine Leidenschaft für ein konkretes Hauptziel ein paar Stunden oder ein paar Tage intensiv zu empfinden und sie dann völlig zu vergessen. Das Verlangen muss mit einer HARTNÄCKIGKEIT, DIE KEINE NIEDERLAGE AKZEPTIERT, im Geist verankert und fixiert werden, bis der automatische oder unterbewusste Geist es übernimmt.

Bis zu diesem Punkt müssen Sie hinter diesem Verlangen stehen und es fördern; ab diesem Punkt wird es Sie stärken und anschieben, bis Sie es erreicht haben.

Hartnäckigkeit kann mit Wassertropfen verglichen werden, die irgendwann den solidesten Stein aushöhlen. Wenn das letzte Kapitel Ihres Lebens vollendet ist, wird sich zeigen, ob Sie hartnäckig genug waren oder nicht, um erfolgreich zu sein oder zu scheitern.

Dieser Autor war beim Kampf zwischen Tunney und Dempsey in Chicago anwesend. Er hat auch die Psychologie studiert, die bei ihrer vorherigen Begegnung und in der Zeit davor eine Rolle spielte. Zweierlei hat Tunney geholfen, Dempsey bei beiden Gelegenheiten zu besiegen, obwohl Dempsey der stärkere von beiden Männern ist und als der bessere Kämpfer gilt.

Dempsey scheiterte zum einen aufgrund seines Mangels an Selbstvertrauen – seiner Angst, dass Tunney ihn besiegen könnte; und zweitens war Tunney absolut überzeugt, dass er Dempsey schlagen würde. Tunney trat in den Ring, das Kinn hoch erhoben, in einer Aura der Selbstsicherheit, und die Entschlossenheit sprach aus jeder seiner Bewegungen. Dempsey kam mit unsicherem Schritt herein, und sein Blick schien Tunney zu fragen: »Was wirst du mir wohl antun?«

Dempsey war schon in seinem eigenen Kopf besiegt, bevor er den Ring betrat. Journalisten und Propagandisten hatten dies bewerkstelligt, aufgrund der überlegenen Cleverness seines Gegners Tunney.

Und Ähnliches gilt in allen Bereichen, vom niedrigen und brutalen Broterwerb des Preisboxers bis zu den höchsten und ehrenwertesten Berufen. Erfolg ist demjenigen sicher, der versteht, sich auf die Macht seiner Gedanken zu verlassen.

Wir haben in diesem Kurs hervorgehoben, wie entscheidend die Umgebung und die Gewohnheiten sind, die die Stimuli auslösen, welche die »Räder« des menschlichen Geistes antreiben. Glücklich die Person, die ihren Geist zu stimulieren weiß, damit seine Kräfte konstruktiv arbeiten. Dies ist der Fall, wenn man die Kräfte nutzt, um ein starkes, tief verwurzeltes Verlangen zu verwirklichen.

Präzises Denken bedient sich intelligent aller Kräfte des menschlichen Geistes und stoppt nicht bei der bloßen Untersuchung, Klassifizierung und Ordnung von Ideen. Indem man exakt denkt, schafft man Ideen und kann diese Ideen in ihre profitabelste, konstruktivste Form überführen.

Es mag Sie besser darauf vorbereiten, die in dieser Lektion erläuterten Prinzipien ohne Skepsis und Zweifel zu analysieren, wenn Sie im Hinterkopf behalten, dass die hier geäußerten Schlussfolgerungen und Hypothesen nicht vom Autor allein stammen. Ich hatte den Vorteil, eng mit einigen der führenden Forscher auf dem Gebiet mentaler Phänomene zusammenzuarbeiten, und die gezogenen Schlussfolgerungen, so wie sie in diesem gesamten Kurs dargelegt werden, kommen von verschiedenen Personen.

In der Lektion über Konzentration werden Sie mehr darüber lernen, das Prinzip der Autosuggestion anzuwenden. Tatsächlich entfaltet dieser Kurs sich graduell, um das Prinzip der Evolution nachzubilden. Die erste Lektion war das Fundament für die zweite, und die zweite bereitete den Weg für die dritte und so weiter. Ich habe diesen Kurs so aufgebaut, wie die Natur den Menschen aufbaut – durch eine Reihe von Schritten, von denen jeder einzelne den Schüler einen weiteren Schritt nach oben und näher an die Spitze der Pyramide dieses Kurses bringt.

Weshalb der Kurs derart aufgebaut ist, kann nicht mit Worten beschrieben werden, aber es wird Ihnen klar, sobald Sie ihn durchgearbeitet haben. Denn diesen Kurs zu absolvieren, wird Ihnen eine Wissensquelle eröffnen, die kein Mensch zu vermitteln vermag, sondern sich nur dadurch erschließt, dass Sie sie aus Ihrem Geist hervorrufen, entfalten und erweitern. Der Grund, aus dem dieses Wissen nicht von einem zum anderen weitergegeben werden kann, ist der gleiche, der es einer Person unmöglich macht, Farben einer blinden Person zu beschreiben, die niemals Farben gesehen hat.

Ich habe das hier erläuterte Wissen erst erworben, nachdem ich gewissenhaft und vertrauensvoll den Anweisungen gefolgt war, die ich in diesem Kurs zu Ihrer Anleitung niedergeschrieben habe. Daher bestätige ich aus Erfahrung, dass keine Illustrationen, Bilder oder Worte genügen, um dieses Wissen adäquat zu beschreiben. Es kann nur aus dem Inneren stammen.

Mit diesem vagen »Hinweis« auf die Belohnung, die alle erwartet, die ernsthaft und mit Bedacht nach diesem versteckten Weg zum Wissen suchen, auf das ich mich beziehe, werden wir nun diese Phase des präzisen Denkens besprechen, die Sie zu neuen Höhen tragen wird. Diese erreichen Sie, indem Sie den versteckten Weg entdecken und nutzen, auf den ich hingewiesen habe.

Gedanken sind Objekte! Viele glauben, dass jeder vollendete Gedanke eine nicht nachlassende Schwingung in Bewegung setzt, mit der sich ihr Sender zu einem späteren Zeitpunkt auseinandersetzen muss; dass der Mensch selbst nur die physikalische Reflexion eines Gedankens ist, der von der unendlichen Intelligenz in Bewegung gesetzt wurde.

»Und das Wort ward Fleisch und wohnte unter uns, (und wir sahen seine Herrlichkeit, die Herrlichkeit des eingeborenen Sohnes vom Vater,) voller Gnade und Wahrheit.« (Joh 1,14)

Die einzige Hoffnung, die die Bibel der Menschheit vor Augen hält, ist nur durch konstruktives Denken zu erlangen – eine erstaunliche Aussage, aber wenn Sie die Bibel grundlegend studiert und interpretiert haben, wissen Sie, dass es stimmt.

Die Bibel äußert sich vor allem in einem Punkt eindeutig: dass der Gedanke der Beginn aller materiellen Dinge ist.

Zu Beginn jeder Lektion dieses Kurses haben Sie dieses Motto gesehen: »Du kannst es, wenn du GLAUBST, dass du es kannst!«

Dieser Satz basiert auf einer großen Wahrheit, praktisch der Hauptprämisse der gesamten biblischen Erzählung. Sehen Sie, wie das Wort GLAUBEN betont wird. Hinter dem Wort »glauben« liegt die Macht, um Suggestionen, die Sie an Ihr Unterbewusstsein weitergeben, mittels Autosuggestion und Nutzung eines Masterminds Kraft und Leben zu verleihen. Übersehen Sie diesen Punkt nicht. Sie können es sich nicht leisten, darüber hinwegzugehen, denn er ist der Anfang, die Mitte und das Ende aller Macht, über die Sie jemals verfügen werden.

Jeder Gedanke ist schöpferisch! Aber nicht alle Gedanken sind konstruktiv oder positiv. Wenn Sie Gedanken von Elend und Armut nachhängen, werden Sie keinen Weg sehen, diesen Umständen zu entkommen, denn Ihre Gedanken werden diese Bedingungen schaffen, und sie werden zu Ihrem Fluch. Aber kehren Sie die Reihenfolge um und denken Sie Gedanken einer positiven, erwartungsvollen Natur, und Ihre Gedanken werden diese Bedingungen hervorrufen.

Gedanken magnetisieren Ihre Persönlichkeit, sodass Sie die äußeren, physischen Dinge anziehen, die mit der Natur Ihrer Gedanken harmonieren. Dies haben wir in nahezu jeder vorhergehenden Lektion erläutert und wollen es auch hier und in den folgenden Einheiten nochmals bekräftigen. Wir erachten diese Wiederholungen für notwendig, da viele Menschen, die die Funktionsweise des Geistes studieren, übersehen, wie wichtig diese fundamentale Erkenntnis ist.

> Eigne dir zuerst Geduld und Ausdauer an, dann mache dir klar, was du sonst noch willst. Dann kannst du nahezu sicher sein, es zu erreichen.

Wenn Sie ein konkretes Hauptziel in Ihrem Unterbewusstsein verankern, sollten Sie daran glauben, dass die unendliche Intelligenz dieses Ziel entsprechend realisieren wird. Alles, was von diesem Glauben abweicht, wird eine Enttäuschung mit sich bringen. Wenn Sie Ihrem unterbewussten Geist einem bestimmten Verlangen entsprechend ein konkretes Hauptziel suggerieren, sollten Sie es mit einem solchen Glauben und Vertrauen an die schlussendliche Umsetzung untermauern, dass Sie das Objekt Ihres Ziels bereits als realisiert vor sich sehen. Verhalten Sie sich so, als hätten Sie Ihr konkretes Ziel erreicht, sobald Sie es Ihrem unterbewussten Geist suggeriert haben.

Stellen Sie es nicht infrage, und zweifeln Sie nicht daran, dass Autosuggestion funktioniert. Zweifeln Sie nicht, sondern glauben Sie! Inzwischen dürfte Ihnen klar sein, wie wichtig dieser Punkt ist. Fest daran zu glauben, dass Sie an Ihr konkretes Ziel kommen werden, ist der Same, der das »Ei Ihrer Gedanken« befruchtet. Wenn Sie dies nicht befolgen, könnten Sie ebenso glauben, dass ein unbefruchtetes Hühnerei ein Küken hervorbringt, wie dass Sie Ihr Hauptziel erreichen.

Du kannst nie wissen, was ein Gedanke einbringt,
Ob Hass oder Liebe;
Denn Gedanken sind Dinge, und ihre luftigen Flügel
Sind schneller als eine Brieftaube.
Sie folgen den Gesetzen des Universums –
Jeder Gedanke schafft seinesgleichen;
Und Sie eilen auf dem Weg,
Um dir das zu bringen, was deinem Geist entsprang.

Gedanken sind Dinge! Das ist essenziell, und richtig verstanden wird Sie diese Erkenntnis so nahe wie möglich an die Tür zum erwähnten Geheimgang des Wissens befördern. Wenn Sie diese grundlegende Wahrheit erfassen, werden Sie diese Tür bald finden und öffnen.

Die Macht, zu denken, was Sie zu denken wünschen, ist die einzige, die Sie völlig kontrollieren. Bitte lesen Sie den letzten Satz, bis Sie ihn ganz verstehen. Wenn es in Ihrer Macht liegt, Ihre Gedanken zu kontrollieren, tragen Sie auch die Verantwortung, Ihre Gedanken positiv oder negativ zu gestalten. Dazu ein weltberühmtes Gedicht:

Aus der Nacht, die mich umgibt,
Schwarz wie die Hölle von Pol zu Pol,
Danke ich den Göttern, welche es auch sind,
Für meine unzerstörbare Seele.

In den Fängen des widrigen Schicksals
Habe ich weder gejammert noch geschrien.
Unter den Schlägen des Unglücks
Ist mein Kopf blutig, aber nicht gebeugt.

Hinter diesem Jammertal
Lauert der Schrecken der Schatten,
Und doch findet mich die Last der Jahre
Jetzt und morgen unerschrocken.

Es ist egal, wie schmal die Pforte,
Wie schwer die verzeichnete Strafe,
Ich bin Herr meines Schicksals,
Kapitän meiner Seele.

HENLEY

Henley hat dieses Gedicht erst geschrieben, nachdem er die Tür zum erwähnten Geheimgang entdeckt hatte.

Sie sind der »Herr Ihres Schicksals« und der »Kapitän Ihrer Seele«, weil Sie Ihre Gedanken kontrollieren, und mithilfe Ihrer Gedanken können Sie erschaffen, was immer Sie wünschen.

Lassen Sie uns am Ende dieser Lektion den Vorhang beiseiteschieben, der den Weg zum Tod verhüllt, und einen Blick ins Jenseits werfen. Stellen Sie sich eine Welt vor, bevölkert von Menschen, die keinen physischen Körper brauchen. Sehen Sie genauer hin, und zu Wohl oder Wehe offenbart sich eine Welt, die mit Lebewesen bevölkert ist, die Sie selbst erschaffen haben und die der Natur Ihrer Gedanken zu Lebzeiten entsprechen. Da sind Sie, die Kinder Ihres eigenen Herzens und Ihres Geistes, gestaltet nach dem Bild Ihrer Gedanken.

Diejenigen, die aus Hass, Neid, Eifersucht, Selbstsucht und Ungerechtigkeit gegenüber Ihren Mitmenschen geboren wurden, werden keine angenehmen Nachbarn sein, aber Sie müssen dennoch mit ihnen leben, denn Sie sind Ihre Kinder und Sie können Sie nicht von sich weisen.

Es wird Sie betrüben, wenn Sie dort keine Nachkommen finden, die aus Liebe, Gerechtigkeit, Wahrheit und Freundlichkeit hervorgegangen sind.

Im Licht dieser allegorischen Suggestion gewinnt das Thema des präzisen Denkens einen neuen und weitaus wichtigeren Aspekt, nicht wahr?

Würde jeder Gedanke, den Sie in diesem Leben in die Welt entlassen, nach Ihrem Tod als ein lebendes Wesen auftreten, benötigten Sie keinen weiteren Grund, Ihre Gedanken noch besser im Blick zu halten als Ihre Nahrung.

Ich nenne diese Suggestion »allegorisch«, was Sie erst verstehen werden, wenn Sie durch die Tür des erwähnten Geheimgangs des Wissens getreten sind.

Mich zu fragen, woher ich alle diese Erkenntnisse beziehe, bevor Sie selbst durch diese Tür schreiten, wäre so sinnlos, als würde jemand, der nie mit physischen Augen sehen konnte, mich fragen, wie die Farbe Rot aussieht.

Ich will Sie nicht drängen, diesen Standpunkt zu akzeptieren. Ich werde nicht einmal darüber debattieren, wie fundiert er ist. Ich erfülle nur meine Pflicht und werde meiner Verantwortung gerecht, indem ich Ihnen dies mitteile. Sie müssen an den Punkt kommen, an dem Sie dies aus freiem Willen entweder akzeptieren oder ablehnen.

Der Begriff »präzises Denken« bezieht sich in dieser Lektion auf selbst erschaffene Gedanken. Gedanken, die von anderen stammen, entweder durch Suggestion oder durch Aussagen, sind im Kontext dieser Lektion nicht gemeint, auch wenn es faktenbasierte Gedanken sein mögen.

Wir sind nun an der Spitze der Pyramide dieser Lektion über präzises Denken angekommen. Ich kann Sie nicht weiterführen. Doch Sie haben noch längst nicht die ganze Strecke zurückgelegt, sondern gerade erst angefangen. Ab hier müssen Sie sich selbst anleiten, aber wenn Sie die großartige Erkenntnis dieser Lektion nicht völlig übersehen haben, werden Sie Ihren Weg leicht finden.

Lassen Sie sich nicht entmutigen, wenn die fundamentale Wahrheit dieser Lektion Ihnen nicht beim ersten Lesen aufgeht. Es kann Wochen oder sogar Monate des Nachdenkens erfordern, um diese Einsicht voll zu erfassen, aber der Aufwand ist es wert.

Die zu Beginn dieser Lektion dargelegten Prinzipien können Sie leicht verstehen und akzeptieren, denn sie sind von grundlegendster Natur. Wenn Sie der Gedankenkette bis zum Ende der Lektion folgen, finden Sie sich vielleicht in tiefem Wasser wieder – zu tief, um es zu ergründen.

Vielleicht wirft es ein letztes Schlaglicht auf dieses Thema, wenn ich Sie daran erinnere, dass der Ton jeder Stimme, jede Note Musik und alles andere, das in dem Moment freigesetzt wird, in dem Sie diese Zeilen lesen, durch den Sie umgebenden Äther schweben. Um diese Töne zu hören, brauchen Sie nur ein Radio. Ohne diese Ausrüstung als Verstärkung Ihres eigenen Hörvermögens sind Sie nicht in der Lage, dies wahrzunehmen.

Vor 20 Jahren hätte man denjenigen, der so etwas geäußert hätte, für verrückt oder einen Narren gehalten. Aber heute akzeptiert man es als Tatsache.

Gedanken sind eine höhere und weitaus perfekter organisierte Energieform als bloßer Schall; daher dürfen wir annehmen, dass jeder Gedanke, der heute aufkommt, und jeder Gedanke, der jemals freigesetzt wurde, ebenfalls im Äther vorhanden sind (oder in einem anderen Bereich) und von Menschen mit der entsprechenden Ausrüstung interpretiert werden können. Und welche Ausrüstung ist dafür nötig, fragen Sie?

> Einige Menschen sterben zu früh, weil sie zu viel essen, andere sterben am Alkohol, während wieder andere einfach verwelken und dahinscheiden, weil sie nichts anderes zu tun haben.

Die Antwort erhalten Sie, nachdem Sie durch die Tür zum Geheimgang des Wissens gegangen sind. Sie kann nicht vorher erfolgen. Den Geheimgang beschreiten Sie nur durch das Medium Ihrer Gedanken. Aus diesem Grund haben die großen Philosophen der Vergangenheit den Menschen aufgefordert, sich selbst zu kennen. »Kenne dich selbst« ist und war das Gebot aller Zeitalter. Christus' Leben war ein ununterbrochenes Versprechen der Hoffnung und der Möglichkeit, allein auf dem Wissen basierend, das alle Menschen in sich selbst entdecken können.

Eins der ungelösten Mysterien des göttlichen Wirkens besteht darin, dass diese große Entdeckung immer die des eigenen Selbst ist. Die Wahrheit, nach der der Mensch ewig sucht, liegt in seinem eigenen Sein; daher ist es fruchtlos, in der Wildnis des Lebens oder im Herzen anderer Menschen danach zu suchen. Das bringt einen nicht näher an das Gesuchte, sondern entfernt einen weiter davon.

Möglicherweise sind Sie – wer weiß das schon außer Ihnen? –, jetzt, während Sie diese Lektion beenden, näher an der Tür zum Geheimgang des Wissens, als Sie es jemals vorher waren.

Wenn Sie diese Lektion verinnerlichen, werden Sie das Prinzip ausloten können, das in der Einführungslektion als Mastermind beschrieben wurde. Sicher verstehen Sie nun die Bedeutung einer freundlichen Kooperation zwischen zwei oder mehr Personen. Diese Allianz »erhebt« den Geist der Beteiligten und erlaubt ihnen, eine Verbindung zwischen ihren Geisteskräften und der unendlichen Intelligenz herzustellen. Somit sollte die gesamte Einführungslektion für Sie eine neue Bedeutung bekommen. Diese Lektion hat Sie mit den Hauptgründen vertraut gemacht, wieso Sie das Gesetz des Masterminds nutzen sollten, denn es wurde aufgezeigt, zu welchen Höhen dieses Gesetz alle zu tragen vermag, die es verstehen und nutzen.

Mittlerweile sollten Sie verstehen, wieso einige Menschen zu großer Macht und zu Reichtum aufgestiegen sind, während andere überall um sie herum in Armut und Elend verharren. Falls Sie immer noch nicht wissen, warum, wird es Ihnen klar werden, sobald Sie die verbliebenen Lektionen dieses Kurses gemeistert haben.

Lassen Sie sich nicht entmutigen, wenn Sie nach dem ersten Lesen dieser Lektion diese Prinzipien nicht vollkommen durchdringen. Diese Lektion vermag ein Anfänger nach einmaligem Lesen nicht vollständig zu begreifen. Sie schenkt ihren reichen Wissensschatz nur durch Nachdenken, Reflexion und Meditation. Daher empfiehlt es sich, diese Lektion im Abstand von je einer Woche mindestens viermal zu lesen.

Ebenso ist es sinnvoll, die Einführungslektion erneut zu lesen, damit Sie das Gesetz des Masterminds und die Beziehung zwischen diesem Gesetz und dem Thema dieser Lektion über präzises Denken besser verstehen.

Der Mastermind ist das Prinzip, durch das Sie zum exakten Denker werden können! Ist diese Aussage nicht schlicht und bedeutend?

SCHEITERN

EINE NACHBEREITUNG DER LEKTION

> Die großen Lektionen über Erfolg lehrt das Gegenteil.

Die allwissende Vorsehung hat die Geschicke der Menschheit so gesteuert, dass jede erwachsene Person das ein oder andere Kreuz des SCHEITERNS tragen muss.

Hunderte Millionen Menschen müssen heutzutage unter der Last dieses Kreuzes leiden und sich mühen, die drei Grundbedürfnisse des Lebens zu befriedigen – einen Platz zum Schlafen, etwas zu essen und Kleidung. Das Kreuz der ARMUT zu tragen, ist äußerst mühsam! Dennoch scheinen die großartigsten und erfolgreichsten Männer und Frauen aller Zeiten die Last dieses Kreuzes für notwendig erachtet zu haben, um irgendwo »anzukommen«.

SCHEITERN gilt im Allgemeinen als Fluch. Aber wenige Menschen verstehen, dass es nur ein Fluch ist, wenn es als solcher akzeptiert wird. Wenigen wird jemals klar, dass SCHEITERN selten von Dauer ist.

Lassen Sie Ihre Erfahrungen der letzten paar Jahre Revue passieren, und Sie werden sehen, dass Ihre Fehlschläge sich im Allgemeinen als versteckter Segen erwiesen. Versagen lehrt Menschen eine Lektion, die sie ansonsten niemals lernen würden. Darüber hinaus spricht es eine universelle Sprache. Zu den großen Lektionen, die Versagen mit sich bringt, gehört die DEMUT.

Kein Mensch erreicht wahre Größe, der sich nicht im Vergleich mit der Welt um sich herum gering und unbedeutend fühlt, mit den Sternen über sich und der Harmonie, mit der die Natur ihr Werk tut.

Für jeden Sohn eines reichen Mannes, der zu einem nützlichen Arbeiter im Dienst der Menschheit wird, gibt es 99 andere, die dies leisten und sich durch ARMUT und Elend kämpfen mussten. Das scheint mehr als ein Zufall zu sein!

Die meisten Menschen, die sich selbst für Versager halten, scheitern nicht bei allem. Die meisten Umstände, die Menschen für Versagen halten, sind nur vorübergehende Niederlagen.

Wenn Sie sich selbst bemitleiden und sich für einen Fehlschlag halten, bedenken Sie, wie viel schlechter es Ihnen anstelle von anderen gehen könnte, die wirklich Grund haben, sich zu beschweren.

Während ich diesen Essay schreibe, erfahre ich, dass eine unverheiratete Frau ihre wunderschöne neugeborene Tochter in ein Waisenhaus gegeben hat, um sie von einem System aufziehen zu lassen, ohne jemals die Liebe einer Mutter spüren zu dürfen. Während seines gesamten Lebens muss dieses unglückliche Kind die Last des Fehlers eines anderen Menschen tragen, der nie mehr korrigiert werden kann. Wie viel Glück haben SIE, egal was Ihre eingebildeten Fehlschläge sind, nicht an der Stelle dieses Kind zu sein.

Wenn Sie über einen starken Körper und einen vernünftigen Geist verfügen, haben Sie viel, wofür Sie dankbar sein können. Millionen von Menschen überall um Sie herum sind nicht derart gesegnet.

Die Analyse von 100 Männern und Frauen, die die Welt als »groß« erachtet, zeigt, dass sie Härten, zeitweilige Niederlagen und Fehlschläge ertragen mussten, die SIE vermutlich niemals erlebt haben und nie erleiden werden.

Woodrow Wilson starb viel zu früh, als Opfer gemeiner Verleugnung und Enttäuschung, sicher im Glauben, ein VERSAGER zu sein. Die ZEIT, der große Wunderwirker, der alles Unrecht zu Recht macht und Fehlschläge in Erfolge verwandelt, wird den Namen Woodrow Wilson ganz oben auf der Liste der wirklich großen Menschen führen.

Wenige, die heute leben, sind so klug, zu verstehen, dass aus Wilsons »VERSAGEN« irgendwann eine so tiefe Sehnsucht nach universellem Frieden erwachsen wird, dass sie Kriege ausradiert.

Lincoln starb, ohne zu wissen, dass sein »SCHEITERN« der großartigsten Nation dieser Welt ein solides Fundament schenkte.

Kolumbus verschied als Gefangener in Ketten, ohne je zu wissen, dass sein »SCHEITERN« die Entdeckung der großartigen Nation bedeutete, die Lincoln und Wilson mit ihrem »SCHEITERN« zu bewahren halfen.

Benutzen Sie das Wort SCHEITERN nicht unbedacht. Denken Sie daran, dass es kein VERSAGEN ist, zeitweise ein schweres Kreuz zu tragen. Wenn Sie den echten Keim des Erfolgs in sich tragen, wird ein wenig Gegenwind und ein zeitweiliger Rückschlag nur dazu dienen, diesen Keim zu nähren und ihn heranreifen zu lassen.

Wenn die göttliche Intelligenz einen großen Menschen auserwählt, um der Welt einen Dienst zu erweisen, wird irgendeine Form des SCHEITERNS den vom Glück Gesegneten prüfen. Falls Sie versagen, haben Sie Geduld, denn Sie durchleben vielleicht nur eine Zeit der Prüfung.

Keine fähige Führungskraft würde einen Mitarbeiter einstellen, den sie nicht auf Zuverlässigkeit, Ausdauer und andere essenzielle Qualitäten getestet hat.

Verantwortung und das entsprechende Einkommen erzielt nur eine Person, die einen zeitweiligen Rückschlag nicht als permanentes Versagen ansieht.

»Die Prüfung eines Menschen ist der Kampf, den er bestreitet,
Der Mut, den er täglich zeigt;
Wie er auf den Füßen steht und die zahlreichen
Buckel und Schläge des Schicksals nimmt,
Ein Feigling kann lächeln, wenn es nichts zu fürchten gibt,
Wenn nichts seinen Fortschritt hindert;
Aber es braucht einen wahren Menschen, um aufzustehen und zu jubeln,
Während ein anderer glänzt.

Es ist schließlich nicht der Sieg,
Sondern der Kampf, durch den man zum Bruder wird;
Der Mensch, der mit dem Rücken gegen die Wand,
Immer noch aufrecht steht und
Die Schläge des Schicksals mit hocherhobenem Kopf nimmt:
Blutend und blaugeschlagen und blass,
Ist der, der auf lange Sicht gewinnt,
Denn er hat keine Angst zu scheitern.

Es sind die Stöße, die du bekommst, und die Schläge,
Und die Schocks, die deinen Mut testen,
Die Stunden von Leid und eitlem Bedauern;
Der Preis, der einem durch die Hände gleitet;
Stellen dich auf die Probe und erweisen deinen Wert;
Es sind nicht die Schläge, die du austeilst,
Sondern die Schläge, die du auf der guten alten Erde einsteckst,
Die zeigen, ob du aus dem richtigen Holz geschnitzt bist.«

Versagen zieht es oft nach sich, sich ungewöhnlich anstrengen zu müssen. Schon mancher Mensch hat der Niederlage einen Sieg abgerungen, während er mit dem Rücken zur Wand kämpfte, von wo er sich nicht weiter zurückziehen konnte.

Cäsar trachtete lange Zeit danach, Britannien zu erobern. Er ließ heimlich seine mit Soldaten beladenen Schiffe zu den Britischen Inseln segeln, seine Truppen und die Vorräte von Bord bringen und befahl dann, alle Schiffe zu verbrennen. Er rief seine Soldaten zu sich und sagte: »Nun heißt es siegen oder untergehen. Wir haben keine Wahl.« Sie siegten! Menschen gewinnen häufig, wenn sie sich fest dazu entschlossen haben.

Brennen Sie die Brücken hinter sich nieder, und beobachten Sie, wie gut Sie vorankommen, wenn Sie WISSEN, DASS SIE KEINE RÜCKZUGSMÖGLICHKEIT MEHR HABEN.

Ein Straßenbahnfahrer nahm unbezahlten Urlaub, um es probehalber mit einer Stelle in einem großen Handelsunternehmen zu versuchen. »Wenn ich es nicht schaffe, meine neue Stelle zu behalten«, bemerkte er gegenüber einem Freund, »kann ich immer noch in den alten Beruf zurückgehen.«

Am Ende des Monats war er zurück und völlig geheilt von seinem Ehrgeiz, irgendetwas anderes zu tun, als in einer Straßenbahn zu arbeiten. Hätte er gekündigt, statt unbezahlten Urlaub zu nehmen, hätte er es in dem neuen Job vielleicht geschafft.

Die Thirteen-Club-Bewegung, die sich heute übers ganze Land ausbreitet, ging aus einer enttäuschenden Erfahrung ihres Gründers hervor. Seine Frustration war ausreichend, um sich den aktuellen Gegebenheiten weitaus besser bewusst zu werden. Und diese Erkenntnis führte wiederum zu einer Entwicklung, die diese Generation entscheidend beeinflusste.

Die 15 Gesetze des Erfolgs, auf denen dieser Kurs basiert, entstanden aus 20 Jahren von Entbehrung, Armut und Versagen, wie sie kaum jemand erfährt.

Sicher haben Menschen, die diesen Lektionen von Beginn an gefolgt sind, zwischen den Zeilen die Geschichte eines Kampfes gelesen, der zu Selbstdisziplin und Selbstentdeckung führte, die ohne solche Entbehrungen nie möglich gewesen wären.

Auf der Straße des Lebens hat ein jeder, der auf dieser Straße reist, ein Kreuz zu tragen. Denken Sie daran, während Sie ein Inventar der Lasten auf Ihren Schultern erstellen, dass die reichsten Gaben der Natur denjenigen zuteilwerden, die dem SCHEITERN ohne mit der Wimper zu zucken und zu jammern gegenübertreten.

Die Wege der Natur sind nicht einfach zu ergründen. Andernfalls würde niemand durch SCHEITERN geprüft, ob er zu großer Verantwortung taugt!

»Wenn die Natur einen Mann ergreift,
Und ihn erschüttert,
Und ihn erweckt,
Wenn die Natur will, dass ein Mann
Den Willen der Zukunft tut;
Wenn sie nach allen Kräften versucht
Und mit ganzer Seele sehnt
Ihn zu machen groß und vollkommen …
Mit welcher List sie ihn bereitet!
Niemals schont und weitertreibet!
Wie sie ihn schleift, wie sie ihn quält,
Und in Armut ihn hält …
Wie sie häufig ihn enttäuscht,
Wie sie oft ihn reichlich segnet,

Mit welcher Weisheit ihn verbirgt,
Ganz egal, was ihm widerfährt,
Wenn auch sein Genie beleidigt jammert
Und sein Stolz es nicht vergisst!
Wird er zu hartem Kampf getrieben,
Ist in der Einsamkeit verblieben,
Sodass nur
Gottes hohe Botschaften ihn erreichen,
Sodass Sie sicher ihn belehrt,
Was die göttliche Hierarchie geplant.
Wenn er es auch nicht versteht,
Gibt sie ihm Leidenschaften zu beherrschen.
Wie gnadenlos sie ihn vorwärtstreibt,
Mit Feuereifer weiter drängt,
Wenn sie entschieden ihn begünstigt!

Oh, die Krise! Oh, der Ruf,
Der den Führer beruft.
Wenn die Menschen Erlösung brauchen,
Kommt er, um das Land zu führen,
Dann zeigt die Natur ihren Plan,
Hat die Welt gefunden – EINEN MANN!«

Es gibt kein VERSAGEN. Was danach aussieht, ist meist nichts anderes als eine vorübergehende Niederlage. Akzeptieren Sie sie keinesfalls als DAUERHAFT!

LEKTION 12

KONZENTRATION

»Du kannst es, wenn du glaubst, dass du es kannst!«

Diese Lektion nimmt eine Schlüsselposition in diesem Kurs ein, weil das zugrunde liegende psychologische Gesetz für jede andere Einheit bedeutsam ist.

Lassen Sie uns das Wort Konzentration in diesem Kontext definieren: »Konzentration ist der Vorgang, bei dem der Geist sich auf ein bestimmtes Verlangen konzentriert, bis er Mittel und Wege zu dessen Realisierung ausgearbeitet und erfolgreich in Gang gesetzt hat.«

Zwei wichtige Gesetze sind wichtig, um den Geist auf ein bestimmtes Verlangen zu fokussieren. Eines ist das Gesetz der Autosuggestion, und das andere ist das Gesetz der Gewohnheit. Ersteres wurde in einer vorhergehenden Lektion umfassend erläutert, daher sei nun kurz das Gesetz der Gewohnheit umrissen.

> Es gibt eine sichere Methode, Kritik zu vermeiden: nichts sein und nichts tun.
> Arbeite als Straßenfeger und vergiss allen Ehrgeiz. Mit diesem Verhalten scheitert man nie.

Gewohnheit erwächst aus der persönlichen Umgebung – indem man dasselbe immer wieder auf die gleiche Weise tut – und aus der Wiederholung – indem man immer wieder dasselbe denkt. Einmal ausgebildet, gleicht die Gewohnheit einem Betonblock, der in einer Gießform erstarrt ist – denn es fällt schwer, sie zu brechen.

Gewohnheit ist grundlegend für Gedächtnistraining, was man leicht üben kann, wenn man sich an den Namen einer soeben getroffenen Person erinnern will. Man wiederholt den Namen ständig, bis man ihn dauerhaft und sicher im Verstand verankert hat.

»Die Macht der Bildung ist so groß, dass wir den Geist und das Verhalten der jungen Menschen in jede gewünschte Form bringen und ihnen lebenslange Gewohnheiten einprägen können.« – Atterbury

Abgesehen von seltenen Gelegenheiten, wenn der Geist sich über seine Umgebung erhebt, bezieht er das Material für seine Gedanken aus seiner Umwelt. Gewohnheit festigt einen Gedanken und verstaut ihn im unterbewussten Geist, wo er zu einem wesentlichen Teil unserer Persönlichkeit wird, der unbemerkt unsere Handlungen beeinflusst, unsere Vorurteile bildet und unsere Meinung kontrolliert.

Ein großer Philosoph hatte die Macht der Gewohnheit vor Augen, als er sagte: »Zuerst erdulden wir, dann bemitleiden wir, und schließlich begrüßen wir«, als er darüber sprach, wie ein ehrlicher Mensch zu einem Verbrecher werden kann.

Gewohnheit kann man mit den Rillen auf einer Schallplatte vergleichen, während der Geist der Nadel gleicht, die in diese Rille passt. Wenn man sich irgendetwas angewöhnt (indem man Gedanken oder Handlungen wiederholt), verbindet sich der Geist mit dieser Gewohnheit und folgt ihr so exakt, wie die Nadel eines Phonographen der Rille in einem Wachszylinder folgt, egal um was es bei dieser Gewohnheit gehen mag.

Wir sehen daher, wie wichtig es ist, seine Umwelt mit größtem Bedacht auszuwählen, denn die Umwelt liefert die mentale Nahrung, die unseren Geist nährt. Die Umwelt liefert die Nahrung und die Materialien für unsere Gedanken, und Gewohnheit verfestigt sie. Sie verstehen natürlich, dass »Umwelt« die Summe aller Quellen ist, die Sie beeinflussen und die Sie mit den fünf Sinnen Sehen, Hören, Riechen, Schmecken, und Fühlen wahrnehmen.

»Gewohnheit ist eine Kraft, die im Allgemeinen ein durchschnittlich intelligenter Mensch wahrnimmt, aber häufig sieht man die negativen Aspekte und nicht die Vorteile. Man kann mit Recht sagen, dass der Mensch ein ›Gewohnheitstier‹ ist, und ›Gewohnheit ist ein Seil; wir weben jeden Tag einen neuen Faden daran, und es wird so stark, dass wir es nicht zerreißen können.‹

Wenn Gewohnheit tatsächlich ein grausamer Tyrann ist, der Menschen gegen ihren Willen, ihr Verlangen und ihre Neigung beherrscht und zwingt – und das stimmt in vielen Fällen –, stellt einem denkenden Geist die Frage, ob diese mächtige Kraft nicht zum Dienst des Menschen genutzt und kontrolliert werden kann, so wie andere Naturkräfte. Sofern dies möglich ist, kann der Mensch Herr seiner Gewohnheiten werden und sie einsetzen, statt ein Sklave zu sein und ihnen gewissenhaft zu huldigen. Moderne Psychologen sind sich sicher, dass die Gewohnheit derart beherrscht, gezügelt und genutzt werden kann, statt ihr zu gestatten, die eigenen Handlungen und den Charakter zu beeinflussen. Und Tausende Menschen haben dieses neue Wissen angewendet und die Macht der Gewohnheit in neue Kanäle gelenkt, um ihre Handlungsmaschinerie anzutreiben, statt sie nutzlos versickern zu lassen oder zuzulassen, dass sie die Strukturen hinwegspült, die Menschen mit Sorgfalt und Aufwand errichtet haben oder dass sie die fruchtbaren mentalen Felder überschwemmt.

Eine Gewohnheit ist ein ›mentaler Pfad‹, über den unsere Handlungen einige Zeit lang gewandert sind, und jedes Mal hat sie den Pfad ein wenig tiefer und breiter gemacht. Wenn Sie über ein Feld oder durch einen Wald laufen, werden Sie natürlich den besten Pfad anstatt des weniger ausgetretenen gehen, und erst recht werden Sie diesen Weg wählen, anstatt über ein Feld oder durch einen Wald zu laufen und einen neuen Pfad anzulegen. Das gilt auch für mentale Bewegung; sie folgt der Linie des geringsten Widerstands – eine Passage über einen ausgetretenen Pfad. Gewohnheiten werden durch Wiederholung geschaffen und in Übereinstimmung mit einem Naturgesetz, das sich in allen lebenden Dingen niederschlägt; manche würden sagen, sogar in unbelebten Dingen. Als Beispiel für letztere Annahme sei auf ein Blatt Papier verwiesen, das, einmal gefaltet, sich das nächste Mal entlang derselben Linien falten lässt. Und jeder, der eine Nähmaschine oder ein anderes empfindliches Gerät benutzt, weiß, dass ein einmal ›eingearbeiteter‹ Apparat hinterher rundläuft. Dasselbe kann man auch bei Musikinstrumenten beobachten. Kleidung oder Handschuhe werfen Falten entsprechend ihres Trägers, und diese Falten bleiben schließlich, egal wie oft man sie bügelt. Flüsse und Wasserströme schneiden ihre Verläufe durch das Land und fließen hinterher entlang dieser, durch Gewohnheit gebildeten, Wege.

Diese Beispiele illustrieren die Natur der Gewohnheit und sollen Ihnen helfen, neue mentale Pfade zu bilden – neue mentale Falten. Denken Sie immer daran: Die beste (und eventuell die einzige) Art, alte Gewohnheiten abzulegen, besteht darin, neue Gewohnheiten zu bilden, die den unerwünschten entgegenwirken und sie ersetzen. Bilden Sie neue mentale Pfade, über die Sie reisen, und die alten werden bald verblassen und mit der Zeit durch Vernachlässigung praktisch verschwinden. Jedes Mal, wenn Sie über den Pfad einer unerwünschten mentalen Gewohnheit wandern, machen Sie den Pfad tiefer und breiter, und so wird es immer leichter, diesen später wieder einzuschlagen. Derart mentale Pfade anzulegen, ist essenziell, und ich kann Sie nicht genug dazu auffordern, Ihre erwünschten mentalen Pfade anzulegen. Übung, Übung, Übung – sorgt dafür, dass Sie gut darin werden, einen Pfad anzulegen.«

Hier nun die Regeln, mit denen Sie wünschenswerte Gewohnheiten ausbilden können:

Erstens: Wenn Sie sich etwas Neues angewöhnen wollen, legen Sie Kraft und Enthusiasmus hinein. Fühlen Sie, was Sie denken. Vergessen Sie nicht, dass Sie die ersten Schritte auf einem neuen mentalen Pfad machen; dass es zuerst weitaus schwerer ist, als es später sein wird. Legen Sie den Pfad zu Beginn so deutlich und so tief wie möglich an, damit Sie ihn das nächste Mal sofort sehen können, wenn Sie ihm folgen wollen.

Zweitens: Konzentrieren Sie sich fest auf den neuen Pfad, den Sie anlegen, und denken Sie nicht mehr an die früheren Wege, damit Sie nicht wieder in den alten Trott verfallen. Vergessen Sie alles über die alten Pfade, und beschäftigen Sie sich nur mit den neuen erwünschten.

Es ist ein auffälliger Zufall, dass »American« mit »I can« (ich kann) endet.

Drittens: Beschreiten Sie die neu angelegten Pfade so häufig wie möglich. Schaffen Sie Gelegenheiten dafür, und warten Sie nicht darauf, dass sie sich durch Glück oder Zufall ergeben. Je häufiger Sie über die neuen Wege wandeln, desto schneller werden sie ausgetreten und Sie kommen leichter voran. Entwerfen Sie zu Beginn Pläne dafür, diese neuen Gewohnheitspfade zu nutzen.

Viertens: Widerstehen Sie der Versuchung, die alten, einfacheren Pfade zu benutzen. Jedes Mal, wenn Sie einer Versuchung widerstehen, werden Sie stärker, und es wird beim nächsten Mal umso leichter. Aber jedes Mal, wenn Sie der Versuchung erliegen, wird es leichter, ihr wieder nachzugeben, und umso schwerer, ihr das nächste Mal zu widerstehen. Sie werden zu Beginn kämpfen müssen, und das ist der entscheidende Moment. Beweisen Sie Ihre Entschlossenheit, Ausdauer und Willenskraft jetzt, ganz zu Beginn.

Fünftens: Stellen Sie sicher, dass Sie den richtigen Pfad angelegt haben, machen Sie diesen zu Ihrem konkreten Hauptziel, und schreiten Sie dann ohne Angst oder Zweifel zur Tat. »Legen Sie die Hand an den Pflug, und schauen Sie nicht zurück.« Wählen Sie Ihr Ziel und legen Sie dann gute, tiefe, breite mentale Pfade an, die direkt dorthin führen.

Wie Sie bereits feststellen konnten, besteht eine enge Beziehung zwischen Gewohnheit und Autosuggestion (Selbstsuggestion). Durch Gewohnheit wird eine wiederholt ausgeführte Handlung gefestigt, und letztlich handeln wir automatisch oder unbewusst auf diese Weise. So kann ein Künstler ein vertrautes Stück auf dem Klavier spielen, während sein bewusster Geist sich mit etwas anderem beschäftigt.

Autosuggestion ist das Werkzeug, um einen mentalen Pfad anzulegen; Konzentration ist die Hand, die das Werkzeug hält, und Gewohnheit ist die Blaupause, welcher der mentale Pfad folgt. Wenn eine Idee oder ein Verlangen in Aktivität oder physikalische Realität überführt werden soll, muss die Idee oder das Verlangen beharrlich im Bewusstsein bewahrt werden, bis die Gewohnheit sich festigt.

Wenden wir uns nun der Umwelt zu. Wie wir bereits gesehen haben, absorbieren wir das Material für unsere Gedanken aus unserer Umwelt. Der Begriff »Umwelt« deckt ein breites Feld ab. Er besteht aus den Büchern, die wir lesen, den Menschen, mit denen wir uns umgeben, der Gemeinde, in der wir wohnen, der Arbeit, der wir nachgehen, dem Land, in dem wir leben, der Kleidung, die wir tragen, den Liedern, die wir singen, und, am wichtigsten, aus der religiösen und intellektuellen Bildung, die wir vor dem Alter von 14 Jahren erhalten.

Das Thema Umwelt wird beleuchtet, um seine direkte Beziehung zu unserer Persönlichkeit zu sehen, und um aufzuzeigen, wie wichtig es ist, darauf zu achten, dass wir durch ihren Einfluss unser konkretes Hauptziel im Leben erreichen können.

Der Geist nährt sich von dem, was wir ihm zur Verfügung stellen, oder was ihm unsere Umwelt aufzwingt. Daher müssen wir unsere Umgebung weitestmöglich auswählen, damit wir unserem Geist das geeignete Material liefern, um unser konkretes Hauptziel zu erreichen.

Wenn Ihre Umwelt Ihnen nicht gefällt, verändern Sie sie! Im ersten Schritt verschaffen Sie Ihrem Geist ein klares Bild der Umgebung, in der Sie, Ihrer Meinung nach, Ihr konkretes Hauptziel am besten erreichen, dann konzentrieren Sie sich auf dieses Bild, bis Sie es in die Realität überführen.

In Lektion 2 dieses Kurses haben Sie gelernt, dass der erste Schritt, um einen Wunsch Realität werden zu lassen, darin besteht, in Ihrem Geist ein deutlich definiertes Bild des ersehnten Objekts zu erschaffen. Das ist das erste Prinzip, um Ihren Erfolgsplan zu erstellen, und wenn Sie ihn vernachlässigen, können Sie, außer durch Zufall, nicht erfolgreich sein.

Die Menschen, mit denen Sie täglich zusammenarbeiten, gehören zu den wichtigsten und einflussreichsten Komponenten Ihrer Umgebung und können zu Ihrem Vorankommen beitragen oder Sie ausbremsen, je nachdem, wer sie sind. So weit wie möglich sollten Sie nur mit Menschen zusammenarbeiten, die mit Ihren Zielen und Idealen übereinstimmen – die Ihr konkretes Hauptziel repräsentiert – und deren mentale Einstellung in Ihnen Enthusiasmus, Selbstvertrauen, Entschlossenheit und Ehrgeiz weckt.

Denken Sie daran, dass jedes in Ihrer Hörweite gesprochene Wort und alles, was Sie sehen, und jeder Eindruck, den Sie durch Ihre fünf Sinne erhalten, Ihre Gedanken so sicher beeinflussen wird, wie die Sonne im Osten aufgeht und im Westen untergeht. Daher verstehen Sie sicher, wie wichtig es ist, so weit wie möglich Ihre Arbeits- und Lebensumgebung zu bestimmen. Begreifen Sie, wie wichtig es ist, Bücher zu lesen, die mit Ihrem konkreten Hauptziel zusammenhängen? Sehen Sie, wie wichtig es ist, mit Menschen zu sprechen, denen Ihre Ziele am Herzen liegen und die Sie ermutigen, damit Sie diese erreichen?

Wir leben in der »Zivilisation des 20. Jahrhunderts«. Die führenden Wissenschaftler der Welt stimmen überein, dass die Natur Millionen von Jahren gebraucht hat, um durch den Prozess der Evolution unsere gegenwärtige Zivilisation zu erschaffen.

Wie viele Jahrhunderte die sogenannten Indianer auf dem nordamerikanischen Kontinent wohnten, ohne irgendeinen wesentlichen Fortschritt hin zu der in unserem Sinne modernen Zivilisation zu machen, können wir nicht sicher wissen. Ihre Umgebung war die Wildnis, und sie versuchten nicht, diese zu verändern oder zu verbessern. Der Wandel trat erst ein, als Menschen aus weit entfernten Ländern kamen und ihnen die Umwelt der fortschrittlichen Zivilisation aufzwangen, in der wir heute leben.

Sehen Sie sich an, was in der kurzen Periode von drei Jahrhunderten passiert ist. Die Jagdgründe wurden in große Städte verwandelt, und viele Indianer haben die Bildung und Kultur ihrer weißen Brüder erworben. (In Lektion 15 sprechen wir über die Effekte der Umwelt von einem weltumspannenden Standpunkt aus und beschreiben im Detail das Prinzip der sozialen Vererbung, durch die Umwelteffekte jungen Menschen vermittelt werden.)

Die Kleider, die Sie tragen, beeinflussen Sie, daher stellen Sie einen Teil Ihrer Umwelt dar. Verdreckte oder schäbige Kleidung deprimiert Sie und mindert Ihr Selbstvertrauen, während saubere und angemessene Kleidung den umgekehrten Effekt hat.

Bekanntlich vermag eine Person mit genügend Beobachtungsgabe einen Menschen präzise zu analysieren, indem sie seine Werkbank, seinen Schreibtisch oder einen anderen Arbeitsplatz betrachtet.

Ein gut organisierter Schreibtisch deutet auf ein gut organisiertes Hirn hin. Zeigen Sie mir das Vorratslager eines Händlers, und ich kann Ihnen sagen, ob er einen organisierten oder unorganisierten Verstand hat, denn es besteht eine enge Verbindung zwischen der mentalen Einstellung und der physischen Umgebung.

Die Effekte der Umwelt beeinflussen so wesentlich diejenigen, die in Fabriken, Geschäften und Büros arbeiten, dass Arbeitgeber heute realisieren, wie wichtig es ist, eine für Angestellte inspirierende Umgebung zu schaffen.

Der Nutzen einer angenehmen Arbeitsumgebung wurde wieder und wieder belegt. Vor ein paar Jahrzehnten stellte ein progressiver Wäschereibesitzer in Chicago in der Werkhalle ein Klavier auf, um die Laune der Belegschaft zu heben.

Mittlerweile wurde das Klavier in vielen Büros und Fabriken durch Musik ersetzt, die elektronisch eingespielt wird, und die Ergebnisse zeigen sich in gesteigerter Produktion und größerer Leistung pro Mitarbeiter. Die Umgebung hilft ebenfalls. Helle, angenehme Räume helfen dem Arbeiter am Fließband, seine Leistung zu steigern. Niemand braucht einen Psychologen oder Experten für Effizienz, um Ihnen das zu bestätigen.

Hier bietet es sich an, zu beschreiben, wie wir die Prinzipien der Konzentration anwenden können. Nennen wir diese Methode den … MAGISCHEN SCHLÜSSEL ZUM ERFOLG!

Bevor ich Ihnen diesen »magischen Schlüssel« präsentiere, lassen Sie mich darauf hinweisen, dass ich ihn weder entdeckt noch erfunden habe. Es ist derselbe Schlüssel, den in der ein oder anderen Form die Anhänger der Neugeist-Bewegung und alle anderen religiösen Gruppierungen verwenden, die sich einer optimistischen Philosophie verschrieben haben.

Dieser magische Schlüssel stellt eine große Macht dar, die alle nutzen können, die es wollen.

> Wer abgesehen von seiner Lohntüte keine Vergütung für seine Arbeit bekommt, ist unterbezahlt, egal wie viel Geld der Umschlag beinhalten mag.

Er wird die Tür zum Reichtum öffnen!

Er wird die Tür zum Ruhm entriegeln!

Und in vielen Fällen wird er auch die Tür zur physischen Gesundheit aufsperren.

Er wird die Tür zur Bildung aufschließen und Ihnen Zugang zum Lager all Ihrer schlummernden Fähigkeiten verschaffen. Er wird als Schlüssel zu jeder Position im Leben dienen, für die Sie geeignet sind.

Mithilfe dieses magischen Schlüssels haben wir die Geheimtüren zu den größten Erfindungen der Welt geöffnet.

Seine magische Kraft brachte alle großen Genies der Vergangenheit hervor.

Angenommen, Sie sind ein Arbeiter in niedriger Position und streben nach einer besseren Stellung im Leben. Der magische Schlüssel wird Ihnen helfen, sie zu erreichen! Indem sie ihn verwendeten, haben Carnegie, Rockefeller, Hill, Harriman, Morgan und Dutzende andere ihrer Art ihre großen materiellen Vermögen angehäuft.

Er wird Gefängnistüren öffnen und menschliche Wracks in nützliche, vertrauenswürdige Menschen verwandeln. Er wird Fehlschläge in Erfolge verwandeln und Elend in Freude.

Sie fragen: »Was ist der magische Schlüssel?« Und ich antworte mit einem Wort: Konzentration!

Lassen Sie mich Konzentration in diesem Kontext definieren. Zuerst einmal will ich klarstellen, dass ich in keiner Verbindung zum Okkultismus stehe, auch wenn ich zugebe, dass alle Wissenschaftler der Welt es nicht geschafft haben, die seltsamen Phänomene zu erklären, die mithilfe der Konzentration bewerkstelligt werden können.

Konzentration im hier verwendeten Sinn meint die Fähigkeit, durch feste Gewohnheiten und Übung den Geist auf ein Subjekt zu konzentrieren, bis Sie sich völlig damit vertraut gemacht haben und es umfassend beherrschen. Es bedeutet die Kompetenz, die eigene Aufmerksamkeit zu kontrollieren und sie auf ein gegebenes Problem zu fokussieren, bis Sie es gelöst haben.

Es bedeutet, den Auswirkungen unliebsamer Gewohnheiten zu entsagen, und die Macht, neue Gewohnheiten aufzubauen, die besser für Sie sind. Es bedeutet die völlige Kontrolle über sich selbst.

Von anderer Warte aus betrachtet, ist Konzentration die Fähigkeit, so zu denken, wie Sie denken wollen, die Fähigkeit, Ihre Gedanken zu kontrollieren und sie auf ein konkretes Ziel zu richten, und die Kompetenz, Ihr Wissen zu einem umsetzbaren Handlungsplan zu verdichten.

Sie werden verstehen, dass Sie durch Konzentration auf Ihr konkretes Hauptziel viele eng verbundene Themen erfassen müssen, die ineinander übergehen und Ihr Hauptthema ergänzen.

Ehrgeiz und Verlangen spielen bei der Konzentration eine bedeutende Rolle. Ohne diese Faktoren ist der magische Schlüssel nutzlos, und der Hauptgrund, wieso so wenige Menschen diesen Schlüssel nutzen, ist, dass ihnen der Ehrgeiz fehlt und sie nichts Besonderes anstreben.

Begehren Sie, was immer Sie wollen: Wenn es sich um ein vernünftiges Anliegen handelt und es stark genug ist, wird der magische Schlüssel Ihnen helfen, es zu erreichen. Manche Wissenschaftler sind der Ansicht, dass die wundersame Macht des Gebets mithilfe des Prinzips der Konzentration funktioniert, die sich auf das Erreichen eines tief verankerten Begehrens richtet.

Nichts hat ein Mensch je geschaffen, das er nicht zuerst durch ein Verlangen in der Vorstellung ersonnen und dann durch die Konzentration umgesetzt hat.

Lassen Sie uns nun den magischen Schlüssel mithilfe einer Formel auf die Probe stellen. Zuerst müssen Sie die Skepsis und den Zweifel überwinden! Kein Ungläubiger kam je in den Genuss der Vorteile des magischen Schlüssels. Sie müssen an den folgenden Test glauben.

Wir nehmen einmal an, dass Sie irgendwann darüber nachgedacht haben, ein erfolgreicher Schriftsteller zu werden oder ein einflussreicher öffentlicher Redner oder eine erfolgreiche Führungskraft oder ein fähiger Finanzier. Wir nehmen öffentliches Reden zum Thema dieses Tests, aber denken Sie daran, dass Sie den Anweisungen buchstabengetreu folgen müssen. Nehmen Sie ein Blatt Papier, in der Größe eines normalen Briefes und schreiben Sie das Folgende darauf:

> Ich werde ein einflussreicher öffentlicher Redner, denn das wird mir ermöglichen, einen nützlichen Bedarf der Welt zu decken – und mir einen finanziellen Gewinn einbringen, der meine materiellen Wünsche erfüllt.

Ich werde meinen Geist jeden Tag zehn Minuten auf dieses Verlangen konzentrieren, unmittelbar bevor ich mich abends zur Ruhe lege und direkt, nachdem ich am Morgen aufgestanden bin, um herauszufinden, wie ich vorgehen muss, damit mein Anliegen Realität wird.

Ich weiß, dass ich ein einflussreicher Redner von magnetischer Anziehungskraft werden kann, daher werde ich nicht zulassen, dass irgendetwas diesem Wunsch in die Quere kommt.

(Unterzeichnet) ....

Unterzeichnen Sie dieses Gelöbnis und tun Sie dann das, was Sie gerade mit Ihrem Wort geschworen haben. Halten Sie es, bis sich die erwünschten Resultate eingestellt haben.

Bemühen Sie sich wie folgt um Konzentration: Stellen Sie sich vor, wie Sie in drei, vier oder sogar zehn Jahren sind – der einflussreichste Redner Ihrer Zeit. Denken Sie an ein angemessenes Einkommen. Sehen Sie sich selbst in Ihrem eigenen Haus, das Sie mit den Einkünften aus Ihrer Arbeit als Redner oder durch Vorlesungen erworben haben.

Imaginieren Sie sich selbst im Besitz eines üppigen Bankkontos als Sicherheit fürs Alter. Sehen Sie sich selbst als eine einflussreiche Person aufgrund Ihrer beachtlichen Fähigkeiten als öffentlicher Redner. Sehen Sie sich selbst zu einer Lebensaufgabe berufen, bei der Sie nie mehr um Ihre Position fürchten müssen.

Malen Sie dieses Fantasiebild deutlich und, o Wunder! Es wird sich bald in eine angenehme Vision eines tief sitzenden Verlangens umkehren. Nutzen Sie dieses Verlangen als Hauptobjekt Ihrer Konzentration und beobachten Sie, was passiert.

Sie kennen nun das Geheimnis des magischen Schlüssels!

Unterschätzen Sie nicht die Macht des magischen Schlüssels, weil er Ihnen nicht im mystischen Gewand präsentiert wurde oder weil er in einer verständlichen Sprache beschrieben wurde. Alle großen Wahrheiten sind in letzter Analyse einfach und leicht zu verstehen; wenn nicht, sind es keine großen Wahrheiten.

Nutzen Sie diesen magischen Schlüssel mit Bedacht und nur, um wertvolle Ziele zu erreichen, und er wird Ihnen anhaltendes Glück und Erfolg bringen. Vergessen Sie Ihre früheren Fehler und Fehlschläge. Leben Sie nicht in der Vergangenheit. Oder wissen Sie nicht, dass das Gestern niemals wiederkehrt? Fangen Sie von vorne an, wenn Ihre vorherigen Bemühungen zu nichts geführt haben, und sorgen Sie dafür, dass die nächsten fünf bis zehn Jahre eine Erfolgsgeschichte erzählen, die auch Ihre höchsten Ambitionen befriedigt.

Machen Sie sich einen Namen, und erweisen Sie der Welt einen großen Dienst mithilfe von Ehrgeiz, Leidenschaft und einer konzentrierten Leistung!

Sie können es, wenn Sie GLAUBEN, dass Sie es können!

Soweit die Beschreibung des magischen Schlüssels.

Irgendeine Idee oder ein Gedanke in Ihrem Bewusstsein ruft ein »entsprechendes« Gefühl hervor und führt Sie zu einer angemessenen Handlung. Halten Sie ein tief verankertes Verlangen mithilfe der Konzentration in Ihrem Bewusstsein wach. Sofern Sie an seine Realisierung glauben, zieht diese

Handlung Kräfte zu Ihrer Hilfe an, die die gesamte wissenschaftliche Welt nicht versteht oder mit einer vernünftigen Hypothese erklären kann.

Wenn Sie sich Konzentration aneignen, werden Sie verstehen, wieso der erste Schritt zum dauerhaften Erfolg darin besteht, ein konkretes Hauptziel zu wählen.

Konzentrieren Sie Ihren Geist auf das Erreichen des Objekts eines tief verankerten Verlangens, und schon bald werden Sie zu einem Magneten, der mithilfe von unerklärlichen Kräften die notwendigen materiellen Gegenstücke dieses Wunsches anzieht – eine Aussage, die den Weg für die Beschreibung eines Prinzips ebnet, das den wichtigsten Teil dieser Lektion, wenn nicht den zentralen Teil des gesamten Kurses darstellt:

Wenn zwei oder mehr Menschen sich in einem harmonischen Geist zusammentun, um ein bestimmtes Ziel zu erreichen, und wenn alle Beteiligten diese Allianz gewissenhaft einhalten, ermöglicht sie ihnen eine übermenschliche und offensichtlich auch unaufhaltsame Macht.

> Sie haben einen beträchtlichen Vorteil gegenüber der Person, die Sie verunglimpft oder Ihnen absichtlich ein Unrecht tut; es steht in Ihrer Macht, dieser Person zu VERGEBEN.

Hinter der letzten Aussage verbirgt sich ein Gesetz, das die Wissenschaft noch nicht ergründet hat, und dieses habe ich in Verbindung mit meinen wiederholten Worten über die Macht der organisierten Leistung im Sinn, wie Sie im Verlauf dieses Kurses gelesen haben.

Die Chemie lehrt uns, dass zwei oder mehr Elemente so zusammengesetzt werden können, dass das Ergebnis sich völlig von den einzelnen Elementen unterscheidet. Zum Beispiel ist normales Wasser in der Chemie unter der Formel H_2O bekannt und setzt sich aus zwei Atomen Wasserstoff und einem Atom Sauerstoff zusammen, aber Wasser ist weder Wasserstoff noch Sauerstoff. Diese »Heirat« der beiden Elemente schafft eine Substanz, die sich völlig von den einzelnen Bestandteilen unterscheidet.

Dasselbe Gesetz, das diese Transformation der physischen Elemente begründet, verantwortet vielleicht die scheinbar übermenschlichen Kräfte, die aus der Allianz von zwei oder mehr Personen entsteht, die sich harmonisch und einvernehmlich zusammengetan haben, um ein gegebenes Ziel zu erreichen.

Diese Welt und alle Materie, aus der die anderen Planeten bestehen, setzt sich aus Elektronen zusammen (ein Elektron ist die kleinste bekannte analysierbare Einheit der Masse und ähnelt seiner Natur nach dem, was wir Elektrizität nennen oder eine Energieform). Ebenso ist der Gedanke und das, was wir den »Geist« nennen, eine Form von Energie, sogar die höchste bekannte Form. Gedanken sind sozusagen geordnete Energie, und vermutlich entspricht der Gedanke der Energie, die wir mit einem elektrischen Dynamo erschaffen, wenn auch in einer viel höher organisierten Form.

Wenn alle Materie in letzter Analyse aus einer Gruppe von Elektronen besteht, die nicht mehr sind als eine Form der Energie, die wir Elektrizität nennen, und wenn der Geist nicht mehr ist als eine Form hoch organisierter Elektrizität: Sollte es dann nicht möglich sein, dass die Gesetze, die die Materie beeinflussen, auch den Geist beherrschen?

Wenn die Kombination von zwei oder mehr Elementen der Materie im richtigen Verhältnis und unter günstigen Bedingungen etwas produziert, das völlig verschieden von den ursprünglichen Elementen ist (wie im Fall von H_2O), kann man dann nicht die Energie von zwei oder mehr Individuen so verbinden, dass eine Art zusammengesetzter Geist entsteht, der völlig anders als die Individuen ist, denen er entstammt?

Sie haben zweifellos bemerkt, wie sie die Gegenwart anderer Menschen beeinflusst. Manche Leute flößen Ihnen Optimismus und Enthusiasmus ein. Allein ihre Gegenwart scheint Ihren eigenen Geist zu größerer Leistung anzutreiben, und das »scheint« nicht nur so, sondern es trifft zu. Sie haben festgestellt, dass die Gegenwart anderer Ihre Lebenskraft senken und Sie deprimieren kann; und das ist, wie ich Ihnen versichere, sehr real!

Was meinen Sie, weshalb wir uns in der Nähe anderer Menschen verändern? Ist es nicht die mentale Verbindung der anderen mit unserem Geist, infolge eines unbekannten Gesetzes, vergleichbar dem Gesetz (wenn es nicht dasselbe ist), durch das die Kombination von zwei Atomen Wasserstoff und einem Atom Sauerstoff Wasser produziert?

Ich kann keine wissenschaftliche Basis für diese Hypothese anführen, aber ich habe viele Jahre darüber nachgedacht und folgere stets, dass diese Annahme zumindest vernünftig erscheint, auch wenn ich sie bisher noch nicht beweisen kann.

Zweifellos inspiriert Sie die Gegenwart bestimmter Menschen, während die Anwesenheit anderer Sie deprimiert; Sie kennen das. Nun scheint es vernünftig, dass die Person, die Sie inspiriert und zu gesteigerter Aktivität anregt, Sie mehr dabei unterstützt, etwas zu erreichen, während die Person, deren Gegenwart Sie deprimiert und Kraft kostet, genau den gegenteiligen Effekt auf Sie hat. Sie begreifen dies auch ohne die Hilfe einer Hypothese und ohne einen weiteren Beweis als anhand Ihrer wiederholten Erfahrungen.

Kommen Sie nun zu der ursprünglichen Aussage zurück: »Wenn zwei oder mehr Menschen sich in einem harmonischen Geist zusammentun, um ein bestimmtes Ziel zu erreichen, und wenn alle Beteiligten diese Allianz gewissenhaft einhalten, ermöglicht sie ihnen eine übermenschliche und offensichtlich auch unaufhaltsame Macht.«

Beachten Sie den betonten Teil der letzten Aussage, denn sie enthält die »mentale Formel«, die, sofern nicht gewissenhaft eingehalten, den Effekt des Ganzen zerstört.

Weder produziert ein Atom Wasserstoff, kombiniert mit einem Atom Sauerstoff, Wasser noch erzeugt eine Allianz, die nur dem Namen nach besteht und nicht von einem »harmonischen Geist« (zwischen den Beteiligten) begleitet wird, eine »übermenschliche und offensichtlich auch unaufhaltsame Macht«.

Ich stelle mir eine Familie vor, die seit mehr als sechs Generationen in der bergigen Gegend von Kentucky lebte. Generation um Generation dieser Familie kam und ging, ohne dass sich ihre mentale Natur merkbar verbessert hätte, und jede Generation folgte in den Fußstapfen ihrer Vorfahren. Sie lebten vom Land, und soweit sie wussten oder es ihnen wichtig war, bestand das Universum aus dem kleinen Flecken Land namens Letcher County. Sie heirateten strikt in ihrer »Schicht« und ihrer Gemeinde.

Schließlich entfernte sich eines der Familienmitglieder sozusagen von der Herde und heiratete eine gebildete und kultivierte Frau aus dem Nachbarstaat Virginia. Diese Frau gehörte zu den ehrgeizigen Menschen, die gelernt hatten, dass das Universum sich über die Grenzen von Letcher County hinaus erstreckte und mindestens die gesamten Südstaaten umfasste. Sie hatte Kenntnisse in den Bereichen Chemie, Botanik, Biologie, Pathologie, Psychologie und vielen anderen Themen. Als ihre Kinder größer wurden, redete sie mit ihnen über diese Themen, und sie zeigten im Gegenzug ein eifriges Interesse daran.

Eines der Kinder ist heute der Präsident einer großen Bildungseinrichtung, in der die meisten dieser Fächer und viele andere, die genauso wichtig sind, gelehrt werden. Ein weiteres von ihnen ist ein prominenter Anwalt, während ein anderes ein erfolgreicher Arzt ist.

Ihr Ehemann ist (dank ihres Einflusses) ein bekannter Zahnchirurg und seit sechs Generationen der Erste in seiner Familie, der sich von den Traditionen löste, welche die Familie stets einschränkten.

Die mentale Einheit des Ehepaars motivierte den Mann und flößte ihm den Ehrgeiz ein, den er ohne seine Frau nie gekannt hätte.

Viele Jahre habe ich Biografien von sogenannten großen Persönlichkeiten studiert, und es scheint mehr als ein bloßer Zufall, dass in jedem Fall, in dem die Fakten zugänglich waren, die für diese Größe verantwortliche Person hinter den Kulissen stand. Die heldenverehrende Öffentlichkeit hat selten von ihr gehört. Nicht selten ist diese »verborgene Macht« eine geduldige Ehefrau, die ihren Mann inspirierte und zu großen Leistungen antrieb, wie in dem eben geschilderten Fall.

Henry Ford gilt als eines der modernen Wunder dieser Zeit, und ich bezweifle, dass dieses Land oder irgendein anderes jemals ein vergleichbares industrielles Genie hervorgebracht hat. Mit Blick auf die Fakten (die wahrscheinlich zutreffen), könnte man Mr. Fords phänomenale Leistungen auf eine Frau zurückführen, von der die Öffentlichkeit wenig hört – seine Ehefrau!

> Eine Niederlage warnt uns wie Kopfschmerzen, dass etwas falsch gelaufen ist. Wenn wir schlau sind, suchen wir nach der Ursache und profitieren von der Erfahrung.

Wir lesen von Fords Leistungen und seinem enormen Einkommen und schreiben ihm unvergleichliche Fähigkeiten zu; die er tatsächlich aufweist – Fähigkeiten, von denen die Welt ohne den lenkenden Einfluss seiner Frau nie gehört hätte, die während all der Jahre seines Kampfes stets an seiner Seite war, »in einem harmonischen Geist, um ein konkretes Ziel zu erreichen«.

Ich habe noch ein anderes Genie vor Augen, das die gesamte zivilisierte Welt kennt, Thomas A. Edison. Seine Erfindungen sind so gut bekannt, dass man sie nicht aufzählen muss. Jedes Mal, wenn Sie einen Knopf drücken und das elektrische Licht einschalten oder einem Phonographen zuhören, sollten Sie an Edison denken, denn er war es, der sowohl die Glühbirne als auch den modernen Phonographen perfektioniert hat. Jedes Mal, wenn Sie einen Film sehen, sollten Sie an Edison denken, denn es war sein Genie, mehr als das jeder anderen Person, das diese großartige Innovation ermöglichte.

Aber wie im Fall von Henry Ford steht hinter Mr. Edison eine der bemerkenswertesten Frauen in Amerika – seine Ehefrau! Niemand außerhalb der Familie Edison und wohl nur eine Handvoll intimer persönlicher Freunde weiß, dass ihr Einfluss Edisons Leistungen gefördert hat. Mrs. Edison sagte mir einmal, dass Mr. Edisons herausragende Qualität und auch sein größtes Kapital die ... Konzentration sei!

Wenn Mr. Edison zu experimentieren, recherchieren oder forschen beginnt, »lässt er nicht locker«, bis er entweder das findet, wonach er sucht, oder jede Möglichkeit ausgeschöpft hat.

Hinter Mr. Edison stehen zwei große Mächte: seine Fähigkeit zur Konzentration und Mrs. Edison!

Nacht um Nacht arbeitete Mr. Edison mit einem solchen Eifer, dass er nur drei oder vier Stunden Schlaf benötigte. (Denken Sie daran, was in Lektion 7 dieses Kurses über die belebenden Effekte des Enthusiasmus gesagt wurde.)

Pflanzen Sie einen kleinen Apfelkern in der passenden Erde, zur rechten Jahreszeit, dann wird er langsam zu einem kleinen Setzling, woraufhin er wachsen und zu einem Apfelbaum wird. Dieser Baum kommt weder aus der Erde noch aus den Elementen der Luft, sondern von beiden Quellen, und bisher vermochte noch kein Mensch auf der Erde das Gesetz erklären, das aus der Luft und der Erde die Kombination an Zellen anzieht, aus denen der Apfelbaum besteht. Der Baum kommt nicht aus dem kleinen Apfelsamen, sondern dieser Samen ist der Anfang des Baums.

Wenn sich zwei oder mehr Menschen »in einem harmonischen Geist für ein konkretes Ziel« zusammentun, ist das Ziel oder das Verlangen dahinter mit dem Apfelkern vergleichbar, und das Verschmelzen der mentalen Energie der zwei oder mehr Beteiligten gleicht der Luft und der Erde, aus denen die Elemente kommen, die das materielle Objekt dieses Strebens bilden.

Die Macht hinter dieser Anziehung und Kombination der Geisteskräfte kann genauso wenig erklärt werden, wie die Macht hinter der Kombination von Elementen, aus denen der Apfelbaum »wächst«.

Wichtig ist: So wie der Apfelbaum aus einem Apfelkern »wächst«, der richtig eingepflanzt wurde, wird eine große Leistung aus der systematischen mentalen Verschmelzung von zwei oder mehr Individuen erwachsen, die ein konkretes Ziel vor Augen haben.

In Lektion 13 werden Sie sehen, wie dieses Prinzip der gemeinsamen Leistung zu Proportionen gesteigert werden kann, die die Vorstellungskraft von Menschen übersteigen, die nicht gewohnt sind, strukturiert zu denken!

Auch dieser Kurs verdeutlicht das zugrunde liegende Prinzip, das wir als organisierte Leistung bezeichnen, aber Sie werden bemerken, dass es die gesamten 16 Lektionen erfordert, um die Beschreibung dieses Prinzips abzuschließen. Wenn Sie eine einzige dieser 16 Lektionen auslassen, wird es das Gesamtbild genauso beeinflussen, wie die Entfernung eines Glieds eine Kette beeinflusst.

Wie ich bereits mehrfach zum Ausdruck gebracht habe und zwecks Betonung nun wiederholen will, besagt eine fundierte Hypothese: Wenn jemand seinen Geist auf ein bestimmtes Subjekt konzentriert, werden Informationen aus der Umwelt, die mit diesem Subjekt zusammenhängen, aus jeder erdenklichen Quelle auf denjenigen »einströmen«. Die Theorie lautet, dass ein tief sitzendes Verlangen, einmal in die passende »mentale Erde« gepflanzt, als ein Zentrum der Anziehung oder als Magnet dient, der alles anzieht, das mit der Natur dieses Verlangens harmoniert.

Dr. Elmer Gates aus Washington D. C. könnte als einer der kompetentesten Psychologen weltweit bezeichnet werden. Er ist sowohl auf dem Gebiet der Psychologie als auch in anderen direkt oder indirekt damit verbundenen Wissenschaften auf der ganzen Welt als ein Mann von höchstem wissenschaftlichen Rang anerkannt.

Lassen Sie uns gemeinsam einen kurzen Blick auf seine Methoden werfen! Nachdem Dr. Gates eine wissenschaftliche Untersuchung durch die üblichen Forschungskanäle weitestgehend durchgeführt und sich alle verfügbaren Fakten über ein bestimmtes Thema verschafft hat, nimmt er einen Stift und einen Block und »setzt« sich, um weitere Informationen zu erhalten, indem er seinen Geist auf das Thema konzentriert, bis damit einhergehende Gedanken AUF IHN EINSTRÖMEN.

Er notiert diese Gedanken, so wie sie ihm kommen (auch wenn er nicht weiß, woher). Er sagte mir, dass viele seiner wichtigsten Entdeckungen dieser Methode zu verdanken sind. Vor mehr als 20 Jahren habe ich das erste Mal mit Dr. Gates über dieses Thema gesprochen. Seitdem wurde uns mit der Entdeckung der Radiowellen eine vernünftige Hypothese geliefert, durch die wir das Ergebnis dieser »Sitzungen« erklären können:

Der Äther, den wir durch den modernen Funkapparat entdeckt haben, ist in einem konstanten Zustand der Erregung. Schallwellen fließen fortlaufend durch den Äther, aber diese können nur in kurzer Entfernung von der Quelle wahrgenommen werden, außer man nimmt entsprechend eingestellte Instrumente zu Hilfe.

Wir können also begründet annehmen, dass Gedanken, als die am höchsten organisierte bekannte Energieform, ständig Wellen durch den Äther schicken, aber diese können wie Schallwellen nur von einem entsprechend eingestellten Geist erfasst und interpretiert werden.

Es besteht kein Zweifel, dass die Gedanken von Dr. Gates, sobald er sich hinsetzte und sich in einen ruhigen, passiven Geisteszustand versetzte, magnetisch wirkten und ähnliche Gedankenschwingungen auffingen, die im Äther um ihn herum kursierten.

Wenn man die Hypothese weiterspinnt, so dachte ich mir schon viele Male seit der Entdeckung der Funkwellen, dass jeder Gedanke, der jemals in geordneter Form vom Geist eines menschlichen Wesens ausging, immer noch in Form einer Welle des Äthers existiert und sich in einem großen endlosen Kreis stets weiter fortpflanzt; und dass der Vorgang, sich intensiv auf ein bestimmtes Subjekt zu konzentrieren, Gedankenwellen aussendet, die in Kontakt mit anderen ähnlichen treten, sodass sich eine direkte Linie der Kommunikation zwischen demjenigen bildet, der sich konzentriert, und den Gedanken einer ähnlichen Natur, die früher ausgesandt wurden.

Wenn man noch einen Schritt weitergeht: Könnte ein Mensch sich potenziell so einstimmen und die Schwingung seiner Gedanken mit der des Äthers so harmonisieren, dass alles Wissen, das durch organisierte Gedanken in der Vergangenheit angesammelt wurde, für ihn verfügbar ist?

Mit dieser Hypothese im Hinterkopf sollten Sie noch einmal zu Lektion 2 dieses Kurses gehen und Carnegies Beschreibung des »Masterminds« lesen, mit dessen Hilfe er es zu seinem großen Vermögen brachte.

Als Carnegie eine Allianz von mehr als nur einigen sorgfältig ausgewählten Individuen bildete, schuf er durch diese geballte Geisteskraft eine der stärksten industriellen Mächte, die die Welt je gesehen hat. Mit ein paar bedeutenden (und katastrophalen) Ausnahmen dachten und handelten die Männer in Carnegies »Mastermind« wie ein einziger! Und dieser »Mastermind« (zusammengesetzt aus vielen Individuen) richtete sich auf einen einzigen Zweck aus, den jeder kennt, dem Mr. Carnegie ein Begriff ist, besonders seine Konkurrenten in der Stahlindustrie.

> Ist es nicht seltsam, dass das Wort »Bumerang« schon so viele Jahre im Wörterbuch stand, ohne dass allgemein bekannt wurde, dass ein »Bumerang« ein Instrument ist, das zurückkommt und die Hand verletzen kann, die ihn geworfen hat?

Wenn Sie Henry Fords Lebenslauf ein wenig verfolgt haben, haben Sie sicher bemerkt, dass vor allem eine konzentrierte Leistung seine Karriere auszeichnet. Vor fast 30 Jahren legte er sich auf eine Richtlinie fest, den allgemeinen Typ von Automobil, den er bauen wollte, zu standardisieren, und er hat diese Richtlinie konstant beibehalten, bis er sie aufgrund einer Änderung der öffentlichen Nachfrage 1927 modifizieren musste.

Vor ein paar Jahren traf ich den ehemaligen Ingenieur des Ford-Werks, und er erzählte mir von einem Vorfall aus den frühen Tagen von Mr. Fords Tätigkeit in der Automobilbranche, der die koordinierte Leistung als einen Baustein seiner ökonomischen Philosophie verdeutlichte.

Bei dieser Gelegenheit hatte der Ingenieur des Ford-Werks das Ingenieurbüro versammelt, um eine mögliche Designänderung der Konstruktion der Hinterachse ihres Automobils zu besprechen. Mr. Ford stand dabei und hörte sich die Diskussion an, bis jeder Mann zu Wort gekommen war, dann ging er an den Tisch, deutete auf die Zeichnung der vorgeschlagenen Achskonstruktion und sagte: »Alle mal herhören! Die Achse, die wir verwenden, tut, wofür sie gedacht ist, und sie macht es gut, und es wird keine Veränderung an dieser Achse geben!«

Er drehte sich um und ging, und von diesem Tag an blieb die Konstruktion der Hinterachse der Ford-Automobile im Grunde dieselbe. Es besteht Anlass zu der Annahme, dass Mr. Fords Erfolg beim Bauen und Vermarkten von Autos zu großen Teilen auf seiner Richtlinie basierte, seine Bemühungen auf einen einzigen Plan zu einer gegebenen Zeit und damit auf ein ganz konkretes Ziel zu konzentrieren.

Vor ein paar Jahren las ich Edward Boks Buch, *The Man From Maine* – die Biografie seines Schwiegervaters Mr. Cyrus H. K. Curtis, dem Eigentümer der *Saturday Evening Post*, des *Ladies' Home Journal* und mehrerer anderer Publikationen. In dem Buch fiel mir auf, dass die herausragende Eigenschaft von Mr. Curtis' Philosophie die Konzentration seiner Bemühungen auf ein bestimmtes Ziel war.

Während seiner frühen Tage als Inhaber der *Saturday Evening Post*, als er Hunderttausende Dollar in ein verlustreiches Unternehmen steckte, erforderte es eine konzentrierte Leistung, die ein einzigartiger Mut stützte, der ihn »weitermachen« ließ.

Lesen Sie *The Man From Maine*. Es ist eine hervorragende Lektion über Konzentration und untermauert, bis ins kleinste Detail, die Grundlagen dieser Lektion.

Die *Saturday Evening Post* ist heute eines der profitabelsten Magazine der Welt, aber ihr Name wäre längst vergessen, wenn nicht Mr. Curtis seine gesamte Aufmerksamkeit und sein Vermögen auf das einzige Ziel konzentriert hätte, sie zu einem großartigen Medium zu machen.

Wir haben gesehen, welch wichtigen Teil die Umwelt und die Gewohnheit beim Thema Konzentration spielen. Nun wollen wir kurz über ein drittes Thema reden, das genauso mit der Konzentration zusammenhängt wie die beiden anderen: die Erinnerung.

Die Prinzipien, um eine präzise Erinnerung zu trainieren, sind vergleichsweise einfach:

1. Speichern: Sinneseindrücke durch einen oder mehrere der fünf Sinne zu erhalten und diese Eindrücke geordnet im Geist zu speichern. Dieser Prozess kann mit der Aufzeichnung eines Bildes auf der fotoempfindlichen Platte einer Kamera verglichen werden.

2. Abrufen: Die Wiederbelebung oder das Abrufen dieser Sinneseindrücke im Bewusstsein, die im unterbewussten Geist aufgezeichnet wurden. Dieser Prozess gleicht dem Vorgang, durch einen Karteikasten zu gehen und eine Karte herauszuziehen, auf der die Informationen bereits erfasst wurden.

3. Wiedererkennen: Die Fähigkeit, einen Sinneseindruck zu erkennen, wenn er ins Bewusstsein gerufen wird und ihn als ein Duplikat des ursprünglichen Eindrucks zu identifizieren und mit seiner originalen Quelle, als er das erste Mal aufgezeichnet wurde, zu verknüpfen. Dieser Prozess ermöglicht uns, zwischen »Erinnerung« und »Einbildung« zu unterscheiden.

Diese drei Prinzipien kommen bei der Erinnerung zum Tragen. Lassen Sie uns diese nun anwenden und bestimmen, wie man sie effektiv nutzt:

Erstens: Wenn Sie sicherstellen wollen, sich an einen Sinneseindruck, wie einen Namen, ein Datum oder einen Ort, zu erinnern, sorgen Sie dafür, dass der Eindruck lebhaft ist, indem Sie Ihre Aufmerksamkeit bis zum kleinsten Detail darauf konzentrieren. Dazu sollten Sie das, woran Sie sich erinnern wollen, mehrmals wiederholen. So wie ein Fotograf eine fotosensitive Platte lange genug »belichten« muss, damit das Bild von der Kamera aufgezeichnet wird, müssen wir dem unterbewussten Geist die Zeit geben, jeden Sinneseindruck, an den wir uns jederzeit erinnern wollen, deutlich aufzunehmen.

Zweitens: Verbinden Sie das, woran Sie sich erinnern wollen, mit einem anderen vertrauten Objekt, Namen, Ort oder Datum, woran Sie sich zu jeder Zeit einfach erinnern können, zum Beispiel der Name Ihrer Heimatstadt, ein enger Freund, Ihr Geburtsdatum und so weiter. Ihr Geist wird dann den Sinneseindruck, an den Sie sich erinnern wollen, zusammen mit demjenigen abspeichern, an den Sie sich leicht erinnern können. Wenn Sie den einen ins Bewusstsein rufen, bringt er auch den anderen mit sich.

Drittens: Wiederholen Sie das, woran Sie sich erinnern wollen, mehrere Male, und konzentrieren Sie sich gleichzeitig darauf, genauso wie Sie sich auf eine bestimmte Uhrzeit konzentrieren, zu der Sie am Morgen aufstehen wollen, wodurch Sie genau zu dieser Zeit aufwachen. Dass uns zu unserem Bedauern häufig nicht die Namen anderer Leute einfallen, kommt daher, dass wir uns diese Namen gar nicht erst richtig einprägen. Wenn man Ihnen eine Person vorstellt, an deren Namen Sie sich jederzeit erinnern wollen, wiederholen Sie diesen vier- oder fünfmal, und stellen Sie zuerst sicher, ihn richtig verstanden zu haben. Wenn dieser Name dem einer Ihnen bekannten Person ähnelt, verbinden Sie die beiden Namen miteinander, und denken Sie an beide, während Sie den Namen wiederholen, an den Sie sich erinnern wollen.

Wenn jemand Ihnen einen Brief gibt, der in die Post soll, werfen Sie einen Blick darauf, vergrößern Sie ihn dann in Gedanken, und stellen Sie sich vor, wie er über einem Briefkasten hängt. Verankern Sie in Ihrem Geist einen Brief, der etwa die Größe einer Tür hat, und assoziieren Sie ihn mit dem Briefkasten. Und so wird der erste Briefkasten, an dem Sie auf der Straße vorbeikommen, Sie an diesen großen, merkwürdig aussehenden Brief in Ihrer Tasche erinnern.

Stellen Sie sich vor, Sie würden einer Dame namens Elizabeth Shearer vorgestellt, und Sie möchten sich gerne beliebig dieses Namens entsinnen. Während Sie ihren Namen wiederholen, assoziieren Sie ihn mit einer großen, etwa drei Meter langen Schere (Anm. d. Übers.: Engl. »shear« = »Schere«) sowie mit Queen Elizabeth. Und so werden entweder die große Schere oder der Name von Queen Elizabeth Ihnen helfen, sich an den Namen Elizabeth Shearer zu erinnern.

Wenn Sie sich an den Namen Lloyd Keith erinnern wollen, wiederholen Sie einfach den Namen mehrere Male, und assoziieren Sie ihn mit dem Namen Lloyd George und Keith's Theater. An beide kann man sich leicht erinnern. Das Gesetz der Assoziation ist essenziell für eine gut funktionierende Erinnerung, wobei es ein einfaches Prinzip ist. Dazu muss man nur den Namen aufschreiben, dessen man sich entsinnen will, zusammen mit einem Namen, an den man sich leicht erinnern kann. Wenn man sich an den einen erinnert, wird man sich auch an den anderen erinnern.

Vor fast zehn Jahren gab mir ein Freund seine private Telefonnummer in Milwaukee, Wisconsin, und auch wenn ich sie nicht aufgeschrieben habe, erinnere ich mich heute noch so gut daran, wie an dem Tag, als ich sie erhielt. Ich habe sie mir so gemerkt: Die Nummer und die Stadt waren Lakeview 2651.

Als er mir die Nummer gab, standen wir vor dem Bahnhof in Sichtweite des Lake Michigan, daher nutzte ich den See als Assoziationsobjekt, um mir den Ort zu merken. Zufälligerweise war die Telefonnummer aus dem Alter meines Bruders, der 26 Jahre war, und dem meines Vaters, der 51 Jahre war, zusammengesetzt. Daher assoziierte ich ihre Namen mit der Nummer und stellte so sicher, dass ich mich daran erinnern konnte. Um mich dem Ort und der Telefonnummer zu entsinnen, musste ich also nur an den Lake Michigan, meinen Bruder und meinen Vater denken.

> Sehen Sie den »glücklichen« Mann da drüben, der seine Position »Beziehungen« verdankt? Lassen Sie mich Ihnen ein Geheimnis ins Ohr flüstern: Das Schicksal wartet um die nächste Ecke mit einem Knüppel auf ihn.

Einer meiner Bekannten litt an etwas, was man als »abschweifende Gedanken« bezeichnet. Er war häufig »abwesend« und konnte sich nicht erinnern. Ich lasse ihn mit seinen eigenen Worten schildern, wie er dieses Handicap überwand:

»Ich bin 50 Jahre alt. Ein Jahrzehnt lang war ich Abteilungsleiter in einer großen Fabrik. Zuerst waren meine Aufgaben einfach, dann erweiterte die Firma schnell ihren Geschäftsbereich, was mir zusätzliche Verantwortung übertrug. Mehrere der jungen Männer in meiner Abteilung entwickelten ungewöhnliche Energien und Fähigkeiten – mindestens einer von ihnen schielte auf meine Position.

Ich hatte ein Alter erreicht, in dem der Mensch es gerne bequem hat, und da ich schon lange bei dem Unternehmen war, glaubte ich, mich ein wenig zurücklehnen zu können. Das wirkte sich desaströs auf meine Position aus.

Vor etwa zwei Jahren bemerkte ich, dass meine Konzentrationsfähigkeit schwächer wurde und meine Aufgaben mühsamer. Ich vernachlässigte meine Korrespondenz, bis ich mit Sorge auf den enormen Stapel zu erledigender Post blickte. Berichte sammelten sich an, und Mitarbeiter waren durch die Verzögerung beeinträchtigt. Ich saß an meinem Schreibtisch, und mein Geist schweifte ab.

Andere Umstände signalisierten, dass ich mit den Gedanken nicht bei der Arbeit war. Ich vergaß ein wichtiges Treffen der Führungskräfte des Unternehmens. Einer meiner Mitarbeiter entdeckte einen schlimmen Fehler, den ich bei einer Schätzung über eine Wagenladung Güter verursacht hatte, und er verriet dem Werksleiter diesen Vorfall.

Die Situation alarmierte mich! Ich bat um eine Woche Urlaub, um mir alles durch den Kopf gehen zu lassen. Ich war entschlossen, zu kündigen, oder die Ursache für den Ärger zu finden und zu beseitigen. Ein paar Tage ernsthafter Introspektion in einem abgelegenen Ferienort in den Bergen überzeugten mich, dass ich nur an einem leichten Fall von geistiger Abwesenheit litt. Mir fehlte die Konzentration; meine physische und mentale Aktivität an meinem Schreibtisch war planlos geworden. Ich war unbedacht, einfallslos und vernachlässigte meine Aufgaben – alles nur, weil mein Geist nicht aufmerksam auf meiner Arbeit ruhte. Als ich meinen Fall befriedigend analysiert hatte, suchte ich nach einem Heilmittel. Ich musste meine Arbeitsgewohnheiten völlig umkrempeln und fasste den Entschluss, diese zu verändern.

Mit Papier und Stift skizzierte ich einen Zeitplan meines Arbeitstags: zuerst die morgendliche Korrespondenz, dann Anweisungen, die erteilt werden mussten, Diktat, Konferenz mit dem Team und verschiedene Aufgaben, den Arbeitstag mit einem leeren Schreibtisch beenden.

›Wie ändere ich meine Gewohnheit?‹, fragte ich mich selbst. ›Durch Wiederholung‹, erhielt ich als Antwort. ›Aber ich habe diese Dinge Tausende und Abertausende Male getan‹, protestierte mein anderes Ich. ›Stimmt, aber nicht geordnet und konzentriert‹, erwiderte mein Echo.

Ich kehrte ins Büro zurück und hatte meinen Geist fest im Griff, aber er war rastlos. Ich legte meinen neuen Arbeitszeitplan vor mich, an den ich mich halten wollte. Ich erledigte dieselben Aufgaben mit demselben Eifer und so weit als möglich jeden Tag zur selben Zeit. Wenn mein Geist zu wandern anfing, pfiff ich ihn schnell zurück.

Durch den mentalen Stimulus, den ich selbst durch Willenskraft geschaffen hatte, kam ich beim Ausbilden neuer Gewohnheiten voran. Tag um Tag übte ich mich in Konzentration. Als mir die Wiederholung nichts mehr ausmachte, wusste ich, dass ich gewonnen hatte.«

Ihre Fähigkeit, Ihr Gedächtnis zu trainieren oder irgendeine erwünschte Gewohnheit zu entwickeln, hängt allein davon ab, Ihre Aufmerksamkeit auf ein gegebenes Subjekt zu richten, bis dessen Umrisse sich gründlich der »fotosensitiven Platte« Ihres Geistes eingeprägt haben.

Konzentration selbst ist nichts weiter als die Kontrolle der Aufmerksamkeit!

Wenn Sie eine völlig neue Zeile Text lesen und dann die Augen schließen, werden Sie feststellen, dass Sie diese Zeile so deutlich sehen wie auf der gedruckten Seite. In Wahrheit »betrachten Sie sie« nicht auf der gedruckten Seite, sondern auf der fotosensitiven Platte in Ihrem Geist. Wenn Sie dieses Experiment ausprobieren und es beim ersten Mal nicht funktioniert, liegt es daran, dass Sie sich nicht exakt genug auf die Zeile konzentriert haben! Wiederholen Sie es ein paar Mal, und Sie werden es schließlich schaffen.

Sie können zum Beispiel ein Gedicht schnell lernen, indem Sie Ihre Aufmerksamkeit so intensiv auf die Zeilen richten, dass Sie die Augen schließen können und sie vor Ihrem inneren Auge so deutlich sehen wie auf der gedruckten Seite.

Diese Kontrolle der Aufmerksamkeit ist so wichtig, dass ich Sie durch Betonung daran hindern möchte, leichtfertig über diese Fähigkeit hinwegzugehen. Ich habe noch eine Erläuterung dieses bedeutenden Themas bis zum Schluss, als Höhepunkt der Lektion, aufgehoben, weil ich es für den Hauptteil dieser Einheit halte.

Die erstaunlichen Resultate, die Menschen erzielen, die in eine »Kristallkugel« blicken, basieren auf ihrer Fähigkeit, ihre Aufmerksamkeit für eine ununterbrochene Zeitperiode weit über das Normalmaß hinaus zu bündeln. In eine Kristallkugel zu sehen ist nichts weiter als konzentrierte Aufmerksamkeit!

Ich habe bereits auf etwas hingewiesen, das ich nun als meinen Glauben bekräftigen will: dass man mithilfe konzentrierter Aufmerksamkeit den eigenen Geist auf die Schwingungen des Äthers einzustellen vermag, sodass alle Geheimnisse in der Welt der unausgeloteten und unkartierten mentalen Phänomene zu einem offenen Buch werden, das man nach Belieben lesen kann. Welch ein beeindruckender Gedanke, den man sich durch den Kopf gehen lassen sollte!

Ich bin nicht ohne Grund von der Fähigkeit des Menschen überzeugt, sich so intensiv konzentrieren zu können, dass er sich darauf »einstellen« und verstehen kann, was im Geist einer jeden Person vorgeht. Darüber hinaus lautet der wichtigste Teil der Hypothese, zu der ich nach so vielen Jahren sorgfältiger Forschung gelangt bin, dass man noch einen Schritt weitergehen und sich auf den universellen Geist »einstellen« kann, in dem sämtliches Wissen gespeichert ist, auf das alle, die wissen, wie es geht, zugreifen können. Einem orthodoxen Denker mögen diese Aussagen in höchstem Maße irrational erscheinen, aber dem Schüler (wobei nur wenige Menschen auf der Welt mehr als bloße Schüler auf der niedrigsten Stufe dieses Bereichs sind), der dieses Gebiet mit mehr als einem nur rudimentären Verständnis studiert hat, erscheinen diese Hypothesen nicht nur möglich, sondern durchaus wahrscheinlich.

Aber unterziehen Sie diese Hypothese selbst einem Test! Sie können kein besseres Subjekt für ein Experiment wählen als Ihr konkretes Hauptziel. Prägen Sie sich Ihr konkretes Hauptziel so gut ein, dass Sie es wiederholen können, ohne auf Ihren Text dazu zu blicken, und gewöhnen Sie sich dann an, sich mindestens zweimal am Tag darauf zu konzentrieren. Verfahren Sie dabei wie folgt:

Gehen Sie an einen ruhigen Ort, an dem Sie nicht gestört werden; setzen Sie sich hin, und entspannen Sie Geist und Körper völlig; schließen Sie dann die Augen und stecken Sie sich die Finger in die Ohren, um Geräusche und Licht auszublenden. In dieser Position wiederholen Sie Ihr konkretes Hauptziel, und währenddessen stellen Sie sich selbst im vollen Besitz des Objekts Ihres Ziels vor. Wenn finanzieller Wohlstand ein Teil Ihres Ziels ist, wovon ich ausgehe, sehen Sie sich selbst im Besitz dieses Geldes.

Wenn ein Teil des Objekts Ihres konkreten Ziels ein Haus ist, stellen Sie sich dieses Haus vor, genauso wie es in der Realität beschaffen sein soll. Wenn es ein Teil Ihres konkreten Ziels ist, ein einflussreicher öffentlicher Redner zu werden, imaginieren Sie sich selbst vor einem großen Publikum, und spüren Sie, wie Sie mit den Emotionen der Zuhörer spielen, wie ein großartiger Geigenspieler auf den Seiten einer Violine musizieren würde.

Noch zwei Hinweise zum Ende dieser Lektion:

Erstens: Sie könnten jetzt und sofort anfangen, die Fähigkeit zu kultivieren, Ihre Aufmerksamkeit auf ein gegebenes Subjekt zu bündeln. Sie sollten dabei den Eindruck erhalten, dass diese Kompetenz, sobald sie voll entwickelt ist, Ihnen das Objekt Ihres konkreten Hauptziels einbringt, oder …

Zweitens: Sie könnten die Nase in die Luft strecken, mit einem zynischen Lächeln »pah« ausrufen und sich damit als Narr zu erkennen geben!

Treffen Sie Ihre Wahl!

Diese Lektion ist weder als Argumentation noch als Thema einer Debatte gedacht. Es ist Ihr Privileg, sie ganz oder teilweise zu akzeptieren oder abzulehnen, ganz wie es Ihnen beliebt.

Fische beißen nicht, weil man es sich wünscht,
Zieh weiter!
Nimm einen neuen Köder und fische weiter;
Zieh weiter!
Das Glück hat niemand abonniert;
Menschen, die du beneidest, das mag sein,
Neiden dir den Job und was ist dein!
Zieh weiter!

An dieser Stelle will ich jedoch festhalten, dass dies nicht das Zeitalter des Zynismus und Zweifels ist. Eine Ära, die die Luft über uns erobert hat und die See unter uns, die uns ermöglicht, die Luft zu beherrschen und sie in einen Boten zu verwandeln, der den Ton unserer Stimme im Bruchteil einer Sekunde halb um die Welt trägt, ist sicher kein Zeitalter für einen »zweifelnden Thomas« oder »Ungläubige«.

Die Menschheitsfamilie hat die »Steinzeit« durchlebt, das »Eisenzeitalter« und das »Stahlzeitalter«, und soweit ich nicht den Trend der Zeit grob fehlinterpretiert habe, tritt sie nun in die »Ära der Geisteskräfte« ein, die mit enormer Leistung alle vorherigen »Zeitalter« übertrumpfen wird.

Lernen Sie, Ihre Aufmerksamkeit absichtlich eine Zeit lang auf ein gegebenes Subjekt zu konzentrieren, und Sie werden sich den Geheimgang zu Macht und Überfluss erschließen! Das ist Konzentration! Sie werden aus dieser Lektion mitnehmen, dass die Bildung einer Allianz zwischen zwei oder mehr Menschen und damit das Erschaffen eines »Masterminds« darauf abzielt, das Gesetz der Konzentration effektiver anzuwenden, als eine einzelne Person es nutzen könnte.

Das Prinzip des »Masterminds« ist nichts weiter als die mentale Konzentration einer Gruppe auf das Erreichen eines konkreten Objekts oder Ziels. Eine Gruppe ist zu gesteigerter Macht durch Konzentration fähig, da sie den »Intensivierungs«-Prozess der Reaktion eines Geistes auf einen anderen nutzt.

Überzeugung oder Gewalt

Wie schon häufig in diesem Kurs geäußert, entsteht Erfolg vor allem aus dem taktvoll und harmonisch ausgeübten Einfluss auf andere Menschen. Allgemein ausgedrückt, kann ein Mensch, der in der Lage ist, »andere zu einer bestimmten Handlung zu motivieren«, auf jedem erdenklichen Gebiet erfolgreich sein.

Als Höhepunkt dieser Lektion über das Gesetz der Konzentration möchte ich das Prinzip beschreiben, durch das Menschen beeinflusst werden, durch das man Kooperation bewirken kann, das Antagonismus beseitigt und freundliches Wohlwollen generiert.

Gewalt scheint gelegentlich auch befriedigende Resultate zu erzielen, aber bloße Gewalt hat noch nie anhaltenden Erfolg begründet und wird dies niemals schaffen.

Der Weltkrieg hat mehr als jedes andere Ereignis in der Geschichte der Welt aufgezeigt, wie sinnlos es ist, den menschlichen Geist gewaltsam beeinflussen zu wollen. Ohne weiter ins Detail zu gehen oder die vielen möglichen Beispiele aufzuzählen, ist bekannt, dass Gewalt das Fundament der deutschen Philosophie während der letzten 40 Jahre war. Die Doktrin, dass der Stärkere immer recht hat, wurde auf weltweiter Bühne auf den Prüfstand gestellt und versagte.

Der menschliche Körper kann eingesperrt oder durch physische Gewalt kontrolliert werden, aber nicht der menschliche Geist. Kein Mensch auf der Welt kann den Geist einer normalen, gesunden Person kontrollieren, wenn diese beschließt, ihrem gottgegebenen Recht gemäß, ihren Geist zu kontrollieren.

Die Mehrheit der Menschen macht keinen Gebrauch von diesem Recht. Sie geht durch die Welt, dank unseres gescheiterten Bildungssystems, ohne jemals die Stärke ihres eigenen Geistes entdeckt zu haben. Ab und zu passiert eine Art Unfall, der eine Person aufweckt und sie ihre wahre

Stärke und wie sie beruflich oder geschäftlich einzusetzen ist, entdecken lässt. Das Ergebnis: Ein Genie ist geboren!

Ab einen bestimmten Punkt hört der menschliche Geist auf, zu forschen, falls ihn nicht etwas außerhalb der alltäglichen Routine über dieses Hindernis »stößt«. Bei einigen Menschen ist dieser Punkt niedrig angesetzt und bei anderen hoch. Bei wieder anderen variiert er zwischen niedrig und hoch. Das Individuum, das seinen Geist zu stimulieren und wachzuhalten vermag und ihn häufig diesen Punkt überwinden lässt, kann sich Ruhm und Reichtum sichern, sofern es konstruktiv handelt.

Ein Lehrer, der in der Lage ist, jeden beliebigen Geist anzuregen und über diesen Punkt zu befördern, ohne negative Reaktionen auszulösen, wird, wie kein Zweiter in der Geschichte der Welt, ein Segen für die Menschheit sein. Wir meinen hier natürlich nicht physische Mittel der Anregung oder Narkotika. Diese stimulieren den Geist für eine gewisse Zeit, ruinieren ihn aber ihn letztlich. Wir beziehen uns auf rein mentale Stimulanzien, in Form von Interesse, Leidenschaft, Enthusiasmus, Liebe und so weiter. Die Faktoren, aus denen ein »Mastermind« hervorgehen kann.

Eine solche kompetente Person wird viel zur Verbrechensbekämpfung beitragen. Man kann fast alles bei einem Menschen bewirken, wenn man es versteht, seinen Geist zu beeinflussen. Der Geist gleicht einem großen Feld. Er ist ein Acker, dessen Frucht stets der ausgebrachten Saat entspricht. Es gilt, den richtigen Samen zu wählen und so auszusäen, dass er Wurzeln schlägt und schnell wächst. Jeden Tag bringen wir Saat in unserem Geist aus. Nicht nur jeden Tag, jede Stunde, nein, jede Sekunde, allerdings ungeplant und mehr oder weniger unbewusst. Wir müssen lernen, dabei nach einem sorgfältig ausgearbeiteten Plan vorzugehen! Willkürlich im menschlichen Geist verteilte Saat liefert mit Sicherheit eine willkürliche Ernte!

Die Geschichte ist voller denkwürdiger Beispiele von Menschen, die von gesetzestreuen, friedlichen, konstruktiven Bürgern zu vagabundierenden, bösartigen Kriminellen wurden. Ebenso wandelten sich in Tausenden von Fällen sogenannte kriminelle Typen in konstruktive, gesetzestreue Bürger. In jedem dieser Fälle fand die Transformation im Geist eines Menschen statt. Er stellte sich aus dem ein oder anderen Grund vor, was er erreichen wollte, und machte sich dann daran, diese Vorstellung in die Realität zu überführen.

Wenn eine Person ein Bild einer bestimmten Umgebung, Situation oder einer Sache gedanklich festhält, sich lange und ausdauernd genug darauf konzentriert und von einem starken Verlangen nach diesem Objekt getrieben ist, ist es nur noch ein kleiner Schritt vom Bild zur physischen oder mentalen Realität.

Im Weltkrieg ereigneten sich viele erstaunliche Beispiele, wie der menschliche Geist sich auswirkt, die die Forschungen der Psychologie zur Funktionsweise des Geistes bestätigen. Der folgende Bericht eines rauen, undisziplinierten Bergbewohners mit geringer Schulbildung ist ein eindrückliches Beispiel:

Kämpfte für seine Religion, nun ein großer Kriegsheld

Rotarier planen, dem Analphabeten und Eichhörnchenjäger Alvin York eine Farm zu schenken.

Von George W. Dixon

Wie Alvin Cullom York, ein Eichhörnchenjäger aus Tennessee, der weder lesen noch schreiben konnte, zum größten Helden des amerikanischen Expeditionskorps in Frankreich wurde, ist eines der romantischen Kapitel der Weltkriegshistorie.

York stammt aus Fentress County. Er wuchs unter den rauen Bergbewohnern der Wälder von Tennessee auf. In Fentress County gibt es nicht einmal eine Eisenbahn. Während seiner frühen Jahre, so sagt man, war er ein unberechenbarer Mensch. Er war als Revolverheld bekannt. Als ein präziser Revolverschütze, der auch mit dem Gewehr gekonnt umging, war er weit und breit unter den einfachen Menschen der Hügel Tennessees bekannt.

Eines Tages stellte eine religiöse Gruppe ein Zelt in der Gemeinde auf, in der York und seine Eltern lebten. Es war eine fremdartige Sekte, die in die Berge gekommen war, um nach Konvertiten zu suchen, und die Lehren des neuen Kults beeindruckten mit Feuer und Emotion. Sie verdammten den Sünder, den schlechten Charakter und den Menschen, der andere übervorteilte. Sie verwiesen auf die Religion des Meisters als einem Beispiel, dem alle folgen sollten.

> Es gibt zwölf gute Gründe für einen Fehlschlag. Der erste ist die Gewohnheit, nicht mehr zu tun, als der eigene Lohn vorgibt. Und die Person, die stets so handelt, erblickt die anderen elf Gründe, wenn sie vor einen Spiegel tritt.

Alvin wird religiös

Alvin Cullom York versetzte seine Nachbarn eines Abends in Erstaunen, als er sich vor der Bank für Trauernde hinwarf. Alte Männer wurden unruhig auf ihren Plätzen, und Frauen reckten die Hälse, während York im Schatten der Berge Tennessees mit seinen Sünden rang.

York wurde ein begeisterter Apostel der neuen Religion. Er wurde ein Mahner, ein Führer des religiösen Lebens der Gemeinde, und obwohl seine Schießkünste so tödlich waren wie eh und je, fürchtete ihn niemand, der auf dem Pfad der Rechtschaffenen wandelte.

Als die Nachrichten vom Krieg in die abgelegene Gegend von Tennessee drangen und die Bergbewohner erfuhren, dass sie »eingezogen« werden sollten, reagierte York mürrisch. Er glaubte nicht daran, dass es lohnte, Menschen zu töten, auch nicht im Krieg. Seine Bibel lehrte ihn: »Du sollst nicht töten.« Seiner Ansicht nach war das wörtlich und letztgültig zu verstehen. Er wurde als »Verweigerer aus Gewissensgründen« abgestempelt.

Die für die Einberufung zuständigen Officer rechneten mit Ärger. Sie wussten, dass er sich nicht umstimmen lassen würde, also mussten sie anders an ihn appellieren als nur mit Androhung von Strafen.

Heiliger Krieg

Sie gingen mit einer Bibel zu York und erklärten ihm, der Krieg habe einen heiligen Zweck – die Befreiung aus Unterdrückung und die menschliche Freiheit. Sie wiesen darauf hin, dass Männer wie er von höheren Mächten dazu aufgerufen waren, die Welt zu befreien; unschuldige Frauen und Kinder vor Gewalt zu schützen; das Leben für die Armen und Unterdrückten lebenswert zu machen; das in der Bibel dargestellte »Biest« zu überwinden und die Welt für christliche Ideale und ein christliches Leben für alle zu öffnen. Es war ein Kampf zwischen den Heeren der Rechtschaffenheit und den Horden Satans. Der Teufel versuchte, die Welt durch seine erwählten Vertreter zu erobern, den Kaiser und seine Generäle.

Yorks Augen funkelten wild. Seine großen Hände schlossen sich wie eine Schraubzwinge. Seine starken Kiefer schnappten zusammen. »Der Kaiser«, zischte er zwischen den Zähnen hervor, »Das Biest! Der Vernichter von Frauen und Kindern! Ich werde ihm zeigen, wo er hingehört, wenn ich ihn je in Schussweite kriege!«

Er tätschelte sein Gewehr, küsste seine Mutter zum Abschied und sagte ihr, dass er sie wiedersehen würde, wenn der Kaiser außer Gefecht gesetzt sei.

Er ging ins Ausbildungscamp, unterzog sich gewissenhaft dem Drill und befolgte strikt alle Befehle.

Seine Fähigkeiten auf dem Schießstand erregten Aufmerksamkeit. Seine Kameraden bestaunten seine Treffgenauigkeit. Sie hatten nicht damit gerechnet, dass ein Eichhörnchenjäger und Hinterwäldler sich als Scharfschütze an vorderster Front eignen würde.

Yorks Leistung im Krieg ist heute Geschichte. General Pershing würdigte ihn als den größten Helden des Krieges. Er gewann jede Auszeichnung, inklusive der Ehrenmedaille des Kongresses, dem Croix de Guerre und der Ehrenlegion.

Er trat den Deutschen ohne Angst gegenüber. Er kämpfte im Namen seiner Religion, um die Heiligkeit der Heimat zu verteidigen, für die Liebe von Frauen und Kindern, den Erhalt christlicher Ideale und die Freiheit der Armen und Unterdrückten. Angst gehörte weder zu seinem Verhaltenskodex noch zu seinem Vokabular. Sein eiskalter Mut elektrisierte mehr als eine Million Menschen und sorgte dafür, dass die Welt über diesen seltsamen Helden aus den Hügeln von Tennessee redete, der nicht lesen und schreiben konnte.

Hier haben wir den Fall eines jungen Bergbewohners, der sich, wenn man ihn mit einer anderen Taktik angesprochen hätte, zweifellos der Einberufung widersetzt hätte und möglicherweise aus Verbitterung gegenüber seinem Land ein Gesetzloser geworden wäre, der bei der ersten Möglichkeit zurückgeschlagen hätte.

Diejenigen, die ihn rekrutierten, verstanden die Prinzipien, gemäß denen der menschliche Geist funktioniert. Sie wussten, wie sie den jungen York behandeln mussten, indem sie zuerst seinen mentalen Widerstand brachen. Weil diese Prinzipien nicht richtig verstanden werden, werden Tausende Männer willkürlich als Kriminelle klassifiziert und wie gefährliche, bösartige Menschen behandelt. Durch Suggestion hätte man sie so effektiv wie den jungen York beeinflussen und zu nützlichen, produktiven menschlichen Wesen wandeln können.

Wenn Sie Ihren eigenen Geist verstehen und beeinflussen möchten, um im Leben etwas zu erreichen, bedenken Sie, dass ohne Ausnahme alles, was Sie ärgert, und zu Zorn, Hass, Abneigung oder Zynismus reizt, destruktiv und schlecht für Sie ist.

Sie können Ihren Geist nie zu maximaler oder auch nur halbwegs durchschnittlicher Leistung bewegen, wenn Sie ihn nicht kontrollieren und davon abhalten, sich durch Wut oder Angst aus der Bahn werfen zu lassen!

Diese beiden negativen Faktoren, Wut und Angst, sind definitiv destruktiv für Ihren Geist, und solange Sie diese Zustände nicht überwinden, erzielen Sie garantiert unbefriedigende Resultate, die weit unter Ihren Möglichkeiten liegen.

In unserer Erläuterung über Umwelt und Gewohnheit haben wir gelernt, dass der individuelle Geist empfänglich für Suggestionen aus der Umwelt ist; dass Individuen in einer Gruppe sich miteinander verbinden und den beeinflussenden Suggestionen einer Führungsperson oder einer dominierenden Figur folgen. Mr. J. A. Fisk liefert uns im Folgenden einen interessanten Bericht über den Einfluss der mentalen Suggestion bei einem Erweckungsgottesdienst, der darlegt, wie der Geist von vielen Menschen zu einem wird:

Mentale Suggestion bei einer Erweckung

Die moderne Psychologie hat bestätigt, dass die meisten Phänomene bei einer religiösen »Erweckung« ihrer Natur nach psychisch und nicht spirituell sind und darüber hinaus psychisch abnormal. Führende Autoritäten erkennen an, dass die mentale Erregung, die die emotionale Predigt des »Erweckungspredigers« begleitet, unter dem Phänomen der hypnotischen Suggestion statt dem einer authentischen, religiösen Erfahrung einzuordnen ist. Experten, die das Thema genau studiert haben, glauben, dass eine solche Erregung nicht den Geist erhebt und die Seele des Einzelnen erbaut, sondern den Geist schwächt und herabsetzt und die Seele verdirbt, indem sie zu psychischer Raserei und emotionalem Exzess verleitet wird. Tatsächlich vergleichen einige Beobachter, die mit den typischen Phänomenen vertraut sind, die religiöse »Erweckung« mit einer öffentlichen »Hypnoseshow«, als ein typisches Beispiel der psychischen Berauschung und des hysterischen Exzesses.

David Starr Jordan, emeritierter Dekan der Leland Stanford University, sagt: »Whisky, Kokain und Alkohol sorgen ebenso wie eine religiöse Erweckung für vorübergehenden Irrsinn.« Der verstorbene Professor William James, der an der Harvard University Psychologie lehrte, sagte: »Religiöse Erweckung ist gefährlicher für das gesellschaftliche Leben als Trunkenheit.«

Es versteht sich, dass in dieser Lektion der Begriff »Erweckung« in der engeren Bedeutung verwendet wird, welche die typische religiöse emotionale Begeisterung meint, die man unter dem Begriff versteht, und nicht für die ältere und respektierte religiöse Erfahrung steht, die mit demselben Begriff bezeichnet wird und die früher unter den Puritanern, Lutheranern und anderen in Ehren gehalten wurde. Ein Standardwerk zum Thema beschreibt das Thema der »Erweckung« folgendermaßen:

»Erweckungen geschehen in allen Religionen. Wenn eine auftritt, wird eine große Zahl an Personen, die spirituellen Erwägungen größtenteils uninteressiert und gleichgültig gegenüberstanden, gleichzeitig oder in schneller Folge von ihrer Bedeutung überzeugt, verändert sich spirituell und moralisch und versucht andere mit zunehmendem Eifer von ihren Ansichten zu überzeugen. Eine mohammedanische Erweckung vollzieht sich in Form einer Rückkehr zu den strengen Doktrinen des Korans und führt zum Verlangen, sie durch das Schwert zu verbreiten. Eine christliche Minderheit, die in der betreffenden Gegend lebt, schwebt in Gefahr, von den Erweckten massakriert zu werden. Die Ausgießung des Heiligen Geistes an Pfingsten sorgte für eine Erweckung in der jungen Kirche, gefolgt von zahlreichen Konversionen. Erweckungen, auch wenn man sie nicht so nannte, traten in Intervallen seit der apostolischen Zeit bis zur Reformation auf, und die Erweckten wurden oft geächtet, sodass sie die Kirche verließen und Sekten bildeten, während sie in anderen Fällen, besonders bei den Gründern der monastischen Orden, in der Kirche blieben und sie beeinflussten. Der spirituelle Impuls, der zur Reformation und antagonistischen Bewegung führte, die die Gesellschaft Jesu hervorbrachte oder zumindest deren Aufstieg begünstigte, kann als Erweckung gelten. Der Begriff ›Erweckung‹ wird jedoch hauptsächlich für eine plötzliche Zunahme spiritueller Aktivität innerhalb protestantischer Kirchen verwendet.

Die Taten Wesleys und Whitefields ab 1738 in England und in diesem Land zielten auf Erweckung ab … Seitdem ereigneten sich von Zeit zu Zeit Erweckungen, und fast alle Glaubensrichtungen versuchen, diese hervorzubringen. Die dabei angewandten Mittel sind Gebete zum Heiligen Geist, nächtliche Gottesdienste, oft zu später Stunde, aufputschende Predigten, hauptsächlich von Laien-Erweckungspredigern, und Treffen der Anhänger nach der Messe. Letztlich stellt man fest, dass einige der offensichtlich Bekehrten standhaft waren, andere fielen wieder ab, während zeitweilig eine Abstumpfung im Vergleich zur vorherigen Erregung zu beobachten war. Bei Erweckungstreffen kann es vorkommen, dass besonders erregbare Personen schreien oder sich sogar zu Boden werfen.

> Nichts ist so ansteckend wie der Enthusiasmus. Er ist die wahre Allegorie der Geschichte des Orpheus. Er bewegt Steine, bezaubert Unmenschen. Enthusiasmus ist das Genie der Ernsthaftigkeit, und die Wahrheit kann ohne ihn nicht siegen.
>
> Bulwer

Diese krankhaften Ausprägungen werden heute abgelehnt und sind dadurch seltener geworden.«

Um zu verstehen, wie die mentale Suggestion auf den Erweckungstreffen funktioniert, müssen wir die Psychologie der Masse ergründen. Psychologen ist bewusst, dass die Psychologie der Masse, als Ganzes betrachtet, sich fundamental von der einzelner Individuen in der Menschenmenge unterscheidet. Es gibt eine Masse von separaten Individuen, und es gibt eine zusammengesetzte Masse, in der die emotionale Natur der Einzelpersonen offenbar verschmilzt. Der Wandel von der ersten zur zweiten vollzieht sich durch den Einfluss konzentrierter Aufmerksamkeit, emotionaler Ansprachen oder eines gemeinsamen Interesses. Im Laufe dieses Wandels wird die Menge zu einer Art Individuum, und das Maß an Intelligenz und Kontrolle liegt nur wenig über dem des schwächsten Beteiligten. Diese Tatsache, so erstaunlich sie dem Leser erscheinen mag, ist gut bekannt und wird von den führenden Psychologen unserer Zeit anerkannt. Viele wichtige Abhandlungen und Bücher wurden darüber geschrieben. Die vorherrschende Charakteristik dieses »zusammengesetzten Geistes« einer Menge sind die Belege extremer Beeinflussbarkeit, Reaktionen auf emotionale Ansprachen, lebhafte Vorstellungskraft und Aktionen, die aus Imitation resultieren – das alles sind mentale Eigenschaften, die primitive Völker aufzeigen. Kurz gesagt, die Menge zeigt einen Atavismus, den Rückfall in frühere Eigenschaften der menschlichen Gattung.

Diall äußert in seinem Buch *The Psychology of the Aggregate Mind of an Audience*, dass der Geist eines Publikums, das einem einflussreichen Redner zuhört, einen seltsamen Prozess durchläuft, den er »Fusion« nennt, durch den die Individuen in der Menge vorübergehend ihre persönlichen Eigenschaften verlieren und mehr oder weniger zu einem einzigen Individuum reduziert werden, dessen Eigenschaften die eines impulsiven jungen Menschen um die 20 Jahre sind. Sie sind im Allgemeinem mit hohen Idealen gesegnet, aber es fehlt ihnen an Vernunft, Macht und Willen. Tarde, der französische Psychologe, vertritt ähnliche Ansichten.

Professor Joseph Jastrow sagt in seinem Buch *Fact and Fable in Psychology*: »Bei der Erschaffung dieses Geisteszustands spielt ein bisher unerwähnter Faktor eine führende Rolle, die Macht der mentalen Ansteckung. Irrtum, genau wie Wahrheit, gedeiht in der Menge. Im mitleidigen Herzen findet beides ein Zuhause … Keine Form der Ansteckung nimmt so heimtückisch ihren Anfang, ist so schwierig in ihrem Verlauf zu verfolgen und hinterlässt so sicher Keime, die jeden Moment ihre schädliche Macht freisetzen können, wie eine mentale Ansteckung – die Ansteckung mit Angst, Panik, Fanatismus, Gesetzlosigkeit, Aberglaube, Irrtum … Kurz gesagt: Wir müssen die vielen Faktoren hinzufügen, die zu Betrug beitragen, dem Nachlassen der kritischen Denkfähigkeit, der Macht der präzisen Beobachtung sogar der Rationalität, nur weil ein Mensch sich in einer Menge befindet. Dem Zauberkünstler fällt es leicht, ein großes Publikum zu beeindrucken, denn unter anderem ist es so einfacher, seine Bewunderung und sein Mitgefühl hervorzurufen, und leichter, es dazu zu bringen, sich zu vergessen und in den unkritischen Geist eines Wunderlands einzutreten. Es scheint, dass der kritische Geist einer Versammlung, wie bei einer Kette, nur dem des schwächsten Glieds entspricht.«

Professor Le Bon erläutert in Psychologie der Massen: »Die Gedanken und die Ideen der Personen in einer Versammlung gehen in ein und dieselbe Richtung, und ihre bewusste Persönlichkeit verschwindet. Ein kollektiver Geist wird gebildet, zweifellos als ein Übergang, der deutlich hervortretende Charakteristika zeigt. Die Versammlung wird, was ich, in Ermangelung eines besseren Ausdrucks, eine psychologische Masse nennen will. Sie bildet ein einziges Wesen und unterliegt dem Gesetz der mentalen Einheit von Massen ... Die herausragendste Besonderheit, die von einer psychologischen Masse an den Tag gelegt wird, ist folgende: Wer immer die Individuen sind, aus denen sie besteht, wie ähnlich oder unähnlich auch ihre Lebensweise, ihr Beruf, ihr Charakter oder ihre Intelligenz sein mag – in eine Masse verwandelt zu sein, verleiht ihnen eine Art von kollektivem Geist, der sie anders fühlen, denken und handeln lässt, als jedes isolierte Individuum fühlen, denken und handeln würde. Bestimmte Ideen und Gefühle treten nur auf oder werden nur in Handlungen umgesetzt, wenn Individuen eine Masse bilden ... In Massen wächst die Dummheit und nicht die Weisheit. Im kollektiven Geist werden die intellektuellen Fähigkeiten der Individuen und als Konsequenz ihre Individualität geschwächt ... Beobachtungen scheinen zu beweisen, dass ein Mensch, der einige Zeit in einer aktiven Masse verbringt, sich bald in einem speziellen Zustand wiederfinden wird, der am ehesten dem der Faszination gleicht, in der sich ein hypnotisiertes Individuum befindet ... Die bewusste Persönlichkeit ist vollkommen verschwunden, Wille und Unterscheidungskraft sind verloren. Alle Gefühle und Gedanken tendieren in die Richtung, die der Hypnotiseur bestimmt ... Unter dem Einfluss einer Suggestion wird er bestimmte Handlungen mit unwiderstehlicher Impulsivität ausführen. Diese Impulsivität ist in einer Menschenmenge umso unwiderstehlicher. Da dieselbe Suggestion sich an alle Individuen in der Masse richtet, gewinnt sie Macht durch Reziprozität. Darüber hinaus steigt der Mensch als Teil einer organisierten Masse mehrere Sprossen auf der Leiter der Zivilisation hinab. Insoliert mag er ein kultiviertes Individuum sein; in einer Masse ist er ein Barbar – das heißt, eine Kreatur, die nach Instinkt handelt. Er zeigt die Spontaneität, die Gewalt, die Wildheit, den Enthusiasmus und das Heldentum primitiver Wesen, denen er zudem aufgrund der Leichtigkeit gleicht, mit der er sich zu Taten anstiften lässt, die seinen offensichtlichsten Interessen und Gewohnheiten entgegenstehen. Ein Individuum in einer Masse ist ein Sandkorn zwischen anderen Sandkörnern, die der Wind willkürlich umherbläst.«

Professor Davenport schreibt in *Primitive Traits in Religious Revivals*: »Der Geist der Masse ist seltsamerweise wie der des primitiven Menschen. Die meisten Menschen, die sich darin befinden, können alles andere als primitiv sein, in ihren Gefühlen, ihren Gedanken, ihrem Charakter; dennoch neigt das Ergebnis dazu, immer das gleiche zu sein. Stimulation führt sofort zu Aktion. Vernunft ist ausgesetzt. Der kühle, rationale Redner hat wenig Chancen neben dem fähigen emotionalen Sprecher. Die Masse denkt in Bildern, und danach muss eine Rede sich richten, um zugänglich zu wirken. Die Bilder sind nicht auf natürliche Weise verbunden, und eins nimmt den Platz des anderen ein, wie die Bilder bei einer Laterna Magica. Daraus folgt natürlich, dass Appelle an die Vorstellungskraft den größten Einfluss haben. Die Emotion ist ein natürliches Band, denn Menschen unterscheiden sich in dieser Hinsicht weniger als ihrem Intellekt nach. Ferner trifft es zu, dass die gebündelten Emotionen, die inmitten von Tausenden Menschen generiert werden, bei Weitem die Summe übertreffen, auf die man käme, wenn man die Gefühle der einzelnen Individuen zusammengenommen betrachten würde. Die Erklärung dafür ist, dass die Aufmerksamkeit der Masse immer entweder durch die Umstände des jeweiligen Anlasses oder durch den Redner an bestimmte allgemeine Ideen gebunden ist – wie ›Erlösung‹ bei religiösen Versammlungen … Und jedes Individuum in einer Versammlung wird durch Emotionen bewegt, nicht nur, weil die Idee oder das Schlagwort es anrühren, sondern, weil es sich bewusst ist, dass jeder andere in der Menge an die Idee und das Schlagwort glaubt und ebenfalls davon bewegt wird. Und das steigert beträchtlich das Ausmaß der Emotion in der Masse. Wie bei einem primitiven Geist öffnet die Vorstellungskraft die Schleusen der Emotion, die gelegentlich zu wildem Enthusiasmus oder zu dämonischer Raserei wird.«

> Einige Menschen sind erfolgreich, solange ein anderer hinter ihnen steht und sie ermutigt, und manche Menschen sind erfolgreich im Angesicht der Hölle! Treffen Sie Ihre Wahl.

Der Schüler auf dem Gebiet der Suggestion wird erkennen, dass die emotional gestimmten Mitglieder des Publikums bei einer Erweckung den Effekt des »zusammengesetzten Geistes« erleben, der aus der »Psychologie der Masse« entsteht und dadurch weniger Widerstandskraft haben. Zudem gelangen sie unter den Einfluss anderer potenter Formen der mentalen Suggestion. Zu den mächtigen Suggestionen eines autoritären Erweckungspredigers und in größtem Ausmaß eines professionellen Hypnotiseurs gesellt sich die Suggestion der Imitation, die durch das Übergewicht der Masse auf den Einzelnen wirkt.

Wie Durkheim bei seinen psychologischen Untersuchungen beobachtet hat, ist das durchschnittliche Individuum »von der Masse«, die die Menge um ihn herum bildet, »eingeschüchtert« und erfährt diesen seltsamen psychologischen Einfluss, ausgeübt von der bloßen Zahl der Menschen, als gegen sich selbst gerichtet. Nicht nur reagiert die beeinflussbare Person leicht auf die autoritären Suggestionen des Predigers und der Begeisterung seiner Helfer, sondern sie wird auch dem direkten Feuer der imitierenden Suggestionen der anderen um sie herum unterworfen, die emotionale Aktivität verspüren und sie nach außen manifestieren. Nicht nur drängt die Stimme des Schäfers nach vorne, sondern man hört auch das Bimmeln der Glocke des Leithammels. Und der Nachahmungsdrang der Herde, die ein Schaf dazu veranlasst, zu springen, weil ein anderes vor ihm springt (und so weiter, bis das letzte Schaf gesprungen ist), bedarf nur der Anleitung einer Führungsperson, um die gesamte Herde anzutreiben. Das ist keine Übertreibung – menschliche Wesen zeigen in Zeiten der Panik, Furcht oder jedweder tiefer Emotion die nachahmende Tendenz des Schafs und die Neigung von Rindern und Pferden, durch Imitation in eine »Stampede« zu verfallen.

Für den Studierenden, der mit der experimentellen Arbeit in einem psychologischen Labor vertraut ist, besteht eine enge Analogie zwischen den Phänomenen der Erweckung und der hypnotischen Suggestion. In beiden Fällen werden die Aufmerksamkeit und das Interesse von der ungewöhnlichen Prozedur angezogen; das Element des Mysteriums und des Staunens wird durch darauf ausgerichtete Worte und Taten hervorgerufen; die Sinne werden von der monotonen Rede im beeindruckenden und autoritativen Tonfall erschöpft. Und schließlich werden die Suggestionen auf eine autoritäre, suggestive Art projiziert, die allen Schülern der Hypnose vertraut sind. Die Subjekte werden in beiden Fällen durch kleine Suggestionen auf die schlussendlichen Suggestionen und Befehle vorbereitet, wie »Aufstehen« oder »Sehen Sie in diese Richtung« und so weiter, im Fall des Hypnotiseurs; und durch: »All diejenigen, die das und das glauben, sollen aufstehen«, und, »Alle, die bessere Menschen werden wollen, sollen aufstehen« und so weiter, im Fall des Erweckungspredigers. Die beeinflussbaren Subjekte werden so in kleinen Schritten auf den Gehorsam gegenüber Suggestionen eingeschworen. Und die autoritären Suggestionen: »Kommen Sie hoch – hier hoch – diesen Weg – hier hoch – kommen Sie, sage ich, kommen Sie, KOMMEN SIE!« und so weiter, wodurch die Beteiligten sofort aufstehen und nach vorne drängen, entsprechen in etwa denen eines hypnotischen Experiments oder einer Séance oder der gefühlsbetonten Erweckung. Jeder gute Erweckungsprediger gäbe einen guten Hypnotiseur ab und jeder gute Hypnotiseur einen guten Erweckungsprediger, sofern er sich dazu entschließen würde.

Bei einer Erweckung hat die suggerierende Person den Vorteil, den Widerstand ihres Publikums zu brechen, indem sie dessen Gefühle und Emotionen anspricht. Erzählungen, die den Einfluss der Mutter, des Zuhauses und des Himmels darstellen, Lieder, wie »Tell Mother, I'll Be There« und persönliche Appelle an die ehrfürchtig erinnerten Assoziationen der eigenen Vergangenheit und des frühen Lebens, die den Menschen auf einen Zustand zu reduzieren, in dem er emotional reagiert, und ihn für starke, wiederholte Suggestionen ähnlicher Art empfänglich machen. Junge Menschen und hysterische Frauen verfallen besonders dieser Art der emotionalen Suggestion. Predigten, Lieder und persönliche Appelle der Mitarbeiter des Erweckungspredigers erregen ihre Gefühle und beeinflussen ihren Willen.

Die heiligsten sentimentalen Erinnerungen werden für einen Moment wiedererweckt und alte Konditionierungen des Geistes wiederbelebt. »Where Is My Wandering Boy Tonight?« lässt manch einem die Tränen in die Augen steigen, dem die Erinnerung an seine Mutter heilig ist, und die Predigt, dass die Mutter in einem seligen Zustand im Himmel lebt, von dem das unbekehrte Kind abgeschnitten ist, solang es nicht seinen Glauben bekennt, lässt viele für den Moment in Aktion treten. Das Element der Furcht beschwört eine Erweckung ebenfalls – sicher nicht mehr so stark wie früher, aber immer noch in einem beträchtlichen Ausmaß und mittlerweile subtiler. Die Angst vor einem plötzlichen Tod in einem unbekehrten Zustand wird dem Publikum angedroht, und man fragt es: »Wieso nicht jetzt – wieso nicht heute Abend?«, begleitet von dem Hymnus: »Oh, Why Do You Wait, Dear Brother?« Wie Davenport sagt: »Es ist wohlbekannt, dass die Verwendung symbolischer Bilder die Emotionen eines Publikums beträchtlich verstärkt. Das Vokabular einer Erweckung kommt im Überfluss zum Einsatz – das Kreuz, die Krone, die Engel, Hölle, Himmel. Nun sind lebhafte Vorstellungen, starke Gefühle und starker Glaube Geisteszustände, die für Suggestionen anfällig sind, ebenso wie für impulsive Handlungen. Es ist ebenfalls wahr, dass der Einfluss einer Menge, die den angebotenen Ideen größtenteils zustimmt, gegenüber dem einzelnen Sünder dominierend oder angsteinflößend wirkt. Eine beträchtliche Zahl an vorgeblichen Konversionen wird zunächst von wenig mehr als einem solchen sozialen Druck ausgelöst und wächst nie darüber hinaus. Schließlich werden alle Ideen, die nichts mit der Sache zu tun haben, in den Erweckungsversammlungen durch Gebet und Predigt unterdrückt. Daher herrscht dort eine extreme Empfänglichkeit für Suggestionen. Wenn zum schlechten Gewissen des Publikums auch noch ein Versammlungsleiter mit hohem hypnotischen Potenzial kommt, wie Wesley oder Finney, oder eine Person, die äußerst überzeugend ist und eine magnetische Persönlichkeit mitbringt, wie Whitefield, wird auf bestimmte Individuen in der Menge leicht ein Einfluss ausgeübt, der ans Abnormale oder Hypnotische grenzt. Wenn dieser Punkt nicht erreicht wird, besteht immer noch ein beträchtliches Ausmaß an akuter, wenn auch normaler Beeinflussbarkeit.«

Die offensichtlich beeinflussten Menschen werden dann entweder vom Erweckungsprediger oder seinen Mitarbeitern »bearbeitet«. Sie werden gedrängt, ihren Willen zu unterwerfen und »alles dem Herrn zu überlassen«. Man sagt ihnen: »Gebt euch Gott hin, jetzt, genau jetzt, in dieser Minute«, oder: »Glaubt jetzt, und ihr seid erlöst«, oder: »Wollt ihr euch nicht Jesus hingeben?« und so weiter. Sie werden ermahnt, und man betet mit ihnen, Arme werden ihnen um die Schulter gelegt, und jede Art von emotional überzeugender Suggestion wird verwendet, damit der Sünder »aufgibt«.

Starbuck beschrieb in *The Psychology of Religion* einige Erfahrungen von konvertierten Menschen bei einer Erweckung. Eine Person schilderte es folgendermaßen: »Mein Wille schien ganz der Gnade anderer ausgeliefert, besonders dem Erweckungsprediger M. Es gab absolut kein intellektuelles Element. Es ging allein ums Gefühl. Es folgte eine Periode der Ekstase. Ich wollte Gutes tun und wirkte anderen gegenüber sehr überzeugend. Dieser Zustand des moralischen Hochgefühls hielt nicht an. Ihm folgte ein völliger Abfall von der rechtgläubigen Religion.«

> Sie brauchen keine Angst vor einem Konkurrenten zu haben, der sagt: »Ich werde nicht dafür bezahlt, das zu tun, also mache ich es nicht.« Dieser Mensch wird Ihnen nie Ihren Job streitig machen. Aber passen Sie bei demjenigen auf, der seine Arbeit bis zum Schluss erledigt und mehr leistet, als von ihm erwartet wird, denn er kann Sie beim Start herausfordern und an der Haupttribüne an Ihnen vorbeiziehen.

Davenport äußert als Antwort auf die Behauptung, dass die alten Methoden, Konvertiten bei einer Erweckung zu beeinflussen, mit der primitiven Theologie der Vergangenheit verschwunden wären: »Ich will diese Tatsache hier besonders betonen, denn obwohl das Hervorrufen irrationaler Ängste bei einer Erweckung größtenteils nicht mehr stattfindet, ist die hypnotische Methode keineswegs verschwunden. Stattdessen gibt es einen Rückfall und eine bewusste Stärkung dieser Methode, denn das alte Hilfsmittel der Angst entfällt. Es kann gar nicht genug betont werden, dass eine solche Kraft überhaupt keine ›spirituelle‹ Kraft im eigentlichen und klaren Sinn ist, sondern eher unheimlich, psychisch und obskur. Und die Methode selbst muss stark verfeinert werden, bevor sie überhaupt irgendeinen spirituellen Nutzen haben kann. Sie ist durch und durch primitiv und gehört zu den animalischen und instinktiven Verfahren, Faszination hervorzurufen. In dieser rohen, kruden Form wendet die Katze sie beim wehrlosen Vogel an, und der indianische Medizinmann verfährt ebenso mit dem Jünger des Geistertanzes. Diese Methode bei kleinen Kindern anzuwenden, wie es oft vorkommt, die von Natur aus besonders empfänglich für Suggestionen sind, entbehrt jeder Rechtfertigung, und sie ist mental und moralisch im höchsten Maß verletzend. Ich sehe nicht, wie brutale emotionale Schmerzen und Suggestion in ihrer primitiven Form im Fall von verstockten Sündern irgendwie von Nutzen sein können, und erst recht ist es psychologisch unangebracht, diese Mittel bei großen Bevölkerungsgruppen anzuwenden. Wir sollten uns mit intelligenter Sorgfalt gegen diese Quacksalberei im Bereich der psychologischen Transformation verwehren. Eine strengere Ausbildung und gesetzliche Regelungen sollten spirituelle Geburtshelfer in ihre Schranken weisen, deren Funktion es ist, den delikaten Prozess der Neugeburt zu leiten.«

Einige, die die Methoden der Erweckung favorisieren, aber auch anerkennen, dass mentale Suggestion eine wichtige Rolle bei diesem Phänomen spielt, sind der Meinung, dass die Einwände, ähnlich den hier vorgebrachten, bei einer Erweckung nicht gelten, denn die mentale Suggestion kann bekanntlich zu guten und schlechten Zwecken eingesetzt werden – zum Nutzen und zur Erhebung der Menschen wie auch für das Gegenteil. Auch wenn sie dies eingestehen, argumentieren diese wohlmeinenden Menschen, dass die mentale Suggestion bei einer Erweckung eine legitime Methode ist oder eine »Angriffswaffe gegen die Bollwerke des Teufels«. Aber dieses Argument erweist sich als fehlerhaft, wenn man seine Auswirkungen und Konsequenzen genauer betrachtet. Zuerst einmal scheint es die emotionalen, neurotischen und hysterischen Geisteszustände, die von der Erweckungsmethode hervorgerufen werden, mit der spirituellen Erhöhung und der moralischen Erneuerung zu verwechseln, die die wahre religiöse Erfahrung begleiten. Es scheint die Fälschung mit der wahren Erfahrung gleichzusetzen – das kümmerliche Glimmen der Strahlen des psychischen Mondes mit den belebenden Strahlen der spirituellen Sonne. Es versucht, die hypnotische Phase zur »spirituellen Gesinnung« des Menschen zu erheben. Für diejenigen, die mit den beiden Klassen an Phänomenen nicht vertraut sind – es besteht ein Unterschied wie der zwischen Tag und Nacht.

Als ein Strohhalm, der uns anzeigt, wohin die Winde der modernen religiösen Denkrichtungen wehen, mag der folgende Beitrag aus dem Buch *Religion and Miracle* aus der Feder von Pastor Dr. George A. Gordon, Emeritus der New Old South Church of Boston, dienen: »Zu diesem Zweck sind professionelle Erweckungen, mit ihren Organisationen, ihrem Tross an Reportern, die dafür sorgen, dass genügend Menschen voller Hoffnung erscheinen, das System der Werbung und die Unterdrückung jedes vernünftigen kritischen Kommentars, der Appell an die Emotionen und die Nutzung von Mitteln, die keine sichtbare Verbindung zur göttlichen Gnade haben und auf keinen Fall zur göttlichen Glorie führen, völlig unangemessen. Die Welt wartet auf die Vision, die Leidenschaft, die Einfachheit und die ernste Wahrhaftigkeit der hebräischen Propheten, sie wartet auf die königliche Weite und moralische Energie des christlichen Apostels der Heiden, sie wartet auf Lehrer, die wie Christus diese Doktrin in einem großen Geist und einem großartigen Charakter tragen.«

Während zweifellos viele Personen zuerst von der emotionalen Begeisterung der Erweckung angezogen wurden und danach ein ehrenwertes religiöses Leben in Übereinstimmung mit der höheren spirituellen Natur gelebt haben, hat die Erweckung in zu vielen Fällen nur einen temporären positiven Effekt auf die zunächst begeisterte Person gehabt. Nachdem der Druck sich gelegt hatte, führte die Erfahrung zu Gleichgültigkeit und sogar zu einer Aversion gegen religiöses Empfinden. Die Reaktion ist oft genauso stark wie die ursprüngliche Aktion. Die Konsequenzen eines »Rückfalls« nach einem religiösen Erwachen sind in allen Kirchen bekannt. In anderen wurde nur eine Empfänglichkeit für emotionale Begeisterung erweckt, die ein Individuum veranlasst, wiederholte Stufen der »Bekehrung« bei jeder Erweckungsveranstaltung zu durchlaufen und einen anschließenden Rückfall zu erleiden, sobald der Einfluss der Versammlung verschwunden ist.

Darüber hinaus wissen Psychologen, dass Personen, die sich der emotionalen Begeisterung und des Exzesses einer Erweckungspredigt hingegeben haben, hinterher weitaus einfacher zu beeinflussen und anfälliger für »-ismen« jeglicher Art, für Modeerscheinungen und falsche Religionen sind. Die Menschen, die die verschiedenen pseudoreligiösen Abenteurer und Hochstapler unserer Zeit unterstützen, sind im Allgemeinen dieselben Leute, die vorher die glühendsten und begeistertsten Konvertiten der Erweckung waren. Die »Messiasse«, »Elijas« und »Propheten des Weltendes«, die in großer Zahl in diesem Land und in England während der letzten 50 Jahre auf der Bildfläche erschienen sind, wurden fast ausschließlich von denen rekrutiert, die vorher die Leidenschaft der Erweckung in den rechtgläubigen Kirchen »erlebt« haben. Es ist die alte Geschichte der Ausbildung des hypnotischen Subjekts.

Besonders schädlich ist diese Form der emotionalen Intoxikation für junge Menschen und Frauen. Man muss bedenken, dass ein Mensch in der Adoleszenz große Veränderungen durchlebt. Es ist eine Periode, die aufgrund der Entwicklung der emotionalen Persönlichkeit, der sexuellen und der religiösen Natur hervorsticht. Die herrschenden Bedingungen in dieser Lebensphase lassen die psychische Ausschweifung einer Erweckung, einer Séance oder einer hypnotischen Vorführung besonders schädlich erscheinen. Exzessive emotionale Aufregung, gepaart mit Mysterium, Angst und Schauer, kann in dieser Periode dazu führen, dass sich später im Leben morbide und abnormale Verhältnisse etablieren. Wie Davenport so richtig sagt: »Es ist nicht die Zeit für den Schock der Angst oder die Agonie des Bedauerns. Das einzige Ergebnis eines solchen fehlgeleiteten religiösen Eifers ist wahrscheinlich oftmals, dass besonders Frauen zu Krankhaftigkeit und Hysterie, zu Dunkelheit und Zweifel neigen.«

Andere Fakten, die alle Schüler dieses Themas kennen, wirken sich bei der engen Beziehung zwischen abnormaler religiöser Aufregung und dem unangemessenen Erregen der sexuellen Natur aus, von denen hier jedoch nicht die Rede sein soll. Hier sei nur in den Worten Davenports erwähnt: »… In der Pubertät findet ein organischer Prozess statt, der beinahe gleichzeitig das Sexuelle und das Spirituelle hervorbringt. Es gibt jedoch keinen Beweis, dass Letzteres durch Ersteres ausgelöst wird. Aber es scheint zu stimmen, dass die beiden in dieser Phase im physischen Prozess eng verbunden sind und sich dann in verschiedene Richtungen verzweigen, und dass zu dieser kritischen Periode jede radikale Stimulation des einen das andere beeinträchtigt. Eine sorgfältige Analyse dieser wichtigen Aussage wird vieles erklären, was Menschen früher angesichts der Begeisterung für eine Erweckungsbewegung oder bei Versammlungen in Camps und so weiter vor große Rätsel stellte. Dieser offensichtliche Einfluss des Teufels, der unseren Vorvätern so viel Sorge bereitete, erweist sich als die Wirkung natürlicher psychologischer und physiologischer Gesetze. Dies zu erkennen bedeutet, dass man auch das Heilmittel zur Hand hat.«

Aber was sagen die Experten über die Erweckung der Zukunft – die neue Erweckung – die wahre Erweckung? Lassen wir Professor Davenport für die Kritiker sprechen – er ist für diese Aufgabe gut gewappnet: »Es werden, so glaube ich, Erweckungstreffen seltener als grobes Zwangsmittel eingesetzt, um den Willen zu überwältigen und die Vernunft des einzelnen Menschen zu übergehen. Der Einfluss der öffentlichen religiösen Versammlungen wird indirekter sein, unauffälliger. Man wird erkennen, dass Hypnose und erzwungene Wahl die Seele schwächen, und es wird keinen Versuch geben, die Entscheidung bei einer so wichtigen Sache unter dem Zauber der Aufregung, Ansteckung und Suggestion zu erzwingen … Es gibt vielleicht weniger Konvertiten, vielleicht mehr. Sie werden nicht anhand der Kapazität des Predigers gemessen, Hypnose einzusetzen, sondern anhand der Kapazität selbstloser Freundlichkeit eines jeden christlichen Mannes und jeder christlichen Frau. Aber eins dürfte sicher sein – die Tage des religiösen Überschwangs und der leidenschaftlichen Enthemmung sterben langsam aus. Die Tage der intelligenten, zurückhaltenden und selbstlosen Frömmigkeit ziehen herauf. Recht zu tun, Mitleid zu praktizieren, demütig mit Gott zu wandeln – das werden die wichtigsten Belege für das Göttliche im Menschen bleiben. Religiöse Erfahrung ist eine Entwicklung. Wir gehen vom Rudimentären und Primitiven zum Rationalen und Spirituellen über. Wenn man Paulus glaubt, ist die reife Frucht des Geistes nicht die unterbewusste Erregung, der Mangel an Hemmungen, sondern die rationale Liebe, die Freude, der Frieden, der Langmut, die Freundlichkeit, die Güte, der Glaube, die Bescheidenheit – die Selbstkontrolle.«

> Bis Sie gelernt haben, Menschen gegenüber tolerant zu sein, die nicht immer mit Ihnen übereinstimmen – bis Sie sich angewöhnt haben, freundlich zu jenen zu sein, die Sie nicht bewundern – bis Sie stets nach dem Guten statt nach dem Schlechten bei anderen suchen, werden Sie weder erfolgreich noch glücklich sein.

Das Gesetz der Konzentration ist eins der Hauptprinzipien, die alle verstehen und intelligent einsetzen müssen, die erfolgreich mit dem Prinzip des »Masterminds«, wie in diesem Kurs beschrieben, umgehen wollen.

Die vorhergehenden Erläuterungen führender Autoritäten der Welt vermitteln Ihnen ein besseres Verständnis des Gesetzes der Konzentration, wie es Personen anwenden, die eine Menge geistig »verbinden« oder »verschmelzen« wollen, sodass sie zu einem einzigen Geist wird.

Sie sind nun bereit für die Lektion über Kooperation, durch die Sie noch mehr darüber erfahren, wie Sie die psychologischen Gesetze der Philosophie des Erfolgs anwenden können.

> Wenn Sie zögern oder fliehen, sobald Sie angegriffen werden, sind Sie kein Kämpfer – Sie sind ein »Drückeberger«; und der Teufel hasst den Menschen mit einem Rückgrat aus Gummi. Er stinkt, wenn er brennt.

LEKTION 13

KOOPERATION

»Du kannst es, wenn du glaubst, dass du es kannst!«

Mit Kooperation beginnt jede organisierte Leistung. Wie schon in der zweiten Lektion dieses Kurses gesagt, hat Andrew Carnegie ein riesiges Vermögen durch die kooperative Leistung einer Gruppe von nicht mehr als 20 Männern erworben.

Sie können ebenfalls lernen, dieses Prinzip zu nutzen.

Diese Lektion lenkt Ihre Aufmerksamkeit auf zwei Formen der Kooperation:

Erstens, die Kooperation zwischen Menschen, die sich verbünden oder eine Allianz gründen, um im Sinne des Prinzips des Masterminds ein gegebenes Ziel zu erreichen.

Zweitens, die Kooperation zwischen dem bewussten und dem unbewussten Geist, worauf die plausible Hypothese basiert, dass der Mensch mit der unendlichen Intelligenz in Kontakt treten, mit ihr kommunizieren und sie nutzen kann.

> Sie haben viele Male versagt? Dann haben Sie Glück gehabt! Sie sollten schon über einiges Bescheid wissen, das Sie NICHT tun sollten.

Demjenigen, der über dieses Thema noch nicht ernsthaft nachgedacht hat, mag die vorhergehende Hypothese weit hergeholt erscheinen: Aber betrachten Sie die Beweise für ihre Zuverlässigkeit, studieren Sie die Fakten für diese Hypothese, und ziehen Sie dann Ihre eigenen Schlüsse.

Lassen Sie uns mit einer kurzen Übersicht der Physiologie des Körpers beginnen:

»Wir wissen, dass der gesamte Körper von einem Netzwerk an Nerven durchzogen ist, die als Kanäle der Kommunikation zwischen dem spirituellen Ich, das wir Geist nennen, und den Funktionen des externen Organismus dienen.

Dieses Nervensystem ist dual angelegt. Das System des Sympathikus ist der Kanal für alle Aktivitäten, die nicht bewusst durch unseren Willen gelenkt werden, wie die Funktion der Verdauungsorgane, die Reparatur der täglichen Abnutzung des Gewebes und Ähnliches.

Das andere System, das willkürliche oder zerebrospinale Nervensystem, ist der Kanal, durch den wir die bewussten Eindrücke der physischen Nerven empfangen und die Bewegungen unseres Körpers kontrollieren. Das Zentrum dieses Systems ist das Gehirn, während der Mittelpunkt des anderen Systems in der Masse der Ganglien in der Magengegend liegt, im Solarplexus oder auch Unterleibsgehirn. Das zerebrospinale System ist der Kanal unserer willkürlichen oder bewussten mentalen Handlungen, und das sympathische System ist der Kanal der mentalen Handlungen, die unbewusst die Lebensfunktionen des Körpers stützen. Daher ist das zerebrospinale System das Organ des bewussten Geistes und das sympathische das des unbewussten Geistes.

Aber die Interaktion des Bewusstseins und Unterbewusstseins erfordert eine ähnliche Interaktion zwischen den entsprechenden Nervensystemen, und eine auffällige Verbindung zwischen diesen bildet der ›Vagusnerv‹. Dieser Nerv tritt aus der cerebralen Region als Teil des willkürlichen Systems aus, und mit ihm kontrollieren wir die Stimmorgane. Er verläuft weiter zum Brustkorb und verzweigt sich Richtung Herz und Lunge. Schließlich führt er durch das Zwerchfell, wo er die äußere Hülle verliert, die ihn von den Nerven des willkürlichen Systems unterscheidet, und gleicht sich denen des sympathischen Systems an, womit er das Verbindungsglied zwischen den beiden bildet und den Menschen physisch zu einer Einheit macht.

Ähnlich weisen verschiedene Bereiche des Hirns auf ihre Verbindung mit den objektiven und subjektiven Aktivitäten des Geistes hin und, allgemein gesagt, können wir dem vorderen Teil des Gehirns Erstes zuweisen und dem hinteren Teil Letzteres, während der dazwischen liegende Teil an beidem teilhat.

Die intuitiven Fähigkeiten finden ihre Entsprechung im oberen Bereich des Hirns, hinter dem frontalen und hinteren Teil, und physiologisch gesprochen erhalten hier die intuitiven Ideen Zugang zum Bewusstsein. Diese sind zuerst mehr oder weniger gestaltlos und allgemein gehalten, werden aber dennoch vom bewussten Geist wahrgenommen, sonst könnten wir uns ihrer gar nicht bewusst sein. Die Natur müht sich, diese Ideen in eine konkretere und nutzbare Form zu bringen, damit der bewusste Geist sich ihrer ermächtigen und eine entsprechende Schwingung im willkürlichen Nervensystem hervorrufen kann, womit die Idee dem subjektiven Geist übergeben wird. Die Strömung der Schwingungen, die zuerst aus dem Scheitelpunkt des Gehirns in den frontalen Bereich gesendet wird und dann durch das willkürliche System in den Solarplexus, wird nun umgekehrt und steigt vom Solarplexus durch das sympathische System in den hinteren Teil des Gehirns, womit diese rückkehrende Strömung auf eine Aktion des subjektiven Geistes hinweist.«

Wenn wir den oberen Scheitelbereich des Gehirns entfernen würden, fänden wir direkt darunter den glänzenden Strang an Hirnsubstanz, den »Corpus callosum«. Das ist der Punkt der Einheit zwischen dem Subjektiven und dem Objektiven. Während die Strömung aus dem Solarplexus zu diesem Punkt zurückkehrt, wird sie wieder zum objektiven Teil des Gehirns in einer neuen Form, die sie durch die lautlose Alchemie des subjektiven Geistes erhalten hat. Daher wird das Konzept, das zuerst nur vage erkannt wurde, dem objektiven Geist in konkreter und funktionierender Form wiedergegeben, und der objektive Geist, der durch das Frontalhirn handelt – dem Gebiet von Vergleich und Analyse –, beginnt an einer klar wahrgenommenen Idee zu arbeiten und die latent vorhandenen Möglichkeiten daraus zu entwickeln. (Judge T. Troward in *The Edinburgh Lectures on Mental Science* – dt. *Edinburgher Vorlesungen über die Mentalwissenschaft.*)

Der Begriff »subjektiver Geist« ist der Gleiche wie der Begriff »unterbewusster Geist«, und der Begriff »objektiver Geist« ist der gleiche wie »bewusster Geist«. Diese verschiedenen Begriffe sollten Sie verstehen.

Indem man dieses doppelte System studiert, mithilfe dessen der Körper Energie überträgt, entdeckt man die genauen Punkte, an denen die beiden Systeme verbunden sind, und die Art, auf die wir einen Gedanken vom bewussten in den unbewussten Geist übertragen.

Dieses kooperative duale Nervensystem ist die wichtigste dem Menschen bekannte Form der Kooperation, denn mithilfe dieses Systems fährt das Prinzip der Evolution fort, präzises Denken zu entwickeln, wie es in Lektion 11 beschrieben ist.

Wenn Sie Ihrem unterbewussten Geist mittels Autosuggestion einen Eindruck übermitteln, bedienen Sie sich dieses dualen Nervensystems. Und wenn Ihr unterbewusster Geist einen konkreten Plan eines jeden Verlangens ausarbeitet, das Sie ihm übermitteln, wird der Plan wieder Ihrem bewussten Geist durch dasselbe duale Nervensystem übermittelt.

Dieses kooperative System der Nerven bildet buchstäblich eine direkte Kommunikationslinie zwischen Ihrem normalen bewussten Geist und der unendlichen Intelligenz.

Da ich aus meiner eigenen früheren Erfahrung als Student dieses Themas weiß, wie schwierig es ist, die hier dargelegte Hypothese zu akzeptieren, will ich ihren Sinn auf eine einfache Weise illustrieren, die Sie sowohl verstehen als auch selbst üben können:

Bevor Sie am Abend schlafen gehen, prägen Sie Ihrem Geist das Verlangen ein, am nächsten Morgen zu einer bestimmten Stunde aufzustehen, sagen wir um vier Uhr früh. Wenn diesen Eindruck ein positiver Entschluss begleitet, zu dieser Stunde aufzustehen, wird Ihr unterbewusster Geist diesen Eindruck registrieren und Sie genau um diese Zeit wecken.

Nun könnte man die Frage stellen: »Wenn ich meinem unterbewussten Geist den Eindruck vermitteln kann, dass ich um eine bestimmte Uhrzeit aufstehen will, und er weckt mich um diese Zeit, wieso gewöhne ich mir dann nicht an, ihm andere und wichtigere Anliegen einzuprägen?«

Wenn Sie sich selbst diese Frage stellen und auf einer Antwort bestehen, werden Sie sich in der Nähe, wenn nicht sogar auf direktem Weg zur Geheimtür zum Wissen befinden, wie in Lektion 11 beschrieben.

> Sie können einem Menschen keine Angst machen, der seinen Frieden mit Gott, seinen Mitmenschen und sich selbst geschlossen hat. Es gibt keinen Platz für Furcht im Herzen eines solchen Menschen. Falls die Angst dort willkommen ist, bedarf es der Änderung.

Wir wenden uns nun dem Thema der Kooperation zwischen Menschen zu, die sich verbünden oder zu einer Gruppe zusammenfinden, um ein bestimmtes Ziel zu erreichen. In der zweiten Lektion dieses Kurses haben wir uns auf diese Zusammenarbeit als organisierte Leistung bezogen.

Dieser Kurs behandelt in praktisch jeder Lektion eine Phase der Kooperation. Dies ist zwingend, weil der Kurs dem Schüler zur Entwicklung von Macht verhelfen soll, und Macht entsteht nur durch eine organisierte Leistung.

Wir leben in einem Zeitalter der kooperativen Leistung. Fast alle erfolgreichen Geschäfte stützt eine bestimmte Form der Zusammenarbeit. Dasselbe gilt auf dem Gebiet von Industrie und Finanzen sowie in anderen Berufen.

Ärzte und Anwälte unterhalten Allianzen zur gegenseitigen Hilfe und zum beruflichen Schutz in Form der Anwaltskammer und des Ärzteverbands.

Die Banker nutzen sowohl lokale als auch nationale Vereinigungen zur gegenseitigen Unterstützung und Förderung.

Die Einzelhändler haben zum gleichen Zweck Vereinigungen gegründet.

Die Automobilbesitzer haben sich zu Klubs und Verbänden zusammengeschlossen.

Die Drucker haben Verbände, ebenso die Klempner und die Kohlehändler. Kooperation ist das Ziel all dieser Vereinigungen. Die Arbeiter organisieren sich in Gewerkschaften, und auch die Arbeitgeber unterhalten Allianzen.

Nationen gehen kooperative Allianzen ein, auch wenn sie noch nicht die volle Bedeutung des Wortes »Kooperation« entdeckt zu haben scheinen. Der Versuch des verstorbenen Präsidenten Wilson, den Völkerbund zu perfektionieren, gefolgt von den Bemühungen des verstorbenen Präsidenten Harding, die gleiche Idee unter dem Namen Weltgerichtshof zu vollenden, verweisen auf den aktuellen Trend zur Kooperation.

Es zeigt sich immer mehr, dass Menschen, die das Prinzip der kooperativen Leistung effizient einsetzen, am längsten überleben, und dass dieses Prinzip sich von der niedrigsten tierischen Lebensform zu den höchsten menschlichen Bemühungen durchzieht.

Mr. Carnegie, Mr. Rockefeller und Mr. Ford haben den Wert der Kooperation in der Wirtschaft manifestiert. Sie haben allen intelligenten Menschen das Prinzip vermittelt, durch das sie ihre riesigen Vermögen erworben haben.

Kooperation ist das Fundament erfolgreicher Führungsstärke. Henry Fords wichtigstes Gut ist seine effizient arbeitende Organisation. Sie bietet ihm nicht nur einen Verkaufskanal für all seine produzierten Automobile, sondern darüber hinaus die Finanzkraft, um in jeder erdenklichen Notlage zu bestehen, wie er bei mehr als einer Gelegenheit bewiesen hat.

Indem er den Wert des Prinzips der Kooperation vollkommen begriffen und angewandt hat, konnte Ford sich aus der Abhängigkeit von Finanzinstitutionen lösen und mehr kommerzielle Macht erlangen, als er jemals nutzen kann.

Das System der Federal Reserve Bank ist ein weiteres Beispiel einer kooperativen Leistung, die die Vereinigten Staaten gegen eine Geldpanik absichert.

Das System der Ladenketten stellt eine weitere Form der kommerziellen Operation dar, die sowohl dem Käufer als auch dem Verkäufer Vorteile bietet.

Das moderne Kaufhaus, im Grunde eine Gruppe kleiner Läden, die unter einem Dach, einer Leitung und denselben Gemeinkosten arbeiten, zeigt die Vorteile einer kooperativen Leistung im kommerziellen Bereich auf.

In Lektion 15 werden Sie die Möglichkeiten einer kooperativen Leistung in ihrer höchsten Form erfahren und zudem erkennen, welch wichtige Rolle sie in puncto Macht spielt.

Wie Sie bereits gelernt haben, ist Macht eine organisierte Leistung. Die drei wichtigsten Faktoren des Prozesses der organisierten Leistung sind:

- Konzentration
- Kooperation und
- Koordination.

Wie man mithilfe von Kooperation zu Macht kommt

Wie wir bereits gesehen haben, ist Macht organisierte Leistung oder Energie. Persönliche Macht entwickelt man, indem man seine mentalen Fähigkeiten weiterentwickelt, organisiert und koordiniert. Dies erreicht man, indem man sich die 15 Hauptprinzipien dieses Kurses aneignet, sie beherrscht und anwendet. Wie man diese Prinzipien meistern kann, behandeln wir in der 16. Lektion.

Die Entwicklung persönlicher Macht ist nur der erste Schritt hin zur potenziellen Macht einer gemeinsamen Leistung oder Kooperation, die man als Gruppenmacht bezeichnen könnte.

Bekanntlich verfügen alle Menschen, die es zu großen Vermögen gebracht haben, über »Organisationstalent«. Das heißt, sie sind imstande, die kooperativen Leistungen anderer Menschen für sich zu nutzen, die das Talent und die Fertigkeiten mitbringen, die ihnen fehlen.

Das Hauptziel dieses Kurses ist es, die Prinzipien der organisierten, kooperativen oder gemeinsamen Leistung darzulegen, sodass der Schüler ihre Bedeutung erfasst und sie zur Basis seiner Philosophie macht.

Nehmen wir als Beispiel einen beliebigen Geschäftszweig oder Beruf, und Sie werden herausfinden, dass nur die mangelnde Nutzung einer organisierten oder kooperativen Leistung hier Grenzen setzt. Als Beispiel sehen wir uns den Rechtsberuf an:

Wenn eine Anwaltsfirma nur eine bestimmte Denkweise der Angestellten an den Tag legt, ist sie dadurch enorm eingeschränkt, auch wenn sie aus einem Dutzend fähiger Menschen mit dieser bestimmten mentalen Einstellung besteht. Das komplizierte Rechtssystem erfordert eine größere Variation an Talenten, als ein einzelner Mensch aufweisen kann.

Daher reicht die organisierte Leistung nicht aus, um herausragenden Erfolg zu garantieren. Das Unternehmen muss aus Individuen bestehen, von denen jedes eine spezialisierte Kompetenz mitbringt, das den anderen Mitgliedern der Organisation fehlt.

Eine gut organisierte Anwaltskanzlei verfügt über Talente, die auf die Vorbereitung von Fällen spezialisiert sind; Menschen mit Vision und Vorstellungskraft, die bei einem Fall das Gesetz und die Beweise mit einem fundierten Plan verknüpfen können. Menschen mit dieser Fähigkeit verfügen nicht immer über die Fertigkeit, einen Fall vor Gericht zu präsentieren. Daher müssen andere Personen im Team über Gerichtsprozeduren Bescheid wissen. Wenn man die Analyse einen Schritt weiterführt, erkennt man, dass es viele verschiedene Klassen von Fällen gibt, die nach Menschen mit verschiedenen spezialisierten Fähigkeiten verlangen, sowohl bei der Vorbereitung als auch bei der Verhandlung dieser Fälle. Ein Anwalt, der sich selbst auf Unternehmensrecht spezialisiert hat, ist womöglich nicht in der Lage, einen Kriminalfall zu verhandeln.

Wer eine Partnerschaft als Anwalt eingeht, sollte die Prinzipien der organisierten, kooperativen Leistung verstehen, und sich mit Talenten umgeben, die in jedem Zweig des Gesetzes und der legalen Prozeduren spezialisiert sind, in denen er praktizieren will. Wer die potenzielle Macht dieser Prinzipien nicht ergründet hat, sucht sich seine Mitarbeiter vermutlich nach der üblichen »Versuch-und-Irrtum«-Methode aus und wählt mehr nach Persönlichkeit oder Bekanntschaft als den besonderen Typ an juristischer Begabung eines Bewerbers zu bedenken.

Das Thema »organisierte Leistung« wurde in den vorhergehenden Lektionen dieses Kurses bereits behandelt. Hier beleuchten wir es erneut, um auf die Bedeutung von Allianzen oder Organisationen hinzuweisen, die Personen mit allen erforderlichen Talenten umfassen, um das eigene Ziel zu erreichen.

> Ein gut ausgeprägtes Selbstvertrauen und eine neue Garnitur Kleidung wird Ihnen helfen, eine Position auch ohne »Beziehungen« zu ergattern. Doch bedenken Sie, dass nichts Ihnen so sehr helfen wird, diese Stelle zu behalten, wie Antrieb, Enthusiasmus und die Entschlossenheit, mehr als verlangt zu tun.

Nahezu alle kommerziellen Unternehmungen haben Bedarf an mindestens drei Klassen von Talenten: Käufer, Verkäufer und Finanzexperten. Wenn diese drei Klassen von Menschen bei ihrer Zusammenarbeit ihre Bemühungen organisieren und koordinieren, erwerben sie eine größere Macht, als es jeder Einzelne von ihnen vermag.

Viele Unternehmen scheitern, weil alle Beteiligten Verkäufer, Finanzexperten oder Einkäufer sind. Von Natur aus sind die fähigsten Verkäufer optimistisch, enthusiastisch und emotional; während Finanzexperten im Allgemeinen emotionslos, besonnen und konservativ sind. Beide Typen sind essenziell für den Erfolg eines kommerziellen Unternehmens, aber jeder Typ allein wird die Firma ohne den mäßigenden Einfluss des anderen Typs zu stark belasten.

James J. Hill soll der effizienteste Eisenbahnunternehmer gewesen sein, den Amerika je hervorgebracht hat; aber es ist genauso bekannt, dass er kein Bauingenieur, Brückenbauer oder Techniker für Lokomotiven, Maschinenbauingenieur oder Chemiker war, auch wenn diese spezialisierten Fähigkeiten im Eisenbahnbau essenziell sind. Mr. Hill verstand die Prinzipien der organisierten Leistung und Kooperation, daher umgab er sich mit Menschen, die alle notwendigen Kompetenzen, die ihm fehlten, aufwiesen.

Das moderne Kaufhaus ist ein wunderbares Beispiel einer organisierten, kooperativen Leistung. Jede Handelsabteilung leitet eine Person, die sich bezüglich des Einkaufs und der Vermarktung der Produkte in dieser Abteilung auskennt. Hinter all diesen Abteilungsleitern steht eine Belegschaft, die aus Spezialisten im Einkauf, Verkauf, Finanzen und der Leitung von Unterabteilungen, Gruppen oder Menschen besteht. Diese Form der organisierten Leistung sorgt für die Ausstattung jeder Abteilung mit einer Einkaufs- und Verkaufskraft, die diese Abteilung sich als separate Einheit an einem eigenen Standort mit den entsprechenden Fixkosten nicht leisten könnte.

Die Vereinigten Staaten von Amerika sind eine der reichsten und mächtigsten Nationen der Erde. Eine Analyse zeigt, dass diese gewaltige Macht aus der kooperativen Leistung der einzelnen Staaten der Union entstanden ist.

Um diese Macht zu bewahren, beseitigte der unsterbliche Lincoln die Mason-Dixon-Linie. Die Union zu bewahren, war ihm ein weit größeres Anliegen als die Freiheit der Sklaven des Südens. Andernfalls sähe der Status der Vereinigten Staaten als Macht unter den Nationen der Welt völlig anders aus.

Es war dasselbe Prinzip der kooperativen Leistung, das Woodrow Wilson im Kopf hatte, als er seinen Plan für den Völkerbund schuf. Er sah voraus, dass ein solches Konzept notwendig war, um Krieg zwischen den Völkern zu verhindern; genauso, wie Lincoln dieses Prinzip als Instrument verwendete, um die Bemühungen des Volks der Vereinigten Staaten zu harmonisieren und die Union zu bewahren.

So zeigt sich, dass das Prinzip der organisierten, kooperativen Leistung, das persönliche Macht ermöglicht, dasselbe Prinzip ist, das erforderlich ist, um die Macht einer Gruppe zu mehren.

Andrew Carnegie dominierte während seiner aktiven Zeit in der Stahlindustrie diese Branche mit Leichtigkeit, weil er sich die Vorteile des Prinzips der organisierten, kooperativen Anstrengung zunutze machte, indem er sich mit spezialisierten Finanzexperten, Chemikern, Verkaufsmanagern, Einkäufern von Rohmaterialien, Transportexperten und anderen umgab, deren Kompetenzen essenziell für diese Industrie waren. Er organisierte diese Gruppe von »Kooperateuren« zu seinem »Mastermind«.

Jede gute Universität bietet ein exzellentes Beispiel für die Notwendigkeit einer organisierten, kooperativen Leistung. Die Professorenschaft besteht aus Männern und Frauen mit hoch spezialisierten, wenn auch völlig verschiedenen Fertigkeiten. Eine Fakultät leiten Literaturexperten; eine andere Fakultät Experten der Mathematik; eine weitere Fakultät führen Chemiespezialisten; wieder eine andere kompetente Mediziner; die nächste fähige Juristen und so weiter. Die Universität bildet als Ganzes das Äquivalent einer Gruppe von Bildungseinheiten, jeweils von Experten eines Fachgebiets geführt, deren Effizienz die kooperative Leistung, die ein Einzelner steuert, enorm steigert.

Analysieren Sie Macht, egal in welchem Bereich oder in welcher Form, und Sie werden Organisation und Kooperation als ihre Hauptfaktoren vorfinden. Sie werden diese beiden Prinzipien in der niedrigsten Form der Vegetation nicht weniger als im höchsten Lebewesen, dem Menschen, entdecken.

Vor der Küste von Norwegen befindet sich der berühmteste und mächtigste Meeresstrudel der Welt. Dieser große Wirbel aus endloser Bewegung hat noch nie ein Opfer wieder freigegeben, das in seiner tosenden Umarmung schäumenden Wassers gefangen war.

Nicht weniger dem Untergang geweiht sind die unglücklichen Seelen, die im großen Wirbel des Lebens festsitzen, auf den alle zustreben, die das Prinzip der organisierten, kooperativen Leistung nicht nutzen. Wir leben in einer Welt, in der das Gesetz des Überlebens der Stärksten überall deutlich sichtbar ist. Die »Stärksten« sind die Mächtigen, und Macht ist eine organisierte Leistung.

Im Nachteil ist derjenige, der entweder durch Unwissenheit oder aufgrund von Egoismus meint, die See des Lebens im zerbrechlichen Kahn der Unabhängigkeit besegeln zu können. Er wird feststellen, dass es viel gefährlichere Wirbel gibt als Strudel in der rauen See. Alle natürlichen Gesetze und alle Pläne der Natur basieren auf harmonischer, kooperativer Leistung, wie alle wissen, die es in der Welt weit gebracht haben.

Wann immer Menschen sich feindlich gegenüberstehen, egal was der Grund dafür ist, lässt sich beobachten, dass ein solcher Strudel die Streitenden bedroht.

Zum Erfolg führt nur friedliche, harmonische, kooperative Leistung. Erfolg lässt sich nicht allein oder unabhängig verwirklichen. Auch wenn ein Mensch als Eremit in der Wildnis lebt, weit von allen Spuren der Zivilisation, ist er in seiner Existenz dennoch von Kräften außerhalb seiner selbst abhängig. Je mehr er ein Teil der Zivilisation wird, desto abhängiger wird er von einer kooperativen Leistung.

Ob ein Mensch seinen Lebensunterhalt mit Arbeit verdient oder mit den Zinsen seines Vermögens, er erwirbt ihn leichter dank der wohlwollenden Kooperation anderer. Darüber hinaus erlangt der Mensch, dessen Philosophie auf der Kooperation und nicht Konkurrenz beruht, nicht nur die nötigen und luxuriösen Güter des Lebens mit weniger Aufwand, sondern ihn belohnt darüber hinaus noch ein Glück, wie es andere niemals empfinden werden.

Reichtümer, die durch eine kooperative Leistung erworben werden, hinterlassen keine Narben auf den Herzen ihrer Besitzer, was man über den Wohlstand nicht sagen kann, der aus Konflikten und harter Konkurrenz, die an Erpressungsmethoden grenzt, hervorgeht.

Materielles Auskommen, ob es um die nackte Existenz oder um Luxus geht, verbraucht die meiste Zeit unseres irdischen Kampfes. Wenn wir diese materialistische Tendenz der menschlichen Natur auch nicht ändern können, so können wir zumindest die Methode ändern, Wohlstand anzustreben, indem wir uns von Kooperation leiten lassen.

Kooperation bietet die doppelte Belohnung, einem Menschen die Grundbedürfnisse und den Luxus des Lebens sowie den Seelenfrieden zu sichern, den die Gierigen niemals kennen werden. Die

Gierigen und Geizigen können ein großes materielles Vermögen besitzen, das lässt sich nicht leugnen, aber sie werden dabei ihre Seele für ein Linsengericht verkaufen.

Lassen Sie uns nicht vergessen, dass jeder Erfolg auf Macht basiert und Macht aus Wissen entsteht, das organisiert wird und durch AKTION wirkt.

Die Welt bezahlt nur für eine Sorte Wissen: das zu konstruktiver Leistung wird. Bei einer Absolventenrede vor der Klasse einer Wirtschaftsuniversität sagte einer der führenden Banker Amerikas: »Sie sollten stolz auf ihre Diplome sein, denn sie beweisen, dass Sie sich auf die Arbeit im weiten Gebiet der Wirtschaft vorbereitet haben.

Über das »Startgehalt« zu »feilschen«, hat schon manchen Menschen die große Chance seines Lebens gekostet. Wenn Sie sich in Ihre angestrebte Position mit ganzem Herzen stürzen können, nehmen Sie diese auch unbezahlt an, bis Sie gezeigt haben, was Sie leisten können. Danach werden Sie ein Gehalt beziehen, das der Qualität und Quantität Ihrer Arbeit angemessen ist.

Einer der Vorteile eines Studiums an der Wirtschaftsuniversität ist, dass Sie aufs Handeln vorbereitet werden! Ich will andere Bildungszweige nicht herabsetzen, aber die Methode der modernen Wirtschaftsschulen loben, indem ich darauf hinweise, dass manche Colleges die Mehrheit der Studenten auf praktisch alles andere vorbereiten, nur nicht darauf, zu handeln.

Sie sind mit nur einem Ziel vor Augen an diese Wirtschaftsuniversität gekommen, und es besteht darin, zu lernen, wie man etwas leistet und sich damit seinen Lebensunterhalt verdient. Die neueste Mode interessiert Sie nur wenig, denn Sie bereiten sich auf eine Arbeit vor, bei der moderne Kleidung nur eine geringe Rolle spielen wird. Sie sind nicht hierhergekommen, um zu lernen, wie man den Tee bei einer Party serviert oder Freundlichkeit vortäuscht, wenn man in Wahrheit diejenigen beneidet, die bessere Kleidung tragen und teurere Autos fahren – Sie sind hierhergekommen, um zu lernen, wie man arbeitet!«

In der Abschlussklasse, vor der dieser Mann sprach, waren 13 junge Männer, die alle so arm waren, dass sie kaum genug Geld für ihre Ausbildung hatten. Einige von ihnen brachten die Mittel auf, indem sie vor und nach dem Unterricht arbeiteten.

Das war vor 25 Jahren. Letzten Sommer traf ich den Präsidenten des Wirtschafts-Colleges, das diese jungen Männer besuchten, und er erzählte mir die Geschichte von jedem einzelnen, vom Zeitpunkt ihres Abschlusses bis zum aktuellen Moment. Einer von ihnen ist der Präsident eines großen Arzneimittelherstellers und ein reicher Mann; einer ist erfolgreicher Anwalt; zwei führen große Wirtschaftsschulen; einer ist Professor für Wirtschaft in einer der größten Universitäten in Amerika; einer ist der Präsident eines der größten Autohersteller; zwei leiten Banken und sind wohlhabend; einer besitzt ein großes Kaufhaus; einer ist Vizepräsident einer der größten Eisenbahnlinien des Landes; einer ist ein etablierter amtlich zugelassener Buch- und Rechnungsprüfer; einer ist verstorben; und der 13. bringt diesen Kurs über das Gesetz des Erfolgs heraus.

Elf Erfolge aus einer Klasse von 13 jungen Männern ist keine schlechte Bilanz, dank dieser Collegeausbildung, die sie lehrte, zu handeln.

Das Wichtigste ist nicht Ihre Ausbildung, sondern in welchem Umfang Sie das Gelernte anwenden, indem Sie organisiert und intelligent in Aktion treten.

Ich will auf keinen Fall eine höhere Bildung herabsetzen, aber denen Hoffnung und Mut machen, die keine solche Ausbildung genossen haben, vorausgesetzt, dass sie ihr Wissen anwenden, wie wenig es auch sein mag, engagiert handeln und dabei etwas Konstruktives leisten.

Einer der größten Präsidenten im Weißen Haus verfügte über vergleichsweise wenig Ausbildung, aber er war so gut darin, seine Kenntnisse anzuwenden, indem er zielgerichtet handelte, dass sein Name untrennbar mit der Geschichte der Vereinigten Staaten verwoben ist.

In jeder Großstadt, jeder Kleinstadt und jedem Dorf leben Einwohner, die es nie zu etwas bringen. Wenn man diese bedauernswerten Menschen analysiert, zeigt sich, dass eines ihrer herausragenden Merkmale die Prokrastination ist.

Durch einen Mangel an Aktion bleiben sie stecken, bis sie in einem »Trott« verharren, solange sie nicht zufällig gezwungen werden, sich einem Kampf auf offenem Feld zu stellen, der ungewöhnliche Aktionen erfordert. Lassen Sie nicht zu, dass Sie in eine solche Situation geraten.

Jedes Büro, jede Werkstatt, jede Bank, jedes Geschäft und alle anderen Arbeitsplätze verfügen über augenfällige Opfer der Prokrastination, die im Gänsemarsch die staubige Straße des Versagens entlangschleichen, weil sie es nicht schaffen, aktiv zu werden.

Sie können diese Unglücklichen in Ihrem täglichen Umfeld finden. Wenn Sie mit ihnen reden, werden Sie feststellen, dass sie eine falsche Philosophie aufgebaut haben, die in etwa lautet: »Ich mache, wofür man mich bezahlt, und ich komme über die Runden.« Ja, sie »kommen über die Runden« – aber das ist auch alles, was sie erreichen.

Vor einigen Jahren, als die Arbeitskräfte knapp waren und die Löhne ungewöhnlich hoch, beobachtete ich, wie Unmengen an arbeitsfähigen Männern in den Parks von Chicago herumlagen und nichts taten. Ich wurde neugierig, welches Alibi sie wohl für ihr Verhalten hatten, also ging ich eines Nachmittags los und befragte sieben von ihnen.

Mithilfe eines großzügigen Vorrats an Zigarren und Zigaretten und ein wenig Kleingeld erkaufte ich mir das Vertrauen meiner Gesprächspartner und erhielt eine recht intime Sicht ihrer Philosophie. Alle gaben den gleichen Grund an, warum sie arbeitslos waren und sich dort aufhielten. Sie sagten: »Die Welt gibt mir keine Chance!!!«

Die Ausrufezeichen habe ich hinzugefügt. Denken Sie darüber nach – die Welt »gibt ihnen keine Chance«. Natürlich gibt ihnen die Welt keine Chance. Sie gibt niemandem jemals eine Chance. Ein Mensch, der eine Chance will, muss sie durch Handeln schaffen, aber wenn er wartet, dass jemand sie ihm auf dem Silberteller präsentiert, wird er enttäuscht.

Ich befürchte, dass diese Ausrede, die Welt gäbe einem Menschen keine Chance, weitverbreitet und vermutlich eine der häufigsten Ursachen von Armut und Versagen ist.

Der siebte Mann, den ich an diesem einträglichen Nachmittag interviewte, sah körperlich ungewöhnlich gut aus. Er schlief auf dem Boden, mit einer Zeitung auf dem Gesicht. Als ich die Zeitung von seinem Gesicht anhob, griff er nach oben, nahm sie mir aus den Händen, legte sie wieder über sein Gesicht und schlief einfach weiter.

Dann benutzte ich einen Trick, indem ich die Zeitung von seinem Gesicht nahm und sie hinter meinen Rücken hielt, wo er sie nicht erhaschen konnte. Er setzte sich auf, und ich befragte ihn. Der Mann war ein Absolvent von zwei großen Universitäten im Osten und hatte einen Masterabschluss von der einen und einen Dr. phil. von der anderen. Seine Geschichte war armselig.

Er hatte in einem Job nach dem anderen gearbeitet, aber immer hatten sein Arbeitgeber oder die Kollegen »etwas gegen ihn«. Er war nicht in der Lage, den Wert seiner Universitätsausbildung auszuspielen. Sie »gaben ihm keine Chance«.

Dieser Mann hätte der Chef eines großen Unternehmens sein oder eine herausragende Position bekleiden können, wenn er nicht sein Haus auf dem Sand der Prokrastination erbaut und dem falschen Glauben angehangen hätte, dass die Welt ihn für das bezahlen sollte, was er wusste!

Erfreulicherweise setzen die meisten Collegeabsolventen nicht auf ein solch schwaches Fundament, denn kein College auf der Erde kann dem Menschen Erfolg einbringen, der versucht, für das, was er weiß, entlohnt zu werden, statt für das, was er mit seinem Wissen zu leisten vermag.

Der Mann, auf den ich mich beziehe, kam aus einer der bekanntesten Familien in Virginia. Er konnte seine Abstammung bis zur Landung der Mayflower zurückverfolgen. Er streckte die Brust heraus, schlug mit der Faust dagegen und sagte: »Stellen Sie sich vor, Sir! Ich bin der Sohn einer der ersten Familien des alten Virginia!«

Aus meinen Beobachtungen schloss ich, dass es nicht immer vorteilhaft ist, weder für den Sohn noch die Familie, der Spross einer der »ersten Familien« zu sein. Zu oft versuchen diese Söhne der »ersten Familien« mithilfe ihres Namens ihr Ziel zu erreichen. Es mag nur eine merkwürdige Idee sein, aber ich habe festgestellt, dass fleißige Männer und Frauen nur wenig Zeit haben und kaum dazu neigen, mit ihrer Herkunft anzugeben.

Vor Kurzem reiste ich durch den Südwesten Virginias, wo ich geboren wurde. Ich kam zum ersten Mal seit über 20 Jahren dorthin. Es war traurig, die Söhne einiger der früher »ersten Familien« im Vergleich mit den Söhnen der einfachen Menschen zu sehen, die es sich zur Aufgabe gemacht hatten, stets zu handeln.

Hier ist ein guter Streich, den Sie Ihrem Arbeitgeber spielen können: Kommen SIe ein wenig früher zur Arbeit und gehen Sie ein wenig später, als Sie sollten. Behandeln Sie seine Werkzeuge so sorgsam, als wären es Ihre eigenen. Nutzen Sie jede Gelegenheit, gegenüber Ihren Kollegen nett über ihn zu sprechen. Wenn es mehr zu tun gibt, erledigen Sie es freiwillig. Seien Sie nicht überrascht, wenn er »auf Sie anspringt« und Ihnen die Leitung der Abteilung oder eine Teilhaberschaft am Unternehmen anbieten, denn das ist der beste Teil dieses »Streichs«.

Der Vergleich warf kein gutes Licht auf die Jungs aus den »ersten Familien«! Ohne große Begeisterung will ich meine Dankbarkeit ausdrücken, dass ich nicht als Kind von Eltern auf die Welt kam, die zu den »ersten Familien« zählten. Das habe ich mir natürlich nicht ausgesucht, und falls es möglich gewesen wäre, hätte ich vermutlich auch Eltern vom Typ »erste Familie« gewählt.

Unlängst wurde ich eingeladen, eine Rede in Boston, Massachusetts, zu halten. Nachdem meine Arbeit erledigt war, zeigte mir ein Empfangskomitee die Sehenswürdigkeiten der Stadt, dazu gehörte auch ein Ausflug nach Cambridge, wo wir die Universität Harvard besuchten. Während wir dort waren, beobachtete ich mehrere Söhne der »ersten Familien« – einige davon fuhren einen Packard. Vor 20 Jahren wäre ich stolz gewesen, ein Student in Harvard zu sein und einen Packard zu fahren, aber die Weisheit des Alters brachte mich zu dem Schluss, dass ich angesichts des Privilegs, nach Harvard zu gehen, genauso gut ohne einen Packard ausgekommen wäre.

Ich bemerkte einige Harvard-Jungs ohne Packard. Sie arbeiteten als Kellner in einem Restaurant, in dem ich aß, und soweit ich sehen konnte, setzte es sie weder herab, keinen Packard zu besitzen, noch schienen sie im Vergleich mit den Söhnen aus den »ersten Familien« zu leiden.

Damit will ich die Harvard University nicht bewerten – eine der besten Universitäten der Welt – und auch nicht die »ersten Familien«, die ihre Kinder dorthin schicken. Im Gegenteil will ich die Benachteiligten ermutigen, die wie ich nur wenig besitzen und wenig wissen, aber das wenige Wissen in konstruktive Handlungen umsetzen.

Die Psychologie der Untätigkeit ist einer der Hauptgründe, wieso manche Klein- und Großstädte langsam verrotten! Nehmen Sie Stadt X als Beispiel. Sie werden sie anhand der Beschreibung erkennen, wenn Sie mit diesem Teil des Landes vertraut sind. Die Sonntagsgesetze haben dafür gesorgt, dass alle Restaurants an diesem Tag geschlossen sind. Züge müssen auf 20 km/h abbremsen, während sie durch die Stadt fahren. »Rasen-betreten-verboten«-Schilder sind überall in den Parks deutlich sichtbar verteilt. Ungünstige Gesetzgebungen in der Stadt haben die besten Unternehmen in andere Kommunen vertrieben. Überall sieht man Einschränkungen. Die Menschen auf den Straßen wirken gehemmt. Man sieht es in ihren Gesichtern, an ihrer Art und ihrem Gang.

Die Massenpsychologie der Stadt ist negativ gestimmt. In dem Moment, in dem man am Bahnhof aus dem Zug steigt, wir diese negative Atmosphäre deprimierend offensichtlich und man will am liebsten in den nächsten Zug steigen und die Stadt wieder verlassen. Der Ort erinnert an einen Friedhof, und die Menschen wirken wie herumirrende Geister. Sie zeigen kein Anzeichen von Aktivität!

Die Kontoauszüge der Banken reflektieren diesen negativen, inaktiven Geisteszustand. Die Geschäfte zeigen ihn in ihren Schaufenstern und auf den Gesichtern ihrer Angestellten. Ich ging in einen der Läden, um Strümpfe zu kaufen. Eine junge Frau mit kurzen Haaren, die eine »flotte Biene« hätte sein können, wenn sie nicht zu faul gewesen wäre, warf eine Schachtel voll auf den Tresen. Als ich die Kiste nahm, mir die Socken ansah und enttäuscht wirkte, gähnte sie herzhaft:

»Das sind die besten, die Sie in diesem Müllhaufen kriegen können!«

»Müllhaufen!« Sie musste meine Gedanken gelesen haben, denn »Müllhaufen« war das Wort, das ich im Kopf hatte, bevor sie den Mund aufmachte. Der Laden erinnerte mich an einen Haufen Müll und die Stadt ebenso. Ich hatte das Gefühl, dass es mir langsam durch die Poren drang. Die negative Geisteshaltung der Menschen schien tatsächlich die Arme auszustrecken und mich hineinzuziehen.

Maine ist nicht der einzige Staat, der mit einer solchen Stadt gestraft ist, wie ich sie beschrieben habe. Ich könnte andere nennen, aber da ich möglicherweise eines Tages in die Politik gehen möchte, überlassen ich es Ihnen, selbst Städte zu analysieren, die voller Leben und Aktion sind, und mit denjenigen zu vergleichen, die durch die Fäulnis der Untätigkeit langsam sterben.

Ich weiß von einigen Unternehmen, die in derselben Stagnation stecken, aber ich werde sie nicht nennen. Sie kennen vermutlich ebenso einige.

Vor vielen Jahren begann Frank A. Vanderlip, einer der bekanntesten und fähigsten Banker in Amerika, für die National City Bank in New York City zu arbeiten.

Sein Gehalt war von Anfang an überdurchschnittlich, weil er in der Lage war und im Ruf stand, große Leistungen zu erbringen, was ihn zu einem wertvollen Mitarbeiter machte. Er bezog ein Privatbüro, das mit einem edlen Mahagonischreibtisch und einem Lehnsessel ausgestattet war. Auf dem Schreibtisch befand sich ein elektrischer Knopf, der mit dem Arbeitsplatz der Vorzimmersekretärin verbunden war.

Der erste Tag verging, ohne dass irgendwelche Arbeit auf seinem Schreibtisch landete. Der zweite, dritte und vierte Tag verging ohne irgendeinen Auftrag. Niemand kam herein oder sagte irgendetwas zu ihm.

Zum Ende der Woche wurde er nervös. (Menschen, die gerne aktiv sind, werden immer nervös, wenn es nichts zu tun gibt.)

In der folgenden Woche ging Mr. Vanderlip zum Büro des Präsidenten und sagte: »Hören Sie, Sie zahlen mir ein hohes Gehalt, und ich bekomme nichts zu tun, und das zerrt an meinen Nerven!«

Der Präsident sah mit einem lebhaften Glitzern in den Augen zu ihm auf.

»Nun, ich habe«, fuhr Mr. Vanderlip fort, »während ich so herumsaß und nichts zu tun hatte, über einen Plan nachgedacht, wie wir das Geschäft der Bank ausweiten können.«

Der Präsident versicherte ihm, dass sowohl »Denken« als auch »Plan« ein wertvoller Beitrag waren, und bat ihn, fortzufahren.

»Ich denke an einen Plan«, fuhr Mr. Vanderlip fort, »durch den die Bank von meiner Erfahrung im Anleihengeschäft profitiert. Ich schlage vor, wir gründen eine Anleihenabteilung für diese Bank und bewerben sie als Teil unseres Geschäftsangebots.«

»Was! Diese Bank macht Werbung?«, wollte der Präsident wissen. »Wieso, wir haben nie Werbung gemacht, seitdem wir im Geschäft sind. Wir sind auch so klargekommen.«

»Nun, dann fangen wir an, Werbung zu machen«, sagte Mr. Vanderlip, »und das Erste, was Sie bewerben, ist die neue Anleihenabteilung, die ich geplant habe.«

Mr. Vanderlip bekam, was er wollte! Das tun tatkräftige Menschen meistens – es ist eine ihrer herausragenden Eigenschaften. Die National City Bank erhielt ebenfalls, was sie wollte, denn diese Unterhaltung war der Beginn einer der fortschrittlichsten und profitabelsten Werbekampagnen, die eine Bank je durchgeführt hat, mit dem Ergebnis, dass die National City Bank zu einer der mächtigsten Finanzinstitutionen in Amerika avancierte.

Weitere Resultate sollten erwähnt werden. Darunter das Ergebnis, dass Mr. Vanderlip mit der Bank gemeinsam wuchs, wie es bei tatkräftigen Menschen in jedem Bereich üblich ist, und schließlich wurde er der Präsident dieses großen Bankhauses.

In der Lektion über Vorstellungskraft haben Sie gelernt, wie man alte Ideen zu neuen Plänen kombiniert, aber egal wie praktisch Ihre Pläne sein mögen, ohne Aktivität sind sie nutzlos. Träume und Visionen der Persönlichkeit zu hegen, die man werden will, oder bezüglich der Position, die man im Leben erreichen will, sind lobenswert, doch nur, sofern Sie Ihre Träume und Visionen durch entschiedenes Handeln in die Realität übertragen.

Es gibt Menschen, die träumen, aber sonst nichts tun. Es gibt andere, die die Visionen der Träumer in Stein umsetzen, in Marmor, in Musik, in gute Bücher, in Eisenbahnen und Dampfschiffe. Es gibt wieder andere, die sowohl träumen als auch diese Fantasien in die Realität umsetzen. Das sind die Typen, die Träumer und Macher sind.

Es gibt einen psychologischen und einen ökonomischen Grund, sich tatkräftige Aktivität anzugewöhnen. Ihr Körper besteht aus Milliarden winziger Zellen, die hochempfindlich und empfänglich für den Einfluss Ihres Geistes sind. Wenn Ihr Geist zum lethargischen, inaktiven Typ gehört, werden die Zellen Ihres Körpers ebenfalls faul und inaktiv. Genauso, wie das stehende Wasser eines stillen Sees unsauber und ungesund wird, werden die Zellen eines inaktiven Körpers krank.

> Jeder Fehlschlag wird Ihnen eine Lektion lehren, die Sie lernen müssen, wenn Sie die Augen und Ohren offenhalten und willens sind, belehrt zu werden.
>
> Widerstände sind meist ein versteckter Segen. Ohne Rückschritte oder zeitweilige Niederlagen werden Sie nie wissen, aus welchem Holz Sie geschnitzt sind.

Faulheit ist nicht mehr als der Einfluss eines inaktiven Geistes auf die Zellen des Körpers. Wenn Sie daran zweifeln, nehmen Sie das nächste Mal, wenn Sie sich faul fühlen, ein Dampfbad, trocknen sich gut ab, um die Körperzellen zu stimulieren. Dann sehen Sie, wie schnell Ihre Faulheit verschwindet. Oder, eine bessere Methode – lenken Sie Ihre Aufmerksamkeit auf ein Spiel Ihrer Wahl, und stellen Sie fest, wie schnell Ihre Körperzellen auf Ihren Enthusiasmus reagieren und das Gefühl der Trägheit verschwindet.

Körperzellen reagieren auf den Geisteszustand in derselben Weise, wie die Bewohner einer Stadt auf die dortige Massenpsychologie reagieren. Wenn eine engagierte Gruppe von Führungspersonen einer Stadt den Ruf vermittelt, unter »Strom« zu stehen, beeinflusst dies alle, die dort leben. Das gleiche Prinzip greift bei der Beziehung zwischen Geist und Körper. Ein aktiver, dynamischer Geist hält die Zellen des Körpers stets in einem Zustand der Aktivität.

Die künstlichen Bedingungen, unter denen die meisten Einwohner unserer Städte leben, haben zu einem körperlichen Zustand der Selbstvergiftung geführt, und somit zu einem Zustand der

Selbstvergiftung durch eine träge Verdauung. Die schlimmsten Kopfschmerzen können innerhalb einer Stunde mithilfe eines Einlaufs geheilt werden.

Acht Gläser Wasser am Tag und ein vernünftiges Maß an körperlicher Bewegung, sprich »Sport«, können dasselbe bewirken. Versuchen Sie es für eine Woche, dann wird man Sie nicht mehr dazu anhalten müssen. Sie werden sich wie ein neuer Mensch fühlen, es sei denn, Ihre Arbeit bringt ausreichend körperliche Betätigung mit sich und Sie können während Ihrer Pflichten genug Wasser trinken.

Auf zwei Seiten dieses Buches könnte man Anweisungen unterbringen, um eine durchschnittliche Person gesund und fit für 16 aktive Stunden von den 24 eines Tages zu machen, aber diese Tipps wären so einfach, dass die meisten Menschen ihnen nicht folgen würden.

Wie viel Arbeit ich am Tag erledige und dennoch in guter körperlicher Verfassung bleibe, erstaunt Menschen, die mich besser kennen, aber es ist nichts Rätselhaftes daran, und ich nutze dafür ein kostenloses System. Im Folgenden schildere ich es zu Ihrem Nutzen:

Erstens: Ich trinke morgens nach dem Aufstehen eine Tasse heißes Wasser vor dem Frühstück.

Zweitens: Mein Frühstück besteht aus Vollkornbrötchen, Frühstücksflocken, Früchten, ab und zu weich gekochten Eiern und Kaffee. Mittags esse ich Gemüse (so ziemlich jede Sorte), Vollkornbrot und trinke ein Glas Buttermilch. Zum Abendessen ein- oder zweimal die Woche ein durchgebratenes Steak, Gemüse, besonders Salat, und Kaffee.

Drittens: Ich laufe normalerweise 16 Kilometer am Tag: Acht Kilometer aufs Land und acht Kilometer wieder zurück. Ich nutze diese Zeit für Meditation und zum Nachdenken. Vielleicht ist das Nachdenken so wertvoll für die Gesundheit wie der Spaziergang.

Viertens: Ich lege mich über einen Stuhl mit gerader Sitzfläche, flach auf den Rücken, den Großteil des Gewichts auf dem unteren Rücken und lasse den Kopf und die Arme völlig entspannt herabhängen, bis sie fast den Boden berühren. Dadurch können sich meine Nerven richtig ausbalancieren. Zehn Minuten in dieser Position vertreiben jedes Anzeichen von Müdigkeit, egal wie erschöpft ich bin.

Fünftens: Ich machte mindestens einmal alle zehn Tage einen Einlauf oder auch häufiger, wenn ich es brauche. Dazu benutze ich Wasser, das etwas weniger als Körpertemperatur hat, mit einem Esslöffel Salz darin; währenddessen befinde ich mich auf den Knien, mit der Brust auf dem Boden.

Sechstens: Ich nehme jeden Tag eine heiße Dusche, direkt gefolgt von einer kalten, normalerweise am Morgen nach dem Aufstehen.

Diese einfachen Anwendungen tue ich für mich selbst. Mutter Natur kümmert sich um alles andere, was für meine Gesundheit nötig ist.

Ich kann nicht genug betonen, wie wichtig es ist, den Verdauungstrakt sauber zu halten, denn bekanntlich vergiften die Stadtbewohner von heute sich buchstäblich selbst, indem sie es versäumen, ihren Darm mit Wasser zu reinigen. Sie sollten mit einem Einlauf nicht warten, bis Sie an Verstopfung leiden. Wenn Sie bereits mit Verstopfung zu tun haben, sind Sie praktisch krank, und eine sofortige Behandlung ist notwendig. Aber wenn Sie sich regelmäßig um sich selbst kümmern, genauso, wie Sie Ihr Äußeres pflegen, werden Sie nie wieder von den Wehwehchen einer Verstopfung geplagt.

Mehr als 15 Jahre vergingen, in denen ich nicht mindestens einmal die Woche Kopfschmerzen hatte. Normalerweise nahm ich ein Aspirin, damit es mir schnell besser ging. Ich litt an Selbstvergiftung und wusste es nicht, weil ich keine Verstopfung hatte.

Als ich herausfand, was mein Problem war, änderte ich mein Verhalten auf folgende empfehlenswerte Weise: Ich nahm kein Aspirin mehr und aß fast nur noch die Hälfte.

Ein Wort zum Aspirin – das denjenigen, die vom Vertrieb des Mittels profitieren, nicht gefallen wird: Es bietet keine permanente Heilung vom Kopfschmerz. Seine Wirkung lässt sich mit einem Mitarbeiter einer Telegrafengesellschaft vergleichen, der den Telegrafendraht durchtrennt, während der Telegrafist gerade den Draht nutzen will, um die Feuerwehr zu Hilfe zu rufen, weil er in einem brennenden Haus sitzt. Aspirin durchtrennt oder »betäubt« die Nervenkommunikation, die vom Magen oder den Verdauungsorganen, wo die Autointoxikation Giftstoffe ins Blut absondert, zum Hirn verlaufen, das die Wirkung dieser Giftstoffe als intensiven Schmerz registriert.

Den Telegrafendraht zu zerschneiden, über den die Feuerwehr gerufen werden soll, löscht weder das Feuer noch entfernt es die Ursache, aufgrund derer man mithilfe von Aspirin die Nervenverbindung betäubt, die mittels Kopfschmerzen um Hilfe ruft.

Sie sind keine tatkräftige Person, wenn Sie sich selbst nicht die nötige Behandlung gönnen, bis die Autointoxikation Ihr Gehirn zu einer funktionslosen Masse macht, wie ein Ball Spachtelmasse. Und Sie sind keine tatkräftige Person, wenn Sie die übliche, nährstofflose Masse essen, die man »Weißbrot« nennt (aus der jeder echte Nährwert entfernt wurde) und zweimal so viel Fleisch, wie Ihr Verdauungssystem bewältigen und ordentlich ausscheiden kann.

Sie sind keine tatkräftige Person, wenn Sie jedes Mal zur Pillendose greifen, sobald Sie einen Schmerz oder ein Wehwehchen verspüren – oder es meinen – oder jedes Mal eine Aspirin nehmen, wenn Ihr Verdauungsapparat nach einem Beutel Wasser und einem Löffel Salz zur Reinigung verlangt.

Sie sind keine tatkräftige Person, wenn Sie zu viel essen und zu wenig Sport treiben.

Sie sind keine tatkräftige Person, wenn Sie Broschüren über nicht verschreibungspflichtige Medikamente lesen und sich vorstellen, an den Symptomen zu leiden, die der geschickte Werbetexter suggeriert, der Ihnen so das Geld aus der Tasche zieht.

Ich habe seit mehr als fünf Jahren kein Medikament mehr genommen, und ich war weder krank noch hatte ich Schmerzen in dieser Zeit, obwohl ich mehr arbeite als die meisten Leute in meinem Beruf. Ich verfüge über Enthusiasmus, Ausdauer und Tatkraft, denn ich esse die schlichte Nahrung mit all den Inhaltsstoffen, die meinen Körper nähren, und achte auf die Ausscheidungsprozesse genauso sorgfältig wie auf die übrige Körperhygiene.

Wenn diese einfachen Informationen Ihnen als Hinweise des gesunden Menschenverstands einleuchten, probieren Sie es damit. Und wenn Sie Ihnen so gut dienen wie mir, werden wir beide von dem Mut profitieren, den ich aufbringen musste, um sie in diese Lektion einzubauen.

Wenn irgendwer, abgesehen von einem Arzt, einen Gesundheitstipp äußert, wird er meist sofort als »langhaariger Spinner« abgetan, und meiner Ansicht nach stimmt das oft. In diesem Fall werde ich keine nachdrücklichere Empfehlung aussprechen als folgende:

Versuchen Sie einen Einlauf das nächste Mal, wenn Sie Kopfschmerzen haben, und wenn irgendeiner der anderen Tipps Ihnen zusagt, probieren Sie ihn aus, bis Sie wissen, ob er funktioniert oder nicht.

Bevor wir dieses Thema hinter uns lassen, sei noch erwähnt, dass lauwarmes Wasser für den Einlauf verwendet werden sollte, weil es dazu führt, dass sich die Muskeln des Verdauungsapparats zusammenziehen und dabei die giftigen Stoffe aus den Poren der Darminnenwand ausgeschieden werden. Dadurch wird diese Muskulatur trainiert und letztlich so entwickelt, dass sie ihre Arbeit auf natürliche Weise, ohne die Hilfe eines Einlaufs, vollbringt. Ein Einlauf mit zu warmem Wasser ist deshalb nachteilig, weil es die Muskeln des Verdauungsapparats entspannt, wodurch sie mit der Zeit ihren Dienst einstellen, sodass eine »Einlauf-Gewöhnung« auftritt.

Ein gelegentliches Unglück ist eine gute Sache. Es erinnert uns daran, dass niemand völlig unabhängig ist.

Mit einer Entschuldigung an meine Freunde, die Ärzte, Osteopathen, Chiropraktiker und andere, die im Gesundheitswesen arbeiten, will ich nun zu dem Teil dieser Lektion zurückkehren, bei dem meine Ratschläge unstrittig begründet sind.

Sie müssen noch einen anderen Feind bezwingen, bevor Sie zu einer tatkräftigen Person werden können: die Gewohnheit, sich Sorgen zu machen.

Sorge, Neid, Eifersucht, Hass, Zweifel und Angst schwächen das Handlungsvermögen.

Solche Geisteszustände geraten häufig in Konflikt mit dem Verdauungsvorgang, durch den das Essen aufgenommen und im Körper verteilt wird, und können ihn sogar völlig unterbinden. Dieses Leiden ist rein physisch, aber der Schaden endet nicht an dieser Stelle, denn diese negativen Geisteszustände zerstören den wichtigsten Faktor des Erfolgs – das Verlangen, etwas zu erreichen.

In der zweiten Lektion dieses Kurses haben Sie gelernt, dass Sie Ihr konkretes Hauptziel im Leben durch ein brennendes Verlangen stützen sollten. Dies ist in einem negativen Geisteszustand unmöglich, egal weshalb es Ihnen so geht.

Um einem positiven Geisteszustand zu bewahren, habe ich eine effektive Methode entdeckt, die schlechte Laune zu vertreiben. Das mag nicht besonders würdevoll ausgedrückt sein, aber da das Thema der Lektion Handeln ist und nicht Würde, bleibe ich dabei. Der »Stimmungsaufheller«, auf den ich mich beziehe, ist ein herzhaftes Lachen. Wenn ich mich »daneben« fühle oder geneigt bin, mit jemandem über etwas zu streiten, das eine Diskussion nicht wert ist, weiß ich, dass ich meinen »Stimmungsaufheller« brauche, ziehe mich an einen ruhigen Ort zurück und lache herzhaft. Wenn ich nicht etwas wirklich Lustiges finden kann, lache ich einfach künstlich. Der Effekt ist in beiden Fällen derselbe.

Fünf Minuten dieser mentalen und physischen Übung – denn es ist beides – führt zu Aktivität, die alles andere als negativ ist.

Nehmen Sie nicht mein Wort für bare Münze – probieren Sie es aus!

Vor nicht langer Zeit hörte ich eine Phonographenaufzeichnung, die, soweit ich mich erinnere, mit »Der lachende Narr« betitelt war und sich an Menschen richtete, deren Würde es nicht erlaubt, um ihrer Gesundheit willen einmal herzhaft zu lachen. Diese Aufzeichnung entsprach ihrem Titel. Ein Mann und eine Frau waren daran beteiligt. Der Mann versuchte, ein Kornett zu spielen, und die Frau lachte ihn aus. Sie lachte so wirkungsvoll, dass der Mann ebenfalls lachen musste, und das Ganze wirkte so, dass die meisten Zuhörer ebenfalls einfielen und herzhaft lachten, ob ihnen danach war oder nicht.

»Wie ein Mann in seinem Herzen denkt, so ist er.«

Sie können nicht an Angst denken und mutig handeln. Sie können nicht hasserfüllt denken und liebevoll zu Menschen in Ihrem Umfeld sein. Die dominierenden Gedanken Ihres Verstands – das heißt, die stärksten, tiefsten und häufigsten Ihrer Gedanken – beeinflussen Sie auch körperlich.

Jeder Gedanke, der durch Ihr Gehirn umgesetzt wird, erreicht und beeinflusst jede Zelle Ihres Körpers. Wenn Sie an Angst denken, telegrafiert Ihr Geist diesen Gedanken hinab zu Ihren Zellen in den Muskeln Ihrer Beine und sagt ihnen, sie sollen Sie so schnell wegtragen, wie sie können. Ein von Furcht erfüllter Mensch rennt weg, weil seine Beine ihn tragen, und sie tragen ihn, weil der Gedanke an Angst in seinem Verstand sie dazu veranlasst, auch wenn alles unterbewusst abläuft.

In der ersten Lektion dieses Kurses haben Sie gelernt, wie Gedanken durch das Prinzip der Telepathie von einem Geist zum anderen wandern. In dieser Lektion sollten Sie einen Schritt weitergehen und erfahren, dass Ihre Gedanken sich nicht nur im Geist anderer Menschen durch Telepathie bemerkbar machen, sondern, was für Sie eine Million Mal wichtiger ist: Sie sollten verstehen, dass sie ebenfalls von den Zellen Ihres eigenen Körpers registriert werden und diese Zellen auf eine entsprechende Weise beeinflussen.

Dieses Prinzip untermauert die Weisheit: »Wie ein Mensch in seinem Herzen denkt, so ist er.«

Sie können im Sinne dieser Lektion auf zweierlei Arten aktiv sein: physisch und mental. Ihr Geist kann aktiv sein, während Ihr Körper völlig ruhig ist, abgesehen von den unwillkürlichen Vorgängen in Ihren lebenswichtigen Organen. Zudem können Sie sowohl körperlich als auch mental aktiv sein.

Wenn man mit tatkräftigen Menschen spricht, kann man beide Typen meinen. Einer ist der Verwaltertyp, und der andere ist der Werbemensch oder Verkäufer. Beide Typen sind essenziell in modernen Unternehmen, der Industrie und der Finanzwelt. Einer ist bekannt als »Dynamo«, während man den anderen vielleicht »Taktgeber« nennen könnte.

Ab und zu begegnet Ihnen jemand, der sowohl ein Dynamo als auch ein Taktgeber ist, aber solche ausgeglichenen Persönlichkeiten sind selten. Die meisten erfolgreichen und großen Unternehmen weisen beide Typen auf.

Der »Taktgeber«, der nichts weiter tut, als Fakten, Zahlen und Statistiken zusammenzustellen, ist genauso ein Mensch der Tat wie derjenige, der auf eine Bühne geht und Tausenden Menschen eine Idee verkauft, allein durch die schiere Kraft seiner aktiven Persönlichkeit. Um festzustellen, ob jemand tatkräftig ist, sollten Sie seine mentalen und physischen Gewohnheiten analysieren.

Im ersten Teil dieser Lektion sagte ich, dass »die Welt Sie für das bezahlt, was Sie tun, und nicht für das, was Sie wissen«. Diese Aussage kann leicht missverstanden werden. Wofür die Welt Sie wirklich bezahlt, ist, was Sie tun können und wozu Sie andere bewegen können.

Ein Mensch, der andere zur Zusammenarbeit und effektiven Teamarbeit veranlasst oder inspiriert, aktiver zu werden, ist nicht weniger tatkräftig als derjenige, der eine effektive Leistung erbringt.

Im Bereich der Industrie und Wirtschaft gibt es Menschen, die andere inspirieren und anleiten, sodass alle unter ihrem Einfluss mehr erreichen als ohne diesen. Bekanntlich war Carnegie ein so kompetenter Manager der Mitarbeiter seines persönlichen Stabs, dass sie es zu einem Wohlstand brachten, der ihnen ohne die Anleitung seines Genies nicht möglich gewesen wäre. Dasselbe gilt im Großen und Ganzen für alle großen Führungspersonen der Industrie und Wirtschaft – der Gewinn liegt nicht nur auf ihrer Seite. Mitarbeiter unter ihrer Führung profitieren am meisten von ihrer Kompetenz.

Manche Menschen schimpfen über ihre Arbeitgeber, weil es denen finanziell besser geht. Doch solche Menschen wären ohne diese Bosse noch viel schlechter dran als mit ihnen.

In der ersten Lektion dieses Kurses wurde der Wert einer gemeinsamen Leistung hervorgehoben, weil manche Menschen in der Lage sind, zu planen, während andere Pläne umsetzen können, auch wenn ihnen die Visionen für Pläne fehlen.

Da er das Prinzip der gemeinsamen Leistung verstand, umgab Andrew Carnegie sich mit einer Gruppe von Planern sowie anderen, die Pläne ausführten. In dieser Gruppe von Assistenten waren einige der effizientesten Verkäufer der Welt, aber wenn die gesamte Belegschaft nur aus Verkaufstalenten bestanden hätte, wäre Carnegie nie so reich geworden. Ein Team aus Verkäufern hätte vermutlich zu übermäßiger Aktivität geführt, aber im Sinne dieser Lektion muss Aktivität intelligent gesteuert werden.

Eine der bekanntesten Anwaltsfirmen in Amerika besteht aus zwei Anwälten, von denen einer nie vor Gericht in Erscheinung tritt. Er bereitet die Fälle der Kanzlei für den Prozess vor, und das andere Mitglied der Kanzlei geht vor Gericht und verhandelt sie. Beide sind engagierte tatkräftige Männer, aber sie drücken es auf verschiedene Weise aus.

Bei den meisten Vorhaben steckt genauso viel Aktivität in der Vorbereitung wie in der Ausführung.

> Tausende Menschen liefen über die große Calumet-Kupfermine, ohne sie zu entdecken. Nur ein einzelner Mann machte sich mit einer Spitzhacke an die Arbeit und fand sie. Sie könnten vielleicht in diesem Moment auf Ihrer »Calumet-Mine« stehen, ohne es zu wissen, egal was Sie gerade machen. Grabe und entdecke, was sich unter Ihnen verbirgt.

Um Ihren Platz in der Welt zu finden, sollten Sie sich analysieren und herausfinden, ob Sie ein »Dynamo« oder ein »Taktgeber« sind und ein konkretes Hauptziel benennen, das mit Ihrer natürlichen Begabung harmoniert. Wenn Sie in einem Unternehmen arbeiten, sollten Sie Ihre Kollegen oder Mitarbeiter ebenso analysieren und dafür sorgen, dass jede Person den Posten besetzt, für den ihr Temperament und die angeborene Begabung sie am besten befähigt.

Anders ausgedrückt kann man Leute unter zwei Überschriften zusammenfassen: Einer ist der Promoter, der andere der Verwalter. Der Promoter gibt einen fähigen Verkäufer und Organisator ab. Der Verwalter ist exzellent darin, die vorhandenen Vermögenswerte zu bewahren.

Lassen Sie den Verwalter die Bücher administrieren, und er ist glücklich. Aber falls Sie anordnen, dass er im Außendienst verkaufen soll, ist er unzufrieden und wird in seinem Job versagen. Lassen Sie den Promoter die Bücher verwalten, und er wird sich elend fühlen. Seine Natur verlangt nach mehr Aktivität. Passiver vorzugehen, wird seine Ambitionen nicht befriedigen, und an einer Arbeit, für die er sich nicht eignet, wird er scheitern. Es stellt sich regelmäßig heraus, dass Menschen, die ihnen anvertraute Gelder veruntreuen, zum Promoter-Typ gehören und der Versuchung nicht erlegen wären, wenn sie in einem passenden Arbeitsgebiet tätig gewesen wären.

Geben Sie einem Menschen die Arbeit, die mit seiner Natur harmoniert, und er wird das Beste daraus machen. Es ist äußerst bedauernswert, dass die meisten Leute nie die Arbeit verrichten, für die sie von Natur aus am besten geeignet sind.

Zu häufig machen Menschen bei der Berufswahl den Fehler, sich die profitabelste Tätigkeit auszusuchen, ohne über ihre angeborene Begabung nachzudenken. Wenn Geld allein Erfolg bedeuten würde, wäre dieses Vorgehen in Ordnung, aber Erfolg in seiner höchsten und edelsten Form umfasst Seelenfrieden, Genuss und Glück, die nur dem Menschen zuteilwerden, der seiner bevorzugten Tätigkeit nachgeht.

Dieser Kurs soll Ihnen vor allem helfen, für sich selbst festzustellen, wozu Ihre natürliche Begabung Sie am meisten befähigt. Sie sollten diese Analyse durchführen, indem Sie sorgfältig die Tabelle in der einführenden Lektion studieren, bevor Sie Ihr konkretes Hauptziel wählen.

Wir kommen nun zur Erläuterung des Prinzips, durch das Sie engagiert handeln können. Um zu verstehen, wie man am besten aktiv wird, muss man wissen, wie man die Prokrastination vermeidet.

Diese Vorschläge geben Ihnen Anleitung:

Erstens: Gewöhnen Sie sich an, jeden Tag zuerst die Aufgaben anzupacken, die Ihnen am wenigsten liegen. Das wird zu Beginn schwierig sein, aber sobald Sie es geschafft haben, werden Sie bald stolz darauf sein, den schwierigsten und unangenehmsten Teil Ihrer Arbeit zuerst zu erledigen.

Zweitens: Platzieren Sie ein Schild vor sich, sodass Sie es bei Ihrer täglichen Arbeit sehen können, und hängen Sie eine Kopie davon in Ihr Schlafzimmer, wo es Sie begrüßt, wenn Sie sich hinlegen und wenn Sie aufstehen: »Sag ihnen nicht, was du tun kannst, zeige es ihnen!«

Drittens: Wiederholen Sie die folgenden Worte laut, zwölfmal jeden Abend, bevor Sie sich hinlegen: »Morgen werde ich alles tun, was getan werden muss, wann es getan werden muss und so, wie es getan werden muss. Ich werde die schwierigsten Aufgaben zuerst erledigen, denn dadurch entkomme ich der Prokrastination und gewöhne mir stattdessen an, zu handeln.«

Viertens: Führen Sie diese Anweisungen in der Überzeugung aus, dass sie fundiert sind und Sie zu körperlicher und mentaler Aktivität führen, durch die Sie schließlich Ihr konkretes Hauptziel erreichen.

Der Vorteil dieses Kurses ist sein einfacher Stil. Alle fundamentalen Wahrheiten sind in letzter Analyse einfach. Und egal ob jemand eine Rede hält oder einen Kurs entwickelt, sein Werk sollte Eindrücke und Fakten so transparent wie möglich vermitteln.

Bevor wir zum Ende dieser Lektion kommen, möchte ich bezüglich des »herzhaften Lachens« als gesundem Verhalten hinzufügen, dass Singen denselben beziehungsweise manchmal einen noch stärkeren Effekt hat.

Billy Sunday ist einer der dynamischsten und aktivsten Prediger der Welt, aber seine Predigten würden vermutlich einiges an Wirkung einbüßen, gäbe es nicht den psychologischen Effekt des Gesangs in den Gottesdiensten.

Allein der Effekt des Gesangs wäre ein Grund, in die Kirche zu gehen, denn niemand kann in einen wunderbaren Hymnus miteinstimmen, ohne sich besser zu fühlen.

Viele Jahre lang habe ich beobachtet, dass ich effektiver schreiben konnte, nachdem ich an einem Gottesdienst mit Gesang teilgenommen hatte. Davon können auch Sie sich überzeugen, wenn Sie am nächsten Sonntag in die Kirche gehen und motiviert am Gottesdienst teilnehmen.

Während des Krieges beriet ich Hersteller von Kriegsnachschub in puncto Produktivitätssteigerung. Durch eine Neuerung in einem Werk mit 3.000 Mitarbeitern stieg die Produktion um 45 Prozent in weniger als 30 Tagen, nachdem wir den Angestellten ermöglicht hatten, in einem Chor, Orchester oder einer Band mitzumachen, die in zehnminütigen Intervallen mitreißende Lieder wie »Over there«, »Dixie« und »There'll be a hot time in the old town tonight« spielten. Die Belegschaft wurde durch den Rhythmus der Musik eingestimmt, effektiver zu arbeiten.

Angemessen ausgewählte Musik kann jede Belegschaft zu größeren Leistungen stimulieren, was offenbar noch nicht zu jedem Firmeninhaber durchgedrungen ist.

Auf meinen Reisen habe ich nur ein Unternehmen gefunden, dessen Management Musik als Anregung für die Angestellten nutzte, den Filene Department Store in Boston, Massachusetts. Während der Sommermonate hatte das Geschäft ein Orchester engagiert, das morgens vor dem Öffnen eine halbe Stunde lang die neueste Tanzmusik spielte. Die Verkäufer tanzen zwischen den Regalreihen bis die Türen öffnen, so tanken sie Geist und Körper mit Energie auf, die sie durch den ganzen Tag trägt.

Bezeichnenderweise habe ich auch nie höflicheres oder effizienteres Verkaufspersonal gesehen als in den Filene-Geschäften. Einer der Abteilungsleiter sagte mir, dass jede Person in seiner Abteilung als Resultat des morgendlichen Musikprogramms mit weniger Mühe mehr leistet.

Eine singende »Armee« gewinnt, egal ob auf dem Schlachtfeld, im Krieg oder hinter dem Tresen eines Kaufhauses. Ich empfehle das Buch *Singing Through Life with God* von George Wharton James allen, die an der Psychologie des Gesangs interessiert sind.

Wenn ich der Leiter einer Fabrik mit schweren und monotonen Tätigkeiten wäre, würde ich ein Musikprogramm für alle Mitarbeiter einführen. Auf dem Lower Broadway in New York City hat ein genialer Grieche entdeckt, wie man die Kunden unterhält und gleichzeitig die Arbeit seines Teams dank eines Phonographen beschleunigt. Jeder Schuhputzjunge zieht im Rhythmus der Musik sein Poliertuch über die Schuhe und scheint dabei beträchtlichen Spaß an der Arbeit zu haben. Damit alle schneller arbeiten, muss der Besitzer nur die Geschwindigkeit des Phonographen höher einstellen.

Jede Teamleistung, bei der zwei oder mehr Menschen kooperieren, um ein konkretes Ziel zu erreichen, ist mächtiger als die Bemühungen eines Einzelnen.

> Ich gehe davon aus, dass das Gehalt eines Menschen, der mehr und Besseres leistet, als seine Bezahlung vorgibt, irgendwann höher ausfallen wird als seine erbrachte Arbeit.

Eine Footballmannschaft kann durch gut koordinierte Teamarbeit konsistent und anhaltend gewinnen, auch wenn die Spieler außerhalb des Spielfelds nicht miteinander harmonieren.

Die Mitglieder eines Firmenvorstands mögen nicht derselben Meinung sein und unfreundlich und distanziert miteinander umgehen. Dennoch sind sie in der Lage, ein erfolgreiches Unternehmen zu leiten.

Ein Mann und seine Frau können zusammenleben, ein beträchtliches oder sogar gewaltiges Vermögen erwerben, eine Familie aufziehen, obwohl bei ihnen die Harmonie fehlt, die essenziell für ein Mastermind ist. Doch diese Verbindungen sind mächtiger und effektiver, wenn sie auf perfekter Harmonie beruhen und somit ein Mastermind bilden.

Kooperation führt zu Macht, daran besteht kein Zweifel, aber eine kooperative Leistung, die harmonisch ein gemeinsames Ziel verfolgt, entwickelt Superkräfte.

Wenn jedes Mitglied eines Teams bereit ist, im Einklang mit den anderen dasselbe konkrete Ziel zu erreichen, ist der Weg zur Entwicklung eines Masterminds frei, vorausgesetzt alle Beteiligten ordnen ihre persönlichen Interessen dem Gruppenziel unter.

Die Vereinigten Staaten von Amerika haben sich vor allem deswegen zu einer der mächtigsten Nationen der Erde entwickelt, weil die einzelnen Staaten erfolgreich miteinander kooperieren. Bedenken Sie, dass die Vereinigten Staaten aus einem überaus mächtigen Mastermind geboren wurden, dessen Mitglieder die Unterzeichner der Unabhängigkeitserklärung waren.

Die Männer, die dieses Dokument unterzeichneten, begründeten bewusst oder unbewusst die Macht des »Masterminds«, sodass sie alle Soldaten besiegten, die gegen sie ins Feld zogen. Die Männer, die um den Sieg der Unabhängigkeitserklärung kämpften, waren nicht allein auf Geld aus; sie kämpften für das Prinzip der Freiheit, die höchste Motivation überhaupt.

Eine große Führungsperson, ob in der Wirtschaft, Finanzwelt, Industrie oder in der Politik, ist imstande, ein motivierendes Ziel aufzustellen, das jedes Mitglied ihrer Belegschaft oder Partei akzeptiert. In der Politik ist ein »aktuelles Thema« alles! »Aktuelles Thema« meint irgendein Ziel, für das sich die Mehrheit der Wähler gewinnen lässt. Diese »Themen« werden meist als griffiger Slogan unter die Leute gebracht, wie »Cool bleiben mit Coolidge« (»Keep cool with Coolidge«), um den Wählern zu suggerieren, dass sie mit Coolidge wohlhabend bleiben werden. Der Spruch funktionierte!

Während Lincolns Wiederwahl war der Slogan »Hinter Lincoln stehen und die Union bewahren« (»Stand back of Lincoln and preserve the Union«). Auch damit klappte es!

Die Wahlkampfleiter von Woodrow Wilson prägten während seines Wahlkampfs zur zweiten Amtszeit den Slogan, »Er hat uns vor dem Krieg gerettet« (»He kept us out of war«), und auch das funktionierte.

Das Ausmaß der Macht einer kooperativen Leistung einer beliebigen Gruppe hängt mit dem Motiv der Beteiligten zusammen. Dies sollten alle beachten, die eine Gruppe organisieren, egal zu welchem Zweck. Finden Sie ein Motiv, das die Menschen bereitwillig und mit harmonischer Hingabe verfolgen, dann sind Sie in der Lage, ein Mastermind zu gründen.

Bekanntlich setzen sich Menschen mehr für ein Ideal ein, als wenn sie nur für Geld arbeiten. Auf der Suche nach einem Motiv für eine Kooperation sollten Sie daran denken.

Während der Arbeit an dieser Lektion erhoben sich ein großer Widerstand und Kritik gegen die Eisenbahnunternehmen des Landes. Wer hinter dieser Agitation steht, ist dem Autor unbekannt, aber ihm ist klar, dass allein eine solche Agitation den Managern der Eisenbahnunternehmen als motivierende Kraft dienen könnte, um die Hunderttausenden von Eisenbahnangestellten hinter einem Ziel zu vereinen und damit eine Macht zu schaffen, die mit der feindlichen Kritik fertig wird.

Die Eisenbahnen sind das Rückgrat dieses Landes. Lässt man sie stillstehen, würden die Menschen in den größeren Städten verhungern, da Nahrungslieferungen sie nicht mehr erreichen würden. Hier offenbart sich ein Motiv, hinter dem eine große öffentliche Mehrheit versammelt und veranlasst werden könnte, jeden Plan zum Schutz der Eisenbahner zu unterstützen.

Die Macht der Eisenbahnangestellten und der öffentlichen Mehrheit, die die Eisenbahn unterstützt, genügt, um jede einschränkende Gesetzgebung und andere Versuche, ihre Position zu entwerten, abzuwehren. Aber diese Macht schlummert, bis sie organisiert und konkret hinter einem bestimmten Motiv gebündelt wird. Der Mensch ist ein merkwürdiges Tier. Ausreichend motiviert, wird ein durchschnittlicher Mensch plötzlich Superkräfte entwickeln.

Was ein Mann erreichen kann, um der Frau seiner Wahl zu gefallen (wenn die Frau weiß, wie sie ihn zum Handeln bewegt), hat die Experten schon immer in Erstaunen versetzt.

Es gibt drei Hauptmotivationskräfte, die praktisch in jedem Bereich auf den Menschen einwirken:

1. Das Motiv des Selbsterhalts.
2. Das Motiv der Sexualität.
3. Das Motiv der finanziellen und sozialen Macht.

Kurz gesagt sind die Hauptmotive, die den Menschen zur Tat motivieren, Geld, Sex und Selbsterhalt. Führungspersonen finden unter diesen drei die passende Motivation, um ihre Mitstreiter zum Handeln zu bewegen.

Wie Sie bemerkt haben, hat diese Lektion viel mit der Einführungslektion und Lektion 2 über das Gesetz des Masterminds gemeinsam. Ein Team kann zum Beispiel einfach aus Notwendigkeit zusammenarbeiten und muss dabei kein Mastermind bilden beziehungsweise harmonisch eingestimmt sein. Eine solche Kooperation kann mächtig sein, aber im Vergleich mit dem, was erreichbar ist, wenn jede Person in einer Allianz ihre Interessen hintanstellt und ihre Bemühungen mit allen anderen Mitgliedern harmonisch koordiniert, sind die Resultate dürftig.

Inwieweit Menschen bereit sind, im Einklang zu kooperieren, hängt von den motivierenden Kräften ab, die sie zum Handeln antreiben. Perfekte Harmonie, die essenziell ist, um einen Mastermind zu bilden, stellt sich nur ein, wenn die motivierende Kraft einer Gruppe jeden Beteiligten die eigenen Interessen völlig vergessen lässt und zur Unterstützung der Gruppe antreibt, ein idealistisches, wohltätiges oder philanthropisches Ziel zu erreichen.

Die drei Hauptmotivationskräfte wurden hier für Führungspersonen aufgeführt, die sich bei ihren Plänen der Kooperation von Mitstreitern versichern wollen, die sich mit ganzer Kraft, selbstlos und harmonisch der Mitarbeit verschreiben. Menschen sind nur bereit, sich der Leitung einer solchen Person harmonisch unterzuordnen, wenn das gegebene Motiv sie veranlasst, jeden Gedanken an sich selbst abzulegen.

Was wir gerne tun, tun wir gut. Im Vorteil ist die Führungsperson, die dies verinnerlicht und ihre Pläne so gestaltet, dass ihre Mitstreiter im Einklang mit diesem Gesetz vorgehen.

Wer seine Anhänger zu Höchstleistungen antreibt, schafft das, weil er jeden von ihnen durch ein starkes Motiv veranlasst, seine Interessen unterzuordnen und harmonisch mit allen anderen in der Gruppe zusammenzuarbeiten.

Egal wer Sie sind oder was Ihr konkretes Hauptziel ist: Wenn Sie für Ihr Hauptziel die Mitwirkung anderer benötigen, müssen Sie ihnen ein Motiv geben, das stark genug ist, um sich ihre ungeteilte, selbstlose Kooperation zu sichern. Dann werden Sie Ihre Pläne mit der Macht eines Masterminds untermauern.

Sie sind nun bereit für Lektion 14, in der Sie erfahren, wie Sie aus all Ihren Fehlern, Irrtümern und Ihrem Versagen Nutzen ziehen und auch von den Fehlern und dem Scheitern anderer profitieren können.

Der Präsident eines der größten Eisenbahnunternehmen der Vereinigten Staaten sagte nach der Lektüre der nächsten Lektion, dass »diese Inhalte suggeriert, die, richtig angewandt, jedem ermöglichen, in seinem Aufgabenbereich ein Meister zu werden«.

Aus Gründen, die Ihnen einleuchten werden, sobald Sie die nächste Lektion gelesen haben, ist dies die Lieblingslektion des Autors.

> Deine Position bietet Ihnen die Gelegenheit, zu zeigen, welche Fähigkeiten Sie haben. Sie werden genau das herausbekommen, was Sie hineinstecken – nicht mehr und nicht weniger. Eine »hohe« Stellung ist nicht mehr als der Gesamtbetrag vieler »kleiner« Tätigkeiten, die gut erledigt wurden.

IHR STEHENDES HEER

EINE NACHBEREITUNG DER LEKTION

Die 15 Soldaten heißen: konkretes Hauptziel, Selbstvertrauen, die Gewohnheit, zu sparen, Vorstellungskraft, Initiative und Führungsstärke, Enthusiasmus, Selbstkontrolle, mehr als verlangt tun, angenehme Persönlichkeit, präzises Denken, Konzentration, Kooperation, Scheitern, Toleranz, die Goldene Regel.

Macht entsteht aus organisierter Leistung. Hier sehen Sie die Kräfte, die bei einer organisierten Leistung eine Rolle spielen. Meistern Sie diese 15 Kräfte, und Sie werden erhalten, was immer Sie im Leben ersehnen. Andere werden keine Chance haben, sich Ihren Plänen in den Weg zu stellen. Eignen Sie sich diese 15 Kräfte an, und Sie werden zu einem präzisen Denker.

Sie sehen die mächtigste Armee der Erde! Beachten Sie die Betonung des Wortes MÄCHTIG.

Diese Armee steht Gewehr bei Fuß, bereit, der Person zu folgen, die sie befehligt. Es ist IHRE Armee, wenn Sie die Autorität annehmen.

Dank dieser Armee werden Sie MÄCHTIG genug sein, jede Opposition niederzumähen, die Ihnen begegnet. Studieren Sie sie sorgfältig, und ergründen Sie für sich, wie viele dieser Soldaten Sie benötigen.

Alle Menschen streben nach materiellem Erfolg. Erfolg und MACHT sind immer verbunden. Sie können sich Ihres Erfolgs nicht sicher sein, wenn Ihnen Macht fehlt. Sie können keine Macht haben, wenn Sie diese nicht auf der Basis von 15 essenziellen Qualitäten entwickeln.

Jede dieser 15 Qualitäten entspricht dem kommandierenden Offizier eines Regiments. Entwickeln Sie diese Fähigkeiten, und Sie werden MÄCHTIG sein.

Der wichtigste dieser 15 befehlshabenden Offiziere ist ein KONKRETES ZIEL. Ohne die Hilfe eines konkreten Ziels wäre der Rest der Armee für Sie nutzlos. Finden Sie so früh wie möglich heraus, worin Ihr Hauptziel im Leben besteht. Bis dahin lassen Sie sich nur treiben, werden von jedem Windhauch in Ihrer Umgebung umhergeblasen.

Millionen von Menschen gehen durchs Leben, ohne zu wissen, was sie wollen.

Alle haben ein Ziel, aber nur zwei von 100 haben ein KONKRETES Ziel. Bevor Sie entscheiden, ob Ihr Ziel KONKRET ist oder nicht, recherchieren Sie das Wort.

> Nichts ist dem unmöglich, der weiß, was er will, und sich vorgenommen hat, es zu erreichen!

Kolumbus verfolgte ein KONKRETES ZIEL und erreichte es. Lincolns KONKRETES ZIEL war, die Sklaven des Südens zu befreien, und er verwandelte dieses Vorhaben in Realität. Roosevelts Hauptziel während seiner ersten Amtszeit war der Bau des Panamakanals; er erlebte, wie er vollendet wurde. Henry Fords KONKRETES ZIEL bestand darin, das beste, preisgünstige Automobil der Welt zu bauen. Dieses Ziel, hartnäckig verfolgt, machte ihn zum mächtigsten Mann auf Erden. Burbanks KONKRETES ZIEL war, Pflanzen zu verbessern. Dieser Plan ermöglichte, auf 26 Quadratkilometern genug Nahrung anzubauen, um die ganze Welt zu ernähren.

Vor 20 Jahren verschrieb Edwin C. Barnes sich einem KONKRETEN ZIEL. Er wollte Geschäftspartner von Thomas A. Edison werden. Als Mr. Barnes sich dies vornahm, fehlte ihm jede Qualifikation, eine Partnerschaft mit dem größten Erfinder der Welt einzugehen. Trotz dieses Handicaps wurde er Partner des großen Edison. Vor fünf Jahren zog er sich aus dem aktiven Geschäft zurück und hatte mehr Geld verdient, als er jemals ausgeben kann, dank seiner Partnerschaft mit Edison.

Der Mensch mit einem konkreten Ziel schafft alles:

Chancen, Kapital, die Kooperation anderer Menschen und alle anderen essenziellen Faktoren des Erfolgs bieten sich demjenigen, der weiß, was er will!

Beleben Sie Ihren Geist mit einem KONKRETEN ZIEL, und sofort zieht dieser wie ein Magnet alles an, das mit diesem Ziel übereinstimmt.

James J. Hill, der große Eisenbahnbauer, war ein schlecht bezahlter Telegrafist. Darüber hinaus war er schon 40 Jahre und tippte immer noch ohne eine Spur von Erfolg auf seiner Telegrafentaste herum.

Dann passierte etwas Entscheidendes! Entscheidend für Hill und das Volk der Vereinigten Staaten. Er nahm sich das KONKRETE ZIEL vor, eine Eisenbahn durch die große Wüste des Westens zu bauen. Ohne bekannt zu sein, ohne Mittel und ohne Unterstützung von anderen erhielt James J. Hill das Kapital und baute das größte Eisenbahnsystem der Vereinigten Staaten.

Woolworth war ein unterbezahlter Angestellter in einem Gemischtwarenladen. Vor seinem geistigen Auge sah er eine Kette von neuartigen Läden, die sich auf den Verkauf von 5- und 10-Cent-Artikeln konzentrierten. Diese Ladenkette wurde sein KONKRETES ZIEL. Er verwandelte es in Realität und machte damit Millionen Dollar, die er nie ausgeben kann.

Cyrus H. K. Curtis nahm sich als KONKRETES ZIEL vor, Verleger des besten Magazins des Landes zu werden. Er fing mit nichts mehr an als dem Namen »Saturday Evening Post« und erfuhr Gegenwind von Freunden und Beratern, die es für »unmöglich« hielten, und er setzte dieses Ziel in die Tat um.

Martin W. Littleton ist der höchstbezahlte Anwalt der Welt. Man sagt, dass er keinen Vorschuss unter 50.000 Dollar annimmt. Mit zwölf Jahren hatte er noch nie ein Klassenzimmer von innen gesehen. Er hörte sich an, wie ein Anwalt einen Mörder verteidigt. Diese Rede beeindruckte ihn so sehr, dass er die Hand seines Vaters ergriff und sagte: »Eines Tages werde ich der beste Anwalt in den Vereinigten Staaten sein und Reden halten wie dieser Mann.«

»Es besteht wohl kaum eine Chance für einen ungebildeten Jungen aus den Bergen, ein großartiger Anwalt zu werden«, könnte man einwenden, aber denken Sie daran, dass DEMJENIGEN NICHTS UNMÖGLICH IST, DER WEISS, WAS ER WILL UND SICH VORGENOMMEN HAT, ES ZU ERREICHEN.

Studieren Sie jeden der 15 Soldaten, die das Kommando über die am Anfang dieses Essays abgebildete Armee haben.

Keiner der Soldaten vermag allein den Erfolg zu sichern. Entfernen Sie einen, und die gesamte Armee ist geschwächt.

Der mächtige Mensch bedient sich der gesamten 15 Qualitäten, die die 15 befehlshabenden Offiziere repräsentieren. Bevor Sie Macht erlangen können, müssen Sie ein KONKRETES ZIEL aufstellen und SELBSTVERTRAUEN haben, um es anzustreben. Sie müssen INITIATIVE und FÜHRUNGSSTÄRKE zeigen, um Ihr Selbstvertrauen auszuüben. Sie müssen sich der VORSTELLUNGSKRAFT bedienen, um Ihr konkretes Ziel zu schaffen und die Pläne zu schmieden, um dieses Ziel und Ihre Pläne in die Realität umsetzen zu können. Sie müssen BEGEISTERT handeln, andernfalls werden Ihre Handlungen kraftlos sein und Ihnen fehlt der »Kick«. Sie müssen SICH SELBST KONTROLLIEREN. Sie müssen sich angewöhnen, MEHR ALS VERLANGT ZU TUN. Sie müssen eine ANGENEHME PERSÖNLICHKEIT kultivieren. Sie müssen sich ANGEWÖHNEN, ZU SPAREN. Sie müssen PRÄZISE DENKEN, und beachten Sie dabei, dass präzises Denken auf FAKTEN beruht und nicht auf Hörensagen oder bloßer Information. Sie müssen sich KONZENTRATION angewöhnen, indem Sie sich nur auf eine Aufgabe auf einmal fokussieren. Sie müssen bei all Ihren Plänen stets KOOPERATIV vorgehen. Sie müssen vom SCHEITERN profitieren, von Ihrem eigenen und dem anderer. Sie müssen stets TOLERANT sein. Zu guter Letzt müssen Sie im Umgang mit anderen Menschen immer auf der Basis der GOLDENEN REGEL handeln.

Stellen Sie sich jeden Tag dieses Bild vor, und rufen Sie jeden der 15 Soldaten auf, um sie genau zu betrachten. Stellen Sie sicher, dass Sie ihr Pendant in Ihrem eigenen Geist entwickeln.

Alle effizienten Armeen agieren äußerst diszipliniert! Die Armee Ihres eigenen Geistes muss genauso diszipliniert sein. Sie muss bei jedem Schritt Ihrem Kommando gehorchen.

Wenn Sie den 13. Soldaten aus der Reihe rufen, das »SCHEITERN«, denken Sie daran, dass nichts so sehr zu Disziplin führt wie Fehlschläge und zeitweilige Niederlagen. Während Sie sich mit diesem Soldaten vergleichen, prüfen Sie, ob Sie von Ihren eigenen Fehlschlägen und zeitweiligen Rückschlägen profitieren.

Alle Menschen SCHEITERN früher oder später. Stellen Sie sicher, wenn es Sie trifft, dass Sie etwas Wertvolles daraus lernen. Zudem können Sie sicher sein, dass es Sie nicht heimsuchen würde, wenn Sie ihm in Ihrem emotionalen Rüstzeug keinen Raum gegeben hätten.

Um in dieser Welt voranzukommen, müssen Sie sich zu Beginn auf Ihre eigenen Kräfte verlassen. Nachdem der Anfang gemacht wurde, können Sie bei anderen Hilfe suchen, aber den ersten Schritt müssen Sie allein schaffen.

Nach diesem »Start« wird es Sie überraschen, wie viele willige Menschen Sie treffen werden, die Ihnen freiwillig helfen.

Erfolg besteht aus vielen Fakten und Faktoren, hauptsächlich aus den 15 Qualitäten, die die 15 Soldaten repräsentieren. Um einen ausbalancierten Erfolg genießen zu können, muss man sich so viel oder wenig dieser 15 Qualitäten aneignen, wie es an ererbten Fertigkeiten fehlt.

Sie sind mit bestimmten angeborenen Eigenschaften auf diese Welt gekommen, dem Ergebnis von Millionen von Jahren evolutionären Wandels durch Tausende von Generation an Vorfahren.

Zusätzlich zu diesen angeborenen Fertigkeiten haben Sie sich viele andere Qualitäten angeeignet, entsprechend der Natur Ihrer Umgebung und den Lehren aus Ihrer frühen Kindheit. Sie stellen die Gesamtsumme dessen dar, womit Sie geboren wurden, was Sie aus Ihrer Erfahrung gelernt und was Sie gedacht haben und was Ihnen seit Ihrer Geburt beigebracht wurde.

Durch das Gesetz des Zufalls verfügt einer von einer Million Menschen durch Vererbung und durch das von Geburt an erworbene Wissen über alle 15 Qualitäten.

Alle, die nicht das Glück hatten, auf diese Weise die essenziellen Grundlagen des ERFOLGS erworben zu haben, müssen diese selbst entwickeln.

Als erster Schritt in diesem »Entwicklungs«-Prozess gilt es, zu realisieren, welche Qualitäten in Ihrer natürlich erworbenen Ausstattung fehlen. Der zweite Schritt ist, Ihr VERLANGEN tief zu verankern, um sich an den betreffenden Stellen weiterzuentwickeln.

Zu beten, funktioniert manchmal, jedoch nicht immer. Es funktioniert immer dann, wenn man GLAUBT. Diese Wahrheit kann niemand bestreiten, aber auch nicht erklären. Wir wissen nur, dass Gebete sich auswirken, wenn wir daran GLAUBEN. Gebete ohne GLAUBEN sind nichts als eine leere Sammlung von Worten.

Ein KONKRETES ZIEL kann nur in die Realität umgesetzt werden, wenn man GLAUBT, dass es zu schaffen ist. Vielleicht ist es dasselbe Gesetz, das ein Gebet, das auf GLAUBEN basiert, verwirklicht, das auch ein KONKRETES ZIEL, an das man glaubt, real werden lässt.

Es kann nicht schaden, Ihr KONKRETES ZIEL im Leben zum Objekt Ihres täglichen Gebets zu machen. Denken Sie beim Beten daran, dass ein von GLAUBEN gestütztes Gebet immer wirkt.

Entwickeln Sie alle der 15 Qualitäten, von einem KONKRETEN ZIEL bis zur GOLDENEN REGEL, und Sie werden feststellen, dass es nicht schwer ist, zu GLAUBEN.

Prüfen Sie sich, und finden Sie heraus, wie viele der 15 Qualitäten im Moment in Ihnen stecken. Fügen Sie zu dieser Inventur die fehlenden Qualitäten hinzu, bis Sie die gesamten 15 aufweisen. Dann werden Sie den Erfolg erreichen können, nach dem Sie VERLANGEN.

Die Qualitäten, für die die 15 Soldaten stehen, sind die Steine, der Mörtel und das Baumaterial, aus denen Sie Ihren Tempel des Erfolgs bauen. Meistern Sie diese 15 Qualitäten, und Sie können eine perfekte Symphonie des Erfolgs bei all Ihren Vorhaben spielen, wie jemand, der die Grundlagen der Musik beherrscht, jedes Stück vom Blatt spielen kann.

Eignen Sie sich diese 15 Qualitäten an, und Sie werden eine GEBILDETE Person sein, denn Sie werden alles erlangen können, was immer Sie ersehnen, ohne die Rechte anderer zu verletzen.

»Alle Welt ist des Menschen, sie zu erobern und zu beherrschen,
Das ist die Herrlichkeit seines Lebens.
Aber das ist das eiserne Gesetz: Zuerst muss er sich bilden,
Das ist Beginn und Ende allen Strebens.«

LEKTION 14

SCHEITERN

»Du kannst es, wenn du glaubst, dass du es kannst!«

Im Allgemeinen ist der Begriff »Scheitern« negativ besetzt. In dieser Lektion wird diesem Wort eine neue Bedeutung gegeben, denn es ist häufig missbraucht worden; und aus diesem Grund hat es Millionen von Menschen unnötig Leid und Not gebracht.

Zu Beginn sollten wir unterscheiden zwischen »Scheitern« und »zeitweiligem Rückschlag«. Lassen Sie uns genauer betrachten, ob das, was wir so oft als »Versagen« bezeichnen, nicht tatsächlich nur ein »zeitweiliger Rückschlag« ist. Darüber hinaus sollten wir prüfen, ob dieser zeitweilige Rückschlag nicht ein versteckter Segen ist, weil er uns aus dem Trott reißt und unsere Energien in eine erstrebenswertere Richtung lenkt.

In Lektion 9 dieses Kurses haben wir gelernt, dass Stärke aus Widerstand erwächst; und wir werden in dieser Lektion erfahren, dass ein gefestigter Charakter meist aus Niederlagen, Hindernissen und zeitweiligen Rückschlägen entsteht, die der unwissende Teil der Welt »Scheitern« nennt.

Weder zeitweilige Rückschläge noch Widerstand bezeichnet eine Person als Versagen, die sie als Lehrmeister sieht, die ihr ein paar notwendige Lektionen erteilen. Tatsächlich steckt eine wichtige und dauerhafte Lehre in jeder Niederlage und jedem Rückschlag, und meist ist es eine, die man nur durch einen Fehlschlag lernen konnte.

Niederlagen sprechen oft in einer »primitiven Sprache« zu uns, die wir nicht verstehen. Andernfalls würden wir nicht dieselben Fehler wieder und wieder machen, ohne von den Lektionen zu profitieren, die sie uns erteilen können. Wäre dem nicht so, würden wir genauer auf die Fehler anderer Menschen achten und sie für uns nutzen.

Diese Lektion soll Ihnen als Schüler helfen, diese »primitive Sprache«, in der Niederlagen an uns appellieren, zu verstehen und davon zu profitieren.

Vielleicht hilft es Ihnen, sich die Bedeutung einer Niederlage zu erklären, wenn ich Sie auf eine Reise durch einige persönliche Erfahrungen mitnehme, die sich auf eine Periode von ungefähr 30 Jahren erstrecken.

Innerhalb dieser Zeitspanne kam ich in sieben verschiedenen Fällen an diesen Wendepunkt, den die Unwissenden »Scheitern« nennen. An jedem dieser Punkte meinte ich, ich hätte einen unverzeihlichen Fehler begangen. Aber heute weiß ich, mein vermeintliches Versagen war nicht mehr als eine freundliche, unsichtbare Hand, die mich auf meinem gewählten Kurs stoppte und weise auf einen vorteilhafteren Pfad lenkte.

> Gestern ist nur ein Traum,
> Morgen nur eine Vision.
> Aber heute wohl gelebt
> Macht jedes Gestern zu einem Traum von Glück,
> Und jedes Morgen zu einer Vision der Hoffnung.
> Achte daher gut auf den heutigen Tag.
>
> AUS DEM SANSKRIT

Ich kam jedoch erst zu diesem Schluss, nachdem ich in der Rückschau meine Erfahrungen betrachtete und sie im Lichte vieler Jahre nüchterner Überlegung und intensiven Nachdenkens bewertete.

Erster Wendepunkt

Nachdem ich einen Kurs auf einem Business-College besucht hatte, nahm ich eine Stelle als Stenograf und Buchhalter an, die ich die nächsten fünf Jahre bekleidete. Da ich stets mehr und bessere Arbeit leistete, als verlangt und bezahlt, wie in Lektion 9 dieses Kurses beschrieben, stieg ich schnell auf, bis man mir Verantwortung übertrug, die für mein Alter unverhältnismäßig hoch war, und ein entsprechendes Gehalt zahlte.

Ich sparte Geld, und mein Konto wuchs auf mehrere tausend Dollar. Mein guter Ruf verbreitete sich, und ich erhielt weitere Arbeitsangebote.

Um diesen Angeboten etwas entgegenzusetzen, ernannte mich mein Arbeitgeber zum Geschäftsführer der Minen, bei denen ich angestellt war. Ich stieg schnell zur Spitze der Welt auf und war mir dessen bewusst!

Dennoch war mir klar, dass dies der traurige Teil meines Schicksals war!

Dann streckte das Schicksal wohlmeinend die Hand aus und gab mir einen kleinen Schubs. Mein Arbeitgeber verlor sein Vermögen und ich meine Position. Das war meine erste wirkliche Niederlage. Und auch wenn es dafür Gründe gab, über die ich keine Kontrolle hatte, hätte ich daraus eine Lektion lernen sollen; was ich jedoch erst viele Jahre später nachholte.

Zweiter Wendepunkt

Meine nächste Position war die eines Verkaufsleiters eines großen Sägewerks im Süden. Ich wusste nichts über Holz und nur wenig über Verkaufsmanagement. Aber ich hatte begriffen, wie vorteilhaft es ist, mehr als verlangt zu leisten, und ebenso, dass es sich auszahlt, die Initiative zu ergreifen und ohne Aufforderung zu handeln.

Ein gepolstertes Bankkonto und der stete Aufstieg in meiner vorherigen Position schenkten mir das nötige Selbstvertrauen und vielleicht noch mehr.

Ich wurde bald befördert, mein Gehalt wurde zweimal im ersten Jahr erhöht. Ich war so erfolgreich als Verkaufsmanager, dass mein Arbeitgeber mich zum Partner machte. Wir verdienten viel Geld, und ich sah mich erneut auf dem Gipfel der Welt!

»Auf dem Gipfel der Welt« zu stehen, ist ein wunderbares Gefühl. Aber es ist ein gefährlicher Ort, es sei denn, man hat einen wirklich festen Stand, denn wenn man fällt, dann tief und hart.

Ich machte Riesenschritte auf der Erfolgsleiter!

Bis zu dieser Zeit war es mir nie in den Sinn gekommen, dass sich Erfolg in etwas anderes als in Begriffen von Geld und Autorität bemisst. Vielleicht lag es daran, dass ich mehr Geld hatte, als ich brauchte, und mehr Autorität, als ich in diesem Alter verantwortungsvoll bewältigen konnte.

Nicht nur war ich, an meiner eigenen Erfolgsmesslatte gemessen, »erfolgreich«, sondern ich wusste, dass ich in dem einzigen Geschäft tätig war, das meinem Temperament entsprach. Nichts hätte mich dazu bringen können, in einen anderen Bereich zu wechseln. Das heißt – nichts, abgesehen von dem, was passierte und eine Änderung erzwang.

Die unsichtbare Hand des Schicksals gestattete mir, unter dem Einfluss meiner Eitelkeit mit stolzgeschwellter Brust herumzustolzieren, bis ich von meiner eigenen Wichtigkeit überzeugt war. Im Lichte der nüchternen Betrachtung späterer Jahre frage ich mich, ob diese unsichtbare Hand vielleicht uns törichten Menschenwesen absichtlich gestattet, so lange vor unseren eigenen Spiegeln der Eitelkeit herumzustolzieren, bis wir sehen, wie vulgär wir uns benehmen und uns vor uns selbst schämen.

Auf jeden Fall schien mein Weg vorgezeichnet; es waren genug Kohlen im Tender, es war Wasser im Tank, meine Hand war am Dampfregler – ich öffnete ihn weit und schoss dahin.

Aber ach! Das Schicksal wartete um die nächste Ecke auf mich und hatte bereits den Knüppel in der Hand. Natürlich sah ich den sich anbahnenden Crash nicht, bis er geschah. Es war eine traurige Geschichte, aber unterschied sich nicht sehr von dem, was andere erzählen könnten, sofern sie ehrlich sind.

Wie ein Blitzschlag aus heiterem Himmel erwischte mich die Finanzpanik von 1907, und über Nacht leistete sie mir einen nachhaltigen Dienst, indem sie mein Unternehmen zerstörte und mir jeden Dollar nahm, den ich besaß.

Das war meine erste schwere Niederlage! Ich hielt es damals für Scheitern, was es nicht war, und vor dem Ende dieser Lektion werde ich Ihnen erläutern, wieso nicht.

Dritter Wendepunkt

Es erforderte die Panik von 1907 und die Niederlage, die sie mir einbrachte, um meinen Fokus vom Holzgeschäft weg und hin auf das Studium des Rechts zu verlegen. Abgesehen von einer Niederlage hätte nichts auf Erden diesen Wandel herbeigeführt, daher kam der dritte Wendepunkt meines Lebens auf den Schwingen dessen daher, was die meisten Menschen »Versagen« nennen würden. Daher sei hier noch einmal betont, dass jede Niederlage denjenigen eine notwendige Lektion erteilt, die bereit und willens sind, sich belehren zu lassen.

> Eine der größten Führungspersönlichkeiten, die jemals lebten, beschrieb das Geheimnis ihrer Führungsstärke in fünf Worten: »Güte ist mächtiger als Zwang.«

Ich begann mein Jurastudium im festen Glauben, dass ich hinterher umso besser gerüstet sein würde, das Ende des Regenbogens zu finden und meinen Topf Gold auszugraben, denn ich hatte immer noch kein anderes Konzept von Erfolg im Kopf als das von Geld und Macht.

Ich besuchte meine Jurakurse am Abend und arbeitete tagsüber als Autoverkäufer. Meine Verkaufserfahrung im Holzgeschäft war dabei von Vorteil.

Ich war erfolgreich und machte meine Sache so gut (immer noch, indem ich mehr und Besseres leistete, als mein Gehalt vorgab), dass sich die Gelegenheit bot, in die Automobilindustrie einzusteigen. Mir war der Bedarf an ausgebildeten Mechanikern bewusst, daher eröffnete ich eine Ausbildungsabteilung im Werk und machte mich an die Arbeit, Mechaniker für den Bau und die Reparatur von Autos auszubilden. Die Abteilung gedieh, und ich verdiente insgesamt über 1.000 Dollar im Monat.

Wieder war ich dem Ende des Regenbogens ganz nah. Und wieder meinte ich, dass ich endlich meine Nische in der Arbeitswelt gefunden hatte; dass nichts mich von meinem Kurs abbringen oder meine Aufmerksamkeit von der Automobilbranche weglocken konnte.

Mein Banker wusste, dass es mir finanziell gut ging, daher gab er mir einen Kredit, um mein Geschäft auszubauen. Eine merkwürdige Eigenschaft von Bankern – die jedoch vermutlich beim Rest von uns ebenso mehr oder weniger ausgeprägt ist –, ist, dass sie uns, ohne zu zögern, Geld leihen, wenn wir wohlhabend sind!

Mein Banker lieh mir Geld, bis ich hoffnungslos in seiner Schuld stand, und dann übernahm er mein Geschäft mit einer solchen Seelenruhe, als würde es ihm gehören, und so kam es auch!

Von der Position eines Mannes der Tat, der ein Einkommen von mehr als 1.000 Dollar im Monat genossen hatte, wurde ich plötzlich in die Armut gestoßen.

Nun, 20 Jahre später, danke ich der Hand des Schicksals für diese erzwungene Veränderung; aber damals wertete ich sie allein als Scheitern.

Das Ende des Regenbogens war verschwunden und damit auch der sprichwörtliche Topf Gold, den man angeblich an seinem Ende findet. Erst viele Jahre später dämmerte mir, dass dieser zeitweilige Rückschlag vermutlich der größte Segen war, der mir je widerfahren ist. Denn er zwang mich aus einem Geschäft, das mir nicht dazu diente, mehr über mich selbst oder über andere zu erfahren, und steuerte meine Bemühungen in eine Richtung, die mir wirklich aufzeigte, was ich brauchte.

Zum ersten Mal im Leben fragte ich mich, ob es nicht möglich sein konnte, etwas anderes von Wert als nur Geld und Macht am Ende des Regenbogens zu finden. Diese zeitweilige fragende Haltung führte weder zu offener Rebellion noch ging ich dem weit genug nach, um eine Antwort zu erhalten. Es war mehr ein flüchtiger Gedanke, wie so viele andere, denen wir keine Aufmerksamkeit schenken, und ich grübelte nicht weiter darüber nach. Hätte ich damals schon so viel über das Gesetz des Ausgleichs gewusst wie heute und wäre ich in der Lage gewesen, Erfahrungen so zu interpretieren, wie ich es heute vermag, hätte ich erkannt, dass dieses Ereignis erneut ein zärtlicher Schubs der Hand des Schicksals war.

Nachdem ich den bis dato härtesten Kampf meines Lebens hinter mir hatte, akzeptierte ich meine zeitweilige Niederlage als Versagen und gelangte dadurch an meinen nächsten und vierten Wendepunkt, der mir eine Möglichkeit gab, das erworbene juristische Wissen zu nutzen.

Vierter Wendepunkt

Da meine Frau und ihre Familie einflussreich waren, sicherte ich mir eine Stelle als Assistent des Chef-Jurors eines der größten Kohleunternehmen weltweit. Mein Gehalt stand nicht im Verhältnis zu dem, was bei einem Anfänger üblich ist, und wich noch weit mehr davon ab, was ich wert war. Aber Beziehungen sind eben Beziehungen, und ich hatte nun mal die Stelle. Wie es sich ergab, konnte ich das, was mir an juristischen Fähigkeiten fehlte, mehr als wettmachen, indem ich stets mehr als verlangt leistete, Initiative ergriff und das Nötige unaufgefordert erledigte.

Ich hielt meine Position ohne Schwierigkeiten. Sie wäre ein sanftes Ruhekissen fürs Leben gewesen, wenn ich mich entschlossen hätte, sie zu behalten.

Ohne meine Freunde zu fragen und ohne Vorwarnung kündigte ich!

Das war der erste Wendepunkt, den ich selbst gesetzt hatte. Er wurde mir nicht aufgezwungen. Ich sah Väterchen Schicksal kommen und war als Erster an der Tür. Als man mich fragte, wieso ich kündigte, nannte ich einen, wie mir schien, vernünftigen Grund, aber ich konnte kaum die Familie überzeugen, dass ich eine weise Entscheidung getroffen hatte.

Ich kündigte meine Stelle, weil die Arbeit zu leicht war und ich sie ohne große Anstrengung erledigen konnte. Ich fürchtete, langsam träge zu werden. Ich gewöhnte mich daran, dass das Leben einfach war, und ich wusste, mir drohte ein schleichender Niedergang. Ich hatte so viele Freunde bei Gericht, dass ich mich nicht besonders anstrengen musste. Ich war unter Freunden und Verwandten und befand mich in einer Position, die ich ohne große Mühe so lange behalten konnte, wie ich wollte. Ich erhielt ein Einkommen, das mir alles Notwendige im Leben und einigen Luxus finanzierte, inklusive eines Autos und genügend Benzin, um es zu fahren.

Was brauchte ich noch mehr? »Nichts!«, sagte ich zu mir selbst.

Das war die Einstellung, in die ich langsam hineinrutschte. Es war eine Haltung, die mir aus irgendeinem Grund immer noch unbekannt war und mich so erschreckte, dass ich kündigte, was viele für irrational hielten. Wie ignorant ich damals auch in anderen Zusammenhängen gewesen sein mag – ich war schon immer dankbar, genug gesunden Menschenverstand zu haben, um zu realisieren, dass Stärke und Wachstum nur aus anhaltender Mühe und Kampf hervorgehen und dass sie, wenn man seine Fähigkeiten nicht nutzt, verkümmern.

Diese Entscheidung erwies sich als der wichtigste Wendepunkt meines Lebens, auch wenn darauf zehn mühsame Jahre folgten, die fast jeden erdenklichen Kummer brachten, den das menschliche Herz empfinden kann. Ich kündigte meinen Job in der Juristerei, mit der ich gut zurechtkam, während ich unter Freunden und Verwandten lebte, die meinten, eine ungewöhnlich leuchtende und vielversprechende Zukunft läge vor mir. Ich gebe gerne zu, dass es eine stete Quelle der Verwunderung war, wie ich den Mut aufbrachte, diese Entscheidung zu treffen. Soweit ich das Ereignis interpretieren kann, kam ich mehr aufgrund einer »Ahnung« oder aufgrund eines »Anstoßes«, den ich damals nicht verstand, zu meiner Kündigung als durch logisches Nachdenken.

Ich wählte Chicago als neues Betätigungsfeld. Denn ich hielt Chicago für den passenden Ort, um herauszufinden, ob man aus dem richtigen Holz geschnitzt ist und über die wesentlichen Qualitäten verfügte, wenn man in einer Welt harter Konkurrenz überleben will. Ich war der Meinung, wenn ich in einer ehrenhaften Position in Chicago Anerkennung finden könnte, würde es beweisen, dass ich über das entsprechende Rohmaterial verfügte, aus dem sich echte Kompetenz schmieden ließe. Das war etwas um die Ecke gedacht; zumindest war es für mich damals ein nicht alltäglicher Prozess, dem ich mich stellen wollte. Was mich daran erinnert, dass wir menschlichen Wesen unsere Intelligenz gerne überschätzen. Ich fürchte, wir schreiben uns zu oft Weisheit und Resultate zu, die von Ursachen herrühren, die wir absolut nicht im Griff haben.

Auch wenn ich nicht sagen will, dass alle unsere Handlungen von Bedingungen kontrolliert werden, auf die wir keinen Einfluss haben, will ich dennoch darauf drängen, die Ursachen zu studieren und richtig zu interpretieren, die die wichtigsten Wendepunkte unseres Lebens markieren. Es sind die Punkte, an denen Ihre Bemühungen umgelenkt werden – von alten auf neue Pfade –, egal was Sie tun. Sie sollten zumindest warten, eine Niederlage als Fehlschlag zu interpretieren, bis Sie Zeit hatten, das Endresultat zu analysieren.

Meine erste Position in Chicago war die des Werbemanagers einer großen Fernschule. Ich wusste nur wenig über Werbung, aber aufgrund meiner vorherigen Erfahrung als Verkäufer und meiner vorteilhaften Gewohnheit, stets mehr zu tun, als mein Gehalt vorgab, leistete ich Ungewöhnliches. Im ersten Jahr verdiente ich 5.200 Dollar.

> Denken Sie daran, wenn das Schicksal gegen Sie ist, dass von allen Ausdrücken, die Sie auf Ihrem Gesicht tragen, das Strahlen der Freude am weitesten auf die See hinausleuchtet.

Ich legte ein sprunghaftes »Comeback« hin. Langsam schien das Ende des Regenbogens näher zu rücken, und ich sah einmal mehr den glänzenden Topf Gold fast in meiner Reichweite. Die Geschichte ist voller Belege, dass auf den Überfluss die Hungersnot folgt. Ich genoss den Überfluss, aber rechnete nicht mit der Hungersnot, die folgen sollte. Es ging mir so gut, dass ich mir selbst auf die Schulter klopfte.

Selbstzufriedenheit ist ein gefährlicher Geisteszustand. Diese bedeutende Wahrheit lernen viele Leute nicht, weil die Zeit ihnen einen Großteil des Lebens die mildernde Hand auf die Schulter gelegt hat. Manche erfassen sie nie, und die anderen verstehen schließlich die »primitive Sprache« der Niederlage.

Ich bin überzeugt, dass es kaum gefährlichere Feinde des Kampfesmuts gibt als die Selbstzufriedenheit. Persönlich fürchte ich sie mehr als eine Niederlage.

Das bringt mich zu meinem fünften Wendepunkt, der ebenfalls meine eigene Wahl war.

Fünfter Wendepunkt

Meine Bilanz als Werbemanager der Fernschule war so überzeugend, dass der Präsident des Instituts mich bewog, meine Position aufzugeben und mit ihm zusammen in die Herstellung von Süßigkeiten einzusteigen. Wir gründeten die Betsy Ross Candy Company, und ich wurde ihr erster Präsident, womit der nächste und wichtigste Wendepunkt meines Lebens begann.

Dieses Geschäft wuchs schnell, bis wir eine Ladenkette in 18 verschiedenen Staaten unterhielten. Wieder sah ich das Ende des Regenbogens fast in meiner Reichweite. Ich wusste, dass ich endlich das Berufsfeld gefunden hatte, in dem ich den Rest meines Lebens verbringen wollte. Die Süßigkeitenbranche war profitabel, und weil ich Geld als den einzigen Beweis für Erfolg sah, glaubte ich natürlich, ihm ganz nahe zu sein.

Alles ging glatt, bis mein Partner und ein dritter Mann, den wir mit ins Geschäft gebracht hatten, den Plan fassten, sich meinen Anteil anzueignen, ohne dafür zu bezahlen.

Der Plan war auf gewisse Weise erfolgreich, aber ich wehrte mich heftiger, als sie vorhergesehen hatten; daher ließen sie mich zum Zwecke der »sanften Überzeugung« unter falschen Vorwürfen verhaften und boten dann an, die Anzeige fallen zu lassen, wenn ich meinen Anteil am Unternehmen ihnen überließe.

Ich musste zum ersten Mal erfahren, dass es viel Grausamkeit, Ungerechtigkeit und Unehrlichkeit in den Herzen der Menschen gibt.

Als die Zeit für die Anhörung kam, waren die Zeugen der Anklage nirgends zu finden. Aber ich ließ sie vorladen und zwang sie in den Zeugenstand, um ihre Geschichten zu erzählen, was zu meinem Freispruch und zu einer Schadenersatzklage gegen meine Widersacher führte.

Der Vorfall führte einen irreparablen Bruch zwischen meinen Geschäftspartnern und mir herbei, der mich letztlich meinen Anteil am Unternehmen kostete, aber das war nur ein geringer Schaden, verglichen damit, was es meine Geschäftspartner kostete, denn sie zahlen heute noch und werden es zweifellos den Rest ihres Lebens tun.

Meine Schadenersatzklage wurde als »unerlaubte Handlung« geführt, wodurch ein Schadenersatz aufgrund von bösartiger Rufschädigung verlangt wurde. In Illinois, wo die Klage eingereicht wurde, gibt ein Urteil im Fall einer »unerlaubten Handlung« demjenigen, zu dessen Gunsten das Urteil gesprochen wurde, das Recht, den Verurteilten hinter Gitter zu bringen, bis die Schadenssumme bezahlt ist.

Es dauerte nicht lange und gegen meine ehemaligen Geschäftspartner wurde ein hartes Urteil gesprochen. Ich hätte sie beide hinter Gitter bringen können.

Zum ersten Mal in meinem Leben erhielt ich die Möglichkeit, gegen meine Feinde schmerzhaft zurückzuschlagen. Ich hatte eine »scharfe« Waffe in der Hand – eine, die mir meine Feinde selbst gereicht hatten.

Ein merkwürdiges Gefühl überkam mich! Sollte ich meine Feinde ins Gefängnis werfen lassen oder sollte ich ihnen Gnade erweisen und damit beweisen, dass ich aus anderem Holz geschnitzt war?

In diesem Moment wurde in meinem Herzen das Fundament gelegt, auf dem die 16. Lektion dieses Kurses aufbaut, denn ich beschloss, dass ich meine Feinde freilassen wollte – so frei, wie es durch Gnade und Vergebung möglich war.

Aber lange bevor ich meine Entscheidung getroffen hatte, hatte die Hand des Schicksals beschlossen, mit diesen irregeleiteten Männern, die vergeblich versucht hatten, mich zu vernichten, unsanft umzugehen. Die Zeit, der fleißigste aller Arbeiter, dem wir alle früher oder später erliegen, hatte sich bereits bei meinen ehemaligen Geschäftspartnern ans Werk gemacht und hatte weniger Gnade als ich walten lassen. Einer von ihnen wurde zu einer langen Haftstrafe verurteilt für ein anderes Verbrechen, das er an jemand anderem begangen hatte, und der andere war unterdessen verarmt.

Wir können die Gesetze umgehen, die Menschen in Gesetzbücher schreiben, aber niemals das Gesetz des Ausgleichs!

Das Urteil, das ich gegen diese Männer erwirkte, steht in den Akten des Superior Court von Chicago als ein stiller Beweis der Ehrenrettung meines Rufs. Aber für mich hat es eine noch wichtigere Bedeutung – es dient als Erinnerung, dass ich Feinden vergeben konnte, die mich zerstören wollten, und vermutlich aus diesem Grund hat mich dieser Vorfall gestärkt, statt mich zu zerstören.

Verhaftet zu werden, erschien mir in diesem Moment eine furchtbare Schande zu sein, auch wenn die Anklage falsch war. Ich genoss die Erfahrung nicht gerade und würde sie nicht noch einmal durchleben wollen, muss aber zugeben, dass es das ganze Leid wert war, denn so fand ich heraus, dass Rache nicht zu meinem mentalen Rüstzeug zählt.

Lesen Sie die in dieser Lektion beschriebenen Erfahrungen genau, dann erkennen Sie, wie dieser Kurs daraus hervorgegangen ist. Jede zeitweilige Niederlage hat eine Spur in meiner Persönlichkeit hinterlassen und mir das Material für diese Inhalte geliefert.

Unsere Angst kann davonfliegen, und wir werden schwierige Erfahrungen eventuell nicht mehr vermeiden, wenn wir in den Biografien bedeutender Menschen nachlesen, dass fast jeder von ihnen hart auf die Probe gestellt und durch die Mühlen erbarmungsloser Erfahrungen gehen musste, bis er »ankam«. Das wirft für mich die Frage auf, ob die Bande des Schicksals nicht »das Holz, aus dem wir geschnitzt sind« auf verschiedene Weise testen, bevor uns große Verantwortung auf die Schultern gelegt wird.

Bevor ich mich dem nächsten Wendepunkt meines Lebens widmen will, möchte ich Ihre Aufmerksamkeit darauf lenken, dass jeder Wendepunkt mich dem Ende des Regenbogens näherkommen ließ und mir nützliches Wissen einbrachte, das später in meine Lebensphilosophie einfloss.

Sechster Wendepunkt

Kommen wir nun zu dem Wendepunkt, der mich vermutlich näher ans Ende des Regenbogens brachte als alle anderen, denn er beförderte mich in eine Position, in der ich mein gesamtes bisheriges Wissen zu fast jedem mir vertrauten Thema nutzen musste. Ich erhielt eine Möglichkeit, mich weiterzuentwickeln, wie sie selten einem Menschen so früh in seinem Leben zuteilwird. Dieser Wendepunkt kam, kurz nachdem meine Träume vom Erfolg in der Süßigkeitenbranche geplatzt waren, und als ich mich darauf konzentrierte, an einem College im Mittleren Westen Werbung und Verkauf zu unterrichten.

Ein weiser Philosoph hat gesagt, dass wir erst dann viel über ein bestimmtes Thema lernen, wenn wir anfangen, es zu unterrichten. Meine erste Erfahrung als Dozent bewies diese These. Meine Lehrtätigkeit florierte vom ersten Moment an. Ich hatte eine Klasse vor Ort und gab auch Fernunterricht, bei dem ich Schüler in fast jedem Englisch sprechenden Land unterrichtete. Trotz der Kriegsfolgen wuchs die Schule schnell, und ich sah erneut das Ende des Regenbogens vor mir.

> Es ist weit besser, sich mit einer Handvoll Menschen zu verbünden, die recht haben, als mit dem Mob, der falschliegt, denn das Recht wird am Ende immer gewinnen.

Dann erfolgte die zweite militärische Einberufung, die mein Institut praktisch zerstörte, da dies die meisten meiner eingeschriebenen Studenten betraf. Auf einen Schlag musste ich mehr als 75.000 Dollar Studiengebühren abschreiben und gleichzeitig meinem Land meinen Dienst leisten.

Wieder einmal besaß ich keinen Penny! Der Mensch ist zu bedauern, der niemals den Druck erlebt hat, ohne einen Penny dazustehen, denn, wie Edward Bok so richtig gesagt hat, ist Armut die denkbar reichste Erfahrung für einen Menschen. Jedoch ist es eine Erfahrung, von der man sich, seinem Rat nach, so schnell wie möglich weiterentwickeln sollte.

Wieder einmal musste ich eine andere Richtung einschlagen. Aber bevor ich den nächsten und letzten wichtigen Wendepunkt beschreibe, möchte ich Sie darauf hinweisen, dass kein einziges Ereignis, das ich bis zu diesem Punkt beschrieben habe, an und für sich irgendeine praktische Bedeutung hat. Die geschilderten sechs Wendepunkte bedeuteten mir jeder für sich betrachtet nichts, und eine Analyse jedes einzelnen davon wird Ihnen auch nichts bringen. Aber betrachten Sie diese Ereignisse zusammen. Sie bilden das Fundament für den nächsten Wendepunkt und beweisen, dass wir aufgrund der Summe unserer Lebenserfahrungen einer kontinuierlichen evolutionären Veränderung unterliegen, auch wenn keine einzelne Erfahrung eine definitive, nützliche Lektion zu transportieren scheint.

Diesen Punkt möchte ich näher erläutern, denn heute befinde ich mich auf einer Karrierestufe, auf der Menschen entweder dauerhaft scheitern oder sich mit erneuerter Energie erheben und überwältigende Höhen des Erfolgs erreichen, je nachdem, wie sie ihre vergangenen Erfahrungen interpretieren und diese als Basis für einen funktionierenden Plan nutzen. Wenn meine Geschichte hier zu Ende ginge, wäre sie von keinem Wert für Sie, aber es gibt ein weiteres und noch bedeutenderes Kapitel, das geschrieben werden muss, und das den siebten und wichtigsten aller Wendepunkte in meinem Leben beschreibt.

Durch die Schilderung der sechs vorhergehenden Wendepunkte ist Ihnen sicher deutlich geworden, dass ich meinen Platz in der Welt noch nicht gefunden hatte. Sie werden bemerken, dass die meisten, wenn nicht alle, meiner zeitweiligen Niederlagen sich vor allem deshalb ereigneten, weil ich noch nicht die Arbeit entdeckt hatte, in die ich mich mit Herz und Seele einbringen konnte. Diese favorisierte Tätigkeit zu finden ist mit der Partnerschaftssuche vergleichbar. Es gibt keine Regel, wie man suchen sollte, aber wenn man die richtige Nische aufspürt, weiß man es sofort. Und so war ich imstande, die entsprechende beste Arbeit für mich sofort zu erkennen.

Siebter Wendepunkt

Bevor ich zum Schluss komme, sei eine Zusammenfassung der Lektionen beschrieben, die ich aus jedem der sieben Wendepunkte meines Lebens gezogen habe. Doch lassen Sie mich zuerst den siebten und letzten dieser Punkte beschreiben. Dazu muss ich zu einem ereignisreichen Tag zurückgehen – dem 11. November 1918!

Es war der Tag des Waffenstillstands, wie jeder weiß. Der Krieg hatte mich ohne einen Penny zurückgelassen, wie ich bereits sagte, aber ich war erleichtert, dass das Abschlachten aufgehört hatte und die Vernunft wieder die Oberhand über die Zivilisation gewann.

Während ich vor meinem Bürofenster stand und die jubelnde Menge draußen betrachtete, die das Ende des Krieges feierte, wanderte mein Geist zurück zu vergangenen Tagen, besonders zu dieser ereignisreichen Begebenheit, als der nette alte Herr mir die Hand auf die Schulter legte und meinte, dass ich, entsprechend ausgebildet, in der Welt etwas erreichen konnte. Doch ich hatte diese Ausbildung bereits erhalten, ohne es zu wissen. Über einen Zeitraum von mehr als 20 Jahren hatte ich die Universität der Rückschläge absolviert, wie Sie anhand der verschiedenen Wendepunkte in meinem Leben erfahren haben. Während ich vor diesem Fenster stand, wanderte meine gesamte Vergangenheit mit ihren bitteren und süßen Momenten, ihren Hochs und Tiefs in der Rückschau an mir vorbei.

Die Zeit war reif für einen weiteren Wendepunkt!

Ich setzte mich an meine Schreibmaschine, und zu meinem Erstaunen begannen meine Hände, in stetem Rhythmus auf die Tastatur einzuhämmern. Ich hatte noch nie so schnell oder so leicht getippt. Ich schrieb ohne Konzept und dachte nicht darüber nach – ich schrieb einfach, was mir in den Sinn kam! Unbewusst legte ich das Fundament für den wichtigsten Wendepunkt in meinem Leben, denn als ich fertig war, hatte ich ein Dokument erstellt, auf dessen Basis ich eine landesweite Zeitschrift finanzieren konnte, die mir Kontakte in der gesamten englischsprachigen Welt verschaffte. So sehr hat dieses Dokument meine Karriere und die Leben von zig Tausenden anderen Menschen beeinflusst, dass es für Sie als Schüler dieses Kurses sicher interessant ist. Daher reproduziere ich den Text hier, so wie er in Hills Zeitschrift *Golden Rule* erschien, wo er das erste Mal veröffentlicht wurde.

»EIN PERSÖNLICHER BESUCH BEI IHREM HERAUSGEBER«

Ich schreibe dies am Montag, den 11. November 1918. Der heutige Tag wird als der größte Feiertag in die Geschichte eingehen.

Auf den Straßen, direkt vor meinem Bürofenster, feiern die wogenden Massen das Ende einer vier Jahre andauernden Bedrohung der Zivilisation. Der Krieg ist vorbei!

Bald werden unsere Jungs von den Schlachtfeldern Frankreichs nach Hause zurückkehren.

Die Herrschaft und Tyrannei der rohen Gewalt ist nichts weiter als ein schattenhafter Geist der Vergangenheit!

Vor 2.000 Jahren war der Menschensohn ein Ausgestoßener, ohne eine feste Bleibe. Nun hat sich die Situation umgekehrt, und der Teufel hat keine Heimat mehr.

Lassen Sie uns diese große Lektion bedenken, die uns dieser Weltkrieg gelehrt hat, dass nur ein auf Gerechtigkeit und Mitleid beruhendes Verhalten gegenüber allen Menschen sich durchsetzen kann – den Schwachen und den Starken, den Reichen und den Armen gleichermaßen. Alles andere muss vergehen.

Aus diesem Krieg wird ein neuer Idealismus entstehen, der auf der Philosophie der Goldenen Regel beruht; ein Idealismus, der uns leitet, nicht um unseren »Mitmenschen etwas anzutun«, sondern uns vorgibt, wie wir ihre Not lindern und sie zu glücklicheren Menschen machen können, wenn sie am Rand des Lebens verzagen.

Emerson verkörpert diesen Idealismus in seinem großartigen Essay *Das Gesetz der Kompensation*. Ein weiterer großer Philosoph hat es in diesen Worten verewigt: »Was der Mensch sät, das wird er ernten.«

Die Zeit ist gekommen, die Philosophie der Goldenen Regel zu praktizieren. In der Wirtschaft sowie im sozialen Bereich wird derjenige, der es vernachlässigt oder sich weigert, auf Basis dieser Philosophie zu handeln, bald scheitern.

Während ich wie berauscht bin von den wunderbaren Nachrichten, dass der Krieg beendet ist: Ist es da nicht an der Zeit für meinen Beitrag, mit dem ich für kommende Generationen eine der größten Lektionen aufbewahre, die man aus Wilhelm II. von Hohenzollerns Versuch, die Welt mit Gewalt zu beherrschen, lernen kann?

Ich blicke 22 Jahre zurück, um meine Geschichte zu beginnen. Folgen Sie mir bitte:

Es war ein trostloser Novembermorgen, vermutlich um den 11. des Monats, als ich meinen ersten Job als Arbeiter in den Kohleminen von Virginia zu einem Lohn von 1 Dollar am Tag antrat.

Ein Dollar am Tag war damals viel, besonders für einen Jungen in meinem Alter. Davon bezahlte ich 50 Cents am Tag für Essen und Unterkunft.

Kurz nachdem ich zu arbeiten begonnen hatte, machte sich Unzufriedenheit unter den Kumpeln breit, und sie redeten über Streik. Ich hörte interessiert zu, worüber geredet wurde, insbesondere galt meine Aufmerksamkeit dem Gewerkschaftsführer. Er war einer der begnadetsten Redner, die ich je gehört hatte, und seine Worte faszinierten mich. Etwas, das er sagte, habe ich nie vergessen; und wenn ich wüsste, wo ich ihn finden kann, würde ich ihn noch heute besuchen und ihm innig für seine Worte danken. Die Philosophie, die ich seinen Ausführungen entnahm, beeindruckte mich tief und anhaltend.

Sie mögen vielleicht einwenden, dass die meisten Gewerkschaftsfunktionäre keine begabten Philosophen sind, und ich würde Ihnen zustimmen. Vielleicht war dieser Mann kein begabter Philosoph, aber seine Erkenntnisse waren fundiert.

> Niemand lebt richtig, wenn nicht jeder, dem er begegnet, danach zuversichtlicher und fröhlicher ist.
>
> LILIAN WHITING

Während einer Versammlung stand er auf einer Holzkiste in der Ecke einer alten Werkstatt und verkündete: »Männer, wir reden über Streik. Bevor ihr abstimmt, will ich euch mitteilen, wie ihr meine Worte zu eurem Wohl beherzigen könnt.

Ihr wollt mehr Geld für eure Arbeit, und ich unterstütze euch, denn ich glaube, ihr habt es verdient. Aber soll ich euch auch sagen, wie ihr mehr Geld bekommt und dennoch im guten Einvernehmen mit dem Minenbesitzer bleibt?

Wir können einen Streik einberufen und ihn vermutlich zur Lohnerhöhung zwingen; aber wir können ihn nicht zwingen, es gerne zu tun. Bevor wir einen Streik einberufen, lasst uns fair zum Minenbesitzer und zu uns selbst sein. Lasst uns zum Eigentümer gehen und ihn fragen, ob er die Profite der Mine gerecht mit uns teilt.

Er wird wahrscheinlich zustimmen. Dann werden wir fragen, wie viel er letzten Monat eingenommen hat und ob er einen fairen Anteil zusätzlicher Profite unter uns aufteilen würde, wenn wir uns alle ins Zeug legen und ihm helfen, nächsten Monat den Umsatz zu steigern.

Da er auch nur ein Mensch ist, wird er zweifellos sagen: ›Aber sicher Jungs. Macht euch an die Arbeit, und ich teile mit euch.‹ Das wird er ganz bestimmt sagen, Männer.

Ich gehe davon aus, dass er dem Plan zustimmt, wenn wir es ernst meinen. Dann fordere ich euch auf, dass jeder von euch in den nächsten 30 Tagen mit einem Lächeln auf dem Gesicht zur Arbeit erscheint. Ich will hören, dass ihr ein Liedchen pfeift, wenn ihr in die Minen geht. Ich will, dass ihr mit dem Gefühl an die Arbeit geht, Partner dieses Unternehmens zu sein.

Ohne euch zu übernehmen, könnt ihr fast doppelt so viel leisten wie jetzt. Und wenn ihr mehr arbeitet, werdet ihr euren Beitrag leisten, den Umsatz zu steigern. Und wenn unser Chef mehr Geld verdient, wird er sicher mit euch teilen, allein schon aus vernünftigem Geschäftssinn, wenn nicht aus Fair Play.

Er wird sich so sicher revanchieren, wie es einen Gott über uns gibt. Falls nicht, übernehme ich euch gegenüber die volle Verantwortung, und wenn ihr es wollt, helfe ich euch, diese Mine in Schutt und Asche zu legen!

So denke ich über diesen Plan, Männer! Seid ihr dabei?«

Sie waren es, bis auf den letzten Mann!

Diese Worte brannten sich mir quasi ein.

Im folgenden Monat erhielt jeder Minenarbeiter einen Bonus von 20 Prozent seines Lohns. Danach bekam jeder Mann monatlich einen roten Umschlag mit seinem Extraverdienst. Auf dem Umschlag war zu lesen: Ihr Anteil der Profite, die sich der Arbeit verdanken, für die Sie nicht bezahlt wurden.

Ich habe seit diesem Tag vor etwa 20 Jahren manch harte Zeiten erlebt, aber ich blieb immer obenauf – ein wenig weiser und ein wenig glücklicher. Und ich strengte mich mehr an, meinen Mitmenschen nützlich zu sein. Das verdanke ich dem Prinzip, mehr zu leisten, als meine Bezahlung vorgibt.

Es mag Sie interessieren, dass ich in der Kohlebranche zuletzt Assistent des Chefjustiziars eines der größten Unternehmen weltweit war. Es ist ein beträchtlicher Schritt vom einfachen Arbeiter in den Kohleminen zum Assistenten des Chefjustiziars eines großen Unternehmens –ohne das Prinzip der Mehrleistung zu beachten, hätte ich es niemals schaffen können.

Leider würde es hier den Rahmen sprengen, Ihnen davon zu erzählen, wie häufig der Entschluss, mehr als verlangt zu tun, mir durch schwere Zeiten geholfen hat.

In vielen Fällen waren mir Arbeitgeber aufgrund dieser Einstellung so verpflichtet, dass sie mir ohne Zögern, Verhandeln oder Groll stets entgegenkamen. Darüber hinaus hatte ich nie das Gefühl, meine Arbeitgeber auszunutzen. Ich glaube ehrlich, dass alles, was jemand von einem Mitmenschen erhält, ohne die volle Zustimmung desjenigen, von dem er es bezieht, irgendwann ein Loch in seine Tasche brennt oder ihm die Finger verkohlt, ganz zu schweigen von seinem Gewissen, das an ihm frisst, bis sein Herz vor Bedauern schmerzt.

Wie bereits erwähnt, schreibe ich dies am Morgen des 11. November, während die Massen den großen Sieg des Rechts über das Unrecht feiern! Ich fühle mich veranlasst, einige Gedanken an die Welt zu richten, die den Menschen helfen, sich den Idealismus zu bewahren, für den sie im Krieg gekämpft haben.

Meine Philosophie bietet die passende Grundlage dazu, denn meines Erachtens hat die Missachtung dieser Philosophie Deutschland – dem Kaiser und seinem Volk – großes Leid gebracht. Meine zukünftige Zeitschrift *Hill's Golden Rule* soll den geneigten Lesern diese Weltanschauung vermitteln.

Es ist Kapital erforderlich, um ein landesweites Magazin herauszubringen, und dieses fehlt mir heute noch. Aber ich bin zuversichtlich, dass ich innerhalb eines weiteren Monats mithilfe meiner Philosophie in Kontakt mit einem Investor kommen werde, der mir das nötige Geld zur Verfügung stellt und mir ermöglicht, der Welt meine Erkenntnisse zu vermitteln, die mich aus den dreckigen Kohleminen holten und mir erlaubten, der Menschheit zu dienen. Die Philosophie, durch die Sie, liebe Leser, gleich wer Sie sind oder was Sie tun, jede angestrebte Position im Leben erreichen können.

Jeder Mensch wünscht sich zu Recht ein finanzielles Auskommen. Außerdem kann sich jeder, der für andere arbeitet (und das bezieht nahezu alle Menschen ein), zumindest vorstellen, sich irgendwann einmal selbstständig zu machen.

Um diesen Ehrgeiz zu befriedigen, ist es ratsam, mehr zu leisten, als das Gehalt vorgibt. Sie können auch mit wenig Schulbildung weit kommen; Sie können mit wenig Kapital viel erreichen; Sie können fast jedes erdenkliche Hindernis überwinden, wenn Sie ehrlich und ernsthaft bereit sind, die bestmögliche Arbeit abzuliefern, egal wie hoch Ihr Lohn ist …

(Anmerkung: Es ist der Nachmittag des 21. November, nur zehn Tage, nachdem ich den oben stehenden Artikel geschrieben habe. Soeben habe ich ihn George B. Williams aus Chicago vorgelesen, der mithilfe der hier geschilderten Philosophie Karriere gemacht hat. Dank seiner Unterstützung kann das Magazin *Hill's Golden Rule* erscheinen.)

Auf diesem etwas dramatischen Wege konnte ich ein Herzensanliegen, das ich fast 20 Jahre verfolgt habe, verwirklichen. Während all dieser Jahre wollte ich eine Zeitschrift herausgeben. Vor mehr als 30 Jahren bediente ich als kleiner Junge die Druckerpresse für meinen Vater, der eine kleine Wochenzeitung publizierte, und seitdem liebe ich den Geruch von Druckertinte.

Vermutlich hat diese Leidenschaft unterbewusst all die Jahre der Vorbereitung an Kraft gewonnen, während ich die beschriebenen Wendepunkte durchlebte, bis sie sich schließlich Bahn brach und mit Leben gefüllt wurde. Oder mich trieb ein anderer Plan, der sich meiner Kontrolle entzog, weiter und weiter und ließ mir keine Ruhe, solange ich mit anderen Dingen beschäftigt war, bis ich schließlich mein erstes Magazin herausgeben konnte. Doch das sei momentan dahingestellt. Ich möchte Ihre Aufmerksamkeit darauf lenken, dass ich meine passende Nische in der Arbeitswelt fand und damit glücklich wurde.

> Ein einziges Herz durch eine einzige Freundlichkeit zu erfreuen, ist besser, als tausend Mal den Kopf im Gebet zu beugen.
>
> SAADI

Seltsamerweise begann ich diese Arbeit, ohne weiter nach dem Ende des Regenbogens oder dem sprichwörtlichen Topf voller Gold zu suchen, den man angeblich an seinem Ende findet. Zum ersten Mal in meinem Leben schien ich klar zu erkennen, dass es etwas im Leben gibt, das mehr wert ist als Gold. Daher leitete mich nur ein Gedanke bei meiner Arbeit – und ich lasse Ihnen kurz Zeit, darüber nachzudenken –

Dieser Gedanke bestand darin, der Welt den besten Dienst zu erweisen, zu dem ich fähig war, ob meine Tätigkeit mir nun einen Penny Gewinn einbrachte oder nicht!

Durch die Veröffentlichung des Magazins *Hill's Golden Rule* kam ich in Kontakt mit Intellektuellen im ganzen Land und verschaffte mir so Gehör. Die Botschaft von Optimismus und gutem Willen Menschen zu verkünden, die dadurch vorankamen, fand so große Resonanz, dass ich Anfang 1920 zu einer landesweiten Vortragsreihe eingeladen wurde. Während dieser Reise redete ich mit einigen der progressivsten Denker dieser Generation. Der Kontakt mit diesen Menschen motivierte mich, mein gutes Werk fortzusetzen. Diese Reise war auch eine Lehre in puncto Toleranz, denn ich begegnete Menschen aus praktisch allen Lebensbereichen und begriff, welch ein gigantisches Land die Vereinigten Staaten von Amerika sind.

Ich schildere nun den Höhepunkt des siebten Wendepunktes in meinem Leben:

Während meiner Vortragsreise saß ich in einem Restaurant in Dallas, Texas, und beobachtete den heftigsten Wolkenbruch, den ich je gesehen hatte. Das Wasser ergoss sich in zwei breiten Strömen über die Fensterscheiben, zwischen denen kleinere Rinnsale hin und her strömten, sodass sich mir das Bild einer großen Leiter aus Wasser aufdrängte.

Während dieser ungewöhnlichen Eindrücke »blitzte« der Gedanke durch meinen Kopf, dass ich meinen Vortrag großartig gestalten könnte, wenn ich alle Lehren aus den sieben Wendepunkten meines Lebens und dem Studium der Biografien erfolgreicher Menschen unter den Titel »Die magische Leiter zum Erfolg« fassen würde.

Auf der Rückseite eines Briefumschlags skizzierte ich die 15 Punkte dieses Vortrags und arbeitete sie später zu einer Vorlesung aus, die die zeitweiligen Niederlagen, hier als die sieben Wendepunkte meines Lebens beschrieben, umfasste.

Mein gesamtes nützliches Wissen wurde zu diesen 15 Punkten verdichtet, und das Material für dieses Wissen haben mir Erfahrungen vermittelt, die einige Leute zweifellos als Scheitern bezeichnen würden!

Dieser Kurs stellt die Gesamtsumme meiner Erfahrungen mit Misserfolgen dar. Sofern diese Anleitungen für Sie wertvoll sind, wie ich hoffe, verdanken Sie diesen Nutzen den geschilderten »Fehlschlägen«.

Vielleicht interessiert Sie, welche kurzfristigen materiellen Vorteile mir diese Wendepunkte einbrachten, denn, wie Sie wissen, leben wir in einem Zeitalter des aufreibenden Existenzkampfes, und vor allem wissen dies diejenigen, die der Fluch der Armut belastet.

Okay! Ich will ehrlich zu Ihnen sein. Ich komme mit dem geschätzten Einkommen, das mir dieser Kurs einbringt, zurecht. Und das, obwohl ich bei meinen Verlegern darauf bestanden habe, dass sie wie Ford handeln und den Kurs zu einem günstigen und für alle erschwinglichen Preis anbieten.

Zusätzlich zu diesem Einkommen (wobei ich betonen möchte, dass hier aus dem Scheitern generiertes Wissen »verkauft« wird), verfasse ich derzeit eine Serie von illustrierten Leitartikeln, um sie landesweit Zeitungen zur Publikation anzubieten. Diese Leitartikel basieren auf den 15 Punkten dieses Kurses.

Das geschätzte Gesamteinkommen aus dem Verkauf dieser Leitartikel ist mehr als genug, um meinen Bedarf abzudecken.

Zusätzlich arbeite ich mit Vertretern aus Wissenschaft, Psychologie und Wirtschaft an der Entwicklung eines Kurses, der bald allen Interessierten zur Verfügung stehen wird, die diesen Grundkurs gemeistert haben. Dieser Lehrgang wird nicht nur die 15 Gesetze, die hier dargelegt wurden, von einem fortgeschritteneren Standpunkt aus behandeln, sondern weitere kürzlich erforschte Prinzipien.

Ich erwähne dies, weil ich weiß, dass wir alle Erfolg in Dollarbeträgen messen und jede Philosophie als unfundiert ablehnen, die nicht zu einem dicken Bankkonto führt.

Ich war praktisch während meines ganzen bisherigen Lebens arm – außergewöhnlich arm, was mein Bankkonto angeht. Ich habe es selbst so gewählt, denn ich habe den Großteil meiner Zeit in die aufwendige Arbeit investiert, meine Unwissenheit zu überwinden und Lebenserfahrungen zu sammeln.

Den Wissensschatz aus den sieben Wendepunkten meines Lebens konnten mir nur meine Misserfolge einbringen!

Ich bin zu der Überzeugung gelangt, dass die »primitive Sprache« der Niederlage die einfachste und effektivste Sprache der Welt ist, sobald man sie zu verstehen beginnt. Möglicherweise ist es die universelle Sprache der Natur, wenn wir auf nichts anderes reagieren.

Ich bin froh, dass ich so viele Niederlagen erleben durfte! So entwickelte ich den Mut zu Vorhaben, die ich andernfalls niemals angepackt hätte.

Eine Niederlage vermag uns nur zu zerstören, wenn wir sie als solche akzeptieren! Als notwendige Lehre betrachtet, ist sie immer ein Segen.

Früher habe ich meine Feinde verachtet! Doch das war, bevor ich begriff, wie gut sie mir dienten, da ich durch sie stets auf der Hut sein musste und keinen Charakterfehler zulassen durfte, der ihnen eine Angriffsfläche geboten hätte.

Da ich heute um den Wert von Feinden weiß, würde ich mir geradezu welche suchen, falls ich keine hätte. Sie würden mich mit der Nase auf meine Fehler stoßen, wohingegen meine Freunde, falls sie meine Schwächen überhaupt sehen, kein Wort darüber verlieren würden.

> Wenn wir die geheime Geschichte unserer Feinde lesen könnten, würden wir im Leben eines jeden von ihnen genug Kummer und Leid finden, um jede Feindseligkeit zu entschärfen.
>
> LONGFELLOW

Von allen Gedichten Joaquin Millers drückt dieses die edelsten Gedanken aus:

»Alle Ehre demjenigen, der einen Preis gewinnt«,
So hat die Welt seit tausend Jahren gerufen;
Aber derjenige, der es versucht und scheitert und stirbt,
Bekommt von mir Ruhm und Ehre und Tränen.

Gewährt Ruhm und Ehre und leidvolle Tränen
Denjenigen, die bei ihren großartigen Taten scheitern;
Ihre Geister sind viele auf den Schwingen der Jahre,
Sie wurden geboren zu einer Zeit, ihrer Zeit voraus.

Oh, groß ist der Mann, der sich einen Namen macht;
Aber größer ist häufig
Ein blasser Kerl, der in Schande stirbt
Und Gott seinen großen Gedanken beenden lässt.

Und groß ist der Mann, der das Schwert nicht zieht,
Und gut ist der Mann, der dem Wein entsagt;
Aber der Mann, der versagt und weiterkämpft,
Der ist mein Zwillingsbruder.

Ein Mensch, der »weiterkämpft«, kann nicht scheitern. Er hat nicht versagt, solange er eine zeitweilige Niederlage nicht als endgültigen Fehlschlag ansieht. Es gibt einen großen Unterschied zwischen einem zeitweiligen Misserfolg und Versagen; einen Unterschied, den diese Lektion hervorhebt.

In ihrem Gedicht *When Nature Wants a Man* drückt Angela Morgan eine große Weisheit aus, die die Theorie dieser Lektion stützt, dass Widerstand und Niederlage normalerweise ein versteckter Segen sind:

Wenn die Natur einen Mann schleifen will,
Und packen will,
Und schulen will.
Wenn die Natur einen Mann formen will,
Die edelste Rolle zu spielen;
Wenn sie mit allem danach strebt,
Einen Mann zu Größe und Mut erhebt,
Dass alle Welt ihn preist und lobt –
Betrachte gut ihre Method', betrachte ihre Wege!
Wie sie ihn perfektioniert

Zum Königtum selektioniert;
Wie sie ihn schmiedet und ihn quält
Und mit Hammerschlägen formt
In die Form aus Ton, die nur die Natur versteht –
Sein gequältes Herz schreit auf, und er hebt die Hände flehend!
Wie sie biegt, doch nie zerbricht,
Ihm zum Wohle tätig wird …
Wie Sie nutzt, den sie erwählt
Und mit jedem Zweck vermählt,
Durch alle Kunst verführt,
Seine Herrlichkeit zu testen –
Die Natur weiß, was sie will.

Wenn die Natur einen Mann nehmen will,
Und einen Mann erschüttern will,
Und einen Mann erwecken will;
Wenn die Natur einen Mann dazu bringen will,
Der Zukunft Willen zu tun;
Wenn sie mit aller Macht versucht,
Und mit aller Seele sucht,
Ihn zu schaffen groß und heil …
Mit welcher List sie ihn bereitet!
Wie sie ihn treibt und niemals schont,
Wie sie ihn schleift und ihn verhöhnt,
Und in Armut ihn gebiert …
Wie sie oft enttäuscht,
Wie sie heimlich segnet,
Mit welcher Weisheit sie verbirgt,
Und sich nicht sorgt, was ihm geschieht,
Und wenn sein Genie beleidigt heult und sein Stolz auch nicht vergisst!
Sie ihn härter treibt.
Sie macht ihn einsam,
Sodass nur
Gottes Botschaft ihn erreicht,
Damit sie sicher ihn belehrt,
Was die Göttlichkeit geplant.
Wenn er es auch nicht versteht,
Gibt sie ihm Leidenschaft zu zähmen.
Treibt ihn gnadenlos voran,

Schiebt ihn auch mit Inbrunst an,
Wenn Sie ihn deutlich hat erwählt!

Wenn die Natur den Mann benennt,
Verleiht ihm Ruhm
Und ihn bezähmt;
Wenn die Natur ihn dann beschämt,
Sein himmlisch Bestes soll er tun …
Wenn sie am härtesten ihn prüft,
Und zur Rechenschaft ihn ruft –
Wenn sie einen Gott oder König will!
Wie sie ihn zügelt und beherrscht,
Sein Körper kaum ihn noch zurückhält,
Weil sie ihn befeuert
Und inspiriert!
Lässt ihn sehnen und stets streben nach verführerischem Ziel –
Lockt und zerrt an seiner Seele.
Stellt seinem Geist ein Hindernis,
Zieht es höher, wenn er dran ist –
Durchs Unterholz muss er sich schlagen,
An der Wüste auch verzagen,
Sie bezwingen, wenn er kann –
So schafft die Natur den Mann.
Dann, um seinen Geist zu testen –
Wirft sie einen Berg in seinen Weg –
Zwingt ihn, eine schwere Wahl zu treffen,
Während sie ihn stetig treibt.
»Steig hinüber oder stirb!«, so sagt sie …
Sieh ihr Ziel, sieh ihre Wege!
Der Plan der Natur ist wundersam,
Könnten wir ihn doch verstehen …
Narren sind's, die blind sie nennen.
Wenn die Füße zerschürft und blutig,
Doch der Geist noch ungebrochen,
Seine Kräfte drängen vorwärts,
Schaffen neue Pfade stetig,
Wenn die Kraft, die selbst ist göttlich,
Überwindet jeden Fehler und die Inbrunst ist noch frisch,
Liebe und Hoffnung brennen im Angesicht der Niederlage …

Oh, die Krise! Oh, der Ruf,
Der den Führer herberuft,
Wenn Menschen nach Erlösung verlangen,
Kommt er und führt das Land …
Dann zeigt die Natur ihren Plan,
Wenn die Welt entdeckt – den MANN!

(AUS »FORWARD, MARCH!«, THE JOHN LANE COMPANY)

Ich bin überzeugt, dass die Natur große Menschen durch Misserfolge testet und so auf ihre Aufgaben vorbereitet. Fehlschläge sind der Hochofen der Natur, in dem sie die Schlacke vom Herzen brennt und so den Stahl des Menschen reinigt, damit er dem harten Gebrauch standhält.

Ich habe diese Theorie in den Biografien großer Persönlichkeiten aller Jahrhunderte bestätigt gesehen, von Sokrates und Christus bis zu den bedeutenden Vertretern unseres modernen Zeitalters. Der Erfolg jedes Menschen scheint proportional im Vergleich zu den Hindernissen und Schwierigkeiten zu sein, die er überwinden musste. Niemand ist je aus einer Niederlage hervorgegangen, ohne durch die Erfahrung weiser und stärker zu werden. Ein Misserfolg drückt sich in einer eigenen Sprache aus, auf die wir hören müssen, ob wir es wollen oder nicht. Natürlich erfordert es beträchtlichen Mut, um eine Niederlage als einen versteckten Segen zu sehen, aber jede erstrebenswerte Position im Leben erfordert eine Menge »Schneid« (Anm. d. Übers.: Engl. umgangssprachlich »sand«), was mich an ein Gedicht erinnert, das zur Philosophie dieser Lektion passt:

Ich beobachtete eines Tages eine Lokomotive auf den Gleisen,
Sie wartete in dem runden Gebäude, in dem die Lokomotiven stehen.
Sie schnaufte schon, hatte Kohlen und war bemannt.
Und sie hatte eine Box, die der Heizer füllte mit Sand.

Es scheint, dass Lokomotiven nicht immer ausreichend greifen
Auf ihrem dünnen Pfad aus Stahl, auf dem die Reifen gerne durchdrehen;
Und kommen sie an eine rutschige Stelle, braucht es einen besonderen Trick,
Damit sie Haftung kriegen auf die Schnelle, bestreut man die Gleise dann mit Sand.

So ähnlich ist es auch beim Reisen auf dem rutschigen Pfad des Lebens –
Ist die Ladung eher schwer, rutscht man häufig aus;
D'rum mach's wie die Lok und nutze deinen Verstand,
Wenn du mit irgendwas beginnst, denke an den Sand.

Wenn der Weg ist steil und hüglig und es geht enorm bergauf,
Und wenn durch alle, die vor dir kamen, rutschig ist der Handlauf,

Willst je den Hügel du erreichen, in diesem bergigen Land,
Wirst nur dorthin du gelangen, mithilfe einer Menge Sand.

Gerätst du dann in harsches Wetter und entdeckst zu deinem Graus,
Auf der dicken Schicht aus Eis rutschen dir die Füße aus,
Also musst du schneller handeln und du hebest deine Hand,
Denn sonst rutschst du bis zum Boden, hast du nicht genügend Sand.

Jede Stellung ist erreichbar in des Lebens weitem Lauf,
Wenn unterm Kessel unseres Ehrgeiz' lodert hell das Feuer auf.
Erreichst du dann in hohem Tempo die Stadt, die ›Überfluss‹ genannt,
So ging's nur, wenn an allen rutschigen Stellen du immer hattest genügend Sand.

Es kann nicht schaden, wenn Sie die Gedichte in dieser Lektion auswendig lernen und sich die enthaltenen Erkenntnisse aneignen.

Es ist die menschliche Berührung, die zählt in dieser Welt,
Die Berührung deiner Hand und meiner,
Die dem verzagten Herz wichtiger ist
Als Obdach und Brot und Wein;
Denn Obdach ist vergangen, wenn die Nacht vorüber,
Und Brot langt nur einen Tag,
Aber die Berührung der Hand und der Klang der Stimme
Singen auf immer in der Seele.

Spencer M. Tree

Zum Ende dieser Lektion kommt mir eine Philosophie aus dem Werk des großen Shakespeare in den Sinn, die ich infrage stellen möchte, da sie meines Erachtens nicht zutrifft. Sie kommt im folgenden Zitat zum Ausdruck:

Gezeiten bestimmen das Geschick der Menschen,
Nimmt man die Flut, dann führt sie uns zum Glück;
Verpasst man sie und des Lebens Reise,
Verläuft im Seichten und im Unglück.
Wir segeln nun auf einer solchen hohen Tide;
Und müssen die Strömung nutzen, solange sie hält
Oder unsere Unternehmen scheitern.

Angst zu haben, und Fehler zuzugeben, bilden die Fesseln, die uns im »Seichten und im Unglück« binden. Wir können diese Fesseln zerreißen und von uns werfen. Nein, wir können sie sogar zu unserem Vorteil nutzen und zu unserem Rettungsseil machen, an dem wir uns ans Ufer ziehen können, wenn wir von den Lektionen profitieren.

Wer nie litt, hat nur halb gelebt,
wer nie scheiterte, hat nie gestrebt oder gesucht,
Wer nie weinte, weiß nicht, was Lachen ist,
Und wer nie zweifelte, hat nie gedacht.

Während ich mich dem Ende dieser Lektion nähere, meiner Lieblingslektion dieses Kurses, schließe ich einen Moment die Augen und sehe vor mir eine große Menge von Männern und Frauen, deren Gesichter von Sorge und Verzweiflung gezeichnet sind.

Manche sind in Lumpen gekleidet und haben die letzte Station dieser langen, langen Strecke erreicht, die man Versagen nennt!

Andere leben in besseren Umständen, aber die Angst vor dem Hunger ist deutlich auf ihren Gesichtern zu sehen; das Lächeln des Muts hat ihre Lippen verlassen, und sie scheinen ebenfalls den Kampf aufgegeben zu haben.

Dann verändert sich die Szenerie! Ich sehe erneut hin und werden zurückgetragen durch die Geschichte des menschlichen Kampfes um einen Platz in der Sonne, und dort sehe ich ebenfalls die »Versager« der Vergangenheit, die mehr Einfluss auf die Menschheit hatten als alle sogenannten Erfolgreichen der Weltgeschichte.

Ich sehe das unscheinbare Gesicht von Sokrates, während er am Ende dieses Versagenswegs steht und wartet, die Augen nach oben gerichtet, und diese Momente erträgt, die ihm wie eine Ewigkeit erschienen sein müssen, bevor er den Schierlingsbecher trank, den ihm seine Folterer aufzwangen.

Ebenfalls erblicke ich Christoph Kolumbus, einen Gefangenen in Ketten, sein Lohn dafür, das Opfer zu bringen, in eine unbekannte See gestochen zu sein, um einen unbekannten Kontinent zu entdecken. Ich sehe ebenso das Gesicht von Thomas Paine, den die Engländer als den wahren Anstifter der Amerikanischen Revolution gefangen nehmen und töten wollten. Ich sehe ihn in einem dreckigen Gefängnis in Frankreich liegen, wo er ruhig unter dem Schatten der Guillotine auf den Tod wartete, der ihn als Lohn für seinen Kampf zugunsten der Menschheit erwartete.

Und ich erblicke auch das Gesicht des Mannes aus Galiläa, während er am Kreuz auf dem Schädelberg litt – die Belohnung für seine Mühen, der leidenden Menschheit zu helfen.

Alles »Versager«!

Wenn man nur ein solcher Versager sein könnte. Wenn man nur in die Geschichte eingehen könnte, wie diese Menschen es taten, als jemand, der mutig genug war, die Menschheit über das Einzelschicksal zu erheben und das Prinzip über monetären Gewinn. Auf solchen »Versagern« ruhen die Hoffnungen der Welt.

Oh, ihr Menschen, die man »Versager« nennt – erhebt euch! Handelt!
Irgendwo in der Welt der Tat ist Raum; dort ist Raum für euch.
Kein Versagen wurde je verzeichnet in den Annalen der Menschen, die Wahrheit lieben,
Abgesehen vom Feigling, der scheitert und es nie mehr versucht.
Die Ehre liegt im Tun und nicht in der Trophäe:
Die Wände, die im Dunkeln liegen, lachen ob des Kusses der Sonne.
Oh, müde, erschöpft und geschlagen, oh, Kind der grausamen Winde des Schicksals!
Ich singe – um dich zu erheitern – ich singe dem Menschen, der versagt.

Seien Sie dankbar für den Misserfolg, den die Leute Versagen nennen, denn wenn Sie diese Erfahrung überstehen und sich weiter anstrengen, werden Sie zeigen können, wie Sie in Ihrem Bereich die Höhen des Erfolgs erklimmen.

Niemand außer Ihnen hat das Recht, Sie als Versager zu bezeichnen.

Wenn Sie sich in einem Moment der Verzweiflung als Verlierer bezeichnen, denken Sie an die Worte des reichen Philosophen Krösus, der Berater von König Cyrus von Persien war:

> »Ich denke daran, oh, König, und nehme mir die Lektion zu Herzen, dass es ein Rad gibt, auf dem sich das menschliche Streben dreht und dessen Mechanismus so funktioniert, dass niemand immer Glück haben kann.«

Was für eine wunderbare Lektion steckt in diesen Worten – sie drückt Hoffnung, Mut und Verheißung aus.

Wer von uns kennt nicht die Tage, an denen alles schiefzugehen scheint? Das sind die Zeiten, in denen wir nur die untere Seite des großen Schicksalsrads sehen.

Denken wir daran, dass das Rad sich immer dreht. Wenn es uns heute Leid bringt, wird es uns morgen Freude bringen. Das Leben ist ein Zyklus verschiedener Ereignisse – glücklich und unglücklich.

Wir können das Schicksalsrad nicht anhalten, aber wir können das Unglück, das es uns bringt, abmildern, indem wir uns erinnern, dass das Glück folgt, so sicher wie die Nacht nach dem Tag kommt, wenn wir den Glauben an uns selbst bewahren und ehrlich und aufrichtig unser Bestes tun.

Als er am intensivsten auf die Probe gestellt wurde, hörte man den unsterblichen Lincoln oft sagen: »Auch das wird bald vorbeigehen.«

Falls Sie die Schmerzen einer temporären Niederlage empfinden, die Sie nur schwer vergessen können, lassen Sie mich Ihnen dieses aufbauende kleine Gedicht von Walter Malone empfehlen:

Gelegenheit

Die tun mir unrecht, die sagen, ich komme nicht mehr,
Wenn ich einmal klopfe und nicht eintrete;
Denn jeden Tag stehe ich vor deiner Tür,
Und rufe dich wach zu Kampf und Sieg.
Weine nicht um wertvolle Chancen, die vorbeigingen;
Weine nicht den goldenen Zeiten hinterher;
Jede Nacht verbrenne ich die Aufzeichnungen des Tages;
Zum Sonnenaufgang wird jeder neugeboren.
Lache wie ein Junge über die Pracht, die zu dir eilt,
Wegen vergangener Freuden sei blind und taub und stumm;
Mein Urteil versiegelt die Toten mit den Toten,
Doch bindet niemals einen Moment, der noch kommt.

Steckst du im Sumpf, wringe nicht die Hände und weine,
Ich reiche meinem Arm denen, die sagen: »Ich kann!«
Kein beschämter Außenseiter sank je so tief,
Dass er nicht wieder aufsteigen und ein Mann sein kann!
Blickst du mit offenem Mund auf deine verlorene Jugend?
Taumelst vom Schlag des Schicksals?
Dann wende dich ab von den befleckten Archiven der Vergangenheit
Und sieh die Seiten der Zukunft weiß wie Schnee.
Trauerst du? Dann erhebe dich aus diesem Fluch;
Bist du ein Sünder? Sünde kann vergeben werden;
Jeder Morgen verleiht dir Flügel, aus der Hölle zu fliehen;
Jede Nacht leuchtet ein Stern deinen Füßen den Weg zum Himmel.

> Mühe dich nicht, Schmerz und Zweifel zu verbannen,
> Im Getöse der Freude;
> Der Friede, den du suchst von außen,
> Wird nur im Inneren gefunden.
>
> CARY

LEKTION 15

TOLERANZ

»Du kannst es, wenn du glaubst, dass du es kannst!«

Zu Beginn dieser Lektion möchte ich Sie auf zwei wesentliche Merkmale der Intoleranz hinweisen:

Erstens: Intoleranz ist eine Form der Unwissenheit, die überwunden werden muss, bevor beständiger Erfolg möglich ist. Sie ist die Hauptursache aller Kriege. Sie macht Menschen in der Wirtschaft und im Beruf zu Feinden. Sie zersetzt die organisierten Kräfte der Gesellschaft tausendfach und steht wie ein Gigant als Barriere vor der Ächtung des Krieges. Sie entthront die Vernunft und stellt an ihre Stelle die Psychologie des Mobs.

Zweitens: Die Intoleranz ist die wichtigste Kraft des Zerfalls in den Weltreligionen, bei denen sie innerhalb der größten Macht zum Guten, die es auf der Erde gibt, Chaos anrichtet, indem sie diese Macht in kleine Sekten und Konfessionen zerstückelt, die genauso viel Energie in den Kampf untereinander stecken wie in die Zerstörung der Übel der Welt.

Diese Verurteilung der Intoleranz ist allgemein gefasst. Beleuchten wir, inwiefern sie auf Sie individuell zutrifft. Offensichtlich behindert alles, was den Fortschritt der Zivilisation hemmt, auch jeden Einzelnen. Anders ausdrückt hemmt alles, was den Geist eines Menschen verdüstert und seine mentale, moralische und spirituelle Entwicklung hemmt, auch den Fortschritt der Zivilisation.

Dies alles drückt eine große Wahrheit eher abstrakt aus; und da abstrakte Aussagen weder interessant noch sonderlich informativ sind, lassen Sie mich die schädlichen Auswirkungen der Intoleranz ein wenig konkreter illustrieren.

Ich will mit einem Vorfall beginnen, den ich bei fast jedem öffentlichen Vortrag in den letzten fünf Jahren erwähnt habe, aber da eine leblose, gedruckte Seite eine Aussage verändert und zu einer Fehlinterpretation des Ereignisses führen kann, möchte ich Sie bitten, nicht eine Bedeutung zwischen den Zeilen zu lesen, die ich nicht beabsichtige. Sie werden sich selbst Unrecht tun, wenn Sie dieses Beispiel nicht wortgetreu und entsprechend der intendierten Bedeutung lesen – eine Bedeutung, die so klar ist, wie ich sie in der englischen Sprache formulieren kann.

Während Sie diesen Vorfall lesen, sollten Sie sich in meine Lage versetzen, um zu überlegen, ob es Ihnen nicht schon ähnlich ergangen ist, und wenn ja, welche Lektion Sie daraus gelernt haben.

Eines Tages wurde mir ein junger Mann vorgestellt, der besonders vornehm wirkte. Seine klaren Augen, der warme Handschlag, der Ton seiner Stimme und der erlesene Geschmack, den er durch seine gepflegte Erscheinung vermittelte, ließen ihn als einen jungen Mann von höchstem intellektuellen Rang erscheinen. Er war einer der typischen jungen amerikanischen Collegestudenten, und während ich ihn musterte, geschwind seine Persönlichkeit studierte, wie es unter solchen Umständen üblich ist, bemerkte ich einen Anstecker der Kolumbusritter an seiner Weste. Sofort ließ ich seine Hand los, als wäre sie ein Eiszapfen!

> Es gibt Seelen in dieser Welt, die die Gabe haben, überall Freude zu finden, und sie überall, wohin sie gehen, zu hinterlassen.
>
> FABER

Das geschah so schnell, dass es ihn und mich überraschte. Während ich mich entschuldigte und mich abwenden wollte, warf ich einen Blick nach unten an den Anstecker der Freimaurer, den ich an meiner eigenen Weste trug und dann einen weiteren auf den Anstecker der Kolumbusritter an seiner und fragte mich, wieso ein paar kleine Schmuckstücke wie diese einen so tiefen Graben zwischen einander unbekannten Menschen aufwerfen konnten.

Den ganzen restlichen Tag dachte ich über diesen Vorfall nach, denn er verärgerte mich. Ich hatte mich immer gebrüstet, allen Menschen gegenüber tolerant zu sein, aber dieser spontane Ausbruch der Intoleranz bewies, dass tief in meinem Unterbewusstsein ein Komplex existierte, der mich engstirnig machte.

Diese Entdeckung schockierte mich so sehr, dass ich mithilfe eines systematischen Prozesses der Psychoanalyse die Tiefen meiner Seele erforschte, um die Ursachen meiner Unhöflichkeit zu ergründen.

Ich fragte mich wieder und wieder: »Wieso hast du die Hand dieses jungen Mannes so abrupt losgelassen und dich von ihm abgewendet, obwohl du nichts über ihn wusstest?«

Natürlich führte mich die Antwort immer wieder zu seinem Anstecker der Kolumbusritter zurück. Aber das war nicht die wahre Antwort, und daher befriedigte sie mich nicht.

Dann forschte ich im Bereich der Religion. Ich studierte den Katholizismus und den Protestantismus, bis ich beide zu ihren Anfängen zurückverfolgt hatte – diese Prozedur ließ mich zugegebenermaßen die Probleme des Lebens besser verstehen als alle anderen Quellen. Zuerst einmal begriff ich, dass Katholizismus und Protestantismus sich mehr der Form als der Wirkung nach unterscheiden und beide auf derselben Quelle, dem Christentum, beruhen.

Aber das war beileibe weder alles noch war es die wichtigste meiner Entdeckungen, denn meine Nachforschungen führten in viele Richtungen und zwangen mich auch in das Feld der Biologie, wo ich vieles über das Leben im Allgemeinen und den Menschen im Besonderen lernte. Während meiner Recherchen studierte ich auch Darwins Evolutionstheorie in *Über die Entstehung der Arten*. So gelangte ich zu einer noch breiteren Analyse des Themas Psychologie als zuvor.

Während ich mich in dieser und jener Richtung nach Wissen umsah, begann mein Geist sich zu entfalten und so schnell auszudehnen, dass ich es praktisch für notwendig erachtete … bezüglich meines bis dahin erworbenen Wissens reinen Tisch zu machen und eine Menge von dem zu vergessen, was ich bisher für die Wahrheit gehalten hatte. Erfassen Sie bitte das eben Gelesene gründlich!

Stellen Sie sich vor, Sie entdecken plötzlich, dass der Großteil Ihrer Lebensphilosophie auf Befangenheit und Vorurteilen beruht, sodass Sie einsehen müssen, wie weit entfernt davon Sie sind, als ein vollkommener Gelehrter gelten zu können, da Sie kaum einen intelligenten Schüler abgeben!

In so einer Lage fand ich mich im Hinblick auf viele vermeintlich fundierte Wahrheiten des Lebens wieder, aber unter all den Entdeckungen meiner Recherche war es vor allem wichtig, zu erkennen, wie bedeutend physische und soziale Vererbung sind. Denn so wurde mir klar, wieso ich mich bei der oben beschriebenen Begebenheit von einem unbekannten Mann abgewendet hatte.

So ergründete ich auch, wie und wo ich mir meine Ansichten über Religion, Politik, Wirtschaft und viele andere, genauso wichtige Themen angeeignet hatte. Und ich empfinde sowohl Bedauern als auch Freude, da ich die meisten meiner Ansichten ohne Stütze auch nur einer vernünftigen Hypothese erwarb, geschweige denn aufgrund von fundierten Fakten und Gründen.

Dann erinnerte ich mich an eine Unterhaltung über Politik mit dem verstorbenen Senator Robert L. Taylor. Es war eine freundliche Diskussion, da wir dieselben politischen Überzeugungen teilten, aber der Senator stellte mir eine Frage, die ich ihm nie vergab, bis ich die soeben erwähnten Recherchen begann.

»Ich sehe, dass Sie ein standhafter Demokrat sind«, sagt er, »und ich frage mich, ob Sie wissen, wieso.«

Ich dachte ein paar Sekunden über die Frage nach und platzte dann mit dieser Antwort heraus: »Ich bin natürlich ein Demokrat, weil mein Vater einer war!«

Mit einem breiten Grinsen auf dem Gesicht knallte mir der Senator mit folgender Erwiderung vor den Latz: »Genau wie ich dachte! Da hätten Sie aber in der Tinte gesessen, wenn Ihr Vater Pferdedieb gewesen wäre, oder?«

Herzen können wie Türen,
einfach mit sehr, sehr kleinen Schlüsseln aufgeschlossen werden;
Und vergiss nicht, wie sie lauten:
»Ich danke Ihnen, Sir«, und, »könnten Sie bitte«.

Erst viele Jahre später, nachdem ich zu recherchieren begann, verstand ich die wahre Bedeutung von Senator Taylors Witz. Zu oft übernehmen wir eine Meinung, nur weil jemand anderes daran glaubt.

Damit Sie detailliert die weitreichenden Auswirkungen eines der wichtigsten Prinzipien verstehen, das ich durch den soeben beschriebenen Vorfall entdeckte und …

Damit Ihnen klar wird, wie und wo Sie Ihre allgemeine Lebensphilosophie erworben haben;

Damit Sie Ihre Vorurteile und Neigungen auf ihre Quelle zurückverfolgen können;

Damit Sie wie ich herausfinden, wie sehr Sie das Produkt Ihrer Erziehung vor dem Alter von 15 Jahren sind …

Zitiere ich nun den gesamten Text eines Konzepts, den ich an Mr. Edward Boks Komitee, The American Peace Award, schickte, das sich für die Ächtung des Kriegs einsetzte. Dieser Text behandelt nicht nur das wichtigste der Prinzipien, auf die ich mich hier bezog, sondern zeigt auch auf, wie das Prinzip der organisierten Leistung, wie in Lektion 2 skizziert, eines der wichtigsten Probleme der Welt zu lösen vermag, und wird Sie gleichzeitig besser verstehen lassen, wie Sie dieses Prinzip zu Ihrem konkreten Hauptziel nutzen können.

Wie man den Krieg abschafft

Der Hintergrund

Bevor ich dieses Konzept zur Prävention des Krieges darlege, möchte ich kurz den Hintergrund skizzieren, der die Prinzipien dieses Textes verdeutlicht.

Die Ursachen des Krieges können außer Acht gelassen werden, da sie kaum in Bezug zu den Prinzipien stehen, die den Krieg verhindern.

Zu Beginn will ich zwei der bedeutendsten kontrollierenden Kräfte der Zivilisation beleuchten. Einer ist die physische Vererbung und der andere die soziale Vererbung.

Die Größe und Form des Körpers, die Textur der Haut, die Farbe der Augen und die Kraft der lebenswichtigen Organe entstammen der physischen Vererbung. Sie sind statisch und festgelegt und können nicht verändert werden, denn sie sind das Ergebnis von Millionen Jahren Evolution. Doch bei Weitem der wichtigste Anteil dessen, was wir sind, ergibt sich aus der sozialen Vererbung und wurde uns durch Umwelteinflüsse und die frühe Erziehung vermittelt.

Unser Konzept von Religion, Politik, Wirtschaft, Philosophie und anderen Themen, inklusive des Kriegs, ist vollständig das Ergebnis dominierender Kräfte unserer Umwelt und unserer Erziehung.

Der Katholik ist aufgrund seiner frühen Erziehung katholisch, und der Protestant ist aus dem gleichen Grund evangelisch, aber damit ist der Wahrheit noch nicht Genüge getan. Denn man kann auch sagen, der Katholik ist katholisch und der Protestant protestantisch, weil sie nicht anders können! Mit nur wenigen Ausnahmen ist die Religion des Erwachsenen das Ergebnis seiner religiösen Erziehung zwischen 4 und 14 Jahren, als diese Haltung ihm von seinen Eltern von anderen Erziehungsberechtigten aufgezwungen wurde.

Ein prominenter Kleriker hat sein Verständnis der sozialen Vererbung so ausgedrückt: »Gebt mir die Kontrolle über ein Kind, bis es zwölf Jahre alt ist, und dann könnt ihr es in jeder beliebigen Religion unterweisen. Denn ich werde meine eigene Religion so tief in seinem Geist verwurzelt haben, dass keine Macht der Erde meinen Einfluss rückgängig machen kann.«

Die bedeutendsten Glaubenssätze des Menschen sind diejenigen, die ihm aufgezwungen wurden oder die er selbst unter emotional aufgeladenen Bedingungen absorbiert hat, als sein Geist empfänglich war. Unter solchen Umständen kann der Evangelist die Ideen einer Religion tiefer und dauerhafter während eines einstündigen Erweckungsgottesdienstes einpflanzen, als er es durch jahrelange Ausbildung unter normalen Bedingungen schaffen könnte, wenn der Geist nicht in einem emotionalen Zustand ist.

Die Bevölkerung der Vereinigten Staaten hat Washington und Lincoln unsterblich gemacht, weil beide die Nation in Zeiten führten, als der Verstand der Menschen aufgrund von Katastrophen emotionalisiert war, welche die Fundamente unseres Landes erschütterten und die Interessen des gesamten Volks stark beeinflussten. Durch das Prinzip der sozialen Vererbung, das durch die Schulen (amerikanische Geschichte) und durch andere nachdrücklich wirkende Unterrichtsformen arbeitet, prägt sich die Unsterblichkeit von Washington und Lincoln dem Verstand der jungen Menschen ein und bleibt lebendig.

Die drei großen ordnenden Kräfte der sozialen Vererbung sind:

die Schulen, die Kirchen und die Medien.

Jedes Ideal, das durch die aktive Kooperation dieser drei Kräfte propagiert wird, kann während des kurzen Zeitraums einer Generation dem Verstand der jungen Menschen unauslöschlich aufgezwungen werden.

Im Jahr 1914 wachte die Welt eines Morgens auf, um sich in einem noch nie erlebten Ausmaß in den Flammen des Krieges wiederzufinden, und aus dieser weltweiten Katastrophe stach die Bedeutung der deutschen Armee hervor. Mehr als drei Jahre lang gewann diese Armee so schnell an Boden, dass die deutsche Weltherrschaft unabwendbar schien. Die deutsche Militärmaschinerie operierte mit einer solchen Effizienz, wie sie nie zuvor im Krieg demonstriert worden war. Mit »Kultur« als beschworenem Ideal fegte das moderne Deutschland die Gegner hinweg, als wären sie führerlos, obwohl die alliierten Kräfte an jeder Front zahlenmäßig überlegen waren.

Die Opferbereitschaft der deutschen Soldaten für ihr Ideal der »Kultur« war die herausragende Überraschung des Krieges, und sie entstand größtenteils aus der Arbeit zweier Männer. Durch das deutsche Bildungssystem, das unter ihrer Führung stand, war die Psychologie, die die Welt 1914 in den Krieg trieb, die der »Kultur«. Diese Männer waren Adalbert Falk, preußischer Kultusminister bis 1879, und der deutsche Kaiser Wilhelm II.

Diese beiden Männer bedienten sich der sozialen Vererbung: dem Geist junger Menschen unter hoch emotionalisierten Bedingungen ein Ideal einzuprägen.

»Kultur« als nationales Ideal wurde dem Verstand der Jugend Deutschlands eingetrichtert. Dieses Vorgehen begann in der Grundschule und zog sich durch die weiterbildenden Schulen und Universitäten. Den Lehrern und Professoren wurde auferlegt, dieses Ideal der »Kultur« dem Geist der

Schüler einzupflanzen, und aus dieser Lehre erwuchs in einer Generation die Opferbereitschaft des Individuums für die Interessen der Nation, die die moderne Welt überraschte.

Wie Benjamin Kidd so treffend formuliert hat: »Das Ziel des Staates Deutschland bestand darin, überall die öffentliche Meinung durch die Führer der spirituellen und weltlichen Sphäre auszurichten, mithilfe der Bürokratie, der Offiziere der Armee, der staatlichen Lenkung der Presse und zuletzt durch die staatliche Steuerung des gesamten Handels und der Industrie, um den Idealismus des gesamten Volkes zu einem Konzept und zur Unterstützung der nationalen Politik des modernen Deutschlands zu bewegen.«

Deutschland kontrollierte die Presse, den Klerus und die Schulen. War es da ein Wunder, dass man innerhalb einer Generation eine Armee von Soldaten heranzog, die das Ideal der »Kultur« repräsentierte? War es ein Wunder, dass die deutschen Soldaten sich mit furchtloser Waghalsigkeit dem sicheren Tod stellten, wenn man ihnen doch von frühester Kindheit an beigebracht hatte, dass dieses Opfer ein seltenes Privileg war?

> Es braucht nur eine Sekunde, eine Rüge auszusprechen, aber derjenige, der gerügt wurde, braucht vielleicht ein Leben, um sie zu vergessen.

Wenden wir uns nun davon ab, wie die Deutschen ihr Volk auf den Krieg vorbereiteten, hin zu einem anderen seltsamen Phänomen – Japan. Keine westliche Nation, mit Ausnahme von Deutschland, hat so deutlich gezeigt, dass sie den weitreichenden Einfluss der sozialen Vererbung verinnerlicht hat wie Japan. Innerhalb einer einzigen Generation stieg Japan vom Rang einer viertklassigen Nation in den Kreis der anerkannten Mächte der zivilisierten Welt auf. Studieren Sie Japan, und Sie werden feststellen, dass es die jungen Menschen durch dieselben Methoden wie Deutschland das Ideal der Unterordnung des individuellen Rechts unter die Vermehrung der Macht der Nation lehrt.

Bei allen Auseinandersetzungen mit China haben fähige Beobachter erkannt, dass die offensichtliche Ursache der Konflikte der klammheimliche Versuch war, die Schulen und damit den Geist der jungen Menschen zu kontrollieren. Wenn Japan den Verstand junger Chinesen kontrollieren könnte, wäre es in der Lage, diese gigantische Nation innerhalb einer Generation zu dominieren.

Wenn Sie studieren wollen, wie die soziale Vererbung von einer anderen westlichen Nation für die Entwicklung eines nationalen Ideals genutzt wird, beobachten Sie, was in Russland seit dem Aufstieg der Sowjetregierung passiert ist, die den Verstand der jungen Leute gemäß einem nationalen Ideal prägen will, dessen Natur zu interpretieren man kein Meisteranalytiker sein muss. Dieses Ideal, der gegenwärtigen Generation während ihres Heranwachsens vollständig eingeimpft, wird die gewünschten Inhalte der Sowjetregierung repräsentieren.

Aus der Flut an Propaganda der Sowjetregierung Russlands, die seit Kriegsende durch zig Tausende von Zeitungsartikeln in dieses Land geströmt ist, sticht der folgende kurze Auszug besonders hervor:

»DIE RUSSISCHEN ROTEN BESTELLEN BÜCHER. Verträge für 20.000.0000 Bände wurden mit Deutschland abgeschlossen. Bildungspropaganda zielt hauptsächlich auf Kinder.

(Von George Witts)

Sondertelegramm an den Auslandsdienst der *Chicago Daily News*. Berlin, Deutschland, 9. November 1920.

Verträge für den Druck von 20.000.000 Büchern in russischer Sprache, die sich hauptsächlich an Kinder richten, hat in Deutschland im Namen der Sowjetregierung Grschebin unterzeichnet, ein bekannter Verleger aus Petrograd und ein Freund von Maxim Gorky. Grschebin hatte sich zuerst an England gewandt, stieß mit seinem Anliegen jedoch auf Desinteresse bei der britischen Regierung. Die Deutschen hießen ihn hingegen nicht nur eifrig willkommen, sondern boten auch einen so niedrigen Preis, dass kein anderes Land ihn unterbieten könnte. Die Ullsteins, Zeitungs- und Buchverleger aus Berlin, haben eingewilligt, mehrere Millionen der Bücher für weniger als den Selbstkostenpreis zu drucken.«

Dieser Vorfall zeigt, was dort drüben vor sich geht.

Statt von dieser bedeutenden Pressemeldung schockiert zu sein, veröffentlichten die meisten Medien in Amerika sie nicht, und andere Zeitungen brachten sie kleingedruckt in einem obskuren Teil. Die wahre Bedeutung wird sich in etwa 20 Jahren zeigen, wenn eine Armee von Soldaten der Sowjetregierung Russlands dienen wird, die bis auf den letzten Mann jedes nationale Ideal unterstützt.

Die Gefahr des Krieges existiert heute als eine harsche Realität, weil das Prinzip der sozialen Vererbung nicht nur als sanktionierende Kraft zur Förderung des militärischen Konflikts genutzt wurde, sondern weil es tatsächlich den Verstand der Menschen absichtlich auf den Krieg vorbereitet hat. Um Beweise für diese Aussage zu finden, kann man anhand der Geschichtsschreibung eines Landes oder der Welt beliebig feststellen, wie taktvoll und effektiv der Krieg glorifiziert wurde, sodass nicht nur der Schock auf einen Schüler ausbleibt, sondern der Krieg sogar gerechtfertigt wurde.

Betrachten Sie die Monumente für Militärgrößen auf den öffentlichen Plätzen unserer Städte. Beobachten Sie die Posen dieser Statuen, die eindeutig Männer verherrlichen, die nicht mehr taten, als Armeen in zerstörerische Eskapaden zu führen. Achten Sie darauf, wie effektiv diese Statuen von Kriegern auf voranstürmenden Pferden dazu dienen, den Geist der jungen Menschen zu stimulieren und auf die Akzeptanz des Krieges vorbereiten, nicht nur als verzeihlicher Akt, sondern als eine erstrebenswerte Quelle für Ruhm, Berühmtheit und Ehre. Während ich dies schreibe, lassen einige wohlmeinende Damen das Abbild eines konföderierten Soldaten in den unvergänglichen Granit der Flanke des Stone Mountain in Georgia meißeln. Ein 30 Meter hohes Abbild, das an einen verlorenen »Fall«, der nie ein berechtigter »Fall« war, erinnert und daher umso schneller in Vergessenheit geraten sollte.

Wenn die Berichte über das weit entfernte Russland, Japan und Deutschland wenig beeindruckend und abstrakt erscheinen, lassen Sie uns die Prinzipien der sozialen Vererbung betrachten, wie sie heute hoch entwickelt hier in den Vereinigten Staaten auftritt. Es mag zu weit gehen, dem Durchschnitt der Bevölkerung ein Interesse an Zuständen außerhalb des Landes abzuverlangen, das im Norden von Kanada, im Osten vom Atlantik, im Westen vom Pazifik und im Süden von Mexiko begrenzt wird.

Auch wir verankern im Verstand unserer jungen Menschen ein nationales Ideal, das sich durch soziale Vererbung so effektiv entfaltet, dass es bereits die Nation dominiert. Dieses Ideal ist das Streben nach Reichtum!

Die erste Frage, die wir einem neuen Bekannten stellen, lautet nicht: »Wer sind Sie?«, sondern: »Was besitzen Sie?« Und unsere nächste Frage ist: »Wie können wir das bekommen, was Sie besitzen?«

Unser Ideal bemisst sich nicht in Begriffen des Krieges, sondern in Begriffen der Finanzwelt, der Industrie und Wirtschaft. Unsere Patrick Henrys, George Washingtons und Abraham Lincolns, die vor wenigen Generationen lebten, werden heute durch fähige Führungspersonen ersetzt, die unsere Stahlwerke, Kohleminen, Sägewerke, Banken und Eisenbahnen managen.

Wir können diesen Vorwurf ignorieren, aber die Fakten besagen etwas anderes. Das herausragende Problem des heutigen amerikanischen Volkes ist der ruhelose Geist der Massen. Es sind Leute, die immer härter um ihre Existenz zu kämpfen haben, weil die fähigsten Köpfe des Landes damit beschäftigt sind, in hartem Konkurrenzkampf Reichtum anzuhäufen und die Maschinerie dieses Reichtums zu kontrollieren.

Wir müssen uns nicht länger mit einer Beschreibung dieses vorherrschenden Ideals aufhalten oder Belege für seine Existenz liefern, da es offensichtlich vorhanden ist und die Unwissenden es ebenso verstehen wie diejenigen, die behaupten, präzise zu denken.

So tief verwurzelt ist dieses manische Verlangen nach Geld geworden, dass es uns nicht das Geringste ausmacht, wenn sich andere Nationen dieser Welt im Krieg gegenseitig zerfetzen, solange sie nicht unserem Streben nach Reichtum in die Quere kommen. Aber das ist nicht einmal der traurigste Aspekt dieses Vorwurfs, den wir uns selbst machen können, denn wir nehmen nicht hin, dass andere Nationen sich bekriegen. Es besteht auch Grund zu der Annahme, dass die Kriegsgewinnler die Konflikte unter anderen Völkern anfachen.

Das Konzept

Krieg entsteht, weil Menschen danach trachten, ihre Mitmenschen zu übervorteilen, und die rauchenden Trümmer dieses Verlangens werden immer wieder zu Flammen angefacht, indem sich Gruppen formieren, die ihr Interesse über das aller anderen Gruppen stellen.

Der Krieg kann nicht plötzlich gestoppt werden! Er kann nur durch Bildung eliminiert werden, indem man die individuellen Interessen die der Menschheit als Ganzes unterordnet.

Wie erwähnt, entstehen die Neigungen und Aktivitäten des Menschen aus zwei Kräften, der physischen Vererbung und der sozialen Vererbung. Aus der physischen Vererbung entstammt die frühzeitliche Neigung, Mitmenschen aufgrund des Selbstschutzes zu vernichten. Dieses Verhalten ist ein Überbleibsel aus Zeiten, als im heftigen Kampf um die Existenz nur die physisch Starken überlebten.

> Bedauernswert ist in der Tat derjenige, der so ans Böse gewöhnt ist, dass es ihm nicht länger furchtbar erscheint.

Langsam lernte der Mensch, dass sich seine Lebensbedingungen verbesserten, wenn er sich mit anderen zusammentat. Aus dieser Erkenntnis erwuchs unsere moderne Gesellschaft, indem Gruppen von Menschen Staaten bildeten und diese Gruppen wiederum Nationen schufen. Zwischen den Individuen einer bestimmten Gruppe oder Nation kommt es selten zum Krieg, denn aufgrund des Prinzips der sozialen Vererbung haben sie gelernt, dass sie am besten überleben können, wenn sie die Interessen des Einzelnen denen der Gruppe unterordnen.

Das Problem besteht nun darin, dieses Prinzip der Gruppenbildung so auszudehnen, dass die Nationen der Welt ihre individuellen Interessen denen der Menschheit als Ganzes unterordnen.

Dies kann nur durch das Prinzip der sozialen Vererbung erreicht werden. Indem man dem Verstand junger Menschen einimpft, dass der Krieg etwas Schreckliches ist und weder den Interessen der Individuen noch denen der Gruppe dient, denen der Einzelne angehört.

Es stellt sich dann die Frage: »Wie kann das erreicht werden?« Bevor wir antworten, sollten wir erneut den Begriff »soziale Vererbung« definieren und dessen Möglichkeiten ausloten.

Soziale Vererbung ist das Prinzip, durch das die jungen Menschen aus ihrer Umgebung und besonders durch die frühe Erziehung der Eltern, Lehrer und religiösen Anführer die Glaubenssätze und Verhaltensweisen der Erwachsenen übernehmen.

Um den Krieg abzuschaffen, bedarf es einer erfolgreichen Koordination der Bemühungen aller Kirchen und Schulen der Welt, zum ausdrücklichen Zweck, den Verstand der jungen Leute so weitgehend mit der Idee zu befruchten, dem Krieg abzuschwören, dass allein das Wort »Krieg« bei ihnen Schrecken auslöst.

ES GIBT KEINEN ANDEREN WEG, DEN KRIEG ABZUSCHAFFEN!

Die nächste Frage lautet: »Wie können die Kirchen und Schulen der Welt auf eine Linie mit diesem hohen Ideal als Zielsetzung gebracht werden?« Es können nicht alle von ihnen gleichzeitig zu einer solchen Allianz bewogen werden, aber ausreichend viele der einflussreicheren Institutionen könnten dazu motiviert werden, und so werden mit der Zeit die übrigen dazu übergehen, sich ebenfalls dieser Allianz anzuschließen, in einer Zeitspanne, die die öffentliche Meinung vorgibt.

Dann stellt sich die Frage: »Wer verfügt über genug Einfluss, eine Konferenz der mächtigsten Oberhäupter in den Bereichen Religion und Bildung einzuberufen?«

Die Antwort lautet: der Präsident und der Kongress der Vereinigten Staaten.

Ein solches Unterfangen würde die Unterstützung der Presse in einem völlig neuen Umfang erfordern, und allein über die Medien könnte die Propaganda die Menschen in jedem zivilisierten Land der Welt ansprechen. So könnte man die Akzeptanz des Konzepts in den Kirchen und Schulen auf der ganzen Welt erreichen.

Das Konzept, den Krieg abzuschaffen, ist mit einem großartigen Theaterstück vergleichbar, und dazu gehören:

DIE BÜHNE: das Kapitol der Vereinigten Staaten.

DIE HAUPTDARSTELLER: der Präsident und die Mitglieder des Kongresses.

DIE NEBENDARSTELLER: die führenden Kleriker aller Konfessionen und die Verantwortlichen des Bildungswesens, alle versammeln sich auf der Bühne nach der Einladung und auf Kosten der Regierung der Vereinigten Staaten.

PRESSERAUM: Vertreter aller Nachrichtenagenturen der Welt.

BÜHNENAUSSTATTUNG: Eine Radioübertragungsstation, die das Geschehen um die halbe Welt sendet.

TITEL DES STÜCKS: »Du sollst nicht töten!«

ZIEL DES STÜCKS: Einen Weltgerichtshof zu etablieren, mit Vertretern aller Völker, dem es obliegt, Beweise aufzunehmen und Fälle zu schlichten, die durch Konflikte zwischen Nationen entstehen.

Auch andere Faktoren würden in diesem großen Weltdrama eine Rolle spielen, aber sie wären von untergeordneter Bedeutung. Die Hauptthemen und die wichtigsten Faktoren sind hier aufgezählt.

Eine weitere Frage bleibt: »Wer wird die Regierung der Vereinigten Staaten veranlassen, diese Konferenz einzuberufen?«, und die Antwort lautet: die öffentliche Meinung, mithilfe eines fähigen Organisators, der die Bemühungen einer »Gesellschaft der Goldenen Regel« organisiert und leitet, deren Ziel es sein wird, den Präsidenten und den Kongress zum Handeln zu bewegen.

Kein Völkerbund und keine bloße Vereinbarung zwischen Nationen kann den Krieg abschaffen, solange es in den Herzen der Menschen noch den leisesten Grund gibt, bewaffnete Konflikte zu rechtfertigen. Universeller Friede zwischen den Nationen kann eine Bewegung bewirken, die von wenigen Denkern initiiert und weitergetragen wird. Langsam werden es mehr Beteiligte werden, bis sie aus den führenden Vertretern des Bildungsbereichs, des Klerus und der Medien der Welt besteht, die den Frieden als Weltideal so tief und dauerhaft verankern, bis er zur Realität wird.

Dieses erstrebenswerte Ziel könnte in einer einzigen Generation unter der richtigen Führung erreicht werden. Aber vermutlich werden wir es auch in vielen künftigen Generationen nicht geschafft haben, weil die Oberhäupter zu beschäftigt sind, nach weltlichen Reichtümern zu streben, um das notwendige Opfer zum Wohl künftiger Generationen zu bringen.

Der Krieg kann nicht durch einen Appell an die Vernunft eliminiert werden, sondern durch einen Appell an die Emotionen der Menschheit. Dazu wäre es erforderlich, die Völker der verschiedenen Nationen der Welt zugunsten eines universellen Friedensplans zu organisieren und emotional zu involvieren. Zudem muss dieses Konzept künftigen Generationen ebenso bedacht eingeimpft werden, wie wir jungen Menschen unser Ideal der jeweiligen Religionen beibringen.

Die Kirchen der Welt wären in der Lage, den universellen Frieden als internationales Ideal innerhalb von einer Generation zu etablieren, wenn sie diesem Ziel nur den halben Aufwand widmen würden, mit dem sie sich jetzt gegenseitig bekämpfen.

Wir bewegen uns immer noch innerhalb der Grenzen des Konservativismus, indem wir äußern, dass die christlichen Kirchen allein einflussreich genug sind, um universellen Frieden als weltweites Ideal innerhalb von drei Generationen zu etablieren, sofern die verschiedenen Glaubensrichtungen ihre Kräfte zu diesem Zweck bündeln würden.

Was die führenden Religionen, die führenden Schulen und die Medien der Welt erreichen könnten, wenn sie das Ideal des universellen Friedens innerhalb einer einzigen Generation sowohl den Erwachsenen als auch den Kindern vermitteln würden, übersteigt die Vorstellungskraft.

Falls die heutigen Religionen der Welt nicht ihre individuellen Interessen und Ziele der Etablierung des universellen Friedens unterordnen, wäre eine universelle Weltkirche denkbar, die alle Menschen akzeptiert und deren Credo darin besteht, den jungen Menschen das Ideal des Weltfriedens zu verkünden. Eine solche Kirche würde nach und nach eine Gefolgschaft aus den Rängen aller anderen Kirchen anziehen.

Falls die Bildungsinstitutionen der Welt nicht kooperieren, um dieses hohe Ideal des universellen Friedens zu befördern, könnte ein völlig neues Bildungssystem die Lösung sein, um den jungen Menschen das Ideal des universellen Friedens zu vermitteln.

Falls die Medien der Welt nicht zusammenarbeiten, um das Ideal des universellen Friedens zu verbreiten, könnte eine unabhängige Presse gegründet werden, die sowohl die Printmedien als auch die Sender nutzt, um die Massen für dieses hohe Ideal zu motivieren.

Kurz gesagt: Wenn die gegenwärtigen organisierten Kräfte der Welt den universellen Frieden nicht fördern und als internationales Ideal etablieren können, müssen dazu eigens neue Organisationen geschaffen werden.

Die Mehrheit der Weltbevölkerung sehnt sich nach Frieden und darin liegt die Möglichkeit, ihn herbeizuführen!

Zunächst scheint es zu viel erwartet, dass die Kirchen der Welt mit vereinten Kräften zusammenarbeiten und ihre individuellen Interessen denen der Zivilisation unterordnen. Doch es ist nur ein scheinbar unüberwindliches Hindernis, weil die erforderliche Unterstützung der Kirchen ihnen tausendfach durch die gesteigerte Macht, die sie zukünftig erlangen können, vergolten wird.

> Beginnen Sie groß! Auch wenn Sie nur Zeit haben,
> Für eine Zeile, seien Sie so gut –
> Nicht zu scheitern, sondern niedrige Ziele sind der falsche Weg.

Lassen Sie uns überlegen, wie die Kirchen davon profitieren werden, wenn sie bei dem Konzept des universellen Friedens als Weltideal mitarbeiten. Zunächst ist klar, dass keine Kirche Vorteile einbüßen wird, indem sie mit anderen Konfessionen zusammenarbeitet, um dieses Weltideal zu etablieren. Diese Allianz verändert weder die Glaubenssätze irgendeiner Kirche noch widerspricht sie ihnen. Jede Kirche, die in diese Allianz eintritt, wird mit all der Macht und den Vorteilen daraus hervorgehen, über die sie zuvor schon verfügte, zusätzlich wird sie an Einfluss gewinnen, indem sie eine führende Rolle dabei spielt, der Zivilisation den größten Nutzen in der Geschichte der Menschheit zu bringen.

Dieser Vorteil allein wäre bereits eine ausreichende Kompensation für die Kirchen. Vor allem könnten die Kirchen aufgrund dieser Allianz die Erfahrung machen, dass sie genug Macht haben, um der Welt ihre Ideale überzustülpen, wenn sie sich gemeinsam für dieses Vorhaben engagieren.

Durch dieses Bündnis werden die Kirchen die weitreichende Bedeutung des Prinzips der organisierten Leistung erfassen, mit dessen Hilfe sie die Welt dominieren und der Zivilisation ihre Ideale leichter vermitteln können.

Die Kirchen verfügen bei Weitem über das größte Machtpotenzial der heutigen Welt, aber ihre Macht wird potenziell bleiben, bis sie sich des Prinzips der gemeinsamen oder organisierten Leistung bedienen. Dann würden alle Konfessionen beschließen, ihre vereinten Kräfte einzusetzen, um jungen Menschen ein höheres Ideal zu lehren.

Die Kirchen verkörpern die größte potenzielle Macht der Welt, weil diese sich der Emotionen der Menschen verdankt. Emotionen beherrschen die Welt, und die Kirche fußt als die einzige Organisation nur auf der Macht der Emotion. Sie ist als einzige Institution der Gesellschaft imstande, die emotionalen Kräfte der Zivilisation zu zügeln und zu steuern, da Emotionen durch GLAUBEN kontrolliert werden und nicht durch Vernunft! Und die Kirche ist die einzige große Organisation, in der der Glaube der Welt sein Zentrum findet.

Die Kirche ist heute eine der vielen einzelnen Machteinheiten. Wenn die kirchlichen Institutionen sich verbünden würden, läge es sicher im Bereich des Möglichen, dass sie als kombinierte Macht die Welt beherrschen könnten und quasi unbesiegbar wären!

Ohne diese Aussage relativieren zu wollen, folge ich mit einer weiteren, vielleicht noch radikaler: Die Aufgabe, eine Allianz der Kirchen zur Förderung des Weltideals des universellen Friedens zu schmieden, sollten die weiblichen Mitglieder der Kirchen übernehmen, da die Abschaffung des Krieges in die Zukunft hineinwirken und damit nur der ungeborenen Generation nützen würde.

In seiner Anklage gegen die Frauen sprach Schopenhauer unbewusst eine Wahrheit aus, auf der die Hoffnung der Zivilisation ruht, als er erklärte, dass die Rasse ihr immer mehr bedeutet als das Individuum. In kaum missverständlicher Sprache beschuldigt Schopenhauer das weibliche Geschlecht, der natürliche Feind des Mannes zu sein, da es ihm angeboren sei, die Interessen der Rasse über die des Individuums zu stellen.

Es scheint vernünftig, anzunehmen, dass die Zivilisation beginnend mit dem Weltkrieg in eine neue Ära eingetreten ist, in der die Frau dazu bestimmt ist, die ethischen Standards der Welt auf ein neues Niveau anzuheben. Das ist ein Zeichen der Hoffnung, denn es liegt in der Natur der Frau, die Interessen der Gegenwart denjenigen der Zukunft unterzuordnen. Frauen vermitteln jungen Menschen Ideale, die den künftigen Generationen dienen, während Männer im Allgemeinen durch die Zweckmäßigkeiten der Gegenwart motiviert sind.

In Schopenhauers Attacke auf die Frau hat er eine große Wahrheit ausgesprochen: Eine Wahrheit, die alle nutzen können, die sich der wertvollen Arbeit verschreiben, den universellen Frieden als Weltideal zu etablieren.

Die Frauenklubs der Welt sollten eine Rolle bei der Lösung globaler Probleme spielen, die über den Anspruch an das Wahlrecht hinausgeht.

DAS SOLLTE DIE ZIVILISATION NICHT VERGESSEN! Wer den Frieden nicht will, profitiert vom Krieg. In Zahlen stellen Menschen mit dieser Haltung nur einen kleinen Teil der Mächtigen der Welt dar und könnten leicht hinweggefegt werden, wenn die Mehrheit, die gegen den Krieg ist, sich organisieren und das hohe Ideal des universellen Friedens sie einen würde.

Um zum Ende zu kommen, scheint es angemessen, mich für den Entwurfsmodus dieses Essays zu entschuldigen; dazu sei angemerkt, dass die Ziegel, der Mörtel, die Grundsteine und alle anderen Materialien für den Tempel des universellen Friedens hier zusammengetragen wurden, damit man sie zu diesem hohen Ideal neu arrangieren und als eine Realität der Welt zusammensetzen kann.

Nun wollen wir die Prinzipien der sozialen Vererbung auf die Wirtschaft beziehen und ergründen, inwiefern sie von praktischem Nutzen für Wohlstand sein können.

Als Banker würde ich die Geburten in den Familien innerhalb eines bestimmten Radius von meinem Unternehmen zusammenstellen und jedem Kind einen Brief zukommen lassen, der ihm zu seiner Ankunft in der Welt zu einer solch günstigen Zeit in einer solch angenehmen Gemeinde gratuliert. Danach würde das Kind zu jedem Geburtstag eine angemessene Erinnerung erhalten. Sobald es im Lesealter ist, würde meine Bank ihm ein interessantes Buch mit Geschichten senden, die die Vorteile des Sparens schildern. Wenn das Kind ein Mädchen ist, würde es ein »Ausschneidebuch« mit Puppen zum Geburtstag erhalten, mit dem Namen der Bank hinten auf jeder Puppe. Ein Junge würde einen Baseballschläger bekommen. Eine Etage (oder sogar ein ganzes Gebäude in der Nähe) meiner Bank würde als Spielplatz für Kinder reserviert und wäre mit Karussells, Rutschen, Wippen, Rollern, Spielen und Sandkästen ausgestattet. Ein Erzieher würde die Kinder beaufsichtigen und mit ihnen spielen. Ich würde dieses Spielzimmer als einen angenehmen Aufenthaltsort für die Kinder der Gemeinde gestalten, an dem Mütter ihre Kleinen beruhigt zurücklassen können, während sie einkaufen oder Besuche abstatten.

Ich würde für eine so ausgezeichnete Unterhaltung der Kinder sorgen, dass sie als Erwachsene mit gut gefüllten Konten treue Kunden meiner Bank werden; in der Zwischenzeit würde ich sicherstellen, dass die Väter und Mütter der Kleinen ebenfalls zur Kundschaft des Geldhauses gehören.

Als Inhaber einer Wirtschaftsschule würde ich die Jungen und Mädchen meiner Gemeinde von der fünften Klasse an bis zur Highschool für mein Institut interessieren, damit sie, sobald sie die Schule beendet haben und einen Beruf wählen wollen, sofort den Namen meiner Wirtschaftsschule im Sinn haben. Als Einzelhändler oder Besitzer eines Kaufhauses oder Drogeriegeschäfts würde ich die Kinder und damit auch ihre Eltern für meinen Laden gewinnen; denn bekanntlich führt der kürzeste Weg zum Herzen der Eltern über das Interesse der Kinder. Als Kaufhausinhaber, der ganzseitige Anzeigen in Zeitungen schaltet, wie es die meisten Händler tun, würde ich unten auf jeder Seite einen Comicstrip mit Szenen aus meinem Spielzimmer abbilden und die Kinder somit auf meine Werbung aufmerksam machen.

Als Prediger würde ich im Keller meiner Kirche ein Kinderspielzimmer einrichten, das jeden Tag der Woche für die Kleinen der Gemeinde geöffnet ist. Wenn mein Arbeitszimmer in der Nähe wäre, würde ich ins Spielzimmer gehen, um mit den Kindern zu spielen und mich von ihnen zu besseren Predigten inspirieren zu lassen, während ich gleichzeitig die Gemeindemitglieder von Morgen aufziehe. Ich kann mir keinen effektiveren christlichen Dienst als diesen vorstellen, der meine Kirche zu einem beliebten Aufenthaltsort für junge Menschen machen würde.

> Die Konzentration auf ein einziges Ziel ist eine der essenziellsten Zutaten für den Erfolg im Leben, egal wie das Ziel aussehen mag.
>
> JOHN D. ROCKEFELLER, JR.

Wenn ich für landesweite Werbung zuständig wäre oder ein Versandhaus leiten würde, würde ich die angemessenen Mittel und Wege finden, die Kinder des Landes zu kontaktieren; denn, und das möchte ich betonen, es gibt keine bessere Methode, Eltern zu beeinflussen, als das Interesse ihres Kindes »zu gewinnen«.

Als Friseur würde ich einen Raum speziell für Kinder einrichten, um nicht nur sie, sondern auch ihre Eltern als Kunden anzulocken.

In den Randbezirken einer jeden Stadt findet ein Restaurantbetreiber die passende Fläche für ein florierendes Lokal, um dort Essen von guter »hausgemachter« Qualität zu servieren und Familien mit Kindern zu versorgen, die gelegentlich außer Haus essen. Ich würde das Restaurant mit gut bestückten Fischteichen, Ponys und anderen Tieren sowie Vögeln ausstatten, an denen die Kinder sich erfreuen. Dadurch würden die Kinder sicher gerne regelmäßig zu mir kommen und den ganzen Tag in meinem Lokal verbringen. Wieso von Goldminen reden, wenn sich Geschäftsmodelle wie diese im Übermaß anbieten?

Das sind nur ein paar Möglichkeiten, das Prinzip der sozialen Vererbung vorteilhaft im Geschäftsleben einzusetzen. Locken Sie die Kinder an und Sie gewinnen die Eltern!

Wenn Nationen auf Bestellung Soldaten produzieren können, indem sie die jungen Leute so verbiegen, dass sie in den Krieg ziehen, können Unternehmer auch mithilfe desselben Prinzips Kunden gewinnen.

Nun behandeln wir einen weiteren wichtigen Punkt dieser Lektion und beleuchten aus anderer Perspektive, wie man durch eine kooperative, organisierte Leistung zu Macht kommen kann.

Anhand des Konzepts, den Krieg abzuschaffen, wurde dargelegt, wie die koordinierte Leistung der drei großen organisierten Mächte der Welt (Schulen, Kirchen und Medien) den universellen Frieden herbeiführen könnte.

Wir haben viele wertvolle Lektionen durch den Weltkrieg gelernt, so ungeheuerlich und zerstörerisch er auch war, aber keine war essenzieller als die der organisierten Leistung. Sie werden sich daran erinnern, dass das Kriegsglück sich, kurz nachdem die Armeen unter den Oberbefehl von Foch gestellt wurden, zugunsten der alliierten Kräfte wandte, woraufhin die Alliierten umfassend kooperierten.

Nie vorher in der Geschichte der Welt hatte sich so viel Macht auf eine Gruppe von Männern konzentriert wie durch die organisierte Leistung der alliierten Armeen. Kommen wir nun zu einem der bedeutendsten Ergebnisse der Analyse dieser alliierten Armeen: dass sie eines der kosmopolitischsten Heere waren, die je auf dieser Erde zusammengestellt wurden.

Katholiken und Protestanten, Juden und Heiden, Schwarze und Weiße, Gelbe und Braune, und jede Ethnie der Erde war in diesen Armeen vertreten. Sobald irgendwelche Meinungsverschiedenheiten aufgrund von Ethnie oder Glaube aufkamen, legten die Soldaten diese beiseite und ordneten sich dem Ziel unter, für das sie kämpften. Unter der Kriegsbelastung wurde diese Menschenmenge auf eine gemeinsame Ebene reduziert, auf der sie Schulter an Schulter, Seite an Seite kämpften, ohne nach der ethnischen Herkunft oder der religiösen Überzeugung des anderen zu fragen.

Wenn diese Männer die Intoleranz lange genug überwinden konnten, um dort drüben um ihr Leben zu kämpfen: Wieso können wir nicht dasselbe tun, wenn wir um einen höheren ethischen Standard in der Wirtschaft, Finanzwelt und Industrie hier bei uns kämpfen?

Gewinnen zivilisierte Menschen nur, wenn sie um ihr Leben kämpfen, an Voraussicht, Toleranz walten zu lassen und zwecks Erreichens eines gemeinsamen Ziels zu kooperieren?

Da es von Vorteil für die alliierten Armeen war, wie eine koordinierte Einheit zu denken und zu handeln: Wäre es da weniger vorteilhaft für die Bewohner einer Stadt oder einer Gemeinde oder die Beschäftigten einer Industrie, es ihn gleichzutun?

Vorausgesetzt, all die Kirchen, Schulen, Zeitungen, Klubs und zivilen Organisationen Ihrer Stadt würden sich zusammenschließen, um ein gemeinsames Ziel zu verfolgen, sehen Sie da nicht, wie eine solche Allianz mächtig genug sein könnte, um dieser Sache zum Erfolg zu verhelfen?

Um noch näher an Ihren individuellen Interessen zu argumentieren: Stellen Sie sich vor, wie die Arbeitgeber und Arbeitnehmer Ihrer Stadt sich verbünden, um Reibungen und Missverständnisse zu reduzieren und damit zu ermöglichen, zu niedrigeren Preisen und mit größerem Profit der Allgemeinheit bessere Dienstleistungen anzubieten.

Der Weltkrieg hat uns gelehrt, dass wir nicht einen Teil zerstören können, ohne das Ganze zu schwächen, und dass Armut und Not einer Nation oder Gruppe von Menschen das Leid der Übrigen nach sich zieht. Anders ausgedrückt hat der Weltkrieg gezeigt, dass Kooperation und Toleranz die Grundsteine anhaltenden Erfolgs sind. Sicher werden die nachdenklicheren und aufmerksameren Menschen von diesen großen Lektionen des Krieges (individuell) profitieren.

Ich bin mir bewusst, dass Sie vermutlich diesen Kurs studieren, um auf jede erdenkliche Weise persönlich von seinen Prinzipien zu profitieren. Aus diesem Grund beziehe ich die Anwendung dieser Prinzipien auf einen so breiten Themenkreis wie möglich.

In dieser Lektion haben Sie einiges über die Anwendung von Prinzipien erfahren, die der organisierten Leistung, der Toleranz und der sozialen Vererbung zugrunde liegen, und haben sicher genügend Denkanstöße und Anregungen erhalten, um Nutzen daraus zu ziehen.

Mir liegt daran, Ihnen zu zeigen, wie diese Prinzipien angewendet werden können, sowohl um Ihre Interessen in jedem erdenklichen Bereich voranzubringen als auch zum Nutzen der gesamten Zivilisation.

Ob Sie nun predigen, verkaufen, Dienstleistungen anbieten, Juristerei betreiben, lehren oder als einfacher Arbeiter tätig sind, besteht immer Anlass zu der Hoffnung, dass Sie sich durch die Denkanstöße dieser Lektion verbessern werden. Wenn Sie Werbetexter sind, werden Sie in dieser Lektion sicher genug Anregungen finden, um Ihrer Feder mehr Macht zu verleihen. Wenn Sie Dienstleister sind, dürfen Sie erwarten, dass diese Lektion Sie auf Mittel und Wege bringt, Ihren Service zu größerem Nutzen anzubieten. Da sie die Quellen der Intoleranz aufzeigt, kann diese Lektion auch Sie motivieren, sich mit weiteren anregenden Themen zu befassen, die sich als die profitabelsten Wendepunkte Ihres Lebens entpuppen können. Bücher und Lektionen haben einen eher geringen Wert, wenn überhaupt. Ihr wahrer Wert findet sich nicht auf den gedruckten Seiten, sondern liegt in den Handlungen, zu denen sie den Leser anregen.

Als meine Korrektorin das Manuskript für diese Lektion zu Ende gelesen hatte, informierte sie mich, sie und ihr Ehemann seien davon so beeindruckt, dass sie in die Werbebranche wechseln wollten, um Kampagnen für Banken zu betreiben, die sich an die Zielgruppe der Eltern über die Ansprache der Kinder wenden. Ihrer Meinung nach hat dieses Geschäftsmodell ein Potenzial von mindestens 10.000 Dollar im Jahr.

Ehrlich gesagt war ich von ihrem Konzept so beeindruckt, dass ich seinen Geschäftswert mindestens auf das Dreifache des erwähnten Betrags schätze, zweifellos kann es sogar das Fünffache einbringen, sofern das Geschäft effizient organisiert und kompetent vermarktet wird.

Doch diese Lektion hat schon im Manuskriptstadium noch mehr erreichen können. So setzt ein prominenter Inhaber eines Business-Colleges, dem ich das Manuskript gegeben habe, die Vorschläge zur Nutzung der sozialen Vererbung in die Tat um, um Schüler »zu kultivieren«. Er ist zuversichtlich, dass ein ähnlicher Plan wie sein Konzept an die meisten der 1.500 Business-Colleges in den Vereinigten Staaten und Kanada vermittelt werden könnte, und dass dieses Geschäft ein jährliches Einkommen generieren könnte, das größer ist als das des US-Präsidenten.

Während ich diese Lektion fertigstelle, erreicht mich ein Brief von Dr. Charles F. Crouch aus Atlanta, Georgia, in dem er mich informiert, dass einige prominente Geschäftsleute in Atlanta gerade einen »Klub der Goldenen Regel« gegründet haben, um landesweit einen Plan zur Abschaffung des Krieges, so wie in dieser Lektion geschildert, umzusetzen. (Der Text über die Abschaffung des Krieges wurde mehrere Wochen vor Fertigstellung dieser Lektion an Dr. Crouch geschickt.)

Diese drei Beispiele, die sich innerhalb von wenigen Wochen kurz nacheinander ereigneten, haben mich darin bestärkt, diese für die wichtigste der 16 Lektionen zu halten, aber ihr Wert hängt völlig davon ab, inwiefern sie Sie zu neuen Gedanken und Aktivitäten anzuregen vermag.

> Für einen Menschen mit gefestigtem Charakter macht es wenig Unterschied, was andere über ihn sagen, denn er wird am Ende siegreich sein.
>
> NAPOLEON HILL, SR.

Dieser Kurs und besonders diese Lektion sollen vor allem lehren, weniger informieren – in der Bedeutung des Worts »educate« (bilden), im Sinne von herausziehen! Aus dem Inneren heraus entwickeln, Sie motivieren, Ihre geheimen Kräfte zu nutzen, die darauf warten, von einem passenden Anreiz geweckt zu werden und Sie zum Handeln zu veranlassen.

Zusammengefasst möchte ich mit persönlichen Gedanken zur Toleranz schließen. Dazu der folgende Essay, den ich in den Stunden meiner größten Herausforderung schrieb, als ein Feind meinen Ruf und die Ergebnisse meiner lebenslangen, aufrichtigen Arbeit für das Gute in der Welt ruinieren wollte:

Wenn die Morgendämmerung der Intelligenz ihre Flügel über den östlichen Horizont des Fortschritts ausbreitet und Unwissenheit und Aberglaube ihre letzten Fußabdrücke im Sand der Zeit hinterlassen haben, wird im Buch über die Verbrechen und Fehler des Menschen stehen, dass seine schwerste Sünde die Intoleranz war!

Die bitterste Intoleranz erwächst aus rassistischen und religiösen Meinungsverschiedenheiten, als Ergebnis frühkindlicher Erziehung. Wie lange wird es dauern, oh, Meister des menschlichen Schicksals, bis wir armen Sterblichen die Dummheit einsehen werden, einander zu vernichten aufgrund von Dogmen, Credos und anderer oberflächlicher Angelegenheiten, bei denen wir nicht einer Meinung sind?

Die Zeit, die uns hier auf Erden zur Verfügung steht, ist bestenfalls ein flüchtiger Moment! Wie eine Kerze werden wir entfacht, leuchten einen Moment und verlöschen flackernd! Wieso können wir in dieser kurzen irdischen Wanderschaft nicht so leben, dass wir bereit sind, unsere Zelte abzubrechen, wenn die große Karawane namens Tod näher zieht und unseren Besuch für beendet erklärt, wie die Araber der Wüste, um lautlos der Karawane in die Dunkelheit des Unbekannten zu folgen, ohne Angst und Zittern?

Ich hoffe, dort nur menschliche Seelen anzutreffen, allesamt Brüder und Schwestern, unbefleckt von ethnischer Abstammung, Glauben oder Hautfarbe, denn ich will ein- für allemal mit der Intoleranz abgeschlossen haben, damit ich mich eine Stunde oder zwei zur Ruhe legen kann, ungestört von Konflikt, Ignoranz, Aberglaube und kleinlichen Missverständnissen, die diese irdische Existenz mit Chaos und Leid beflecken.

LEKTION 16

DIE GOLDENE REGEL

»Du kannst es, wenn du glaubst, dass du es kannst!«

Mit dieser Lektion nähern wir uns dem höchsten Punkt der Pyramide dieses Kurses über das Gesetz des Erfolgs.

Diese Lektion ist der Leitstern, der Ihnen ermöglicht, das Wissen aus den vorhergehenden Lektionen profitabel und konstruktiv zu nutzen.

In den vorhergehenden Lektionen dieses Kurses steckt mehr Macht, als die meisten Menschen je einsetzen könnten. Daher soll diese Lektion regulierend wirken, damit Sie das Schiff des Wissens über die Felsen und Riffe des Scheiterns steuern können, die meist den Weg von Menschen blockieren, die schnell zu Macht kommen.

Mehr als 25 Jahre habe ich beobachtet, wie sich mächtige Menschen verhalten. Und ich musste daraus folgern, dass ein Mensch, der Macht anders erlangt als durch einen langsamen, schrittweisen Prozess, stets in Gefahr ist, sich selbst und alle, auf die er Einfluss hat, zu zerstören.

> Niemand liest die Philosophie des Erfolgsgesetzes, und wenn auch nur einmal, ohne in seinem Beruf erfolgreicher zu werden.
>
> ELBERT H. GARY

Es ist Ihnen sicher schon längst aufgefallen, dass dieser Kurs darauf ausgerichtet ist, Menschen derart zu ermächtigen, dass sie anscheinend »Unmögliches« erreichen können. Wichtig dabei ist, dass diese Macht nur dann als erreichbar beschrieben wird, wenn man die in dieser Lektion zusammengefassten grundlegenden Prinzipien beachtet. Diese Lektion basiert auf dem Gesetz, dessen Bedeutung jedem anderen, in den vorhergehenden Einheiten behandelten Gesetz gleichkommt oder es sogar übertrifft.

In gleicher Weise werden Sie als aufmerksamer Schüler verstehen, dass diese Macht nur beständig sein kann, wenn Sie das Gesetz, auf dem diese Lektion basiert, gewissenhaft beachten. Es ist gleichsam das »Sicherheitsventil«, das den sorglosen Schüler vor den Gefahren seiner eigenen Torheit schützt, und ebenso diejenigen, die er gefährden könnte, falls er die Anweisungen dieser Lektion nicht außer Acht lassen sollte.

Falls man mit der durch das Wissen der vorausgehenden Lektionen erworbenen Macht »Scherze« treiben wollte, ohne das Gesetz in dieser Lektion zu beherzigen, wäre es, als würde man »Scherze« mit einer Macht treiben, die sowohl zerstören als auch erschaffen kann.

Ich rede nicht von dem, was ich für wahr erachte, sondern über etwas, von dem ICH WEISS, DASS ES WAHR IST! Die Wahrheit auf dem dieser gesamte Kurs und diese Lektion im Speziellen basiert, habe ich mir nicht ausgedacht. Ich behaupte nicht, sie erfunden zu haben, sondern habe nur beobachtet, wie sie in mehr als 25 Jahren des Kampfes stets in gleicher Weise im Alltagsleben angewendet wurde. Und ich habe mir so viel davon angeeignet, wie ich im Lichte meiner menschlichen Gebrechlichkeiten und Schwächen nutzen konnte.

Wenn Sie nach einem Beweis suchen, dass die Gesetze dieses Kurses im Allgemeinen und diese Lektion im Besonderen fundiert sind, muss ich gestehen, diesen, außer durch einen Zeugen, nicht bieten zu können, und dieser Zeuge sind Sie selbst.

Sie werden es nur beweisen können, indem Sie diese Gesetze selbst erproben und anwenden.

Wenn sie substanziellere und auf größerer Autorität beruhende Belege als meine eigenen benötigen, bleibt mir nur das Privileg, Sie auf die Lehren und die Philosophien von Christus, Plato, Sokrates, Epiktet, Konfuzius, Emerson und zwei der moderneren Philosophen, James und Munsterberg, zu verweisen, aus deren Werken ich mir die wichtigeren Grundlagen dieser Lektion angeeignet habe, abgesehen von den Erkenntnissen meiner eigenen begrenzten Erfahrung.

Mehr als 4.000 Jahre lang haben Menschen die Goldene Regel als eine fruchtbare Anweisung für das zwischenmenschliche Verhalten gepredigt, doch leider hat die Welt zwar die Worte akzeptiert, aber den Geist dieser universellen Regel völlig übersehen. Wir haben die Philosophie der Goldenen Regel nur als eine vernünftige Regel ethischen Verhaltens akzeptiert, jedoch nicht das Gesetz verstanden, auf dem sie basiert.

Ich habe unzählige Male gehört, wie die Goldene Regel zitiert wurde, aber ich kann mich nicht daran erinnern, dass jemals jemand das Gesetz erklärt hat, auf dem sie basiert. Erst vor wenigen Jahren habe ich selbst dieses Gesetz vollkommen erfasst. Und deshalb bin ich der Meinung, dass diejenigen, die die Regel zitierten, sie nicht verstanden haben.

Die Goldene Regel bedeutet im Wesentlichen, dass man andere so behandeln soll, wie man an ihrer Stelle selbst behandelt werden will.

Aber wieso? Was ist der wahre Grund, anderen so freundlich zu begegnen?

Der wahre Grund ist: Ein ewig gültiges Gesetz bewirkt, dass wir das ernten, was wir säen. Wenn Sie Ihre Verhaltensregeln bestimmen, werden Sie wahrscheinlich gerecht handeln, sofern Ihnen bewusst ist, dass Sie eine Kraft freisetzen, die zu Wohl oder Wehe im Leben anderer führt und letztlich zu Ihnen zurückkehrt, um Ihnen zu helfen oder Sie zu behindern, je nachdem, wie diese Regeln beschaffen sind.

»Denn was der Mensch sät, das wird er ernten!«

Sie können sich das Recht herausnehmen, andere ungerecht zu behandeln, aber, wenn Sie das Gesetz der Goldenen Regel verstehen, sollten Sie wissen, dass Sie aufgrund Ihres ungerechten Verhaltens irgendwann »ernten, was Sie gesät haben«.

Wenn Sie die Prinzipien aus Lektion 11 über das präzise Denken vollkommen verstanden haben, wird es Ihnen leichtfallen, das Gesetz der Goldenen Regel zu erfassen. Sie können die Geltung dieses Gesetzes weder verzerren noch verändern, aber Sie können sich ihm anpassen und es damit als eine Macht nutzen, die Sie zu den höchsten Gipfeln des Erfolgs führt, die anderweitig unerreichbar bleiben.

Dieses Gesetz endet nicht damit, die ungerechten und unfreundlichen Handlungen, mit denen Sie anderen begegnet sind, auf Sie zurückzuwerfen. Es geht darüber hinaus – viel weiter – und führt die Ergebnisse jedes Ihrer Gedanken zu Ihnen zurück.

Daher ist es nicht nur ratsam, »andere so zu behandeln, wie man an ihrer Stelle selbst behandelt werden will«, sondern wenn Sie den vollen Nutzen dieses universellen Gesetzes genießen wollen, müssen Sie »über andere auch das denken, was die über Sie denken sollen«.

Das Gesetz der Goldene Regel übt – zum Vorteil oder Nachteil – ab dem Moment seinen Einfluss auf Sie aus, in dem Sie etwas denken. Es hat beinahe zu einer weltweiten Tragödie geführt, dass die Menschen dieses Gesetz im Allgemeinen nicht verstehen. Obwohl es so einfach ist, ist es nahezu der einzige Lehrsatz von anhaltendem Wert, den ein Mensch lernen muss, denn durch diese Maxime können wir unser Schicksal meistern.

Wenn Sie dieses Gesetz verstehen, begreifen Sie alle Lehren der Bibel, denn die Bibel liefert eine Kette an Beweisen, die zeigen, dass der Mensch der Meister seines eigenen Schicksals ist, und dass seine Gedanken und Handlungen seine Werkzeuge sind, um dieses Schicksal zu formen.

Während der Zeitalter, in denen es an Erleuchtung und Toleranz mangelte, haben einige der größten Denker dieser Welt mit ihrem Leben dafür bezahlt, dass sie anderen dieses universelle Gesetz der Welt allgemein verständlich vermittelten. Angesichts der Geschichte ermutigt es, dass die Menschen langsam den Schleier der Ignoranz und Intoleranz abwerfen, sodass ich keinerlei körperlichen Schaden riskiere, indem ich über etwas schreibe, das mich vor wenigen Jahrhunderten das Leben hätte kosten können.

Jeder Mensch achtet darauf, dass sein Nachbar ihn nicht übers Ohr haut. Aber eines Tages wird er seinen Nachbarn nicht mehr übers Ohr hauen wollen. Dann wird alles gut, denn er hat seinen Marktkarren in einen Sonnenwagen verwandelt.

Obwohl dieser Kurs sich mit den höchsten Gesetzen des Universums beschäftigt, die der Mensch zu erfassen vermag, soll aufgezeigt werden, wie diese Regeln im Alltag praktisch anzuwenden sind. Mit diesem Ziel vor Augen wollen wir die Auswirkung der Goldenen Regel anhand des folgenden Beispiels analysieren.

Die Macht des Gebets

»Nein«, sagte der Anwalt, »ich werde Ihre Klage gegen diesen Mann nicht vorbringen. Sie können entweder jemand anderen den Fall übernehmen lassen oder Sie können die Klage zurückziehen, ganz wie Sie wollen.«

»Glauben Sie, man kann damit kein Geld verdienen?«

»Es wird vielleicht ein wenig Geld herausspringen, aber das käme vom Verkauf des kleinen Hauses, das der Mann bewohnt und sein Zuhause nennt! Aber ich will mich dennoch nicht mit der Angelegenheit befassen.«

»Haben Sie etwa Angst?«

»Ganz und gar nicht.«

»Ich nehme an, der Kerl hat vermutlich gefleht, vom Haken gelassen zu werden?«

»Nun ja, das hat er.«

»Und Sie haben vermutlich nachgegeben?«

»Ja.«

»Was haben Sie verdammt noch mal getan?«

»Ich glaube, ich habe geweint.«

»Und der alte Kerl hat Sie angebettelt, sagen Sie?«

»Nein, das habe ich nicht gesagt. Er hat kein Wort mit mir geredet.«

»Nun, darf ich vielleicht höflichst anfragen, wen er angesprochen hat?«

»Den Allmächtigen.«

»Ah, er hat gebetet oder nicht?«

»Zumindest nicht für mich. Sehen Sie, es war nicht schwer, das kleine Haus zu finden, und ich habe an die offenstehende Haustür geklopft, aber niemand hat mich gehört. Also bin ich in den kleinen Hausflur gegangen und habe durch einen Spalt in der Tür ein gemütliches Wohnzimmer gesehen und dort auf dem Bett, mit dem ergrauten Kopf auf den Kissen, lag eine alte Dame, die meiner Mutter ähnelte, als ich sie das letzte Mal lebend gesehen habe. Nun, ich war kurz davor, anzuklopfen, als sie sagte: ›Komm, Vater, fang an. Ich bin bereit.‹ Und neben ihr ging ein alter, weißhaariger Mann auf die Knie, der offenbar noch älter war als seine Frau, und ich hätte nicht anklopfen können, wenn es um mein Leben gegangen wäre. Nun, er fing an. Zuerst erinnerte er Gott daran, dass sie immer noch seine unterwürfigen Kinder waren, Mutter und er, und egal was er für sie vorgesehen hatte, sie würden nicht gegen seinen Willen rebellieren. Natürlich wäre es sehr schwer für sie, in ihrem Alter obdachlos zu werden, besonders wo die arme Mutter so krank und hilflos war, und oh! wie anders alles gewesen wäre, wenn nur einer ihrer Söhne überlebt hätte. Dann brach seine Stimme, und eine weiße Hand stahl sich unter der Decke hervor und streichelte sanft sein schneeweißes Haar. Dann fuhr er fort und wiederholte, dass nichts so hart sein konnte, wie der Tod dieser drei Söhne – außer Mutter und er sollten getrennt werden.

Aber schließlich tröstete er sich damit, dass der liebe Herrgott wusste, es war nicht ihre Schuld, dass Mutter und ihm der Verlust ihres kleinen Zuhauses drohte, was bedeutete, betteln zu müssen oder ins Armenhaus gehen – einen Ort, von dem sie hofften, verschont zu bleiben, wenn es Gottes Wille war. Und dann zitierte er eine Reihe von Versprechen, die die Sicherheit derjenigen betraf, die auf den Herrn vertrauten. Es war tatsächlich das ergreifendste Gebet, das ich je gehört habe. Und schließlich bat er um Gottes Segen für diejenigen, die nach Gerechtigkeit verlangten.«

Der Anwalt fuhr fort, aber redete so demütig wie nie zuvor. »Und ich – glaube – ich würde lieber heute Abend selbst ins Armenhaus gehen, als mein Herz und meine Hände mit dem Blut einer solchen Strafverfolgung zu beflecken wie dieser.«

»Ein bisschen Angst, sich dem Gebet des alten Mannes zu widersetzen, oder?«

»Bei Gott, dem könnte man sich auch nicht widersetzen!«, sagte der Anwalt. »Ich sage Ihnen, er überließ alles dem Willen Gottes, aber er behauptete, es sei uns aufgetragen, all unsere Anliegen Gott mitzuteilen. Von all den Bitten, die ich je gehört habe, übertraf diese alles. Sehen Sie, mir wurde das als Kind auch beigebracht. Wie auch immer, warum wurde ich geschickt, um dieses Gebet zu hören? Ich weiß es jedenfalls nicht, aber ich gebe den Fall ab.«

»Ich wünschte«, sagte der Klient und rutschte unruhig hin und her, »Sie hätten mir nicht von dem Gebet des alten Mannes erzählt.«

»Wieso?«

»Nun, weil ich das Geld von diesem Hausverkauf haben will, aber man hat mich ebenfalls die Bibel gelehrt, als ich jung war, und ich will mich nur ungern dem widersetzen, was Sie mir erzählt haben. Ich wünschte, ich hätte kein Wort davon gehört, und normalerweise gebe ich nichts um Bitten, die nicht für meine Ohren bestimmt sind.«

Der Anwalt lächelte.

»Mein lieber Freund«, sagte er, »Sie liegen wieder falsch. Sie war für meine Ohren bestimmt und auch für Ihre, der allmächtige Gott wollte es so. Meine alte Mutter sang stets davon, dass Gott auf mysteriöse Weise wirkt, wenn ich mich recht erinnere.«

»Nun, das sang meine Mutter auch«, sagte der Kläger, als er die Anklageschrift durchblätterte.

»Sie können morgen früh anrufen, wenn Sie wollen, und ›Mutter‹ und ›ihm‹ sagen, dass der Klage entsprochen wurde.«

»Auf mysteriöse Weise«, fügte der Anwalt hinzu und lächelte.

Weder diese Lektion noch dieser Kurs appellieren an Gefühlsduselei, aber es trifft immer zu, dass Erfolg in seiner höchsten Form Menschen veranlasst, alle menschlichen Beziehungen empathisch zu betrachten, so wie dieser Anwalt, als er das Gebet des alten Mannes mit anhörte.

Es mag altmodisch anmuten, aber irgendwie kann ich mich nicht von dem Glauben lösen, dass niemand wirklich erfolgreich sein kann ohne die Hilfe ernsthaften Gebets!

Gebet ist der Schlüssel, mit dem man die geheime Tür öffnen kann, wie in Lektion 11 erwähnt. In diesem Zeitalter der weltlichen Angelegenheiten, in dem die meisten Menschen vor allem reich werden wollen oder um die bloße Existenz kämpfen, können wir die Macht des ernsthaften Gebets leicht vergessen.

Ich sage nicht, dass Sie auf das Gebet zur Lösung Ihrer unmittelbaren alltäglichen Probleme zählen sollen; nein, so weit gehe ich nicht in einem Kurs, den vor allem Menschen absolvieren, die nach finanziellem Erfolg streben. Aber gestatten Sie mir, vorzuschlagen, dass Sie es zumindest mit Beten versuchen, wenn alles andere auf Ihrem Weg zum Erfolg versagt?

30 Männer standen mit roten Augen und unordentlichen Haaren vor dem Richter des Polizeigerichts in San Francisco. Es war die übliche morgendliche Gesellschaft von Betrunkenen und Unruhestiftern. Einige waren alt und abgehärtet; andere ließen beschämt den Kopf hängen. Gerade als die momentane Unruhe, die die Vorführung der Gefangenen begleitete, sich legte, passierte etwas Seltsames. Eine starke, klare Stimme erklang von unten und sang:

»Letzte Nacht, als ich schlief,
Träumte ich so schön.«

»Letzte Nacht!« Die war für alle ein Albtraum oder tiefer Rausch gewesen. Das Lied stand derart im Kontrast zur schrecklichen Wirklichkeit, dass niemand seinen Schock verbergen konnte, als er das Lied vernahm.

»Ich stand im alten Jerusalem,
Neben dem Tempel dort.«

Das Lied ging weiter. Der Richter hatte innegehalten und ließ leise nachfragen. Ein ehemaliges Mitglied eines landesweit berühmten Opernensembles wartete auf seinen Prozess wegen Urkundenfälschung und sang in seiner Zelle.

Unterdessen ging das Lied weiter, und jeder Mann in der Reihe war bewegt. Ein oder zwei fielen auf die Knie. Ein Junge am Ende der Reihe, der sich erst noch verzweifelt zu beherrschen versuchte, lehnte sich gegen die Wand, verbarg sein Gesicht in den Händen und heulte: »Oh, Mutter, Mutter.«

> Eine kleine Nettigkeit hier und da,
> Ist nur eine einfache, kleine Sache;
> Aber wenn du im Leben sie freigiebig säst,
> Soll deine Ernte groß und glücklich sein.

Das Schluchzen, das einem jeden der Männer bis ins Herz drang, die es hörten, und das Lied, das immer noch durch den Gerichtssaal schallte, verschmolzen in der andächtigen Stille. Nach einer Weile protestierte ein Mann. »Herr Richter«, sagte er, »müssen wir das aushalten? Wir sind hier, um bestraft zu werden, aber das …« Er begann ebenfalls zu schluchzen.

Es war unmöglich, mit den Strafsachen fortzufahren, aber das Gericht ließ den Gesang nicht beenden. Der Police Sergeant, der den Männern anordnen wollte, in einer Reihe zu stehen, machte einen Schritt zurück und wartete wie die anderen. Das Lied näherte sich seinem Höhepunkt:

»Jerusalem, Jerusalem!
Sing, denn die Nacht ist vorüber!
Hosianna in der Höhe!
Hosianna immerdar!«

Die letzten Worte verklangen in ekstatischer Melodie, und dann herrschte Stille. Der Richter betrachtete die Gesichter der Männer vor ihm. Es gab keinen, der nicht von dem Lied berührt worden war; keiner, in dem nicht ein edler Impuls ausgelöst worden war. Er rief nicht einen Fall nach dem anderen auf, sondern ermahnte alle freundlich und entließ sie. Niemand wurde an diesem Morgen mit einer Strafe belegt oder verurteilt, im Zuchthaus zu arbeiten. Das Lied hatte mehr Gutes bewirkt, als es jede Strafe je vermocht hätte.

Sie haben die Geschichte des Anwalts und Richters gelesen, die sich an der Goldenen Regel orientierten. Anhand dieser beiden alltäglichen Vorfälle sehen Sie, wie die Goldene Regel in der Praxis funktioniert.

Eine passive Einstellung zur Goldenen Regel liefert keine Ergebnisse; es reicht nicht, nur an diese Philosophie zu glauben, wenn man sie in seinen Beziehungen außer Acht lässt. Wenn Ihnen an Resultaten gelegen ist, müssen Sie die Goldene Regel praktizieren. Eine bloß passive Haltung und nur der Glaube, dass sie fundiert ist, werden zu nichts führen.

Ebenso zahlt es sich nicht aus, der Welt gegenüber Ihren Glauben an die Goldene Regel zu verkünden, während Sie nicht danach handeln. Anders gesagt: Es wird Ihnen nichts bringen, nach außen den Schein zu wahren, die Goldene Regel anzuwenden, während Sie im Herzen eine gierige und selbstsüchtige Natur hinter dieser universellen Regel des rechten Verhaltens verbergen. Das Böse zeigt sich immer. Selbst die ignoranteste Person wird »spüren«, wer Sie wirklich sind.

»Der menschliche Charakter offenbart sich stets. Er kann nicht verborgen bleiben. Er hasst die Dunkelheit – er strebt zum Licht … Ein erfahrener Anwalt sagte mir, er mache sich niemals Sorgen, wie ein Anwalt auf eine Jury wirkt, der in seinem Herzen nicht daran glaubt, dass sein Klient verurteilt werden sollte. Wenn er es nicht glaubt, bemerkt die Jury es trotz all seiner Plädoyers, und so werden die Mitglieder es auch nicht glauben. Aufgrund desselben Prinzips versetzt uns ein Kunstwerk, gleich welcher Art, in denselben Geisteszustand, den der Künstler im Schaffensprozess empfand. Das, was wir nicht glauben, können wir nicht überzeugend ausdrücken, auch wenn wir die Worte noch so oft wiederholen. Diese Überzeugung drückte Swedenborg aus, als er einige Personen der spirituellen Welt beschrieb, die vergeblich versuchten, eine Aussage zu vertreten, an die sie nicht glaubten, aber sie konnten es nicht, wie sehr sie auch ihre Lippen verzogen und sich empörten.

»Ein Mensch zeigt, wie viel er wert ist. Was er ist, gräbt sich in sein Gesicht, zeigt sich in seiner Haltung, seinem Schicksal, in leuchtenden Buchstaben, die alle lesen können, nur nicht er selbst … Wenn Sie nicht für etwas Bestimmtes bekannt sein wollen, tun Sie es nicht. Ein Mensch kann sich in einem Sandsturm dumm stellen, aber jedes Sandkorn sieht, wer er ist.« – Emerson.

Es ist das Gesetz der Philosophie der Goldenen Regel, auf das sich Emerson im vorangehenden Zitat bezieht. Dasselbe Gesetz hatte er im Sinn, als er Folgendes schrieb:

»Jede Verletzung der Wahrheit ist nicht nur eine Art Selbstmord für den Lügner, sondern auch ein Dolchstoß gegen das Wohl der menschlichen Gesellschaft. Die profitabelste Lüge wird durch den Lauf der Dinge mit einer gewaltigen Steuer belegt; während Ehrlichkeit sich als die beste Taktik erweist, denn sie zieht Ehrlichkeit an, macht die Parteien wohlgesonnen und ihre Geschäfte zu einem Freundschaftsdienst. Trauen Sie Menschen, und Sie werden ehrlich mit Ihnen sein; behandeln Sie sie bestens, und sie werden sich von ihrer besten Seite zeigen und Sie in allen Angelegenheiten zuvorkommend behandeln.«

Die Philosophie der Goldenen Regel basiert auf einem Gesetz, dem kein Mensch entgehen kann. Dieses Prinzip wurde in Lektion 11 über das präzise Denken beschrieben, dem zufolge sich die Gedanken eines Menschen in die entsprechende Realität verwandeln.

»Lässt man erst mal die kreative Macht unserer Gedanken von der Leine, hat der Kampf, selbstbestimmt zu leben, ein Ende, und wir müssen ihn auch nicht mehr auf Kosten anderer bestreiten; denn unter den Bedingungen dieser Hypothese können wir alle Ziele erreichen. Der einfachste Weg, das Ersehnte zu bekommen, ist nicht, es jemand anderem wegzunehmen, sondern es selbst zu erschaffen. Da Gedanken grenzenlos sind, ist Kampf unnötig, und wenn jeder auf diese Weise bekommt, was er will, könnte man allen Streit, alle Not, Krankheit und alles Leid von dieser Erde verbannen.

Nun, genau auf dieser Voraussetzung der kreativen Macht unserer Gedanken basiert die Bibel. Was soll es sonst bedeuten, dass der Glaube uns rettet? Der Glaube ist im Wesentlichen Gedanke; und daher richtet sich jeder Aufruf, an Gott zu glauben, an die Macht unserer Gedanken über Gott zu glauben. ›Gemäß deinem Glauben soll dir geschehen‹, sagt das Alte Testament. Das gesamte Buch ist nichts weiter als ein beständiger Beleg für die kreative Macht des Denkens.

Das Gesetz der Individualität des Menschen ist daher das Gesetz der Freiheit, und genauso ist es das Evangelium des Friedens; denn wenn wir wirklich die Gesetze unserer Individualität verstehen, sehen wir, dass das gleiche Prinzip seinen Ausdruck bei allen anderen Menschen findet. Konsequenterweise sollten wir das Gesetz bei anderen ebenso ehren, wie wir es bei uns wertschätzen. So folgen wir der Goldenen Regel und behandeln andere so, wie wir es im Gegenzug von ihnen erwarten. Da wir wissen, dass das Gesetz der Freiheit für uns selbst auch die freie Nutzung unserer kreativen Kraft beinhaltet, besteht kein Anlass, die Rechte anderer zu beschneiden, denn wir können alle unsere Bedürfnisse befriedigen, indem wir unser Wissen über das Gesetz nutzen.

Wenn wir das verstehen, wird Kooperation den Platz von Konkurrenz einnehmen, sodass jeder Grund für Feindschaft entfällt, egal ob zwischen Individuen, Klassen oder Nationen …«

(Das vorhergehende Zitat stammt aus *Bible Mystery and Bible Meaning* von dem verstorbenen Richter T. Troward, herausgegeben von Robert McBride & Company, New York City. Richter Troward war der Autor einiger interessanter Bücher, unter ihnen *The Edinburgh Lectures*, das allen Schülern dieses Kurses empfohlen wird.) (dt. *Edinburgher Vorlesungen über die Mentalwissenschaft*)

Wenn es Sie interessiert, wie es einem Menschen ergeht, der das Gesetz der Philosophie der Goldenen Regel völlig ignoriert, denken Sie an irgendeine Person in Ihrer Gemeinde, von der Sie wissen, dass es ihr nur darum geht, reich zu werden, und der egal ist, wie sie es schaffen kann. Studieren Sie diesen Menschen, und Sie werden erkennen, dass seiner Seele die Wärme fehlt, seinen Worten die Freundlichkeit, seinem Gesicht das Einladende. Er ist ein Sklave der Gier nach Reichtum; er ist zu beschäftigt, das Leben zu genießen und zu selbstsüchtig, es anderen zu gestatten. Er läuft, redet und atmet, aber er ist nichts weiter als ein menschlicher Automat. Dennoch beneiden viele einen solchen Menschen und wünschen sich, an seiner Stelle zu sein, und törichterweise glauben sie, er sei erfolgreich.

Es kann keinen Erfolg ohne Glück geben, und kein Mensch vermag glücklich zu sein, der anderen kein Glück schenkt. Darüber hinaus muss er es freiwillig schenken und stets darauf aus sein, Sonnenschein in die Herzen von Menschen zu bringen, denen es schlecht geht.

> Eine untätige Person ist niemals sicher, egal ob reich oder arm, weiß oder schwarz, gebildet oder ungebildet.
>
> Booker T. Washington

George D. Herron dachte an die Philosophie der Goldenen Regel, als er sagte: »Wir haben viel über die kommende Bruderschaft geredet, aber Bruderschaft war immer ein Faktum unseres Lebens, lange bevor sie zu einem modernen und inspirierenden Gefühl wurde. Nur waren wir Brüder in der Sklaverei und Qual, Brüder in der Unwissenheit und im Verderben, Brüder in Krankheit, Krieg und Not, Brüder in der Prostitution und Heuchelei. Was einem von uns passiert, trifft früher oder später uns alle; wir waren immer unentrinnbar in einem gemeinsamen Schicksal gefangen. Die Welt neigt immer dem Niveau zu, auf dem der Niedrigste von uns steht, und wer ganz unten steht, ist der wahre Herrscher der Welt, drückt sie an seine Brust und reißt sie mit in den Tod. Das glauben Sie vielleicht nicht, aber es stimmt, und es sollte stimmen. Denn wenn es einen Weg für einige von uns gäbe, getrennt von anderen die Freiheit zu erlangen, wenn es für einige von uns einen Weg gäbe, den Himmel zu erreichen, während andere in die Hölle kommen, wenn es für einen Teil der Welt einen Weg gäbe, der Pest, dem Verderben und dem Elend der entrechteten Arbeit zu entkommen, wäre unsere Welt in der Tat verloren und verdammt. Aber da der Mensch nie in der Lage war, sich vom Elend und Unrecht des anderen zu trennen, da die Geschichte eindeutig die Lektion lehrt, dass wir einer Form der Bruderschaft nicht entkommen können, da das gesamte Leben uns lehrt, dass wir stündlich zwischen der Bruderschaft im Leiden oder der Bruderschaft im Guten wählen, bleibt uns nur, die Bruderschaft einer kooperativen Welt zu wählen, mit all den Früchten einer solchen – den Früchten der Liebe und Freiheit.«

Der Weltkrieg hat uns in ein Zeitalter der kooperativen Leistung geführt, in dem das Gesetz des »Leben und leben lassen« wie ein leuchtender Stern am Himmel steht, um unser Miteinander anzuleiten. Dieser große universelle Aufruf zu einer kooperativen Leistung nimmt viele Formen an, nicht die unwichtigsten davon sind die Rotary Clubs, Kiwanis Clubs und Lions Clubs sowie die vielen anderen Vereinigungen, die sich regelmäßig zum Essen treffen und Menschen freundschaftlich verbinden, denn diese Klubs markieren den Beginn eines Zeitalters des freundlichen Wettbewerbs. Der nächste Schritt wird eine engere Allianz all dieser Vereinigungen im Sinne freundlicher Kooperation sein.

Der Versuch von Woodrow Wilson und seinen Zeitgenossen, einen Völkerbund zu gründen, dem die Bemühungen von Warren G. Harding folgten, diesem Vorhaben als Weltgerichtshof ein neues Fundament zu geben, strebte erstmals in der Geschichte danach, die Interaktion der Nationen der Welt auf der effizienten Basis der Goldenen Regel zu begründen.

Tatsächlich hat die Welt die Wahrheit von George D. Herrons Aussage begriffen, dass »wir stündlich wählen zwischen einer Bruderschaft im Leiden und einer Bruderschaft im Guten«. Der Weltkrieg hat uns gelehrt – nein, aufgezwungen –, dass ein Teil der Welt nicht leiden kann, ohne dass die gesamte Welt Schaden nimmt. Diese Fakten sollen keine Moralpredigt darstellen, sondern Ihre Aufmerksamkeit auf das zugrunde liegende Gesetz lenken, das diese Veränderungen bewirkt. Mehr als 4.000 Jahre lang hat die Welt über die Philosophie der Goldenen Regel nachgedacht, und dieses Nachdenken offenbart sich nun in einem Nutzen für alle, die nach der Regel leben.

Immer eingedenk dessen, dass der Schüler dieses Kurses an materiellem, sprich finanziellem, Erfolg interessiert ist, sei darauf hingewiesen, dass alle davon profitieren können, ihre Philosophie auf Kooperation aufzubauen – dies ist ein Wandel, der sich überall auf der Welt zeigt.

Wenn Sie die Bedeutung dieses enormen Wandels begreifen können, der die Welt seit dem Ende des Weltkriegs erfasst hat, und sehen, wie wichtig die vielen Klubs und andere Vereinigungen sind, die Männer und Frauen freundschaftlich zusammenbringen, werden Sie sich sicher vorstellen können, dass man davon profitiert, diesem kooperativen Geist im eigenen Unternehmen oder in der eigenen Philosophie zu folgen.

Anders ausgedrückt: Es sollte jedem, der als präziser Denker gelten möchte, klar sein, dass es künftig einem wirtschaftlichen Selbstmord gleichkommen wird, die Goldene Regel nicht im eigenen Unternehmen oder in der eigenen Philosophie zu beherzigen.

Sie mögen sich fragen, wieso Ehrlichkeit in diesem Kurs nicht als erfolgskritisch bezeichnet wird. Die Antwort finden Sie in dieser Lektion. Die Philosophie der Goldenen Regel, richtig verstanden und angewandt, unterbindet Unehrlichkeit. Darüber hinaus blockiert sie alle destruktiven Eigenschaften, wie Selbstsüchtigkeit, Gier, Neid, Engstirnigkeit, Hass und Boshaftigkeit.

Wenn Sie die Goldene Regel befolgen, werden sie gleichzeitig zum Richter und Verurteilten, Ankläger und Angeklagten. Dann fängt Ehrlichkeit im Herzen bei sich selbst an und bezieht sich ebenso auf alle anderen. Die auf der Goldenen Regel basierende Ehrlichkeit richtet sich nicht nur nach der Zweckmäßigkeit.

Es ist kein Verdienst, ehrlich zu sein, wenn es offensichtlich die profitabelste Vorgehensweise ist, falls man nicht einen guten Kunden verlieren oder wegen Betrug ins Gefängnis kommen will. Aber wenn Ehrlichkeit entweder einen zeitweiligen oder dauerhaften materiellen Verlust bedeutet, zeichnet sie alle, die sie praktizieren, in hohem Maße aus. Eine solche Ehrlichkeit wird durch die resultierende Charakterstärke und den guten Ruf belohnt, den alle genießen, die ihn verdient haben.

Wer die Philosophie der Goldenen Regel versteht und danach lebt, ist immer überaus ehrlich, nicht nur, um anderen, sondern um sich selbst gerecht zu werden. Diese Menschen verstehen das zeitlose Gesetz, auf dem die Goldene Regel basiert, und wissen, dass durch die Wirkung dieses Gesetzes jeder Gedanke und jede Handlung sich später auswirken werden.

Philosophen der Goldenen Regel sind ehrlich, denn sie wissen, dass Ehrlichkeit ihrem eigenen Charakter das »gewisse Etwas« verleiht, das ihm Leben und Kraft gibt. Diejenigen, die das Gesetz der Goldenen Regel befolgen, würden lieber ihr eigenes Trinkwasser vergiften, als andere ungerecht zu behandeln, denn sie wissen, dass solche Ungerechtigkeiten eine Kausalität anstoßen, die ihnen nicht nur physisches Leiden einbringt, sondern auch ihren Charakter zerstört, ihren Ruf ruiniert und ihren beständigen Erfolg verhindert.

Das Gesetz der Philosophie der Goldenen Regel ist mit dem Prinzip der Autosuggestion gleichzusetzen. Daraus können Sie einen Nutzen ableiten, der weitreichende Konsequenzen und einen unschätzbaren Wert für Sie hat.

Prüfen Sie, inwieweit Sie diesen Kurs erfasst haben, indem Sie die vorhergehende Aussage analysieren, bevor Sie weiterlesen und erfahren, welche Anregung er Ihnen liefert.

Welchen Nutzen könnten Sie davon haben, zu wissen, wenn Sie andere so behandeln, als wären Sie an deren Stelle, was die Summe und Essenz der Goldenen Regel ist, eine kausale Kette in Bewegung zu setzen, mithilfe eines Gesetzes, das andere gemäß der Natur Ihrer Handlung beeinflusst, und gleichzeitig in Ihrem Charakter, durch Ihr Unterbewusstsein, die Auswirkungen dieser Handlung verankert?

Diese Frage suggeriert ihre Antwort, aber da ich entschlossen bin, Sie zum Nachdenken über dieses wichtige Thema anzuregen, werde ich noch anders fragen:

Wenn Ihr Verhalten anderen gegenüber und selbst Ihre Gedanken über andere mittels Autosuggestion in Ihrem Unterbewusstsein registriert werden und Ihr Charakter so zu einem Duplikat Ihres Denkens und Handelns wird: Ist es da nicht klar, wie wichtig es ist, Ihre Handlungen und Gedanken genau zu kontrollieren?

Wir sind nun am Kern des wahren Grunds, wieso man andere so behandeln sollte, wie man es von ihnen erwartet, denn offensichtlich beeinträchtigt alles, was wir anderen antun, uns selbst.

Anders gesagt verändert jede Handlung und jeder Gedanke Ihr Wesen entsprechend der Tat oder des Gedankens, und Ihr Charakter ist gleichsam ein Zentrum der magnetischen Anziehung, das mit Ihnen übereinstimmende Menschen und Verhältnisse an sich zieht.

> Es gibt kein Versagen, es sei denn, es kommt von innen. Es gibt tatsächlich kein unüberwindliches Hindernis, abgesehen von deiner eigenen, zu schwach ausgeprägten Zielstrebigkeit.
>
> EMERSON

Sie können einer anderen Person gegenüber nicht handeln, ohne diese Handlung in Ihren eigenen Gedanken entworfen zu haben, und Sie können nichts denken, ohne die Summe, Substanz und Natur des Gedankens in Ihr Unterbewusstsein einzupflanzen, wo sie zu einem Teil Ihres Charakters werden.

Erfassen Sie dieses einfache Prinzip, dann werden Sie verstehen, wieso Sie es sich nicht leisten können, eine andere Person zu hassen oder zu beneiden. Sie werden außerdem begreifen, wieso Sie es sich nicht leisten können, es Menschen heimzuzahlen, die Sie unfair behandeln. Genauso wird Ihnen die Aufforderung klar: »Vergelte Böses mit Gutem.«

Verstehen Sie das Gesetz der Goldenen Regel, dann begreifen Sie auch das Prinzip, dass die ganze Menschheit auf immer in Kameradschaft verbunden ist und es Ihnen unmöglich ist, jemanden durch Gedanken oder Taten zu verletzen, ohne sich selbst zu schaden; und ebenso erfährt Ihr Charakter die Resultate jedes Ihrer netten Gedanken und jeder Ihrer freundlichen Handlungen.

Verinnerlichen Sie dieses Gesetz, dann werden Sie zweifellos wissen, dass Sie sich ständig selbst bestrafen für jedes begangene Übel und sich selbst belohnen für jede ihrer konstruktiven Handlungen.

Es scheint wie ein Akt der Vorsehung, dass die schwerwiegendste Ungerechtigkeit, die mir je von meinen Mitmenschen zugefügt wurde, sich ereignete, als ich diese Lektion zu schreiben begann. (Einige Schüler dieses Kurses werden wissen, worauf ich mich beziehe.)

Diese Ungerechtigkeit hat mir zeitweilig großes Elend bereitet, aber das bedeutet wenig im Vergleich zum erhaltenen Vorteil, da ich somit testen konnte, wie fundiert die gesamte Prämisse dieser Lektion ist.

Das Unrecht, auf das ich mich beziehe, ließ mir zwei Optionen offen: Ich hätte mich rächen können, indem ich sowohl durch zivilrechtliche Mittel als auch durch ein Strafverfahren gegen meinen Widersacher zurückschlug, oder ich hätte mein Recht wahrnehmen können, ihnen zu vergeben. Die eine Option hätte mir eine beträchtliche Summe eingebracht – sowohl Geld als auch die Befriedigung, meinen Feind zu besiegen und zu bestrafen. Die andere Option hätte mir Selbstrespekt geschenkt, den jene kennen, die sich erfolgreich dieser Bewährungsprobe stellen und merken, dass sie nun das Vaterunser sprechen und es tatsächlich ernst meinen können!

Ich wählte letztere Möglichkeit trotz des Rats enger Freunde, »zurückzuschlagen«, und trotz des Versprechens eines bekannten Anwalts, die »Vergeltung« für mich kostenlos zu übernehmen.

Aber der Anwalt bot mir etwas Unmögliches an, da niemand »zurückschlagen« kann, ohne dass es etwas kostet. Nicht immer sind es monetäre Kosten, denn man muss oft anders bezahlen und dann teurer als nur mit Geld.

Jemandem, der nicht mit der Goldenen Regel vertraut ist, zu erklären, wieso ich mich nicht rächen wollte, wäre, als wollte man das Gravitationsgesetz einem Affen erklären. Doch wenn Sie diese Regel erfassen, verstehen Sie meine Entscheidung, meinem Gegner zu verzeihen.

Das Vaterunser lehrt uns, unseren Feinden zu vergeben, aber diese Empfehlung stößt auf taube Ohren, es sei denn, der Zuhörer begreift das dadurch wirkende Gesetz. Es ist eben das der Goldenen Regel und bildet die Grundlage dieser Lektion – es besagt, dass wir ernten, was wir säen. Dieses Prinzip greift immer, und wir können niemals die Konsequenzen vermeiden, solange wir destruktiv denken und handeln.

Um es weiter zu konkretisieren, können wird das Gesetz in ethische Weisungen übertragen, für alle Menschen, die grundsätzlich nach der Goldenen Regel vorgehen möchten.

Mein ethischer Verhaltenskodex

I. Ich glaube an die Goldene Regel als Basis allen menschlichen Verhaltens; daher werde ich niemals jemanden so behandeln, wie ich im Gegenzug nicht behandelt werden möchte.

II. Ich werde in jeder Hinsicht stets zu allen Menschen ehrlich sein, nicht allein, weil ich fair sein möchte, sondern um meinem Unterbewusstsein Ehrlichkeit einzuprägen und diese essenzielle Qualität zu meinem Wesenszug zu machen.

III. Ich werde Menschen vergeben, die mich ungerecht behandeln, gleich ob sie es verdienen oder nicht, denn ich verstehe das Gesetz, demzufolge mein Charakter gestärkt wird und die Auswirkungen meiner Übertretungen in meinem Unterbewusstsein gelöscht werden, wenn ich anderen vergebe.

IV. Ich werde immer gerecht und großzügig zu anderen sein, auch wenn ich weiß, dass diese Handlungen unbemerkt bleiben und nicht belohnt werden, denn ich will nach dem Prinzip leben, demzufolge mein Charakter die Summe meiner Handlungen und Taten darstellt.

V. Die Zeit, die ich bisher genutzt habe, um die Schwächen und Fehler anderer aufzudecken, werde ich nun auf profitablere Weise einsetzen, um meine eigenen zu entdecken und zu korrigieren.

VI. Ich werde keine Person verunglimpfen, egal wie sehr sie es verdient haben mag, denn ich will meinem Unterbewusstsein keine destruktiven Suggestionen einpflanzen.

VII. Ich erkenne die Macht der Gedanken als ein Einfallstor, durch das der universelle Ozean des Lebens auf mein Gehirn einwirkt. Daher entsende ich keine destruktiven Gedanken auf diesen Ozean, um nicht den Verstand anderer zu verunreinigen.

VIII. Ich werde die verbreitete menschliche Neigung zu Hass, Eifersucht, Selbstsüchtigkeit, Neid, Bosheit, Pessimismus, Zweifel und Angst bezwingen, denn für mich ist dies die Saat des meisten Leids in der Welt.

IX. Wenn ich mich nicht mit Gedanken befasse, die mein konkretes Hauptziel im Leben vorantreiben, werde ich mich bewusst Gedanken an Mut, Selbstvertrauen, Wohlwollen, Glauben, Freundlichkeit, Loyalität, Liebe zu Wahrheit und Gerechtigkeit zuwenden, denn für mich ist dies die Saat für das Wachstum der Welt.

X. Ich verstehe, dass es weder für mich noch für andere reicht, passiv an die Philosophie der Goldenen Regel zu glauben. Daher werde ich diese universelle Regel zum Guten bei all meinen Handlungen einsetzen.

XI. Ich verstehe das Gesetz, demzufolge sich mein Charakter aus meinen eigenen Handlungen und Gedanken formt. Daher werde ich sorgfältig auf alles achten, was zu seiner Entwicklung beiträgt.

XII. Da ich weiß, dass man beständiges Glück nur erfährt, indem man anderen auch dazu verhilft, und dass keine Freundlichkeit unbelohnt bleibt, auch wenn sie nicht direkt vergolten wird, werde ich anderen stets nach Kräften bei jeder Gelegenheit helfen.

Sie haben im Verlauf dieser Lektionen sicher bemerkt, dass ich mich häufig auf Emerson beziehe. Jeder Schüler dieses Kurses sollte eine Ausgabe von Emersons Essays besitzen und das Essay über Kompensation mindestens alle drei Monate lesen und studieren. Beachten Sie bei der Lektüre dieses Essays, dass es auf demselben Gesetz wie die Goldene Regel beruht.

Manche Menschen halten die Philosophie der Goldenen Regel nur für eine Theorie. Sie haben sich diese Meinung zugelegt, weil sie anderen geholfen haben, ohne dass es ihnen vergolten wurde.

> Du hast nicht alle Pflichten erfüllt, wenn du nicht die Pflicht der Freundlichkeit erfüllt hast.
>
> CHARLES BUXTON

Wie viele haben nicht schon anderen Dienste erwiesen, die weder erwidert noch wertgeschätzt wurden? Ich weiß, dass ich das nicht nur einmal, sondern mehrere Male erlebt habe, und ich bin sicher, auch in Zukunft ähnliche Erfahrungen zu machen. Dennoch werde ich anderen nicht die Hilfe verweigern, nur weil sie meine Bemühungen nicht erwidern oder wertschätzen – aus diesem Grund:

Wenn ich anderen helfe oder freundlich zu ihnen bin, schlägt sich mein Verhalten in meinem Unterbewusstsein nieder, was mit dem »Aufladen« einer elektrischen Batterie vergleichbar ist. Wenn ich häufig so handele, werde ich einen positiven, dynamischen Charakter entwickeln, der alle Menschen anzieht, die mit mir übereinstimmen. Solche Menschen werden mir meine Freundlichkeit vergelten. Dadurch wird das Gesetz der Kompensation die Waagschalen der Gerechtigkeit für mich ausgleichen und mich auf eine Weise für Dienste belohnen, die ich in anderer Hinsicht geleistet habe.

Bekanntlich muss ein Verkäufer zunächst sich selbst etwas verkaufen, sprich, solange er sich nicht selbst von den Vorzügen seiner Waren überzeugt hat, kann er andere nicht überzeugen. Hier kommt wieder das Gesetz der Anziehung ins Spiel, denn wie wir wissen ist Enthusiasmus ansteckend, und wenn ein Verkäufer begeistert über seine Artikel spricht, weckt er ein entsprechendes Interesse bei anderen.

Sie können dieses Gesetz leicht verstehen, indem Sie sich als eine Art menschlichen Magnet sehen, der diejenigen anzieht, die mit Ihrem Charakter harmonieren. Wenn Sie sich als Magnet begreifen, der Personen anzieht, die Ihren dominierenden Eigenschaften entsprechen, und andere abstößt, die nicht mit ihnen im Einklang sind, sollten Sie diesen Magneten bewusst aufbauen und verändern, sodass er Ihrem Ideal entspricht.

Vor allem sollten Sie bedenken, dass Sie diesen Veränderungsprozess durch Gedanken bewirken!

Ihr Charakter ist die Summe Ihrer gesamten Gedanken und Taten, wie in diesem Kurs unterschiedlich erläutert wurde. Aufgrund dessen ist es unmöglich, dass Sie anderen helfen und freundlich begegnen, ohne davon zu profitieren. Genauso unmöglich ist es, dass Sie destruktiv handeln oder denken, ohne bestraft zu werden, indem Sie entsprechend Macht einbüßen.

Positive Gedanken formen eine dynamische Persönlichkeit. Negative Gedanken führen zu einer konträren Persönlichkeit. In vielen der vorangegangenen Lektionen dieses Kurses sowie in dieser erhalten Sie konkrete Anleitungen, wie Sie Ihre Persönlichkeit durch positive Gedanken entwickeln, insbesondere in Lektion 3 über das Selbstvertrauen. In dieser Lektion finden Sie eine konkrete Formel, der Sie folgen können. Alle Formeln in diesem Kurs sollen Ihnen helfen, die Macht Ihrer Gedanken zu steuern, sodass Sie eine Persönlichkeit entwickeln, die Menschen mit Ihnen verbindet, die Ihnen helfen, Ihr konkretes Hauptziel im Leben zu erreichen.

Sie wissen, dass Ihr feindseliges oder unfreundliches Verhalten anderen gegenüber zu einer konkreten und unmittelbaren Vergeltung führt. Ebenso wissen Sie, dass Sie mehr erreichen, wenn Sie andere zur Kooperation bewegen. Wenn Sie Lektion 8 über Selbstkontrolle durchgearbeitet haben, verstehen Sie, wie Sie andere zu einem wünschenswerten Verhalten motivieren können – indem Sie sie entsprechend behandeln.

Das Gesetz »Auge um Auge, Zahn um Zahn« basiert auf demselben Gesetz wie das der Goldenen Regel. Es ist nicht mehr als das Prinzip der Vergeltung, das wir alle kennen. Sogar die selbstsüchtigste Person reagiert auf dieses Gesetz, denn sie kann nicht anders! Wenn ich schlecht von Ihnen rede, werden Sie nicht nett von mir denken, selbst wenn meine Aussage zutrifft. Darüber hinaus werden Sie es mir vermutlich mit gleicher Münze heimzahlen. Aber wenn ich von Ihren Vorzügen spreche, werden Sie gut von mir denken, und wenn möglich werden Sie sich meist revanchieren.

Durch das Wirken dieses Gesetzes der Anziehung ziehen die Unwissenden durch ihre unbedachten Worte und Unarten Ärger, Leid sowie den Hass und die Feindschaft anderer auf sich.

Behandeln Sie andere so, wie Sie von ihnen behandelt werden wollen! Das haben wir schon Hunderte Male gehört, aber wie viele von uns verstehen das Gesetz, auf dem dieser Aufruf basiert? Um diese Aufforderung zu verdeutlichen, will ich sie detaillierter darlegen:

Behandeln Sie andere, wie Sie von ihnen behandelt werden wollen, wobei Sie berücksichtigen sollten, dass Menschen es anderen gern mit gleicher Münze heimzahlen.

Konfuzius muss an das Gesetz der Vergeltung gedacht haben, als er die Philosophie der Goldenen Regel so ausdrückte: Behandle andere nicht so, wie du nicht von ihnen behandelt werden willst. Und er hat diese Anweisung vielleicht mit der allgemeinen Neigung des Menschen begründet, es anderen mit gleicher Münze zu vergelten.

Wer das Gesetz der Goldenen Regel nicht erfasst, mag behaupten, dass es nicht funktioniert, weil Menschen eher nach dem Prinzip »Auge um Auge, Zahn um Zahn« handeln, also mehr oder weniger nach dem Gesetz der Vergeltung. Doch wenn derjenige weiterdenken würde, würde er feststellen, dass er die negativen Effekte dieses Gesetzes betrachtet und dasselbe Gesetz genauso positive Wirkungen hervorbringen kann.

Mit anderen Worten: Wenn Sie nicht Ihr Auge verlieren wollen, sichern Sie sich ab, indem Sie nicht einem anderen das Auge ausreißen. Gehen Sie einen Schritt weiter, und unterstützen Sie den anderen, und dank desselben Gesetzes der Vergeltung wird er Ihnen auch einen Gefallen tun.

Falls er sich nicht freundlich revanchiert – was dann? Sie haben aufgrund der Wirkung Ihrer Handlung auf Ihr Unterbewusstsein dennoch profitiert!

Indem Sie gütig handeln und immer die Philosophie der Goldenen Regel anwenden, können Sie sich des Nutzens sicher sein, und gleichzeitig ist Ihnen eine recht hohe Chance gewiss, auch aus einer anderen Quelle zu profitieren.

Ihr Verhalten mag stets auf der Goldenen Regel basieren, und dennoch bleibt eine direkte Vergeltung dafür lange Zeit aus. Oder Leute, zu denen Sie freundlich waren, revanchieren sich nie. Aber in der Zwischenzeit haben Sie Ihren Charakter gestärkt, und früher oder später wird Ihr positiv gestimmtes Wesen sich durchsetzen, und Sie werden Zins und Zinseszins für Ihr Wohlwollen erhalten, das an diejenigen verschwendet schien, die es weder würdigen noch sie dafür belohnen.

Denken Sie daran, dass andere Ihren Ruf bestimmen, aber Ihren Charakter bestimmen Sie selbst!

Sie wollen einen guten Ruf aufbauen, können sich dessen aber nicht sicher sein, weil nicht Sie, sondern andere Menschen es in der Hand haben. Er besteht in dem, was andere über Sie denken. Bei Ihrem Charakter ist es anders. Ihr Charakter ist, was Sie als Ergebnis Ihrer Gedanken und Taten sind. Sie kontrollieren ihn. Sie können ihn stark machen, gut oder böse. Wenn Sie zufrieden sind und selbst überzeugt, dass Ihr Charakter untadelig ist, dann brauchen Sie sich keine Sorgen um Ihren Ruf machen, denn es ist genauso unmöglich, dass Ihr Charakter zerstört oder von irgendjemandem beschädigt wird, außer Ihnen selbst, wie es unmöglich ist, Materie oder Energie zu zerstören.

Es war diese Wahrheit, die Emerson im Sinn hatte, als er sagte: »Ein politischer Sieg, ein Anstieg der Mieten, das Genesen von einer Krankheit oder die Rückkehr eines abwesenden Freundes oder irgendein anderes völlig äußerliches Ereignis hebt Ihre Laune und Sie glauben, das Schicksal lächelt Ihnen zu. Glauben Sie es nicht. Es kann niemals so sein. Nichts kann Ihnen Frieden bringen, außer Ihnen selbst. Nichts kann Ihnen Frieden bringen, außer dem Triumph der Prinzipien.«

Ein Grund, zu anderen gerecht zu sein, ist die Tatsache, dass eine solche Handlung dazu führen kann, dass sie sich auf gleiche Weise revanchieren, aber ein noch besserer Grund ist die Tatsache, dass Güte und Gerechtigkeit gegenüber anderen den Charakter derjenigen zum Positiven verändern, die derart handeln.

Man kann mir vielleicht die für eine Hilfe angebrachte Belohnung versagen, aber niemand kann mir die Vorteile streitig machen, die mein Dienst an anderen einbringt, da mein Charakter sich somit verbessert.

Wir leben in einem großartigen industriellen Zeitalter. Überall sind revolutionäre Kräfte am Werk, die unsere Lebensweise und die Beziehungen zwischen Menschen im Hinblick auf unseren Alltag, unsere Freiheiten und unsere Berufstätigkeit verändern.

Dies ist ein Zeitalter der organisierten Leistung. Überall sehen wir Belege dafür, dass finanzieller Erfolg auf Organisation beruht, und obwohl noch weitere Bedingungen zum Erfolg beitragen, ist dieser Faktor nach wie vor zentral.

Dieses industrielle Zeitalter hat zwei relativ neue Begriffe geschaffen: »Kapital« und »Arbeitskraft«. Kapital und Arbeitskraft sind die beiden wichtigsten Zahnräder in der Maschinerie der organisierten Leistung. Diese beiden großen Kräfte führen insofern zum Erfolg, als sie die Philosophie der Goldenen Regel beherzigen. Dennoch herrscht nicht immer Harmonie zwischen diesen beiden Kräften, aufgrund von Aggressoren, die berufsmäßig Konflikte zwischen Arbeitgebern und Angestellten schüren.

Während der letzten 15 Jahre habe ich dem Studium solcher Konflikte beträchtliche Zeit gewidmet. Ich habe außerdem eine Menge Informationen vonseiten anderer Experten in diesem Bereich recherchiert.

Nur eine Lösung kann, sofern alle Beteiligten an einem Strang ziehen, Harmonie aus dem Chaos entstehen lassen und zu einer perfekten Arbeitsbeziehung zwischen Kapital und Arbeitskraft führen. Sie stammt nicht von mir. Diese Lösung basiert auf dem großen universellen Gesetz der Natur und wurde von einem der großen Männer dieser Generation wie folgt formuliert: »Die zu erörternde Frage ist von großem Interesse in der heutigen Zeit, aber nur insofern, als es ihre Bedeutung verlangt. Diese Ära gibt Anlass zur Hoffnung, da solche Themen von entscheidendem Interesse für das menschliche Wohl häufig diskutiert werden, die Aufmerksamkeit kluger Menschen erregen und alle Gesellschaftsschichten bewegen. Da diese Bewegung sich ausbreitet, schlägt offenbar neues Leben im Herz der Menschheit und beflügelt ihre Fähigkeiten, so wie der warme Frühlingswind den gefrorenen Boden auftaut und die schlafenden Pflanzensamen weckt. Sie wird großes Aufsehen erregen, erstarrte Formen aufbrechen und bedeutende und zuweilen auch zerstörerische Veränderungen hervorrufen. Aber sie kündigt auch das Erblühen neuer Hoffnung an und eine kommende Ernte, bei den Nöten der Menschen zu helfen und ihr Wohl zu mehren. Es bedarf großer Weisheit, damit die neuen Kräfte handlungsfähig werden. Jeder Mensch muss seinen Beitrag leisten, um die öffentliche Meinung positiv zu beeinflussen und klug auf die Öffentlichkeit einzuwirken.

Die einzige Lösung der Probleme rund um Arbeit, Armut, Überfluss, Leid und Not kann nur gefunden werden, wenn wir sie von einem moralischen und spirituellen Standpunkt betrachten. Sie müssen in einem Licht gesehen und untersucht werden, das nicht von ihnen selbst stammt. Die wahren Beziehungen zwischen Arbeitskraft und Kapitel vermag der menschliche Egoismus nicht aufzudecken. Sie müssen von einer höheren Warte analysiert werden als nur im Kontext von Löhnen oder Reichtum. Sie müssen von ihrem Einfluss auf den Zweck gesehen werden, für den der Mensch geschaffen wurde. Ich schlage diesen Standpunkt vor, um das vorliegende Thema zu erörtern.

Kapital und Arbeitskraft sind essenziell miteinander verbunden. Ihre Interessen sind untrennbar verknüpft. In zivilisierten Gemeinschaften sind sie voneinander abhängig. Sofern man einen Unterschied benennen könnte, hängt das Kapital mehr von der Arbeitskraft ab als umgekehrt. Das Leben geht auch ohne Kapital weiter. Tiere haben, mit wenigen Ausnahmen, keinen Besitz und sorgen sich nicht wegen morgen. Unser Herr empfiehlt sie uns als nachahmenswertes Beispiel. ›Sehet die Vögel unter dem Himmel an‹, sagt er, ›sie säen nicht, sie ernten nicht, sie sammeln nicht in die Scheunen; und euer himmlischer Vater nährt sie doch.‹ Eingeborene leben ohne Kapital. In der Tat existieren die Menschen überwiegend aufgrund ihrer täglichen Arbeit, von der Hand in den Mund. Niemand kann nur von seinem Reichtum leben. Er kann sein Gold und Silber nicht essen; er kann sich nicht in Schuldscheine und Aktien kleiden. Kapital vermag nichts ohne Arbeit, und sein einziger Wert besteht darin, Arbeit oder deren Ergebnis zu kaufen. Kapital ist selbst das Produkt von Arbeit. Es darf daher keine Bedeutung beanspruchen, die ihm nicht zusteht. Obwohl sein Wert absolut abhängig von der Arbeitskraft ist, bildet es einen essenziellen Faktor des menschlichen Fortschritts.

Sobald sich der Mensch über das Stadium des Eingeborenen und relativ unabhängigen Menschen erhebt und zivilisiert sowie abhängig wird, wird auch das Kapital erforderlich. Der Mensch schließt engere Beziehungen. Nicht länger arbeitet jeder in jedem Bereich, sondern die Menschen suchen sich spezialisierte Aufgaben und sind bezüglich vieler Güter auf andere angewiesen, während sie ihrer besonderen Tätigkeit nachgehen. Auf diese Art wird Arbeit immer spezialisierter. Ein Mensch arbeitet mit Stahl, ein anderer mit Holz; einer stellt Stoff her, jemand anderes macht ihn zu Kleidung; manche bauen Nahrung an, um die zu nähren, die Häuser bauen und landwirtschaftliche Geräte herstellen. Das erfordert ein Tauschsystem, und um Dinge auszutauschen, müssen Straßen gebaut und Bauarbeiter eingestellt werden. Während die Bevölkerung wächst und die Bedürfnisse sich vervielfachen, wird die Tauschwirtschaft umfassender, bis wir große Manufakturen haben, Eisenbahnen, die die Landschaft mit eisernen Bändern überziehen, Dampfschiffe, die durch die See pflügen und eine Vielzahl an Menschen, die kein Korn für Brot anbauen oder ein Kleidungsstück herstellen oder irgendetwas tun, das ihre eigenen Bedürfnisse stillt.

So werden wir immer abhängiger von anderen, während unsere Bedürfnisse sich mehren und die Zivilisation voranschreitet. Jeder ist in seinem speziellen Bereich tätig und erledigt bessere Arbeit, denn er kann seine ganze geistige Energie und Arbeit auf seine favorisierte Weise einsetzen und trägt damit verstärkt zum allgemeinen Wohlergehen bei. Während er für andere arbeitet, arbeiten andere für ihn. Jedes Mitglied der Gemeinschaft unterstützt den Leib, und der Leib unterstützt jedes Mitglied. Das ist das Gesetz des perfekten Lebens, ein Gesetz, das überall im materiellen Leib wirkt. Jeder Mensch, der einer Tätigkeit nachgeht, die dem Körper oder Geist nutzt, ist ein Philanthrop, ein öffentlicher Wohltäter, ob er in der Prärie Mais anbaut, Baumwolle in Texas oder Indien, Kohle in den Kammern der Erde abbaut oder sie in den Brenner eines Dampfschiffs füllt. Wenn Selbstsucht nicht die menschlichen Motive pervertiert und torpediert hätte, würden alle Männer und Frauen das Gesetz der Wohltätigkeit bei ihrer täglichen Arbeit erfüllen.

Für dieses riesige Tauschsystem, um den Wald und die Farm, die Fabrik und die Mine bereitzustellen und Produkte aus allen Klimazonen an jede Tür zu liefern, braucht man immenses Kapital. Ein Mann kann nicht auf seiner Farm oder in einer Fabrik arbeiten und eine Eisenbahnlinie oder Dampfschiffe bauen. Einzelne Regentropfen können keine Mühle antreiben oder Dampf für eine Maschine liefern. In einem Reservoir gesammelt führen sie jedoch zur immensen Macht der Niagarafälle oder zur Kraft, die eine Maschine und ein Dampfschiff antreibt, wie mächtige Webschiffchen von den Bergen bis zur Küste und von Land zu Land, so können ein paar Dollar in vielen Taschen nicht die Mittel für diese gewaltigen Unterfangen liefern, aber in Kombination können sie die Welt bewegen.

Das Kapital ist ein Freund der Arbeit und essenziell für seine wirtschaftliche Kraft und die faire Entlohnung. Es kann ein mächtiger Feind sein – und ist es tatsächlich –, sofern es nur selbstsüchtigen Zwecken dient, aber die große Masse davon ist dem menschlichen Glück in größerem Maße zuträglich, als man im Allgemeinen annimmt. Es kann nicht eingesetzt werden, ohne direkt oder indirekt die Arbeiter zu unterstützen. Wir denken an das Böse, das wir erleiden, aber das Gute, das uns widerfährt, zieht unbemerkt an uns vorbei. Wir denken an die Nöte, die größere Mittel lindern, und die Annehmlichkeiten, die diese Mittel bieten könnten, aber übersehen die bereits vorhandenen Segnungen, die wir ohne eine bestimmte Menge an Kapital ermangeln würden. Wir sollten so klug sein, das erfahrene Gute, genau wie das erlittene Übel, gerecht einzuschätzen.

Man sagt, dass die Reichen reicher und die Armen ärmer werden, aber in Anbetracht aller Besitztümer des Menschen sollten wir diese Aussage infrage stellen. Der einfache Arbeiter genießt mehr Annehmlichkeiten und Komfort als Prinzen vor einem Jahrhundert. Er ist besser gekleidet, hat eine größere Auswahl und ein Übermaß an Nahrung, lebt in einer bequemeren Unterkunft und erfreut sich eines angenehmeren Alltags und Arbeitslebens, als es vor ein paar Jahren möglich war. Ein Kaiser konnte nicht mit der Leichtigkeit, dem Komfort und der Schnelligkeit reisen, wie es ein normaler Arbeiter heute vermag. Er sieht sich vielleicht isoliert und ohne Unterstützung, wobei er tatsächlich über ein immenses Aufgebot an Dienern verfügt, die ihn laufend umsorgen, stets bereit, seinen Willen zu erfüllen. Es erfordert zahlreiche Menschen und einen gewaltigen Kapitalvorschuss, um ein normales Essen anzubieten, das heute fast jeder Mann und jede Frau verzehrt.

Denken Sie an die erforderliche gewaltige Kombination von Mitteln, Leuten und Kräften, um ein einfaches Mahl zur Verfügung zu stellen. Der Chinese zieht Ihren Tee heran, der Brasilianer Ihren Kaffee, der Inder Ihre Gewürze, der Kubaner Ihren Zucker, der Farmer auf den westlichen Prärien Ihr Brot und möglicherweise Ihr Fleisch, der Gärtner Ihr Gemüse. Der Milchbauer liefert Ihre Butter und Milch, der Minenarbeiter hat die Kohle aus den Hügeln gegraben, mit der das Essen gekocht und Ihr Haus geheizt wird, der Schreiner hat Tisch und Stühle für Sie hergestellt, der Schmied Messer und Gabeln, der Töpfer die Teller, der Ire das Tischtuch, der Metzger hat Ihr Fleisch zerlegt, der Müller das Mehl gemahlen.

All diese Bestandteile der Nahrung und die Mittel, sie zuzubereiten und zu servieren, wurden weit entfernt von Ihnen und voneinander produziert. Ozeane mussten überquert werden, Hügel eingeebnet, Täler aufgefüllt und Berge untertunnelt; Schiffe mussten gebaut, Eisenbahntrassen verlegt und eine Vielzahl von Menschen in jedem erforderlichen Handwerk ausgebildet und angestellt werden, bevor die Zutaten für Ihr Essen zubereitet und serviert werden konnten. Zudem mussten Menschen diese Materialien einsammeln, kaufen, verkaufen und verteilen. Jeder hat seinen Platz, erledigt seine Arbeit und bekommt seinen Lohn dafür. Aber er ist dennoch für Sie tätig und dient Ihnen so aufrecht und effizient, als wäre er bei Ihnen angestellt und erhielte seinen Lohn aus Ihrer Hand. Angesichts dieser anerkennenswerten Fakten wird uns klar, dass jeder Mann und jede Frau, die eine nützliche Arbeit erledigen, Wohltäter der Öffentlichkeit sind und der Gedanke daran und das Ziel adeln die Arbeitskraft und den Arbeiter. Wir sind alle durch ein gemeinsames Band miteinander verbunden. Die Reichen und die Armen, der Gebildete und der Unwissende, der Starke und der Schwache, sind in einem sozialen und gesellschaftlichen Netz verwoben. Ein Nachteil für einen ist ein Nachteil für alle; Hilfe für einen ist Hilfe für alle.

Sie sehen, welch riesige Anzahl an Kräften es erfordert, Ihr Essen zuzubereiten. Sicher sehen Sie auch, dass es eines entsprechenden Kapitals bedarf, um diese komplizierte Maschine zu bezahlen und in Bewegung zu halten. Und sicher sehen Sie, dass jeder Mann, jede Frau und jedes Kind davon einen Nutzen hat. Wie könnten wir unsere Kohle, unser Fleisch, unser Mehl, unseren Tee und Kaffee, Zucker und Reis erhalten? Der Arbeiter kann keine Schiffe bauen, sie segeln und sich selbst dabei finanzieren. Der Farmer kann seine Farm nicht verlassen und seine Produkte zum Markt bringen. Der Kumpel kann nicht in der Mine arbeiten und seine Kohle transportieren. Der Farmer in Kansas könnte heute auch seinen Mais verbrennen, um sein Essen zu kochen und seine Behausung zu wärmen, und der Minenarbeiter hungert vielleicht nach dem Brot, das aus dem Mais gemacht wird, denn sie können die Früchte ihrer Arbeit nicht austauschen. Jeder Hektar Land, jeder Wald und jede Mine gewannen durch die Eisenbahnen und Dampfschiffe an Wert, und die Annehmlichkeiten des Lebens sowie die Vorteile der sozialen und intellektuellen Kultur wurden auch in die abgelegensten Orte getragen.

Aber der Nutzen des Kapitals ist nicht nur darauf beschränkt, Bedürfnisse zu befriedigen und Komfort zu bieten. Es eröffnet neue Zugänge zur Arbeit, verbreitert das Angebot und gibt dem Menschen weitere Tätigkeitsfelder, für die er sich aufgrund seiner Neigungen und Fähigkeiten am besten eignet. Wie viele Arbeitsstellen durch Eisenbahnen, Dampfschiffe, Telegrafen und Maschinenproduzenten geschaffen werden, ist schwer einschätzbar. Kapital wird auch in großem Umfang investiert, um die Mittel für intellektuelle und spirituelle Kultur zu liefern. Bücher werden zu immer niedrigeren Preisen aufgelegt, und das Gedankengut der Welt wird durch die Verlagshäuser dem einfachsten Arbeiter zugänglich gemacht. Das beste Beispiel für den Nutzen, den ein einfacher Arbeiter aus dem Kapital zieht, sind die Tageszeitungen. Für zwei oder drei Cent werden die Weltereignisse der letzten 24 Stunden an jede Tür geliefert. Der Arbeiter erhält auf seiner bequemen Bahnfahrt zur Arbeit Einblick in alle Teile der Welt und verschafft sich einen besseren Eindruck des Tagesgeschehens, als wenn er vor Ort wäre. Eine Schlacht in China oder Afrika, ein Erdbeben in Spanien, eine Dynamitexplosion in London, eine Debatte im Kongress sowie die öffentlichen und privaten Bemühungen der Menschen, die Unwissenden zu erleuchten, den Bedürftigen zu helfen und allgemeine Verbesserungen herbeizuführen, sieht er vor sich ausgebreitet. Und so kommt er bezüglich der Weltgeschichte auf Augenhöhe mit Königen und Königinnen, mit Heiligen und Weisen und Menschen in allen Lebensbereichen. Denken Sie je daran, während Sie die Morgenzeitung lesen, wie viele Leute für Sie unterwegs sind, um Informationen aus aller Welt für Sie zu recherchieren und in eine leicht nutzbare Form zu bringen? Es erfordert die Investition von Millionen Dollar und den Einsatz von Tausenden Menschen, um die Zeitung zu produzieren und an Ihre Tür zu liefern. Und was kostet Sie diese ganze Dienstleistung? Ein paar Cent.

Das sind Beispiele des Nutzens, den jeder aus dem Kapital zieht, ein Nutzen, der ohne gewaltige Ausgaben undenkbar ist; ein Nutzen, der uns zuteilwird, ohne dass wir uns darum kümmern müssen. Seine Segnungen werden uns einfach zu Füßen gelegt. Kapital wird nicht in irgendeine nützliche Produktion investiert, ohne für viele Menschen ein Segen zu sein. Es setzt die Maschinerie des Lebens in Gang, es schafft Arbeitsplätze; es stellt Produkte aus allen Gegenden vor unsere Tür, es bringt Menschen aus allen Nationen zusammen; bringt Geist in Kontakt mit Geist und ermöglicht jedem Menschen einen beträchtlichen Anteil an Produkten. Diese Fakten sollte sich jeder, egal wie arm er ist, durch den Kopf gehen lassen.

Wenn das Kapital ein solcher Segen für die Arbeitskraft ist; wenn es nur durch Arbeitskraft genutzt werden kann und seinen Wert daraus zieht: Wie kann es zum Konflikt zwischen beiden kommen? Dieser würde vermieden, sofern der Kapitalist und der Arbeiter sich nach menschlichen und christlichen Prinzipien verhalten würden, was sie nicht tun. Unmenschliche und unchristliche Prinzipien leiten sie an. Jede Partei versucht, den größten Profit aus der geringsten Leistung zu schlagen. Kapital strebt nach größeren Profiten, Arbeitskraft nach höheren Löhnen. Die Interessen des Kapitalisten und des Arbeiters kollidieren miteinander. In diesem Krieg hat das Kapital große Vorteile und nutzt diese. Es beansprucht den Löwenanteil der Profite und streicht sie ein. Es verachtet den Diener, der es bereichert. Es sieht den Arbeiter als untergeordnet und als Sklaven, dessen Rechte und Wohl es ignoriert. Es beeinflusst die Gesetzgeber, die Bestimmungen zu seinen Gunsten zu gestalten, es bezahlt Regierungen und nutzt seine Macht zum eigenen Vorteil. Das Kapital war stets der Herr und die Arbeitskraft der Sklave. Solange der Sklave fügsam und gehorsam blieb, zufrieden mit der gewährten Kompensation, gab es keinen Konflikt. Aber die Arbeitskraft erhebt sich aus der dienenden, unterwürfigen und hoffnungslosen Situation. Sie hat an Stärke und Intelligenz gewonnen; ihr ist bewusst, dass sie Rechte hat, die respektiert werden müssen, und sie beginnt, sich zu behaupten und zu verbünden, um sie einzufordern.

Jede Partei in diesem Krieg betrachtet das Thema von ihrer egoistischen Warte. Der Kapitalist wertet den Gewinn der Arbeiterschaft als Verlust für sich und wahrt zuerst seine Interessen, nach denen sein Profit umso größer ausfällt, je billiger die Arbeitskraft ist. Demzufolge will er die Kosten so niedrig wie möglich halten. Auf der Gegenseite denkt der Arbeiter, dass er verliert, was der Kapitalist gewinnt, und will daher einen möglichst hohen Lohn erhalten. Aufgrund dieser Diskrepanz scheinen ihre Interessen einander feindlich gegenüberzustehen. Was eine Seite verdient, verliert die andere; daher der Konflikt. Beide handeln aus selbstsüchtigen Motiven, die daher falsch sind. Beide Parteien sehen nur die Hälfte der Wahrheit, und weil sie diese Sichtweise für die einzig mögliche halten, begehen sie beide einen ruinösen Fehler. Jeder beharrt auf seinem Standpunkt und betrachtet das Thema rein aus der eigenen Perspektive und im verzerrenden Licht der eigenen Selbstsüchtigkeit. Zorn entflammt den Geist, man wird blind und versteht sich nicht mehr. Wo Zorn herrscht, opfern Menschen ihre Interessen, um anderen zu schaden, woraufhin beide Verluste erleiden. Sie treten in einen unablässigen Krieg gegeneinander ein und nutzen jedes Mittel und jede Situation zum eigenen Vorteil, um selbst zu profitieren. Das Kapital versucht, gleich der Belagerung einer Stadt, den Arbeiter auszuhungern und zur Unterwerfung zu zwingen, wobei

Hunger und Not die mächtigsten Waffen sind. Die Arbeiterschaft widersteht stoisch und versucht, die Position des Kapitals zu vernichten, indem sie es zur Unproduktivität verdammt. Wenn die Notwendigkeit oder die Interessen zu einem Waffenstillstand führen, geschieht es nur widerwillig und mit dem Ziel, den Konflikt weiterzuführen, sobald eine Aussicht auf Erfolg besteht. Daher agieren die Arbeiter und die Kapitalisten wie zwei bewaffnete Armeen, bereit, zu jeder Zeit den Konflikt wieder auflodern zu lassen. Der Kampf wird zweifellos wiederbelebt und mit wechselndem Ausgang fortgesetzt, bis beide Parteien einsehen, dass sie im Unrecht sind, ihre Interessen tatsächlich auf Gegenseitigkeit beruhen und nur durch Kooperation in vollem Ausmaß gesichert werden können, wenn jeder angemessen entlohnt wird. Der Kapitalist und der Arbeiter müssen sich die Hand reichen über den bodenlosen Abgrund hinweg, in den so viel Reichtum und Mühen geworfen wurden.

Mit der Frage, wie diese Versöhnung zu erreichen ist, beschäftigen sich derzeit kluge und fähige Menschen auf beiden Seiten. Weise und unparteiische Gesetzgebung bietet sich zweifellos als eine Lösung an, um den blinden Zorn zu zügeln und alle Klassen vor der unersättlichen Gier zu schützen; und jeder Mensch sollte sein Möglichstes tun, um eine solche Gesetzgebung auf bundesstaatlicher und nationaler Ebene zu sichern. Die organisierte Arbeiterschaft wird einen großen Einfluss ausüben, um ihre Rechte zu sichern und eine bessere Entlohnung zu erreichen. Dieser Einfluss wird weiter zunehmen, während sich die Gemüter beruhigen und festigen und die Forderungen zunehmend auf Gerechtigkeit und Menschlichkeit beruhen. Gewalt und Drohungen werden zu nichts Gutem führen. Dynamit, ob in Form von Sprengstoff oder in der noch zerstörerischeren Form unnachgiebigen und haltlosen Zorns, vermag keine Wunden zu heilen und keine Feindseligkeit zu dämpfen. Sich zu einigen, ist der weiseste und praktikabelste heute gangbare Weg hin zu freundschaftlichen Beziehungen zwischen den beiden verfeindeten Parteien und zur Gerechtigkeit für beide Seiten. Dem Arbeiter einen fairen Anteil an den Profiten des Unternehmens zu geben, hat in einigen Fällen gut funktioniert, aber es ist mit großen praktischen Schwierigkeiten verbunden, die mehr Weisheit, Selbstkontrolle und echte Aufmerksamkeit für die allgemeinen Interessen beider Parteien erfordern als generell vorhanden. Viele Maßnahmen wirken sich nur teilweise und vorübergehend aus. Aber dieser Konflikt wird nicht dauerhaft beizulegen sein, solange man nicht die Ursachen mindert und schließlich beseitigt.

Die wahre zentrale Ursache ist eine übermäßige Liebe zum Selbst und zur Welt, und sie wirkt weiter, solange sie besteht. Sie kann gezügelt und geschwächt werden, wird sich jedoch bei Gelegenheit wieder durchsetzen. Jeder kluge Mensch sollte daher versuchen, diese Ursache zu beseitigen und, soweit es ihm möglich ist, die Auswirkungen zu kontrollieren. Reinige die Quelle, und du reinigst und heilst den gesamten Fluss.

Ein Prinzip des universellen Einflusses liegt jedem erfolgreichen Bemühen zugrunde und leitet diese gewaltigen, derzeit feindlichen menschlichen Kräfte zur Harmonie an. Ich habe dieses Prinzip nicht entdeckt, und es ist nicht schwierig zu verstehen oder anzuwenden. Ein Kind ist imstande, sich danach zu richten. Es ist universell anwendbar, und seine Auswirkungen sind äußerst nützlich. Es wird die Mühen der Arbeit erleichtern und dessen Entlohnung vermehren. Es wird dem Kapital Sicherheit geben und seine Produktivität erhöhen. Es handelt sich schlicht um die Goldene Regel, die in diesen Worten ausgedrückt wird: ›Alles nun, was ihr wollt, dass euch die Leute tun sollen, das tut ihr ihnen auch. Das ist das Gesetz und die Propheten.‹

Bevor wir dazu übergehen, dieses Prinzip auf den vorliegenden Fall anzuwenden, lassen Sie mich Ihre Aufmerksamkeit darauf lenken. Es ist ein bemerkenswertes Gesetz des menschlichen Lebens, das Staatsmänner, Philosophen und religiöse Lehrer offenbar übersehen. Diese Regel betrifft alle Religionen; sie beinhaltet alle Regeln, Gebote und Mittel, mit denen der künftige Triumph des Guten über das Böse errungen werden wird, der Wahrheit über die Lüge und der Frieden und das Glück der Menschen, wie die Visionen der Propheten verheißen. Beachten Sie den genauen Wortlaut. Es ist nicht nur eine weise Regel und stimmt mit den Prinzipien der göttlichen Ordnung überein, die sich im Gesetz und den Propheten offenbart. Es beinhaltet sie alle: ›Das IST das Gesetz und die Propheten.‹ Es umfasst die Liebe zu Gott. Es lehrt uns, Ihn so zu betrachten, wie Er uns betrachten soll; dass wir Ihm so tun sollen, wie wir es uns von Ihm wünschen. Wenn uns daran liegt, dass Er uns mit Seinem ganzen Herzen, mit all Seiner Seele, mit all Seinem Geist und mit all Seiner Kraft liebt, müssen wir Ihn auf gleiche Weise lieben. Wenn wir uns wünschen, dass unser Nächster uns liebt wie er sich selbst, müssen wir ihn lieben, wie wir uns selbst lieben. Hier steht vor uns das universelle und göttliche Gesetz des Dienstes am Menschen und der Mitmenschlichkeit. Es ist kein Prinzip der menschlichen Weisheit; sein Ursprung ist die göttliche Natur und seine Verkörperung ist die menschliche Natur. Wenden wir dies nun auf den Konflikt zwischen Arbeitskraft und Kapital an:

Sie sind ein Kapitalist. Ihr Geld ist in Fabriken investiert, in Land, in Minen, in Handelsgüter, Eisenbahnen und Schiffen oder Sie leihen es anderen gegen Zinsen. Sie beschäftigen direkt oder indirekt Menschen, die Ihr Kapital nutzen. Sie können nicht zu gerechten Schlussfolgerungen bezüglich Ihrer Rechte, Pflichten und Privilegien kommen, solange Sie nur Ihren eigenen Gewinn betrachten. Das Glitzern von Silber und Gold übt einen so starken Zauber auf Ihren Verstand aus, dass Sie für alles andere blind sind. Sie nehmen keine Interessen außer Ihren eigenen wahr. Den Arbeiter kennen oder sehen Sie nicht als einen Menschen mit Interessen, die Sie beachten müssten. Sie sehen ihn nur als Ihren Sklaven, Ihr Werkzeug, ein Mittel, um Ihren Reichtum zu mehren. Im Lichte dessen ist er nur insofern ein Freund, als er Ihnen dient, und ein Feind, wenn er damit aufhört. Verändern Sie Ihren Standpunkt. Sehen Sie sich an seiner Stelle und ihn an Ihrer Stelle. Wie würden Sie von ihm behandelt werden wollen? Vielleicht waren Sie das. Aller Wahrscheinlichkeit nach waren Sie es, denn der Kapitalist von heute ist der Arbeiter von gestern, und der Arbeiter von heute wird der Boss von morgen sein. Sie wissen aus lebhafter und schmerzhafter Erfahrung, wie Sie behandelt werden möchten. Möchten Sie als bloßes Werkzeug gelten? Als ein Mittel, andere reicher zu machen? Würden Sie gerne Ihren Lohn auf das bloße Existenzminimum gedrückt sehen? Würden Sie gerne mit Gleichgültigkeit betrachtet und mit Brutalität behandelt werden? Möchten Sie Ihr Blut, Ihre Stärke, Ihre Seele in Dollar aufgewogen sehen, zum Nutzen anderer? Diese Fragen sind leicht zu beantworten. Jeder wird gerne freundlich behandelt, möchte seine Interessen beachtet, seine Rechte anerkannt und geschützt sehen. Jeder weiß, dass eine solche Wertschätzung im Herzen eine Reaktion hervorruft. Freundlichkeit gebiert Freundlichkeit; Respekt ruft Respekt hervor. Versetzen Sie sich in seine Lage. Stellen Sie sich vor, dass Sie es mit sich selbst zu tun haben, und Sie werden leicht entscheiden, ob Sie die Zügel noch fester anziehen wollen, noch einen Penny mehr aus der Muskelkraft der Arbeiter herauspressen oder den Druck ein wenig mindern wollen und, wenn möglich, den Lohn erhöhen und ihm Respekt für seine Dienste erweisen. Behandeln Sie ihn so, wie Sie in seiner Lage gerne behandelt werden würden.

Sie sind ein Arbeiter. Sie erhalten eine bestimmte Summe für einen Tag Arbeit. Sehen Sie sich selbst anstelle Ihres Chefs. Wie sollten Ihrer Meinung nach die Menschen, die Sie eingestellt haben, für Sie arbeiten? Finden Sie es richtig, dass die Leute Sie für ihren Feind halten? Denken Sie, es ist aufrichtig, wenn sie ihre Arbeit verunglimpfen und so wenig wie nötig für so viel Lohn wie möglich leisten? Wenn Sie einen großen Kontrakt zu einem bestimmten Termin erfüllt haben müssten oder andernfalls würde Ihnen ein schwerer Verlust drohen, gefiele es Ihnen dann, wenn Ihre Arbeiter Ihre Lage ausnutzen, um einen Lohnanstieg zu erzwingen? Hielten Sie es für richtig und förderlich, wenn sie sich in die Leitung Ihres Unternehmens einmischen? Ihnen diktieren, wen Sie einstellen sollten und zu welchen Bedingungen? Fänden Sie es nicht besser, wenn sie mit Wohlwollen und guter Laune ehrliche Arbeit verrichten? Wären Sie nicht viel eher geneigt, wenn möglich die Interessen der Arbeiter zu wahren, ihre Aufgaben zu verringern, ihre Löhne zu erhöhen und sich um das Wohlergehen ihrer Familien zu kümmern, sofern Sie bemerkten, dass den Arbeitern auch an Ihrem Wohlergehen liegt? Ich bin sicher, es wäre so. Es stimmt, dass Menschen egoistisch sind, und manche so gemein und kleinlich im Geiste sind, dass sie keine Interessen außer ihren eigenen wahrnehmen; deren Herzen nicht aus Fleisch sind, sondern aus Silber und Gold und so hart, dass Sie von keinem menschlichen Gefühl berührt werden und ihnen das Leid anderer egal ist, solange sie daran noch einen Cent mehr verdienen können. Aber diese Menschen sind die Ausnahme, nicht die Regel. Uns beeinflusst, inwieweit andere unsere Interessen achten und fördern. Der Arbeiter, der weiß, dass sein Boss ihm wohlgesonnen ist, sich bemüht, ihn fair zu behandeln, und auf sein Wohlergehen achtet, wird bessere Arbeit und mehr leisten und die Interessen seines Arbeitgebers, genau wie seine eigenen, beachten.

Ich weiß, dass viele dieses göttliche und menschliche Prinzip, andere zu behandeln, wie wir behandelt werden wollen, in diesem selbstsüchtigen und weltlich orientierten Zeitalter als nicht praktikabel erachten. Doch wenn beide Parteien sich davon leiten ließen, könnte jeder den Mehrwert sehen. Aber so wird es nicht kommen. Der Arbeiter wird nur aufgrund seiner Bedürftigkeit arbeiten. Er wird jede Notlage ausnützen. Sobald er etwas unabhängiger von seinem Arbeitgeber geworden ist, wird er arrogant und feindselig. Der Arbeitgeber wird jedes Mittel nutzen, um seine Belegschaft abhängig zu halten und so viel Leistung wie möglich aus ihnen herauszuholen. Jeder Zentimeter Boden, den die Arbeiterschaft nachgibt, wird das Kapital besetzen und sich darauf verschanzen und von diesem neuen Stützpunkt die Arbeiter in größere Abhängigkeit und demütigere Unterwerfung manövrieren. Doch das ist falsch. Die Geschichte der Welt bezeugt es: Wenn die Menschen nicht durch Feindschaft verbittert und ihre Gefühle nicht von grausamem Unrecht erzürnt sind, folgen sie dem ruhigen und unparteiischen Rat. Ein Arbeitgeber mit einer großen Belegschaft in einer Kohlemine sagte mir, er habe noch nie erlebt, dass die Leute nicht ruhig und aufrichtig reagierten, wenn er auf Augenhöhe an ehrenwerte Motive appellierte, sodass beide Parteien die Menschlichkeit im Vordergrund sahen. Jüngst zeigte ein bemerkenswerter Vorfall in dieser Stadt, wie vorteilhaft ein unparteiischer und vernünftiger Ratschlag sich bei großen Schwierigkeiten zwischen Arbeitgebern und Arbeitern auswirken kann.

Im Zorn hört der Mensch nicht auf die Vernunft. Er wird blind gegenüber seinen eigenen Interessen und missachtet die der anderen. Probleme können nicht gelöst werden, solange der Zorn regiert. Konflikte dienen nicht dazu. Eine Partei kann durch Macht niedergehalten werden, aber das Unrecht wird bleiben; das Feuer des Zorns wird schlummern, bereit, bei der ersten Gelegenheit wieder auszubrechen. Aber wenn der Arbeiter oder der Kapitalist sicher sein kann, dass die andere Partei ihn nicht ausnutzt, besteht auf beiden Seiten ein ernsthafter Wunsch und eine Entschlossenheit, gerecht zu handeln und die gemeinsamen Interessen zu achten, und der Konflikt zwischen beiden ist dann beherrschbar, so wie die heftigen Wellen des Ozeans sich bei Windstille beruhigen. Der Arbeiter und der Kapitalist verfolgen gegenseitige und gemeinsame Interessen. Keiner kann anhaltend prosperieren, ohne den Wohlstand des anderen. Sie sind Teile eines Leibs. Wenn die Arbeiter der Arm sind, ist das Kapital das Blut. Hat das Blut keine Nährstoffe oder wird vergossen, verliert der Arm seine Kraft. Zerstört man den Arm, ist das Blut nutzlos. Lasst jeden für den anderen sorgen, und beide profitieren. Sofern sich jeder nach der Goldenen Regel richtet, werden alle Ursachen für Feindseligkeit beseitigt, jeder Konflikt beendet und alle erledigen Hand in Hand ihre Arbeit und erhalten ihren gerechten Lohn.«

***

Wenn Sie die Grundlagen dieser Lektion durchgearbeitet haben, verstehen Sie, wieso kein öffentlicher Redner sein Publikum bewegen oder Menschen überzeugen kann, der nicht selbst an seine Botschaft glaubt.

Sie begreifen ebenso, wieso kein Verkäufer seinen potenziellen Käufer zu überzeugen vermag, der nicht zuerst sich selbst von den Vorteilen seiner Güter überzeugt hat.

Während dieses gesamten Kurses wurde ein bestimmtes Prinzip immer wieder betont, um zu illustrieren, dass jede Persönlichkeit die Gesamtsumme ihrer Gedanken und Handlungen ist – dass wir zu dem werden, was unsere dominierenden Gedanken vorgeben.

Gedanken sind die einzige Kraft, die Fakten und Materialien nach einem konkreten Plan systematisch organisieren, sammeln und kombinieren kann. Ein fließender Fluss kann Erde sammeln und Land bilden, und ein Sturm kann Äste sammeln und als formlose Masse ablagern, aber weder Stürme noch Flüsse sind imstande, zu denken. Daher werden alle Materialien, die sie ansammeln, nicht in organisierter, konkreter Form geordnet.

Allein der Mensch hat die Macht, seine Gedanken in physische Realitäten zu übersetzen; nur er kann träumen und seine Träume wahr werden lassen.

> Die 15 Gesetze des Erfolgs zu beherrschen, versichert uns gegen das Scheitern.
>
> SAMUEL GOMPERS

Der Mensch hat die Macht, Ideale zu schaffen, sich zu erheben und sie zu erreichen. Wie konnte der Mensch zur einzigen Kreatur auf der Erde werden, die die Macht der Gedanken einzusetzen vermag? Es »geschah«, weil der Mensch der Höhepunkt der Pyramide der Evolution ist, das Produkt von Millionen Jahren Kampf, während dem er sich über die anderen Lebewesen der Erde erhoben hat als Resultat seiner eigenen Gedanken und ihrer Wirkung auf ihn selbst.

Wann, wo und wie genau die ersten Strahlen des Gedankens durch das Hirn des Menschen flossen, weiß keiner genau, aber wir wissen alle, dass Denken die Macht ist, die den Menschen von allen anderen Kreaturen unterscheidet, ebenso, wie wir wissen, dass Denken die Macht ist, die es ihm ermöglichte, sich über alle anderen Lebewesen zu erheben.

Niemand kennt die Grenzen der Macht des Denkens oder ob es überhaupt Grenzen hat. Wozu auch immer der Mensch sich imstande sieht, geht er irgendwann an. Noch vor wenigen Generationen trauten sich die fantasievolleren Schriftsteller von einer »pferdelosen Kutsche« zu schreiben, und siehe da! Sie wurde eine Realität und ist nun ein verbreitetes Transportmittel. Durch die evolutionäre Kraft des Denkens wurden die Hoffnungen und Ambitionen einer Generation in der nächsten zur Wirklichkeit.

Die Macht des Denkens nimmt in diesem Kurs die dominierende Position ein, weil es ihr zusteht. Die übergeordnete Stellung des Menschen in der Welt ist aus dem Denken hervorgegangen, und diese Macht müssen Sie als Individuum für Ihren Erfolg nutzen, egal was sie sich unter Erfolg vorstellen.

Sie sind nun an dem Punkt angekommen, für sich selbst die Qualitäten zu definieren, mit denen Sie eine ausbalancierte Persönlichkeit werden.

15 wichtige Faktoren tragen diesen Kurs. Analysieren Sie sich selbst sorgfältig mithilfe einer oder mehrerer anderer Personen, wenn Sie dies für nötig erachten, um festzustellen, welcher der 15 Faktoren bei Ihnen am schwächsten ausgeprägt ist. Konzentrieren Sie sich dann auf die betreffenden Lektionen, bis Sie die Faktoren voll entwickelt haben.

UNENTSCHLOSSENHEIT

EINE NACHBEREITUNG DER LEKTION

Prokrastination raubt Ihnen die Chancen. Beachten Sie, dass kein großer Anführer je lange gezögert hat. Sie können sich glücklich schätzen, wenn Ihr EHRGEIZ Sie zum Handeln treibt, Ihnen nicht gestattet, zu zögern oder umzukehren, sobald Sie ENTSCHIEDEN haben, voranzugehen. Sekunde um Sekunde veranstaltet die ZEIT ein Wettrennen mit IHNEN, während die Uhr die Distanz misst. Verzögerung bedeutet Niederlage, denn kein Mensch kann je eine Sekunde verlorene Zeit wieder aufholen. ZEIT hilft meisterlich, die Wunden der Niederlage und der Enttäuschung zu heilen, alles Unrecht zu Recht zu machen und Fehler in Kapital zu verwandeln, aber sie begünstigt nur diejenigen, die der Prokrastination abschwören und HANDELN, wenn Entscheidungen zu treffen sind. Das Leben ist ein großes Schachbrett. Der Spieler, der Ihnen gegenübersitzt, ist die ZEIT.

Wenn Sie zögern, werden Sie vom Brett gefegt. Wenn Sie in Bewegung bleiben, können Sie gewinnen. Das einzig wahre Kapital ist die ZEIT, aber nur, wenn sie genutzt wird.

Es mag Sie schockieren, wenn Sie aufschreiben, wie viel ZEIT Sie an einem einzigen Tag verschwenden. Stellen Sie sich vor, zwei Schachspieler sitzen sich gegenüber. Einer der Spieler ist »ZEIT«, und der andere ist der Durchschnittsbürger, sagen wir, SIE sind es.

Zug um Zug hat die Zeit den Durchschnittsbürger vom Brett gefegt, bis er schließlich in der Ecke steht, wo die Zeit ihn erledigen wird, egal wohin er zieht. UNENTSCHLOSSENHEIT hat ihn in diese Lage getrieben.

Fragen Sie jeden gut informierten Verkäufer, und er wird Ihnen sagen, dass Unentschlossenheit die herausragende Schwäche der meisten Menschen ist. Jeder Verkäufer kennt die angestaubte Ausrede: »Ich denke darüber nach«, die letzte Verteidigungslinie derjenigen, die nicht den Mut haben, entweder Ja oder Nein zu sagen. Wie der Spieler in der Abbildung können sie sich nicht für eine Richtung entscheiden. Unterdessen drängt die Zeit sie in eine Ecke, aus der sie nicht mehr fliehen können.

Die großen Führungspersonen der Welt waren Männer und Frauen von schneller Entscheidungskraft.

General Grant zeichnete wenig als fähigen General aus, außer dass er entschlussfreudig war, und das genügte, um all seine Schwächen auszugleichen. Die Geschichte seines militärischen Erfolgs spiegelt seine Antwort an seine Kritiker wider: »Wir werden es an dieser Front ausfechten, und wenn es den ganzen Sommer dauert.«

Als Napoleon entschied, seine Armeen in eine bestimmte Richtung ziehen zu lassen, ließ er sich durch nichts davon abbringen. Wenn seine Marschrichtung die Soldaten an einen Graben brachte, der von seinen Gegnern als Barrikade ausgehoben worden war, gab er den Befehl, den Graben anzugreifen, bis er ausreichend mit toten Männern und Pferden gefüllt war, um ihn zu überqueren.

Unentschlossenheit treibt Millionen Menschen in die Niederlage. Ein verurteilter Mann sagte einmal, der Gedanke an seine bevorstehende Exekution sei nicht mehr so furchteinflößend, weil er sich entschlossen hatte, das Unvermeidliche zu akzeptieren.

Ein Mangel an Entschlusskraft ist der größte Stolperstein für alle Erweckungsprediger. Ihre Arbeit dreht sich darum, Männer und Frauen zu einer Entscheidung für einen bestimmten religiösen Glauben zu motivieren. Billy Sunday sagte einmal: »Unentschlossenheit ist das Lieblingswerkzeug des Teufels.«

Andrew Carnegie schwebte eine mächtige Stahlindustrie vor, aber diese Industrie wäre nicht zu dem geworden, was sie heute ist, hätte er nicht entschieden, seine Vision umzusetzen.

James J. Hill sah vor seinem geistigen Auge ein großes transkontinentales Eisenbahnnetz, aber diese Eisenbahn wäre niemals entstanden, hätte er sich nicht entschlossen, dieses Projekt zu beginnen.

Vorstellungskraft allein reicht nicht, um erfolgreich zu sein.

Millionen von Menschen haben Fantasie und machen Pläne, die ihnen leicht Ruhm und Reichtum einbringen könnten, aber diese Pläne erreichen nie das Stadium der ENTSCHEIDUNG.

Walt Disney war ein kommerzieller Künstler aus Chicago und auf dem Weg zum Erfolg, als er eine Vision hatte – und eine Entscheidung traf. Er ging nach Westen und ließ seiner Vorstellungskraft freien Lauf – kombiniert mit dem festen Entschluss, eine ganz neue Form der Unterhaltung zu schaffen. Der Rest ist Geschichte, und Millionen Besucher von Disneyland und Disneyworld werden mir zustimmen.

Demosthenes war ein armer junger Grieche, der unbedingt ein großartiger öffentlicher Redner werden wollte. Daran ist nichts Ungewöhnliches; andere wollten das Gleiche und hatten ähnliche Fähigkeiten, ohne ihre Wünsche je zu realisieren. Aber, Demosthenes fügte seinem WUNSCH auch ENTSCHLUSSKRAFT hinzu und trotz der Tatsache, dass er ein Stotterer war, besiegte er sein Handicap und wurde zu einem der großen Redner der Welt.

Martin W. Littleton war ein armer Mann, der, bevor er zwölf Jahre war, nie das Innere eines Schulhauses gesehen hatte. Sein Vater nahm ihn in eine Stadt in den Süden mit, um zuzuhören, wie ein großartiger Anwalt einen Mörder verteidigte. Die Rede machte einen so tiefen Eindruck auf den Jungen, dass er seinen Vater bei der Hand nahm und sagte: »Vater, eines Tages werde ich der beste Anwalt in Amerika werden.«

Das war eine KONKRETE ENTSCHEIDUNG!

Heute arbeitet Martin W. Littleton für mindestens 50.000 Dollar und man sagt, dass er immer genug zu tun hat. Er wurde zu einem fähigen Anwalt, weil er so ENTSCHIED.

Edwin C. Barnes traf die ENTSCHEIDUNG, der Partner von Thomas A. Edison zu werden. Gehandicapt durch den Mangel an Schulbildung und ohne Geld, um seinen Zugfahrschein zu bezahlen, und ohne einflussreiche Freunde, die ihn Mr. Edison vorstellen konnten, machte sich der junge Barnes in einem Güterzug auf den Weg und »verkaufte« sich Mr. Edison so geschickt, dass er seine Chance bekam, die zu einer Partnerschaft führte. Heute, nur 20 Jahre, nachdem er seine Entscheidung getroffen hat, lebt Mr. Barnes in Bradenton, Florida, hat sich zur Ruhe gesetzt und finanziell ausgesorgt.

Entschlussfreudige Menschen bekommen meist, wonach sie streben!

Dieser Autor erinnert sich noch gut an eine kleine Gruppe Männer, die sich in Westerville in Ohio traf, und die »Anti-Saloon League« organisierte. Männer, die Saloons aufsuchten, hielten sie für einen Witz. Man machte sich im Allgemeinen lustig darüber. Aber sie waren zu einem Entschluss gekommen, der so fest war, dass er schließlich die Saloon-Männer in die Enge trieb und zur Prohibition führte.

William Wrigley, Jr., entschied sich, seine gesamte Karriere der Herstellung und dem Verkauf von 5-Cent-Päckchen Kaugummis zu widmen. Er schaffte es, dass diese Entscheidung ihm Millionen von Dollar im Jahr einbrachte.

Henry Ford traf die Entscheidung, ein erschwingliches Automobil für jedermann herzustellen. Diese Entscheidung machte ihn zum mächtigsten Mann der Welt und erlaubte Millionen von Menschen, zu reisen.

All diese Männer wiesen zwei herausragende Qualitäten auf: EIN KONKRETES ZIEL und den festen ENTSCHLUSS, dieses Ziel in die Realität umzusetzen.

Der Mensch mit ENTSCHLUSSKRAFT erreicht das, was er anstrebt, egal wie lange es dauert oder wie schwierig die Aufgabe sein mag.

Ein fähiger Verkäufer wollte einen Banker in Cleveland treffen. Der Banker wollte ihn nicht sehen. Eines Morgens wartete der Verkäufer in der Nähe des Hauses des Bankers und beobachtete, wie dieser in sein Auto stieg und in die Stadt fuhr. Als er seine Gelegenheit sah, rammte der Verkäufer mit seinem Wagen den des Bankers und verursachte einen leichten Schaden daran. Er stieg aus seinem eigenen Auto und gab dem anderen seine Karte, drückte sein Bedauern über den angerichteten Schaden aus, aber versprach dem Banker einen neuen Wagen desselben Typs. An diesem Nachmittag wurde dem Banker ein neues Auto geliefert. So entstand eine Freundschaft, die schließlich in eine Geschäftspartnerschaft mündete, die bis heute besteht.

Den Menschen mit ENTSCHLUSSKRAFT kann nichts aufhalten!

Der Mensch, der UNENTSCHLOSSEN ist, fängt gar nicht erst an! Treffen Sie Ihre Wahl.

»Hinter ihm lagen die grauen Azoren,
Hinter ihm das Tor des Herkules;

Vor ihm nicht ein Schatten Küste,
Vor ihm nur die endlose See.
Der gute Maat sagte: ›Nun müssen wir beten;
Denn, ach! Selbst die Sterne sind verschwunden.
Tapf'rer Admiral, sprich, was soll ich sagen?‹
›Nun, sage: Segle fort und fort!‹«

Als Kolumbus seine berühmte Reise begann, traf er eine der weitreichendsten ENTSCHEIDUNGEN in der Geschichte der Menschheit. Hätte er nicht fest zu seinem Entschluss gestanden, hätte Amerika seine heutige Freiheit nie erreicht.

Achten Sie auf die Menschen um Sie herum, und Sie werden erkennen: DIE ERFOLGREICHEN MÄNNER UND FRAUEN SIND DIEJENIGEN, DIE ENTSCHEIDUNGEN SCHNELL TREFFEN UND DANACH FEST ZU DIESEN STEHEN.

Wenn Sie jemand sind, der heute etwas beschließt und morgen seine Meinung ändert, sind Sie zum Scheitern verdammt. Wenn Sie unsicher sind, welchen Weg Sie wählen sollen, ist es besser, die Augen zu schließen und sich im Dunkeln zu bewegen, als stehen zu bleiben und sich gar nicht zu bewegen.

Die Welt wird Ihnen vergeben, wenn Sie Fehler machen, aber Sie wird Ihnen niemals vergeben, wenn Sie keine ENTSCHEIDUNGEN treffen, denn dann wird außerhalb Ihres Wohnorts nie jemand von Ihnen hören.

Egal wer Sie sind oder was Ihre Lebensaufgabe ist, Sie spielen Dame mit der ZEIT! Es ist immer Ihr nächster Zug. Schreiten Sie mit schneller ENTSCHLUSSKRAFT voran, und die Zeit wird Ihnen gnädig sein. Stehen Sie still, und die Zeit wird Sie vom Brett fegen.

Sie können nicht immer den richtigen Zug machen, aber wenn Sie genug Züge machen, nutzen Sie das Gesetz des Durchschnitts und werden einen beachtlichen Punktestand erzielen, bevor das große Spiel des LEBENS vorbei ist.

Think and Grow Rich

Napoleon Hill

Über einen Zeitraum von mehr als 20 Jahren interviewte der blutjunge Napoleon Hill mehr als 500 Millionäre, unter ihnen die mächtigsten und einflussreichsten Persönlichkeiten seiner Zeit wie Thomas Edison, Alexander Graham Bell, Henry Ford, John D. Rockefeller oder Theodore Roosevelt. Die Essenz seiner Studien ist in dieses Buch eingeflossen. Herausgekommen ist eine ebenso zeitlose wie überzeugende Anleitung für persönlichen Erfolg, in der Napoleon Hill zeigt, wie man in nur 13 Schritten sein Leben verändern kann – das womöglich wichtigste Finanzbuch, das jemals geschrieben wurde.
Mit über 60 Millionen verkauften Exemplaren gehört Napoleon Hills *Denke nach und werde reich* zu den erfolgreichsten Büchern aller Zeiten. Nun ist erstmals die vollständige und ungekürzte Ausgabe von 1937 auf Deutsch erhältlich.

320 Seiten | Softcover | 14,99 € (D) | 15,50 € (A) | ISBN 978-3-95972-171-4